分析化学手册

第三版

④

电分析化学

苏　彬　主编

化学工业出版社

·北京·

《分析化学手册》第三版在第二版的基础上作了较大幅度的增补和删减，保持原手册10分册的基础上，拆分了其中3个分册成6册，最终形成13册。

本分册共有十章，包含了电分析化学的经典方法和近十年来发展起来的新方法、新技术及其在各领域中的应用。内容涵盖了电分析化学基础知识和电分析实验测量中所涉及的各种仪器、装置及测量步骤，各种电化学分析方法，如电解分析、库仑分析、电导分析、电位分析、伏安分析、极谱分析和溶出分析方法，以及电化学传感器、联用技术、生物活体分析等电化学分析技术，介绍了各种方法与技术的基本原理、适用范围、优缺点、方法的应用等。

适合从事电化学和电分析化学研究的技术人员，以及相关研究人员参考。

图书在版编目（CIP）数据

分析化学手册．4．电分析化学/苏彬主编．—3版．北京：化学工业出版社，2016.4（2024.1重印）
ISBN 978-7-122-26350-6

Ⅰ．①分…　Ⅱ．①苏…　Ⅲ．①分析化学一手册②电化学分析一手册　Ⅳ．①O65-62

中国版本图书馆CIP数据核字（2016）第034443号

责任编辑：李晓红　傅聪智　任惠敏　　文字编辑：刘志茹
责任校对：宋　夏　　装帧设计：王晓宇

出版发行：化学工业出版社（北京市东城区青年湖南街13号　邮政编码100011）
印　　装：北京虎彩文化传播有限公司
787mm×1092mm　1/16　印张34¼　字数879千字　2024年1月北京第3版第3次印刷

购书咨询：010-64518888　　售后服务：010-64518899
网　　址：http://www.cip.com.cn
凡购买本书，如有缺损质量问题，本社销售中心负责调换。

定　　价：180.00元

《分析化学手册》（第三版）编委会

序

分析化学是人们获得物质组成、结构及相关信息的科学，即测量与表征的科学。其主要任务是鉴定物质的化学组成及含量测定、确定物质的结构形态及其与物质性质之间的关系。分析化学是一门社会和科技发展迫切需要的、多学科交叉结合的综合性科学。现代分析化学必须回答当代科学技术和社会需求对现存的方法和技术的挑战，因此实际上已发展成为“分析科学”。

《分析化学手册》是一套全面反映现代分析技术，供化学工作者使用的专业工具书。《分析化学手册》第一版于1979年出版，有6个分册；第二版扩充为10个分册，于1996年至2000年陆续出版。手册出版后，受到广大读者的欢迎，成为国内很多分析化验室和化学实验室的必备图书，对我国科技进步和社会发展都产生了重要作用。

进入21世纪，随着科技进步和社会发展对分析化学提出的种种要求，各种新的分析手段、仪器设备、信息技术的出现，极大地丰富了分析化学学科的内涵、促进了学科的发展。为更好总结这些进展，为广大读者服务，化学工业出版社自2010年起开始启动《分析化学手册》（第三版）的修订工作，成立了由分析化学界30余位专家组成的编委会，这些专家包括了10位中国科学院院士、中国工程院院士和发展中国家科学院院士，多位长江学者特聘教授和国家杰出青年基金获得者，以及各领域经验丰富的专家。在编委会的领导下，作者、编辑、编委通力合作，历时六年完成了这套1800余万字的大型工具书。

本次修订保持了第二版10分册的基本架构，将其中的3个分册进行拆分，扩充为6册，最终形成10分册13册的格局：

1	基础知识与安全知识	7A	氢-1核磁共振波谱分析
2	化学分析	7B	碳-13核磁共振波谱分析
3A	原子光谱分析	8	热分析与量热学
3B	分子光谱分析	9A	有机质谱分析
4	电分析化学	9B	无机质谱分析
5	气相色谱分析	10	化学计量学
6	液相色谱分析		

其中，原《光谱分析》拆分为《原子光谱分析》和《分子光谱分析》;《核磁共振波谱分析》拆分为《氢-1 核磁共振波谱分析》和《碳-13 核磁共振波谱分析》;《质谱分析》新增加了无机质谱分析的内容，拆分为《有机质谱分析》和《无机质谱分析》，并对仪器结构及方法原理进行了全面的更新。另外，《热分析》增加了量热学方面的内容，分册名变更为《热分析与量热学》。

本版修订秉承的宗旨：一、保持手册一贯的权威性和典型性，体现预见性和前瞻性，突出新颖性和实用性；二、继承手册的数据查阅功能，同时注重对分析方法和技术的介绍；三、着重收录了基础性理论和发展较成熟的方法与技术，删除已废弃的或过时的内容，更新有关数据，增补各领域近十年来的新方法、新成果，特别是计算机的应用、多种分析技术联用、分析技术在生命科学中的应用等方面的内容；四、在编排方式上，突出手册的可查阅性，各分册均编排主题词索引，与目录相互补充，对于数据表格、图谱比较多的分册，增加表索引和谱图索引，部分分册增设了符号与缩略语对照。

手册第三版获得了国家出版基金项目的支持，编写与修订工作得到了我国分析化学界同仁的大力支持，全套书的修订出版凝聚了他们大量的心血和期望，在此谨向他们，以及在编写过程中曾给予我们热情支持与帮助的有关院校、科研院所及厂矿企业的专家和同行，致以诚挚的谢意。同时我们也真诚期待广大读者的热情关注和批评指正。

《分析化学手册》(第三版)编委会

2016 年 4 月

前　言

在《分析化学手册》第一版中，电分析化学和光谱分析作为一个分册，于 1983 年出版。随着 20 世纪八九十年代我国改革开放和科技教育事业的飞速发展，电分析化学跃上了一个新的台阶，因而在第二版编排时将电分析化学单独成册定为第四分册。第二版于 1998 年出版，至今已有 18 年，这期间电分析化学领域取得了令人瞩目的发展。为适应当前科学发展的需要，在化学工业出版社的组织下，于 2010 年开始进行第三版的编写。

这次编写仍然按照理论联系实际、注重实用的原则。在保持原有特色的前提下，着重收集了近十几年来在文献资料上发表的重要结果、方法和应用。随着现代科学技术的不断发展，电分析化学的应用焕发出了新的生机与活力，不仅使经典的方法面目一新，而且还出现了许多新的方法和技术，应用于现代仪器分析和生产生活之中。

经调整后本分册内容共有十章，第一章补充了按 1997 年 IUPAC 推荐的电分析化学分类、名词和定义，归纳了已出版的电分析化学学术书籍、手册和公开的网络资源。第二章主要内容是关于电分析化学的实验测量，简要介绍了电化学的基础知识以及电分析化学实验测量所需的材料和准备工作。删除了第二版中有关电重量分析的大部分内容，将剩余内容与库仑分析法整合为第三章。在修订原有内容的基础上，电导分析法、电位分析法和溶出伏安法补充了大量近年来取得的进展，如电位分析法中增补了电化学活性分子的氧化还原电位、液/液界面离子转移吉布斯自由能、离子选择性电极分析应用和全固态离子选择性电极等数据。考虑到极谱法已较少使用，删减了其大部分内容，只保留了基本原理的介绍，并与伏安分析法整合为第六章。第八章为超微电极，介绍了超微电极的类型和制备，补充了在体和无损电化学分析的新进展。近年来电化学传感器研究取得了丰硕的成果，第九章不仅收录了化学修饰电极分析应用的数据，还根据研究对象收录了电化学气体传感器、酶电极、免疫电化学分析和生物分子直接电化学分析等数据。新增了第十章电化学联用技术，包括光谱电化学技术、电化学发光分析、电化学石英晶体微天平和电化学与色谱/电泳技术联用等内容以及相关的分析数据。

本分册的第一版由原杭州大学的吕荣山、施清照、王国顺等编写，第二版由彭图治、王国顺主编，杨丽菊、吕荣山和施清照参与了编写。本版编写人员：浙江大学苏彬（第一章～第五章、第七章、第八章的第五节及第十章的第一、第三和第四节，研究生吴锁柱、许林茹、李婉珍、孙琴琴和刘香红等参与了部分编写）、浙江工业大学刘文涵（第六章）、北京科技大学张美琴（第八章的第一、三节）、西安交通大学的李菲（第八章的第二、四节）、聊城大学刘继锋（第九章和第十章的第二节）。全书由苏彬统稿。

本分册由我国著名分析化学家、中国科学院长春应用化学研究所汪尔康院士审稿，并提出了许多宝贵的意见，对全书的定稿起到了重要作用。在本书确定编写大纲和修订过程中得到了本手册编委会的诸多专家和化学工业出版社编辑的指导和帮助，在此一并致以衷心的感谢。

在手册修订过程中，我们全力以赴，力求新版手册能全面反映电分析化学的最新进展，以满足读者的要求和期望。但电分析化学涉及面很广，尤其近年来发展迅速，文献数据浩瀚，加之我们知识面和水平有限，虽力求谨慎并仔细校对，但书中难免有遗漏，还可能存在种种缺点、不足乃至错误之处，热忱期待专家和广大读者批评指正。

编　者

2016 年 6 月于杭州

目　录

第一章 电分析化学导论

将化学变化和电现象紧密联系起来的学科便是电化学，运用电化学的基本原理和实验技术研究物质的组成，分析待测物质的性质、成分及含量，从而产生了各种电化学分析方法，称为电化学分析（electrochemical analysis），或泛称电分析化学（electroanalytical chemistry）。电分析化学作为分析手段，方法多样，所使用的仪器简单，便于与计算机联机实现自动化，是当代分析化学的重要分支之一。自20世纪80年代起，经过30多年的发展，电分析化学从经典的极谱分析、固体电极及固/液界面研究、电解分析、电化学滴定等，逐步发展到电极界面修饰和有序组装、电化学生物传感器、电化学免疫分析、生命电分析化学研究等领域。此外，电分析化学与其他学科，诸如光（谱）学技术、纳米技术、生物技术的交叉结合，促进了许多新方法、新技术的出现，并在生命科学、能源科学、材料科学、环境科学等领域得到广泛应用。本章主要介绍电分析化学的分类、术语和名词的定义、涉及的基本概念，并对电分析化学研究有关的文献和网络资源作简要介绍。

第一节 电分析化学分类

电分析化学的分类迄今有四次变动。

一、1960年的分类[1]

1960年，美国著名电化学家G. Delahay、H. A. Laitinen和法国的G. Charlot拟定了一个“电分析化学的分类和命名建议”，征求各国学者的意见，分别发表在“Anal Chem, 1960, 32(6): 103A”和“J Electroanal Chem, 1960, 1: 425”上。当时他们建议用滴汞电极的为极谱分析，而用固体电极和静止电极（包括悬汞电极）的为伏安法，并根据国际纯粹与应用化学联合会（IUPAC）对非电的物理量和电的物理量符号的规定，把当时所有的分析方法分为三大类。

（1）没有电极反应。如电导、电导滴定和高频滴定等。

（2）只有双层现象而法拉第电流等于零。如表面张力法、非法拉第的电池电流、电容电流和双层微分电容电流。

（3）有电极反应。它又可分为两种。

第一种电解电流等于零（I=0），如电位法和电位滴定法。

第二种电解电流不等于零（$I\neq 0$），分以下三种情况。

① 短暂的电极过程，如计时电位法、计时电流法及其滴定法、电位扫描极谱法、阳极溶出法、极谱及极谱滴定、控制电位和电流极谱等。

② 加周期性电压或电流成分，如交流极谱及其滴定法、方波极谱及其滴定法、单扫描和多扫描示波极谱、交流示波极谱等。

③ 稳态电极过程，如双电流法、库仑滴定等。

二、1963 年的分类[2]

1963 年，I. M. Kolthoff 和 Elving 主编的“Treatise on Analytical Chemistry”一书中，以激发方式，对电分析化学方法进行了如下分类。

（1）控制电位的电分析化学方法

溶液静止的：计时电流法、极谱法、伏安法、循环伏安法、交流极谱法、方波极谱法等。

溶液搅动的：伏安法、电重量法、库仑分析（E 恒定）、直接电导法等。

（2）控制电流的电分析化学方法

溶液静止的：计时电位法、控制电流极谱法、加小振幅交流电的计时电位、计时电流法、交流示波极谱法等。

溶液搅动的：伏安法（E 恒定）、恒电流电重量法、直接电位法（I=0）等。

（3）滴定法

溶液静止的：极谱滴定法、双滴汞电极的双电流滴定法等。

溶液搅动或旋转电极：电位滴定法（I=0）、一个极化电极的恒电流电位滴定和电流滴定、两个极化电极的恒电流双电位滴定和双电流滴定、电导和高频滴定、库仑滴定（电位、电流指示终点）。

三、1975 年的分类

为适应电分析化学发展的需要，1975 年国际纯粹与应用化学联合会（IUPAC）通过了对 1960 年电分析化学方法分类和命名的修改建议，并于 1976 年刊登在 IUPAC 的杂志上，其简要分类如下。

（1）既不涉及双电层，又不涉及电极反应的电分析化学方法。包括电导法、电导滴定法、高频电导法、高频电导滴定法、介电常数分析法和介电常数滴定法等。

（2）涉及双电层现象，但不涉及任何电极反应的电分析化学方法。包括界面张力或与之有关的参数，如滴汞电极的滴下时间和极谱极大相对高度的测量、非法拉第型导纳的测量等。

（3）有电极反应的电分析化学方法。它又分为两种。

① 第一种为有电极反应并施加恒定激发信号的电分析化学方法，包括：电位法、库仑法、安培法及其他。

a．电位法（potentiometry），如示差电位法、电位滴定法、示差电位滴定法、导数电位滴定法、反向导数电位滴定法、二阶导数电位滴定法、控制电流电位法、双指示电极控制电流电位法、控制电流电位滴定法、双指示电极控制电流电位滴定法、计时电位法、导数计时电位法等。

b．库仑法（coulometry），如库仑滴定法（恒电流库仑法）、计时库仑法、极谱库仑法、控制电位库仑法、对流计时库仑法等。

c．安培法（amperometry），如安培法、双指示电极安培法、示差安培法、安培滴定法、双指示电极安培滴定法、计时安培法、对电流计时安培法等。

d．其他，如电重量分析法（electrogravimetry）、控制电位电重量分析法、电解分离法（electroseparation）、控制电位电解分离法、电谱法（electrography）。

② 第二种为有电极反应并施加可变激发信号的电分析化学方法，根据施加的激发信号的振幅大小，可分类如下。

a．具有大激发振幅的激发信号（通常远大于 $2\times2.3RT/F$ V，约 0.12V，25℃）方法，包括：线性电流扫描计时电位法、按程序变化电流的计时电位法、阶梯电流计时电位法、循环计时电位法、交流计时电位法；极谱法、直流极谱法、电流扫描极谱法、示波极谱法、导数极谱法、示差极谱法、间隙极谱法、单扫描极谱法、多扫描极谱法、三角波极谱法、循环三角波极谱法、脉冲极谱法、导数脉冲极谱法、电荷增量极谱法；线性扫描伏安法、流体动力学伏安法、导数伏安法、示差伏安法、三角波伏安法、循环三角波伏安法；双电位阶梯计时安培法；双电位阶梯计时库仑法等。

b. 具有小激发振幅的激发信号（通常远小于 $2.3RT/F$ V，约 0.06V，25℃）方法，包括：叠加交流计时电位法、交流电压计时电位法；交流极谱法、台阶极谱法、示差脉冲极谱法、方波极谱法、交流电压极谱法、多次谐波交流极谱法、具有相位敏感整流的多次谐波交流极谱法、解调极谱法、射频极谱法、双因调极谱法；高电平法拉第整流法等。

四、1997 年的分类[3,4]

为适应现代化的要求和分析化学的迅猛发展，1997 年国际纯粹与应用化学联合会（IUPAC）制定了分析化学的命名和术语纲要（Compendium of Analytical Nomenclature, Definitive Rules 1997），书籍于 1998 年出版，相应的电子版于 2002 年 8 月发表于 IUPAC 官方网站。在此框架下，电分析化学的分类进行了调整，具体归纳为四大类：（1）电位法及相关技术，见表 1-1；（2）安培法及相关技术，见表 1-2；（3）伏安法及相关技术，根据可变激发信号的振幅大小又可分为两类，分别见表 1-3 和表 1-4；（4）阻抗/电导法及相关技术，见表 1-5。

表 1-1　电位分析法及相关电分析化学方法

方　法	激发信号	变量	体　系	测量对象	典型的响应曲线	备　注
电位法 (potentiometry)	电流 $I=0$	浓度 c	一个指示电极（或两个指示电极）和一个参比电极置于同一溶液中	电位 $E=f(c)$	E, $\lg c$	测量电流为零时指示电极与参比电极（或另外一个指示电极）之间的电位差；不推荐使用“零电流电位法”和“无电流电位法”
示差电位法 (differential potentiometry)	电流 $I=0$	浓度 c	两个指示电极分别放在用离子导体连通的两种溶液中	电位 $E=f(c,c')$	E, $\lg c$	不推荐使用“精确零点电位法”
电位滴定法 (potentiometric titration)	电流 $I=0$	体积 V	一个指示电极（或两个指示电极）和一个参比电极置于同一溶液中	电位 $E=f(V)$	E, V	不推荐使用“零电流电位滴定”和“无电流电位滴定”
示差电位滴定法 (differential potentiometric titration)	电流 $I=0$	体积 V	两个指示电极分别放在用离子导体连通的两种溶液中	电位 $E=f(V)$	E, V	
控制电流电位法 (controlled current potentiometry)	电流 $I\neq0$	浓度 c	一个指示电极和一个参比电极置于同一溶液中	电位 $E=f(c)$ 或 $E=f(\lg c)$	E, $\lg c$	测量指示电极与参比电极之间的电位差，电流不为零

续表

方法	激发信号	变量	体系	测量对象	典型的响应曲线	备注
控制电流电位滴定法 (controlled current potentiometric titration)	电流 $I=0$	体积 V	两个指示电极分别放在用离子导体连通的两种溶液中	电位 $E=f(V)$	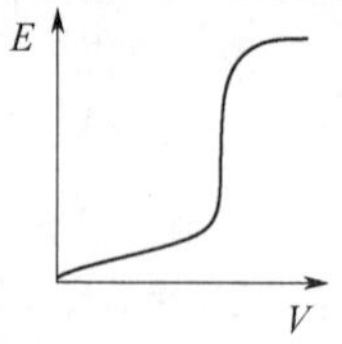 E, V	
计时电位法 (chrono potentiometry)	电流 $I=0$	时间 t	静止的指示电极置于静止的溶液中	电位 $E=f(t)$	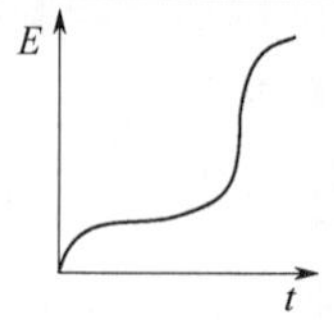 E, t	测量指示电极电位与时间之间的关系，该电位可反映出电活性物质表面浓度随时间的变化
库仑滴定法/控制电流库仑法 (coulometric titration/controlled current coulometry)	电流 $I=0$		对流传质至工作电极	电位 E、吸光度 A 或其他依赖溶液组成的性质	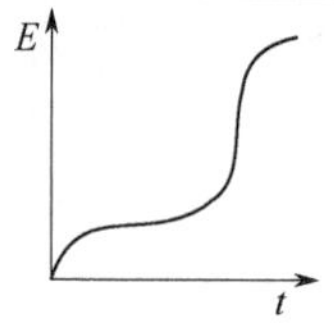 E, t	需要确定滴定终点时，推荐使用"电位库仑滴定"或"通过电位确定终点的控制电流库仑"

表 1-2 安培分析法及相关电分析化学方法

方法	激发信号	变量	体系	测量对象	典型的响应曲线	备注
安培法 (amperometry)	电位 E	浓度 c 时间 t 其他变量	一个指示电极和一个参比电极置于同一溶液中	电流 $I(I)=f(c)$	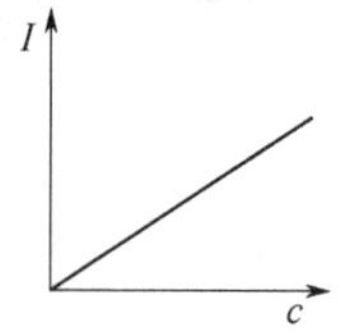 I, c	推荐使用"旋转铂丝电极安培法"和"搅拌汞池安培法"等术语
安培滴定法 (amperometric titration)	电位 E	体积 V 其他变量	一个指示电极和一个参比电极置于同一溶液中	电流 $I(I)=f(V)$	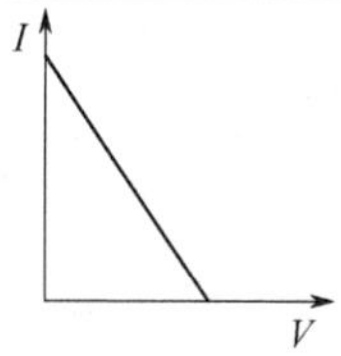 I, V	当采用极谱法时，推荐使用"基于滴汞电极的安培滴定"
计时安培法 (chronoamperometry)	电位 E	时间 t	静止的工作电极和参比电极置于静止的溶液中	电流 $I(I)=f(t)$	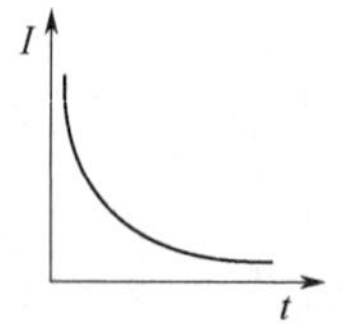 I, t	电流-时间曲线反映化学反应过程的传质和动力学
计时库仑法 (chronocoulometry)	电位 E	时间 t	一个指示电极和一个参比电极置于同一溶液中	电量 $Q(I)=f(t)$	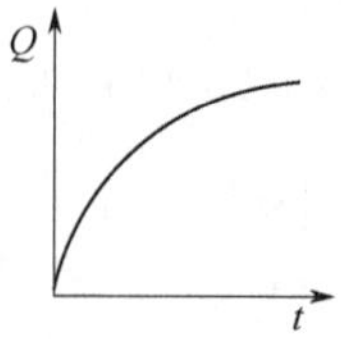 Q, t	
电重量法 (electrogravimetry)	电位 E 电流 $I=0$		一个阴极电极，一个阳极电极	沉积到工作电极上的物质质量 m		推荐使用"内电重量法"和"自发电重量法"描述自发沉积过程

续表

方　法	激发信号	变量	体　系	测量对象	典型的响应曲线	备　注
电谱法 (electrography)	电位 E 电流 $I=0$			测定或鉴定被溶出的物质		固体阳极或阴极溶出物质进入多孔介质中的电解质溶液，主要用于金属的定性分析
控制电位库仑法 (controlled potential coulometry)	电位 E	时间 t	工作电极、参比电极和辅助电极置于同一搅动溶液中	电量 $Q=\int I\mathrm{d}t$		通常在对流条件下测定，“控制电位库仑滴定”不适用，因此不推荐使用
控制电位电重量法 (controlled potential electrogravimetry)	电位 E	时间 t	工作电极、参比电极和辅助电极置于同一搅动溶液中	沉积到工作电极上的物质质量 m		需要确定滴定终点时，推荐使用“电位库仑滴定”或“通过电位确定终点的控制电流库仑”

表 1-3　使用可变大振幅激发信号的伏安分析法及相关电分析化学方法

方　法	激发信号	变　量	体　系	测量对象	典型的响应曲线	备　注
线性扫描伏安法 (linear sweep voltammetry) 静态电极伏安法 (stationary electrode voltammetry) 线性电位扫描计时安培法 (chronoamperometry with linear potential sweep)	电位 $E=E_i+at$[①]	E–t	扩散传质至表面不更新的工作电极	电流 $I(I)=f(t)$ 或者 $i(I)=f(E)$	I–t (E)	
流体动力学伏安法 (hydrodynamic voltammetry)	电位 $E=E_i+at$	E–t	对流传质至表面不更新的工作电极	电流 $I(I)=f(E)$	I–E	
极谱法 (polarography)	电位 $E=E_i+at$	E–t	滴汞（或其他液态导体）电极，或表面不断更新的任何其他工作电极	电流 $I(I)=f(E)$	I–E	
间隙极谱法 (tast polarography)	电位 $E=E_i+at$	E–t	滴汞（或其他液态导体）电极，或表面不断更新的任何其他工作电极，但只在汞滴存在期间记录电流	电流 $I(I)=f(E)$	I–E	

续表

方法	激发信号	变量	体系	测量对象	典型的响应曲线	备注
单滴扫描极谱法 (single drop sweep polarography)	电位 $E=E_i+at$	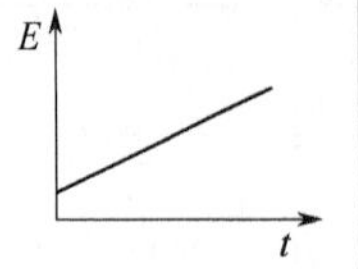 E; t	滴汞（或其他液态导体）电极，但整个扫描过程发生于单个汞滴上	电流 $I(I)=f(E)$	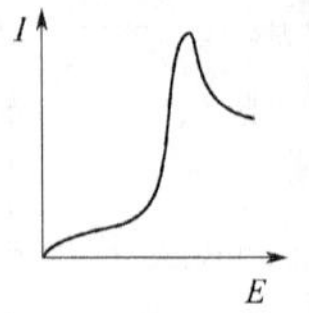 I; E	推荐使用“线性电位扫描滴汞电极计时安培法”
三角波伏安法 (triangular wave voltammetry)	电位 $E=E_i+at$	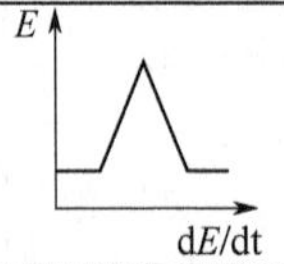 E; dE/dt	扩散传质至表面不更新的工作电极	电流 $I(I)=f(E)$	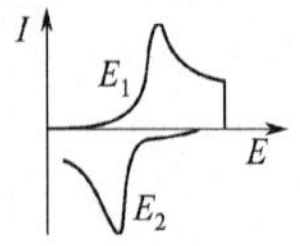 I; E_1; E; E_2	
循环伏安法 (cyclic voltammetry) 循环三角波伏安法 (cyclic triangular wave voltammetry)	电位 $E=E_i+at$	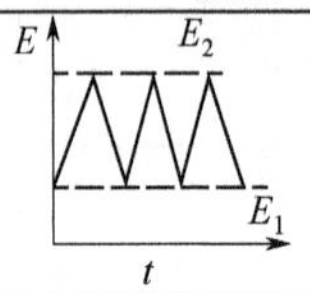 E; E_2; E_1; t	扩散传质至表面不更新的工作电极	电流 $I(I)=f(E)$	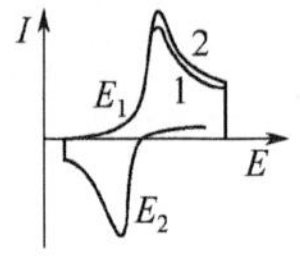 I; 2; E_1; 1; E; E_2	
常规脉冲极谱法 (normal pulse polarography)	电位 E	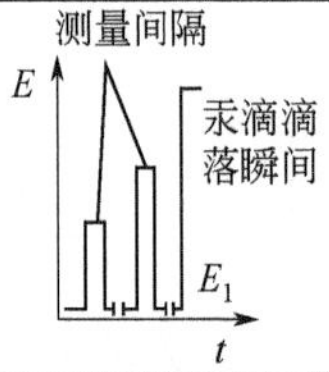 测量间隔; E; 汞滴滴落瞬间; E_1; t	扩散传质至表面不更新的工作电极	电流 $I(I)=f(E)$	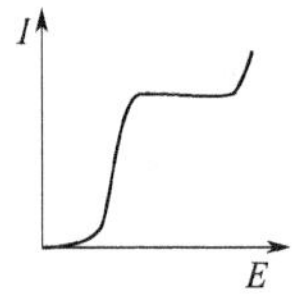 I; E	
双电位阶梯计时安培法 (double potential step chronoamperometry)	电位 E	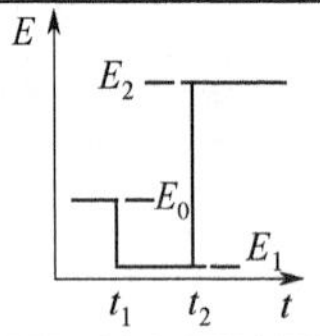 E; E_2; E_0; E_1; t_1; t_2; t	扩散传质至表面不更新的工作电极	电流 $I(E)=f(t-t_1)+f(t-t_2)$	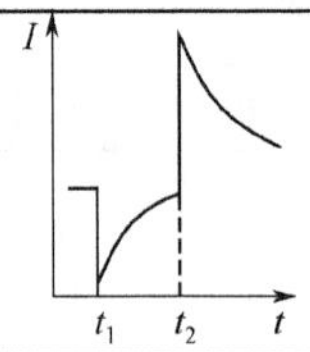 I; t_1; t_2; t	E_1 必须与开路电压不同

① a 表示扫描速率；t 表示时间。下同。

表 1-4 使用可变小振幅激发信号的伏安分析法及相关电分析化学方法

方法	激发信号	变量	体系	测量对象	典型的响应曲线	备注
示差脉冲极谱法 (differential pulse polarography)	电位 E	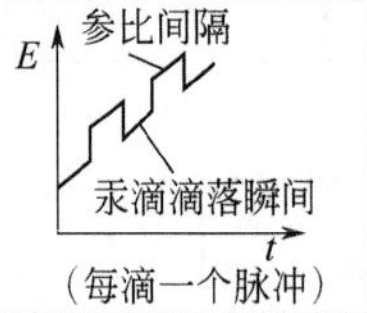 E; 参比间隔; 汞滴滴落瞬间; t; （每滴一个脉冲）	同极谱法	示差电流 $I(I)=f(E$ 或 $E_0)$	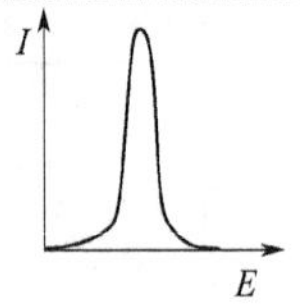 I; E	每个脉冲与汞滴生成同步，被测对象是一直流电流和刚刚施加脉冲流过电流的差值
交流极谱法 (AC polarography)	电位 E	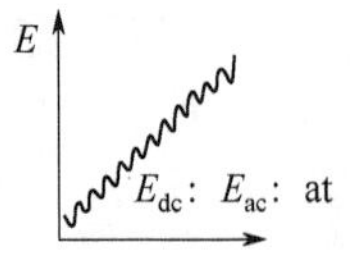 E; E_{dc}: E_{ac}: at	同极谱法	电流 $I_{ac}(I_{ac})=f(E_{dc})$	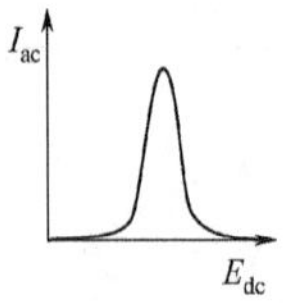 I_{ac}; E_{dc}	交流电压的频率一般小于1kHz，通常为50～60Hz；交流电压可以是非正弦型的，如三角波和锯齿波等
方波极谱法 (square wave polarography)	电位 E	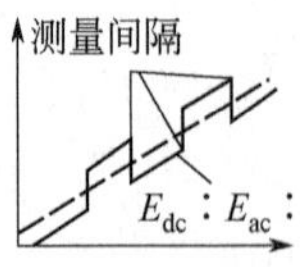 测量间隔; E_{dc} : E_{ac} : at	同极谱法	电流 $I_{sw}(I_{sw})=f(E_{dc})$	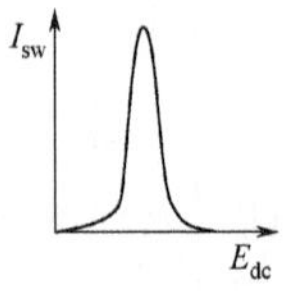 I_{sw}; E_{dc}	此法可看成是小振幅的极谱法，它和示差脉冲极谱法的不同在于所测量的是周期性变化的电流，而不是直流

续表

方　法	激发信号	变　量	体　系	测量对象	典型的响应曲线	备　注
交流电压计时电位法 (alternating voltage chronopotentiometry)	电位 E 电流 i	$I_{dc}(I_{dc})$ = 常数 $E_{ac}=E_{ac}\sin\omega t$	同极谱法	电流 $I_{ac}(I_{ac})=f(t)$	I_{ac} / t	

表 1-5 阻抗/电导分析法及相关电分析化学方法

方　法	激发信号	变　量	测量对象	典型的响应曲线	备　注
电导法 (conductometry)	交流电压 频率 $f<0.1\text{MHz}$	浓度 c	电导 $G=f(c)$	G / c	
电导滴定法 (conductometric titration)	交流电压 频率 $f<0.1\text{MHz}$	体积 V 或其他变量	电导 $G=f(V)$	G / V	
高频电导法 (high frequency conductometry)	交流电压 频率 $f>0.1\text{MHz}$	浓度 c	电导 $G=f(c)$ 电纳 $B=f(c)$ 导纳 $Y=f(c)$	G / c	
高频电导滴定法 (high frequency conductometric titration)	交流电压 频率 $f>0.1\text{MHz}$	体积 V 或其他变量			
介电常数分析法 (dielectrometry)	交流电压 频率 $f>0.1\text{MHz}$	浓度 c	介电常数 电导 $\varepsilon=f(c)$	ε / c	文献中有介电常数法，但不推荐使用
介电常数滴定法 (dielectrometric titration)	交流电压 频率 $f>0.1\text{MHz}$	体积 V 或其他变量	介电常数 电导 $\varepsilon=f(V)$	ε / V	

五、其他文献分类方法[3,4]

此外，根据激发信号的形式，电化学和电分析化学工作者还经常采用其他分类方法，在各种电化学和电分析化学书籍中也多有不同。如 2007 年出版的由 Zoski[5]主编的《电化学手册》（Handbook of Electrochemistry）将常用的电分析化学方法分为两大类：静态法（static, $i=0$）

和动态法（dynamic, $i \neq 0$）。电位法（potentiometry）为静态法的一种，其测量静止电位与时间的关系，主要应用体现为离子选择性电极和 pH 计。动态法比较广泛，其涵盖的各种技术见表 1-6。

表 1-6 动态电分析化学方法分类

控制信号	信号形式	方法		
控制电位法 (controlled potential methods)	电位阶梯 (potential step)	计时安培法(chronoamperometry) 双电位阶梯计时安培法(double potential step chronoamperometry)		
		计时库仑法(chronocoulometry) 双电位阶梯计时库仑法(double potential step chronocoulometry)		
		取样电流伏安法(sampled current voltammetry) 示差脉冲伏安法(differential pulse voltammetry) 方波伏安法(square wave voltammetry)		
	电位扫描 (potential sweep)	伏安法 (voltammetry)	稳态法 (stationary)	线性扫描伏安法 (linear sweep voltammetry)
				循环伏安法 (cyclic voltammetry)
			流体动力学法 (hydrodynamic)	搅动溶液/流动池 (stirred solution/flow cell)
				旋转圆盘电极 (rotating disk electrode) 旋转环盘电极 (rotating ring-disk electrode)
			阳极溶出伏安法(anodic stripping voltammetry) （稳态/流体动力学）	
	恒电位 (constant potential)	电解法 (electrolysis)	搅动溶液(stirred solution)	
			流动电解(flow electrolysis)	
控制电流法 (controlled current methods)	计时电位法 (chronopotentiometry)		恒电流(constant current)	
			线性增加电流(linearly increasing current)	
			电流倒向(current reversal)	
			循环电流(cyclic current)	
	库仑法(coulometry)		库仑滴定法(coulometric titration)	
	电解法(electrolysis)			
阻抗法 (impedance methods)	交流伏安法(AC voltammetry)			
	电化学阻抗谱(electrochemical impedance spectroscopy)			

六、本分册的分类原则

本分册的分类是根据所测量电学参数的不同，并考虑当前电分析化学的实际应用领域及前沿发展领域。包括：

① 测量电解过程中消耗电量的方法为电解分析法和库仑分析法；

② 测量试液电导的方法为电导分析法；

③ 测量电池电动势或电极电位的方法为电位分析法；

④ 测量电解过程中电流的方法为电流分析法，如测量电流随电位变化曲线的方法，则为伏安法，而其中使用滴汞电极的方法称为极谱分析法；

⑤ 通过电沉积，溶出分析法；

⑥ 微电极和活体分析法；

⑦ 生物电分析化学方法；

⑧ 电化学联用分析。

第二节 电分析化学术语和符号

1997年，国际纯粹与应用化学联合会（IUPAC）制定了分析化学的命名和术语纲要（Compendium of Analytical Nomenclature, Definitive Rules 1997），同时考虑到一些常用的术语和符号，总结如下。

电化学池（electrochemical cell） 电化学池是通过电极表面的氧化还原反应实现电荷转移并产生法拉第电流的装置，一般由阳极、阴极和电解质溶液组成。根据电极反应是否能够自发进行，电化学池可分为原电池和电解池。

原电池（galvanic cell，voltaic cell） 电极反应能够自发进行并产生电流，将化学能转化为电能的电化学池。在原电池中，电子由负极流向正极，电流由正极流向负极。

电解池（electrolytic cell） 电极反应不能够自发进行，需要在外部电源推动下发生氧化还原反应的电化学池。在电解过程中，与电源正极相连的电极为阳极，与电源负极相连的电极为阴极。

电极（electrode） 在电化学中，电极为固体导体或半导体，氧化还原反应在其表面发生。

阳极（anode） 发生氧化反应的电极为阳极。

阴极（cathode） 发生还原反应的电极为阴极。

指示电极（indicator electrode） 对激发信号和待测溶液组成能够作出响应而在测量期间不引起待测溶液组成明显变化的传感电极称为指示电极，有时也称为试验电极（test electrode）。

工作电极（working electrode） 能够对激发信号和待测物质浓度作出响应，并在测量期间允许较大电流通过以引起待测物质主体浓度发生明显变化的传感电极称为工作电极。

辅助电极（auxiliary electrode）**或对电极**（counter electrode） 辅助电极（对电极）的作用是与工作电极构成回路以允许电流通过电解池，其表面一般无待测物质的反应发生。

参比电极（reference electrode） 参比电极电位在电化学测量的实验条件下保持不变，用于观察、测量或控制指示电极（或者试验电极、工作电极）电位。

标准氢电极（normal/standard hydrogen electrode，NHE/SHE） 常用的标准氢电极，规定其电极电势为0V，所有的标准电极电势均以此为参比。

标准电极电势（standard electrode potential） 符号 $E^{\ominus}$，单位为V。电极表面发生的每个氧化还原半反应均对应于一个确定的电势，该电势以标准氢电极为参比的电势规定为标准电极电势。

电池电势（cell potential） 符号 E，单位为V。阴极和阳极表面发生的所有氧化还原反应的电势加和。

平衡电势（equilibrium potential） 符号 E_{eq}，单位为V。电极表面发生的所有反应处于平衡状态时的电极电势，遵循Nernst方程。

过电位（overpotential） 符号 η，单位为V。实际电极电势与平衡电势之间的差值，即 $\eta = E - E_{eq}$。

伏安法（voltammetry） 施加电位阶跃，研究电极表面发生的过程，并根据电流与电极电势之间的关系进行分析的电化学方法。

电位法（potentiometry） 在接近零电流条件下，根据电极电势-时间变化和 Nernst 方程来确定待测物活度（或浓度）的电分析化学方法。

电活性物质（electroactive species） 定义如下。

① 在伏安法及类似方法中，在电荷转移反应（即电极反应）中发生氧化态、还原态或化学键变化（破裂或生成）的物质称为电活性物质。

② 在溶液中或电极上，如果物质 C 通过化学反应生成电活性物质 B，则 C 称为 B 的前体。

③ 在离子选择性电极电位法中，被检测离子以及含有或与被检测离子处于离子交换平衡的物质称为电活性物质。电活性物质通常结合到惰性介质中，如聚氯乙烯和硅橡胶。

支持电解质（supporting electrolyte） 支持电解质离子在所研究电位范围内为非电活性物质，其离子强度通常远大于同一溶液中电活性物质的浓度，以提高溶液的电导率。

界面（interface） 在电化学池中，界面指两种物相的接触表面，如固体-溶液界面、液体-液体界面。

理想不可极化电极（ideal non-polarizable electrode） 电极电位不随电流改变而始终保持恒定的电极，如参比电极。

理想可极化电极（ideal polarizable electrode） 无论施加多大的电位，在电极表面都没有电荷转移发生的电极。Hg 电极在电位窗口内可以看作理想极化电极。

（电极溶液界面）**面积**（area） 符号 A，单位为 m^2。电极-溶液界面的面积是几何学上的或投影的面积，忽略表面的粗糙度。

本体浓度（bulk concentration） 符号 c_B，单位为 mol/m^3。在任何涉及建立浓度梯度的电化学技术中，在电极内部或者在与电极接触的溶液中，物质 B 的本体浓度是某些点物质 B 的总浓度或分析浓度，这些点离电极溶液界面是如此遥远，以致在所考虑的时刻，物质 B 的浓度梯度为零。通常 B 的本体浓度被看作是当电流不通过电解池，和电极与溶液之间不发生任何反应时，存在于电极和溶液各处的 B 的总浓度或分析浓度。能够产生 B 或消耗 B 的任何均相反应或者其他过程均不存在时，B 的本体浓度就是加上激发信号以前 B 的总浓度或分析浓度。

活度（activity） 符号 a，单位为 mol/m^3。

活度系数（activity coefficient） 符号 γ。

电导（conductance） 符号 G，单位为 S。

电导（G）是电阻（R）的倒数：

$$G = \frac{1}{R}$$

$$R = \frac{\rho l}{A}$$

式中，R 为电阻，单位为Ω（欧姆）；ρ为电阻率，单位为Ω·m；l 为导体的长度，单位为 m；A 为导体截面积，单位为 m^2。

电导率（conductivity） 符号κ，它是电阻率的倒数。

$$\kappa = \frac{1}{\rho}$$

电导率的单位为 S/m，表示长度为 1cm、截面积为 $1cm^2$ 的导体的电导。对于电解质溶液，则相当于 $1cm^3$ 的溶液在距离为 1cm 的两电极间所具有的电导。

摩尔电导（molar conductance） 符号Λ_m，单位为 S·cm^2/mol。指含有 1mol 电解质的溶液在距离为 1cm 的两电极之间的电导。

如果 1 mol 溶质的溶液体积为 V（cm^3），则

$$\Lambda_m = \kappa V$$

电流（electric current） 符号 i、I，单位为 A。指工作电极或指示电极上的纯氧化反应和纯还原反应的电流。规定阳极电流为正，阴极电流为负。

直流电流（direct current） 符号 i_{dc}、I_{dc}，单位为 A。指恒定（不随时间改变的）的或具有周期性成分的电流的恒定（不随时间改变的）电流成分。

交流电流（alternating current） 符号 i_{ac}、I_{ac}，单位为 A。该名词专用于正弦波电流，其他波形电流为“周期性”波。

交流电流振幅（amplitude of alternating current） 符号 i_{ac}、I_{ac}，单位为 A。指正弦波电流峰峰间距的一半。

法拉第电流（Faradaic current） 符号 i_F、I_F，单位为 A。由电活性物质的氧化或还原而产生的电流。

净法拉第电流（net Faradaic current） 无符号，单位为 A。指通过工作电极的所有法拉第电流的代数和。

法拉第解调电流（Faradaic demodulation current） 符号 i_{FD}、I_{FD}，单位为 A。当工作电极受到具有不同频率的两种相互调制的电位的作用时，与电极反应的解调有关的电流成分称为法拉第解调电流。

法拉第整流电流（Faradaic rectification current） 符号 i_{FR}、I_{FR}，单位为 A。当在工作电极上施加一个大小为外加电位平均值周期性改变的电位时，由于电极反应的整流性质而产生的电流称为法拉第整流电流。

双电层电流（double-layer current）或**充电电流**（charging current） 符号 i_{DL}、I_{DL}，单位为 A，即与电极-溶液界面双电层充电有关的非法拉第电流。可用下式表示：

$$i_{DL} = \mathrm{d}(\sigma A)/\mathrm{d}t$$

式中，σ为双电层的表面电荷密度；A 为电极-溶液界面的面积；t 为时间。（注意：符号的下标 DL 必须用大写字母，以免与“极限扩散电流”的符号混淆。）

瞬时电流（instantaneous current） 符号 i_t、I_t，单位为 A。指电极反应开始（$t=0$）至 t 时刻的电流总和。

① 在滴汞电极上，瞬时电流指从前一汞滴落下的时刻到 t 时刻通过电极的电流总和。

② 瞬时电流通常与时间相关，可能具有吸附电流、催化电流、扩散电流、双电层电流或动力学电流的特征，也可能包含迁移电流。瞬时电流与时间的关系曲线通常称为“i-t”曲线。

极限电流（limiting current） 符号 i_l、I_l，单位为 A。当外加电位的改变导致电荷转移反应速率大于电活性物质的传质速率时，法拉第电流达到一个极限值，称为极限电流。

在一定的电位范围内，极限电流的大小与电位无关，可以从实验测得的总电流中扣除相应的残余电流而得到。极限电流可能具有吸附电流、催化电流、扩散电流或动力学电流的特征，也可能包含迁移电流。

扩散电流（diffusion current） 符号 i_d、I_d，单位为 A。指大小取决于电活性物质向电极-溶液界面扩散速率（有时候指反应产物扩散离开界面速率）的法拉第电流。

例如对于如下反应：

$$C \underset{k_{-1}}{\overset{k_1}{\rightleftharpoons}} B \xrightarrow{\pm ne^-} B'$$

在两种情况下可观察到扩散电流，第一种情况是由电活性物质 C 生成 B 较慢而由 B 生成 B′较快，因而电流大小受平衡时 B 向电极-溶液界面的扩散速率所控制；第二种情况是 C 扩散至电极表面附近迅速转化为 B，B 在电极上被氧化或还原，电流大小受 B 的扩散速率所控制。

极限扩散电流（limiting diffusion current） 符号 $i_{d,l}$、$I_{d,l}$，单位为 A。当电荷转移反应的速率大于电活性物质的扩散速率时，扩散电流达到一个极限值，其大小与电位无关，此值称为极限扩散电流。

吸附电流（adsorption current） 符号 i_{ads}、I_{ads}，单位为 A。吸附电流是法拉第电流，其大小在特定的外加电位下不仅依赖于外加电位，而且取决于电活性物质（或者电活性物质的氧化或还原产物）在工作电极上的吸附速率和程度。

极限吸附电流（limiting adsorption current） 符号 $i_{ads,l}$、$I_{ads,l}$，单位为 A。当外加电位的改变导致电活性物质的氧化或还原快于吸附速率时，吸附电流开始与电位无关称为极限吸附电流。

在一定的电位范围内，极限电流的大小与电位无关，可以从实验测得的总电流中扣除相应的残余电流而得到。极限电流可能具有吸附电流、催化电流、扩散电流或动力学电流的特征，也可能包含迁移电流。吸附电流是法拉第电流，其大小在特定的外加电位下不仅依赖于外加电位，而且取决于电活性物质（或者电活性物质的氧化或还原产物）在工作电极上的吸附速率和程度。

催化电流（catalytic current） 符号 i_{cat}、I_{cat}，单位为 A。从一种含有物质 A 和 B 的溶液中得到的法拉第电流可能大于在相同的条件下从单独的含有 A 和 B 的溶液中得到的两个法拉第电流之和，在以下两种情况下增加的这部分电流称为催化电流。

① B 在电极-溶液界面被氧化或还原产生 B′，B′可与 A 反应生成 B 或者由 B 生成 B′总反应中的某一中间体。在这种情况下，由于向含有 B 的溶液中加入 A 而产生的电流增加称为“再生电流”（regeneration current）。

② 由于在电极-溶液界面存在 A 或者它的氧化还原产物 A′而减小了 B 在电极上氧化或还原的过电位。

在任一情况下，催化电流的大小与外加电位密切相关。

如果 A 和 B 的混合物溶液的电流小于 A 和 B 单独溶液的电流之和，应该使用“非加和性电流”（non-additive current）一词。

极限催化电流（limiting catalytic current） 符号 $i_{cat,l}$、$I_{cat,l}$，单位为 A。当改变外加电位使电荷转移反应速率快于电活性物质的催化再生反应速率，催化电流达到一个极限值且与外加电位无关，称为极限催化电流。

动力学电流（kinetic current） 符号 i_k、I_k，单位为 A。某非电活性物质 Y 通过化学反应生成电活性物质 B，B 可在电极-溶液界面发生氧化或还原反应而产生法拉第电流，若电流大小完全或部分受化学反应速率控制，则称为动力学电流。该化学反应可以是发生在电极-溶液界面的异相反应（表面反应），也可以是发生在主体溶液中的均相反应（液相反应）。

极限动力学电流（limiting kinetic current） 符号 $i_{k,l}$、$I_{k,l}$，单位为 A。当改变外加电位使电荷转移反应速率快于化学反应速率，动力学电流达到一个极限值且与外加电位无关，称为极限动力学电流。

峰电流（peak current） 符号 i_p、I_p，单位为 A。在线性扫描伏安法、三角波伏安法、循环三角波伏安法以及类似的方法中，在单次电位扫描时由物质 B 的氧化或还原所产生的法拉第电流的最大值称为峰电流。

在峰电流出现之前，法拉第电流随时间单调增加，峰电流之后法拉第电流则随时间单调减小。

“峰电流”一词还用于表示在其他方法如交流极谱、示差脉冲极谱和导数极谱中，由于电活性物质的氧化或还原所产生的法拉第电流的最大值。但是，这些方法中的电流-电压曲线的由来不同，建议采用“巅”(summit)、“巅电流”(summit current) 和“巅电位”(summit potential) 等术语。

巅电流（summit current） 符号 i_{su}、I_{su}，单位为 A。在交流极谱、示差脉冲极谱、导数极谱、方波极谱以及类似方法中，与物质 B 有关的非直流电流成分的最大值称为巅电流，其通常也是法拉第电流。

由于 B 的氧化或还原，其在电极-溶液界面的浓度随电位扫描单调降低而直接、非直接法拉第电流成分均单调增加。当电荷转移反应速率大于 B 的扩散速率时，B 的浓度衰减，进而直流法拉第电流的增加变慢。当直流电流随电位的变化达到最大值时，非直流电流达到最大值。此时推荐使用“峰电流”。

当电流成分为非法拉第型，比如 B 为表面活性而非电活性物质时，也会出现类似的电流极大，此时建议采用“顶电流”。

顶电流（apex current） 符号 i_{ap}、I_{ap}，单位为 A。在非法拉第导纳或张力法测量中，当一个非电活性物质在工作电极表面发生吸附或解附时，交流电流对外加电位的作图呈现极小或极大，该极小或极大称为“顶”（apex），以强调其非法拉第性质并区别于由电荷转移反应所产生的峰电流。“顶”处的电流最大值称为顶电流，对应的外加电位称为顶电位。

残余电流（residual current） 符号 i_r、I_r，单位为 A。在空白电解质溶液（即不含有研究对象）中观察到的电流。

方波电流（square wave current） 符号 i_{sw}、I_{sw}，单位为 A。方波极谱法中由物质 B 所产生的电流，其可以是法拉第型的（如果 B 是电活性的），也可以是非法拉第型的（如果 B 是表面活性的）。在可逆体系中可用 Barker 方程式表示：

$$i_{sw} = 2.207\times10^7 n^2 D_B^{1/2} (\Delta E) c_B^0 \left[P/\left(1+P^2\right) \right]$$

式中，i_{sw} 为方波电流，A/m^2；n 为电极反应的电子数；D_B 为电活性物质 B 的扩散系数，m^2/s；ΔE 为方波电压的振幅，V；c_B^0 为电活性物质 B 的分析浓度，mol/m^3；

$$P = c_B^0/\left(c_B^0 - c\right) = \exp\left[nF/\left(E - E_{1/2}\right) \right]。$$

扩散电流常数（diffusion current constant） 符号 I，单位为 $A \cdot m^3 \cdot s^{1/2}/(mol \cdot kg^{2/3})$。在极谱法中，扩散电流常数由如下经验公式得到：

$$I = i_{d,l}/\left(c_B^0 m^{2/3} t_1^{1/6}\right)$$

式中，$i_{d,l}$ 为极限扩散电流，A/m^2；c_B^0 为电活性物质 B 的本体浓度，mol/m^3；m 为汞或其他液态金属的平均流速，$kg/(s \cdot m^3)$；t_1 为滴下时间，s。

滴下时间（drop time） 符号 t_d，单位为 s。在极谱学中，相邻两个汞滴（或其他液态金属）脱离毛细管端口的时间差。

频率（frequency） 符号 f，单位为 Hz。

要严格区分激发信号和测得信号的频率，以及旋转圆盘、丝或其他电极的转动频率。

传质控制电解速率常数（mass-transfer-controlled electrolytic rate constant） 符号 s_B，单位为 s^{-1}。

在控制电位库仑法及类似方法中，其可通过以下经验方程得到：

$$s_B = -(1/c_B)(dc_B/dt)$$

式中，c_B 为电活性物质 B 的本体浓度，mol/m^3；dc_B/dt 为 B 的本体浓度变化速率，即由于 B 在工作电极的氧化或还原所引起的消耗，$mol/(m^3 \cdot s)$。

电势（potential） 符号 φ，单位为 V。

电势差（potential difference） 符号 U，单位为 V。

电压（voltage） 符号 U，单位为 V。

不推荐使用该名词。

对于非周期性信号，应该用“外加电位”代替“电压”。对于正弦波或其他周期性信号，仍采用“电压”一词。

交流电压（alternating voltage） 符号 U_{ac}，单位为 V。交流电压仅适用于正弦波，对于其他波型应采用“周期性电压”一词。

交流电压振幅（amplitude of alternating voltage） 符号 U_{ac}，单位为 V。指峰峰间距的一半，同时应指定峰峰间距和 r.m.s（均方根）的幅度。

周期性电压（periodic voltage） 符号 U_{pc}，单位为 V。适用于方波、三角波和其他波型，“交流电压”仅用于正弦波。

外加电位（applied voltage） 符号 V_{app}，单位为 V。指在一个电解池中所测得的两个电极之间的电势差。其主要包括两个部分，一部分为电极内部和溶液本体之间的电势差，另一部分为溶液欧姆降（iR）。

不推荐使用“外加电压”（applied voltage）这一名词。

半波电位（half-wave potential） 符号 $E_{1/2}$，单位为 V。在线性扫描伏安法、三角波伏安法、循环三角波伏安法和类似方法中，当总电流与残余电流的差值为极限电流的一半时，工作（或指示）电极的电位称为半波电位。

该电位位于电荷转移反应速率（即电流绝对值）随时间单调增加的区间内。四分之一波电位（$E_{1/4}$），以及四分之三波电位（$E_{3/4}$）等均具有类似定义。

峰电位（peak potential） 符号 E_p，单位为 V。在线性扫描伏安法、三角波伏安法、循环三角波伏安法、示差脉冲伏安法和类似方法中，峰电流出现时的工作（或指示）电极的电位称为峰电位。

半峰电位（half-peak potential） 符号 $E_{p/2}$，单位为 V。在线性扫描伏安法、三角波伏安法、循环三角波伏安法、示差脉冲伏安法和类似方法中，当总电流与残余电流的差值为峰电流的一半时，工作（或指示）电极的电位称为半峰电位。

巅电位（summit potential） 符号 E_{su}，单位为 V。在交流极谱法、示差脉冲极谱法、导数极谱法和类似方法中，巅电流出现时的工作（或指示）电极的电位称为巅电位。

四分之一过渡时间电位（quarter-transition time potential）　符号 $E_{\tau/4}$，单位为 V。在计时电位法（恒定电流密度）中，当电流施加时间为过渡时间的四分之一时，指示电极的电位称为四分之一过渡时间电位。在实际测量时，需要对双电层充电现象作适当校正。

脉冲持续时间（pulse duration）　符号 t_p，单位为 s。在脉冲极谱法、示差脉冲极谱法和类似方法中，激发信号偏离基线的时间间隔称为脉冲持续时间。这种间隔包括取样时间间隔。

取样间隔（sampling interval）　单位为 s。在间隙极谱法、方波极谱法和类似方法中，测量或记录电流的时间间隔。

取样时间（sampling time）　单位为 s。在间隙极谱法、方波极谱法和类似方法中，取样间隔的持续时间称为取样时间。

电量（quantity of electricity）　符号 Q，单位为 C。在时间 t_1 和 t_2 间流过电解池的电量可通过下式求得：

$$Q = \int_{t_1}^{t_2} i_t \mathrm{d}t$$

式中，i_t 为时间间隔内任一时刻的瞬时电流。电活性物质的电极还原反应产生的电量为负，氧化反应产生的电量为正，总电量的各个成分应按相应的电流给予命名，例如 Q_{DL} 为双电层电量，Q_t 为瞬时电量等。

平均流速（汞或其他液态金属）[average rate of flow（of mercury or other liquid metal）]　符号 m，单位为 kg/s。指在极谱学中离开毛细管尖端时汞滴质量与滴下时间 t_d 之比，表示汞滴在滴下时间内瞬时流速的平均值。

瞬时流速（汞或其他液态金属）[instantaneous rate of flow（of mercury or other liquid metal）]，符号 m，单位为 kg/s。指在极谱学中汞滴生成时刻 t 时汞滴质量的增长速度。

响应常数（response constant）　无符号。响应常数是一个表示电荷转移反应电流特征和实验条件的物理量，其性质与采用的方法有关。典型的响应常数如极谱法中的扩散电流常数、线性扫描伏安法中的伏安常数和计时电位法中的计时电位常数等。

反应层的厚度（thickness of the reaction layer）　符号 μ，单位为 m。

当动力学电流流过时，离电极表面很近的地方电活性物质 B 和它的母体 C 的浓度既受扩散影响，又受化学平衡建立速率的影响。离电极表面越远，化学平衡越容易建立，而反应层的厚度则指离电极表面某一距离以外，C 和 B 之间化学平衡完全建立，而偏离平衡的因素完全可以忽略不计。

过渡时间（transition time）　符号 τ，单位 s。在计时电位法和类似方法中，从施加电流的时刻到电活性物质 B 在电极-溶液界面的浓度接近零时的时间间隔称为过渡时间。在实际测量中，取后一时刻指示电极电位变化最大的那一时刻。

伏安常数（voltammetric constant）　符号 $\mathscr{V}$，单位 A・m・$s^{1/2}$/(mol・$V^{1/2}$)。

在线性扫描伏安法和类似方法中，对于由电活性物质 B 氧化或还原所产生的电流峰，其伏安常数由以下经验公式求得：

$$\mathscr{V} = i_p \Big/ \left(A v^{1/2} c_B \right) \left(= j_p \Big/ v^{1/2} c_B \right)$$

式中，i_p 为峰电流；A 为电极-溶液界面面积；v 为外加电位改变速率；c_B 为物质 B 的本体浓度，$j_p = i_p / A$ 为电流密度。

波高（wave height） 指某一波形的极限电流，为方便起见可使用任意单位。

电子转移数（electron transfer number） 符号 n。电子转移数是一个化学计量比值，等于在电极和溶液界面还原或氧化一个特定电活性物质（离子或分子）时所发生的电子转移总数，而且在此过程中无其他物质的氧化或还原发生。

表观电子转移数（apparent electron transfer number） 符号 n_{app}。表观电子转移数是实验测得的电子转移数，等于实验过程中在电极和溶液界面还原或氧化一个特定电活性物质（离子或分子）时所发生的电子转移总数。

当物质 B 的氧化或还原伴有其他化学反应，如另一种物质的催化或诱导还原、消耗 B 或中间产物的副反应，n_{app} 值会不同于 n。

特征电位（characteristic potential） 无推荐符号，单位为 V。

指表征电荷转移反应或吸附反应过程及其实验条件的一个外加电位，它依赖于所采用的实验方法。一些典型的特征电位如极谱法中的半波电位、计时电位法中的四分之一过渡时间电位、线性扫描伏安法中的峰电位和半峰电位、交流极谱法中的巅电位等。

计时库仑常数（chronocoulometric constant） 符号 m，单位为 $A \cdot s^{1/2} \cdot m/mol$。

通过计时库仑实验，计时库仑常数可由以下经验公式得到：

$$m = \frac{1}{Ac} \times \frac{\Delta Q}{\Delta t^{1/2}}$$

式中，c 为电活性物质的本体浓度，mol/m^3；A 为电极-溶液界面的面积，m^2；$\Delta Q/\Delta t^{1/2}$ 为 Q 对 $t^{1/2}$ 作图所得直线的斜率。

计时电位常数（chronopotentiometric constant） 符号 T，单位为 $A \cdot s^{1/2} \cdot m/mol$。

在计时电位法（恒定电流强度下）中，计时电位常数可由以下经验公式得到：

$$T = \frac{i\tau^{1/2}}{Ac} = \frac{j\tau^{1/2}}{c}$$

式中，i 为电流，A；τ 为过渡时间，s；A 为电极-溶液界面的面积，m^2；c 为电活性物质的本体浓度，mol/m^3；j 为电流密度（$j = i/A$），A/m^2。

第三节 电分析化学学术和网络资源

当代科技工作者极大受益于互联网上的学术资源和图书馆功能，目前大部分科学研究相关的文献资料、书籍和论文均已实现数字化。互联网上与分析化学有关的资源和相关网站不胜枚举，以下将概要列出一些与电分析化学有关的网络学术期刊和资源。

一、学术期刊

Analytical Chemistry (1947—), ACS publications
http://pubs.acs.org/loi/ancham

Analyst (1876—), RSC Publishing
http://pubs.rsc.org/en/Journals/JournalIssues/AN

Bioelectrochemistry and Bioenergetics (1974—1999),
Bioelectrochemistry (2000—), Elsevier

http://www.sciencedirect.com/science/journal/03024598

Biosensor (1985—1989), Biosensors and Bioelectronics (1990—), Elsevier
http://www.sciencedirect.com/science/journal/09565663

Electroanalysis (1989—), Wiley
http://onlinelibrary.wiley.com/journal/10.1002/(ISSN)1521-4109/issues

Electrochemical and Solid State Letters (1998—), The Electrochemical Society
http://scitation.aip.org/ESL/

Electrochemistry Communications (1999—), Elsevier
http://www.sciencedirect.com/science/journal/13882481

Electrochimica Acta (1959—), Elsevier
http://www.sciencedirect.com/science/journal/00134686

Journal of Applied Electrochemistry (1971—), Springer-Verlag
http://www.springer.com/chemistry/electrochemistry/journal/10800

Journal of Electroanalytical Chemistry and Interfacial Chemistry (1959—1992), Journal of Electroanalytical Chemistry (1992—), Elsevier
http://www.sciencedirect.com/science/journal/15726657

Journal of Solid State Electrochemistry (1997—), Springer-Verlag
http://www.springer.com/chemistry/physical+chemistry/journal/10008

Journal of The Electrochemical Society (1902—), The Electrochemical Society
http://scitation.aip.org/JES

Solid State Ionics (1980—), Elsevier
http://www.sciencedirect.com/science/journal/01672738

Trends in Analytical Chemistry (1981—), Elsevier
http://www.sciencedirect.com/science/journal/01659936

Sensors（2001—）
http://www.mdpi.com/journal/sensors

二、网络资源

1. 综合性网站和搜索引擎

Google：http://www.google.com；http://scholar.google.com
Yahoo：http://www.yahoo.com
百度：http://www.baidu.com

2. 综合性化学站点

中国化学会：http://www.chemsoc.org.cn/Journals

美国化学会：http://www.acs.org
英国皇家化学会：http://www.rsc.org
德国化学会 Wiley-VCH 出版集团：http://www.wiley-vch.de
Elesvier 出版集团：http://www.elesvier.org
Springer 出版集团：http://www.springer.org
世界图书馆目录：http://www.worldcat.org/
Gallica 数字图书馆：http://gallica.bnf.fr/?lang=en
Open-Access Text Archive：http://www.archive.org/details/texts

3. 电分析化学相关站点

国际电化学会：http://www.ise-online.org
电化学学会：http://www.electrochem.org
电分析化学会：http://electroanalytical.org/index.html
Electrochemical Science and Technology Information Resource (ESTIR)：
http://electrochem.cwru.edu/estir/
Worldwide Directory of Graduate Schools for Electrochemical Science and Engineering：
http://electrochem.cwru.edu/estir/grads.html

三、参考书籍

（一）电化学方法与原理

1．Lingane J J. *Electroanalytical Chemistry*. 2nd ed. New York: Interscience. 1958.
2．MacInnes A. *The Principles of Electrochemistry*. New York: Dover, 1961.
3．Ives J G, Janz G J. *Reference Electrodes: Theory and Practice*. New York: Academic Press. 1961.
4．Conway E. *Theory and Principles of Electrode Processes*. New York: Ronald Press. 1965.
5．Vetter K J. *Electrochemical Kinetics*. New York: Academic Press, 1967.
6．Adams R N. *Electrochemistry at Solid Electrodes*. New York: Marcel Dekker, 1969.
7．Mann C K, Barnes K K. *Electrochemical Reactions in Nonaqueous Systems*. New York: Marcel Dekker, 1970.
8．Newman J. *Electrochemical Systems*. Englewood Cliffs: Prentice Hall, NJ, 1973.
9．Albery W J. *Electrode Kinetics*. Oxford: Clarendon Press, 1975.
10．Bond A M. *Modern Polarographic Methods in Analytical Chemistry*. New York: Dekker, 1980.
11．汪尔康，等. 示波极谱及其应用. 成都: 四川科学技术出版社，1984.
12．[捷克] 海洛夫斯基，库达著. 极谱学基础. 汪尔康译. 北京: 科学出版社，1984.
13．田昭武. 电化学研究方法. 北京: 科学出版社，1984.
14．郭鹤桐，刘淑兰. 理论电化学. 北京: 宇航出版社，1984.
15．高小霞，等. 电分析化学导论. 北京: 科学出版社，1986.
16．高鸿，张祖训. 极谱电流理论，北京: 科学出版社，1986.
17．Goodisman J. *Electrochemistry: Theoretical Foundations*. New York: Wiley, 1987.
18．Rieger P H. *Electrochemistry*. Englewood Cliffs, NJ: Prentice-Hall International, 1987.

19. Crow D R. *Principles and Applications of Electrochemistry*. 3rd ed. London: Chapman and Hall, 1988.
20. Newman J S. *Electrochemical Systems*. 2nd ed. Englewood Cliffs: Prentice-Hall, NJ, 1991.
21. Koryta J. *Ions, Electrodes and Membranes*. Chichester: Wiley, 1991.
22. 谢远武，董绍俊. 光谱电化学方法-理论与应用. 长春：吉林科学技术出版社，1993.
23. Bockris J O'M, Khan S U M. *Surface Electrochemistry: A Molecular Level Approach*. New York: Plenum Press, 1993.
24. Koryta J, Dvorak J, Kavan L. *Principles of Electrochemistry*. 2nd ed. New York: Wiley, 1993.
25. Gileadi E. *Electrode Kinetics for Chemists, Chemical Engineers, and Materials Scientists*. New York: VCH, 1993.
26. Brett C M A, Brett A M O. *Electrochemistry: Principles, Methods, and Applications*. New York: Oxford University Press Inc., 1993.
27. Christensen P A, Hamnett A. *Techniques and Mechanisms in Electrochemistry*. New York: Blackie Academic and Professional, 1994.
28. Rieger P H. *Electrochemistry*. 2nd ed. New York: Chapman and Hall, 1994.
29. Galus Z, *Fundamentals of Electrochemical Analysis*, 2nd ed., New York: Wiley, 1994.
30. [日]小泽昭弥. 现代电化学. 吴继勋等译. 北京：化学工业出版社，1995.
31. 李启隆. 电分析化学. 北京：北京师范大学出版社，1995.
32. Sawyer D T, Sobkowiak A, Roberts J L Jr. *Electrochemistry for Chemists*. 2nd ed. New York: John Wiley and Sons, 1995.
33. Rubinstein I. *Physical Electrochemistry: Principles, Methods, and Applications*. New York: Marcel Dekker, 1995.
34. Schmickler W. *Interfacial Electrochemistry*. New York: Oxford University Press, 1996.
35. Oldham K B, Myland J C. *Fundamentals of Electrochemical Science*. San Diego: Academic Press, 1994.
36. Hamann H, Hamnett A, Vielstich W. *Electrochemistry*. Weinheim, Germany: Wiley-VCH, 1997.
37. 张祖训. 超微电极电化学. 北京：科学出版社，1998.
38. 吴浩青，李永舫. 电化学动力学. 北京：高等教育出版社，1998.
39. Bockris J O'M, Reddy A K N. *Modern Electrochemistry*. 2nd ed. New York: Plenum Press, 1998, 2 volumes.
40. Wang J. *Analytical Electrochemistry*. 2nd ed. New York: John Wiley and Sons, 2000.
41. 张祖训，汪尔康. 电化学原理和方法. 北京：科学出版社，2000.
42. 杨辉，卢文庆. 应用电化学. 北京：科学出版社，2001.
43. Bard A J, Faulkner L R. *Electrochemical Methods: Fundamentals and Applications*. 2nd ed. New York: John Wiley and Sons, 2001.
44. Lund H, Hammerich O. *Organic Electrochemistry*. New York: Marcel Dekker, 2001.
45. Memming R. *Semiconductor Electrochemistry*. Weinheim, Germany: Wiley-VCH, 2001.
46. Monk P M S. *Fundamentals of Electroanalytical Chemistry*. New York: Wiley, 2001.
47. 查全性. 电极过程动力学导论. 北京：科学出版社，2002.

48. Izutsu K. *Electrochemistry in Nonaqueous Solutions*. Weinheim, Germany: Wiley-VCH, 2002.
49. 董绍俊，车广礼，谢远武. 化学修饰电极：修订版. 北京：科学出版社，2003.
50. Zanello P. *Inorganic Electrochemistry: Theory, Practice, and Applications*. Cambridge, England: Royal Society of Chemistry, 2003.
51. Girault H H. *Physical and Analytical Electrochemistry*. Lausanne, Switzerland: EPFL-Press, 2004.
52. 贾梦秋，杨文胜. 应用电化学. 北京：高等教育出版社，2004.
53. Pombeiro J L, Amatore C. *New Trends in Molecular Electrochemistry*. New York: Marcel Dekker, 2004.
54. Scholz F, Schroeder U, Gulaboski R. *The Electrochemistry of Particles and Droplets Immobilized on Electrode Surfaces*. New York: Springer, 2004.
55. Bard A J. *Electrogenerated Chemiluminescence*. New York: Marcel Dekker, 2004.
56. [美] Bard A J, Faulkner L R. 电化学方法-原理和应用. 邵元华等译. 北京：化学工业出版社，2005.
57. 万立骏.电化学扫描隧道显微术及其应用. 北京：科学出版社，2005.
58. 鞠熀先. 电分析化学与生物传感技术. 北京：科学出版社，2005.
59. 吴守国，袁倬斌. 电化学分析原理. 合肥：中国科学技术大学出版社，2006.
60. 贾铮，戴长松，陈玲. 电化学测量方法. 北京：化学工业出版社，2006.
61. Zoski C G. *Handbook of Electrochemistry*. 1st ed. The Netherland: Elsevier, 2007.
62. 李启隆，胡劲波. 电分析化学. 北京：北京师范大学出版社，2007.
63. 胡会利，李宁. 电化学测量. 北京：国防工业出版社，2007.
64. 李荻.电化学测量. 第 3 版. 北京：北京航空航天大学，2008.
65. [德] Hamann C H, Hamnett A, Vielstich W 著. 电化学. 陈艳霞，夏兴华，蔡俊译. 北京：化学工业出版社，2009.

（二）电化学技术

1. Delahay P. *New Instrumental Methods in Electrochemistry*. New York: Interscience, 1954.
2. Sawyer D T, Roberts J L *Experimental Electrochemistry for Chemists*. New York: Wiley, 1974.
3. Gileadi E, Kirowa-Eisner E, Penciner J. *Interfacial Electrochemistry: An Experimental Approach*. Reading, MA: Addison-Wesley, 1975.
4. Macdonald D D. *Transient Techniques in Electrochemistry*. New York: Plenum Press, 1977.
5. Southampton Electrochemistry Group. *Instrumental Methods in Electrochemistry*. Chichester, UK: Ellis Horwood, 1985.
6. Vanysek P. *Modern Techniques in Electroanalysis*. New York: Wiley, 1996.
7. Kissinger P T, Heineman W R, (Eds.). *Laboratory Techniques in Electroanalytical Chemistry*. 2nd ed. New York: Marcel Dekker, 1996.
8. Scholz F, Ed. *Electroanalytical Methods: Guide to Experiments and Applications*. New York: Springer, 2002.

9. 周伟航. 电化学测量. 上海: 上海科学技术出版社, 1985.
10. [日]藤岛昭, 等. 电化学测定方法. 陈振, 姚建年, 等译. 北京: 北京大学出版社, 1995.
11. 卢小泉, 薛中华, 刘秀辉编著. 电化学分析仪器. 北京: 化学工业出版社, 2010.
12. 张鉴清, 等. 电化学测试技术. 北京: 化学工业出版社, 2010.

（三）电化学数据

1. Conway E. *Electrochemical Data*, Amsterdam: Elsevier, 1952.
2. Parsons R. *Handbook of Electrochemical Data*. London: Butterworths, 1959.
3. Janz, G J, Tomkins R P T. *Nonaqueous Electrolytes Handbook*. New York: Academic Press, 1972, 2 volumes.
4. Meites L, Zuman P. *Electrochemical Data*. New York: Wiley, 1974.
5. Meites L, Zuman P, et al. *CRC Handbook Series in Organic Electrochemistry*. Boca Raton, FL: CRC Press, 1977–1983, 6 volumes.
6. Bard A J, Parsons R, Jordan J (Eds.). *Standard Potentials in Aqueous Solution*. New York: Marcel Dekker, 1985.
7. Horvath L. *Handbook of Aqueous Electrolyte Solutions: Physical Properties, Estimation, and Correlation Methods*. Chichester, UK: Ellis Horwood, 1985.
8. Meites L, Zuman P, et al. *CRC Handbook Series in Inorganic Electrochemistry*, Boca Raton, FL: CRC Press, 1980–1988, 8 volumes.
9. Zemaitis J F, Clark D M, Rafal M, Scrivner N C. *Handbook of Aqueous Electrolyte Thermodynamics: Theory and Applications*, New York: Design Institute for Physical Property Data, 1986.

（四）丛书/综述

1. Conway E, et al. *Modern Aspects of Electrochemistry*. New York: Plenum Press, 1954–2004, 38 volumes.
2. Yeager E, Salkind A J. *Techniques of Electrochemistry*. New York: Wiley-Interscience, 1972–1978, 3 volumes.
3. Delahay P, Tobias C W (from Vol. 10, Gerischer H, Tobias C W). *Advances in Electrochemistry and Electrochemical Engineering*. New York: Wiley, 1961–1984, 13 volumes.
4. Specialist Periodical Reports, *Electrochemistry*, Hills G J, (Vols. 1–3), Thirsk H R, (Vols. 4–7), and Pletcher (Vols. 8–10) Senior Reporters, London: The Chemical Society, 1968–1985, 10 volumes.
5. Bard A J (from Vol. 19 with Rubinstein I). *Electroanalytical Chemistry*. New York: Marcel Dekker, 1966–2004, 22 volumes.
6. Bard A J, et al. Eds., *Encyclopedia of Electrochemistry*. Germany: Wiley-VCH, 2002–2007, 11 volumes.
7. Bard A J, Lund H, Eds. *Encyclopedia of the Electrochemistry of the Elements*. New York: Marcel Dekker, 1973–1986, 16 volumes.
8. Gerischer H, Tobias C W, Eds. *Advances in Electrochemistry and Electrochemical Engineering*. Weinheim, Germany: Wiley-VCH, 1990–1997, 5 volumes.

9. Yeager E, Bockris J O'M, Conway B E, et al. *Comprehensive Treatise of Electrochemistry* New York: Plenum Press, 1984, 10 volumes.

参 考 文 献

[1] Delahay P, Charlot G, Lifinen H A. Anal Chem, 1960, 32: 103.
[2] Kolthoff I M, Elving P J. Treaties on Analytical Chemistry, Part I Vol 4. Section D-2, New York: Wiley-Interscience, 1963.
[3] McNaught A D, Wilkinson A, IUPAC, Compendium of Analytical Nomenclature, The Orange Book, 3rd Edition, Oxford, England: Blackwell Science, 1998.
[4] http://old.iupac.org/publications/analytical_compendium/
[5] Zoski C Z, Eds. Handbook of Electrochemistry. The Netherland: Elsevier, 2007.

第二章　电分析化学基础知识与实验测量

电分析化学是采用电化学基本原理和实验技术，分析待测物质形态、性质、成分及含量的一种分析方法。具体而言，即通常将含有待测物的溶液作为化学电池的一部分，通过特定的电化学仪器测量电池的某些电学参数（如电动势、电导、电阻、电流和电量等），对待测物进行表征、定性和定量分析。

第一节　电化学基础知识

电化学过程指发生于电极-溶液界面的电荷转移反应及相关变化的总和，该过程与电极电势密切相关。改变电极电势，电化学反应活化能就以一定形式发生相应的改变。此外，电化学反应速率也受电极-溶液界面双电层结构的影响。

一、界面双电层

当任何两相接触时，由于电子或离子等荷电粒子在两相中具有不同的电化学势，荷电粒子就会在两相界面附近发生重新分布，最终界面两侧形成符号相反的电荷分布。以金属电极-溶液界面为例，为补偿金属表面电荷以维持电中性条件，靠近电极-溶液界面溶液一侧的溶剂和电解质离子会在界面附近重新分布，形成一个双电层结构。最靠近电极表面的一层由溶剂分子和特性吸附的离子、分子所组成，这一层称为内层、紧密层、Helmholtz 层或 Stern 层，厚度一般为 10^{-10}m。这一层以外的溶液层中含有大量自由扩散的溶剂化离子，这些溶剂化离子与电极之间发生长程静电相互作用，这一层通常称为分散层（diffuse layer），厚度范围为 10^{-10}～10^{-6}m，该厚度与电解质浓度、温度等因素有关。双电层结构对电极反应有重要影响，通常来讲，双电层电容及其所产生的充电电流在电化学测量中是不可忽视的。尤其是特性吸附对电极-溶液界面性质有重要影响，它能改变电极表面状态和双电层中的电位分布，从而影响反应物表面浓度及界面反应活化能。

二、法拉第过程和非法拉第过程

根据是否有电荷转移通过电极-溶液界面，电化学过程可分为法拉第过程和非法拉第过程。法拉第过程是有电荷转移经过电极-溶液界面的过程，该过程伴随氧化还原反应的发生，因电荷转移量与反应物质变化量之间的当量关系遵循法拉第定律，故称为法拉第过程，而相应产生的电流称为法拉第电流。

在某些实验条件下，电极-溶液界面没有电荷转移反应发生，而仅有吸附、脱附等过程发生，但电极-溶液界面仍可随外加电位和溶液组成发生变化，此类过程称为非法拉第过程，所对应的电流响应称为非法拉第电流，有时也称为充电电流或电容电流。一个电极反应过程的发生既包括法拉第过程，也包括非法拉第过程。

三、电极反应

一般来讲，电极反应是异相氧化还原反应，它是通过电子导体相（即电极）和离子导体相（电解质溶液）之间的界面电荷转移来实现的，它的反应速率可通过改变电极电位来控制。为便于讨论，可考虑表示为以下还原半反应：

$$O + ne^- \longleftrightarrow R \tag{2-1}$$

式中，O 和 R 是氧化还原对相应的氧化态和还原态组分。

当该电极反应处于平衡状态时，电极电位与溶液中反应物和产物的本体浓度之间符合 Nernst 方程，一般表示如下：

$$E = E^{\ominus\prime} + \frac{RT}{nF}\ln\left(\frac{c_O^b}{c_R^b}\right) \tag{2-2}$$

式中，$E^{\ominus\prime}$ 表示矢量标准电极电位；c_O^b 和 c_R^b 分别表示氧化态和还原态的溶液本体浓度。

电极反应不仅包括电极表面上的电荷转移反应，还包括电极表面附近溶液中的传质和一些相关的化学步骤，如图 2-1 所示。这些步骤中，有些可平行（同时）发生，有些是连续发生。

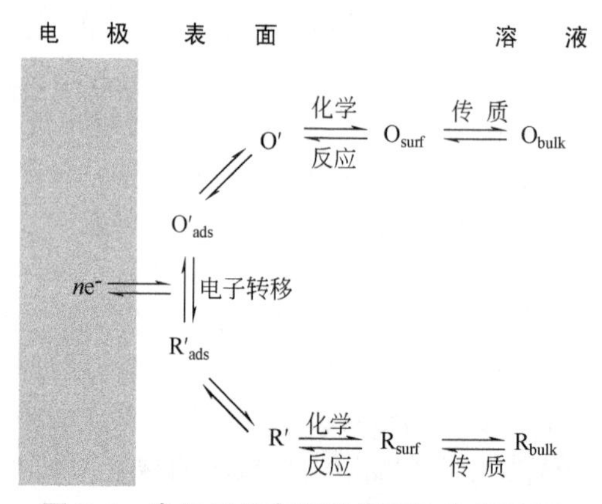

图 2-1 电极反应包括的界面和化学过程

O、R分别代表氧化态和还原态；下角标bulk表示本体，surf表示表面，ads表示吸附态

如果仅有一种物质在电极上按照单一路程被氧化或还原，则整个电极反应包括如下步骤：

① 溶液中的电活性物质（反应物）向电极-溶液界面运动，进而发生电荷转移反应和补充被电极反应消耗的电活性物质（反应物）；

② 电活性物质（反应物）在界面双电层中发生一定的化学转化，生成适合于电极反应的形态，以及发生一定的吸附等；

③ 电活性物质（反应物）与电极之间发生电荷转移及电化学反应；

④ 电化学反应生成物（产物）发生吸附-解吸附及相应的化学转化；

⑤ 电化学反应生成物（产物）在电极表面沉积生成新的相，或在电极表面析出气体，或由电极表面向溶液本体运动。

这五个步骤是连续的，每一个步骤都需要活化能，整个电极的反应速率由连续步骤中最慢的步骤所控制。通常来讲，人们将电极反应区分为传质控制和电化学反应（电荷转移反应）控制。

四、电极/溶液界面的传质过程

在一个传质控制的电极过程中，电化学反应（电荷转移反应）比较快速，即电极反应可逆，电极电位和电活性物质的表面浓度始终维持 Nernst 关系。此时，电极反应过程的速率就完全由反应物向电极表面或生成物离开电极表面的传质速率所决定。一般来讲，溶液中的传质过程可以通过扩散、电迁移和对流三种方式进行。

扩散 溶液中存在浓度梯度时所引起的反应物和产物的运动。例如由于电极反应的消耗，电极表面反应物的浓度低于其在溶液本体中的浓度，引发反应物自溶液本体向电极表面扩散。

电迁移 带电荷的反应物或产物在电场作用下所产生的运动。带正电荷的物质顺电场方向运动，带负电荷的物质逆电场方向运动。

对流 溶液中物质随溶液流动而运动。溶液流动可能是由密度差异所引起的自然对流，也可能是由人为搅拌所引起的强制对流。

将以上三种传质结合起来，如果只考虑一维传质，则可得到如下传质方程：

$$J_i(x) = -D_i \frac{\partial c_i(x)}{\partial x} - \frac{z_i F}{RT} D_i c_i \frac{\partial \phi(x)}{\partial x} + c_i v(x) \tag{2-3}$$

式中，$J_i(x)$为物质 i 在距离界面 x 处的流量，mol/(s • cm^2)；D_i 为物质 i 的扩散系数，cm^2/s；$v(x)$为溶液在 x 处的运动速度，cm/s。式中右端三项分别表示来自于扩散、电迁移和对流的贡献。

通常情况下，电迁移和对流可通过加入足够的支持电解质和保持电解质溶液静止来分别加以消除，从而使电极反应速率由电活性物质的扩散传质来控制。此时，电极反应速率等于电极表面（$x=0$）反应物的扩散速率，以反应（2-1）为例，该电极过程的电解电流可由法拉第定律求得：

$$i = nFAJ_O(0) = -nFAD_O \left.\frac{\partial c_O(x)}{\partial x}\right|_{x=0} \tag{2-4}$$

式中，A 表示电极表面积；D_O 表示氧化态的扩散系数。根据 Fick 第二定律，电活性物质的扩散速率与扩散方向上的浓度梯度存在一定的比例关系，即：

$$\frac{\partial c_O(x,t)}{\partial t} = -D_i \frac{\partial^2 c_O(x,t)}{\partial^2 x} \tag{2-5}$$

因此，$c_O(x,t)$ 需要根据相应的实验初始条件和边界条件来求解。在稳态扩散条件下[$\partial c_O(x,t)/\partial t = 0$]，可以得到电流-时间的关系式：

$$i_1(t) = \frac{nFAD_O^{1/2} c_O^b}{\sqrt{\pi t}} \tag{2-6}$$

该式即为 Cottrell 方程，式中 $i_1(t)$ 表示极限扩散电流。

由于电极几何形状的不同，在电极-溶液界面附近的电活性物质的扩散场也不尽相同，需要根据具体的扩散传质方程以及相应的实验初始条件和边界条件求解 $c_O(x,t)$。表 2-1 中列出了平面、球形、柱形、滴汞电极的扩散微分方程，以及对应的极限扩散电流方程。

表 2-1 不同电极的扩散微分方程以及对应的极限扩散电流方程[1]

电极	扩散方程	起始及边界条件	极限扩散电流方程
平面	$\frac{\partial c}{\partial t}=D\frac{\partial^2 c}{\partial^2 x}$	$t=0, x=0, c_O=c_O^b, c_R\to 0$ $t>0, x=0, c_O\to 0; x\to\infty, c_O\to c_O^b$	$i_1(t)=\frac{nFAD_O^{1/2}c_O^b}{\sqrt{\pi t}}$（Cottrell 方程）
球形	$\frac{\partial c}{\partial t}=D\frac{\partial^2 c}{\partial^2 r}+\frac{2}{r}\frac{\partial c}{\partial r}$	$t=0, r\geqslant r_0, c_O=c_O^b, c_R\to 0$ $t>0, r=r_0, c_O\to 0; r\to\infty, c_O\to c_O^b$	$i_1(t)=nFAc_O^bD_O^{1/2}\left(\frac{1}{\sqrt{D_O\pi t}}+\frac{1}{r_0}\right)$
柱形	$\frac{\partial c}{\partial t}=D\frac{\partial^2 c}{\partial^2 r}+\frac{1}{r}\frac{\partial c}{\partial r}$	$t=0, r\geqslant r_0, c_O=c_O^b$ $t>0, r=r_0, c_O\to 0; r\to\infty, c_O\to c_O^b$	$i_1(t)=nFAc_O^bD_O^{1/2}\frac{2}{r_0}\times\frac{1}{\ln\left(\frac{4D_Ot}{r_0^2}\right)}$
扩展的平面（滴汞电极近似式）	$\frac{\partial c}{\partial t}=D\frac{\partial^2 c}{\partial^2 x}+\frac{2x}{3t}\frac{\partial c}{\partial x}$	$t=0, x\geqslant 0, c_O\to c_O^b$ $t>0, x=0, c_O\to 0$ $t\geqslant 0, x\to\infty, c_O\to c_O^b$	$i_1(t)=nFAc_O^bD_O^{1/2}\Big/\sqrt{\frac{3}{7}\pi t}$ $\overline{i_1(t)}=605nD_O^{1/2}m^{2/3}t_1^{1/6}c_O^b$
滴汞电极（准确式）	$\frac{\partial c}{\partial t}=D\frac{\partial^2 c}{\partial^2 r}+\frac{2}{r}\frac{\partial c}{\partial r}-\frac{a^3}{3r^2}\frac{\partial c}{\partial r}$	$t=0, r\geqslant r_0, c_O\to c_O^b$ $t>0, r\to\infty, c_O\to c_O^b; r=r_0, c_O\to 0$	$\overline{i_1(t)}=605nD_O^{1/2}m^{2/3}t_1^{1/6}c_O^b$ $\times\left[1+\frac{34D_O^{1/2}t_1^{1/6}}{m^{1/3}}+100\left(\frac{D_O^{1/2}t_1^{1/6}}{m^{1/3}}\right)^2\right]$

注：滴汞电极面积随汞滴生长时间而改变，$\overline{A}=0.85m^{2/3}t_1^{2/3}$（式中 t_1 表示滴下时间）。将其带入 $i_1(t)$ 式中，则可以得到滴汞电极上的平均电流 $\overline{i_1(t)}$ 及 Ilkovic 方程。

五、电极反应动力学

令反应（2-1）的前向反应（还原反应或阴极反应）的速率常数和电流分别为 k_c 和 i_c，后向反应（氧化反应或阳极反应）的速率常数和电流分别为 k_a 和 i_a，则有：

$$i_c=nFAk_cc_O(0,t) \tag{2-7}$$

$$i_a=nFAk_ac_R(0,t) \tag{2-8}$$

总的电化学反应为阳极电流和阴极电流之差，即：

$$i=i_a-i_c=nFA\left[k_ac_R(0,t)-k_cc_O(0,t)\right] \tag{2-9}$$

速率常数的大小与相应反应方向的活化能有关，而电化学反应的活化能可随电极电位发生一定的改变，则有：

$$k_c=k^{\ominus}\exp\left[\frac{(1-\alpha)nF(E-E^{\ominus\prime})}{RT}\right] \tag{2-10}$$

$$k_a = k^{\ominus}\exp\left[-\frac{\alpha nF\left(E-E^{\ominus\prime}\right)}{RT}\right] \tag{2-11}$$

式中，E 和 $E^{\ominus\prime}$ 分别表示实际电极电位和条件电极电位；$k^{\ominus}$ 表示标准速率常数，即电极电位处于热力学标准电位时的速率常数，它是电极反应速率的一个度量。$k^{\ominus}$ 大时就会在较短的时间内达到化学平衡，$k^{\ominus}$ 小时达到平衡的时间就会较长。已测量过的最大标准速率常数介于 1～10cm/s 之间。一般情况下，当 $k^{\ominus} > 10^{-2}$cm/s 时，可认为电荷转移步骤速率很快，电极反应是可逆的；当 10^{-4} cm/s $< k^{\ominus} < 10^{-2}$ cm/s 时，认为电荷转移步骤速率不是很快，此时电极反应过程处于电荷转移和传质的混合控制区，电极反应是准可逆的；当 $k^{\ominus} < 10^{-4}$ cm/s 时，认为电荷转移步骤速率很慢，此时电极反应可看成完全不可逆的。α 定义为电荷转移系数，一般情况下，$0 < \alpha < 1$。它是描述电极电势对电极反应活化能（或反应速率）影响程度的物理量，其物理意义是表示在所施加的电极电位中作用于电极反应的比例。

将式（2-10）和式（2-11）带入式（2-9），可以得到如下电流-电位方程：

$$i = nFAk^{\ominus}\left\{c_R(0,t)\exp\left[-\frac{\alpha nF\left(E-E^{\ominus\prime}\right)}{RT}\right]-c_O(0,t)\exp\left[\frac{(1-\alpha)nF\left(E-E^{\ominus\prime}\right)}{RT}\right]\right\} \tag{2-12}$$

根据式（2-12），当电极反应体系处于平衡状态时（$E = E_{eq} = E^{\ominus\prime} + \frac{RT}{nF}\ln\left(\frac{c_O^b}{c_R^b}\right)$），净电流为零，此时可以得到交换电流（$i_0$）：

$$\begin{aligned} i_0 &= nFAk^{\ominus}c_R^b\exp\left[-\frac{\alpha nF\left(E_{eq}-E^{\ominus\prime}\right)}{RT}\right] \\ &= nFAk^{\ominus}c_O^b\exp\left[\frac{(1-\alpha)nF\left(E_{eq}-E^{\ominus\prime}\right)}{RT}\right] \end{aligned} \tag{2-13}$$

从式（2-13）可以看出，当 $i_a > i_c$ 时，净效果为氧化过程；反之，当 $i_a < i_c$ 时，净效果为还原过程。在这两种情况下，有净电流流过电极-溶液界面，电极反应体系处于非平衡状态，实际电极电位与平衡电极电位发生偏离。通常定义实际电极电位与平衡电极电位之间的差值为过电位，以 η 表示：

$$\eta = E - E_{eq} \tag{2-14}$$

将式（2-14）代入式（2-12）并考虑式（2-13）中 i_0 的表示，可以得到电流-电位关系：

$$i = i_0\left\{\left(\frac{c_R(0,t)}{c_R^b}\right)\exp\left(-\frac{\alpha nF\eta}{RT}\right)-\left(\frac{c_O(0,t)}{c_O^b}\right)\exp\left[\frac{(1-\alpha)nF\eta}{RT}\right]\right\} \tag{2-15}$$

如果在电化学反应过程中对溶液进行充分搅拌，或者电极反应电流很小，电活性物质的扩散过程比电荷转移过程快很多，则电化学反应的反应物和产物在电极表面的浓度与在溶液本体中的浓度基本相等 [即 $c_R(0,t) = c_R^b$ 和 $c_O(0,t) = c_O^b$]。这样，式（2-15）可以进一步简化为：

$$i = i_0 \left\{ \exp\left(-\frac{\alpha nF\eta}{RT} \right) - \exp\left[\frac{(1-\alpha)nF\eta}{RT} \right] \right\} \tag{2-16}$$

上式称为 Butler-Volmer 方程。当净电流约小于阳极或阴极极限电流中较小者的 10%时，Butler-Volmer 方程是电流-电位响应的一个较好的近似。因为在此条件下，全部过电位反映的是电极反应的活化能，也称为电荷转移活化过电位。它与电极反应的交换电流密切相关，对于同一净电流，交换电流越小，活化过电位越大。

当η很小时，式（2-15）可简化为：

$$\eta = -\frac{RT}{i_0 nF} i \tag{2-17}$$

上式表明在过电位较小时，它与交换电流的关系是线性的。通过η-i图的直线部分，由斜率（也定义为电荷传递电阻，$R_{ct} = RT/i_0 nF$）可求得i_0，故亦能得到$k^{\ominus}$。

而当η的绝对值比较大时，式（2-15）中右侧的两项中有一项可忽略。如η表示一个很高的阴极过电位时，式（2-15）可简化为：

$$\eta = \frac{RT}{\alpha nF} \ln i_0 - \frac{RT}{\alpha nF} \ln i \tag{2-18}$$

如η表示一个很高的阳极过电位时，则式（2-15）可简化为：

$$\eta = -\frac{RT}{(1-\alpha)nF} \ln i_0 + \frac{RT}{(1-\alpha)nF} \ln i \tag{2-19}$$

对于一个给定体系，只有η和i是可变的，因此可将以上两式合并表示如下：

$$\eta = a + b \lg i \tag{2-20}$$

上式称为 Tafel 方程，它是关联过电位与电化学反应电流的一个经验公式。Tafel 方程只适用于物质传递对电流基本无影响的情况，它是完全不可逆电极反应过程的标态。

第二节　电分析化学实验测量

电分析化学测量都遵循一定的程序进行，大致如图 2-2 所示。而实际分析过程可概括为三个主要步骤：实验条件的控制、实验结果的测量和实验数据的解析。具体过程如下。

（1）实验条件的控制　必须根据具体分析目的来确定，主要考虑两个方面。一方面是电分析化学实验体系的确定，包括：研究对象；溶剂、支持电解质；工作电极、参比电极、辅助电极；电解池；反应体系温度、压强等。另一方面是电分析化学方法和技术的确定：在一定的实验条件下，对其实施控制，使研究过程占据主导地位，降低和消除其他基本过程的干扰，完成电分析化学实验测量；选择适当的电化学方法和技术，控制电极反应时间和程度。比如，通过控制极化程度，可实现几种不同目的。

大幅度的极化：无论电荷转移反应的快慢，原则上只要施加一个足够大的极化，反应物浓度就会下降至零，电极过程即处于极限扩散状态。此时，电流与电极电势无关，仅决定于扩散传质的快慢。

小幅度的极化：缩短单向极化的持续时间，原则上可消除浓差极化的影响，获得线性的电流-电势关系，从而研究电荷转移反应的动力学。

（2）实验结果的测量　包括电极电势、电流、电量、阻抗、电容、频率等电学参数的测量，测量要保证具有足够的精度和足够快的速度。商品化的测量仪器，如电化学工作站或电化学综合测试系统可方便、快速、准确地完成测量工作。

（3）实验数据的解析　采用基于理论推导出来的电极过程的物理模型和数学模型，配合作图等方法对实验数据进行定性分析和定量分析。

本节将归纳总结电分析化学测量实验流程中所涉及的实验参数和条件。

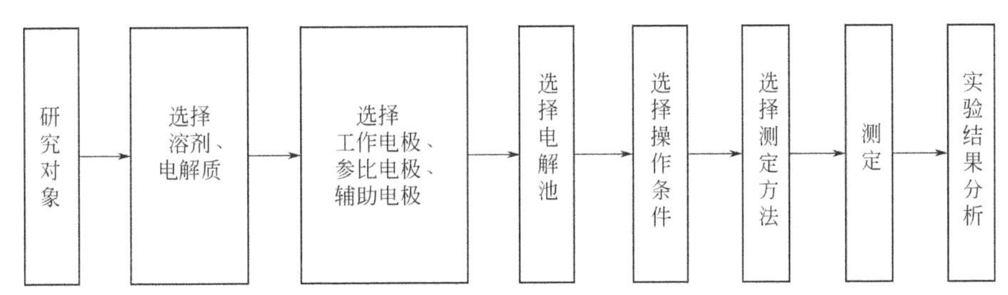

图 2-2　电分析化学测试过程图示

一、三电极体系

电分析化学测量是在电化学池中完成的，相应的电极反应体系至少含有两个电极（以电解分析、电导分析和电位分析法为例），而三电极体系则是最普遍的电分析化学测量体系。三电极体系包括工作电极、辅助电极和参比电极，如图 2-3 所示。

工作电极（WE）表面的电化学反应是实验研究的对象。

辅助电极（也叫对电极，CE）的作用是提供极化电流的流通，它与工作电极构成电子回路，实现对极化电流的测量和控制。

参比电极（RE）的作用是用来确定工作电极的电势，它与工作电极构成电子回路，实现对工作电极电势的测量和控制。由于该回路中只有极小的测量电流流过，不会对工作电极的极化状态产生干扰。

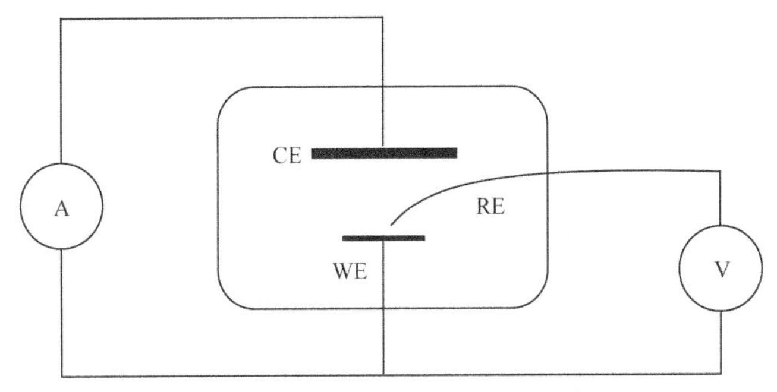

图 2-3　三电极体系电路结构示意图

WE—工作电极；CE—辅助电极；RE—参比电极

如果采用两电极体系，由于辅助电极本身也发生极化，因而不能准确指示工作电极的电势。此外，工作电极和辅助电极之间的溶液电阻也会产生较大的欧姆电位降，造成测量误差。当然，在某些情况下，如采用超微电极作为工作电极时，可以采用两电极体系（详见第八章）。

二、工作电极

工作电极是电分析化学测量的主体，各种各样能导电的固体材料均可用作工作电极。但是，电极材料、结构以及表面状态对于电极反应影响很大。一方面，不同的电极材料会呈现不同的热力学电极电势；另一方面，电极材料、结构以及表面状态的变化，可能改变电极反应的历程和动力学。在实际电分析化学测量过程中，通常根据具体的研究对象选择适当的工作电极。用作固体工作电极的材料所应具备的基本条件如下：

① 高电导率；
② 坚硬耐磨；
③ 微结构均匀；
④ 物理、化学以及电子特性均可再生；
⑤ 化学惰性好；
⑥ 背景电流低且稳定；
⑦ 在较宽的电位范围内，形态和微结构能够保持稳定；
⑧ 对较多的氧化还原体系，电子转移动力学很快；
⑨ 构造简单，价廉易得。

电化学反应是异相反应，反应动力学由电极-电解液界面性质和界面反应物浓度所控制，因此电极表面的物理、化学、电子性质非常重要。高质量的电分析化学测试所面临的一个挑战就是要可再生地控制电极的物理化学性质，使得分析物有较低的背景电流和较快的电子转移速率，拥有这样性质的电极称为“活跃的”或处于“活化的状态”。活化是通过对电极的预处理实现的。当具有氧化还原性的分析物溶解于溶液中或者固定在电极表面时，预处理可以通过改变电极的表面形态、微结构来降低背景电流和加快反应动力学。

本节概述常用的固体电极材料、电极预处理方法和性能，着重讨论金属（Pt 和 Au）、半导体电极（氧化铟锡，ITO）和碳材料电极（玻碳、碳纤维、碳纳米管、碳糊、高定向热解石墨 HOPG、金刚石薄膜），介绍不同电极材料如何制成，预处理方法如何起作用。

（一）金属电极

可用于固体金属电极的材料有很多，包括铂、金、镍、钯等，其中铂和金最为常用。一般来说，对于很多氧化还原体系，金属电极的电子转移动力学很快，阳极电位窗相对较宽。由于阴极会有氢气产生，所以金属电极的阴极电位窗相对受限。在金属电极的背景伏安曲线中，单位几何面积的总电流比碳电极的要大，而且伴随发生表面金属原子的氧化/还原、H^+和其他离子的吸附/脱附等过程。金属电极表面的氧化物可能会改变其在一些体系中的反应动力学和机理，从而造成电分析测试结果的多变性。而离子的特性吸附使金属电极异相电子转移速率常数对电解液成分更加敏感，例如阴离子 Cl^-、Br^-、I^-、CN^-、S^{2-}等在金属表面的特性吸附会堵塞电化学反应的活性位点，改变反应的动力学和机理[2]。因此，在实际选取电分析化学测量工作电极材料时，要充分考虑研究目标以及支持电解质的离子性质。图 2-4 比较了几种电极在不同溶剂中的工作电势范围。

1. 金属电极材料的准备[3]

金属材料的电化学性质，随制造、热处理工艺的不同会有较大差异。金属材料的成型工艺以及除去表面氧化层的机械处理会引起冷作硬化，微观上产生不均匀的结晶构造和不同的晶粒取向，进而影响材料的电化学性质。另外，晶格中还会出现各种不均匀的缺陷和错位，一般这些缺陷和错位处具有更好的电化学活性，因此还要采用热处理的方法减少晶格缺陷，使电极表面的电化学性质均匀。通常的处理方式是经过成型和切削后，用研磨的方法把金属材料表面的划痕、标记、覆盖物等除去，然后依次用目数逐渐增大的碳化硅砂纸打磨得到光亮的表面，接着进行退火处理，以得到适当均匀的表面化学结构。

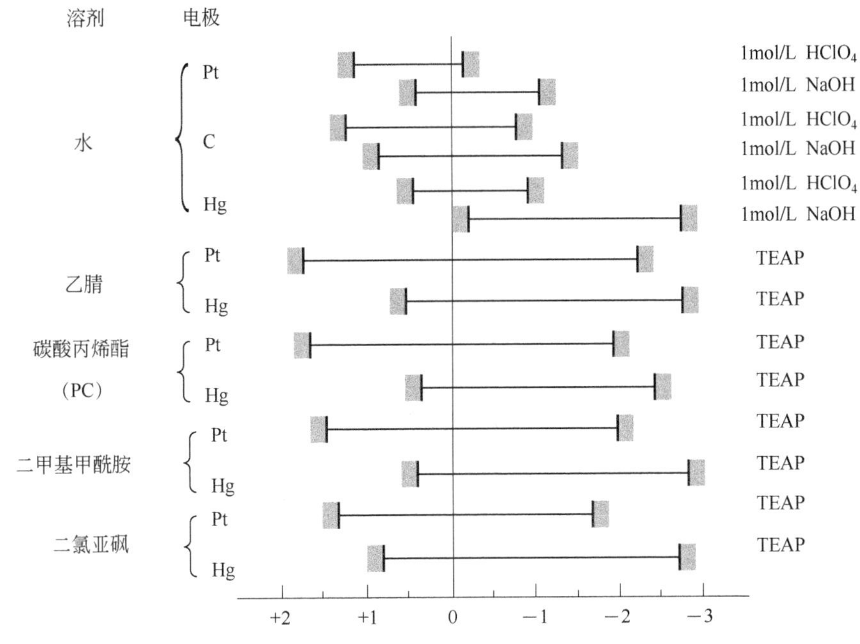

图 2-4　几种不同电极材料在不同溶剂中的电位窗范围

TEAP—四乙基高氯酸铵

2. 金属电极封装[3]

金属电极材料必须和导线连接并进行适当绝缘封装后，构成工作面积确定的电极才能用于电分析化学测试。简单地将导线和电极连接后浸入溶液中进行测试是不可行的，因为导线的导电性较好，会把电流集中在导线上，从而无法保证电流在整个电极上的均匀分布，电极的性质和面积都不确定。如果只将金属电极材料的一部分浸入溶液进行测试也是不可行的，因为与溶液接触的电极面积取决于表面张力，而表面张力会随电极电势的变化而变化。当电极进行极化时，表面张力的变化导致毛细作用，参与反应的电极面积就会改变。因此必须对电极进行适当绝缘封装后才能浸入溶液中进行测试。

（1）玻璃管封装　将金属丝套上一段软玻璃毛细管，加热熔化玻璃管后在金属丝上形成一个玻璃珠，再嵌入到一段玻璃管的管口，使玻璃熔接后即制成金属丝电极。剪去玻璃管外的金属丝，将端面磨平，即可制成金属盘电极。

（2）环氧树脂封装　另外一种封装技术是在固体圆片状电极试样的背面焊上铜丝作为导线，然后用环氧树脂密封绝缘，只有片状试样的一个截面暴露出来作为工作面，导线可用环氧树脂封入玻璃管中。由于凝固后的环氧树脂脆性较大，树脂和电极试样之间容易出现微缝隙，在浸入溶液后，尤其是在阳极极化后，会发生缝隙腐蚀，使缝隙变宽，从而带来实验误差。

（3）惰性聚合物封装　另一种较好的封装方式是将圆片状电极试样紧紧压入内径略小于试样外径的聚四氟乙烯（PTFE）套管中；或者使用热收缩聚四氟乙烯管，当套入电极试样后，加热使聚四氟乙烯管收缩，紧紧裹住电极试样。由于聚四氟乙烯具有强烈的憎水性，溶液难以进入到 PTFE 管和试样之间，不易发生缝隙腐蚀，因而具有良好的封装效果。还可使用上、下两个 PTFE 管，之间用螺纹连接。当螺纹拧紧时，可将圆片状电极试样压紧在下部 PTFE

管的管口处，管口处暴露出来的电极表面为工作表面。这种封装方式的好处是可先对电极表面进行机械抛光等预处理再进行电极装配，从而避免与封装管一起抛光时抛光下来的 PTFE 材料污染电极表面。

3. 金属薄膜电极

金属电极也可以是薄膜状的，其构造和表征在文献中已有详尽报道[4]。一般来说，金属薄膜可以通过真空蒸镀、直流和射频溅射、丝网印刷等方法在不同基底上制备得到。常用基底有玻璃（钠钙和石英）、硅、云母等。基底表面要光滑，此外基底表面处理也会影响金属薄膜的黏附性、导电性和透光性等。玻璃或硅表面的清洗步骤一般如下：在洗涤剂的水溶液中煮沸后用超纯水冲洗，然后用干净的有机溶剂（如异丙醇或甲醇）去油。如果表面干净的话，去离子水会成股流下而不成珠状。云母表面的处理可用胶带或刀子剥离表面，露出新的基面。基底清洁完后应立即用来沉积薄膜。

（1）真空蒸镀　一般是在负压环境中（10^{-6}Torr 或更低，1Torr=133.322Pa，下同）进行的，它能够确保蒸发物种在到达基底前有足够长的平均自由程。蒸发通过熔化贴在导电支架上的金属来实现，金属的加热可以是电阻式加热，也可以是电子束加热。

（2）直流或射频溅射　可以采用两电极（其中一个为靶材）间持续放电或者在靶材附近形成辉光放电等离子体。两种类型都可以在低压氩气中形成（10mTorr）。氩离子（阳离子）形成后，在加速偏置电压（大约为几千伏）中获得动能和动量，然后轰击负偏压的靶材。加速离子轰击靶材表面时，发生表面原子碰撞并发生能量和动量转移，使靶材原子或离子从表面逸出并沉积在衬底材料上。直流溅射装置只能用来溅射沉积导电靶材，而射频溅射更适用于绝缘靶材。与蒸发沉积相比，溅射沉积可以在较低温度下进行，然而，由于沉积不是在高真空环境中进行的，其化学纯度比蒸发膜要低。

（3）丝网印刷法　这种方法对一个基底上的多电极制备或者电极阵列结构制备尤其有用。丝网印刷由五大要素构成，即网版、刮板、油墨、印刷台以及承印物。网版的网眼有通透和堵塞之分。首先经光刻将图文转移到网版上，然后在网版一端倒入含有金属的油墨，用刮板在网版上油墨部位施加一定压力，同时朝丝网印版另一端移动，油墨在移动中被刮板从通孔中挤压到基底上。溶剂蒸发后（风干或烘干），电极就可以使用了。

铂和金薄膜都可用真空沉积、溅射、丝网印刷法来制备宏观大电极或者利用显微光刻法生产金属微电极阵列。为了增加膜的黏附性，常加黏附层，容易形成氧化物的金属（尤其是过渡金属）是最好的黏附层材料。沉积的金属原子可以与氧化基底形成共价键，同时与金属膜形成合金。在金薄膜沉积之前，可以先在基底上沉积一薄层铬（5～50nm），以提高金的黏附性。金表面的铬原子可以利用 $Ce(SO_4)_2/HNO_3$ 溶液以化学腐蚀或者电化学腐蚀的方式除去。对于铂电极，可以利用铬、铌、钛作为黏附层[5]。

4. 金属电极表面预处理

金属电极表面预处理方法有多种，主要介绍以下几种。

（1）溶剂清洗/浸泡　有些溶剂分子会吸附到电极表面，进而阻碍活性位点，使电极表面失活。对于金属电极来说，应避免使用芳香族溶剂，只能用蒸馏过、活性炭清洁过的异丙醇或二氯甲烷。溶剂清洗后，将电极浸泡在温的超纯水中清洗 30min。在一些情况下，延长金属在酸中的浸泡时间就足以使表面干净。例如：将铂电极浸泡在超纯的硫酸（>1mol/L H_2SO_4）中 0.5～2h，以达到清洁目的。此外，溶剂清洗/浸泡也只能清除某些有机吸附物，对多数无机吸附物的清洁是难以实现的。

（2）机械打磨法　机械打磨要在超干净的环境中进行，通常将电极在光滑的玻璃板上用粒径逐渐减小的氧化铝粉抛光。氧化铝粉的粒径为 1.0～0.05μm 效果最好。用超纯水将铝粉调成糊状，力度均匀地成圈状打磨电极，然后用超纯水淋洗，再在超纯水中超声 15min 左右（超声时将金属电极放入干净的烧杯并浸入水中，盖上盖子），最后获得一个干净的镜面并应立即使用。对于金属膜电极，考虑到膜厚度以及打磨造成的损伤，通常不使用这种方法。与某些碳电极一样，金属电极的处理常用两步法：先打磨，再用激光照射、真空热处理、溶剂清洗或者电化学极化。同样，表面敏感和不敏感的氧化还原探针都要用来评估处理后金属电极的活性。

（3）电化学抛光　将铂、金电极在 0.1mol/L H_2SO_4 中进行电位循环，可达到清洁目的。对不同金属、不同 pH 值的溶液，电位循环范围会有所变化。例如：铂在 pH = 1 的酸性环境中，电位范围为–0.2～1.5V（对 Ag/AgCl）。在阳极氧化和在析氧之前，两种金属都会形成稳定的氧化层，而在阴极还原过程中产生的原子氢可将表面氧化物还原。为了达到最好效果，电极极化应反复多个循环，并保证最后一个循环为阴极还原。至于极化波形可有多种选择，如阴阳极方波极化、线性扫描极化等。电化学抛光也是较常用的铂电极预处理方法，其优点是去除表面氧化层的同时，可将有机、无机吸附物一起清除。注意金电极在 Cl^-存在下会被腐蚀。

（二）氧化铟锡电极

氧化铟锡（indium tin oxide，ITO）即掺锡 In_2O_3，是一种 n 型宽能带隙的半导体，尤其是在结合了电化学、光谱学的光电化学测试中被广泛应用。其优点包括电导率高（$10^{-5}\Omega \cdot cm$）、光学透明度高（85%）、物理和化学性能良好以及对于许多种类基底的附着力强等。

制备透明导电氧化物最常见的两种方法是利用合适靶材进行射频和直流磁控溅射。常用 90% SnO_2 和 10% In_2O_3 的烧结物作为靶材，在适度真空环境下（10^{-6}Torr），采用射频阴极溅射法制备 ITO 薄膜[6]。玻璃、石英、硅是常用的基底。在低温下沉积的薄膜性质，如结构性能、表面粗糙度、光传输能力取决于沉积功率密度、总压、氧分压流速、衬底偏置和阴极到阳极的间距。ITO 薄膜也可以通过直流磁控溅射法沉积获得，其条件为室温下用 10W 的功率和 20mTorr（氩气中含 0.05%的氧气）的总压[7]。

氧化铟锡电极的预处理可采用以下几种方式。

（1）机械抛光法　抛光 ITO 电极会导致电极表面薄膜层厚度减小以及造成电极的机械损害，所以不能用抛光法。

（2）溶剂清洗法　ITO 最好的活化方法就是溶剂清洗法。例如将电极浸泡在异丙醇中 20～30min，通过将堵塞活性位点的污染物溶解以达到清洁表面的目的。溶剂清洗法的优势在于可有效地清洁表面，同时又不会使电极表面变得粗糙，不会改变表面电子性质、表面化学以及表面微结构，不会造成氧化物的还原以及微结构的破坏。

需要注意的是 ITO 在甲醇、甲苯以及己烷中稳定，但在二氯甲烷中不稳定。当将 ITO 放入二氯甲烷中时，会出现膜溶解现象，这使得电阻率和光学透明度增加[8]。

Triton X-100（一种表面活性剂）的水溶液常用于清洗 ITO 表面，接着用超纯水和乙醇分别超声清洗 10min 以上[7]。

Donley 等人报道过几种清洗方法会影响 ITO 电极表面的 OH^-含量[7]，他们主要采用三步法来处理：第一步，将 ITO 浸泡在 0.01mol/L NaOH 溶液中，80℃下加热 4h；第二步，将 ITO 在食人鱼洗液（4:1 H_2SO_4-H_2O_2）中超声 1min；第三步，将 ITO 在 160℃下加热处理 2h。每步之间用大量的超纯水冲洗。此外还可用以下处理方法：将 ITO 浸泡在 1∶1∶5 的 NH_4OH-H_2O_2-H_2O 溶液中，80℃下加热 30min，用大量超纯水冲洗后，氮气吹干。

（3）等离子体处理　用 Harrick 等离子体清洁器（Model PDC-32G）进行等离子体处理。参数设置为 60W，100～200mTorr，清洁 15min。在处理前，样品需事先按照上述溶剂清洗法清洗。

（4）热处理　真空热处理也可以活化 ITO。处理时应注意避免氧气存在并需要控制温度相对较低（如 50℃以下），因为温度较高时会使 ITO 薄膜从基底脱附或者分解[9]。类似的处理方法还有在 750eV、10^{-7}Torr 气压下，用氩离子溅射 45min。此方法可去除无定形炭以及表面的氢氧化物，却不会造成大量氧化物还原或者晶格破坏[7]。

（5）电化学极化　一般来说，电化学极化会使 ITO 表面发生化学变化，并造成 ITO 形态和微结构的破坏。因此，这种方法并不常用。

（三）碳电极

碳是最常用的电极材料之一，其优越性表现在多个方面：①碳电极具有多种形式，因而可获得各种不同的电极性能，且价格通常比较便宜；②碳电极氧化缓慢，因而具有较宽的电位窗范围，尤其是在正电位方向；③碳电极可发生丰富的表面化学反应，特别是在石墨和玻碳表面可进行表面化学修饰，从而改变电极的表面活性；④碳电极表面不同的电子转移动力学和吸附行为也有助于对某些特殊电极过程的研究。总之，只要掌握碳材料性质、表面修饰方式和电化学行为之间的关系，碳电极的这些特点可被充分利用。

碳电极材料种类繁多、性能各异，选择何种碳电极材料取决于对电极性能的具体要求。此外，碳电极的电化学行为在很大程度上依赖于表面的预处理过程。表 2-2 和表 2-3 归纳了常用碳电极材料在水溶液中的电位窗范围及电化学性质。

表 2-2　几种碳电极材料在水溶液中的电位窗范围[3]

电　极	电解质水溶液	电位窗范围/V
玻碳电极	0.1mol/L HCl	1.05～-0.8
	0.05mol/L H_2SO_4	1.32～-0.8
碳糊电极（医用润滑油）	1mol/L HCl	1.0～-0.9
碳糊电极（液体石蜡）	0.1mol/L H_2SO_4	1.7～-1.2
浸蜡石墨	0.1mol/L HCl	1.0～-1.3
	磷酸盐缓冲溶液（pH = 7.02）	1.35～-1.38
热解石墨（基平面）	0.1mol/L HCl	1.0～-0.8
光谱石墨	0.1mol/L HCl	1.19～-0.46

表 2-3　常用碳电极材料的电化学性质[3]

碳材料	预处理	优　点	缺　点	特　征	来　源
玻碳	抛光	溶剂兼容性好，易于制备	多种动力学速度，背景电流低	最常用的碳电极材料	市售材料/电极封装；市售电极
	热处理	溶剂兼容性好，易于制备，快速动力学	更新困难		市售材料/电极封装；市售电极
	激光	溶剂兼容性好，易于制备，快速现场更新	昂贵，需要有光学窗的电解池	产生快速动力学	市售材料/电极封装；市售电极

续表

碳材料	预处理	优 点	缺 点	特 征	来 源
玻碳	电化学	灵敏，阳离子选择性，快速动力学	高背景电流		市售材料/电极封装；市售电极
碳纤维	抛光	小尺寸，最小的碳电极	多种碳微结构	生物活体研究	市售材料/电极封装；市售电极
	电化学	高选择性，阳离子预浓缩	响应时间缓慢	生物活体研究	市售材料/电极封装；市售电极
碳糊	轻轻刮平	背景电流低，易于更新，重现性好	某些体系动力学缓慢，有限的溶剂兼容性	广泛用于水溶液体系的氧化反应，易于修饰	市售电极
复合石墨材料	抛光	溶剂兼容性好，信噪比高，易于修饰	黏合剂可能覆盖碳表面	选择性随修饰而变化	市售材料/电极封装
HOPG 基平面	剥离	背景电流低，原子级有序，吸附极弱	动力学缓慢	表面缺陷	市售材料/电极封装
HOP或PG边平面	抛光、激光活化或“粗化”	易于更新，强烈吸附	多种杂质，中等背景电流		市售材料/电极封装

1. 玻碳电极

玻碳电极，也叫玻璃碳（glassy carbon, GC）电极，是电分析化学中最常用的碳电极[10~12]。玻碳材料具有结构坚硬、微结构各向同性、非多孔性、气体和液体都无法渗透、易于装配、简单的机械抛光即可更新表面和同所有常用溶剂都兼容的优点。玻碳是由高分子量的含碳聚合物（如聚丙烯腈、酚醛树脂）在惰性气氛中热分解（1000～3000℃）处理成外形似玻璃状的非晶形碳。热处理过程常缓慢持续数天，大部分非碳元素挥发，而原始的聚合物碳骨架不发生改变。相互交织的 sp^2 碳带使玻碳很坚硬，密度为 $1.5g/cm^3$，说明材料中存在约 33%的孔隙空间。而这些孔隙非常小且互不连接，因此可防止液体或气体的渗透[10~13]。

玻碳电极的表面粗糙程度依赖于电极表面的预处理方式，对于良好抛光的玻碳表面，粗糙度为 1.3～3.5，界面电容为 $30\sim70\mu F/cm^2$。对于表面抛光平滑且经过热处理的玻碳电极，界面电容则可低至 $10\sim20\mu F/cm^2$。由于玻碳电极表面全部为活性表面，它的背景电流通常大于石墨复合电极。尽管玻碳电极的界面电容大于铂的界面电容，但是碳的氧化动力学缓慢，因此玻碳可使用的阳极电势极限明显正于铂电极。这一性质使得玻碳电极成为研究氧化，特别是在水溶液中，合适的电极材料。

玻碳电极的预处理方式包括以下几种。

（1）机械打磨　玻碳表面和其他固体电极一样，在空气中放置或在电化学使用过程中会逐渐失活，因此有必要定期预处理。活化玻碳电极表面最常用的方法是机械打磨，这往往是其他活化方法的第一步。它可以更新表面，去除污染物，暴露出新的微结构。机械打磨要在超干净的环境下进行。文献中报道了许多打磨步骤，其中 Kuwana 等描述的方法[14, 15]很好：将玻碳在光滑的玻璃板上用粒径逐渐减小的氧化铝粉（用超纯水调成糊状，粒径 1.0～0.05μm

效果最好）抛光，然后用超纯水淋洗，再转移到乙醇和去离子水中超声（15min，时间一般不要超过30min）。抛光电极时要尽量控制电极表面与玻璃板面平行，并用均匀的力度成圆圈状打磨。超声时将玻碳电极放入干净的大烧杯，浸入水中，盖上盖子。最后应获得一个干净的镜面，并应立即使用。如果表面足够干净，对于电化学活性的探针分子如$[Fe(CN)_6]^{3-/4-}$，其表观扩散系数应至少在$10^{-2}cm^2/s$范围内。

（2）溶剂清洗 用有机溶剂来活化玻碳电极表面，不会引入新的微结构和表面化学。这种方法常和机械打磨联合使用，一般20～30min的处理就足够了。溶剂清洗法可以把表面吸附的污染物溶解或者脱附，产生新的棱面（也就是活性位点）[16]。可用的溶剂有乙腈、异丙醇、二氯甲烷、甲苯等，溶剂在使用之前需要蒸馏纯化，并储存在活性炭中。

（3）真空热处理 真空热处理可用来活化玻碳电极表面，这种方法可以脱附活性位点上的污染物，把C—O官能团降解为CO和CO_2，从而获得干净、低氧的碳表面[17,18]。真空热处理一般不改变表面形态和微结构。处理过程最好在高真空环境（$<10^{-6}$Torr）中进行，将电极在无氧环境中加热到500℃左右可以有效地降解污染物。电极表面的含氧官能团直到温度高于500℃时才会明显降解。10～30min的清洁时间足够。如果使用更高温度（如1000℃），C—O官能团会降解（产物为CO和CO_2），并产生较小的凹陷以及新的棱面。总之，该方法活化了电极表面的电子转移过程，降低了背景电流，减少了表面官能团。

（4）射频等离子体处理 射频等离子体处理可以活化玻碳电极表面，其可以用小的射频等离子体清洁器来完成[19]。将电极放置在氩等离子体（10～100mTorr）中10～15min，高能量的氩离子（Ar^+）通过碰撞表面而达到清洁的目的，一般处理后电极表面会变得粗糙。等离子体处理的条件（气相、功率、压力、时间）决定了电极的表面化学以及微结构的变化程度。如果在一个相对无氧的气体环境中处理电极，电极表面的氧含量会比刚打磨好的电极有所减少。射频等离子体处理也可用来对玻碳电极进行化学修饰。

（5）氢等离子体处理 在空气中处理和/或者在水中使用过的玻碳表面，其棱面和缺陷位点的末端有不同类型的表面氧化物，它们的不均匀分布会导致一些氧化还原体系的电化学信号稳定性变差。这些氧化物中有的具有电化学活性（如醌/氢醌），有的没有电化学活性却可以电离（如羧酸）。两种类型官能团的伏安和安培背景电流在很大电位范围内依赖于pH值。为了去除sp^2杂化的碳电极表面氧化物，除了可以在无氧环境中高真空热处理和机械打磨电极外，也可以采用一种相对较新的类似于真空热处理的方法——氢等离子体处理[20~22]。氢等离子体处理可将玻碳电极置于氢气微波等离子体中或者暴露在过热金属灯丝（如钨丝）的氢气中进行，主要反应物氢原子（而不是氢分子）化学吸附在棱面上并取代了末端的含氧官能团。这种处理方法与无氧环境中真空热处理或者机械打磨法有着本质区别，因为这种方法不仅去除了表面氧化物，而且使表面碳原子形成了C—H共价键而变得稳定。事实上，即使将氢化的玻碳电极暴露在空气中数周，表面氧含量依然很低。因此，与机械打磨的玻碳电极相比，氢化的玻碳电极伏安背景电流较低，信噪比增强，响应稳定性更好。

（6）电化学极化 在不同条件下，电化学极化可以提高表面清洁度，改变表面微结构和/或表面化学。电化学极化最好与机械打磨和/或溶剂清洗法联用。对许多电活性物质来说，将电位控制在1.5～2.0V（vs Ag/AgCl）可以对玻碳进行阳极极化，达到活化电极的目的。一般来说，阳极和阴极极化联合使用可以最大限度地提高活化程度。例如：在0.1mol/L磷酸缓冲溶液（pH＝2）或者0.1mol/L $HClO_4$溶液中，将电极电位控制在−1.0～1.5V（vs SCE）（50mV/s）间，循环扫描5min，即可实现对玻碳电极进行再生活化。从其背景电流的变化很小，可看出这种方法很“温和”。还有其他用来活化电极的方法，而这些方法有效与否，很大程度上依赖于所研究的氧化还原体系。Engstrom 描述了几种不同氧化还原体系中玻碳电极的活化[23]：在 0.1mol/L KNO_3 + 0.01mol/L 磷酸（pH = 7）的缓冲溶液中，以电位阶跃的方式先进行阳极极化（0.5～2.0V，vs SCE），再进行阴极极化（0～–0.5V）。在处理过程中电极表面可能存在以下三种情况：①表面不够干净和/或官能团很少时，表面处于未活化态；②电极处于活化态，阳极极化后氧化层处于氧化态；③电极处于活化态，阴极极化后氧化层处于还原态。Wang 和 Lin 用短时间电位阶跃（5～60s），先在 1.0～2.5V 电位进行阳极极化，接着在 –1.0～2.0V（vs SCE）电位进行阴极极化，活化电位范围依赖于所用的氧化还原体系（如苯酚和尿酸），活化溶液为中性磷酸缓冲液或 1mol/L NaCl[24]。Wightman 等在柠檬酸钠缓冲溶液（pH = 5.2）中，阳极电位阶跃到+1.4V（vs SCE），活化玻碳 20min[25]。还有其他关于恒电位、恒电流活化方法的报道[26~29]。

2. 碳纤维电极

碳纤维电极可归类为微电极，主要用于生物活体电分析化学，如某些脑组织或神经组织的研究。通常碳纤维的直径为几微米到几十微米，典型的为 5～15μm。多数碳纤维是由石油沥青、聚丙烯腈（PAN）、黏胶丝或酚醛作为起始原料热解制得。因其制备和后处理方法有很多，因此可以得到不同微结构和表面化学的碳纤维。所以在特定的电分析应用中，选择碳纤维时要注意这点。划分不同碳纤维的一种方法就是根据其生产过程中的温度不同来进行。一般来说，随着热解温度提高，纤维中的碳含量越多，微结构越倾向于“石墨化”或者越有序。据此可将其分为以下三类：①部分碳化的纤维，温度在 500℃附近，碳质量分数多达 90%；②碳化的纤维，温度在 500～1500℃之间，碳质量分数为 91%～99%；③石墨化的纤维，温度在 2000～3000℃，碳质量分数高于 99%。不同的原材料，不同的制备过程，会产生不同类型的碳纤维，其微结构和表面化学会有很大不同，这对电化学性质有很大影响。此外，在碳-碳复合材料中，很多商业纤维最后都会对电极表面进行处理，以提高表面对黏合剂的附着力。在电化学使用前，有必要去除这样的涂层。电分析化学中最常用的纤维是微结构无序的聚丙烯腈和沥青碳纤维。这些纤维暴露在外的棱面比例较大，因此活性位点密度较高。

碳纤维微电极可以制成圆盘或者微柱体形状使用，常用玻璃或者聚合物涂层来密封和绝缘[30~32]。圆盘形状是将纤维和绝缘材料切齐，微柱体形状是纤维高出绝缘材料末端一些距离（几百微米）。像其他类型的碳材料，碳纤维的基本电化学性质依赖于它们暴露在外的微结构和化学组成。未处理的碳纤维对大多数氧化还原体系的电子转移动力学较迟钝，其 *i-E* 曲线形状不好。正如其他碳电极一样，使用碳纤维微电极前也需要预处理。预处理方法如下。

（1）机械打磨 由于碳纤维易碎，至少微柱体形状的易碎，因此不能用打磨法来清洁和更新表面。各向异性微结构和不能打磨表面使得响应的可重复性变得具有挑战性。圆盘形状的碳纤维可以打磨，方法类似于玻碳。应当小心避免损害绝缘层。如果用手打磨电极，则需要使用专用夹具，以固定微电极。通过大量的冲洗和超声清洗将所有打磨的碎屑从表面去除。为了避免清洗时破坏电极末端，超声清洗时最好将电极悬置在溶液中。至少对于圆盘电极来说，打磨是有效的电极活化的第一步。切记：打磨使表面变得粗糙，可以改变表面微结构，尤其是对表面微结构更有序的纤维类型。

（2）溶剂清洗 干净的有机溶剂可以清洁和活化碳纤维。可用的溶剂有乙腈、异丙醇、二氯甲烷、甲苯。溶剂在使用之前需要蒸馏纯化。实验试剂纯的溶剂常含有杂质，可能使电极去活化。可以将活性炭加到蒸馏过的溶剂中进一步纯化。浸泡时间常为 20～30min。

（3）热处理　真空热处理可用来活化碳纤维，而不会明显改变其微结构。在超真空（10^{-9}Torr）中，将电极表面加热到1000℃，维持30 min，可以脱附活性位点上的污染物，降解含氧官能团[33, 34]。然而，电极从真空室中取出后，表面氧的损失会造成自由键的形成，而自由键会在空气中迅速反应。因此，热处理完成后电极要尽快使用。热处理也可以在石英管式炉中进行，用氮气或氩气清洗后，在400～800℃间加热30min。管式炉中痕量氧的去除比真空中要更加困难。碳的氧化和气化都是一个问题。在管式炉中进行热处理时，如果温度较低（400℃左右），会得到干净的表面，但其表面含氧量会比真空热处理方法的结果高。一般来说，热处理是任何碳纤维活化的良好开端，因为这种方法可以获得干净的、含氧量低的表面。

（4）激光活化　激光处理可有效清洁和活化碳纤维，而不改变微结构和表面化学（至少在处理条件很温和时，如较低的入射激光功率）[35]。表面吸收激光后发热致使污染物脱附，同时又有新的棱面形成，两者共同作用使电极得到活化。棱面的形成程度依赖于脉冲功率密度、脉冲时间以及碳纤维的微结构。如果新棱面的形成很显著，那么不同氧化体系的表观扩散系数、背景电流、表面含氧量都将会增加。

（5）电化学极化　电化学极化是活化碳纤维最常用的方法。文献中报道了很多关于预处理电极的电化学方法。电化学方法涉及在酸性、中性或者碱性媒介中阳极极化，其中电位、时间以及媒介是重要的参数。恒电位、动电位、恒电流法都可以用于极化。对于无序纤维，为了得到干净的表面以及最小限度的氧化，可以在酸性条件下进行温和的极化（＜1.5V）。对于更有序的纤维，剧烈的极化条件（＞1.5V）可以创造新棱面，从而达到活化的目的。新棱面的形成会使背景电流、表面含氧量、分子吸附增加。

3. 富勒烯及其衍生物和碳纳米管电极

富勒烯（fullerene）是指C_{60}、C_{70}、C_{20}等具有封闭笼形结构的碳团簇。其中最典型的是C_{60}，是由60个碳原子构成的球形32面体，其中有20个六边形和12个五边形，每个碳原子以sp^2杂化轨道与相邻的3个碳原子相连，剩余的p轨道在C_{60}球壳的外围和内腔形成球面π键，因而具有芳香性。富勒烯的衍生物是指富勒烯的笼外、笼内和笼上的化学修饰产物。富勒烯以及衍生物膜电极最常用的制备方法是将其苯或甲苯的饱和溶液滴在金、铂或ITO电极上，当溶剂蒸发后即形成相应的膜电极。

碳纳米管是碳电极家族的新成员，它有独特的力学性能、电子特性和化学稳定性。碳纳米管有单壁碳纳米管（single-walled carbon nanotube，SWCNT）和多壁碳纳米管（multi-walled carbon nanotube，MWCNT）两种。单壁碳纳米管可以看成是单层石墨片按照一定方向卷曲而成的、直径为1～2nm的无缝管式结构，是典型的一维纳米材料。多壁碳纳米管则由几个到几十个单壁碳纳米管同轴构成，管间距为0.34nm左右，直径一般为2～30nm。

碳纳米管电极有三种制备方法：第一种类似于富勒烯修饰电极，将碳纳米管分散到有机溶剂中，再将其滴到玻碳电极表面，待溶剂挥发后，即制得碳纳米管修饰电极；第二种制备方法是将碳纳米管放置于精密定性滤纸上，用其在高定向热解石墨（highly ordered pyrolytic graphite，HOPG）电极表面轻轻摩擦，使碳纳米管附着在HOPG表面成为碳纳米管修饰电极；第三种，可将单独的碳纳米管或者管束制成微电极。

碳纳米管的结构决定了它不能用传统的预处理方法。机械打磨容易使碳纳米管破碎，而对于糊状的或物理吸附于另一电极的碳纳米管来说，热处理方法又不切实际。激光活化或许可以使用，但是这种方法目前尚未被研究。通常可采用化学氧化和电化学极化来改善碳纳米管电极的性能。

（1）化学极化　使用纳米管的一个挑战就是要将其纯化，通常要用不同的化学和物理方法去除杂质如石墨纳米颗粒、无定形炭、金属催化剂等[36]。化学氧化法就是基于此目的，因此可作为一种预处理方法[37]：先在400℃的管式炉中，在流动的空气下，将碳纳米管氧化1h；然后将其放入6mol/L HCl中超声搅拌4h；用超纯水清洗后，放入2mol/L HNO_3中超声搅拌20h；最后用大量的超纯水淋洗。这种化学氧化法去除了无定形炭和金属催化剂等杂质，同时在暴露的棱面和缺陷位点引入了重要的C—O官能团。

（2）电化学极化　改变电位和恒电位极化方法都可以用来活化碳纳米管。类似于化学氧化，电化学极化可以有效去除杂质，并且在暴露的棱面和缺陷位点引入了C—O官能团。以恒电位极化为例，可以在pH = 7的磷酸盐缓冲溶液中，首先固定电位在+1.7V（vs Ag/AgCl）极化3min，然后在固定电位为−1.5V极化3min[37]。

4. 多晶石墨电极

多晶石墨（polycrystalline graphite）电极是指由自由定向的石墨微晶组成的石墨构成，通常包括粉状石墨、石墨微晶自由定向的块状石墨（光谱石墨）、石墨化的炭黑和热解膜等。多晶石墨的重要特征是其高孔隙率，任何由粉状石墨制成的多晶石墨电极都具有较高的孔隙率，因此溶液会进入到电极内部，产生大的电化学活性表面积。在进行精确的电化学测量时，大的活性表面积会导致明显的背景电流出现。所以，通常需要采取一定的措施，如浸蜡（wax-impregnated），来控制多晶石墨的孔隙率。下面介绍几种多晶石墨电极。

（1）碳糊电极（carbon paste electrode，CPE）　是由惰性的液态黏结剂和粉状石墨均匀混合后，封装在聚四氟乙烯管或玻璃管内制成的。制作电极的石墨粉要达到光谱级纯度、粒度分布均匀、吸附性很低且无电化学活性杂质。对于制备碳糊电极的黏结剂，则要求是化学惰性、非电活性、挥发性低并与分析溶液不混溶。据此，能用作碳糊电极黏结剂的化合物有乙烷、辛烷、癸烷、十二烷、十六烷及角鲨烷、液态石蜡、矿物油、苯、萘、菲、三甲苯、苯醚、多氟衍生物、硅油、磷酸三甲苯酯、邻苯二甲酸二辛酯等。一方面，黏结剂填充了石墨中的孔隙，降低了孔隙率。另一方面，较重的黏结剂可产生更稳定的电极，但电极动力学相对缓慢；较轻的黏结剂则产生更具活性的表面，但使用寿命较短。反应活性的差别来自于覆盖在石墨颗粒表面黏结剂的厚度，较轻的黏结剂形成较薄的覆盖膜。由液体石蜡构成的碳糊电极可广泛兼容与电化学测量中使用的各种溶剂体系。碳糊电极的主要优点：①电极表面非常易于更新，具有很好的表面和活性重现性；②非常适合电极的表面修饰，只需将修饰剂同石墨粉、液态黏结剂均匀混合即可形成修饰碳糊电极。

（2）光谱石墨电极（spectroscopic graphite electrode）　是一种具有特定形状（如棒状）的固体石墨电极，因其金属杂质含量较低而得名（用于发射光谱时需保证低的金属杂质含量）。光谱石墨通常要在真空条件下浸入液体石蜡，以控制电极孔隙，这样形成的电极称为浸蜡石墨电极。该类电极具有与碳糊电极相似的组成和相近的电化学行为，但碳糊电极因为制备和使用的方便性而更为常用。

（3）石墨复合电极（graphite composite electrode）　通过将石墨粉与适当填料混合后，经物理或化学黏合形成的导电固体复合电极。例如，聚三氟氯乙烯石墨电极是将聚三氟氯乙烯粉末与石墨粉混合均匀后热压成型，在较高温度和压力下，聚三氟氯乙烯呈流体状，填充了石墨粉间的孔隙。这种石墨电极具有很宽的溶剂兼容性和很低的背景电流。另外一种碳复合电极由一种聚合物与石墨粉或炭黑粉混合后交联制成，有时也在电极中加入某种修饰物质，以影响电极的活性。

5. 高定向热解石墨电极

高定向热解石墨（highly oriented pyrolytic graphite，HOPG）是热解石墨（由气态碳氢化

合物在受热表面上分解形成）经高温高压处理后制得的一种新型石墨材料[10~13, 38]，它由密集的石墨烯面错位堆积而成，层面间距为 0.335～0.339nm。HOPG 是致密非多孔的，溶剂不能进入其中。HOPG 的主要结构特点是各向异性，有基平面（basal plane）和边平面（edge plane）之分。基平面有序度很高，可看作是具有原子级平滑的表面。此外，基平面的电子性质接近于理想石墨晶体，因此表现出的界面电容仅为 1～3μF/cm^2。以上性质对在原子水平上研究电化学反应、分子吸附和电位诱导微结构降解很有用处。

HOPG 是一种软的、微结构有序的材料，一些传统的预处理方法不能应用。例如，机械打磨可破坏电极的微结构，一般不采用这种方法。微结构的变化以及相应表面化学的改变会对背景电流的大小、分子吸附的程度以及“表面敏感”的氧化还原体系造成重大影响。下面介绍几种常用的预处理方法。

（1）机械剥离　要想获得一个干净的基面而又不破坏微结构，小心地剥离层面是一种很好的方法。在此方法中，用一块透明胶带按压在 HOPG 的表面，然后小心拿起胶带，剥掉石墨烯薄片。另一种剥离方法是用一个锋利的刀片来去除石墨烯薄片。操作时要戴手套并且用镊子夹住电极，以防污染。只要小心操作，基面受到的破坏就会很小。基面在物理操作以及悬置在电化学池中时，容易破碎以及遭到破坏。为了减少这种破坏，常将一个 O 形环轻压在基面上，以限定其暴露在溶液中的面积。随后，暴露出来的新鲜表面可用 PTFE 套管进行封装。由于边平面上的缺陷位点具有远高于基平面的电化学活性，因此剥离后基平面上残存的缺陷位点会极大地影响其电化学性质。所以对于严格要求应用 HOPG 基平面的实验，表面缺陷的检测是很必要的。界面电容是一个半定量的检测参数，若界面电容小于 2μF/cm^2，则说明表面缺陷较少。

（2）溶剂清洗　另一种清洗 HOPG 表面的方法是利用干净的有机溶剂。这种预处理方法不会改变表面结构和表面化学，只是清洗了已存在的活性位点，对所有的氧化还原体系都适用，经常和层面剥离共同应用。溶剂清洗法可以把表面吸附的污染物溶解或者脱附，20～30min 的处理时间足够了[16]。可以对整个电极或者悬置在电化学池中的电极表面进行溶剂清洗。可用的溶剂有乙腈、异丙醇、二氯甲烷、甲苯等。活化电极的溶剂类型最终取决于表面吸附分子或者污染物的分子结构。也就是说，要选择对吸附分子有溶解力的溶剂。由于试剂纯的溶剂常有杂质，可能会污染或吸附在电极表面，因此，溶剂在使用之前需要蒸馏纯化，并储存在活性炭中。

（3）热处理　在一定温度下，热处理可以通过脱附棱面位点上的污染物或者化学吸附的氧气使 HOPG 活化。这种方法对于获得干净、低氧的碳表面十分有效。为了得到最好的结果，实验应在干净的高真空环境中进行（$<10^{-6}$ Torr）；也可以在充满惰性气体的环境下进行。表面的 C—O 官能团可以占据任何暴露在外的棱面和缺陷位点。在这些位点附近，污染物吸附（尤其是极性分子）最严重。在无氧环境下，加热电极到 500℃可以有效地脱附污染物，暴露出干净的表面。电极表面的含氧官能团直到温度高于 500℃时才会明显降解[39]。10～30min 的清洁时间足够了。如果使用更高的温度，C—O 官能团会降解（产物为 O_2 和 CO_2），并产生凹陷以及新的棱面。想要获得干净的低氧表面，就要在真空或者惰性气体环境中处理。如果热处理时气相中含有氧气，表面会出现氧化和腐蚀（气化）。热处理过的 HOPG 表面在被污染物吸附或在空气中短期暴露与大气反应时，又会失活，因此活化后的电极应该立即用来进行电化学测量。

（4）电化学极化　尽管电化学极化会改变表面微结构和表面化学，但它仍可用来活化 HOPG。一定程度的阳极极化可以清洁表面，创造新的棱面，引入表面氧[10~12]。文献报道了许多电化学预处理方法，如恒电位法、恒电流法都使用过。电化学处理 HOPG 可以采用电位在−0.5～1.5V（vs SCE）间循环，溶液为 0.1～1mol/L KNO_3，扫描速度为 50mV/s。阳极电位在 1.0V 以下时，微结构的改变和表面氧化现象都不明显。当电位＞1.5V 时，微结构就会遭到严重破坏，表面氧量也会大大增加[23, 40~43]。含氧官能团可以直接或间接影响电化学反应，它可以通过以下途径直接影响反应动力学及机理：①对特定的氧化还原体系提供特定的反应或吸附位点；②对有质子转移的氧化还原体系，提供促进质子交换的位点；③提供溶液中污染物的吸附位点，间接影响反应动力学。此外，电极反应动力学的增加可能不是因为含氧官能团，而是因为伴随棱面（氧化物在此形成）形成的电子态密度的增加。C—O 官能团可以影响双电层结构、疏水基面或者亲水的含氧棱面位点，它们与水相互作用的本质是不同的。一些无电活性、本身呈酸性的官能团可能会去质子化，这会改变电极表面的电荷，使一些氧化还原体系的表观扩散系数依赖于 pH 值。

6. 硼掺杂金刚石电极

硼掺杂金刚石（boron-doped diamond, BDD）是一种新型的碳电极材料，它在电分析化学中正逐渐得到广泛应用[44~46]。金刚石与其他形式的碳材料相比，其有以下几点优势：①良好的化学稳定性，尺寸稳定，坚固耐用，耐腐蚀；②在水介质中，有较低的背景电流和较宽的工作电位窗（在 KCl 溶液中约为 3V）；③无需经过传统的预处理，对一些氧化还原体系的电子转移动力学相对较快；④分子吸附弱，不容易污染失活；⑤具有光滑、平整的表面，可进行原子力显微镜观察；⑥光透明。

制备方法：采用化学气相沉积的方法，在导电性硅基底上，沉积一层含硼的金刚石薄膜。硼的掺杂水平达到每立方厘米 10^{21} 个原子，电阻率 $10^{-2}\Omega \cdot cm$。由于金刚石是自然界最好的电绝缘体之一，为了使其具有足够的导电性来进行电化学测量，应对金刚石进行掺杂。最常用的掺杂剂是硼，掺杂量在 $1\times10^{19}cm^{-3}$ 范围或者更大。硼的引入给薄膜带来了 p 型电子特性。硼可以 B_2H_6 或 $B(CH_3)_3$ 的形式加入到气相沉积的混合物中。目前为止，关于如何活化金刚石电极的研究不多。事实上，这种电极材料有趣的特征之一就是预处理不需要使电极达到“活化的”状态。

（1）机械打磨　机械打磨可去除表面污染物层，暴露出新的表面。由于金刚石很坚硬，机械打磨只能去除表面污染物层，却不能暴露出新的表面，此外，打磨可能会使表面 C—H 键断裂，导致表面引入氧。如果采用打磨法，必须要对表面进行彻底清洗，除去打磨碎屑（尤其是氧化铝粉）。可以在干净的有机溶剂（异丙醇和丙酮）和超纯水中超声清洗。

（2）酸洗和加氢反应　不经过预处理，金刚石电极也会对一些氧化还原体系的电子转移表现得很“活跃”[47]。不同于其他 sp^2 成键的碳电极，金刚石电极暴露在空气中不会失活[15]。如果需要预处理，可以通过以下两步法使其达到最活跃状态：①酸洗；②氢等离子体处理。酸洗可以将电极浸泡在 3∶1（体积比）HNO_3-HCl 溶液和 30%（体积分数）H_2O_2 溶液中各 30min，溶液要加热到 50℃，换溶液前后都要用大量的超纯水清洗。这些氧化性溶液去除了电极表面的化学污染物、金属杂质、非金刚石碳杂质。同时因为表面引入了氧而变得更加亲水。用水冲洗电极后，将其转移到 CVD 反应器中，用氢等离子体（原子氢）处理 15～30min。这个过程去除了表面氧，引入了氢，表面变得疏水。为了获得氢终止表面，需要在氢原子存在的条件下，用 5～15min 的时间缓慢降低微波功率和压力，直到电极表面温度低于 400℃为止。

（3）溶剂清洗　使用金刚石薄膜前，可以将其浸泡在蒸馏过的异丙醇中清洗 20min。目前还没有对此的详细研究，我们推测溶剂清洗可以使表面的污染物脱附或者溶解。溶剂清洗对电极的影响需要做对照实验，然而，人们希望这种方法是一种有效的、非破坏性的活化金刚石电极的方法。

（4）热处理　热处理可能是一种有效的、非破坏性的活化金刚石电极的方法。硼掺杂的金刚石可以通过热处理脱附表面的污染物，但是同时电子特性也会改变。如果吸附的污染物有较低的脱附活化能，那么热处理温度就不需太高。可以在250～500℃条件下，真空或者充满惰性气体的石英管式炉中处理电极 30min。此温度足以脱附表面的氢，而它充当着载流子的角色，可增加半导体金刚石的导电性[48~50]。然而，这种载流子密度比掺杂的硼小几个数量级，因此电极导电性几乎不会有变化。相反，此温度也足以破坏表面的 B-H 复合物而释放出氢。复合物中氢为电子供体，硼为电子受体。复合物的破坏有望增加活性载流子的浓度，使导电性增强。当热处理温度在700～900℃范围时，电极表面也会发生污染物和末端氢的脱附。这会使表面产生悬空键，使表面重新形成 sp^2 杂化键或者一旦暴露于空气中就会有表面氧生成。因此，应避免这样的高温热处理。

（5）电化学极化　不像大多数 sp^2 杂化的碳电极，电化学极化不会改变金刚石的微结构（如果膜质量较好），但是会改变其表面化学，引入表面氧。目前为止，关于电化学极化对氧化还原体系电子转移动力学的影响，尚没有系统的研究。但是已有报道：①表面末端由氢转变为氧，提高了电极对一些氧化还原体系的响应稳定性；②对于吸附的反应产物，阳极极化可以将这些污染物氧化为 CO_2。

三、辅助电极

辅助电极的作用是与工作电极组成回路，使工作电极上的电流畅通，以保证所研究的反应在工作电极上发生。由于工作电极发生氧化或还原反应，辅助电极上可以安排为气体的析出反应或工作电极的逆反应，以使电解质溶液组分不变，另外，辅助电极的性能一般不显著影响工作电极上的反应。

一般要求辅助电极本身的电阻要小，并且不容易发生极化。较好的辅助电极材料有铂和碳，电分析化学测试常用的辅助电极为抛光后的铂丝。

四、参比电极

参比电极的作用是与工作电极构成电子回路，实现对工作电极电势的测量和控制，原则上要求回路中只有极小的测量电流流过，不能对工作电极的极化状态产生干扰。因此，参比电极的性能直接影响着电极电势测量或控制的稳定性、重现性和准确性。

（一）选择参比电极

不同场合对参比电极的要求不尽相同，应根据具体对象合理选择参比电极。但是，参比电极的选择还是存在一些共性的要求。

① 参比电极的结构和组成要稳定，温度和压力等对参比电极的影响要小，电极电位不随分析测量进程、温度和压力的变化等而发生改变。

② 参比电极应该是一个理想非极化电极，其电位值不随通过其中的电流而发生变化。

③ 参比电极应为可逆电极，电极反应处于平衡状态，其电位值可以通过能斯特方程计算。

④ 参比电极应有良好的恢复性，当有电流突然通过后电位值可以很快恢复，不发生滞后。这就要求参比电极应该可以在较小的电流下保持恒定，因为在实验过程中恒电位仪或恒流器并不能指示参比电极的电位变化。

⑤ 参比电极应具有良好的重现性。不同次、不同人制作的电极，其电势应相同。例如，银-氯化银电极和甘汞电极的重现性可达到 0.02mV，而在一般的动力学测量中，重现性不超过 1mV 也就可以了。

⑥ 使用盐桥或双接口参比电极，可以使得在选择参比电极时更加灵活。

⑦ 快速暂态测量时参比电极要具有低电阻，以减少干扰，避免振荡，提高系统的响应速率。

⑧ 在具体选用参比电极时，应考虑使用的溶液体系的影响。首先，参比电极的组成物质不与电解液成分发生反应。其次，工作电极体系和参比电极体系间的溶液不发生相互作用和污染，比如参比电极的组成成分在溶液中的溶解度要小，从而保持电极电势的长期稳定性，并减少对被测体系溶液污染的可能性。一般原则是采用相同离子溶液的参比电极，如在含氯离子的溶液中采用甘汞电极；在含硫酸根的溶液中采用汞-硫酸亚汞电极；在碱性溶液中采用汞-氧化汞电极。此外，还要考虑溶液中离子的性质，如溶解性较差的离子可能堵塞参比电极，增加接触电势；电化学池中的物质也可能会干扰参比电极的准确性（使其中的氧化还原过程中毒或增加参比电极中氧化还原电对的溶解度）。

（二）不同参比电极的电位转换

在实际电分析化学测量中，经常需要比较和转换不同参比电极得到的电池电势。表 2-4 总结了一些常用参比电极之间电极电位的转换关系。

表 2-4　水相中不同参比电极的电位转换[51]

电极			氢电极	汞电极					氯化银	
				甘汞			硫酸亚汞	氧化汞		
			NHE 或 SHE	SCE	SSCE	NCE	MSRE	1 mol/L NaOH	饱和 KCl/NaCl	3 mol/L KCl/NaCl
氢电极		NHE 或 SHE	0	−0.241	−0.236	−0.28	−0.64	−0.098	−0.197	−0.209
汞电极	甘汞	SCE	+0.241	0	+0.005	−0.039	−0.399	+0.143	+0.044	+0.032
		SSCE	+0.242	−0.005	0	−0.404	−0.404	+0.144	+0.039	+0.027
		NCE	+0.243	+0.039	+0.044	0	−0.36	+0.145	+0.083	+0.071
	硫酸亚汞	MSRE	+0.244	+0.040	+0.045	+0.36	0	+0.146	+0.443	+0.431
	氧化汞	1mol/L NaOH	+0.245	−0.143	−0.138	−0.182	−0.542	0	−0.099	−0.111
氯化银		饱和 KCl/NaCl	+0.246	−0.044	−0.039	−0.083	−0.443	+0.099	0	−0.012
		3mol/L KCl/NaCl	+0.247	−0.032	−0.027	−0.071	−0.431	+0.100	+0.012	0

注：NHE——常规氢参比电极（$a_{H^+}=1$）；SHE——标准氢参比电极（$a_{H^+}=1$）；SCE——饱和甘汞电极（饱和 KCl）；SSCE——饱和盐汞电极（饱和 NaCl）；NCE——标准汞电极（1mol/L KCl）；MSRE——硫酸亚汞电极（饱和 K_2SO_4）。

（三）参比电极的基本结构

所有参比电极均由四部分组成：主体（body）、密封盖（top seal）、接点（junction）、活性组分（active component）。这些部分可根据实验条件要求自行调节。

1. 主体材料

参比电极的主体材料在电极制作和使用过程中必须保持稳定。比如：在制作氢电极时一般不使用塑料，在强碱和强酸溶液中不使用玻璃。表 2-5 给出了一些常用材料在不同溶剂中的化学稳定性。

表 2-5 参比电极主体材料的溶剂相容性[51]

主体材料	缩写或商品名	酸		碱	有机物						
		有机	无机		芳香族	酮	醛	醚	胺	卤化物	脂肪族
卤化聚四氟乙烯	PTFE Teflon	A	A	A	A	A	A	A	A	A	A
聚全氟乙丙烯	FEP Teflon	A	A	A	A	A	A	A	A	A	A
聚三氟氯乙烯	PCTFE Kel-F	A	A	A	A	A	A	B	A	B	A
氟橡胶	Viton	B	B	B	A	C	B	C	B	B	A
聚丙烯	PP	B	B	A	C	B	B	C	A	B	B
聚乙烯	LDPE	B	B	B	C	B	B	B	B	B	B
	HDPE	B	B	B	C	B	B	B	B	B	B
聚缩醛	Delrin	C	C	C	A	A	A	A	B	B	A

注：表中 A——可以；B——部分可以；C——不可以。

2. 密封盖

参比电极上的密封盖会在多方面影响参比电极的行为。在氢参比电极中使用气密性较好、防漏的盖子，一方面可以储存氢气，另一方面可以抑制内充溶液的流动及挥发。密封性不好的盖子只能用于含饱和内充溶液的参比电极。常用的密封盖有以下几种。

（1）铂-玻璃密封盖　铂-玻璃密封盖[52]可以用丙烷燃烧硬（软）玻璃制成。硼硅酸玻璃和铂丝用丙烷火焰烤，拉成较软的密封盖，也可以根据需要用鼓风机将其吹成合适的类型。

（2）聚合物盖子　将金属丝插入加工好的聚四氟乙烯或其他聚合物中可以制成聚合物盖，也可以在聚四氟乙烯末端加入一个密封圈来制成密封盖。

（3）金属-环氧树脂盖　金属-环氧树脂盖构造简单、快捷，制作成本低。缺点是更换内充液比较麻烦，需要把连接口打开，或直接将加料口设计到参比电极内部。这种盖子是密闭的，但要注意易挥发或由环氧树脂中泄漏的物质会覆盖电极的活性表面。

3. 接点

接点将参比电极内充液与电化学电池中的电解液隔开。如果参比电极内充液和电化学池中的电解液相似，可以不需要接点。如果参比电极内充液与电化学池中电解液有不相溶的物质，则需要接点加以分隔。接点通常由多孔烧结材料组成，以下介绍一些可用于构筑接点的材料。

（1）玻璃、聚乙烯或聚四氟乙烯烧结材料　可以通过热缩管密封。为了在密封过程中不破坏烧结材料，热缩管的恢复温度必须足够低。

（2）烧结陶瓷　利用玻璃吹制技术，烧结陶瓷可以作参比电极的接点。陶瓷与电极玻璃体间应该连接紧密、无缝隙，否则会有溶液流出。

（3）玻璃棉、纤维素、琼脂　玻璃棉或其他连接材料可以填充到参比电极玻璃管的末端，通过改变填充材料的类型和密度来调节泄漏速率。

（4）铂丝、石英或石棉纤维　纤维或金属丝可封入参比电极的玻璃主体间。

（5）玻璃珠 将玻璃珠熔化到参比电极玻璃管的小孔中就可以做成玻璃珠接点。

采用封装热缩管来做参比电极主体时，可用加热炉、热空气枪、镍铬合金热金属丝加热热缩管使其达到最小直径。要特别注意不能过分加热至内充液的沸点，否则电极内会产生很大的压力；还会使导管变得易碎、烧结玻璃熔化等。

4. 参比电极中的活性组分

参比电极中的活性组分决定了参比电极的电位，常用的参比电极活性组分包括金属丝、铂片、金属难溶盐和汞的难溶化合物等，将在后面具体讨论。

（四）常用的水溶液体系参比电极

目前水溶液体系中常用的参比电极有三种：①金属相或者溶解的化合物分别与其离子组成平衡体系，如 $H^+/H_2(Pt)$、Ag^+/Ag；②金属与该金属难溶化合物电离出的少量离子组成的平衡体系，如 Hg_2Cl_2/Hg、HgO/Hg；③其他体系，如玻璃电极、离子选择性电极等。

1. 氢电极

氢电极电位（势）与溶液 pH 值、氢气压力和温度有关：

$$E_{Pt/H^+,H_2}=E^{\ominus}_{Pt/H^+,H_2}+\frac{RT}{F}\ln\frac{a_{H^+}}{\sqrt{p_{H_2}}} \tag{2-21}$$

式中，a_{H^+} 为 H^+活度；p_{H_2} 为氢气压力。根据定义，在氢离子活度为 1，且氢气压力为一个标准大气压时的电势为零，此时氢电极称为标准氢电极（standard hydrogen electrode, SHE 或 normal hydrogen electrode, NHE）。

常用标准氢电极的接点是铂片，也可以是任何可以催化氢反应的材料，比如镀铂的金片、钯金等。以铂片为例，通常将其剪成适当大小（如 1cm×1cm），然后与一根铂丝焊接后严密地封入玻璃管中，再在铂片上镀上铂黑。氢电极的简要制作过程如下。

① 接点清洗。在镀铂黑前，铂片电极可先放在王水（HNO_3∶HCl = 1∶3）中浸洗几分钟，用蒸馏水冲洗之后放入浓 HNO_3 中浸洗几分钟，再用蒸馏水洗净。为了除去 Pt 表面的氧化物，电镀前可将电极在稀 H_2SO_4（约 0.1mol/L）中循环扫描 5min（电位范围为−1.0～0V），最后用蒸馏水洗净。

② 镀铂黑。镀铂黑的溶液主要有两种。一种是 3%氯铂酸溶液，电镀的电流密度为 20mA/cm^2，时间约为 5min，镀出的铂黑成灰黑色。此种方法镀出的铂黑活性较强，H_2 和 H^+ 在其上建立平衡较快，但使用寿命较短。另一种是在 3.5%氯铂酸溶液中添加 0.02%的乙酸铅，电镀的电流密度约为 30mA/cm^2，时间约为 10min，镀出的铂黑呈黑绒状。乙酸铅的加入使铂黑不易中毒，延长了使用寿命，但缺点是铂黑吸附能力强，如果是在稀溶液中使用，容易吸附溶质而改变溶液的组成。因少量乙酸铅夹杂在铂黑中，可能会污染测试溶液。如果沉积上的铅对测定有影响，可以在 1mol/L 的盐酸中浸泡 24h 将其除去。此外，电镀时应避免电极上有明显的氢气析出。

③ 储存与更新。电镀好的铂黑电极必须保存在蒸馏水或稀 H_2SO_4 溶液中，否则接触空气会降低它的催化活性。更新铂黑可首先在 50%的王水中将以前镀的铂洗掉，再按上述步骤重新清洗、电镀，即可得到新电极。

④ 实际使用。一般在氢电极中，铂片的上部需露出液面，处在 H_2 气氛中，从而产生气、液、固三相界面，有利于氢电极迅速达到平衡。溶液中应通过稳定的氢气流，一般每秒 1～2

个气泡。在通气后 0.5h 内电极应达到平衡。而在氢气饱和的溶液中，数分钟内即可与平衡点相差不大于 1mV。否则应将铂黑用王水洗去后重镀，并应考虑提高溶液的纯度。

在使用氢电极时应注意氢电极的中毒问题。中毒后的氢电极电势会发生变化，从而影响电极电势的测量。氢电极的中毒可能有下述三种情况。

① 溶液中含有氧化性物质，如 Fe^{3+}、CrO_4^{2-}、氧气等。这些物质能在氢电极上被还原，和氢气氧化构成共轭反应，使电极电势向正方向移动。

② 溶液中含有易被还原的金属离子，如 Cu^{2+}、Ag^{+}、Pb^{2+}等。这些离子在电极表面被还原成金属，沉积在铂黑表面，从而使铂黑的催化活性下降。

③ 铂黑具有强烈的吸附能力，溶液中某些物质被吸附到铂黑表面，使铂黑的催化活性区域被覆盖而活性降低。这类有害物质主要有砷化物、H_2S、其他硫化物以及胶体杂质等。

由于铂黑氢电极需要使用高纯氢气，使用、维护不甚方便。根据具体电分析化学测量，可选取便捷氢电极或自制氢电极和简易的微型钯-氢电极。

（1）便捷氢电极或自制氢电极　用氢气泡代替传统氢电极的氢气供应设备。通过毛细作用吸附到镀铂电极表面的氢气会快速饱和电极表面，这与标准氢电极中电极附近的氢气泡行为类似。这种电极在几周内都是稳定的，并且很容易通过重新引入氢气更新，但此类电极电位可能和标准氢电极有几毫伏的偏差，使用前需要用另一只参比电极校正。氢气气泡可用聚四氟乙烯或玻璃导管连接氢气源，通过鼓泡的方式往电极中加入；也可以用自制氢电极作负极，惰性电极为正极来产生氢气。

（2）微型钯-氢电极　如果测量时间不长，可以用微型钯-氢电极作参比电极。金属钯吸收氢的能力很强，利用吸收了氢气的钯丝作成参比电极，其电势可在一段时间内维持不变。此外，因使用时不需通入氢气，故使用方便，并可应用在密封电解池中。制作微型钯-氢电极时，先将该钯电极放在 H_2SO_4 溶液中进行阳极和阴极极化多次，最后一次保持为阴极极化，使氢气很快逸出，然后使电流反向，直至约 1/4 的吸附氢被消除掉。将电极从 H_2SO_4 溶液中取出后用蒸馏水洗净，待干燥后在钯丝侧面涂上一层聚氨酯清漆，唯独露出丝的末端平面。这种钯-氢电极的面积十分小（约 $10^{-4}\ cm^2$），所以可称为微型钯-氢电极。钯-氢电极在使用时应注意不能对钯电极通阴极电流，否则其电势将逐渐变化趋向于零。另外，在含氧的体系中钯-氢电极的电势将不稳定。

2. 甘汞电极

甘汞电极（calomel electrode）方便、耐用，是最常用的参比电极之一。其电极反应为

$$\frac{1}{2}Hg_2Cl_2 + e^- \rightleftharpoons Hg + Cl^- \qquad (2\text{-}22)$$

当温度一定时，甘汞和汞的活度为常数，电极电位取决于溶液中氯离子的活度。

$$E = E^{\ominus} - \frac{RT}{F}\ln a_{Cl^-} \qquad (2\text{-}23)$$

制作甘汞电极时，通常是将 Hg_2Cl_2 细粉与几滴汞在玛瑙研钵中进行干研磨，然后加几滴 KCl 溶液调制成灰色糊状物，覆盖在纯汞上数毫米厚，最后加入所需的 KCl 溶液。

通常甘汞电极内的溶液采用饱和 KCl 溶液，这种电极称为饱和甘汞电极（SCE），它的温度系数较大。采用 1mol/L 或 0.1mol/L KCl 溶液的甘汞电极也比较常用。此外，由于 Hg_2Cl_2 在高温时不稳定，所以甘汞电极一般适用于 70℃以下的测量。表 2-6 列出了 0～100℃之间，不同甘汞电极的电位。考虑到对温度的敏感，精密测定时要将甘汞电极置于恒温水槽中进行。

还有一些其他汞盐的参比电极，见表 2-7。

表 2-6 甘汞电极电位（vs NHE）

温度/℃	电解质			温度/℃	电解质		
	0.1mol/L KCl	1mol/L KCl	饱和 KCl		0.1mol/L KCl	1mol/L KCl	饱和 KCl
	电极电位/V				电极电位/V		
0	0.3380	0.2888	0.2601	28	0.3363	0.2821	0.2418
1	0.3379	0.2886	0.2594	29	0.3363	0.2818	0.2412
2	0.3379	0.2883	0.2588	30	0.3362	0.2816	0.2405
3	0.3378	0.2881	0.2581	31	0.3361	0.2814	0.2399
4	0.3378	0.2878	0.2575	32	0.3361	0.2811	0.2393
5	0.3377	0.2876	0.2568	33	0.3360	0.2809	0.2386
6	0.3376	0.2874	0.2562	34	0.3360	0.2806	0.2379
7	0.3376	0.2871	0.2555	35	0.3359	0.2804	0.2373
8	0.3375	0.2869	0.2549	36	0.3358	0.2802	0.2366
9	0.3375	0.2866	0.2542	37	0.3358	0.2799	0.2360
10	0.3374	0.2864	0.2536	38	0.3357	0.2797	0.2353
11	0.3373	0.2862	0.2529	39	0.3357	0.2794	0.2347
12	0.3373	0.2859	0.2523	40	0.3356	0.2792	0.2340
13	0.3373	0.2857	0.2516	41	0.3355	0.2790	0.2334
14	0.3372	0.2854	0.2510	42	0.3355	0.2787	0.2327
15	0.3371	0.2852	0.2503	43	0.3354	0.2785	0.2321
16	0.3370	0.2850	0.2497	44	0.3354	0.2782	0.2314
17	0.3370	0.2847	0.2490	45	0.3353	0.2780	0.2308
18	0.3369	0.2845	0.2483	46	0.3352	0.2778	0.2301
19	0.3369	0.2842	0.2477	47	0.3352	0.2775	0.2295
20	0.3368	0.2840	0.2471	48	0.3351	0.2773	0.2288
21	0.3367	0.2838	0.2464	49	0.3351	0.2770	0.2282
22	0.3367	0.2835	0.2458	50	0.3350	0.2768	0.2275
23	0.3366	0.2833	0.2451	60	—	—	0.2199
24	0.3366	0.2830	0.2445	70	—	—	0.2124
25	0.3365	0.2828	0.2438	80	—	—	0.2047
26	0.3364	0.2826	0.2431	90	—	—	0.1967
27	0.3364	0.2823	0.2425	100	—	—	0.1885

表 2-7 汞盐参比电极电位（25℃）

电　极	$E^\ominus$ (vs NHE)/V	备　注
$Hg\vert HgI_2\vert HCl,KI$	−0.0405	
$Hg\vert HgO\vert KOH(a=1)$	−0.098	
$Hg\vert Hg_2Br_2\vert HBr$	0.13917	5℃为 0.14095，15℃为 0.14041，20℃为 0.13985，35℃为 0.13726，45℃为 0.13503
$Hg\vert HgO\vert NaOH(a=1)$	0.140	
$Hg\vert HgO\vert NaOH(a=0.1)$	0.165	
$Hg\vert Hg_2(IO_3)_2\vert KIO_3$	0.3944	
$Hg\vert Hg_2C_2O_4\vert H_2C_2O_4$	0.4166	
$Hg\vert Hg_2(Ac)_2\vert HAc$	0.5117	
$Hg\vert Hg_2SO_4\vert H_2SO_4$	0.61515	$E^\ominus=0.63495-781.44\times10^{-4}t-426.89\times10^{-9}t^2$ ①
$Hg\vert Hg_2HPO_4\vert H_3PO_4$	0.6359	
$Hg\vert Hg_2SO_4\vert K_2SO_4$	0.65	

① t 为测定时的温度。

3. 银-氯化银（Ag/AgCl）电极

银-氯化银参比电极制作简单、便宜且无毒，具有非常好的电势重现性，是一种常用的参比电极。其电极反应为

$$AgCl + e^- \rightleftharpoons Ag + Cl^- \tag{2-24}$$

其电极电位取决于溶液中氯离子的活度

$$E = E^{\ominus} - \frac{RT}{F}\ln a_{Cl^-} \tag{2-25}$$

在25℃下，银-氯化银电极的标准电极电势为$E^{\ominus} = 0.222V$，当使用饱和KCl溶液作为电解质时，银-氯化银电极的电极电势为0.197V。

银-氯化银电极的主要部分是一根覆盖有AgCl的银丝浸在含有Cl^-的溶液中。其简要制备过程如下。

（1）高纯银丝（>99.999%Ag）的制备　在使用前将银丝浸泡在1mol/L硝酸溶液中，几秒即可除去银丝表面的氧化物，用前保存在电阻为18MΩ的水中。

（2）AgCl电镀　将干净银丝在含有0.1～1mol/L氯化钾或盐酸的电解池中阳极电解一定时间，即可得到AgCl，然后在电阻为18MΩ的水中浸泡1～2天。如果氯化过程在无光的条件下进行，得到的AgCl应该是深褐色的，如果是在有光的条件下进行，AgCl会由灰白色变为棕色。

（3）内充液　饱和KCl、3.5mol/L或3mol/L KCl；饱和NaCl；3.5mol/L或3mol/L盐酸。

注：AgCl在水中的溶解度很小，但在较浓的KCl溶液中，由于AgCl和Cl^-能生成配离子$[AgCl_2]^-$，会使AgCl的溶解度显著增加。因此，为保持电极电势的稳定，所用KCl溶液需预先用AgCl饱和，特别是在饱和KCl溶液中。另外，AgCl见光会发生分解，因此应尽量避免电极受到阳光的直接照射。

Ag/AgBr、Ag/AgI电极与Ag/AgCl电极相似，在氯、溴、碘离子活度为1时，它们的标准电极电位见表2-8（温度范围为0～95℃）。在3.5mol/L及饱和KCl中，Ag/AgCl电极的电极电位见表2-9。

表2-8 Ag/AgCl、Ag/AgBr、Ag/AgI电极的标准电极电位①

温度/℃	Ag/AgCl	Ag/AgBr	Ag/AgI	温度/℃	Ag/AgCl	Ag/AgBr	Ag/AgI
0	0.23655	0.08168	—	45	0.20835	0.05997	—
5	0.23413	0.07994	0.14717	50	0.20449	0.05668	—
10	0.23142	0.07804	0.14810	55	0.20056	—	—
15	0.22857	0.07594	0.14925	60	0.19649	—	—
20	0.22557	0.07379	0.15067	70	0.18782	—	—
25	0.22234	0.07129	0.15230	80	0.17870	—	—
30	0.21904	0.06874	0.15401	90	0.16950	—	—
35	0.21565	0.06604	0.15591	95	0.16510	—	—
40	0.21208	0.06302	0.15792				

① 以氢电极为参比电极，即为对NHE。

表 2-9 3.5mol/L 及饱和 KCl 中 Ag/AgCl 电极的标准电极电位（对 NHE）①

温度/℃	3.5mol/L KCl 溶液	饱和 KCl 溶液	温度/℃	3.5mol/L KCl 溶液	饱和 KCl 溶液
10	0.2152	0.2138	30	0.2009	0.1939
15	0.2117	0.2089	35	0.1971	0.1887
20	0.2082	0.2040	40	0.1933	0.1835
25	0.2046	0.1989			

① 电极电位包括液接电位。

（五）非水体系中的参比电极

用于非水体系的参比电极大致分为两类：①使用水溶液为电解质的甘汞电极和 Ag/AgCl 电极；②参比电极本身使用的溶剂与测定溶液相同，其中 Ag^+/Ag 具有制备简单、电位重现性好的优点，已被广泛用作参比电极。表 2-10 列出了一些参比电极在非水介质中的标准电位，其值仅供参考，因准确度不高。

Ag^+/Ag 电极的氧化还原过程为：

$$Ag^+ + e^- \longleftrightarrow Ag$$

用于非水体系中时，通常将 $AgNO_3$ 和支持电解质溶于乙腈或其他有机溶剂中作为内充液，电极电位由以下公式计算：

$$E_{Ag^+/Ag} = E^{\ominus}_{Ag^+/Ag} + \frac{RT}{F}\ln\left(\alpha_{Ag^+,solv} m_{Ag^+/Ag,solv} \gamma_{Ag^+/Ag,solv}\right) \quad (2\text{-}26)$$

式中，$\alpha_{Ag^+,solv}$ 表示溶剂中 Ag 的离子化程度；$m_{Ag^+/Ag,solv}$ 表示 Ag^+的质量摩尔浓度；$\gamma_{Ag^+/Ag,solv}$ 表示溶液的离子强度系数。

表 2-10 非水介质中参比电极的电位

溶 剂	电 极	$E^{\ominus}$/V	参比电极	温度/℃
乙酸	Ag|AgCl(s), KCl(s)①	+0.23	水溶液 SCE②	22±0.5
	Ag|$AgNO_3$(s)	+0.87	水溶液 SCE	22±0.5
	Hg|Hg_2Cl_2(s), KCl(s)	+0.27	水溶液 SCE	22±0.5
	Hg|Hg_2Cl_2(s), LiCl(s)	−0.055	水溶液 SCE	25
		+0.185	NHE③	25
异丙醇	Hg|$Hg_2(Ac)_2$(s), LiAc(s)	+0.209	水溶液 SCE	25
		+0.450	NHE	25
乙腈	Ag|$AgNO_3$(0.01mol/L)	+0.30	水溶液 SCE	25
	Ag|AgCl(0.015mol/L), $(CH_3)_3(C_2H_5)NCl$(0.118mol/L)	$+0.638-6\times10^{-4}(t-25)$	水溶液 SCE	25
氨	Cd|$CdCl_2$(s)	−0.93	氨液，Hg|Hg_2I_2(s)	−36.5
	Hg|$HgCl_2$(s)	−0.068±0.004	氨液，Hg|Hg_2I_2(s)	−36.5
甲醇	Hg|$Hg_2(Ac)_2$(s), NaAc(s)	+0.179	水溶液 SCE	25
		+0.420	NHE	25
	Hg|$Hg_2(Ac)_2$(s), HAc(3.39mol/L)	+0.390	水溶液 SCE	25
		+0.631	NHE	25

续表

溶 剂	电 极	$E^{\ominus}$/V	参比电极	温度/℃
甲酸	Pt|醌氢醌(0.05mol/L), 甲酸钠(0.25mol/L)	+0.538±0.0005	水溶液 SCE	25
2,4-二甲基吡啉	$Hg\|Hg_2Cl_2(s), KCl(s)$	+0.33	水溶液 SCE	22±0.5
	$Hg\|Hg_2SO_4(s), K_2SO_4(s)$	+0.29	水溶液 SCE	22±0.5
2,6-二甲基吡啉	$Hg\|Hg_2Cl_2(s), KCl(s)$	+0.45	水溶液 SCE	22±0.5
	$Hg\|Hg_2SO_4(s), K_2SO_4(s)$	+0.36	水溶液 SCE	22±0.5
2-甲基吡啶	$Hg\|Hg_2Cl_2(s), KCl(s)$	+0.42	水溶液 SCE	22±0.5
	$Hg\|Hg_2SO_4(s), K_2SO_4(s)$	+0.39	水溶液 SCE	22±0.5
吡啶	$Hg\|Hg_2SO_4(s), K_2SO_4(s)$	+0.34	水溶液 SCE	22±0.5
喹啉	$Ag\|AgCl(s), KCl(s)$	+0.17	水溶液 SCE	22±0.5

① (s)表示饱和溶液。

② 水溶液 SCE 表示水溶液饱和甘汞电极。

③ NHE 表示标准氢电极。

由于 Ag^+在不同溶剂中的离子化程度不同，所以用不同溶剂制备的电极电位也会有所变化，如在 0.01mol/L $AgNO_3$-乙腈中的电位为 0.3V（相对于水相饱和甘汞电极）。此外，这类电极不可以在能被 Ag^+氧化的溶剂中使用。

比较常用的 Ag^+/Ag 电极制备简单，其中高纯银丝（99.999%）的纯化处理类似于制作 Ag/AgCl 电极，参比电极内充液可以有很多选择，比较典型的组成如下：

Ag^+——0.01mol/L 或 0.1mol/L $AgNO_3$。

溶剂——乙腈、碳酸丙烯酯、二甲基甲酰胺或二甲亚砜。

支持电解质——0.1mol/L 四丁基高氯酸铵或与待测溶液相同的电解质。

（六）准参比电极

在进行电池电极的极化测量时，有时可以采用和电池负极相同材质的金属电极直接插入电池溶液中作为参比电极来使用，这种参比电极称为准参比电极（quasi-reference electrode）。这种准参比电极的使用具有如下特点。

① 不需要测得研究电极准确的电极电位值，而只需要知道其极化值即可。如果研究电极是电池的负极，由于研究电极和准参比电极是相同材质的同种金属，并且处于同一溶液之中，因此它们的开路电位是相同的。在极化后，研究电极相对于准参比电极的电极电位就是其极化值；如果研究电极是电池的正极，那么极化前后其电极电位之差也可反映出其极化值的大小。

② 由于准参比电极是和负极相同材质的金属，因此不会存在液接电势和溶液污染的问题。

③ 由于准参比电极是金属电极，具有低电阻，因此保证了电极电位测量的准确性和稳定性，并具有快的响应速率。

④ 由于通常选用可逆性好的金属作为电池的负极材料，因此采用同种金属的参比电极也具有好的可逆性，能够满足参比电极的一般性要求，具有比较稳定的电极电位值。

常用的准参比电极中一般由惰性金属丝组成，如铂和金。如果 Ag^+ 不干扰测定，也可以使用银丝。

准参比电极的电极电位不够稳定和确定，往往要在实验后用常规参比电极（如饱和甘汞或银-氯化银电极）或氧化还原探针分子（如二茂铁）进行标定。

（七）盐桥

当被测电极体系溶液与参比电极溶液不同时，常用盐桥把参比电极和研究电极连接起来。在测量电极电势时，盐桥连接了研究电极和参比电极体系，使它们之间形成离子导电通路。盐桥的作用：一是减小液接电位；二是防止或减少研究电极和参比电极之间的相互污染。

1. 液接电位

当两种不同溶液相互接触时，在它们之间会产生一个接界面。在接界面的两侧，由于溶液组成或浓度不同，造成离子相对方向扩散。由于正负离子扩散速度不同，最后在液接界面上会产生一定的电势差，即液接电位。液接电位即扩散电位，至今尚无法精确测量和计算，但在稀溶液中可由 Henderson 公式近似得到：

$$E_j = \frac{RT}{F}\times\frac{(u_1 - V_1)-(u_2 - V_2)}{(u_1' + V_1')-(u_2' + V_2')}\ln\left(\frac{u_1' + V_1'}{u_2' + V_2'}\right) \tag{2-27}$$

式中，$u=\sum C_+\lambda_+$；$V=\sum C_-\lambda_-$；$u'=\sum C_+\lambda_+ z_+$；$V'=\sum C_-\lambda_- z_-$；C_+和 C_-分别为阳、阴离子的浓度，mol/L；λ_+和 λ_-分别为阳、阴离子的摩尔电导；z_+和 z_-分别为阳、阴离子的价数，下标“1”和“2”分别表示相互接触的溶液 1 和 2。式（2-27）中 E_j的正、负号即为溶液 2 表面所带电荷的正、负号。从式（2-27）可知，若溶液 1 和 2 均有 $\sum C_+\lambda_+ = \sum C_-\lambda_-$，则 $E_j = 0$。

表 2-11 列出了 MCl||M′Cl 之间的液接电位。表 2-12 列出了 0.1mol/L、3.5mol/L、饱和 KCl 与各种电解质溶液之间的液接电位。表中列出的值接近理论计算值，能应用于一些相同的参比电极和盐桥。液接电位 E_j单位均为毫伏（mV），一个正的 E_j值表示界面的类型为–||+。

表 2-11 MCl||M′Cl 类型的液接电位

电解质浓度 c/(mol/L)	液-液界面		液接电位 E_j/mV	
	MCl	M′Cl	实验值	计算值
0.1	HCl	KCl	+26.78	+28.52
	HCl	NaCl	+33.09	+33.38
	HCl	LiCl	+34.86	+36.14
	HCl	NH_4Cl	+28.40	+28.57
	KCl	LiCl	+8.79	+7.62
	KCl	NaCl	+6.42	+4.86
	KCl	NH_4Cl	+2.16	+0.046
	NaCl	LiCl	+2.62	+2.76
	NaCl	NH_4Cl	–4.21	–4.81
	LiCl	NH_4Cl	–6.93	–7.57
0.01	HCl	KCl	+25.73	+27.48
	HCl	NaCl	+31.16	+32.02
0.01	HCl	NH_4Cl	+27.02	+27.50
	HCl	LiCl	+33.75	+34.56
	KCl	NaCl	+5.65	+4.54
	KCl	LiCl	+8.20	+7.08
	KCl	NH_4Cl	+1.31	+0.018
	KCl	CsCl	+0.31	+0.60
	NaCl	LiCl	+2.63	+2.53
	NaCl	NH_4Cl	–4.26	–4.52
	NaCl	CsCl	–5.39	–5.13
	LiCl	NH_4Cl	–6.89	–7.05
	LiCl	CsCl	–7.80	–7.67
	CsCl	NH_4Cl	+0.95	+0.61

表 2-12 MX||KCl 类型的液接电位（25℃）

电解质溶液	$c(MX)$/(mol/L)	液接电位 E_j/mV 0.1mol/L KCl	3.5mol/L KCl	饱和 KCl
HCl	0.01	+9.3	+1.4	+3.0
	0.1	+26.8	+3.1	+4.6
	1	+52.6	+16.6	+14.1
H_2SO_4	0.05	+25	+4	—
	0.5	+53	+14	—
KCl	0.01	+0.4	+1.0	—
	0.1	±0.0	+0.6	+1.8
	1	—	+0.2	—
KCl+HCl	0.09 0.01	—	—	+2.1
KOH	0.3	−15.4	−1.7	−0.1
	1	−34.2	−8.6	−6.9
LiCl	0.1	−8.9	—	—
NH_4Cl	0.1	+2.2	—	—
NaCl	0.1	−6.4	−0.2	—
	1	−11.2	−1.9	—
NaCl+HCl	0.09 0.01	—	—	+1.9
NaOH	0.01	−4.5	—	+2.3
	0.05	—	—	+0.7
	0.1	−18.9	−2.1	−0.4
	1	−45	−10.5	−8.6
$KH_3(C_2O_4)_2$	0.01	—	—	+3.0
	0.05	—	—	+3.3
	0.1	—	—	+3.8
KHC_2O_4	0.1	—	—	+2.5
$KHC_8H_4O_4$	0.05	—	—	+2.6
$KH_2C_5H_5O_7$	0.02	—	—	+2.9
	0.1	—	—	+2.7
HAc+NaAc	0.05 0.05	—	—	+2.4
HAc+NaAc	0.01 0.01	—	—	+3.1
KH_2PO_4+Na_2HPO_4	0.025 0.025	—	—	+1.9
Na_3PO_4	0.01	—	—	+1.8
$NaHCO_3$+Na_2CO_3	0.025 0.025	—	—	+1.8
Na_2CO_3	0.01	—	—	+2.4
	0.025	—	—	+2.0

因 H^+和 OH^-的扩散系数和摩尔电导均要比其他离子大得多，故酸（或碱）与盐溶液间的 E_j 往往要比盐溶液间的大。

在水溶液体系中，两种不同溶液的 E_j 一般小于 50mV。例如 1mol/L NaOH 与 0.1mol/L KCl 溶液间的 E_j 按式（2-27）计算为 45mV。但如果是电解质水溶液和有机溶剂电解质溶液相接界，它的液接电位要大得多。例如饱和甘汞电极所用饱和 KCl 水溶液和以乙腈作溶剂的有机电解质稀溶液（如含 0.01mol/L Ag^+）间的液接电位竟达 0.25V。因此，在测量电极电位时必须注意尽量减小液接电位。通常采用的方法是在工作电极与参比电极间使用盐桥。

2. 盐桥的设计

盐桥可以减小不同组成溶液间的液接电位及交叉污染。在水溶液体系中，盐桥溶液通常采用 KCl 或 NH_4NO_3 溶液；在有机电解质溶液中，可采用苦味酸四乙基铵溶液，在很多溶液中，其正、负离子的迁移数几乎相同。如果 KCl、NH_4NO_3 在该有机溶剂中能溶解，则也可采用 KCl、NH_4NO_3 溶液。也常使用高氯酸季铵盐溶液。

选择盐桥内的溶液应注意下述几点。

① 盐桥中的电解质不能与电极及电解池中的物质反应，也不应干扰被测电极过程，这是最基本的原则。

② 溶液中阴、阳离子的摩尔电导应尽量接近，并且尽量使用高浓度溶液。采用盐桥后，原来的一个液接界面变成由盐桥溶液与两边溶液组成的两个液接界面，而两个界面上的扩散

情况都由高浓度的盐桥溶液决定。因盐桥溶液的阴、阳离子摩尔电导十分接近，两个液接界面的液接电位都很小，而且盐桥两端液接电位符号恰好相反，使得两个液接电位可以抵消一部分，这样就进一步减小了液接电位。

③ 制作盐桥时应注意盐桥的内阻，如果内阻太大，则容易造成测量误差。

④ 利用液位差使电解液朝一定方向流动，可以减缓盐桥溶液扩散进入研究体系溶液或参比电极溶液。

常见的“盐桥”是一种充满盐溶液的玻璃管，管的两端分别与两种溶液相连接。通常盐桥做成U形，充满盐溶液后把它倒置于两溶液间，使两溶液间离子导通。为了减缓盐桥两边溶液通过盐桥流动，通常需要采用一定的盐桥封结方式。

① 最简单的一种盐桥封结方式是在盐桥内充满凝胶状电解液，从而抑制两边溶液的流动。所用的凝胶物质有琼脂、硅胶等，一般常用琼脂。制作时先在热水中加入 4%琼脂，待其溶解后加入所需数量的盐。趁热把溶液注入盐桥玻璃管内，冷却后管内电解液即呈冻胶状。这种盐桥电阻较小，但琼脂在水中有一定的溶解度，遇到强酸或强碱后不稳定，因此若研究溶液为强酸或强碱，则不宜用含琼脂的盐桥。在有机电解液中，由于琼脂能溶解，因此也不宜用它作为盐桥物质。

② 另一种常用的盐桥封结方式是用多孔烧结陶瓷、多孔烧结玻璃或石棉纤维封住盐桥管口，它们可以直接烧结在玻璃管内。这要求多孔性物质的孔径很小，通常不超过几个微米。连接时可采用直接火上熔接，或用聚四氟乙烯或聚乙烯管套接。

3. 双液接参比电极

双液接参比电极充分考虑了盐桥的作用，可以有效地提高内充液与电化学池中电解液的兼容性。为防止污染电解液或使催化剂中毒，含氯的电极常常需要与电化学池隔离开。在两个液接单元填入 K_2SO_4 内充液可以很好地解决此问题。

（八）参比电极的校正与维护

1. 校正

所有参比电极电位可用一个高阻抗的伏特计和另一个实验室标准参比电极校正。实验室标准参比电极应是电化学行为较好的电极，如 Ag/AgCl(饱和 KCl)，并且只用于校正，这样就避免了一些诸如堵塞、被污染等问题。为校正或检验参比电极电位，被检测的参比电极应该与实验室标准参比电极置于同样高导电性的电解质中(如饱和 KCl)并于常温下保存。标准参比电极与仪表连接，被测参比电极的电位可以直接读出。如果电位需要很长时间稳定，则接口可能被堵塞，参比电极必须重制；如果被测参比电极与标准参比电极的电位差在几毫伏范围内，表明被校正参比电极比较好。

一个电化学行为较好的氧化还原电对可用于校正参比电极或在电化学实验中作内标。此氧化还原电对必须在测试时间内稳定，并且在所用体系中的电位重现性好。如二茂铁分子（浓度为 0.0005～0.01mol/L）可作为参比氧化还原电对。

2. 储存

一般参比电极应该保存在与内充液相同的溶液中（如饱和甘汞电极保存在饱和 KCl 中）。如果参比电极的内充液是不饱和的，那么要特别防止挥发，否则内充液的浓度会发生变化。任何参比电极都不能干放，一些对光敏感的参比电极应避光保存。

3. 清洗

接点会因各种原因被堵塞，比如：接点处有沉淀、样品溶液的胶体堵塞、蛋白质或有机污染物与孔发生键合。如果在参比电极中同时存在不相溶的电解质，如 K^+与 ClO_4^-会形成不溶盐堵塞接口（由于石英玻璃是无色的，如果被污染了会有其他颜色出现）。对于接点堵塞最简单的做法是溶解沉淀的盐，否则被污染的部分必须更新。清洗接点时，需特别注意接口材料和污染物，否则在处理污染物的同时接点也有可能被溶解。几种清洗接点的方法见表 2-13。

表 2-13 接点的清洗步骤

过　程	污染物	步　骤
清洗前		将参比电极的内充液倒出，如果可以，将参比电极的活性部分或烧结物取出单独清洗
清洗中	蛋白质	浸泡在 0.1mol/L HCl 及 1%的蛋白酶溶液中，再用去离子水清洗
	硫化银	浸泡在 0.1mol/L HCl 及 7.5%的硫脲中，再用去离子水清洗
	有机物	将烧结物浸泡在强氧化性的溶液中，100℃下加热至颜色消失，再用去离子水清洗
清洗后		接口或参比电极主体泡在内充液中，然后重制

4. 更换内充液

因为在使用参比电极的同时，内充液和电化学池中的电解液会相互扩散、稀释和污染，所以参比电极的内充液要定期更换。更换的内充液浓度应该适宜（比如，Ag/AgCl 的内充液应该先用 KCl 和 AgCl 饱和），并且不能带入气泡。

5. 更新与检修

如果需要，大部分参比电极通过更换内充液或烧结玻璃就可以更新，但有些情况下，必须重制整个电极。每种电极的更新见表 2-14，参比电极的检修见表 2-15。

表 2-14 电极的更新

电　极	更　新
标准氢电极	换内充液；换氢气；电极重新镀铂
便捷氢电极	换内充液或接口；补充氢气；电极重新镀铂
饱和甘汞电极	若换内充液或接口仍不行，重制电极
Hg/HgO	用纯化的汞及合适的汞盐
Ag/AgCl	若换内充液或接口仍不行，在银丝表面重新包裹新的氯化银
Ag/Ag^+	换内充液或接口；清洗银丝

表 2-15 参比电极的检修

问　题	原　因	解 决 方 法
电位不准确	内充液浓度不对	更换内充液
	扩散到参比电极的物质干扰氧化还原电对	—
	烧结口堵塞	清洗或更换烧结口
	不溶盐完全溶解	若是 Ag/AgCl，重新包裹 AgCl；若是汞电极，则需重制
反应迟钝	烧结口堵塞	清洗或更换烧结口
	镀铂太厚	除去旧铂层，重新镀
	汞盐太多	用纯汞和新的汞盐重制
不稳定	烧结口处有气泡	轻弹参比电极，赶走气泡

五、电解池

电解池的结构和安装对电化学测量影响较大，尤其在恒电位极化中，电解池构成了恒电位仪中运算放大器的反馈回路。因此，正确设计和安装电解池体系是十分重要的。这里讨论的电解池是指在实验室中进行电化学测量时使用的小型电解池。

（一）材料

电解池的各个部件需要由具有各种不同性能的材料制成，对于材料的选择要依据具体的使用环境。特别重要的是电解池材料的稳定性，要避免在使用时分解产生杂质，干扰被测的电极过程。

最常用的电解池材料是玻璃，一般采用硬质玻璃。玻璃具有很宽的使用温度范围，并能在火焰中加工成各种形状。玻璃在有机溶液中十分稳定，在大多数无机溶液中也很稳定。但在 HF 溶液、浓碱及碱性熔盐中不稳定。

聚四氟乙烯（polytetrafluorethylene，PTFE），也称特氟隆（Teflon），具有极佳的化学稳定性，在王水、浓碱中均不发生变化，也不溶于任何有机溶剂。PTFE 具有较宽的使用温度范围：–195～+250℃。PTFE 是较软的固体，在压力下容易发生变形，因此适合于封装固体电极；而且 PTFE 具有强烈的憎水性，电解液不易渗入 PTFE 和电极之间，因而具有良好的密封性。

聚三氟氯乙烯（Kel-F）的化学稳定性较 PTFE 稍差，在高温下可与发烟硫酸、NaOH 等作用，使用温度为–200～+200℃。聚三氟氯乙烯的硬度比 PTFE 高，便于精密的机械加工，因此常作为电解池容器的外壳和电极封装材料。

有机玻璃，化学名为聚甲基丙烯酸甲酯（polymethylmethacrylate，PMMA），具有良好的透光性，易于机械加工。PMMA 在稀溶液中稳定，在浓氧化性酸和浓碱中不稳定，在丙酮、氯仿、二氯乙烷、乙醚、四氯化碳、乙酸乙酯及乙酸等很多有机溶剂中可溶解。作为电解池材料，PMMA 只能用于温度低于 70℃的场合。

聚乙烯（polyethylene，PE）能耐一般的酸、碱，但浓硫酸和高氯酸可与之发生作用，它可溶于四氢呋喃中。但因其易软化，使用温度需在 60℃以下。

环氧树脂（epoxy resin）是制作电解池和封装电极时常用的黏结剂。由多元胺交联固化的环氧树脂化学稳定性较好，在一般的酸、碱、有机溶剂中保持稳定，耐热性可达 200℃。

橡胶（rubber），尤其是硅橡胶（silicon rubber），因具有良好的弹性和稳定性，常用做电解池和电极管的塞子和密封圈，起到密封的作用。

其他常用的电解池材料还有尼龙、聚苯乙烯等。

（二）设计要求

① 电解池的体积要适当，同时要选择适当的研究电极面积和溶液体积之比。在多数电分析化学的测量中，需要保证溶液本体浓度不随反应的进行而改变，这时就要采用小的研究电极面积和溶液体积之比；在某些测量中，如电解分析中，为了在尽可能短的时间内使溶液中的反应物电解反应完毕，则应使用足够大的研究电极面积和溶液体积之比。因此，需根据具体情况，确定溶液体积，从而选择适当的电解池体积。

② 应正确选择辅助电极的形状、大小和位置，以保证研究电极表面的电流分布均匀。一般来讲，辅助电极的面积应大于研究电极，形状应与研究电极形状相吻合，并放置在与研究电极相对称的位置上，以保证研究电极表面各处电力线均匀分布。此外，辅助电极离开研究电极表面的距离增大，可以改善电流分布的均匀性。辅助电极与研究电极间用磨口活塞或

烧结玻璃隔开，也可获得比较均匀的电流分布。

③ 电化学测量常常需要在一定的气体中进行，如通入惰性气体以除去溶解在溶液中的氧气，或者氢电极、氧电极的测量需通入氢气和氧气。此时，电解池需设有进气管和出气管。进气管的管口通常设在电解池底部，并可接有烧结玻璃板，使通入的气体易于分散，在溶液中达到饱和；出气管口常可接有水封装置，以防止空气进入。

六、溶剂和电解质

所有电分析化学测量均发生于电解质溶液（即溶剂-电解质离子）中，所以电解质溶液的性质对电分析化学实验测量至关重要。关键作用在于实现电极电位的控制、测量和维持体系内的电流流动。当前电解质溶液大致分为三类，即水溶液、有机溶剂溶液和熔融盐。

（一）溶剂

溶剂的选择主要考虑以下几点：①有足够的溶解能力溶解待分析物并维持它的活性；②有较低的黏度以保证待分析物在电极界面的快速传质；③在整个实验电位范围内都保持惰性，不与体系中的电极、电解质或者电极反应有关的物质发生反应，且对电极表面无特性吸附等。

水是最常用的溶剂，大多数的电化学反应均在水溶液中进行。纯水几乎不导电，在要求电解液具有良好的导电性时，一般还要在水中加入适量具有离子导电性的支持电解质。水的热力学电位窗由析氢和析氧反应的 Nernst 方程式区域决定，但实际上析氢和析氧电位随电极材料的不同而不同。

电化学研究中也经常采用非水溶剂，如有机溶剂。它具有以下优点：可以溶解不溶于水的物质；有些反应物在水中不稳定；能在比水溶液体系具有更大的电位、pH 值和温度范围内进行反应的测定。常用的有机溶剂有乙腈、二甲基甲酰胺等。市售的有机溶剂都或多或少含有水等杂质，因此，使用前必须进行精制。蒸馏是常用的方法。但只用蒸馏不能除去水和其他杂质，经常还需把分子筛、脱水剂如 KOH 等加入溶剂中进行搅拌，放置后蒸馏分离。

表 2-16 列出了一些电化学测量常用溶剂的物理性质。

表 2-16 电化学测量常用溶剂的物理性质[53]

溶　剂	沸点/℃	熔点/℃	蒸气压/mmHg	密度/(g/cm^3)	黏度/mPa·s	电导率/(S/cm)	介电常数	毒性
水	100	0	23.8	0.9970	0.890	6×10^{-8}	78.39	
酸								
氢氟酸	19.6	−83.3		0.9529	0.256	1×10^{-4}	84.0	
甲酸	100.6	8.27	43.1	1.2141	1.966	6×10^{-5}	58.5	5
乙酸	117.9	16.7	15.6	1.0439	1.130	6×10^{-9}	6.19	10
乙酸酐	140.0	−73.1	5.1	1.0749	0.783_{30}	5×10^{-9}	20.7	5
醇								
甲醇	64.5	−97.7	127.0	0.7864	0.551	1.5×10^{-9}	32.7	200
乙醇	78.3	−114.5	59.0	0.7849	1.083	1.4×10^{-9}	24.6	1000
1-丙醇	97.2	−126.2	21.0	0.7996	1.943	$9\times10^{-9}{}_{18}$	20.5	200
2-丙醇	82.2	−88.0	43.3	0.7813	2.044	6×10^{-8}	19.9	400
醚								
四氢呋喃	66.0	−108.4	162	0.8892_{20}	0.460		7.58	200
二噁烷	101.3	11.8	37.1	1.028	1.087_{30}	5×10^{-15}	2.21	25

续表

溶　剂	沸点/℃	熔点/℃	蒸气压/mmHg	密度/(g/cm^3)	黏度/mPa·s	电导率/(S/cm)	介电常数	毒性
酮								
丙酮	56.1	−94.7	231	0.7844	0.303	5×10^{-9}	20.6	750
乙酰丙酮	117.4	−84	18.8	0.7963	0.546	$<5\times10^{-8}$	13.1_{20}	
腈								
乙腈	81.6	−43.8	88.8	0.7765	0.341_{30}	6×10^{-10}	35.9	40
丙腈	97.4	−92.8	44.6	0.7768	0.389_{30}	8×10^{-8}	28.9_{20}	很毒
丁腈	117.6	−111.9	19.1	0.7865	0.515_{30}		24.8_{20}	很毒
异丁腈	103.8	−71.5		0.7656	0.456_{30}		20.4_{24}	很毒
苯腈	191.1	−12.7	$1_{28.2}$	1.0006	1.237	5×10^{-8}	25.2	
胺								
液氨	−33.4	−77.7		0.681_{-34}	0.25_{-34}	5×10^{-11}	23.0_{-34}	
乙二胺	116.9	11.3	$13.1_{26.5}$	0.8931	1.54	9×10^{-8}	3.86	10
吡啶	115.3	−41.6	20	0.9782	0.884	4×10^{-8}	3.24	5
酰胺								
甲酰胺	210.5	2.5	1_{70}	1.1292	3.30	$<2\times10^{-7}$	111_{20}	20
N-甲基甲酰胺	180～185	−3.8	0.4_{44}	0.9988	1.65	8×10^{-7}	182.4	10
N,N'-二甲基甲酰胺	153	−60.4	3.7	0.9439	0.802	6×10^{-8}	36.7	10
N-甲基乙酰胺	206	30.5	1.5_{56}	0.9500_{30}	3.65_{30}	$2\times10^{-7}{}_{40}$	191.3_{32}	
N,N'-二甲基乙酰胺	166.1	−20	1.3	0.9363	0.927	1×10^{-7}	37.8	10
六甲基磷酸三胺	233	7.2	0.07_{30}	1.020	3.10	2×10^{-7}	29.6	
N-甲基-2-吡咯烷酮	202	−24.4	0.3	1.026	1.67	1×10^{-8}	32.2	
1,1,3,3-四甲基脲	175.2	−1.2		0.9619	1.395	$<6\times10^{-8}$	23.6	
含硫溶剂								
二氧化硫	−10.01	−75.46		1.46_{-10}	0.429_{0}		15.6_{0}	
二甲基亚砜	189.0	18.5	0.6	1.095	1.99	2×10^{-9}	46.5	
环丁砜	287.3	28.5	5.0_{118}	1.260_{30}	10.3_{30}	$<2\times10^{-8}{}_{30}$	43.3_{30}	
二甲基硫代甲酰胺	70	−8.5		1.024_{27}	1.98		47.5	
N-甲基-2-硫代吡咯烷酮	145	19.3		1.084	4.25		47.5	
其他溶剂								
己烷	68.7	−95.3	151.3	0.6548	0.294	$<10^{-16}$	1.88	300
苯	80.1	5.5	95.2	0.8736	0.603	4×10^{-17}	2.27	1
甲苯	110.6	−95.0	28.5	0.8622	0.553	8×10^{-16}	2.38	100
硝基甲烷	101.2	−28.6	36.7	1.1313	0.614	5×10^{-9}	36.7	100
硝基苯	210.8	5.76	0.28	1.1983	1.62_{30}	2×10^{-10}	34.8	
二氯甲烷	39.6	−94.9	436	1.3168	0.393_{30}	4×10^{-11}	8.93	500
1,2-二氯乙烷	83.5	−35.7	83.4_{20}	1.2464	0.73_{30}	4×10^{-11}	10.37	1
γ-丁内酯	204	−43.4	3.2	1.1254	1.73		39.1	
丙烯碳酸酯	241.7	−54.5	1.2_{55}	1.195	2.53	1×10^{-8}	64.92	
碳酸亚乙酯	248.2	36.4	3.4_{95}	1.3383	1.9_{40}	$5\times10^{-8}{}_{40}$	89.8_{40}	
乙酸甲酯	56.9	−98.0	216.2	0.9279	0.364	$3\times10^{-6}{}_{20}$	6.68	200
乙酸乙酯	77.1	−83.6	94.5	0.8946	0.426	$<1\times10^{-9}$	6.02	400

注：1．表中数据引自 Riddick J A, Bunger W B, Sakano T K. Organic Solvents in: Physical Properties and Methods of Purifications (4th ed), New York: Wiley & Sons, 1986 等。

2．除非特殊说明，所有数据均为温度为 25℃时的数值。

（二）电解质

在溶剂中加入支持电解质的主要目的：有效地消除电活性物质在传质过程中的电迁移现象和压缩溶液扩散层的厚度，减少电位分布。此外，支持电解质还可以维持稳定的离子强度，增加溶液的导电性，从而减少电位控制或测量中的溶液欧姆电位降，同时减小研究电极和对电极间的电阻，避免过量的 Joule 热效应，有助于保持均一的电流和电位分布等效果。

作为支持电解质，应具备的基本条件：①在溶剂中的溶解度较大；②电位测定范围大，它在整个实验电位范围内都保持惰性，不与体系中的溶剂或者电极反应有关的物质发生反应，且对电极表面无特性吸附，不改变双电层的结构。

支持电解质可以是无机盐、酸或缓冲溶液。水溶液中常用硫酸钠、KNO_3 等，有机溶剂中支持电解质常用 $NaClO_4/LiClO_4$ 等。表 2-17 归纳了一些常用电解质溶液的离子电导数据。

表 2-17 一些常用电解质溶液的离子电导数据[54]

溶剂	电解质	电解质浓度/(mol/L)	温度/℃	电导率/(S/cm)
H_2O	HCl	6.0	25	0.84
	HCl	1.0	25	0.33
	HCl	0.1	25	0.039
	H_2SO_4	0.53	25	0.21
	H_2SO_4	0.1	25	0.048
	KCl	1.05	25	0.11
	KCl	0.1	25	0.013
	$LiClO_4$	0.1	25	0.0089
ACN	$TEAClO_4$	1.0	25	0.050
	$TEAClO_4$	1.0	22	0.026
	$TEAClO_4$	0.1	22	0.0084
	$TEABF_4$	1.0	25	0.056
	$TEAPF_6$	1.0	25	0.055
	$TEACF_3SO_3$	1.0	25	0.042
	$TBAClO_4$	1.0	22	0.023
	$TBAPF_6$	1.0	25	0.031
	$LiPF_6$	1.0	25	0.050
	$LiCF_3SO_3$	1.0	25	0.0097
DMF	$TBABF_4$	1.0	25	0.0145
PC	$TBABF_4$	1.0	25	0.0074
	$TBAPF_6$	1.0	25	0.0061
DCM	$TBAClO_4$	1.0	22	0.0064
DCE	$TBABF_4$	1.0	25	0.0044
THF	$TBABF_4$	1.0	25	0.0027
BuCN	$TBAPF_6$	0.3	25	0.0079

参考文献

[1] 高小霞. 电分析化学导论, 北京：科学出版社, 1986.

[2] Soriaga M P. Progress in Surface Science. 1992, 39, 325-443.

[3] 贾铮. 电化学测量方法. 北京：化学工业出版社, 2006.

[4] Anderson J L, Winograd N. in Film Electrodes (Eds.: Kissinger P T, Heineman W R), New York: Marcel Dekker, 1996.

[5] Bard A J, Crayston J A, Kittlesen G P, et al. Anal Chem, 1986, 58: 2321.

[6] Vaufrey D, Ben Khalifa M, Tardy J C, et al. Semiconductor Sci Tech, 2003, 18: 253.

[7] Donley C, Dunphy D, Paine D, et al. Langmuir, 2002, 18: 450.

[8] Stotter J, Show Y, Wang S H, et al. Chem Mater, 2005, 17: 4880.

[9] Chaney J A, Pehrsson P E. Appl Surf Sci, 2001, 180: 214.

[10] McCreery R L. in Carbon Elctrodes: Structure Effects on Electron Transfer Kinetics, Vol. 17 (Ed.: Bard A J), New York: Marcel Dekker, 1991.

[11] McCreery R L. in Electrochemical Properties of Carbon Surface (Ed.: Wieckowski A), New York: Marcel Dekker, 1999.

[12] McCreey R L. in Carbon Electrode Surface Chemistry, Vol. 27 (Eds.: Boulton A, Baker G, Adams R N), New York: Humana Press Inc, 1995.

[13] Kinoshita K. Carbon: Electrochemical and Physicochemical Properties. New York: Wiley-VCH, 1988.

[14] Hance G W, Kuwana T. Anal Chem, 1987, 59: 131.

[15] Hu I F, Karweik D H, Kuwana T. J Electroanal Chem, 1985, 188: 59.

[16] Ranganathan S, Kuo T C, McCreery R L. Anal Chem, 1999, 71: 3574.

[17] Fagan D T, Hu I F, Kuwana T. Anal Chem, 1985, 57: 2759.

[18] Stutts K J, Kovach P M, Kuhr W G, et al. Anal Chem, 1983, 55: 1632.

[19] Miller C W, Karweik D H, Kuwana T. Anal Chem, 1981, 53: 2319.

[20] Chen Q Y, Swain G M. Langmuir, 1998, 14: 7017.

[21] DeClements R, et al. Langmuir, 1996, 12: 6578.

[22] Kuo T C, McCreey R L. Anal Chem, 1999, 71: 1553.

[23] Engstrom R C. Anal Chem, 1982, 54: 2310.

[24] Wang J, Lin M S. Anal Chem, 1988, 60: 499.

[25] Wightman R M, et al. J Electrochem Soc, 1984, 131: 1578.

[26] Beilby A L, Sasaki T A, Stern H M. Anal Chem, 1995, 67: 976.

[27] Mattusch J, Hallmeier K H, Stulik K, Pacakova V. Electroanalysis, 1989, 1: 405.

[28] Thornton D C, et al. Anal Chem, 1985, 57: 150.

[29] Wang J, Hutchins L D. Anal Chim Acta, 1985, 167: 325.

[30] Kawagoe K T, et al. J Neurosci Methods, 1993, 48: 225.

[31] Wightman R M. Anal Chem, 1981, 53: 1125.

[32] Wightman R M. Science, 1988, 240: 415.

[33] Swaom G M. Activation Studies of Carbon Fiber Electrodes, PhD Thesis, University of Kansas 1991.

[34] Tibbetts G G. Carbon, 1989, 27: 745.

[35] Strein T G, Ewing A G. Anal Chem, 1991, 63: 194.

[36] Dai H. Acc Chem Res, 2002, 35: 1035.

[37] Valentini F, et al. Anal Chem, 2003, 75: 5413.

[38] Adams R N. Electrochemistry at Solid Electrodes. New York: Marcel Dekker, 1968.

[39] Fagan D T. Kuwana T. Anal Chem, 1989, 61: 1017.

[40] Alsmeyer D C, McCreery R L. Anal Chem, 1992, 64: 1528.

[41] Bowling R J, McCreery R L, Pharr C M, et al. Anal Chem, 1989, 61: 2763.

[42] Bowling R J, Packard R T, McCreery R L. J Am Chem Soc, 1989, 111: 1217.

[43] McDermott C A, Kneten K R, McCreery R L. J Electrochem Soc, 1993, 140: 2593.

[44] Bhattacharyya S, et al. Appl Phys Lett, 2001, 79: 1441.

[45] Jiao S, et al. J Appl Phys, 2001, 90: 118.

[46] Zhou D, McCauley T G, Qin L C, et al. J Appl Phys, 1998, 83: 540.

[47] Fischer A E, Show Y, Swain G M. Anal Chem, 2004, 76: 2553.

[48] Denisenko A, et al. Diamond and Related Materials, 2000, 9: 1138.

[49] Looi H J, et al. Diamond and Related Materials, 1998, 7: 550.

[50] Maier F, Riedel M, Mantel B, et al. Phys Rev Lett, 2000, 85: 3472.

[51] Smith T J, Stevenson K J. in Handbook of Electrochemistry (Ed.: Zoski C G), Amsterdam: Elsevier, 2007.

[52] Barbour R. Glassblowing for Laboratory Techniques, Vol. 122-131, Oxford: Pergamon Press, 1978.

[53] Izutsu K. Electrochemistry in Nonaqueous Solutions, Weinheim: Wiley-VCH, 2002.

[54] Creager S. in Handbook of Electrochemistry (Ed. Zoski C G), Amsterdam: Elsevier, 2007.

第三章　电解和库仑分析法

电解分析法（electrolytic analysis）是一种建立在电解基础上来测定溶液中待测物含量的电化学分析法。电解分析法颇为古老，其具有不用标准样品标定、相对误差为 0.1%～0.01%、准确度较高、适用于常量分析等特点。电解分析法最初主要用于测定和分离元素，以电重量分析和汞阴极电解法为典型代表，常用于一些金属纯度的鉴定、仲裁分析及常规分析。

电重量分析法是经典的电解分析方法之一，它是在电池中有电流通过的情况下，通常采用圆筒形铂网电极作为工作电极，在搅拌的溶液中进行电解，将待测元素以纯金属或难熔化合物的形式定量沉积在电极上，然后通过称量电极表面的沉积物重量实现测量。此种方法由于费时长和特效性差，已经较少使用。汞阴极电解分离法是以汞为阴极，利用氢离子在汞阴极上还原的超大过电位，将溶液中易还原金属在汞电极上析出，从而达到与溶液中其他金属分离的目的。但由于汞在常温下易挥发、有毒，不适于干燥和称量等原因，限制了它在电解分析中的应用。因此，在这一版中将不对电重量分析和汞阴极电解法进行修订。

库仑分析法是通过测量被测物电解反应消耗的电量并根据法拉第定律计算被测物电量的一种电分析化学方法。库仑分析法要求在溶液中定量地进行电氧化或电还原过程，测量流过电解池的电量，而不需将待测组分分离出来。该方法精确度高，广泛应用于微量成分分析和标准物质的测定。

第一节　电解分析法

近年来，电解分析法作为一种分离技术，有效地应用于分析试样的制备，例如难溶金属盐的分解、高价态金属离子的制备以及某些光谱分析样品的预处理与富集等。本版将简要介绍电解分析的基本原理、过电位、电解液的选择以及对无机元素（包括金属和非金属）的电解分析进行总结和归纳。

一、电解过程

化学电池分原电池和电解池两类。电解是在电解池中进行的，外加电源的正极和负极分别与电解池的阳、阴极相连。电解过程中，在阳极上发生氧化反应，在阴极上发生还原反应，因此在此两电极所构成的电解池中发生氧化还原反应。例如，将一对铜电极插入一定浓度的硫酸铜溶液中进行电解，阴极发生 Cu^{2+}还原转化为 Cu 原子，镀在铜阴极上，使阴极质量增加。而在阳极上，由于正电荷的排斥作用，将其晶格中的 Cu^{2+}推向溶液，使阳极溶解。由于阳极上溶解的 Cu^{2+}个数与阴极上析出的 Cu^{2+}个数相等，所以电解一定时间后，电解液中 $CuSO_4$ 的浓度不变，但由于正、负离子向两极定向运动，构成了电池中的电流回路。

二、过电位

在电解过程中，电极上有净电流通过时，电极电位偏离其平衡电位的现象称为极化。当电子从外电路大量流入金属相，破坏了原来金属离子与电极两相间的平衡，使电极电位变得更负，这就是阴极极化；如果外电路接通后，金属相的电子大量流失，同样破坏了原来的平衡，使电极电位变得更正，这就是阳极极化。在实际电解过程中，若想使电解池中的化学反应发生，外加电压需增加到一定数值。理论分解电压（E_1），也就是电池的平衡电动势，与实际分解电压（E_2）的差值（$E_1-E_2=\eta$）称为超电压（η），又称为过电位。当实际施加于两极上的电压大于理论分解电压、超电压和电解回路的电压降之和，就能使电解过程持续稳定地进行，被测金属离子以一定组成的金属状态在阴极析出。表 3-1 列举了不同电极上产生 H_2 和 O_2 的过电位，可以看出电解材料对电解过程的影响是十分明显和复杂的。一般来讲，氢过电位高的材料作为阴极时往往有利于金属的阴极析出。表 3-2～表 3-4 列举了不同实验条件下 H_2 或 O_2 的过电位。

表 3-1 H_2 和 O_2 在不同电极上析出的过电位

产　物	电　极	电解质	过电位/V
H_2	Hg	H_2SO_4	1.41
H_2	Pb	H_2SO_4	1.40
H_2	Ag	H_2SO_4	1.00
H_2	Cu	H_2SO_4	0.80
H_2	Pt	H_2SO_4	0.47
O_2	Ni，Ag	NaOH	1.05
O_2	Pt	NaOH	0.70
O_2	Fe	NaOH	0.58

表 3-2 在 Hg 电极上，从 1mol/L H_2SO_4 中放出 H_2 的过电位

电流密度/(μA/cm^2)	0.00	0.0769	0.769	1.54	3.87	7.69	38.7	76.9	154	387	769	1153
过电位/V	0.2805	0.5562	0.8488	0.9295	1.0060	1.0361	1.0634	1.0665	1.0751	1.1053	1.108	1.126

表 3-3 在不同固体电极上，从 1mol/L H_2SO_4 中放出 H_2 的过电位

电　极	电流密度/(μA/cm^2)							
	0	0.1	1	5	10	50	100	1000
	电极上的过电位/V							
Ag	—	0.298	0.475	0.692	0.762	0.830	0.875	1.089
Au	—	0.122	0.241	0.332	0.390	0.507	0.588	0.798
Bi	—	—	0.780	0.980	1.050	1.150	1.140	1.230
Cu	—	0.351	0.479	0.548	0.584	—	0.801	1.254
石墨	0.002	0.317	0.600	0.725	0.779	0.903	0.977	1.220
莫涅耳合金	—	0.191	0.275	0.339	0.383	0.534	0.624	1.072
Ni	—	—	0.563	0.705	0.747	0.890	1.048	1.241
Pb	—	—	0.520	1.060	1.090	1.168	1.179	1.262
镀铂的 Pt	0.000	0.003	0.015	0.027	0.030	0.038	0.041	0.048
平滑的 Pt	—	—	0.024	0.051	0.068	0.186	0.288	0.676

表 3-4 在不同固体电极上，从 1mol/L KOH 中放出 O_2 的过电位

电极	电流密度/(μA/cm²)					
	1	5	10	50	100	1000
	电极上的过电位/V					
Ag	0.580	0.674	0.729	0.912	0.984	1.131
Au	0.673	0.927	0.963	1.064	1.244	1.630
Cu	0.422	0.546	0.580	0.637	0.660	0.793
石墨	0.525	0.705	0.890	—	1.091	1.240
平滑的 Ni	0.353	0.461	0.519	0.670	0.726	0.853
镀铂的 Pt	0.398	0.480	0.521	0.605	0.638	0.766
平滑的 Pt①	0.721	0.800	0.850	1.160	1.280	1.490

① 在平滑的 Pt 电极上从 $HClO_4$、HNO_3、H_3PO_4 或 H_2SO_4 的稀溶液中释出 O_2 所需的过电位约为 0.5V。

三、电解液的选择

实验表明，很多金属离子在阴极还原过程中的电位及生成物的性质都与阴离子有关，尤其是极化能力不高的阴离子的影响十分显著。例如在高氯酸盐溶液变为氨磺酰溶液时，铅离子在阴极上的沉积过电位会大大降低。若变更阴离子时，过电位按如下次序降低：

$$PO_4^{3-}, NO_3^-, SO_4^{2-}, ClO_2^- > NHSO_3^- > Cl^- > Br^- > I^-$$

溶液的酸度对电解过程也有影响。首先，一般来讲，金属离子在阴极上析出时，过电位随 H^+浓度的增高而增大，因此对析出物的质量有直接影响。再者，酸度对析出物的物理性质也有影响。溶液的 pH 值大时，阴极上析出的金属有可能被溶液中的溶解氧所氧化，从而降低了析出物的纯度。另外，pH 值大，溶液呈碱性，许多金属离子易形成氢氧化物沉淀，也影响析出物的纯度。若 pH 值小，溶液中 H^+浓度高，有可能发生 H_2 与金属同在阴极上析出，带来干扰。

四、无机物的电解分析和分离

表 3-5 精选了测定无机元素的电解预处理和富集方法。

表 3-5 测定元素的电解预处理和富集

待测物	电解液或样品的配制	阴极	检测方法	分析性能	文献
Al	Al-Cu 合金，电解溶解，0.2～1.0mol/L HNO_3		原子吸收光谱	Cu 含量为 0.5%～10%时可得到较好的分析性能	1
Ni	流动电解池，0.1mol/L NaCl，pH=5～6，恒电位沉积-2.0V	Pb 或 Hg 沉积的网状玻碳(RVC)	原子吸收光谱	检测限 87ng/L (试样体积为 1.0ml 时)，Ni 沉积效率分别为 85%(Pb-RVC)和 82%(Hg-RVC)	2
Br^-	流动电解池，恒电流电解 KBr 溶液产生 BrO_3^-		化学发光，BrO_3^- 与鲁米诺反应发光	检测限 0.004mg/L，线性范围 0.01～2mg/L	3
S^{2-}	流动电解池，电解 KBr 的碱性溶液产生 BrO^-		流动注射化学发光，利用 S^{2-}对 BrO^- 与鲁米诺的化学发光强度的影响，化学发光反应溶液为 pH=9.60 的 Na_2CO_3-$NaHCO_3$ 缓冲溶液	检测限 0.100μmol/L，线性范围 0.310～93.0μmol/L	4

续表

待测物	电解液或样品的配制	阴极	检测方法	分析性能	文献
Cd	5%(体积分数)HNO_3，0.1%(体积分数)H_2SO_4和0.5mol/L NaCl	Pt	电沉积去除Cu^{2+}(阴极沉积为Cu)和Pb^{2+}(阳极沉积为PbO_2)，色谱柱分离Cd^{2+}为$CdCl_4^{2-}$，采用品绿-碘反应光谱测定	检测限0.23ng/ml，线性范围5.00～50.0ng/ml	5
V	流动电解池，0.006mol/L草酸钠+0.1mol/L H_2SO_4，恒电位电解(−0.85V，vs Ag/AgCl)，电解钒酸盐产生V^{2+}	C	化学发光检测，鲁米诺与V^{2+}的化学发光	检测限0.2ng/ml，线性范围0.5～100ng/ml	6
Mo	电解流通池，0.01mol/L草酸，控制电位电解(−0.6V，vs Ag/AgCl) $Mo_7O_{24}^{6-}$生成Mo^{3+}	C	化学发光检测，鲁米诺与Mo^{3+}的化学发光	检测限5×10^{-11}g/ml，线性范围5.0×10^{-10}～5.0×10^{-7}g/ml	7
Hg	流动电解池，恒电流电解(40mA)，1g/L $Hg(NO_3)_2$+0.1mol/L HNO_3	石墨棒	以石英管捕获Hg冷蒸气，通过原子吸收光谱检测	检测限2ng/ml，线性范围5～90ng/ml	8
Hg	电化学氢化物生成电解池，电解(0.7A，16V)，电解液为2mol/L H_2SO_4	碳纤维	原子荧光光谱	检测限0.3ng/ml	9
Cd	流动电解池，恒电位电解(−3.0V电解50s)，酸化处理尿样	石墨管	电制热原子吸收光谱	检测限0.025μg/L和0.030μg/L，线性范围0.1～2.0μg/L	10
自来水中的重金属离子(Cr，Mn，Cu，Zn，Cd和Pb)	电解电压为2～15V	高纯铝棒	激光诱导击穿光谱	线性范围1～1000μg/L，检测限(μg/L)：Cr 0.317；Mn 0.176；Cu 1.162；Zn 1.35；Cd 0.787；Pb 0.570	11
Cd(大米和水中)	连续流动电化学氢化物生成电解池，恒电流电解(电流密度0.04A/cm^2)，电解液为0.03 mol/L醋酸	Pt，Ti箔和石墨	原子荧光光谱	0.15ng/ml	12
Cd	电化学氢化物生成电解池，恒电流电解(200mA)，电解液为稀释的HCl、H_2SO_4和HNO_3	Pb，Sn，玻碳棒和Pb-Sn合金丝	原子荧光光谱	检测限0.2ng/ml，线性范围1~20ng/L	13
Sn	电化学氢化物生成电解池，电解液为0.1mol/L H_2SO_4，根据阴极材料改变电解电流(Pt>0.5A，Au 0.6A，Ag 0.2A，玻碳0.4A，Cd 0.6A，Hg-Ag 0.4A)	Pt，Au，玻碳，Cd，Hg-Ag，Pb	原子吸收光谱	检测限与阴极材料有关，Pt 19ng/ml；Au 18ng/ml；玻碳17ng/ml；Cd 11ng/ml	14
Sn^{4+}	电化学氢化物生成电解池，电解液和电解电流与阴极材料有关(Pb：0.5mol/L HCl + 20%羟胺，2.5A；网状玻碳：0.5mol/L H_2SO_4，3.0A；Hg-Ag：0.5mol/L H_2SO_4，3.0A)	Pb，Ag，网状玻碳Hg-Ag	原子发射光谱	检测限与阴极材料有关，Pb 12ng/ml；网状玻碳13ng/ml；Hg-Ag 104ng/ml	15
Ge^{4+}	电化学氢化物生成电解池，电解液和电解电流与阴极材料有关(Pb：0.5mol/L HCl+20%羟胺，2.5A；Ag：0.5mol/L H_2SO_4，2.5A；网状玻碳：0.5mol/L H_2SO_4，3.0A；Hg-Ag：0.5 mol/L H_2SO_4，3.0A)	Pb，Ag，网状玻碳，Hg-Ag	原子发射光谱	检测限与阴极材料有关，Pb 1.5ng/ml；网状玻碳8.1ng/ml；Ag 0.7ng/ml；Hg-Ag 0.6ng/ml	15

续表

待测物	电解液或样品的配制	阴极	检测方法	分析性能	文献
^{74}Ge	电化学氢化物生成电解池，电解(0.7A，16V)，电解液为 2mol/L H_2SO_4	碳纤维	原子荧光光谱	检测限 0.1ng/ml	9
^{209}Bi	电化学氢化物生成电解池，电解(0.7A，16V)，电解液为 2mol/L H_2SO_4	碳纤维	原子荧光光谱	检测限 0.22ng/ml	9
As	电化学氢化物生成电解池，电解液为 0.1mol/L H_2SO_4，根据阴极材料改变电解电流(Pt 0.3A，Au 0.25A，Ag 0.1A，玻碳 0.25A，Cd 0.2A，Hg-Ag 0.25A，Pb 0.3A)	Pt，Au，玻碳，Cd，Hg-Ag，Pb	原子吸收光谱	检测限与阴极材料有关，Pt 1.7ng/ml；Au 1.2ng/ml；Ag 0.7ng/ml；玻碳 0.2ng/ml；Cd 0.1ng/ml；Hg/Ag 0.1ng/ml；Pb 0.1ng/ml	14
As	电化学氢化物生成电解池，电解液为 1mol/L H_2SO_4，电解电流为 1A	网状玻碳	原子吸收光谱	检测限 0.45ng/ml	16
As	电化学氢化物生成电解池，恒电流电解(2～4A)，电解液为 2mol/L H_2SO_4	Pt	原子发射光谱	检测限 3.1ng/ml	17
As	电化学氢化物生成电解池，电解液为 1mol/L H_2SO_4、1mol/L NaOH、1mol/L H_3PO_4	Pt，Ag，Pd，Pb	原子光谱	检测限(0.7±0.2)ng/ml	18
As	电化学氢化物生成电解池，电解电流为 2～4A，电解液为 0.25mol/L HCl	Pd 覆盖的石墨	原子发射光谱	检测限 1.0ng/ml，线性范围 0.001～50μg/ml	19
As	电化学氢化物生成电解池，电解电流为 $40mA/cm^2$，电解液为 0.1mol/L H_2SO_4	Pb	原子吸收光谱	检测限 15ng/L(试样体积 200μl)	20
As	电化学氢化物生成电解池，电解电流为 3A，电解液为 2mol/L H_2SO_4	Pt	电感耦合等离子体质谱	检测限 0.2ng/ml	21
As	电化学氢化物生成电解池，电解电流为 $8.3mA/cm^2$，电解液为 0.5mol/L H_2SO_4	网状玻碳	原子吸收光谱	检测限 5.2ng/ml	22
As	电化学氢化物生成电解池，电解液为 2mol/L H_2SO_4，电解电流为 0.0094～3.5A，电解电压为 3～16V	碳纤维束 泡沫玻碳	光学发射光谱	检测限 13μg/ml	23
As	电化学氢化物生成电解池，电解液为 HCl 或 H_2SO_4，恒电流电解为 60mA	石墨	As^{3+}	检测限 0.5μg，检测范围 4～40μg/ml	24
As	电化学氢化物生成电解池，电解液为 0.5mol/L HCl，恒电流电解(电流为 2A)	石墨管	原子荧光光谱	检测限 0.5ng/ml	25
As^{3+}	电化学氢化物生成电解池，电解电流为 0.75A	Pt	原子吸收光谱	检测限 0.4ng/ml	26
As^{3+}	连续流动电化学氢化物生成电解池，电解液为 0.36mol/L H_2SO_4	Pb	原子吸收光谱	检测限 84pg/ml（试样体积 1.0ml）	27
As^{3+}	电化学氢化物生成电解池，电解液为 0.5mol/L H_2SO_4，电解电流为 $8.3mA/cm^2$	网状玻碳	原子吸收光谱	检测限 4.9ng/ml	28
As^{3+}	电化学氢化物生成电解池，电解液为 0.06mol/L H_2SO_4，电解电流为 0.6A	Pb	原子吸收光谱	检测限 0.2ng/ml	29

续表

待测物	电解液或样品的配制	阴极	检测方法	分析性能	文献
As^{3+}	电化学氢化物生成电解池，电解液和电解电流与阴极材料有关，(Pb 0.5mol/L HCl+ 20%羟胺，2.5A；Ag 0.5mol/L H_2SO_4，2.5A；网状玻碳 0.5mol/L H_2SO_4，3.0A；Hg-Ag 0.5mol/L H_2SO_4，3.0A)	Pb，Ag，网状玻碳，Hg-Ag	原子发射光谱	检测限与阴极材料有关，Pb 0.1ng/ml；网状玻碳 0.2ng/ml；Ag 0.2ng/ml；Hg-Ag 0.3ng/ml	15
As^{3+}	电化学氢化物生成电解池，恒电流电解产生 As^{3+}(电流为 100mA)，电解液为 0.1mol/L H_2SO_4	石墨棒	As^{3+}	检测限 0.05μg/ml(试样体积 10ml)	30
As^{5+}	电化学氢化物生成电解池，电解液和电解电流与阴极材料有关(Pb 0.5mol/L HCl+ 20%羟胺，2.5A；网状玻碳 0.5mol/L H_2SO_4，3.0A；Hg-Ag 0.5mol/L H_2SO_4，3.0A)	Pb，网状玻碳，Hg-Ag	原子发射光谱	检测限与阴极材料有关，Pb 1.2ng/ml；网状玻碳 5.0ng/ml；Hg-Ag 1.5ng/ml	15
As^{5+}	电化学氢化物生成电解池，电解电流为 0.75A	Pt	原子吸收光谱	检测限 0.6ng/ml	26
As^{5+}	电化学氢化物生成电解池，电解液为 0.06mol/L H_2SO_4，电解电流为 0.6A	Pb	原子吸收光谱	检测限 0.2ng/ml	29
^{75}As	电化学氢化物生成电解池，电解(0.7A，16V)，电解液为 2mol/L H_2SO_4	碳纤维	原子荧光光谱	检测限 0.07ng/ml	9
Sb	电化学氢化物生成电解池，电解液为 0.1mol/L H_2SO_4，根据阴极材料改变电解电流(Pt 0.2A，Au 0.25A，Ag 0.2A，玻碳 0.15A，Cd 0.1A，Hg-Ag 0.15A，Pb 0.3A)	Pt，Au，玻碳，Cd，Hg-Ag，Pb	原子吸收光谱	检测限与阴极材料有关，Pt 1.1ng/ml；Au 1.0ng/ml；Ag 1.0ng/ml；玻碳 0.3ng/ml；Cd 0.1ng/ml；Hg/Ag 0.1ng/ml；Pb 0.1ng/ml	14
Sb	电化学氢化物生成电解池，电解液为 1mol/L H_2SO_4，电解电流为 1A	网状玻碳	原子吸收光谱	检测限 0.62ng/ml	16
Sb	电化学氢化物生成电解池，电解电流为 8.3mA/cm^2，电解液为 0.5mol/L H_2SO_4	网状玻碳	原子吸收光谱	检测限 1.4ng/ml	22
Sb	电化学氢化物生成电解池，电解液为 0.5mol/L HCl，恒电流电解(电流为 2A)	石墨管	原子荧光光谱	检测限 0.5ng/ml	25
Sb^{3+}	电化学氢化物生成电解池，电解液和电解电流与阴极材料有关，(Pb 0.5mol/L HCl+20%羟胺，2.5A；网状玻碳 0.5mol/L H_2SO_4，3.0A；Hg-Ag 0.5mol/L H_2SO_4，3.0A)	Pb，网状玻碳，Hg-Ag	原子发射光谱	检测限与阴极材料有关，Pb 0.5ng/ml；网状玻碳 0.2ng/ml；Hg-Ag 1.1ng/ml	15
Sb^{3+}	电化学氢化物生成电解池，电解液为 0.5mol/L H_2SO_4，电解电流为 8.3mA/cm^2	网状玻碳	原子吸收光谱	检测限 0.9ng/ml	28
Sb^{3+}	电化学氢化物生成电解池，电解液为 1mol/L H_2SO_4、HCl 或者 HNO_3，电解电流为 100mA/cm^2	Pb	原子吸收光谱	检测限 0.02ng/ml	31
Sb^{5+}	电化学氢化物生成电解池，电解液为 1mol/L H_2SO_4、HCl 或者 HNO_3，电解电流为 100mA/cm^2	Pb	原子吸收光谱	检测限 0.02ng/ml	

续表

待测物	电解液或样品的配制	阴极	检测方法	分析性能	文献
Sb^{5+}	电化学氢化物生成电解池，电解液和电解电流与阴极材料有关，(Pb 0.5mol/L HCl+ 20%羟胺，2.5A；网状玻碳 0.5mol/L H_2SO_4，3.0A；Hg-Ag 0.5mol/L H_2SO_4，3.0A)	Pb，网状玻碳，Hg-Ag	原子发射光谱	检测限与阴极材料有关，Pb 0.4ng/ml；网状玻碳 0.3ng/ml；Hg-Ag 2.2ng/ml	15
^{121}Sb	电化学氢化物生成电解池，电解(0.7A，16V)，电解液为 2mol/L H_2SO_4	碳纤维	原子荧光光谱	检测限 0.2ng/ml	9
Se	电化学氢化物生成电解池，电解液为 1mol/L H_2SO_4，1mol/L NaOH，1mol/L H_3PO_4	Pt，Ag，Pd，Pb	原子光谱	检测限(3.0±0.6)ng/ml	18
Se	电化学氢化物生成电解池，电解液为 1mol/L H_2SO_4，电解电流为 1A	网状玻碳	原子吸收光谱	检测限 0.92ng/ml	16
Se	电化学氢化物生成电解池，电解液为 0.1mol/L H_2SO_4，根据阴极材料改变电解电流(Pt 0.3A，Au 0.3A，Ag<0.05A，玻碳 0.6A，Cd<0.05A，Hg-Ag <0.05A，Pb<0.05A)	Pt，Au，玻碳，Cd，Hg-Ag，Pb	原子吸收光谱	检测限与阴极材料有关，玻碳 5.8ng/ml	14
Se	电化学氢化物生成电解池，恒电流电解(2～4A)，电解液为 2mol/L H_2SO_4	Pt	原子发射光谱	检测限 4.0ng/ml	17
Se	电化学氢化物生成电解池，电解电流为 8.3mA/cm^2，电解液为 0.5mol/L H_2SO_4	网状玻碳	原子吸收光谱	检测限 2.5ng/ml	22
Se^{4+}	电化学氢化物生成电解池，电解液和电解电流与阴极材料有关，(Pb 0.5mol/L HCl+ 20%羟胺，2.5A；Ag 0.5mol/L H_2SO_4，2.5A；网状玻碳 0.5mol/L H_2SO_4，3.0A)	Pb，Ag，网状玻碳	原子发射光谱	检测限与阴极材料有关，Pb 3.6ng/ml；网状玻碳 5.7ng/ml；Ag 3.3ng/ml	15
Se^{4+}	电化学氢化物生成电解池，电解电流为 0.75A	Pt	原子吸收光谱	检测限 0.2ng/ml	26
Se^{4+}	电化学氢化物生成电解池，电解液为 0.5mol/L H_2SO_4，电解电流为 8.3mA/cm^2	网状玻碳	原子吸收光谱	检测限 1.4ng/ml	28
Se^{4+}	电化学氢化物生成电解池，电解液为 0.15mol/L H_2SO_4，电解电流为 10mA	多孔玻碳	原子发射光谱	检测限 0.6ng/ml	32
Se^{4+}	电化学氢化物生成电解池，电解液为 0.5mol/L HCl + 20%羟胺，电解电流为 1.0A	颗粒 Pb	原子吸收光谱	检测限 17ng/ml(试样体积 420μl)	33
Se^{4+}	连续流动电化学氢化物生成电解池，电解液为 1mol/L HCl	Pb	原子吸收光谱	检测限 7.5pg/ml(试样体积 10ml 时)	27
Se^{4+}	连续流动电化学氢化物生成电解池，电解液为 1mol/L HCl，电解电流为 1.2A	Pb	原子吸收光谱	检测限 50pg	34
Se^{6+}	电化学氢化物生成电解池，电解电流为 0.75A	Pt	原子吸收光谱	检测限 0.9ng/ml	26
^{56}Se	电化学氢化物生成电解池，电解(0.7A，16V)，电解液为 2mol/L H_2SO_4	碳纤维	原子荧光光谱	检测限 5.6ng/ml	9

本表参考文献：

1. Yuan D, Wang X, Yang P, Huang B. Anal Chim Acta, 1991, 243: 65.
2. Johansson M, Hansson R, Snell J, Frech W. Analyst, 1998, 123: 1223.
3. Zheng X, Zhang Z. Fenxi Huaxue, 1999, 27: 148.
4. Zheng X W, Zhang Z. Chemical Journal of Chinese Universities, 1999, 20: 212.
5. Gomes Neto J A, et al. Talanta, 2000, 53: 497.
6. Li J J, Du J X, Lu J R. Talanta, 2002, 57: 53.
7. Du J, et al. Anal Chim Acta, 2003, 481: 239.
8. Arbab-Zavar M H, et al. Anal Sci, 2003, 19: 743.
9. Bings N H, Stefanka Z, Mallada S R. Anal Chim Acta, 2003, 479: 203.
10. Čurdová E, et al. Talanta, 2005, 67: 926.
11. Zhao F, et al. Anal Methods, 2010, 2: 408.
12. Zhang W B, et al. J Anal Atom Spectrom, 2012, 27: 928.
13. Arbab-Zavar M H, et al. Anal Chim Acta, 2005, 546: 126.
14. Denkhaus E, et al. Fresenius' J Anal Chem, 2001, 370: 735.
15. Bolea E, et al. Spectrochim Acta B, 2004, 59: 505.
16. Lin Y, et al. J Anal Atom Spectrom, 1992, 7: 287.
17. Brockmann A, Nonn C, Golloch A. J Anal Atom Spectrom, 1993, 8: 397.
18. Hueber D M, Winefordner J D. Anal Chim Acta, 1995, 316: 129.
19. Schickling C, et al. J Anal Atom Spectrom, 1996, 11: 739.
20. Denkhaus E, et al. Fresenius' J Anal Chem, 1998, 361: 733.
21. Machado L F R, et al. J Anal Atom Spectrom, 1998, 13: 1343.
22. Laborda F, Bolea E, Castillo J R. J Anal Atomic Spec, 1999, 15: 103.
23. Ozmen B, et al. Spectrochim Acta B, 2004, 59: 941.
24. Hashemi M, Arbab-Zavar M H, Sarafraz-Yazdi A. Talanta, 2004, 64: 644.
25. Zhang W B, et al. Anal Chim Acta, 2005, 539: 335.
26. Pyell U, et al. Fresenius' J Anal Chem, 1999, 363: 495.
27. Ding W W, et al. Spectrochim Acta B, 1996, 51: 1325.
28. Laborda F, Bolea E, Castillo J R. J Anal Atom Spectrom, 2000, 15: 103.
29. Li X, Jia J, Wang Z. Anal Chim Acta, 2006, 560: 153.
30. Arbab-Zavar M H, Hashemi M. Talanta, 2000, 52: 1007.
31. Ding W W, Sturgeon R E, J Anal Atom Spectrom, 1996, 11: 225.
32. Schermer S, et al. Fresenius' J Anal Chem, 2001, 371: 740.
33. Bolea E, Laborda F, Castillo J R. Anal Sci, 2003, 19: 367.
34. Sima J, Rychlovsky P. Spectrochim Acta B, 2003, 58: 919.

第二节 库仑分析法

库仑分析法是在适当条件下测量被测物电解反应所消耗的电量，并根据法拉第定律计算被测物电量的一种电分析化学法。由于库仑分析是基于电量的测定，因此测定过程中要求电极反应的电流效率达到或接近 100%。如果电流效率比较低，只要知道确切数值，也可用于测定，但要求损失的电量具有重现性。一般，在精密测定中均利用电流效率为 100%或非常接近 100%的反应。

在库仑分析中，根据被测物在电极上直接或间接进行的电极反应，可以分为初级库仑分析和次级库仑分析。凡是由被测物中电活性组分不断电转化所消耗的电量来进行定量分析的，称为初级库仑分析；凡是通过被测物和某一辅助试剂的电极反应产物在进行定量化学反应过程中所消耗的电量来测定被测物含量的，称为次级库仑分析。初级库仑分析中只要求电极反应定量进行。次级库仑分析中不但要求电极反应定量发生，而且要保证次级反应定量进行。次级库仑分析中应用了一般分析的酸碱反应、氧化还原反应以及沉淀和配合物的形成反应。

根据电解进行的方式不同，可将库仑分析分为控制电流库仑分析法（或称为恒电流库仑滴定法）和控制电位库仑分析法。前者是建立在控制电流电解过程的基础上，后者是建立在控制电位电解过程的基础上。在电解过程中，电极表面发生反应的性质和电极反应完成的程度主要取决于电极的电位，电极的电位必须控制在保证电极反应定量进行的范围之内。在恒电流库仑滴定中，借助过量加入的某种电活性物质起的氧化还原缓冲作用控制电极的电位。在控制电位库仑分析中，用恒电位仪控制电极电位，使其恒定在某一适当的数值。通常，恒电流技术只适用于包含次级反应的过程，恒电流库仑滴定中电解电流可以根据被测物含量任意选择，使滴定过程在很短的时间内完成，仪器装置比较简便；控制电位技术则可应用于初级和次级两种过程，控制电位库仑分析法根据各种被测物的电化学特性准确地控制电极电位，可达到分别测定的目的，具有较好的选择性，但所需的电解时间较长，分析速度较慢。

一、初级库仑分析法

1. 控制电位初级库仑分析法

表 3-6 列出了采用控制电位初级库仑分析法测定一些物质的应用和测定条件等，表中被测组分按元素原子序数的顺序编排。

表 3-6 物质的控制电位初级库仑分析法

被测定的组分	分析对象	可测定的量或范围	工作电极电位①E/V	实验条件，干扰离子
H_2	燃(料)气	微量的	-0.04	工作电极——Pt 或 Pd，覆盖了铂黑的，工作电极的电位由外电源调压器供给
	氢，氮，饱和烃类	1～10^3μg/g	0.1～1.0	H_2→HCl，H_2→H_2O②，6mol/L KOH，工作电极——焦化石墨，覆盖了铂黑的，辅助电极——金属陶瓷化多孔的 Pd，工作电极的电位由化学电源原电池供给
	氢，氮，饱和烃类	1～10^3μg/g	0.6～0.8	H_2→H_2O→O_2，5mol/L KOH，工作电极——Ni，辅助电极——Ni，工作电极的电位由化学电源原电池供给
H^+	溶液	10^{-8}mol/L	0.2～0.4	分析溶液，工作电极——Pt，辅助电极——Ag/AgCl，工作电极的电位由化学电源原电池供给
H_2O	气体，有机化合物	2mg/m^3	—	聚合薄膜，吸附 H_2O，工作电极——Pt，辅助电极——Pt，工作电极的电位由外电源调压器供给，或工作电极的电位由化学电源原电池供给
	天然对象，烃，惰性气体	0～10mg/L	—	H_2O→H_3PO_4，P_2O_5，覆盖于 Pt 电极上，工作电极——Pt，辅助电极——Pt，工作电极的电位由化学电源原电池供给
	水，吸附于 ThO_2 上的	1～350μg	—	P_2O_5，覆盖于 Pt 电极上，工作电极——Pt，辅助电极——Pt，工作电极的电位由化学电源原电池供给
H_2O_2	漂白槽的溶液	微量的	0.7～0.9	H_2O_2，O_2，25%NaOH 溶液，工作电极——多孔的 Ag，工作电极的电位由化学电源原电池供给
	模型溶液	0.3～100μmol/L	-0.1	工作电极——碳，辅助电极——Pt 丝，参比电极——Ag/AgCl
Li^+	溶液	2mmol	—	乙腈+四乙基铵高氯酸盐，工作电极——Hg，工作电极的电位由化学电源原电池供给
CO	气体混合物	1～100mg/L	0.65～1.25	CO→CO_2，工作电极——氟化层状的 Pt 气体扩散的，工作电极的电位由外电源调压器供给
	气体，熔融金属	微量的	0.2～0.4	固体的 I_2O_5，140℃，CO_2→I_2，$CaCl_2$+5%CaC_2，工作电极——Pt，辅助电极——Hg、C，工作电极的电位由化学电源原电池供给
C，CO_2	金属融体，发生炉煤气	微量的	—	$CaCl_2$+5%CaC_2，工作电极——金属，辅助电极——CO+CO_2 混合物，工作电极的电位由化学电源原电池供给
CO_2	气体，常压的空气	微量的	0.2	KOH 溶液，工作电极——Pt、Pd、PdH_2，辅助电极——Hg、Ag/AgCl，工作电极的电位由化学电源原电池供给
$C_2O_4^{2-}$	溶液	5×(10^{-8}～10^{-5})mol/L	1.6	0.5mol/L H_2SO_4，工作电极——石墨纤维，工作电极的电位由外电源调压器供给，Cr^{6+}、Fe^{2+}、U^{6+}有干扰
NO_2^-	气体	4mg	0.95	1mol/L CH_3COOH-CH_3COONa，pH = 4.7，工作电极的电位由外电源调压器供给，SCN^-、Mn^{2+}、Sb^{3+}有干扰

续表

被测定的组分	分析对象	可测定的量或范围	工作电极电位①E/V	实验条件，干扰离子
NO，HNO_2	化学反应的产物	10^{-6}～10^{-3}mol/L	0.09～-12.5	0.5mol/L Na_2HPO_4，pH＝5～7，0.5mol/L 按照 Na_2SO_4 及 NaH_2PO_4，工作电极——Hg，工作电极的电位由外电源调压器供给
NO	N_2	0.1～1ng/g	-0.3	NO→NO_2，二氧化硅，浸以 $FeSO_4$，350℃，在 10%的 H_2SO_4 中的 $KMnO_4$，0.01mol/L KI，工作电极——Pt，辅助电极——Pt，工作电极的电位由外电源调压器供给
NO，NO_2	气体的混合物	痕量的	0.2～0.4	NO→NO_2，玻璃棉，浸以电解质的溶液，工作电极——Pt，辅助电极——活性炭、银，工作电极的电位由化学电源原电池供给，酸性和碱性产物有干扰
	色谱分析的产物	10^{-2}～1μg/g	0.3	NO→NO_2，0.01mol/L KI，工作电极——Pt，辅助电极——Ag、C，工作电极的电位由化学电源原电池供给
	空气，内燃发动机废气	0.02mg/L	0.2～0.4	NO→NO_2，1%的 H_2SO_4 溶液和 3%的 KBr 溶液，工作电极——Pt，辅助电极——活性炭、Ag，工作电极的电位由化学电源原电池供给，H_2S、SO_2、SO_3、NH_3、烃有干扰
NH_3	色谱分析的产物，气体	10^{-2}～1μg/g	0.2～0.4	NH_3→NO_2，0.1mol/L KI，工作电极——Pt；NH_3→NH_4^+，2mol/L Na_2SO_4，工作电极——Al，辅助电极——C，工作电极的电位由化学电源原电池供给
O_2	惰性的及燃料气体	微量的	-0.6～0.8	5mol/L KOH，工作电极——Ni 或 Pt，覆盖以铂黑，辅助电极——Ni，工作电极的电位由化学电源原电池供给
	废水	3μg/L	-0.5～-0.6	0.1mol/L HCl+0.05mol/L $Na_2B_4O_7$，工作电极——Pd，辅助电极——Ag/AgCl，工作电极的电位由化学电源原电池供给
	架状铁镁氧化物(人工制的)	mmol 级	0.35～0.55	0.5mol/L H_2SO_4，工作电极——架状铁镁氧化物，工作电极的电位由外电源调压器供给
	水溶液，表面活性剂，有机物质	1μg/L	-0.6	KOH 溶液，2mol/L $NaClO_4$+2mol/L NaI，工作电极——Pb、Au 或 Ag，辅助电极——Ag，工作电极的电位由化学电源原电池供给
	气体，钢	μg 级	-0.6	ZrO_2-MgO 及 ThO_2-V_2O_5(固体电解质)，工作电极——金属，辅助电极——金属氧化物，工作电极的电位由化学电源原电池供给
	电解质的溶液	μg 级	-0.5～-0.7	CH_3COOH 溶液，工作电极——Ag、Au，辅助电极——Ag、Pb，工作电极的电位由化学电源原电池供给，由氟塑料或聚乙烯制成的扩散隔膜，CO、H_2S、C_2H_2、H_2、SO_2、NO 有干扰
	气体，溶解的酸	μg 级	-0.5～-0.7	Ca 及 Zr 盐(固体的电解质)KOH 溶液，工作电极——多孔的金属、Ag，辅助电极——Cd、不锈钢，工作电极的电位由化学电源原电池供给
	过氧化物，过氧化氢	μg 级	-0.6～-0.8	KOH 溶液，工作电极——Au，辅助电极——Pb、Zn，工作电极由化学电源原电池供给
	硫酸溶液	μg 级	-0.5～-0.7	乙酸缓冲液，工作电极——Au，辅助电极——Pb，工作电极的电位由化学电源原电池供给
	酒精、表面活性剂气体混合物，溶液	0.2%	-0.6	27%的 KOH，由聚乙烯制成的扩散隔膜，工作电极——Ag，辅助电极——压制的镉屑或镉，工作电极的电位由化学电源原电池供给

续表

被测定的组分	分析对象	可测定的量或范围	工作电极电位[1] E/V	实验条件，干扰离子
O_2	气体电解质的溶液	0.2μg	−0.6～−0.8	KOH溶液，工作电极——银，辅助电极——铅箔，工作电极的电位由化学电源原电池供给
	钢	1～30mg/g	1.0	25%KOH溶液，工作电极——Pt，辅助电极——Ag，工作电极的电位由化学电源原电池供给
	水，空气中的有机物质	微量的	−0.6～−0.8	用 CrO_3 或 MnO_4^-、H_2O_2 溶液氧化杂质，工作电极——Ag，辅助电极——Zn 或 Cd，工作电极的电位由化学电源原电池供给
O_3	空气	0.05～1ng/L	0.2～0.5	2%NaBr+0.1%NaH_2PO_4+0.01%NaI+Na_2HPO_4，工作电极——Pt，辅助电极——C，工作电极电位由化学电源原电池供给，与 I_2 起反应的物质或被 I^- 作用的物质有干扰
	空气	0.04ng/L	0.2～0.5	KBr 或 KI 溶液，工作电极——Pt，辅助电极——C，Pb 或 Ag
F_2	大气	微量的	0.5～0.7	LiCl+CdI_2 溶液，工作电极——Pt，辅助电极——Ag/AgCl，工作电极电位由化学电源原电池供给
Na^+	钠盐	2mmol	−2.45，−0.50	Na^+→Na→Na^+，乙腈+四乙基铵过氯酸盐，工作电极——Hg，工作电极电位由化学电源原电池供给
Mg^{2+}	洗提液	—	—	—
S	硫的化合物	5～20mg	0.85，0.50，0.80	1mol/L HCl，磷酸盐缓冲液，克拉克及拉佩斯[3]缓冲溶液，工作电极、辅助电极——Pt，工作电极电位由外电源调压器供给
$S_2O_3^{2-}$，S^{2-}，SCN^-	水溶液	微量的		$HClO_4$、Na_2SO_3、CH_3COOH、CH_3COONa 溶液，工作电极电位由外电源调压器供给，工作电极——汞齐化的 Ag
SO_2，H_2S，CS_2	大气	μg 级	0.2～0.5	KI 溶液，工作电极——Pt，辅助电极——C+MnO_2，工作电极电位由化学电源原电池供给
		0.1～0.3mg/L	0.2～0.5	I_2 的溶液，工作电极——Pt，辅助电极——C+MnO_2，工作电极电位由化学电源原电池供给，HCN 有干扰
Cl_2	空气	微量的	0.1～0.2	25%LiCl+0.2%LiBr+4%乙酰胺；3mol/L NaBr+10^{-3}mol/L NaCl，0.01mol/L Na_2HPO_4+0.1mol/L NaH_2PO_4，10%HCl，工作电极——Ag、Pt、Au，辅助电极——多孔的银、Ag/AgCl，工作电极电位由化学电源原电池供给，SO_2、NO_2 有干扰
HCl，氯代烃	空气	微量的	0.4～0.7	HCl→Cl_2，烃→HCl→Cl_2，25% LiCl+0.02% LiBr+4%乙酰胺，工作电极——Pt，辅助电极——多孔的银，工作电极电位由化学电源原电池供给
ClO^-	漂白浴中的生产溶液	微量的	−0.75	ClO^-→O_2，0.25% NaOH+KIO_4，工作电极——多孔的银，工作电极电位由外电源调压器供给
K^+	钾盐	微量的	−2.0～−0.5	K^+→K→K^+，0.1mol/L KOH，工作电极——Hg，工作电极电位由外电源调压器供给
Ca^{2+}				工作电极——Hg，工作电极电位由外电源调压器供给
	洗提液，模型溶液		0.05	二乙基三氨基五乙酸，pH＝10，工作电极——汞齐化的 Pt，工作电极电位由外电源调压器供给
Ti^{4+}	Ti-W 合金	0.1～10g/L	−0.20	9mol/L H_2SO_4，工作电极——Hg，工作电极电位由外电源调压器供给，Se^{6+}、As^{5+}、Bi^{3+}、Te^{6+}、Cu^{2+}、Mo^{6+}有干扰
V^{4+}，V^{5+}	钢	1～10mg	1.20 或 0.50	1.5mol/L H_3PO_4 或 1.5mol/L H_3PO_4+0.05mol/L $Na_4P_2O_7$
	V^{4+}盐的溶液	5mg	1.15	V^{4+}→V^{5+}，1.5mol/L H_3PO_4，工作电极——Pt

续表

被测定的组分	分析对象	可测定的量或范围	工作电极电位①E/V	实验条件，干扰离子
$Cr_2O_7^{2-}$	$K_2Cr_2O_7$标准溶液	60～400μg/g	−0.6～0.8	$K_2Cr_2O_7+H_2O_2 \rightarrow O_2$，工作电极——Au、Ag，辅助电极——Zn，Cd，工作电极电位由化学电源原电池供给，还原剂和氧化剂、Cl^-、Fe^{3+}有干扰
Mn^{2+}	溶液	0.5～10mg/25ml	1.05～1.10	0.25mol/L $Na_4P_2O_7$，pH = 2，工作电极——Pt，工作电极的电位由外电源调压器供给，Tl^+、As^{5+}、V^{3+}、Ce^{3+}、Sb^{3+}有干扰
MnO_4^-	MnO_4^-标准溶液	0.2～1.8mg	−0.6～−0.8	$KMnO_4+H_2O_2 \rightarrow O_2$，工作电极——Ag、Au，辅助电极——Zn、Cd，工作电极电位由化学电源原电池供给，还原剂、氧化剂、Cl^-、Fe^{3+}有干扰
$Fe(CN)_6^{4-}$ $Fe(CN)_6^{3-}$	盐的溶液	10～150mg	0.54～0.84	0.5mol/L KCl，工作电极——Pt、Ag，工作电极的电位由外电源调压器供给，I^-、SCN^-有干扰
Fe^{2+}，Fe^{3+}	四价晶格子的氧化铁	w=23%～24%	0.2	0.05mol/L H_2SO_4，工作电极——四价晶格子的氧化铁，工作电极的电位由外电源调压器供给
Fe^{2+}	模型溶液，标准试样	0.05～112μg	0.12～0.48	1mol/L HCl，1mol/L $HClO_4$，工作电极——Au、Pt，工作电极的电位由外电源调压器供给
Fe	铁样品上的氧化层	微量的	0.0	0.15mol/L 的 H_3BO_3 和 $NaBO_3$，pH=8.4，工作电极——Fe 的试样，工作电极的电位由外电源调压器供给
	U-Al 合金，模型溶液，核燃料	1.92mg	−0.05	工作电极——Hg，工作电极的电位由外电源调压器供给
Fe^{3+}	标准溶液	1mg	0.56	1mol/L H_2SO_4，工作电极——玻璃态石墨，工作电极的电位由外电源调压器供给
Ni^{2+}	洗提液的溶液	微量的	−0.44	0.5mol/L H_2SO_4，工作电极——玻璃态石墨，工作电极的电位由外电源调压器供给
Cu^+	CuBr 溶液	微量的	−0.11	0.1mol/L 的 NaBr 和 $NaNO_3$，工作电极——Cu，工作电极的电位由外电源调压器供给
Cu^{2+}	标准溶液	0.2mmol	−0.50	0.25mol/L K_2SO_4，工作电极——旋转铜圆盘，工作电极的电位由外电源调压器供给
		微量的	0.05	二乙基三氨基五乙酸，pH = 5 或 10，工作电极——汞齐化了的铂，工作电极的电位由外电源调压器供给
		1mmol	−0.60	$Cu^{2+} \rightarrow Cu^+$，乙腈+四乙基铵过氯酸盐，工作电极——Hg，工作电极的电位由外电源调压器供给
	溶液中	0.25～2.5mg/g	−0.25	2.5×10^{-3}mol/L H_2SO_4，工作电极——Ag
	洗提液	1×10^{-3}mol/L	0.39	0.5mol/L HCl，工作电极——玻璃态石墨，工作电极的电位由外电源调压器供给
Zn^{2+}	模型溶液	微量的	−0.05	二乙基三氨基五乙酸，pH = 10，工作电极——汞齐化了的铂，工作电极的电位由外电源调压器供给
Se^{4+}	模型溶液	mg	−0.45	0.2～2.0mol/L HCl，0.5mol/L 柠檬酸，工作电极——Au、Hg，工作电极的电位由外电源调压器供给
Sr^{2+}	锶的盐洗提液	5×10^{-5}mol	−1.5；−0.5	$Sr^{2+} \rightarrow Sr \rightarrow Sr^{2+}$，0.03mol/L $Sr(OH)_2$，工作电极——Hg，工作电极的电位由外电源调压器供给
Mo^{5+}	Mo-Re-W 合金	0.2～10mg/L	−0.25	0.2mol/L$(NH_4)_2C_2O_4$+1.3mol/L H_2SO_4，pH = 2.1，工作电极——Hg，工作电极的电位由外电源调压器供给，Fe^{3+}、Cu^{2+}、Bi^{3+}、Ti^{4+}有干扰(用预电解除去)

续表

被测定的组分	分析对象	可测定的量或范围	工作电极电位①E/V	实验条件，干扰离子
Ru^{4+}	模型溶液	0.2～2.0g/L	0.5	6mol/L HCl，工作电极——Pt，工作电极的电位由外电源调压器供给，Ir^{4+}有干扰
	Ru，Ru 的合金	100mg	0.05	5mol/L HCl，工作电极——Hg，工作电极的电位由外电源调压器供给
Ru^{3+}	分离了贵金属以后的浓缩物	mg	−0.2	0.2mol/L HCl，工作电极——Hg，工作电极的电位由外电源调压器供给
Ru(x)	模型溶液	0.05mg	−0.10；0.80	Ru(x)→Ru^{3+}→Ru^{4+}，1mol/L H_2SO_4，工作电极——Pt，工作电极的电位由外电源调压器供给
Pd^{2+}	钯的合金	0.05mg	0.55	1mol/L Na_2HPO_4+0.5mol/L H_3PO_4，工作电极——Pt，工作电极的电位由外电源调压器供给
	溶液、催化剂	—	氧化：0.85 还原：0.13	0.2mol/L NaN_3+0.2mol/L 氨磺酸
Ag^+	涂覆于铜片上的金属层	mg 级	−0.80	KCN 溶液，工作电极——Hg，工作电极的电位由外电源调压器供给
	模型溶液	痕量的	0.55	1mol/L $HClO_4$，工作电极——Au，工作电极的电位由外电源调压器供给，Au 有干扰
	Pd 的合金	微量	−0.15	0.1mol/L NH_4Cl+0.1mol/L NH_4OH，工作电极——Pt，工作电极的电位由外电源调压器供给
	溶液	4mg	−0.05 −0.10～−0.15	0.4～0.5mol/L $HClO_4$ 或 HNO_3，工作电极——Pt、Au，工作电极的电位由外电源调压器供给，Fe^{3+}有干扰
	合金	mg	0.00	1mol/L $HClO_4$，工作电极——Hg，工作电极的电位由外电源调压器供给
	合金，银盐等	—	0.16	0.1mol/L H_2SO_4+0.1mol/L 氨磺酸，工作电极——Pt
	合金	—	0.16	1.0mol/L $HClO_4$，工作电极——Hg
	溶液中	5×10^{-5}～5×10^{-3} mol/L	0.15	2.5×10^{-3}mol/L H_2SO_4 或 1mol/L CH_3COONa+5×10^{-3}mol/L CH_3COOH，工作电极——Ag
Cd^{2+}	溶液中	2.5×10^{-5}～2.5×10^{-3} mol/L	−1.1	10^{-4}mol/L KCl + 5×10^{-3}mol/L CH_3COOH，工作电极——Pt
	标准溶液	mg 级	−0.89	0.5mol/L 酒石酸铵+0.35mol/L NH_4OH，pH = 9，工作电极——Hg，工作电极的电位由外电源调压器供给
	高纯的 Zn，焊料	痕量的	−0.75	0.1mol/L KNO_3，含有 ^{109}Cd 的，工作电极——Hg，工作电极的电位由外电源调压器供给
	合金	mg 级	−0.63	1mol/L $HClO_4$，工作电极——Hg，工作电极的电位由外电源调压器供给
	标准的样品	mg 级	−0.73	0.1mol/L KNO_3，工作电极——Pt、Hg，工作电极的电位由外电源调压器供给
	溶液	1×10^{-5}～1×10^{-3} mol/L	−1.10	0.1mol/L KCl，工作电极——汞齐化了的 Ag，工作电极的电位由外电源调压器供给
		1×10^{-5}mol/L	0.90	0.1mol/L HCl，pH=1，工作电极——Ag 承载极上的汞薄层，工作电极的电位由外电源调压器供给
In^{3+}	Ag-In-Cd 合金	μg 级	−0.62	1mol/L $HClO_4$+1mol/L NaI，工作电极——Hg，工作电极的电位由外电源调压器供给，Ag^+、Cd^{2+}有干扰

续表

被测定的组分	分析对象	可测定的量或范围	工作电极电位[①] E/V	实验条件，干扰离子
Sn^{4+}	合金	0.1～0.4mg	−0.29	3mol/L KBr+0.2mol/L HBr，工作电极——Hg，工作电极的电位由外电源调压器供给，Cd^{2+}、Pd^{2+}有干扰
Te^{4+}	模型溶液	0.02～1.0mg	−0.6，−0.9 或 −0.55	磷酸盐缓冲液(pH=5.9)，乙酸盐缓冲液(pH=4.1)，氨性缓冲液(pH=9)[③]，工作电极——Au 或汞齐化的 Au，工作电极的电位由外电源调压器供给
Ba^{2+}	钡(二价)盐的溶液，洗提液	0.4～1.4mmol	−2.0	0.5mol/L $(C_2H_5)_4Ni$，工作电极——Hg，工作电极的电位由外电源调压器供给
Eu^{3+} Sm^{3+} Nd^{3+} Yb^{3+}	标准溶液	$\frac{1}{3}$ mmol	−1.30，−1.70，−2.20	在乙腈中的 0.01mol/L 四乙基铵过氯酸盐，工作电极——Hg，工作电极的电位由外电源调压器供给
Eu^{3+}	合金 Eu-Cd	0.26～0.86mg	−0.30	$Eu^{3+}\rightarrow Eu\rightarrow Eu^{3+}$，工作电极——Hg，工作电极的电位由外电源调压器供给
Re^{2+}，W^{3+}	合金(Re-Mo，Re-W)	0.7～80.0mg	0.40	2mol/L NaOH，工作电极——金属的合金，工作电极的电位由外电源调压器供给
Ir^{4+}	模型溶液	10mg	0.32	0.2mol/L HCl，工作电极——Pt，工作电极的电位由外电源调压器供给
	在分离贵金属后的浓缩液	mg 级	0.25	0.2mol/L HCl，工作电极——Pt，工作电极的电位由外电源调压器供给
Pt^{2+}	Pd 合金	mg 级	−0.19 或 0.55	0.1mol/L NH_4Cl+0.1mol/L NH_4OH，1mol/L Na_2HPO_4+0.5mol/L H_3PO_4，工作电极——Pt，工作电极的电位由外电源调压器供给
Au^{3+}	Pd 合金	mg 级	0.55	1mol/L Na_2HPO_4+0.5mol/L H_3PO_4，工作电极——Pt，工作电极的电位由外电源调压器供给
	涂于铜片上的金属层	mg 级	−1.0	KOH 溶液，工作电极——Hg，工作电极的电位由外电源调压器供给
	合金，金盐等	—	0.48	0.5mol/L HCl+0.1mol/L 氨磺酸，工作电极——Pt
Hg^{2+}	模型溶液	4×10^{-6}～4×10^{-5}mol/L	0.80	0.1mol/L $HClO_4$，工作电极——玻璃态石墨，工作电极的电位由外电源调压器供给
Pb^{2+}	模型溶液	1×10^{-3}mol/L	0.90	0.1mol/L HCl，pH1，工作电极——Ag 承载极上的汞薄层，工作电极的电位由外电源调压器供给
Pb^{4+}	铅盐	微量	0.4～0.6	HNO_3 溶液，工作电极——Pt，工作电极的电位由外电源调压器供给
Pb^{4+}	方铅矿	20mg	0.9	$Pb^{2+}\rightarrow PbO_2\rightarrow Pb^{2+}$，1.5mol/L HNO_3，工作电极——Pt，i=15mA/cm^2，20℃
PbO	Zn，Pb	30μg/g	−1.6	3mol/L $HClO_4$，工作电极——汞齐化的铅，工作电极的电位由外电源调压器供给
Pb^{2+}	模型溶液	10^{-7}～10^{-6}mol/L	−0.65	0.1mol/L $HClO_4$，工作电极——玻璃态石墨，工作电极的电位由外电源调压器供给，Cu^{2+}有干扰
	玻璃，标准溶液	mg 级	−0.15	$Pb^{2+}\rightarrow$Pb(Hg)，0.4mol/L $C_4H_4O_6$+0.30～0.70 mol/L $HClO_4$，工作电极——Hg，工作电极的电位由外电源调压器供给
	合金，标准溶液	mg 级	−0.55	3mol/L NaBr+0.25mol/L $C_4H_4O_6$，工作电极——Hg，工作电极的电位由外电源调压器供给

续表

被测定的组分	分析对象	可测定的量或范围	工作电极电位①E/V	实验条件，干扰离子
Pb^{2+}	合金，标准溶液	7×10^{-7}～5×10^{-6}mol/L	−0.80～−0.0	$Pb^{2+}\rightarrow Pb$(金属)，0.1mol/L $NaClO_4$，pH = 2，工作电极——含碳的，工作电极的电位由外电源调压器供给
Bi^{3+}	标准溶液，玻璃	μg 级	0.19	$Bi^{3+}\rightarrow Bi(Hg)$，0.4mol/L $C_4H_4O_6$+0.1mol/L $HClO_4$，工作电极——Hg，工作电极的电位由外电源调压器供给
Po^{2+}	标准溶液	0.4～8.0mg	−0.84	0.1mol/L $HClO_4$，工作电极——Au，工作电极的电位由外电源调压器供给
U^{6+}	U-Al 合金	约 24%	−0.15	$U^{6+}\rightarrow U^{4+}$，H_2SO_4，工作电极——Hg，工作电极的电位由外电源调压器供给
	铀的标准	33～114mg	−0.79	0.25mol/L H_2SO_4，工作电极——Hg，工作电极的电位由外电源调压器供给
	铀-镎合金	mg 级	−0.33	0.05mol/L H_2SO_4+0.5mol/L 对氨基苯磺酸，工作电极——Hg，工作电极的电位由外电源调压器供给，Sb、Bi、Mn 有干扰
	亚硝酸铀酰的溶液	150～300mg	0.15～0.20	$U^{6+}\rightarrow U^{4+}$，4.5mol/L HCl+1.5mol/L 对氨基苯磺酸，工作电极——Pt，工作电极的电位由外电源调压器供给，Fe^{3+}、Pu^{4+}有干扰
	铀的氧化物	mg 级	−0.38	$U^{6+}\rightarrow U^{4+}$，H_3PO_4，工作电极——Hg，工作电极的电位由外电源调压器供给
	U 及 Pu 氧化物的混合物	mg 级	0.15	$U^{6+}\rightarrow U^{4+}$，0.5mol/L H_2SO_4+0.3mol/L H_3PO_4，工作电极——Hg，工作电极的电位由外电源调压器供给
	ThO_2及UO_2的混合物，人工的混合物UO_{2+x}的试样，铀的氧化物，作为核反应的燃料	0.2～20.0mg	−0.24～−0.38	30%H_3PO_4，0.5mol/L H_2SO_4+6mol/L H_3PO_4，6mol/L H_3PO_4+1mol/L $HClO_4$，0.5～1.0mol/L H_2SO_4，5mol/L H_2SO_4，工作电极——Hg，工作电极的电位由外电源调压器供给
	核燃料的陶瓷氧化物	0.2～20.0mg	−0.35	$U^{4+}\rightarrow U^{6+}$，1mol/L H_2SO_4，工作电极——Hg，工作电极的电位由外电源调压器供给
U^{4+}	铀和钚氧化物的混合物	μg 级	0.72	0.25mol/L H_2SO_4+1mol/L HNO_3，工作电极的电位由外电源调压器供给
Np^{4+}	U-Np 的混合物	μg 级	1.02	0.5mol/L H_2SO_4，含有 0.25ml 0.05mol/L $Ce(SO_4)_2$和 0.5ml 对氨基苯磺酸，工作电极——Pt，工作电极的电位由外电源调压器供给，Au、Pt、Hg、Te、Cl^-(0.1mol/L)有干扰
Np^{5+}	标准溶液	μg 级	−0.70	1mol/L H_2SO_4，工作电极——玻璃，工作电极的电位由外电源调压器供给
Pu^{4+}	含 Pu 材料，固体和液体的试样	1～2mg	0.7	$Pu^{4+}\rightarrow Pu^{3+}$，1～5mol/L H_2SO_4，工作电极——Pt，工作电极的电位由外电源调压器供给，U^{4+}有干扰
	铀和钚氧化物的混合物	2.6g/L	0.32	0.25mol/L H_2SO_4+1mol/L HNO_3，含有 1ml 对氨基苯磺酸，工作电极——Au，工作电极的电位由外电源调压器供给
	陶瓷的，核燃料的材料	mg 级	0.95	$Pu^{4+}\rightarrow Pu^{3+}$，1mol/L H_2SO_4，工作电极——Pt，工作电极的电位由外电源调压器供给
	铀和钚的混合物	0.2～25mg	0.30	0.025～0.2mol/L H_2SO_4+0.015mol/L 二苯甲酮磺酸的二钠盐③，含有对氨基苯磺酸的 0.5mol/L H_2SO_4，工作电极——Hg，工作电极的电位由外电源调压器供给

续表

被测定的组分	分析对象	可测定的量或范围	工作电极电位①E/V	实验条件，干扰离子
Pu^{4+}	铀和钚的混合物	0.2～25mg	0.70；0.30	$Pu^{4+} \rightarrow Pu^{3+}$，1mol/L H_2SO_4+1mol/L HCl+7×10^{-2}mol/L 对氨基磺酸，工作电极——Pt，工作电极的电位由外电源调压器供给
			0.93	$Pu^{4+} \rightarrow Pu^{3+}$，0.5mol/L H_2SO_4+0.3mol/L H_3PO_4，工作电极——Pt，工作电极的电位由外电源调压器供给，硝酸、铱、汞有干扰
Pu^{4+}	铀酰硝酸盐的溶液，照射核燃料的精制产物，Pu^{4+}的氧化物	μg 级	0.55	$Pu^{4+} \rightarrow Pu^{3+}$，4mol/L HCl+2mol/L H_2SO_4，工作电极——Pt，工作电极的电位由外电源调压器供给
	洗提液	21～23mg	0.74	0.5mol/L H_2SO_4，工作电极——玻璃态石墨，工作电极的电位由外电源调压器供给
Pu^{3+}，Pu^{4+}	U 和 Pu 氧化物的混合物	mg 级	0.35，0.93	0.5mol/L H_2SO_4+0.8mol/L H_3PO_4，工作电极——Pt，工作电极的电位由外电源调压器供给
Pu^{4+}	钚的氧化物，金属陶瓷 −15%	1～10mg	0.22，0.70	$Pu^{4+} \rightarrow Pu^{3+} \rightarrow Pu^{4+}$，0.5mol/L H_2SO_4，工作电极——Pt，工作电极的电位由外电源调压器供给
Am^{3+}	模型溶液	400～1300mg	1.05	$Am^{3+} \rightarrow Am^{4+}$，0.05%～0.2%$AgNO_3$+$(NH_4)_2S_2O_8$，工作电极——Pt，工作电极的电位由外电源调压器供给
5-甲基四氢呋喃	人血浆	2.5～100nmol/L		12∶88(体积比)乙腈-35mmol/L 磷酸缓冲溶液(pH = 3.8)
5-HT_{1D} 对抗肌受体 GR127935	模型溶液	20pg	+1.0	工作电极——玻碳
氯丙硫蒽 甲氧异丁嗪 异丙嗪	人血清	0.5ng/ml 0.2ng/ml 0.1ng/ml		双电极分析池，电极——石墨，氧化筛选模式
氯丙嗪	人血浆	0.5～250.0 ng/ml 0.5～250.0 ng/ml 0.5～4.0 ng/ml 0.5～250.0ng/ml	电极 1：−0.35 电极 2：0.50 (检测电位)	双电极分析池，电极——石墨，氧化筛选模式
4-羟基美芬妥因	人尿样	0.76～195μg/ml	+0.8	双电极分析池，电极——石墨，氧化筛选模式
	模型溶液	1～100μmol/L	四电极	基于液/膜界面离子转移
	模型溶液	9nmol/L(1.5ng/ml)	电位阶跃+电位扫描	吸附傅里叶变换库仑分析法，工作电极——金微电极，辅助电极——Pt 丝，参比电极——Ag/AgCl
	猪肝脏	1.2ng/g	0.45、0.60、0.65 和 0.68	四电极阵列
	人血浆	0.01～0.05 ng/L	0～0.6	多电极库仑分析池，电极 1 和电极 2 为多孔石墨，电极 3 为信号增强电极(电位控制在−0.1～−0.4V)
	人血浆	5～100μg/ml (1∶80 稀释)；0.5～50μg/ml(1∶20 稀释)	电极 1∶0.40 电极 2∶0.70	双电极分析池
	人尿样	0.125～1.80μg/ml	+1.4	甲醇/磷酸缓冲溶液(20∶80，体积比，pH = 5.5)，工作电极——碳糊电极，辅助电极——不锈钢，参比电极——Ag/AgCl(0.1mol/L KCl)

① 参比电极为饱和甘汞电极(SCE)。

② "→"表示物质从一种相转变成另一种相，或从一种物质变成另一种物质(以下均同此)。

③ Clark 和 Lubs 缓冲液，pH 值间隔为 0.2，配制见《分析化学手册》(第三版)第一分册表 3-14。

2. 恒电流初级库仑分析法

表 3-7 列出了一些物质的恒电流初级库仑分析法，表中被测组分按元素原子序数的顺序编排。

表 3-7 物质的恒电流初级库仑分析法

被测定的组分	分析对象	可测定的量或范围	实验条件，电解电流[①]
H_2	钢	微量	C_2H_5OH，含有 50ml HCl 和 25ml $C_4H_6O_6$，或 CH_3OH 含有 50ml 2mol/L HCl 和 2.5g 柠檬酸，工作电极——Pt
H_2，H_2O	有机的和无机的物质	1.0～1.5mg	15%H_3PO_4，工作电极——Pt，辅助电极——Pt，$i \leqslant 36mA$
O_2	铜的氧化物	20%	$2CuO \rightarrow 2Cu+O_2$，1.5mol/L NaOH，$i = 10mA$，工作电极——汞齐化的 Pt，辅助电极——Pt
	有机物质	1.0～1.5mg	有机物质，$CO \rightarrow CO_2 \rightarrow H_2O$，$i = 10mA$，工作电极——Pt 覆盖了 P_2O_5，辅助电极——Pt
Ni^{2+}	金属合金、Ag、Cu 基的焊料	8×10^{-3}g/L	$Ni^{2+} \rightarrow Ni \rightarrow Ni^{2+}$，0.05mol/L H_2SO_4+0.05mol/L K_2SO_4，0.05mol/L NH_4OH+0.05mol/L$(NH_4)_2SO_4$，工作电极——C、Pt，预先从分析溶液中离析出金属离子于工作电极的表面，物质的含量由工作电极表面的电解溶解作用所消耗的电量来计算
Cu^{2+}	黄铜	0.1g/L	$Cu^{2+} \rightarrow Cu \rightarrow Cu^{2+}$，0.1mol/L H_2SO_4+0.1mol/L K_2SO_4，工作电极——Pt、C，预先从分析溶液中离析出金属离子于工作电极的表面，物质的含量由工作电极表面的电解溶解作用所消耗的电量来计算
	电解质的溶液	mg 级	$Cu^{2+} \rightarrow Cu \rightarrow Cu^{2+}$，工作电极——Pt
	青铜，焊料 Cu-Ni，Ag-Ni-Cu，Cd-Cu，Ag-Cu-Bi，Cu，Zn，Mg，Al，Sn，Fe 基的焊料	$\geqslant 1\times10^{-3}$g/L	$Cu^{2+} \rightarrow Cu \rightarrow Cu^{2+}$，0.05mol/L H_2SO_4+0.05mol/L K_2SO_4，0.05mol/L NH_4OH+0.05mol/L $(NH_4)_2SO_4$，工作电极——Pt、C，预先从分析溶液中离析出金属离子于工作电极的表面，物质的含量由工作电极表面的电解溶解作用所消耗的电量来计算
	半导体的化合物，Se、Te、Ag、Cu 基的合金	$\geqslant 1\times10^{-3}$g/L	$Cu^{2+} \rightarrow Cu \rightarrow Cu^{2+}$，0.05mol/L H_2SO_4+0.05mol/L K_2SO_4 乙醇，0.1mol/L KCl+0.1mol/L HCl，工作电极——Pt、C，预先从分析溶液中离析出金属离子于工作电极的表面，物质的含量由工作电极表面的电解溶解作用所消耗的电量来计算
	Ag-Cu 合金	$\geqslant 5\times10^{-9}$g	$Cu^{2+} \rightarrow Cu \rightarrow Cu^{2+}$，1g $(NH_4)_2SO_4$+1ml H_2SO_4 于 1L 水中，工作电极——Pt，$j = 2.5～5.0mA/cm^2$
Zn^{2+}	黄铜，电解质的溶液，电镀槽(浴)	$>8\times10^{-3}$g/L	$Zn^{2+} \rightarrow Zn \rightarrow Zn^{2+}$，0.05mol/L NH_4OH+0.05mol/L $(NH_4)_2SO_4$+0.1mol/L H_2SO_4+0.1mol/L K_2SO_4，工作电极——C、Pt，预先从分析溶液中离析出金属离子于工作电极的表面，物质的含量由工作电极表面的电解溶解作用所消耗的电量来计算
Se^{4+}	模型溶液，合金，半导体的化合物，矿泥，Se、Cu、Te 及 Ag 基的化合物	$>8\times10^{-3}$g/L	$Se^{4+} \rightarrow Se \rightarrow Se^{4+}$，含有 0.1mol/L KCl 的水及酒精溶液，工作电极——包了铜的 Pt、C，预先从分析溶液中离析出金属离子于工作电极的表面，物质的含量由工作电极表面的电解溶解作用所消耗的电量来计算
Mo^{6+}	电解质的溶液	10^{-6}mol/L	$Mo^{6+} \rightarrow MoO_2 \rightarrow Mo^{6+}$，柠檬酸溶液，工作电极——Hg
Ag^{+}	电镀的覆盖层，微电阻	mg 级	0.05mol/L H_2SO_4+0.05mol/L K_2SO_4，工作电极——分析目的物，$i \geqslant 1mA$，HNO_3、表面活性剂有干扰
	合金，Ag-Cu、Ag、Cu、Cd、Ag-Cu-Ni、Ag-Bi、Ag、Cu-Bi、Ag-Se-Te 的焊料	$>8\times10^{-3}$g/L	$Ag^{+} \rightarrow Ag \rightarrow Ag^{+}$，0.05mol/L H_2SO_4+0.05mol/L K_2SO_4+ $K_2S_2O_8$+0.05mol/L NH_4OH+0.05mol/L$(NH_4)_2SO_4$，工作电极——Pt、C，预先从分析溶液中离析出金属离子于工作电极的表面，物质的含量由工作电极表面的电解溶解作用所消耗的电量来计算
	Ag 的氧化物或氢氧化物，银的盐类	mg 级	1.3～2.0mol/L NaOH，$i = 20～200mA$，工作电极——Ni

续表

被测定的组分	分析对象	可测定的量或范围	实验条件，电解电流[①]
Ag^+	$AgNO_3$的溶液	0.2～1.2mg	0.1mol/L $HClO_4$，i = 2mA，工作电极——Pt
	半导体的化合物、Ag_3SI、Ag_3SBr	＞30%	i = 0.05mA，工作电极——Ag_3SBr或Ag_3SI
Cd^{2+}	电解质，合金，Cd-Cu、Ag-Cd-Cu、Ag-Cu-Cd-Ni基的焊料	＞8×10^{-3}g/L	$Cd^{2+}\rightarrow Cd\rightarrow Cd^{2+}$，0.05mol/L H_2SO_4+0.05mol/L K_2SO_4，0.05mol/L NH_4OH+0.05mol/L$(NH_4)_2SO_4$，工作电极——Pt、C，预先从分析溶液中离析出金属离子于工作电极的表面，物质的含量由工作电极表面的电解溶解作用所消耗的电量来计算
Te^{4+}	模型溶液，矿泥，合金，半导体，基于硒、碲、银、铜的化合物	＞8×10^{-3}g/L	$Te^{4+}\rightarrow Te\rightarrow Te^{4+}$，0.05mol/L H_2SO_4+0.05mol/L K_2SO_4，0.1mol/L HNO_3+0.1mol/L KNO_3，0.1mol/L KCl+0.1mol/L HCl，含有0.1mol/L KCl+0.1mol/L HCl的乙醇，工作电极——Pt、C，预先从分析溶液中离析出金属离子于工作电极的表面，物质的含量由工作电极表面的电解溶解作用所消耗的电量来计算
Au^{3+}	电解质，Au-S-Ag的合金	＞8×10^{-3}g/L	$Au^{3+}\rightarrow Au\rightarrow Au^{3+}$，0.15mol/L KCN+0.02mol/L K_2SO_4+0.05mol/L K_2SO_4，工作电极——Pt、C，预先从分析溶液中离析出金属离子于工作电极的表面，物质的含量由工作电极表面的电解溶解作用所消耗的电量来计算
Pb^{2+}	电解质	mg级	$Pb^{2+}\rightarrow Pb\rightarrow Pb^{2+}$，70g/L NaOH，1g/L NH_4OH、HCl和20g/L甘油，工作电极——不锈钢
Bi^{3+}	模型溶液、合金、Ag-Bi-Cu，Ag-Bi、BiI_3单晶	＞8×10^{-3}g/L	$Bi^{3+}\rightarrow Bi\rightarrow Bi^{3+}$，0.1mol/L HNO_3+0.1mol/L KNO_3，工作电极——Pt、C，预先在分析溶液中离析出金属离子于工作电极的表面，物质的含量由工作电极表面的电解溶解作用所消耗的电量来计算
U^{6+}	纯的铀、氧化物	mg级	$U^{6+}\rightarrow U^{3+}\rightarrow U^{4+}\rightarrow U^{6+}$，1mol/L HCl，$i$ = 10mA，工作电极——Pt
Pd^{4+}	模型溶液	mg级	$Pd^{4+}\rightarrow Pd$，10%H_2SO_4(沸腾)，10%HCl，j = 3～4mA/cm^2
Cr^{6+}	电解质	5～500μg/L	$CrO_4^{2-}+8H^+-3e^-\longrightarrow 4H_2O+Cr^{3+}$，0.2mol/L HCl+0.001mol/L EDTA，工作电极——多孔玻碳，电流为50μA

① “i”表示电解电流，本表数据有两种表示方式：电流强度单位为mA；电流密度单位为mA/cm^2。

二、次级库仑分析法

1. 恒电流次级库仑分析法

表3-8列出了一些物质的恒电流次级库仑分析方法。表中被测定元素按原子序数顺序编排；i为电解电流值，以电流强度（mA）或电流密度（mA/cm^2）表示；（Ⅰ）表示一价元素；K为热力学温度的单位。

表3-8　物质的恒电流次级库仑分析法

被测定的组分	分析对象	可测定的量或范围	滴定剂	实验条件，干扰离子	确定滴定终点的方法
H_2	Sn，Ti，Nb，Be不锈钢	0.1～650μg/g	BrO^-	$H_2\rightarrow NH_3$，5mol/L NaBr于pH=8.6的硼酸盐缓冲液中	安培滴定法
H_2O	矿物，含硅物质	0.4%～4.5%	I_2	费希尔试剂，i=2mA，石墨指示电极	双安培滴定法
	吸附于钢的玻璃表面	＞0.20μg/cm^2	BrO^-	$H_2O\rightarrow NH_3$，5mol/L NaBr于pH=8.6的硼酸盐缓冲液中	安培滴定法
	气体和聚合的物质中	3～10μg/g	I_2	费希尔试剂，i = 25～100mA	双安培滴定法

续表

被测定的组分	分析对象	可测定的量或范围	滴定剂	实验条件，干扰离子	确定滴定终点的方法
H_2O	过氧化物硅烷醇中	0.4～0.9μg	I_2	费希尔试剂，石墨指示电极	双安培滴定法
	气体，液体	5～500μg	I_2	费希尔试剂	双安培滴定法、安培滴定法
	气体，有机物质	>1μg	I_2	费希尔试剂	安培滴定法
H^+	乙醇燃料	4.918～32.276mg/L	OH^-	分析溶液，工作电极——Pt，辅助电极——Ag，参比电极——Ag/AgCl，约2.0%LiCl，i=2mA	pH电极电位指示终点
	生物柴油	0.18～0.95mg/g	OH^-	异丙醇/水混合溶剂，LiCl为支持电解质，阴极——Pt，阳极——Ag，滴定电极——pH电极(内充溶液：2mol/L LiCl，乙醇)，约2.0% LiCl，i=2mA	pH电极电位指示终点
H_2O_2	H_2O_2溶液	1～100μg	BrO^-	1mol/L NaBr在硼酸盐缓冲液中，pH=3.2，i=4～19mA	安培滴定法
强的和弱的酸(HCl，H_2SO_4，H_3BO_3)	酸的水溶液和非水溶液	>0.001mol/L	OH^-	1mol/L K_2SO_4，Na_2SO_4，0.03～0.2mol/L KBr，j≥1mA/cm^2，玻璃指示电极	比色法，非极化电极的电位分析法(i=0)
H_2S，H_2SO_4	气体的、油的、磺酸中的	>5μg/L	I_2	$H_2SO_4 \rightarrow SO_2$，1mol/L KI，S有干扰	双安培滴定法
H_2S	城市垃圾场的泄漏物	0.5mmol/L～2μmol/L	BrO^-		双安培滴定法
强的和弱的碱	水溶液或非水溶液	>0.001mol/L	H^+	在0.1mol/L $NaClO_4$中的乙酸-乙酸酐(95+5)混合物，在丙酮中的6～8mol/L $NaClO_4$和$LiClO_4$，i=1.5mA，铋或玻璃指示电极	非极化电极的电位分析法(i=0)，双安培滴定法
OH^-	非水溶液	0.5mmol/L	H^+	在0.2mol/L $NaClO_4$中，H_2/Pd或D_2/Pd指示电极，i=5mA	比色法、电位滴定终点
H_2O_2	H_2O_2溶液	1～100μg	BrO^-	1mol/L NaBr在硼酸盐缓冲液中，pH=3.2，i=4～19mA	安培滴定法
强的和弱的酸(HCl，H_2SO_4，H_3BO_3)	酸的水溶液和非水溶液	>0.001mol/L	OH^-	1mol/L K_2SO_4、Na_2SO_4，0.03～0.2mol/L KBr，j≥1mA/cm^2，玻璃指示电极	比色法，非极化电极的电位分析法(i=0)
H_2S，H_2SO_4	气体的，油的，磺酸中的	>5μg/L	I_2	$H_2SO_4 \rightarrow SO_2$，1mol/L KI，S有干扰	双安培滴定法
强的和弱的碱	水溶液或非水溶液	>0.001mol/L	H^+	在0.1mol/L $NaClO_4$中的乙酸-乙酸酐(95+5)混合物，在丙酮中的6～8mol/L $NaClO_4$和$LiClO_4$，i=1.5mA，铋或玻璃指示电极	非极化电极的电位分析法(i=0)，双安培滴定法
Be	铍的样品	8～10mg	Br_2	0.1mol/L KBr+0.14mol/L HNO_3+2-甲基-8-羟基喹啉	
C	Ti、Ni、Pu、Mo合金钢，生铁，铀和钚的熔合物	>0.5μg	OH^-	$C \rightarrow CO_2$，$Ba(OH)_2$(pH=9.9)，$BaCl_2 \cdot 2H_2O$或$Ba(ClO_4)_2$(pH=9.5)，玻璃指示电极，i≥1mA，酸性和碱性的气体有干扰	非极化电极的电位分析法(i=0)，比色法
	工业的样品钢	>0.5μg	CH_3OK	$C \rightarrow CO_2$，无水丙酮+0.5% CH_3OH+KI，甲酰基二甲胺+2ml 0.1%百里酚酞+KI+3ml羟乙基胺	应用指示剂的视测法
CN^-	气体的混合物，电解(溶)液	>94μg	Br_2	硼酸盐缓冲溶液	极化电极的电位分析法

续表

被测定的组分	分析对象	可测定的量或范围	滴定剂	实验条件，干扰离子	确定滴定终点的方法
CO_2	常压空气	$>10\mu g/g$	OH^-	$Ba(ClO_4)_2$，pH>9.0，$i\geqslant 2mA$，玻璃指示电极或铋指示电极，酸性或碱性气体有干扰	非极化电极的电位分析法(i=0)
N_2	钛、钢、废水、石油醚、海水	$<30\mu g/g$	BrO^-，H^+或OH^-	$N_2\rightarrow NH_3$，酸性或碱性的气体有干扰	安培滴定法，比色法
NO_3^-	水溶液	$5\times10^{-5}mol/L$	Br_2，Ti^{3+}	1.6mol/L KCl+0.1mol/L KBr+2.5×10^{-2}mol/L $CuSO_4$，pH=3.5，0.6mol/L $TiOSO_4$+8mol/L H_2SO_4	双安培滴定法、分光光度法
NO_3^-	电解(溶)液	0.8～10mmol	Fe^{2+}，Ti^{3+}	含有H_3PO_4和Fe^{3+}的80%H_2SO_4，0.6mol/L $TiOSO_4$+8mol/L H_2SO_4，Mn^{2+}、Sb^{3+}、SCN^-有干扰	双安培滴定法
O_2	天然水，气体	—	紫罗精	乙酸盐缓冲液	双安培滴定法
	钛及其合金、生铁、高温分解产品	$>5.5\mu g/g$	OH^-	$O_2\rightarrow CO\rightarrow CO_2$，5mol/L $Ba(ClO_4)_2$，pH=9.5，酸性及碱性气体有干扰	非极化电极的电位分析法(i=0)
F^-	电解(溶)液	$>4\mu g/g$	Al^{3+}，La^{3+}	70%C_2H_5OH+0.3mol/L KCl+0.3mol/L CH_3COOH，发生电极为Al、LaB_6，指示电极为离子选择性膜电极、铍电极	非极化电极的电位分析法(i=0)
Na_2CO_3 $Na_2B_4O_7$	盐类、标准的样品	大量	OH^-	1mol/L Na_2SO_4，pH＜7，$i\geqslant$1mA，玻璃指示电极，CO_2有干扰	非极化电极的电位分析法(i=0)
NaCl	单晶	大量	Ag^+	1mol/L $NaNO_3$+1mol/L CH_3COOH+50%CH_3OH，Ag发生电极，Ag指示电极	非极化电极的电位分析法(i=0)
$NaNO_3$ Na_2SO_4 NaAc	盐的溶液	>1mg	OH^-	$NaNO_3\rightarrow HNO_3$，$Na_2SO_4\rightarrow H_2SO_4$，1mol/L Na_2SO_4+10^{-3} mol/L H_2SO_4玻璃指示电极	非极化电极的电位分析法(i=0)
S	铁、钢、石油、硫化碱液、石油醚	>0.01mg，>8μg/L	I_2	$S\rightarrow SO_2$，0.1%KI+1%CH_3COOH，0.05mol/L KI+0.05mol/L HCl，不饱和烃有干扰	非极化电极的电位分析法(i=0)，安培滴定法
S^{2-}	电解(溶)液	$>1\times10^{-3}g/L$	Ag^+	3～10mol/L NaCN+0.1mol/L NaOH，熔化LiCl+KCl，Ag发生电极，Ag/Ag_2S指示电极	非极化电极的电位分析法(i=0)，双安培滴定法
SO_2	空气，气体混合物，废气	>0.5，>0.7	I_2，Br_2	0.1mol/L KBr+7.5mol/L H_2SO_4、1.5%KI，在磷酸盐缓冲液中，pH＝7.4，$j=10^{-7}A/cm^2$，NO_2、链烯烃有干扰	非极化电极的电位分析法(i=0)，双安培滴定法
SO_3^{2-} $S_2O_3^{2-}$	H_3PO_4溶液	$>5\times10^{-3}g/L$	Br_2、I_2、Cu^{2+}、Cr^{6+}	在Cr^{6+}的作用下从KI发生I_2，pH≤7，K_2SO_4、$(NH_4)_2SO_4$、Cu发生电极，NO_2、链烯烃有干扰	非极化电极的电位分析法(i=0)
H_2S	天然气，气体混合物，烃	$\varphi>10^{-8}$	Br_2，I_2	0.1mol/L KBr，其中含有32g的柠檬酸钾、15g KI及10g的二甲基亚砜	非极化电极的电位分析法(i=0)
亚磷酸盐	次磷酸盐	$>0.4\times10^{-3}g/L$	Br_2	0.5mol/L KBr，pH=6.6，j=0.4～4mA/cm^2，50℃	非极化电极的电位分析法(i=0)
Cl^-	天然水的，35% H_2SO_4，53% H_3PO_4，37% $HClO_4$	>0.1μg/L	Ag^+	80% CH_3OH+0.05mol/L HNO_3，CH_3COOH-H_2O(3+1)，Ag发生电极；Ag/AgCl指示电极，Br^-、I^-、SCN^-、CN^-、SO_3^{2-}有干扰	非极化电极的电位分析法(i=0)

续表

被测定的组分	分析对象	可测定的量或范围	滴定剂	实验条件，干扰离子	确定滴定终点的方法
Cl^-	Cr^-、Br^-和 I^-的混合水溶液	$>2\times10^{-7}$mol/L	Ag^+	0.2mol/L KNO_3+0.1mol/L HNO_3，Ag 发生电极，i=10μA，时间为 1s，静汞电极为指示电极，WO_4^{2-}、MoO_4^{2-}、Sr^{2+}和十二烷基磺酸根有干扰，$Cr_2O_7^{2-}$和 CrO_4^{2-}严重干扰	方波伏安电流峰确定终点
ClO^-	1mol/L HNO_3	$>$0.2mmol	Ag^+	0.1mol/L $AgNO_3$，i=10mA，Ag_2S 发生电极，离子选择膜电极为指示电极，Br^-、I^-、SCN^-、CN^-、NO_2^-有干扰	非极化电极的电位分析法(i=0)
	水溶液	$>$1μg	Hg^+	0.2mol/L KNO_3，水-甲醇电解质，pH=2～3，Hg 发生电极，Hg/$HgCl_2$ 指示电极，Br^-、I^-、$C_2O_4^{2-}$有干扰	非极化电极的电位分析法(i=0)安培滴定法
ClO^-	工业的 $Ca(ClO)_2$	微量	I_2	过剩的 As^{3+}标准溶液，pH$>$5	双安培滴定法
ClO_3^-，ClO_4^-	电解(溶)液	$>2\times10^{-3}$mol/L	Ti^{3+}	0.08mol/L KSCN+2mol/L HCl 或 NaCl+0.1mol/L Ti^{4+}，pH$<$7，Hg 发生电极	安培分析法，非极化电极的电位分析法(i=0)
			Fe^{2+}	含有 Fe^{3+}的乙酸缓冲液	双安培滴定法，安培滴定法
K^+	溶液	$>$1mmol	Ag^+	过剩的四硼酸盐(Ⅰ)，40%丙酮+42.5g $NaNO_3$，Ag 发生电极	双安培滴定法，非极化电极的电位分析法(i=0)
Ti^{3+}	合金溶液	$>$0.5mg	Cr^{2+}，Ti^{3+}	2～3mol/L HBr+0.1mol/L $CrBr_3$，含有 Ti^+，2mol/L H_2SO_4，Hg 指示电极	安培滴定法
Ti^{4+}	合金溶液	$>0.39\times10^{-3}$g/L	Fe^{3+}，Ti^{3+}	$Ti^{4+}\rightarrow Ti^{3+}$，1.5mol/L H_2SO_4+0.37mol/L HCl 或 0.74mol/L $H_2C_2O_4$+0.12mol/L 摩尔盐(六水合硫酸亚铁铵)，过剩的 $Ce(SO_4)_2$+0.25mol/L $Ti(SO_4)_2$	双安培滴定法，应用指示剂的视测法，双安培滴定法
V^{2+}	模型溶液，人工混合物	$>$0.02μg/L	Fe^{3+}	0.1mol/L Fe^{2+}+H_2SO_4，pH$>$1，Hg 发生电极，Hg 指示电极	双安培滴定法
V^{4+}，V^{5+}	三组分系统 Mn-Ce-V，合金，钢	0.034～25mg/g	Fe^{2+}	0.03mol/L EDTA，Fe^{3+}+2mol/L H_2SO_4，含有 Fe^{3+}的 12mol/L H_3PO_4，pH=4～5，NO_3^-有干扰	双安培滴定法，安培滴定法，极化电极的电位分析法
		(4～10)×10^{-6}mol/L	Mo^{5+}	4.5mol/L H_2SO_4+0.1mol/L $(NH_4)_2MoO_4$，j=0.05～10mA/cm^2	安培滴定法，非极化电极的电位分析法(i=0)，双安培滴定法
	合金的掺和料，工具钢，合金，铬矿石	微量的	Sn^{2+}	1mol/L H_2SO_4 或 HCl，j=0.1～30mA/cm^2，Sn 发生电极	非极化电极的电位分析法(i=0)，双安培滴定法
			Fe^{2+}	1.0～7.0mol/L H_3PO_4、HCl、H_2SO_4、H_3PO_4+KOH，pH=2～3，Fe 发生电极，i=8～100mA/cm^2	
V^{4+}	黄铜，青铜，钢	0.04～0.08mg	Cr^{6+} Sn^{2+}	HCl、H_2SO_4、H_3PO_4 溶液，Sn、Cr 发生电极，j=5～10mA/cm^2	安培滴定法
	金属锌	微量的	Cu^+	1mol/L HCl，Cu 发生电极	安培滴定法，极化电极的电位分析法
Cr^{3+}	重铬酸盐的碱液 Cr^{6+}的化合物	$>$20μg/g	$[Fe(CN)_6]^{3-}$	0.1mol/L $K_4[Fe(CN)_6]$，pH$>$7，Mg^{2+}有干扰	双安培滴定法

续表

被测定的组分	分析对象	可测定的量或范围	滴定剂	实验条件，干扰离子	确定滴定终点的方法
$Cr_2O_7^{2-}$	合金的掺和料二元混合物	微量的	Sn^{2+}，Cu^+	1mol/L H_2SO_4、HCl 或 H_3PO_4，j=0.1～30.0mA/cm^2，Cu、Sn 发生电极	非极化电极的电位分析法(i=0)，双安培滴定法
Cr^{6+}	模型溶液，铬的化合物，一级的标准 $K_2Cr_2O_7$，铝，钢，合金	≥0.015μg	Fe^{2+}	0.1mol/L $Fe(NH_4)_2(SO_4)_2$+2mol/L H_2SO_4，pH<7，j=3.2mA/cm^2；1.0～7.0mol/L H_3PO_4，j=8～100mA/cm^2，Fe 发生电极；H_3PO_4+KOH，pH=2～3，Fe 发生电极	安培滴定法，双安培滴定法，应用指示剂的视测法
	模型溶液	0.03×10^{-3}g/L	Ti^{3+}	6mol/L H_2SO_4+0.5mol/L $Ti(SO_4)_2$	应用指示剂的视测法
	模型溶液，黄铜，阿姆克铁(一种工业纯铁)，钢	>0.005×10^{-3}g/L	V^{3+}，V^{2+}	0.05～3mol/L H_2SO_4，1mol/L H_3PO_4 钒发生电极	非极化电极的电位分析法(i=0)，双安培滴定法
Cr^{6+}	模型溶液	>1×10^{-4}mol/L	Pb^{2+}	0.2～0.5mol/L K_2SO_4，0.5mol/L KNO_3，j=15～40mA/cm^2，Pb 发生电极	安培滴定法
			Mn^{3+}	0.5mol/L $MnSO_4$+1mol/L H_2SO_4，0.5mol/L $MnSO_4$+1mol/L H_2SO_4+0.1～0.5mol/L KF，0.1mol/L $Mn(ClO_4)_2$+H_2O+H_2SO_4+H_3PO_4	极化电极的电位分析法
			OH^-	酸性溶液，H_3PO_4、HCl 或 H_2SO_4	
Mn^{2+}	黄铜，钢，青铜	>0.04μg	Cr^{6+}	0.2mol/L H_3PO_4、HCl 或 H_2SO_4，j=5～100mA/cm^2，铬发生电极	极化电极的电位分析法，安培滴定法
	锰盐，合青钢，锰铁合金	mg 级	Fe^{2+}	1mol/L $Fe_2(SO_4)_3$	极化电极的电位分析法，双安培滴定法
Mn^{3+}，MnO_4^-	铁	≥1μg	Ag^+	$AgNO_3$ 溶液，i=0.1～0.3mA，70℃	非极化电极的电位分析法(i=0)
	铁素体	w=0.05%～30%	Fe^{2+}	1～7.0mol/L H_3PO_4，j=8～100mA/cm^2，Fe 发生电极	非极化电极的电位分析法(i=0)
	钢	w≥0.5%	Cr^{3+}	12mol/L H_3PO_4，Cr 发生电极	非极化电极的电位分析法(i=0)
	模型溶液，钢，合金，铬矿石	>0.005g/L	V^{3+}，V^{2+}	0.05～3mol/L H_2SO_4+1mol/L H_3PO_4，钒发生电极	
			Fe^{3+}，Mo^{5+}	1mol/L HCl 或 H_3PO_4，pH=2～3，Fe 发生电极，4mol/L H_2SO_4+0.1mol/L $(NH_4)_2MoO_4$，j=0.05mA/cm^2，NO_3^- 有干扰	
			Cu^+	Cu^+发生电极，H_3PO_4+KOH	非极化电极的电位分析法，双安培滴定法
Fe^{2+}	电镀浴的	mg 级	Mn^{3+}，Br_2	190ml H_2SO_4+120g/L $MnSO_4$，0.1mol/L KBr+2.5×10^{-2}mol/L $CuSO_4$，pH=3.5	非极化电极的电位分析法
	模型溶液	>5×10^{-4} mol/L	OH^-，MnO_4^-	Fe^{2+}→$Fe(OH)_2$，0.5mol/L Na_2SO_4，玻璃指示电极	非极化电极的电位分析法
	U-Fe 混合物含铁四价晶格子的氧化铁	≥5μg	Ce^{4+}	0.01mol/L H_2SO_4+0.03mol/L $Ce_2(SO_4)_3$	非极化电极的电位分析法

续表

被测定的组分	分析对象	可测定的量或范围	滴定剂	实验条件，干扰离子	确定滴定终点的方法
Fe^{2+}	盐溶液	≥0.5μg	Br_2	0.1mol/L KBr	双安培滴定法
	模型溶液，人工混合物	mg 级	$Cr_2O_7^{2-}$	2.0mol/L H_2SO_4 或 1.0mol/L HCl，j=0.3～150mA/cm^2 铬发生电极	非极化电极的电位分析法，安培滴定法
Fe^{3+}	模型溶液，人工混合物，黄铜，钢	≥0.5mg	Ti^{3+}	Fe^{3+}→Fe^{2+}，过剩的 $Ce(SO_4)_2$，SCN^- 有干扰，Cu 发生电极，汞齐化的铜发生电极	双安培滴定法
			Cu^+	1mol/L HCl 或 H_3PO_4，Cu 发生电极	双安培滴定法，安培滴定法，非极化电极的电位分析法
			Mn^{3+}	0.2mol/L $MnSO_4$+3mol/L H_2SO_4	应用指示剂的视测法
Fe^{3+}	亚铁盐的	mg 级	Cu^+	0.1mol/L HCl ，0.36mol/L H_2SO_4+0.01mol/L $CuSO_4$	非极化电极的电位分析法(i=0)
	模型溶液，人工混合物	mg 级	V^{4+}	1～7mol/L NaOH，钒发生电极	非极化电极的电位分析法(i=0)
			Cr^{3+}	—	—
			MnO_4^-	6mol/L H_2SO_4+$MnSO_4$	应用指示剂的视测法
$[Fe(CN)_4]^{3-}$	模型溶液	1～3mmol	Mo^{5+}	4mol/L H_2SO_4+0.1mol/L $(NH_4)_2MoO_4$，j=0.5mA/cm^2，ClO_4^-、PO_4^{3-}、NO_3^- 有干扰	安培滴定法，双安培滴定法
	微量杂质，合金掺和物，硬铅	微量	Sn^{2+}	1mol/L H_2SO_4 或 HCl，j=0.1～30.0mA/cm^2，Sn 发生电极	非极化电极的电位分析法(i=0) 双安培滴定法
Co^{2+}	合成的样品	2×10^{-2}～8×10^{-3}mmol	La^{3+}	EDTA(过剩)+H_3BO_3，LaB_6 发生电极	应用指示剂的视测法
Ni^{2+}	半导体化合物，合金，陨石	≥1ng	EDTA	EDTA+Hg 溶液，汞齐化了的 Ag 发生电极	非极化电极的电位分析法(i=0)
	合成的样品	2×10^{-2}～8×10^{-3}mmol	La^{3+}	EDTA(过剩)+H_3BO_3，LaB_6 发生电极	应用指示剂的视测法
	模型溶液	0.70～8.8mg	OH^-	0.1～0.5mol/L Na_2SO_4，玻璃指示电极	非极化电极的电位分析法(i=0)
Cu^{2+}	模型溶液，有机物质的	6～100μg	I_2	0.1mol/L KI+0.5mol/L NH_4SCN+0.1mol/L H_2SO_4+I_2(过剩)	双安培滴定法
		＞1mg	OH^-	3×10^{-4}mol/L K_2SO_4，Hg 发生电极	应用指示剂的视测法
		微量	I^-	(Li，K)NO_3 熔融的，430K，j=1～25mA/cm^2，覆盖 AgI 的 Pt 发生电极的指示电极	非极化电极的电位分析法(i=0)，双安培滴定法
	合金的掺和物、硬铅	微量	Sn^{2+}	1mol/L H_2SO_4 或 HCl，j=0.1～30mA/cm^2，Sn 发生电极	非极化电极的电位分析法(i=0)，双安培滴定法
Zn^{2+}	半导体的化合物、合金，Zn^{2+} 盐的溶液	＞1ng	$[Fe(CN)_6]^{4-}$	7×10^{-3}mol/L $K_3[Fe(CN_6)]$，pH=1.5～2.0	极化电极的电位分析法，双安培滴定法

续表

被测定的组分	分析对象	可测定的量或范围	滴定剂	实验条件，干扰离子	确定滴定终点的方法
Zn^{2+}	半导体的化合物、合金，Zn^{2+}盐的溶液	＞1ng	$[Fe(CN)_6]^{4-}$	0.1mol/L $Na_4[Fe(CN)_6]$ + 0.1mol/L $HClO_4$，pH≈1.0，0.1mol/L KCl，玻碳电极，Ag/Ag $[Fe(CN)_6]$指示电极	安培滴定法
	合成的样品	2×10^{-2}～8×10^{-3}mmol	La^{3+}	EDTA(过剩)+H_3BO_3，LaB_6发生电极	应用指示剂的视测法
	半导体化合物、合金	0.27～0.062μg于3～4μl中	EDTA	乙酸盐缓冲液中的Hg氨羧配合剂，pH=5～6，汞齐化了的Ag发生电极	安培滴定法，双安培滴定法
	模型溶液	10^{-4}～10^{-3}mol/L	OH^-	$Zn^{2+}\rightarrow Zn(OH)_2$，按照$H_3O^+$的间接测定	应用指示剂的视测法
Ge^{2+}	模型溶液	微量的	I_2	0.1mol/L KI+5mol/L H_3PO_4，pH=1	非极化电极的电位分析法(i=0)，安培滴定法
As^{3+}	模型溶液，有色金属	＞0.2mg/L	Br_2	1mol/L KBr+3mol/L H_2SO_4，玻碳发生电极	非极化电极的电位分析法(i=0)，安培滴定法
	亚砷酸酐(三氧化二砷)单晶	4.7～9.5μg	I_2	0.1mol/L KI于磷酸盐缓冲液中，pH=7，j=1.5～3.0mA/cm^2	双安培滴定法
			$Cr_2O_7^{2-}$	2.5% KI 于乙酸盐缓冲液中+Ca^{2+}(催化剂)，pH=6，Cr发生电极，j=3～100mA/cm^2	双安培滴定法，安培滴定法
Se^{4+}	模型溶液	＞0.4×10^{-3}g/L	I^-	4×10^{-3}mol/L I_2 + 6mol/L HCl，j=0.5～5.0mA/cm^2，石墨发生电极	双安培滴定法，安培滴定法，非极化电极电位分析法(i=0)，极化电极电位分析法
Se^{4+} Te^{4+}	模型溶液	＞0.4×10^{-3}g/L	BrO^-	0.1mol/L $NaHCO_3$+1mol/L KBr，pH=6.3，70℃，j=0.5～5.0mA/cm^2	非极化电极的电位分析法(i=0)
	半导体化合物，生产Pb的残渣中	＞0.3×10^{-3}g/L	Fe^{2+}	0.5mol/L H_2SO_4，2mol/L H_2SO_4+铁铵矾+过剩的$KMnO_4$，j=0.5～5.0mA/cm^2	非极化电极的电位分析法(i=0)，双安培分析法
			Ti^{2+}	1.0mol/L $Ti(SO_4)_2$在6mol/L H_2SO_4中，j=0.5～5.0mA/cm^2，20～70℃，Ag、W、C发生电极	非极化电极的电位分析法(i=0)，双安培分析法
		＞0.8×10^{-3}g/L(Se)＞1.3×10^{-3}g/L(Te)	Sn^{2+}	0.8mol/L $SnCl_4$在6mol/L HCl中，j=1.5mA/cm^2	安培滴定法，比色法
Te^{4+}，Te^{6+}	模型溶液	＞1.5×10^{-3}g/L	Ti^{3+}	0.6mol/L $TiOSO_4$在4～6mol/L H_2SO_4中，j=0.5～5.0mA/cm^2	非极化电极电位分析法(i=0)
Br^-	盐的溶液	(5～100)×10^{-3}g/L	Ag^+	1.3mol/L的NH_3及0.1mol/L的NaOH，Ag发生电极，Ag指示电极，Cl^-有干扰	双安培滴定法
			Hg^+	0.2mol/L KNO_3，pH=2～3，Hg发生电极，Hg/$HgCl_2$指示电极，Cl^-有干扰	非极化电极的电位分析法(i=0)
Br^-	Cl^-、Br^-和I^-的混合水溶液	＞7×10^{-8}mol/L	Ag^+	0.2mol/L KNO_3+0.1mol/L HNO_3，Ag发生电极，i=10μA，时间为1s，静汞电极为指示电极，WO_4^{2-}、MoO_4^{2-}、Sr^{2+}和十二烷基磺酸根有干扰，$Cr_2O_7^{2-}$和CrO_4^{2-}严重干扰	方波伏安电流峰确定终点
Rb^+	溶液的	＞1mg/ml	Ag^+	过剩的四苯硼酸盐+40%丙酮+42.5g $NaNO_3$，Ag发生电极	双安培滴定法，非极化电极的电位分析法(i=0)

续表

被测定的组分	分析对象	可测定的量或范围	滴定剂	实验条件，干扰离子	确定滴定终点的方法
Mo^{3+}	模型溶液	＞0.02g/L	Fe^{3+}	0.1mol/L $FeSO_4$+H_2SO_4，pH=1.1，Hg 发生电极，Hg 指示电极	双安培滴定法
Mo^{6+}	模型溶液，合金	微量	Ti^{3+}	0.6mol/L $TiOSO_4$ 于 8mol/L H_2SO_4 中，i=1～5mA，Hg 发生电极，W、Pt 指示电极，Cl^-有干扰	非极化电极的电位分析法，安培滴定法(i=0)，双安培滴定法，比色法，极化电极的电位分析法
Mo^{6+}	模型溶液，合金	微量	Fe^{2+}	0.1mol/L $Fe_2(SO_4)_3$+11mol/L H_3PO_4+2mol/L H_2SO_4，j=1～5mA/cm^2	安培滴定法，双安培滴定法
Mo^{6+}	γ-MoO_3 相(物)合金掺和物	微量	Sn^{2+}	Pt/γ-MoO_3/O_2/O_2(气)Pt^+于 1mol/L H_2SO_4 或 HCl，j=0.1～12.0mA/cm^2，Sn 发生电极	非极化电极的电位分析法，双安培滴定法
MoO_4^{2-}	溶液的	1μg	Hg^+	0.2mol/L KNO_3 于水-甲醇介质中，pH=2～3，Hg 发生电极，Hg/$HgCl_2$ 指示电极，Br^-、I^-、CrO_4^{2-}、Cl^-有干扰	非极化电极的电位分析法，双安培滴定法
Ru^{4+}			Ti^{3+}	0.2mol/L $TiCl_4$+4～6mol/L HCl 或 H_2SO_4，W 或 C 发生电极	极化电极的电位分析法，安培滴定法
Ir^{4+}	模型溶液，合成的混合物	≥10^{-5}mol/L	Cu^+	0.02mol/L $CuSO_4$+4mol/L HCl	极化电极的电位分析法，双安培滴定法，比色法
Ir^{4+}、Ru^{4+}	$(NH_4)_2[IrCl_6]$，$(NH_4)_2[RuOHCl_5]$、$Na_2[RuCl_6]$溶液	μg 级	Sn^{2+}	0.16～1.6mol/L $SnCl_4$，20～50℃，j=1mA/cm^2，W 发生电极	非极化电极的电位分析法(i=0)，双安培滴定法
		≥1×10^{-6}mol/L	Ti^{3+}	0.1mol/L $TiCl_4$ 于 0.1mol/L HCl 或 H_2SO_4 中，j=1mA/cm^2，W 发生电极，C 发生电极	非极化电极的电位分析法(i=0)，双安培滴定法
Ag^+	模型溶液，金属膜	＞12×10^{-3}g/L	Cr^{2+}	1mol/L H_2SO_4，Cr 发生电极	双安培滴定法
Ag^+	模型溶液	≥10^{-4}mol/L	SCN^-，S^{2-}，I^-	0.1mol/L $NaNO_3$，pH=1～9，j=125mA/cm^2，(Li，K)NO_3 熔体，430K，i=10mA，Ag_2S、AgSCN 发生电极，Ag、Pt/AgI 指示电极	非极化电极的电位分析法(i=0)，双安培滴定法
Cd^{2+}	模型溶液	微量的	Cu^+	雷臬克盐，1mol/L HCl，Cu 发生电极，Al、Sn、Zn 有干扰	双安培滴定法，比色法
		2.795mg	OH^-	0.05～0.25mol/L Na_2SO_4	非极化电极的电位分析法(i=0)
In^{3+}	合金、半导体化合物	>1×10^{-3}μg	$[Fe(CN)_6]^{4-}$	7～10^{-3}mol/L $K_3Fe(CN)_6$，pH=1.5～2.0，i=4～7mA	应用指示剂的视测法
Sn^{2+}	模型溶液	≥1g/L	Hg^{2+}	1g 酒石酸+1ml H_2SO_4+10ml H_2O 中的 1ml 苯酚磺酸，Hg 发生电极，Ag 指示电极	非极化电极的电位分析法(i=0)
		mg 级	$Cr_2O_7^{2-}$	2mol/L H_2SO_4 或 1.0ml/L HCl，j=0.3～150mA/cm^2，Cr 发生电极	

续表

被测定的组分	分析对象	可测定的量或范围	滴定剂	实验条件，干扰离子	确定滴定终点的方法
Sn^{2+}	单晶，Pb-Sn合金	w=5%～96%	I_2+Fe^{3+}	0.018mol/L 的 $H_2SO_4+Fe(NH_4)_2(SO_4)_2+KI$，pH=1.1	双安培滴定法
I^-、IO_3^-	盐的溶液	微量的 4～10mmol	Ag^+，Hg^{2+} Mo^{5+}	0.2mol/L KNO_3，pH=2～3，Hg发生电极，Hg/$HgCl_2$指示电极	非极化电极的电位分析法(i=0)，安培滴定法
				4.5mol/L H_2SO_4+0.1mol/L$(NH_4)_2MoO_4$，j=0.05～10mA/cm^2，NO_3^-有干扰	双安培滴定法
I^-	Cl^-、Br^-和I^-的混合水溶液	>7×10^{-8}mol/L	Ag^+	0.2mol/L KNO_3+0.1mol/L HNO_3，Ag发生电极，i=10μA，时间为1s，静汞电极为指示电极，WO_4^{2-}、MoO_4^{2-}、Sr^{2+}和十二烷基磺酸根干扰，$Cr_2O_7^{2-}$和CrO_4^{2-}严重干扰	方波伏安电流峰确定终点
Cs^+	溶液	>1mmol	Ag^+	过剩的四苯硼酸盐(Ⅰ)，40%丙酮+42.5g $NaNO_3$，Ag发生电极	双安培滴定法
La^{3+}	模型溶液	0.4～14.0μg	F^-	0.3mol/L KNO_3于50%的乙醇中，j=15mA/cm^2，LaF_3发生电极，离子选择膜电极为指示电极	非极化电极的电位分析法(i=0)
Nd^{3+}	模型溶液	1.2～170μg	EDTA	Hg^{2+}氨羧配合剂，pH=4.8，Hg发生电极，汞齐化Pt指示电极	非极化电极的电位分析法(i=0)
Eu^{3+}	靶金属	1～100μg	Cr^{6+}	$Eu^{3+}\rightarrow Eu^{4+}$，0.1～2.0mol/L HCl，Cr发生电极	非极化电极的电位分析法(i=0)
			Br_2	—	—
Yb^{2+}	—	—	W^{2+}	KCl+LiCl 熔体	—
Ce^{3+}	模型溶液	6～8mmol	$[Mo(CN)_8]^{3-}$	4×10^{-3}mol/L $[Mo(CN)_8]^{4-}$+0.2mol/L K_2CO_3+1.5mol/L $KHCO_3$，20～40℃，Mn^{2+}、V^{4+}、U^{6+}有干扰	—
Ce^{4+}	模型溶液，复盐	>0.3μg	Fe^{2+} Ti^{3+}	0.5mol/L$(NH_4)_2SO_4\cdot Fe_2(SO_4)_3$+2mol/L H_2SO_4+0.5mol/L $Ti(SO_4)_2$	非极化电极的电位分析法(i=0)，双安培滴定法
			Cu^+	1mol/L HCl 或 H_3PO_4，Cu发生电极	非极化电极的电位分析法(i=0)
		1～2.5mmol	Mo^{5+}	4mol/L H_2SO_4+0.1mol/L$(NH_4)_2MoO_4$，j=0.05mA/cm^2，NO_3^-有干扰	双安培滴定法
		5×10^{-6}g/L	VO^{2+}，V^{3+}	0.05～3mol/L H_2SO_4+1mol/L H_3PO_4，V发生电极	非极化电极的电位分析法(i=0)
	钢	0.04～0.08mg	Cr^{6+}	HCl、H_2SO_4、H_3PO_4溶液，Cr发生电极	安培滴定法，非极化电极的电位分析法(i=0)
Re^{7+}	模型溶液	0.4～4.0mg	Ti^{3+}	0.6mol/L $TiSO_4$ + 8mol/L H_2SO_4 + 0.3mol/L H_3PO_4，85℃	非极化电极的电位分析法(i=0)
Pt^{2+}，Pt^{4+}	模型溶液	微量的	Br_2 Sn^{2+}	$Pt^{2+}\rightarrow Pt^{4+}$，4mol/L NaBr，0.2mol/L $SnCl_4$+0.3mol/L HCl，j=5～20mA/cm^2	—
	复盐	—	Cu^+	1mol/L HCl 或 H_3PO_4，Cr发生电极	非极化电极的电位分析法(i=0)，安培滴定法
Au^{3+}	人造混合物	微量的	Cu^+	1mol/L HCl 或 H_3PO_4，Cu发生电极	非极化电极的电位分析法(i=0)，安培滴定法
Hg^+	盐溶液	≥5×10^{-5}mol/L	I^-	0.1mol/L KNO_3，0.1mol/L 或 0.2mol/L $HClO_4$，Ag/AgI发生电极	非极化电极的电位分析法(i=0)，双安培滴定法

续表

被测定的组分	分析对象	可测定的量或范围	滴定剂	实验条件，干扰离子	确定滴定终点的方法
Hg^{2+}	含有 Hg^{2+} 的无机化合物	0.1～0.5μg	I_2	$K_4Fe(CN)_6$+KI，Ag^+有干扰	非极化电极的电位分析法(i=0)安培滴定法
Tl^+	模型溶液	μg 级	$[Mo(CN)_8]^{3-}$	4×10^{-3}mol/L $[Mo(CN)_8]^{4-}$ + 0.4mol/L Na_2CO_3+0.8mol/L $KHCO_3$	非极化电极的电位分析法(i=0)
Pb^{2+}	溶液、金属薄膜的	≥1×10^{-4}mol/L	S^{2-}	50%丙酮，Ag_2S 发生电极，Ag 指示电极	非极化电极的电位分析法，双安培滴定法(i=0)
Th^{4+}	盐溶液	μg 级～mg 级	EDTA	0.016～0.006mol/L Hg^{2+}氨羧配合剂，Hg 发生电极	非极化电极的电位分析法(i=0)
U^{3+}，U^{4+}	U-Fe 混合物盐的溶液	≤5mg	Ce^{4+}	0.005mol/L H_2SO_4+0.03mol/L $Ce_2(SO_4)_3$	非极化电极的电位分析法(i=0)
			Fe^{2+}	4.0mol/L H_3PO_4+4mol/L H_2SO_4+5mol/L Fe^{3+}+$K_2Cr_2O_7$(标准溶液)	安培滴定法
U^{6+}	盐溶液	≥1g/L	U^{3+}	0.1mol/L HCl+0.04mol/L UCl_4，j=2mA/cm^2，Hg 发生电极	非极化电极的电位分析法(i=0)
U^{6+}	U^{4+}化合物盐的溶液	微量	Ce^{4+}	U^{6+}→U^{4+}，0.5g 对氨基苯磺酸于 2mol/L H_2SO_4中+3mol/L HNO_3−Fe^{3+}+$Ce_2(SO_4)_3$	非极化电极的电位分析法(i=0)
	Th 氧化物的	0.8～5.0mg	Cr^{2+}	0.1mol/L$[CrBr_2(H_2O)_4]Br$ 于 1～3mol/L HBr 或 $HClO_4$ 中，汞齐化了的 Pt 或 W 发生电极，Hg 指示电极	非极化电极的电位分析法(i=0)
Np^{4+}	模型溶液	微量	Fe^{2+}	4mol/L H_3PO_4+4mol/L H_2SO_4+5mol/L Fe^{3+}	安培滴定法
Pu^{4+}	模型溶液	微量	Fe^{2+}，Ce^{4+}	4.5mol/L H_2SO_4+0.5mol/L H_3PO_4+5mol/L Fe^{3+}	安培滴定法

2. 控制电位次级库仑分析法

表 3-9 列出了一些物质的控制电位次级库仑分析法，表中被测组分按元素的原子序数顺序编排。

表 3-9 物质的控制电位次级库仑分析法

被测定的组分	分析对象	可测定的量或范围	滴定剂	实验条件	确定滴定终点的方法
H_2O	天然对象	5×10^{-4}～5mg	I_2	费希尔试剂，由外部的电源调压器在控制电位条件下进行滴定	
$N_2H_4\cdot H_2SO_4$		≥6×10^{-3}g/L	Br_2	0.1mol/L HCl+0.01～1mol/L KBr，C 发生电极，铂辅助电极置于用 $KMnO_4$ 饱和了的 8mol/L H_2SO_4 中，由原电池在控制电位条件下进行滴定	电位分析法、双安培滴定法
PO_4^{3-}	盐溶液	≥0.162mg	Pb^{2+}	0.1～0.2mol/L CH_3COONa，铅汞齐发生电极，镀铂的铂辅助电极，由原电池在控制电位条件下进行滴定，E=1.07V	安培滴定法

续表

被测定的组分	分析对象	可测定的量或范围	滴定剂	实验条件	确定滴定终点的方法
PO_4^{3-}	盐溶液	1.66×10^{-4}～1.33×10^{-3}mol/L	Bi^{3+}	NaCl 饱和溶液，Hg 指示电极，Bi 发生电极，由外电源调压器在控制电位条件下进行滴定，E=0.050V	安培滴定法
S^{2-}	亚硫酸盐废碱液	mg 级	Pb^{2+}	0.1～2mol/L NaAc，铅汞齐发生电极，镀铂的铂辅助电极，由原电池在控制电位条件下进行滴定，E=1.07V	安培滴定法
S^{2-}	盐溶液	0.01～0.2mg/L	Ag^{+}	0.1mol/L NaOH，Ag 发生电极，由外电源调压器在控制电位条件下进行滴定，E=−0.360V	电位分析法
$S_2O_3^{2-}$，SO_3^{2-}	盐溶液	≥6mg/L	I_2	0.1mol/L HCl+0.01～1mol/L KI，C 发生电极，铂辅助电极，浸入饱和以 $KMnO_4$ 的 8mol/L H_2SO_4 中，由原电池在控制电位条件下进行滴定	电位分析法、双安培滴定法
SO_4^{2-}	亚硫酸盐废碱液	≥0.480mg	Pb^{2+}	0.1～2mol/L NaAc，铅汞齐发生电极，镀铂的铂辅助电极，由原电池在控制电位条件下进行滴定，E=1.07V	安培滴定法
SO_2	蒸煮酸，亚硫酸盐废碱液	≥4mg/L	I_2	0.01mol/L HCl+0.01～1mol/L KI，C 发生电极，铂辅助电极，浸入饱和以 $KMnO_4$ 的 8mol/L H_2SO_4 溶液中，由原电池在控制电位条件下进行滴定	电位分析法、双安培滴定法
Ca^{2+}	天然物质	微量	二亚乙基三氨基五乙酸	Hg^{2+}和二亚乙基三氨基五乙酸的配合物，pH=10，汞齐化了的 Pt 工作电极，由外电源调压器在控制电位条件下进行滴定，E=−0.05V	电位分析法
$CaSO_4$	蒸煮酸，亚硫酸盐废碱液	≥2.4mg/L	I_2	0.01mol/L HCl+0.01～1mol/L KI，C 工作电极，铂辅助电极，浸入饱和以 $KMnO_4$ 的 8mol/L H_2SO_4 溶液中，由原电池在控制电位条件下进行滴定	电位分析法、双安培滴定法
V^{5+}	盐溶液	≥0.017g/L	Sn^{2+}	4mol/L HCl，锡汞齐工作电极，铂辅助电极，浸入饱和的 KCl 溶液及 0.5mol/L HNO_3 溶液中，由原电池在控制电位条件下进行滴定	电位分析法
		微量的	Cu^{+}	4～6mol/L HCl，Cu 工作电极，由外电源调压器在控制条件下进行滴定，E=−0.05V	电位分析法
$Cr_2O_7^{2-}$	盐溶液	≥0.017g/L	Sn^{2+}	4mol/L HCl，锡汞齐工作电极，铂辅助电极，浸入饱和的 KCl 溶液及 0.5mol/L HNO_3 溶液中，由原电池在控制电位条件下进行滴定	电位分析法
	青铜	微量的	Cu^{+}	4～6mol/L HCl，Cu 工作电极，由外电源调压器在控制条件下进行滴定，E=−0.05V	—
MnO_4^{-}	高岭土、石膏	≥0.01g/L	Sn^{2+}	0.01～4mol/L H_2SO_4，锡汞齐工作电极，由原电池在控制电位条件下进行滴定	电位分析法、安培滴定法

续表

被测定的组分	分析对象	可测定的量或范围	滴定剂	实验条件	确定滴定终点的方法
MnO_4^-	黄铜	微量的	Cu^+	4～6mol/L HCl，Cu 工作电极，由外电源调压器在控制电位条件下进行滴定，E=−0.05V	电位分析法
Fe^{3+}	高岭土、石膏	≥0.01g/L	Sn^{2+}	0.01～4mol/L H_2SO_4，锡汞齐工作电极，由原电池在控制电位条件下进行滴定	电位分析法、安培滴定法
Fe^{3+}，Fe^{2+}	炉渣	微量的		由原电池在控制电位条件下进行滴定	—
$[Fe(CN)_6]^{3-}$	盐溶液	≥0.017g/L	Sn^{2+}	4mol/L HCl，锡汞齐工作电极，铂辅助电极，浸入饱和的 KCl 溶液及 0.5mol/L HNO_3 溶液中，由原电池在控制电位条件下进行滴定	电位分析法
Co^{2+}	金属镍、钢	3mg	$[Fe(CN)_6]^{3-}$	0.5mol/L $K_4[Fe(CN)_6]$，pH=9.5～11.5，含 80～100 倍过剩的甘油，由外电源调压器在控制电位条件下进行滴定，E=−0.3V	电位分析法
Cu^{2+}	模型溶液	13.5～54.5μmol	二亚乙基三氨基五乙酸	0.01mol/L NaOH 和 0.1mol/L $NH_3\cdot H_2O$+0.1mol/L NaOH，由外电源调压器在控制电位条件下进行滴定，E=−0.90V	安培滴定法
	天然对象	微量的		Hg^{2+}与二亚乙基三氨基五乙酸的配合物，pH≈10，汞齐化了的 Pt 工作电极，由外电源调压器在控制电位条件下进行滴定，E=−0.05V 或在 pH≈5.0 时 E=0.015V	电位分析法
Zn^{2+}	天然对象	微量的	二亚乙基三氨基五乙酸	Hg^{2+}与二亚乙基三氨基五乙酸的配合物，pH≈10，汞齐化了的 Pt 工作电极，由外电源调压器在控制电位条件下进行滴定，E=−0.05V	电位分析法
MoO_4^{2-}	盐溶液	微量的	Cu^+	4～6mol/L HCl，铜工作电极，由外电源调压器在控制电位条件下进行滴定，E=0.05V	电位分析法
		≥0.398mg	Pb^{2+}	0.1～2mol/L NaAc，铅汞齐工作电极，镀铂的铂辅助电极，由原电池在控制电位条件下进行滴定，E=1.07V	安培滴定法
Pt^{2+}，Pt^{4+}	模型溶液	0.2～7.7	Br_2，Sn^{2+}	4mol/L NaBr+0.02mol/L $SnCl_4$+0.3mol/L HCl，由外电源调压器在控制电位条件下进行滴定，E=0.14～0.5V	电位分析法
U^{6+}	盐溶液	15～60mg	U^{3+}	$U^{6+}\rightarrow U^{4+}$，0.2mol/L HCl，0.03mol/L HCl+0.3mol/L KCl，Hg 工作电极，由外电源调压器在控制电位条件下进行滴定，E=0.68V	安培滴定法、电位分析法
		2～20mg	—	$U^{6+}\rightarrow U^{4+}$，1mol/L H_2SO_4，Hg 工作电极，由外电源调压器在控制电位条件下进行滴定，E=0.20V，Hg^{2+}有干扰	电位分析法

续表

被测定的组分	分析对象	可测定的量或范围	滴定剂	实验条件	确定滴定终点的方法
Am^{2+}	盐溶液，标准溶液	7～60mg	—	0.1mol/L $LiClO_4$+0.05mol/L Na_2CO_3，SnO_2工作电极，活化了的锑(导电的玻璃)工作电极，由外电源调压器在控制电位条件下发生滴定，E=0.30V，Pu、Np、Fe、F 及电解作用的产物有干扰	电位分析法

三、控制电流库仑滴定分析

表 3-10 是无机物的库仑滴定方法，测定物质按元素符号的英文字母顺序编排。本表列举的测定方法所用试样的最合适范围为 0.01～1.0mg，所有的强还原剂体系都应在惰性气体气氛中进行。

有关确定终点所采用的技术，其符号的意义如下。

A_{320} 分光光度法，下标指的是波长（单位为 nm），在此波长处测量吸光度。

$E_{Pt\text{-}ref}$ 电位滴定法，下标注明所用电极，ref 指参比电极，除了对通用记号 SCE（饱和甘汞电极）和 NCE（标准甘汞电极，即 KCl 溶液为 1mol/L 的甘汞电极）外，给出了参比电极的组成。按通常习惯滴定至规定电位值。用预滴定至终点电位的方法消除空白滴定。

$E_{Pt\text{-}ref}(+0.50V)$ 零点-电流电位滴定法，终点电位标在括号内，外加在电极之间给定的电位差导致电流流经指示电路，当滴定溶液达到终点电位时，则指示电流为零，零电流通常是滴定的参考点，也可以某一小的指示电流值为滴定终点的参考点。通常，在加样品之前预滴定溶液到参考点，必要时，为了预滴定可先加入少量试样。

$i_{Pt\text{-}Pt}(0.2V)$ 安培滴定法，所用电极标记在下标中，施加的电位标在括号内。

表 3-10 无机物的控制电流库仑滴定法

被测物质	库仑滴定剂	电解液组成	工作电极	指示终点方法	测定范围及误差	文献
Ag	$HSCH_2CH_2OH$	0.2mol/L Hg^{2+}-0.4mol/L MTEG，0.05mol/L HAc，0.05mol/L NaAc，0.1mol/L $NaClO_4$，pH=4.6	Hg	Au 汞齐-Hg/Hg_2SO_4 电极，电位法	测 1.02～2.16mg，误差±4μg	1
	Cl^- Br^-	在隔膜容器中加入 0.5mol/L $NaClO_4$、NaCl、NaBr，电解出 Cl^-、Br^-进入滴定池	Pt	Ag-SCE 电极，电位法	测$(0.5\sim1)\times10^{-4}$mg	2
	CN^-	0.25mol/L $KAg(CN)_2$，0.01mol/L NaOH，0.1mol/L Na_2SO_4	Pt	Ag-Ag 电极，电流法	测 5.4～120mg，误差±0.18%	3
	$CuCl_2^-$	KCl-EDTA 或 $NaClO_4$-NH_3	Cu	电位法、电流法	—	4
	Fe(Ⅱ)	MeCN+DMF，LiCl+$NaClO_4$	Fe	—	μg 级	5
Al	OH^-	饱和 Na_2SO_4，59% EtOH，0.0048mol/L 8-羟基喹啉	Pt	玻璃电极，pH 计	测 5.6～560μg，误差±(1～4)μg	6
	Br_2	0.2mol/L KBr，0.05mol/L H_2SO_4	Pt	Pt-Pt 电极，电流法	测 mg 级及 μg 级的 Al	7
As	Cl_2	0.5mol/L H_2SO_4，0.2mol/L NaCl	Pt	Pt-Pt 电极，电流法	测 300～800μg，误差±1.3μg	8
	Br_2	20ml 0.5mol/L KBr 和 0.05mol/L H_2SO_4，加 50ml H_2O	Pt	双铂电极电流法，外加电压 200mV	测 0.1～10mg，误差±0.17%	9

续表

被测物质	库仑滴定剂	电解液组成	工作电极	指示终点方法	测定范围及误差	文献
As	Br_2	5ml 1mol/L H_2SO_4，5ml 2mol/L NaBr，加 H_2O 及试料，总体积 50ml	Pt	双铂电极电流法，外加电压 200mV	测 35～960μg，误差±1.2μg	10
	Br_2	10ml 2mol/L KBr，10ml 2mol/L H_2SO_4，加 H_2O 及试料，总体积 100ml	Pt	Pt-SCE 电极，电位法	测 0.1～5mg，误差±1%	11
	Br_2	5ml 0.5mol/L H_2SO_4，5ml 1mol/L KBr，加 H_2O 及试料，总体积 50ml	Pt	双铂电极电流法，外加电压 300mV	测 0.05～1mg，误差±1.6%	12
	Br_2	1.5mol/L H_2SO_4，0.1mol/L KBr	Pt	双铂电极电流法，外加电压 400mV	测 4×10^{-5}～2×10^{4}mol/L	13
	Br_2	0.1mol/L KBr，1.5mol/L H_2SO_4	Pt	Pt-SCE 电极，电位法	测 0.005～0.1mol/L	14
	Br_2	1mol/L HCl，0.5g KBr，总体积 35ml	Pt	Pt-SCE 恒电流电位法外，加 0.3～1.4μA	测 0.049～9.7mg，误差±0.7%	15
	I_2	1mol/L KI	Pt	淀粉指示终点	测 1.1～2.3mmol，误差±0.5%	16
	Br_2	KBr 溶液	玻碳电极	示差电解电位法	测 3～15μg，误差±2%	17
	I_2	0.1mol/L KI，磷酸盐缓冲溶液，pH=8.0	Pt	双铂电极电流法，外加电压 150mV	测 69～1250μg，误差±0.26%	18
	I_2	KI-淀粉溶液总体积 30μl	Pt	Pt-SCE 电位法或淀粉指示终点	测 0.15～7.5μg，误差±6%	19
	I_2	0.5mol/L KI，磷酸盐缓冲溶液，pH=7	Pt	分光光度法	测定 0.2～1mmol	20
	I_2	5ml 0.3mol/L KI，10ml 0.5mol/L $NaHCO_3$	Pt	分光光度法	测定 0.45～175μg	21
	I_2	25ml KI-I_2 溶液，5ml $NaHCO_3$ 缓冲溶液，5ml 试液总体积 50ml	Pt-Rh	电位法指示终点	测 75～93μg，误差±0.22μg	22
	BrO^-	1mol/L NaBr，缓冲溶液，pH=8～9	Pt	紫外分光光度法	研究电生 BrO^- 的条件	23
	I_2	KI，$(NH_4)_2SO_4$，Na_2HPO_4 及淀粉溶液	Pt	淀粉指示终点	测定误差小于 2%	24
	I_2	5g NaI，lg 酒石酸钠，总体积 50ml，pH=7	Pt	Pt-SCE 电极，电流法加电压 150mV	测 440μg，误差±0.3%	25
	Cl_2	1～2mol/L HCl	Pt	Pt-SCE 电位法	测 0.88～1mmol，误差±0.1%	26
	Br_2	0.2mol/L KBr，1.0mol/L H_2SO_4	Pt	Pt-SCE 电位法	测 0.8～0.93mmol，误差±0.07%	26
	I_2	0.3mol/L KI，0.1mol/L H_3BO_3，0.5mol/L Na_2SO_4	Pt	Pt-SCE 电位法	测 0.8～93mmol，误差±0.06%	26
	Cl_2	1mol/L NaCl，0.05mol/L HCl	Pt	Pt-SCE 电极，电流法外加电压 200mV	测 10～100μmol，误差±1%	27
	Ce^{4+}	1mol/L H_2SO_4，饱和 $Ce_2(SO_4)_3$，1～2 滴 0.01mol/L OsO_4 的 0.05mol/L H_2SO_4 溶液	Pt	分光光度法	测 58～930μg，误差<4μg	28

续表

被测物质	库仑滴定剂	电解液组成	工作电极	指示终点方法	测定范围及误差	文献
As_2O_3（溶于NaOH中）	I_2	高纯Ag阳极(先浸于浓HCl，淋洗，10%氨水洗，真空炉干燥1h)，0.5mol/L Na_3PO_4，0.5mol/L K_3PO_4，0.1mol/L KI，pH=6.5～7.5	—	i_{Pt-Pt}	Ag阳极与恒电流滴定系统的阴极串联，用于测量被测物质的物质的量(mol)	29
	Br_2	0.5mol/L NaBr，恒电流1～5000μA	Pt	玻碳-Ag/AgCl电流法	测0.05～100μmol/L	267
As	MnO_4^-	3～4mol/L H_2SO_4，0.025～0.45mol/L $MnSO_4$加2滴0.002mol/L KIO_3	Pt	邻菲啰啉指示终点	测2.6～5.2mg，误差±1%	30
	Ag^+	4～6mol/L HNO_3，0.1mol/L $AgNO_3$，温度＜5℃	Pt或Au	电位法或电流法	测1～7.8mg，误差±0.2%	31
Au	$CuCl^-$	0.04mol/L $CuSO_4$，1～2mol/L HCl	Au或Pt	Au-SCE电极，电位法	测1～113mg，误差±0.3%	32
	Sn^{2+}	3～4mol/L NaBr，0.3mol/L HCl，0.2mol/L $SnCl_4$	Au	电位法或电流法	测1～22.6mg，误差±0.07mg	33
	$HSCH_2$-COOH	0.1mol/L 巯基乙酸汞，NaAc-HAc，pH=5	Hg	电位法或电流法	测2mg，误差＜0.01mg	34
	$HSCH_2$-CH_2OH	Hg^{2+}-MTEG(0.2mol/L)，0.1mol/L $NaClO_4$，0.05mol/L HAc，0.05mol/L NaAc，pH=4.6	Hg	电位法指示终点	测0.2～2mg，误差±0.6%	1
	CN^-	0.25mol/L $KAg(CN)_2$，0.01mol/L NaOH，0.01mol/L Na_2SO_4	Pt	电位法或电流法	测4～30mg，误差＜1.2%	3
	$CuCl_2^-$或$CuCl_3^{2-}$或$AuCl_4^-$	0.25～3mol/L HCl，0.04mol/L $CuSO_4 \cdot 5H_2O$	Pt或Au	电位法	—	35
	Fe^{2+}	Fe(Ⅲ)-H_3PO_4配合物体系	Pt或Au	电位法，极化电位法	—	35
	Cu^-	1～2mol/L HCl，0.04mol/L $CuSO_4 \cdot 5H_2O$	Pt	—	—	36
	$CuCl_n^{(n-1)-}$	1mol/L KCl，0.02mol/L EDTA，0.4mol/L $CuSO_4$(0.2mol/L 乙酸缓冲溶液，pH=4)	Pt	电位法	测7.45～16.8mg，相对标准偏差＜0.04%	271
B	OH^-	0.2mol/L NaBr或0.2mol/L Na_2SO_4	Pt	玻璃电极pH计	测10～54μg，误差±6%	37
	OH^-	0.2mol/L NaBr	Pt	分光光度法	测1～50μg，误差±3%	38
	OH^-	0.2mol/L NaBr	Pt	玻璃电极pH计	测10～100μg，误差＜3μg	39
	OH^-	试料溶液用HCl，NaOH调至pH=7，加入饱和甘露醇25ml	Pt	玻璃电极pH计	测0.1～1mg，误差±5%	40
	OH^-	0.2mol/L NaBr	Pt	电位法		41
	OH^-	甘露醇溶液	Pt	电位法	测μg量	42
	OH^-	甘露醇溶液	Pt	电位法	测定0.5～60μg	43
	OH^-	1ml饱和$NaNO_3$溶液，5ml甲醇，10ml H_2O	Pt	电位法	测定0.5～1mg	44
	OH^-	KCl(7.4%)，甘露醇(10%)	Pt	电位法	测定10～50mg，误差±0.3%	45
	OH^-	见原文献	Pt	玻璃电极pH计	常量测定	46
	I_2	0.03mol/L KI，0.5mol/L $NaHCO_3$	Pt	电流法	测0.15～1μg	47
	I_2	0.1mol/L KI，0.01mol/L $NaHCO_3$	Pt	电位法		2

续表

被测物质	库仑滴定剂	电解液组成	工作电极	指示终点方法	测定范围及误差	文献
Ba	EDTA	Hg-EDTA 溶液 pH=10.5	Hg	电位法	测定误差 0.5%～1%	48
	SO_4^{2-}	硫氰酸盐溶液 pH=1～5	Pt		见原文献	49
Be	Br_2	NaBr 溶液	Pt	电流法	测μg量，误差±4%	50
	Br_2	0.1mol/L KBr	Pt	电流法		51
C	OH^-	$BaCl_2$，乙醇及 H_2O_2 溶液	Pt	Pt-SCE 电位法	测 0.04～0.2mg，误差±(3～20)μg	52
	OH^-	$BrCl_2$，乙醇及 H_2O_2 溶液	Pt	电位法	测0.04～0.17mg，误差＜6μg	53
	OH^-	50g$BaCl_2 \cdot 2H_2O$，10ml 乙醇，稀释至 1L，取 160ml，加 0.05ml H_2O_2(35%)，5ml Na_2CO_3(0.5g/L)及 2 滴琼胶	Pt	Pt-NCE 电极，电位法	测定钢铁中的碳	54
	OH^-	10g $BaCl_2 \cdot 2H_2O$，5ml 乙醇，稀释至 1L 取 140ml，加 5ml Na_2CO_3 (0.5g/L)	Pt	玻璃电极 pH 计	测 20～200μg，误差±(1～5)μg	41
	OH^-	10g $BaCl_2 \cdot 2H_2O$，5ml 乙醇，稀释至 1L 取 300ml	Pt-Ir	玻璃电极 pH 计	测 0.1～0.5mg	55
	H^+	以 CO_2 形式用 $Ba(OH)_2$ 溶液吸收，电生 H^+进行滴定	Pt	Pt-SCE 电位法	测定误差小于 4μg	56
	H^+	0.1mol/L Na_2SO_4	Pt	玻璃电极 pH 计	测 6～50μmol，误差±1%	57
	OH^-	$Ba(OH)_2$ 加酚酞溶液	Pt	酚酞指示终点	测 0.04%～1%CO_2	58
0.5～10μg 的 C	OH^-	使其转变成 CO_2 后，吸收于含碳脱水酶的溶液中，以加速 CO_2 溶剂化，并库仑滴定生成的 H_2CO_3	—	—	标准偏差为 0.05%	59
硅酸盐岩石，矿石及无机物中C的测定	OH^-	试样在 1000℃氧气流中燃烧产生 CO_2，吸收于已知 pH 值的 $Ba(OH)_2$，溶液中，形成不溶性 $BaCO_3$，降低了吸收溶液的 pH 值，然后测量为使溶液回复至起始 pH 值所需的库仑产生 OH^-的浓度来测定 C	—	用 pH 计指示终点	1 库仑≎1.76μg OH^-≎6.23μg 的 C，硅酸盐岩石中 C 的测定时间为 2～3min，对样品含有＞20%的 C 测定则需 4～6min	60
火成岩，变形岩，水成岩中的总 C	OH^-	试样磨至颗粒大小＜0.125mm，在 1200～1250℃的氧气流中加热，然后使 CO_2 吸收于 20%$Ba(ClO_4)_2$(pH=10.1)中，然后库仑滴定得总碳	—	用 pH 计指示终点	本法应用于岩石中 C 含量从 10^{-5} 到 20%的质量标准偏差在 0.0002%～0.05%的 C	61
非碳酸盐 C		试样以浓 HCl 处理后在 150～200℃蒸发破坏后如上法测定非碳酸盐 C	—		每次 C 的测定为 3～5min	
碳酸盐 C		总碳−非碳酸盐 C=碳酸盐 C	—			
钢中的 C (0.2～2g)的试样，含 C 2%至更低含量	$2H^+$	钢在过量氧中燃烧，使其中 C 转变成 CO_2，从而吸收于 5% $Ba(ClO_4)_2$ 和加 0.033mol/L NaOH 至一定 pH 值溶液中 阴极室吸收：$Ba^{2+}+CO_2+H_2O \rightarrow BaCO_3+2H^+$(沉淀) 电解滴定：$2H^++2e^- \rightarrow H_2$(气体) 阳极室电解：$H_2O \rightarrow 2H^++\frac{1}{2}O_2$(气体)$+2e^-$ 化学中和反应：$2H^++BaCO_3 \rightarrow Ba^{2+}+CO_2+H_2O$	—	电解进行至恢复为原来的 pH 值即为终点	1 个碳原子≎$2e^-$12.010g 碳原子≎2F(法拉第)=2×96495 库仑试样 0.2g 中 4mg 的 C 相当于 2%及 64276 库仑	62

续表

被测物质	库仑滴定剂	电解液组成	工作电极	指示终点方法	测定范围及误差	文献
钢中的C	含有3%氨基乙醇的异丙醇	钢样在1200℃高温燃烧后，使C以CO_2放出，为氨基乙醇所吸收异丙醇100%电还原并滴定形成的酸；支持电解质为$(C_2H_5)_4NBr$异丙醇溶液滴定池阳极为Pt片，浸于0.1%百里酚酞+乙醇胺+吡啶溶液中，阴极Pt丝浸于支持电解质，阳、阴极用烧结多孔玻璃分开；i=50mA	—	用适宜的分光光度法	滴定前用MnO_2、$Mg(ClO_4)_2$除去钢燃烧产生的S和N的化合物 $w_C/\%=\frac{12.011}{96486}\times\frac{it}{m\times 10}$	63
铜表面上的C及C化合物	OH^-	铜表面溶于HNO_3，含有C及C化合物的残渣在高温下燃烧而放出CO_2，然后库仑测定	—	—	本法用于测定10～600μg的C，误差为±(2%～20%)，适用铜管的质量控制	64
Ca	EDTA	0.05mol/L Cd-EDTA，0.5mol/L NH_3，pH=10	Hg	Hg指示电极，电流法	测定误差0.2%～0.4%	65
	EDTA	NH_4NO_3-NH_3溶液(pH=9.33)，用离子交换膜把EDTA溶液隔开	Pt	Pt-SCE电位法	电流效率85%	2
	Mn^{3+}	0.2mol/L $MnSO_4$，0.1mol/L $Fe_2(SO_4)_3$，3mol/L H_2SO_4，30℃	Pt	Pt-Hg_2SO_4电位法	测定mg级的Ca	67
	EDTA	Hg-EDTA溶液pH=10.3	Hg	电位法		48
Cd	EDTA	20ml 0.1mol/L Hg-EDTA，55ml NH_4NO_3-NH_3(0.1mol/L)，pH=8.5	Hg	Hg-SCE电位法	测2～10mg，误差＜1%	66
	EDTA	0.05mol/L Cd-EDTA HAc-NH_3溶液，pH=5	Hg	Hg指示电极，电流法	测定误差0.2%～0.4%	65
	EDTA	Hg-EDTA溶液，pH=5.5	Hg	电位法		48
Ce^{4+}	Fe^{2+}	0.3mol/L $FeNH_4(SO_4)_2$及2mol/L H_2SO_4溶液15～30ml，加2ml 9mol/L H_2SO_4和1ml H_3PO_4	Pt	Pt-W电极，电位法	测1.44～144mg，误差±1%	68
	Fe^{2+}	0.2～0.5mol/L H_2SO_4，0.01～0.2mol/L H_3PO_4，0.0001～0.002 mol/L Fe^{3+}	Pt	Pt-SCE电位法	测0.0045～200μmol/L(1/4Ce^{4+})，误差±1%	69
	Ti^{3+}	6～8mol/L H_2SO_4，0.3～0.6mol/L $Ti_2(SO_4)_3$	Pt	电位法或电流法	测1.46～58mg，误差＜0.6%	70
	U^{4+}	0.1mol/L UO_2SO_4，0.25mol/L H_2SO_4	Pt	Pt-SCE平衡电位法	测0.14～2.3mg	71
	Sn^{2+}	3～4mol/L NaBr，0.2mol/L HCl，0.2mol/L $SnCl_4$，0.008mol/L KI	Pt	Pt-SCE电位法	测$(0.8\sim2)\times10^{-2}$ mmol，误差±6%	72
	Mo^{5+}	4.5mol/L H_2SO_4，0.1mol/L $(NH_4)_6Mo_7O_{24}$	Pt	Pt-SCE电位法	测mg级，误差±0.2%	73
Ce^{3+}	Ag^+	4～6mol/L HNO_3，0.1mol/L $AgNO_3$，温度＜5℃	Pt或Au	电位法或电流法	测6.5～12.3mg，误差＜0.5%	31
	EDTA	Hg-EDTA溶液，pH=5.5	Hg	电位法		48
	Ag^+	HNO_3	—	i_{Pt-Pt}=0.075mA E_{Pt-SCE}=+1.43V	—	74
	$Mo(CN)_8^{3-}$	20ml K_2CO_3-$KHCO_3$溶液(0.4∶1.5)中含有0.075g $K_4Mo(CN)_8$	Pt	平衡电位法	测1～8μmol/L (1/3Ce^{3+})误差±(1.4%～0.3%)	75
CN^-	Hg^{2+}	100ml 0.01mol/L NaOH，加7.1g Na_2HPO_4，pH=9.2	Hg	双铂电极电流法	测0.032～2.6mg，误差0.2%～2.2%	76

续表

被测物质	库仑滴定剂	电解液组成	工作电极	指示终点方法	测定范围及误差	文献
CN^-	BrO^-	102.9g NaBr，510mg $Na_2B_4O_7 \cdot 10H_2O$，配成 1L，用 $HClO_4$ 调至 pH=8.4	Pt	双铂电极电流法，240mV	测 0.498～9.98μmol，误差 0.036%	77
	BrO^-	NaBr，硼酸溶液	Pt	电流法	测 94.8～2020μg，误差 0.5%～1%	78
		960ml 1/15mol/L Na_2HPO_4，40ml 1/15mol/L KH_2PO_4，25g KBr，100g KCl	Pt	Pt-Pt 电流法，200mV	测 0.05～1114μg，误差 1μg 以上＜1%	79
Co	Br_2	KBr 和 NH_4Cl 溶液	Pt	死停终点法	测 0.15～1mg	80
	EDTA	0.05mol/L Cd-EDTA HAc-NH_3 溶液，pH=5	Hg	Hg 指示电极，电流法	测定误差 0.2%～0.4%	54
	$Fe(CN)_6^{3+}$	1ml 9mol/L H_2SO_4，0.2g $K_4Fe(CN)_6$ 1.2ml 乙二胺	Pt	Pt-Pt 电流法	测 0.3～3mg，误差＜1%	81
	$Mo(CN)_6^{3-}$	$K_4Mo(CN)_6$，NH_3-柠檬酸盐	Pt	电位法	测定误差±1%	82
CO_2	OH^-	0.04mol/L $BaCl_2$，0.005mol/L H_2O_2，0.5% C_2H_5OH	—	$E_{Pt\text{-}NSC}$	—	83
	OH^-	① 气态 CO_2 吸收于 50ml 0.1mol/L $Ba(ClO_4)_2$ 溶液(pH= 9.5)中 ② OH^-的电解产生直至 pH=9.5±0.02 ③ H^+电解产生直至 $BaCO_3$ 全溶(pH=3.5～4.0)和用惰性气流除去 CO_2 ④ 重新产生 OH^-直至 pH=9.5，此溶液即可作第二次实验用	—	用 pH 计指示终点	＞0.01mg 的 CO_2 能用本法测定	
	OH^-	1mol/L NaCl+1mol/L $BaCl_2$	IrO_2	IrO_2-pH 电极指示终点	测 30～180μg/mL	269
	OH^-	1mol/L NaCl+1mol/L $BaCl_2$	IrO_2	IrO_2-pH 电极指示终点	测 200～20000μg/mL	270
Cr(Ⅵ)	Fe^{2+}	10ml 浓 H_2SO_4，1g $Fe_2(SO_4)_3$，H_2O 至 200ml	Pt	Pt-SCE 电位法	测 0.17～1.7mg，误差＜1.5%	84
	Fe^{2+}	10ml 浓 H_2SO_4 和 10ml H_3PO_4，利用钢样溶解之 Fe^{3+}为发生电解质	Pt	Pt-SCE 电位法	测 0.5～6.8mg，误差＜16%	85
	Fe^{2+}	5～30ml 4mol/L H_2SO_4 和 0.3mol/L $FeNH_4(SO_4)_2$ 溶液，加 2ml NH_2SO_4	Pt	Pt-SCE 电位法	测 0.017～17mg，误差±(5%～0.5%)	86
	Fe^{2+}	0.3mol/L $FeNH_4(SO_4)_2$ 及 2mol/L H_2SO_4 溶液 15～30ml，加 2ml NH_2SO_4 和 1ml H_3PO_4	Pt	Pt-SCE 电位法	测 0.17～8.6mg，误差 2.3%～0.4%	68
	Fe^{2+}	0.2～5mol/L H_2SO_4，0.01～0.2mol/L H_3PO_4，0.0001～0.002mol/L Fe^{3+}	Pt	Pt-SCE 电位法	测 0.005～200μmol，误差±(12%～0.1%)	69
	Fe^{2+}	$FeNH_4(SO_4)_2$ 及 H_2SO_4 溶液	Pt	双铂电极电流法	测 1.7mg，误差±0.2%	87
	Fe^{2+}	$FeNH_4(SO_4)_2$，HCl 及少量 Cr^{3+}	Pt	Pt-Pt 恒电流电位法	测 4～236μg，10μg 以上误差±0.9%	88
	Fe^{2+}	$FeNH_4(SO_4)_2$ 及 H_2SO_4 溶液	Pt	Pt-SCE 电流法，加电压 1.0V	测 0.15～1.5mg，误差±(1%～0.3%)	89

续表

被测物质	库仑滴定剂	电解液组成	工作电极	指示终点方法	测定范围及误差	文献
Cr(Ⅵ)	Fe^{2+}	0.2mol/L Fe^{3+}，2mol/L H_2SO_4，1mol/L H_3PO_4	Pt	Pt-Pt 恒电流电位法，加电流 0.2～1μA	测 0.2μg 以下，误差 0.01～0.03μg	90
	Fe^{2+}	0.1mol/L $FeNH_4(SO_4)_2$，2mol/L H_2SO_4	Pt	Pt-SCE 电位法	测定$(5\times10^{-5}$～$2\times10^{-4})$mol/L	91
	Fe^{2+}	5～30ml 4mol/L H_2SO_4 和 0.3 mol/L $FeNH_4(SO_4)_2$ 的混合液，加 2ml 9mol/L H_2SO_4	Pt	Pt-SCE 电位法	测 0.023～2mg，误差±(3.2%～0.03%)	92
$K_2Cr_2O_7$	I_2	15～20ml 0.5mol/L H_2SO_4+ 0.1mol/L KI，反应 5min，加入 $Na_2S_2O_3$，取滴定适量的 $S_2O_3^{2-}$	Pt		测 92～1043μgCr，误差≤1.30%	93
	Fe^{2+}	0.1mol/L $Fe_2(SO_4)_3$10ml，硫酸、磷酸混合液 10ml，30ml 水	Pt	双极化电极电流法	—	94
Cr(Ⅵ)	Cu^{+}	0.02mol/L $CuSO_4$，1.5mol/L HCl	Pt	双铂电极电流法 200mV	测 0.018～1.78mg，误差<2μg	95
	U^{4+}	0.1mol/L UO_2SO_4，0.25mol/L H_2SO_4	Pt	电位法	测 17～260μg，误差<3%	71
	I_2	5ml 1mol/L HCl，5ml 1mol/L KI，20ml H_2O 及一定量 $Na_2S_2O_3$ 溶液	Pt	Pt-Pt 电流法 135mV	测 158mg，误差±0.2μg	96
	Br_2 或 I_2	5ml 1mol/L KI 或 KBr，5ml 0.8mol/L H_3PO_4，40ml H_2O 及一定量的抗坏血酸	Pt	双铂电极电流法，190mV 或 250mV	测 0.017～1.7mg，误差<3%	97
	Fe^{2+}	0.1mol/L $FeNH_4(SO_4)_2$，0.5mol/L H_2SO_4，1ml H_3PO_4，总体积 175ml	Pt	电位法	测 25～35mg，误差±0.2%	98
	Fe^{2+}	0.3mol/L $FeNH_4(SO_4)_2$ 和 2mol/L H_2SO_4 溶液 15～30ml，加 2ml 9mol/L H_2SO_4 及 1ml H_3PO_4	Pt	Pt-W 电位法	测 0.625mmol，标准偏差 0.05%	99
Cr^{3+}	$Fe(CN)_6^{3-}$	0.1～0.2mol/L $K_4Fe(CN)_6$，5mol/L NaOH	Pt	死停终点法	测 1～17mg，误差±1%	100
Cr^{2+}	Fe^{3+}	x=41%KCl 和 x=59%LiCl 的含有 Fe^{2+}和 Cr^{2+}的 450℃熔融盐	C	电位法或电流法	测 0.027～19mg，误差<4%	101
Cu	金属 Cu	1.0mol/L NaI 及饱和 Cu_2I_2 溶液 60ml，加 1.1g 邻苯二甲酸氢钾	Pt	双铂电极电流法，150mV	测 0.16～3.3mg，误差 0.6%	102
	$Fe(CN)_6^{4-}$	0.1mol/L $K_3Fe(CN)_6$，0.005mol/L H_2SO_4，pH=2	Pt	Pt-SCE 电位法	测 10～50mg/L，误差<3.5%	103
		20ml 0.1mol/L Hg-EDTA，55ml 0.1mol/L NH_4NO_3-NH_3，pH=8.5	Hg	Hg-SCE 电位法	测 3.5～14mg，误差<2%	66
	Sn^{2+}	0.2mol/L $SnCl_4$，4mol/L NaBr，0.2mol/L HCl	Pt	电位法或电流法	测 1.5～33mg，误差±0.3%	104
	Ti^{3+}	0.3mol/L $TiCl_4$，7mol/L HCl	Pt 或 Hg	电流法 150mV	测 0.6～12.7mg，误差±5%	105
	I_2	0.5mol/L KI，邻苯二甲酸缓冲溶液(0.009mol/L 邻苯二甲酸钾，0.025mol/L 邻苯二甲酸氢钾)	Pt-Rh	电位法	测 20～239μg 误差<0.5%	106
	$HSCH_2$-CH_2OH	0.2mol/L Hg^{2+}-MTEG，0.1mol/L $NaClO_4$，0.05mol/L HAc，0.05mol/L NaAc，pH=4.6	Hg	电位法	测 614μg，误差<6μg	1
	$HSCH_2$-COOH	0.1mol/L 巯基乙酸汞，NaAc-HAc，pH=5	Hg	电位法或电流法	测 0.87～2.8mg，误差<1%	34

续表

被测物质	库仑滴定剂	电解液组成	工作电极	指示终点方法	测定范围及误差	文献
Cu	EDTA	Hg-EDTA 溶液，pH=10.5	Hg	电位法		48
	Cr^{2+}	0.1mol/L 1/3$Cr_2(SO_4)_3$，0.1mol/L KCl	Hg	电位法	测定 0.8～2.8mg	107
Fe^{2+}	Ce^{4+}	饱和 $Ce_2(SO_4)_3$ 溶液 20ml，加 5ml 9mol/L H_2SO_4	Pt	Pt-SCE 电位法	测 5.4～55mg，误差±0.2%	108
	Ce^{4+}	0.1mol/L 1/3$Ce_2(SO_4)_3$，1～1.5mol/L H_2SO_4	Pt-Ir	Pt-Hg_2SO_4 电极，电流法	测 0.15～550μg 100μg 以上误差＜0.5μg	109
	Ce^{4+}	饱和 $Ce_2(SO_4)_3$，2mol/L H_2SO_4	Pt	Pt-Pt 恒电流电位法	测定 5μg 以下的 Fe	90
	Ce^{4+}	饱和 $Ce_2(SO_4)_3$，1mol/L H_2SO_4	Pt	分光光度法 400nm	测 50～60μg，误差 1%～2%	81
	Ce^{4+}	饱和 $Ce_2(SO_4)_3$，0.5mol/L H_2SO_4	Pt-Ir	Pt-$PbSO_4$·Pb 汞齐电极电位法	测 0.01～0.12mmol，误差＜0.8%	110
	Ce^{4+}	0.1mol/L $Ce(NO_3)_3$，3mol/L H_2SO_4	Pt Au	电流法或电位法	测 5μmol/L～100mol/L，误差 1%～3%	262
	MnO_4^-	0.45～0.025mol/L $MnSO_4$，1.5～2mol/L H_2SO_4	Pt	亚铁灵指示终点	测 1.7～3.4mg，误差±1%	30
	MnO_4^-	0.225～0.0125mol/L $MnSO_4$，1.5～2mol/L H_2SO_4	Pt	亚铁灵指示终点	As^{3+}共存测定 Fe^{2+}	24
	MnO_4^-	25ml 2～5mol/L H_2SO_4 溶液中加入 0.4g $MnSO_4$	Pt	Pt-Hg_2I_2·Hg 电极，电位法	测 6～56μg，误差±3μg	111
	MnO_4^-	2.5ml 3.5mol/L H_2SO_4 和 0.5mol/L $MnSO_4$ 混合液稀释至 100ml	Pt	电位法	测定 5～50μg	112
	Mn^{3+}	0.15mol/L $MnSO_4$，1.5～3mol/L H_2SO_4	Pt	Pt-Hg_2SO_4·Hg 电极，电位法	测 0.5～1mg，误差±4μg	113
	$Cr_2O_7^{2-}$	25～30ml 0.5mol/L H_2SO_4，0.5ml H_3PO_4	Cr	Pt-W 电极，电位法	测定 0.1～10mg	114
	V^{5+}	50ml 0.05mol/L $VOSO_4$，3ml 0.05mol/L $NH_4Fe(SO_4)_2$ 和 1mol/L H_2SO_4 溶液，总体积 60ml	Pt	Pt-Hg_2SO_4·Hg 电极，电位法	测 0.19～2.6mg，误差＜2.5%	115
	Br_2	0.1mol/L KBr，0.2mol/L NaOH，1mol/L HAc	Pt	Pt-SCE 电位法	测 0.01～0.1mmol，误差±1%	116
	Br_2	0.1mol/L KBr，0.1mol/L NaOH，1mol/L HAc	Pt	Pt-SCE 电位法	测 4×10^{-5}～4×10^{-4}mol/L	117
	Cl_2	5mol/L HCl	Pt	电位法	测 10μg 以下 Fe	118
	Mn^{3+}	H_2SO_4	—	$E_{Pt\text{-}Hg\cdot Hg_2SO_4}$，0.3mol/L H_2SO_4，(0.4～0.5)V 亚铁邻菲啰啉	—	119
	Cl_2	2～3mol/L HCl，0.05mol/L Cu^{2+}	Pt	电位法或电流法	测 0.6mg，误差＜5μg	120
Fe^{3+}	Sn^{2+}	3～4mol/L NaBr，0.2mol/L HCl，0.2mol/L $SnCl_4$，0.008mol/L KI	Pt 或 Au	电位法或电流法	测 0.56～5.6mg，误差±0.6%	121
	Sn^{2+}	1mol/L HCl，4mol/L NH_4Cl，饱和 $SnCl_4$ 溶液	Hg	Pt-SCE 电位法	测 1～5mg，误差＜2.6%	122
	Ti^{3+}	$TiCl_4$ 溶液	Au	Pt-SCE 电位法	测 56～110mg，误差±0.45%	123

续表

被测物质	库仑滴定剂	电解液组成	工作电极	指示终点方法	测定范围及误差	文献
Fe^{3+}	Ti^{3+}	3～4mol/L H_2SO_4，0.3～0.6mol/L $Ti(SO_4)_2$	Pt	电位法或电流法	测 2.3～22.8mg，误差＜0.7%	70
	Ti^{3+}	2mol/L H_2SO_4，0.4mol/L $TiCl_4$，75℃	Pt	亚甲蓝指示终点	测 3～167mg，误差±0.08mg	124
	Ti^{3+}	4mol/L H_2SO_4，0.5g $TiCl_4$，75℃	Pt	亚甲蓝指示终点	测定 3～167mg	125
	Ti^{3+}	70ml 12mol/L HCl，10ml $TiCl_4$加40ml H_2O	Ti 或 Pt	分光光度法 76nm	测 4.4～5.7mg，误差＜0.08mg	126
	U^{5+}	0.02～0.1mol/L $UOCl_2$ 20ml，总体积 100ml，pH=2.5～4.5	Pt	电位法或电流法	测 0.0056～28mg	127
	Fe^{2+}-EDTA	0.05～0.1mol/L Fe^{3+}-EDTA-NaAc，pH=2.5	Pt	Pt-AgCl·Ag 电位法	测 0.28～17.5mg，误差＜3%	128
	Ti^{3+}	4～10mol/L H_2SO_4，$\varphi \geq 10\%$甘油	玻碳	—	—	129
	Fe^{2+}-EDTA	0.05mol/L Fe^{3+}-EDTA，1mol/L H_2SO_4，NaAc，pH=3～4	Pt	Pt-SCE 电位法	测定误差±0.2%	65
	I_2	5ml 1mol/L HCl，5ml 1mol/L KI，10ml 试液，20ml H_2O 加 $Na_2S_2O_3$ 标准溶液	Pt	双铂电极电流法	测 0.058～5.8mg，误差＜1%	96
	Ti^{3+}	0.4mol/L $TiCl_4$，7.5mol/L H_2SO_4	Pt	电位法或电流法	测定误差±0.4%	130
$Fe(CN)_6^{4-}$	Mn^{3+}	4mol/L H_2SO_4，0.135mol/L $MnSO_4$	Pt	Pt-SCE 电位法	测 4～32mg，误差＜0.9%	131
	Ce^{4+}	1mol/L H_2SO_4，饱和 $Ce_2(SO_4)_3$ 溶液	Pt-Ir	电流法	测 0.72～26.2mg，误差±0.4%	132
$Fe(CN)_6^{3-}$	$HSCH_2COOH$	0.1mol/L 巯基乙酸汞 CH_3COONa，CH_3COOH，pH=5	Hg	电位法或电流法	测 0.27～1.09mg，误差±0.8%	34
	$HSCH_2CH_2OH$	0.2mol/L Hg^{2+}-MTEG，0.1mol/L $NaClO_4$，0.05mol/L HAc，0.05mol/L NaAc，pH=4.6	Hg	电位法	测 0.27～1.09mg，误差＜1%	1
	Ag^+	0.1mol/L KNO_3	Ag	电位法	测 4.5～8.6mg	133
合金中的 Ge	Sn^{2+}	Ge^{4+}以杂多酸(钼锗)的“黄色型”进行滴定	—	分光光度法检出	N_2气氛中相对误差为±2%，10 倍过量的硅酸根及 50 倍过量的砷酸盐和磷酸盐不干扰	134
	Br_2	1.5～2mol/L HCl	—	E_{Pt-Pt}=0.2V		—
H^+	OH^-	1g KCl 溶于 100ml	Pt	化学指示剂	测 2.1～10mmol	135
HCl	OH^-	0.15～0.3mol/L NaBr，醌-氢醌饱和溶液	Pt	电位法	测 30～150μg，误差＜4.3%	136
H^+	OH^-	0.04mol/L KBr，0.2～0.7mol/L Na_2SO_4	Pt	电位法 pH 计	测$(1.2～1.4)\times 10^{-4}$mol/L，误差＜0.5%	137
HCl	OH^-	KCl 溶液	Pt	化学指示剂	测 20～50mg，误差±0.2%	138
雨水中的或任何稀酸(10^{-4}～10^{-6})mol/L 中的非挥发性酸度	OH^-	于测试溶液中加入固体 KBr，使溴化物浓度达到 0.02mol/L，OH^-在 Pt 片阴极上产生，$H_2O+e^- \longrightarrow \frac{1}{2}H_2+OH^-$；在 Ag-AgBr 阳极上形成了 AgBr，$Ag+Br^- \longrightarrow AgBr+e^-$	—	$E_{玻璃-SCE}$，电解电流 1～5mA，发生时每隔 20～30s 读出电解池的电动势并应用 Gran 理论检出库仑滴定终点		139

续表

被测物质	库仑滴定剂	电解液组成	工作电极	指示终点方法	测定范围及误差	文献
H^+	OH^-	85%丙酮，15% H_2O 加 $NaClO_4$	Pt	电流法 100mV	测 1mmol，误差±1%	140
	OH^-	1mol/L KCl 溶液	Pt	电位法 pH 计	标准偏差 0.003%	141
$HClO_4$	OH^-	0.1mol/L $NaClO_4$	Pt	电位法 pH 计	测$(0.24\sim19.4)\times10^{-5}$mol	2
HCl	OH^-	0.1mol/L KCNS	Cu	—	—	142
	OH^-	30ml KCl(1%)，1μl 甲基红(0.1%)	Pt	甲基红指示终点	测 0.4～3.6μg，误差±2.6%	19
	OH^-	1.0mol/L Na_2SO_4	Pt	化学指示剂	测 1.2～2.4mmol，误差±0.6%	16
	OH^-	1.0mol/L Na_2SO_4	Pt	pH 计	测 0.24～2.4mmol	144
H_2SO_4	OH^-	K_2SO_4(1%)	Pt	电位法 pH 计	测 0.25～2.5mmol	143
HCl 及 H_2SO_4	OH^-	2～3g/L Na_2SO_4-K_2SO_4(1+1)，2～3ml H_2O_2(37%)	Pt	Pt-CH_3COOHg·Hg 电位法	测 mg 量 H_2SO_4，μg 量 HCl	53
H_2SO_4	OH^-	0.1mol/L NaCl	Pt	pH 计	测定 0.015～0.1mol/L	14
	OH^-	0.1mol/L NaCl	Pt	pH 计	测$(0.3\sim5)\times10^{-2}$ mol/L，误差<3%	145
H^+	OH^-	2%Na_2SO_4	Pt	pH 计	自动测定	146
	OH^-	0.1mol/L NaCl	Pt	pH 计	测 0.1mmol，误差±0.14%	99
	$N_2H_5^+$	0.25mol/L $Na(N_2H_5)SO_4$，1mol/L $NaClO_4$，pH=4.5，$E_{Pt\text{-}SCE}$，Pt 阳极稍正于 SCE	—	用 pH 对毫摩尔数作图求得	通 N_2 以除去 CO_2 及 O_2	147
	OH^-	1mol/L Na_2SO_4 或 $NaClO_4$	Pt	分光光度法	测 0.2～0.5mmol，误差<5%	148
	OH^-	1mol/L Na_2SO_4	Pt	比色法或化学指示剂	测 0.2mmol，误差<7%	148
	OH^-	0.5mol/L Na_2SO_4	Pt	酚酞	测 0.12～0.28mmol，误差±0.16%	20
	OH^-	1mol/L Na_2SO_4(外部发生 OH^-)	Pt	化学指示剂	测定 1.27mmol，误差<0.6%	16
	OH^-	0.1mol/L $NaClO_4$，无水乙酸和乙酸的混合液(6+1)	Hg 或 Au 汞齐	电位法 pH 计	平均误差±0.2%	149
H_3PO_4	OH^-	1mol/L Na_2SO_4，或 $NaClO_4$	Pt	甲基红	测 0.2mmol，误差<5%	148
H_2O	K	0.132%KCl 液体 NH_3	Pt	电导法	测定 100μg 以下	150
H_2O_2	MnO_4^-	0.54～0.067mol/L $MnSO_4$，3～7mol/L H_2SO_4	Pt	化学指示剂	测 0.7～5.6mg，误差<0.9%	151
	I_2	0.1mol/L NaAc，0.1mol/L NaAc，0.5mol/L KI，0.005mol/L Na_2MoO_4	Pt·Rh	电位法	测 3.6～36μg 误差<0.13%	22
	Ce^{4+}	0.01mol/L $Ce_2(SO_4)_3$，0.5mol/L H_2SO_4	Pt	Pt-SCE 电位法	测$(4\sim20)\times10^{-2}$mmol	152
F^-	H^+	0.1mol/L 无水乙酸溶液及 $NaClO_4$	Hg 或 Au 汞齐	pH 计	测 8.9～88μmol，误差<1.3%	153

续表

被测物质	库仑滴定剂	电解液组成	工作电极	指示终点方法	测定范围及误差	文献
F^-	Th^{4+}	氯乙酸钠和茜素磺酸钠	隔膜电极	化学指示剂		154
	Al^{3+}	3mol/L KCl，0.3mol/L 乙酸及 70%乙醇	Al	氟离子选择性电极指示终点	测定 200μg 以上	155
	Al^{3+}	纯铝金属发生阳极，0.5mol/L 去氧乙酸溶液，阳极溶解电流 i=40.20mA	—	$E_{Be\text{-}SCE}$	2mg 氟的测定标准偏差为 2.3%	156、157
HF（10^{-4}～10^{-5}mol/L）	e(指电流)	滴定池充以 25ml 1mol/L KCl，用纯 N_2 通过溶液 10min，2～3 滴 0.05%间甲酚紫为指示剂，通过玻璃态碳电极的电流为 10.016mA，碳电极浸入溶液的面积为 1.48cm^2，电流密度为 6.8mA/cm^2，玻璃态碳阴极反应：$H^+ + e^- \longrightarrow \frac{1}{2} H_2$ 或 $H_2O + e^- \longrightarrow \frac{1}{2} H_2 + OH^-$；银阳极反应：$Ag + Cl^- \longrightarrow AgCl + e^-$。先测空白值，然后加入 HF 样品通电流测定		空白终点：通电流至指示剂从黄变到紫，对于 2～3 滴指示剂为几秒样品终点：加入样品，通电流至指示剂再变色，对于 10^{-4}g 样品约为 1000s	10^{-5}mol/L 试样由称量及时间测量引起误差为 1%	158
Cl^-	Ag^+	0.25～1mol/L KNO_3，25%～60%乙醇	Ag	化学指示剂	测 1.8～21mg，误差＜1%	159
	Ag^+	0.4mol/L $NaNO_3$，0.05mol/L $HClO_4$，80%乙醇	Ag	Ag-SCE 电位法	测 0.5～5mg，误差±0.004mg	160
	Ag^+	$NaNO_3 \cdot HNO_3$，乙醇	Ag	Ag-SCE 电位法	测 mg 量级，误差±0.6%	161
	Ag^+	0.4mol/L $NaNO_3$，0.05mol/L $HClO_4$	Ag	Ag-SCE 电位法	测 0.0025～0.01mol/L	162
	Ag^+	HNO_3，乙醇溶液	Ag	Ag-SCE 电位法	测 4～400μg，误差±(5%～1%)	88
	Ag^+	0.4mol/L $NaNO_3$，0.05mol/L $HClO_4$，50%乙醇	Ag	Ag-SCE 电位法	测 0.18～3.6mg，误差＜1.6%	92
	Ag^+	0.2mol/L $NaNO_3$，HNO_3	Ag	Ag-SCE 电位法	测大量 Cl，标准偏差 0.09%	163
	Ag^+	$NaNO_3$，HAc 及丙酮	Ag	Pt-Pt 电流法，250mV	测 1.2～6.2mg，标准偏差＜0.36%	164
	Ag^+	50%HAc	Pt 镀 Ag	Ag-SCE 电位法	测 0.1～0.23mg，误差±0.28%	165
	Ag^+	Cl^-、Br^-和 I^-的混合水溶液，0.2mol/L KNO_3+0.1mol/L HNO_3	Ag	滴汞电极方波伏安	测＞2×10^{-7}mol/L	263
Br^-	Ag^+	0.25～1mol/L KNO_3，25%～60%乙醇	Ag	化学指示剂	测 1.2～48mg，误差±0.8%	159
	Ag^+	0.05mol/L $HClO_4$	Ag	Ag-SCE 电位法	测 0.5～6.3mg，误差±0.004mg	160
	Ag^+	$NaNO_3$、HNO_3 及乙醇的混合溶液	Ag	Ag-SCE 电位法	测 mg 量级，误差±0.6%	161
	Ag^+	Cl^-、Br^-和 I^-的混合水溶液，0.2mol/L KNO_3+0.1mol/L HNO_3	Ag	滴汞电极方波伏安	测＞7×10^{-8}mol/L	263
	Hg^+	0.5mol/L $HClO_4$	Hg	Hg-SCE 电位法	测 0.27～4mmol，误差±0.1%	166
	Hg^+	0.5mol/L $NaClO_4$，0.02mol/L $HClO_4$	Hg	Hg-SCE 电位法	测 0.0067～14mg，误差 4%～1%	167

续表

被测物质	库仑滴定剂	电解液组成	工作电极	指示终点方法	测定范围及误差	文献
KBr	Ag^+	0.1mol/L KNO_3	Ag	—	—	142
KI	Ag^+	0.1mol/L KNO_3	Ag	—	—	142
I^-	Ag^+	HAc 和 NaAc 溶液，pH=5.5	Ag	Ag-Pt 电流法，230mV	测 0.28～22.6mg，误差±(0.6%～0.1%)	168
	Ag^+	0.01mol/L 四正丁基硝酸铵，通过交换膜产生 Ag^+	Pt	Ag-SCE 电位法	测定(0.1～5)×10^{-6}mol/L	2
	Ag^+	Cl^-、Br^-和 I^-的混合水溶液，0.2mol/L KNO_3+ 0.1mol/L HNO_3	Ag	滴汞电极方波伏安	测＞7×10^{-8}mol/L	263
	Hg^+	0.4mol/L KNO_3，0.1mol/L $HClO_4$	Hg	Ag-SCE 电位法	测 0.25～2mmol，误差＜0.3%	166
	Hg^+	0.5mol/L $NaClO_4$，0.02mol/L $HClO_4$	Hg	Hg-SCE 电位法	测 0.0012～19mg	167
	Br_2	0.01mol/L KBr，H_2SO_4 及 Na_2SO_4，pH=2.8～4.5	Pt	Pt-Pt 电流法	测 60～260μg，误差±1%	169
	Br_2	2mol/L HCl，0.1mol/L NaBr	Pt	Pt-Pt 电流法，138mV	测 0.013～2mg，误差±1%	170
	Br_2	0.67mol/L HCl，0.1mol/L NaBr	Pt	电流法	测 550μg，误差±2.5μg	171
	Ce^{4+}	0.025mol/L 1/3$Ce_2(SO_4)_3$，0.45mol/L^{-1} H_2SO_4	Pt	电位法或电流法	测 1.3～31.6mg，误差±0.8%	172
	Mn^{3+}	2.25mol/L H_2SO_4，0.135～0.270mol/L $MnSO_4$	Pt	Pt-SCE 电位法	测 3～10mg，误差±0.8%	131
Cl_2	Fe^{2+}	0.1mol/L $FeNH_4(SO_4)_2$，0.5mol/L H_2SO_4	Pt	Pt-SCE 电位法	测 48～416μg	173
	Fe^{2+}	0.1mol/L $FeNH_4(SO_4)_2$，0.5mol/L H_2SO_4	Pt	Pt-SCE 电位法	测(2.25～4.5)×10^{-5}mol/L	91
	Fe^{2+}	漂白液中 Cl_2 的连续测定	Pt	电位法	测定 20μg，误差 3%	174
Br_2	Sn^{2+}	3mol/L KCl，0.3mol/L $SnCl_4$	Pt	电流法	测(1～20)×10^{-2}mmol，误差＜7%	72
	Sn^{2+}	3～4mol/L NaBr，0.2mol/L HCl，0.2mol/L $SnCl_4$，0.008mol/L KI	Pt 或 Au	电位法或电流法	测 1.3～51mg，误差±1.6%	121
I_2	Cu	Cu_2I_2，在 Pt 电极上析出一定量的 Cu 与 I_2 反应，剩余的 Cu 用恒电流电解溶出	Pt	电位法		175
	Sn^{2+}	1mol/L HCl，4mol/L NH_4Cl，饱和 $SnCl_4$ 溶解	Hg	Pt-SCE 电位法	测 0.16～12mg，误差＜1.2%	122
	Fe^{2+}-EDTA	0.02mol/L Fe^{3+}-EDTA，0.02mol/L Zn^{2+}-EDTA，NaAc 缓冲液，pH=6	Pt	电流法或电位法	测定误差±0.1%	65
BrO_3^-	Cu^+	5ml 5mol/L NaBr，1ml 0.5mol/L $CuSO_4$，5ml 3mol/L $HClO_4$，35ml H_2O	Pt	双铂电极电流法	测 18～250μg，误差±3μg	176
IO_3^-	Sn^{2+}	3～4mol/L NaBr，0.2mol/L HCl，0.2mol/L $SnCl_4$，0.008mol/L KI	Pt 或 Au	电位法或电流法	测 0.36～3.6mg，误差±0.3%	121
	I_2	5ml HAc(6%)，50ml H_2O，加 1.5g KI 及一定量 $Na_2S_2O_3$ 标准溶液	Pt	淀粉指示终点		177
	I_2	5ml 0.05mol/L H_2SO_4，25ml 1mol/L KI，1mol/L HAc-NaAc，总体积 50ml	Pt	电位法	测 15～73μg，误差±0.15%	22

续表

被测物质	库仑滴定剂	电解液组成	工作电极	指示终点方法	测定范围及误差	文献
IO_4^-	Fe^{2+}	0.1mol/L $Fe_2(SO_4)_3$，0.5mol/L H_2SO_4	Pt	电位法	测定 0.06～15mg	178
Ir(Ⅳ)	$CuCl_2^-$	1～3mol/L HCl-0.04mol/L $CuSO_4 \cdot 5H_2O$	Pt	电位法，电流法	—	35
卤化物	I(Ⅰ)	0.1～0.5mol/L $HClO_4$，0.02～0.08mol/L 烷基碘，HAc	Pt	—	—	179
	I(Ⅰ)	PhI，4-$IC_6H_4NO_2$，0.2mol/L $HClO_4$，HAc		—	μg 级	180
Hg	$HSCH_2COOH$	0.1mol/L 硫基乙酸汞 HAc-NaAc，pH=7.5	Hg	电位法或电流法	测 2.2～4.2mg，误差＜0.02mg	34
	$HSCH_2CH_2OH$	0.2mol/L Hg^{2+}-MTEG，0.1mol/L $NaClO_4$，0.05mol/L HAc，0.05mol/L NaAc pH=4.6	Hg	电位法	测 1～2.1mg，误差±0.01mg	1
	I_2	KI 及磷酸盐缓冲溶液，pH=7.4	Pt	双铂电极电流法	测定 0.3～1.5mg	181
K	Ag^+	0.5mol/L $NaNO_3$，0.02mol/L HAc，60%丙酮	Ag	Pt-SCE 电位法	测 1～4mg，误差＜0.6%	182
Mn(Ⅶ)	Fe^{2+}	10ml 浓 H_2SO_4，1g $Fe_2(SO_4)_3$ 加 H_2O 至 200ml	Pt	电位法	测 0.01～0.55mg，误差±0.009mg	84
	Fe^{2+}	(1+6) H_2SO_4，$Fe_2(SO_4)_3$(50mg Fe)，70℃	Pt	Pt-SCE 电位法	测定 0.9mg	183
	Fe^{2+}	10ml 浓 H_2SO_4，10ml H_3PO_4，利用钢样中的 Fe 为发生电解质，总体积 300ml	Pt	Pt-SCE 电位法	测 0.5～5.2mg，误差±0.04mg	85
	Fe^{2+}	0.2～5mol/L H_2SO_4，0.1～0.2mol/L H_3PO_4，0.0001～0.002mol/L Fe^{3+}	Pt	Pt-SCE 电位法	测 0.09～11.2μmol，误差±1%	69
	Fe^{2+}	0.01mol/L $FeNH_4(SO_4)_2$ 5ml，0.01mol/L $MnSO_4$ 0.2ml，加试料溶液	Pt・Ir	Pt-$PbSO_4$/Pb 汞齐电极电位法	测 0.003～1.3μg，误差 9%～1.7%	184
	W^{5+}	1.5mol/L H_2SO_4，0.33mol/L H_3PO_4，0.2mol/L 钨酸钠溶液	Pt	Pt-SCE 电位法	测 0.1～1mg，误差±0.2%	185
Ir(Ⅳ)	$Cu(Cl)_n^{n-1}$ 或 Cl_2	0.25～3mol/L HCl，0.04mol/L $CuSO_4$	Pt	Pt-SCE 电位法，Pt-Pt 双安培滴定法	测 0.5～5mg，误差≤±0.06%	264
Mn(Ⅶ)	Fe^{2+}	H_2SO_4 和 $Fe_2(SO_4)_3$ 溶液	Pt	电位法	测定 mg 量	89
	Fe^{2+}	0.1mol/L $Fe_2(SO_4)_3$，2mol/L H_2SO_4 和 1mol/L H_3PO_4	Pt	恒电流电位法	测 μg 量	90
	Fe^{2+}	0.1mol/L $FeNH_4(SO_4)_2$，2mol/L H_2SO_4	Pt	Pt-SCE 电位法	测 5×10^{-5}～2×10^{-4}mol/L	91
	Fe^{2+}	0.05mol/L $FeNH_4(SO_4)_2$，0.5mol/L H_2SO_4	Pt	Pt-SCE 电位法	测定(3～12)×10^{-3}mol/L	173
	VO^{2+}	0.4mol/L $NaVO_3$ 和 4mol/L HNO_3 10ml，加 50～70ml 0.5mol/L H_2SO_4，实验温度 30～40℃	Pt	Pt-Pt 电流法，250mV	测 0.34～1.7mg，误差±0.7%	186
Mn^{2+}	EDTA	0.05mol/L Cd-EDTA，NH_3-HAc 溶液，pH=5	Hg	电位法或电流法	测定误差 0.2%～0.4%	65
黄铜中的 Mn 及 Fe，青铜中的 Cr 及 Fe	Cu^+	Cu 电极在 1mol/L HCl 中，于-0.05V 时产生 Cu^+		i_{Pt-Pt} Pt 电极面积为 1cm^2	试样中的 Mn、Fe、Cr 用过二硫酸盐及 Ag^+事先氧化为 Mn^{7+}、Fe^{3+}、Cr^{6+}	—

续表

被测物质	库仑滴定剂	电解液组成	工作电极	指示终点方法	测定范围及误差	文献
Mo^{3+}	Ce^{4+}	30ml 0.1mol/L $Ce_2(SO_4)_3$，3ml 0.1mol/L $ZnSO_4$，5ml MoO_3(Mo 5mg/ml)，10ml 0.1mol/L $Fe_2(SO_4)_3$，1～1.5mol/L H_2SO_4，总体积 60ml	Pt	Pt-$PbSO_4$/Pb 汞齐电极，电流法	测 50～400μg，误差＜3μg	187
Mo^{6+}	Ti^{3+}	0.5～0.75mol/L $TiCl_4$，3.5～4mol/L H_2SO_4	Pt	双铂电极电流法，200mV	测 0.1～5mg，误差±(0.5%～0.2%)	188
NH_3	BrO^-	10ml 5mol/L NaBr，15ml 硼酸盐缓冲溶液，15ml H_2O，pH=8.9	Pt	双铂电极电流法，150mV	测 14～228μg，误差＜0.22μg	189
	BrO^-	10g $Na_2B_4O_7 \cdot 10H_2O$，500g KBr，溶于 1000ml	Pt	双铂电极电流法，150mV	测 10μmol，误差±1%	190
	Cl_2 或 Br_2	1mol/L NaCl，0.05mol/L HCl 或 0.1mol/L NaBr，0.01mol/L NaAc，0.001mol/L HAc	Pt	Pt-Pt 电流法，200mV	测 10～100μmol，误差±1%	27
	BrO^-	NaBr，$Na_2B_4O_7$，$HClO_4$，pH=8.6	Pt	Pt-Pt 电流法，150mV	测 1.4～350μg，误差±0.5μg	191
	BrO^-	0.5mol/L NaBr，pH=5.8	Pt	化学发光法电流法	2μmol/L～1.1mmol/L	268
	BrO^-	0.1mol/L NaBr+0.1mol/L H_3BO_3/KOH，pH=8.3	Pt	双电流法化学发光法	1μmol/L～1mmol/L，标准偏差 1%(双电流法)；0.5μmol/L～1mmol/L，标准偏差 3%(化学发光法)	272
$N_2H_4 \cdot H_2SO_4$	Br_2	25ml 浓 HCl，1～2g KBr，60～65℃	Pt	过量 Br_2 与 I^- 反应生成 I_2，淀粉指示终点	测定 0.1～0.3g	192
N_2H_4	Br_2	0.1mol/L HCl，0.1mol/L KBr，体积 50μl	Pt	电流法	测 0.015～30μg	193
	Cl_2	0.3mol/L HCl，0.1mol/L KBr	Pt	电流法	测 3～5mg，误差±1%	194
	I	PhI，4-$IC_6H_4NO_2$，0.2mol/L $HClO_4$，HAc	Pt	—	μg 级	195
	BrO^-	1.0mol/L NaBr+0.1mol/L H_3BO_3/NaOH，pH=8.3	Pt	化学发光法电流法	0.2～1300μmol/L	268
$N_2H_4 \cdot H_2SO_4$	I_2	1.5g KI，0.5g $NaHCO_3$，体积 150ml	Pt	电流法	测 5～25mg，误差±0.6%	196
$NH_2OH \cdot HCl$	Br_2	2g KBr，体积 120ml，60～65℃	Pt	过量 Br_2 用 $Na_2S_2O_3$ 作用，再电生 I_2 反滴，淀粉指示	间接测定	197
	Ce^{4+}	0.005mol/L $Ce_2(SO_4)_3$，0.005mol/L $Fe_2(SO_4)_3$，H_2SO_4	Pt	Pt-SCE 电位法	测(3.8～19)×10^{-2}mmol，误差＜2%	152
Nb	Mn^{3+}	2.5～3mol/L H_2SO_4，0.2mol/L $MnSO_4$	Pt	Pt-$Hg_2SO_4 \cdot$Hg 电位法	测 0.27～1.8mg，误差±1.8%	198
Nd	EDTA	Hg-EDTA，pH=5.5	Hg	电位法		48
Nd^{3+} (1.2～170μg)	EDTA (0.01mol/L) $Na_2HgEDTA$	0.95mol/L HAc-0.95mol/L NH_4Ac，pH=4.8，Hg 池为工作电极，Pt(Hg)为指示电极封于软玻璃中，参考电极 SCE 于 1mol/L H_2SO_4 中，辅助电极为 Pt 丝，方法基于当 Nd^{3+}加入时从中间介质 $Na_2HgEDTA$ 释出 Hg^{2+}的配位滴定		E_{Pt-SCE}(0.286V)，当缓冲液强度降至 0.1mol/L，终点电位增至 0.286V	滴定过程中通入氢，用反馈控制电解电流	199

续表

被测物质	库仑滴定剂	电解液组成	工作电极	指示终点方法	测定范围及误差	文献
Ni^{2+}	EDTA	0.05mol/L Cd-EDTA NH_3-HAc 缓冲溶液，pH=5	Hg	电流法	测定误差0.2%～0.4%	65
	EDTA	Hg-EDTA，pH=10.5	Hg	电流法	测定误差0.5%～1%	48
	CN^-	0.25mol/L $KAg(CN)_2$，0.01mol/L NaOH，0.1mol/L Na_2SO_4	Pt	电位法	测 3～30mg，误差±1.5%	3
O	OH^-	50g $Ba(ClO_4)_2\cdot 3H_2O$，10ml 异戊醇，稀释至 1000ml，取 140ml 加 5ml Na_2CO_3 (0.5g/L)	Pt	pH 计	测定了钢中的 O 0.002%～0.15%	200
O_2	Cr^{2+}	$CrCl_3$ 溶液，pH=3～4	Hg	Pt-SCE 电位法	测定水中溶解氧	201
	Cr^{2+}	50ml KCl(10%)，5g ［$Cr(H_2O)_4Cl_2$］ Cl・$2H_2O$	Hg	Pt-Pt 恒电流电位法	测 φ=0～5%的氧	202
	Cu^+	$CuCl_2$-NH_4Cl-NH_3 的混合溶液	Pt	电位法	测 1.5～7.5μg	203
OH^-	H^+	1.0mol/L Na_2SO_4	Pt	化学指示剂	测 0.84～1.7mmol，误差±0.7%	16
	H^+	Na_2SO_4 溶剂 30μl	Pt	玻璃电极 pH 计	测 4μg，误差±5%	19
	H^+	0.15mol/L Na_2SO_4	Pt	玻璃电极 pH 计	测 10～70μg	204
	H^+	0.01～1mol/L $NaClO_4$，四正丁基硝酸铵	Pt		测$(0.5～20)\times 10^{-5}$mol/L	2
NaOH	H^+	0.25mol/L K_2SO_4	Pt	pH 计	测$(1～6)\times 10^{-5}$mol/L	205
	H^+	1.0mol/L Na_2SO_4	Pt	pH 计	测 1.27mmol，误差＜0.7%	144
Na_2CO_3	H^+	0.5mol/L $NaClO_4$ 甲醇溶液	Pt	pH 计	测$(0.6～2.5)\times 10^{-5}$mol/L	205
OH^-	H^+	1mol/L Na_2SO_4 或 1mol/L $NaClO_4$	Pt	化学指示剂	测 0.2～1mmol，误差＜1.5%	148
PO_4^{3-}	OH^-	1mol/L Na_2SO_4	Pt	玻璃电极 pH 计	测 0.1～0.6mg，误差±0.06mg	206
	Ce^{4-}	3ml 0.2mol/L $Ce_2(SO_4)_3$，3ml 0.1mol/L $ZnSO_4$，5ml MoO_3(5mg/ml)，10ml 0.1mol/L $Fe_2(SO_4)_3$，总体积 60ml，1～1.5mol/L H_2SO_4	Pt	电流法	测 20～200μg	187
	H^+	1mol/L Na_2SO_4 或 1mol/L $NaClO_4$	Pt	化学指示剂	测 0.2mmol，误差±0.5%	148
	Ag^+	80%EtOH，0.1mol/L HAc，0.2%琼胶	Ag	Pt-SCE 电流法，加电压 0V	测$(1.7～8.4)\times 10^{-3}$mol	207
	OH^-	用离子变换转化为 H_3PO_4	—	—	—	208
Pb^{2+}	Mo^{6+}	0.1mol/L $NaNO_3$，pH=4.3～5.6，Mo 阳极在 0.1mol/L $NaNO_3$ 溶液的隔离管中	—	$E_{Mo\text{-}SCE}$，用一次导数作图确定终点	—	209
	EDTA	20ml 0.1mol/L Hg-EDTA，55ml NH_4NO_3-NH_3(0.1mol/L)-Hg，pH=8.5	Hg	Hg-SCE 电位法	测 10～41mg，误差±1.4%	66
	EDTA	Hg-EDTA 溶液，pH=10.5	Hg	电流法		48
Pd^{2+}	$HSCH_2CH_2OH$	0.2mol/L Hg^{2+}-MTEG，0.1mol/L $NaClO_4$，0.05mol/L HAc，0.05mol/L NaAc，pH=4.6	Hg	电位法	测 0.7～1.5mg，误差±0.004mg	1
	I^-	0.1mol/L KNO_3	Ag・AgI	双 Ag-AgI 电极，电流法	测 10～100μg，误差±0.2%	210

续表

被测物质	库仑滴定剂	电解液组成	工作电极	指示终点方法	测定范围及误差	文献
Pt^{4+}	$CuCl_2^-$	0.25mol/L HCl-0.04mol/L$CuSO_4 \cdot 5H_2O$	Pt	电位法	—	35
	$CuCl_2^-$	Cu(I)-EDTA-KCl-缓冲溶液体系	Pt	电位法，极化电位法	—	35
	$CuCl_2^-$	0.25mol/L HCl-0.04mol/L $CuSO_4 \cdot 5H_2O$	Pt 或 Au	电位法，电流法	—	35
Pt	$HSCH_2$-CH_2OH	0.2mol/L Hg^{2+}-MTEG，0.1mol/L $NaClO_4$，0.05mol/L HAc，0.05mol/L NaAc，pH=6	Hg	Au 汞齐-Hg/Hg_2SO_4 电极，电位法	测 1.2～1.4mg，误差＜0.07mg	1
Pt^{4+}	Sn^{2+}	2～4mol/L NaBr，0.2mol/L $SnCl_4$ 0.3mol/L $HClO_4$	Au 或 Pt	分光光度法或电位法	测 2.6～13.1mg，误差±0.02mg	211
Pu^{6+}	Fe^{2+}	0.6mol/L $FeNH_4(SO_4)_2$，25% H_2SO_4，10%H_3PO_4	Pt-Ir	Pt-Pt 恒电流电位法	测 3μg～10mg	212
	Fe^{2+}	0.6mol/L $FeNH_4(SO_4)_2$，25%H_2SO_4，10%H_3PO_4	Pt	比色法或电位法	测 10mg 以下，误差±0.5%	213
PuO_2(或 $PuCl_4$ 及其他化合物中的 Pu)	Fe^{2+}	PuO_2 溶于 $HClO_4$-HNO_3 或 $HClO_4$-HNO_3-HF 的混合物中，$HClO_4$ 的分解产物 Cl_2 及其氧化物会干扰 Pu 的测定，可用碘基水杨酸消除	—	i_{Pt-Pt}	1～3mg Pu 的滴定，相对标准偏差≤0.2%	214
Pu Np U	Fe^{2+}	4.5mol/L H_2SO_4，0.8mol/L H_3PO_4 及 5mol/L Fe^{3+}盐，4.0mol/L H_3PO_4，4.0mol/L H_2SO_4 及 5mol/L Fe^{3+}盐，间接法先还原为 U(Ⅳ)，然后用 $K_2Cr_2O_7$ 使之氧化，过量的 $K_2Cr_2O_7$ 用 Fe^{2+}滴定 Pt 发生电极，SCE 参考电极	—	i_{Pt-Pt}	—	215
Ru(Ⅳ)	$CuCl_2^-$	Cu(Ⅱ)-EDTA-KCl 缓冲液	Pt	电位法	—	35
S	OH^-	K_2SO_4(2g/L)，H_2O_2(3～5ml/L)	Pt	电位法	测 10～450μg，误差±(3～20)μg	206
	OH^-	0.2g Na_2SO_4+K_2SO_4 为 1∶1，2ml H_2O_2 (35%)，总体积 100ml	Pt	Pt-CH_3COOHg-Hg 电位法	测 18～200μg，误差＜24μg	53
	OH^-	2g/L K_2SO_4，3～5ml/L H_2O_2	Pt	电位法	测 0.3～1mg，误差±0.05mg	85
	OH^-	0.2g Na_2SO_4+K_2SO_4 为 1∶1，2ml H_2O_2 (35%)，总体积 100ml	Pt	电位法	测 25～420μg，误差±20μg	216
	Br_2	1%$K_2Fe(CN)_6$，0.1mol/L KBr，2mol/L HCl	Pt	Pt-Pt 电流法	测定 2～200μg	217
S^{2-}	Hg^{2+}	0.1mol/L NaOH，80℃	Au 汞齐	Au 汞齐-SCE 电位法	测 0.06～1.1mg，误差±3.7%	218
	I_2	—	—	—	—	219
	Br_2	4mol/L H_2SO_4，0.1mol/L KBr		E_{Pt-SCE}	—	220
S^{2-}	Zn^{2+}	HAc	Zn	Pt-SCE 电位法	自动连续测定	221
	Cu^{2+}	K_2SO_4，$(NH_4)_2SO_4$，pH=5～8	Cu	电流法	电生 Cu^{2+}的研究	222
	BrO^-	0.1mol/L NaBr+0.1mol/L H_3BO_3/KOH，pH=8.3	Pt	化学发光法	0.5～2000μmol/L，标准偏差 6%	272
SO_3^{2-}	I_2，Br_2	NaI 或 NaBr	Pt	电流法	自动连续测定	221
HSO_3^-	I_2	3.5×10^{-4}～2.9×10^{-2}mol/L	Pt	光谱法	3.5×10^{-4}～2.9×10^{-2}mol/L，相对标准偏差＜1.5%	273
SO_2	I_2	NaI，NaOH，Na_2SO_4	Pt	电流法	自动连续测定	221

续表

被测物质	库仑滴定剂	电解液组成	工作电极	指示终点方法	测定范围及误差	文献
SO_2	Br_2	0.1mol/L KBr，0.01mol/L H_2SO_4	Pt	Pt-Pt 电流法	自动分析误差1%	223
		吸收 SO_2 于亚铁氰化物(1g/L)中，加到4体积的2mol/L KBr中		$i_{Pt\text{-}Pt}$(0.2V)	—	224
	NaOH	2μmol/L～0.5mmol/L HCl		Monier-Williams方法	0.4～1.2mmol/L	265
SO_4^{2-}，PO_4^{3-}，MnO_4^{2-}，WO_4^{2-}及亚硫酸液中的S^{2-}	Pb^{2+}	Pb丝及Hg在(1+1)HAc中60～70℃作为阳极室发生Pb^{2+}的源，电解池充以电解质以0.05ml/s恒定地流动，阴极室充以KCl饱和过的0.5mol/L HNO_3，用镀铂的电极作为辅助电极	—	$E_{Pt\text{-}SCE}$(+1.07 V)用极谱仪记录Pb^{2+}在旋转Pt微电极上的指示电流	—	225
SCN^-	Br_2	KBr，HCl	Pt	电流法	测100～200μg，误差±0.3%	226
		KBr，HCl，$HClO_4$	Pt	电流法	自动分析	227
		40ml HCl加1g KBr，稀至120ml	Pt	淀粉指示终点	测1mmol/L	228
	BrO^-	0.1mol/L NaBr，0.01mol/L NaAc，0.01mol/L HAc	Pt	Pt-SCE 电流法	测定10～100μgmol	27
	Ag^+	5g KNO_3，50ml H_2SO_4，80～90ml丙酮溶液	Ag	Pt-SCE 电位法	测2～7.7mg，误差±2%	229
$S_2O_3^{2-}$	I_2	0.2～1g KI，溶于80ml H_2O	Pt	淀粉指示终点	测0.2～1mmol，误差±0.2%	230
		50ml 0.1mol/L KI 稀至75ml，pH=1～8		Pt-Pt 电流法，135mV	测0.1～1mg，误差±2μg	96
		50 ml 0.1mol/L KI稀至75ml，pH=1～8		电流法	自动测定	171
		5%KI		淀粉或电位法	测1mmol，误差±0.26%	143
		30ml 0.1mol/L KI+0.3ml 乙酸稀释至50ml		双极化电极电流法	—	232
		5ml 0.5mol/L KI+5ml 碳酸氢盐缓冲溶液(pH=8.5)，稀释至75ml		淀粉指示剂	5.0×10^{-4}～1.0×10^{-6}mol	266
	Br_2	0.1mol/L KBr加HCl，pH=2.3～4.0		Pt-SCE 电位法	测0.03～1.2mg	231
Sb^{3+}	Br_2	0.2mol/L KBr，2mol/L HCl	Pt	Pt-Pt 电流法	测9μg～1.5mg，误差±1μg	233
	Br_2	0.2mol/L KBr，2mol/L HCl		Pt-Pt 电流法	自动测定误差±0.2%	171
	BrO^-	0.1mol/L NaBr，0.01mol/L NaAc，0.01mol/L HAc		双铂电极电流法，150mV	测10～100μmol，误差±1%	27
	I_2	0.1mol/L KI，0.023mol/L 酒石酸钾，磷酸盐缓冲溶液(pH=8)		电流法或电位法	测0.066～10mg，误差±0.8%	234
	MnO_4^-	0.5mol/L $MnSO_4$，3mol/L H_2SO_4		电位法		112
Se	I_2	10ml 试液，5ml 1mol/L HCl，10ml $Na_2S_2O_3$，标准溶液，20ml H_2O，5ml 1mol/L KI	Pt	Pt-Pt 电流法，200mV	测14μg～1.4mg，误差±0.7%	235
	Sn^{2+}	KI和$SnCl_4$溶液，利用KI与H_2SeO_3作用析出I_2，再电生Sn^{2+}滴定		电位法或电流法	测mg量级，误差0.1%	236
Si	OH^-	1mol/L Na_2SO_4	Pt	玻璃电极pH计	测0.5～5mg，误差<0.2mg	206

续表

被测物质	库仑滴定剂	电解液组成	工作电极	指示终点方法	测定范围及误差	文献
Sn^{2+}	MnO_4^-	2.5ml 0.5mol/L $MnSO_4$ 和 3.5mol/L H_2SO_4 稀释至 100ml	Pt	电位法	—	112
Sn	Tl^{3+}	2mol/L H_2SO_4-0.1mol/L Tl^+	Pt	电位法		237
	I_2	KI 和 HCl 溶液		电流法	测定 mg 量级，误差 7μg	238
	Fe^{3+}	3mol/L HCl 和 1.5mol/L H_2SO_4 溶液 20ml，加 0.3g 铁粉		Pt-Pt 电流法，200mV	测 0.1～5mg，误差±(0.6%～0.2%)	239
Sr	EDTA	Hg-EDTA 溶液，pH=10.5	Hg	电流法		48
Ti^{3+}	Ce^{4+}	饱和 $Ce_2(SO_4)_3$，0.5mol/L H_2SO_4	Pt-Ir	Pt-$PbSO_4$/Pb 汞齐，电极，电流法	测 0.05～5mg，误差±0.6%	164
	Fe^{3+}	Fe^{2+}和 H_2SO_4 溶液	Au	电位法	Ti^{4+}用 Cr^{2+}还原后测定	240
		3.5mol/L H_2SO_4 及适量铁粉	Pt	电流法	测 0.4～2mg，误差±0.5%	241
Tl^+	Br_2	1mol/L NaBr 5ml，5ml 9mol/L $HClO_4$，5ml H_2O	Pt	Pt-Pt 电流法，200mV	测 0.09～1.9mg，误差±0.2%	242
	$Fe(CN)_6^{3-}$	0.05mol/L $K_4Fe(CN)_6$，2mol/L NaOH		Pt-SCE 电流法	测 8～20mg，误差±0.2%	243
	Cl_2	HCl		电位法	测 0.05～1.1mg，误差＜4μg	244
U^{4+}	Br_2	3mol/L KBr 及少量 Fe^{2+}，95℃	Pt	Pt-Pt 定电流电位法，1.1～1.3μA	测 14μg～7mg	245
		H_2SO_4，KBr，少量 Fe^{2+}，95℃		电流法	用 $CrCl_2$ 将 U^{6+} 还原后测定	246
	Ce^{4+}	5%$NH_4Fe(SO_4)_2$，3mol/L H_2SO_4，$Ce_2(SO_4)_3$ 饱和溶液		电流法	测 25～920μg，误差＜8.5%	247
		$NH_4Fe(SO_4)$，饱和 $Ce_2(SO_4)$. 尿素		化学指示剂或比色法	测 1～100mg，误差±(3%～0.3%)	248
	V^{5+}	30%H_3PO_4，0.01mol/L V^{5+}	—	电位法	—	249
	Mn^{3+}	0.25mol/L $MnSO_4$，2mol/L H_2SO_4，4% H_3PO_4，加少量 Fe^{3+}	Pt	Pt-SCE 电位法	测 1～5mg，误差±0.2%	250，251
U^{6+}	Ti^{3+}	0.08mol/L $TiCl_4$	Hg	Pt-SCE 电位法	测 28～112mg，误差±0.3%	252
	Ti^{3+}	0.6mol/L $TiOSO_4$，6～8mol/L H_2SO_4，10mg Fe^{3+}，总体积 100ml	Pt	Pt-Pt 电流法，250mV	测定 13～620μg	253，254
V^{4+}	Ag^{2+}	4～6mol/L HNO_3，0.1mol/L $AgNO_3$，＜5℃	Pt 或 Au	电位法或电流法	测 1.3～20mg，误差±0.1%	31
V^{5+}	Fe^{2+}	10ml 浓 H_2SO_4，1g $Fe_2(SO_4)_3$，加 H_2O 至 200ml	Pt	电位法	测 0.16～6.7mg，误差＜0.02mg	84
		10ml 浓 H_2SO_4，10ml H_3PO_4，加试液和水至 300ml，利用钢样中的 Fe^{3+} 电生 Fe^{2+}		Pt-SCE 电位法	测 1.5～25mg，误差＜10%	85
		(1+1) H_2SO_4，$Fe_2(SO_4)_3$(50mgFe)，体积 100ml		电位法	测定 0.056mg	183
		0.2～5mol/L H_2SO_4，0.01～0.2mol/L H_3PO_4，0.0001～0.002mol/L Fe^{3+}		电位法	测 0.03～1.3μmol，误差±1.2%	69

续表

被测物质	库仑滴定剂	电解液组成	工作电极	指示终点方法	测定范围及误差	文献
V^{5+}	Fe^{2+}	50ml 3mol/L H_2SO_4，10ml 0.25mol/L $Fe_2(SO_4)_3$	Pt	Pt-Hg_2SO_4 • Hg 电流法	测 2μg～13.6mg	255
		50ml 3mol/L H_2SO_4，10ml 0.25mol/L $Fe_2(SO_4)_3$，加少量尿素和 $VOSO_4$		Pt-SCE 电位法	测 2～60μg，误差±0.7%	256
		50ml 3mol/L H_2SO_4，10ml 0.25mol/L $Fe_2(SO_4)_3$，加少量尿素和 $VOSO_4$		电流法	测 1～25μg，误差±0.8μg	257
		H_2SO_4 及 Fe^{3+}溶液		电流法	测 mg 量	89
		0.1mol/L $Fe_2(SO_4)_3$，2mol/L H_2SO_4，1mol/L H_3PO_4		双铂电极电流法	测 1μg，误差±0.04μg	90
		6～8mol/L H_2SO_4，0.3～0.6mol/L $Ti(SO_4)_2$		电位法或电流法	测 3.4～40mg，误差＜0.5%	70
	Ti^{3+}	70ml 12mol/L HCl，10ml $TiCl_4$，40ml H_2O	Ti 或 Pt	分光光度法	测 2～40mg，误差±0.14mg	126
		HCl 和 $TiCl_4$ 溶液	Pt	比色法		258
		0.6mol/L $TiOSO_4$，3～4mol/L H_2SO_4，10mg Fe^{3+}，体积 100ml	Pt	Pt-Pt 电流法，250mV	测 0.7～18.6mg，误差±0.5%	253
	Sn^{2+}	3～4mol/L NaBr，0.3mol/L HCl，0.2mol/L $SnCl_4$，0.004mol/L $VOSO_4$	Au	电位法	测 0.5～5.5mg，误差±0.8%	33
	U^{5+}	0.03mol/L UO_2Cl_2，pH=1.5	Pt	Pt-Pt 电流法，250mV	测 0.014～2.5mg，误差±0.5%	259
	Cu^{+}	2.6mol/L HCl，0.04mol/L $CuSO_4$	Pt	电流法	测 37～776μg，误差±1.3%	95
	Mo^{5+}	4.5mol/L H_2SO_4，0.1mol/L $(NH_4)_6Mo_7O_{24}$	Pt	平衡电位法指示终点	测 0.25～2.5mg，误差±0.4%	73
	Ti^{3+}	0.4mol/L $TiCl_4$，7.5mol/L H_2SO_4	Pt	电位法或电流法	测定误差±0.3%	130
V，Ti	Tl^{3+}	30ml 5mol/L H_2SO_4，10ml 饱和$(NH_4)_2SO_4$，加 0.3～0.4mg 固体 Tl_2CO_3，通 CO_2 除氧 5min	Pt	电位法或电流法	平均误差±1.1%	260
V，U，Fe，Cr	Tl^{3+}	1ml 0.5mol/L 铈溶液和 $NaClO_4$ 稀释至 10ml	Hg	电位法		261

本表参考文献：

1. Miller B, Hume D N. Anal Chem, 1960, 32: 764.
2. Hanselman R B, Rogers L, B.Anal Chem. 1960, 32: 1240.
3. Anson F C, Pool K H, Wright J W.J Electroanal Chem, 1961, 2: 237.
4. 董守安. 贵金属, 1994, 15: 73.
5. Chemical Abstracts, 1985, 103: 223089g.
6. Iwamoto R T. Anal Chim Acta, 1958, 19: 72.
7. Костротин А И, Ахтадсев М. Х. Зовод Даб, 1963, 29: 402.
8. Farrington P S. Swift E H.Anal Chem, 1950, 22: 889
9. 前川义裕, 岡崎俶子. 药学杂誌, 1960, 80: 1411.
10. Myers R J, Swift E H. J Am Chem Soc, 1948, 70: 1047.
11. 山下政夫, 花村茂树. 名古屋工业技术试验所报告, 1956, 5: 231.
12. 何村文一, 桃木弘三, 铃木繁喬. 横浜国立大学工学部纪要, 1954, 3: 223.
13. 高橋武雄, 桜井裕. 分析化学(日), 1958, 7: 296.
14. 高橋昭. 分析化学(日), 1960, 9: 220.
15. Les J K. Adams, R N. Anal Chem, 1958, 30: 240.
16. DeFord D D, Pitts J N, Johns C T. Anal Chem, 1951, 23: 938.
17. Jenings V J, Dodson A, Harrison A. Analyst, 1974, 99: 145.
18. Ramsey W J, Farrington P S, Swift E H. Aual Chem, 1950, 22: 332.
19. Schreiber R, Cooke W D. Anal Chem, 1955, 27: 1475.
20. Wise E N, Gilles P W, Reynolds C A Jr. Anal Chem, 1953, 25: 1344.
21. Everett G W, Reilley C N.Anal Chem, 1954, 26: 1750.
22. Malmstadt H V, Pardue H L.Anal Chem, 1960, 32: 1034.
23. 武者宗一郎, 宗森信, 铃木信夫. 分析化学会第 7 年会议报告. 1958.
24. Mladenović S H. Glasnik Khem Drustra. Beograd, 1960-1961, 25-26(1-2): 119.

25. Wiseand W M, Williams J P. Anal Chem, 1964, 36: 19.
26. Pitts J N Jr, DeFord D D, Martin T W, Schmll E A. Anal Chem, 1954, 26: 628.
27. Liberti A, Lazzari P. Ricerca Sci, 1956, 26: 825.
28. Furman N H, Fenton A J. Jr. Anal Chem, 1956, 28: 515.
29. Newton C M. Talanta, 1977, 24(6): 377.
30. Tutund žić P S, Mladenovic S. Anal Chim Acta, 1955, 12: 390.
31. Lingane J J, Davis D G. Anal Chim Acta, 1956, 15: 201.
32. Lingane J J. Anal Chim Acta, 1958, 19: 394.
33. Bard A J, Lingane J J. Anal Chim Acta, 1959, 20: 581.
34. Miller B, Hume D N. Anal Chem, 1960, 32: 524.
35. 董守安. 贵金属, 1994, 15: 73.
36. 董守安. 分析化学, 1982, 10: 42.
37. 饭沼弘司, 吉森孝良. 分析化学(日), 1958, 7: 8.
38. 饭沼弘司, 吉森孝良. 分析化学(日), 1960, 10: 826.
39. 吉森孝良, 三轮智夫, 武内次夫. 日本金属学会誌. 1963, 27: 226.
40. Abresch K, Claassen I. “Die Coulometrische Analyse” Verlag Chemie, 1961.
41. 武内次夫, 吉森孝良, 三轮智夫. 日本分析化学会第 12 年会. 昭 38 年 10 月.
42. Robson H E. Thesis Ph. D. University of Kansas. 1958.
43. Robson H, Kuwana T.Anal Chem, 1960, 32: 567.
44. Yasuda S K, Rogers R N.Microchem Jr, 1960, 4: 155.
45. Parker A, Terry E A. Analytical Method AERE-AM 72, 1961.
46. Lauer K F, LeDuigou Y. Anal Chim Acta, 1963, 29: 87.
47. Braman R S, DeFord D D, Johnston T N, et al. Anal Chem, 1960, 32: 1258.
48. Monk R G, Steed K C. Anal Chim Acta, 1962, 26: 305.
49. Klein D H, Fontal B. Talanta, 1963, 10: 808.
50. Kostromin A J, Anisimov Z A. Uch Zop Kazansk Gos Univ, 1964, 124: 179.
51. Bacon J R, Terguson R. Anal Chem, 1972, 44: 2149.
52. Graue G. Chem Labor Betrieb, 1952, 3: 185, 253, 302, 429, 468.
53. Oelsen W, Graue G. Angew Chem, 1952, 64: 24.
54. Chemiker-Ausschuss des Vereins Deutscher Eisenhuttenleute: “Handbuch fur das Eisenhuttenlaboratorium”Bd, 1955, 4, 5, 73.
55. Hömig H. E. Mitt des ver d Grosskesselbesitzer, Heft, 1953, 521.
56. Sicha M. Hutnické Listy, 1955, 10: 535.
57. 铃木繁喬. 日本分析化学会讲演. 1961.
58. Proszt J. Hegedus-Wein 1.Periodica Polytech, 1960, 4: 1.
59. Resmer F G. Mikrochim.Acta, 1975, 4: 345.
60. Hetman, John S. Bull.Cent Rech, 1974: Pau8(1): 145.
61. Herrmann A G. Frenius' Z Anal Chem, 1973, 266(1): 196.
62. Hobson J D. Analyst, 1974, 99(1175): 93.
63. Metter B. Talanta. 1972, 19: 1605.
64. Eisen J. Erzemetall, 1974, 77(12): 596.
65. Stein H. H. Univ Microfilms Pub. No 19603.
66. Reilley C N, Porterfield W W. Anal Chem, 1956, 28: 443.
67. 铃木繁喬. 工化, 1961, 64: 2116
68. Cooke W D, Furman N H. Anal Chem, 1950, 22: 896.
69. Meites L. Anal Chem, 1952, 24: 1057.
70. Lingane J J, Kennedy J H. Anal Chim Acta, 1956, 15: 465.
71. Siults W D, Thomason P F, Kelley M T. Anal Chom, 1955, 27: 1750
72. Takhashi T. Talanta, 1962, 9: 74.
73. 严辉宇, 任鸿德. 化学学报, 1966, 32: 191
74. Anal Chim Acta, 1958, 18: 245.
75. Co'rdova-Orellana R, Lucena-Conde F. Talanta, 1971, 18: 505.
76. Przybylowicz E P, Rogers L B. Anal Chem, 1958, 30: 65.
77. Gibbs R G, Parma R J. Anal Lett, 1974, 7: 167.
78. Mocak J, Bustin D I, Ziakova M. Chem Zuesti, 1972, 26: 126.
79. 严辉宇, 刘秀娣. 环境科学(参考资料)1976, 4: 41.
80. Partriarche G, Pharm J. Belg, 1958, 13: 243.
81. 武者宗一郎, 宗森信, 梅田纯一郎, 日化第 14 年讲演, 1961.
82. Kratochvil B, Diehl H. Talanta, 1960, 3: 346.
83. Anal Chim Acta, 1957, 17: 247.
84. Hetman J S. Analyst, 1956, 81: 543.
85. Oelsen W, Haase H, Grane G. Angew, Chem, 1952, 64: 76.
86. Smythe L E. Analyst, 1957, 82: 228.
87. Gaugin R. Ckimle Analytique, 1954, 36: 92.
88. Shalts W D, Thomason P F. U. S. A. E. C. Report, ORNL-1846, 1955.
89. Liberti A, Ciavetta L. Metallurg Ital, 1958, 50: 50.
90. Abresch K, Buchel E. Vortrag b. 50, Vollsitzung des Chem. Ausschussea des Ver. Dtsch, Eiscnhuttenleute in Dusseldort, 1958, 11: 7.
91. 高橋武雄, 桜井裕, 分析化学(日), 1958, 7: 631.
92. Scott P G W, Strivens T A. Analyst, 1962, 87: 356.
93. Chem Abstr, 1982, 97: 48915g.
94. 林文如. 应用化学, 1992, 9 (5): 113.
95. Meier D G, Myers R J, Swift E H. J Am Chem Soc. 1949, 71: 2340.
96. Rowley K, Swift E H. Anal Chem, 1954, 26: 373
97. 河村文一, 桃木弘三, 铃木繁喬. 工化, 1959, 62: 629.
98. Monk R G, Goode G G. Talanta, 1963, 10: 51.
99. Parsons J S, Seaman W, Amick R M. Anal Chem, 1955, 27: 1754.
100. Málhe I, Csálhy A, Richter A. Acad rep. Populare Filliala Cluj Studii cercetari Chim, 1960, 11: 83.
101. Laitinen H A, Bhatia B B. Anal Chem, 1958, 30: 1995.
102. Dunham J M, Farrington P S. Anal Chem, 1956, 28: 1510.
103. 高橋昭.分析化学(日), 1960, 9: 565.
104. Lingane J J. Anal Chim Acta, 1959, 21: 227.
105. 高橋武雄, 桜井裕. 分析化学会第 10 年会讲演. 1961.
106. Malmstadt H V, Hadjiioannou T P, Pardue H L. Anal Chem, 1960, 32: 1039.
107. Bard A J, Petropoulos A G. Anal Chim Acta, 1962, 27: 44.
108. Furman N H, Cooke W D, Reilley C N. Anal Chem, 1951, 23: 945.

109. Cooke W D, Reilley C N, Furman N H. Anal Chem. 1951, 23: 1662.
110. Dilts R V, Furman N H. Anal Chem, 1955, 27: 1596.
111. СонтинаО А, Кетедева Н Г. и Козповскни М Г. Завод Даб, 1957, 23: 896.
112. Костротин А И и Фпегонгтов С А. Завод. Даб, 1961, 27: 528.
113. Kawamura F, Suzuki S, Bull Fac Eng, Yokohama Natl Univ, 1957, 6: 95.
114. Monnier D, Zwahlen P. Helv Chim Acta, 1956, 39: 1865.
115. 飯沼弘司, 吉森孝良. 岐阜大学工学部研究报告. 1956, 6: 88.
116. Takahashi T, Sakurai H. Talanta, 1960, 5: 205.
117. Takahashi T, Sakurai H. Talanta, 1962, 9: 195.
118. Хакнтова Б. К и Агасян П К. Завод Даб, 1961, 27: 267.
119. Selim R G, Lingane J J. Anal Chim Acta, 1959, 21: 536.
120. Farington P S, Schefer W P, Dunham J M. Anal. Chem, 1961, 33: 1318.
121. Bard A J, Lingane J J. Anal Chim Acta, 1959, 20: 463.
122. 铃木繁喬. 工化, 1961, 64: 2112.
123. Arthur P, Donahue J F. Anal Chem, 1952, 24: 1612.
124. Malmstadt H V, Roberts C B. Anal Chem, 1956, 28: 1408, 1412.
125. Malmstadt H V, Roberts C B. Anal Chem, 1956, 28: 1884
126. Malmstadt H V, Roberts C B. Anal Chem, 1955, 27: 741.
127. Edwards K W, Kern D M. Anal Chem, 1956, 28: 1876.
128. Schmid R W, Reilley C N. Anal Chem, 1956, 28: 520.
129. Chem Abstr, 1985, 102: 105223.
130. Cuta F. 严辉宇. Rev Chim, Acad R P R, 1962, 7: 127.
131. Tutund žić P S, Paunović N M, Paunović M M. Anal Chim Acta, 1960, 22: 345.
132. Diltsl R V, Furman N H. Anal Chem, 1955, 27: 1275.
133. Paunović M M. Bull Sci, Conseil acad, R P F Yougoslovie, 1960, 5: 98.
134. Oganesyan L B. Zh Aral Khim, 1975, 30(5): 929.
135. Szebelledy L, Somogyi Z. Z Anal Chem, 1938, 112: 332.
136. Epstein J Sober H A, Silver S D. Anal Chem, 1947, 19: 675.
137. Lingane J J. Anal Chim Acta, 1954, 11: 283.
138. Badoz-Lambling J. Anal Chim Acta, 1953, 9: 455.
139. Arnaldo Liberti. Analyst, 1972, 97: 353.
140. Rosset R, Tremillon B. Bull Soc Chim France. 1959, 139.
141. Taylor J K, Smith S W. J Res Natl Bur Standards, 1959, 63-A: 153.
142. 林文如, 分析化学, 1993, 21: 36.
143. Bett N, Nock W, Morris G. Analyst, 1954, 79: 607.
144. DeFord D D, Johns C J, Pitts J N. Anal Chem, 1951, 23: 941.
145. 高橋昭. 分析化学(日), 1959, 8: 661.
146. Jeffcoat K, Akhtar M. Analyst, 1962, 87: 455.
147. Hoyle W C Koch W F, Diehl H. Talanta, 1975, 22(8): 649.
148. Ho P P L, Marsh M M. Anal Chem, 1963, 35: 618.
149. Mather W B, Anson Jr F C. Anal Chim Aata, 1959, 21: 468.
150. Kiingelhoefer W C. Anal Chem, 1962, 34: 1751.
151. Tutundžić P S, Pounović M M. Anal Chim Acta, 1960, 22: 291.
152. Takahashi T, Sakurai H. Talanta, 1962, 9: 189.
153. Mather W B Jr, Anson F C. Anal. Chem, 1961, 33: 132.
154. Groutsch J F. U S Pat. 2, 954, 336, Sept. 27, 1960.
155. 武藤羲一, 野崎健. 分析化学(日), 1969, 18: 247.
156. Muto R Z, Noazzaki K. Bunseki Kagaku, 1969, 18: 247.
157. Naozuki K, Muto G. Bunseki Kagaku, 1968, 17: 32.
158. Jennings V J. Anal Chim Acta, 1975, 75: 478.
159. Tutundžić P S, Doroslovacki I, Tatić O. Anal Chim Acta, 1955, 12: 481.
160. Lingane J J. Anal Chem, 1954, 26: 622.
161. Sundbarg O E, Craig H C, Parsons J S. Anal Chem, 1958, 30: 1842.
162. 高橋昭. 分析化学(日), 1960, 9: 561.
163. Olson E C, Krivis A F. Microchem J. 1960, 4: 181.
164. 铃木繁喬. 分析化学(日), 1962, 11: 228, 231.
165. Coulson D M, Gavanagh L A. Anal Chem, 1960, 32: 1245.
166. DeFord D D, Horn H. Anal Chem, 1956: 28: 797.
167. Przybylowicz E P, Rogers L B. Anal Chem, 1956, 28: 799.
168. Kowalkowaski P L, Kennedy J H, Farington P S. Anal Chem, 1954, 26: 626.
169. Berraz G, Delgado O. Rec Ing Quim, Argentina, 1959, 28: 53.
170. Wooster W S, Farington P S, Swift E H. Anal Chem, 1949, 21: 1457.
171. Richter H L Jr. Anal Chem, 1955, 27: 1526.
172. Tutundžić P S, Mladenović S. Anal Chim Acta, 1955, 12: 382
173. 高橋昭. 分析化学(日), 1960, 9: 224.
174. Eckfeldt E L, Kucynski E R. Theoretical Division. Electrochemical Society Meeting, Indianapolis Ind, Apr, 1961.
175. Farington P S. Division of Anal Chem, Symposium on Coulometric Analyses, 123 rd Meeting, Am Chem Soc, Los Angeles, Calif, March, 1953.
176. Arcond G M. Anal Chem Acta, 1958, 19: 267.
177. Fodor D, Nikolic K. Acta Pharmac J, 1955, 5: 133.
178. Kies H I, Buyk J J. J Electroanal Chem, 1959; 1: 176.
179. Chemical Abstrocts 1985, 103: P226689p.
180. Chemical Abstrocts 1988, 108: 15548g.
181. Амиситова Г Ф И Кпитова В А. Ж Ам&г хит, 1975, 30: 2329.
182. 铃木繁喬, 分析化学(日), 1961, 10: 837.
183. Oelsen W, Gobbels P. Stahl u Eisen, 1949, 69: 33.
184. Cooke W D, Reilley C N, Furman N H. Anal Chem, 1952, 24: 205.
185. 严辉宇. 徐少玲. 科学通报. 1965, 6: 548.
186. Davis D G. Anal Chem, 1959, 31: 1460.
187. 飯沼弘司, 吉森孝良. 岐阜大学工学部研究报告, 1957, 7: 66.
188. 严辉宇. 刘永祥. 科学通报, 1966, 6: 279.

189. Arcand G M, Swift E H. Anal Chem, 1956, 28: 440.
190. Krivis A F, Supp G R, Gazda E S. Anal Chem, 1963, 35: 2216.
191. Christim G D, Knoblock E C, Purdy W C. Anal Chem, 1963, 35: 2217.
192. Szebelledy L, Somogyl Z. Z. Anal Chem, 1938, 112: 391.
193. Bishop E. Mikrochim Acta, 1960, 803.
194. Olsen E C. Anal Chem, 1960, 32: 1545.
195. Kostromin A I, Vagizova A S, Bufatna M A. Zh Anal Khim, 1987, 42: 907.
196. Jovanovic M S, Gaberšćek D I, Vesković S M, et al. Glasnik Hem Društva, Beograd, 1960-1961, 25-26: 549.
197. Szebelledy L, Somogyi Z. Z Anal Chem, 1938, 112: 400.
198. 铃木繁喬. 分析化学(日), 1961, 10: 728.
199. McCracken J E. Anal Chem, 1972, 44: 305.
200. Abresh K, Lemm H. Arch Eisenhuettenw, 1959, 30: 1.
201. James G S, Stephen M J. Analyst, 1960, 85: 35.
202. 酒卷勇, 行信三. 分析化学(日), 1958, 7: 33.
203. Knapp W G. Anal Chem, 1959, 31: 1463.
204. 高橋昭. 分析化学(日), 1960, 9: 921.
205. Feldberg S W, Bricker C. E. Anal Chem, 1959, 31: 1852.
206. Fuchs W, Veiser O. Arch Eisenhuttenw, 1956, 27: 429.
207. Christian G D, Knoblock E C, Purdy W C. Anal Chem, 1963, 35: 1869.
208. Carson Jr W N, Gile H S. Anal Chem, 1955, 27: 122.
209. Kelsey G S, Safford H W. Anal Chem, 1974, 46: 1585.
210. 董守安. 电分析化学学术会议论文摘要集, 1981.
211. Bard A J. Anal Chem, 1960, 32: 623.
212. Carson W N Jr, Vanderwater J W, Gile H S. Anal Chem, 29, 1417(1957). 1957, 29: 1417.
213. Carrit D E. Thesis Ph D. Harvard Univ, 1947.
214. Nacl Sci Abstr, 1973, 28(3): 5139.
215. Simakin G A, Baklanova P F, Kuznetsov G F. Zh Anal Khim, 1974, 29(8): 1585.
216. Gruue G, Zohler A. Angew, Chem, 1954, 66: 437.
217. Hibbs L E, Wilkins D H. Anal Chim Acta, 1959, 20: 344.
218. Przybywicz E P. Rogers L B. Anal Chem, 1958, 30: 1065.
219. Chem Abstr, 1954, 48: 7494a.
220. Landsberg H, Escher EE. Ind Eng Chem, 1954, 46: 1422.
221. Eckfeldt E L. U S Par. 2, 621, 671, Dec, 16, 1952.
222. Костротин А И, Вадакшаноь Р М и Ахтетзяноь Р А. Ж Анап Хит, 1974, 29: 428.
223. Barendrecht E and Tens W. Mar. Anal Chem, 1962, 34: 138.
224. Anal Chim Acta, 1959, 20: 344.
225. Basov V N. Zabod Lab, 1974, 40(8): 924.
226. Sykut K. Ann Univ Mariac Curie-Sklodowska, Lublin-Polonia, Sect, A. A, 1953, 8: 83.
227. Sykut K. Ann Univ Mariae Curie-Sklodowaka, Lublin-Polonia, Sect, A. A, 1956, 11: 93.
228. Szebelledy I, Somogyi Z. Z Anal Chem, 1938, 112: 385.
229. Nakanishi M, Kobayashi H. Bull Chem Soc Jpn, 1953, 26: 394.
230. Tutundžić P S, Mladenović S. Anal Chem, Acta, 1953, 8: 184.
231. 山下政夫, 花村茂树. 名古屋工业技术试验所报告, 1955, 4: 270.
232. 林文如. 应用化学, 1992, 9(5): 113.
233. Brown R A, Swift E H. J Am Chem Soc, 1949, 71: 2717.
234. Lingane J J, Bard A J. Anal Chem Acta, 1957, 16: 271.
235. Rowleg K, Swift E H. Anal Chem, 1955, 27: 818.
236. 左宗杞. 力虎林, 孙鉴清. 化学学报, 1964, 30: 301.
237. 力虎林. 分析试验室, 1984; 1: 1.
238. Caton R D Jr, Freund H. Am Soc Testing Materials, Spec Tech Publ, 1959, 272: 207.
239. 严辉宇. 朱祥岩. 分析化学, 1973, 1: 123.
240. 武者宗一郎, 宗森信, 窪田晃. 分析化学討論会, 昭和35年6月.
241. 严辉宇, 张秀义. 分析化学, 1983, 11: 542.
242. Buck R P, Farington P S, Swift E H. Anal Chem, 1952, 24: 1195.
243. Hartley A M, Lingane J J. Anal Chim Acta, 1955, 13: 183.
244. Khakimova V K, Agasyan P K. Uzb Khim Zhur, 1960, 5: 31.
245. Carson W N Jr. Anal Chem, 1953, 25: 266.
246. Brunstad A, U S At Energy Comm, TID-7516, p, 137, 1956.
247. Furman N H, Bricker C E and Dilts R V. Anal Chem, 1953, 25: 482.
248. Fulda M O. U S At Energy Comm, DP-492, 1960: 14.
249. 王瀛泰, 陈爱琼, 力虎林. 分析试验室, 1984, 5: 31.
250. 严辉宇, 任鸿德. 原子能科学技术, 1965, 8: 748.
251. 严辉宇, 罗家澹, 莫庆沂, 朱培基. 原子能科学技术, 1965, 8: 900.
252. Lingane J J, Iwamoto R T. Anal Chim Acta, 1955, 13: 465.
253. Kennedy J H, Lingane J J. Anal Chim Acta, 1958, 18: 240.
254. 武内次夫, 吉森孝良, 加藤喬. 分析化学(日), 1963, 12: 840.
255. Furman N H, Reilley C N, Cooke W D. Anal. Chem. , 1951, 23: 1665.
256. 吉森孝良, 川瀬哲成, 武内次夫. 分析化学(日), 1960, 9: 616.
257. 吉森孝良, 三輪智夫, 竹村天志, 等. 分析化学(日), 1962, 11: 1243.
258. Roberts Ch B. Univ Microfilms Publ, No 18191.
259. Pillips S L, Kern D M. Anal Chim Acta, 1959, 20: 295.
260. 力虎林. 分析化学, 1982, 10: 454.
261. 力虎林, 李科. 分析化学, 1984, 12: 1017.
262. Tzur D, Dosortzev V, Kirowa-Eisner E. Anal Chim Acta, 1999, 392: 307.
263. Parham H, Zargar B. Anal Chim Acta, 2002, 464: 115.
264. Dong S, Wu C, Li K,et al. Anal Chim Acta, 2000, 415: 185.
265. Lowinsohn D, Bertotti M. Food Additives Contaminants, 2001, 18: 773.
266. Parham H, Zargar B, Alizadeh M. Asian J Chem, 2007, 19: 5123.
267. He Z K, Fuhrmann B, Spohn U. Anal Chim Acta, 2000, 407: 203.
268. He Z K, Fuhrmann B, Spohn U. Anal Chim Acta, 2000, 409: 83.

269. Wiegran K, Trapp T, Cammann K. Sensors Actuators B, 1999, 57: 120.
270. Trapp T, Ross B, Cammann K, et al, Sensors Actuators B, 1998, 50: 97.
271. Dong S, Yang X. Talanta, 1996, 43: 1109.
272. Becker M, Fuhrmann B, Spohn U. Anal Chim Acta, 1996, 324: 115.
273. Taylor H H, Rotermund J, Christian G D, Ruzicka J. Talanta, 1994, 41: 31.

表 3-11 是有机物的控制电流库仑滴定法测定的汇编，表中化合物按官能团分类。其他符号见表 3-10。

表 3-11　有机物的控制电流库仑滴定分析

被测定的物质	滴定方法				文献
	试剂	滴定条件	终点	其他	
烃类					
2-甲基-1,3-丁二烯	Br_2	HAc，CH_3OH，HCl，$HgCl_2$，KBr	A_{360nm}		1
2-甲基-2-丁烯					
1-苯基-2-丁烯					
2,3-二甲基-1-丁烯	Br_2	HAc，CH_3OH，$Hg(Ac)_2$，KBr	i_{Pt-Pt}，(0.2V)	预滴定至任意电流	2
2,3-二甲基-2-丁烯					
环己烯，4-乙烯基环己烯	Br_2				1
二异丁烯	Br_2				2
1-十二碳烯	Br_2				2
1-己烯；1,5-己二烯；2,5-二甲基-1,5-己二烯；2-甲基-1-庚烯；2,6-二甲基-1-庚烯	Br_2				1
1-辛烯	Br_2				2
2,4,4-三甲基-1-戊烯；2,3,3-三甲基-1-戊烯	Br_2				2
4-甲基-2-戊烯	Br_2				1
苯	H_2	HAc，PtO_2		恒压下	3
苯乙烯	Cl_2				4
萘	H_2				3
醇和酚					
乙二醇及二甘醇	I_2(外部电解产生)	取一份试液，乙二醇被在 0.25mol/L H_2SO_4 中过量的 $NaIO_4$ 选择性氧化；未消耗的 $NaIO_4$ 为过量的 AsO_3^{3-} 所还原，而最后未消耗的 AsO_3^{3-} 为 I_2 所滴定	目测法，淀粉作指示剂	测定合成混合物中 6.10～10.09mg 的乙二醇及 0.22mg 的二甘醇，相对标准偏差分别为＜0.9%及＜1.0%	5
		取另一份试液，乙二醇及二甘醇用在 3mol/L H_2SO_4 中的过量 $K_2Cr_2O_7$ 所氧化，未消耗的 $Cr_2O_7^{2-}$ 用内部产生的 Fe^{2+} 滴定；二甘醇的量由二次滴定差求算	邻菲啰啉离子为指示剂		6
酚		pH=0～5	i_{Pt-Pt}(0.2～0.3V)	—	—
邻甲酚、对甲酚	Br_2	pH=1～5，0.1mol/L HBr	i_{Pt-Pt}(0.3V)	测定 0.1～1.1mg，误差±1%	4

续表

被测定的物质	滴定方法				文献
	试剂	滴定条件	终点	其他	
酚(石油精炼废水中残留的)	Br_2	0.2mol/L KBr+10^{-4}mol/L HCl，3个阶段的溴化酚，i=0.1～0.2mA	E_{Pt-Pt}(0.15V)	—	
含有氟、氯或溴、甲酰基、乙酰基、羟基或硝基的若干钝化酚	Br_2	水-乙酸-吡啶介质和0.1～0.4mol/L Br^-，反应活性由改变水、吡啶含量及溴离子浓度来控制	在2cm^2 Pt电极产生3mA电流，采用3100kΩ电阻，0.63V极化电压，纸速30mm/min记录滴定曲线，求终点	平均相对误差为1.2%，只有某些邻位取代酚不能定量滴定	7
对氨基酚	Ce^{4+}				8
	H^+		也可滴邻氨基酚		2
二羟基酚类以及各种药物中的抗坏血酸	Ag^+	I_2溶于冰乙酸，浓度为40mmol/L，取2ml，加10ml冰乙酸及8ml水，将欲测定的试样加入，Ag^+发生电极为0.1mm(厚)×20mm×10mm长方形银片，用Ag^+滴定过量碘氧化测定物所形成的I^-	i_{Pt-Pt}	4μmol酚类或抗坏血酸相对误差为0.2%～2.8%，相对标准偏差为0.2%～1%(对酚类)；相对误差为0.9%(对标准抗坏血酸溶液)，而相对标准偏差（药物制剂中抗坏血酸）为0.3%～0.9%	9
邻甲酚	Br_2	0.2mol/L KBr，0.08～0.1mol/L HCl	i_{Pt-Pt}		10
邻甲酚、间甲酚、对甲酚	Br_2	KBr和HCl溶液	电流法	测2～100μg，误差±0.5μg	
烷基酚类	Br_2	水-乙酸-吡啶及0.1～0.4mol/L Br^-，由NaBr或LiBr提供，发生电流为3mA	由滴定曲线决定终点。存在于指示电路中的极化电阻有决定性影响，采用100kΩ，纸速30mm/min	单溴化的平均相对误差为±1.2%，全溴化的平均相对误差为±1.5%	7
对硝基酚	H_2				3
对甲基氨基酚硫酸盐	Ce^{4+}				11
邻苯二酚	Br_2	0.01mol/L HBr	i_{Pt-Pt}(0.3V)	测定误差±3%	4
间苯二酚	Br_2				
α-生育酚	V^{5+}	0.1mol/L $VOSO_4$于HAc中电解产生V^{5+}，在C_2H_5OH-H_2SO_4中进行滴定	i_{Pt-Pt}	0.1～2mg的α-生育酚，相对偏差为0.7%～4.3%。相对误差为2.5%	12 13
醌类					
氢醌	Br_2或Cl_2	0.1mol/L HBr或HCl	i_{Pt-Pt}(0.3V)	—	4
氢醌或醌	Sn^{2+}-Br_2	0.2mol/L HCl，3mol/L NaBr，0.2mol/L $SnCl_4$	i_{Pt-Pt}(0.15V)	发生过量的Sn^{2+}并用Br_2反滴定	8
氢醌	Ce^{4+}	H_2SO_4，1mol/L H_3PO_4	E①	—	11
氢醌	I_2	1%KI，磷酸盐缓冲溶液，pH=8	E_{Pt-SCE}，i_{Pt-Pt}(0.15V)	测mg量级，误差±1%	14
氢醌	Cl_2，Br_2，I_2	0.1mol/L HCl，HBr，KI，pH=7～8	电流法或电位法	测0.11～1.1mg，误差±0.1%～0.3%	15
氢醌，2-甲基氢醌，2-氯氢醌，抗坏血酸	Ce^{4+}	在乙酸钾-乙酸介质中	双安培法铂电极		16
氢醌，4-氨基苯酚	Mn^{3+}	在F^-溶液中		直接滴定或返滴定法	17

续表

被测定的物质	滴定方法				文献
	试剂	滴定条件	终点	其他	
氨醌，2-甲基氢醌、2-氯氢醌、抗坏血酸	Co^{3+}	在 KAc-HAc 介质中，恒电流 1.00mA	双安培法或电位法		18
氢醌、2-甲基氢醌、抗坏血酸	Ce^{4+}	在乙酸钾或乙酸钠介质中，电流密度 0.25～0.50mA/cm^2，玻碳电极	双安培法或双电位法		19
	Co^{3+}	0.2mol/L $NaClO_4$-HAc	双安培法或电位法		20
羟酸类(包括含羰基、酰基及酯)					
巯基乙酸	Hg^{2+}	$Na_2B_2O_7$ 缓冲液，pH=9.2	$E_{Hs\text{-}SCE}$ 预滴至−0.2V	通 N_2 除 O_2	21
乙酰苯	H_2	95%C_2H_5OH，C-10% Pd	—	恒压下	3
抗坏血酸	I_2	0.1mol/L KI，0.6mol/L NaCl，0.07mol/L HCl	$i_{Pt\text{-}Pt}$(0.15V)	同 CO_2 饱和溶液	22
抗坏血酸	I_2	10%KI，0.01mol/L HCl	$i_{Pt\text{-}Pt}$	测 1mg，误差±0.3%	23
抗坏血酸	I_2 或 Br_2	1mol/L KI 或 KBr，0.8mol/L H_3PO_4，H_2O	$i_{Pt\text{-}Pt}$	测 0.025～2mg，误差<2μg	
抗坏血酸	I_2	5ml 0.5mo/L KI+5ml 碳酸氢盐缓冲溶液（pH=8.5），稀释至 75ml	淀粉指示剂	6.0×10^{-5} ～ 5.0×10^{-7}mol	24
抗坏血酸 (0.25～0.5μmol)	$Mo(CN)_8^{3-}$	乙酸缓冲液(68g)NaAc·$5H_2O$ 溶于水，加浓 HCl 至所需 pH 值，并以 H_2O 稀释至 1L，pH=5(此时无 O_2 干扰)，温度<20℃，$Mo(CN)_8^{3-}$ 为 7.5×10^{-3}mol/L	$E_{Pt\text{-}SCE}$0.4～0.5V，加入少量抗坏血酸预滴定	pH>10 不适宜，因形成的脱氢抗坏血酸会部分氧化和 $Mo(CN)_8^{3-}$ 部分分解：$Mo(CN)_8^{3-}+2OH^- \longrightarrow \frac{1}{2}O_2+H_2O+Mo(CN)_8^{4-}$	25
丁酸	OH^-				26
丁酰苯(丙基-苯基甲酮)	H_2				3
肉桂酸(β-苯基丙烯酸)	H_2				3
	BrCl	电解质溶液每升含 NaBr 10g，$HgCl_2$ 60g，浓 HCl 40ml，石墨电极	$i_{Pt\text{-}Pt}$(0.2V)	10～150μg，1～15μg，均可滴定，滴定前去氧	27
氨基丁酸	BrO^-，ClO_4^-	NaCl 或 NaBr 的碳酸盐溶液，pH=8.3	$E_{Pt\text{-}SCE}$	—	28
安息香酸		1mol/L KCl	玻璃电极 pH 计		29
	OH^-	0.02mol/L LiCl，80%异丙醇	$E_{Sb\text{-}As,\ AgCl}$	测 2.7mg，误差±3.8%	15
EDTA，EGTA，反-1,2-二氨基-环己烷四乙酸，二乙基三胺五乙酸，三乙基四胺六乙酸	Hg^{2+}	pH≈8	$E_{Hg\text{-}SCE}$	测定≥5μmol 的氨基多羧酸相对误差<1%	30，31
EDTA	Bi^{3+}	用含 1.2% Bi 汞齐化的铋电极产生 Bi^{3+}，2mol/L H_2SO_4 作支持电解质	—	用旋转 Pt 副电极	—

续表

被测定的物质	滴定方法				文献
	试剂	滴定条件	终点	其他	
EDTA	Bi^{3+}	pH=1.3 的无氧 $HClO_4$，稀的铋汞齐(0.2mol/L)，i=0.35mA，电位为−0.6V	—	通氮	—
	Ca^{2+}	离子交换膜	—		—
10^{-6}mol/L EDTA	Pb^{2+}	0.1mol/L HCl，$HClO_4$用 KOH 调至 pH=3.5，0.03mol/L Pb 汞齐，i=0.25mA，电位−1.2V	A_{242nm}	通氮除氧	32
芥酸	Cl_2	0.2～1.2mol/L HCl，80%～90% HAc	i_{Pt-Pt}(0.36V)		—
富马酸	H_2				3
油酸甲酯	Br_2	0.5mol/L HBr，85%～89% HAc	i_{Pt-Pt}(0.3V)	苯乙烯不干扰	4
	Cl_2	1.2mol/L HCl，80% HAc	i_{Pt-Pt}(0.35V)	苯乙烯滴定	4
草酸	Ag^+	HNO_3	i_{Pt-Pt}(0.075V)	预氧化的指示电极，在目标终点后插入	21
	Mn^{3+}	H_2SO_4	E②，亚铁二氮杂菲		—
	OH^-				33
	Ag^+	4～6mol/L HNO_3，0.1mol/L $AgNO_3$，0℃进行	电位法或电流法	测 2.3～9mg，误差±0.1%	34
	MnO_4^-	1.5～2mol/L H_2SO_4，0.025～0.45mol/L $MnSO_4$，30℃	化学指示剂	测 2～9.2mg，误差±0.1%	35
草酸盐	Mn^{3+}	0.2mol/L $MnSO_4$，0.1mol/L $NH_4Fe(SO_4)_2$，3mol/L H_2SO_4，60℃	E_{Pt-NCE}	测 0.35～2.8mg，误差±1%	36
乙酸	OH^-	5ml 异丙醇(70%)，0.4ml 试液，加 1 滴 0.1mol/L LiCl	玻璃电极-（Ag/AgCl）电极，pH 计	测 0.05～0.12mg，误差±3%	26
		丙酮+水为 85∶15，加适量 $NaClO_4$	电流法或电位法	测 1mmol	—
乙酸钠	H^+	无水乙酸和乙酸混合液(6:1)，0.1mol/L$NaClO_4$	玻璃电极-$Hg/Hg(Ac)_2$，pH 计	平均误差 0.2%	37
对氨基苯甲酸	Br_2	10%KBr，15%H_2SO_4	电流法	误差±6%	38
	OH^-	0.02mol/L LiCl，80%异丙醇	$E_{Sb-Ag/AgCl}$	测 5.6mg，误差±3.7%	15
邻苯二(甲)酰环中的 2-苯基-1,3-茚满二酮衍生物，通式： 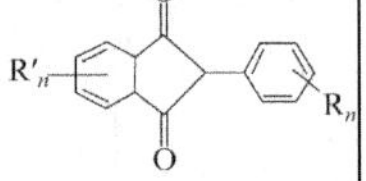	Br_2	在 5%HAc-0.2mol/L KBr 介质中电解产生 Br_2，i= 1.04mA	E_{Pt-Pt}，5μA 极化	对化合物具有：R_n=H 和 R'_n=5-OCH_3、4-OH 和 5-OCH_3 或 4-OH 及 5-OH，测定的相对误差为±2%	—
对硝基苯酚苯甲酸，抗坏血酸	碱-醇离子 OH^--RO^-	四乙基溴化铵作为支持电解质，异丙醇为非水溶剂 电极反应： $2ROH+2e^- \rightarrow 2RO^- + H_2$ $2H_2O$(痕量)$+2e^- \rightarrow 2OH^- + H_2$ 采用真空管线路恒电流发生器(200V，100mA)	$E_{玻璃-SCE}$电位突跃为终点	5mg 苯甲酸，10 次滴定结果范围为 5.148～4.958，标准偏差为 0.062mg，按平均计为(5.006±0.049)mg 的 95%可信限度	39

续表

被测定的物质	滴定方法				文献
	试剂	滴定条件	终点	其他	
邻苯二酸盐	H^+	0.1mol/L $NaClO_4$的$(CH_3CO)_2O$-HAc(6∶1)溶液	E③	预滴定碱性杂质	8
丙酸	OH^-				—
水杨酸	Br_2-Cu^+	0.3mol/L HCl，0.05mol/L $CuSO_4$，0.1mol/L KBr	i_{Pt-Pt}(0.25V)	产生过量Br_2，2min后产生Cu^+	—
石油产物中的酸(草酸，棕榈酸，乙二酸，磺基水杨酸，氨基磺酸)	—	—	分光光度法	—	40
含氮、硫及其他杂原子的有机化合物					
苯胺	Br_2-Cu^+	1mol/L HCl，0.1mol/L NaBr，0.02mol/L $CuSO_4$	i_{Pt-Pt}(0.2V)	产生过量Br_2，1min后用Cu^+滴定至参比指示电流	41
苯胺	Br_2	0.25mol/L KBr+0.1mol/L NaCl，i=20mA	甲基红为化学指示剂	测0.1μmol苯胺，测定相对标准偏差为0.1%～2.1%	42
苄胺	H^+	0.05mol/L $LiClO_4$·$3H_2O$的CH_3CN溶液	$E_{玻璃-SCE}$，E④	—	2
RNO和共存的RNO_2(R为芳基)	Ti^{3+}，Cr^{3+}	从0.05mol/L EDTA缓冲液HAc-HNO_3(pH=3.9)中的Ti^{4+}，在Hg阴极上0.37V产生Ti^{3+}，来测定RNO；RNO+RNO_2总量用Cr^{2+}滴定，RNO_2用差量法测定	电位法	在≤10.1×10^{-5}mol RNO_2存在，测定$(1.000\sim1.162)\times10^{-5}$mol RNO时，相对误差为0.8%～1.1%；在1.050×10^{-5}mol或1.225×10^{-5}mol RNO存在下，0.16×10^{-5}mol或5.125×10^{-5}mol RNO_2测定的相对误差为1%	6
硝基苯	$C_6H_5C_6H_4$	0.1mol/L $C_6H_5C_6H_5$，四丁基溴化铵	电位法	测1.5mg，误差±0.7%	43
硝基甲烷	$C_6H_5C_6H_4^-$	0.1mol/L $C_6H_5C_6H_5$，四丁基溴化铵	电位法	测2～5mg，误差1.4%	43
磺胺	Br_2	4%KBr和HCl，pH=2～2.5	电位法	测1mg，误差±0.2%	
芳香硝基化合物	Cr^{2+}			0.2～0.5μmol，误差约1%	44
三乙醇胺，吡啶，8-羟基喹啉，苯胺，丁胺，哌啶		$(CH_3)_2CO$为溶剂	电位法	误差＜1.21%	43
2,4-二氨基甲苯	Br_2-Cu^+	0.2mol/L $CuSO_4$，2mol/L HCl，0.2mol/L KBr	双安培法	以Cu^+返滴定过量的Br_2	45
3,3-二甲基联苯胺，1-萘胺，联苯胺	Br_2-As^{3+}	1mol/L HCl，0.1mol/L KBr，0.005mol/L As^{3+}	双安培法	以Br_2返滴定过量的As^{3+}	45
联氨，卤化物，硫脲，苯乙烯，苯酚，氢醌，甲苯酚	I^+	PhI-4-$IC_6H_4NO_2$在0.2mol/L $HClO_4$-HAc中	—	—	46
三乙胺，a,a'-二吡啶，吡啶，2,4,6-三甲基吡啶，8-羟基喹啉，喹啉，三乙醇胺	CH_3CO^+	$(CH_3CO_2)_2O$溶剂或$(CH_3CO)_2O$-HAc	分光光度法或电位法	—	47

续表

被测定的物质	滴定方法				文献
	试剂	滴定条件	终点	其他	
溴化四甲基铵，溴化四乙基铵，溴化十六铵	Ag^+				40
C_8～C_{25}脂肪胺	Cl_2	1.0mol/L KCl，0.5～1.5mol/L HAc	电流法，0.4～0.5V		48
卤化物(I^-，Cl^-，Br^-)	I^+	C_1～C_4烷基碘在0.2mol/L $HClO_4$中，Pt电极，1.8～2.3V			48
磺胺噻唑，磺胺二甲嘧啶，磺胺二甲基嘧啶，磺胺二甲噁唑		0.25mol/L $NaClO_4$，$(CH_3)_2CO$介质中		1.81～1.91mg (64.72～70.81mg)，相对标准偏差＜1.0%	49
硫醇，联氨	I	含甲醇的KAc溶液		误差＜±2%	50
半胱氨酸，环己硫醇	卤素	CH_3OH，HAc，DMF，CH_3CN或吡啶-水溶液中，3.8mA/cm^2			51
半胱氨酸，2-硫尿嘧啶，6-巯基嘌呤，6-硫代鸟嘌呤	I_2,Br_2	甲醇介质中			52
丙硫醇，丁硫醇，2-巯基乙醇，2-巯基丙酸，甲基硫乙醇酸盐，庚硫醇，对甲苯硫酚	H^+	在乙酸-乙酸酐(1∶6)介质中			53
组氨酸	Br_2	0.05mol/L KBr，pH=4.58～5.29，Pt电极	电位法	相对误差−6.8%	54
棉酚	Br_2	0.1mol/L KCl，50%乙酸，30%乙醇溶液	双电流法		54
酸性铬蓝K、亚甲基蓝	Ti^{3+}	0.2mol/L柠檬酸钠，0.6mol/L三乙醇胺，0.01mol/L Mn^{2+}，0.1mol/L $TiCl_4$，pH=2～3		相对偏差＜0.7%	55
芳香族亚硝基化合物对亚硝基苯胺，对亚硝基酚，2-氯-4-亚硝基酚，3-甲基-4-亚硝基酚，2,6-二甲基-4-亚硝基酚，2,5-二甲基-4-亚硝基酚	Ti^{3+}	$TiCl_4$ 3.6×10^{-4}mol/L，0.05mol/L EDTA，0.8mol/L NaAc，0.6mol/L HNO_3，pH=3.9，Hg池阴极50.3cm^2，Pt阳极置于阳极室。用烧结玻璃圆盘隔开，i=0.8mA，电解时间100s，氧化还原反应为：$TiOY^{2-}+2H^++e^- \rightleftharpoons TiY^-+H_2O$	$E_{微Hg-SCE}$(0.5cm^2)	$TiCl_4$溶于EDTA较慢，室温，2天，80℃为1.5h；测定(1.150，1.029，1.000，1.036，1.026，1.013)×10^{-5}mol/L，平均误差分别为：−0.8，−0.1，+0.2，−0.3，+0.3，−1.2	56
微量的芳香族、杂环、脂环及脂肪族硝基化合物	$TiCl_3$及费希尔试剂	$TiCl_3$由二甲基甲酰胺中$TiCl_4$溶液在Hg阴极上电解产生、试样3～10mg用$TiCl_3$在有吡啶存在的二甲基甲酰胺中，在氩气氛下恒定搅拌3min使之还原，反应为：$6TiCl_3+RNO_2+6HCl \rightleftharpoons 6TiCl_4+RNH_2+2H_2O$ 除去过量的$TiCl_3$(用C_6H_6中的Br_2滴定)，然后用费希尔试剂滴定溶液中产生的水	i_{Pt-Pt}	结果应校正以空白和溴溶液中的水	56
有机物质的氮	BrO^-	3～20mg含0.1%～1% N的试样用$KHSO_4$在封固安瓿中热至550～600℃，使之熔融而矿物化，熔融物中的胺氮在含硼酸盐缓冲液的KBr溶液中库仑测定。BrO^-系在Pt电极恒电流产生	i_{Pt-Pt}	SO_2的干扰，可将酸化过的熔融物溶液煮沸以消除对测定1.5%～4%的N，标准偏差为0.04%，10次测定需1h	56

续表

被测定的物质	滴定方法				文献
	试剂	滴定条件	终点	其他	
有机化合物中及硝化了的丁二烯-苯乙烯橡胶中的硝基和亚硝基	用外部产生的Ti^{3+}	最适宜的测定介质为乙醇-$CHCl_3$(1:1)，过量的Ti^{3+}用测量过的一定量的$NH_4Fe(SO_4)_2$与之作用，过量的Fe^{3+}在NH_4SCN存在下库仑滴定	—	硝基及亚硝基二者在柠檬酸钾缓冲液中能与Fe^{3+}定量反应，然而≥6mol/L HCl中，只有亚硝基和Ti^{3+}反应，因而可选择性测定$-NO_2$及$-NO$。对测定1.94%～19.98%的$-NO$和23.12%～54.74%的$-NO_2$，相对标准偏差分别为≤0.008和≤0.009	56
环己胺(仲胺)	Hg^{2+}	0.5mol/L$NaClO_4 \cdot H_2O$，25% CS_2，75%CH_3COCH_3	$E_{Hg\text{-}SCE}$	预滴定至−0.200V；用N_2除去O_2，滴定前用水杨醛与伯胺反应	56
胱氨酸(双巯丙氨酸)	Hg^{2+}				
半胱氨酸-胱氨酸	Br_2	Pt电极，pH=3.0～4.0及0.05～0.5mol/L KBr，i为1.0～10.0mA，能产生100%Br_2并测定两种组分	—	可测定100～1000μg的氨基酸，2.1×10^{-5}～2.1×10^{-4}mol/L 胱氨酸	56
	I_2	取另一份，用电解产生的I_2滴定半胱氨酸，从而差示测定两者	$i_{Pt\text{-}Pt}$	4.1×10^{-5}～4.1×10^{-4}mol/L半胱氨酸。和Br_2及I_2作用的杂质用纸色谱法在测定氨基酸前事先分离	—
二乙基胺，二丙基胺，二丁基胺	Hg^{2+}				21
1,3-二苯胍肼，甲基-肼(H_2SO_4)，苯肼(HCl)；1-苯基-2-异丙基-肼(HCl)	H^+ Br_2	HAc，CH_3OH，$Hg(Ac)_2$，KBr	$i_{Pt\text{-}Pt}$(0.2V)	见文献	2，56
1,1-二甲基-肼；1,1-二苯基-肼(HCl)；1-(邻甲氧基)苯基-2-异丙基-肼(HCl)；乙酸酰肼(乙酰肼)；草酸酰肼					
肼	Br_2	可用内部电流源，Pt和石墨阳极，Pt阴极，0.2mol/L KBr+ 10^{-4}mol/L HCl	$E_{Pt\text{-}Pt}$(0.15V)	—	—
靛蓝胭脂红(酸性靛蓝)	$S_2O_4^{2-}$	HAc缓冲液，pH=4	A_{610nm}		56
异菸酸，酰肼	Br_2	0.3mol/L HCl	$i_{Pt\text{-}Pt}$(0.3V)，$E_{Pt\text{-}SCE}$	—	—
亚甲基蓝	$S_2O_4^{2-}$				57
吗啉(1,4-氧氮杂环己烷)	Hg^{2+}				21
1-萘胺	H^+	0.05mol/L $LiClO_4 \cdot 3H_2O$，0.01mol/L 氢醌 CH_3CN	E④	—	56

续表

被测定的物质	滴定方法				文献
	试剂	滴定条件	终点	其他	
2-萘胺	Ce^{4+}-Fe^{2+}	＞3mol/L H_2SO_4，0.1mol/L H_3PO_4	E_{Pt-SCE}，E_{Pt-Hg/Hg_2SO_4}		56
核苷酸的溴化库仑测定胞嗪、胸腺碱及尿嘧啶化合物	Br_2 (0.024μmol/ml 溴)	常用电解质溶液：pH=5.75 磷酸盐 (0.1mol/L NaH_2PO_4，0.01mol/L Na_2HPO_4)，pH=4.6 磷酸盐 (0.1mol/L NaH_2PO_4)，pH=4.6 乙酸盐(0.25mol/L HAc+NaOH)，所有电解质溶液均为含 0.15mol/L KBr，在已知恒电流下电解产生 Br_2，直至指示器电流为 20.0μA	E_{Pt-Pt}(0.25V)	本法相对标准偏差为 0.3%～1%，嘧啶核苷酸在有＞100倍过量的腺嘌呤及其核苷、核苷酸存在时，测定误差很小，甚至可忽略	56
8-羟基喹啉	Br_2	0.2mol/L NaBr，0.001～0.0001mol/L HCl	i_{Pt-Pt}(0.25V)	0.4～4mg 8-羟基喹啉用于滴定	56
	Br_2	NaBr 溶液	电位法	测微量	58
	Br_2	0.1mol/L HCl，0.5mol/L NaBr	电流法	测 1～2mg	59
丁硫醇(和其他硫醇)	Ag^+	C_6H_6，C_2H_5OH，NH_3，NH_4NO_3	i_{Au-Pt}(0.25V)	—	
二硫化物	Br_2				60
硫醚，噻吩[硫(杂)茂]	Br_2				58
硫二甘醇(2,2-二羟基二乙硫)	Br_2	50% HAc	i_{Pt-Pt}(0.3V)，E_{Pt-SCE}	—	
硫脲	Hg^{2+}	0.03mol/L H_2SO_4，0.1mol/L K_2SO_4	i_{Hg-Hg}(0.01～0.03V)	用 N_2 除去 O_2	56
	Ag^+	加过量饱和的 AgBr 于浓 NH_3 中，温热(60～70℃)至无 NH_3 味，加 $HClO_4$，滴定 Br^-	E_{Ag-SCE}	避免光照	56
	Br_2	硼砂-KH_2PO_4 缓冲溶液，pH=5.8，含 2% KBr	E_{As-SCE}	测定 0.11～0.75mg 和＞1mg，平均误差分别为 0.1%～(0.5%和 0.06%)	56
	Hg^+	15ml 0.1mol/L H_2SO_4，5ml 0.5mol/L K_2SO_4	电流法	—	61
2-巯基噻唑啉	I_2	0.1mol/L KI+1mol/L NaOH	双电流法	测 0.20～10μmol，测定相对标准偏差<0.5%	62
2,5-二巯基-1,3,4-噻重氮	I_2	0.1mol/L KI+1mol/L NaOH	双电流法	测 0.10～5μmol，测定相对标准偏差<0.5%	62
硫磷农药	Cl_2	0.5mol/L H_2SO_4 + 0.2mol/L NaCl	双电流法	测 0.25～5.19μmol，测定相对标准偏差 0.01%～0.09%	63
2,2-二硫代二乙酸	Cl_2	0.5mol/L H_2SO_4+NaCl	双电流法	测 0.50～3.75μmol，误差<1%	64
2,2-二硫代二丙酸	Cl_2	0.5mol/L H_2SO_4+NaCl	双电流法	测 0.375～1.50μmol，误差<1%	64

续表

被测定的物质	滴定方法				文献
	试剂	滴定条件	终点	其他	
盐酸胱胺	Cl_2	0.5mol/L H_2SO_4+NaCl	双电流法	测 1.00 ~ 2.50 μmol，误差<1%	64
盐酸胱胺	Cl_2	0.5mol/L H_2SO_4+NaCl	双电流法	测 0.5～3μmol，误差<1%	65
L-胱氨酸	Cl_2	0.5mol/L H_2SO_4+NaCl	双电流法	测 0.50～2.75μmol，误差<1%	64
L-胱氨酸	Cl_2	0.5mol/L H_2SO_4+NaCl	双电流法	测 0.25～2μmol，误差<1%	65
巯基琥珀酸	Cl_2	0.5mol/L H_2SO_4+NaCl	双电流法	测 0.5～2.5μmol，误差<1%	65
巯基磺酸钠	Cl_2	0.5mol/L H_2SO_4+NaCl	双电流法	测 0.25～10μmol，误差<1%	65
巯基磺酸钠	Cl_2	0.5mol/L H_2SO_4+NaCl	双电流法	测 0.25～10μmol，误差<1%	65
3-巯基丙酸	Cl_2	0.5mol/L H_2SO_4+NaCl	双电流法	测 0.42～8.3μmol，误差<1%	65
巯基磺酸钠	Cl_2	0.5mol/L H_2SO_4+NaCl	双电流法	测 0.25～10μmol，误差<1%	65
戊硫代巴比妥	Cl_2	0.5mol/L H_2SO_4+NaCl	双电流法	测 0.1～1μmol，误差<1%	65
巯基乙酸	Cl_2	0.5mol/L H_2SO_4+NaCl	双电流法	测 0.87～10μmol，误差<1%	65
青霉胺	Cl_2	0.5mol/L H_2SO_4+NaCl	双电流法	测 0.125～5μmol，误差<1%	65
谷胱甘肽	Cl_2	0.5mol/L H_2SO_4+NaCl	双电流法	测 0.5～10μmol，误差<1%	65
D(+)-葡萄糖	BrO^-	在葡萄糖氧化酶的作用下，D(+)-葡萄糖被 O_2 氧化生成 H_2O_2（0.3mol/L 乙酸缓冲溶液，pH=5.1），然后用电化学生成的 BrO^- 库仑滴定 H_2O_2(0.6mol/L NaBr+0.05mol/L $NaBF_4$，pH=8.6)，恒电流为 10mA	双电流法	9.942mg/ml（标准值为 10mg/ml），相对标准偏差为 0.093%	66
乙酰胆碱	OH^-	在乙酰胆碱酶的作用下，乙酰胆碱酶解生成乙酸（磷酸缓冲溶液，pH=7），然后用电化学生成的 OH^- 库仑滴定乙酸（0.3mol/L $NaNO_3$，pH=8.6），恒电流为 10mA	pH 电极	检测限为 8×10^{-5}mol/L	67
甲亢平	I_2	1mol/L KI+0.05 mol/L NaOH，恒电流为 1～10 mA	双电流法	0.5～20μmol (0.09～3.7mg)，相对标准偏差 0.01%～0.23%	68
甲亢平	Cl_2	0.5mol/L H_2SO_4+NaCl	双电流法	测 0.25～2μmol，误差<1%	65
6-丙基硫脲嘧啶	I_2	0.5mol/L H_2SO_4+NaCl	双电流法	测 0.5～5μmol，误差<1%	69
2-巯基胞嘧啶	I_2	磷酸缓冲溶液（pH=7.0）	双电流法	0.1～20μmol，相对标准偏差<1%	70

续表

被测定的物质	滴定方法				文献
	试剂	滴定条件	终点	其他	
2-巯基吡啶	I_2	磷酸缓冲溶液（pH=7.0）	双电流法	0.1～20μmol，相对标准偏差<1%	71
2-巯基烟酸	I_2	磷酸缓冲溶液（pH=7.0）	双电流法	0.2～2μmol，相对标准偏差<1%	71
2-巯基烟酸	I_2	磷酸缓冲溶液（pH=7.0）	电位法	50～250μmol，相对标准偏差<1%	71
2-巯基-3-吡啶醇	I_2	磷酸缓冲溶液（pH=7.0）	电位法	10～500μmol，相对标准偏差<1%	71
2-巯基嘧啶	I_2	1mol/L KI+0.5mol/L NaOH	双电流法	0.1～4μmol，相对标准偏差<1%	72
2-巯基乳清酸	I_2	1mol/L KI+0.1mol/L NaOH	双电流法	0.1～5μmol，相对标准偏差<0.25%	72
水杨酸及其衍生物	Br_2，Cl_2	磷酸缓冲溶液（pH=7.0）	电位法	2.4～19.2μg/ml，相对标准偏差 1%～5%	73
羟基脲	Br_2，	0.4mol/L KBr（乙酸缓冲溶液）	电流法或电位法	0.1～5mmol，相对标准偏差为 1%～2%	74
2-巯基-4-喹唑啉酮	I_2	磷酸缓冲溶液（pH=7.0）	双电流法	0.2～2μmol(0.0036～0.36mg)，相对标准偏差<1%	75
硫代巴比妥酸	I_2	1mol/L KI+3mol/L NaOH	电位法	0.1～20μmol(0.014～2.9mg)，相对标准偏差<1%	76

①$E_{\text{Pt-Pb(Hg)}, PbSO_4, 2mol/L\ H_2SO_4}$(1+1.25V)。

②$E_{\text{Pt-Hg}, Hg_2SO_4, H_2SO_4}$，亚铁二氮杂菲。

③$E_{\text{玻璃-Hg/HgAc}, HAc, NaClO_4}$。

④$E_{\text{玻璃-Ag/AgCl}}$，饱和 LiCl • CH_3CN。

本表参考文献：

1. Miller J W. Deford D D. Anal Chem, 1957, 29:475.
2. Leisey F A. Grutsch J F. Anal Chem, 1956, 28:1553.
3. Miller J W. Deford D D. Anal Chem 1958, 30:295.
4. Chemicke Listy, 1958, 52: 595, 1899.
5. God Vissh Khim Tekhnol Insti, Burgas Bulg, 1973, 10(10): 63.
6. Chem Abstr, 1975, 83: 52979j, 141509y, 22052j.
7. Kinberger B, Edholm L E, Nilsson O. Talanta, 1975, 22: 1042, 979.
8. Bard A J, Lingane J J. Anal Chim Acta, 1959, 20: 463, 468.
9. Edholm C E. Talanta, 1976, 23: 709.
10. Afr S. Ind Chem, 1954,8: 243.
11. Furman N H, Adams R N. Anal Chem. 1953, 25: 1564.
12. Legradi L. Freseniu's Z Anal Chem, 1974, 271:300.
13. Chem Abstr, 1974, 81:1631076.
14. Bull Soc Chim Belgrade, 1955,20: 329.
15. 铃木繁乔. 分析化学(日), 1962, 11: 355.
16. Pastor T J, Vajgand V J. Anal Chim Acta, 1982, 138: 87.
17. Chem Abstr, 1985, 102: 214414m.
18. Pastor T J. Mikrochim Acta, 1985, (Ⅰ): 253.
19. Pastor T J, et al. Mikrochim Acta, 1993, 110:111.
20. Pastor T J, et al. Anal Chim Acta, 1992, 258: 161.
21. Przybylowicz E P, Rogers L B. Anal Chim Acta, 1958, 18: 596.
22. Jedrzejewski W. Chem Anal (Warsaw), 1957, 2: 453.
23. Roczniki Chem, 1956, 30: 269.
24. Parham H, Zargar B, Alizadeh M. Asian J Chem, 2007, 19: 5123.
25. Cordova-Orellana R, Lucena-Conde F. Talanta, 1977, 24: 124.
26. Carson W N Jr. Anal Chem, 1951, 23: 1019.
27. Brand M J D, Fleet B, et al. Analyst, 1970, 95: 387.
28. Ricerca Si, 1956, 26: 825.
29. Res J Natl Bur Standard, 1959, 63A: 153.
30. J Pharm Belg, 1974, 29: 361.
31. Chem Abstr, 1975,82: 25481p.
32. Pouw Th J M, Den-Boof G,Hannema V. Anal Chim Acta, 1973, 67:427.
33. Carson W N. Jr. Anal Chem, 1950, 22: 1565.
34. Dutt N K, Sen-Sarma K P. Anal Chim Acta, 1956, 15:21.
35. Tutundžić P S, et al. Anal Chim Acta, 1955, 12: 390.
36. 铃木繁乔. 工业化学, 1961, 24: 2116.
37. Ttakahashi T, Sakuraih. Talanta, 1962, 9: 189.

38. Aeta Polon Pharm, 1958, 15: 175.
39. Whymark P W,Cooksey B G, et al. Talanta, 1973, 20: 371
40. Chem Abstr, 1985; 103: 73489w, 900225, 220912j.
41. Smith J J, Bowman H M, et al. Anal Chem, 1952, 24: 499.
42. Attaran A M, Parham H, Raeiszadeh M. Asian J Chem, 2009, 21: 4013.
43. Maricle D L. Anal Chem, 1963, 35: 683.
44. Chem Abstr, 1982, 97: 16386u.
45. Zima J, Barek J, et al. Anal Lett, 1988, 21, 77.
46. Glodilovich D B, Pozdnyakova N E. Zh Anal Chim, 1987, 42: 907.
47. Vajand V. Anal Chim Acta, 1988, 212: 73.
48. Agasyan P K, Nikolaeva E R, Mikhava I A. Zh Anal Chim, 1985, 40: 2072, 2204.
49. Gaal F F, Topalow A S, et al. Mikcrochem J, 1986, 33: 71.
50. Pastor T J, et al. Mikcrochim Acta, 1983, 3: 203.
51. Chem Abstr, 1987, 106; 78030m.
52. Pastor T J, Barek J. Mikcrochim Acta, 1989, 1: 407.
53. Mihaj L R, et al. Anal Chim Acta, 1990,229: 221.
54. 刘海坤, 周端赐, 周静森, 等. 分析化学, 1986, 14: 53.
55. 姜永, 周同惠, 李汉杰, 等. 分析化学. 1985, 13: 536, 603.
56. 杭州大学化学系, 分析化学教研室. 分析化学手册・第四分册・电分析化学. 北京：化学工业出版社, 1983.
57. Munemori M. Talanta, 1958,1:110.
58. Ren Fac Zng Quim, Argentina, 1959, 28: 39.
59. Frumkin A N, Damsakin B B. J Electroanal, Chem; 1962, 3: 43.
60. Candsberg H, Escher E. E. Ind Eng Chem, 1954, 46: 1422.
61. Kies H L, Mitarbeit G J, Tan S H. Z Anal Chem, 1961, 183:194.
62. Ciesielski W, Zakrzewski R, Zlobinska U. Asian J Chem, 2006, 18: 1377.
63. Ciesielski W, Skowron M, Balczewski P. Talanta, 2003, 60: 725.
64. Ciesielski W, Skowron M. Chem Anal, 2005, 50: 47.
65. Ciesielski W, Skowron M. Chem Analityczna, 2004, 49: 619.
66. Tanaka T, Shutto E, Mizoguchi T, Fukushima K. Anal Sci, 2001, 17: 277.
67. Gyurcsanyi R E, Feher Z, Nagy G. Talanta, 1998, 47: 1021.
68. Ciesielski W, Krenc A. Anal Sci, 2000, 33: 1545.
69. Ciesielski W, Zakrzewski R. Analyst, 1997, 122: 491.
70. Ciesielski W, Zakrzewski R. Chem Anal, 1996, 41: 399.
71. Ciesielski W, Zakrzewski R. Chem Analityczna, 1999, 44: 1065.
72. Ciesielski W, Zakrzewski R, Krenc A, Zielinska J. Talanta, 1998, 47: 745.
73. Abdullin I F, Chernysheva N N, Budnikov G K. J Anal Chem, 2002, 57: 721.
74. Dosortzev V, Kirowa-Eisner E. Microchem J, 1997, 57: 96.
75. Ciesielski W, Zakrzewski R, Kasprzak K. Chem Anal, 1996, 41: 1083.
76. Ciesielski W, Kowalska J, Zakrzewski R. Talanta, 1995, 42: 733.

四、控制电位库仑分析

表 3-12 和表 3-13 分别是控制电位库仑分析法测定无机物和有机物的应用。表 3-12 按被测物的英文字母顺序编排，表 3-13 以被测物所含官能团分类汇编。表内某些符号及写法的意义如下所示。

第三栏：

E_{we}　工作电极电位，单位 V。

−1.45　在−1.45V 进行电解期间的积分电流。

PESE−0.1　在−0.1V 预电解支持电解质，除去空气后，加入试样并在相同的电位下进行电解期间的电流积分。

PESE−0.6;−0.24　在−0.6V 预电解支持电解质，除去空气后，加入试样，并在−0.24V 进行电解期间的电流积分。

PESE−0.7;PES−0.24;−0.35　在−0.7V 预电解支持电解质，加入试样，并在−0.24V 电解混合物，然后在−0.35V 进行电解期间的电流积分。

PESE;PES−0.95;−1.20　在−1.20V 预电解支持电解质，加入试样，并在−0.95V 电解混合物，然后在−1.20V 进行电解期间的电流积分。

第四栏：

此栏是关于电极和所用电池的知识，电极以工作电极、参比电极、辅助电极顺序排列。

Hg，SCE‖Pt 表示采用隔膜型电池，一室中用汞工作电极和饱和甘汞电极，另一室中为铂辅助电极，去极化剂（如 $N_2H_4 \cdot 2HCl$）常常加在辅助电极室中。

Pt-Ag 和 Ag-Hg 分别指铂电极镀以银和银电极镀以汞。

第七栏：

此栏为有关平均误差，它与化学过程和所涉及的各种背景校正的数量有关，也常常受到所用电流积分装置的准确度和精密度的限制，因此在这一栏中还列出“电流积分方法”，其符号意义分别为：

Ag　银库仑计；

CR　电流记录（记录电流-时间曲线的图解积分或定时的测量电流，建立了 $\lg i = \lg i^{\circ} - Kt$ 形式的一个方程，并以方程式 $Q = i^{\circ}/2.303K$ 来计算电流积分 Q）；

Cu　铜库仑计；

EI　电子积分器；

G　气体积分计；

MI　机械积分。

表 3-12　测定无机物的控制电位库仑滴定分析

被测定的物质	支持电解质	E①/V	电极	n	范围	平均误差/%	干扰情况	注解
Ag^+	0.05mol/L H_2SO_4 或 K_2SO_4	PES−0.1 扫描从 0.0 到+1.0	Pt 或 Hg，SCE	−1	0.0005～0.01μg/0.02～25ml	2，CR	—	阳极溶出，扫描速率为 0.05V/s
	2.4mol/L $HClO_4$	+0.15	Pt，SCE‖Pt	1	大约 60mg	0.1，EI	—	
三元合金中 Ag，Cd，In 连续测定	称出一定量金属溶于最少量的(1+1)HNO_3中，稀释至一定体积，使 pH＜5，以阻止 In 的水解，取出一部分样品溶液(约合 3mg In，1mg Cd，20mg Ag)加到 10ml 三次蒸馏的汞中，加 40ml 1mol/L $HClO_4$ 为支持电解质，测定 Ag、Cd 后加入一计算过体积的 1mol/L NaI 溶液，使 I^-/In 摩尔比为(10～12)∶1	PESE −0.64±0.0 $Ag^+ \longrightarrow Ag$(Hg)(＜15min)然后在−0.63，$Cd^{2+} \longrightarrow Cd$(Hg)(＜15min)，−0.615$In^{3+} \longrightarrow$ In(Hg)(＜35min)	Hg，SCE‖Pt 丝(0.4mm)	1 2 3	约 1～20mg Ag 1～3mgCd 1～10mg In	±0.1% ±0.01%～±0.02% ±0.03%～±0.04%，EI	NO_3^- 应用 $HClO_4$ 发烟除去	
镅化学氧化至 Am^{5+}，然后库仑滴定还原至 Am^{5+}	取一份含有 400μg 镅的溶液并使在 10ml 的溶液中含有 0.05～0.20mol/L HNO_3，0.02%$AgNO_3$ 2 滴，0.5ml 1mol/L 过二硫酸铵，用水稀释至大约 10ml，加热 10～20min，冷至室温，再用水调节至 10ml	PESE1.6(15 min)，然后 1.05＜10min 降至恒值	Pt 网，SCE‖Pt	1，从 Am^{3+} ↓ Am^{5+}	0.4～1.3mg	百分之零点几范围 EI	—	电解期间用氩通过溶液冲洗以除去氧，Pt 网控制电极(1×6cm 45-筛孔)刚好插于一称量瓶的内壁

续表

被测定的物质	支持电解质	$E^{①}$/V	电极	n	范围	平均误差/%	干扰情况	注解
微克量级镅243 (Am^{3+})	0.1mol/L $LiClO_4$-0.05mol/L Na_2CO_3，pH=10.0～11.5	$E_C^{\ominus}=0.118$ MSC②(对SCE)=0.420 (包括接界电位)	CGE(传导玻璃电极)，Hg/Hg_2SO_4	72	30μg	1.5%	大多数的离子干扰，Pu，Np在近Am^{3+}-Am^{5+}处还原，Fe能沉淀并清除Am，从放射性元素所得的射解作用产物也有干扰：SO_4^{2-}产生阳极移动，F^-侵蚀玻璃表面，Cl^-或NO_3^-在0.01mol/L时不干扰，Am^{5+}～Am^{6+}的氧化及Am^{6+}的水解均须加校正	方法限制于纯溶液
As^{3+}	1mol/L H_2SO_4	+1.0到+1.2	Pt，SCE‖Pt	−2	15～85mg/100ml	1～2，CR	干扰：Sb^{3+}(制止As的氧化)	在pH>1.8时<100%电流效率
	1mol/L NaOH	—	Pt，SCE‖Pt	−2	—	CR	不干扰：Sb^{3+}	—
Au^{3+}	1mol/L HCl	PES+0.75；+0.45	Pt，SCE‖Pt	3	0.01～25mg/5ml	对40μg为0.5($\sigma^{③}$=1.4%)	干扰：Br^-，CN^-，Fe^{3+}，>1mol/L HNO_3 Pu^{3+}，Ru 不干扰：Ag^+，Ac^-，F^-，Hg^{2+}，PO_4^{3-}，Pb^{2+}，Pd^{2+}，SO_4^{2-}，强氧化剂	沉积的Au可以在+1.2V阳极溶出
Bi^{3+}	0.4mol/L $Na_2C_4H_4O_5$，0.1mol/L $NaHC_4H_4O_5$，0.2mol/L NaCl	PESE−0.7；PES−0.24；−0.35	Hg，SCE‖Ag	3	10～100 mg/50ml	7～0.7，G	不干扰：Cu^{2+}	—
Br^-	0.1mol/L NaAc，0.1mol/L HAc	±0.16±0.05	Pt-Ag，SCE，Pt	−1	0.5～200mg/220ml	2～0.05，G	不干扰：I^-在pH=5存在有5% $Ba(NO_3)_2$时	亦可用库仑重量法分析Br^-和Cl^-的混合物
	CH_3OH水溶液中的0.2mol/L KNO_3	±0.0	Ag，SCE，Pt	−1	20～60mg	3～1	—	—
Cd^{2+}	0.1mol/L KCl	PES，扫描从−1.0到−0.3	Pt-Hg或Ag-Hg，SCE	−2	1×10^{-6} mol/L 50ml	7，CR	—	阳极溶出，扫描速率为0.02V/s

续表

被测定的物质	支持电解质	$E^{①}$/V	电极	n	范围	平均误差/%	干扰情况	注解
Cd^{2+}	0.1mol/L KCl	PES−0.5；−0.7	Hg，SCE ‖ Ag	2	大约 100μg	—	不干扰：Pb^{2+}	—
	1mol/L KCl		Hg，SCE ‖ Ag	2	20～200mg	0.9，G	—	库仑重量法分析 Cd 和 Zn 混合物
Cu^{2+}	0.1mol/L NH_3-NH_4NO_3	−0.05	Pt，SCE ‖ Pt		1mg	+0.1%～1.5%		工作电极为涂汞 Pt 网阴极
Zn^{2+}	PH10					0.1%～0.4%		
Ca^{2+}	(用 Hg^{2+}-ETDA 的间接法)					+0.5%～+1.3%		
Cl^-	0.1mol/L NaAc 0.1mol/L HAc	+0.25±0.01	Pt-Ag，SCE ‖ Pt	−1	0.25～80mg/220ml	4G～0.1，Ag	不干扰：I^-在 pH=5 存在有 5% $Ba(NO_3)_2$ 时	亦可用库仑重量法分析 Cl^-和 Br^-的混合物
	0.2mol/L KNO_3 的 CH_3OH 水溶液	+0.2	Ag，SCE ‖ Pt	−1	20～60mg	3～1		
CO^{2+}	1mol/L 吡啶，0.3mol/L HCl，0.2mol/LN_2H_4·H_2SO_4，pH=7	PESE；PES−0.95；−1.20	Hg，SCE ‖ Ag	2	20～100mg	2～0.4，G	不干扰：Ni^{2+}	在 pH＜6.4 有较大误差
	1mol/L NH_3，1mol/L NH_4Cl	PES−1.10；−1.45	Hg，SCE ‖ Pt	2	60～90mg	0.2，MI	干扰：Zn，不干扰：Cu，Ni	—
Cr^{3+}或 Cr^{4+}	6mol/L HCl	PES−1.1，更换 Hg，然后于−0.8，−0.4	Hg，SCE ‖ Pt	−1	5μg～50mg/60ml	1～0.1，MI	干扰：Re，Se，Te，V，W^{6+}	不存在 U 时，省去在−0.8V 时的 PES
							不干扰：碱金属和碱土金属，Ag，Al，As^{5+}，Bi，Cd，Ce，Co，Cu，Fe，Hg，In，Mn，Mo(应用校正)，Ni，Pb，Sb，Sn，Ti，Tl，U，Zn	
Cr^{5+}	含有 NaI 的 0.5mol/L H_2SO_4	+0.1	Pt，SCE ‖ Pt	3	大约 1.7g	0.06，EI	—	—
	0.3mol/L HCl，NaAc，pH=4	−0.3	Hg，SCE ‖ Ag	3	—	0.2mg	不干扰：钢的组分	—
Cu^{2+}	1mol/L NH_3，1mol/L NH_4Cl	PESE−0.75	Hg，SCE ‖ Pt	2	20～200mg/100～150ml	0.1，MI	—	—
	1mol/L HCl	PESE−0.1	Hg，SCE ‖ Pt	1	60～600mg/100～150ml	＜0.1，MI	—	—
		PESE−0.5	Hg，Ag/AgCl ‖ Pt	2	60～300mg/100～150ml	＜0.1，MI	—	—

续表

被测定的物质	支持电解质	$E^{①}$/V	电极	n	范围	平均误差/%	干扰情况	注解
Cu^{2+}	1mol/L KCl，1mol/L HCl	−0.4	Hg，SCE‖Pt	2	0.25×10^{-3} mol/L	0.2	—	—
	0.5mol/L 柠檬酸钠，pH5.5	—	Hg，SCE‖Pt	2	—	—	—	吸收库仑计
	1mol/L $HClO_4$	PESE−0.5	Hg，SCE‖C	2	60～600mg/(100～150ml)	0.1，MI	—	—
	2.4mol/L $HClO_4$	−0.2	Pt，SCE‖Pt	2	—	−EI	—	—
	0.5mol/L H_2SO_4	PESE 从−0.3 到−0.5	Hg，SCE‖Pt(或C)	2	0.1～300mg/(5～150ml)	0.4～0.1，MI 和 EI	—	—
		PES−0.25；+0.175	Hg，Ag/AgCl‖Pt	−2	0.1～5mg/5ml	0.1，EI	不干扰：U	—
	0.8mol/L Na_2SO_4 0.05mol/L H_2SO_4	−0.2	Pt，SCE‖Pt	2	2.7mg	1～0.3，EI	不干扰：Ni^{2+}	—
	0.4mol/L $Na_2C_4H_4O_6$，0.1mol/L $NaHC_4H_4O_6$ 0.2mol/L NaCl	PESE−0.6；−0.24	Hg，SCE‖Ag	2	0.01～75mg/50ml	5～0.5，G	不干扰：10～100mg Bi^{3+}	—
	Cu/0.05mol/L H_2SO_4，1mol/L $CdSO_4$/Cd 汞齐	—	—	2	—	—	—	内电解
Eu^{3+}	新配制的 0.1mol/L $(C_2H_5)_4NBr$ 在纯 CH_3OH 中	PESE−1.2	Hg，Ag/AgBr‖Ag	1	0.07～3mg	1～0.03	干扰：大量 Yb^{3+}	Yb^{3+}亦可定量地还原
	0.1mol/L HCl	PES−0.9；−0.1	Hg，Ag-AgCl‖Pt	−1	1～10mg	0.1，EI	干扰：SO_4^{2-} >0.01，6mol/L HNO_3 不干扰：Al，Ca，Ce；痕量的 Fe，Gd，La，Si，Y，Yb	
	0.1mol/L $HClO_4$	PES−0.9；−0.1	Hg，Ag/AgCl‖Pt	−1	8mg	0.2，EI	—	在还原期间[⟶Eu^{2+}]电流效率100%
	0.5mol/L H_2SO_4	−0.9	Hg，Ag/AgCl‖Pt	1	—	—	—	—
	2mol/L $MgSO_4$	—	Hg，Ag/AgCl‖Pt	1	≥10mg	−EI	—	“定量，100%电流效率”
Fe^{2+}	1mol/L H_2SO_4	从+0.9 到 1.0	Pt，SCE‖Pt	−1	14～26mg/100ml	1～2，CR	—	—
Fe^{3+}	0.2mol/L $HClO_4$，0.008mol/L Ce^{3+}	扫描从+0.8 到+0.2	Au，SCE，—④	1	0.025～5μg/5ml	对 5μg 为 0.4，CR	干扰(假使 Ag/Fe≥10)：F^-，Hg，PO_4^{3-}，Pd，Pt，Pu，Ru，不干扰：Au，Cl^-，Cu，NO_3^-，Np，Pb，SO_4^{2-}	—

续表

被测定的物质	支持电解质	$E^{①}$/V	电极	n	范围	平均误差/%	干扰情况	注解
$Fe(CN)_6^{-3}$	0.025mol/L HAc-NaAc，pH=5	+0.22	Pt，SCE ‖ Pt-Ag	1	20～50mg $K_3Fe(CN)_6$	0.2，G	干扰：Cl^-	—
$Fe(CN)_6^{-4}$	0.2mol/L HAc-NaAc，pH=5	PESE+0.320	Ag，SCE ‖ Pt	−1	35～70mg/100ml	0.6，G	干扰：Cl^-和生成不溶性Ag盐的其他阴离子	—
H_2O_2	1mol/L 过氧酸钠、碘化钠和盐酸溶液中，I^-为0.1mol/L，pH=0		旋转Pt电极	2	0.001～1mg	±0.1，EI（平均误差指对质量＞3μg的试样准确度优于±0.1%而言）	—	分析时间3～7min，在酸性溶液中过氧化氢和碘化物间的反应为：$H_2O_2+2H^++2I^- \rightleftharpoons I_2+2H_2O$
I^-	Pt/2%KNO_3水溶液，H_2SO_4-PbO_2糊状物	—	—	−1	30～100μg	＜3	—	内电解
Mn^{3+}	1mol/L NaCN	PESE；PES −1.0；−1.50	Hg，SCE ‖ Pt	1	1～25mg	大约1，MI	—	需要加以背景校正
Mn	0.25mol/L $Na_4P_2O_7$，pH=2.0±0.5，如在试样溶解时加过HNO_3，则需加5滴0.5mol/L氨基磺酸钠	+1.05→+1.10若样品中含有Cl^-或铬时则在1.05V电解	Pt(45-筛孔，69cm^2参考电极及抗衡电极盐桥管均充满$Na_4P_2O_7$溶液)	−1	0.5～10mg	0.1，EI	Tl^+，As^{3+}，Ce^{3+}，Sb^{3+}有干扰，V^{4+}有干扰可以用$(NH_4)_2S_2O_3$氧化为V^{5+}消除干扰，过量的Cr^{3+}及Cl^-可以容许	—
Mo^{6+}	0.3mol/L HCl，NaAc，pH=1.5～2.0	−0.4	Hg，SCE ‖ Ag	1	—	0.6mg	不干扰：Cr^{3+}	应用于钢的分析
	0.2mol/L $(NH_4)_2C_2O_4$及1.3mol/L H_2SO_4，pH=2.1	−0.25	Hg，SCE ‖ Pt	1	0.2～10 mg/ml	0.1，EI	Ru可挥发除去，W不干扰，中等量的Cl^-、ClO_4^-、NO_3^-及PO_4^{3-}能容许，可在−0.25V(对SCE)校正Fe^{3+}、Cu^{2+}、Bi^{2+}的干扰	应用于Mo-W-Ru合金的分析，基于Mo^{2+}还原为Mo^{5+}
Ni^{2+}	1mol/L 吡啶，0.3mol/L HCl，0.2mol/L $N_2H_4 \cdot H_2SO_4$，pH=7	PESE−0.95	Hg，SCE ‖ Ag	2	20～100mg/100ml	2～0.4，G	不干扰：20～200mg Co	在相同溶液中Co可以接着测定

续表

被测定的物质	支持电解质	$E^{①}$/V	电极	n	范围	平均误差/%	干扰情况	注解
Np	1mol/L H_2SO_4	—	Pt，SCE‖Pt	1	(0.15～1.5) mg 7μg	0.05 5.6	—	—
水中溶解的 O_2	1mol/L NaI+1mol/L Na_2SO_4，25μmol $NaNO_2$ 用 H_2SO_4 调整至 pH=0.5		圆形 Pt 网工作电极	−2	—	±0.3	必须阻止氧气进入库仑滴定池	反应为：(1)$2HNO_2+2I^-+2H^+ \longrightarrow 2NO+I_2+2H_2O$ (2)$2NO+O_2 \longrightarrow 2NO_2$ (3)$NO_2+2I^-+2H^+ \longrightarrow NO+I_2+H_2O$，然后将形成的 I_2 定量还原
Os^{5+}	1～10mol/L HCl 或 0.2～2mol/L H_2SO_4	−0.3	Hg，SCE‖Pt	3	2～20mg/100ml	大约 2，MI	—	>3mol/L HCl 更好一些
Os^{6+}	0.1～1mol/L KCN	−1.0	Hg，SCE‖Pt	4	0.07×10^{-3} mol/L	0.13，MI	—	用 KCN 化学还原 Os^{8+} 为 Os^{6+}
	0.1～10mol/L NaOH	−0.35 −1.0	Hg，SCE‖Pt	2 4	0.07×10^{-3} mol/L	0.35，MI	—	—
Pb 和 Bi	0.4mol/L 酒石酸和 0.3～0.72mol/L 高氯酸(pH=0.14～0.5)	Bi 和 Pb 在 Hg 电极上沉积，继之以在酒石酸介质中的汞齐库仑氧化，铅和铋分别在−0.16V 和+0.20V 阳极溶出(对 Ag/AgCl 而言)	Hg，Ag/Ag-Cl，饱和 KCl	−2 和−3	0.02～0.2mmol Pb 和 Bi	±0.2%对 Pb ±0.3%对 Bi	—	—
Pb^{2+}	0.5mol/L KCl	−0.50	Hg，SCE‖Ag	2	0.1～200mg/100ml	对 200mg 为 0.5，G	不干扰：Cd	—
	1mol/L HCl	−0.70	Hg，SCE‖Pt 或 C	2	5～50mg/75ml	0.1，MI	Tl^+也为之定量还原	也可用库仑-极谱测定 Pb 和 Tl
	0.1mol/L KCl 或 KNO_3	PES−1.0；扫描从−0.7 到−0.2	Pt-Hg，SCE	−2	1～100μg/100ml	5，CR	干扰：Tl^+	阳极溶出，扫描速率为 0.02V/s

续表

被测定的物质	支持电解质	$E^{①}$/V	电极	n	范围	平均误差/%	干扰情况	注解
混合物氧化物中同时测定钚及铀	5ml 0.25mol/L H_2SO_4-1mol/L HNO_3混合物及1ml饱和氨基磺酸，在电解前加$Ti_2(SO_4)_3$溶液至电解质溶液变暗色，用于还原Pu及U为Pu^{3+}，U^{4+}	对Ag/AgCl而言，PESE 0.33；0.73，0.33控制金工作电极的电位于两个阶段：①库仑氧化：0.73V使Pu^{3+}及U^{4+}成为Pu^{4+}及U^{6+}；②在0.33V使Pu^{4+}成为Pu^{3+}的库仑还原，使U遗留为U^{4+}	Au，Ag/AgCl‖Pt	U的氧化−2Pu的氧化−1以上为0.73V电流降至25μA或更少	15～20mg的Pu+U	从混合物含30%～2%的Pu由Pu∶U的比结果所得的精密度分别为0.5%与1.5%	不干扰：Cd铁定量干扰Pu的测定，而不干扰U	电解质应通以氢
Pu^{4+}	1mol/L 柠檬酸，0.1mol/L $Al_2(SO_4)_3$，KOH，pH=4.5	PES—[→Pu^{3+}] −0.07	Hg，SCE‖Pt	−1	0.05～50mg	0.5～0.05，EI	不干扰：Cu，少量Fe，Hg，Pb，Pd，U^{4+}	
	3mol/L HCl	PES+0.60；+0.90	Pt，SCE‖—	−1	0.05～1mg	—	—	在+0.6V时还原[→Pu^{3+}]完全程度为98.7%，对840μg有±0.3%的可变系数，对≤100μg，1mol/L $HClO_4$更好一些
Pu：$^{239}Pu^{31.3}$，$^{240}Pu^{7.41}$，$^{241}Pu^{0.45}$，$^{242}Pu^{0.04}$（Pu右上角标的数字为原子百分含量）	0.5mol/L H_2SO_4	第一级柱形电极电位固定在E_1为+0.10V和0.35V对Ag-AgCl而言，所有钚离子还原为Pu^{3+}，第二级柱形，电极电位 固定在E_2为+0.75V，对Ag-AgCl而言，从第一级柱形流过的Pu^{3+}，氧化为Pu^{4+}	C玻璃态(粒状)Ag/AgCl，C玻璃态(柱形)	−1	0.1～50μg/(10～50μl)	±3，CR	—	6%的Fe存在，Pu的测定误差仍为±3%，其他离子Ce，Cr，Cu Ni，U，Cl能在第一级柱形电极中加以消除

续表

被测定的物质	支持电解质	$E^{①}$/V	电极	n	范围	平均误差/%	干扰情况	注解
Ru(U-Ru合金中U-Ru碳化物物质中)	在刚玉坩埚中用Na_2O_2+NaOH的混合物在600℃熔融100mg量的Ru，试样冷却，以5mol/L HCl萃取，使以$[Ru_2O]^{4+}$存在，取一份含2～4mg Ru的溶液	PESE+0.61；+0.05	静止Pt网工作电极/SCE	1	mg量级	1	—	电解进行至背景电流小于10μA并进行与Ru试样溶液相同体积的试剂空白测定
硫(存于磷化镓中)	在950℃样品磷化镓与Pt及氯气反应形成Ca_xPt_y及PtP_2，并将样品所含S在Pt催化剂上转化为H_2S，后者吸收于碱性介质，以控制电位库仑法在银电极上测定	−0.36V	Ag网，SCE Pt箔(浸于1mol/L KNO_3)工作电极，表观面积30cm²	−2 $2Ag+S^{2-}\longrightarrow Ag_2S+2e^-$	0.05μg	—	—	此法试剂(Pt及H_2)能有效净化，产生空白很低为0.01μg S
SCN^-	0.2mol/L KNO_3：(a)在水中；(b)在CH_3OH水溶液中；(c)在纯CH_3OH中	(a)+0.38；(b)+0.025；(c)+0.28	Ag，SCE‖Pt	−1	—	0.5～1	—	—
Se^{2-}	1mol/L NH_4Cl，NH_3，pH=8	−0.4	Hg，SCE‖Pt	−2	1.5×10^{-3} mol/L	—，G	—	—
Se^{4+}	1mol/L NH_4Cl，NH_3，pH=8	−1.65	Hg，SCE‖Pt	6	1.5×10^{-3} mol/L	—，G	—	定量的
Sn^{4+}	3mol/L NaBr，0.3mol/L HCl	PESE−0.8；PES−0.4[→Sn^{2+}]−0.7	Hg，SCE‖Pt	2	50mg/30ml	0.15，G	—	—
	3mol/L NaBr，0.3mol/L HCl	PESE−0.8；−0.7	Sn汞齐SCE‖Pt	2	20～50mg/30ml	0.25，G	—	在电解前Sn汞齐+$Sn^{4+}\rightarrow Sn^{2+}$
Te^{2+}	1mol/L NaOH	{−0.6；−1.12	Hg，SCE‖Pt	{−2；−1	大约1×10^{-3} mol/L	—，G	—	定量的
Te^{4+}	0.5mol/L NH_4Cl-NH_3，pH=9.4	−0.9	Hg，SCE‖Pt	4	大约1×10^{-3} mol/L	1.5，G	—	—
	0.5mol/L 柠檬酸，pH=1.6	−0.65	Hg，SCE‖Pt	4	大约1×10^{-3} mol/L	—，G	—	定量的
Tl^+	1mol/L H_2SO_4	PESE+1.38；+1.34	Pt，SCE‖Pt	−2	30～100mg/250ml	0.3，Ag	—	—
U^{4+}	1mol/L HNO_3(或1mol/L H_2SO_4+3mol/L H_3PO_4)，0.01mol/L氨基磺酸	+1.4	Pt，Ag/AgCl‖Pt	−2	1.5～8mg/5～10ml	0.3，EI	干扰：As^{3+}，Br^-，CN^-，Ce^{3+}，Cl^-，Cu^+，Fe^{2+}，Hg^+，I^-，Mn^{2+}，Mo^{3+}，Ru，Ti^{3+}，V^{4+}；不干扰：Co^{2+}，毫克量的Cr^{3+}，大浓度的Th	通过在+0.45V的分别氧化以校正Cu^+，Fe^{3+}和Ti^{3+}

续表

被测定的物质	支持电解质	$E^{①}$/V	电极	n	范围	平均误差/%	干扰情况	注解
	1mol/L $HClO_4$	+1.4	Pt，Ag/AgCl‖Pt	−2	1.5～8mg/(5～10ml)	0.3，EI	参见前面的方法	
U^{6+}	1mol/L 柠檬酸，0.1mol/L $Al_2(SO_4)_3$，KOH，pH=4.5	PES−0.2；−0.6	Hg，Ag/AgCl‖Pt	2	7.5～750μg/5ml	3	不干扰：Al，Ce，Cu，Fe，HCl，HNO_3，Hg^{2+}	精密度大约±0.1%
U^{6+}	0.5mol/L H_2SO_4	PES+0.175；−0.3	Hg，Ag/AgCl‖Pt	2	0.1～75mg/5ml	0.1，MI	不干扰：Cr，Cu，Mo，Sb	—
V^{4+}	3～4mol/L HCl	PES−1.0；−0.3	Hg，SCE 或 Ag/AgCl‖Pt	−1	50～200mg/60ml	0.1，MI	Cr	PES→V^{2+}或PES−1.0，然后−0.3 [→V^{3+}]$_4$ −0.75 [→V^{2+}]
	0.05～0.25mol/L H_2SO_4	0.8～0.9 (对饱和 Hg_2SO_4)	Pt，SCE‖Pt	1	0.5～50mg	0.4	需用 SO_2 将 V^{6+}还原为 V^{4+}，此时 Ti 不被还原，不干扰 V 的测定；Mn，Cr，Fe 还原为 Mn^{2+}，Cr^{3+}，Fe^{3+}，按氧化还原电位 Mn，Cr 不干扰，Fe 可能干扰，可以在较低电位预氧化	反应 $VO^{2+}+H_2O \longrightarrow VO_2^+ + 2H^+ + e$
V^{5+}	3～4mol/L HCl	±0.0	Hg，SCE 或 Ag/AgCl‖Pt	1	50～200mg/60ml	0.1，MI	强氧化剂	—
Yb^{3+}	在含有 Eu^{3+} 的 CH_3OH 中的 0.1mol/L $(C_2H_5)_4NBr$	−1.20	Hg，Ag/AgBr‖Ag	1	0.075～3mg	0.05	—	由 Eu^{3+} 所诱导的还原作用而当它不存在时，则不会发生，由减差法测定 Yb
Zn^{2+}	2mol/L NH_3，1mol/L 柠檬酸三铵	PES−1.1，更换汞，然后−1.45；从0.5到−1.0	Hg，SCE‖Pt	−2	0.07μg/ml～1.3mg/ml	对≥10μg为0.1；对0.07μg为10	干扰：除非 Co 和 Zn 两者浓度均很低，否则 Co 干扰	—
	1mol/L KCl	−1.45	Hg，SCE‖Ag	2	50～130mg	0.7，G	—	库仑重量分析 Cd 和 Zn 的混合物

①工作电极电位(E_{WE})，以饱和甘汞电极为参比电极。

②汞-硫酸亚汞(1mol/L H_2SO_4)参比电极。

③表示单次测定的相对标准偏差。

④表示辅助电极没有指明。

表 3-13　测定有机物的控制电位库仑分析

被测定的物质	支持电解质	$E^{①}_{WE}$/V	电极	n	范围	平均误差/%	干扰情况	注解
1.烃的卤代物								
二溴甲烷	在纯 CH_3OH 中单纯的 0.05mol/L $(C_2H_5)_4NBr$，或有 0.1mol/L 百里酚的 0.05mol/L $(C_2H_5)_4NBr$	PESE−1.5	Hg，Ag/AgBr‖Ag	4	9mg/100ml	0.6，Cu	—	不可逆的
	在纯 CH_3OH 中 0.1mol/L H_3BO_3，0.05mol/L$(C_2H_5)_4NBr$	PESE−1.4	Hg，Ag/AgBr‖Ag	4	4～8mg/100ml	0.3，Cu	—	不可逆的
三溴甲烷	在纯 CH_3OH 中 0.05mol/L$(CH_3)_4NBr$	PESE−1.2	Hg，Ag/AgBr‖Ag	6	9～12mg/100ml	0.2，Cu	不干扰：C_5H_5I	不可逆的
三氯甲烷	在纯 CH_3OH 中 0.05mol/L $(CH_3)_4NBr$，pH=7.4	PESE；PES −1.0；−1.8	Hg，Ag/AgBr‖Ag	2	1.5～6mg/100ml	1.6～0.5，Cu	—	CCl_4 也可定量地还原；用减差法测定 $CHCl_3$
三碘甲烷	在纯 CH_3OH 中 0.05mol/L$(C_2H_5)_4NBr$	PESE−1.6	Hg，Ag/AgBr‖Ag	6	20mg/100ml	1.4，Cu	—	不可逆的
四氯化碳	在纯 CH_3OH 中 0.05mol/L$(CH_3)_4NBr$，pH6.5～10.2	PESE−1.0	Hg，Ag/AgBr‖Ag	2	7～10mg/100ml	0.1，Cu	不干扰：$CHCl_3$	不可逆的
	在纯 CH_3OH 中 0.05mol/L$(CH_3)_4NBr$，pH=7.4	PES−1.0；−1.8	Hg，Ag/AgBr‖Ag	2	—	0.4，Cu	—	$CHCl_3$ 也被定量还原
1,2-二溴乙烷	在纯 CH_3OH 中 0.05mol/L$(CH_3)_4NBr$ (pH7.4)[或 0.05mol/L $(C_2H_5)_4NBr$，0.1mol/L H_3BO_3]	PESE−1.65	Hg，Ag/AgBr‖Ag	2	10mg/100ml	0.4，Cu	—	不可逆的
	在纯 CH_2OH 中 0.1mol/L H_3BO_3，0.05mol/L $(C_2H_5)_4NBr$	PESE−1.4	Hg，Ag/AgBr‖Ag	4	4～8mg/100ml	0.3，Cu	—	不可逆的
丙烯基溴	在纯 CH_3OH 中 0.05mol/L$(CH_3)_4NBr$，pH=7.4	PESE−1.2	Hg，Ag/AgBr‖Ag	2	6mg/100ml	0.1，Cu	不干扰：C_2H_5I	不可逆的
碘苯	在纯 CH_3OH 中 0.05mol/L $(C_2H_5)_4NBr$	PESE；PES −1.2；−1.75	Hg，Ag/AgBr‖Ag	2	2～160mg/100ml	对≥5mg 为 0.2，Cu	不干扰：烯丙基溴，三溴甲烷	不可逆的
	在纯 CH_3OH 中 0.1mol/L 百里酚，0.05mol/L $(C_2H_5)_4NBr$	PESE−1.75	Hg，Ag/AgBr‖Ag	2	10mg/100ml	0.2，Cu	不干扰：$C_6H_5NO_2$	不可逆的
r-六氯化苯(即六六六)	在 2%C_2H_5OH 中 $Na_2B_4O_7$+NaOH	−1.45	Hg，SCE‖Pt	6	—	—	—	定量的

续表

被测定的物质	支持电解质	$E_{WE}^{①}$/V	电极	n	范围	平均误差/%	干扰情况	注解
六六六	25% KAc		Hg，SCE ‖ Pt	6	30～50μg/10ml	—	—	定量的
对，对′-DDT	—	-1.6	—	2	—	—	—	DDT即二氯-二苯-三氯乙烷
2. 含硝基的化合物								
硝基甲烷	在纯 CH_3OH 中 0.1mol/L LiCl，0.1mol/L H_3BO_3	PESE；PES−0.85；−1.15	Hg，SCE ‖ Ag	4	3～20mg/10～100ml	0.3，Cu	不干扰：7～20mg $C_6H_5NO_2$	—
	在纯 CH_3OH 中 0.05mol/L $(CH_3)_4NBr$ 或 $(C_2H_5)_4NBr$ [或 $(n\text{-}C_4H_3)_4NI$]，0.1mol/L $(CH_3CO)_2O$ 0.1mol/L NaAc	PESE；PES −0.85；−1.2 [或−1.1]	Hg，Ag/AgBr(或Ag/AgI) ‖ Ag	4	3～20mg/100ml	0.1，Cu	不干扰：20mg $C_6H_5NO_2$	—
1-硝基丙烷	在 $CH_3OH\text{-}H_2O$[(3～4)∶1]中 0.1mol/L KCl 或 LiCl，HCl，pH=2	PESE0.95	Hg，Ag/AgCl ‖ Ag	4	25mg/250ml	5，G	干扰：硝酸盐，硝基和亚硝基化合物 不干扰：醛类，酮类	—
硝基苯	在 $CH_3OH\text{-}H_2O$(4+1)中 0.1mol/L LiCl，或在 $CH_3OH\text{-}H_2O$(3∶1)中 0.1mol/L KCl	PESE−0.9	Hg，Ag/AgCl ‖ Ag	6	0.4～50mg/250ml	对(0.4～20)mg 为 1，G	干扰：硝酸盐，硝基和亚硝基化合物 不干扰：醛类，酮类	—
	在纯 CH_3OH 中 0.1mol/L H_3BO_3，0.1mol/L LiCl	PESE−0.95	Hg，SCE ‖ Ag	4	3～20mg/100ml 0.6～1.2mg/10ml	0.3，Cu	不干扰：CH_3NO_2	—
	在纯 CH_3OH 中 0.05mol/L $(CH_3)_4NBr$ 或 $(C_2H_5)_4NBr$ [或 $(n\text{-}C_4H_9)_4NI$]，0.1mol/L $(CH_3CO)_2O$，0.1mol/L NaAc	PESE−1.0	Hg，Ag/AgBr[或Ag/AgI] ‖ Ag	4	6～20mg/100ml	0.2～0.3，Cu	不干扰：CH_3NO_2	—
二硝基苯(邻，间或对)	在纯 CH_3OH 中 0.1mol/L H_3BO_3，0.1mol/L LiCl	PECE−1.15	Hg，SCE ‖ Ag	8	8mg/100ml	间 0.25，邻或对 0.5，Cu	干扰：许多其他硝基化合物	不可逆的
氯硝基苯(邻，间或对)	在纯 CH_3OH 中 0.1mol/L H_3BO_3，0.1mol/L LiCl	PESE−0.95	Hg，SCE ‖ Ag	4	8mg/100ml	间：−0.25，邻：−0.1，对：−0.3，Cu	干扰：$C_6H_5NO_2$ 不干扰：C_6H_5Cl	不可逆的
硝基苯胺	在纯 CH_3OH 中 0.05mol/L $(C_2H_5)_4NBr$，0.1mol/L $(CH_3CO)_2O$，0.1mol/L NaAc	PESE1.0	Hg，Ag/AgBr ‖ Ag	4	7mg/100ml	0.13，Cu	—	—
间硝基苯(甲)醛	在纯 CH_3OH 中 0.1mol/L LiCl，0.1mol/L H_3BO_3	PESE−1.0	Hg，SCE ‖ Ag	4	8mg/100ml	0.15，Cu	—	邻位和对位硝基苯都是"不完全还原"；在较低的浓度时可以化学计量

续表

被测定的物质	支持电解质	$E^{①}_{WE}$/V	电极	n	范围	平均误差/%	干扰情况	注解
硝基苯甲酸	在CH_3OH-H_2O(4+1)中0.1mol/L LiCl HCl，pH=2；或CH_3OH水溶液中0.1mol/L KCl	PESE−0.9	Hg，Ag/AgCl‖Ag	6	35mg/250ml	0.5，C	干扰：硝酸盐，硝基和亚硝基化合物 不干扰：醛类，酮类，苯甲酸	—
硝基环己烷	在CH_3OH-H_2O [(3～4)∶1]中0.1mol/L KCl或LiCl，HCl，pH=2	PESE−0.95	Hg，Ag/AgCl‖Ag	4	1～40mg/250ml	对≥10mg为1，G	干扰：硝酸盐，硝基和亚硝基化合物 不干扰：醛类，酮类，500mg环己烷，1g环己酮	—
硝基-1,2,4,5-四甲基苯	见前面方法	PESE−0.9	Hg，Ag/AgCl‖Ag	6	30mg/250ml	6，G	干扰：硝酸盐，硝基和亚硝基化合物 不干扰：醛类，酮类	在有10倍对二甲苯存在时
间硝基苯酚	在纯CH_3OH中的0.05mol/L LiCl，0.1mol/L H_3BO_3	PESE−0.95	Hg，SCE‖Ag	4	7mg/100ml	0.3，Cu		见上面的间硝基苯甲醛
硝基异邻苯二酸	在CH_3OH-H_2O [(3～4):1]中0.1mol/L KCl或LiCl，HCl，pH=2	PESE−0.9	Hg，Ag/AgCl‖Ag	6	50mg/250ml	约8，G	干扰：硝酸盐，硝基和亚硝基化合物 不干扰：醛类，酮类	
硝基对苯二酸	见上面方法	PESE−0.9	Hg，Ag/AgCl‖Ag	6	0.5～40mg/250ml	≥5，G	见前面方法	在有10倍对苯二酸存在时
α-硝基对二甲苯	见上面的“硝基-异，邻苯二酸”	PESE−0.95	Hg，Ag/AgCl‖Ag	4	25mg/250ml	0.5，G	见上面的“硝基异邻苯二酸”	有800mg对苯二酸存在时
2-硝基间二甲苯	见上面的“硝基-异邻苯二酸”	PESE−0.90	Hg，Ag/AgCl‖Ag	6	20～50mg/250ml	1.3，G	见上面的“硝基异邻苯二酸”	有10倍间苯二酸存在时
苦味酸	(a)0.1mol/L HCl；(b)1mol/L HCl；(c)3mol/L HCl	−0.4	Hg，SCE‖Pt	18	<(a)0.25×10^{-3}mol/L；(b)1.5×10^{-3}mol/L；(c)2.5×10^{-3}mol/L	<0.1，MI		—
3.其他化合物								
三氯乙酸	2.5mol/L NH_3，1mol/L NH_4Cl，2mol/L KCl	−0.9	Hg，SCE‖Pt	2	0.03～5g/100ml	0.2，MI	不干扰：$CHCl_2COOH$，$CH_2ClCOOH$，HAc	—

续表

被测定的物质	支持电解质	$E_{WE}^{①}$/V	电极	n	范围	平均误差/%	干扰情况	注解
抗坏血酸	8%HAc+0.5% $H_2C_2O_4$(+KI)	+0.3	Pt，SCE‖Pt	2	0.01～50μmol	2～0.1	干扰：Fe^{3+}，可加 F^-或EDTA 配位	电极反应为：$C_6H_8O_6+I_2 \longrightarrow C_6H_6O_6+2H^++2I^-$ $I_3^-+2e^- \rightarrow 3I^-$ 分析时间 2～6min
环己烷中的噻吩(氧化为二氧化硫)	0.40%KI，0.055% NaN_3，及 0.68%，HAc 的水溶液	0.14	Pt，Hg/Hg_2SO_4，Pt	−2	2～1000mg/L S	＜1	—	—
有机过氧化物	酸性碘化物半水溶液：在冰乙酸-水(1+1)中 1mol/L $NaClO_4$，1mol/L NaI，pH=1.9	0.0	Pt，SCE，Pt	2	0.1～1.5mg	±0.2，EI	—	反应为：$RCOOR'+2H^++2I^- \rightleftharpoons I_2+ROH+R'OH$ 一次分析总时间，根据过氧化物反应活动性的不同，为 8～20min
4-羟基香豆素	浓度为 0.6mol/L 的磷酸缓冲溶液(pH=7.2)，0.5mol/L NaI	0.75V (vs SCE)	GC	2	2～200μmol	0.49%	干扰：甲醛、乙醛、丙酮、乙醇、甲醇、2-丙醇、丙三醇、乙二醇、乙二胺 不干扰：Mg^{2+}，Ca^{2+}，Al^{3+}，Ba^{2+}，Zn^{2+}，Ni^{2+}，Re^{2+}，Cd^{2+}，Co^{2+}	
巴比妥酸	浓度为 0.6mol/L 的氨水缓冲溶液(pH=8.9)，0.5mol/L NaI	0.70V (vs SCE)	石墨	2	1～200μmol	0.58%～4.27%	干扰：甲醛、乙醛、丙酮、乙醇、甲醇、2-丙醇、丙三醇、乙二醇、乙二胺 不干扰：Mg^{2+}，Ca^{2+}，Cu^{2+}	巴比妥酸+I_2↓巴比妥酸碘化物+2HI

①以饱和甘汞电极(SCE)为参比电极。

五、微库仑分析

微库仑法是 20 世纪 60 年代开始发展起来的一种新的库仑滴定法，它与恒电流库仑滴定法较相似，是利用电生中间体来滴定被测物质，发生电流根据被测物质的含量由指示系统电信号的变化自动调节，因而它是一种动态库仑分析技术。

微库仑法具有快速、灵敏、准确以及自动指示终点等优点，常用于微量物质的测定。目前，它已广泛用于石油化工、环境监测、临床化验、有机元素分析等领域。微库仑法还具有跟踪滴定的性质，且响应速度较快，可与气相色谱联用。

微库仑法所用的仪器称为自动滴定微库仑计，主要由微库仑滴定池、微库仑放大器和积分器等部分组成，其工作原理如图 3-1 所示。滴定池中有两对电极，一对为指示电极（指示电极和参比电极），一对为发生电极（发生电极和辅助电极）。在被测物质进入滴定池之前，预先使滴定池中的电解液含有一定浓度的库仑滴定剂。指示电极对滴定剂产生响应，并建立一定的电极电势。A、B、E、G 是四个同步切换的振动子。当振动子接通 1 端时，指示电极和参考电极构成的原电池向电容器 C_1 充电。C_1 是一个容量不大，但绝缘性能很好的电容器。在振动子接通 1 端的时间内，C_1 很快地充电至原电池的电压，并储存这个电压。因此它又称为采样电容。当 4 个振动子同时切换，并接通 2 端时，C_1 所储存的电压与 $E_{偏}$ 串联，并向 C_2 充电。C_2 为一个绝缘性能良好而容量小于 C_1 数倍的电容器。因此在振动子接 2 端的半周期内，C_2 所充到的电压应基本上等于 C_1 储存电压与 $E_{偏}$ 串联后的总电压。$E_{偏}$ 称为偏置电压，它由一个十分稳定的水银电池 E_1 供电，多圈电位器 P_1 调节，一般可定为 0.000～1.000V。$E_{偏}$ 所定电压与 C_1 所采到的电压大小相等而符号相反。因此 C_2 实际上所获得的电压为零（平衡状态）。

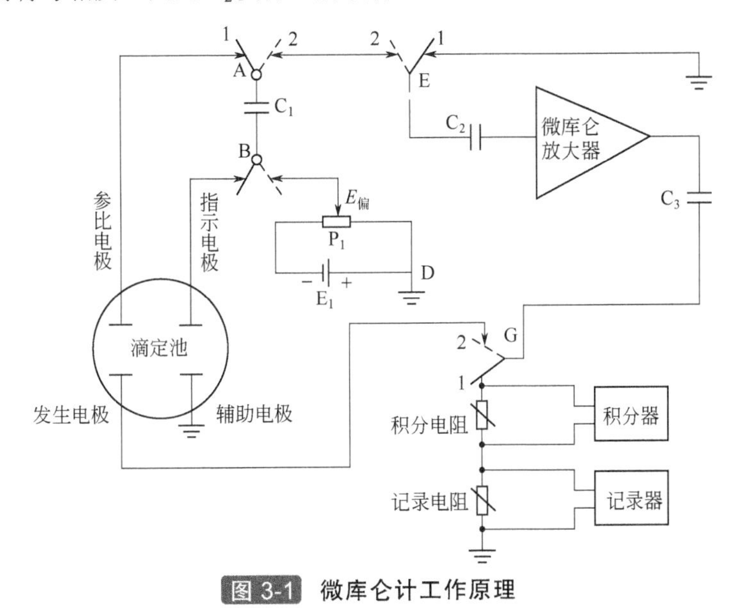

图 3-1 微库仑计工作原理

A，B，E，G—振动子；C_1，C_2—电容；E_1—水银电池；P_1—多圈电位器

当被测物质进入滴定池后，消耗了滴定剂，此时指示电极的电极电位发生变化，C_1 所采到的电压也不再等于 $E_{偏}$，于是 C_2 充到一个差值电压，并且在振动子接通 1 端时又把该电压放掉，使放大器输入端出现一个交流信号。放大器是一个高输入阻抗的交流电压放大器。放大倍数可调为数十至数千，其输出端通过电容 C_2 耦合至振动子 G。当振动子接通 2 端时，放大器的输出电压施加至发生电极对，使之有电流通过，于是在发生电极上就有库仑滴定剂产生，以补充被消耗的部分，然而通过发生电极的电量是暂时储存在电容器 C_3 上的，在振动子接通 1 端时，C_2 接零（地），C_3 便把所存电量通过积分电阻或记录电阻放掉，所以放大器和

C_3的作用相当于一个往复式抽水泵。在电生滴定剂的周期（即振动子接通 2 端时），它吸入流过发生电极的电量。在采样周期（振动子接通 1 端时），它又把电量全部输出，流经积分电阻或记录电阻。在 4 个同步的振动子不断切换的过程中，C_3不断地吸送流过发生电极的电量，使发生电极不断产生滴定剂，与被测物质作用。当滴定池中的滴定剂恢复到原来的浓度时，即指示电极和参比电极构成的原电池电势又等于$E_{偏}$所定的电势时，差值电压等于零。这时放大器无输出，发生电流终止，滴定即达到终点。

微库仑滴定池中电生滴定剂的浓度取决于偏置电压的大小。选择不同的偏置电压即可获得不同浓度的电生滴定剂，若已知滴定剂的浓度，则可以计算出偏置电压。以银滴定池为例，滴定池中含Ag^+约为10^{-7}mol/L 时最灵敏。根据能斯特方程，指示电极的电位为

$$E_i = E^{\ominus}_{Ag^+/Ag} + 0.0591\lg c(Ag^+)\ ❶\ (25℃) \tag{3-1}$$

求得$E_i = +0.386$V。参比电极臂中含有饱和乙酸银溶液，根据溶度积可以算出$c_{Ag^+}=10^{-2.8}$mol/L，同样按能斯特方程求出参比电极的电位$E_r = +0.634$V。原电池的电动势为

$$E = E_r - E_i = 0.248(V) \tag{3-2}$$

平衡态时，原电池电动势等于偏置电压，若选择偏置电压为 248mV，则体系平衡时，滴定池中$c_{Ag^+}=10^{-7}$mol/L。偏置电压每改变 60mV，银离子浓度约变化一个数量级，这个过程可以由仪器自动建立。当有氯离子进入滴定池时，则产生氯化银沉淀，

$$Ag^+ + Cl^- \longrightarrow AgCl\downarrow$$

消耗一定量的银离子，原电池电动势增加，仪器自动使发生电极的银离子溶出，补充所消耗的银离子，以维持原先所定的浓度（10^{-7}mol/L）。从流过发生电极的电量（μC）即可计算出进入滴定池的氯离子含量。每 1μC 电量产生3.68×10^{-10}g 氯。滴定过程中所消耗的电量Q(μC)可以由积分仪显示，或由记录仪上峰形的面积大小计算，计算公式为

$$Q = \frac{A}{B}$$

式中，A为峰形面积，μV • s；B为记录电阻，Ω。

常见的滴定池有三种，其基本构型相同，但电极种类、电解液的组成、电极反应及测定对象都有所不同，见表 3-14。

表 3-14 微库仑滴定池的类型

类　型	碘滴定池	银滴定池	酸滴定池
测定对象	主要用于测定SO_2、H_2S以及其他能与电生碘发生反应的物质	主要用于测定氯及其他能在 70%乙酸溶液中与电生银离子反应而不离解的物质	主要用于氮的测定
电解液组成	0.05%KI，0.04%乙酸水溶液(若试样中含氮和氯较多，可加入 0.06%NaN_3)	70%乙酸水溶液	0.04%Na_2SO_4水溶液
指示电极	铂电极	银电极	铂黑电极
参比电极	铂-铂和I_3^-电极	银-饱和乙酸银电极	铅-饱和硫酸铅电极
发生电极	铂电极	银电极	铂电极
辅助电极	铂电极	铂电极	铂电极
偏置电压	140～170mV	250mV 左右	100mV 左右
发生电极反应	$3I^- \longrightarrow I_3^- + 2e^-$	$Ag \longrightarrow Ag^+ + e^-$	$2H_2O \longrightarrow 4H^+ + 4e^- + O_2$

❶ 此处$c(Ag^+)$表示以 mol/L 为单位的浓度的数值。

续表

类　型	碘滴定池	银滴定池	酸滴定池
滴定反应	$I_3^- + SO_2 + 2H_2O \longrightarrow SO_4^{2-} + 3I^- + 4H^+$	$Ag^+ + Cl^- \longrightarrow AgCl\downarrow$	$NH_4OH + H^+ \longrightarrow NH_4^+ + H_2O$
备注	以上工作条件以测定 SO_2 为例	以上工作条件以测定 Cl^-为例	以上工作条件以测定氮为例 它是通过电解产生的 H^+与 NH_3 的滴定来实现的

参 考 文 献

[1] 杭州大学化学系, 分析化学教研室. 分析化学手册・第四分册・电分析化学. 北京：化学工业出版社, 1983.

[2] 董守安. 贵金属, 1994, 15(1): 73.

[3] 严辉宇. 库仑分析. 北京：新时代出版社, 1985, 252-292.

[4] Louis Meires. Handbook of Analytical Chemistry. 1963, 5-197～5-202.

[5] Christian G D, O'Reilly J E. 仪器分析. 王镇蒲. 王镇棣译. 北京: 北京大学出版社, 1991, 54-56.

[6] 董守安. 贵金属, 1994, 15: 73.

[7] Chem Abstr, 1985, 103: 223089g.

[8] 董守安. 分析化学, 1982, 10: 42.

[9] 林文如. 分析化学, 1993, 21: 36.

[10] Kostromin A I, Vagizova A S, Bufatna M A. Zh Anal Khim, 1987, 42: 907.

[11] 力虎林, 邹良成, 陈明凯. 分析试验室, 1984, 1: 1.

[12] 林文如. 应用化学, 1992, 9(5): 113.

[13] 王瀛泰, 陈爱琼, 力虎林. 分析试验室, 1984, 5: 31.

[14] 力虎林. 分析化学, 1982, 10: 454.

[15] 力虎林, 李科. 分析化学, 1984, 12: 1017.

第四章　电导分析法

电导分析法是一种经典的分析方法，它的基本原理是溶液电导与它所含离子的多少即浓度有关。电导分析最先应用于测定电解质溶液的溶度积、解离度和其他一些特性，但由于导电性取决于溶液中所有共存离子导电性的总和，所以电导分析方法不具有专属性或者说选择性，对于复杂物质中各组分的分别测定受到相当的限制。但电导分析法是一种简单方便而且十分灵敏的分析方法，至今仍保留着在某些方面的应用，例如水质纯度的检验、用于色谱的检测器等。

容量分析中，可利用电导变化来指示滴定终点，称之为电导滴定法。电导滴定法的准确度较高，并且能用于较简单的混合物中各个分量的测定。在电化学中也常用电导的方法来进行物理化学常数的测定。如果对溶液施加高频电压，离子运动的速度会跟不上频率的变化，离子实际上是“不动”的，而分子内部电荷的定向运动，偶极分子的定向和变化就被凸显出来。根据这种发生在非常短时间内电荷定向运动的变化，可以进行高频滴定、介电常数的测定。高频电导滴定允许电极不接触溶液来测定溶液的高频电导或介电常数，避免被测溶液受到污染，使用上更为方便，而且可用于非水滴定。

第一节　基本原理

一、电导和电导率

根据欧姆定律，通过导体的电流 I（A）与外加电压 E（V）成正比，与导体的电阻 R（Ω）成反比，即：

$$I=\frac{E}{R} \tag{4-1}$$

在给定条件（温度、压力等）下，电阻不仅取决于构成导体的材料，而且与导体的形状、大小有关。若导体为均匀的棒材，其横截面积为 A（cm^2），长度为 l（cm），则它的纵向电阻为：

$$R=\rho\frac{l}{A} \tag{4-2}$$

式中，比例常数 ρ 称为电阻率。

电阻的倒数称为电导，用 G 表示，单位为西门子，用符号 S 或 Ω^{-1} 表示；而电阻率的倒数称为电导率，用 κ 表示，单位为 S/m。进而电导与电导率的关系为：

$$G=\kappa\frac{A}{l} \tag{4-3}$$

不同电解质溶液的导电能力有很大差别，与测量电极上所施加的电压、溶液中正负离子的数目、离子所带电荷的多少以及离子的移动速率有关，而这些物理量又与电解质强弱、电解质浓度，以及它们在何种溶剂中、当时的温度、压力、黏度等因素密切相关。一般来讲，随着电解质浓度的增加，单位体积内离子的数目增加，进而溶液的电导率升高。但浓度进一步增大时，又会导致离子间相互作用的加大或电解质离解的减少，从而使电导率下降。

表 4-1 是标准氯化钾溶液在不同温度下的电导率（κ）[1]，电导池常数（Q）通常用 KCl 标准溶液来测定，其值可从式（4-4）求得：

$$Q=\kappa\frac{R\cdot R_{\mathrm{solv}}}{R_{\mathrm{solv}}-R} \tag{4-4}$$

式中，R 为电池中充以表 4-1 中的溶液时测得的电阻值；R_{solv} 为相同温度下电池中充以溶剂时测得的电阻值。

表 4-1　标准 KCl 溶液在不同温度下的电导率 κ　S/cm

c/(mol/L) / θ①/℃	1.0	0.1	0.01	c/(mol/L) / θ①/℃	1.0	0.1	0.01
0	0.06541	0.00715	0.000776	19	0.10014	0.01143	0.001251
5	0.07414	0.00822	0.000896	20	0.10207	0.01167	0.001278
10	0.08319	0.00933	0.001020	21	0.10400	0.01191	0.001305
15	0.09252	0.01048	0.001147	22	0.10594	0.01215	0.001332
16	0.09441	0.01072	0.001173	23	0.10789	0.01239	0.001359
17	0.09631	0.01095	0.001199	24	0.10984	0.01264	0.001386
18	0.09822	0.01119	0.001225	25	0.11180	0.01288	0.001413

① 温度。

浓度小于 0.01mol/L 的 KCl 溶液的电导率，可由摩尔电导率（Λ_{m}）换算得到，其公式如下：

$$\kappa=\Lambda_{\mathrm{m}}c/1000 \tag{4-5}$$

式中，c 为 KCl 溶液的浓度，mol/L。

表 4-2 是各种纯溶剂的电导率。

表 4-2　各种溶剂的电导率

液　体	θ①/℃	κ/(S/cm)	液　体	θ①/℃	κ/(S/cm)	液　体	θ①/℃	κ/(S/cm)
1,2-乙二醇	25	3×10^{-7}	乙醇	25	1.35×10^{-9}	三溴化砷	35	1.5×10^{-6}
乙烯基二氯	25	$<1.7\times10^{-8}$	乙醛	15	1.7×10^{-6}	三溴甲烷	25	$<2\times10^{-8}$
乙胺	0	4×10^{-7}	二乙胺	−33.5	2.2×10^{-9}	三氯化砷	25	1.2×10^{-6}
乙基溴	25	$<2\times10^{-8}$	二乙醚	25	$<4\times10^{-13}$	三氯甲烷	25	$<2\times10^{-8}$
乙基碘	25	$<2\times10^{-8}$	丁香酚	25	$<1.7\times10^{-8}$	三氯乙酸	25	3×10^{-9}
乙腈	20	7×10^{-6}	二甲苯	—	$<1\times10^{-15}$	己烷	18	$<1\times10^{-18}$
乙酰胺	100	$<4.3\times10^{-5}$	二氧化硫	35	1.5×10^{-8}	乙腈	25	3.7×10^{-6}
乙酰苯	25	6×10^{-9}	二硫化碳	1	7.8×10^{-18}	水	18	4×10^{-8}
乙酰氯	25	4×10^{-7}	二氯乙醇	25	1.2×10^{-5}	水杨醛(邻羟基苯甲醛)	25	1.6×10^{-7}
乙酰溴	25	2.4×10^{-6}	二氯乙酸	25	7×10^{-8}			
乙酰乙酸乙酯	25	4×10^{-8}	三甲胺	−35	2.2×10^{-10}	壬烷	25	$<1.7\times10^{-3}$

续表

液体	θ[1]/℃	κ/(S/cm)	液体	θ[1]/℃	κ/(S/cm)	液体	θ[1]/℃	κ/(S/cm)
甲苯	—	$<1\times10^{-14}$	邻和间硝基甲苯	25	$<2\times10^{-7}$	硫化氢	沸点	1×10^{-11}
甲基乙基甲酮	25	$<1\times10^{-7}$	间甲酚	25	$<1.7\times10^{-8}$	硫氰酸乙酯	25	1.2×10^{-6}
甲基异丙基苯	25	$<2\times10^{-8}$	间氯苯胺	25	5×10^{-8}	硫氰酸甲酯	25	1.5×10^{-6}
甲酰胺	25	4×10^{-6}	油酸	15	$<2\times10^{-10}$	硫酸	25	1×10^{-2}
甲醇	18	4.4×10^{-7}	苯	25	7.6×10^{-8}	硫酸二乙酯	25	2.6×10^{-7}
甲酸	18	5.6×10^{-5}	苯乙醚	25	$<1.7\times10^{-8}$	硫酸二甲酯	0	1.6×10^{-7}
	25	6.4×10^{-5}	苯甲酸	125	3×10^{-9}	蒽	230	3×10^{-10}
正丙基溴	25	$<2\times10^{-8}$	苯甲醛	25	1.5×10^{-7}	煤油	25	$<1.7\times10^{-8}$
正丙醇	18	5×10^{-8}	苯甲腈	25	5×10^{-8}	溴	17.2	1.3×10^{-13}
	25	2×10^{-8}	苯酚	25	$<1.7\times10^{-8}$	溴乙烯	19	$<2\times10^{-10}$
丙酮	18	2×10^{-8}	苯胺	25	2.4×10^{-8}	溴化氢	−80	8×10^{-9}
	25	6×10^{-8}	苯(甲)酸乙酯	25	$<1\times10^{-9}$	溴苯	25	$<2\times10^{-11}$
丙腈	25	$<1\times10^{-7}$	苯(甲)酸苄酯	25	$<1\times10^{-9}$	氯	−70	$<1\times10^{-16}$
丙酸	25	$<1\times10^{-9}$	庚烯	—	$<1\times10^{-13}$	氯乙醇	25	5×10^{-7}
丙醛	25	8.5×10^{-7}	松节油	—	2×10^{-13}	氯乙烯	25	3×10^{-8}
对甲苯胺	100	6.2×10^{-8}	草酸二乙酯	25	7.6×10^{-7}	氯化氢	−96	1×10^{-8}
戊烷	19.5	$<2\times10^{-10}$	茜素	223	1.45×10^{-6}	3-氯-1,2 环氧丙烷	25	3.4×10^{-8}
石油	—	3×10^{-13}	氨	−79	1.3×10^{-7}			
四氯化碳	18	4×10^{-18}	萘	82	4×10^{-10}	氯(代)乙酸	60	1.4×10^{-6}
甘油	25	6.4×10^{-8}	烯丙醇	25	7×10^{-6}	碘	110	1.3×10^{-10}
光气	25	7×10^{-9}	硝酸乙酯	25	5.3×10^{-7}	碘化氢	沸点	2×10^{-7}
异丁醇	25	8×10^{-8}	硝基甲烷	18	6×10^{-7}	碳酸二乙酯	25	1.7×10^{-8}
异丙醇	25	3.5×10^{-6}	硝酸甲酯	25	4.5×10^{-6}	乙(酸)酐	0	1×10^{-6}
异戊酸	80	4×10^{-13}	硝基苯	0	5×10^{-9}		25	4.8×10^{-7}
异硫氰酸乙酯	25	1.26×10^{-7}	蒎烯	23	$<2\times10^{-10}$	乙酸	0	5×10^{-9}
异氰酸苯酯	25	1.4×10^{-6}	氮杂环己烷	25	$<2\times10^{-7}$		25	1.12×10^{-8}
汞	0	10629.6	喹啉	25	2.2×10^{-8}	乙酸乙酯	25	$<1\times10^{-9}$
苄胺	25	$<1.7\times10^{-8}$	氰	—	$<7\times10^{-9}$	乙酸甲酯	25	3.4×10^{-6}
苄醇	25	1.8×10^{-6}	氰化氢	0	3.3×10^{-6}	磺酰氯	25	3×10^{-8}
吡啶	18	5.3×10^{-8}	硬脂酸	80	$<4\times10^{-13}$	糠醛	25	1.5×10^{-6}
亚磺酰氯	25	2×10^{-6}	硫	115	1×10^{-12}	磷	25	4×10^{-7}
邻甲苯胺	25	$<2\times10^{-6}$		130	5×10^{-11}	磷酰氯	25	2.2×10^{-6}
邻甲氧基苯酚	25	2.8×10^{-7}		440	1.2×10^{-7}	镓	30	36800

① 温度。

二、摩尔电导率和极限摩尔电导率

为了比较不同电解质溶液的导电能力，引入了摩尔电导率的概念，它的定义是：两块平行的大面积电极相距 1m 时，它们之间有 1mol 的电解质溶液，此时该体系所具有的电导称为该溶液的摩尔电导率，用符号 Λ_m 表示。它与电导率的关系为：

$$\Lambda_m = \kappa V \tag{4-6}$$

式中，V 为 1mol 电解质溶液的体积。

若溶液中物质浓度为 c（mol/m³），将 $V=1/c$ 代入上式有：

$$\Lambda_m = \frac{\kappa}{c} \tag{4-7}$$

式中，Λ_m 的单位为 S • m²/mol。

离子独立运动定律：在无限稀释的电解质溶液中，电解质的摩尔电导率为正离子和负离子的摩尔电导率之和：

$$\Lambda_{0,m} = \lambda_{0,+} + \lambda_{0,-} \tag{4-8}$$

式中，$\lambda_{0,+}$和$\lambda_{0,-}$分别代表无限稀释的溶液中正离子和负离子的摩尔电导率。

离子独立运动定律说明，在无限稀释的溶液中，正离子和负离子的电导都只取决于离子的本性，不受共存的其他离子影响。因此在温度和溶剂一定时，只要溶液无限稀释，同一种离子的极限摩尔电导率是一个定值。

表 4-3 和表 4-4 分别列举了水溶液和有机溶剂中离子的极限摩尔电导率（λ^∞）[2]。

表 4-3 25℃时离子在水溶液中的极限摩尔电导率λ^∞

离子	λ^∞ /(S • cm²/mol)	$\frac{1}{\lambda_{25}^o}\frac{d\lambda^o}{dT}$/℃⁻¹①	离子	λ^∞ /(S • cm²/mol)	$\frac{1}{\lambda_{25}^o}\frac{d\lambda^o}{dT}$/℃⁻¹①
无机阳离子			$1/2Fe^{2+}$	54	—
Ag^+	61.9	0.021	$1/2Fe(CH_3NC)_6^{2+}$	36.2	—
$1/3Al^{3+}$	61	—	$1/3Fe^{3+}$	68	—
$1/2Ba^{2+}$	63.9	0.023	$1/3Gd^{3+}$	67.4	—
$1/2Be^{2+}$	45	—	H^+	349.82	0.0139
$1/2Ca^{2+}$	59.5	0.0230	$1/2Hg^{2+}$	53	—
$1/2Cd^{2+}$	54	—	$1/3Ho^{3+}$	66.3	—
$1/3Ce^{3+}$	69.9	—	K^+	73.5	0.193
$CeC_2O_4^+$	70	—	$1/3La^{3+}$	69.6	0.023
$1/2Co^{2+}$	53	0.02	Li^+	38.69	0.0236
$1/3Co(NH_3)_6^{3+}$	100	—	$1/2Mg^{2+}$	53.06	0.022
$1/3Co(trien)_3^{3+}$ ②	74.7	—	$1/2Mn^{2+}$	53.5	—
$1/3Cr^{3+}$	67	—	NH_4^+	73.5	0.019
Cs^+	77.3	0.0183	$N_2H_5^+$	59	—
$1/2Cu^{2+}$	55	0.02	Na^+	50.11	0.0220
D^+	213.7(18℃)	—	$1/3Nd^{3+}$	69.6	—
$1/3Dy^{3+}$	65.7	—	$1/2Ni^{2+}$	50	—
$1/3Er^{3+}$	66.0	—	$1/2Pb^{2+}$	71	0.02
$1/3Eu^{3+}$	67.9	—	$1/3Pr^{3+}$	69.6	—

续表

离子	λ^{∞} /(S·cm²/mol)	$\frac{1}{\lambda_{25}^{o}}\frac{d\lambda^{o}}{dT}$/℃⁻¹①	离子	λ^{∞} /(S·cm²/mol)	$\frac{1}{\lambda_{25}^{o}}\frac{d\lambda^{o}}{dT}$/℃⁻¹①
$1/2Ra^{2+}$	66.8	—	HF_2^-	75	—
Rb^+	77.8	0.0188	$1/2HPO_4^{2-}$	57	—
$1/3Sc^{3+}$	64.7	—	$H_2PO_4^-$	33	0.03
$1/3Sm^{3+}$	86.5	—	$1/2H_2PO_2^{2-}$	46	—
$1/2Sr^{2+}$	59.46	0.02	HS^-	65	—
Tl^+	76	0.02	HSO_3^-	50	—
$1/3Tm^{3+}$	65.5	—	HSO_4^-	50	—
$1/2UO_2^{2+}$	32	—	$H_2SbO_4^-$	31	—
$1/3Y^{3+}$	62	—	I^-	76.8	0.0197
$1/3Yb^{3+}$	65.2	—	IO_3^-	40.5	0.02
$1/2Zn^{2+}$	52.8	0.02	IO_4^-	54.5	0.02
无机阴离子			$N(CN)_2^-$	54.5	—
$Au(CN)_2^-$	50	—	NO_2^-	71.8	—
$Au(CN)_4^-$	36	—	NO_3^-	71.4	0.02
$B(C_6H_5)_4^-$	21	—	$NH_2SO_3^-$	48.6	—
Br^-	78.1	0.0198	N_3^-	69	—
Br_3^-	43	—	OCN^-	64.6	—
BrO_3^-	55.8	0.021	OH^-	198.6	0.018
Cl^-	76.35	0.0202	PF_6^-	56.9	—
ClO_2^-	52	—	$1/2PO_3F^{2-}$	63.3	—
ClO_3^-	64.6	0.019	$1/3PO_4^{3-}$	69.0	—
ClO_4^-	67.9	0.020	$1/4P_2O_7^{4-}$	81.4	—
CN^-	78	—	$1/3P_3O_9^{3-}$	83.6	—
$1/2CO_3^{2-}$	72	0.02	$1/5P_3O_{10}^{5-}$	109	—
$1/3Co(CN)_6^{3-}$	98.9	—	ReO_4^-	54.7	—
$1/2CrO_4^{2-}$	85	—	SCN^-	66	—
F^-	54.4	0.02	$SeCN^-$	64.7	—
$1/4Fe(CN)_6^{4-}$	111	0.02	SO_4^{2-}	80.00	0.022
$1/3Fe(CN)_6^{3-}$	101	—	有机阳离子		
$H_2AsO_4^-$	34	—	$CH_3NH_3^+$	57.9	0.02
HCO_3^-	44.5	—	$(CH_3)_2NH_2^+$	51.5	0.02

续表

离 子	λ^{∞} /(S·cm²/mol)	$\frac{1}{\lambda_{25}^{\circ}}\frac{d\lambda^{\circ}}{dT}$/℃$^{-1}$①	离 子	λ^{∞} /(S·cm²/mol)	$\frac{1}{\lambda_{25}^{\circ}}\frac{d\lambda^{\circ}}{dT}$/℃$^{-1}$①
$(CH_3)_3NH^+$	47.0	0.02	1/2 二甲基丙二酸根(2−)	49.4	—
$(CH_3)_4N^+$	44.9	0.02	二氢柠檬酸根	30	—
$(C_2H_5)(CH_3)_3N^+$	40.8	—	3,5 二硝基苯甲酸根	28.3	—
$(C_4H_9)(CH_3)_3N^+$	33.6	—	α-丁烯酸根	33.2	—
$(C_2H_5)_4N^+$	32.7	0.02	二氯乙酸根	38.3	—
$(C_6H_5)(CH_3)_3N^+$	34.6	—	三氯乙酸根	36.6	—
$(C_6H_{13})(CH_3)_3N^+$	29.6	—	壬二酸根	40.6	—
$(C_8H_{17})(CH_3)_3N^+$	26.5	—	甲基磺酸根	48.8	—
$(C_3H_7)_4N^+$	23.4	0.02	甲酸根	54.6	0.021
$C_{12}H_{25}NH_3^+$	23.9	—	1/2 丙二酸根(2−)	63.5	—
$(C_{10}H_{21})(CH_3)_3N^+$	24.4	—	正丁酸根	32.6	—
$(C_{12}H_{25})(CH_3)_3N^+$	22.6	—	对茴香酸根	29.0	—
$(n\text{-}C_4H_9)_4N^+$	19.5	0.02	丙基磺酸根	37.1	—
$(C_{14}H_{29})(CH_3)_3N^+$	21.5	—	水杨酸根	36	—
$(C_{16}H_{33})(CH_3)_3N^+$	20.9	—	丙酸根	35.8	—
$(n\text{-}C_5H_{11})_4N^+$	17.5③	0.02	1/2 辛二酸根(2−)	36	—
$(C_{18}H_{37})(CH_3)_3N^+$	19.9	—	辛基磺酸根	29	—
$(C_{18}H_{37})(C_2H_5)_3N^+$	17.9	—	乳酸根	38.8	0.021
$(C_{18}H_{37})(C_3H_7)_3N^+$	17.2	—	环己烷羧酸根	28.7	—
$(C_{18}H_{37})(C_4H_9)_3N^+$	16.6	—	1/2 1-环丙烷，1-二羧酸根(2−)	53.4	—
$(C_2H_4OH)(CH_3)_3As^+$	39.4	—	苯甲酸根	32.4	0.023
$(CH_3COOC_2H_4)(CH_3)_3As^+$	33.9	—	苦味酸根	30.2	0.025
十六烷基吡啶酮鎓	21	—	苯乙酸根	30.6	—
十八烷基吡啶酮鎓	20	—	1/3 柠檬酸根(3−)	70.2	—
$C_{17}H_{24}N_3O^+$④	24.3	—	草酸根	74.2	0.02
有机阴离子⑤			氟苯(甲)酸根	33	—
乙基丙二酸根	49.3	—	癸基磺酸根	26	—
乙基磺酸根	39.6	—	1/2 酒石酸根(2−)	64	—
1/2 二乙基巴比妥酸根(2−)⑥	26.3	—	氰基乙酸根	41.8	—
十二烷基磺酸根	24	—	氯苯(甲)酸根	33	—
1/2 丁二酸根(2−)	58.8	0.02	氯乙酸根	39.7	—

续表

离　子	λ^{∞} /(S·cm²/mol)	$\frac{1}{\lambda_{25}^{o}}\frac{d\lambda^{o}}{dT}$/℃$^{-1}$①	离　子	λ^{∞} /(S·cm²/mol)	$\frac{1}{\lambda_{25}^{o}}\frac{d\lambda^{o}}{dT}$/℃$^{-1}$①
溴苯甲酸根	20	—	乙酸根	40.9	0.022
酸式草酸根	40.2	—	磺酸根	43.1	—

① 指温度系数，除 H^+(0.0139)和 OH^-（0.018）外，温度系数 0.02℃$^{-1}$适用于阳离子和阴离子，此处为某些离子较精确的温度系数。

② trien 为三乙醇胺。

③ $(i\text{-}C_5H_{11})_4N^+$为 17.9。

④英文名 Pyrilamine$^+$，结构式为

⑤有机阴离子按首字笔画顺序排列。

⑥括号内的数字及负号为该有机阴离子的价数（以下同），如丁二酸根（2−）为丁二酸根负二价阴离子。

表 4-4　25℃时离子在有机溶剂中的极限摩尔电导率λ^{∞}

离子 \ λ^{∞}/(S·m²/mol) \ 溶剂	丙酮	乙醇	甲醇	丁酮	硝基苯
H^+	0.0088	0.00595	0.0143	—	0.0023
Ag^+	0.0088	0.00175	0.00503	0.0066	0.00185
$1/2Ba^{2+}$	0.0085	—	0.00600	—	—
$1/2Ca^{2+}$	—	—	0.00600	—	—
$1/2Cd^{2+}$	—	—	0.00574	0.0084	—
Cs^+	0.0088	0.00255	0.00623	—	—
K^+	0.0082	0.00220	0.00537	0.0065	0.00192
Li^+	0.0075	0.00149	0.00397	0.00503	—
$1/2Mg^{2+}$	—	—	0.00576	—	—
$N(CH_3)_4^+$	0.01025	0.00283	0.00700	0.00791	—
$N(C_2H_5)_4^+$	0.00930	0.00284	0.00620	0.00753	0.00172
$N(C_3H_7)_4^+$	0.00737	—	0.00461	0.00603	0.00148
$N(C_4H_9)_4^+$	0.00702	—	0.00391	0.00545	—
$N(C_5H_{11})_4^+$	0.00628	—	0.00355	0.00502	0.00119
NH_4^+	0.0098	0.00193	0.00579	—	—
Na^+	0.0080	0.00187	0.00458	0.0056	0.00172
Rb^+	0.0086	0.00236	0.00574	—	—
$1/2Sr^{2+}$	—	—	0.00590	—	—
Tl^+	—	—	0.00606	—	—
$1/2Zn^{2+}$	—	—	0.00596	—	—

续表

离子　$\lambda^{\infty}/(S \cdot m^2/mol)$　溶剂	丙酮	乙醇	甲醇	丁酮	硝基苯
OH^-	—	0.00225	0.0053	—	—
Br^-	0.0113	0.00258	0.00555	0.00764	0.00196
Cl^-	0.0111	0.00243	0.00523	0.00654	0.00173
ClO_3^-	—	0.00293	0.00614	—	—
ClO_4^-	0.0117	0.00338	0.00709	0.00865	0.00199
F^-	0.0102	—	0.00402	—	—
I^-	0.0110	0.00287	0.00627	0.00823	0.00200
NO_2^-	—	0.00259	0.00550	—	—
NO_3^-	0.0120	0.00279	0.00608	0.00837	—
苦味酸根	0.00845	0.0027	0.0049	0.00679	0.0015
SCN^-	0.0123	0.00292	0.00610	—	—

注：本表中极限离子摩尔电导率 λ^{∞} 数据的单位为 $S \cdot m^2/mol$，如要改为 $S \cdot cm^2/mol$，则应将表中数据乘以 10^4。

三、盐的摩尔电导率和阳离子迁移数

在电解质溶液中，各自离子所带的总电荷是相等的，但是它们的极限摩尔电导率有所不同。这是由于各自的离子运动快慢是不相同的，对于同一离子来说，电场强度改变时，离子的移动速率（v）也不一样。该速率与电位梯度（电场强度）成正比，可以表示为：

$$v = u\frac{E}{L} \tag{4-9}$$

比例系数 u 是电位电场强度下离子的移动速率，称为离子迁移率或离子淌度，它反映了离子的运动特性。在无限稀释的溶液中，离子淌度可用 u_0 表示，称为离子的极限淌度或绝对淌度。

在电解质完全电离的情况下，离子淌度和摩尔电导率之间有如下关系：

$$\Lambda_m = \left(u_+ + u_-\right)F \tag{4-10}$$

式中，u_+和 u_-分别表示正、负离子的淌度；F 为法拉第常数。

由式（4-10）可知，摩尔电导率随浓度的变化以及正、负离子摩尔电导率的差异都是由 u_+和 u_-的差异所产生的。

此外，电解质溶液中正、负离子是不能够单独存在的，所以单独的离子摩尔电导率（λ_+和λ_-）是无法直接测量得到的。一种电解质，由于它的正、负离子的迁移速度不同，对电导的贡献也不尽相同。用离子的迁移数 t 来表示正、负离子各自导电的份额或导电的百分数，用 t_+和 t_-表示，显然：

$$t_+ = \frac{\lambda_+}{\Lambda_m} \tag{4-11}$$

$$t_+ = \frac{\lambda_+}{\Lambda_m}$$

表 4-5 中的数据数值大于 1 的是摩尔电导率（Λ_m），单位 S • m^2/mol；数值小于 1 的是阳离子迁移数（t_+）。表 4-6 为 18℃时水溶液中离子的摩尔电导率（λ_m）。

表 4-5　25℃时各种盐的摩尔电导率（Λ_m）和阳离子电迁移数（t_+）

电解质 \ Λ_m；t_+ \ c/(mol/L)	0	0.0005	0.001	0.005	0.01	0.02	0.05	0.1	0.2
$AgNO_3$	133.36; 0.4643	131.36; —	130.51; —	127.20; —	124.76; 0.4648	121.41; 0.4652	115.24; 0.4664	109.14; 0.4682	—; —
$BaCl_2$	139.98	135.96	134.34	128.02	123.94	119.09	111.48	105.19	—
$CaCl_2$	135.84; 0.4380	131.93; —	130.36; —	124.25; —	120.36; 0.4264	115.65; 0.4220	108.47; 0.4140	102.46; 0.4060	—; 0.3953
$CuSO_4$	133.6	121.6	115.26	94.07	83.12	72.20	59.05	50.58	—
HCl	426.16; 0.8209	422.74; —	421.36; —	415.80; —	412.00; 0.8251	407.24; 0.8226	399.09; 0.8292	391.32; 0.8314	—; 0.8337
KBr	151.9; 0.4849	—; —	—; —	146.09; —	143.43; 0.4833	140.48; 0.4832	135.68; 0.4831	131.39; 0.4833	—; 0.4841
$KHCO_3$	118.00	116.10	115.34	112.24	110.08	107.22	—	—	—
KCl	149.86; 0.4906	147.81; —	146.95; —	143.55; —	141.27; 0.4902	138.34; 0.4901	133.37; 0.4899	128.96; 0.4898	—; 0.4894
$KClO_4$	140.04	138.76	137.87	134.16	131.46	127.92	121.62	115.20	—
$K_3Fe(CN)_6$	174.5; —	166.4; —	163.1 —	150.7; —	—; —	—; —	—; 0.475	—; 0.491	—; —
$K_4Fe(CN)_6$	184.5; —	—; —	167.24; —	146.09; —	134.83; 0.515	122.82; 0.555	107.70; 0.604	97.87; 0.647	—; —
KI	150.38; 0.4892	—; —	—; —	144.37; —	142.18; 0.4884	139.45; 0.4883	134.97; 0.4882	131.11; 0.4883	—; 0.4887
KIO_4	127.92	125.80	124.94	121.24	118.51	114.14	106.72	98.12	—
KNO_3	144.96; 0.5072	142.77; —	141.84; —	138.48; —	132.82; 0.5084	132.41; 0.5087	126.31; 0.5093	120.40; 0.5103	—; 0.5120
$KReO_4$	128.20	126.03	125.12	121.31	118.49	114.49	106.40	97.40	—
K_2SO_4	—; 0.479	—; —	—; —	—; —	—; 0.4829	—; 0.4848	—; 0.4870	—; 0.4890	—; 0.4910
$LaCl_3$	145.8; 0.477	139.6; —	137.0; —	127.5; —	121.8; 0.4625	115.3; 0.4576	106.2; 0.4482	99.1; 0.4375	—; 0.4233
LiCl	115.03; 0.3364	113.15; —	112.40; —	109.40; —	107.32; 0.3289	104.65; 0.3261	100.11; 0.3211	95.86; 0.3168	—; 0.3112
$LiClO_4$	105.98	104.18	103.44	100.57	98.61	96.18	92.20	88.56	—
$MgCl_2$	129.40	125.61	124.11	118.31	114.55	110.04	103.08	97.10	—
NH_4Cl	149.7; 0.4909	—; —	—; —	—; —	141.28; 0.4907	138.33; 0.4906	133.29; 0.4905	128.75; 0.4907	—; 0.4911
NaAc	90.99; 0.5507	89.2; —	88.5; —	85.72; —	83.76; 0.5537	81.24; 0.5550	76.92; 0.5573	72.80; 0.5594	—; 0.5610

续表

电解质 \ Λ_m; t_+ \ c/(mol/L)	0	0.0005	0.001	0.005	0.01	0.02	0.05	0.1	0.2
正丁酸钠	82.7	81.04	80.31	77.58	75.76	73.39	69.32	65.27	—
NaCl	126.45; 0.3963	124.50; —	123.74; —	120.65; —	118.51; 0.3918	115.76; 0.3902	111.06; 0.3876	106.74; 0.3854	—; 0.3821
$NaClO_4$	117.48	115.64	114.87	111.75	109.59	106.96	102.40	98.43	—
NaI	126.94	125.36	124.25	121.25	119.24	116.70	112.79	108.78	—
NaOH	247.8	245.6	244.7	240.8	238.0	—	—	—	—
Na_2SO_4	129.9; 0.386	125.74; —	124.15; —	117.15; —	112.44; 0.3848	106.78; 0.3836	97.75; 0.3829	89.98; 0.3828	—; 0.3828
$SrCl_2$	135.80	131.90	130.33	124.24	120.29	115.54	108.25	102.19	—
$ZnSO_4$	132.80; 0.398	121.40; —	115.53; —	95.49; 0.389	84.91; 0.389	74.24; —	61.20; 0.389	52.64; 0.384	— 0.34

表 4-6　18℃时水溶液中离子的摩尔电导率

离子 \ λ_m/(S·m²/mol) \ c/(mol/L)	0	0.0001	0.0002	0.0005	0.001	0.002	0.005	0.01	0.02	0.05	0.1	α①
H^+	0.0315	0.0315	0.0314	0.0312	0.0311	0.0310	0.0309	0.0307	0.0304	0.0301	0.0294	0.0154
Li^+	0.00334	0.00332	0.00330	0.00328	0.00325	0.00321	0.00315	0.00308	0.00300	0.00288	0.00275	0.0265
Na^+	0.00435	0.00432	0.00430	0.00428	0.00424	0.00420	0.00413	0.00405	0.00395	0.00379	0.00364	0.0244
K^+	0.00646	0.00641	0.00640	0.00637	0.00633	0.00628	0.00618	0.00607	0.00593	0.00572	0.00551	0.0217
Cs^+	0.0068	0.00674	0.00672	0.00669	0.00666	0.00660	0.00649	0.00637	0.0062	0.0060	0.0058	0.0212
$1/2Mg^{2+}$	0.0045	0.00445	0.0044	0.0043	0.0042	0.0041	0.0039	0.0037	0.0034	0.0031	0.0028	0.0256
$1/2Ca^{2+}$	0.0051	0.00504	0.00499	0.00490	0.00480	0.00466	0.00422	0.00419	0.00392	0.00352	0.00320	0.0247
$1/2Sr^{2+}$	0.0051	0.00504	0.00494	0.00490	0.00479	0.00465	0.00439	0.0041	0.0039	—	—	0.0247
$1/2Ba^{2+}$	0.0055	0.00540	0.00535	0.00526	0.00514	0.00467	0.0046	0.0044	0.0041	—	—	0.0239
Ag^+	0.00544	0.00537	0.00534	0.00531	0.00522	0.00522	0.00513	0.00502	0.0049	0.0046	0.0044	0.0229
Tl^+	0.00660	0.00653	0.00652	0.00648	0.00642	0.00634	0.00617	0.0060	0.0058	0.0054	0.0050	0.0215
OH^-	0.0174	0.0172	0.0172	0.0171	0.0171	0.0170	0.0168	0.0167	0.0165	0.0161	0.0157	0.0180
F^-	0.00466	0.00462	0.00461	0.00458	0.00455	0.00450	0.00442	0.00432	0.0042	0.0040	0.0038	0.0238
Cl^-	0.00655	0.00649	0.00648	0.00644	0.00640	0.00635	0.00625	0.00615	0.00602	0.00579	0.00558	0.0216
ClO_3^-	0.00550	0.00545	0.00543	0.00540	0.00536	0.00531	0.00520	0.00509	0.00493	0.00465	0.00400	0.0215
Br^-	0.00676	0.00670	0.00658	0.00665	0.00661	0.00653	0.00644	0.00637	0.00623	0.00606	0.00591	0.0215
I^-	0.00665	0.00656	0.00655	0.00653	0.00649	0.00644	0.00635	0.00627	0.00616	0.00601	0.00588	0.0213
IO_3^-	0.00339	0.00335	0.00334	0.00334	0.00328	0.00323	0.00314	0.00304	0.00291	0.00236	0.00242	0.0234
$1/2SO_4^{2-}$	0.00683	0.00666	0.00660	0.00650	0.00538		0.00587	0.00555	0.00515	0.0048	0.0040	0.0237
SCN^-	0.00566	0.00561	0.00560	0.00557	0.00554	0.00549	0.00540	0.00532	0.00521	0.00505	0.00491	0.0221
NO_3^-	0.00617	0.00613	0.00611	0.00008	0.00604	0.00598	0.00588	0.00576	0.00561	0.00533	0.00508	0.0205
$1/2CO_3^{2-}$					0.0060	0.0060	0.0060	0.055	0.0050	0.0043	0.0038	0.0270

①温度系数 $\alpha=\frac{1}{\kappa}\times\frac{d\kappa}{d\theta}$，式中$\kappa$为电导率，温度$\theta$时的离子电导率为$\lambda_\theta=\lambda_{18}[1+\alpha(\theta-18)]$。

第二节 电导滴定分析

在容量滴定过程中，伴随化学反应常常引起溶液电导率的变化，可以利用测量被滴定溶液的电导来确定终点，这就是电导滴定。通常只要反应物和生成物的离子淌度有较大的改变都可以进行电导滴定，发生的化学反应可以是中和反应、配位反应、沉淀反应和氧化还原反应。

表 4-7 列出了一些化合物和离子的电导滴定方法。表中被测物质按照化学种类的字母顺序编排；浓度范围指的是滴定开始时，被滴定化合物或离子的浓度；精密度以标准偏差表示。

表 4-7 电导滴定分析

滴定的物质	浓度/(mol/L)	试 剂	精密度/%	主要条件
Cl^-	10^{-1}～10^{-5}	$AgNO_3$	0.2～10	为了滴定很稀的溶液加至总计为 90% C_2H_5OH
	10^{-1}～10^{-4}	$Hg(ClO_4)_2$	0.1～1	中性或微酸性溶液
非金属氯化物：PCl_3、PCl_5、BCl_3、$SiCl_4$、S_2Cl_2		有机羧酸包括氨基多羧酸 EDTA-试样为 1∶4 和 1∶2；一羧酸-试样为 1∶1；二羧酸-试样为 1∶2 和 1∶1		在 *N*, *N*-二甲基甲酰胺中滴定，无机酸和有机溶剂无影响，存在 10%或更多水时，终点不明显
Co^{2+}	10^{-2}	EDTA	0.2	Ac^-缓冲液，pH=5
	10^{-2}	$Li_3Fe(CN)_6$	1	稀酸性溶液
Cr^{6+}	$10^{-2}(CrO_4^{2-})$	$BaCl_2$	0.2	中性溶液
	$10^{-3}(Cr_2O_7^{2-})$	$Fe(NH_4)_2(SO_4)_2$+0.2mol/L H_2SO_4	0.1	0.2mol/L H_2SO_4 溶液
Cu^{2+}	10^{-1}～10^{-2}	$Li_2C_2O_4$	0.1	中性溶液
	10^{-1}～10^{-3}	EDTA	0.2	稀 Ac^-缓冲液，pH=5
	10^{-3}～10^{-5}	10^{-3}mol/L $AlCl_3$	1～5	中性溶液，CO_2 不存在
F^-	10^{-1}～10^{-3}		1～3	在含有 50 倍过量的 NaCl 的 30%～50% C_2H_5OH 中滴定，沉淀组成是 Na_3AlF_6
Fe^{2+}	10^{-2}～10^{-3}	$K_2Cr_2O_7$	0.2	在 0.1mol/L H_2SO_4 中滴定
	10^{-2}	$KMnO_4$	1	在 0.1mol/L H_2SO_4 中滴定
$[Fe(CN)_6]^{3-}$	10^{-1}～10^{-2}	$AgNO_3$	1	中性溶液
$[Fe(CN)_6]^{4-}$	10^{-1}～10^{-2}	$Pb(NO_3)_2$	0.1	中性或稀酸性溶液
	0.2(以钾盐形式存在)	$ZnCl_2$	0.2	在100℃滴定中性溶液，沉淀具有 $K_2ZnFe(CN)_6$ 的组成
Hg^{2+}	10^{-1}～10^{-2}	NaOH	1	假使用 $HgCl_2$ 溶液滴定 NaOH，准确度有所改善
	10^{-4}～10^{-6}	2×10^{-3}mol/L H_2S 水溶液	0.5～5	pH=3，CO_2 不存在
I^-	10^{-1}～10^{-4}	$AgNO_3$	0.2～1	在 2%NH_3 存在下滴定，以阻止来自 Cl^- 和少量 Br^-的干扰
IO_3^-	10^{-2}～10^{-4}	HCl	0.5	含有少量过量的 KI 和 $Na_2S_2O_3$ 的中性溶液
K^+	5×10^{-3}	$NaB(C_6H_5)_4$	0.5	pH=5～10

续表

滴定的物质	浓度/(mol/L)	试　剂	精密度/%	主要条件
Mg^{2+}	10^{-1}～10^{-2} 10^{-1}～10^{-2}	NaOH EDTA	1 0.2	NH_3 缓冲液，pH=10
NO_3^-	5×10^{-1}	HAc 中的硝酸灵($C_{20}H_{16}N_4$)	0.5	稀酸溶液
Ni^{2+}	10^{-2}	在 C_2H_5OH 中的丁二酮肟	1	NH_3 缓冲液，比加过量的丁二酮肟和用饱和的 Ni^{2+} 反滴定要好些
过氧化物	10^{-1}～10^{-3}(H_2O_2)	$KMnO_4$	1	0.05mol/LH_2SO_4 溶液
PO_4^{3-}	10^{-1}～10^{-3} 10^{-2}～10^{-3}	$BiOClO_4$ $UO_2(Ac)_2$	0.2 0.3	0.3mol/L $HClO_4$ 溶液，As 不存在，少量的大多数金属不干扰，在 10^{-2}mol/L NaAc 存在下滴定
Pb^{2+}	10^{-1}～10^{-4} 10^{-4}～10^{-6} 10^{-2}	$Li_2C_2O_4$，$K_4Fe(CN)_6$ 或 Na_2CrO_4 10^{-3}mol/LH_2S 水溶液 EDTA	0.2 1～5 0.2	中性溶液 中性溶液，CO_2 不存在 Ac^- 缓冲液，pH=5
SCN^-	10^{-1}～10^{-5} 10^{-1}～10^{-3}	$AgNO_3$ $Hg(ClO_4)_2$	0.2～10 0.1	中性或微酸性溶液，为了滴定很稀的溶液加至相当于 90% 的 C_2H_5OH 中性溶液，滴定曲线中有两个突跃，第二个突跃[形成了 $Hg(SCN)_2$]给出更精密的结果
SO_4^{2-}	10^{-1}～10^{-4}	在 1%HAc 中的 $Ba(Ac)_2$	0.2～2	20%C_2H_5OH，大量的 NO_3^- 干扰
$S_2O_3^{2-}$	10^{-1}～10^{-2}	$Pb(NO_3)_2$	0.5	中性溶液
Se^{4+}	10^{-2}～10^{-3}(SeO_3^{2-})	$Pb(NO_3)_2$ 或 $AgNO_3$	0.5～1	中性溶液
Se^{4+}	10^{-1}～10^{-2} (SeO_4^{2-})	$Pb(NO_3)_2$ 或 $BaCl_2$	0.5	50%C_2H_5OH
Sr^{2+}	10^{-2} 10^{-1}～10^{-2}	EDTA $Li_2C_2O_4$	0.2 1	NH_3 缓冲液，pH=10 中性溶液
Ti^+	5×10^{-3} 10^{-2} 10^{-1}～10^{-2}	Na_2CrO_4 $NaB(C_6H_5)_4$ KSCN	0.2 0.5 0.5	中性溶液 中性溶液 中性溶液
U^{4+}	10^{-2}～10^{-3}	$KMnO_4$	1	0.2～0.5mol/L H_2SO_4 溶液
V^{3+}	10^{-2}～10^{-3}	$KMnO_4$	1	稀 H_2SO_4 溶液
V^{5+}	10^{-2}(VO_4^{3-}) 10^{-2}～5×10^{-3}(VO_4^{3-}) 10^{-2} VO_3^-	$AgNO_3$ $Co(NH_3)_6Cl_3$ $Co(NH_3)_6Cl_3$	1 1 1	中性溶液 中性溶液，沉淀具有$[Co(NH_3)_6][V_2O_7]_3$的组成 中性溶液，沉淀具有 $Co(NH_3)_6(VO_3)_3$ 的组成
Zn^{2+}	10^{-2}～10^{-3}	NaOH	0.5	溶液含有的 H^+ 应当相当于存在的 Zn^{2+}。在滴定曲线中有两个突跃：第一个突跃是对 H^+ 的中和，第二个突跃为关于 $Zn(OH)_2$ 的沉淀

续表

滴定的物质	浓度/(mol/L)	试剂	精密度/%	主要条件
对氯苯甲酸、苦味酸、苯酚和二乙基丙二酰脲邻苯二酸、己二酸(测定效果好)	10^{-2} 0.5～1.0	EDTA 0.10mol/L 1,3-二苯胍(DPG)	0.2 −2.9%～+3.9%，其中氯苯甲酸误差为0	Ac^-缓冲液，pH=5 用乙二醇单甲醚作为溶剂
有机硫化物： 乙硫醇、噻吩、硫代8-羟基喹啉		有机羧酸 噻吩-C_6H_5COOH(2∶1和1∶1)		在二甲基甲酰胺介质中滴定苯中噻吩，可加10倍于苯的二甲基甲酰胺
乙酰半胱氨酸	5×10^{-4}～1×10^{-2}	$CuSO_4$	＜5%	中性溶液，并可实际用于测量药品富露施、欧法尔马中乙酰半胱氨酸的含量，磷酸二氢钠、糖类分子、苯甲酸钠等不干扰测定
盐酸氯西汀	5.2×10^{-4}～1.0×10^{-2}	$AgNO_3$	相对标准偏差＜0.5%	中性溶液，偏亚硫酸氢钠、糖类分子在低浓度时不干扰测定，高浓度时有6%～10%的干扰
镧系金属离子	1.0×10^{-5}	EDTA，α-羟基异丁酸作为共配体		根据离子的不同调控pH值
镧系金属离子	150～1000μg	氰基乙酸乙酯苯腙衍生物	相对标准偏差为1.13%～4.47%	40%乙醇-水混合溶液
吩噻嗪类药物	1.0×10^{-3}	钼酸铵、钒酸钠或砷酸钠	相对标准偏差＜1%	NaCl不干扰测定
盐酸心得乐 盐酸心得安	2～24mg	雷纳克特酸铵，四氰合镍酸钾	相对标准偏差＜0.1%	乙醇/水混合溶液

第三节　某些物理化学常数的测定[1]

一、弱电解质的解离度和离解常数的测定

设电解质为AB型（即1-1型），起始浓度为c，它只有部分电离，解离度（电离度）为α，此时电解质的摩尔电导率为Λ_m。在无限稀释的溶液中可认为它是全部电离的，溶液的摩尔电导率为Λ_m^∞，可用离子的极限摩尔电导率相加而得。假定离子淌度随浓度的变化可忽略不计，则解离度α可以下式表示。

$$\alpha=\frac{\Lambda_m}{\Lambda_m^\infty} \tag{4-12}$$

$$AB \longrightarrow A + B$$

起始时　c　　0　　0

平衡时　$c(1-\alpha)$　　$c\alpha$　　$c\alpha$

平衡常数为

$$K_c=\frac{c_{A^+}c_{B^-}}{c_{AB}}=\frac{(c\alpha)^2}{c(1-\alpha)} \tag{4-13}$$

将式（4-13）代入后得

$$K_c = \frac{c\Lambda_m^2}{\Lambda_m^\infty\left(\Lambda_m^\infty - \Lambda_m\right)} \tag{4-14}$$

也可写作

$$\frac{1}{\Lambda_m} = \frac{1}{\Lambda_m^\infty} + \frac{c\Lambda_m}{K_c\left(\Lambda^\infty\right)^2} \tag{4-15}$$

若以 $\frac{1}{\Lambda_m}$ 对 $c\Lambda_m$ 作图，截距即为 $\frac{1}{\Lambda_m^\infty}$，根据直线的斜率可求得 K_c。

二、难溶盐的溶解度和溶度积的测定

难溶盐在水中的溶解度很小，其浓度用普通的滴定方法不能测定，但电导法是一种很好的测定难溶盐溶解度的方法。设难溶盐（MA）在溶剂中的饱和溶液的浓度为 c（即其溶解度），测定其饱和溶液的电导率 $\kappa_{(溶液)}$，由于溶液极稀，溶剂的电导率不能忽略，因而，

$$\kappa_{(MA)} = \kappa_{溶液} - \kappa_{溶剂} \tag{4-16}$$

摩尔电导率为

$$\Lambda_{(MA)}^{m} = \frac{\kappa_{(MA)}}{c} \tag{4-17}$$

由于难溶盐的溶解度很小，溶液极稀，可以认为 $\Lambda \approx \Lambda^\infty$，而 Λ^∞可由离子摩尔电导率相加而得，根据式（4-17）可以求得难溶盐的饱和溶液浓度 c，从而可计算溶解度和溶度积。

三、反应速率常数的测定

某些化学反应有 H^+和 OH^-参与，由于这两种离子的淌度比较大，它们参与的反应电导变化明显，可以用测量溶液电导率的方法测定反应速率常数。

例如，乙酸乙酯的皂化反应

	$CH_3COOC_2H_5$ +	$NaOH$ ⟶	CH_3COONa +	C_2H_5OH
起始时	c	c	0	0
t 时	$c-x$	$c-x$	x	x

这个双分子反应的反应速率为

$$\frac{dx}{dt} = k\left(c-x\right)\left(c-x\right) \tag{4-18}$$

积分得

$$kt = \frac{x}{c\left(c-x\right)} \tag{4-19}$$

反应在较稀的水溶液中进行，可以认为 CH_3COONa 是全部电离的。利用测量溶液电导率的方法可以求算 x 值的变化。在反应过程中，Na^+反应前后浓度不变，OH^-的淌度比 CH_3COO^-大得多，随着时间的增加，OH^-不断减少，体系的电导值不断下降，电导值的减小量和 CH_3COONa 浓度的增大量 x 成正比。

$$x = K(G_0 - G_t) \tag{4-20}$$

$$c = K(G_0 - G_\infty) \tag{4-21}$$

式中，G_0为起始电导值；G_t为t时的电导值；G_∞为$t\to\infty$，反应终了时的电导值；K为比例常数。

将式（4-20）、式（4-21）代入式（4-19），得

$$ckt = \frac{(G_0 - G_t)}{(G_0 - G_\infty)} \tag{4-22}$$

测定G_0、G_t、G_∞的值，利用$\frac{(G_0 - G_t)}{(G_t - G_\infty)}$对$t$作图，根据直线的斜率和$c$可以求得反应速率常数$k$。

第四节　自动连续监测

电导法仪器简单、操作容易、信号输送方便，在自动连续的监测设备中应用十分广泛，择其重要者列于表4-8中。

表4-8　电导分析在自动连续监测中的应用

应　用	被测物	摘　要
水质监测	H_2O	理论计算纯水的电导率κ为5.5×10^{-6}S/m(25℃)，普通蒸馏水的电导率κ约为1×10^{-3}S/m，重蒸水和去离子水的κ值可小于1×10^{-4}S/m。水的电导率反映了水中存在电解质的总含量。在某些领域，可通过测定水的电导率来确定其纯度是否符合要求
大气监测	SO_2	SO_2与H_2O反应生成亚硫酸，其一部分离解而生成亚硫酸根离子与氢离子，呈导电性 $SO_2+H_2O\longrightarrow H_2SO_3$ $H_2SO_3 \rightleftharpoons 2H^++SO_3^{2-}$ 将水与试样气体以一定比例接触后，通过测定水吸收SO_2后，溶液电导的增加，可以连续地知道试样气体中SO_2的浓度 也可以采用酸性H_2O_2溶液来吸收SO_2，吸收后电导有明显变化 $SO_2+H_2O_2 \rightarrow SO_4^{2-}+2H^+$ 可用Ag_2SO_4固体除去H_2S，$KHSO_4$溶液除去HCl，草酸除去NH_3
工业流程中控制	CO_2、CO	化肥生产过程中微量的CO_2、CO常用电导法分析。含CO_2的气体通入NaOH稀溶液时，发生如下反应 $2NaOH+CO_2 \longrightarrow Na_2CO_3+H_2O$ 由于生成的Na_2CO_3的电导率比NaOH小，因此通过测定通入CO_2前后溶液电导率的变化，即可计算出气体中CO_2的含量 CO经过I_2O_5转化后生成CO_2，按以上方法测定，其反应为 $I_2O_5+5CO\xrightarrow{105\sim110℃}I_2+5CO_2$
	H_2S	烯烃生产过程中裂解气中的H_2S含量可用电导法分析。用两对铂电极，分别在参比池和测量池内组成平衡的桥式电路，流动着的稀$CdCl_2$溶液作为电导液，它先经参比池，再流过反应管，在反应管内与试样气中的H_2S生成CdS沉淀，改变了电导液的电阻，再进入测量池，从参比池和测量池内溶液电导率的差值给出信号，从而计算气体中H_2S含量

续表

应　用	被测物	摘　要
钢铁中 C、S 的测定	SO_2、CO_2	钢铁试样投入高温炉的燃烧管内，通氧燃烧，产生 SO_2、CO_2 等，除尘后，首先进入盛有微酸性重铬酸钾溶液的硫吸收器，SO_2 被氧化成 H_2SO_4，溶液的电导率发生变化，然后混合气再通入盛有 $Ba(OH)_2$ 溶液的碳吸收器，旋转搅拌使 $Ba(OH)_2$ 与 CO_2 反应，生成 $CaCO_3$ 沉淀，溶液的电导发生变化。分别测定两个吸收器内 $K_2Cr_2O_7$ 和 $Ba(OH)_2$ 溶液在吸收 SO_2 和 CO_2 前后电导率的变化，从而可得碳、硫的含量
色谱检测器		高压液相色谱、气相色谱以及离子色谱中都有用电导作检测器，视具体情况而定

第五节　高频滴定和高频法

一、在水介质中的高频滴定

高频滴定曲线的形状及其滴定精密度与灵敏度和浓度范围实际在相当程度上受到滴定进行时的频率和所采用电池的电特性影响。因此，从表 4-9～表 4-11 给出的资料只能认为是已经完成的一些方法的摘要，具体应当参考详细原始文献。

通常用 35～100ml 的溶液进行滴定。

表 4-9　水介质中的高频滴定

滴定的物质	范　围	滴定剂	注　解
强酸	0.0002～0.02mol/L	0.001～1mol/L NaOH	误差 0.01%～0.5%
弱酸	0.002～1mol/L	0.02～1mol/L NaOH	误差 0.1%～1%；多(碱)价酸产生几个终点假使 $pK_a>7$ 终点不佳，在 Al^{3+} 和 Fe^{3+} 存在的情况下游离酸能加以测定
Ag^+	—	—	见“Hg_2^{2+}”
Al^{3+}	0.01～0.1mol/L	0.2mol/L NaOH 或 NaF	见“金属离子”
Ba^{2+}	0.01mol/L	0.1mol/L $K_2Cr_2O_7$	见“金属离子”
碱	0.002～1mol/L	0.002～1mol/L HCl	误差 0.2%～1%
Be^{2+}	10～40mg	0.5mol/L NaOH	误差 1%
Br^-	—	—	见“Cl^-”
CN^-	—	—	见“Cl^-”
CO_3^{2-}	—	—	见“碱”
Ca^{2+}	100mg	0.25mol/L $(NH_4)_2C_2O_4$	误差 1%；在 φ[①]=50%CH_3OH 中滴定，用于炉渣分析，亦可见“金属离子”
Cd^{2+}	—	—	见“金属离子”
Cl^-	0.00002～0.02mol/L	0.001～0.1mol/L $AgNO_3$，0.05mol/ LAgAc 或 0.01mol/L $Hg(NO_3)_2$	其他卤化物；CN^- 及 SCN^- 亦可被滴定
Co^{2+}	—	—	见“金属离子”
Cu^{2+}	—	—	见“金属离子”
丁二酮肟	0.1mmol	0.005mol/L $NiSO_4$ 或 $CoSO_4$	在氨性介质中滴定
F^-	0.01～0.03mol/L	0.03mol/L $La(Ac)_2$，$Al(NO_3)_3$ 或 $Th(NO_3)_4$	误差 1%
	4～6mg	0.02mol/L $Th(NO_3)_4$	误差 0.2%

续表

滴定的物质	范 围	滴定剂	注 解
Fe^{2+}	0.0001～0.02mol/L	0.002～0.02mol/L $KMnO_4$ 0.005～0.1mol/L KCN	在酸性溶液中滴定
Fe^{3+}	—	—	见“金属离子”
Hg^{2+}	0.001～0.1mol/L	0.005～0.1mol/L NaCl 或 KSCN	误差 0.1%～0.5%；Ag^+亦能被滴定
I^-	—	—	见“Cl^-”
IO_3^-	0.04mmol	0.04mol/L HCl	在过量 KI 和 $Na_2S_2O_3$ 存在情况下滴定
K^+	8mg	0.1mol/L$NaB(C_6H_5)_4$	误差 0.5%
镧系	—	—	见“金属离子”
金属离子	0.0002～0.005mol/L	0.002～0.1mol/L EDTA	误差 0.1%～1%；Ba，Ca，Cd，Co，Fe，镧系，Mg，Mn，Ni，Pb，Sr，Th，U 和 Zn 能被滴定
	0.01～0.05mol/L	0.1mol/L 8-羟基喹啉	Al，Cu，Fe 和 Zn 能被滴定
Mg^{2+}	—	—	见“金属离子”
Mn^{2+}	—	—	见“金属离子”
NH_3	0.2～2μg/ml	0.03mol/L H_2SO_4	适合于 Sobel 微量方法 NH_3 吸收于过量 0.01mol/L HCl 以后，亦可用 0.01mol/L，Na_2CO_3 作反滴定
Ni^{2+}	—	—	见“金属离子”
次氮基三乙酸(氨三乙酸)	0.1g	0.05mol/L $CuCl_2$	
氧代四环素	0.1g	0.01mol/L EDTA	间接：在 pH=2 时，加过量 0.01mol/L $FeCl_3$ 和用 EDTA 反滴定
Pb^{2+}	—	—	见“金属离子”
SCN^-	—	—	见“Cl^-”
SO_4^{2-}	0.1～0.8mg	0.1mol/L $Ba(Ac)_2$	在 φ=50% 1,4-二氧六环水溶液中滴定
	0.1～10mg	0.01～0.1mol/L $BaCl_2$	误差 1%～2%；在 φ=30%～50% C_2H_5OH 水溶液中滴定，用于测定钢中的 S
Sr^{2+}	—	—	见“金属离子”
Th^{4+}	0.5mmol	0.025mol/L $Th(NO_3)_4$	间接：加过量草酸盐和反滴定，也可以直接用 NaF 来滴定
Tl^+	0.05～0.2mmol	0.2mol/L $NaB(C_6H_5)_4$	误差 1%；Cd，Cu，HAc，H_2SO_4，Na 和 Zn 不干扰
UO_2^{2+}	—	—	见“金属离子”
Zn^{2+}	—	—	见“金属离子”

①φ 为体积分数。

二、在非水介质中的高频滴定

表 4-10 非水介质中的高频滴定

滴定的物质	范 围	滴定剂	溶 剂	注 解
酸类	0.0002～0.02mol/L	0.01～0.1mol/L $NaOCH_3$	C_6H_6-CH_3OH 或二甲基甲酰胺	已报道过 50 种酸包括邻氨基苯甲酸，顺式丁烯二酸，萘二甲酸，邻苯二酸，水杨酸及其他一元和多元羧酸，HCl，8-羟基喹啉，酚类，甲苯磺酸
氨基酸类	0.0004～0.02mol/L	0.1mol/L $HClO_4$	冰乙酸	

续表

滴定的物质	范　围	滴定剂	溶　剂	注　解
碱类	0.005～0.02mol/L	0.1mol/L $HClO_4$	冰乙酸，C_6H_6-CH_3OH 或 CH_3COCH_3-CH_3OH	已报道过40种碱包括放线菌素，胺类，苯胺，联苯胺，8-羟基喹啉，氧代四环素，季铵盐类，膦类，哌嗪(对二氮己环)，吡啶；典型的误差为0.5%～2%；某些工作者已经能够滴定对硝基苯胺(pK_b=12)[①]
硼酸	0.1mol/L	1mol/L NaOH 或 $(CH_3)_2NH$	CH_3OH	在甘油(甘露糖醇，果糖)存在的情况下滴定
NH_4^+ 盐	0.0002～0.006mol/L	0.01～0.1mol/L $NaOCH_3$	二甲基甲酰胺	
酚类，甲酚类，烯醇类，萘酚类，喹噁啉[对二氮(杂)萘]	0.3～10mg	0.02～0.1mol/L $NaOCH_3$	C_6H_6-CH_3OH 或乙二胺	误差 1%
羧酸类的盐	10～100mg	0.1mol/L $HClO_4$	C_6H_6-CH_3OH	对Ca、K和Na盐误差为0.2%～0.7%

①K_b 为碱的电离常数。

三、高频法测量组成或取决于组成的性质

表 4-11 高频法测量组成或取决于组成的性质

测量的类型	注　解	示　例
简单系统的分析	任何均相二元系统的组成能予以测定，其精密度随着纯粹组分介电常数之间差别的增加而增加，当控制温度时，大约±0.1%的组成差别能够时常加以检定，含 H_2O 的三元系统可通过用干燥剂除去 H_2O 之前和之后的测量加以分析	脂族烃类和环烃类，H_2O-醇，C_4H_9OH-C_3H_7OH，间二硝基苯和对二硝基苯，HCl-C_6H_6，植物油-矿(物)油等
	含有电解质的导电系统能加以分析，其精密度随着电介质浓度的增加而降低	H_2O-1,4-二氧六环-KCl
	扩大了标度的仪器，甚至当纯粹组分的介电常数的差别只有百分之几时也能给出“良好”的准确度	C_6H_6(ε=2.27)+$C_6H_5CH_3$(ε=2.38)
色谱法和连续分析	使色谱纸在两个靠近而平行的电极间通过，可将纸色谱上的区域定位，并可以测定其中的电解质或非电解质的量	
	通过色谱柱的区带行程可用夹在色谱柱底部附近的一对小电极来追随(跟踪)	(1) 用 C_4H_9OH-$CHCl_3$ 洗提液在 SiO_2 上分离每种为 0.1mg 的 4 种羧酸 (2) 在 Al_2O_3 上，牛肝不皂化部分的离析 (3) 在氟硅酸柱上用 C_6H_6 或 C_2H_5OH 洗提液分离 0.5mmol 量的醇、$(C_2H_5)_2O$、CH_3COCH_3、$C_6H_5NH_2$、C_6H_5OH、C_6H_6 和 $C_6H_5NO_2$
	柱的流出液或流分可以使之通过具有 1ml 或更大一些体积的高一频池来监测	(1) 用反相分配色谱法(固定相=C_7H_{16}-CHC_{13}-i-$C_8H_{17}OH$ 或 C_4H_9OH；流动相：H_2O-CH_3-OH)分离 0.3～4mg 试样游离的和共轭的肝汁酸(pK_a≤5) (2) 用 1,4-二氧六环-H_2O-HAc 载带通过 Al_2O_3 或 SiO_2 柱，前沿分析脂肪族、芳香族和环烷烃类 (3) 监测水中的 $Na_2S_2O_3$(1/60000) (4) 在一含有非芳(香)族化合物(ε=2.3～2.6)的石油精炼流中监测芳香烃类(ε=1.9～2.1)

续表

测量的类型	注 解	示 例
配位化合物	从用配位体滴定时所获的滴定曲线中的突跃位置可以测定配合物的组成，或采用其他技术	金属离子+甘氨酸或 EDTA；内配合物(例如 Ni-丁二酮肟)
液体的介电常数	和已知介电常数的液体比较，在 1～80 范围能给出良好的准确度；用一扩大了标度的仪器在一较小的范围也可以得到较好的准确度，导电的物质会降低可达到的准确度	
反应速率常数	测量高频电导随时间的改变	(1) 从(0.01～0.2)×10^{-3}mol/L 溶液中沉淀 $BaSO_4$ (2) 低级脂族酯的水解（0.0001～0.2mol/L 酯+0.004～0.4mol/L NaOH） (3) 低级脂肪族的初级硝基烷和第二硝基烷的中和(0.01mol/L 硝基烷+0.001 mol/L NaOH)
非均相系统中的水	典型的范围和误差：(0～3%)，±0.02%，(0～20%)，±0.5%	(1) 在固体中的，例如饼干、奶油、谷物、面粉类、盐(NaCl，$NaNO_3$)、织品、木料等 (2) 在液体中的，参见上面的“简单系统”分析一项
混杂的	导电的和不导电的相间界面的定位 经由沉降速率测量质点的大小，测量组成的变化	在 C_6H_6-$C_6H_5NO_2$ 介质中的 SiO_2 质点，在活株中的植物汁液

参 考 文 献

[1] 高小霞等. 电分析化学导论. 北京：科学出版社,1986, 34: 49-55.
[2] Dobas D. Electrochemical Data. Amsterdam-Oxford-New York：Elesevier Scientific Publishing Company, 1975, Table72, Table 69.
[3] Meites. L. Handbook of Analytical Chemistry (1st Edition). New York: Megraw-Hill Book Company INC. 1963: 5-35-5-37, 5-204-5-208.
[4] Janegitz B C, et al. Anal Lett, 2008, 41: 3264.
[5] Sartori E R, et al. Anal Lett, 2009, 42: 659.
[6] Matharu K, et al. Anal Methods, 2011, 3: 1290.
[7] Kowalczyk-Marzec A, et al. Chem Anal (Warsaw), 2002, 47: 613.
[8] Salem A A. Microchem J, 1998, 60: 51.
[9] Issa Y M, Amin A S. Mikrochim Acta, 1995, 118: 85.

第五章 电位分析法

电位分析法是利用电极电位和溶液中待测物质活度（或浓度）之间的关系来测定物质活度（或浓度）的一种电分析化学方法。它是以测量电池电动势为基础，其化学电池的组成是以待测液为电解质溶液，并于其中插入两支电极，一支是电极电位与被测试液活度（或浓度）有定量关系的指示电极，另一支是电位稳定不变的参比电极。通过测量该电池的电动势来确定被测物质的含量。

电位分析法根据其原理可分为直接电位分析法和电位滴定法两大类。直接电位分析法是通过测量电动势来确定指示电极的电位，然后根据 Nernst 方程，由所测得的电极电位值计算出被测物质的含量。电位滴定法是通过测量滴定过程中指示电极的电位变化来确定滴定终点，再按滴定所消耗的标准溶液的体积和浓度来计算待测物质的含量。该方法实质上是一种容量分析方法。

20 世纪 60 年代以来，由于膜电极技术的不断进步，相继成功研制了多种具有良好选择性能的指示电极，即离子选择性电极。离子选择性电极的出现和应用，促进了电位分析法的发展，并使其应用有了新的突破。

电位分析法具有如下特点：选择性高，在多数情况下，共存离子干扰小，对组成复杂的试样往往不需经过分离处理就能直接测定，且灵敏度高。电位法的相对检出限一般为 10^{-5}～10^{-8}mol/L，特别适用于微量组分的测定；而电位滴定法则适用于常量分析，仪器设备简单、操作方便，易于实现分析的自动化，试液用量少，并可做无损分析和原位测量。因此，电位分析法的应用范围广泛，尤其是离子选择性电极，现在广泛用于环保、医药、食品、卫生、地质探矿、冶金、海洋探测等各个领域，并已成为重要的测试手段。

第一节 电极电位

一、标准电极电位

表 5-1 中所列各种氧化还原体系的标准电极电位是以标准氢电极的电位为零相比较的值。对于一个给定电极与标准氢电极组合为原电池时，所得的电动势就是给定电极的电极电位。关于电极电位的正负号，在分析化学中采用的惯例是给定电极的还原性大于标准氢电极（即在该电极上实际进行的反应是氧化反应），则它的电极电位为负值；如给定电极的还原性小于氢电极（即电极上实际进行的反应是还原反应），则电极电位定为正值。例如：对于 $a_{Zn^{2+}}=1$ 的锌电极与标准氢电极所组成的电池，在锌电极上实际进行的反应是氧化反应，因此，锌的标准电极电位为−0.762V。对于 $a_{Cu^{2+}}=1$ 的铜电极与标准氢电极所组成的电池，在铜电极上进行的反应是还原反应，则铜的标准电极电位为+0.345V。

半反应的反应物或产物包含 H^+时，溶液是酸性的；包含 OH^-、NH_3、CN^-、CO_3^{2-} 或 S^{2-} 的半反应，表示在碱性溶液中的反应。

半反应左端的物质是氧化剂，而右端的物质则是还原剂。

表 5-1 中是按照标准电极电位值由低到高（或代数值由小到大）的次序排列的。

表 5-1 标准电极电位（标准氢电极为参比电极）[1]

编号	电 极 反 应	$E^{\ominus}$/V	编号	电 极 反 应	$E^{\ominus}$/V
1	$Li^+ + e^- = Li$	−3.024	38	$H^+ + e^- = H(g)$	−2.10
2	$Cs^+ + e^- = Cs$	−3.02	39	$Sc^{3+} + 3e^- = Sc$	−2.08
3	$Ca(OH)_2 + 2e^- = Ca + 2OH^-$	−3.02	40	$Pu^{3+} + 3e^- = Pu$	−2.07
4	$Rb^+ + e^- = Rb$	−2.99	41	$AlF_6^{3-} + 3e^- = Al + 6F^-$	−2.07
5	$Sr(OH)_2 \cdot 8H_2O + 2e^- = Sr + 2OH^- + 8H_2O$	−2.99	42	$Th^{4+} + 4e^- = Th$	−1.90
6	$Ba(OH)_2 \cdot 8H_2O + 2e^- = Ba + 2OH^- + 8H_2O$	−2.97	43	$Np^{3+} + 3e^- = Np$	−1.86
7	$H(g)$① $+ OH^- = H_2O + e^-$	−2.93	44	$H_2PO_2^- + e^- = P + 2OH^-$	−1.82
8	$K^+ + e^- = K$	−2.924	45	$U^{3+} + 3e^- = U$	−1.80
9	$Ra^{2+} + 2e^- = Ra$	−2.92	46	$ThO_2 + 4H^+ + 4e^- = Th + 2H_2O$	−1.80
10	$Ba^{2+} + 2e^- = Ba$	−2.90	47	$H_2BO_3^- + 3e^- = B + 4OH^-$	−1.79
11	$Sr^{2+} + 2e^- = Sr$	−2.89	48	$Ti^{2+} + 2e^- = Ti$	−1.75
12	$Ca^{2+} + 2e^- = Ca$	−2.87	49	$SiO_3^{2-} + 3H_2O + 4e^- = Si + 6OH^-$	−1.73
13	$La(OH)_3 + 3e^- = La + 3OH^-$	−2.80	50	$HPO_3^{2-} + 2H_2O + 3e^- = P + 5OH^-$	−1.71
14	$Lu(OH)_3 + 3e^- = Lu + 3OH^-$	−2.72	51	$Hf^{4+} + 4e^- = Hf$	−1.70
15	$Na^+ + e^- = Na$	−2.714	52	$Be^{2+} + 2e^- = Be$	−1.70
16	$Mg(OH)_2 + 2e^- = Mg + 2OH^-$	−2.68	53	$HfO^{2+} + 2H^+ + 4e^- = Hf + H_2O$	−1.68
17	$ThO_2 + 2H_2O + 4e^- = Th + 4OH^-$	−2.64	54	$Al^{3+} + 3e^- = Al$	−1.67
18	$Sc(OH)_3 + 3e^- = Sc + 3OH^-$	−2.6	55	$HPO_3^{2-} + 2H_2O + 2e^- = H_2PO_2^- + 3OH^-$	−1.65
19	$HfO(OH)_2 + H_2O + 4e^- = Hf + 4OH^-$	−2.50	56	$Na_2UO_4 + 4H_2O + 2e^- = U(OH)_4 + 2Na^+ + 4OH^-$	−1.61
20	$Ce^{3+} + 3e^- = Ce$	−2.48	57	$Zr^{4+} + 4e^- = Zr$	−1.53
21	$Nd^{3+} + 3e^- = Nd$	−2.44	58	$[Fe(CN)_6]^{4-} + 2e^- = Fe + 6CN^-$	−1.5
22	$Pu(OH)_3 + 3e^- = Pu + 3OH^-$	−2.42	59	$Mn(OH)_2 + 2e^- = Mn + 2OH^-$	−1.47
23	$Sm^{3+} + 3e^- = Sm$	−2.41	60	$ZnS + 2e^- = Zn + S^{2-}$	−1.44
24	$Gd^{3+} + 3e^- = Gd$	−2.40	61	$ZrO_2 + 4H^+ + 4e^- = Zr + 2H_2O$	−1.43
25	$UO_2 + 2H_2O + 4e^- = U + 4OH^-$	−2.39	62	$2SO_3^{2-} + 2H_2O + 2e^- = S_2O_4^{2-} + 4OH^-$	−1.4
26	$La^{3+} + 3e^- = La$	−2.37	63	$UO_2 + 4H^- + 4e^- = U + 2H_2O$	−1.40
27	$Y^{3+} + 3e^- = Y$	−2.37	64	$As + 3H_2O + 3e^- = AsH_3 + 3OH^-$	−1.37
28	$H_2AlO_3^- + H_2O + 3e^- = Al + 4OH^-$	−2.35	65	$MnCO_3 + 2e^- = Mn + CO_3^{2-}$	−1.35
29	$Mg^{2+} + 2e^- = Mg$	−2.34	66	$Cr(OH)_3 + 3e^- = Cr + 3OH^-$	−1.3
30	$H_2ZrO_3 + H_2O + 4e^- = Zr + 4OH^-$	−2.32	67	$[Cr(CN)_6]^{4-} = [Cr(CN)_6]^{3-} + e^-$ (在 KCN 溶液中)	−1.28
31	$Am^{3+} + 3e^- = Am$	−2.32	68	$[Zn(CN)_4]^{2-} + 2e^- = Zn + 4CN^-$	−1.26
32	$Al(OH)_3 + 3e^- = Al + 3OH^-$	−2.31	69	$Zn(OH)_2 + 2e^- = Zn + 2OH^-$	−1.245
33	$Be_2O_3^{2-} + 3H_2O + 4e^- = 2Be + 6OH^-$	−2.28	70	$CdS + 2e^- = Cd + S^{2-}$	−1.23
34	$Lu^{3+} + 3e^- = Lu$	−2.25	71	$H_2GaO_3^- + H_2O + 3e^- = Ga + 4OH^-$	−1.22
35	$1/2H_2 + e^- = H^-$	−2.23	72	$ZnO_2^{2-} + 2H_2O + 2e^- = Zn + 4OH^-$	−1.216
36	$U(OH)_4 + e^- = U(OH)_3 + OH^-$	−2.2	73	$CrO_2^- + 2H_2O + 3e^- = Cr + 4OH^-$	−1.2
37	$U(OH)_3 + 3e^- = U + 3OH^-$	−2.17	74	$SiF_6^{2-} + 4e^- = Si + 6F^-$	−1.2

续表

编号	电 极 反 应	$E^\ominus$/V	编号	电 极 反 应	$E^\ominus$/V
75	$TiF_6^{2-}+4e^- = Ti+6F^-$	−1.19	111	$SbS_2^-+3e^- = Sb+2S^{2-}$	−0.85
76	$In_2O_3+3H_2O+6e^- = 2In+6OH^-$	−1.18	112	$2NO_3^-+2H_2O+2e^- = N_2O_4+4OH^-$	−0.85
77	$V^{2+}+2e^- = V$	−1.18	113	$Si+2H_2O = SiO_2+4H^++4e^-$	−0.84
78	$16H_2O+HV_6O_{17}^{3-}+30e^- = 6V+33OH^-$	−1.15	114	$[Co(CN)_6]^{3-}+e^- = [Co(CN)_6]^{4-}$	−0.83
79	$N_2+4H_2O+4e^- = N_2H_4+4OH^-$	−1.15	115	$PtS+2e^- = Pt+S^{2-}$	−0.83
80	$HCO_2^-(aq)$[2] $+2H_2O+2e^- = HCHO(aq)+3OH^-$	−1.14	116	$2H_2O+2e^- = H_2+2OH^-$	−0.828
81	$Nb^{3+}+3e^- = Nb$	−1.1	117	$UO_2^{2+}+4H^++6e^- = U+2H_2O$	−0.82
82	$NiS(\gamma)$[3] $+2e^- = Ni+S^{2-}$	−1.07	118	$[Ni(CN)_4]^{2-}+e^- = [Ni(CN)_3]^{2-}+CN^-$	−0.82
83	$ZnCO_3+2e^- = Zn+CO_3^{2-}$	−1.06	119	$Cd(OH)_2+2e^- = Cd+2OH^-$	−0.81
84	$BF_4^-+3e^- = B+4F^-$	−1.06	120	$Ta_2O_5+10H^++10e^- = 2Ta+5H_2O$	−0.81
85	$Mn^{2+}+2e^- = Mn$	−1.05	121	$CdCO_3+2e^- = Cd+CO_3^{2-}$	−0.8
86	$PO_4^{3-}+2H_2O+2e^- = HPO_3^{2-}+3OH^-$	−1.05	122	$ZnSO_4\cdot 7H_2O+2e^- = Zn$(汞齐)$+SO_4^{2-}$	−0.799
87	$N_2O+5H_2O+4e^- = 2NH_2OH+4OH^-$	−1.05	123	$HSnO_2^-+H_2O+2e^- = Sn+3OH^-$	−0.79
88	$MoO_4^{2-}+4H_2O+6e^- = Mo+8OH^-$	1.05	124	$Se+2e^- = Se^{2-}$	−0.78
89	$WO_4^{2-}+4H_2O+6e^- = W+8OH^-$	−1.05	125	$Zn^{2+}+2e^- = Zn$	−0.762
90	$Tl_2S+2e^- = Tl+S^{2-}$	−1.04	126	$TlI+e^- = Tl+I^-$	−0.76
91	$[Zn(NH_3)_4]^{2+}+2e^- = Zn+4NH_3(aq)$	−1.03	127	$CuS+2e^- = Cu+S^{2-}$	−0.76
92	$FeS(\alpha)$[3] $+2e^- = Fe+S^{2-}$	−1.01	128	$FeCO_3+2e^- = Fe+CO_3^{2-}$	−0.755
93	$In(OH)_3+3e^- = In+3OH^-$	−1.0	129	$AsS_2^-+3e^- = As+2S^{2-}$	−0.75
94	$PbS+2e^- = Pb+S^{2-}$	−0.98	130	$CrCl_2^-+e^- = Cr+2Cl^-$	0.74
95	$CNO^-+H_2O+2e^- = CN^-+2OH^-$	−0.96	131	$Co(OH)_2+2e^- = Co+2OH^-$	−0.73
96	$Sn(OH)_6^{2-}+2e^- = HSnO_2^-+3OH^-+H_2O$	−0.96	132	$H_3BO_3+3H^++3e^- = B+3H_2O$	−0.73
97	$Pu(OH)_4+e^- = Pu(OH)_3+OH^-$	−0.95	133	$N_2O_2^{2-}+6H_2O+4e^- = 2NH_2OH+6OH^-$	−0.73
98	TiO_2(无定形)$+4H^++4e^- = Ti+2H_2O$	−0.95	134	$Cr^{3+}+3e^- = Cr$	−0.71
99	$Cu_2S+2e^- = 2Cu+S^{2-}$	−0.95	135	$Ag_2S+2e^- = 2Ag+S^{2-}$	−0.71
100	$CO_3^{2-}+2H_2O+2e^- = HCO_2^-+3OH^-$	−0.95	136	$AsO_4^{3-}+2H_2O+2e^- = AsO_2^-+4OH^-$	−0.71
101	$SnS+2e^- = Sn+S^{2-}$	−0.94	137	$HgS+2e^- = Hg+S^{2-}$	−0.70
102	$CoS(\alpha)+2e^- = Co+S^{2-}$	−0.93	138	$[Mn(CN)_6]^{3-}+e^- = [Mn(CN)_4]^{2-}+2CN^-$	−0.7
103	$Te+2e^- = Te^{2-}$	−0.92	139	$Te+2H^++2e^- = H_2Te$	−0.7
104	$Cd(CN)_4^{2-}+2e^- = Cd+4CN^-$	−0.90	140	$Ni(OH)_2+2e^- = Ni+2OH^-$	−0.69
105	$SO_4^{2-}+H_2O+2e^- = SO_3^{2-}+2OH^-$	−0.90	141	$AsO_2^-+2H_2O+3e^- = As+4OH^-$	−0.68
106	$Cr^{2+}+2e^- = Cr$	−0.9	142	$Ag_2S+H_2O+2e^- = 2Ag+OH^-+SH^-$	−0.67
107	$HGeO_3^-+2H_2O+4e^- = Ge+5OH^-$	−0.9	143	$Fe_2S_3+2e^- = 2FeS+S^{2-}$	−0.67
108	$P+3H_2O+3e^- = PH_3+3OH^-$	−0.88	144	$SbO_2^-+2H_2O+3e^- = Sb+4OH^-$	−0.66
109	$Fe(OH)_2+2e^- = Fe+2OH^-$	−0.877	145	$TlBr+e^- = Tl+Br^-$	−0.658
110	$NiS(\alpha)+2e^- = Ni+S^{2-}$	−0.86	146	$Ga^{3+}+e^- = Ga^{2+}$	−0.65

续表

编号	电极反应	$E^{\ominus}$/V
147	$CoCO_3 + 2e^- = Co + CO_3^{2-}$	−0.632
148	$Nb_2O_5 + 10H^+ + 10e^- = 2Nb + 5H_2O$	−0.63
149	$U^{4+} + e^- = U^{3+}$	−0.61
150	$SO_3^{2-} + 3H_2O + 6e^- = S^{2-} + 6OH^-$	−0.61
151	$Au(CN)_2^- + e^- = Au + 2CN^-$	−0.60
152	$AsS_4^{3-} + 2e^- = AsS_2^- + 2S^{2-}$	−0.6
153	$[Cd(NH_3)_4]^{2+} + 2e^- = Cd + 4NH_3(aq)$	−0.597
154	$ReO_4^- + 2H_2O + 3e^- = ReO_2 + 4OH^-$	−0.594
155	$H_3PO_3 + 2H^+ + 2e^- = H_3PO_2 + H_2O$	−0.59
156	$HCHO(aq) + 2H_2O + 2e^- = CH_3OH(aq) + 2OH^-$	−0.59
157	$ReO_4^- + 4H_2O + 7e^- = Re + 8OH^-$	−0.584
158	$NO_3^- + NO + e^- = 2NO_2^-$	−0.58
159	$2SO_3^{2-} + 3H_2O + 4e^- = S_2O_3^{2-} + 6OH^-$	−0.58
160	$2CuS + 2e^- = Cu_2S + S^{2-}$	−0.58
161	$PbO + H_2O + 2e^- = Pb + 2OH^-$	−0.578
162	$ReO_2 + H_2O + 4e = Re + 4OH^-$	−0.576
163	$TeO_3^{2-} + 3H_2O + 4e^- = Te + 6OH^-$	−0.57
164	$Fe(OH)_3 + e^- = Fe(OH)_2 + OH^-$	−0.56
165	$PbS + H_2O + 2e^- = Pb + OH^- + SH^-$	−0.56
166	$O_2^- = O_2 + e^-$	−0.56
167	$TlCl + e^- = Tl + Cl^-$	−0.557
168	$2NH_4^+ + 2e^- = 2NH_3(aq) + H_2$	−0.55
169	$S_4^{2-} + 2e^- = S^{2-} + S_3^{2-}$	−0.55
170	$As + 3H^+ + 3e^- = AsH_3$	−0.54
171	$HPbO_2^- + H_2O + 2e^- = Pb + 3OH^-$	−0.54
172	$Cu_2S + 2e^- = 2Cu + S^{2-}$	−0.54
173	$Ga^{3+} + 3e^- = Ga$	−0.52
174	$S_2^{2-} + 2e^- = 2S^{2-}$	−0.51
175	$[Ag(CN)_3]^{2-} + e^- = Ag + 3CN^-$	−0.51
176	$Sb + 3H^+ + 3e^- = SbH_3(g)$	−0.51
177	$H_3PO_2 + H^+ + e^- = P + 2H_2O$	−0.51
178	$S + 2e^- = S^{2-}$	−0.508
179	$PbCO_3 + 2e^- = Pb + CO_3^{2-}$	−0.506
180	$H_3PO_3 + 2H^+ + 2e^- = H_3PO_2 + H_2O$	−0.50
181	$2CO_2 + 2H^+ + 2e^- = H_2C_2O_4(aq)$	−0.49
182	$H_3PO_3 + 3H^+ + 3e^- = P + 3H_2O$	−0.49
183	$[Ni(NH_3)_6]^{2+} + 2e^- = Ni + 6NH_3(aq)$	−0.48
184	$NO_2^- + H_2O + e^- = NO + 2OH^-$	−0.46
185	$BiOOH + H_2O + 3e^- = Bi + 3OH^-$	−0.46
186	$ClO_3^- + H_2O + e^- = ClO_2(g) + 2OH^-$	−0.45
187	$NiCO_3 + 2e^- = Ni + CO_3^{2-}$	−0.45
188	$In^{3+} + e^- = In^{2+}$	−0.45
189	$Fe^{2+} + 2e^- = Fe$	−0.441
190	$CdSO_4 \cdot 8/3H_2O + 2e^- = Cd$(汞齐)$ + SO_4^{2-}$	−0.435
191	$Eu^{3+} + e^- = Eu^{2+}$	−0.43
192	$[Cu(CN)_2]^- + e^- = Cu + 2CN^-$	−0.43
193	$[Co(NH_3)_6]^{2+} + 2e^- = Co + 6NH_3(aq)$	−0.422
194	$2H^+([H^+]=10^{-7}mol/kg) + 2e^- = H_2$	−0.414
195	$Cr^{3+} + e^- = Cr^{2+}$	−0.41
196	$Cd^{2+} + 2e^- = Cd$	−0.402
197	$Mn(OH)_3 + e^- = Mn(OH)_2 + OH^-$	−0.40
198	$Ga_2O + 2H^+ + 2e^- = 2Ga + H_2O$	−0.4
199	$Hg(CN)_4^{2-} + 2e^- = Hg + 4CN^-$	−0.37
200	$Ti^{3+} + e^- = Ti^{2+}$	−0.37
201	$SeO_3^{2-} + 3H_2O + 4e^- = Se + 6OH^-$	−0.366
202	$PbI_2 + 2e^- = Pb + 2I^-$	−0.365
203	$Cu_2O + H_2O + 2e^- = 2Cu + 2OH^-$	−0.361
204	$Se + 2H^+ + 2e = H_2Se$	−0.36
205	$Hg_2(CN_2) + 2e^- = 2Hg + 2CN^-$	−0.36
206	$PbSO_4 + 2e^- = Pb + SO_4^{2-}$	−0.355
207	$In^{2+} + e^- = In^+$	−0.35
208	$Tl(OH) + e^- = Tl + OH^-$	−0.344
209	$In^{3+} + 3e^- = In$	−0.340
210	$InCl + e^- = In + Cl^-$	−0.34
211	$Tl^+ + e^- = Tl$	−0.338
212	$PtS + 2H^+ + 2e^- = Pt + H_2S$	−0.30
213	$[Ag(CN)_2]^- + e^- = Ag + 2CN^-$	−0.30
214	$NO_3^- + 5H_2O + 6e^- = NH_2OH + 7OH^-$	−0.30
215	$PbBr_2 + 2e^- = Pb + 2Br^-$	−0.280
216	$Co^{2+} + 2e^- = Co$	−0.277
217	$H_3PO_4 + 2H^+ + 2e^- = H_3PO_3 + H_2O$	−0.276
218	$HCNO + H^+ + e^- = 1/2(CN)_2 + H_2O$	−0.27
219	$Cu(CNS) + e^- = Cu + CNS^-$	−0.27
220	$PbCl_2 + 2e^- = Pb + 2Cl^-$	−0.268
221	$CuS + 2H^+ + 2e^- = Cu + H_2S$	−0.259

续表

编号	电 极 反 应	$E^{\ominus}$/V	编号	电 极 反 应	$E^{\ominus}$/V
222	$V^{3+} + e^- = V^{2+}$	−0.255	261	$HCOOH(aq) + 2H^+ + 2e^- = HCHO(aq) + H_2O$	−0.01
223	$Sb_2O_3 + 6H^+ + 6e^- = 2Sb + 3H_2O$	−0.255	262	$2De^+ + 2e^- = De_2$	−0.0034
224	$V(OH)_4^+ + 4H^+ + 5e^- = V + 4H_2O$	−0.253	263	$H_2MoO_4(aq) + 6H^+ + 6e^- = Mo + 4H_2O$	0.0
225	$Ni^{2+} + 2e^- = Ni$	−0.250	264	$CuI_2^- + e^- = Cu + 2I^-$	0.0
226	$SnF_6^{2-} + 4e^- = Sn + 6F^-$	−0.25	265	$[Cu(NH_3)_4]^{2+} + e^- = [Cu(NH_3)_2]^+ + 2NH_3(aq)$	0.0
227	$CH_3OH(aq) + H_2O + 2e^- = CH_4 + 2OH^-$	−0.25	266	$2H^+ + 2e^- = H_2$	0.0000
228	$HO_2^- + H_2O + e^- = OH + 2OH^-$	−0.24	267	$[Ag(S_2O_3)_2]^{3-} + 3e^- = Ag + 2S_2O_3^{2-}$	0.01
229	$2H_2SO_3 + H^+ + 2e^- = HS_2O_4^- + 2H_2O$	−0.23	268	$NO_2^- + H_2O + 2e^- = NO_3^- + 2OH^-$	0.01
230	$N_2 + 5H^+ + 4e^- = N_2H_5^+$	−0.23	269	$Os + 9OH^- = HOsO_5^- + 4H_2O + 8e^-$	0.02
231	$Cu(OH)_2 + 2e^- = Cu + 2OH^-$	−0.224	270	$[Fe(C_2O_4)_3]^{3-} + e^- = [Fe(C_2O_4)_2]^{2-} + C_2O_4^{2-}$	0.02
232	$2SO_4^{2-} + 4H^+ + 2e^- = S_2O_6^{2-} + 2H_2O$	−0.22	271	$SeO_4^{2-} + H_2O + 2e^- = SeO_3^{2-} + 2OH^-$	0.03
233	$Mo^{3+} + 3e^- = Mo$	−0.2	272	$CuBr + e^- = Cu + Br^-$	0.033
234	$CuI + e^- = Cu + I^-$	−0.187	273	$2Rh + 6OH^- = Rh_2O_3 + 3H_2O + 6e^-$	0.04
235	$2NO_3^- + 2H_2O + 4e^- = N_2O_2^{2-} + 4OH^-$	−0.180	274	$UO_2^+ = UO_2^{2+} + e^-$	0.05
236	$PbO_2 + 2H_2O + 4e^- = Pb + 4OH^-$	−0.16	275	$CuBr_2^- + e^- = Cu + 2Br^-$	0.05
237	$AgI + e^- = Ag + I^-$	−0.151	276	$CuCO_3 + 2e^- = Cu + CO_3^{2-}$	0.053
238	$GeO_2 + 4H^+ + 4e^- = Ge + 2H_2O$	−0.15	277	$PH_3(g) = P + 3H^+ + 3e^-$	0.06
239	$Sn^{2+} + 2e^- = Sn$	−0.140	278	$PbS + 2H^+ + 2e^- = Pb + H_2S$	0.07
240	$CO_2 + 2H^+ + 2e^- = HCOOH(aq)$	−0.14	279	$Pd(OH)_2 + 2e^- = Pd + 2OH^-$	0.07
241	$CH_3COOH(aq) + 2H^+ + 2e^- = CH_3CHO(aq) + H_2O$	−0.13	280	$AgBr + e^- = Ag + Br^-$	0.073
242	$Pb^{2+} + 2e^- = Pb$	−0.126	281	$AgCNS + e^- = Ag + CNS^-$	0.09
243	$CrO_4^{2-} + 4H_2O + 3e^- = Cr(OH)_3 + 5OH^-$	−0.12	282	$HgO + H_2O + 2e^- = Hg + 2OH^-$	0.098
244	$[Cu(NH_3)_2]^+ + e^- = Cu + 2NH_3$	−0.11	283	$Si + 4H^+ + 4e^- = SiH_4$	0.102
245	$2Cu(OH)_2 + 2e^- = Cu_2O + H_2O + 2OH^-$	−0.09	284	$Pd(OH)_2 + 2e^- = Pd + 2OH^-$	0.1
246	$WO_3 + 6H^+ - 6e^- = W + 3H_2O$	−0.09	285	$N_2H_4 + 4H_2O + 2e^- = 2NH_4OH + 2OH^-$	0.1
247	$O_2 + H_2O + 2e^- = HO_2^- + OH^-$	−0.076	286	$Ir_2O_3 + 3H_2O + 6e^- = 2Ir + 6OH^-$	0.1
248	$N_2O + H_2O + 6H^+ + 4e^- = 2NH_3OH^+$	−0.05	287	$[Co(NH_3)_6]^{3+} + e^- = [Co(NH_3)_6]^{2+}$	0.1
249	$[Cu(NH_3)_4]^{2+} + 2e^- = Cu + 4NH_3(aq)$	−0.05	288	$2NO + 2e^- = N_2O_2^{2-}$	0.1
250	$Tl(OH)_3 + 2e^- = TlOH + 2OH^-$	−0.05	289	$TiO^{2+} + 2H^+ + e^- = H_2O + Ti^{3+}$	0.1
251	$MnO_2 + H_2O + 2e^- = Mn(OH)_2 + 2OH^-$	−0.05	290	$Mn(OH)_3 + e^- = Mn(OH)_2 + OH^-$	0.1
252	$Hg_2I_2 + 2e^- = 2Hg + 2I^-$	−0.0405	291	$Hg_2O + H_2O + 2e^- = 2Hg + 2OH^-$	0.123
253	$HgI_4^{2+} + 2e^- = Hg + 4I^-$	−0.04	292	$CuCl + e^- = Cu + Cl^-$	0.124
254	$Ti^{4+} + e^- = Ti^{3+}$	−0.04	293	$C + 4H^+ + 4e^- = CH_4$	0.13
255	$P + 3H^+ + 3e^- = PH_3$	−0.04	294	$Hg_2Br_2 + 2e^- = 2Hg + 2Br^-$	0.139
256	$RuO_2 + 2H_2O + 4e^- = Ru + 4OH^-$	−0.04	295	$S + 2H^+ + 2e^- = H_2S$	0.141
257	$Fe^{3+} + 3e^- = Fe$	−0.036	296	$Np^{4+} + e^- = Np^{3+}$	0.147
258	$Ag_2S + 2H^+ + 2e^- = 2Ag + H_2S$	−0.036	297	$Sn^{4+} + 2e^- = Sn^{2+}$	0.15
259	$TeO_3^{2-} + 3H_2O + 4e^- = Te + 6OH^-$	−0.02	298	$ReO_4^- + 8H^+ + 7e^- = Re + 4H_2O$	0.15
260	$AgCN + e^- = Ag + CN^-$	−0.017	299	$2NO_2^- + 3H_2O + 4e^- = N_2O + 6OH^-$	0.15

续表

编号	电极反应	$E^{\ominus}$/V	编号	电极反应	$E^{\ominus}$/V
300	$Sb_2O_3 + 6H^+ + 6e^- = 2Sb + 3H_2O$	0.152	334	$(CN)_2 + 2H^+ + 2e^- = 2HCN$	0.33
301	$BiCl_4^- + 3e^- = Bi + 4Cl^-$	0.16	335	$UO_2^{2+} + 4H^+ + 2e^- = U^{4+} + 2H_2O$	0.334
302	$Pt(OH)_2 + 2e^- = Pt + 2OH^-$	0.16	336	$Hg_2Cl_2 + 2e^- = 2Hg + 2Cl^-$(0.1mol/L KCl)	0.336
303	$BiOCl + 2H^+ + 3e^- = Bi + H_2O + Cl^-$	0.16	337	$Ag_2O + H_2O + 2e^- = 2Ag + 2OH^-$	0.344
304	$Cu^{2+} + e^- = Cu^+$	0.167	338	$Cu^{2+} + 2e^- = Cu$	0.345
305	$S_4O_6^{2-} + 2e^- = 2S_2O_3^{2-}$	0.17	339	$ClO_3^- + H_2O + 2e^- = ClO_2^- + 2OH^-$	0.35
306	$ClO_4^- + H_2O + 2e^- = ClO_3^- + 2OH^-$	0.17	340	$[Fe(CN)_6]^{3-} + e^- = [Fe(CN)_6]^{4-}$	0.36
307	$CuCl_2^- + e^- = Cu + 2Cl^-$	0.19	341	$Hg_2(CH_3COO)_2 + 2e^- = 2Hg + 2CH_3COO^-$	0.36
308	$Ag_4[Fe(CN)_6] + 4e^- = 4Ag + [Fe(CN)_6]^{4-}$	0.194	342	$AgIO_3 + e^- = Ag + IO_3^-$	0.37
309	$SO_4^{2-} + 4H^+ + 2e^- = H_2SO_3 + H_2O$	0.20	343	$Ti^{3+} + e^- = Ti^{2+}$	0.37
310	$S_2O_6^{2-} + 4H^+ + 2e^- = 2H_2SO_3$	0.20	344	$[Ag(NH_3)_2]^+ + e^- = Ag + 2NH_3(aq)$	0.373
311	$2SO_4^{2-} + 4H^+ + 2e^- = S_2O_6^{2-} + 2H_2O$	0.20	345	$HgCl_4^{2-} + 2e^- = Hg + 4Cl^-$	0.38
312	$Co(OH)_3 + e^- = Co(OH)_2 + OH^-$	0.20	346	$Hg(IO_3)_2 + 2e^- = Hg + 2IO_3^-$	0.40
313	$HgBr_4^{2-} + 2e^- = Hg + 4Br^-$	0.21	347	$2H_2SO_3 + 2H^+ + 4e^- = 3H_2O + S_2O_3^{2-}$	0.40
314	$SbO^+ + 2H^+ + 3e^- = Sb + H_2O$	0.212	348	$U^{6+} + 2e^- = U^{4+}$	0.4
315	$AgCl + e^- = Ag + Cl^-$	0.222	349	$TeO_4^{2-} + H_2O + 2e^- = TeO_3^{2-} + 2OH^-$	0.4
316	$Hg_2(CNS)_2 + 2e^- = 2Hg + 2CNS^-$	0.22	350	$O_2^- + H_2O + e^- = OH^- + HO_2^-$	0.4
317	$(CH_3)_2SO_2 + 2H^+ + 2e^- = (CH_3)_2SO + H_2O$	0.23	351	$FeF_6^{3-} + e^- = Fe^{2+} + 6F^-$	0.4
318	$H_3AsO_3(aq) + 3H^+ + 3e^- = As + 3H_2O$	0.24	352	$O_2 + 2H_2O + 4e^- = 4OH^-$	0.401
319	$HCHO(aq) + 2H^+ + 2e^- = CH_3OH(aq)$	0.24	353	$Hg_2C_2O_4 + 2e^- = 2Hg + C_2O_4^{2-}$	0.417
320	$Hg_2Cl_2 + 2e^- = 2Hg + 2Cl^-$(饱和 KCl)	0.244	354	$NH_2OH + 2H_2O + 2e^- = NH_4OH + 2OH^-$	0.42
321	$HAsO_2(aq) + 3H^+ + 3e^- = As + 2H_2O$	0.247	355	$H_2N_2O_2 + 6H^+ + 4e^- = 2NH_3OH^+$	0.44
322	$PbO_2 + H_2O + 2e^- = PbO + 2OH^-$	0.248	356	$RhCl_6^{3-} + 3e^- = Rh + 6Cl^-$	0.44
323	$Pb_3O_4 + H_2O + 2e^- = 3PbO + 2OH^-$	0.25	357	$Ag_2CrO_4 + 2e^- = 2Ag + CrO_4^{2-}$	0.446
324	$ReO_2 + 4H^+ + 4e^- = Re + 2H_2O$	0.252	358	$2BrO^- + 2H_2O + 2e^- = Br_2 + 4OH^-$	0.45
325	$IO_3^- + 3H_2O + 6e^- = I^- + 6OH^-$	0.26	359	$H_2SO_3 + 4H^+ + 4e^- = S + 3H_2O$	0.45
326	$PuO_2(OH)_2 + e^- = PuO_2OH + OH^-$	0.26	360	$Ag_2C_2O_4 + 2e^- = 2Ag + C_2O_4^{2-}$	0.47
327	$Hg_2Cl_2 + 2e^- = 2Hg + 2Cl^-$($a_{Cl}$=1)	0.267	361	$Ag_2CO_3 + 2e^- = 2Ag + CO_3^{2-}$	0.47
328	$Hg_2Cl_2 + 2e^- = 2Hg + 2Cl^-$(1.0mol/L KCl)	0.283	362	$4H_2SO_3 + 4H^+ + 6e^- = 6H_2O + S_4O_6^{2-}$	0.48
329	$[Ag(SO_3)_2]^{3-} + e^- = Ag + 2SO_3^{2-}$	0.30	363	$Sb_2O_5 + 2H^+ + 2e^- = Sb_2O_4 + H_2O$	0.48
330	$VO^{2+} + 2H^+ + e^- = V^{3+} + H_2O$	0.314	364	$PdI_6^- + 3e^- = PdI_4^{2-} + 2I^-$ (在 1mol/L KI 溶液中)	0.48
331	$BiO^+ + 2H^+ + 3e^- = Bi + H_2O$	0.32	365	$Ag_2MoO_4 + 2e^- = 2Ag + MoO_4^{2-}$	0.49
332	$Hg_2CO_3 + 2e^- = 2Hg + CO_3^{2-}$	0.32	366	$NiO_2 + 2H_2O + 2e^- = Ni(OH)_2 + 2OH^-$	0.49
333	$UO_2^{2+} + 2e^- = UO_2$	0.33	367	$IO^- + H_2O + 2e^- = I^- + 2OH^-$	0.49

续表

编号	电 极 反 应	$E^{\ominus}$/V	编号	电 极 反 应	$E^{\ominus}$/V
368	$AuI + e^- = Au + I^-$	0.50	401	$BrO_3^- + 3H_2O + 6e^- = Br^- + 6OH^-$	0.61
369	$AuO_2^- + 2H_2O + 3e^- = Au + 4OH^-$	0.5	402	$Hg_2SO_4 + 2e^- = 2Hg + SO_4^{2-}$	0.615
370	$ReO_4^- + 4H^+ + 3e^- = ReO_2 + 2H_2O$	0.51	403	$ClO_3^- + 3H_2O + 6e^- = Cl^- + 6OH^-$	0.62
371	$ClO_4^- + 4H_2O + 8e^- = Cl^- + 8OH^-$	0.51	404	$HNO_2 + 5H^+ + 4e^- = NH_3OH^+ + H_2O$	0.62
372	$C_2H_4 + 2H^+ + 2e^- = C_2H_6$	0.52	405	$UO_2^{2+} + 4H^+ + 2e^- = U^{4+} + 2H_2O$	0.62
373	$2ClO^- + 2H_2O + 2e^- = Cl_2 + 4OH^-$	0.52	406	$PtBr_6^{2-} + 2e^- = PtBr_4^{2-} + 2Br^-$	0.63
374	$Cu^+ + e^- = Cu$	0.522	407	$2HgCl_2 + 2e^- = Hg_2Cl_2(s) + 2Cl^-$	0.63
375	$TeO_2 + 4H^+ + 4e^- = Te + 2H_2O$	0.529	408	$PdCl_4^{2-} + 2e^- = Pd + 4Cl^-$	0.64
376	$Ag_2WO_4 + 2e^- = 2Ag + WO_4^{2-}$	0.53	409	$AgC_2H_3O_2 + e^- = Ag + CH_3COO^-$	0.643
377	$I_2 + 2e^- = 2I^-$	0.534	410	$[Au(CNS)_4]^- + 2e^- = [Au(CNS)_2]^- + 2CNS^-$	0.645
378	$I_3^- + 2e^- = 3I^-$	0.535	411	$Ag_2SO_4 + 2e^- = 2Ag + SO_4^{2-}$	0.653
379	$BrO_3^- + 2H_2O + 4e^- = BrO^- + 4OH^-$	0.54	412	$Cu^{2+} + Br^- + e^- = CuBr$	0.657
380	$MnO_4^- + e^- = MnO_4^{2-}$	0.54	413	$HN_3 + 11H^+ + 8e^- = 3NH_4^+$	0.66
381	$Hg_2CrO_4 + 2e^- = 2Hg + CrO_4^{2-}$	0.54	414	$[Au(CNS)_4]^- + 3e^- = Au + 4CNS^-$	0.66
382	$AgBrO_3 + e^- = Ag + BrO_3^-$	0.55	415	$ClO_2^- + H_2O + 2e^- = ClO^- + 2OH^-$	0.66
383	$H_3AsO_4 + 2H^+ + 2e^- = H_3AsO_3 + H_2O$	0.559	416	$AgBrO_3 + e^- = Ag + BrO_3^-$	0.68
384	$TeOOH^+ + 3H^+ + 4e^- = 2H_2O + Te$	0.559	417	$Sb_2O_4 + 4H^+ + 2e^- = 2SbO^+ + 2H_2O$	0.68
385	$IO_3^- + 2H_2O + 4e^- = IO^- + 4OH^-$	0.56	418	$3H_2SO_3 + 2e^- = S_3O_6^{2-} + 3H_2O$	0.68
386	$Cu^{2+} + Cl^- + e^- = CuCl$	0.56	419	$O_2 + 2H^+ + 2e^- = H_2O_2$	0.682
387	$AgNO_2 + e^- = Ag + NO_2^-$	0.564	420	$Cu^{2+} + 2I^- + e^- = CuI_2^-$	0.690
388	$Te^{4+} + 4e^- = Te$	0.568	421	$[Au(CNS)_2]^- + e^- = Au + 2CNS^-$	0.69
389	$MnO_4^- + 2H_2O + 3e^- = MnO_2 + 4OH^-$	0.57	422④	$C_6H_4O_2 + 2H^+ + 2e^- = C_6H_6O_2$	0.699
390	$2AgO + H_2O + 2e^- = Ag_2O + 2OH^-$	0.57	423	$H_3IO_6^{2-} + 2e = IO_3^- + 3OH^-$	0.70
391	$CH_3OH(aq) + 2H^+ + 2e^- = CH_4(g) + H_2O$	0.58	424	$Te + 2H^+ + 2e^- = H_2Te$	0.70
392	$MnO_4^{2-} + 2H_2O + 2e^- = MnO_2 + 4OH^-$	0.58	425	$IrO_2 + 4H^+ + e^- = Ir^{3+} + 2H_2O$	0.7
393	$PtBr_4^{2-} + 2e^- = Pt + 4Br^-$	0.58	426	$PtCl_6^{2-} + 2e^- = PtCl_4^{2-} + 2Cl^-$	0.72
394	$Sb_2O_5 + 6H^+ + 4e^- = 2SbO^+ + 3H_2O$	0.581	427	$IrCl_6^{3-} + 3e^- = Ir + 6Cl^-$	0.72
395	$ClO_2^- + H_2O + 2e^- = ClO^- + 2OH^-$	0.59	428	$PtCl_4^{2-} + 2e^- = Pt + 4Cl^-$	0.73
396	$OsCl_6^{3-} + 3e^- = Os + 6Cl^-$	0.6	429	$[Mo(CN)_6]^{3-} + e^- = [Mo(CN)_6]^{4-}$	0.73
397	$PdBr_4^{2-} + 2e^- = Pd + 4Br^-$	0.6	430	$H_2SeO_3 + 4H^+ + 4e^- = Se + 3H_2O$	0.740
398	$RuCl_5^{2-} + 3e^- = Ru + 5Cl^-$	0.60	431	$2NH_2OH + 2e^- = N_2H_4 + 2OH^-$	0.74
399	$RuO_4^- + e^- = RuO_4^{2-}$	0.60	432	$Ag_2O_3 + H_2O + 2e^- = 2AgO + 2OH^-$	0.74
400	$2NO + 2H^+ + 2e^- = H_2N_2O_2$	0.60	433	$H_3SbO_4 + 2H^+ + 2e^- = H_3SbO_3 + H_2O$	0.75

续表

编号	电极反应	$E^\ominus$/V	编号	电极反应	$E^\ominus$/V
434	$NpO_2^+ + 4H^+ + e^- = Np^{4+} + 2H_2O$	0.75	468	$HNO_2 + H^+ + e^- = NO + H_2O$	1.00
435	$BrO^- + H_2O + 2e^- = Br^- + 2OH^-$	0.76	469	$OsO_4 + 6Cl^- + 8H^+ + 4e^- = OsCl_6^{2-} + 4H_2O$	1.0
436	$(CNS)_2 + 2e^- = 2CNS^-$	0.77	470	$AuCl_4^- + 3e^- = Au + 4Cl^-$	1.00
437	$Fe^{3+} + e^- = Fe^{2+}$	0.771	471	$V(OH)_4^+ + 2H^+ + e^- = VO^{2+} + 3H_2O$	1.00
438	$Hg_2^{2+} + 2e^- = 2Hg$	0.789	472	$IrCl_6^{2-} + e^- = IrCl_6^{3-}$	1.017
439	$RuO_2 + 4H^+ + 4e^- = Ru + 2H_2O$	0.79	473	$H_6TeO_6 + 2H^+ + 2e^- = TeO_2 + 4H_2O$	1.02
440	$Ag^+ + e^- = Ag$	0.7991	474	$2IBr$(溶液)$ + 2e^- = I_2 + 2Br^-$	1.02
441	$2NO_3^- + 4H^+ + 2e^- = N_2O_4 + 2H_2O$	0.80	475	$N_2O_4 + 4H^+ + 4e^- = 2NO + 2H_2O$	1.03
442	$Pd(OH)_4 + 2e^- = Pd(OH)_2 + 2OH^-$	0.8	476	$VO_4^{3-} + 6H^+ + e^- = VO^{2+} + 3H_2O$	1.031
443	$Rh^{3+} + 3e^- = Rh$	～0.8	477	$PuO_2^{2+} + 4H^+ + 2e^- = Pu^{4+} + 2H_2O$	1.04
444	$AuBr_4^- + 2e^- = AuBr_2^- + 2Br^-$	0.82	478	$2ICl_3(s) + 6e^- = I_2(s) + 6Cl^-$	1.05
445	$OsO_4 + 8H^+ + 8e^- = Os + 4H_2O$	0.85	479	$ICl_2^- + e^- = 2Cl^- + 1/2I_2$	1.06
446	$2HNO_2 + 4H^+ + 4e^- = H_2N_2O_2 + 2H_2O$	0.86	480	$Se_2Cl_2 + 2e^- = 2Se + 2Cl^-$	1.06
447	$Cu^{2+} + I^- + e^- = CuI$	0.86	481	$Br_2(l)$⑥$ + 2e^- = 2Br^-$	1.0652
448	$HNO_2 + 7H^+ + 6e^- = NH_4^+ + 2H_2O$	0.86	482	$N_2O_4 + 2H^+ + 2e^- = 2HNO_2$	1.07
449	$AuBr_4 + 3e^- = Au + 4Br^-$	0.87	483	$IO_3^- + 6H^+ + 6e^- = I^- + 3H_2O$	1.085
450	$2IBr_2^- + 2e^- = I_2 + 4Br^-$	0.87	484	$HVO_3 + 3H^+ + e^- = VO^{2+} + 2H_2O$	1.1
451	$HO_2^- + H_2O + 2e^- = 3OH^-$	0.88	485	$Cu^{2+} + 2CN^- + e^- = Cu(CN)_2^-$	1.12
452	$N_2O_4 + 2e^- = 2NO_2^-$	0.88	486	$AuCl_2^- + e^- = Au + 2Cl^-$	1.13
453	$ClO^- + H_2O + 2e^- = Cl^- + 2OH^-$	0.89	487	$PuO_2^+ + 4H^+ + e^- = Pu^{4+} + 2H_2O$	1.15
454	$CoO_2 + H_2O + 2e^- = CoO + 2OH^-$	0.9	488	$SeO_4^{2-} + 4H^+ + 2e^- = H_2SeO_3 + H_2O$	1.15
455	$FeO_4^{2-} + 2H_2O + 3e^- = FeO_2^{2-} + 4OH^-$	0.9	489	$NpO_2^{2+} + e^- = NpO_2^+$	1.15
456	$2Hg^{2+} + 2e^- = Hg_2^{2+}$	0.920	490	$ClO_2 + e^- = ClO_2^-$	1.16
457	$PuO_2^{2+} + e^- = PuO_2^+$	0.93	491	$CCl_4 + 4H^+ + 4e^- = 4Cl^- + C + 4H^+$	1.18
458	$NO_3^- + 3H^+ + 2e^- = HNO_2 + H_2O$	0.94	492	$ClO_4^- + 2H^+ + 2e^- = ClO_3^- + H_2O$	1.19
459	$NO_3^- + 4H^+ + 3e^- = NO + 2H_2O$	0.96	493	$2ICl$(溶液)$ + 2e^- = I_2(s) + 2Cl^-$	1.19
460	$AuCl_4^- + 2e^- = AuCl_2^- + 2Cl^-$	0.96	494	$IO_3^- + 6H^+ + 5e^- = 1/2I_2 + 3H_2O$	1.195
461	$AuBr_2^- + e^- = Au + 2Br^-$	0.96	495	$BrCl + 2e^- = Br^- + Cl^-$	1.20
462	$Pu^{4+} + e^- = Pu^{3+}$	0.97	496	$Pt^{2+} + 2e^- = Pt$	≈1.2
463	$Pt(OH)_2 + 2H^+ + 2e^- = Pt + 2H_2O$	0.98	497	$PdO_3(s) + H_2O + 2e^- = PdO_2(s) + 2OH^-$	1.2
464	$Pd^{2+} + 2e^- = Pd$	0.987	498	$ClO_3^- + 3H^+ + 2e^- = HClO_2 + H_2O$	1.21
465	$HIO + H^+ + 2e^- = I^- + H_2O$	0.99	499	$O_2 + 4H^+ + 4e^- = 2H_2O$	1.229
466	$IrBr_6^{3-} + e^- = IrBr_6^{4-}$	0.99	500	$IO_3^- + 6H^+ + 2Cl^- + 4e^- = ICl_2^- + 3H_2O$	1.23
467	$2ICl(s)$⑤$ + 2e^- = I_2$(溶液)$ + 2Cl^-$	0.99	501	$S_2Cl_2 + 2e^- = 2S + 2Cl^-$	1.23

续表

编号	电极反应	$E^{\ominus}$/V	编号	电极反应	$E^{\ominus}$/V
502	$MnO_2 + 4H^+ + 2e^- \longequal Mn^{2+} + 2H_2O$	1.23	533	$HClO_2 + 3H^+ + 4e^- \longequal Cl^- + 2H_2O$	1.56
503	$O_3 + H_2O + 2e^- \longequal O_2 + 2OH^-$	1.24	534	$HBrO + H^+ + e^- \longequal 1/2Br_2 + H_2O$	1.59
504	$Tl^{3+} + 2e^- \longequal Tl^+$	1.25	535	$2NO + 2H^+ + 2e^- \longequal N_2O + H_2O$	1.59
505	$AmO_2^+ + 4H^+ + e^- \longequal Am^{4+} + 2H_2O$	1.26	536	Bi_2O_4(Bi 盐)$ + 4H^+ + 2e^- \longequal 2BiO^+ + 2H_2O$	1.59
506	$N_2H_4^+ + 3H^+ + 2e^- \longequal 2NH_4^+$	1.275	537	$H_5IO_6 + H^+ + 2e^- \longequal IO_3^- + 3H_2O$	1.6
507	$ClO_2 + H^+ + e^- \longequal HClO_2$	1.275	538	$Bk^{4+} + e^- \longequal Bk^{3+}$	1.6
508	$PdCl_6^{2-} + 2e^- \longequal PdCl_4^{2-} + 2Cl^-$	1.288	539	$Ce^{4+} + e^- \longequal Ce^{3+}$(在 1mol/L $HClO_4$ 中)	1.61
509	$2HNO_2 + 4H^+ + 4e^- \longequal N_2O + 3H_2O$	1.29	540	$2HClO + 2H^+ + 2e^- \longequal Cl_2(g) + 2H_2O$	1.63
510	$Au^{3+} + 2e^- \longequal Au^+$	≈1.29	541	$AmO_2^{2-} + e^- \longequal AmO_2^+$	1.64
511	$HBrO + H^+ + 2e^- \longequal Br^- + H_2O$	1.33	542	$HClO_2 + 2H^+ + 2e^- \longequal HClO + H_2O$	1.64
512	$Cr_2O_7^{2-} + 14H^+ + 6e^- \longequal 2Cr^{3+} + 7H_2O$	1.33	543	$NiO_2 + 4H^+ + 2e^- \longequal Ni^{2+} + 2H_2O$	1.68
513	$ClO_4^- + 8H^+ + 7e^- \longequal 1/2Cl_2 + 4H_2O$	1.34	544	$PbO_2 + SO_2^{2-} + 4H^+ + 2e^- \longequal PbSO_4 + 2H_2O$	1.685
514	$NH_3OH^+ + 2H^+ + 2e^- \longequal NH_4^+ + H_2O$	1.35	545	$AmO^{2+} + 4H^+ + 3e^- \longequal Am^{3+} + 2H_2O$	1.69
515	$Cl_2 + 2e^- \longequal 2Cl^-$	1.3595	546	$Pb^{4+} + 2e^- \longequal Pb^{2+}$	1.69
516	$Tl^{3+} + Cl^- + 2e^- \longequal TlCl$	1.36	547	$MnO_4^- + 4H^+ + 3e^- \longequal MnO_2 + 2H_2O$	1.695
517	$IO_4^- + 8H^+ + 8e^- \longequal I^- + 4H_2O$	1.4	548	$AmO_2^+ + 4H^+ + 2e^- \longequal Am^{3+} + 2H_2O$	1.725
518	$RhO^{2+} + 2H^+ + e^- \longequal Rh^{3+} + H_2O$	1.4	549	$H_2O_2 + 2H^+ + 2e^- \longequal 2H_2O$	1.77
519	$2NH_3OH^+ + H^+ + 2e^- \longequal N_2H_5^+ + 2H_2O$	1.42	550	$Co^{3+} + e^- \longequal Co^{2+}$	1.82
520	$BrO_3^- + 6H^+ + 6e^- \longequal Br^- + 3H_2O$	1.44	551	$FeO_4^{2-} + 8H^+ + 3e^- \longequal Fe^{3+} + 4H_2O$	1.9
521	$Au(OH)_3 + 3H^+ + 3e^- \longequal Au + 3H_2O$	1.45	552	$NH_3 + 3H^+ + 2e^- \longequal NH_4^+ + H_2$	1.96
522	$ClO_3^- + 6H^+ + 6e^- \longequal Cl^- + 3H_2O$	1.45	553	$Ag^{2+} + e^- \longequal Ag^+$	1.98
523	$HIO + H^+ + e^- \longequal 1/2I_2 + H_2O$	1.45	554	$OH + e^- \longequal OH^-$	2.0
524	$PbO_2 + 4H^+ + 2e^- \longequal Pb^{2+} + 2H_2O$	1.455	555	$S_2O_8^{2-} + 2e^- \longequal 2SO_4^{2-}$	2.01
525	$ClO_3^- + 6H^+ + 5e^- \longequal 1/2Cl_2 + 3H_2O$	1.47	556	$O_3 + 2H^+ + 2e^- \longequal O_2 + H_2O$	2.07
526	$HClO + H^+ + 2e^- \longequal Cl^- + H_2O$	1.49	557	$F_2O + 2H^+ + 4e^- \longequal H_2O + 2F^-$	2.1
527	$Au^{3+} + 3e^- \longequal Au$	1.50	558	$Am^{4+} + e^- \longequal Am^{3+}$	2.18
528	$CeO_2 + 4H^+ + e^- \longequal Ce^{3+} + 2H_2O$	1.4	559	$O(g) + 2H^+ + 2e^- \longequal H_2O$	2.42
529	$HO_2 + H^+ + e^- \longequal H_2O_2$	1.5	560	$F_2 + 2e^- \longequal 2F^-$	2.65
530	$Mn^{3+} + e^- \longequal Mn^{2+}$	1.51	561	$OH + H^+ + e^- \longequal H_2O$	2.8
531	$MnO_4^- + 8H^+ + 5e^- \longequal Mn^{2+} + 4H_2O$	1.51	562	$H_2N_2O_2 + 2H^+ + 2e^- \longequal N_2 + 2H_2O$	2.85
532	$BrO_3^- + 6H^+ + 5e^- \longequal 1/2Br_2 + 3H_2O$	1.52	563	$F_2 + 2H^+ + 2e^- \longequal 2HF(aq)$	3.06

① g 为气态，全表同。

② aq 为水溶液，全表同。

③ γ,α为物相，全表同。

④ 醌氢醌。

⑤ s 为固态，全表同。

⑥ l 为液态。

二、条件电极电位

在含有某个浓度的电解质（支持电解质）溶液中，由一个参比电极和一个指示电极组成电池，当能斯特方程式中 log 项的浓度（活度）比率等于 1 时，这个电池的电位称为条件电极电位。该电解质（支持电解质）的浓度远比氧化还原对中氧化态或还原态的浓度要浓，这足以使液接电位和活度不随氧化态或还原态的浓度而变化。这个电解质（支持电解质）的成分，如氢离子、氢氧根、氯离子，它们的浓度是固定的，并规定不在 log 项中表示出来：

$$E = E^{\ominus'} + \frac{RT}{nF}\ln\frac{[\mathrm{Ox}]}{[\mathrm{Red}]}$$

式中，$[\mathrm{Ox}]$和$[\mathrm{Red}]$分别表示氧化态和还原态的浓度。

表 5-2 列出了某些氧化还原对的标准电极电位和条件电极电位，以元素或化合物的英文字母顺序排列的。电位单位为伏特（V），以标准氢电极为参比电极。表中溶液组成一栏未标明溶液组成的为标准电极电位，其他为条件电极电位。表 5-3 总结归纳了一些常用的具有氧化还原活性的无机配合物在水溶液中的条件电极电位或标准电极电位。表 5-4 列出了一些有机化合物在不同溶剂中的条件电极电位（25°C，相对于水相饱和甘汞电极）。表 5-5 列出了一些常用的有机氧化还原电对的条件电极电位（25°C，pH=7.0，相对于标准氢电极）。表 5-6 列出了室温下一些维生素、药物和神经化合物的半波电位或峰电位。表 5-7 列举了部分生物化学还原半反应的标准电极电位（25°C，相对于水相饱和甘汞电极）。表 5-8 列出了一些生物分子在 25°C 和 pH=7.0 条件下相对于标准氢电极的电极电位。

表 5-2 条件电极电位（$E^{\ominus'}$）和标准电极电位（$E^{\ominus}$）[2]

半反应①	$E^{\ominus}$(或 $E^{\ominus'}$)/V	溶液组成②
Ac		
$Ac^{3+} + 3e^- = Ac$	−2.4	
Ag		
$AgO^+ + 2H^+ + e^- = Ag^{2+} + H_2O$	(约 + 2.1)	4mol/L HNO_3
$Ag_2O_3 + 2H^+ + 2e^- = 2AgO + H_2O$	+1.71	
$Ag_2O_3 + H_2O + 2e^- = 2AgO + 2OH^-$	(+0.74)	1mol/L NaOH
$Ag_2O_3 + 6H^+ + 4e^- = 2Ag^+ + 3H_2O$	+1.76	
$Ag^{2+} + e^- = Ag^+$	(+1.93)	3mol/L HNO_3
	(+2.00)	4mol/L $HClO_4$
$AgO + H^+ + e^- = 1/2Ag_2O + 1/2H_2O$	+1.41	
$Ag_2O + 2H^+ + 2e^- = 2Ag + H_2O$	+1.17	
$Ag^+ + e^- = Ag$	+0.7999	
$Ag_2SO_4 + 2e^- = 2Ag + SO_4^{2-}$	+0.653	
$Ag_2C_2O_4 + 2e^- = 2Ag + C_2O_4^{2-}$	+0.47	
$Ag_2CrO_4 + 2e^- = 2Ag + CrO_4^{2-}$	+0.447	
$Ag_2O + H_2O + 2e^- = 2Ag + 2OH^-$	+0.34	
$Ag(NH_3)_2^+ + e^- = Ag + 2NH_3$	+0.373	
$AgCl + e^- = Ag + Cl^-$	+0.2223	

续表

半 反 应[①]	$E^\ominus$(或 $E^{\ominus\prime}$)/V	溶 液 组 成[②]
$AgBr + e^- = Ag + Br^-$	+0.071	
$AgCN + e^- = Ag + CN^-$	−0.017	
$AgI + e^- = Ag + I^-$	−0.152	
$AgSCN + e^- = Ag + SCN^-$	+0.09	
$Ag(CN)_2^- + e^- = Ag + 2CN^-$	−0.31	
$Ag_2S + 2e^- = 2Ag + S^{2-}$	−0.71	
$AgN_3 + e^- = Ag + N_3^-$	+0.29	
Al		
$Al^{3+} + 3e^- = Al$	−1.66	
$AlF_6^{3-} + 3e^- = Al + 6F^-$	−2.07	
$H_2AlO_3^- + H_2O + 3e^- = Al + 4OH^-$	−2.35	
Am		
$AmO_2^{2+} + 4H^+ + 3e^- = Am^{3+} + 2H_2O$	+1.725	
$AmO_2^+ + 4H^+ + 2e^- = Am^{3+} + 2H_2O$	+1.83	
$AmO_2^{2+} + e^- = AmO_2^+$	(+1.64)	1mol/L $HClO_4$
$AmO_2^+ + 4H^+ + e^- = Am^{4+} + 2H_2O$	+1.26	
$Am^{4+} + e^- = Am^{3+}$	+2.18	
$Am(OH)_4 + e^- = Am(OH)_3 + OH^-$	(+0.5)	1mol/L NaOH
$Am^{3+} + 3e^- = Am$	−2.38	
As		
$H_3AsO_4 + 2H^+ + 2e^- = HAsO_2 + 2H_2O$	+0.559	
	(+0.577)	1mol/L HCl(或 $HClO_4$)
$AsO_4^{3-} + 2H_2O + 2e^- = AsO_2^- + 4OH^-$	−0.67	
$HAsO_2 + 3H^+ + 3e^- = As + 2H_2O$	+0.248	
$AsO_2^- + 2H_2O + 3e^- = As + 4OH^-$	(−0.66)	1mol/L KOH
$As_2O_3 + 6H^+ + 6e^- = 2As + 3H_2O$	(+0.23)	0.2～1mol/L $HClO_4$
$As + 3H^+ + 3e^- = AsH_3$	−0.61	
$As + 3H_2O + 3e^- = AsH_3 + 3OH^-$	−1.21	
At		
$H_5AtO_6 + H^+ + 2e^- = AtO_3^- + 3H_2O$	<+1.6	
$HAtO_3 + 4H^+ + 4e^- = HAtO + 2H_2O$	约+1.4	
$HAtO + H^+ + e^- = 1/2At_2 + H_2O$	约+0.7	
$At_2 + 2e^- = 2At^-$	+0.30	
Au		
$Au^{3+} + 2e^- = Au^+$	约+1.41	
$Au^{3+} + 3e^- = Au$	+1.50	
$Au_2O_3 + 6H^+ + 6e^- = 2Au + 3H_2O$	(+1.36)	2mol/L H_2SO_4 + 2mol/L Na_2SO_4
$AuCl_4^- + 2e^- = AuCl_2^- + 2Cl^-$	(+0.92)	1mol/L HCl
$AuBr_4^- + 2e^- = AuBr_2^- + 2Br^-$	(+0.80)	1mol/L HBr
$Au(SCN)_4^- + 3e^- = Au + 4SCN^-$	+0.66	
$Au(SCN)_4^- + 2e^- = Au(SCN)_2^- + 2SCN^-$	+0.64	

续表

半反应[①]	$E^{\ominus}$(或$E^{\ominus\prime}$)/V	溶液组成[②]
$Au(OH)_3$−$3H^+ + 3e^- \rightleftharpoons Au + 3H_2O$	+1.45	
$AuCl_4^- + 3e^- \rightleftharpoons Au + 4Cl^-$	+1.00	
$AuBr_4^- + 3e^- \rightleftharpoons Au + 4Br^-$	+0.85	
$Au(CN)_2^- + e^- \rightleftharpoons Au + 2CN^-$	−0.60	
$AuCl_2^- + e^- \rightleftharpoons Au + 2Cl^-$	(+1.15)	1mol/L Cl^-
$AuBr_2^- + e^- \rightleftharpoons Au + 2Br^-$	+0.93	
$Au(SCN)_2^- + e^- \rightleftharpoons Au + 2SCN^-$	+0.69	
B		
$H_3BO_3 + 3H^+ + 3e^- \rightleftharpoons B + 3H_2O$	−0.87	
$BF_3^- + 3e^- \rightleftharpoons B + 4F^-$	−1.04	
$H_2BO_3^- + H_2O + 3e^- \rightleftharpoons B + 4OH^-$	(−1.79)	1mol/L NaOH
Ba		
$Ba^{2+} + 2e^- \rightleftharpoons Ba$	−2.91	
Be		
$Be^{2+} + 2e^- \rightleftharpoons Be$	−1.85	
$Be_2O_3^{2-} + 3H_2O + 4e^- \rightleftharpoons 2Be + 6OH^-$	−2.62	
Bi		
Bi_2O_4(Bi 盐) $+ 4H^+ + 2e^- \rightleftharpoons 2BiO^+ + 2H_2O$	+1.59	
$2BiO_2 + H_2O + 2e^- \rightleftharpoons Bi_2O_3 + 2OH^-$	(+0.55)	1mol/L NaOH
$BiOH^{2+} + H^+ + 3e^- \rightleftharpoons Bi + H_2O$	+0.30	
$BiO^+ + 2H^+ + 3e^- \rightleftharpoons Bi + H_2O$	+0.32	
$Bi^{3+} + 3e^- \rightleftharpoons Bi$	+0.293	
$BiCl_4^- + 3e^- \rightleftharpoons Bi + 4Cl^-$	+0.16	
$BiOCl + 2H^+ + 3e^- \rightleftharpoons Bi + H_2O + Cl^-$	+0.16	
$Bi_2O_3 + 6H^+ + 6e^- \rightleftharpoons 2Bi + 3H_2O$	−0.46	
$Bi + 3H^+ + 3e^- \rightleftharpoons BiH_3$	约−0.8	
Bk		
$Bk^{4+} + e^- \rightleftharpoons Bk^{3+}$	(+1.6)	1mol/L HClO
$Bk^{3+} + 3e^- \rightleftharpoons Bk$	−2.4	
Br		
$BrO_3^- + 6H^+ + 6e^- \rightleftharpoons Br^- + 3H_2O$	+1.44	
$BrO_3^- + 6H^+ + 5e^- \rightleftharpoons 1/2Br_2 + 3H_2O$	+1.5	
$HBrO + H^+ + e^- \rightleftharpoons 1/2Br_2 + H_2O$	+1.6	
$BrCl + 2e^- \rightleftharpoons Br^- + Cl^-$	+1.35	
	(+1.16)	6mol/L HCl
$BrO^- + H_2O + 2e^- \rightleftharpoons Br^- + 2OH^-$	+0.76	
$Br_3^- + 2e^- \rightleftharpoons 3Br-$	+1.05	
$Br_2(aq) + 2e^- \rightleftharpoons 2Br^-$	+1.08	
Br_2(液态) $+ 2e^- \rightleftharpoons 2Br^-$	+1.0652	
C		
$1/2C_2N_2 + H^+ + e^- \rightleftharpoons HCN$	+0.37	

续表

半反应[①]	$E^{\ominus}$(或 $E^{\ominus'}$)/V	溶液组成[②]
$HCNO + H^+ + e^- = 1/2C_2N_2 + H_2O$	+0.33	
$CO_2 + 2H^+ + 2e^- = CO + H_2O$	−0.12	
$CO_2 + 2H^+ + 2e^- = HCOOH$	−0.20	
$2CO_2 + 2H^+ + 2e^- = H_2C_2O_4$	−0.49	
$HCHO + 2H_2O + 2e^- = CH_3OH + 2OH^-$	−0.59	
$CNO^- + H_2O + 2e^- = CN^- + 2OH^-$	−0.97	
Ca		
$Ca^{2+} + 2e^- = Ca$	−2.87	
Cd		
$Cd^{2+} + 2e^- = Cd$	−0.403	
$Cd^{2+} + (Hg) + 2e^- = Cd(Hg)$	−0.352	
$Cd(NH_3)_4^{2+} + 2e^- = Cd + 4NH_3$	−0.597	
$Cd(CN)_4^{2-} + 2e^- = Cd + 4CN^-$	−1.09	
Ce		
$Ce^{4+} + e^- = Ce^{3+}$	(+1.70)	1mol/L $HClO_4$
	(+1.60)	1mol/L HNO_3
	(+1.45)	0.5mol/L H_2SO_4
	(+1.28)	1mol/L HCl
	(+0.06)	2.5mol/L K_2CO_3
$Ce^{3+} + 3e^- = Ce$	−2.33	
$Ce(OH)^{3+} + H^+ + e^- = Ce^{3+} + H_2O$	(+1.70)	1mol/L $HClO_4$
Cf		
$Cf^{3+} + 3e^- = Cf$	−2.1	
Cl		
$ClO_4^- + 2H^+ + 2e^- = ClO_3^- + H_2O$	+1.19	
$ClO_4^- + 8H^+ + 7e^- = 1/2Cl_2 + 4H_2O$	+1.34	
$ClO_3^- + 6H^+ + 5e^- = 1/2Cl_2 + 3H_2O$	+1.47	
$ClO_3^- + 6H^+ + 6e^- = Cl^- + 3H_2O$	+1.45	
$ClO_3^- + 2H^+ + e^- = ClO_2 + H_2O$	+1.15	
$HClO_2 + 2H^+ + 2e^- = HClO + H_2O$	+1.64	
$HClO + H^+ + 2e^- = Cl^- + H_2O$	+1.49	
$HClO + H^+ + e^- = 1/2Cl_2 + H_2O$	+1.63	
$ClO^- + H_2O + e^- = Cl^- + 2OH^-$	+0.89	
$ClO_2(g) + e^- = ClO_2^-$	+0.95	
$ClO_2(g) + H^+ + e^- = HClO_2$	+1.27	
$Cl_2 + 2e^- = 2Cl^-$	+1.3595	
Cm		
$Cm^{4+} + e^- = Cm^{3+}$	(约+3.2)	1mol/L $HClO_4$
$Cm^{3+} + 3e^- = Cm$	−2.70	
Co		
$Co^{3+} + e^- = Co^{2+}$	(+1.95)	4mol/L $HClO_4$
	(+1.80)	1mol/L HNO_3 或 1mol/L H_2SO_4
$Co(OH)_3 + e^- = Co(OH)_2 + OH^-$	+0.17	

续表

半反应[①]	$E^{\ominus}$(或 $E^{\ominus\prime}$)/V	溶液组成[②]
$CoO_2^- + 2H_2O + e^- = Co(OH)_2 + 2OH^-$	(−0.22)	0.01mol/L KOH
$Co(NH_3)_4^{3+} + e^- = Co(NH_3)_4^{2+}$	+0.1	
$Co(NH_3)_5^{3+} + e^- = Co(NH_3)_5^{2+}$	(+0.37)	1mol/L NH_4NO_3
$Co(en)_3^{3+} + e^- = Co(en)_3^{2+}$	(−0.2)	0.1mol/L en + 0.1mol/L KNO_3
$Co(CN)_6^{3-} + e^- = Co(CN)_5^{3-} + CN^-$	<−0.8	0.8mol/L KOH
$Co^{2+} + 2e^- = Co$	−0.277	
$Co(NH_3)_6^{2+} + 2e^- = Co + 6NH_3$	−0.422	
$[Co(Co)_4]_2 + 2e^- = 2Co(Co)_4^-$	−0.40	
Cr		
$Cr_2O_7^{2-} + 14H^+ + 6e^- = 2Cr^{3+} + 7H_2O$	+1.33	
	(+1.15)	4mol/L H_2SO_4
	(+0.92)	0.1mol/L H_2SO_4
	(+1.03)	1mol/L $HClO_4$
	(+0.93)	0.1mol/L HCl
	(+1.00)	1mol/L HCl
	(+1.08)	3mol/L HCl
	(+0.84)	0.1mol/L $HClO_4$
$HCrO_4^- + 7H^+ + 3e^- = Cr^{3+} + 4H_2O$	+1.20	
	(+0.84)	0.1mol/L $HClO_4$
	(+1.08)	3mol/L HCl
	(+0.93)	0.1mol/L HCl
$CrO_4^{2-} + 2H_2O + 3e^- = CrO_2^- + 4OH^-$	(−0.12)	1mol/L NaOH
$Cr^{3+} + e^- = Cr^{2+}$	(−0.41)	0.0015mol/L H_2SO_4
	(−0.38)	1mol/L HCl
	(−0.51)	1mol/L HF
	(−0.26)	饱和 $CaCl_2$
$Cr(CN)_6^{3-} + e^- = Cr(CN)_6^{4-}$	(−1.14)	1mol/L KCN
$Cr^{3+} + 3e^- = Cr$	−0.74	
$Cr^{2+} + 2e^- = Cr$	−0.86	
Cs		
$Cs^+ + e^- = Cs$	−2.92	
$Cs^+ + (Hg) + e^- = Cs(Hg)$	−1.78	
Cu		
$Cu_2O_3 + 2H^+ + 2e^- = 2CuO + H_2O$	约+1.6	
$Cu_2O_3 + H_2O + 2e^- = 2CuO + 2OH^-$	(+0.74)	pH=14
$Cu^{2+} + 2e^- = Cu$	+0.34	
$Cu^{2+} + e^- = Cu^+$	+0.17	
	(+0.3)	0.1mol/L 吡啶-吡啶盐
$2CuO + 2H^+ + 2e^- = Cu_2O + H_2O$	+0.64	
$Cu^{2+} + 2Br^- + e^- = CuBr_2^-$	(+0.52)	0.7～1mol/L KBr
$Cu^{2+} + I^- + e^- = CuI$	+0.86	
$Cu^{2+} + 2CN^- + e^- = Cu(CN)_2^-$	约+1.12	

续表

半反应[①]	$E^{\ominus}$(或 $E^{\ominus\prime}$)/V	溶液组成[②]
$Cu(CN)_3^{2+} + e^- = Cu + 3CN^-$	(−1.0)	7mol/L KCN
$Cu(NH_3)_4^{2+} + e^- = Cu(NH_3)_2^+ + 2NH_3$	(−0.01)	1mol/L NH_3 + 1mol/L NH_4^+
$Cu(en)_2^{2+} + e^- = Cu(en)^+ + en$	−0.35	
$CuCl_3^{2-} + e^- = Cu + 3Cl^-$	(+0.178)	1mol/L HCl
$Cu(NH_3)_2^+ + e^- = Cu + 2NH_3$	(−0.12)	1mol/L NH_3 + 1mol/L NH_4^+
$Cu(C_2O_4)_2^{2-} + 2e^- = Cu + 2C_2O_4^{2-}$	(+0.06)	1mol/L $K_2C_2O_4$
$Cu(EDTA)^{2-} + 2e^- = Cu + EDTA^{4-}$	(+0.13)	0.1mol/L EDTA，pH=4～5
$CuN_3 + e^- = Cu + N_3^-$	+0.03	
$Cu^+ + e^- = Cu$	+0.52	
$Cu_2O + 2H^+ + 2e^- = 2Cu + H_2O$	−0.36	
Dy		
$Dy^{3+} + 3e^- = Dy$	−2.35	
Er		
$Er^{3+} + 3e^- = Er$	−2.29	
Es		
$Es^{3+} + 3e^- = Es$	−2.0	
Eu		
$Eu^{3+} + e^- = Eu^{2+}$	−0.35	
	(−0.43)	0.1mol/L HCOOH
$Eu(EDTA)^{3+} + e^- = Eu(EDTA)^{2+}$	(−0.92)	0.1mol/L EDTA，pH=6～8
$Eu^{3+} + 3e^- = Eu$	−2.40	
F		
$F_2 + 2H^+ + 2e^- = 2HF$	+3.06	
$F_2 + 2e^- = 2F^-$	+2.87	
$OF_2 + 2H^+ + 4e^- = H_2O + 2F^-$	+2.1	
Fe		
$FeO_4^{2-} + 8H^+ + 3e^- = Fe^{3+} + 4H_2O$	+2.2	
$FeO_4^{2-} + 2H_2O + 3e^- = FeO_2^- + 4OH^-$	(+0.55)	10mol/L NaOH
$Fe^{3+} + e^- = Fe^{2+}$	+0.771	
	(+0.75)	1mol/L $HClO_4$
	(+0.74)	0.2mol/L HNO_3
	(+0.67)	0.5mol/L H_2SO_4
	(+0.68)	1mol/L H_2SO_4
	(+0.71)	0.5mol/L HCl
	(+0.70)	1mol/L HCl
	(+0.64)	5mol/L HCl
	(+0.53)	10mol/L HCl
	(+0.44)	0.3mol/L H_3PO_4
	(−0.68)	10mol/L NaOH
	(+0.07)	0.5mol/L 酒石酸钠（pH=5～6）
$Fe(CN)_6^{3-} + e^- = Fe(CN)_6^{4-}$	+0.55	
	(+0.72)	1mol/L $HClO_4$
	(+0.71)	1mol/L HCl

续表

半 反 应[①]	$E^{\ominus}$(或 $E^{\ominus\prime}$)/V	溶 液 组 成[②]
$Fe(EDTA)^{-} + e^{-} = Fe(EDTA)^{2-}$	(+0.12)	0.1mol/L EDTA，H=4～6
$Fe(OH)_3 + 3H^{+} + e^{-} = Fe^{2+} + 3H_2O$	+0.93	
$Fe(OH)_4^{-} + e^{-} = Fe(OH)_4^{2-}$	(−0.73)	4mol/L KOH
$Fe_3O_4 + 8H^{+} + 2e^{-} = 3Fe^{2+} + 4H_2O$	+1.23	
$Fe^{2+} + 2e^{-} = Fe$	−0.441	
$[Fe(CO)_4]_3 + 6e^{-} = 3Fe(CO)_4^{2-}$	−0.70	
Fm		
$Fm^{3+} + 3e^{-} = Fm$	−2.1	
Fr		
$Fr^{+} + e^{-} = Fr$	约−2.9	
Ga		
$Ga^{3+} + 3e^{-} = Ga$	−0.56	
$Ga(OH)_4^{-} + 3e^{-} = Ga + 4OH^{-}$	−1.3	
Gd		
$Gd^{3+} + 3e^{-} = Gd$	−2.40	
Ge		
$GeO_2(s,hex) + 2H^{+} + 2e^{-} = GeO + H_2O$	−0.118	
$H_2GeO_3 + 4H^{+} + 4e^{-} = Ge + 3H_2O$	+0.01	
$GeO_2(s,tetr) + 4H^{+} + 2e^{-} = Ge^{2+} + 2H_2O$	−0.34	
$GeO_2(s,hex) + 4H^{+} + 2e^{-} = Ge^{2+} + 2H_2O$	−0.25	
$Ge^{4+} + 2e^{-} = Ge^{2+}$	0.0	
$HGeO_3^{-} + 2H_2O + 4e^{-} = Ge + 5OH^{-}$	−1.0	
$Ge^{2+} + 2e^{-} = Ge$	+0.23	
$GeO + 2H^{+} + 2e^{-} = Ge + H_2O$	约−0.2	
$GeI_2 + 2e^{-} = Ge + 2I^{-}$	约 0.0	
$Ge + 4H^{+} + 4e^{-} = GeH_4$	约−0.3	
H		
$2H^{+} + 2e^{-} = H_2$	0.000	
	(+0.005)	1mol/L HCl(或 $HClO_4$)
$2D^{+} + 2e^{-} = D_2$	+0.029	
$2H_2O + 2e^{-} = H_2 + 2OH^{-}$	−0.828	
$1/2H_2 + e^{-} = H^{+}$	−2.25	
Hf		
$Hf^{4+} 4e^{-} = Hf$	−1.70	
$HfO_2 + 4H^{+} + 4e^{-} = Hf + 2H_2O$	−1.57	
Hg		
$2Hg^{2+} + 2e^{-} = Hg_2^{2+}$	+0.907	
$2HgCl_2 + 2e^{-} = Hg_2Cl_2 + 2Cl^{-}$	+0.63	
$Hg^{2+} + 2e^{-} = Hg$	+0.854	
$HgO + 2H^{+} + 2e^{-} = Hg + H_2O$	+0.926	
$HgO + H_2O + 2e^{-} = Hg + 2OH^{-}$	+0.098	
$Hg(CN)_4^{2-} + 2e^{-} = Hg + 4CN^{-}$	−0.37	
$HgCl_4^{2-} + 2e^{-} = Hg + 4Cl^{-}$	+0.48	

续表

半反应[1]	$E^{\ominus}$(或 $E^{\ominus\prime}$)/V	溶液组成[2]
$Hg_2^{2+} + 2e^- = 2Hg$	+0.792	
	(+0.776)	1mol/L $HClO_4$
$Hg_2Cl_2 + 2e^- = 2Hg + 4Cl^-$	+0.268	
$Hg_2Br_2 + 2e^- = 2Hg + 2Br^-$	+0.1392	
$Hg_2I_2 + 2e^- = 2Hg + 2I^-$	−0.040	
$Hg_2SO_4 + 2e^- = 2Hg + SO_4^{2-}$	+0.614	
$Hg_2C_2O_4 + 2e^- = 2Hg + C_2O_4^{2-}$	+0.415	
$Hg_2HPO_4 + 2e^- = 2Hg + HPO_4^{2-}$	+0.64	
$Hg_2(IO_3)_2 + 2e^- = 2Hg + 2IO_3^-$	+0.39	
$Hg_2N_3)_2 + 2e^- = 2Hg + 2N_3^-$	−0.26	
$(Hg_2)_3[Co(CN)_6]_2 + 6e^- = 6Hg + 2Co(CN)_6^{3-}$	(−0.43)	
Ho		
$Ho^{3+} + 3e^- = Ho$	−2.32	
I		
$H_5IO_6 + H^+ + 2e^- = IO_3^- + 3H_2O$	约+1.62	
$IO_3^- + 5H^+ + 4e^- = HIO + 2H_2O$	+1.14	
$IO_3^- + 6H^+ + 5e^- = 1/2I_2 + 3H_2O$	+1.19	
$2ICl_3 + 6e^- = I_2 + 6Cl^-$	+1.28	
$2ICl + 2e^- = I_2 + 2Cl^-$	+1.19	
$2IBr + 2e^- = I_2 + 2Br^-$	+1.02	
$2ICN + 2H^+ + 2e^- = I_2 + 2HCN$	+0.63	
$2HIO + 2H^+ + 2e^- = I_2 + 2H_2O$	+1.45	
$HIO + H^+ + 2e^- = I^- + H_2O$	+0.99	
$ICl_2^- + e^- = 1/2I_2 + 2Cl^-$	+1.06	1mol/L HCl
$IBr_2^- + e^- = 1/2I_2 + 2Br^-$	+0.87	
$I_3^- + 2e^- = 3I^-$	(+0.545)	0.5mol/L H_2SO_4
$I_2(aq) + 2e^- = 2I^-$	+0.621	
$I_2(s) + 2e^- = 2I^-$	+0.535	
In		
$In^{3+} + 3e^- = In$	−0.34	
$In(OH)_3 + 3e^- = In + 3OH^-$	−1.0	
$In^{3+} + 2e^- = In^+$	(−0.43)	3mol/L $NaClO_4$
	(−0.40)	稀 H_2SO_4
$In^+ + e^- = In$	(−0.18)	3mol/L $NaClO_4$
Ir		
$IrCl_6^{2-} + e^- = IrCl_6^{3-}$	+0.87	
	(+0.93)	1mol/L HCl
$IrBr_6^{2-} + e^- = IrBr_6^{3-}$	(+0.95)	1mol/L NaBr
$IrI_6^{2-} + e^- = IrI_6^{3-}$	(+0.48)	1mol/L KI
$IrO_2 + 4H^+ + 4e^- = Ir + 2H_2O$	约+0.93	

续表

半反应[①]	$E^{\ominus}$(或 $E^{\ominus\prime}$)/V	溶液组成[②]
$IrCl_6^{2-}+4e^- = Ir+6Cl^-$	+0.835	
$Ir^{3+}+3e^- = Ir$	+1.15	
$IrCl_6^{3-}+3e^- = Ir+6Cl^-$	+0.77	
$IrCl_6^{2-}+e^- = IrCl_6^{3-}$	(+1.02)	1mol/L HCl
K		
$K^++e^- = K$	−2.925	
$K^++(Hg)+e^- = K(Hg)$[②]	约+1.9	
La		
$La^{3+}+3e^- = La$	−2.52	
Li		
$Li^++e^- = Li$	−3.03	
$Li^++(Hg)+e^- = Li(Hg)$	−2.00	
Lu		
$Lu^{3+}+3e^- = Lu$	−2.25	
Md		
$Md^{3+}+3e^- = Md$	−2.2	
Mg		
$Mg^{2+}+2e^- = Mg$	−2.37	
$Mg(OH)_2+2e^- = Mg+2OH^-$	−2.69	
Mn		
$MnO_4^-+e^- = MnO_4^{2-}$	+0.57	
$MnO_4^-+4H^++3e^- = MnO_2(\beta)+2H_2O$	+1.68	
	(+1.65)	0.5mol/L H_2SO_4
	(+1.60)	1mol/L HNO_3 或 1mol/L $HClO_4$
$MnO_4^-+8H^++5e^- = Mn^{2+}+4H_2O$	+1.51	
	(+1.45)	1mol/L $HClO_4$
$MnO_4^-+2H_2O+3e^- = MnO_2+4OH^-$	+0.588	
$MnO_4^{2-}+e^- = MnO_4^{3-}$	+0.27	
$MnO_4^{2-}+2H_2O+2e^- = MnO_2+4OH^-$	约+0.5	8mol/L KOH
$2MnO_2+2H^++2e^- = Mn_2O_3+H_2O$	(+1.04)	5mol/L NH_4Cl
$MnO_2(\beta)+4H^++2e^- = Mn^{2+}+2H_2O$	+1.23	
Mn^{3+} $e^- = Mn^{2+}$	(+1.488)	7.5mol/L H_2SO_4
$Mn(H_2P_2O_7)_3^{3-}+2H^++e^- = Mn(H_2P_2O_7)_2^{2-}+H_4P_2O_7$	(+1.15)	0.4mol/L $H_2P_2O_7^{2-}$
$Mn(CN)_6^{3-}+e^- = Mn(CN)_5^{4-}$	(−0.24)	1.5mol/L NaCN
$Mn(CN)_6^{4-}+e^- = Mn(CN)_6^{5-}$	(−1.05)	1.5～2.5mol/L NaCN
$Mn(OH)_3-e^- = Mn(OH)_2+OH^-$	+0.1	
$Mn^{2+}+2e^- = Mn$	−1.17	
$Mn(OH)_2+2e^- = Mn+2OH^-$	−1.55	
$[Mn(CO)_5]_2+2e^- = 2Mn(CO)_5^-$	−0.68	
Mo		
$H_2MoO_4(aq)+2H^++e^- = MoO_2^++2H_2O$	+0.48	

续表

半反应①	$E^\ominus$(或 $E^{\ominus\prime}$)/V	溶液组成②
$MoO_2^{2+} + 2H^+ + e^- = MoO^{3+} + H_2O$	+0.48	
$Mo^{6+} + e^- = Mo^{5+}$	(+0.53)	9.2mol/L H_2SO_4
	(+0.40)	0.5mol/L H_2SO_4
	(+0.53)	2mol/L HCl
	(+0.70)	8mol/L HCl
	(+0.41)	1mol/L H_3PO_4
	(+0.50)	2mol/L KSCN + 1mol/L HCl
$MoO_2^+ + 4H^+ + 2e^- = Mo^{3+} + 2H_2O$	(−0.01)	0.5mol/L H_2SO_4
$Mo(CN)_8^{3-} + e^- = Mo(CN)_8^{4-}$	(+0.82)	1mol/L H_2SO_4
$Mo^{5+} + 2e^- = Mo^{3+}$(绿)	(+0.25)	2mol/L HCl
(红)	(+0.11)	2mol/L HCl
$Mo(CN)_6^{3-} + e^- = Mo(CN)_6^{4-}$	(+0.73)	0.25mol/L KCl，KBr 或 KNO_3
$Mo^{3+} + 3e^- = Mo$	约−0.2	
$SiMo_{12}O_{40}^{4-} + 4H^+ + 4e^- = H_4SiMo_{12}O_{40}^{4-}$	(0.59)	0.5mol/L H_2SO_4
N		
$NO_3^- + 3H^+ + 2e^- = HNO_2 + H_2O$	(+0.94)	1mol/L HNO_3
$NO_3^- + 2H^+ + e^- = NO_2 + H_2O$	+0.80	
$NO_3^- + NO + e^- = 2NO_2^-$	+0.49	
$NO_3^- + 4H^+ + 3e^- = NO + 2H_2O$	+0.96	
$NO_3^- + H_2O + 2e^- = NO_2^- + 2OH^-$	+0.01	
$NO_2 + H^+ + e^- = HNO_2$	+1.07	
$NO_2 + 2H^+ + 2e^- = NO + H_2O$	+1.03	
$HNO_2 + H^+ + e^- = NO + H_2O$	+0.98	
$2NO + 2H^+ + 2e^- = H_2N_2O_2$	+0.71	
$H_2N_2O_2 + 2H^+ + 2e^- = N_2 + 2H_2O$	+2.65	
$HONH_3^+ + 2H^+ + 2e^- = NH_4^+ + H_2O$	+1.35	
$2HONH_3^+ + H^+ + 2e^- = N_2H_5^+ + 2H_2O$	+1.42	
$H_2NNH_3^+ + 3H^+ + 2e^- = 2NH_4^+$	+1.27	
$N_2 + 2H_2O + 4H^+ + 2e^- = 2HONH_3^+$	−1.87	
$N_2 + 5H^+ + 4e^- = H_2NNH_3^+$	−0.23	
$3N_2 + 2H^+ + 2e^- = 2HN_3$	−3.1	
Na		
$Na^+ + e^- = Na$	−2.713	
$Na^+ + (Hg) + e^- = Na(Hg)$	−1.84	
Nb		
$NbO^{3+} + 2H^+ + 2e^- = Nb^{3+} + H_2O$	(−0.37)	2～6mol/L HCl 或 5～3mol/L H_2SO_4
$Nb^{5+} + e^- = Nb^{4+}$	(−0.21)	9～12mol/L HCl
$Nb^{3+} + 3e^- = Nb$	约−1.1	
Nd		
$Nd^{3+} + 3e^- = Nd$	−2.45	

续表

半反应[①]	$E^{\ominus}$(或 $E^{\ominus\prime}$)/V	溶液组成[②]
Ni		
$Ni(OH)_4 + e^- = Ni(OH)_3 + OH^-$	>+0.6	
$NiO_2 + 2H_2O + 2e^- = Ni(OH)_2 + 2OH^-$	+0.49	
$NiO_2 + 4H^+ + 2e^- = Ni^{2+} + 2H_2O$	+1.68	
$Ni(OH)_3 + 3H^+ + e^- = Ni^{2+} + 3H_2O$	+2.08	
$Ni(OH)_3 + e^- = Ni(OH)_2 + OH^-$	+0.48	
$Ni(CN)_4^{2-} + e^- = Ni(CN)_4^{3-}$	(−0.82)	1mol/L KCN
$Ni^{2+} + 2e^- = Ni$	−0.25	
$Ni(OH)_2 + 2e^- = Ni + 2OH^-$	−0.72	
$Ni(NH_3)_6^{2+} + 2e^- = Ni + 6NH_3$	−0.48	
No		
$No^{3+} + 3e^- = No$	−2.5	
Np		
$NpO_2^{2+} + e^- = NpO_2^+$	(+1.14)	1mol/L HNO_3 或 HCl
	(+1.137)	1mol/L $HClO_4$
$NpO_2^+ + 4H^+ + e^- = Np^{4+} + 2H_2O$	(+0.74)	1mol/L HCl
$Np^{4+} + e^- = Np^{3+}$	(+0.15)	1mol/L $HClO_4$
	(+0.14)	1mol/L HCl
	(+0.11)	1mol/L HNO_3
$Np^{5+} + e^- = Np^{4+}$	(+0.739)	1mol/L $HClO_4$
$Np^{3+} + 3e^- = Np$	−1.85	
O		
$O_3 + 2H^+ + 2e^- = O_2 + H_2O$	+2.07	
$O_3 + H_2O + 2e^- = O_2 + 2OH^-$	+1.24	
$O_2 + 4H^+ + 4e^- = 2H_2O$	+1.229	
$O_2 + 2H^+ + 2e^- = H_2O_2$	+0.69	
$O_2 + H_2O + 2e^- = HO_2^- + OH^-$	−0.076	
$H_2O_2 + 2H^+ + 2e^- = 2H_2O$	+1.77	
$H_2O_2 + 2e^- = 2OH^-$	+0.88	
$O_2 + 2H_2O + 4e^- = 4OH^-$	+0.41	1mol/L NaOH
Os		
$OsO_4 + 4H^+ + 4e^- = OsO_2 + 2H_2O$	+0.96	
$HOsO_5^- + 2e^- = OsO_4^{2-} + OH^-$	+0.3	
$OsO_4(s,yel) + 8H^+ + 8e^- = Os + 4H_2O$	+0.85	
$OsCl_6^{2-} + e^- = OsCl_6^{3-}$	+0.42	1mol/L HCl
$OsBr_6^{2-} + e^- = OsBr_6^{3-}$	+0.35	2mol/L HBr
$OsCl_6^{3-} + 3e^- = Os + 6Cl^-$	+0.71	1mol/L HCl
$Os^{2+} + 2e^- = Os$	+0.85	
$Os^{4+} + e^- = Os^{3+}$	(+0.35)	2mol/L HBr
	(+0.37)	0.5mol/L HCl
	+0.14	
	(−0.04)	5mol/L HCl
	−0.24	

续表

半反应[1]	$E^{\ominus}$(或 $E^{\ominus\prime}$)/V	溶液组成[2]
$Os^{6+} + 2e^- = Os^{4+}$	(+0.66)	0.5mol/L HCl
	(+0.84)	5mol/L HCl
	(+0.97)	9mol/L HCl
$Os^{7+} + 4e^- = Os^{4+}$	(+0.79)	5mol/L HCl
P		
$H_3PO_4 + 2H^+ + 2e^- = H_3PO_3 + H_2O$	−0.28	
$H_3PO_3 + 2H^+ + 2e^- = HPH_2O_2 + H_2O$	−0.50	
$HPH_2O_2 + H^+ + e^- = P + 2H_2O$	−0.51	
$4P + 2H^+ + 2e^- = H_2P_4$	−0.35	
P(白) $+ 3H^+ + 3e^- = H_3P$	+0.06	
Pa		
$PaO_2^+ + 4H^+ + 5e^- = Pa + 2H_2O$	约−1.0	
$PaF_7^{2-} + 5e^- = Pa + 7F^-$	−1.03	
$Pa^{5+} + e^- = Pa^{4+}$	(−0.25)	1mol/L HCl
$PaO_2 + 4H^+ + e^- = Pa^{3+} + 2H_2O$	−0.5	
$Pa^{4+} + e^- = Pa^{3+}$	−1.0	
$Pa^{4+} + 4e^- = Pa$	−1.7	
$Pa^{3+} + 3e^- = Pa$	−1.95	
Pb		
$Pb^{4+} + 2e^- = Pb^{2+}$	(+1.65)	1.1mol/L $HClO_4$
	(+1.8)	1～8mol/L HNO_3
$PbO_2 + SO_4^{2-} + 4H^+ + 2e^- = PbSO_4 + 2H_2O$	+1.69	
$PbO_2 + 4H^+ + 2e^- = Pb^{2+} + 2H_2O$	+1.455	
$PbO_2 + 2H^+ + 2e^- = PbO + H_2O$	+0.28	
$PbO_3^{2-} + 2H_2O + 2e^- = HPbO_2^- + 3OH^-$	(+0.3)	1.7～2.5mol/L NaOH
$PbO_3^{2-} + H_2O + 2e^- = PbO_2^{2-} - 2OH^-$	(+0.2)	8.4mol/L KOH
$Pb^{2+} + 2e^- = Pb$	−0.126	
	(−0.32)	1mol/L NaAc
$HPbO_2^- + H_2O + 2e^- = Pb + 3OH^-$	−0.54	
PbO(s,red) $+ H_2O + 2e^- = Pb + 2OH^-$	(−0.58)	0.075～0.25mol/L $Ba(OH)_2$
$PbSO_4 + 2e^- = Pb + SO_4^{2-}$	−0.356	
	(−0.29)	1mol/L H_2SO_4
$PbF_2 + 2e^- = Pb + 2F^-$	−0.350	
$PbCl_2 + 2e^- = Pb + 2Cl^-$	−0.266	
$PbBr_2 + 2e^- = Pb + 2Br^-$	−0.274	
$PbI_2 + 2e^- = Pb + 2I^-$	−0.364	
$Pb(N_3)_2 + 2e^- = Pb + 2N_3^-$	−0.380	
Pd		
$PdO_3 + 2H^+ + 2e^- = PdO_2 + H_2O$	+1.22	
$PdO_2 + 2H^+ + 2e^- = PdO + H_2O$	+0.95	
$PdCl_6^{2-} + 2e^- = PdCl_4^{2-} + 2Cl^-$	+1.29	
$PdBr_6^{2-} + 2e^- = PdBr_4^{2-} + 2Br^-$	(+0.99)	1mol/L KBr
$PdI_6^{2-} + 2e^- = PdI_4^{2-} + 2I^-$	(+0.48)	1mol/L KI

续表

半反应[①]	$E^\ominus$(或 $E^{\ominus\prime}$)/V	溶液组成[②]
$Pd^{2+} + 2e^- = Pd$	+0.987	
$PdCl_4^{2-} + 2e^- = Pd + 4Cl^-$	+0.62	
$PdBr_4^{2-} + 2e^- = Pd + 4Br^-$	+0.6	
$Pd(OH)_2 + 2e^- = Pd + 2OH^-$	(−0.19)	0.1mol/L K_2SO_4
$Pd(NH_3)_4^{2+} + 2e^- = Pd + 4NH_3$	(−0.56)	1mol/L NH_3 + 1mol/L NH_4Cl
$Pd(CN)_4^{2-} + 2e^- = Pd + 4CN^-$	(−1.53)	1mol/L KCN
Pm		
$Pm^{3+} + 3e^- = Pm$	−2.42	
Po		
$PoO_2 + 4H^+ + 2e^- = Po^{2+} + 2H_2O$	(+0.8)	1mol/L HNO_3
$Po^{4+} + 4e^- = Po$	+0.77	
	(+0.6)	1mol/L HCl
	(+0.8)	1mol/L HNO_3
$Po^{3+} + 3e^- = Po$	+0.56	
$Po^{2+} + 2e^- = Po$	(+0.6～0.7)	1mol/L HCl
$Po + 2H^+ + 2e^- = H_2Po$	约−1.0	
Pr		
$Pr^{4+} + e^- = Pr^{3+}$	约+2.9	
$Pr^{3+} + 3e^- = Pr$	−2.47	
Pt		
$Pt(CN)_4Cl_2^{2-} + 2e^- = Pt(CN)_4^{2-} + 2Cl^-$	(+0.89)	1mol/L KCl
$PtCl_6^{2-} + 2e^- = PtCl_4^{2-} + 2Cl^-$	+ 0.73	
$PtBr_6^{2-} + 2e^- = PtBr_4^{2-} + 2Br^-$	(+0.64)	1mol/L KBr
$PtI_6^{2-} + 2e^- = PtI_4^{2-} + 2I^-$	(+0.39)	1mol/L KI
$PtO_4^{2-} + 4H_2O + 2e^- = Pt(OH)_6^{2-} + 2OH^-$	约+0.4	
$Pt^{2+} + 2e^- = Pt$	约+1.2	
$Pt(OH)_2 + 2H^+ + 2e^- = Pt + 2H_2O$	+0.98	
$PtCl_4^{2-} + 2e^- = Pt + 4Cl^-$	+0.73	
$PtBr_4^{2-} + 2e^- = Pt + 4Br^-$	+0.58	
$Pt(OH)_2 + 2e^- = Pt + 2OH^-$	(−0.14)	0.1mol/L K_2SO_4
$Pt(SCN)_6^{2-} + 2e^- = Pt(SCN)_4^{2-} + 2SCN^-$	(+0.47)	1mol/L NaSCN
Pu		
$Pu^{6+} + e^- = Pu^{5+}$	(+0.92)	1mol/L $HClO_4$ 或 0.1mol/L HNO_3
	(+0.91)	1mol/L HCl
$Pu^{6+} + 2e^- = Pu^{4+}$	(+1.05)	1mol/L HNO_3 或 1mol/L HCl
	(+1.04)	1mol/L $HClO_4$
$Pu^{4+} + e^- = Pu^{3+}$	+1.01	
	(+0.97)	1mol/L $HClO_4$
	(约+0.9)	1mol/L HCl
	(+0.92)	1mol/L HNO_3
	(+0.80)	1mol/L H_3PO_4 + 1mol/L HCl

续表

半反应[1]	$E^{\ominus}$(或 $E^{\ominus'}$)/V	溶液组成[2]
$Pu^{4+} + e^- \rightleftharpoons Pu^{3+}$	(+0.74)	0.5mol/L H_2SO_4
	(+0.50)	1mol/L HF
	(+0.59)	0.6mol/L H_3PO_4 + 1mol/L HCl
	(+0.40)	1mol/L HAc + 1mol/L NaAc
$Pu^{3+} + 3e^- \rightleftharpoons Pu$	−2.03	
Ra		
$Ra^{2+} + 2e^- \rightleftharpoons Ra$	−2.92	
Rb		
$Rb^+ + e^- \rightleftharpoons Rb$	−2.93	
$Rb^+ + (Hg) + e^- \rightleftharpoons Rb(Hg)$	−1.81	
Re		
$ReO_4^- + 2H^+ + e^- \rightleftharpoons ReO_3 + H_2O$	+0.77	
$ReO_4^- + 4H^+ + 3e^- \rightleftharpoons ReO_2 + 2H_2O$	+0.51	
$ReO_4^- + 2H_2O + 3e^- \rightleftharpoons ReO_2 + 4OH^-$	−0.59	
$ReO_4^- + 8H^+ + 7e^- \rightleftharpoons Re + 4H_2O$	+0.37	
$ReO_3 + 2H^+ + 2e^- \rightleftharpoons ReO_2 + H_2O$	约+0.4	
$Re^{5+} + 2e^- \rightleftharpoons Re^{3+}$	(+0.14)	2mol/L NaCN
$ReO_2 + 4H^+ + 4e^- \rightleftharpoons Re + 2H_2O$	+0.26	
$Re(CN)_6^{3-} + e^- \rightleftharpoons Re(CN)_6^{4-}$	(−0.72)	pH=0
$ReCl_6^{2-} + e^- \rightleftharpoons ReCl_4^- + 2Cl^-$	(+0.25)	1mol/L HCl
$Re^{3+} + 3e^- \rightleftharpoons Re$	约 + 0.3	
$Re^+ + 2e^- \rightleftharpoons Re^-$	(−0.23)	0.4～2mol/L H_2SO_4
Rh		
$Rh^{6+} + 2e^- \rightleftharpoons Rh^{4+}$	(+1.5)	0.1mol/L H_2SO_4
$Rh^{6+} + 3e^- \rightleftharpoons Rh^{3+}$	(+1.5)	1mol/L $HClO_4$
$RhO^{2+} + 2H^+ + e^- \rightleftharpoons Rh^{3+} + H_2O$	(+1.43)	0.5mol/L H_2SO_4
$RhCl_6^{3-} + 3e^- \rightleftharpoons Rh + 6Cl^-$	+0.44	
Ru		
$RuO_4 + e^- \rightleftharpoons RuO_4^-$	+1.00	
$Ru^{8+} + 4e^- \rightleftharpoons Ru^{4+}$	(+1.4)	1mol/L $HClO_4$
$RuO_4^- + e^- \rightleftharpoons RuO_4^{2-}$	+0.59	
$Ru^{4+} + e^- \rightleftharpoons Ru^{3+}$	(+0.86)	2mol/L HCl
	(+0.91)	0.5mol/L HCl
$2Ru^{4+} + e^- \rightleftharpoons Ru^{4+} \cdot Ru^{3+}$	(+0.56)	pH=1.15
$Ru^{4+} \cdot Ru^{3+} + e^- \rightleftharpoons 2Ru^{3+}$	(+0.4)	pH=1.15
	(约+1.0)	1mol/L CF_3COOH
$Ru(CN)_6^{3-} + e^- \rightleftharpoons Ru(CN)_6^{4-}$	(+0.8)	0.05mol/L H_2SO_4
$Ru^{3+} + e^- \rightleftharpoons Ru^{2+}$	(约 0)	HCl 或 H_2SO_4 或 $HClO_4$
$RuCl_5^{2-} + 3e^- \rightleftharpoons Ru + 5Cl^-$	+0.4	
S		
$S_2O_3^{2-} + 2e^- \rightleftharpoons 2SO_4^{2-}$	+2.0	

续表

半反应①	$E^{\ominus}$(或 $E^{\ominus\prime}$)/V	溶液组成②
$2SO_4^{2-}+4H^++2e^- = S_2O_6^{2-}+2H_2O$	−0.2	
$SO_4^{2-}+4H^++2e^- = SO_2(aq)+H_2O$	+0.17	
$SO_4^{2-}+H_2O+2e^- = SO_3^{2-}+2OH^-$	−0.93	
$S_2O_6^{2-}+4H^++2e^- = 2H_2S_2O_3$	+0.6	
$2SO_3^{2-}+2H_2O+2e^- = S_2O_4^{2-}+4OH^-$	−1.12	
$2SO_2(aq)+H^++2e^- = HS_2O_4^-+H_2O$	−0.08	
$2SO_2(aq)+2H^++4e^- = S_2O_2^{2-}+H_2O$	+0.40	
$2SO_3^{2-}+3H_2O+4e^- = S_2O_3^{2-}+6OH^-$	−0.58	
$SO_3^{2-}+3H_2O+4e^- = S+6OH^-$	−0.66	
$S_4O_6^{2-}+2e^- = 2S_2O_3^{2-}$	+0.09	
$S_2O_3^{2-}+6H^++4e^- = 2S+3H_2O$	+0.5	
$S+2H^++2e^- = H_2S(g)$	+0.14	
$S+2e^- = S^{2-}$	−0.48	
$2S+2e^- = S_2^{2-}$	−0.43	
$3S+2e^- = S_3^{2-}$	−0.39	
$4S+2e^- = S_4^{2-}$	−0.36	
$5S+2e^- = S_5^{2-}$	−0.34	
Sb		
$Sb(OH)_6^-+2e^- = SbO_2^-+2OH^-+2H_2O$	(−0.428)	2mol/L KOH
$SbO_3^-+H_2O+2e^- = SbO_2^-+2OH^-$	(−0.59)	10mol/L KOH
$Sb^{5+}+2e^- = Sb^{3+}$	(+0.75)	3.5mol/L HCl
	(+0.82)	6mol/L HCl
	(−0.43)	3mol/L KOH
	(−0.67)	10mol/L KOH
$Sb_2O_5+6H^++4e^- = 2SbO^++3H_2O$	+0.58	
$Sb_2O_5+4H^++4e^- = Sb_2O_3+2H_2O$	+0.69	
$SbO_2^-+2H_2O+3e^- = Sb+4OH^-$	(−0.67)	10mol/L KOH
$Sb_2O_3+6H^++6e^- = 2Sb+3H_2O$	+0.15	
$SbO^++2H^++3e^- = Sb+H_2O$	+0.21	
$Sb+3H^++3e^- = SbH_3$	−0.51	
$Sb+3H_2O+3e^- = SbH_3+3OH^-$	−1.34	1mol/L KOH
Sc		
$Sc^{3+}+3e^- = Sc$	−2.1	
Se		
$SeO_4^{2-}+4H^++2e^- = H_2SeO_3+H_2O$	+1.15	
$H_2SeO_3+4H^++4e^- = Se+3H_2O$	+0.74	
$Se+2H^++2e^- = H_2Se$	−0.40	
$Se+2e^- = Se^{2-}$	−0.92	

续表

半 反 应[①]	$E^{\ominus}$(或 $E^{\ominus\prime}$)/V	溶 液 组 成[②]
Si		
$SiO_2 + 4H^+ + 4e^- \longrightarrow Si + 2H_2O$	−0.86	
$SiF_6^{2-} + 4e^- \longrightarrow Si + 6F^-$	−1.2	
$Si + 4H^+ + 4e^- \longrightarrow SiH_4(g)$	+0.10	
Sm		
$Sm^{3+} + 3e^- \longrightarrow Sm$	−2.41	
$Sm^{3+} + e^- \longrightarrow Sm^{2+}$	(−1.56)	0.1mol/L Me_4NI
Sn		
$Sn^{4+} + 2e^- \longrightarrow Sn^{2+}$	+0.154	
$SnCl_6^{2-} + 2e^- \longrightarrow SnCl_4^{2-} + 2Cl^-$	(+0.14)	1mol/L HCl
	(+0.13)	2mol/L HCl
$Sn(OH)_6^{2-} + 2e^- \longrightarrow HSnO_4^- + H_2O + 3OH^-$	−0.93	
$Sn^{2+} + 2e^- \longrightarrow Sn$	−0.14	
$SnCl_4^{2-} + 2e^- \longrightarrow Sn + 4Cl^-$	(−0.19)	1mol/L HCl
$HSnO_2^- + H_2O + 2e^- \longrightarrow Sn + 3OH^-$	−0.91	
Sr		
$Sr^{2+} + 2e^- \longrightarrow Sr$	−2.89	
Ta		
$Ta_2O_5 + 10H^+ + 10e^- \longrightarrow 2Ta + 5H_2O$	−0.81	
Tb		
$Tb^{3+} + 3e^- \longrightarrow Tb$	−2.39	
Tc		
$TcO_4^- + 4H^+ + 3e^- \longrightarrow TcO_2 + 2H_2O$	+0.74	
$TcO_4^- + 2H^+ + e^- \longrightarrow TcO_3 + H_2O$	+0.7	
$TcO_4^- + 8H^+ + 7e^- \longrightarrow Tc + 4H_2O$	+0.47	
$TcO_3 + 2H^+ + 2e^- \longrightarrow TcO_2 + H_2O$	+0.8	
$TcO_2 + 4H^+ + 4e^- \longrightarrow Tc + 2H_2O$	+0.27	
$Tc + e^- \longrightarrow Tc^-$	约−0.5	
Te		
$H_6TeO_6 + 2H^+ + 2e^- \longrightarrow TeO_2 + 4H_2O$	+1.02	
$TeCl_6^{2-} + 4e^- \longrightarrow Te + 6Cl^-$	(+0.63)	稀 HCl
$TeO_2(s) + 4H^+ + 4e^- \longrightarrow Te + 2H_2O$	+0.59	
$TeOOH^+ + 3H^+ + 4e^- \longrightarrow Te + 2H_2O$	+0.559	
$TeO_3^{2-} + 3H_2O + 4e^- \longrightarrow Te + 6OH^-$	−0.57	
$Te_2 + 2H^+ + 2e^- \longrightarrow H_2Te_2$	−0.36	
$Te_2 + 4H^+ + 4e^- \longrightarrow 2H_2Te(g)$	−0.50	
$Te_2 + 4e^- \longrightarrow 2Te^{2-}$	(−0.84)	0.6～0.8mol/L KOH
Th		
$Th^{4+} + 4e^- \longrightarrow Th$	−1.90	
Ti		
$TiO^{2+} + 2H^+ + e^- \longrightarrow Ti^{3+} + H_2O$	+0.1	
$Ti(EDTA) + e^- \longrightarrow Ti(EDTA)^-$	+0.03	pH=1～2.5(I=0.1)
$Ti^{4+} + e^- \longrightarrow Ti^{3+}$	(−0.09)	1mol/L HCl

续表

半反应[①]	$E^{\ominus}$(或 $E^{\ominus\prime}$)/V	溶液组成[②]
$Ti^{4+} + e^- = Ti^{3+}$	(+0.10)	3mol/L HCl
	(+0.24)	6mol/L HCl
	(−0.01)	0.2mol/L H_2SO_4
	(+0.12)	2mol/L H_2SO_4
	(+0.15)	5mol/L H_2SO_4
	(+0.17)	3mol/L HBr
	(−0.05)	1mol/L H_3PO_4
	(−0.15)	5mol/L H_3PO_4
	(−0.24)	0.1mol/L KSCN
$TiF_6^{2-} + 4e^- = Ti + 6F^-$	−1.24	
$TiO_2 + 4H^+ + 4e^- = Ti + 2H_2O$	−0.86	
$Ti^{3+} + e^- = Ti^{2+}$	−0.37	
$Ti^{2+} + 2e^- = Ti$	−1.63	
Tl		
$Tl^{3+} + 2e^- = Tl^+$	(+1.26)	1mol/L $HClO_4$
	(+1.23)	0.5～3mol/L HNO_3
	(+1.22)	0.5～1mol/L H_2SO_4
	(+0.77)	0.5～1mol/L HCl
	(+0.89)	0.1mol/L HCl
	(+0.65)	1mol/L KBr
$Tl(OH)_3 + 2e^- = Tl^+ + 3OH^-$	−0.05	
$Tl^+ + e^- = Tl$	−0.336	
$TlOH + e^- = Tl + OH^-$	−0.34	
$TlSCN + e^- = Tl + SCN^-$	−0.56	
$TlCl + e^- = Tl + Cl^-$	−0.557	
$TlBr + e^- = Tl + Br^-$	−0.657	
$TlI + e^- = Tl + I^-$	−0.77	
Tm		
$Tm^{3+} + 3e^- = Tm$	−2.28	
U		
$UO_2^{2+} + e^- = UO_2^+$	(+0.06)	0.1mol/L Cl^-
$UO_2^{2+} + 4H^+ + 2e^- = U^{4+} + 2H_2O$	+0.33	
$U^{6+} + 2e^- = U^{4+}$	(+0.35)	1mol/L HCl
	(+0.42)	0.05～0.5mol/L H_2SO_4
	(+0.47)	1mol/L H_3PO_4
$UO_2^+ + 4H^+ + e^- = U^{4+} + 2H_2O$	(约+0.55)	HCl
$U^{4+} + e^- = U^{3+}$	(−0.63)	1mol/L $HClO_4$ 或 1mol/L HCl 或 0.1mol/L H_2SO_4 + 0.1mol/L KCl
$U(EDTA)^- + e^- = U(EDTA)^{2-}$	(−1.02)	0.001～0.02mol/L EDTA
$U^{3+} + 3e^- = U$	−1.80	
V		
$VO_2^+ + 2H^+ + e^- = VO^{2+} + H_2O$	+0.999	
$V^{5+} + e^- = V^{4+}$	(+1.21)	12mol/L H_3PO_4
	(约+0.94)	1mol/L H_3PO_4
	(−0.20)	饱和 $Na_2P_4O_7$
$VO_2^+ + 4H^+ + 5e^- = V + 2H_2O$	−0.25	

续表

半反应[1]	$E^{\ominus}$(或 $E^{\ominus\prime}$)/V	溶液组成[2]
$VO^{2+} + 2H^+ + e^- = V^{3+} + H_2O$	+0.34	
$V^{4+} + e^- = V^{3+}$	(+0.70)	12mol/L H_3PO_4
	(+0.39)	1mol/L H_3PO_4
$V^{3+} + e^- = V^{2+}$	−0.255	
	(−0.27)	1mol/L $HClO_4$ 或 1mol/L HCl 或 1mol/L H_2SO_4
	(−0.22)	0.1～1mol/L NH_4SCN
$V^{2+} + 2e^- = V$	约−1.2	
W		
$W^{6+} + e^- = W^{5+}$	(+0.26)	12mol/L HCl
	(+0.22)	1mol/L H_3PO_4
$2WO_3 + 2H^+ + 2e^- = W_2O_5 + H_2O$	−0.03	
$WO_3 + 6H^+ + 6e^- = W + 3H_2O$	−0.09	
$WO_4^{2-} + 4H_2O + 6e^- = W + 8OH^-$	−1.01	
$W(CN)_8^{3-} + e^- = W(CN)_8^{4-}$	+0.46	
$W_2O_5 + 2H^+ + 2e^- = 2WO_2 + H_2O$	−0.04	
$W^{5+} + 2e^- = W^{3+}$(红)	(−0.31)	12mol/L HCl
(绿)	+0.1	12mol/L HCl
$WO_2 + 4H^+ + 4e^- = W + 2H_2O$	−0.12	
Xe		
$H_4XeO_6 + 2H^+ + 2e^- = XeO_3 + 3H_2O$	约+3.0	
$HXeO_6^{3-} + 2H_2O + e^- = HXeO_4 + 4OH^-$	约+0.9	
$HXeO_4 + 3H_2O + 7e^- = Xe + 7OH^-$	约+0.9	
$XeO_3 + 6H^+ + 2F^- + 4e^- = XeF_2 + 3H_2O$	约+1.6	
$XeO_3 + 6H^+ + 6e^- = Xe + 3H_2O$	约+1.8	
$XeF_2 + 2e^- = Xe + 2F^-$	约+2.2	
Y		
$Y^{3+} + 3e^- = Y$	−2.37	
Yb		
$Yb^{3+} + e^- = Yb^{2+}$	(−1.17)	0.1mol/L NH_4Cl
$Yb^{3+} + 3e^- = Yb$	−2.25	
Zn		
$Zn^{2+} + 2e^- = Zn$	−0.7628	
$Zn(NH_3)_4^{2+} + 2e^- = Zn + 4NH_3$	−1.04	
$ZnO_2^{2-} + 2H_2O + 2e^- = Zn + 4OH^-$	−1.216	
$Zn(CN)_4^{2-} + 2e^- = Zn + 4CN^-$	−1.26	
Zr		
$ZrO_2 + 4H^+ + 4e^- = Zr + 2H_2O$	−1.43	

① 式中符号：g——气态；aq——水溶液；s——固态；en——乙二胺；hex——六面体；tetr——四面体；yel——黄色；red——红色。

② （Hg）表示汞是以汞齐形式存在，Hg 不起反应，起载体作用。

表 5-3 某些无机配合物在水溶液中的标准电极电位（$E^{\ominus}$）或条件电极电位（$E^{\ominus\prime}$）

化合物	$E^{\ominus}$ (E) E(vs NHE) /V	电解质	文献
$Ni(bpy)_3^{3+}$	1.720		1
$Ru(bpy)_3^{2+}$	1.272		2
$Ru(phen)_3^{2+}$	1.220		3
$Fe(phen)_3^{2+}$	1.107		2
$Fe(bpy)_3^{2+}$	1.074		2
$IrCl_6^{2-}$	0.892		4
$Os(bpy)_3^{2+}$	0.844		2
$Mo(CN)_8^{4-}$	0.798		2
$Co(oxalate)_3^{3-}$	0.570		5
$Ru(NH_3)_4(bpy)^{2+}$	0.520		6
$W(CN)_8^{4-}$	0.510		7
$Ru(NH_3)_5Pz^{3+}$	0.490	1mol/L NaCl	8
$Co(EDTA)^-$	0.380		5
$Co(phen)_3^{3+}$	0.370		2
$Co(bpy)_3^{3+}$	0.315		9
$Ru(NH_3)_5(py)^{2+}$	0.299	1mol/L CF_3SO_3H	10
$Fe(dipic)_2$	0.278	pH=5.15	11
$Co(terpy)_2^{3+}$	0.270		9
$Ru(en)_3^{3+}$	0.184	0.1mol/L KPF_6	12
$Fe(EDTA)^-$	0.120		13
$Ru(NH_3)_6^{3+}$	0.051	0.1mol/L $NaBF_4$	14
$Co(en)_3^{3+}$	−0.216	1mol/L $NaClO_4$	12
$Cr(bpy)_3^{3+}$	−0.250		15
$Co(sepalchrate)^{3+}$①	−0.300		16

① sepalchrate 为 1,3,6,8,10,13,16,19-八氮杂二环[6.6.6]二十烷。

本表参考文献：

1. Abraham M H, Danil A F. J Chem Soc, Faraday Trans, 1976, 72: 955.
2. Rais J. Coolect Czech Commun, 1970, 36: 3253 .
3. Rains J, Selucky P, Kyrs A. J Inorg Nucl Chem, 1976, 38: 1376.
4. Shao Y, Stewart A A, Girault H H. J Chem Soc. Faraday Trans, 1991, 87: 2593.
5. Sabela A, Marecek V, Samec Z and Fuoco F. Electrochim Acta, 1992, 37: 231.
6. Samec Z, Marecek V and Colombini M P. J Electroanal Chem, 1988, 257: 147.
7. Hundhammer B and Solomon T. J Electroanal Chem, 1983, 157:19.
8. Konturri A K, Konturri K and Samec Z. Act Chim Scand, 1988, A42: 192.
9. Wandlowski T, Marecek V and Samec Z. Electrochim Acta, 1990, 35: 1173.
10. Kontturi A K, Kontturi K, Manzanares J A, et al. Ber Bunsenges Phys Chem, 1995, 95: 1131.

11. Hanzlik J and Camus A M. Coll Czech Chem Commun, 1991, 56: 130.
12. Lagger G, Tomaszweski L, Osborne M D, et al. J Electroanal Chem, 1998, 451: 29.
13. Olaya A J, Mendez M A, Cortes-Salazar F, Girault H H. J Electroanal Chem, 2010, 644: 60.
14. Laanait N, Yoon J, Hou B, et al. J Chem Phys, 2010, 132: 171101.
15. Zhou M, Gan S Y, Zhong L J, Dong X D, Ulstrup J, Han D X, Niu L, Phys Chem Chem Phys, 2012,14: 3659.
16. Danil de Namor A F and Hill T, J Chem Soc, Faraday Trans, 1983, 79: 2713.

表 5-4 一些有机化合物在电解质溶液中的条件电极电位(25℃)[3,4]

化合物	半反应	电解质溶液	条件电极电位(vs SCE)/V
蒽(An)	$An + e^- \longrightarrow An^-$	DMF，0.1mol/L TBAI	−1.92
	$An + e^- \longrightarrow An^-$	MeOH，0.1mol/L TEAI	−1.92
	$An^- + e^- \longrightarrow An^{2-}$	DMF，0.1mol/L TBAI	−2.50
	$An^+ + e^- \longrightarrow An$	MeCN，0.1mol/L TBAP	1.30
偶氮苯(AB)	$AB + e^- \longrightarrow AB^-$	DMF，0.1mol/L TBAP	−1.36
	$AB^- + e^- \longrightarrow AB^{2-}$	DMF，0.1mol/L TBAP	−2.00
	$AB + e^- \longrightarrow AB^-$	MeCN，0.1mol/L TEAP	−1.40
	$AB + e^- \longrightarrow AB^-$	PC，0.1mol/L TBAP	−1.40
苯(BP)	$BP + e^- \longrightarrow BP^-$	MeCN，0.1mol/L TBAP	−1.88
	$BP + e^- \longrightarrow BP^-$	THF，0.1mol/L TBAP	−2.06
	$BP + e^- \longrightarrow BP^-$	NH_3，0.1mol/L KI	−1.23
	$BP^- + e^- \longrightarrow BP^{2-}$	NH_3，0.1mol/L KI	−1.76
苯醌(BQ)	$BQ + e^- \longrightarrow BQ^-$	MeCN，0.1mol/L TEAP	−0.54
	$BQ^- + e^- \longrightarrow BQ^{2-}$	MeCN，0.1mol/L TEAP	−1.40
1,2-苯并菲(Ch)	$Ch^+ + e^- \longrightarrow Ch$	MeCN，0.1mol/L TEAP	1.22
二茂铁(Fc)	$Fc + e^- \longrightarrow Fc^+$	MeCN，0.2mol/L $LiClO_4$	0.31
萘(N)	$N + e^- \longrightarrow N^-$	MeCN，0.1mol/L TEAP	−2.60
硝基苯(NB)	$NB + e^- \longrightarrow NB^-$	MeCN，0.1mol/L TEAP	−1.15
	$NB + e^- \longrightarrow NB^-$	DMF，0.1mol/L $NaClO_4$	−1.01
	$NB + e^- \longrightarrow NB^-$	NH_3，0.1mol/L KI	−0.42
	$NB^- + e^- \longrightarrow NB^{2-}$	NH_3，0.1mol/L KI	−1.24
二萘嵌苯(P)	$P^+ + e^- \longrightarrow P$	MeCN，0.1mol/L TEAP	0.85
菲(Ph)	$Ph^+ + e^- \longrightarrow Ph$	MeCN，0.1mol/L TEAP	1.28
芘(Py)	$Py^+ + e^- \longrightarrow Py$	MeCN，0.1mol/L TEAP	1.36
三联吡啶钌 $Ru(bpy)_3^{n+}$(RuL_3^{n+})	$RuL_3^{3+} + e^- \longrightarrow RuL_3^{2+}$	MeCN，0.1mol/L $TBABF_4$	1.32
	$RuL_3^{2+} + e^- \longrightarrow RuL_3^{+}$	MeCN，0.1mol/L $TBABF_4$	−1.30
	$RuL_3^{+} + e^- \longrightarrow RuL_3^{+}$	MeCN，0.1mol/L $TBABF_4$	−1.49
	$RuL_3 + e^- \longrightarrow RuL_3^-$	MeCN，0.1mol/L $TBABF_4$	−1.73
芪(St)	$St^+ + e^- \longrightarrow St$	MeCN，0.1mol/L $NaClO_4$	1.43
丁省(T)	$T^+ + e^- \longrightarrow T$	MeCN，0.1mol/L $NaClO_4$	0.77
四氰代二甲基苯醌(TCNQ)	$TCNQ + e^- \longrightarrow TCNQ^-$	MeCN，0.1mol/L $LiClO_4$	0.13
	$TCNQ^- + e^- \longrightarrow TCNQ^{2-}$	MeCN，0.1mol/L $LiClO_4$	−0.29
N,N,N',N'-四甲基对苯二胺(TMPD)	$TMPD^+ + e^- \longrightarrow TMPD$	DMF，0.1mol/L TBAP	0.21
四硫富瓦烯(TTF)	$TTF^+ + e^- \longrightarrow TTF$	MeCN，0.1mol/L TEAP	0.30
	$TTF^{2+} + e^- \longrightarrow TTF^+$	MeCN，0.1mol/L TEAP	0.66

续表

化合物	半反应	电解质溶液	条件电极电位(vs SCE)/V
噻蒽(TH)	$TH^+ + e^- \longrightarrow TH$	MeCN，0.1mol/L $TBABF_4$	1.23
	$TH^{2+} + e^- \longrightarrow TH^+$	MeCN，0.1mol/L $TBABF_4$	1.74
	$TH^+ + e^- \longrightarrow TH$	SO_2，0.1mol/L TBAP	0.30
	$TH^{2+} + e^- \longrightarrow TH^+$	SO_2，0.1mol/L TBAP	0.88
三(对甲苯基)胺(TPTA)	$TPTA^+ + e^- \longrightarrow TPTA$	THF，0.1mol/L TBAP	0.98

注：TBAI——碘化四丁基铵；TBAP——高氯酸四丁基铵；TEAP——高氯酸四乙基铵；$TEABF_4$——四氟硼酸四乙基铵；$TBAPF_6$——六氟磷酸四丁基铵；TEAI——碘化四乙基铵；MeCN——乙腈；DMF——二甲亚砜；THF——四氢呋喃；PC——碳酸丙酯。

表 5-5 常用有机化合物的条件电极电位(E，vs NHE，25℃，pH=7.0)[5]

化合物	E/V	化合物	E/V
N,N'-二甲基对苯二胺	0.380	甲苯胺蓝	0.027
1,4-苯醌	0.280	亚甲基蓝	0.011
N,N,N',N'-四甲基对苯二胺	0.270	四甲基对苯醌	0.005
2,6-二氯靛酚	0.217	靛蓝二磺酸	−0.125
1,2-萘醌-4-磺酸	0.217	碱性藏红 T	−0.289
甲苯蓝	0.115	中性红	−0.325
偶氮胭脂红	0.080	1,1'-二苯基-4,4'-联吡啶盐	−0.350
吩嗪硫酸甲酯	0.060；0.056	1,1'-乙烯基-2,2'-联吡啶二盐酸盐	−0.350
吩嗪硫酸乙酯	0.055	1,1'-二羟乙基-4,4'-联吡啶盐	−0.408
甲酚蓝	0.047	1,1'-二甲基-4,4'-联吡啶二盐酸盐	−0.430

表 5-6 一些维生素、药物和神经化合物的半波电位或峰电位(室温)

化合物	溶剂	电解质	参比电极	$E_{1/2}$ 或 E_p	文献
维生素					
维生素 A(视黄醇)	DMF	TEAI		−2.400	1
维生素 B_2(核黄素)	DMSO	$NaClO_4$		−1.020	
维生素 B_3(烟酸)	H_2O	TEAP		−1.440	
叶酸	H_2O	NaOH		0.560	
维生素 B_{12}(氰钴微生物)	H_2O	0.1mol/L KCN	SCE	−1.120	2
维生素 C(抗坏血酸)	H_2O	PBS		0.020(E_p)	1
神经化合物					
天冬氨酸	DMSO	TEAP		−2.400	
谷氨酸	DMSO	TEAP		−2.120	
肾上腺素	H_2O	H_2SO_4		0.550(E_p)	
	H_2O	pH=0		0.809	
黄体酮	MeCN	TBAI		−1.850	
氢羟肾上腺皮质素	EtOH	PBS		−1.300	2
儿茶酚	H_2O	pH=0		0.792	
多巴胺	H_2O	pH=0	SCE	0.580	
二羟基苯丙氨酸	H_2O	pH=0		0.800	

续表

化合物	溶剂	电解质	参比电极	$E_{1/2}$ 或 E_p	文献
麻黄宁	H_2O	pH=0		0.788	2
异肾上腺素	H_2O	pH=0		0.822	
肾上腺酮	H_2O	pH=0		0.909	
原儿茶酸	H_2O	pH=0		0.883	
6-羟基多巴胺	H_2O	pH=6.87	SCE	–0.159	
6-甲氧基多巴胺	H_2O	pH=6.87	SCE	–0.070	
药物					
舍曲林	H_2O	pH=8	Ag/AgCl	–1.750	3
四氢大麻酚	H_2O	pH=7.02	Ag	1.500	4
咖啡因	H_2O	$HCOONH_4$		0.850	1
β-胡萝卜素	H_2O		Ag 线	0.600	5
塞来考昔	H_2O	pH=7	Ag/AgCl	–1.540	6
阿奇霉素	H_2O	pH=6，PBS	$Ag/AgNO_3$	0.800	7
醋氨酚	H_2O	乙酸盐缓冲液	SCE	0.500	8
环丙沙星	H_2O	pH=7.3，PBS	SCE	–1.410	9
依诺沙星	H_2O	pH=7.3，PBS	SCE	–1.350	
诺氟沙星	H_2O	pH=7.3，PBS	SCE	–1.405	
氧氟沙星	H_2O	pH=7.3，PBS	SCE	–1.403	
培氟沙星	H_2O	pH=7.3，PBS	SCE	–1.435	

本表参考文献：

1. Hundhammer B and Wilke S. J Electroanal Chem, 1989, 266:133.
2. Samec Z, Langmaier J, Trojanek A. J Electroanal Chem, 1996, 409:1.
3. Scholz F, Komorsky-Lovric S, Lovric M. Electrochem Commun, 2000, 2:112.
4. Wilke S, J Electroanal Chem, 2001, 504: 184.
5. Yoshida Y, Yoshida Z, Aoyagi H, et al. Anal Chim Acta, 2002, 452: 149.
6. Chrisstoffels L A J, de Jong F and Reinhoudt D N. Chem Eur J, 2000, 6: 1376.
7. Valent O, Koryta J and Panoch M. J Electroanal Chem, 1987, 226: 21.
8. Online Database: http://sbsrv7.epfl.ch/instituts/isic/lepa/cgi/DB/InterrDB.pl
9. Shao Y H. Electrochemistry at Liquid/Liquid Interfaces, in Handbook of Electrochemistry, Zoski C G, ed. Chap 17, p785, Elsevier, 2007.

表 5-7　一些生物化学还原半反应的标准电极电位($E^{\ominus}$，vs NHE，25℃)[6]

半反应	$E^{\ominus}$/V
羰基还原到醛基	
1,3-二磷酸甘油酸 + $2e^-$ ⟶ 3-磷酸甘油醛 + HPO_4^{2-}	–0.286
乙酰辅酶 A + $3H^+$ + $3e^-$ ⟶ 乙醛 + 辅酶 A	–0.412
草酸盐 + $3H^+$ + $2e^-$ ⟶ 抗坏血酸盐	–0.462
葡萄糖酸盐 + $3H^+$ + $2e^-$ ⟶ 葡萄糖	–0.470
乙酸盐 + $3H^+$ + $2e^-$ ⟶ 乙醛	–0.598
羰基还原到醇	
去氢抗坏血酸 + H^+ + $2e^-$ ⟶ 抗坏血酸	0.077
乙醛酸盐 + $2H^+$ + $2e^-$ ⟶ 乙醇酸盐	–0.090
羟基丙酮酸 + $2H^+$ + $2e^-$ ⟶ 甘油酸盐	–0.158
草酰乙酸盐 + $2H^+$ + $2e^-$ ⟶ 苹果酸盐	–0.166
丙酮酸 + $2H^+$ + $2e^-$ ⟶ 乳酸盐	–0.190

续表

半反应	$E^{\ominus}$/V
乙醛 + $2H^+$ + $2e^-$ ⟶ 乙醇	−0.197
乙酰乙酸盐 + $2H^+$ + $2e^-$ ⟶ 羟基丁酸盐	−0.349
羧化作用	
丙酮酸 + $CO_2(g)$ + H^+ + $2e^-$ ⟶ 苹果酸盐	−0.330
α-戊酮二酸盐 + $CO_2(g)$ + H^+ + $2e^-$ ⟶ 异柠檬酸盐	−0.363
琥珀酸盐 + $CO_2(g)$ + H^+ + $2e^-$ ⟶ α-戊酮二酸盐 + H_2O	−0.673
乙酸 + $CO_2(g)$ + H^+ + $2e^-$ ⟶ 丙酮酸 + H_2O	−0.699
羰基 + 氨基还原	
草酰乙酸盐 + NH_4^+ + $2H^+$ + $2e^-$ ⟶ 天冬氨酸盐 + H_2O	−0.107
丙酮酸 + NH_4^+ + $2H^+$ + $2e^-$ ⟶ 丙氨酸盐 + H_2O	−0.132
α-戊酮二酸盐 + NH_4^+ + $2H^+$ + $2e^-$ ⟶ 谷氨酸盐 + H_2O	−0.133
C=C 还原	
巴豆酰基辅酶 A + $2H^+$ + $2e^-$ ⟶ 丁酰辅酶 A	0.187
延胡索酸盐 + NH_4^+ + $2H^+$ + $2e^-$ ⟶ 琥珀酸盐	0.031
二硫键还原	
胱氨酸 + $2H^+$ + $2e^-$ ⟶ 2−半胱氨酸	−0.340
谷胱甘肽二聚体 + $2H^+$ + $2e^-$ ⟶ 2−谷胱甘肽	−0.340
其他	
FAD^+ + H^+ + $2e^-$ ⟶ FADH	−0.200
NAD^+ + H^++$2e^-$ ⟶ NADH	−0.320

表 5-8 一些生物分子的条件电极电位($E^{\ominus\prime}$，vs NHE，25℃，pH=7.0)[7]

氧化还原电对	$E^{\ominus\prime}$(vs SCE)/V
N,N'-二甲基对苯二胺	0.165
细胞色素 f Fe^{3+}/Fe^{2+}	0.125
细胞色素 a Fe^{3+}/Fe^{2+}	0.055
细胞色素 c Fe^{3+}/Fe^{2+}	0.020
细胞色素 Fe^{3+}/Fe^{2+}	−0.070
苯蓝 Ox/Red	−0.140
细胞色素 b Fe^{3+}/Fe^{2+}	−0.210
亚甲基蓝	−0.230
细胞色素 Fe^{3+}/Fe^{2+}	−0.236
细胞色素 b3 Fe^{3+}/Fe^{2+}	−0.240
葡萄糖氧化酶 Ox/Red (pH=5.3)	−0.305
辣根过氧化酶 Fe^{3+}/Fe^{2+}	−0.310
黄素单核苷酸 FMN/$FMNH_3$	−0.360
核黄素/脱氢核黄素	−0.448
谷胱甘肽 Ox/Red	−0.470
皮质铁还原蛋白 Fe^{3+}/Fe^{2+}	−0.515
黄质氧化酶 Ox/Red	−0.534
黄素氧化还原蛋白 Ox/Red	−0.550
辅酶 NAD^+/NADH	−0.560
辅酶 II $NADP^+$/NADPH	−0.564
铁氧化还原蛋白 Fe^{3+}/Fe^{2+}	−0.660

第二节　液/液界面标准电位

在互不混溶的两种液体界面间也存在一个电势差，或称为两种液体的界面电位。其主要是由离子在两种溶液中的浓度差异产生的，从热力学的角度可由离子在两种溶液相中的电化学势相等得到，即：

$$\overline{\mu}_{\alpha,i}=\overline{\mu}_{\beta,i}$$

进一步考虑电化学势的定义有：

$$\mu_{i,\alpha}^{\ominus}+RT\ln a_{i,\alpha}+z_iF\phi_\alpha=\mu_{i,\beta}^{\ominus}+RT\ln a_{i,\beta}+z_iF\phi_\beta$$

式中，$\mu_i^{\ominus}$、a_i、z_i 和 ϕ_i 分别表示离子标准化学势、离子的活度、离子电荷和溶液相的内电势。因此，两种溶液接触所产生的界面电位为：

$$\Delta\phi=\phi_\beta-\phi_\alpha=\frac{\mu_{i,\alpha}^{\ominus}-\mu_{i,\beta}^{\ominus}}{z_iF}+\frac{RT}{z_iF}\ln\left(\frac{a_{i,\alpha}}{a_{i,\beta}}\right)$$

而离子在两相界面的标准转移电位定义为：

$$\Delta\phi_i^{\ominus}=\frac{\Delta G_i^{\ominus}}{z_iF}=\frac{\mu_{i,\alpha}^{\ominus}-\mu_{i,\beta}^{\ominus}}{z_iF}$$

式中，$\Delta G_i^{\ominus}$ 表示离子的标准 Gibbs 转移能。表 5-9、表 5-10 和表 5-11 列出了一些离子在水和不同有机溶剂界面的标准 Gibbs 转移能。

表 5-9　一些离子在水/1,2-二氯乙烷界面的标准 Gibbs 转移能

离　子	$\Delta G_i^{\ominus}$ /(kJ/mol)	离　子	$\Delta G_i^{\ominus}$ /(kJ/mol)
H^+	53	Cl^-	45.4
Li^+	55.6	Br^-	38.3
Na^+	55.9	I^-	26.4
K^+	51.9	NO_3^-	34
Rb^+	45.8	ClO_4^-	17.2
Cs^+	37.3	$B(C_6H_5)^-$	−33
Mg^{2+}	124.2	Pi^-(苦味酸根)	5.5
Ca^{2+}	122.4	F^-	58
Cd^{2+}	103	BF_4^-	−17.9
NH_4^+	51.2	SCN^-	26
$N(CH_3)_4^+$	17.6	Ac^-(乙酸根)	48.4
$N(C_2H_5)_4^+$	4.2	$C_{12}H_{25}SO_4^-$	7.7
$N(C_3H_7)_4^+$	−8.8	$CH_3SO_4^-$	33.8
$N(C_4H_9)_4^+$	−21.8	ClO_3^-	33.0

续表

离　子	$\Delta G_i^\ominus$/(kJ/mol)	离　子	$\Delta G_i^\ominus$/(kJ/mol)
$N(C_5H_{11})_4^+$	-34.7	Zn^{2+}	109
$N(C_6H_{13})_4^+$	-45.3	Cu^{2+}	110
$N(C_8H_{17})_4^+$	-66.6	Pb^{2+}	97
$P(C_6H_5)^+$	-32.6	IO_4^-	14.5
BA^+	-67.5	OH^-	67.6
$Ru(bpm)_3^{2+}$	12.9	SO_4^{2-}	104.2
$Ru(bpy)_3^{2+}$	-22.7	Tos^-	27.2
$Ru(bpz)_3^{2+}$	16.8	*p*-NO_2PhO^-	25.5
$As(C_6H_5)^+$	-35.9	TB^-	-68.5

注：BA^+——双(三苯基膦)铵根；$Ru(bpm)_3^{2+}$——三(2,2′-联嘧啶)钌；$Ru(bpy)_3^{2+}$——三(2,2′-联吡啶)钌；$Ru(bpz)_3^{2+}$——三(2,2′-联吡嗪)钌；*p*-NO_2PhO^-——对硝基苯氧根；TB^-——四(五氟苯基)硼酸根；Tos^-——甲苯磺酸根。

表 5-10　一些离子在水/硝基苯界面的标准 Gibbs 转移能

离　子	$\Delta G_i^\ominus$/(kJ/mol)	离　子	$\Delta G_i^\ominus$/(kJ/mol)
H^+	32.5	Cl^-	30.5
Li^+	38.4	Br^-	28.5
Na^+	34.4	I^-	18.8
K^+	24.3	NO_3^-	24.4
Rb^+	19.9	ClO_4^-	8.0
Cs^+	15.5	$B(C_6H_5)^-$	-35.9
Ag^+	26.0	Pi^-	-3.6
Tl^+	19.4	F^-	44.0
UO_2^{2+}	72.0	BF_4^-	-11.0
NH_4^+	26.8	SCN^-	16.0
$N(CH_3)_4^+$	3.4	Ac^-	31.1
$N(C_2H_5)_4^+$	-5.8	I_3^-	-2.3
$N(C_3H_7)_4^+$	-15.5	I_5^-	-38.8
$N(C_4H_9)_4^+$	-24.2	IO_4^-	6.9
$P(C_6H_5)^+$	-37.3	$Fe(CN)_6^{3-}$	86.0
PuO_2^{2+}	68.0	NpO_2^{2+}	69.0

续表

离　子	$\Delta G_i^{\ominus}$ /(kJ/mol)	离　子	$\Delta G_i^{\ominus}$ /(kJ/mol)
Pr_2V^{2+}	−7.1	Et_2V^{2+}	−1.1
Pe_2V^{2+}	−18.7	Bu_2V^{2+}	−12.5
Me_2V^{2+}	3.7	$As(C_6H_5)^+$	−35.9

注：Me_2V^{2+}——1,1′-二甲基-4,4′-联吡啶；Et_2V^{2+}——1,1′-二乙基-4,4′-联吡啶；Pr_2V^{2+}——1,1′-二丙基-4,4′-联吡啶；Bu_2V^{2+}——1,1′-二丁基-4,4′-联吡啶；Pe_2V^{2+}——1,1′-二戊基-4,4′-联吡啶；Pi——苦味酸根。

表 5-11　一些离子在水/硝基苯辛基醚界面的标准 Gibbs 转移能

离　子	$\Delta G_i^{\ominus}$ /(kJ/mol)	离　子	$\Delta G_i^{\ominus}$ /(kJ/mol)
Na^+	36.3	DNS^{2-}	65.6
K^+	32.8	Cl^-	49.6
Cs^+	21.0	Br^-	41.3
$N(CH_3)_4^+$	10.7	BS^-	34.8
$N(C_2H_5)_4^+$	2.6	NO_3^-	35.9
$N(C_3H_7)_4^+$	−8.7	$B(C_6H_5)^-$	30.5
$N(C_4H_9)_4^+$	−23.3	I^-	26.8
$N(C_5H_{11})_4^+$	−31.3	SCN^-	25.1
$P(C_6H_5)^+$	−24.8	ClO_4^-	16.9
$As(C_6H_5)^+$	−30.5	NS^-	8.6
Pi^-	1.7	DBS^-	8.6

注：NS^-——萘磺酸根；DNS^{2-}——萘二磺酸根；DBS^-——十二烷基苯磺酸根；BS^-——苯磺酸根；Pi——苦味酸根。

第三节　pH 电位法测定

一、pH 的定义

1. pc_H 或 pm_H

1909 年，S. P. L. Sorensen 提出基于 H^+浓度的定义，为了与 pH 使用定义相区别，表示为 pc_H或 pm_H，其相互之间的关系为

$$pc_H \equiv -\lg c_H \quad 或 \quad pm_H \equiv -\lg m_H$$

式中，c_H为以 mol/L 为单位的 H^+浓度值；m_H为以 mol/kg 为单位的 H^+浓度值。上式中都省略了电荷符号（以下同）。为了测得 pc_H（或 pm_H），可用已知浓度的盐酸（如 0.1 mol/L HCl），由电导法求得 HCl 的离解度，计算出 c_H，放入下列电池中：

$$Pt|H_2(101325\ Pa),\ HCl|0.1\ mol/L\ KCl|HgCl_2|Hg$$

测得 25℃时该电池的标准电动势（emf）$E^{\ominus}$（校正液接电位 E_j）。然后用此电池测量其他溶

液的 pc_H。这样得到的数据为 Sorensen 标度。但在电解质溶液中离子的有效浓度是活度，然而 pc_H 不能代表 H^+的活度，故在 1924 年 Sorensen 等又提出了 H^+活度的定义。

2. pa_H

pa_H 是以 H^+活度为基础的定义，记为 pa_H 或 pHa。

$$pa_H \equiv -\lg a_H \equiv -\lg m_H \gamma_H$$

式中，γ_H 是 H^+的活度系数，仍用上述的电池及方法测量 pa_H。但在实际应用中很不方便，因此又提出 pH 使用定义或称 pH 操作定义。

3. pH 的使用定义

因为电解质溶液中总是正负离子同时存在，单个 H^+的活度系数无法直接测量，所以很难得到准确的 a_H 值。为实用方便，采用 pH 使用定义（或称操作定义，operational definition），记为 pH，仍用有液体接界的电池：

$$\mathrm{Hg}\left|\mathrm{Hg_2Cl_2},\ \begin{matrix}\mathrm{KCl} \\ \geqslant 3.5\mathrm{mol/kg}\end{matrix}\right|\begin{matrix}\text{标准缓冲溶液（s）} \\ \text{或未知溶液（}x\text{）}\end{matrix}\left\|101325\mathrm{Pa},\ \mathrm{H_2}\right|\mathrm{Pt}$$

一次测量 pH 值为 pH_s 的标准缓冲液（s），得电池的电动势为 E_s；再测一次未知溶液（x）的电动势，得 E_x，未知溶液的 pH_x：

$$pH_x = pH_s + \frac{E_x - E_s}{2.303RT/F}$$

要求在两次测量过程中，E_j 要保持不变，所用指示电极应具有理论的响应斜率，温度相同，没有其他干扰反应。这样测量得到 pH 值就等于溶液的 pa_H 值，但这很难办到。在各种温度下的 $2.303RT/F$ 值，见表 5-12。

表 5-12 $2.303RT/F$ 值（0～100℃）①

温度/℃	（2.303*RT/F* 值）/V	温度/℃	（2.303*RT/F* 值）/V	温度/℃	（2.303*RT/F* 值）/V
0	0.054197	38	0.061737	75	0.069078
5	0.055189	40	0.062133	80	0.070070
10	0.056181	45	0.063126	85	0.071062
15	0.057173	50	0.064118	90	0.072054
20	0.058165	55	0.065110	95	0.073046
25	0.059157	60	0.066102	100	0.074038
30	0.060149	65	0.067094		
35	0.061141	70	0.068086		

① R=8.3143J/(℃·mol)，F=96487.0C/mol，T=t+273.150℃。

二、标准缓冲溶液

1. 标准缓冲溶液的 pa_H

目前用得最普遍的是美国国家标准局（NBS）的 pH 标准缓冲溶液。它是用下面的无液体接界电池求得 pa_H 值：

Pt|H（101325Pa）|标准缓冲溶液（s），MCl|AgCl|Ag

测量此电池的电动势 E，得

$$E = E^{\ominus}_{Ag/AgCl} - \frac{2.303RT}{F}\lg m_{Cl}\gamma_{Cl} - \frac{2.303RT}{F}\lg a_H$$

整理后得：

$$p(a_H\gamma_{Cl}) \equiv -\lg(a_H\gamma_{Cl}) = \frac{(E - E^{\ominus}_{Ag/AgCl})}{2.303RT/F} + \lg m_{Cl}$$

式中，m_{Cl}为氯化物的质量摩尔浓度，mol/kg。为求得 pa_H，配制数个溶液，其中 m_{Cl} 不同，但缓冲溶液浓度相同，离子强度（I）<0.1。测定电池的电动势 E，以 $p(a_H\gamma_{Cl})$对 $\lg m_{Cl}$ 作图，外推到 m_{Cl}=0，得到 $p(a_H\gamma_{Cl})^0$，因

$$pa_H = p(a_H\gamma_{Cl})^0 - \lg\gamma^0_{Cl}$$

$\lg\gamma^0_{Cl}$ 可通过 Debye-Hückel 公式求得：

$$\lg\gamma^0_i = \frac{AZ_i^2\sqrt{I}}{1+Ba_i\sqrt{I}};\ I = \frac{1}{2}\sum_{i=1}^{n} m_i Z_i^2$$

式中，I 为离子强度，单位为 mol/kg；A、B 为 Debye-Hückel 理论常数；Z 为离子电荷数；a_i 为离子有效半径，这样即可得到该缓冲溶液的 pa_H，此即 pH_s

$$pa_H = pH_s$$

某些化合物的 $p(a_H\gamma_{Cl})^0$ 和 $p(a_H\gamma_{Cl})$值见表 5-13～表 5-26。

$$I = \frac{1}{2}(m_1Z_1^2 + m_2Z_2^2 + \cdots + m_nZ_n^2) = \frac{1}{2}\sum_{i=1}^{n} m_i Z_i^2$$

在稀溶液中，质量摩尔浓度可视为与物质的量浓度相等。

标准溶液的 pH_s 选定的标准缓冲溶液的 pH_s 和 pH_a 是一样的，即 pH_s=pH_a。主要标准缓冲溶液的 pH 值见表 5-27～表 5-30 及表 5-35～表 5-37。

表 5-13 盐酸溶液的 $p(a_H\gamma_{Cl})$ ①值[32]

温度/℃ \ m/(mol/kg)	0.005	0.01	0.02	0.05	0.07	0.1
0	2.761	2.084	1.810	1.454	1.325	1.187
10	2.762	2.085	1.811	1.457	1.328	1.190
20	2.763	2.086	1.813	1.460	1.331	1.194
25	2.764	2.087	1.815	1.462	1.334	1.197
30	2.764	2.088	1.816	1.464	1.336	1.200
40	2.765	2.089	1.816	1.465	1.337	1.202
50	2.767	2.091	1.819	1.469	1.343	1.208
60	2.767	2.092	1.820	1.471	1.345	1.213

① 当溶液中没有氯化物时的酸度函数即为 $p(a_H\gamma_{Cl})^0$，下同。

表 5-14 草酸三氢钾$[KH_3(C_2O_4)_2]$溶液的 $p(a_H\gamma_{Cl})^0$ 值

m/(mol/kg)	0.01		0.025		0.05		0.1	
温度/℃	I/(mol/kg)	$p(a_H\gamma_{Cl})^0$	I/(mol/kg)	$p(a_H\gamma_{Cl})^0$	I/(mol/kg)	$p(a_H\gamma_{Cl})^0$	I/(mol/kg)	$p(a_H\gamma_{Cl})^0$
0	0.0181	2.206	0.0417	1.932	0.0772	1.765	—	—
5	0.0181	2.202	0.0416	1.934	0.0770	1.764	—	—
10	0.0181	2.207	0.0416	1.938	0.0767	1.765	—	—
15	0.0181	2.210	0.0415	1.940	0.0765	1.769	0.1409	1.623
20	0.0180	2.212	0.0414	1.942	0.0763	1.773	0.1404	1.627
25	0.0180	2.214	0.0413	1.947	0.0760	1.780	0.1400	1.640
30	0.0180	2.218	0.0412	1.952	0.0758	1.785	0.1396	1.643
35	0.0179	2.221	0.0410	1.957	0.0755	1.792	0.1394	1.651
40	0.0179	2.220	0.0408	1.962	0.0753	1.797	0.1391	1.660
45	0.0178	2.230	0.0407	1.968	0.0751	1.803	0.1389	1.670
50	0.0177	2.234	0.0405	1.970	0.0749	1.811	0.1387	1.681
55	0.0176	2.238	0.0403	1.981	0.0747	1.819	0.1385	1.692
60	0.0175	2.239	0.0401	1.987	0.0744	1.824	0.1383	1.702

表 5-15 丁二酸氢钠（m_1）和盐酸（m_2）①溶液的 $p(a_H\gamma_{Cl})$值

I/(mol/kg)	0.01516	0.02017	0.02517	0.03018	0.04019	0.05019	0.06020	0.07020	0.08021	0.10021
温度/℃ \ m_1/(mol/kg)	0.015	0.02	0.025	0.03	0.04	0.05	0.06	0.07	0.08	0.1
0	3.970	3.967	3.964	3.962	3.958	3.955	3.953	3.952	3.950	3.948
5	3.950	3.947	3.954	3.942	3.938	3.935	3.933	3.931	3.929	3.925
10	3.933	3.930	3.927	3.925	3.921	3.918	3.916	3.914	3.913	3.909
15	3.920	3.917	3.914	3.912	3.908	3.905	3.902	3.900	3.898	3.895
20	3.909	3.905	3.902	3.899	3.895	3.983	3.890	3.888	3.886	3.883
25	3.902	3.898	3.895	3.892	3.887	3.884	3.882	3.880	3.878	3.875
30	3.894	3.890	3.886	3.884	3.880	3.877	3.874	3.872	3.871	3.867
35	3.888	3.884	3.88①	3.878	3.873	3.870	3.868	3.866	3.864	3.861
40	3.885	3.881	3.878	3.875	3.870	3.867	3.865	3.863	3.861	3.858
45	3.884	3.880	3.876	3.873	3.868	3.865	3.862	3.860	3.858	3.855
50	3.882	3.878	3.874	3.871	3.867	3.864	3.861	3.859	3.857	3.853

① m_2=0.6667m_1。

表 5-16 邻苯二甲酸氢钾（m = 0.0533 mol/kg）溶液的 $p(a_H\gamma_{Cl})^0$ 值

温度/℃	0	5	10	15	20	25	30	35	40	45	50
$p(a_H\gamma_{Cl})^0$	4.090	4.084	4.082	4.083	4.087	4.096	4.104	4.113	4.125	4.138	4.155

表 5-17 乙酸（m_1）、乙酸钠（$m_2$①）和氯化钠（$m_3$①）溶液的 $p(a_H\gamma_{Cl})^0$ 值

I/(mol/kg)	0.01	0.02	0.03	0.04	0.05	0.06	0.07	0.08	0.09	0.10
温度/℃ \ m_1/(mol/kg)	0.005034	0.010067	0.01510	0.02013	0.02517	0.03020	0.03523	0.04027	0.04530	0.05034
0	4.768	4.769	4.770	4.771	4.772	4.773	4.773	4.774	4.774	4.775

续表

温度/℃ \ I/(mol/kg)	0.01	0.02	0.03	0.04	0.05	0.06	0.07	0.08	0.09	0.10
m_1/(mol/kg)	0.005034	0.010067	0.01510	0.02013	0.02517	0.03020	0.03523	0.04027	0.04530	0.05034
5	4.757	4.758	4.758	4.759	4.759	4.760	4.761	4.761	4.762	4.762
10	4.750	4.751	4.752	4.752	4.753	4.753	4.754	4.754	4.755	4.756
15	4.746	4.747	4.747	4.748	4.748	4.748	4.749	4.749	4.750	4.750
20	4.746	4.747	4.747	4.747	4.747	4.747	4.747	4.747	4.748	4.748
25	4.746	4.747	4.747	4.747	4.747	4.747	4.748	4.748	4.748	4.748
30	4.748	4.748	4.748	4.748	4.749	4.749	4.749	4.749	4.749	4.750
35	4.752	4.752	4.752	4.752	4.752	4.752	4.752	4.752	4.752	4.752
40	4.775	4.775	4.775	4.775	4.775	4.775	4.775	4.775	4.775	4.775
45	4.781	4.782	4.782	4.782	4.782	4.782	4.782	4.783	4.783	4.783
50	4.791	4.790	4.790	4.790	4.790	4.790	4.790	4.790	4.790	4.790
55	4.801	4.801	4.800	4.800	4.800	4.800	4.800	4.800	4.800	4.800
60	4.813	4.813	4.812	4.812	4.812	4.812	4.812	4.811	4.811	4.811

① m_2=0.9624m_1；m_3=1.0243m_1。

表 5-18 丁二酸氢钠（m）和氯化钠（m）溶液的 $p(a_H\gamma_{Cl})^0$ 值

温度/℃ \ I/(mol/kg)	0.0418	0.0681	0.108	0.158	0.217	温度/℃ \ I/(mol/kg)	0.0418	0.0681	0.108	0.158	0.217
m/(mol/kg)	0.019390	0.03155	0.05012	0.07296	0.1	m/(mol/kg)	0.019390	0.03155	0.05012	0.07296	0.1
0	4.915	4.901	4.887	4.877	4.867	30	4.852	4.839	4.822	4.809	4.798
5	4.894	4.879	4.866	4.855	4.845	35	4.850	4.837	4.820	4.805	4.796
10	4.880	4.864	4.851	4.839	4.829	40	4.851	4.838	4.821	4.806	4.796
15	4.868	4.853	4.838	4.827	4.817	45	4.855	4.842	4.823	4.810	4.799
20	4.861	4.847	4.831	4.817	4.809	50	4.860	4.848	4.827	4.815	4.804
25	4.853	4.838	4.826	4.814	4.802						

表 5-19 丁二酸氢钠（m）和丁二酸二钠（m）溶液的 $p(a_H\gamma_{Cl})^0$ 值

温度/℃ \ I/(mol/kg)	0.041	0.101	0.202	温度/℃ \ I/(mol/kg)	0.041	0.101	0.202
m/(mol/kg)	0.01	0.025	0.05	m/(mol/kg)	0.01	0.025	0.05
0	5.599	5.560	5.531	25	5.553	5.511	5.477
5	5.582	5.542	5.513	30	5.553	5.511	5.476
10	5.569	5.528	5.498	35	5.556	5.514	5.477
15	5.561	5.519	5.488	38	5.559	5.517	5.479
20	5.555	5.513	5.481	40	5.562	5.520	5.481

表 5-20 25℃时磷酸二氢钾（m）和丁二酸二钠（m）溶液的 $p(a_H\gamma_{Cl})^0$ 值

m/(mol/kg)	I/(mol/kg)	$p(a_H\gamma_{Cl})^0$	m/(mol/kg)	I/(mol/kg)	$p(a_H\gamma_{Cl})^0$
0.005	0.02	6.311	0.02	0.08	6.233
0.01	0.04	6.276	0.025	0.10	6.219
0.015	0.06	6.254			

表 5-21 磷酸二氢钾（m）和磷酸氢二钠（m）溶液的 $p(a_{H}\gamma_{Cl})^0$ 值

I/(mol/kg)	0.01	0.02	0.03	0.04	0.05	0.06	0.08	0.10	0.12	0.15	0.20
m_1/(mol/kg) 温度/℃	0.0025	0.005	0.0075	0.01	0.0125	0.015	0.02	0.025	0.03	0.0375	0.05
0	7.226	7.196	7.174	7.157	7.143	7.130	7.109	7.091	7.076	7.056	7.029
5	7.193	7.162	7.141	7.123	7.109	7.096	7.075	7.057	7.042	7.022	6.995
10	7.165	7.134	7.112	7.095	7.081	7.068	7.047	7.029	7.014	6.994	6.969
15	7.142	7.111	7.089	7.072	7.057	7.045	7.024	7.006	6.992	6.971	6.945
20	7.124	7.093	7.072	7.054	7.039	7.027	7.005	6.988	6.973	6.953	6.927
25	7.111	7.080	7.058	7.040	7.026	7.013	6.992	6.974	6.959	6.940	6.912
30	7.102	7.070	7.048	7.031	7.016	7.003	6.982	6.964	6.949	6.929	6.902
35	7.095	7.064	7.041	7.024	7.009	6.996	6.974	6.956	6.941	6.921	6.894
40	7.090	7.059	7.036	7.019	7.004	6.991	6.969	6.951	6.936	6.917	6.890
45	7.089	7.057	7.034	7.016	7.001	6.989	6.967	6.949	6.934	6.914	6.886
50	7.089	7.057	7.034	7.016	7.001	6.988	6.996	6.948	6.933	6.913	6.885
55	7.091	7.059	7.036	7.018	7.003	6.990	6.968	6.950	6.935	6.915	6.888
60	7.096	7.064	7.041	7.023	7.008	6.995	6.973	6.954	6.939	6.919	6.892

表 5-22 硼砂（$Na_2B_4O_7$）（m_1）和氯化钠（m_2）①溶液的 $p(a_{H}\gamma_{Cl})$值

I/(mol/kg)	0.010	0.015	0.020	0.025	0.03	0.035	0.040
m_1/(mol/kg) 温度/℃	0.002594	0.003891	0.005190	0.006485	0.00780	0.009080	0.01038
0	9.514	9.515	9.515	9.516	9.516	9.516	9.516
5	9.435	9.438	9.440	9.441	9.442	9.443	9.443
10	9.377	9.380	9.382	9.382	9.382	9.383	9.333
15	9.324	9.327	9.328	9.329	9.329	9.330	9.330
20	9.276	9.280	9.281	9.281	9.282	9.282	9.282
25	9.234	9.237	9.237	9.238	9.239	9.239	9.239
30	9.192	9.196	9.198	9.199	9.199	9.199	9.199
35	9.154	9.157	9.159	9.160	9.161	9.162	9.162
40	9.121	9.126	9.128	9.129	9.130	9.130	9.130
45	9.089	9.095	9.098	9.100	9.101	9.101	9.102
50	9.062	9.069	9.072	9.074	9.075	9.076	9.036
55	9.035	9.042	9.047	9.049	9.051	9.052	9.052
60	9.008	9.018	9.023	9.026	9.027	9.028	9.029

① $m_2=1.8548m_1$。

表 5-23 三(羟甲基)氨基甲烷（m_1）和盐酸（m_2）①溶液的 $p(a_{H}\gamma_{Cl})$值

I/(mol/kg)	0.01	0.02	0.03	0.04	0.05	0.06	0.07	0.08	0.09	0.10
m_1/(mol/kg) 温度/℃	0.02016	0.04032	0.06047	0.08063	0.10079	0.12094	0.14110	0.16026	0.18142	0.2016
0	8.946	8.981	9.004	9.021	9.035	9.049	9.061	9.071	9.081	9.090

续表

温度/℃ \ I/(mol/kg)	0.01	0.02	0.03	0.04	0.05	0.06	0.07	0.08	0.09	0.10
m_1/(mol/kg)	0.02016	0.04032	0.06047	0.08063	0.10079	0.12094	0.14110	0.16026	0.18142	0.2016
5	8.777	8.809	8.834	8.851	8.864	8.877	8.890	8.901	8.911	8.922
10	8.614	8.649	8.673	8.690	8.704	8.718	8.730	8.741	8.752	8.762
15	8.461	8.493	8.518	8.537	8.552	8.566	8.578	8.588	8.598	8.607
20	8.135	8.345	8.370	8.390	8.405	8.419	8.431	8.441	8.451	8.460
25	8.176	8.207	8.232	8.251	8.266	8.280	8.292	8.302	8.312	8.321
30	8.037	8.069	8.095	8.114	8.129	8.142	8.153	8.164	8.175	8.186
35	7.907	7.936	7.961	7.982	7.998	8.012	8.023	8.035	8.046	8.056
40	7.781	7.811	7.836	7.857	7.872	7.885	7.896	7.908	7.920	7.931
45	7.660	7.691	7.715	7.735	7.750	7.764	7.776	7.788	7.800	7.811
50	7.543	7.574	7.599	7.618	7.633	7.647	7.660	7.672	7.684	7.694

① $m_2=0.4961m_1$。

表 5-24 4-氨基吡啶（m_1）和盐酸（m_2）①溶液的 $p(a_H\gamma_{Cl})$值

温度/℃ \ I/(mol/kg)	0.02	0.03	0.04	0.05	0.06	0.07	0.08	0.09	0.10
m_1/(mol/kg)	0.04031	0.06046	0.08061	0.10077	0.12092	0.14107	0.16122	0.18138	0.2015
0	9.992	10.016	10.037	10.056	10.072	10.085	10.096	10.107	10.118
5	9.825	9.850	9.872	9.890	9.906	9.919	9.931	9.942	9.953
10	9.668	9.694	9.716	9.735	9.750	9.763	9.774	9.785	9.796
15	9.519	9.543	9.565	9.582	9.597	9.610	9.623	9.634	9.645
20	9.375	9.399	9.419	9.437	9.453	9.466	9.477	9.488	9.499
25	9.236	9.259	9.279	9.297	9.313	9.326	9.338	9.348	9.358
30	9.103	9.125	9.145	9.162	9.177	9.190	9.202	9.212	9.223
35	8.970	8.993	9.013	9.031	9.046	9.058	9.070	9.081	9.091
40	8.842	8.864	8.885	8.904	8.920	8.933	8.945	8.955	8.964
45	8.717	8.741	8.763	8.783	8.799	8.813	8.824	8.834	8.844
50	8.603	8.624	8.646	8.666	8.682	8.694	8.705	8.716	8.727

① $m_2=0.4962m_1$。

表 5-25 氨基乙醇（m_1）和盐酸（m_2）①溶液的 $p(a_H\gamma_{Cl})$值

温度/℃ \ I/(mol/kg)	0.010	0.015	0.02	0.025	0.03	0.04	0.05	0.06	0.07	0.08
m_1/(mol/kg)	0.02	0.03	0.04	0.05	0.06	0.08	0.10	0.12	0.14	0.16
0	10.390	10.412	10.429	10.443	10.456	10.476	10.492	10.506	10.519	10.531
5	10.219	10.241	10.258	10.272	10.283	10.301	10.318	10.333	10.349	10.357
10	10.054	10.074	10.091	10.105	10.117	10.137	10.153	10.167	10.179	10.191
15	9.892	9.911	9.928	9.943	9.955	9.976	9.992	10.005	10.017	10.029
20	9.735	9.756	9.775	9.790	9.802	9.821	9.836	9.850	9.861	9.872

续表

温度/℃ \ I/(mol/kg)	0.010	0.015	0.02	0.025	0.03	0.04	0.05	0.06	0.07	0.08
m_1/(mol/kg)	0.02	0.03	0.04	0.05	0.06	0.08	0.10	0.12	0.14	0.16
25	9.590	9.612	9.629	9.643	9.654	9.673	9.690	9.704	9.717	9.729
30	9.441	9.461	9.480	9.495	9.507	9.527	9.544	9.558	9.570	9.580
35	9.300	9.320	9.338	9.353	9.366	9.387	9.404	9.418	9.429	9.439
40	9.163	9.182	9.199	9.215	9.229	9.251	9.268	9.282	9.294	9.303
45	9.033	9.052	9.067	9.082	9.096	9.119	9.138	9.151	9.162	9.173
50	8.903	8.920	8.937	8.953	8.969	8.993	9.010	9.023	9.034	9.045

① m_2=0.5000m_1。

表 5-26 氢氧化钙（m）溶液的 $p(a_H\gamma_{Cl})^0$ 值

m/(mol/kg)	0.015		0.0175		0.02		0.0203(25℃饱和溶液)	
温度/℃	I/(mol/kg)	$p(a_H\gamma_{Cl})^0$	I/(mol/kg)	$p(a_H\gamma_{Cl})^0$	I/(mol/kg)	$p(a_H\gamma_{Cl})^0$	I/(mol/kg)	$p(a_H\gamma_{Cl})^0$
0	0.040	13.386	0.047	13.449	0.053	13.504	0.054	13.510
5	0.039	13.161	0.046	13.226	0.052	13.285	0.053	13.291
10	0.039	12.958	0.045	13.024	0.051	13.082	0.051	13.088
15	0.038	12.769	0.045	12.832	0.051	12.887	0.050	12.893
20	0.038	12.584	0.044	12.649	0.050	12.706	0.050	12.712
25	0.037	12.414	0.043	12.477	0.049	12.531	0.049	12.537
30	0.037	12.250	0.043	12.317	0.049	12.375	0.049	12.381
35	0.037	12.095	0.043	12.158	0.048	12.213	0.048	12.219
40	0.036	11.954	0.042	12.012	0.048	12.064	0.048	12.070
45	0.036	11.809	0.042	11.871	0.047	11.920	0.048	11.926
50	0.036	11.674	0.042	11.735	0.047	11.786	0.047	11.790
55	0.035	11.545	0.041	11.603	0.046	11.654	0.047	11.661
60	0.035	11.418	0.041	11.480	0.046	11.534	0.047	11.540

2. 标准缓冲溶液的 pH_s 值

表 5-27 列出了 9 个标准缓冲溶液的 pH_s 值，其中 7 个作为 pH 标度的主要标准，柠檬酸二氢钾和碳酸氢钠缓冲液是测定生物对象时 pH 值的主要标准；草酸三氢钾和氢氧化钙缓冲液是次级标准，因为在低的和高的 pH 值时，pH 电池的液接电位变化不定，所以在电位法测定中不能作为主要标准来用。表 5-28 是对表 5-27 的补充说明。表 5-29 是 IUPAC 推荐标准缓冲溶液；表 5-30 是英国的标准缓冲溶液。

表 5-27 美国国家标准局标准缓冲溶液的 pH_s 值（0～95℃）[33]

温度/℃	主要标准							次级标准	
	饱和酒石酸氢钾(25℃)	0.05mol/kg 柠檬酸二氢钾	0.05mol/kg 邻苯二甲酸氢钾	0.025mol/kg 磷酸二氢钾 + 0.025mol/kg 磷酸氢二钠	0.008695mol/kg 磷酸二氢钾 + 0.03043mol/kg 磷酸氢二钠	0.01mol/kg 硼砂	0.025mol/kg 碳酸氢钠 + 0.025mol/kg 碳酸钠	0.05mol/kg 草酸三氢钾	饱和氢氧化钙(25℃)
0	—	3.863	4.003	6.984	7.534	9.464	10.317	1.666	13.423

续表

温度/℃	主要标准							次级标准	
	饱和酒石酸氢钾(25℃)	0.05mol/kg 柠檬酸二氢钾	0.05mol/kg 邻苯二甲酸氢钾	0.025mol/kg 磷酸二氢钾 + 0.025mol/kg 磷酸氢二钠	0.008695mol/kg 磷酸二氢钾 + 0.03043mol/kg 磷酸氢二钠	0.01mol/kg 硼砂	0.025mol/kg 碳酸氢钠 + 0.025mol/kg 碳酸钠	0.05mol/kg 草酸三氢钾	饱和氢氧化钙(25℃)
5	—	3.840	3.999	6.951	7.500	9.395	10.245	1.668	13.207
10	—	3.820	3.998	6.923	7.472	9.332	10.179	1.670	13.003
15	—	3.802	3.999	6.900	7.448	9.276	10.118	1.672	12.810
20	—	3.788	4.002	6.881	7.429	9.225	10.062	1.675	12.627
25	3.557	3.776	4.008	6.865	7.413	9.180	10.012	1.679	12.454
30	3.552	3.766	4.015	6.853	7.400	9.139	9.966	1.683	12.289
35	3.549	3.759	4.024	6.844	7.389	9.102	9.925	1.688	12.133
38	3.548	3.755	4.030	6.840	7.384	9.081	9.903	1.691	12.043
40	3.547	3.753	4.035	6.838	7.380	9.068	9.889	1.694	11.984
45	3.547	3.750	4.047	6.834	7.373	9.038	9.856	1.700	11.841
50	3.549	3.749	4.060	6.833	7.367	9.011	9.828	1.707	11.705
55	3.554	—	4.075	6.834	—	8.985	—	1.715	11.574
60	3.560	—	4.091	6.836	—	8.962	—	1.723	11.449
70	3.580	—	4.126	6.845	—	8.921	—	1.743	—
80	3.609	—	4.164	6.859	—	8.885	—	1.766	—
90	3.650	—	4.205	6.877	—	8.850	—	1.792	—
95	3.674	—	4.227	6.886	—	8.833	—	1.806	—

表 5-28 标准缓冲溶液的组成和性质

溶液	m/(mol/kg)	ρ/(g/ml)	c/(mol/L)	溶质	m/(g/L)①	稀释值 $\Delta pH_{1/2}$	缓冲容量 dn/dpH_a	温度系数 apH_n/at
草酸三氢钾	0.05	1.0032	0.04962	$KH_3(C_2O_4)_2 \cdot 2H_2O$	12.61	+0.186	0.070	+0.001
酒石酸氢钾	0.0341	1.0036	0.034	$KHC_4H_4O_6$	25℃饱和液	+0.049	0.027	−0.0014
柠檬酸二氢钾	0.05	1.0029	0.04958	$KH_2C_6H_5O_7$	11.41	+0.024	0.034	−0.0022
邻苯二甲酸氢钾	0.05	1.0017	0.04958	$KHC_8H_4O_4$	10.12	+0.052	0.016	+0.0012
磷酸盐(1∶1)	0.025	1.0028	0.02490	KH_2PO_4	3.388	+0.080	0.029	−0.0028
	0.025		0.02490	Na_2HPO_4	3.533			
磷酸盐(1∶3.5)	0.008695	1.0020	0.008665	KH_2PO_4	1.179	+0.070	0.016	−0.0028
	0.03043		0.03032	Na_2HPO_4	4.302			
硼砂	0.01	0.9996	0.009971	$Na_2B_4O_7 \cdot 10H_2O$	3.80	+0.01	0.020	−0.0082
碳酸盐	0.025	1.0013	0.02492	$NaHCO_3$	2.092	+0.079	0.029	−0.0096
	0.025		0.02492	Na_2CO_3	2.640			
氢氧化钙	0.0203	0.9991	0.02025	$Ca(OH)_2$	25℃饱和液	−0.28	0.09	−0.033

① 每升缓冲溶液中物质的质量（在空气中）。

表 5-29 IUPAC 推荐的标准缓冲溶液的 pH_s 值①[34]

缓冲溶液	S	PS	S	PS	PS, RVS	S	S	PS	PS	PS	PS
T/℃	$KH_3C_4O_8$ 0.05mol/L	KHtart sat,25℃	KHtart 0.01mol/L	KH_2cit 0.05mol/L	KHpht 0.05mol/L	CH_3COOH 0.1mol/L + CH_3COONa 0.1mol/L	CH_3COOH 0.01mol/L + CH_3COONa 0.01mol/L	KH_2PO_4 0.025mol/L + Na_2HPO_4 0.025mol/L	KH_2PO_4 0.008695mol/L + Na_2HPO_4 0.03043mol/L	$Na_2B_4O_7$ 0.01mol/L	$NaHCO_3$ 0.025mol/L + Na_2CO_3 0.025mol/L
0			3.711	3.863	4.000	4.683	4.737	6.984	7.534	9.464	10.317
5			3.691	3.840	3.998	4.673	4.730	6.954	7.500	9.395	10.245
10	1.670		3.672	3.820	3.997	4.665	4.725	6.923	7.472	9.332	10.179
15	1.672		3.656	3.802	3.998	4.656	4.722	6.900	7.448	9.276	10.118
20	1.675		3.647	3.788	4.001	4.656	4.720	6.881	7.429	9.225	10.062
25	1.679	3.557	3.637	3.773	4.005	4.654	4.720	6.865	7.413	9.180	10.012
30	1.683	3.552	3.633	3.766	4.001	4.654	4.722	6.853	7.400	9.139	9.966
35		3.549	3.630	3.759	4.018			6.844	7.389	9.102	9.926
37	1.691	3.548		3.756	4.022			6.841	7.386	9.088	9.910
40	1.694	3.547	3.630	3.754	4.027	4.660	4.730	6.838	7.380	9.068	9.989
50	1.707	3.549	3.640	3.749	4.050	4.675	4.745	6.833	7.367	9.011	9.828
60	1.723	3.560	3.654		4.080	4.684	4.768	6.836		8.962	
70	1.743	3.580			4.116			6.845		8.921	
80	1.766	3.610			4.159			6.859		8.884	
90	2.44	3.650			4.21			6.876		8.850	
95	2.49	3.674			4.24			6.886		8.833	

① S 为次级标准缓冲溶液；PS 为主要标准缓冲溶液；RVS 为参比值标准；sat 为饱和状态；KHtart 为酒石酸氢钾；KH_2cit 为柠檬酸二氢钾；KHpht 为邻苯二甲酸氢钾。

表 5-30 根据英国标准方法确定的缓冲溶液的 pH_s 值

温度/℃	0.05mol/L 四草酸钾	酒石酸氢钾 25℃，饱和	0.05mol/L 邻苯二甲酸氢钾	0.1mol/L HOAc, 0.1mol/L NaAc	0.025mol/L KH_2PO_4, 0.025mol/L Na_2HPO_4	0.01mol/L 硼砂	0.025mol/L $NaHCO_3$ 0.025mol/L Na_2CO_3
0	1.639		4.011	4.684	6.973	9.464	10.284
5	1.642		4.005	4.665	6.953	9.395	10.220
10	1.643		4.001	4.656	6.916	9.333	10.158
15	1.645		4.000	4.660	6.893	9.277	10.101
20	1.646		4.001	4.646	6.873	9.227	10.046
25	1.647	3.556	4.005	4.644	6.856	9.181	9.995
30	1.648	3.550	4.011	4.644	6.844	9.141	9.948
35	1.651	3.547	4.020	4.648	6.843	9.106	9.906
40	1.653	3.546	4.031	4.655	6.827	9.074	9.869
45	1.658	3.549	4.045	4.663	6.825	9.047	9.837
50	1.665	3.554	4.061	4.674	6.826	9.023	9.811
55	1.672	3.563	4.080	4.689	6.830	9.002	
60	1.672	3.564	4.091	4.695	6.827	8.974	

注：规定 15℃时，0.05mol/L 邻苯二甲酸氢钾溶液的 pH 值为 4.000，其他标准都以此为据。

3. 标准缓冲溶液对试剂的要求

（1）草酸三氢钾［$KH_3(C_2O_4)_2 \cdot 2H_2O$］ 含有两个结晶水，在室温时相当稳定，超过 60℃就失水。若纯度不够，可用蒸馏水重结晶精制，晶体在 10℃析出，58℃干燥备用。

（2）酒石酸氢钾（$KHC_4H_4O_6$） 纯度达不到要求时，可用蒸馏水重结晶，用 25℃恒温装置配成饱和溶液，使用时除去未溶固体，否则产生误差。如果长期备用，需加百里酚防霉。

（3）邻苯二甲酸氢钾（$KHC_3H_4O_4$） 如需精制，在 20℃以上析出晶体，得无结晶水的晶体。在110℃干燥至质量恒定后使用。

（4）磷酸盐 KH_2PO_4可用蒸馏水重结晶精制，在110℃干燥后使用。Na_2HPO_4易吸水，使用前，应在110～130℃干燥2h，并迅速称量。从水中析出的晶体为$Na_2HPO_4 \cdot 12H_2O$，先在空气中干燥成$Na_2HPO_4 \cdot 2H_2O$，然后再在130℃干燥后使用。

（5）硼砂（$Na_2B_4O_7 \cdot 10H_2O$） 可用蒸馏水重结晶精制，以保证有10个结晶水，应在60℃以下析出晶体，晶体用冰冷过的水、乙醇和乙醚洗涤。在空气中干燥。为了使晶体具有一定的组成，可与饱和溴化钙溶液共同放在密闭器皿中贮存。

（6）碳酸盐（Na_2CO_3，$NaHCO_3$） 主要标准级碳酸钠在250℃干燥90min，放在有氯化钙干燥剂的密闭容器内保存。试剂级碳酸氢钠放在分子筛干燥剂的密闭容器内，在室温下干燥两天。进行库仑分析，Na_2CO_3含量为99.97%，$NaHCO_3$含量为99.95%。

（7）氢氧化钙［$Ca(OH)_2$］ 在精准的工作中，于1000℃煅烧碳酸钙，得氧化钙。将氧化钙或氢氧化钙溶于25℃的水，振摇数分钟，将固体过滤，所得溶液备用。

（8）柠檬酸二氢钾（$KH_2C_6H_5O_7$） 1mol无水细粒柠檬酸，溶于80ml的热水中，用已在205℃干燥过的试剂级无水碳酸钾中和，进行重结晶，重结晶进行库仑分析含量为99.999%。

三、指示电极

电位法测定溶液的pH值，常用的指示电极有以下四种。

1. 氢电极

一片约$1cm^2$的铂片，将一段短铂丝的一端焊在铂片上，另一端封入外径5mm、长8cm的玻璃管的末端，接上电极引线，装上电极支架，通过电解镀上铂黑即成铂黑电极，当铂黑电极浸入氢气饱和的溶液中即成气体氢电极，电极上的反应：

$$H^+ + e^- \rightleftharpoons \frac{1}{2}H_2(\text{气})$$

$$E_H = E_H^\ominus + \frac{RT}{F}\ln\frac{a_H}{\sqrt{p_{H_2}}}$$

式中，a_H表示溶液中氢离子活度；p_{H_2}表示溶液上氢气的分压，其他符号具有一般意义。氢电极测得的电位是溶液上氢气分压的函数，因此含氢电极电池的电动势，通常是要校正到101325kPa（760mmHg）[1]氢的分压，表5-31是压力计读数95.55～103.32kPa（720～775mmHg）氢电极的校正值（ΔE），单位为mV（0～95℃）。如果氢电极是电池的负极（在pH值测定中氢电极总是负极），电池的电动势是随氢分压的增加而增加的，所以校正值是加到所观察到的电动势上。氢电极除在水溶液中使用外，还可用于乙醇和冰乙酸中。在下述情况中不能使用：

① 溶液中含氧化剂，如O_2、CrO_4^{2-}、Fe^{3+}等；

② 溶液中含在电极表面上被还原析出的金属，如Ag、Hg、Cu、Pb、Cd、Tl及还原作用强的物质如肼、甲醛等；

③ 含吸附性物质的溶液如CN^-、溴、硫的化合物，胶状杂质，蛋白质等。

镀铂黑方法。称取1.6g铂片，用热浓硝酸清洗、水洗、干燥，剪成碎片，使之完全溶于王水。在水浴上蒸干，残渣加20ml浓盐酸、蒸干，重复两次，最后一次蒸至干燥前停止，残渣即为六水氯铂酸（$H_2PtCl_6 \cdot 6H_2O$），溶于100ml蒸馏水中，加5mg三水乙酸铅，溶液为含0.035g/ml氯铂酸和0.05mg/ml乙酸铅。大铂片作阳极，事先制备好的镀铂黑的铂电极为阴极，通电流$30mA/cm^2$，电解5min即成。

[1] 1mmHg=133.32Pa。

表 5-31 氢电极校正值[①]

压力计读数 p/mmHg[②]	0～95℃的ΔE校正值/mV																			
	温度/℃																			
	0	5	10	15	20	25	30	35	40	45	50	55	60	65	70	75	80	85	90	95
720	0.71	0.76	0.82	0.89	0.99	1.13	1.30	1.52	1.81	2.18	2.67	3.30	4.12	5.18	6.60	8.51	11.17	15.06	21.35	34.56
725	0.63	0.67	0.73	0.81	0.91	1.03	1.20	1.42	1.71	2.08	2.56	3.18	3.99	5.05	6.45	8.34	10.96	14.79	20.95	33.66
730	0.55	0.59	0.65	0.72	0.82	0.94	1.11	1.32	1.61	1.97	2.45	3.06	3.87	4.91	6.30	8.17	10.76	14.53	20.57	32.81
735	0.47	0.51	0.56	0.63	0.73	0.85	1.02	1.23	1.51	1.87	2.34	2.95	3.74	4.78	6.15	8.00	10.56	14.27	20.19	32.01
740	0.39	0.43	0.48	0.55	0.64	0.76	0.92	1.13	1.41	1.77	2.23	2.83	3.62	4.65	6.01	7.83	10.36	14.01	19.82	31.24
745	0.31	0.34	0.39	0.46	0.55	0.67	0.83	1.04	1.31	1.66	2.12	2.72	3.50	4.52	5.86	7.67	10.16	13.77	19.46	30.51
746	0.29	0.33	0.38	0.45	0.53	0.65	0.81	1.02	1.29	1.64	2.10	2.70	3.48	4.49	5.83	7.63	10.12	13.72	19.39	30.37
747	0.28	0.31	0.36	0.43	0.52	0.63	0.76	1.00	1.27	1.62	2.08	2.68	3.45	4.46	5.80	7.60	10.08	13.67	19.31	30.23
748	0.26	0.30	0.34	0.41	0.50	0.62	0.78	0.98	1.25	1.60	2.06	2.65	3.43	4.44	5.77	7.57	10.04	13.62	19.24	30.09
749	0.24	0.28	0.33	0.40	0.48	0.60	0.76	0.96	1.23	1.58	2.04	2.63	3.40	4.41	5.74	7.54	10.00	13.57	19.17	29.95
750	0.23	0.26	0.31	0.38	0.47	0.58	0.74	0.94	1.21	1.56	2.02	2.61	3.38	4.39	5.72	7.50	9.96	13.52	19.10	29.81
751	0.21	0.25	0.30	0.36	0.45	0.57	0.72	0.92	1.19	1.54	2.00	2.58	3.35	4.36	5.69	7.47	9.93	13.47	19.03	29.68
752	0.20	0.23	0.28	0.34	0.43	0.55	0.70	0.90	1.17	1.52	1.97	2.55	3.33	4.33	5.66	7.44	9.89	13.42	18.96	29.54
753	0.18	0.22	0.26	0.33	0.42	0.53	0.68	0.89	1.15	1.50	1.95	2.53	3.30	4.31	5.63	7.40	9.85	13.37	18.90	29.41
754	0.16	0.22	0.24	0.31	0.40	0.51	0.67	0.87	1.13	1.38	1.93	2.51	3.28	4.28	5.60	7.37	9.81	13.33	18.83	29.28
755	0.15	0.18	0.23	0.29	0.38	0.49	0.64	0.85	1.12	1.46	1.91	2.49	3.25	4.26	5.57	7.34	9.77	13.28	18.76	29.14
756	0.13	0.17	0.21	0.28	0.36	0.48	0.63	0.83	1.10	1.44	1.89	2.47	3.23	4.23	5.55	7.31	9.74	13.23	18.69	29.01
757	0.12	0.15	0.20	0.26	0.35	0.46	0.61	0.81	1.08	1.42	1.87	2.45	3.20	4.20	5.52	7.28	9.70	13.18	18.62	28.88

续表

压力计读数 p/mmHg②	0～95℃的ΔE校正值/mV																			
	温度/℃																			
	0	5	10	15	20	25	30	35	40	45	50	55	60	65	70	75	80	85	90	95
758	0.11	0.14	0.18	0.24	0.33	0.44	0.59	0.79	1.06	1.40	1.85	2.42	3.18	4.18	5.49	7.24	9.66	13.13	18.56	28.76
759	0.09	0.12	0.16	0.23	0.31	0.42	0.58	0.78	1.04	1.48	1.83	2.40	3.17	4.16	5.46	7.21	9.62	13.09	18.49	28.63
760	0.07	0.10	0.15	0.21	0.30	0.41	0.56	0.76	1.02	1.36	1.79	2.39	3.14	4.13	5.43	7.18	9.58	13.04	18.41	28.50
761	0.06	0.09	0.13	0.20	0.28	0.39	0.54	0.74	1.00	1.34	1.77	2.36	3.12	4.10	5.40	7.15	9.55	12.99	18.35	28.38
762	0.04	0.07	0.12	0.18	0.26	0.37	0.52	0.72	0.98	1.32	1.76	2.34	3.09	4.08	5.38	7.12	9.51	12.95	18.29	28.25
763	0.03	0.06	0.10	0.16	0.24	0.36	0.50	0.70	0.96	1.30	1.74	2.32	3.07	4.05	5.35	7.08	9.47	12.90	18.22	28.13
764	0.0	0.04	0.08	0.15	0.23	0.34	0.49	0.69	0.94	1.28	1.72	2.30	3.05	4.03	5.32	7.05	9.44	12.85	18.16	28.00
765	−0.01	0.02	0.07	0.13	0.21	0.32	0.47	0.67	0.92	1.26	1.70	2.28	3.02	4.00	5.29	7.02	9.40	12.80	18.09	27.89
766	−0.02	0.01	0.05	0.11	0.19	0.31	0.45	0.65	0.91	1.24	1.68	2.26	3.00	3.98	5.26	6.99	9.36	12.76	18.03	27.76
767	−0.04	−0.01	0.04	0.10	0.18	0.29	0.43	0.63	0.89	1.22	1.66	2.23	2.98	3.95	5.24	6.96	9.32	12.71	17.96	27.64
768	−0.05	−0.02	0.02	0.08	0.16	0.27	0.42	0.61	0.87	1.20	1.64	2.21	2.95	3.93	5.21	6.93	9.29	12.66	17.90	27.53
769	−0.07	−0.04	0.00	0.06	0.14	0.26	0.40	0.59	0.85	1.18	1.62	2.19	2.93	3.90	5.18	6.90	9.25	12.62	17.83	27.41
770	−0.08	−0.05	−0.01	0.05	0.13	0.24	0.38	0.57	0.83	1.16	1.60	2.17	2.91	3.88	5.16	6.87	9.21	12.57	17.77	27.29
771	−0.10	0.07	0.03	0.03	0.11	0.22	0.36	0.56	0.81	1.14	1.58	2.14	2.88	3.85	5.13	6.84	9.18	12.53	17.70	27.17
772	−0.11	−0.08	0.04	0.01	0.09	0.20	0.34	0.54	0.79	1.12	1.56	2.12	2.86	3.83	5.10	6.80	9.14	12.48	17.64	27.06
773	−0.13	−0.10	−0.06	0.00	0.08	0.19	0.32	0.52	0.77	1.10	1.54	2.10	2.84	3.80	5.07	6.77	9.10	12.44	17.58	26.95
774	−0.14	−0.11	−0.08	−0.02	0.06	0.17	0.31	0.50	0.75	1.09	1.52	2.08	2.81	3.78	5.04	6.74	9.07	12.39	17.51	26.83
775	−0.16	−0.13	−0.09	0.04	0.04	0.15	0.29	0.48	0.74	1.07	1.50	2.06	2.78	3.75	5.02	6.71	0.03	12.35	17.45	26.72

① 因大气压变化对于氢电极的校正值（ΔE/mV）。

② 1mmHg=133.32Pa。

2. 玻璃电极

新的玻璃电极在使用前要在水中或稀的缓冲液（pH=4～10 之间）中浸 12～24h，当不用时，最好保持在蒸馏水中。pH 灵敏玻璃膜浸在水或溶液中要受到腐蚀，这种腐蚀因 pH 值升高或温度升高而加速。浸在溶液中的玻璃电极，温度变化时总效应为

$$dE/dT=dE^{\ominus}/dT+0.1984\lg a_H+0.01984T d(\lg a_H)/dT$$

式中，$dE^{\ominus}/dT$ 为电极的标准电位温度系数；$0.1984\lg a_H$ 为能斯特方程式斜率项的温度系数；$0.01984T d(\lg a_H)/dT$ 为溶液的温度系数。

可见温度除了影响电极系数外，还对电极的耐用性和电阻等发生影响，所以大多数玻璃电极只能在一定的温度和 pH 值范围内使用。

玻璃电极的技术要求和测定方法如下。

① 玻璃电极的梯度，即每个单位 pH 值电动势的增量，

$$梯度 = (E_1-E_2)/(pH_1-pH_2)$$

式中，E_1，E_2 为两种缓冲液的电动势，pH_1、pH_2 为选用的两种主要标准缓冲液的 pH 值。其梯度应满足下式：

$$梯度 \geqslant 58.2\times(273+t)/298$$

式中，t 为以℃为单位的温度数值。梯度的单位是 mV/pH。测定方法，按电极的使用温度范围，取上下极限温度（±2℃）及常温电极［(25±2)℃］，或高温电极［(60±2)℃］三点与标准甘汞电极配对，分别测量主要标准缓冲液 pH=1.679、pH=4.008、pH=6.865、pH=9.180 时的电动势，代入梯度公式计算。测量时用的电位差计精度不能低于 0.1mV，输入阻抗在 $10^{12}\Omega$ 以上，被测溶液与标准溶液温差在 0.5℃以内，电极插入溶液 3min 后读数。甘汞电极在室温。

② 电极的碱误差应符合表 5-32 规定。测定方法：常温电极取温度为（25±0.5）℃，高温电极取温度在（60±0.5）℃，与标准甘汞电极配对，按电极的 pH 值范围，分别测量 pH=9.180（主要标准缓冲液）与 pH=12（0.01mol/L NaOH）、或 pH=9.180 与 pH=13（0.1mol/L NaOH）、或 pH=9.180 与 pH=14（1mol/L NaOH）两种溶液的电动势差，其误差应符合表 5-27 中的规定值。测定时甘汞电极在室温。

表 5-32 玻璃电极的碱误差

电极 pH 值范围	常温玻璃电极			高温玻璃电极	
	试验 pH 值范围	允许误差 E/mV	试验温度/℃	允许误差 E/mV	试验温度/℃
1～12	9～12	≤6	25±0.5	≤10	60±0.5
1～13	9～13	≤10	25±0.5	≤15	60±0.5
1～14	9～14	≤14	25±0.5	≤20	60±0.5

③ 电极的重现性误差应不大于 0.015pH。测定方法是在温度为（25±2）℃时分别测定 pH=4.008 和 pH=9.180 两种主要标准缓冲液的电动势，电极浸入溶液 3min 后读数，重复三次，其最大偏差不应大于 0.015pH。

④ 将常温电极浸入温度为（25±0.5）℃或高温电极为（60±0.5）℃的溶液中，其电动势在 15min 内变化不超过 0.01～0.02 个 pH 单位。测定方法是将电极和甘汞电极同时浸入 pH=4.008 标准缓冲液中，3min 后读电动势值，然后每隔 15min 后读数，两次读数之差不应超过 0.01～0.02pH 单位。

⑤ 玻璃电极的内阻，当温度在（25±2）℃时，一般用电极阻抗≤$70\times10^6\Omega$，广用 pH 值电

极阻抗≤$150\times10^6\Omega$，高温 pH 电极阻抗≤$500\times10^6\Omega$。电极引出线与屏蔽层的绝缘电阻在温度(25±5)℃时应大于内阻最大极限值的 1000 倍。电极球泡应承受 1kgf 的平面单点压力。

玻璃电极的表面要保持清洁，如沾污了，把电极球泡浸到 6mol/L HCl 中，然后用水冲洗除去表面污物，用 70%的酒精能除有机膜污物。

用玻璃电极测定 pH 值之前，仪器（pH 计等）必须用主要标准缓冲液进行校正。其方法是选用一个主要标准缓冲液 pH 值最接近被测定溶液的 pH 值，校正仪器，使仪器标准化。再选定另一个主要标准缓冲液测定其 pH 值，观察测定的 pH 值与已知值是否符合，正常的玻璃电极允许的偏差在±0.02pH 以内。

3. 氢醌电极

氢醌电极是由惰性金属铂或金浸入氢醌饱和溶液中，其电极反应为

$$\text{O=C}_6\text{H}_4\text{=O} + 2H^+ + 2e^- \rightleftharpoons \text{HO-C}_6\text{H}_4\text{-OH}$$

在 25℃时，测得其标准电位为：0.69992V 及 0.69961V（平均值为 0.69976V）（相对于氢电极）。在离子强度较低时，氢醌电极的标准电位与温度的关系为

$$\{E_{\text{氢醌}}\}_V = 0.69976+0.00074(25-t)$$

式中，t 是以℃为单位的温度值。氢醌电极的标准电位（vs NHE）见表 5-33。

表 5-33　氢醌电极标准电位（vs NHE）

温度/℃	$E^\ominus$/V	温度/℃	$E^\ominus$/V	温度/℃	$E^\ominus$/V
0	0.71798	15	0.70709	30	0.69607
5	0.71437	20	0.70343	35	0.69237
10	0.71073	25	0.69976	40	0.68865

氢醌电极是用一片清洁光亮的铂片或金片浸到醌和氢醌的等分子的饱和溶液中形成的。氢醌可用市售的分析纯试剂，如纯度不够，在 70℃的微酸性蒸馏水中重结晶。由于氢醌电极具有易制备、电位很快达到平衡、电阻低等优点，应用较广，但要注意以下几点。

① 只能应用于 pH 值低于 8 的溶液，pH 值在 8 以上作为弱酸的氢醌开始解离或被氧化成醌，引起误差。

② 当溶液中有强氧化性或还原性物质如重铬酸盐、高锰酸盐、二价锡、亚硫酸盐、硫代硫酸盐等会引起醌和氢醌的比例变化而产生误差。同时也不能用于硼酸盐的测定。

③ 有中性盐时，因盐对氢醌和醌的活度系数影响不同而产生“盐误差”。“盐误差”的大小几乎与中性盐的浓度成正比。若盐的浓度为 c(mol/L)，则“盐误差（ΔpH）”为

$$\Delta \text{pH} = ac$$

式中，a 表示盐误差常数，盐误差常数见表 5-34。

表 5-34　盐误差常数（a）

化合物	a	化合物	a	化合物	a
LiCl	−0.0353	KCl	−0.0372	$MgCl_2$	−0.0314
Li_2SO_4	+0.0269	K_2SO_4	+0.0238	$MgSO_4$	+0.0206
NaCl	−0.0413	HCl	−0.0616	$CaCl_2$	−0.0367
Na_2SO_4	+0.0227	H_2SO_4	−0.0314	$BaCl_2$	−0.0438

在离子强度低于 0.5mol/kg 溶液中，盐误差不超过 0.03 个 pH 单位。

4. 锑电极

锑-氧化锑电极是由纯锑在空气中灼烧而成，其电极反应为

$$Sb_2O_3 + 6H^+ + 6e^- \rightleftharpoons 2Sb + 3H_2O$$

其电位与溶液中氢离子活度的关系为：

$$E_{sb} = E_{sb}^{\ominus} + \frac{RT}{F}\ln a_H$$

锑电极可用于测定 pH=2～8 的溶液。它能应用于氰化物、亚硫酸盐和乙醇水溶液，但不能用于草酸盐、酒石酸盐、柠檬酸盐和铜离子存在的溶液中。用锑电极测定 pH 值，误差在±0.2 个 pH 单位，只能用于粗略的测定中。

四、非水溶剂介质中的酸度

在非水或混合溶剂中的 pH 值定义为

$$pH_x^* = pH_s^* + \frac{(E_x - E_s)F}{2.303RT}$$

式中，标准值 pH_s^* 是由缓冲溶液给定的，如表 5-35 所示。甲醇-水溶剂和乙醇-水溶剂中部分缓冲溶液的 pH^* 值收集在表 5-36 和表 5-37 中。在具有液体接界的电解池中 pH 数值的应用很大程度上依赖于所使用的参比电极。而此电极中盐桥溶液的溶剂与缓冲溶液的溶剂应相同。

表 5-35 50%甲醇-水中标准缓冲溶液的 pH_s^* 值[35]①

温度/℃	0.05mol/kg HAc 0.05mol/kg NaAc 0.05mol/kg NaCl	0.05mol/kg NaHSuc 0.05mol/kg NaCl	0.02mol/kg Na_2HPO_4 0.02mol/kg KH_2PO_4 0.02mol/kg NaCl	0.05mol/kg TRIS 0.05mol/kg TRISHCl	0.06mol/kg AmPy 0.06mol/kg AmPyHCl
10	5.518	5.720	7.937	8.436	9.116
15	5.506	5.697	7.917	8.277	8.968
20	5.498	5.680	7.898	8.128	8.829
25	5.493	5.666	7.884	7.985	8.695
30	5.493	5.656	7.872	7.850	8.570
35	5.496	5.650	7.863	7.720	8.446
40	5.502	5.648	7.858	7.599	8.332

① Ac 为乙酸根；Suc 为琥珀酸根；TRIS 为三羟甲基甲胺；TRISHCl 为三羟甲基甲胺盐酸；AmPy 为 4-氨基吡啶；AmPyHCl 为 4-氨基吡啶盐酸。

表 5-36 25℃时甲醇-水溶剂和乙醇-水溶剂中标准缓冲溶液的 pH_s^* 值（不包括液体接界电势）

溶剂组成 甲醇(乙醇)φ/%	0.01mol/kg $H_2C_2O_4$， 0.01mol/kg $NH_4HC_2O_4$	0.01mol/kg H_2Suc①， 0.01mol/kg LiHSuc	0.01mol/kg HSal① 0.01mol/kg LiSal
甲醇-水溶剂			
0	2.15	4.12	
10	2.19	4.30	
20	2.25	4.48	

续表

溶剂组成 甲醇(乙醇)φ/%	0.01mol/kg $H_2C_2O_4$， 0.01mol/kg $NH_4HC_2O_4$	0.01mol/kg H_2Suc[1]， 0.01mol/kg LiHSuc	0.01mol/kg HSal[1] 0.01mol/kg LiSal
30	2.30	4.67	
40	2.38	4.87	
50	2.47	5.07	
60	2.58	5.30	
70	2.76	5.57	
80	3.13	6.01	
90	3.73	6.73	
92	3.90	6.92	
94	4.10	7.13	
96	4.39	7.43	
98	4.84	7.89	
99	5.20	8.23	
100	5.79	8.75	7.53
乙醇-水溶剂			
0	2.15	4.12	
30	2.32	4.70	
50	2.51	5.07	
71.9	2.98	5.71	
100			8.32

① Suc 为琥珀酸根；Sal 为水杨酸根。

表 5-37　水-有机溶剂中 0.05 mol/kg 邻苯二甲酸氢钾标准缓冲溶液的 pH_s^* 值

有机溶剂		有机溶剂在水中的质量分数										
		5%	10%	15%	20%	30%	40%	50%	64%	70%	80%	84.2%
甲醇	x[1] / θ/℃		0.0588		0.1232			0.3599	0.4999			0.7498
	10		4.254		4.490			5.151	5.488			6.254
	25		4.243		4.468			5.125	5.472			6.232
	40		4.257		4.472			5.127	5.482			6.237
	δ[2]		±0.003		±0.003			±0.003	±0.003			±0.003
乙醇	x / θ/℃		0.0416		0.0891		0.2068			0.4771		
	−5		4.278		4.567		5.113			5.530		
	0		4.261		4.544		5.078			5.505		
	10		4.238		4.510		5.022			5.474		
	25		4.230		4.488		4.973			5.466		
	40		4.248		4.494		4.959			5.499		
	δ		±0.002		±0.002		±0.002			±0.002		
2-丙醇	x / θ/℃		0.0322			0.1139		0.2306		0.4116		
	15		4.259			4.881		5.247		5.510		
	25		4.249			4.850		5.210		5.522		
	35		4.253			4.834		5.189		5.548		
	45		4.270			4.833		5.182		5.584		
	δ		±0.002			±0.002		±0.003		±0.004		

续表

有机溶剂		有机溶剂在水中的质量分数										
		5%	10%	15%	20%	30%	40%	50%	64%	70%	80%	84.2%
1,2-乙醇	x / θ/℃		0.0312			0.1106		0.2250		0.4038		
	−10		—			4.441		4.845		—		
	−5		—			4.432		4.827		—		
	5		4.122			4.419		4.802		—		
	15		4.121			4.416		4.790		5.254		
	25		4.127			4.419		4.790		5.238		
	35		4.139			4.421		4.799		5.241		
	45		4.156			4.450		4.817		5.261		
	δ		±0.002			±0.002		±0.002		±0.002		
2-甲氧基乙醇	x / θ/℃				0.0559			0.1914			0.4864	
	−10				—			5.534			6.878	
	−5				4.546			—			—	
	0				4.526			5.470			6.819	
	10				4.515			5.422			6.757	
	25				4.505			5.380			6.715	
	35				4.508			—			6.716	
	37				—			5.363			—	
	45				4.514			—			—	
	δ				±0.003			±0.002			±0.003	
乙酰基乙腈	x / θ/℃	0.0226		0.0719		0.1583		0.3050		0.5059		
	15	4.163		4.533		5.001		5.456		6.159		
	25	4.166		4.533		5.000		5.461		6.194		
	35	4.178		4.542		5.008		5.475		6.236		
	δ	±0.005		±0.005		±0.005		±0.005		±0.005		
1,4-二氧环己烷	x / θ/℃		0.0222			0.0806		0.1697				
	15		4.330			5.034		5.779				
	25		4.329			5.015		5.782				
	35		4.337			5.007		5.783				
	45		4.355			5.008		5.783				
	δ		±0.002			±0.002		±0.002				
二甲基亚砜	x / θ/℃				0.0545	0.0899						
	−12				—	4.870						
	+25				4.471	4.761						
	δ				±0.002	±0.002						

① x 为相应有机溶剂的摩尔分数。

② δ 为总的标准误差。

氧化氘（重水）的酸度标准可用于 pD 值的测量。除参比电极用氘气体电极外，pD_s 值（见表 5-38）的测定与 pH_s 值的测定十分类似。根据惯例，在各种温度下氘气体电极的电势被认为是零。用玻璃电极在重水溶液中所测定的 pH 值（以水溶液中的 pH_s 为标准）与在同种溶液中的推测与预计的 pD 值之间有恒定的 0.45±0.03 差异。

表 5-38　用于重水中酸度测定的标准参比值 pD_s

温度/℃	0.05mol/kg KD_2citrate①	0.025mol/kg KD_2PO_4 + 0.025mol/kg Na_2DPO_4	0.025mol/kg $NaDCO_3$ + 0.025mol/kg Na_2CO_3
5	4.378	7.539	10.998
10	4.352	7.504	10.924
15	4.329	7.475	10.855
20	4.310	7.449	10.793
25	4.293	7.428	10.736
30	4.279	7.411	10.685
35	4.268	7.397	10.638
40	4.260	7.387	10.597
45	4.253	7.381	10.560
50	4.250	7.377	10.527

① citrate 为柠檬酸根。

第四节　离子选择性电极

一、离子选择性电极的分类

离子选择性电极能以电极电位形式指示溶液中特定离子的活度，又有结构简单牢固，元件灵巧，灵敏度好，选择性高，响应速度快以及便于携带等特点。国际纯粹与应用化学联合会（简称 IUPAC）分析化学分会命名委员会，于 1994 年提出修改 1975 年推荐的有关离子选择性电极名词意义及分类的建议（即 IUPAC Recommendation 1994）[6]。现按 1994 年推荐命名中有关部分摘编如下。

1. 基本离子选择性电极

（1）晶体膜电极　晶体膜电极可以是均相的，也可以是多相的。它们都具有一个流动信号离子和一个相反信号的固定位置。

① 均相膜电极：由单一化合物或多种化合物（如 Ag_2S、AgI/Ag_2S）混合的晶体材料制成。

② 复相膜电极：由一种活性物质或多种活性物质的混合物与惰性材料，如硅橡胶或 PVC，混合制成；或将它们放在疏水石墨或导电环氧树脂上而形成的复相敏感膜。

（2）非晶体膜电极　在这类电极中，含有离子交换剂（可以是阳离子型或阴离子型），增塑性溶剂和不带电荷能增加选择性的物质与支持材料制成的离子选择电极膜。这个膜放在两个溶液之间，所用的支持物可以是大孔径的（如聚丙烯碳酸酯滤片、玻璃材料等）或是微孔（如干玻璃、PVC 类的惰性聚合材料）的材料，它能使离子交换剂和溶剂凝固成均相的混合物。因为在膜内有离子交换剂，所以这类电极呈现出 Nernst 响应。这类电极又可分为以下两类。

① 刚性、自支持物、基体膜电极：这类电极（如合成的交联高聚物或玻璃电极）的敏感膜是一薄片聚合物或一薄片玻璃。聚合物（如聚苯乙烯磺酸盐、磺化聚四氟乙烯、氨基聚氯乙烯）或玻璃的化学成分决定了膜的选择性。

② 荷电流动载体膜电极：

a. 荷正电疏水性载体膜电极。这类电极的膜是由荷正电疏水阳离子（如季铵盐或惰性过渡金属配合物取代盐类，例如邻菲啰啉衍生物）的化合物，溶解在合适的有机溶剂中，结合在惰性支持物（如聚丙烯碳酸酯滤器或 PVC）上所生成的膜，该膜对阴离子的活度的变化很灵敏。

b. 荷负电的疏水性载体膜电极。这类电极的膜是由荷负电的疏水阴离子［如 $(RO)_2PO_2^-$ 类型，四对氯苯硼酸盐，二壬基萘磺酸盐］的化合物溶解在合适的有机溶剂中和结合在惰性支持物（如聚丙烯碳酸酯滤器或 PVC）上而形成膜，该膜对阳离子的活度改变响应灵敏。

c. 中性（无电荷）载体膜电极。这类电极的膜是基于阳离子（如抗生素，大环化合物或多齿螯合剂）和阴离子（如有机锡化合物、羰基化合物和卟啉类）的分子配位剂溶液，在这种离子交换膜中，溶液对某些阴离子和阳离子有选择性且响应灵敏。

d. 疏水性离子对电极。是可塑性高聚物（如 PVC）的疏水性离子对电极，其中含有一个溶解的疏水离子对（如一种阳离子药物，例如阳离子四苯硼酸盐，或阴离子药物，例如四烷基铵盐的阴离子），对电解质池中的离子活度有 Nernst 响应。

2. 化合物或多层膜离子选择性电极

（1）气敏电极　气敏电极的传感器是由一个指示电极、一个参比电极和一个用气体渗透膜或空隙与样品溶液分开的溶液薄膜所组成。中间溶液与进入的气体粒子（通过膜或空隙进入的）相互作用，使被测量的中间溶液的成分（如 H^+的活度）发生改变。其改变能用离子选择性电极测量，并与样品的气体粒子分压成比例。

（2）酶底物电极　酶底物电极的敏感膜是在一个离子选择性电极上覆盖一层酶，因为酶与有机物或无机物（称底物）作用产生一种有电极响应的物质。相反，在敏感膜上覆盖一层与酶起作用的底物也可组成酶底电极。这类酶电极可用于分析测试酶抑制剂的量等。

3. 金属连接或全固态离子选择性电极

这类电极没有内部电解质溶液，它们的响应取决于离子和电子的导电性（混合导电体）。内参比电极被电子导体取代，如溴化物敏感膜 AgBr，可用 Ag 连接。在阴离子敏感膜上放上阳离子基团盐，用 Pt 连接。这种连接方法与通常惯用的电解质（内部填满溶液和外部试验溶液）连接膜的方法不同。

近年来，全固态离子选择性电极的研究主要集中在利用聚合物（例如聚吡咯、聚噻吩、聚苯胺等）或者纳米材料作为一种能将离子信号转化为电子信号的物质（转导层）从而构建的全固态离子选择性电极。利用聚吡咯、聚噻吩、聚苯胺或其衍生物做转导层的电极见表 5-39～表 5-41，而利用聚合物做转导材料掺杂到离子敏感膜中制备的单片式离子选择性电极见表 5-42。表 5-43 中所列电极对离子有特异性响应的都是聚合物本身。表 5-44 则是利用纳米材料构建的离子选择性电极。表 5-45 是不含有转导层的全固态离子选择性电极。

表 5-39　聚吡咯作为全固态离子选择性电极的转导层

分析对象	基底电极	转导层	离子选择性膜组成(质量分数)/%	响应斜率/mV①	测定浓度/检测限/(mol/L)	文献
钙	玻碳	PPy/Tiron	32.1% PVC 66% DOS 0.6% KTFPB 1.3% ETH 1001	29.8	$10^{-9.6}$	1,2
钙	玻碳	PPy/Tiron	32.7% PVC 65.4% DOS 0.6% KTFPB 1.3% ETH 129	能斯特响应	$10^{-9.0}$	2

续表

分析对象	基底电极	转导层	离子选择性膜组成(质量分数)/%	响应斜率/mV①	测定浓度/检测限/(mol/L)	文献
钙	玻碳	包含电解质溶液的PPy微胶囊	35.0% PVC 62.8% *o*-NPOE 0.6% NaTFPB 1.6% ETH 5234	26.5 ± 0.5	$10^{-5.1}$	3
氯	石墨印刷电极	PPy/铁氰化物	33% PVC 62% DOS 5% MTTACl	−57.2	$10^{-5.5}$	4
氯	玻碳	PPy/氯	35.5% PVC 52.3% *o*-NPOE 12.2% MTTDA	−59.2 ± 1.0	4×10^{-7}	5
钾	铂	PPy/四苯硼	31.5% PVC 67.5%邻苯二甲酸二丁酯 0.42% 四苯硼钾 0.56% 二苯并18冠6	58	1.5×10^{-5}	6
钾	玻碳	PPy/氯	PVC DOS 亲脂盐（NaTFPB、KClTPB、ETH500） 缬氨霉素	能斯特响应	$10^{-7.4}$ $10^{-6.7}$ $10^{-6.2}$	7

①指对应每10个单位的电压变化。

注：PPy——聚吡咯；Tiron——1,2-二羟基苯-3,5-二磺酸二钠盐；PPy/Tiron——掺杂钛铁试剂的聚吡咯；PVC——聚氯乙烯；DOS——癸二酸二(2-乙基己)酯；KTFPB——四[3,5-二(三氟甲基)苯基]硼酸钾；ETH 1001——(−)-(*R*,*R*)-*N*,*N'*-二[11-(乙氧酰基)十一烷基]-*N*,*N'*,4,5-四甲基-3,6-二氧代辛烷二胺；ETH 129——*N*,*N*,*N'*,*N'*-四环己基-3-氧代戊二胺；能斯特响应—表示文章中没有明确表示但是斜率在52～59 mV/decade之间；*o*-NPOE——2-硝基苯基辛醚；NaTFPB——四[3,5-二(三氟甲基)苯基]硼酸钠；ETH 5234——*N*,*N*-二环己基-*N'*,*N'*—二十八烷基-3-氧代戊二胺；MTTACl——甲基三(正十四烷基)氯化铵；MTTDA——甲基三(十二烷基)氯化铵；KClTPB——四(4-氯苯基)硼酸钾；ETH 500——四(4-氯苯基)硼酸四(十二烷基)铵盐。

本表参考文献：

1. Konopka A, et al. Anal Chem, 2004, 76: 6410.
2. Konopka A, et al. Electroanal, 2006, 18: 2232.
3. Kisiel A, et al. Electrochem Commun, 2010, 12: 1568.
4. Zielinska R, et al. Anal Chim Acta, 2002, 451: 243.
5. Michalska A, et al. Anal Chem, 2003, 75: 4964.
6. Pandey P C, et al. Electroanal, 2002, 14: 427.
7. Pawlowski P, et al. Electroanal, 2006, 18: 1339.

表 5-40 聚噻吩及其衍生物作为全固态离子选择性电极的转导层

分析对象	基底电极	转导层	离子选择性膜组成(质量分数)/%	响应斜率/mV	测定浓度(检测限)/(mol/L)	文献
钾	玻碳	PEDOT/PSS	33.3% PVC 65.2% DOS 0.5% KTFPB 1.0% 缬氨霉素	43	$10^{-5.0}\sim10^{-1.0}$	1
钾	玻碳 丝网印刷电极	掺杂CNT的PEDOT	32.1% PVC 66.4% DOS 0.31% KClTPB 1.19% 缬氨霉素	57.7	$10^{-6.0}\sim10^{-1.0}$	2

续表

分析对象	基底电极	转导层	离子选择性膜组成(质量分数)/%	响应斜率/mV	测定浓度(检测限)/(mol/L)	文献
银	玻碳	PEDOT	32%～33% PVC 65%～66% *o*-NPOE 0.5% KClTPB 1% 环芳类物质	51～56	$10^{-6.0}$～$10^{-1.0}$	3
银	玻碳	PEDOT/PSS	32.2% PVC 64.3% *o*-NPOE 0.9% $AgCB_{11}H_6Br_6$ 2.6% [2.2.2]*p*,*p*,*p*-环芳		$10^{-4.0}$～$10^{-1.0}$	4
银	乙酸纤维素胶片	PEDOT	27% PVC 70% DOS 1% NaTFPB 2% 银离子Ⅳ号载体	58.2 ± 0.5	$10^{-5.4}$	5
钙	玻碳	PMT⑤	32.5% PVC 65.8% *o*-NPOE 0.7% KClTPB 1% ETH 1001	26.3 ± 0.8 超能斯特响应	$10^{-5.0}$～$10^{-1.0}$ $10^{-8.0}$～$10^{-5.0}$	6
钙	金	POT⑦	97.9% PMMA-PDMA⑧ 0.5% NaTFPB 1.6% ETH 5234	空	$10^{-9.0}$	7
铅	乙酸纤维素胶片	PEDOT	34% PVC 64.3% *o*-NPOE 0.7% NaTFPB 1% 铅离子Ⅳ号载体	29.1±0.7	$10^{-8.1}$	5
氯	金	29.7% POT 29.7% PVC 29.6%MTTACl 1% APTES	33% PVC 62% DOS 5% MTTACl	−58.5±0.7	$10^{-4.7}$	8
铜	幻灯片	POT/PSS	46.5% PVC 46% *o*-NPOE 1.5% NaTFPB 6% 铜离子Ⅰ号载体	26.4±1.6 超能斯特响应	$10^{-4.0}$～$10^{-1.0}$ $10^{-6.0}$～$10^{-4.0}$	9
铜	玻碳铂盘	PEDOT/铁氰化物	47.2% PVC 46% *o*-NPOE 1% NaTFPB 5.8%铜离子Ⅰ号载体	29.6 ± 0.4	$2.4\times10^{-7.0}$	10
铅	金	POT	97.4% PMMA-PDMA 1.1% ETH 500 0.5% NaTFPB 1.1% 铅离子Ⅳ号载体		$10^{-9.3}$	7
硝酸	石墨棒	POT	PVC 邻苯二甲酸二乙基己酯 十四烷基硝酸铵	53	$10^{-5.0}$ ~ $10^{-1.0}$	11
钠	玻碳铂盘	PEDOT/PSS	32.5% PVC 65% *o*-NPOE 0.27% KClTPB 2.2% 杯芳烃冠醚衍生物	56.6	$10^{-5.0}$～$10^{-2.0}$	12
铯	玻碳铂盘	PEDOT/PSS	32.5% PVC 65% *o*-NPOE 0.27% KClTPB 2.2% 杯芳烃冠醚衍生物	56.6	$10^{-5.2}$～$10^{-2.0}$	12

注: PEDOT/PSS——掺杂聚苯乙烯磺酸离子的聚(3,4-乙烯二氧噻吩); PEDOT——聚(3,4-乙烯二氧噻吩); PSS——聚苯乙烯磺酸盐; CNT——碳纳米管; 环芳类物质是指[2.2.2]*p*,*p*,*p*-环芳、[2.2.2]*m*,*p*,*p*-环芳,[2.2.1]*p*,*p*,*p*-环芳; 银离子Ⅳ号载体——*O*,*O*″-二[(2-甲硫基)乙基]-叔丁基杯[4]芳烃; PMT——3-甲基聚噻吩; 超能斯特响应——斜率大于 59 mV/decade; POT——3-辛基聚噻吩; PMMA-PDMA——聚甲基丙烯酸甲酯和聚癸基丙烯酸甲酯的共聚物; 铅离子Ⅳ载体——叔丁基杯[4]芳烃-四(*N*,*N*-二甲基硫代乙酰胺); APTES——3-氨丙基三乙氧基硅烷; 铜离子Ⅰ号载体——邻二甲苯基二(二异丁基二硫代甲氨酸酯)。其余同表 5-39。

本表参考文献：
1. Bobacka J, Anal Chem, 1999, 71: 4932.
2. Mousavi Z, et al. J Electroanal Chem, 2009, 633: 246.
3. Bobacka J, et al. Electroanalysis, 2002, 14: 1353.
4. Bobacka J, et al. Talanta, 2004, 63: 135.
5. Michalska A, et al. J Solid State Electrochem, 2009, 13: 99.
6. Michalska A, et al. Anal Chem, 2003, 75: 141.
7. Sutter J, et al. Anal Chim Acta, 2004, 523: 53.
8. Paciorek R, et al. Electroanal, 2003, 15: 1314.
9. Michalska A, et al. Electroanal, 2005, 17: 327.
10. Ocypa M, et al. Electrochim Acta, 2006, 51: 2298.
11. Khripoun G A, et al. Electroanal, 2006, 18: 1322.
12. Lisowska-Oleksiak A, et al. Electrochim Acta, 2006, 51: 2120.

表 5-41 聚苯胺作为全固态离子选择性电极的转导层

分析对象	基底电极	转导层	离子选择性膜组成(质量分数)/%	响应斜率①/mV	测定浓度(检测限)/(mol/L)	文献
钾	玻碳	PANI/Cl	33.0% PVC 65.5% DOS 0.5% KClTPB 1% 缬氨霉素	58.2 ± 0.1	$10^{-5.0}\sim10^{-1.0}$	1
铊	铂	$PANI/SO_4$	PVC 邻苯二甲酸二丁酯 ETH 500 $(C_{16}H_{33})_3N(CH_3)$ $[Tl(DOEDDSA)]^-$	56 ± 2	$8.2\times10^{-8.0}$	2
钙	金、玻碳	PANI	98.1% 硅橡胶 0.9% KTFPB 1.0% ETH1001	30.6	$2\times10^{-9.0}$	3
铅	乙酸纤维素胶片	PANI	34% PVC 64.3% *o*-NPOE 0.7% NaTFPB 1% 铅离子Ⅳ号载体	33.9 ± 1.5	$10^{-5.0}\sim10^{-1.0}$	4
银	金、玻碳	PANI	88.55% 硅橡胶 10% DOS 0.5% NaTFPB 0.8% 硫代氨基甲酸盐衍生物	54.7	$2\times10^{-8.0}$	3
银	乙酸纤维素胶片	PANI	27% PVC 70% DOS 1% NaTFPB 2% 银离子Ⅳ号载体	54.5 ± 1.2	$10^{-5.6}$	4
硝酸	石墨棒	$PANI/NO_3$	PVC，邻苯二甲酸二乙基己酯，$TDANO_3$	56	$10^{-5.0}\sim10^{-1.0}$	5

①指对应每 10 个单位的电压变化。

注：PANI/Cl——掺杂氯离子的聚苯胺；$PANI/SO_4$——掺杂硫酸根离子的聚苯胺；PANI——聚苯胺；硫代氨基甲酸盐衍生物：铜离子Ⅰ号载体；$PANI/NO_3$——掺杂硝酸根离子的聚苯胺；其余同表 5-39。

$TDANO_3$——四(十四烷基)硝酸铵。

本表参考文献：
1. Lindfors T, et al. Anal Chem, 2004, 76: 4387.
2. Kharitonov S V, et al. Electroanal, 2006, 18: 1354.
3. Lindfors T, et al. Anal Chem, 2010, 82: 9425.
4. Michalska A. et al. J Solid State Electrochem, 2009, 13: 99.
5. Khripoun G A, et al. Electroanal, 2006, 18: 1322.

表 5-42 聚合物掺杂的单片式离子选择性电极

分析对象	基底电极	离子选择性膜组成(质量分数)/%	掺杂聚合物	响应斜率①/mV	测定浓度(检测限)/(mol/L)	文献
锂	玻碳	32.4% PVC 65.6% BBPA 2% ETH 2137	15% POT	57.8	1.6×10^{-4}	1
锂	PVC 导电复合塑料	PVC BBPA KClTPB 环己烷衍生物	PANI	58～59	$10^{-3.0}$～$10^{-1.0}$	2
锂	玻碳	32.8% PVC 65.6% *o*-NPOE 0.4% KClTPB 1.2% ETH 1810	1% PANI 2% PANI	51.1±0.4 46.0±0.5	$10^{-3.0}$～$10^{-1.0}$ $10^{-3.0}$～$10^{-1.0}$	3
钾	平板银电极	31 33% PVC 65 67%DOS 0.5% KTFPB 1% 缬氨霉素	有机酸掺杂的 PPy，PANI，PANIZ	能斯特响应	$10^{-5.0}$～$10^{-2.0}$	4
钾	金、银平板电极	32%～33% PVC 65%～66%DOS 0.5% KTFPB 1% 缬氨霉素	2% PPy(DEHESSA)	能斯特响应	$10^{-5.0}$～$10^{-2.0}$	5
钾	玻碳	32.9% PVC 65.6% DOS 0.5% KClTPB 1% 缬氨霉素	2%、5%、10%、20% PANI 纳米颗粒	能斯特响应	$10^{-4.0}$～$10^{-1.0}$	6
钾	玻碳	PVC，KTFPB，缬氨霉素	POT	51.6	$10^{-5.0}$～$10^{-1.0}$	7
钙	玻碳	31.7% PVC 62.9% DOS 2% KClTPB 3.4% ETH 1001	1% PANI/双乙基己基磷酸 2% PANI/双乙基己基磷酸	28.0±0.2 27.0±1.6	$10^{-4.0}$～$10^{-1.0}$ $10^{-4.0}$～$10^{-1.0}$	1

①指对应每 10 个单位的电压变化。

注：BBPA——双(1-丁基戊基)己二酸酯；ETH 2137——锂离子载体，5-丁基-5-乙基-*N,N,N′,N′*-四环己基-3,7-二氧杂壬二酸二酰胺；环己烷衍生物——1,3,5-三[(*N,N*-二环己基氨基甲酰)]环乙烷；ETH 1810——*N,N*-二环己基-*N′,N′*-二异丁基-顺-环己烷-1,2-二甲酰胺；PANI——二(2-乙基己基)磷酸氢酯。

本表参考文献：

1. Bobacka J, et al. Anal Chem, 1995, 67: 3819.
2. Grekovich A L, et al. Electroanal, 2002, 14: 551.
3. Lindfors T, et al. Anal Chim Acta, 1999, 385: 163.
4. Zachara J E, et al. Sensor Actuat B, 2004, 101: 207.
5. Toczylowska R, et al. Anal Chim Acta, 2005, 540: 167.
6. Lindfors T, et al. Anal Chem, 2007, 79: 8571.
7. Bobacka J, et al. Anal Chim Acta, 1999, 385: 195.

表 5-43 聚合物作为离子响应元件的全固态离子选择性电极

分析对象	基底电极	离子选择性膜组成(质量分数)/%	响应斜率①/mV	测定浓度(检测限)/(mol/L)	文献
H^+	玻碳	25% PVC 50% DOS 25% PANI/双十六烷基磷酸	52.7±1.1	$10^{-9.0}$～$10^{-2.0}$	1

续表

分析对象	基底电极	离子选择性膜组成(质量分数)/%	响应斜率①/mV	测定浓度(检测限)/(mol/L)	文献
H^+	铂	PPy/Cl 聚乙烯亚胺 PANI 聚对苯二胺 聚丙烯亚胺	51 48 52 35 45	$10^{-11.0}\sim10^{-2.0}$ $10^{-11.0}\sim10^{-2.0}$ $10^{-9.0}\sim10^{-2.0}$ $10^{-11.0}\sim10^{-2.0}$ $10^{-11.0}\sim10^{-2.0}$	2
H^+	铂	PPy/Cl	51	$10^{-11.0}\sim10^{-2.0}$	3
H^+	铂盘	PPy/HCO_3	39.06	$10^{-10.0}\sim10^{-3.0}$	4
十二烷基苯磺酸离子	铂丝	31.5% PVC 63.5% *o*-NPOE 5% PPy/十二烷基苯磺酸	−60.2	$7.9\times10^{-6.0}\sim1.3\times10^{-3.0}$	5
锌	铂	PPy/四苯硼	48	$10^{-4.0}$	6
镁	铂玻碳 ITO	PPy/ATP	30	$10^{-5.0}\sim10^{-1.0}$	7
镁	玻碳 ITO	PEDOT/ATP	能斯特响应	$10^{-5.0}\sim10^{-1.0}$	8
钙	铂玻碳 ITO	PPy/ATP	30	$10^{-4.0}\sim10^{-1.0}$	7
钙	玻碳 ITO	PEDOT/ATP	能斯特响应	$10^{-5.0}\sim10^{-1.0}$	8
钙	玻碳	75% PANI/DEHP 25% TOA^+Cl^-	27.4±0.4	$10^{-4.0}$	9
Cl	玻碳	35% POT 23% THMACl 42% *o*-NPOE	−55.1 ± 0.4	$10^{-3.0}\sim10^{-1.0}$	10
ClO_4	碳	PEDOT	−59	$5\times10^{-6.0}$	11
Ag	玻碳	PEDOT/PSS、C4S、C6S、C8S PPy/PSS、C4S、C6S、C8S	超能斯特响应 超能斯特响应	$10^{-5.0}\sim10^{-1.0}$ $10^{-5.0}\sim10^{-1.0}$	12
Ag	玻碳	POT	53±4	$10^{-3.0}\sim10^{-1.0}$	13
Ag	玻碳	PEDOT/C4S、CH_3[4]S、C_2H_5[4]S、C_6H_{13}[4]S	超能斯特响应	$10^{-3.0}\sim10^{-1.0}$	14
Ag	玻碳	PPy/EBB	58.5±0.3	$10^{-9.0}$	15

①指对应每 10 个单位的电压变化。

注: DEHP——双(2-乙基己基)磷酸；TOA^+Cl^-——四辛基氯化铵；THMACl——三(十六烷基甲基)氯化铵；PSS、C4S、C6S、C8S 分别为：聚苯乙烯磺酸、对磺酸杯[4]芳烃、对磺酸杯[6]芳烃、对磺酸杯[8]芳烃；CH_3[4]S、C_2H_5[4]S、C_6H_{13}[4]S 分别为：对甲基磺酸杯[4]芳烃、对乙基磺酸杯[4]芳烃、对己基磺酸杯[4]芳烃；EBB——Eriochrome 铬蓝黑 B，结构式如下:

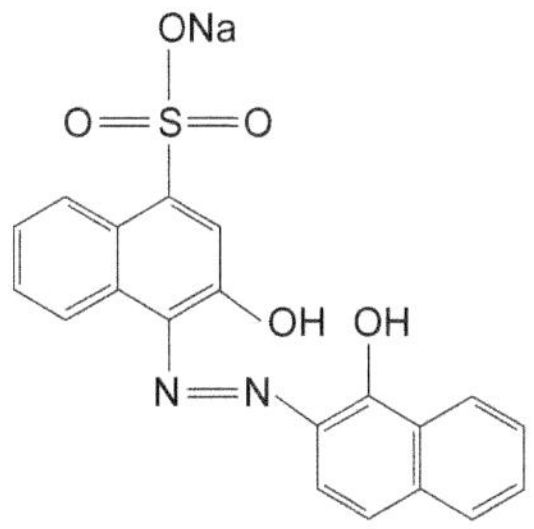

本表参考文献：

1. Lindfors T, et al. J Electroanal Chem, 2003, 560: 69.
2. Lakard B, et al. Polymer, 2005, 46: 12233.
3. Lakard B, et al. Sens Actuator B, 2007, 122: 101.
4. Tongol B J V, et al. Sens Actuator B, 2003, 93: 187.
5. Shafiee-Dastjerdi L, et al. Anal Chim Acta, 2004, 505: 195.
6. Pandey PC, et al. Electroanal, 2002, 14: 427.
7. Migdalski J, et al. Microchim Acta, 2003, 143: 177.
8. Paczosa-Bator B, et al. Anal Chim Acta, 2006, 555: 118.
9. Lindfors T, et al. Anal Chim Acta, 2000, 404: 111.
10. Sjoberg-Eerola P, et al. Electroanal, 2004, 16: 379.
11. Bendikov T A, et al. Anal Chim Acta, 2005, 551: 30.
12. Mousavi Z, et al. Electroanal, 2005, 17: 1609.
13. Vazquez M, et al. J Solid State Electrochem, 2005, 9: 865.
14. Vazquez M, et al. J Solid State Electrochem, 2005, 9: 312.
15. Zanganeh A R, et al. Electrochim Acta, 2007, 52: 3822.

表 5-44 纳米材料作为全固态离子选择性电极的转导层

分析对象	基底	转导层	离子选择性膜组成(质量分数)/%	响应斜率①/mV	测定浓度(检测限)/(mol/L)	文献
银			硫杂杯[4]芳烃修饰的Au纳米颗粒		5×10^{-9}	1
钾	玻碳		HDDA，DMPP *n*-BA NaTFPB 缬氨霉素 铂纳米颗粒	53.6±0.7	$10^{-7.4}$	2
钾	玻碳金	Au@C4 Au@C8	31.6% PVC 64.0% DOS 1.6% NaTFPB 2.8% 缬氨霉素	55.9±1.0 55.3±0.6	$10^{-6.2}$ $10^{-6.1}$	3
钾	玻碳	等摩尔量混合 $MPC^{0/1}$	PVC DOS KClTPB 缬氨霉素	58.8± 0.2	$10^{-6.2}$	4
钙	玻碳		HDDA DMPP *n*-BA NaTFPB ETH 5234 铂纳米颗粒	24.0±0.3	$10^{-6.1}$	2
钾	镍网	三维有序的大孔碳	32.8% PVC 65.6% *o*-NPOE 0.6% KTFPB 1% 缬氨霉素	能斯特响应	$10^{-6.2}$	5
钾	PVC 棒、金属钳	CNT	97.5% MMA *n*-BA 0.5% KClTPB 2% 缬氨霉素	58.1±0.4	$10^{-5.5}$	6
钾	玻碳	富勒烯	33% PVC 66% DOS 0.03% KTFPB 1% 缬氨霉素	55	$10^{-5.0}\sim10^{-2.0}$	7
钾	玻碳 丝网印刷电极	掺杂 CNT 的 PEDOT	32.1% PVC 66.4% DOS 0.31% KClTPB 1.19% 缬氨霉素	57.7, 56.9	$10^{-6.0}\sim10^{-1.0}$ $10^{-6.0}\sim10^{-1.0}$	8
钾	导电墨水	SWCNT-ODA	HDDA DMPP *n*-BA ETH 500 KTFPB 缬氨霉素	57.2±1.2	$10^{-6.6}$	9
钾	玻碳	化学法制备的石墨烯	32.8% PVC 66% *o*-NPOE 0.2% KTFPB 1% 缬氨霉素	58.4±0.3	$10^{-6.1}$	10
钾	玻碳	化学法制备的石墨烯	33.3% PVC 65.2% DOS 0.5% KClTPB 1.0% 缬氨霉素	59.2±0.1	$10^{-5.0}$	11

续表

分析对象	基底	转导层	离子选择性膜组成(质量分数)/%	响应斜率①/mV	测定浓度(检测限)/(mol/L)	文献
钙	铜丝	CNT	96.5% MMA *n*-BA 0.5% KTFPB 3% ETH 129	28.7	$10^{-6.2}$	12
锌	玻碳		PAN 修饰的石墨烯	27.2±1.4	$10^{-4.5}$	13
铅	玻碳		PVC *o*-NPOE NaTFPB CNT-苯并-18-冠-6	28.7±0.5	$10^{-5.8}$	14
钾	玻碳		33% PVC 65.8% *o*-NPOE 0.2% KClTPB 1% 缬氨霉素 CNT	52.7±0.4	$10^{-6.0}$～$10^{-1.0}$	15

① 指对应每 10 个单位的电压变化。

注：HDDA——1,6-己二醇二丙烯酸酯,交联剂；DMPP——2,2-二甲氧基-2-二苯基苯乙酮,光诱导剂；*n*-BA——丙烯酸正丁酯；PAN——1-(2-吡啶偶氮)-2-萘酚；MPC——己硫醇单层膜保护的金纳米簇,直径 1.6nm。

硫杂杯[4]芳烃衍生物的结构如下:

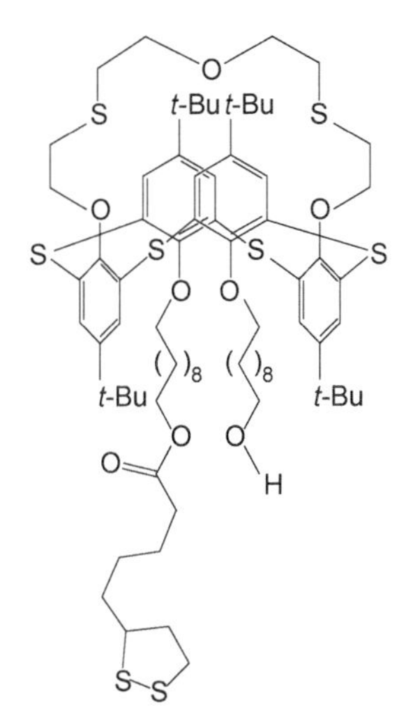

本表参考文献：

1. Jagerszki G, et al. Chem Commun, 2010, 46: 607.
2. Jaworska E, et al. Anal Chem, 2011, 83: 438.
3. Jaworska E, et al. Talanta, 2011, 85: 1986.
4. Zhou M, et al. Anal Chem, 2012, 84: 3480.
5. Lai C-Z, et al. Anal Chem, 2007, 79: 4621.
6. Crespo G A, et al. Anal Chem, 2008, 80: 1316.
7. Fouskaki M, et al. Analyst, 2008, 133: 1072.
8. Mousavi Z, et al. J Electroanal Chem, 2009, 633: 246.
9. Xavier Rius-Ruiz F, et al. Anal Chem, 2011, 83: 8810.
10. Ping J, et al. Electrochem Commun, 2011, 13: 1529.
11. Li F, et al. Analyst, 2012, 137: 618.
12. Hernandez R, et al. Analyst, 2010, 135: 1979.
13. Jaworska E, et al. Analyst, 2012, 137: 1895.
14. Parra E J, et al. Chem Commun, 2011, 47: 2438.
15. Mousavi Z, et al. Electroanal, 2011, 23: 1352.

表 5-45 不含转导层的全固态离子选择性电极

分析对象	基底	离子选择性膜组成(质量分数)/%	响应斜率①/mV	测定浓度(检测限)/(mol/L)	文献
铯	石墨粉和环氧树脂的混合物	25% PVC 73% *o*-NPOE 2% BC6	58.5	$3\times10^{-7.0}$	1
铜	石墨棒	33% PVC 60% 邻苯二甲酸二丁酯 2% 四苯硼钠 5% 双-2-噻吩丙二胺	29.1±0.1	$3\times10^{-8.0}$	2
氯	Ag/AgCl 印刷电极	86.8% 硅胶 12.3% 癸二酸二丁酯 0.9% In(OEP)Cl	53.7	$10^{-4.0}$	3
硫氰酸盐	石墨棒	31.9% PVC 63% 邻苯二甲酸二辛酯 5.1% 镍酞菁	−58.4	$5\times10^{-7.0}$	4
硫氰酸盐	石墨棒	32% PVC 62.8% 邻苯二甲酸二辛酯 5.2% 氯化铁酞菁	−57.2	$2\times10^{-6.0}$	4

① 指对应每 10 个单位的电压变化。

注：In(OEP)Cl——八乙基卟啉氯化铟；BC6——1,3-杯[4]双冠-6；BC6 结构如下：

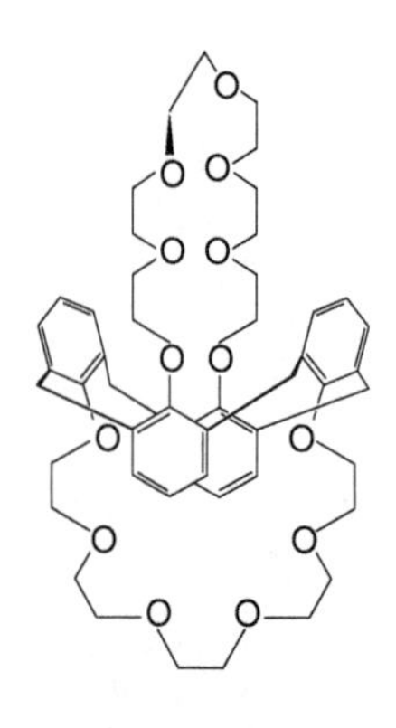

本表参考文献：

1. Perez-Jimenez C, et al. Anal Chim Acta, 1998, 371: 155.
2. Ganjali M R, et al. Anal Chim Acta, 2001, 440: 81.
3. Yoon I J, et al. Anal Chim Acta, 1998, 367: 175.
4. Amini M K, et al. Anal Chim Acta, 1999, 402: 137.

二、电位选择系数

一个离子选择性电极和一个参比电极，用导线连接起来就是离子选择性电极电池，通常可写成：

外参比电极 ‖ 测试溶液 | 膜 | 内参比电极

外参比电极 ‖ 测试溶液 | 离子选择性电极

或

测量电池的电位（E），得

$$E = K + \frac{2.303RT}{Z_A F}\ln[a_A + K_{A,B}^{pot}\ a_B^{Z_A/Z_B} + K_{A,C}^{pot}\ a_C^{Z_A/Z_C} + \cdots] \quad (5\text{-}1)$$

式中　E——当测试液中变量是活度时，实验观测到的电池的电动势，V；

R——摩尔气体常数，其值等于（8.31451±0.00070）J/(K·mol)；

T——热力学温度，K；

F——Faraday 常数，等于（9.6485309±0.0000029）×10^4C/mol；

a_A、a_B、a_C——离子 A、B、C 的活度，离子 B 和 C 为干扰离子；

Z_A、Z_B、Z_C——离子 A、B、C 的电荷数（其值及符号由离子 A、B、C 决定）；

$K_{A,B}^{pot}$——电位选择系数，表示在试液中离子 B、C 对离子 A 的干扰程度；

K——包括指示电极的标准电位（$E^{\ominus}$）或零电位 $E_{ISE}^{\ominus}$,参比电极的电位 E_{ref} 和液接电位 E_j，mV。

三、测定电位选择系数的方法

1. 固定干扰法（FIM）

在含有固定活度 a_B 干扰离子 B 的溶液中，改变主离子 A 的活度 a_A，与 A 离子选择性电极和参比电极组成电池。测定电池的电动势 E 与主离子活度 a_A 的对数作图（见图 5-1）。图的线性部分外推至水平线相交点的 a_A 值，用该值从式（5-2）计算电位选择系数

$$K_{A,B}^{pot}=\frac{a_A}{a_B^{Z_A/Z_B}} \tag{5-2}$$

2. 分别溶液法（SSM）Ⅰ——分别溶液等活度法

用离子选择性电极和参比电极分别与只含有离子 A 的活度 a_A（不含离子 B），另一个只含离子 B，且活度 $a_B=a_A$（不含离子 A）的溶液组成电池，分别测量相应电池的电动势为 E_A 和 E_B（见图 5-2）。可从以下方程计算电位选择系数：

$$E_A=E'+S\lg a_A \tag{5-3}$$

$$E_B=E'+S\lg K_{A,B}^{pot}\ a_B^{Z_A/Z_B} \tag{5-4}$$

$$S=\frac{2.303RT}{Z_AF}$$

当 $a_A=a_B$ 时，则

$$E_B-E_A=S\lg K_{A,B}^{pot}\ a_B^{Z_A/Z_B}-S\lg a_A$$

$$\lg K_{A,B}^{pot}=\frac{(E_B-E_A)}{S}+(1+\frac{Z_A}{Z_B})\lg a_A \tag{5-5}$$

该方法又称为分别溶液等活度法。

3. 分别溶液法（SSM）Ⅱ——分别溶液等电位法

选择电极和参比电极分别与一个只含离子 A 的活度 a_A（不含离子 B）的溶液组成电池；另一个只含离子 B 的活度 a_B（不含离子 A）的溶液组成电池。调节两个电池的溶液浓度，使测量的电位相等。可从测得的相等电位的任意一对活度 a_A 和 a_B 来计算 $K_{A,B}^{pot}$。当 $E_A=E_B$ 时，从式（5-3）和式（5-4）得到：

$$K_{A,B}^{pot} = \frac{a_A}{a_B^{Z_A/Z_B}} \qquad (5-6)$$

该法又称为分别溶液等电位法，分别溶液法可用图解法求电位选择系数，见图 5-2。表 5-46 总结归纳了一些商品化离子选择性电极的膜组成和电位选择性系数。

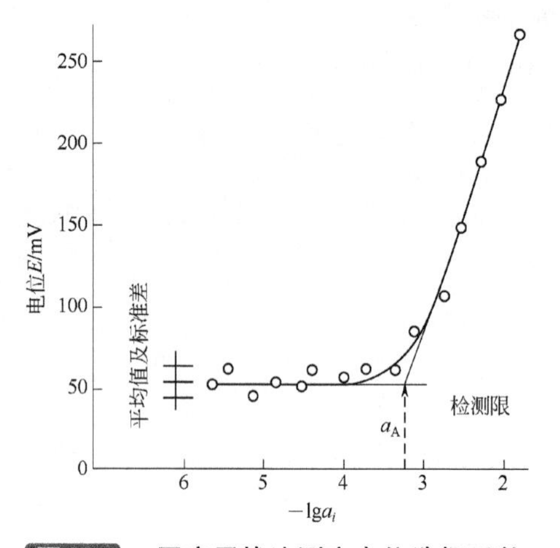

图 5-1 固定干扰法测定电位选择系数

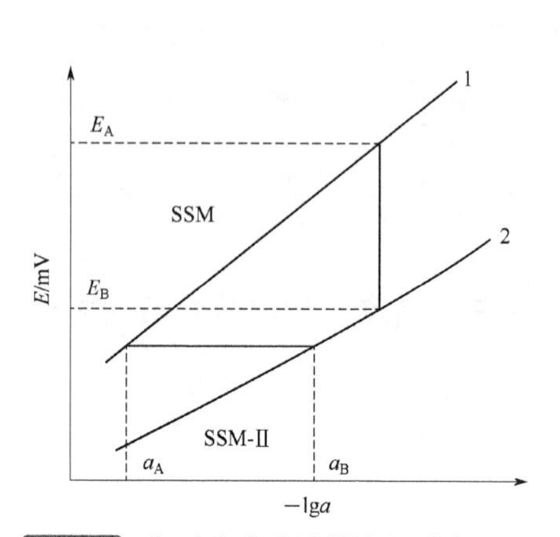

图 5-2 分别溶液法计算电位选择系数

1—A离子响应曲线；2—B离子响应曲线

表 5-46 一些商品化离子选择性电极的膜组成和电位选择性系数

检测离子	膜组成[①]	干扰离子 K_{ij}	方法	文献
H^+	H^+-1(1)，PVC(30)，*o*-NPOE(69)，KTpClPB(70)	Li^+，6.9；Na^+，5.6	FIM	1
H^+	H^+-2(0.7)，PVC(33)，*o*-NPOE(66)，TDDMACl(50)	Li^+，9.6；Na^+，9.5；K^+，9.4	FIM	2
Li^+	Li^+-1(1)，oNPPE/TEHP[②](70)，PVC(28)，KTpClPB(71)	H^+，2.6；Na^+，2.5；K^+，2.4；Rb^+，1.5；Cs^+，1.2；NH_4^+，2.4；Mg^{2+}，4.1；Ca^{2+}，3.8；Sr^{2+}，3.9；Ba^{2+}，3.7	SSM	3
Li^+	Li^+-2(2.5)，PVC(33)，*o*-NPOE(66)，KTpClPB(15)	H^+，2.6；Na^+，1.9；K^+，3.2；Rb^+，3.1；Cs^+，3.8；NH_4^+，3.8；Mg^{2+}，2.4；Ca^{2+}，1.0；Sr^{2+}，0.9；Ba^{2+}，1.1	SSM	4
Na^+	Na^+-1(0.66)，*o*-NPOE，(70)，PVC(28)，KTpClPB(50)	H^+，2.2；Li^+，2.5；K^+，2.0；Cs^+，2.1；NH_4^+，2.7；Mg^{2+}，2.9；Ca^{2+}，2.6	SSM(FIM)[③]	5
Na^+	Na^+-2(1)，*o*-NPOE(65)，PVC(33)，KTpClPB(11)	H^+，0.8；K^+，1.5；Mg^{2+}，3.8；Ca^{2+}，1.6	SSM	6
K^+	K^+-1(1.2)，DOS(65)，PVC(33)，NaTFPB(60)	Na^+，4.1(4.5)；Mg^{2+}，5.2(7.5)；Ca^{2+}，5.0(6.9)	SSM	7
K^+	K^+-2(2)，*o*-NPOE(33)，PVC(65)，KTpClPB(70)	Li^+，3.8；Na^+，3.2；NH_4^+，2.1；Mg^{2+}，5.0；Ca^{2+}，4.5	SSM	8
Cs^+	Cs^+-1(0.4)，PVC(33.2)，*o*-NPOE(66.3)，KTpClPB(62)	Li^+，3.3；Na^+，2.1；K^+，3.2；Rb^+，0.8；Rb^+，1.0；Mg^{2+}，3.0；Ca^{2+}，3.5	SSM	9
NH_4^+	NH_4^+-1(3)，PVC(30)，BEHS(66.5)，KTpClPB(25)	Li^+，3.5；Na^+，2.4；K^+，1.0；Rb^+，1.5；Cs^+，2.4；Mg^{2+}，4.0；Ca^{2+}，3.8；Sr^{2+}，3.6；Ba^{2+}，4.0	SSM	10
Mg^{2+}	Mg^{2+}-1(1)，PVC(33)，*o*-NPOE(65)，KTpClPB(50)	H^+，6.5；Li^+，0.9；Na^+，2.3；K^+，1.2；Rb^+，0.6；Cs^+，0.3；Ca^{2+}，1.5；Sr^{2+}，0.3；Ba^{2+}，0.3	SSM	11
Mg^{2+}	Mg^2-2(2)，*o*-NPOE(66)，PVC(32)，KTpClPB(100)	Li^+，3.6；Na^+，3.0；K^+，1.4；Rb^+，0.5；Cs^+，0.6；NH_4^+，2.0；Ca^{2+}，2.5；Sr^{2+}，2.9；Ba^{2+}，2.3	SSM	12
Ca^{2+}	Ca^{2+}-1(0.46)，*o*-NPOE(66)，PVC(33)，NaTFPB(50)	Na^+，3.4(8.3)；K^+，3.8(10.1)；Mg^{2+}，4.6(9.3)	SSM	13
Ca^{2+}	Ca^{2+}-2(1)，*o*-NPOE(64)，PVC(34.5)，KTpClPB(69)	H^+，4.4；Li^+，2.8；Na^+，3.4；K^+，3.8；Mg^{2+}，4.4	SSM	14
Ca^{2+}	Ca^{2+}-3(2)，*o*-NPOE(66)，PVC(32)，KTpClPB(100)	H^+，3.7；Li^+，4.1；Na^+，4.1；K^+，4.5；Rb^+，4.2；Cs^+，4.0；NH_4^+，4.2；Mg^{2+}，5.0；Sr^{2+}，1.0；Ba^{2+}，2.0	SSM	12

续表

检测离子	膜组成①	干扰离子 K_{ij}	方法	文献
Ca^{2+}	Ca^{2+}-4(1)，DOPP(66)，PVC(33)	H^+，0.2；Li^+，1.2；Na^+，2.0；K^+，2.3；Rb^+，2.2；Cs^+，2.4；NH_4^+，1.6；Mg^{2+}，1.6；Ba^{2+}，1.6；Sr^{2+}，0.9	SSM	15
Ca^{2+}	Ca^{2+}-5(1)，DOS(65)，PVC(33)，TDDMACl(48)	H^+，1.0；Li^+，1.6；Na^+，1.4；K^+，1.1；Rb^+，1.1；Cs^+，1.1；NH_4^+，0.9	SSM	15
Ba^{2+}	Ba^{2+}-1(1)，PVC(33)，*o*-NPOE(66)，KTpClPB(65)	H^+，1.6；Li^+，3.2；Na^+，2.7；K^+，2.7；Rb^+，2.9；Cs^+，2.9；NH_4^+，3.2；Mg^{2+}，7.8；Ca^{2+}，1.8；Sr^{2+}，0.2	SSM	16
Cu^{2+}	Cu^{2+}-1(1.2)，PVC(57.2)，*o*-NPOE(34.3)，KTpClPB(24)	Na^+，2.7；K^+，2.3；Mg^{2+}，3.6；Ca^{2+}，3.6；Sr^{2+}，3.7；Mn^{2+}，2.5；Ni^{2+}，3.2；Co^{2+}，4.0；Zn^{2+}，2.2；Cd^{2+}，4.4；Pb^{2+}，0.7	FIM	17
Ag^+	Ag^+-1(1.1)，DOS(66)，PVC(32)，KTpClPB(29)	Na^+，3.4(6.2)；K^+，3.3(5.7)；Ca^{2+}，4.0(8.0)；Pb^{2+}，4.3(6.0)；Cu^{2+}，4.1(7.7)	SSM	13
Pb^{2+}	Pb^{2+}-1(1.57)，DOS(66.15)，PVC(33.4)，NaTFPB(34)	H^+，7.5；Na^+，7.5；K^+，6.9；Ag^+，9.5；$N(CH_3)_4^+$，6.5；Mg^{2+}，13.9；Ca^{2+}，13.1；Cu^{2+}，0.3；Cd^{2+}，0.3	SSM	18
Pb^{2+}	Pb^{2+}-2(1.24)，DOS(66.15)，PVC(33.4)，NaTFPB(17)	H^+，4.4；Na^+，3.5；K^+，4.5；Ag^+，21.8；$N(CH_3)_4^+$，6.7；Mg^{2+}，1.7；Ca^{2+}，1.1；Cu^{2+}，0.3；Cd^{2+}，0.3	SSM	18
Sr^{2+}	Sr^{2+}-1(1.2)，PVC(33)，*o*-NPOE(65)，KTpClPB(50)	Mg^{2+}，4.9；Ca^{2+}，3.5；Ba^{2+}，0.8	SSM	19
Cl^-	Cl^--1(2)，DOS(65)，PVC(33)，TDDMACl(1)	F^-，5.2；Br^-，0.7；I^-，0.7；HCO_3^-，4.7；NO_3^-，2.5；SCN^-，0.3；ClO_4^-，0.2；醋酸盐，5.2；水杨酸盐，0.8；SO_4^{2-}，5.5；HPO_4^{2-}，5.2	SSM	20
Cl^-	Cl^--2(5)，*o*-NPOE(90)，1癸醇(4)，TDDMATpClPB(1)④	Br^-，0.3；I^-，1.3；NO_2^-，0.5；NO_3^-，0.9；ClO_4^-，1.5；醋酸盐，3.7；SO_4^{2-}，5.9	SSM	21
CO_3^{2-}	CO_3^{2-}-1(9.7)，DOS(59.0)，PVC(29.5)，TDDMACl(13.8)	Cl^-，5.0；Br^-，3.6；NO_3^-，1.8；SCN^-，0.5；水杨酸盐，3.6；SO_4^{2-}，5.0；HPO_4^{2-}，5.0	SSM	22
NO_2^-	NO_2^--1(1)，*o*-NPOE(65)，PVC(33)，KTpClPB(36.6)	F^-，3.9；Cl^-，3.7；Br^-，3.3；I^-，2.2；HCO_3^-，3.7；NO_3^-，3.5；SCN^-，0.2；ClO_4^-，2.2；醋酸盐，3.8；SO_4^{2-}，4.1	SSM	23

① 离子载体、增塑剂和 PVC 的质量分数。离子位点数量则用离子载体的摩尔分数表示。

② oNPPE——邻硝基苯苯基醚，TEHP——磷酸三(2-乙基己基)酯，oNPPE∶TEHP=98∶2

③ 对于一价阳离子采用 SSM 方法，对于二价阳离子则采用 FIM 方法。

④ TDDMATpClPB 在该膜组成中的作用为支持电解质。

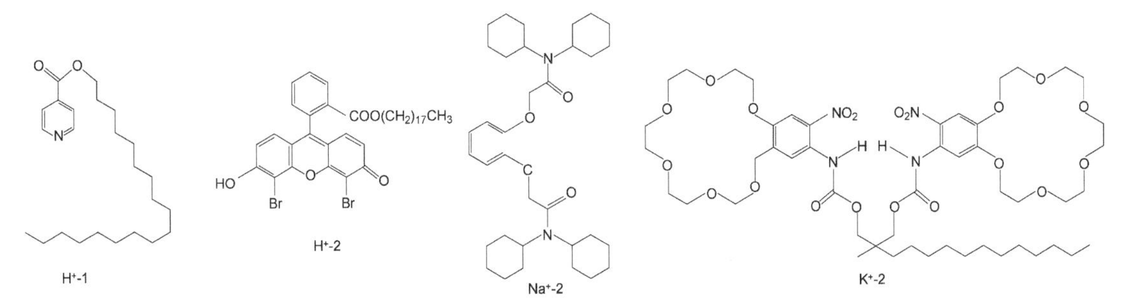

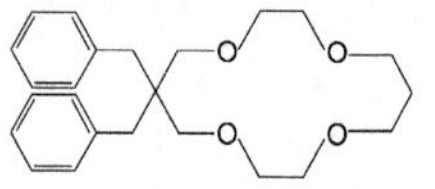

Li^{+}-1

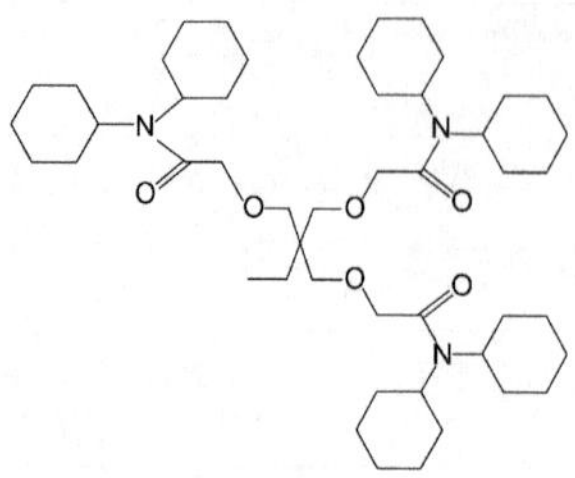

Li^{+}-2

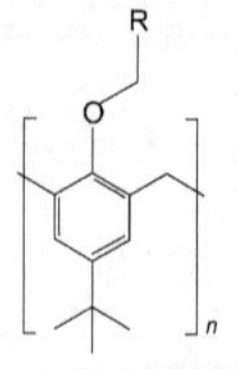

Na^{+}-1：n=4，R=$CH_2COOCH_2CH_3$
Ce^{+}-1：n=6，R=$CH_2COOCH_2CH_3$
Pb^{+}-1：n=4，R=$CH_2CSN(CH_3)_2$

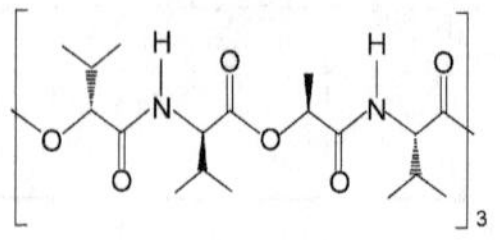

K^{+}-1

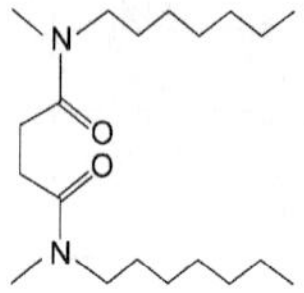

Mg^{2+}-1

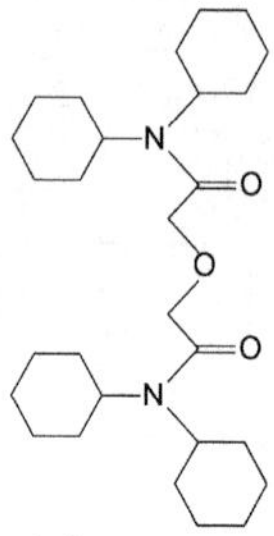

Ca^{2+}-1

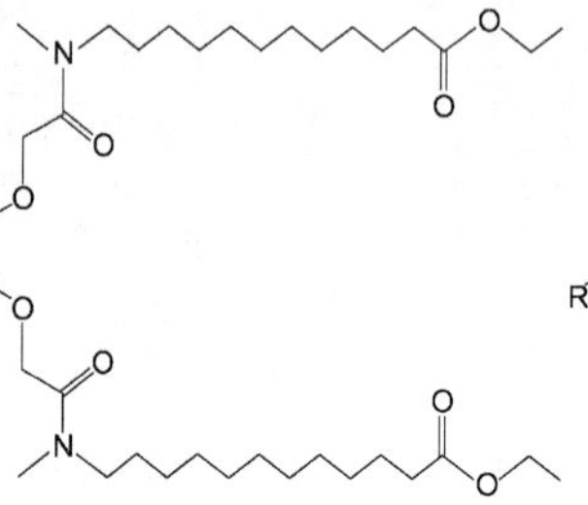

Ca^{2+}-2

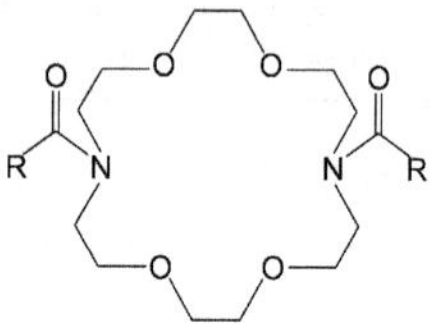

Mg^{2+}-2：R=CH_2CONH-金刚烷基
Ca^{2+}-3：R=$CH_2OCH_2CONH\ C_{18}H_{37}$

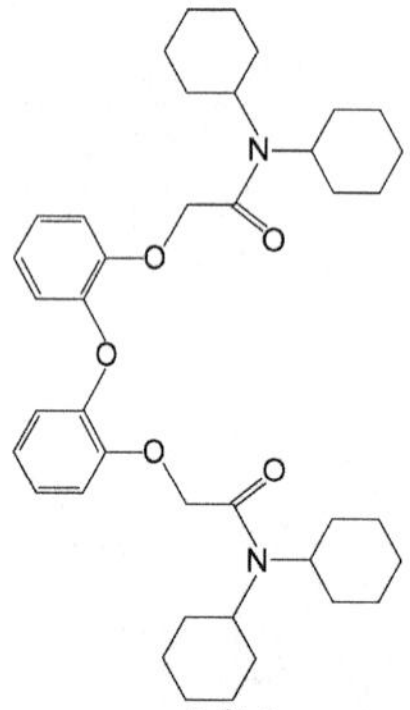

Ba^{2+}-1

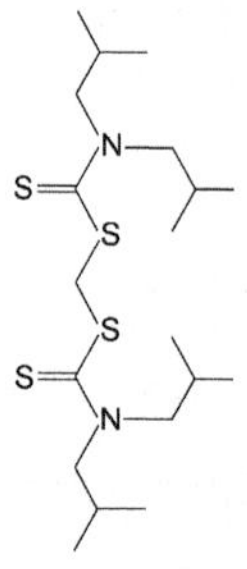

Pb^{2+}-2

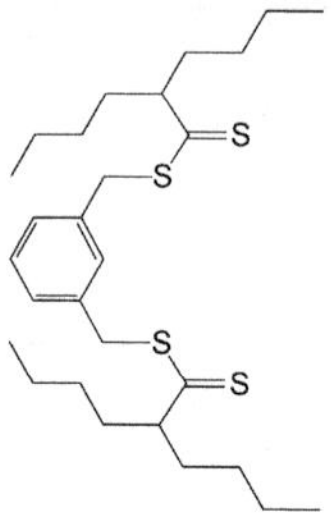

Cu^{2+}-1

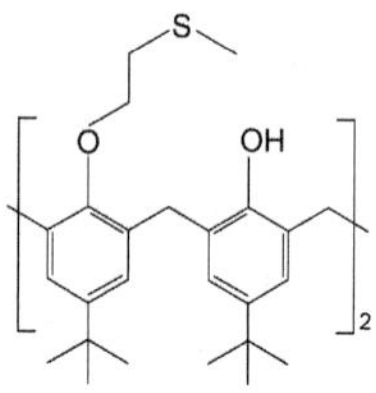

Ag^{+}-1

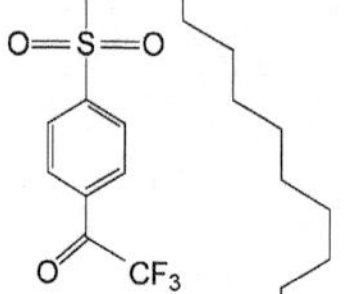

CO_3^{2-}-1

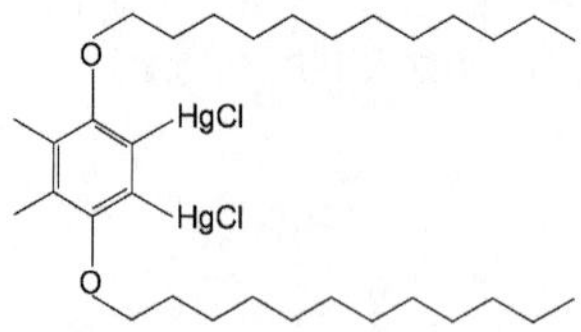

Cl^{-}-1

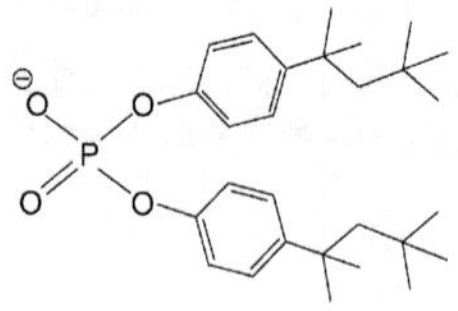

Ca^{2+}-4

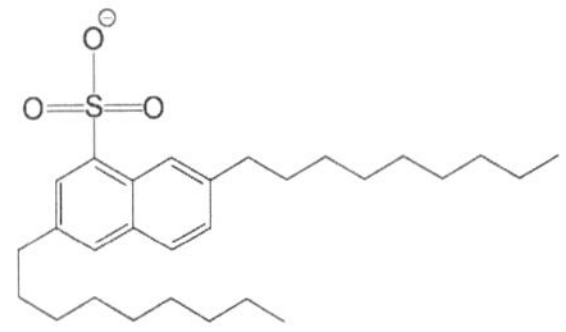

Ca^{2+}-5 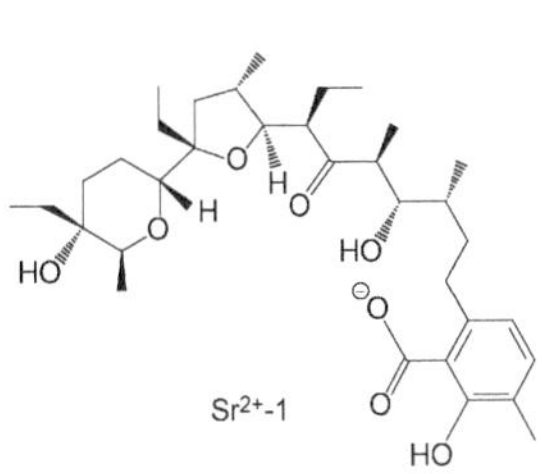　　Sr^{2+}-1 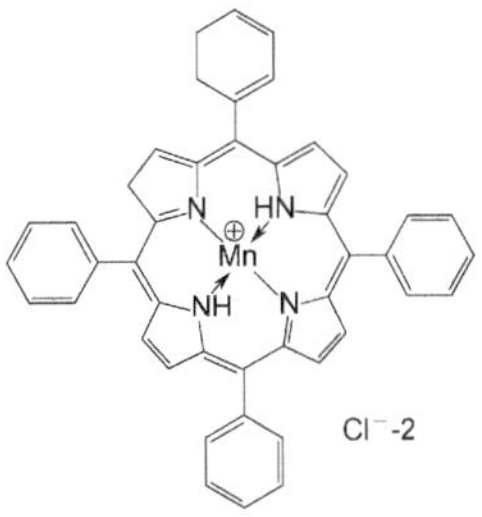　　Cl^{-}-2

本表参考文献：

1. Oesch U, et al. Anal Chem, 1986, 58: 2285.
2. Amemiya S, et al. Anal Chem, 2000, 72: 1618.
3. Eugster R, et al. Anal Chem, 1991, 63: 2285.
4. Bochenska M, et al. Mikrochimica Acta, 1990, 3: 277.
5. Grady T, et al. Anal Chim Acta, 1996, 336: 1.
6. Huser M, et al. Anal Chem, 1991, 63: 1380.
7. Bakker E. J Electrochem Soc, 1996, 143: L83.
8. Lindner E, et al. Mikrochim Acta, 1990, 1: 157.
9. Cadogan A, et al. Analyst, 1990, 115: 1207.
10. Siswanta D, et al. Chem Lett, 1994, 945.
11. Rouilly M V, et al. Anal Chem, 1988, 60: 2013.
12. Suzuki K, et al. Anal Chem, 1995, 67: 324.
13. Bakker E. Anal Chem, 1997, 69: 1061.
14. Schefer U, et al. Anal Chem, 1986, 58: 2282.
15. Mi Y M, et al. Anal Chem, 1998, 70: 5252.
16. Laubli M W, et al. Anal Chem, 1985, 57: 2756.
17. Kamata S, et al. Analyst, 1989, 114: 1029.
18. Ceresa A, et al. Anal Chim Acta, 1999, 395: 41.
19. Schaller U, et al. Anal Chem, 1995, 67: 3123.
20. Rothmaier M, et al. Anal Chim Acta, 1996, 327: 17.
21. Hauser P C, et al. Anal Chim Acta, 1994, 295: 181.
22. Behringer C, et al. Anal Chim Acta, 1990, 233: 41.
23. Schaller U, et al. Anal Chem, 1994, 66: 391.

四、离子选择性电极的分析测试方法

1. 直接指示法

根据能斯特方程设计的离子计等，利用标准溶液校正离子选择性电极后，就可以在仪器上直接测得试液中被测离子的 pX 值，则相应的被测离子（X）的活度或浓度就能得到。此法又称离子计法。

2. 直接计算法

直接计算法即先在一种标准溶液 c_s 中测量电池电动势 E_s，然后在待测溶液 c_x 中测量电池电动势 E_x，由两次测量的电动势得到：

$$E_x = E' + S\lg c_x \tag{5-7}$$

$$E_s = E' + S\lg c_s \tag{5-8}$$

$$E_x - E_s = \Delta E = S\lg\frac{c_x}{c_s}$$

则

$$c_x = c_s 10^{\Delta E/S} \tag{5-9}$$

此法要求被测离子的浓度要在电极响应的线性范围内；电极的斜率与理论值一致。为减少测定误差，可采用双标准法（c_{s_1}/c_{s_2}），即使被测离子的浓度在两种标准溶液浓度之间，然后测量电池的电动势，则

$$c_x = c_{s_1} 10^{(E_x - E_{s_1})(\lg c_{s_2} - \lg c_{s_1})/(E_{s_2} - E_{s_1})}$$

如果取 $c_{s_2} = 10c_{s_1}$，则

$$c_x = c_{s_1} 10^{(E_x - E_{s_1})/(E_{s_2} - E_{s_1})} \tag{5-10}$$

3. 标准曲线法

配制一系列不同浓度的标准溶液，测出相对应的电池的电动势，用半对数坐标纸以 E-lg$a$

作图得校正曲线，再测出未知液的电位值，从校正曲线上查出未知液的浓度。为了使标准溶液和被测溶液在测量中的$E^{\ominus}$和液接电位（E_j）尽量保持恒定，力求两者组分一致，尽量减小误差。

4. 标准加入法

设试样溶液的浓度为c_x，体积为V_x与离子选择性电极和参比电极组成电池，测得电动势为E_1，则

$$E_1 = E' + S\lg c_x \tag{5-11}$$

然后向样品溶液中加入浓度为c_s，体积为V_s的标准溶液后，在相同条件下测量电池的电动势E_2，则

$$E_2 = E' + S\lg \frac{c_x V_x + c_s V_x}{V_x + V} \tag{5-12}$$

因为$Vs \ll V_x$，$c_s \gg c_x$，在测量时是用同一支离子选择性电极，故E'相等。则

$$E_1 - E_2 = \Delta E = S\lg \frac{c_x V_x + c_s V_s}{c_x (V_x + V_s)}$$

$$\frac{\Delta E}{S} = \lg \frac{c_x V_x + c_s V_s}{c_x V_s} \tag{5-13}$$

$$c_x = \frac{c_s V_s}{V_x}(10^{\Delta E/S} - 1)^{-1} \tag{5-14a}$$

设

$$\Delta c = \frac{c_s V_s}{V_x}$$

则

$$c_x = \Delta c (10^{\Delta E/S} - 1)^{-1} \tag{5-14b}$$

式中，S为电极的斜率，由实验测得。

5. 样品加入法

此法操作步骤正好与标准加入法相反，即离子选择性电极和参比电极先在标准溶液中测量出电池电动势E_1，然后测量加入被测试样后的电动势E_2，则

$$E_1 = E' + S\lg c_x$$

$$E_2 = E' + S\lg \frac{c_s V_s + c_x V_x}{V_s + V_x}$$

加入样品液前后的电动势之差。当$V_s \gg V_x$时，则

$$c_x = \frac{V_s c_s}{V_x}(10^{\Delta E/S} - 1) \tag{5-15}$$

6. 格兰（Gran）作图法

格兰作图法的原理和实验操作步骤与标准加入法相似，是多次标准加入法。准确吸取体积为V_x，浓度为c_x的被测试液，插入离子选择性电极和参比电极组成电池，测量其电动势E_1，然后向被测试液中准确加入浓度为c_s的标准溶液V_s，并测量其电动势E_2，再继续向被测试液中加入体积为V_{s_2}的标准溶液，测量其电动势E_3。依此类推，测得若干个数据，可列出若干个方程，解联立方程，就可求得结果。

在未加入标准溶液时

$$E_1 = E' + S\lg c_x \tag{5-16}$$

加入第一次标准溶液后

$$E_2 = E' + S\lg \frac{c_x V_x + c_s V_{s_1}}{V_x + V_{s_1}} \tag{5-17}$$

加入第二次标准溶液后

$$E_3 = E' + S\lg \frac{c_x V_x + c_s (V_{s_1} + V_{s_2})}{V_x + V_{s_1} + V_{s_2}} \tag{5-18}$$

同理可得，加入 n 次标准溶液后，得到 n+1 个方程，解这些联立方程式，可求出被测离子的浓度 c_x。也可用作图法求解，而且方便。

将式（5-17）重排后得到

$$E + S\lg(V_x+V_s) = E' + S\lg(c_x V_x+c_s V_s)$$

取反对数，设 K=$10^{E/S}$，则

$$(V_x+V_s)10^{E/S} = K(c_x V_x+c_s V_s) \tag{5-19}$$

以 $(V_x+V_s)^{Ex/S}$ 对 V_s 作图（见图 5-3），得一直线，将直线外推至与 V_s 轴相交，得到：

$$(V_x+V_s)10^{E/S} = 0 = K(c_x V_x+c_s V_s)$$

$$c_x = -\frac{c_s V_s}{V_s}$$

从作图上求得（$-V_s$）即可得到 c_x。在实际工作中有一种专门为格兰作图法设计的半反对数坐标纸，又称格氏作图纸，只要按作图纸的要求，进行作图即可方便地求得被测溶液的浓度。

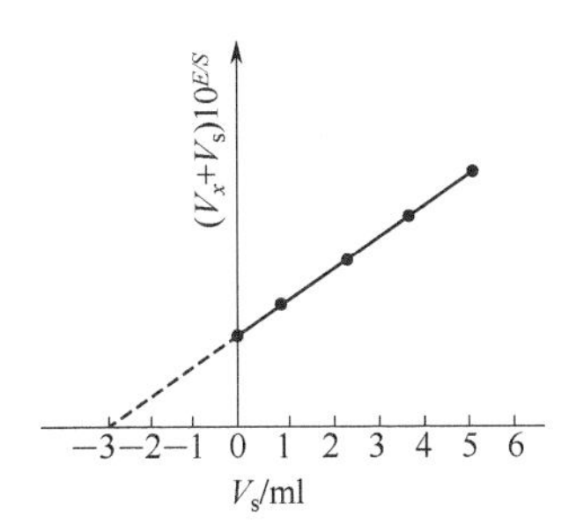

图 5-3 $(V_x+V_s)10^{E/S}$ 与 V_s 的函数关系

五、离子选择性电极在分析测试中的应用

离子选择性电极能直接测定液体试样，溶液的颜色和浊度一般也不影响测试结果。对复杂的样品无需预处理，只要调节溶液的 pH 值和离子强度就可以进行测定。

离子选择性电极已经成功应用于临床化学领域，尤其是生理体液中相关电解质的检测识别。表 5-47 列出了利用聚合物膜离子选择性电极检测得到的血液中几种重要生理离子的浓度范围。

表 5-47 血液中重要离子的浓度范围及相应离子传感器的组成和选择性[36]

离子	浓度范围/(nmol/L)	膜组成	选择性系数
H^+	pH=7.35～7.45	三(正十二烷基)胺，KTpClPB，PVC/DOS	Na^+，104；K^+，9.8；Ca^{2+}，11.1
Li^+	0.5～1.5①	7-十四烷基-2,6,9,13-四氧杂三环[12.4.4.0$^{1.14}$]	Na^+，3.1；K^+，3.6
		二十二烷，KTpClPB，PVC/DBPA	Ca^{2+}，<−5.0
Na^+	136～145	杯[4]芳烃醚-4-离子载体，KTpClPB，PVC/NPOE	Li^+，2.8；K^+，5.0；Mg^{2+}，4.5，Ca^{2+}，4.4
K^+	3.5～5.0	缬氨霉素，NaTFPB，PVC/DOS	Na^+，4.5；Mg^{2+}，7.5；Ca^{2+}，6.9
Ca^{2+}	2.2～2.6	*N,N,N',N'*-四环己基-3-氧杂戊二酰胺（ETH129），KTpClPB，PVC/NPOE	Na^+，8.3；K^+，10.1；Mg^{2+}，9.3

续表

离子	浓度范围/(nmol/L)	膜组成	选择性系数
Mg^{2+}	0.8～1.3	四酰胺离子载体，KTpClPB，PVC/NPOE	Li^{+}，3.7；Na^{+}，3.2；K^{+}，1.4，Ca^{2+}，2.5
Cl^{-}	98～106	2,7-二叔丁基-9,9-二甲基-4,5-氧杂蒽二胺	Sal^{-}，1.8；NO_3^{-}，0.7；HCO_3^{-}，2.6
CO_3^{2-}	35～40②	钳状碳酸盐离子载体，TDMACl，PVC/DOA	Cl^{-}，6.0；Sal^{-}，0.8；NO_3^{-}，3.4
磷酸盐	0.7～1.4	双水杨醛缩邻苯二胺铀酰，PVC/NPOE	Cl^{-}，2.5；NO_3^{-}，1.7
水杨酸	1～2③	酞菁锡(Ⅱ)	Cl^{-}，4.8；Ac^{-}，3.4

①使用锂盐进行治疗的病人。
②总二氧化碳浓度。
③使用阿司匹林进行治疗的病人。

近年来，这一领域的研究非常活跃，报道甚多。表 5-48 和表 5-49 列举了一些常见的离子选择性电极。表 5-50 列举了一些自 1995 年迄今报道的含有内充溶液的离子选择性电极。

表 5-48 一些常见的离子选择性电极与分析应用

电　极	膜材料	分析对象	测定浓度/(mol/L),(pH 值)	干扰离子(K_{ij})	文献
氟电极	LaF_3-PrF_3	测定水质、尿、血、骨灰、电镀液、水泥、炉渣、黄铁矿、磷矿、大理石等中的 F^{-}，测定有机物硅酸乙酯中的 Si(Ⅳ)		Al^{3+}，Fe^{3+}，OH^{-}常见阳、阴离子不干扰	1
		头孢氨苄	(1～5)×10^{-7}，(5～7)		2
		妥布霉素			3
		异烟肼，苯肼，丙卡巴肼	标准 $AgNO_3$ 滴定		4
		对乙酰基氨基酚，苯氧苯酚胺			5
		萘心安($C_{16}H_{21}NO_2$)			3
		肼屈嗪($C_8H_8O_4$)			4
		甘氨酸，组氨酸，半胱氨酸，赖氨酸，苯丙氨酸，色氨酸，酪氨酸			2
		半胱氨酸，苯丙氨酸，酪氨酸			6
氯电极	AgCl-Ag_2S	测定石油水质、土壤、铜锌电镀液、硅酸盐中微量 Cl^{-}	(1～5)×10^{-5}，(2.0～12.0)	NO_3^{-} (1.5×10^{-4})，HPO_4^{2-} (1×10^{-4})，SO_4^{2-} (6.6×10^{-5})，CN^{-}(2×10^{-2})，Br^{-}(4)，I^{-}(200)，S^{2-}，NH_4^{+}	—
	Hg_2Cl_2-橡胶-石墨	水中 Cl^{-}	2.2×10^{-6}，(<3)	NO_3^{-} (2.8×10^{-5})，SO_4^{2-} (5.5×10^{-4})，ClO_4^{-} (10^{-2}) SO_3^{2-} (8.7×10^{-1})，HSO_3^{-} (0.9)，Ac^{-}(5.3×10^{-2})，Br^{-}(1.6×10^{-2})	—
溴电极	AgBr-Ag_2S	测定光色玻璃中 Br^{-}	(1～5)×10^{-6}，(2.0～11.0)	HPO_4^{2-} (1.6×10^{-4})，NO_3^{-} (3.8×10^{-4})，CO_3^{2-} (10^{-3})，SO_4^{2-} (1.5×10^{-4})，Cl^{-}(2.6×10^{-3})，I^{-}(2.6)，CN^{-}(2.6)，SCN^{-}(0.5)，$S_2O_3^{2-}$ (2.7)	—
		维生素 C，维生素 H，维生素 B_1，维生素 B_6			
		维生素 H			7
		维生素 B_1			8
		维生素 B_6			9

续表

电　极	膜材料	分析对象	测定浓度/(mol/L),(pH 值)	干扰离子(K_{ij})	文献
碘电极	AgI-Ag_2S	测定有机物中I^-，海带中I^- 喹啉，可待因，阿托品	$(1\sim5)\times10^{-7}$，$(2.0\sim12.0)$ $AgNO_3$ 标准溶液滴定	NO_3^- (2×10^{-7})，HPO_4^{2-} (8.3×10^{-7})，SO_4^{2-} (7.2×10^{-7})，$Cl^-(2.1\times10^{-6})$，$Br^-(10^{-6})$；S^{2-}，CN^-，Ag^+，Hg^{2+}都有干扰	—
氰电极	AgI	测定工业废水中氰化物	$10^{-2}\sim10^{-6}$，(中性或碱性)	PO_4^{3-} (9×10^{-6})，NO_3^- (2×10^{-6})，SO_4^{2-} (4×10^{-6})，SO_3^{2-} (2×10^{-4})，$F^-(4\times10^{-7})$，$Cl^-(6\times10^{-6})$，$Br^-(2\times10^{-4})$，$I^-(2.0)$；S^{2-}，Hg^{2+}均干扰	10
硫电极	Ag_2S	测定工业废气中S^{2-}，二氧化钛中S^{2-}	$0.1\sim10^{-7}$，$(2.0\sim12.0)$	—	—
银电极	Ag_2S	测定电影制片厂废水中Ag^+ 氰尿嘧啶	$1\sim10^{-6}$，$(2.0\sim11.0)$ 用0.01mol/L $AgNO_3$标准溶液滴定	要与硫电极分开使用	—
汞电极	AgI	汞矿石，土壤中Hg^{2+}	$10^{-2}\sim10^{-5}$，$(2.0\sim12.0)$	Ag^+，Cl^-，Br^-，I^-，CN^-都有干扰。要与碘电极、氰电极分开使用	—
铜电极①	CuS-Ag_2S	测定镀铜液中Cu^{2+}，废水中Zn^{2+}的电位滴定	$0.1\sim10^{-7}$，$(3.0\sim5.0)$	$Pb^{2+}(0.042)$，$Cd^{2+}(0.316)$，$Fe^{3+}(0.55)$，$Bi^{3+}(1.137)$，$Hg^{2+}(5.7\times10^6)$，$Ag^+(2.7\times10^7)$；S^{2-}干扰	—
镉电极	CuS-Ag_2S	—	$0.1\sim10^{-7}$，$(3.0\sim10.0)$	Hg^{2+}，Pb^{2+}，Ag^+，S^{2-}干扰	
铅电极	PbS-Ag_2S	废水中SO_4^{2-}，Pb^{2+}	$(0.1\sim5)\times10^{-7}$，$(3.0\sim6.0)$	$Mg^{2+}(4\times10^{-6})$，$Ca^{2+}(5.5\times10^{-6})$，$Sr^{2+}(4\times10^{-6})$，$Ba^{2+}(1.6\times10^{-6})$，$Co^{2+}(6.3\times10^{-5})$，$Zn^{2+}(2\times10^{-5})$，$Cd^{2+}(6\times10^7)$，$Ni^{2+}(4\times10^{-2})$，$Cu^{2+}(10^{-6})$，$Mn^{2+}(10^{-5})$，$Fe^{2+}(2.7\times10^{-5})$，$Fe^{3+}(2.7)$	—
钠电极	玻璃	测定土壤、血中Na^+	$(1\sim5)\times10^{-7}$，$(2.0\sim12.0)$	$H^+(20)$，$K^+(0.03\sim0.05)$	11
钾电极	玻璃	测定水质、血、水泥中K^+	$(1\sim5)\times10^{-4}$，$(3.0\sim10.0)$	$Na^+(0.1)$，NH_4^+ (0.2)	
硝酸根电极	季铵盐邻硝基苯十二烷醚液膜	测定水中NO_3^-	$1\sim10^{-5}$，$(2.5\sim10.0)$	NO_2^- (4×10^{-2})，SO_4^{2-} $(<10^{-5})$，$S_2O_3^{2-}$ (2.1×10^{-4})，CO_3^{2-} (3.7×10^{-4})，$Ac^-(2.7\times10^{-4})$，$H_2PO_4^-$ (2.9×10^{-4})，HPO_4^{2-} (1.4×10^{-4})，EDTA二钠盐(5.7×10^{-5})，柠檬酸根(3.6×10^{-5})，酒石酸根(1.3×10^{-5})，抗坏血酸根(4.6×10^{-5})	11
氯电极	NR_4^+ 次氯酸钙，3-壬基甲基氯酸钙，PVC	氯胺 T 中有效氯的测定	$0.1\sim10^{-5}$，$(2\sim11)$ $10^{-2}\sim10^{-5}$，$(6.0\sim9.0)$	ClO_4^- (20)，$I^-(10)$，NO_3^-，$Br^-(3)$，SO_4^{2-} (0.2)，HCO_3^-，$Ac^-(0.3)$，$F^-(0.1)$ $Br^-(0.3)$，SO_4^{2-} (0.15)，$I^-(1.7\times10^{-3})$，PO_4^{3-} (1.2×10^{-2})，NO_3^- (2.7×10^{-3})	12 13
钾电极	PVC 膜	生物体中K^+	$0.1\sim10^{-5}$，$(3.5\sim10.5)$	$Li^+(10^{-3})$，$Na^+(4.4\times10^{-3})$ NH_4^+ (8.5×10^{-2})，$Ca^{2+}(3\times10^{-4})$，$Mg^{2+}(2\times10^{-4})$，$Ba^{2+}(3.1\times10^{-4})$	14
钙电极	PVC 膜	生物体中Ca^{2+}	$(0.1\sim5)\times10^{-6}$，$(5.0\sim10.0)$	$Na^+(4\times10^{-3})$，$K^+(4\times10^{-3})$，$Mg^{2+}(4.5\times10^{-3})$，$Ba^{2+}(10^{-2})$，$Sr^{2+}(1.2\times10^{-2})$，$Pb^{2+}(10^{-2})$，$Cu^{2-}(10^{-2})$	
聚氯乙烯膜电极(PVC 膜电极)	PVC，地昔帕明 PVC，米帕明 PVC，双环胺	地昔帕明 米帕明 双环胺	$10^{-2}\sim10^{-6}$ $10^{-2}\sim10^{-6}$ $2\times10^{-3}\sim2\times10^{-5}$	— — —	15 16 16

续表

电　极	膜材料	分析对象	测定浓度/(mol/L),(pH 值)	干扰离子(K_{ij})	文献
苯酰胆碱[2]电极	PVC，DOP，直链烷基苯磺酸盐	测定有机磷农药	4×10^{-7}，(5～10)	$Ca^{2+}(2.5\times10^{-6})$，$K^{+}(1.3\times10^{-4})$，$Mg^{2+}(3.9\times10^{-7})$，$Rb^{+}(2.1\times10^{-4})$，$Ba^{2+}(1.6\times10^{-6})$，$Cs^{+}(1.8\times10^{-4})$，$Li(3.8\times10^{-6})$，$NH_4^+(5.1\times10^{-4})$，$Na^{+}(1.6\times10^{-5})$，胆碱$(6.1\times10^{-4})$	17
硼-苯羟乙酸电极	PVC，DOP，季铵盐	测定稀土合金、铝钛硼合金中的硼	6×10^{-6}，(3.5)	$SO_4^{2-}(2\times10^{-5})$，$H_2PO_4^-(2.0\times10^{-5})$，$Cl^-(1.1\times10^{-3})$，$NO_3^-(1.9\times10^{-3})$，$BF_4^-(3.3\times10^{-2})$，$I^-(4.3\times10^{-2})$，$ClO_4^-(2.1\times10^{-3})$	18
林可霉素电极[3]	PVC，邻苯二甲酸二丁酯，HTPB，林可霉素	盐酸林可霉素注射液	$(0.1\sim5)\times10^{-4}$	—	19
流动载体膜电极	美芬噁酮，HTPB，2，4-二硝基苯辛醚	美芬噁酮	—	—	—
	甲氧氯普胺，HTPB，邻苯二甲酸二丁酯	甲氧氯普胺	$0.1\sim10^{-5}$	—	20
	雷尼替丁，HTPB，DBP[4]	雷尼替丁	$3\times10^{-2}\sim3\times10^{-5}$	—	21
	三碘季铵酚，HTPB，DBP	三碘季铵酚	$10^{-2}\sim10^{-5}$	—	22
	泮库溴铵，HTPB，DBP	泮库溴铵	$10^{-2}\sim10^{-5}$	—	
	溴化丁二酰胆碱，HTPB，DBP	溴化丁二酰胆碱	$10^{-2}\sim10^{-5}$	—	
	氯化筒箭毒碱，HTPB，DBP	氯化筒箭毒碱	$10^{-2}\sim10^{-5}$	—	
	香草醛，腙，HTPB，癸二酸二辛酯	香草醛	$10^{-2}\sim4\times10^{-5}$	—	23
	小檗碱，叶绿素，HTPB，DOP	小檗碱	$10^{-2}\sim10^{-7}$	—	24
	氯喹，HTPB，DOP	氯喹	$0.1\sim10^{-5}$	—	
	嘧啶，HTPB，DOP	嘧啶	$0.01\sim10^{-5}$	—	25
	可卡因，HTPB，DOP	可卡因	$10^{-2}\sim10^{-5}$	—	26
	海洛因，HTPB，DOP	海洛因	$10^{-2}\sim10^{-5}$	—	27
	尼古丁，硝基苯，HTPB	尼古丁	$10^{-2}\sim10^{-5}$	—	28
	苯佐卡因，HTPB，DOP	苯佐卡因	$1.2\times10^{-2}\sim6.3\times10^{-6}$	—	29
	辛可卡因，HTPB，DOP	辛可卡因	$10^{-2}\sim4\times10^{-5}$	—	
	甲哌卡因，HTPB，DOP	甲哌卡因	$10^{-2}\sim5\times10^{-5}$	—	
	普鲁卡因，HTPB，DOP	普鲁卡因	$10^{-2}\sim4\times10^{-5}$	—	
	丁卡因，HTPB，DOP	丁卡因	$10^{-2}\sim4\times10^{-5}$	—	
	二苯环庚啶，HTPB，DOP	二苯环庚啶	$10^{-2}\sim8\times10^{-5}$	—	30
	地西泮 HTPB，DBP	地西泮	$10^{-2}\sim10^{-5}$	—	
	丙己君，HTPB，DOP	丙己君	$(0.1\sim2.5)\times10^{-3}$	—	31
	曲唑酮，四对氯苯硼，DOP	曲唑酮	$0.1\sim10^{-5}$	—	
	利多卡因，HTPB，DOP	利多卡因	$10^{-2}\sim10^{-4}$	—	32

续表

电　极	膜材料	分析对象	测定浓度/(mol/L),(pH 值)	干扰离子(K_{ij})	文献
流动载体膜电极	美西律，HTPB，DOP	美西律	$(0.1\sim1.5)\times10^{-5}$	—	33
	苯福林，HTPB，DOP	苯福林	$(0.1\sim1.5)\times10^{-4}$	—	
	异博定，HTPB，DOP	异博定	$(10^{-2}\sim5.7)\times10^{-6}$	—	34
	罂粟碱，HTPB，DBP	罂粟碱	$10^{-2}\sim10^{-5}$	—	35
	依沙维林，HTPB，DBP	依沙维林	$10^{-3}\sim10^{-5}$	—	
	阿地芬宁，HTPB，DOP	盐酸阿地芬宁	$3.0\times10^{-2}\sim1.5\times10^{-5}$	—	36
氨电极	0.01mol/L NH_4Cl(pH＞11)，pH 电极为指示电极	测定废水、土壤中氨，有机氨	$0.1\sim10^{-5}$，(＞11)	具有特效性	12
氢氰酸电极	$KAg(CN)_2$，pH=6.88，KH_2PO_4-Na_2HPO_4缓冲液，银电极	测定废水中氰化物	$10^{-3}\sim10^{-6}$，(＜7)	具有特效性，S^{2-}有干扰，加 $Pb(Ac)_2$ 除去	
CO_2 电极	0.01mol/L$NaHCO_3$，pH 玻璃电极	测定空气中 CO_2	$0.1\sim10^{-5}$，(＜4)	具有特效性	
SO_2 电极	0.1mol/L 或 0.01mol/L $NaHSO_3$，pH 玻璃电极	测定水、空气中 SO_2	$0.1\sim10^{-6}$	具有特效性	
NO_2 电极	0.02mol/L$NaNO_2$ 柠檬酸盐缓冲液，pH 玻璃电极	测定水、空气中 NO_2	$0.1\sim10^{-6}$	具有特效性	
Cl_2 电极	$NaHSO_4$ 缓冲液，pH 玻璃电极	测定空气中 Cl_2	$(0.1\sim5)\times10^{-3}$	具有特效性	

① 铜电极干扰离子所用值为 K_{ji}，而 K_{ji} 为 K_{ij} 的倒数。

② HTPB 为四苯硼酸。

③ DOP 为邻苯二甲酸二辛酯。

④ DBP 为邻苯二甲酸二丁酯。

本表参考文献：

1. 邹翠英，李吉学，朱忠和. 化学传感器, 1995, 15(2): 136.
2. Athanasiou-Malaki E, Koupparis M A. Anal chim Acta, 1989, 219: 295.
3. Athanasiou-Malaki E. Koupparis M A, et al. Anal Chem, 1989, 16: 1358
4. Athanasiou-Malaki E, Koupparis M A. Talanta, 1989, 36: 431.
5. Apostolakis J C, Georgiou C A, Koupparis M A. Analyst, 1991, 116: 233.
6. Katsu T, Kayamoto T, Fujita Y. Anal Chim Acta, 1990, 239: 23.
7. Halvatzis S A, Timotheou-Potamia M. Anal Chim Acta, 1989, 227: 405.
8. Kiellstrom T L, Bachas L G, Anal Chem, 1989, 61: 1728.
9. Guohua Zhang, Toshihjko Imato, Ishibashi N, Anal Chem, 1990, 62: 1644.
10. 王国顺，施清照. 杭州大学学报, 1983, 10(4): 495.
11. 罗伶，顾树春. 理化检验：化学分册, 1991, 27(5): 280.
12. 闫锋，韩可沁. 电化学分析. 沈阳：辽宁大学出版社, 1994, 101-116.
13. 唐祖明，郑纪山. 化学传感器, 1995, 15(3): 195.
14. 李吉学，倪水月，饶红. 化学传感器, 1995, 15(2): 85.
15. 徐台顺, 化学传感器, 1995, 15(2): 128.
16. Takisawa N, et al. J Chem Soc, Faraday Trans, 1988, 84: 3059.
17. 丰达明. 化学传感器, 1995, 15(3): 189.
18. 丰达明. 化学传感器, 1995, 15(3): 191.
19. 黄起伦, 徐达峰, 杜秀芳等, 化学传感器, 1995, 15(2): 132.
20. Diaz C, Vidal J G, Galban J, et al. J Electroanal Chem, 1989, 19: 295.
21. 汪乃兴，邓家祺，等. 分析化学, 1991, 19: 1428.
22. Aubeck R, Brauchle C, Hampp N. Anal Chim Acta, 1990, 238: 405.
23. Chan W H, Lee A W M, Wah-Ng A C, et al. Analyst, 1990, 115: 205.
24. 朱俊铣. 分析化学, 1989, 17: 817.
25. Aubeek R, Hampp N. Anal Chim Acta, 1992, 39: 257.
26. Elnemma E M, Hamada M A, et al. Talanta, 1992, 39: 1329.
27. Hassan Saad S M, Hamada M A. Analyst, 1990, 115: 623.
28. Hassan Saad S M, Elnemma E M. Analyst, 1989, 114: 1033.
29. Satake H, Miyata T, Kaneshian S. Bull Chem Soc Jpn, 1991, 64: 3029.
30. Issa Y M, Rizk M S, Mohamed S S. Anal Lett, 1992, 25: 1617.
31. Zareh M, El-Sheikh R, Issa Y M, et al. Anal Lett, 1992, 25: 663.
32. Shoukry A F, Issa M Y, Et. Sheik R. Microchem J, 1988, 37: 299.
33. 冷宗周，胡效亚. 分析化学, 1989, 17(9): 854.
34. 冷宗周，胡效亚. 分析化学, 1991, 19: 1301.
35. Eppelsheim C, Aubeck R, Hampp N, et al. Analyst, 1991, 116: 1001.
36. Issa Y M, Ibrahim H, Shoukry A F, et al. Microchem J, 1990, 42: 267.

表 5-49 一些离子选择性微电极与分析应用

电极	膜组成 w/%		尖端直径 /μm	测定浓度/(mol/L) (斜率/mV)	选择性（K_{ij}）	应用	文献
Ca 电极	ETH1001①	5.2	2.5	$0.1\sim10^{-6}$	Na^+，$K^+(4\times10^{-5})$；$Ca^{2+}(8\times10^{-4})$	测定体液、线粒体悬液中 Ca^{2+}	1
	四苯硼四丁铵	2.1		(27.4)			
	邻硝基苯辛醚	78.7					
	PVC②	14.0					
Na 电极	ETH1097③	1.8	2	$0.5\sim10^{-3}$	$K^+(5\times10^{-2})$，$Ca^{2+}(5\times10^{-3})$，$Mg^{2+}(6.3\times10^{-4})$	测定血液、尿、唾液、汗水中的 Na^+	2
	四苯硼酸钠	0.5		(57.3)			
	癸二酸二丁酯	72.7					
	PVC	25.0					
K 电极	缬氨霉素	5.0	2.5	$0.1\sim10^{-5}$	$Na^+(4\times10^{-3})$，$Ca^{2+}(1.5\times10^{-4})$，$Mg^{2+}(2\times10^{-4})$	测定体液中 K^+	3～5
	四(对氯苯)硼钾	2.0		(58.2)			
	2,3-二甲基硝基苯	93.0					
Mg 电极	ETH5214④	10.0	5	$(0.1\sim4)\times10^{-4}$	$Na^+(0.1)$，$K^+(0.12)$，$Ca^{2+}(0.2)$	测定体液中 Mg^{2+}	6
	四(对氯苯)硼钾	3.0		(28.0)			
	邻硝基苯辛醚	87.0					
Li 电极	ETH1810⑤	8.0	2.5	$(0.1\sim5)\times10^{-5}$	$Na^+(4\times10^{-2})$，$K^+(0.015)$，$Ca^{2+}(5\times10^{-3})$，$Mg^{2+}(1.3\times10^{-3})$	测定体液中 Li^+	7
	四(对氯苯)硼钾	1.0		(56.4)			
	2,3-二甲基硝基苯	91.0					
pH 电极	三(正十二烷基)胺	10.0	1	$10^{-2}\sim10^{-9}$	$Na^+(2\times10^{-10})$，$K^+(10^{-9})$	测定血清、体液的 pH 值	8
	四(对氯苯)硼钾	1.0		(56.7)			
	邻硝基苯辛醚	89.0					

① ETH1001 为 *N'*-二［11-(乙氧基羟基)十一烷基］-*N*,*N'*-4,5-四甲基-3,6 二噁辛基-1,8-二酰胺。
② PVC 为聚氯乙烯。
③ ETH1097 为 *N*,*N'*-双二苄基-3,6-二氧杂辛二酰胺。
④ ETH5214 为 *N*,*N'*-亚辛基双(*N'*-庚基-*N'*-甲基甲基丙二酰胺)。
⑤ ETH1810 为 *N*,*N*-环己基-*N'*,*N'*-二异丁基顺环己烷-1,2-二酰胺。

本表参考文献：

1. 漆德瑶，胡忠民. 高等学校化学学报，1989, 10(2): 190.
2. 庄云龙，漆德瑶. 分析化学，1985, 13(1):34.
3. Ammann D, 赵平三, Simon W. Neurosci. Lett, 1987, 74: 221.
4. 应大林，漆德瑶. 上海工业大学学报，1986, 7(3): 28.
5. 漆德瑶，殷亚萍. 化学传感器，1995, 15(2): 81.
6. 胡忠民，Buhrer T, et al. Anal, Chem, 1989, 61: 574.
7. 庄云龙，漆德瑶. 高等学校化学学报，1988, 9(8): 847.
8. 赵平三，Ammann D. Pflugers Arch, 1988, 411: 216.

表 5-50 含有内充溶液的离子选择性电极与分析应用

分析对象	离子选择性膜组成(质量分数)/%	内充溶液	响应斜率①/mV	测定浓度(检测限)/(mol/L)	文献
铅	乙烯树脂 NaTPB poly(AN-*co*-HAS)	10^{-5}mol/L 硝酸铅	29.3	2.2×10^{-5}	1
铅	35.3% PVC 62.5% DOS 0.82% KClTPB 1.31% ETH 5435	0.1mol/L 硝酸铅 0.05mol/L EDTA-Na_2		5×10^{-12}	2

续表

分析对象	离子选择性膜组成(质量分数)/%	内充溶液	响应斜率①/mV	测定浓度(检测限)/(mol/L)	文献
铅	33% PVC 59% *o*-NPOE 3%油酸 5% DBzDA18C6	0.001mol/L 硝酸铅 0.001mol/L 氯化钾	29.3±0.7	5×10^{-5}～1×10^{-2}	3
铅	PVC *o*-NPOE，KClTPB BSPD	0.1mol/L 氯化钾	29.4	$10^{-6.04}$	4
汞	33% PVC 57% 苯乙酮 5% 十八烯酸 5% HT18C6TO	0.001mol/L 硝酸汞	29±0.3	1.6×10^{-6}	5
汞	15% PVC 1.5% 邻苯二甲酸二丁酯 0.5%四苯硼钠 1% 五硫代-15-冠-5	0.1mol/LHg^{2+}的盐溶液	32	2.51×10^{-5}	6
汞	40% PVC 40% 邻苯二甲酸 14% 十八烯酸 6% DBDAT18C6DO	0.001mol/L 硝酸汞	29	8×10^{-6}～1×10^{-2}	7
汞	PVC *o*-NPOE KClTPB EBPCA	0.001mol/L 氯化钾	30	7×10^{-7}	8
汞	PVC DOS 水杨醛氨硫脲	0.001mol/L 硝酸汞	29	1.78×10^{-6}～1.0×10^{-1}	9
汞	33.2% PVC 61.2% *o*-NPOE 2.4% 四苯硼钠 3.2% BNAS	0.001mol/L 硝酸汞(pH=2.0)	30.0±1.0	7.0×10^{-7}～5.0×10^{-2}	10
镍	54% PVC 35% DBP 4% NaTPB 7% TMPP(卟啉衍生物)	0.1mol/L Ni^{2+}的盐溶液	30.1	5.6×10^{-6}～0.1	11
镍	32% PVC 46% 乙酸丁酯 17% 油酸 5% 2-甲基-4-(对甲氧苯基)-2,6-二苯基-2*H*-噻喃	0.001mol/L 氯化镍	29.5	9×10^{-6}	12
铍	33% PVC 58% 苯乙酮 6% 十八烯酸 3% 苯并-9-冠-3	0.001mol/L 氯化铍	29	1×10^{-6}	13
银	37.2% PVC 56.4% 邻苯二甲酸二丁酯 3.5% NaTPB 2.9% 六硫杂-18-冠-6	0.001mol/L 硝酸银	59	4×10^{-6}	14
银	PVC *o*-NPOE KClTPB 杯芳烃衍生物	0.01mol/L 硝酸银	57	$10^{-5.3}$	15

续表

分析对象	离子选择性膜组成(质量分数)/%	内充溶液	响应斜率[①]/mV	测定浓度(检测限)/(mol/L)	文献
银	30% PVC 65% *o*-NPOE 5%双（二乙基硫代磷酸酯）	0.1mol/L 氯化钾	57.3	10^{-7}	16
银	PVC 磷酸二丁酯 KClTPB 杯芳烃的苯并噻唑衍生物	0.01mol/L 硝酸银	56.5 58.6	2.5×10^{-6}～3.2×10^{-6}	17
银	PVC 2-硝基苯基戊基醚 KClTPB 杯[4]芳烃衍生物	1×10^{-5}mol/L 硝酸银	53.8±1.6	10^{-6}～10^{-2}	18
银	PVC，DOS，席夫基-*p*-叔丁基杯[4]芳烃	0.01mol/L 硝酸银	59.7	10^{-5}～10^{-1}	19
银	32% PVC 62% *o*-NPOE 3% 四苯硼钠 3% 5,10,15-三（五氟苯基）咔咯	0.001mol/L 硝酸银	54.8	5.1×10^{-6}～1.0×10^{-1}	20
铯	31.6% PVC 63.6% *o*-NPOE 1.3% KClTPB 3.8% 杯芳烃衍生物	0.1mol/L 氯化铯	58.5	10^{-6}～10^{-1}	21
铯	PVC DOS 杯[4]冠醚衍生物	0.1mol/L 氯化铯	59	5.0×10^{-6}～1.0×10^{-1}	22
镉	47.62% PVC 47.62% 丁基磷酸二丁酯 4.76% 二苯并-24-冠-8	0.1mol/LCd^{2+}的溶液	30.0	3.9×10^{-5}～1.0×10^{-1}	23
镉	32.36% PVC 65.75% DOS 0.45% NaTPB 1.44% ETH 5435	0.001mol/L Na_2EDTA， 10^{-4}mol/L 硝酸镉， 10^{-2}mol/L 硝酸钠， pH = 5.0	29.6	10^{-10}	24
镉	PVC *o*-NPOE KClTPB 四硫杂-12-冠-4	10^{-4}mol/L 硝酸镉	29.0±1.0	4.0×10^{-7}～1.0×10^{-1}	25
镉	PVC，邻苯二甲酸二丁酯，四苯硼钠，二环己烷并-18-冠-6	0.1mol/L 硝酸镉	29.0±1.0	2.1×10^{-5}～1.0×10^{-1}	26
镉	47.4% PVC 47.4% 丁基磷酸二丁酯 0.5% 四苯硼钠 4.7% 二环己烷并-24-冠-8	0.1mol/L Cd^{2+}的溶液	30.0±1.0	3.0×10^{-5}～1.0×10^{-1}	27
镉	32.2% PVC 64.5% *o*-NPOE 1.07% KClTPB 2.15% N',N^4-双(吡啶-2-甲亚基)-1,4-丁二胺	0.1 mol/L 硝酸镉	30.0	7.9×10^{-8}～1.0×10^{-1}	28
铬	30% PVC 60% *o*-NPOE 3% KClTPB 7% SNS	0.001mol/L 氯化铬	19.9±0.3	10^{-6}～10^{-1}	29

续表

分析对象	离子选择性膜组成(质量分数)/%	内充溶液	响应斜率[①]/mV	测定浓度(检测限)/(mol/L)	文献
镉	30% PVC 50% 乙酸苄酯 14% 油酸 6% BCTETROL	0.001mol/L 氯化镉	27.8±0.5	9×10^{-6}	31
镉	43.1% PVC 54.0% *o*-NPOE 1.1% 四苯硼钠 1.8% 硫杂杯[4]芳烃	0.01mol/L Cd^{2+}的溶液	29.5	3.2×10^{-6}～1.0×10^{-1}	32
铈	32% PVC 42% 乙酸苄酯 18% 油酸 8% 1,3,5-三噻烷	0.1mol/L 氯化铈	19.4±0.4	3×10^{-5}	33
铈	35.3% PVC 58.5% *o*-NPOE 4.7% 油酸 1.2% 席夫碱衍生物	0.01mol/L 氯化铈	20.0	1.41×10^{-7}～1.0×10^{-2}	34
铜	32.5% PVC 66.5% 邻苯二甲酸二丁酯 1.0% 双(2-氨基苯基)二硫	0.001mol/L 硝酸铜	30.01	10^{-7}～10^{-2}	35
铜	27.4% PVC 51.2% *o*-NPOE 16.4% 油酸 5% 2-对甲氧苯基-1,3-二噻烷	0.01mol/L 硝酸铜	29.5±1	10^{-6}	36
铜	32.15% PVC 64.3% 丁基磷酸二丁酯 1.93% 四苯硼钠 1.62% 双(乙酰丙酮)丙二胺	0.1mol/L Cu^{2+}的盐溶液	30±0.6	10^{-5}～10^{-1}	37
铜	30% PVC 65.5% 硝基苯 2% NaTPB 2.5% MATTO	0.001mol/L 硝酸铜	29.2±0.4	10^{-6}～10^{-1}	38
铜	30% PVC 55% *o*-NPOE 8% 油酸 7% BHAB	0.001mol/L 硝酸铜	29.6	5×10^{-8}～1×10^{-2}	39
铝	30% PVC 62% 乙酰苯 5% 油酸 3% NTDH	0.001mol/L 氯化铝 0.001mol/L 盐酸 3mol/L 氯化钾	19.6±0.4	10^{-8}～10^{-2}	40
铝	31.8% PVC 63.6% *o*-NPOE 3.37% KClTPB 1.2% 5PHAZOSALNPHN	0.001mol/L 硝酸铝 0.01mol/L 氯化钾	19.3±0.8	2.5×10^{-6}	41
铝	48.4% PVC 48.4% *o*-NPOE 1.6% 四苯硼钠 1.6% NBSC	0.1mol/L Al^{3+}的溶液	20.3±0.1	10^{-8}～10^{-1}	42
锌	30% PVC 55% 苯乙酮 10% 油酸 5% 5,10,15,20-四(2-氨基苯基)-21,23-2*H*-卟啉	0.01mol/L 硝酸锌	26.5	3×10^{-5}	43

续表

分析对象	离子选择性膜组成(质量分数)/%	内充溶液	响应斜率[①]/mV	测定浓度(检测限)/(mol/L)	文献
锌	64.1% PVC 32.1% 钛酸二辛酯 0.6% 四苯硼钠 3.2% 二苯并-24-冠-8	0.1mol/L 硝酸锌	−29.0±0.5	$9.2\times10^{-5}\sim1.0\times10^{-1}$	44
铁	33.5% PVC 63.2% 邻苯二甲酸二丁酯 3.3% HPDTP	0.001mol/L 硝酸铁	28.5±0.5	$3.5\times10^{-6}\sim4.0\times10^{-2}$	45
钡	30% PVC 62.5% *o*-NPOE 3% 四苯硼钠 4.5% DAOD	0.001mol/L 氯化钡	29.7±0.4	$10^{-6}\sim10^{-1}$	46
镧	30% PVC 56% 邻苯二甲酸二丁酯 3% 四苯硼 11% 1-(3-氮杂双环[3.30]辛基)-3-对甲苯磺酸脲	0.001mol/L 氯化镧	20.1	8×10^{-7}	47
镧	48% PVC 37% 丁基磷酸二丁酯 8% 四苯硼钠 7% 单氮杂-12-冠-4		20.5±1.0	$3.16\times10^{-5}\sim1\times10^{-1}$	48
镧	30% PVC 66% 苯乙酮 2% 四苯硼钠 2% BMDA	0.001mol/L 氯化镧	19.7±0.2	6.5×10^{-6}	49
镧	33% PVC 61% *o*-NPOE 6% 二环己烷并-18-冠-6	10^{-4}mol/L 硝酸镧	19.0	$10^{-6}\sim10^{-1}$	50
镧	PVC 油酸 *o*-NPOE 2,2′-二硫二吡啶	0.001mol/L 硝酸镧	20.0±1.0	$7.1\times10^{-6}\sim2.2\times10^{-2}$	51
镧	43.8% PVC 50.6% *o*-NPOE 4.4% 油酸 1.2% 二硫代乙二酰胺	0.01mol/L 硝酸镧	20.0±0.2	$3.2\times10^{-8}\sim1.0\times10^{-1}$	52
钆	33% PVC 61% 苯乙酸 2% 四苯硼钠 5% SMPH	0.001mol/L 氯化钆	19.8±0.3	3×10^{-6}	53
钆	30% PVC 62% 乙酸苄酯 3% KClTPB 5% N^2,N^6-双(噻吩-2-甲亚基)吡啶-2,6-二胺	0.001mol/L 硝酸钆	19.4±0.4	$1\times10^{-6}\sim1\times10^{-1}$	54
钆	32% PVC 63% *o*-NOPE 1.5% 四苯硼钠 3.5% MATDTO	0.01mol/L 氯化钆	19.8±0.2	$10^{-6}\sim10^{-1}$	55
钕	28% PVC 58% 酞酸二辛酯 5% 四苯硼钠 9% 对-(2-羟基苯基偶氮)杯[4]芳烃	0.001mol/L 氯化钕	19.8±0.2	$4\times10^{-8}\sim1\times10^{-1}$	56

续表

分析对象	离子选择性膜组成(质量分数)/%	内充溶液	响应斜率①/mV	测定浓度(检测限)/(mol/L)	文献
氢	29.7% PVC 68.3% *o*-NPPE 0.0085% 对叔丁基杯[4]芳烃-氧杂冠-4	0.01mol/L 盐酸	54.2±0.4	10^{-11}～10^{-2}	57
氯	33% PVC 66% *o*-NPOE 1% 双硫脲衍生物TDDMACl	0.01mol/L 氯化钾 0.1mol/LHEPES	−54.0±1.0	6.5×10^{-6}	30
氯	32.5% PVC 64.7% *o*-NPOE 0.8% TDDMACl 2.0% 三唑衍生物	0.01mol/L 氯化钠	−54.6	5.6×10^{-6}	58
乙酸盐	33% PVC 65% *o*-NPOE 2% TDDMACl	0.01mol/L 乙酸钠 0.001mol/L 氯化钠 0.1mol/L HEPES-NaOH 缓冲溶液	54.0±1.0	3.6×10^{-5}	59
三碘化物	33.3% PVC 55.7% 乙酸苄酯 5.5% 十八烯酸 5.5% (TPTABO·I)I_3^-	0.001mol/L 碘化钾 0.001mol/L 碘分子	54.7±0.8	2×10^{-6}	60
水杨酸盐	31.8% PVC 63.2% 双(2-乙基己基)邻苯二甲酸 1.6% 四苯硼钠 5.1% 铬卟啉氯化物	0.01mol/L 水杨酸 0.01mol/L 氯化钠	56.9±1.8	5×10^{-6}～1×10^{-1}	61
硫酸盐	41.84% PVC 25.11% *o*-NPOE 25.94% 1-丁基-3-甲基咪唑六氟磷酸盐 7.1% polyazacycloalkane	0.1mol/L 硫酸钾	30	4×10^{-5}～1×10^{-1}	62

① 指对应每 10 个单位的电压变化。

注：表中部分离子选择性膜组成成分对应名称及结构式如下：

poly(AN-*co*-HAS)：苯胺单体与 2-羟基-5-磺酸苯胺单体的共聚物；

ETH 5435: *N,N,N′,N′*-四(十二烷基)-3,6-二氧杂辛二硫代酰胺；

DBzDA18C6: 1,10-二苄基-1,10-二氮杂 18-冠-6；

BSPD: *N,N′*-双(亚水杨基)-2,6-二氨基吡啶；

HT18C6TO：1,4,7,10,13,16-六硫环辛烷-2,3,11,12-四酮(汞离子载体）；

DBDAT18C6DO：二苯并二氮杂硫杂 18-冠-6 二酮；

EBPCA：2-苯甲酰基-2-苯胺羰基乙酸乙酯；

BNAS：双(5-对硝基苯偶氮水杨醛)(二价汞的离子载体）；

TMPP：5,10,15,20-四(4-甲基苯基)卟啉；

杯芳烃的苯并噻唑衍生物有两种：25,27-二羟基-26,28-双(3-苯并噻唑硫丙醇)-5,11,17,25-四叔丁基杯[4]芳烃；25,27-二羟基-26,28-双(3-苯并噻唑硫丙醇)杯[4]芳烃；

杯[4]芳烃衍生物：5,11,17,23-四叔丁基 -25,27-二羟基-杯[4]芳烃-硫冠醚-4；

杯芳烃衍生物：25,27-双(1-丙氧基)杯[4]芳烃二苯并冠醚-6；

SNS：(*E*)-*N′*-(1-噻吩-2-乙亚基)苯-1,2-二胺；

BCTETROL: 1,1′-二联环己烷-1,1′,2,2′-四醇；

席夫碱衍生物：*N,N′*-双[2-(亚水杨基氨基)乙基]-1,2,-乙二胺；

MATTO: (*E*)-4-(苄亚氨基)-6-甲基-3-硫羰-3,4-二氢-1,2,4-三嗪-5(2 氢)-酮；

BHAB: 双(2-羟基苯乙酮)乙烷-2,3-二腙；

NTDH: 6-对硝基苯-2 苯基-4-(2-噻吩基)-3,5-二氮杂-二环[3.1.0]-2-己烯；

5PHAZOSALNPHN：Al 离子的席夫碱载体，双(5-苯基偶氮水杨醛)2,3-萘二亚胺；

NBSC: *N,N′*-双亚水杨基-1,2-环己二胺；

HPDTP：三价铁的离子载体，2-[(*E*)-((2-苯酚)亚胺)甲基]-4-[(*E*)-对甲苯基偶氮]苯酚；

DAOD: 1-乙酰-8-氧代-2,8-二氢-1 氢-吡唑[5,1-a]异吲哚-2,3-二甲酰甲酯；

BMDA: 双(2-巯基苯胺)丁二酮；

SMPH: 2,2′-((1*E*,1′*E*)-戊烷-2,4-二亚基双(氮杂亚基))二苯硫酚；

MATDTO: *E*-6-甲基-4-(噻吩-2-甲亚胺)-3-硫羰-3,4-二氢-1,2,4-三嗪-5-(二氢)-酮；

HEPES: 2-[4-(2-羟乙基)-1-哌嗪基]乙磺酸；

TPTABO: 2,4,6,8-四苯基-2,4,6,8-四氮杂双环[3.3.0]辛烷；

polyazacycloalkane：1,4,8-三癸基-1,4,8,11-四氮杂环十四烷（硫酸根的离子载体）。

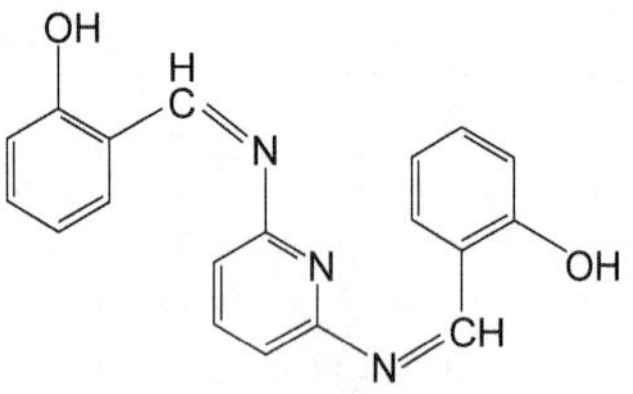

BSPD

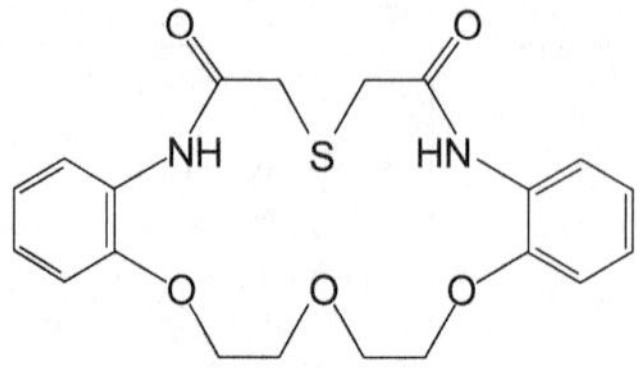

DBDAT18C6DO

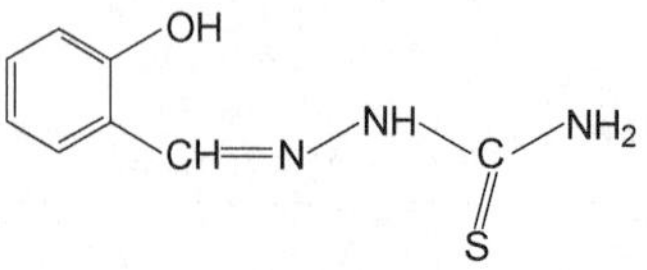

水杨醛氨硫脲

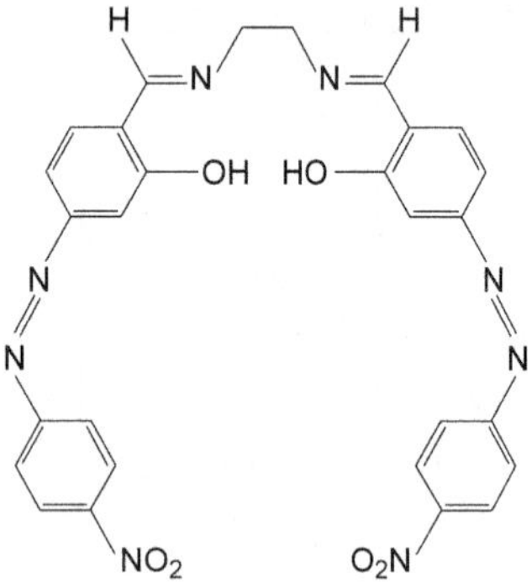

BNAS

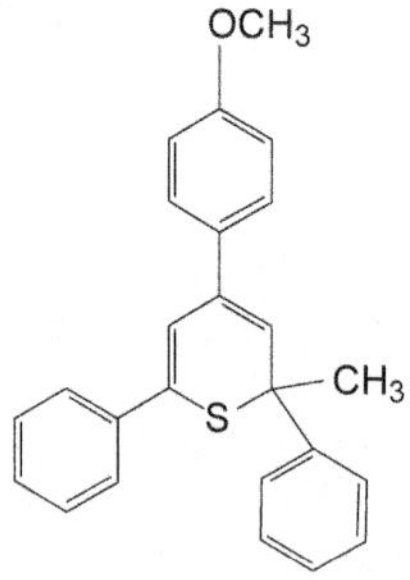

2-甲基-4-(对甲氧苯基)-2,6-二苯基-2*H*-噻喃

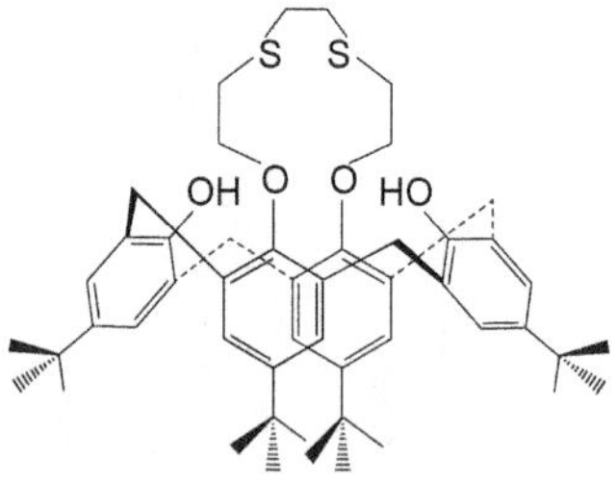

杯[4]芳烃衍生物

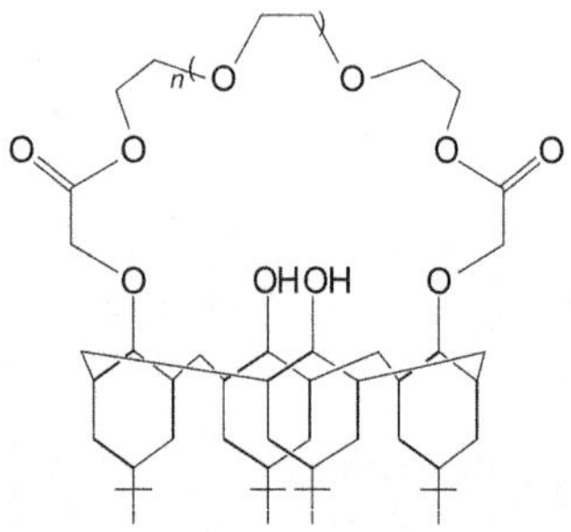

n=2

杯[4]冠醚衍生物

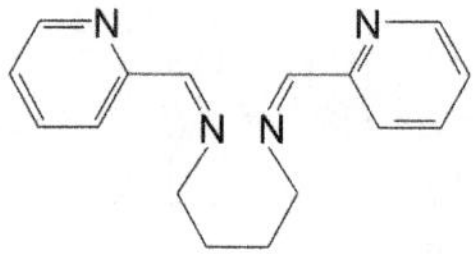

N^1,N^4-双(吡啶-2-甲亚基)-1,4-丁二胺

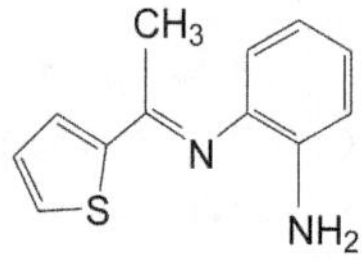

SNS

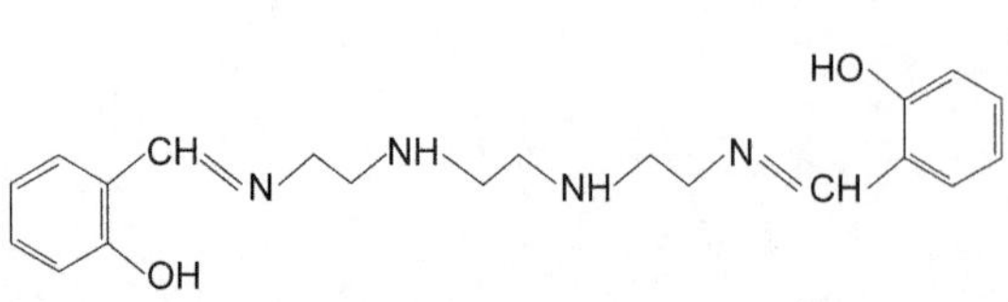

席夫碱衍生物

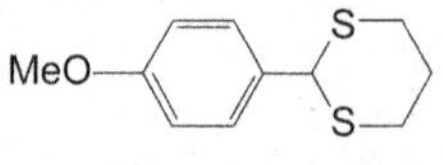

2-对甲氧苯基-1,3-二噻烷

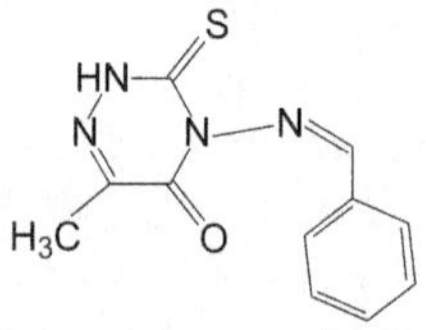

MATTO

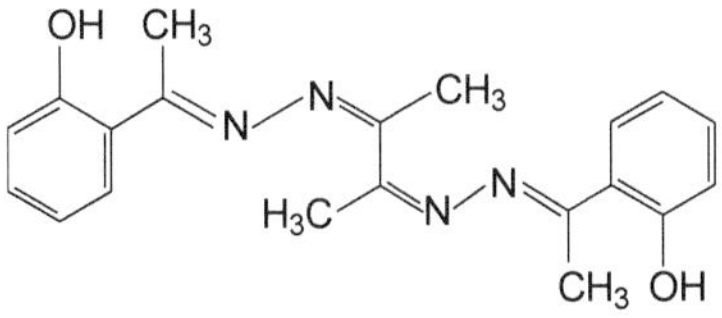

OH CH_3 N N CH_3 H_3C N N CH_3 OH

BHAB

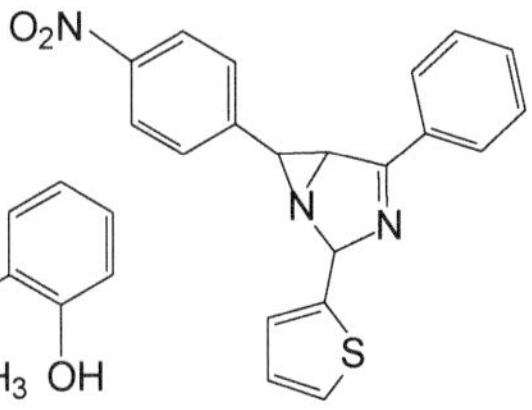

O_2N N N S

NTDH

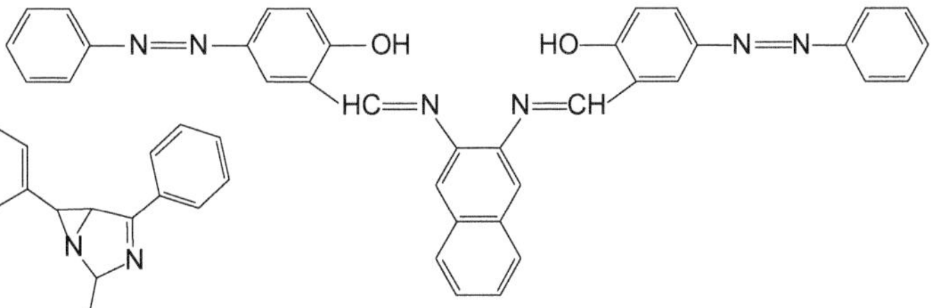

N=N OH HC=N N=CH HO N=N

5PHAZOSALNPHN

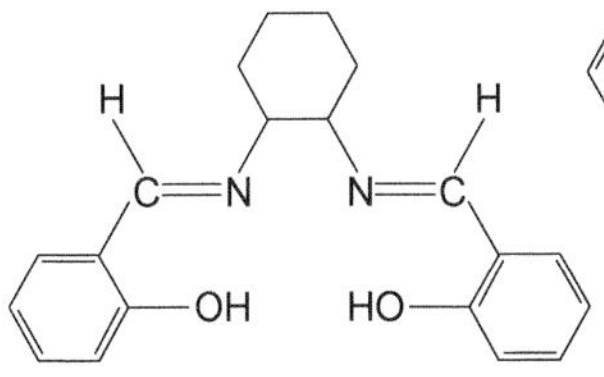

H N N H C C OH HO

NBSC

NH_2 NH_2 N H H N N N H_2N H_2N

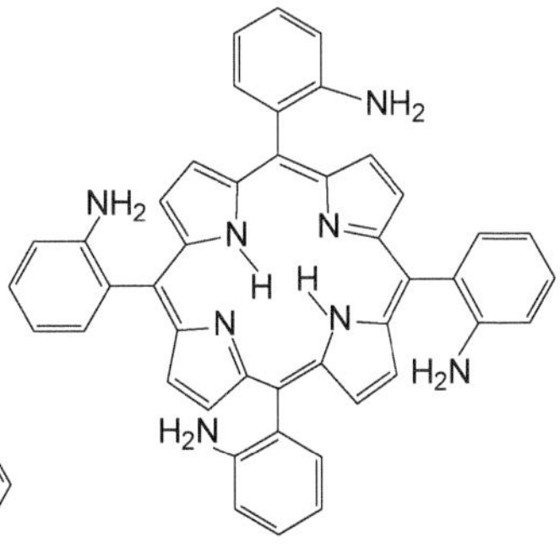

5,10,15,20-四(2-氨基苯基)-21,23-2*H*-卟啉

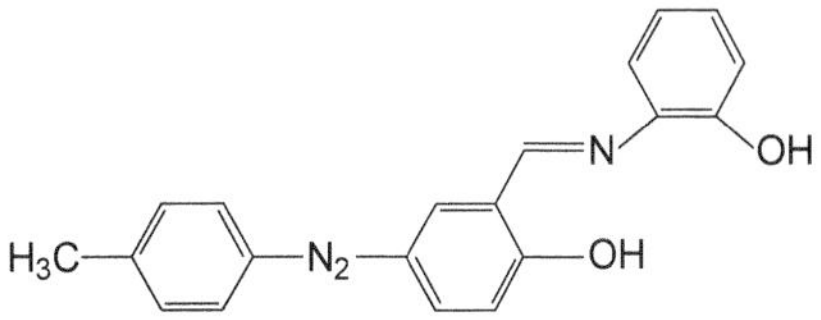

N OH H_3C N_2 OH

HPDTP

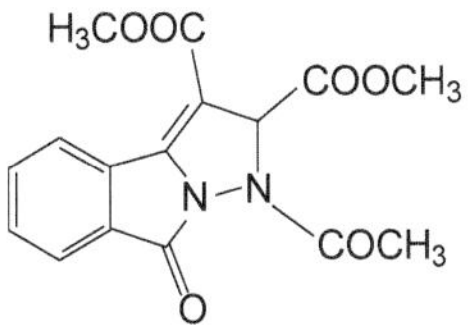

H_3COOC $COOCH_3$ N N $COCH_3$ O

DAOD

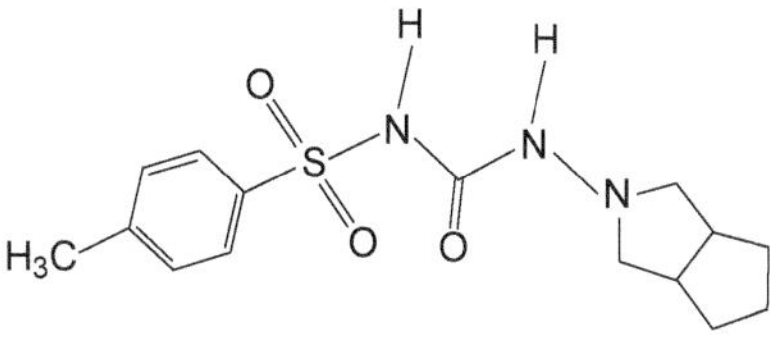

H H O S O N N O N H_3C

1-(3-氮杂双环[3,3,0]辛基)-3-对甲苯磺酰脲

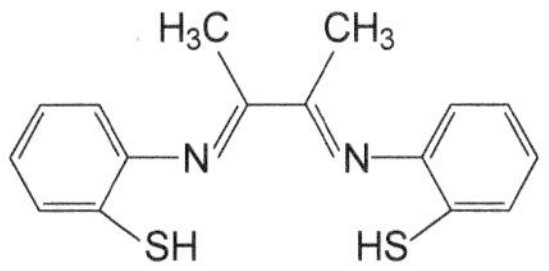

H_3C CH_3 N N SH HS

BMDA

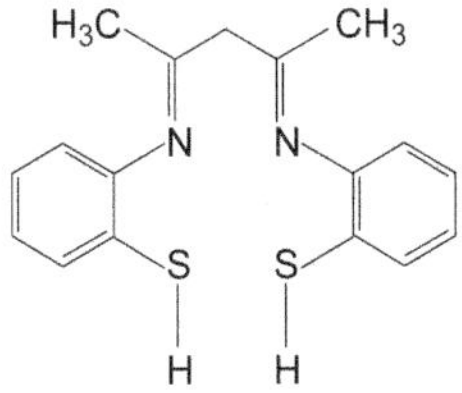

H_3C CH_3 N N S S H H

SMPH

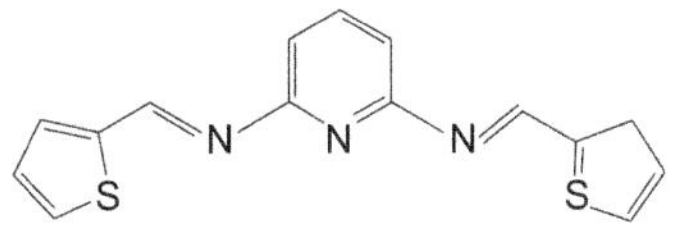

S N N N S

N^2,N^6-双(噻吩-2-甲亚基)吡啶-2,6-二胺

S HN N N N O S H_3C

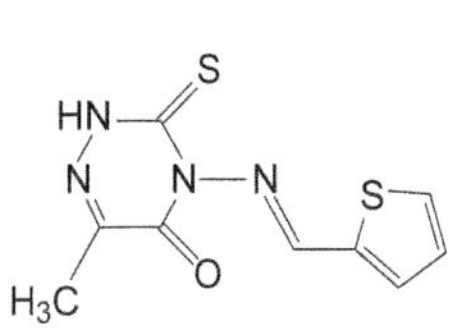

MATDTO

R=*tert*-butyl

对-(2-羟基苯基偶氮)杯[4]芳烃　　对叔丁基杯[4]芳烃-氧杂冠-4　　三唑衍生物

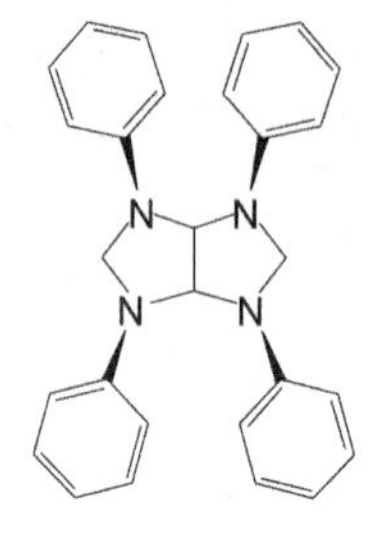

TPTABO

polyazacycloalkane

本表参考文献：

1. Li X G, et al. Anal Chem, 2012, 84: 134.
2. Sokalski T, et al. J Am Chem Soc, 1997, 119: 11347
3. Mousavi M F, et al. Anal Chim Acta, 2000, 414: 189.
4. Jeong T, et al. Talanta, 2005, 65: 543.
5. Fakhari A R, et al. Anal Chem, 1997, 69: 3693.
6. Gupta V K, et al. Electroanal, 1997, 9: 478.
7. Javanbakht M, et al. Electroanal, 1999, 11: 81.
8. Hassan S S M, et al. Talanta, 2000, 53: 285.
9. Mahajan R K, et al. Talanta, 2003, 59: 101.
10. Mashhadizadeh M H, et al. Talanta, 2003, 60: 73.
11. Gupta V K, et al. Anal Chim Acta, 1997, 355: 33.
12. Ganjali M R, et al. Electroanal, 2000, 12: 1138.
13. Ganjali M R, et al. Anal Chem, 1998, 70: 5259.
14. Mashhadizadeh M H, et al. Anal Chim Acta, 1999, 381: 111.
15. Chen L X, et al. Anal Chim Acta, 2000, 417: 51.
16. Liu D, et al. Anal Chim Acta, 2000, 416: 139.
17. Chen L X, et al. Anal Chim Acta, 2001, 437: 191.
18. Demirel A, et al. Electroanal, 2006, 18: 1019.
19. Mahajan R K, et al. Analyst, 2001, 126: 505.
20. Zhang X B, et al. Anal Chim Acta, 2006, 562: 210.
21. Kim J S, et al. Talanta, 1999, 48: 705.
22. Mahajan R K, et al. Talanta, 2002, 58: 445.
23. Gupta V K, et al. Anal Chim Acta, 1999, 389: 205.
24. Ion A C, et al. Anal Chim Acta, 2001, 440: 71.
25. Shamsipur M, et al. Talanta, 2001, 53: 1065.
26. Gupta V K, et al. Electrochim Acta, 2002, 47: 1579.
27. Gupta V K, et al. Electrochim Acta, 2006, 52: 736.
28. Gupta V K, et al. Anal Chim Acta, 2007, 583: 340.
29. Ganjali M R, et al. Anal Chim Acta, 2006, 569: 35.
30. Xiao K P, et al. Anal Chem, 1997, 69: 1038.
31. Javanbakht M, et al. Anal Chim Acta, 2000, 408: 75.
32. Gupta V K, et al. Electrochim Acta, 2008, 53: 2362.
33. Shamsipur M, et al. Anal Chem, 2000, 72: 2391.
34. Gupta V K, et al. Anal Chim Acta, 2006, 575: 198.
35. Gholivand M B, et al. Talanta, 2001, 54: 597.
36. Abbaspour A, et al. Anal Chim Acta, 2002, 455: 225.
37. Gupta V K, et al. Talanta, 2005, 68: 193.
38. Zamani H A, et al. Electroanal, 2005, 17: 2260.
39. Gholivand M B, et al. Talanta, 2007, 73: 553.
40. Arvand M, et al. Talanta, 2008, 75: 1046.
41. Abbaspour A, et al. Talanta, 2002, 58: 397.
42. Gupta V K, et al. Electrochim Acta, 2009, 54: 3218.
43. Fakhari A R, et al. Anal Chim Acta, 2002, 460: 177.
44. Gupta V K, et al. Anal Chim Acta, 2005, 532: 153.
45. Mashhadizadeh M H, et al. Talanta, 2004, 64: 1048.
46. Zamani H A, et al. Electroanal, 2006, 18: 888.
47. Ganjali M R, et al. Talanta, 2003, 59: 613.
48. Gupta V K, et al. Anal Chim Acta, 2003, 486: 199.
49. Ganjali M R, et al. Electroanal, 2004, 16: 1002.
50. Mittal S K, et al. Talanta, 2004, 62: 801.
51. Akhond M, et al. Anal Chim Acta, 2005, 531: 179.
52. Jain A K, et al. Anal Chim Acta, 2005, 551: 45.
53. Ganjali M R, et al. Anal Chim Acta, 2003, 495: 51.
54. Ganjali M R, et al. Electroanalysis, 2005, 17: 2032.
55. Zamani H A, et al. Anal Chim Acta, 2007, 598: 51.
56. Menon S K, et al. Talanta, 2011, 83: 1329.
57. Demirel A, et al. Talanta, 2004, 62: 123.
58. Zahran E M, et al. Anal Chem, 2010, 82: 368.
59. Amemiya S, et al. Anal Chem, 1999, 71: 1049.
60. Rouhollahi A, et al. Anal Chem, 1999, 71: 1350.
61. Shahrokhian S, et al. Anal Chem, 2002, 74: 3312.
62. Coll C, et al. Chem Commun, 2005, 3033.

参考文献

[1] Czapkiewicz J, Czapkiewicz-Tutaj B, J Chem Soc Faraday Trans, 1980, 76: 1663.

[2] Antoine J P, Aguirre I.de, Janssens F, Thyrion F, Bull Soc Chim Fr, 1980, II: 207.

[3] Hundammer B et al, J Electroanal Chem, 1983, 149: 179.

[4] Hanzlik J and Samec Z, Coll Czech Chem Commun, 1987, 52: 830.

[5] Wilke S, J Electroanal Chem, 1991, 301: 67.

[6] Dryfe R A W, Liquid Junction Potentials, in Handbook of Electrochemistry, Zoski C G, ed., Chap 20, p849, Elsevier, 2007.

[7] Samec Z, Langmaier J, Trojanek A. J Electrounal Chem, 1996, 409: 1.

[8] Dobos D. Electrochemical Data. Amsterdam, New York. Elsevier, 1975: 250.

[9] Dean J A. Lange's Handbook of Chemistry.3th Ed. NEW YORK, 1985,6-1.

[10] Macartney D H, Sutin N. Inorg Chem, 1983, 22: 3530.

[11] Kuwana T. in: Electrochemical Studies of Biological Systems, Sawyer D T, Ed., ACS Symposium Series #38, ACS, 1977.

[12] Schilt A A. Analytical Applications of 1,10-Phenathroline and Related Compounds, New York: Pergamon Press, 1969.

[13] Bossu F P, Chellappa K L, Margerum D W. J Am Chem Soc, 1977, 99: 2195.

[14] Hin-Fat L, Higginson W C E. J Chem Soc A, 1967, 2: 298.

[15] Brown G M, Sutin N. J Am Chem Soc, 1961, 83: 3357.

[16] Baadsgaard H, Treadwell W D. Helv Chim Acta, 1955, 38: 1669.

[17] Lim H S, Barclay D J, Anson F C. Inorg Chem, 1972, 11: 1460.

[18] Cummins D, Gray H B. J Am Chem Soc, 1977, 99: 5188.

[19] Brown G M, Krentzien H J, Abe M, Taube H. Inorg Chem, 1979, 18: 3374.

[20] Anderegg G. Helv Chim Acta, 1960, 43: 1530.

[21] Yee E L, et al. J Am Chem Soc, 1979, 101: 1131.

[22] Schugar H J, Hubbard A T, Anson F C, Gray H B. J Am Chem Soc, 1969, 91: 71.

[23] Matsubara T, Ford P C. Inorg Chem, 1976, 15: 1107.

[24] Brunschwig B S, Sutin N. J Am Chem Soc, 1978, 100: 7568.

[25] Sargeson A M. Chem Br, 1979, 15: 23.

[26] Bard A J, Faulker L R, Electrochemical Methods: Fundamentals and Applications, 2nd ed., New York: Wiley, 2001.

[27] Meites L, Zuman P. Handbook Series in Organic Electrochemistry, Cleveland: CRC Press, 1977: 1-2.

[28] Zoski C Z. Handbook of Electrochemistry. Amsterdam: Elsevier, 2007: 18.

[29] Meites L, Zuman P. Handbook Series in Organic Electrochemistry, Cleveland: CRC Press, 1977: 1-2.

[30] Dryhurst G, Kadish K M, Scheller F, Renneberg R. Biological Electrochemistry, New York: Academic Press, 1982.

[31] Vela M H, Quinaz Garcia M B, Montenegro M C. Fresen ius J Anal Chem, 2001, 369: 563.

[32] Backofed U, Hoffmann W, Matysik F. Biomed Chromatogr, 2000, 14: 49.

[33] Suarez-Fermandez A L, Alarnes-Varela G, Costa-Garcia A. Electrochim Acta, 1999, 44: 4489.

[34] Ghoneim M M, Beltagi A M. Talanta, 2003, 60: 911.

[35] Farghaly O A E, Mohamed N A L. Talanta, 2004, 62: 531.

[36] Shearer C M, Christenson K, Mukherji A, Papariello G J. J Pharm Sci, 1972, 61: 1627.

[37] Warowna-Grzeskiewicz M, et al. Acta Poloniae Pharm, 1995, 52: 442.

[38] Krebs H A, Kornberg H L, Burton K. Erg Physiol, 1957, 49: 212.

[39] Bates R G. Determination of pH. 2nd Ed. New York, 1973, 38-74: 453.

[40] 高小霞等. 电分析化学导论. 北京：科学出版社，1986, 135-138.

[41] Camoes M F, Cuiomarlito M J, Mia F, et al. Pure Appl Chem, 1997, 69: 1325.

[42] Mussini P R, Mussini T, Rondinini S. Pure Appl Chem, 1997, 60: 1007.

[43] 张学记，鞠熀先，约瑟夫・王. 电化学与生物传感器. 张书圣等译. 北京：化学工业出版社. 2009.

第六章　极谱和伏安分析法

极谱分析法（polarography）是以滴汞电极或其他液态导电金属电极为工作/指示电极，同时该液态工作/指示电极的表面在不断地随时或定时更新，以保持每次测定时电极表面都有周期性相同的状态和表面积，从而保持电极每次测定时都有相同的电化学性能，在分析测定时可以有很好的重现性和精密度。早期的极谱分析法由滴汞电极和参比电极（或汞池）组成两电极体系，在两个电极之间加上缓慢变化的恒定电压或直流线性扫描电压，同时测量通过工作/指示电极的电流大小，记录电压与电流曲线图，从图中测量电流变化，进而计算测定溶液中电活性物质的含量。极谱法于1922年由捷克斯洛伐克化学家J. 海洛夫斯基所创立，J. 海洛夫斯基并因此而获得诺贝尔化学奖。由于在常温下，汞是最好的液态导电金属材料，因而极谱分析法最常用的液态导电金属电极是滴汞电极，但汞属于重金属元素，有一定的毒性，在常温下的挥发气体已经超过安全标准，因而在使用、处理、回收等方面需严格按照操作规程进行。时代在发展，科学在进步，随着技术的发展进步，使用滴汞电极或用汞作为导电的金属电极的极谱法，目前已发展成为灵敏度更高、使用更灵活的伏安分析法。因而本章对于极谱分析法，在前版本的基础上仅作为原理和继承性的基础介绍为主，不做进一步的拓展，仅供读者了解和参考。

伏安分析法（voltammetry）是以贵金属（如Pt、Au等）、玻碳电极以及惰性导电的金属材料或非金属材料等作电极，其电极表面由静止的液体或固体电极作为工作电极（有时也称为指示电极），并在不搅动的测试溶液中进行。伏安分析法可以有两电极（工作电极与参比电极）和三电极体系（工作电极、参比电极与辅助电极）之分，由于两电极体系会受到溶液电阻的影响，造成极谱峰伏安信号的下降和位移，一般推荐使用三电极体系进行测量，但在微量测定时，由于测定的含量很低，电流信号很小，有时候这种影响不大，可以忽略。伏安分析法是将直流线性扫描电压加在工作电极与参比电极之间，测量指示/工作电极上的电流大小，记录直流线性扫描电压与工作电流的曲线图，从曲线图中测量伏安极谱峰的大小，进而计算测定溶液的含量。由于电化学伏安分析方法的灵敏度很高，微小的变化都会引起指示电极电流的变化，而固体电极表面的微观状态、双电层的分布、电位的作用以及吸附的微量物质等理化性质都很难做到完全一致，每次测定都会引起变化，因而分析测定的重现性控制相对较难，在实际分析测定中需引起注意。为了提高测定的重现性，可以采用固体电极表面实时镀汞膜或共沉积的技术手段来消除。直接采用固体惰性导电电极（如玻碳电极、贵金属电极）有着无汞的优越性，为了提高测定的精密度和重现性，每次测量前需要对电极表面进行打磨、抛光、清洗等预处理；或可以采用物理或化学修饰的方法，对电极表面进行修饰，以提高其活性、一致性、选择性等。以分子自组装吸附方式修饰电极表面是目前电极表面改性和提高性能的研究热点之一。

极谱法和伏安法的主要区别在于所采用的极化电极不同。极谱法是使用滴汞电极或其他表面能够周期性更新的液体导电电极为极化电极；伏安法是使用表面静止的液体或固体电极为极化电极。在极谱分析法的基础上发展起来的电化学伏安分析法有着很高的灵敏度，因而较容易受到各种因素的干扰，包括电极界面的各种物理、化学以及环境电磁场的影响等。如何有效地消除或降低不确定的干扰，或有效地利用这些影响因素进行分析检测；在提高灵敏度的同时改善测定的精密度和重现性，是电化学分析测试工作的重要的研究内容之一。

极谱和伏安电分析方法原则上能够分析检测所有能氧化或还原的物质，包括许多氧化还原电位很高、难以用氧化还原化学试剂进行反应的物质；也能够研究分析在电极界面上仅仅引起电信号变化而没有化学反应的物质和现象，包括吸附、脱附、电极界面双电层电容的变化、均相和异相变化等。对这些物质或现象都能够进行高灵敏度、高选择性、高精密度地测定和研究。尤其是在电化学电极界面上的在线分子实时反应研究，物质在电极表面的电化学氧化还原机理研究，以及与光谱分析测试或其他分析测试技术的联用检测，如电化学现场显微红外光谱、自组装修饰电极界面和电化学表面增强拉曼光谱，和作为特定仪器的高灵敏检测器如离子色谱等方面具有一定的独特优势。

自 1924 年捷克斯洛伐克化学家海洛夫斯基提出和研制第一代极谱仪已近百年，我国在 20 世纪 50 年代就已开发了相应的单滴汞电极的极谱仪。在 60 年代研制并商品化了 JP-1 示波极谱仪。60 年代后期至 70 年代停顿了 10 余年，80 年代开发成功 JP-2 示波极谱仪。这种极谱仪具有分析速度快、重复性好、比较适合实验室的测定需求等优点，在地矿、冶金等实验室大量装备，成为实际分析测定中的有力工具。但这类仪器也只是适应了那个年代，稍纵即逝的示波信号无法详细地记录和观察波形，且功能单一，只能用于单扫描极谱分析。之后我国开发了伏安分析仪、脉冲极谱/脉冲伏安分析仪、新极谱仪/伏安仪、新伏安信号转换器等，在 80 年代后期出现了单片机控制的伏安极谱仪。90 年代之后，尤其是在个人电脑得到普及使用后，开发了电脑记录并控制的各类智能化的极谱仪、伏安分析仪、电化学分析测定仪、电化学综合分析仪等，为电化学分析测定和电化学电极反应机理研究以及电化学与其他技术的联用测定研究，提供了很好的技术研究工具和手段。如电化学原子光谱联用、电化学氢化物发生原子光谱联用、离子色谱电化学检测器开发、电化学现场显微红外光谱、电化学表面增强拉曼光谱的分析测试及机理探讨等，都离不开电化学伏安分析仪器和测试技术。在一定程度上，极谱和伏安分析是现代电化学分析以及其他联用测试技术的基础。

第一节 极谱分析法

极谱分析法主要是采用滴汞电极或其他液态导电材料并不断更新表面的工作电极作为指示电极，在常温下，液态导电金属材料主要为汞。这类方法虽然具有较好的重现性和较高的灵敏度，可以测定含量很低的金属离子、金属离子的配位化合物、有机物质等，以及在一定电压范围内，所有可以在电极表面进行电化学氧化还原的物质均可以进行测定。极谱分析法目前已经发展成灵敏度更高、技术更先进的伏安分析法而很少使用，但其在电分析方法的理论和技术发展中曾经起到了举足轻重的历史作用。

一、概述

极谱分析是一种在特定条件下进行电解分析的方法[1]，其工作原理装置示意图如图 6-1 所示，由一个滴汞电极（每滴 3～5s）和一个参比电极（汞池电极，或饱和甘汞电极，Ag/AgCl 电极）组成电解电池，以直流电源的电压通过可调节的电位器，将不同的电压/电位缓慢地加在滴汞电极与参比电极之间，由电压表或记录装置记录电压信号，同时由微电流检流计（μA）读出或由长图纸带式笔式记录仪记录电解电流。电解池两端的电压可以通过自动装置缓慢地由 0V 加到–2.0V，也可以加到+2.0V，加电压的速度可调，一般为 0.1～0.2V/min。不同电压

E下所得到的电流I组成的电位-电流曲线（E-I曲线）即为极谱图，所形成的波称为极谱波，如图 6-2 所示。极谱波的波高 i_d 可作为定量分析的计算依据，其半波电位 $E_{1/2}$ 可作为定性分析的依据。这就是直流极谱或称经典极谱，一般称为极谱分析。

极谱分析所用的工作电极为汞电极。汞是唯一在室温下呈液态导电的金属，作为电极的最大优点是氢的超电势比较高，在电化学反应中阴极电位的范围可以较宽。在酸性溶液中，外加电位可以加到–1.3V（vs SCE）；在碱性溶液中，外加电位可到–2V（vs SCE）；在季铵盐及氢氧化物溶液中，外加电位加到–2.7V（vs SCE）时，H_2才开始析出。由于滴汞电极随着汞滴滴落，电极表面可以做到不断更新（见图 6-3），因而可以获得很好的重现性。然而，汞作为环境的重要污染物，对于人类存在一定危害。这也是极谱分析法在实际应用中受到很大局限的重要原因。

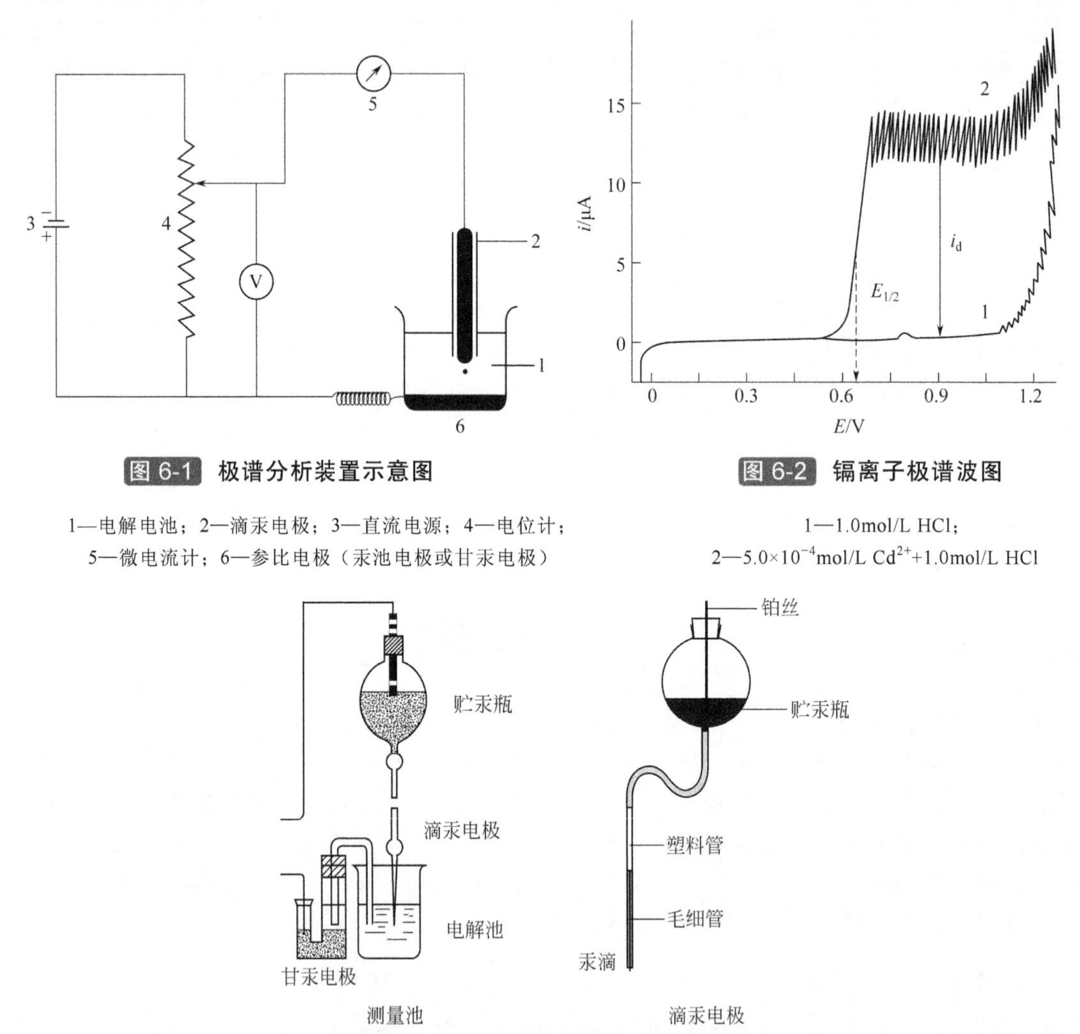

图 6-1 极谱分析装置示意图

1—电解电池；2—滴汞电极；3—直流电源；4—电位计；5—微电流计；6—参比电极（汞池电极或甘汞电极）

图 6-2 镉离子极谱波图

1—1.0mol/L HCl；2—5.0×10^{-4}mol/L Cd^{2+}+1.0mol/L HCl

图 6-3 滴汞电极组成的经典极谱测量池

对于可逆电极过程的极谱，可以由能斯特方程和尤考维齐方程推导出来[2]。设 Ox 可逆还原为 Red，

$$\mathrm{Ox}+ne^- \rightleftharpoons \mathrm{Red} \tag{6-1}$$

得还原波方程：

$$E = E^{\ominus} + \frac{RT}{nF}\ln\frac{f_{\mathrm{O}}}{f_{\mathrm{R}}}\sqrt{\frac{D_{\mathrm{R}}}{D_{\mathrm{O}}}} + \frac{RT}{nF}\ln\frac{(i_{\mathrm{d}})_{\mathrm{c}} - i}{i} \tag{6-2}$$

式中，$E^{\ominus}$为 Ox 的标准电位；f 为相应离子的活度系数；D 为相应离子的扩散系数；i_{d} 为极限扩散电流（被还原）；R 为气体常数，其值 8.31451±0.00070J/(K·mol)；T 为热力学温度，K；n 为电极反应电荷转移数；F 为法拉第常数，其值为(9.6485309±0.0000029)×10^4C/mol。

当 $i = \frac{(i_{\mathrm{d}})_{\mathrm{c}}}{2}$，则 $E = E_{1/2}$，所以 $E_{1/2} = E^{\ominus} + \frac{RT}{nF}\ln\frac{f_{\mathrm{O}}}{f_{\mathrm{R}}}\sqrt{\frac{D_{\mathrm{R}}}{D_{\mathrm{O}}}}$

$$E = E_{1/2} + \frac{RT}{nF}\ln\frac{(i_{\mathrm{d}})_{\mathrm{c}} - i}{i} \tag{6-3}$$

式中，$E_{1/2}$ 为极谱半波电位。在一定实验条件下，溶液的离子强度不变时，它是一个既与反应物浓度无关，又与毛细管参数（m、t）无关的常数。

同理，可得氧化波方程：

$$E = E_{1/2} + \frac{RT}{nF}\ln\frac{i}{(i_{\mathrm{d}})_{\mathrm{a}} - i} \tag{6-4}$$

如果溶液中同时存在 Ox 和 Red，那么混合方程为：

$$E = E_{1/2} + \frac{RT}{nF}\ln\frac{(i_{\mathrm{d}})_{\mathrm{c}} - i}{i - (i_{\mathrm{d}})_{\mathrm{a}}} \tag{6-5}$$

根据极谱波的波形，可以判断电极过程的可逆性。以 E 与 $\lg\frac{i_{\mathrm{d}} - i}{i}$ 作图，对可逆波所得直线的斜率为 $\frac{RT}{nF}$；对不可逆波为 $\frac{RT}{\alpha nF}$，其值小于可逆波。如果测量波高 1/4 和 3/4 处的电位 $E_{1/4}$ 和 $E_{3/4}$，见图 6-4，则：

Ⅰ是可逆波　　$E_{3/4} - E_{1/4} = \frac{0.0564}{n}$V（25℃）

Ⅱ是不可逆波　　$E_{3/4} - E_{1/4} > \frac{0.0564}{n}$V（25℃）

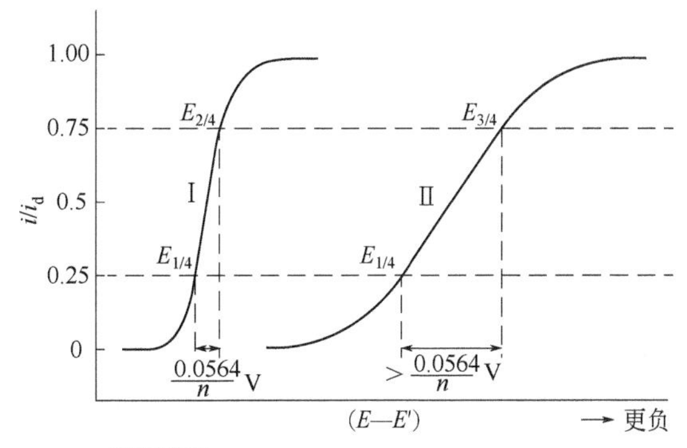

图 6-4　理想的阴极电流-电位曲线

$$E-E'=E_{1/2}+\frac{0.0591}{n}\lg\frac{i_d-i}{i}\ (25℃) \tag{6-6}$$

式中，E 为任意电位；E'为式量电位。

在进行极谱分析时，当外加电位增加使滴汞电极的电位变得较负，电极表面的去极剂的浓度（c^s）趋近于零（$c^s\to0$），这时电流值与电位的继续增加无关，并于极谱波上出现一个平台。此时的电流称极限扩散电流（i_d），可用 Iklovic 方程式表示：

$$i_d=607nD^{1/2}m^{2/3}t^{1/6}c \tag{6-7}$$

式中，i_d 为平均极限扩散电流，μA；n 为电极反应中的电荷转移数；D 为电极上起反应物质（或称去极剂）在溶液中的扩散系数，cm^2/s；m 为汞在滴汞电极毛细管中的流速，mg/s；t 为滴汞周期（是指测量 i_d 的那一电位时的滴汞周期），s；c 为在电极上起反应物质（或称去极剂）的浓度，mmol/L。

式（6-7）是极谱定量分析的基础，当式中其他各项因素不变时，

$$i_d=Kc \tag{6-8}$$

$$K=607nD^{1/2}m^{2/3}t^{1/6}$$

式（6-8）表示极限扩散电流与被分析物质的浓度成正比。

根据式（6-7），移项得：

$$I=607nD^{1/2}=\frac{i_d}{m^{2/3}t^{1/6}c} \tag{6-9}$$

式中，I 表示该物质在一定的支持电解质溶液中，$i_d/(m^{2/3}t^{1/6}c)$ 是一个常数，称为扩散电流常数，单位是 $\mu A\cdot L/(\mu mol\cdot mg^{2/3}\cdot s^{1/6})$。利用扩散电流常数（$I$）可以比较使用不同毛细管的滴汞电极条件下所得实验数据是否相符。对于同一溶液，使用不同的毛细管滴汞电极所得的 i_d 是不同的，但它们的 I 值应该是相同的。另外，通过某一离子在不同支持电解质中的 I 值比较，可以知道该离子在不同支持电解质下的灵敏度，为建立极谱分析方法提供有价值的信息。

二、线性扫描（直流）极谱分析

经典的极谱分析为了获得很好的重现性和测定精度，通常采用滴汞电极作为工作电极，在严格控制汞柱的高度、毛细管的直径等条件下，可以有效地控制汞滴的大小和滴落的速度，从而实现控制汞滴的表面积，并保证每滴汞表面初始的纯净和具有相同的初始状态。线性扫描极谱分析一般是由滴汞电极和参比电极组成的两电极体系，在滴汞电极上加一个线性的直流扫描电压，同时测量通过滴汞电极的电流，作电压-电流关系图即线性扫描极谱图。电压在回复或回扫过程中一般设置为滴汞的强制滴落更新，所以在一滴汞的周期内，一般只能够进行单向一次扫描，不能够进行全周往复周期扫描，所以也称单线性扫描极谱图。由于每滴汞的滴落周期一般控制在较短的时间 5～10s（一般为 7s）内完成，经典的机械笔式记录仪的记录响应速度已经不能满足要求，一般采用电子式长余辉示波器进行实时显示（测试者需要目视读数和手工记录），亦称单扫描示波极谱图。之后计算机，尤其是台式计算机，和电子技术的迅速发展，示波器的显示方式也逐步退出，取而代之的是计算机实时记录显示和数据处理，可以很方便地进行测定，极大地发挥各方面的功效。

凡应用阴极射线示波器为测量工具的极谱分析统称为示波极谱法。主要有两大类，一类与恒电位极谱一样，采用单向电压扫描法，记录单向电压-电流曲线，称为电流-电压（I-E）型示波极谱，又叫线性扫描示波极谱（或线性扫描极谱）或单扫描示波极谱（或单扫描极谱）。

另一类所加电压为一恒振幅的交流电压，用示波器记录电压随时间变化的曲线称为交流示波极谱。“示波滴定法”就是交流示波极谱法在容量分析中的应用。本章仅限于 *I-E* 型示波极谱，其基本原理和特点如下所述。

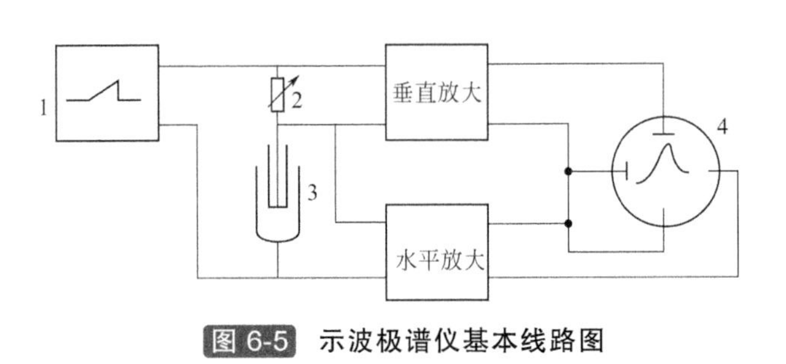

图 6-5 示波极谱仪基本线路图

1—极化电压发生器；2—测量电阻；3—电解池；4—示波器

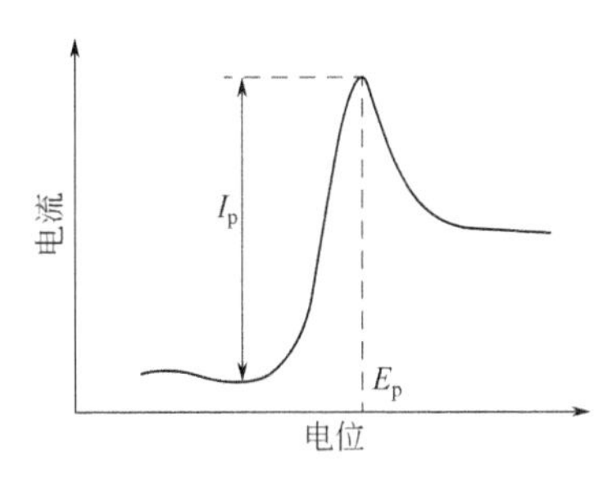

图 6-6 单扫描示波极谱曲线

经典示波极谱测定系统如图 6-5 所示，是由电解池（3）和电子控制测量系统两大部分组成的两电极测量体系。电解池由可控的定时敲击的滴汞电极、参比电极和加有电解质的电解液池组成。滴汞电极由高位贮汞瓶、滴汞毛细管、汞导管和可控制调节时间的敲击器组成。贮汞瓶中的金属汞通过汞导管进入滴汞毛细管，由滴汞毛细管慢慢滴落。贮汞瓶的高度和毛细管孔径可以调节控制汞滴的滴落速度。可控制调节时间的敲击器根据设定时间，周期性地敲击，使汞滴按需要定时滴落，从而形成周期性的定时强制更新。参比电极一般采用饱和甘汞电极，既作为参比电极又作为对电极使用。因而在测定时，通过滴汞电极的电流将会通过参比电极，由于极谱测量时的电流较小，所以对参比电极的影响会很小。但若长期使用，对参比电极的稳定性还是会有一定的影响，需要经常更换。为了降低或消除溶液电阻产生的溶液电压降的影响，减小电极表面双电层电位与所施加的电解电压之间的偏差，电解液中需要加入 KCl、NaCl 等强电解质物质，而这些电解质在电化学测定的电压范围内是惰性的，不应在电极上进行电化学反应，以防止产生干扰。

电子控制测量系统由极化电压发生器（见图 6-5 中 1）、测量取样电阻（见图 6-5 中 2）、电流信号的垂直放大电路和水平信号放大系统以及滴汞敲击定时控制系统和示波器显示系统等组成。需要说明的是，早期经典的示波极谱仪基本采用测量取样电阻的方式进行微电流检测，在电流-电压信号转换放大后，控制示波器垂直信号，但这种方式存在一定的偏差，即在微电流测量时，取样电阻的电阻值一般较大，对电极电位的真实数值会有一定的影响；取样电阻取的过小，信号响应的灵敏度不够。现在基本采用集成运算放大器组成电流-电压转换电路，以“虚拟”的概念作为电流测量电路，形成了没有“取样电阻”而达到了取样电阻的效果，极大地消除了取样电阻方式的影响，提高了测量微弱信号的灵敏度。

在电解池的两电极之间加上一个随时间作直线变化的电压，当达到一定的分解电压时，电解液中所含的被测物质或离子在电极表面发生电化学氧化还原反应，在汞工作电极上会形成一定的微弱电流，引起的电解电流在取样测量电阻 *R* 两端产生电压降，再经垂直放大器放大后加到示波器的垂直偏转系统上；而将电解池两端的电压经水平放大器调整后加至示波器的水平偏转系统。这样就可以在示波器的荧光屏上呈现对应于电解池电压变化过程中电流的变化规律，所形成的示波极谱图一般为峰形极谱曲线，如图 6-6 所示。尖峰状波形的出现是由于当迅速上升的电极电压扫过被测离子还原电位时，围绕汞滴表面附近的被测离子瞬间都在电极上还原了，使电流迅速上升；随后电极附近，尤其是双电层内的该离子浓度急剧降低，本底溶液内离子向电极表面的扩散迁移一时跟不上电化学反应的速度，扩散层的厚度逐渐增加，并达到扩散平衡。在电化学可逆反应中，其峰后续的电流可认为是极限扩散电流，主要由溶液本底的反应离子扩散迁移到电极表面的速度所控制，表现为受扩散控制。这时的情况便和恒电位极谱的极限电流一样。波峰电流值 I_q 的大小和去极剂浓度 c 成正比，即使对于那些反应产物不溶于汞的可逆过程或完全不可逆过程，$I_q \propto c$ 的关系仍然是确定的。这是它的定量基础。峰值点所对应的电位为 E_p，取决于被测离子的特性和底液的组成，一般来说，还原波的 E_p 值比恒电位极谱法的半波电位 $E_{1/2}$ 要稍负一点。为了降低电极表面双电层的充电电流 I_c 对示波极谱波形的影响，应当尽可能降低扫描电压的变化率并要求滴汞周期长一些，为此，目前一般采用 7s 的滴汞下落周期，前 5s 为休止时间，让汞滴充分形成和适当的稳定；后 2s 为扫描时间，并选定扫描电压变化幅度为 0.5V，因而扫描电压的变化率为 0.25V/s；扫描电压的起始电位 E_0 可以任意选择，这样在休止时间还原上去的物质也有足够时间氧化回来，以保证每次扫描前溶液的情况都完全一样。这种电压扫描是单扫描，即在一个滴汞的后期、汞粒面积变化率最小的 2s 内，加入一个锯齿波电压，在上述条件下可以得到最佳的测量结果。

极化电压发生器产生一个周期循环的锯齿波信号电压，在控制恒电位的同时叠加一个线性扫描电压，施加在滴汞电极与参比电极之间，在线性扫描电压结束的同时敲击器工作，将滴汞敲落，同时在重力的作用下，毛细管内的汞逐步流出，准备下一滴新汞的形成。汞滴大小可以通过贮汞瓶的高低和毛细管的粗细来调节。需要控制汞滴自身滴落的时间大于敲击器的时间周期，这样可以保证每滴汞是由敲击器实际敲落的，才能保证汞滴体积和表面积的重复性。扫描电压信号及汞滴敲击器的时序走势图和示波极谱信号时序图分别如图 6-7 和图 6-8 所示。

I-E 型示波极谱的检测极限可达 5×10^{-8}mol/L，可以分辨峰电位相隔 35mV 的相邻波。若与伏安溶出法相结合，灵敏度可提高至 10^{-9}mol/L 量级。表 6-1 列出了几种离子的波峰电位。

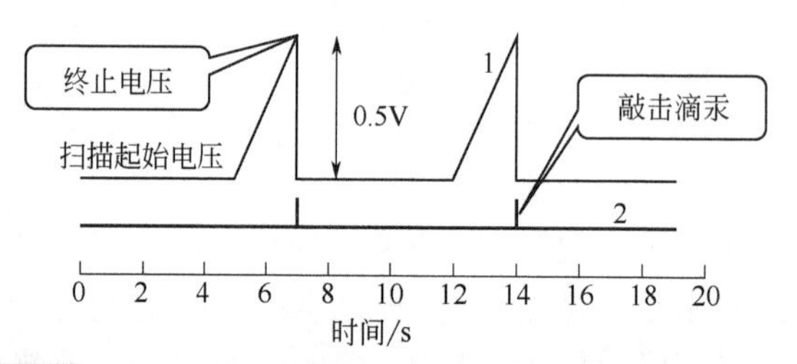

图 6-7 示波极谱扫描电压（1）与敲击器（2）时序图

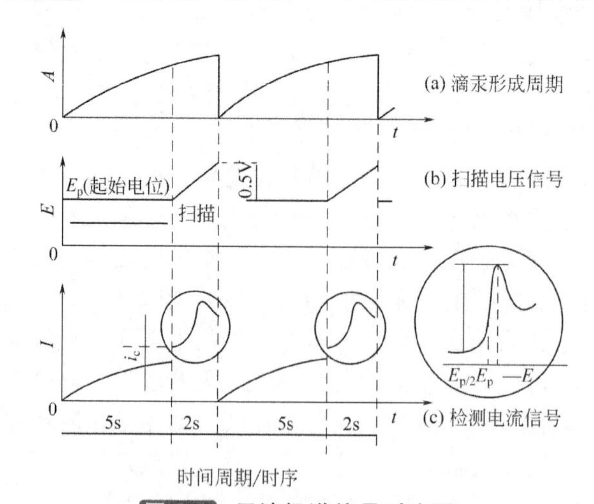

图 6-8 示波极谱信号时序图

表 6-1 几种离子在常用支持电解质中的波峰电位（vs SCE）

离子	支持电解质	还原波 E_p/V	氧化波 E_p/V	备　注
Bi^{3+}	1mol/L HCl	−0.10	−0.08	很灵敏
	1mol/L KCl	−0.11	−0.09	
	1mol/L NH_4Cl-1mol/L NH_4OH	−0.62	−0.45	
	1mol/L 1/2H_2SO_4			无峰
	1mol/L NaOH	−0.74	−0.46	很灵敏
	1mol/L HAc-1mol/L NaAc	−0.69	−0.65	微量氧的存在，严重影响波峰值
Cd^{2+}	1mol/L HCl	−0.67	−0.64	很灵敏
	1mol/L KCl	−0.66	−0.62	很灵敏
	1mol/L NH_4Cl-1mol/L NH_4OH	−0.84	−0.82	很灵敏
	1mol/L 1/2H_2SO_4	−0.60	−0.57	很灵敏
	1mol/L HAc-1mol/L NaAc	−0.64	−0.62	很灵敏
	3.6mol/L KBr-0.6mol/L HCl	−0.76	−0.74	很灵敏
Cu^{2+}	1mol/L HCl	−0.23	−0.16	不灵敏
	1mol/L KCl	−0.24	−0.17	不灵敏
	1mol/L NH_4Cl-1mol/L NH_4OH	−0.56	−0.48	有极大，可加动物胶抑制
	1mol/L 1/2H_2SO_4	−0.01	+0.03	不灵敏
In^{3+}	1mol/L HCl	−0.61	−0.59	很灵敏
	1mol/L KCl	−0.61	−0.59	不灵敏
	1mol/L NH_4Cl-1mol/L NH_4OH	−0.96	−0.79	有极大，加少量动物胶可抑制
	1mol/L H_2SO_4	−0.53	−0.51	灵敏度低，氧化波形很好，还原波形极钝
	1mol/L NaOH	−1.14	−1.03	
	1mol/L HAc-1mol/L NaAc	−0.68	−0.66	有轻微极大，可加动物胶抑制
	3.6mol/L KBr-0.6mol/L HCl	−0.62	−0.60	很灵敏
Ni^{2+}	1mol/L KCl	−1.17	−1.05	不灵敏氧化峰极钝
	1mol/L NH_4Cl-1mol/L NH_4OH	−1.12	−1.04	有极大，可加动物胶抑制
	1mol/L 1/2H_2SO_4			与 H^+峰相邻，只有用导数波才可分辨
Pb^{2+}	1mol/L HCl	−0.45	−0.42	很灵敏
	1mol/L KCl	−0.45	−0.42	很灵敏
	1mol/L NH_4Cl-1mol/L NH_4OH	−0.54	−0.52	有极大，可加动物胶抑制
	1mol/L 1/2H_2SO_4	−0.41	−0.38	
	1mol/L NaOH	−0.77	−0.73	有极大，可加动物胶抑制
	1mol/L HAc-1mol/L NaAc	−0.50	−0.46	很灵敏
	3.6mol/L KBr-0.6mol/L HCl	−0.57	−0.55	很灵敏
Sb^{3+}	1mol/L HCl	−0.15	−0.13	很灵敏
	1mol/L KCl	−0.17	−0.15	氧化波形极好
	1mol/L NH_4Cl-1mol/L NH_4OH	−0.85	−0.79	氧化波形不好
	1mol/L NaOH	−1.27	−1.14	
	1mol/L HAc-1mol/L NaAc	−0.62	−0.52	不灵敏
Sn^{2+}	1mol/L HCl	−0.50	−0.46	很灵敏
	1mol/L KCl	−0.38	−0.35	很灵敏

续表

离子	支持电解质	还原波 E_p/V	氧化波 E_p/V	备注
Sn^{2+}	1mol/L 1/2H_2SO_4	−0.46	−0.43	不灵敏
	3.6mol/L KBr-0.6mol/L HCl	−0.52	−0.51	很灵敏
Tl^{+}	1mol/L HCl	−0.53	−0.48	不灵敏
	1mol/L KCl	−0.53	−0.47	很灵敏
	1mol/L NH_4Cl-1mol/L NH_4OH	−0.53	−0.47	
	1mol/L H_2SO_4	−0.50	−0.46	
	1mol/L NaOH	−0.52	−0.45	
	1mol/L HAc-1mol/L NaAc	−0.50	−0.44	
Zn^{2+}	1mol/L HCl	−1.08	−1.01	氧化峰较还原峰锐
	1mol/L KCl	−1.07	−0.99	氧化峰的波形和灵敏度均较还原峰好
	1mol/L NH_4Cl-1mol/L NH_4OH	−1.39	−1.30	有极大，可加动物胶抑制
	0.5mol/L H_2SO_4	−1.10	−1.00	不灵敏
	1mol/L NaOH	−1.55	无	
	1mol/L HAc-1mol/L NaAc	−1.08	−1.00	

三、交流极谱、方波极谱和脉冲极谱分析

交流极谱、方波极谱、脉冲极谱是在经典的普通恒电位极谱基础上发展起来的一类新的极谱分析方法。它们都是在向电解池均匀而缓慢地加上直流电压的同时，在直流电压之上再叠加一小振幅的交流电压或交变电压，通过测量不同外加直流电压时的电极电流的信号大小，或电流信号中所含的交流电流的大小，或不同交变时间下的信号差值信息，得到 i（交变电流响应）-E（直流电压）曲线而进行定量分析的方法。其主要目的是为了提高极谱分析测定的灵敏度和分辨率，以及消除电化学电极反应与溶液的信号背景和干扰等。

（一）交流极谱

在经典的普通恒电位极谱的直流扫描电压上，再叠加上正弦波的交流电压，同时测定电极电流中的交流信号的变化关系，得到电流 i 与电位 E 的关系走势图，则称为交流极谱（AC polarography）。所叠加的正弦波的交流电压，一般为小振幅（几到几十毫伏）的低频正弦波交流电压，通过测量电解池工作电极上的电流得到交流极谱波信号，其峰电位等于直流极谱的半波电位 $E_{1/2}$，峰电流 i_p 与被测物质的浓度成正比。

交流极谱法的特点：①交流极谱波呈峰形，易于分辨，灵敏度比直流极谱高，检测下限可达到 10^{-7}mol/L；②分辨率高，可分辨峰电位相差 40mV 的相邻两个极谱波（直流极谱一般需要 90～100mV）；③抗干扰能力强，相隔 40mV 的前还原物质不干扰后还原物质的极谱波信号的测量，氧的干扰较小；④由于叠加的交流信号在电极表面的双电层中的容抗随着交流频率的提高而降低，交流信号更容易通过电容器，从而造成充电电流相对较大，本底信号偏高，限制了最低检出限的进一步降低。有机物能够产生交流极谱波的灵敏度较高，但其峰电位往往与直流极谱波的 $E_{1/2}$ 存在一定的偏差。另外，由于有机物质往往在电极表面容易形成吸附，吸附时会改变双电层中的介电常数，降低双电层的电容，造成交流电流降低；反之，解吸时双电层中的有机物被电解质溶液替代而增加了交流电流，尤其是在零电荷附近过渡时这种变化更明显，使得交流极谱法的波高往往与浓度不呈直线关系。图 6-9 是施加在电极两端的直流扫描信号与叠加了交流正弦波的交流极谱信号。

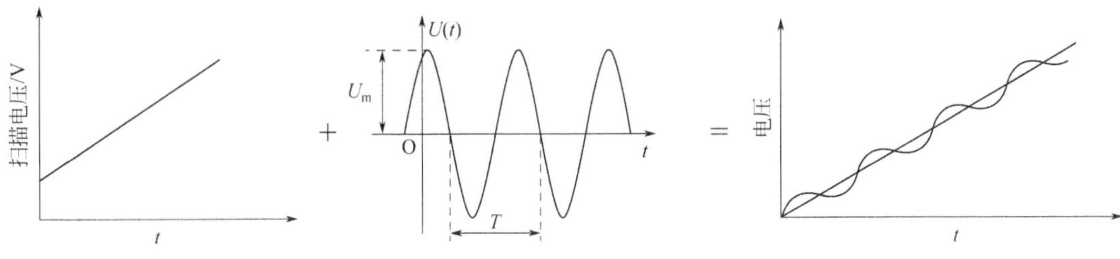

图 6-9　交流极谱电极施加电压信号

（二）方波极谱

众所周知，相对直流电而言，交流电更容易通过电容器。因而交流极谱法存在的一个主要问题是交流电能够较容易地通过电极表面的双电层电容，引起的电容电流较大，造成电极信号的本底电流较大而形成干扰。而方波极谱法（square-wave polarography）正是为了克服和消除电容电流的影响而设计和发展起来的。该方法是将一频率通常为 225～250Hz、振幅为 10～30mV 的方波交流电压叠加在经典的普通恒电位极谱的直流缓慢扫描的电位信号上，然后测量并记录每次方波电压结束改变方向前瞬间通过电解池的电流信号，得到方波瞬间电流 i 与电位 E 的关系走势图，则称为方波极谱。方波极谱比交流极谱具有更高的灵敏度，一般比经典极谱提高 200 倍左右。对于电极反应为可逆的物质，灵敏度可达 4×10^{-8}mol/L；对于电极反应部分可逆的物质，灵敏度相对较低，为 10^{-6}mol/L。方波极谱具有较高的波峰分辨率，一般可达 40mV。因此，这种方法在金属、矿石、稀有元素分析，特别是超纯物质中痕量杂质的测定方面，得到了广泛的应用。

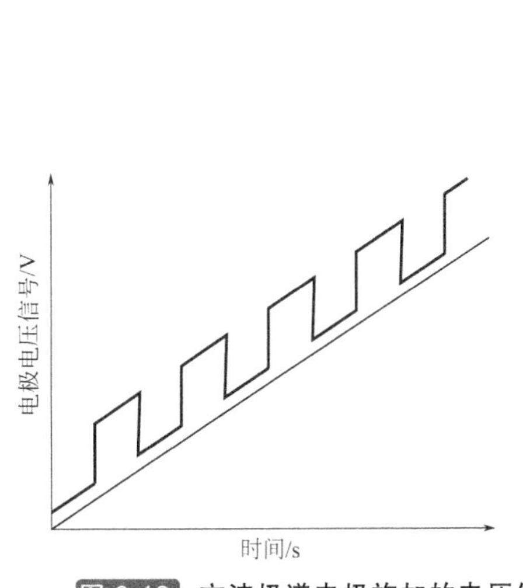

图 6-10　方波极谱电极施加的电压信号

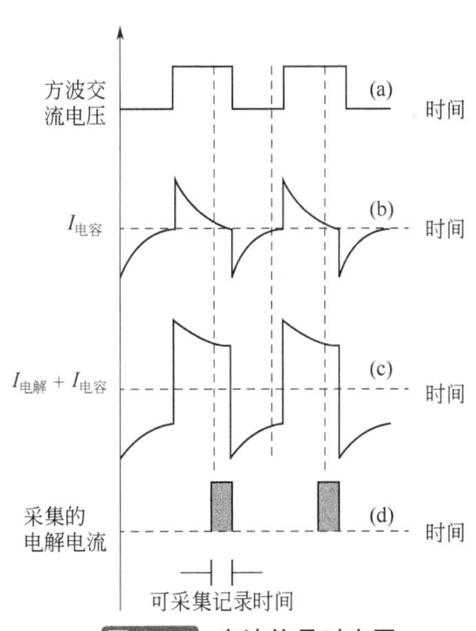

图 6-11　方波信号时序图

方波极谱采集记录的是电极电流的差分信号，可以有效地消除或减弱电极双电层电容充电电流的影响，其电极电位的方波信号与直流扫描叠加的信号电压如图 6-10 所示，方波极谱各关键点的电压信号时序如图 6-11 所示。在直流慢扫描信号上叠加的方波信号（a），在上升沿时，电极电位有一个向上突跃，此时在电极上有一个电流突跃（b、c），电流的主要成分是电极双电层电容的充电电流和电极表面电化学反应电流。随着时间的延长（毫秒级），电极电流迅速下降，其中双电层充电电流以指数形式急速下降，残余的电流基本上为电化学电极反应的电流（d）。在方波电压改变方向下降沿前的一瞬间记录通过电解池的电极电流并记录信号，此时电极双电层电容的充电电流可以忽略，从而可以基本消除双电层充电电流的影响，得到基本纯净的电化学电解电流。

电容充电电流 i_c 随时间 t 呈指数式衰减 $i_c = \frac{E_s}{R}e^{-\frac{t}{RC}}$，式中 E_s 是方波电压脉冲的振幅；C 是滴汞电极与溶液界面之间的双电层电容；R 是溶液电阻、电极电阻等在内的整个回路电阻。RC 称为时间常数。当 $t=RC$ 时，电容的充电电流 i_c 为初始充电电流的 36.8%；当 $t=5RC$，即衰减时间为 5 倍的 RC 时，电容电流 i_c 只剩下初始值的 0.67%[见图 6-11(b)]，基本可以忽略不计。而法拉第电解电流 i_f 只随时间呈 $t^{-1/2}$ 衰减，比 i_c 衰减慢[见图 6-11(c)]。对于一般电极，C=0.3μF，R=100Ω，时间常数为 $RC=3\times10^{-5}$s。如果采用的方波频率为 225Hz，则半周期 $t=1/450=2.2\times10^{-3}$s，$t>5RC$，因此，在方波电压由正向往负向改变前的某一瞬间 t（$5RC<t<\tau$，τ 为方波半周期或脉冲时长）记录极谱电流，就可以消除电容电流 i_c 对测定的影响。

方波极谱法与交流极谱法相似，只有当直流扫描电压落在经典极谱波 $E_{1/2}$ 前后，叠加的方波电压才显示明显的影响。方波极谱法得到的极谱波亦呈峰形，峰电位 E_p 和 $E_{1/2}$ 相同，峰电流 i_p 与被测物质浓度 c 成正比。峰电流方程为：

$$i_p = Kf^{1/2}E_sAn^2D^{1/2}c \tag{6-9}$$

式中，f 是方波频率；E_s 是方波电压振幅，V；A 为电极有效面积；n 是电极反应中的电荷转移数；D 是电极上起反应的物质（或称去极剂）在溶液中的扩散系数，cm^2/s；c 是被测物质浓度，mol/L；K 是比例常数；峰电流 i_p 的单位为 A。

方波电压越大，频率越高，则峰电流信号越大。但方波电压升高会造成邻近峰的分辨率降低，一般选择方波电压为 10～30mV 为宜；方波频率的提高，将会导致电容电流的增加，降低电化学电解电流与电容电流的比值，造成电容电流难以完全消除而引起干扰，反而降低了灵敏度，一般方波频率选择为 50～250Hz。

方波极谱法具有如下特点：

① 测定灵敏度比普通极谱法有了很大的提高。由于采用了方波脉冲极谱法的极化速度很快，被测物质在短时间内迅速还原，产生比经典极谱法大得多的电流，提高了灵敏度。它是在充电电流已经充分衰减的瞬间记录电流，有效地消除了电容充电电流的影响，因此可以通过放大电流来提高灵敏度，检测下限可达 10^{-8}～10^{-9}mol/L。

② 分辨率高，抗干扰能力强。可分辨峰电位相差 25mV 的邻近的两极谱波；前还原物质的量为后还原物质 10^4 倍时，仍能有效地测定痕量的后还原物质。

③ 对于不可逆反应，由于电化学电极反应的迟缓性，在方波脉冲的 Δt 内，电极反应的电流差值很小，如氧波，峰电流很小，因此在分析含量较高的物质时，通常可以不需除氧。

④ 为了尽快充分衰减充电电流 i_c，需要尽量减小时间常数 RC，要求被测溶液内阻 R 必须小于 100Ω（实际一般为不大于 50Ω），因此加入的支持电解质浓度应不低于 0.2mol/L（一般在 1mol/L 以上）。所以为了防止和减少试剂引入的杂质，在进行痕量样品测定时，要求试剂的纯度特别高。

⑤ 毛细管噪声电流较大，限制了灵敏度和检出限的进一步提高和改善。这是由于汞滴在下落时，毛细管中的汞向上回缩，将溶液吸入毛细管尖端内壁，形成一层液膜。液膜的厚度和汞回缩高度对每一滴汞是不规则的，可以导致汞滴体积和表面积发生变化，因而使体系的电流发生变化，形成噪声电流。噪声电流随方波频率的增高而增大，这是方波极谱存在的无法克服的困难。另外，电容电流在高放大倍数时对测量存在的影响也无法消除，要进一步

提高方波极谱的灵敏度已受到了限制。

（三）脉冲极谱

为了消除方波极谱存在的无法克服的缺陷，人们提出并发展了脉冲极谱（pulse polarography）。脉冲极谱在方波极谱的基础上，改进了方波信号的占空比，即降低了方波脉冲频率，形成了脉冲信号。其仪器设计及电路工作原理与方波极谱基本相同。

方波信号的特点是脉冲时间与休止时间是相同的，而脉冲信号的脉冲时间与休止时间是不相同的，一般脉冲时间短于休止时间。在方波极谱法中，方波电压是连续地施加到电极上的，时间周期比较短，为 2ms 左右，在每一滴汞上可以记录到多个方波脉冲的电流值。脉冲极谱法是在汞滴生长到一定面积时，才在滴汞电极的直流扫描电压上叠加一个 10～100mV 的方波脉冲电压，但脉冲持续时间较长，为 4～60ms，在每一个汞滴上只记录一次由脉冲电压所产生的法拉第电流。

脉冲极谱按所加脉冲电压的方式不同，可分为常规脉冲极谱（又称积分脉冲极谱）和微分脉冲极谱（又称导数脉冲极谱）。常规脉冲极谱法在电极上所施加的脉冲幅度随时间呈线性增加，其电极电压信号的时序如图 6-12 所示，得到的每个脉冲的 i 信号与电极电位信号组成 I–E 曲线，即脉冲极谱图，与经典极谱法的 I–E 极谱曲线相似（见图 6-14 中 1）；微分脉冲极谱法是在直流线性扫描电压上叠加一个等幅矩形脉冲，其电极电压信号的时序如图 6-13 所示，经过电极电流的信号采集处理得到的极谱波是峰形极谱图（见图 6-14 中 2），峰形信号比平坦信号有着更高的分辨率。

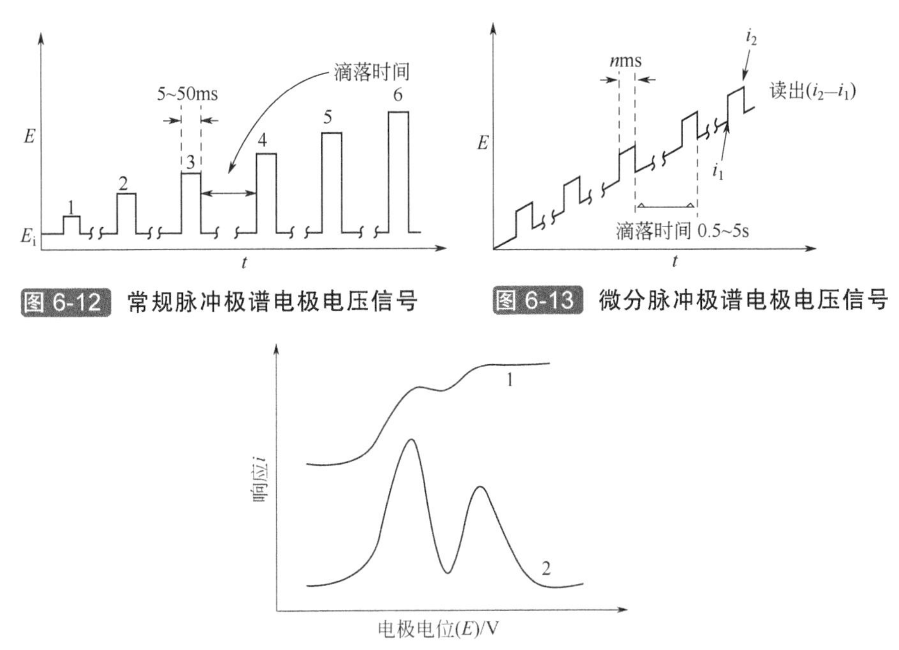

图 6-12　常规脉冲极谱电极电压信号

图 6-13　微分脉冲极谱电极电压信号

图 6-14　常规脉冲（1）与微分脉冲（2）极谱比较

微分脉冲极谱是在每一汞滴增长到一定时间（例如 1s 或 2s）时，在直流线性扫描电压上叠加一个 2～100mV 的脉冲电压，脉冲的持续时间在 4～80ms 范围内可调。在脉冲开始的上升沿开始前，先记录下电极电流 i_1；在脉冲后期或脉冲结束前的瞬间，再记录电极电流 i_2，通过计算（i_2–i_1），得到扣除本底和消除了电容电流的差分电流$\Delta i=i_2-i_1$，即纯净的电化学电极表面的电解电流的增量电流 i，形成的是峰形极谱信号（见图 6-14 中 2）。由于每个汞滴只采集记录一个矩形脉冲的脉冲电流差值信号，即 $\Delta i/\Delta t$ 或 di/dt，因而称之为微分脉冲伏安。其可以减少和消除因汞滴面积变化等各种因素的影响，这也是脉冲极谱与方波极谱的不同之处。

常规脉冲极谱的时间间隔和电流测量的方式都与微分脉冲极谱一样，只是所加电压为阶梯形脉冲。这种脉冲电压不是与缓慢直流电压叠加在一起的，而是采取振幅逐渐增加的方式，即振幅随着预置的扫描电压逐步改变提高。振幅高度可以为 0～2V。用这种连续递增脉冲电压方式所得到的极谱图不是峰形，而是与普通极谱图基本相似，以坪台方式出现（见图 6-14 中 1），测量坪台的高度差作为定量分析的依据。

脉冲极谱是在每一滴汞上只加一个脉冲，采集记录脉冲中的一小段或瞬间的电流信号。基本是在汞滴生长到一定大面积时，再加入一个脉冲，这样就可以减少因汞滴面积变化而引起的各种影响。另外，由于脉冲加入的时间到后续信号采集记录的时间很短，即前后两次信号采集的时间差约 20ms，比汞滴滴落的周期（约 4s）短得多，可以认为在采集记录时的汞滴面积是基本恒定不变的，而且电极反应的区域远小于扩散层的厚度，可以忽略汞滴膨胀所引起的面积变化以及对流效应的影响。

脉冲极谱的脉冲时长为 20～40ms（相当于 25～12.5Hz 的方波频率），相对于方波脉冲的时长（2ms）延长了 10～20 倍。由于脉冲极谱的频率比方波极谱的频率低、脉冲周期长 10～20倍，按照电容充电电流的衰减公式 $i_c = \dfrac{E_s}{R}e^{-\frac{t}{RC}}$，在满足电容电流衰减的前提下，由于 t 的增加，可以容许 R 的数值比方波极谱大 10～20 倍，所用的底液支持电解质的浓度可以大大降低，在 0.01～0.1mol/L 便可以满足，从而降低了空白和试剂杂质的影响，有利于痕量分析。

从仪器技术方面考虑，由于脉冲频率相对降低而脉冲周期延长，脉冲极谱测量系统在整个电解池回路中的闭环电阻 R 可以稍微增大一些。这有利于经典测量方式中采用取样电阻来测量电极电流的设计方式，可以适当增加取样电阻的阻值来提高信号的电压值，进而提高电路测定的灵敏度。信号电压的增大有利于放大器的工作，对于仪器的信噪比和测定的灵敏度有所改善和提高。在 20 世纪后期，已采用无“取样电阻”的集成运算放大器进行微电流-电压转换测量的方式，与经典的取样电阻方式相比已经有了本质的变化，比前者有着更好的微电流测量性能。脉冲频率的降低还有一个最大的好处是减小毛细管噪声，有利于把毛细管噪声电流从电解电流中分离出去。因为毛细管噪声与电容充电电流一样都是随时间衰减的，但毛细管噪声的衰减速度比电化学电解速度快，因而延长脉冲周期，推迟电极电流采集信号的时间，有利于毛细管噪声的衰减分离；同时也有利于电化学电极反应的进行，特别是可逆性较差的物质，灵敏度会发生明显的提高。

微分脉冲极谱基本上是所有极谱新技术中最灵敏的方法，对于电化学可逆反应的物质（可逆去极剂）比方波极谱灵敏半个数量级，以 In^{3+}为参考，灵敏度基本可达 10^{-9}mol/L 且图形良好；而对于电极反应不可逆的物质（不可逆去极剂），则比方波极谱灵敏一个多数量级，可检测至 10^{-8}mol/L。如采用三电极体系，在没有支持电解质存在下亦可测定，它的分辨度为 25mV，前放电物质允许量为 50000∶1。脉冲极谱灵敏度的进一步提高还受到振动电流等因素的影响。

（四）极谱催化波

极谱催化波（polarographic catalytic wave）是一种特殊的动力极谱波，电活性物质在电极表面进行电化学反应所产生的反应物质，在溶液中同时进行了化学反应，并产生具有电化学活性的物质，该物质又在电极上还原，形成循环放大。其电活性物质在电化学反应过程中起到类似催化剂的作用。其催化电流比电活性物质的扩散电流要大很多，并在一定范围内与被测物的浓度有线性关系。化学反应的速率常数愈大，催化波信号愈灵敏，可用于微量、痕量甚至超痕量物质的分析测定。极谱催化波，根据反应过程机理，一般可大致分为平行催化波、氢催化波和络合吸附波三类。

1. 平行催化波

在极谱电流中，当电流的大小不是取决于去极剂（电化学反应物）扩散的速率或电极反应过程的速率，而是由电极表面整个电极过程中所伴随的化学反应的速率所控制时，这种极谱波称为动力波，对应的电流统称为动力电流。这种动力波又可分为化学反应前行于电极反应的动力波、化学反应随后于电极反应的动力波和化学反应平行于电极反应的平行催化波，其中去极剂的电极反应与反应产物的化学反应平行进行，这种动力波称为（平行）催化波。由于电极反应产物在化学反应中新生成了去极剂，去极剂又在电极上还原生成电极反应产物，形成多重循环，使得平行催化波的电流比同浓度去极剂的扩散电流要大很多，因此，可以利用催化波来提高分析测定的灵敏度。在普通极谱上利用平行催化波可测的浓度一般为 10^{-7}～10^{-8}mol/L，少数可达 10^{-9}～10^{-10}mol/L。在方波极谱、单扫描示波极谱和脉冲极谱上也可得到催化波，在示波导数极谱上，个别催化波的灵敏度可高达 10^{-11}mol/L。

在电极表面进行电化学还原反应的去极剂 A 在电极上被还原为 B，一般在溶液中加有一种氧化剂[O]，它能很快地将 B 氧化为原来的还原剂 A，新生的还原剂 A 在扩散到溶液中之前又在电极上被还原成 B，这样就形成了一个（电极反应—化学反应—电极反应—）$_n$ 的催化循环。消耗的是氧化剂[O]，电化学活性物质 A 的作用相当于催化剂，它催化了[O]的还原，从而使电极电流大为增加，这样产生的电流称为催化电流。催化电流与催化剂[O]的浓度在一定范围内呈线性关系，可以用于分析测定物质[O]的含量。产生这类催化波的物质主要是变价金属离子的配位化合物，如 Ti(Ⅳ)、V(Ⅴ)、Cr(Ⅵ)、Mo(Ⅵ)、W(Ⅵ)、Sn(Ⅳ，Ⅱ)与有机化合物形成的配合物，在合适的氧化剂存在下即可产生平行催化波。Mo(Ⅵ)-H_2SO_4-$C_6H_5CH(OH)COOH$-$KClO_3$ 体系的催化波可测定 6×10^{-10}mol/L 的钼，是一个很灵敏的催化波，干扰较少，可用于多种样品中微量和痕量钼的测定。催化波在直流极谱上往往呈现峰形，一般是因为滴汞电极上有吸附和解吸现象，使电流测量更为方便和准确。

图 6-15 所示为 Ti(Ⅳ)在草酸和氯酸钾体系中的平行催化波。草酸作为配位化合物，氯酸钾是氧化剂，其本身在滴汞电极表面有较高的过电位，不会直接被还原。Ti(Ⅳ)-草酸首先在电极表面还原成 Ti(Ⅲ)-草酸，又被 $KClO_3$ 氧化成 Ti(Ⅳ)-草酸，Ti(Ⅳ)-草酸又在电极表面还原，不断循环，产生灵敏的催化极谱波，该催化波可以测定 1×10^{-9} mol/L 的钛。

Ti(Ⅳ)-草酸+e^- ⟶ Ti(Ⅲ)-草酸

↑　　　　↓

Ti(Ⅲ)-草酸+ClO_3^- ⟶ Ti(Ⅳ)-草酸+Cl^-+其他

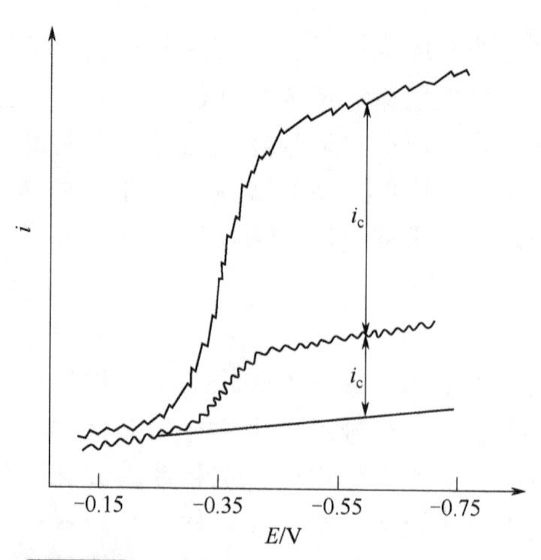

图 6-15 Ti(Ⅳ)-草酸-氯酸钾催化体系

平行催化波催化电流方程为：

$$i_c = 0.51nFD^{1/2}q_m^{2/3}t^{2/3}K^{1/2}c_0^{1/2}c$$

$$i_c = K'c$$

式中，i_c为催化电流；K为化学反应的速率常数；c_0为氧化剂的浓度。

催化电流的大小主要取决于化学反应的速率常数K，催化电流的大小与汞柱高度h无关。这是平行催化波定量分析的理论依据。

2. 氢催化波

某些物质在酸性溶液或缓冲溶液和有微量催化剂（如四氯化铂）存在时，在汞电极表面能使氢的超电势降低，使氢离子在比正常氢波较正的电位上还原，此时可在滴汞周围看到微小的氢气泡，由于电位前移，形成氢的催化称为氢催化波。在溶液中能够使氢离子提前在汞电极表面析出氢的“某些物质”称为氢催化波的催化剂。20 世纪 30 年代就已观察到有机物质（如氯化钠溶液中的蛋白质）中的氢催化波，当时称为钠前波。后来证明，在氯化铵底液中也有这个前波，是氢的催化波；其他有机化合物（如吡啶类含氮化合物）也能产生氢催化波。当这些催化剂的量很低时，与氢催化波的波高（一般为峰高）有一定的线性关系，可以用于分析测定痕量的催化剂。

按氢催化波发生的机理，可分为两类。

（1）铂族元素的氢催化波　去极剂在汞表面还原时形成具有催化活性的原子团，该原子团催化氢离子放电，产生氢的催化波。由于氢在汞电极上还原时，存在很大的过电位，当溶液中存在某些低析氢电位的痕量物质时，这些痕量物质很容易被电极还原，并且沉积在汞表面上进行修饰或包覆，改变了电极表面的性质，同时降低了氢在“汞”电极上的过电位，使得氢离子在较正的电位下放电，形成氢催化波。

铂族元素在稀酸溶液中能够形成氢催化波。微量氯化铂在汞电极表面还原，金属铂不与汞形成汞齐而沉积在汞表面，形成类似于铂的微电极，氢离子在铂表面的过电位远小于汞电极表面，因而氢离子被沉积在汞表面的微铂催化，造成提前出现氢还原的现象，产生了氢催化波。氢催化波可用于微量铂和铂族元素的分析测定。

（2）有机化合物或金属配合物的氢催化波　一些含氮或含硫的有机化合物或金属配位化合物的分子中含有能与H^+相结合的可质子化的基团（B），这些化合物与溶液中的质子给予体（DH^+）相互作用，产生质子化的反应产物（BH^+）。这些产物具有催化活性并吸附在电极表面，由于质子化产物结构的特性，使键合的氢受到活化，容易在汞电极表面还原而产生氢还原的催化波，电极反应产物又从溶液中的质子给予体取回质子，然后又在电极上放电。如此反复循环，催化氢离子放电，产生很大的催化电流，从而产生氢催化波。这类催化波可以用于测定氨基酸、蛋白质的含量。反应过程如下：

$$BH^{+} + e^{-} \longrightarrow B + \frac{1}{2}H_2 \text{（电极反应）}$$

$$B + DH^{+} \longrightarrow BH^{+} + D \text{（酸碱反应）}$$

因 H_3O^+的极谱还原波是完全不可逆的，若溶液中 B 为催化剂的碱式形式，它可以与质子给予体 DH^+（如 H_3O^+、NH_4^+）作用，质子化为 BH^+，并在电极上还原为 BH；而 BH 经双聚化再分解生成 B，同时析出 H_2，B 又可以进行质子化和还原，进而形成催化放电的循环过程。氢催化波的灵敏度取决于质子化和双聚化反应的速率常数 k_1 和 k_3。造成 H^+在汞电极表面放电的超电压降低的真正原因和电极反应机理，虽然有研究，但理论上解释还比较复杂，仍不很清楚。

这类氢催化波可用于微量金属的测定，如锇、铂与邻苯二胺或六亚甲基四胺和铱与硫脲、碘化钾等的电极反应形成氢催化波，用示波极谱（单扫描极谱）的导数波可以测定 10^{-9}～10^{-11}mol/L 的浓度，是非常灵敏的分析方法，成功地应用于矿石中痕量锇、铂、铱的测定。镍和钴在氨性底液中与丁二酮肟有灵敏的极谱波，可同时测定 1×10^{-7}mol/L 的镍和钴。有学者认为这种极谱波是氢催化波。但有中国学者在底液中加入一些亚硝酸钠，发现其中镍的峰高不变，而钴的峰高大为增加，可测 1×10^{-9}mol/L 的钴，并认为不是氢催化波，而是配合物吸附波，配位体均被催化还原。

3. 配合吸附波

金属配位化合物吸附在滴汞电极表面，使其在电极表面的浓度大大高于溶液本体的浓度，因而在单电位扫描过程中，能够获得较大的电极电流。这类极谱波的反应机理与上述两类催化波不同，这类催化波的共同特点是配合和吸附，所以称为配合吸附波，它包括下列三种波。

（1）催化前波　当测试溶液中存在着合适的、能吸附在汞电极表面的非电活性物质，而这些非电活性物质能够与过电位较高又能被还原的不可逆的电活性的金属离子〔如 Co(Ⅱ)、Ni(Ⅱ)、Ga(Ⅲ)、In(Ⅲ)、Ge(Ⅳ)、Sn(Ⅱ)〕形成配位化合物，同时又降低了极化过电位，在极谱扫描中还原这些配位的金属离子时产生了催化前波。这催化前波是在水合金属离子的还原波电位之前（电位较正）提前出现的波，它仍然是金属离子的还原波。由于电位前移，降低了过电位，增加了可逆性，电流也相应有所提高，也就对应地提高了灵敏度。这种波的利用，大多数不是用于测定金属离子，而是采用在固定金属离子浓度的条件下，对非电活性物质进行测定，如阴离子、有机酸、苯酚、吡啶等有机化合物，其浓度范围为 10^{-2}～10^{-5}mol/L，个别的可达 10^{-7}mol/L。如：固定铟(Ⅲ)的浓度可测定 SCN^-的含量，SCN^-作为非电活性的配位体吸附在电极表面，与扩散到电极表面的 In^{3+}形成配位化合物，然后在较正的电位上 In^{3+}被还原，离解出来的 SCN^-又吸附在电极表面再进行配合而形成催化前波。

（2）配位体催化波　它与催化前波的区别在于，金属离子在溶液中已形成相当稳定的配合物，而电化学极谱电流测定的仍然是金属离子，配位体仅起配合、吸附和催化的作用。例如 Cd(Ⅱ)-KI 体系，吸附的碘离子对碘化镉发生诱导吸附，使还原电位负移，电流因而增高，

可测定 10^{-8}mol/L 的 Cd(Ⅱ)。又如 Co(Ⅱ)、Fe(Ⅱ)、Mn(Ⅱ)共存时，波形不好，加入少量硫脲，则还原电位前移，波形改善，在 Mn(Ⅱ)存在下可以测定微量的钴和铁。

（3）配合物吸附波　当具有吸附性质的金属配位化合物吸附在汞或滴汞电极表面，使其在电极表面的浓度大大高于溶液本体的浓度，同时吸附的作用可以起到富集去极化的效应，又可起到催化加速电极过程的作用，在单扫描极谱中，能够获得较大的电解电流，从而提高极谱分析的灵敏度。

铝、镁、锆、钍等离子没有很好的电化学还原波，可以利用其与某些染料（如媒染紫 B）、指示剂或有机试剂进行配合和吸附，产生一个与试剂分裂的配合物吸附波来间接测定这些金属离子。

稀土元素离子多数没有极谱还原波，可以利用配合物吸附波进行测定。近年来中国学者提出了一二十种配合物吸附波，图 6-16 中示出钆(Ⅲ)与邻苯二酚紫的配合物吸附波，从 p_2 峰可测定钆，浓度范围为 10^{-6}～10^{-7}mol/L，此法也可测定其他稀土元素。

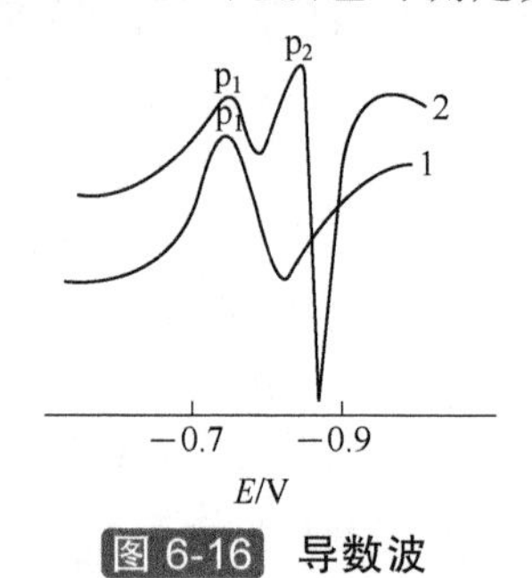

图 6-16　导数波

1—邻苯二酚紫示波导数波；2—钆-邻苯二酚紫示波导数波

又如：Pb^{2+}在乙酸-乙酸钠-邻二氮菲（phen）的底液中，能够形成 $Pb(phen)^{2+}$配位化合物，从而得到配合吸附波。

$$Pb^{2+} + phen \rightleftharpoons Pb(phen)^{2+}$$

$$Pb(phen)^{2+} \rightleftharpoons Pb(phen)^{2+}_{吸}$$

$$Pb(phen)^{2+}_{吸} + 2e^- + Hg \rightleftharpoons Pb(Hg) + phen$$

广义的金属配合物催化波包括催化前波、配位体催化波和配合吸附波等，它们的共同特点是配合和吸附，所以称为配合吸附波。虽然以上各类催化波的机理互不相同，但都能提高分析灵敏度。中国学者对 50 多种元素提出了 70 多种催化体系，可广泛用于痕量分析。这类极谱波的灵敏度很高，一般可以达到 10^{-7}～10^{-9}mol/L，可用于分析测定痕量的电化学活性物质。

第二节　伏安分析法

伏安分析法与极谱分析法的最大区别在于极谱分析一般采用滴汞电极作为测定指示电极，在不断更新的滴汞表面进行电化学反应而获得电压-电流关系曲线图；而伏安分析法是采用固态电极或静止的悬汞电极作为测量电极。伏安分析法可以对电信号进行更多的后续处理，从而获得更多的有用信息。

一、概述

伏安分析法一般采用贵金属（如 Pt、Au 等）、玻碳电极以及惰性导电的金属材料或非金属材料作为工作电极，在不搅动的测试溶液中对工作电极上的实时电流进行测定，并做出电极电位（V）与电极电流（A）的关系曲线，称之为伏安曲线，简称伏安图。采用该种电化学方法进行的分析测定称为伏安分析法。

电化学伏安分析法的测定体系由工作电极、参比电极与辅助电极以及溶液体系构成，可以分别组成两电极体系和三电极体系。图 6-17 是三电极电化学测量系统的示意图，具有电化学氧化还原活性的物质在工作电极表面上进行电化学反应，电化学反应转移的电子通过工作电极形成电流信号。由于电化学分析测定的基本都是微量或痕量的物质，形成的电极电流往往很微弱，需要通过恒电位仪或电化学测试仪器进行微电流的检测放大。参比电极是为了给工作电极提供一个参考电位，要求其在使用过程中稳定可靠，一般使用饱和甘汞电极、Ag/AgCl 电极等。在使用中不能有电流通过参比电极，否则会引起参考电位的漂移，因而要求恒电位仪的参比电极输入端的输入阻抗尽量高，以减少参比电极工作时的工作电流。目前仪器的输入阻抗一般可以达到 $10^{12}\Omega$ 以上，因而可以忽略通过参比电极上的电流。辅助电极一般采用惰性贵金属 Pt 片或 Pt 丝，其主要作用是给工作电极提供电流的通路，与工作电极的电流形成闭环回路；因参比电极上的电流很小可忽略，所以通过工作电极的电流与辅助电极的电流相等。溶液体系主要由支持电解质底液、酸碱缓冲溶液、被测物质等组成。支持电解质的加入是为了减小或消除溶液电阻的影响。由于溶液存在一定的电阻，当有电流通过工作电极与辅助电极之间的溶液时，将会形成一定的电压降。参比电极与工作电极之间的溶液电压降，将会叠加在参比电压的信号之上，这样会造成参比电压发生偏差，尤其在伏安信号峰值时。因而在测定溶液中必须添加一定浓度的支持电解质，同时参比电极的安装位置也有一定的讲究，应尽量靠近工作电极的表面，理想的参比电极是采用鲁金毛细管并将毛细管的一个端口接近工作电极的表面双电层的界面上。

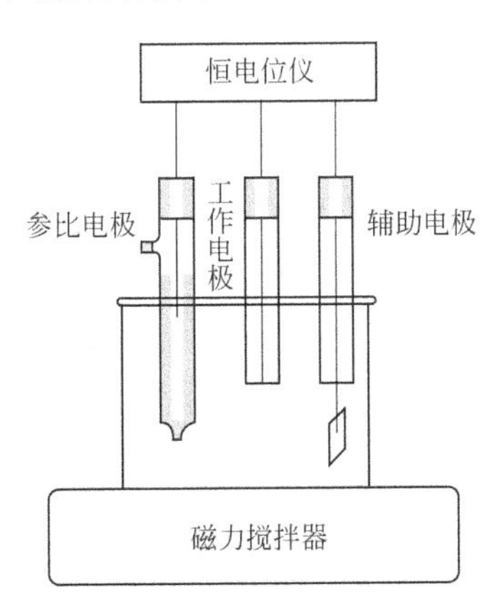

图 6-17　电分析化学三电极测量系统示意图

早期为了简化电分析测试系统，采用两电极测定体系，取消了辅助电极，将参比电极与辅助电极的测量端连接在一起，由参比电极代替了辅助电极的作用。这种两电极体系，由于通过工作电极的电流全部通过参比电极，容易造成参比电极的电位漂移和不稳定，另外溶液电阻产生的电压降直接叠加在参比电极的参比电压上，造成参比电压的不准确，随着电流大小而波动；电流通过参比电极将会造成参比电极内的化学物质进行电化学反应而损耗，参比电极会因较多使用或较大电流的使用后而损坏。但在微量物质测定时，由于测定的含量很低，电流信号很小，有时候这种影响不大。但现在一般不推荐使用两电极电化学测量系统。

伏安分析法是将直流线性扫描电压加在工作电极与参比电极之间，测量工作电极与辅助电极环路上通过的电流大小——记为电极电流；记录直流线性扫描电压与电极电流的曲线图，从曲线图中测量伏安极谱峰的大小，根据峰高或峰面积进而计算测定物质的含量。工作电极上所加的直流扫描电压的方式有单向扫描（阴极扫描、阳极扫描）和循环扫描等，图 6-18 给出了不同扫描方式的电极电位变化示意图。循环扫描可以根据氧化还原峰的出现与否、峰电位的位置电位差以及峰形面积等，考察电化学活性物质在电极表面进行电化学反应的可逆性，对电化学反应机理进行研究，进而探讨如何提高测定的灵敏度。

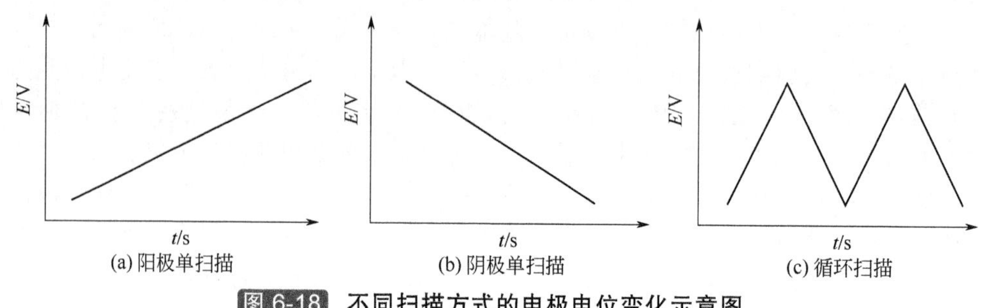

图 6-18 不同扫描方式的电极电位变化示意图

电化学伏安分析方法的灵敏度很高，电极电流可以检测到 10^{-8}～10^{-9}A，甚至更低。电极表面的状态、吸附物质的改变等任何微小的变化都将会引起电极电流的改变；而固体电极表面的微观状态、双电层的分布、不同电位下的作用以及微量物质的吸附解吸，在每次测定中都会发生不同程度的微小变化。由于灵敏度很高，反映到测定信号会有一定的波动，使得每次测定要保持一定的精密度和重现性有一定的难度。这需要有一定的操作经验积累和熟能生巧的技术，以及电极前处理技术和表面修饰技术的配合。

伏安分析法的工作电极是由在测定电位范围内，具有电化学惰性的导电材料制成，常用的有 Pt、Au、Ag 等贵金属电极、玻碳电极、悬汞电极、汞膜电极等。玻碳电极具有电化学惰性、氢过电位高和电位使用范围大的优点而得到广泛使用，但重现性不佳，表面需要进行精细的打磨处理。悬汞电极由可调节装置控制，可以控制每滴悬汞的体积大小，并且每次测定都可以使用新的悬汞以保证每滴汞表面的新鲜和结果的重复性，但存在污染后处理麻烦的问题。汞膜电极常常是在玻碳电极表面，采用电化学电镀预沉积方法，先在其表面形成汞膜，再在汞膜电极上进行测定。一次测定结束，将汞膜电解溶出，重复电沉积-测定-电解溶出。这样可以保证每次测定用的汞膜电极具有很好的重复性，也可以在电预沉积时与测定的金属元素一同电沉积，形成汞齐并富集，可以提高灵敏度，这种电化学共沉积的方法叫溶出伏安法或溶出分析法，其详细内容见第七章溶出伏安法。

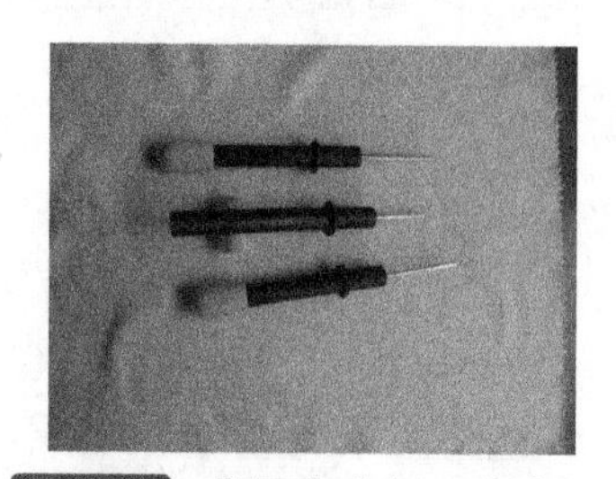

图 6-19 常用电分析工作电极

伏安分析法一般采用常规的固态电极作为工作电极（见图 6-19），具有很高的灵敏度，电极界面微小的变化就会影响到电极电流。为了提高分析测定的重现性和精密度，经典的方法是采用在固体电极表面实时镀汞膜或共沉积的技术手段，每次测定后需要重新处理，但由于后续回收汞等处理问题，目前已较少采用。直接采用无汞固体惰性导电电极（如玻碳电极、贵金属电极）是比较理想的发展方向。每次测量前需对电极表面进行精细的打磨、抛光、清洗等前处理，电极表面处理的微小差异和每次测定后，电极表面都会发生不经意的变化。由于灵敏度很高，这些微小的变化都会引起测量电流信号的差异和波动，在实际使用中需引起特别注意。为了改善电极的特性，电极表面可以采取物理或化学修饰的方法进行改性，在提高特异性、特效性、灵敏度的同时提高测定的精密度和重现性。其修饰的手段有涂膜、浸润、化学接支、电化学共沉积、离子溅射、真空蒸镀、刻蚀、丝网印刷复合电极材料、分子自组装吸附修饰以及多种技术结合共用等等。

二、线性扫描伏安分析

线性扫描伏安法一般采用三电极体系，工作电极以固态或静止平面或球面电极为主。当采用类针端金属电极或微电极或液态悬汞电极时，可以看成是球面电极。平面电极与球面电极的 Fick 扩散定律所求解的电流方程有一定的区别。

线性扫描伏安法是在工作电极与参比电极之间加上一个随时间线性变化的电压，同时记录通过工作电极与辅助电极之间的电流，从而获得电极电流（单位：A）与电极电位（单位：V）之间的伏安关系曲线，即线性扫描伏安图。电极电位与时间的关系为：

$$E = E_0 \pm vt$$

式中，v 为电压扫描速度，V/s；E_0 为电极起始扫描电位；t 为扫描时间。

对于可逆电极过程，当施加在电极表面的电位达到电活性物质的分解电压时，电极反应即可进行，其表面浓度与电位的关系符合能斯特方程。随着线性扫描电压的进行，电极电流急剧上升，电极表面反应物的浓度迅速下降，而产物浓度上升。由于受到物质扩散速度的影响，溶液本底反应物不能及时扩散迁移到电极表面进行补充，产物不能及时完全离开电极表面，因而造成电极反应物质的“匮乏”和产物的“堆积”，电极电流迅速下降，形成峰形伏安曲线。若线性扫描电压继续进行，水溶液中会发生电解水而形成析氢或析氧峰。图 6-20 是阴极还原伏安扫描图（从左到右扫描），在−1.2V 之后为电极表面电化学析氢反应的起始峰，此时开始为电解水溶液，已无意义。

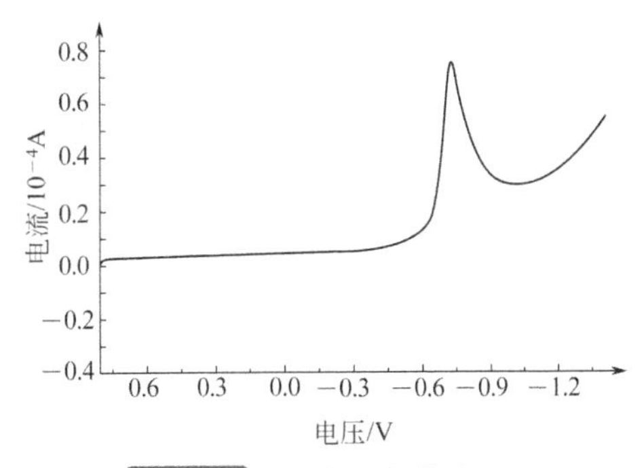

图 6-20 线性扫描伏安图

对于电化学可逆电极反应，通过电极过程动力学和 Fick 扩散定律求解，可以得到线性扫描伏安方程，其电极反应特征峰电流为：

$$i_p = 0.452\frac{n^{3/2}F^{3/2}}{R^{1/2}T^{1/2}}AD_0^{1/2}v^{1/2}c_0$$

在 298K 时简化为：

$$i_p = 269n^{3/2}AD_0^{1/2}v^{1/2}c_0$$

不可逆电极反应线性扫描伏安峰电流方程为：

$$i_p = 299nA(\alpha n_\alpha)D_0^{1/2}v^{1/2}c_0$$

式中，n 为电极反应电子转移数；A 为电极有效面积，cm^2；D_0 为电极反应物质在溶液中的扩散系数，cm^2/s；v 为电极电位扫描速度，V/s；c_0 为电极反应物质的本底浓度，mol/L；i_p 为峰电流，A。

在电极面积 A 固定的条件下，电流方程可以简化为：

$$i_p = kv^{1/2}c_0$$

表明电极反应的峰电流与电极反应物质的浓度成正比，这是线性扫描伏安法定量测定的理论依据。一般线性扫描伏安法测定的最佳浓度范围为 10^{-2}～10^{-4}mol/L。电极反应的峰电流与电极电位扫描速度的 1/2 次方成正比，提高扫描速度可以提高测定的灵敏度。但对于不可逆电极过程，由于电极反应速度慢，在快速扫描时电极反应的速度跟不上极化速度，伏安曲线将不出现电流峰，因而对于电极反应速度较慢的物质应选用较慢的电位扫描速度。

对于可逆电极反应，伏安曲线上的峰电位与电解液本体溶液的组成和浓度有关，与扫描速度无关，峰电位的表达式为：

$$E_p = E_{1/2} \pm 1.1\frac{RT}{nF}$$

当电极反应电子转移数 n=1 时，电流峰电位比平衡电位后移 28.5～31.5mV。电流峰的上升速度非常快，在起始 10%上升到峰值所对应的电极电位变化约为 100mV。当电极反应为不可逆时（半可逆或完全不可逆），峰电位 E_p 随扫描速度 v 的增大而负（或正）移。

线性扫描伏安法所获得的伏安曲线，可以看成是循环伏安法的初始循环的一支，与循环伏安法循环扫描后的谱图存在一定的差别。对所获得的伏安曲线进一步作一次微分、二次微分、半积分、半微分、1.5 次微分、2.5 次微分处理，可以改善谱峰的形貌并得到更高的灵敏度和分辨率。

经典的极谱电分析是采用滴汞电极作为工作电极，滴汞表面不断更新，有着一定的特殊性。有关采用滴汞电极的线性扫描伏安/极谱分析可参阅本章第一节线性扫描极谱分析的有关内容。

三、交流伏安分析

交流伏安法（AC voltammetry）是在直流线性扫描电压信号上串联叠加一个交流正弦波的小信号［贝雷亚（Breyer）式］，正弦波交流电压作为激励信号或称微扰信号，其振幅为 5～50mV，频率 10～100Hz。测定的是电极交流基波信号或交流二次谐波信号与电极电位之间的关系曲线，或测定不同角度（一般为 0°）时的相敏电流关系曲线。图 6-21 为交流正弦波微扰激励信号的作用下，在电极反应上产生交流基波伏安电流的示意图。

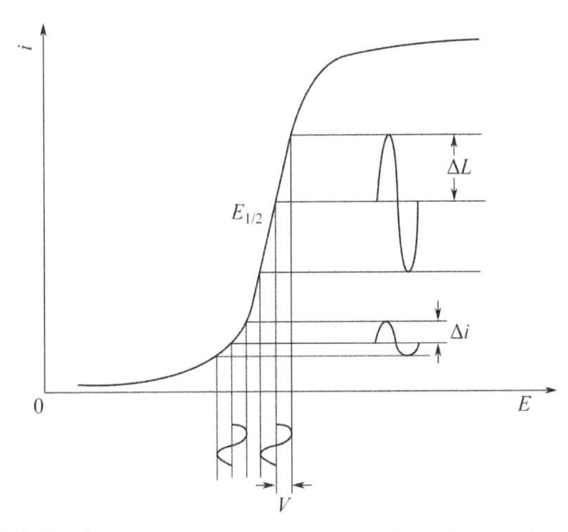

图 6-21　交流微扰激励下的伏安电流产生示意图

由于存在所叠加的交流激励信号的作用，在电极反应起始前所产生的交流伏安信号Δi很小，且基线越平坦，交流伏安信号越小；在半波电位$E_{1/2}$附近将产生最大的交流伏安电流ΔL，在电极反应过后的高位平台区，交流伏安信号又减小。通过检测去除直流扫描信号的交流基频电流信号可以获得如图 6-22 所示的交流伏安图谱，交流伏安峰表现为在半波电位$E_{1/2}$处对称分布。图中 4 个主要电参数是：①交流峰值电位（summit potential），E_s；②峰值电流（summit current），$\Delta i(E_s)$；③本底基础电流（base current），Δi；④半峰宽（width of half height），W。当扫描速率无限小时，$v\to 0$，$\Delta i/\Delta E=\mathrm{d}i/\mathrm{d}E$。类似于线性扫描伏安的一次微分曲线（导数曲线），因而交流伏安曲线在$E_{1/2}$时的Δi为极大且两边对称。但实际中$v\neq 0$，$\Delta i/v\neq \mathrm{d}i/\mathrm{d}E$曲线的实际形状将受电极反应速率的影响。

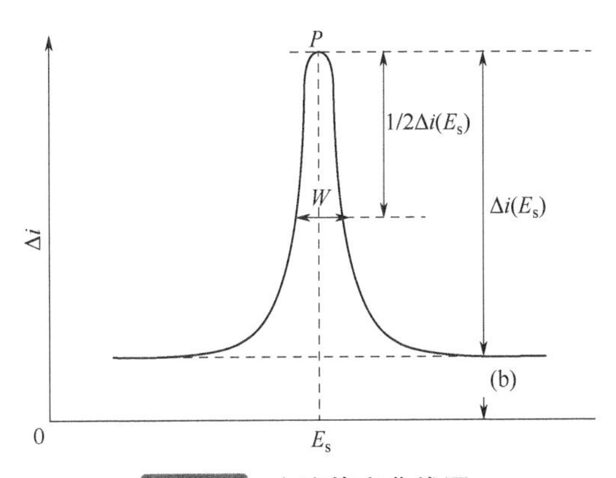

图 6-22　交流伏安曲线图

可逆电极过程的交流伏安电流方程：

$$\Delta i(E_s)=\frac{nF}{2}Ac_0\sqrt{\omega D_0}\tan h(\frac{nFv}{2RT})$$

式中，ω为交流激励信号的角频率，此方程适用于交流激励信号电压小于 15mV 的情况。

当所施加的交流电压的频率很高，电极反应速度相对很慢时，电极正向反应与逆向反应的速度不等，此时电极反应是不可逆的。交流电流就与反应速度有关。不可逆电极过程的交流伏安电流方程：

$$\Delta i=\frac{n^2F^2}{RT}Akv\sqrt{2}\frac{(c_O+c_R\sqrt{\frac{D_R}{D_O}})\sqrt{\frac{D_O}{D_R}}}{\left[1+\sqrt{\frac{D_O}{D_R}}\exp(\psi)\right]}\times\frac{\exp[(1-\alpha)\psi]}{(Z^2+2Z+2)^{1/2}}$$

其中：

$$Z=k\left(\frac{2}{\omega D_R}\right)^{1/2}\left\{\left(\frac{D_R}{D_O}\right)^{1/2}+\exp(\psi)\right\}\exp(-\alpha\psi)$$

$$\psi=\frac{nFE}{RT}$$

且$\psi\ll1$，在不同条件下，可简化方程：

$$\Delta i=\frac{n^2F^2Avck\sqrt{2}}{RT\left(Z^2+2Z+2\right)^{1/2}}\times\frac{\exp[(1-\alpha)\psi]}{1+\exp(\psi)}$$

$$\Delta i=\frac{n^2F^2Avck\sqrt{2}}{RT\left(Z^2+2Z+2\right)^{1/2}}\times\frac{\exp[(1-\alpha)\psi]}{\left(D_R/D_O\right)^{1/2}+\exp(\psi)}$$

$$\Delta i(E_s)=kv\frac{n^2F^2}{RT}m^{2/3}t^{2/3}\sqrt{\omega D_0}c_0f(\lambda,\omega)$$

式中，k为常数；m、t有通常意义；$f(\lambda,\omega)$ 为可逆函数，对可逆过程$f(\lambda,\omega)=1$，不可逆时与k及ω有关。

在交流RC回路中，交流电压与交流电流之间往往存在着相位差，电容C上的电流相位比电压相位超前π/2。当过程可逆时，交流法拉第电流相位与交流电压相位差π/4，因而，电容电流与电解电流相位差也是π/2。当电极过程不可逆时为：

$$\cot(\phi)=1+\frac{1}{k}\left(\frac{\omega D}{2}\right)^{1/2}$$

式中，ϕ为相角，与k及ω有关。

（一）无机化合物交流伏安分析

表 6-2 为无机物在电极表面反应时交流伏安分析的特性及影响因素。

表 6-2 无机物交流伏安分析性质及影响因素

特征参数	影响因素	备 注
电流峰高 i_p	反应物浓度 c_0	峰高与浓度成正比，低浓度时线性关系良好（10^{-3}～10^{-6}mol/L）；高浓度时因受溶液等串联电阻 R_x 的影响而有偏差
	反应可逆性	电极反应可逆：$E=E_s$，交流电流最大；不可逆时峰高降低；完全不可逆时不出现交流电流峰 利用峰高，可判断反应的可逆性，比线性扫描伏安法的 $E-\lg\left(\frac{i}{i_d i}\right)$ 直线斜率方法灵敏

续表

特征参数	影响因素	备 注
电流峰高 i_p	交流信号频率 ω	在频率较低时，峰高与频率的平方根成正比；高频时，电极反应速率跟不上交流电压的变化，过程转化为不可逆，峰高降低，与电极反应电子转移系数 α 有关
	交流电振幅 V	在较小的电压振幅时（一般小于 30mV），峰高与电压幅度 V 成正比，且线性关系良好；振幅过大时，反应过程转化为不可逆，线性关系发生偏差
	温度 T	其温度系数比直流线性扫描伏安法小，一般为 0.3%左右
	支持电解质	支持电解质的浓度、酸度等都有一定的影响。不同的支持电解质有不同的电极反应机理，可逆程度不同
	其他因素	电极表面的吸附脱附、副反应等都有不同程度的影响，反映在电极的可逆程度上。另若采用毛细管交流极谱法，峰高与汞柱高度无关，但与滴汞周期及频率有关
峰电位 E_s		$E_s \approx E_{1/2}$，严格意义上与振幅 V 有关，可逆时 $E_s - E_{1/2} = \frac{1}{2}V$，当 V<10mV，偏差可忽略；若反应不可逆，E_s、$E_{1/2}$ 的偏差与频率有关
本底电流 $\Delta i(b)$		一般是交流电流中的非法拉第成分。主要是电极界面双电层的电容电流，与电极的微分电容 C_d、扫描速度 v、电极面积 A、交流频率 ω、振幅 V 等有关。Δi（b）$=AC_d\omega v$。当电极表面发生吸附，降低了双电层电容交流时，本底电流会降低
半峰宽 W		半峰宽 W 表征峰的形状分布，为峰高一半时的电位差范围。可逆时，W 有最小分布，峰形最尖锐；反应向不可逆转化时，峰高降低而 W 增大
对称性		可逆电极反应的交流电流峰形对称；不可逆时，正负方向的反应速率不相等，峰形不对称，形状与频率 ω 及电子转移系数 α 有关

（二）有机化合物交流伏安分析

有机化合物一般在电极表面具有一定的吸附性质，与电极反应结合在一起，在交流伏安谱图上的表现比较复杂，基本上可分为三种组合类型，如表 6-3 所示。

表 6-3 有机化合物交流伏安电极反应的特性及影响因素

类型	电极反应特性		特 征	现象/特征	备 注
	氧化还原	表面吸附			
1	有	无	具有电活性，能进行氧化或还原，但不具有吸附性	能产生法拉第电流，交流电流峰高一般正比于有机物浓度	1. 对于不可逆反应，只要存在电化学反应，一般就有交流电流信号 2. 由于吸附的存在，峰高与浓度不成线性，部分有机物浓度与峰高存在吸附等温线的关系 3. 有机化合物的交流伏安峰高一般较无机物峰高大，有时大 10～100 倍，原因可能是法拉第电流与吸附张力电流重合，称重排电流（rearrangement current） 4. 交流电流峰电位 E_s 一般较 $E_{1/2}$ 为负 5. 峰高的其他影响因素与无机化合物类似
2	有	有	具有电活性，能氧化或还原，同时在电极表面具有吸附性	峰高与浓度的线性关系破坏	
3	无	有	无电活性，不能被氧化或还原，仅仅具有吸附性能	仅仅产生吸附电流，而非法拉第电流——称“张力电流”（tensammeric current）	

（三）交流伏安分析中的张力电流

有些有机化合物在电极表面不产生直流电解伏安电流，但却能够产生交流电流谱峰。这是由于这些有机化合物一般具有表面活性的能力，能够随电解界面的荷电情况发生吸附或解吸，改变了电极表面双电层电容的缘故。这种交流电流峰不是来源于电极表面的电化学反应，而是来源于吸附造成的张力变化，所以称为张力电流（tensammeric current）。由张力电流峰所对应的交流伏安图称为张力电流谱图，如图 6-23 所示。

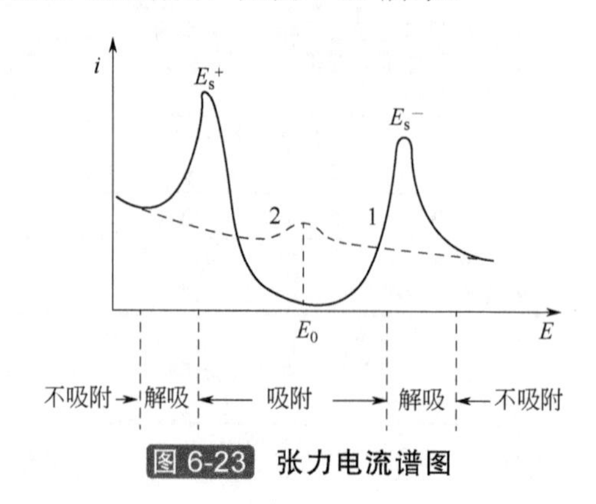

图 6-23 张力电流谱图

1—有可吸附物质；2—无可吸附物质

由于电极表面与溶液界面之间存在微观离子分布，使得电极表面与溶液之间形成双电层，当电极电位从正向负（或负向正）方向电压扫描时，电极表面的荷电状态也发生了变化。当经过反极那一瞬间，电极表面存在着不带电的电位，此时的电极电位称零电荷电位 E_0。不同的电极材料和不同的溶液体系有不同的零电荷电位数值。电极电位在零电荷电位两边，电极表面性质和双电层发生了突变。电极表面对分子或离子的吸引力随着表面电荷的改变而发生了相对变化，其吸引力有静电作用和化学吸附等。电极表面的吸附情况、双电层的分布、双电层电容的数值等发生了突变。图 6-23 中 E_0 为电毛细管电荷曲线上的零电荷电位。

在电极界面叠加一个小振幅的交流微扰电压，当直流电位在零电荷电位时，电极表面几乎不带电，溶液中有可吸附物质存在时，吸附物质较容易被吸附；此时双电层最“弱”，因而通过电容的交流电流最弱，有一个极小值。当直流电位逐渐远离零电荷电位时，电极界面逐渐形成双电层，而吸附物质逐渐解吸，替代的是带电的离子。这一过程改变了双电层的界面厚度和介电常数，表现为在零电荷电位左右的两个张力峰。极性分子周期性的吸附脱附过程，造成微分电容的突变，通过双电层的交流电流亦会发生突变而出现电流峰。该电流不是电解电流，而是由于吸附和表面张力变化所引起的电容电流，因而称张力电流。张力电流峰一般成对出现，距离不等地分布在零电荷电位的两边。表 6-4 为张力电流谱图特征参数的特性。

表 6-4 张力电流谱图特性

特征参数	趋势现象
峰分布	张力电流峰必成对出现，左边电流峰 E_s^+ 一般较高，与 E_0 的距离较右峰 E_s^- 远。这是由于电解质的正、负离子均能吸附取代极性分子，但取代能力不同所致
峰位置 E_s	以 E_s^+及 E_s^- 表示，是浓度的对数函数。随浓度升高，两个峰之间的距离拉大
峰高 i_p	峰高与两个峰之间的间距成正比，与频率 $\sqrt{\omega}$ 成反比；两峰间距减小，两个峰向零电荷靠近，峰高减小。当 $E_s\to0$，即 $E_s\to E_0$，$\Delta i_{(E_s)}\to 0$，即在 E_0 处没有张力电流峰
温度影响ΔT	温度升高，两峰间距靠近，同时峰高降低
两种有机物共存	两种吸附/极性分子共存时，只能观察到距离 E_0 较远的峰，较近的峰被掩蔽。这是由于存在竞争吸附所致
无机离子共存时	E_s 较 E_s^- 为正时，无机离子的反应可逆度受影响；较负时，则不受影响

电化学交流阻抗谱（electrochemical impedance spectroscopy，EIS），即电极交流阻抗谱，是在电极上施加正弦波交流电压的同时测定不同相位角下的复数电阻，考察不同频率下的电极复数阻抗，即虚部和实部的复数电阻，从而可以获得不同电位下的不同复数阻抗谱图，又称电化学阻抗谱，属于频率域的测量方法。通过测量频率范围很宽的阻抗来研究电极系统，能获得比其他常规的电化学方法更多的动力学信息和电极界面的结构信息。对电分析化学的测定研究以及如何提高灵敏度等有一定的理论参考和指导意义。

四、方波伏安分析

方波伏安法（square-wave voltammetry）是在交流极谱法、方波极谱法和交流伏安法的基础上改进、衍生而发展起来的。方波伏安法是将经典极谱法中所用的不断更新的滴汞电极改换成固态电极、静态悬汞电极或汞膜电极等。一般采用三电极体系，在电极上施加线性扫描电压的同时叠加一个小振幅的方波信号，测定通过电极的方波信号所引起的交流信号的大小，从而获得电极扫描电位与交流信号的关系图，即方波伏安图，在不严格的情况下有时也称方波极谱图。方波伏安法与方波极谱法有类似的功效和性能，只是所用的电极有差异，方波极谱法可参考第一节的有关内容。

相对于直流电而言，交流电更容易通过电容器。因而交流伏安法存在的一个主要问题是交流电能够较容易地通过电极表面的双电层电容，引起的电容电流的本底电流较大而形成干扰，方波伏安法能够克服和消除电容电流的影响。方波伏安法是将一频率通常为 225～250Hz、振幅为 10～30mV 的方波电压叠加在线性扫描电压信号上。通过测定叠加上的低频率小振幅（≤50mV）方波交流电压在每次方波电压结束改变方向前瞬间通过电解池的电流信号，得到方波瞬间电流 i（单位：A）与电位 E（单位：V）的关系走势图，则称为方波伏安图。方波伏安法与交流伏安法相比有更高的灵敏度，一般可以提高 1～2 个数量级。对于电极反应为可逆的物质，灵敏度可达 4×10^{-8}mol/L，对于电极反应部分可逆的物质，灵敏度相对较低，在 10^{-6}mol/L 左右。方波伏安具有较高波峰的分辨率，一般可达 40mV。

与方波极谱类似，为了消除或减弱电极双电层电容充电电流的影响，方波伏安采集记录的是电极电流的差分信号，其电极电位的方波信号与直流扫描叠加的信号电压如图 6-10 所示，方波伏安各关键点的电压信号时序如图 6-11 所示。方波伏安法可以进行单向扫描，也可以与循环扫描伏安法结合。与循环伏安法结合可以得到循环扫描方波伏安图谱。其方波伏安方法的特点可以参考第一节方波极谱法的特点。

五、脉冲伏安分析

脉冲伏安法（pulse voltammetry）是在方波伏安法的基础上，通过改进方波信号的占空比而发展起来的。脉冲伏安法与脉冲极谱法的主要区别在于采用了固态电极或静态悬汞电极或汞膜电极等，电极界面在测定过程中不强制更新，以代替极谱法中使用的不断更新的滴汞电极。一般采用三电极体系，在电极上施加线性扫描电压的同时叠加一个小振幅的脉冲电压信号，通过测定电极的脉冲信号所引起的交流信号的大小，获得电极扫描电位与交流脉冲信号的关系图，即脉冲伏安图，在不严格的情况下有时也称脉冲极谱图。脉冲伏安法与脉冲极谱法有类似的功效和性能，只是所用的电极有差异。

为了消除方波伏安存在的缺陷，改进了方波信号的占空比，即减小了方波电压的时长，相对延长了休止时间，形成了脉冲信号，因而相对降低了方波脉冲的频率。其仪器设计与电路工作原理与方波伏安基本相同。

脉冲伏安按所加脉冲电压的方式不同，可分为常规脉冲伏安（又称积分脉冲伏安）和微分脉冲伏安（又称导数脉冲伏安）。常规脉冲伏安法在电极上所施加的脉冲幅度是随时间线性增加的，其电极电压信号的时序如图 6-12 所示，得到的每个脉冲的 i 信号与电极电压 E 信号组成 I-E 曲线图，即脉冲极谱图，与经典极谱法的 I-E 极谱曲线相似（图 6-14 中 1）；微分脉冲极谱法是在直流线性扫描电压上叠加一个等幅度脉冲，其电极电压信号的时序如图 6-13 所示，经过电极电流的信号采集处理得到的伏安波是峰形伏安图（图 6-14 中 2），峰形信号比之平坦信号有着更高的分辨率。

脉冲伏安的测试方式有利于电化学电极反应的进行，特别是可逆性较差的物质，灵敏度会发生明显的改善。微分脉冲伏安与微分脉冲极谱类似，是相应的伏安分析技术中最灵敏的方法。脉冲伏安法的特点可以参考第一节（三）脉冲极谱法的有关内容。

需特别注意的是：脉冲伏安法所用的电极为“固定态”导电电极；而脉冲极谱法所用的电极为滴汞电极。滴汞电极在使用过程中，其表面积在不断长大和更新；在加电脉冲时，则需要考虑到滴汞的速度和周期，因为滴汞的速度一般较慢、周期较长。在脉冲极谱中，控制电脉冲的周期与滴汞的周期一致，以保证每个脉冲有近似的汞滴面积，因而不能采用较高的电位扫描速度。在脉冲伏安法中，由于电极面积基本固定不变，其电脉冲的周期无需考虑与汞滴的同步问题，因而有利于电位扫描速度的提高，更灵活，便于测定和数据处理。

第三节　卷积伏安分析法

卷积伏安分析法是在经典伏安分析法的基础上发展起来的一种新的伏安分析方法，主要包括半积分电分析法、半微分、1.5 次微分、2.5 次微分电分析法。其主要思路是对电化学分析所得到的电流信号进行实时处理——卷积转换，转换成不同级次的半微分信号，以进一步提高电化学测量的灵敏度和分辨率为目的。卷积概念来自于数学，表达了一种函数积分的含义，是利用数学方法对电信号进行处理。在这里主要是增加了半次微积分的概念，在半积分的基础上再进行一次求导数，可以获得半微分信号；在半微分信号的基础上再进行求导数，可以获得 1.5 次微分信号；在获得 1.5 次微分信号的基础上，再进行一次求导数，可以获得 2.5 次微分电信号。依此可以获得更高阶次的卷积伏安分析信号，但由于高次半微分灵敏度太高，容易受到极大的干扰，因而一般只做到 2.5 次微分为宜。与常规的电分析法和一次导数、二次导数的电化学分析处理相比，卷积伏安法有着更高的灵敏度和分辨率。

1972 年，Oldham 提出了半积分电分析法（semi-integral electroanalysis），GOTO 等人于 1975 年在此基础上又提出了半微分电分析法（semi-differential electroanalysis），并对其理论和实验做了探讨，从而进一步发展产生了不同阶次的半积分、半微分及高阶次半微分的电分析方法。早年该类方法是在以滴汞或汞电极作为测量电极的极谱分析法上衍生发展起来的，因而早期也称为新极谱法、新极谱电分析法，后来主要应用于固态电极则称为新伏安分析法、卷积伏安分析法等。

一、技术方法概述

极谱、伏安分析法通常记录的是电流对电位的关系曲线，这就要求溶液的内阻尽可能低。当采用固体电极作为工作电极时，极谱伏安电流会随时间电位而变化。为了克服这些缺点，进一步提高分析方法的灵敏度和分辨率，Oldham 提出了半积分电分析法。它是记录电流的半

积分值 m 对电极电位 E 的关系曲线为基础的电分析法，曲线通常呈 S 累计积分型。在此基础上发展提出的半微分法是记录电流的半微分值 e 对电极电位 E 的关系曲线，e-E 曲线呈峰形（见图 6-24）。进一步发展了多阶半微分电分析法，常用的是 1.5 次微分电分析法和 2.5 次微分电分析法。前者记录的是电流的 1.5 次微分电信号 e'与电极电位 E 的关系曲线，得到的是一条完全对称的极大峰和极小峰组成的曲线（见图 6-25）；后者记录的是电流的 2.5 次微分值 e''对电极电位 E 的关系曲线，则得到由一个极小峰和两个极大峰组成的双曲正割和双曲正切的函数关系曲线（见图 6-26）。因而就进一步改善了电分析测定信号的灵敏度及分辨率。Bond 把这些方法统称为卷积伏安法。也有人称之为新极谱法、新伏安分析法。

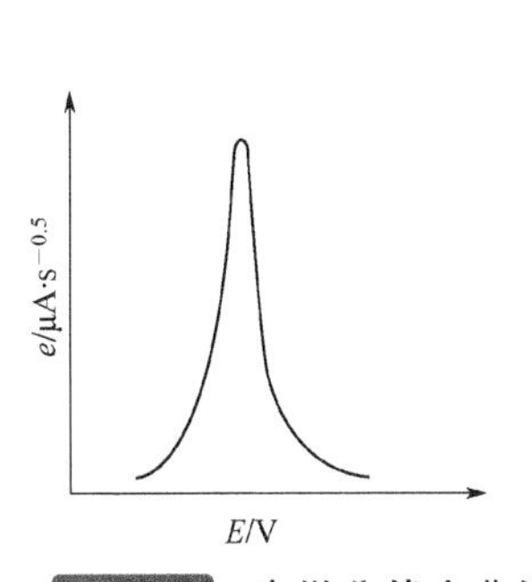

图 6-24　半微分伏安曲线

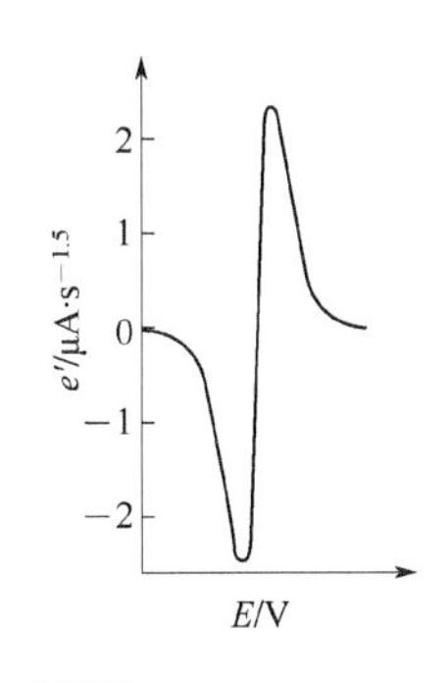

图 6-25　1.5 次微分伏安曲线

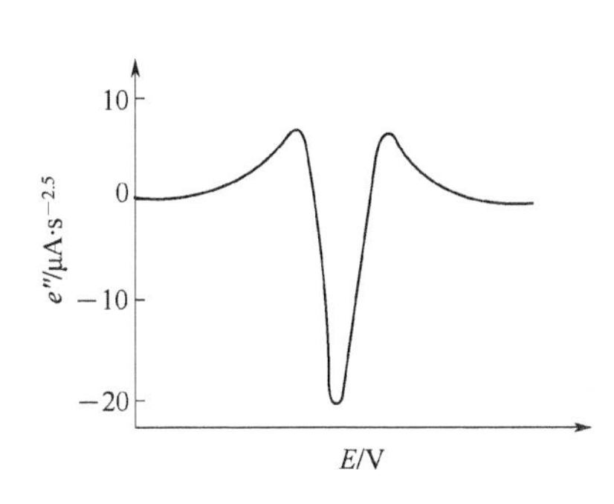

图 6-26　2.5 次微分伏安曲线

卷积伏安法的物理电学的含义：在电学中，电流 $i(t)$、电量 $q(t)$和电压 $U(t)$有着一定的关系：

$$q(t)=\int_0^t i(t)\mathrm{d}t=\frac{\mathrm{d}^{-1}}{\mathrm{d}t^{-1}}i(t)$$

$$U(t)=Ri(t)=\frac{1}{C}q(t)$$

$$i(t)=\frac{\mathrm{d}}{\mathrm{d}t}q(t)$$

对于电流的半积分，即电流 $i(t)$对时间 t 的半积分，可以看成是介于电流 $i(t)$和电流的积分值之间的一个中间量 $m(t)$，也可以看成是电压 $U(t)$和电量 $q(t)$之间的一个过渡量 $m(t)=\frac{\mathrm{d}^{-1/2}}{\mathrm{d}t^{-1/2}}i(t)=\frac{\mathrm{d}^{1/2}}{\mathrm{d}t^{1/2}}q(t)$。对于电流的半微分 $e(t)$，即电流 $i(t)$对时间的半微分量，可以看成是介于电流 $i(t)$和电流的变化率 $a(t)$ [电流的一次导数 $a(t)=\frac{\mathrm{d}}{\mathrm{d}t}i(t)$]之间的一个中间物理量 $e(t)=\frac{\mathrm{d}^{1/2}}{\mathrm{d}t^{1/2}}i(t)$。在仪器模拟电路的实现中可以采用集成运算放大器与电容器 C 组成一次微分电路，而采用介于电阻 R 与电容 C 之间的一个中间网络 RC 可以组成半积分电路，进一步采用半积分电路与微分电路串联组成半微分电路，再串接微分电路可以得到 1.5 次微分及 2.5 次微分等，这在电子电路上是可以达到的。在数字电路上可以通过计算机卷积计算的方法达到同样的效果。

电极电流 $i(t)$对时间的积分是电量 $q(t)$，处于电流 $i(t)$与电量 $q(t)$之间的物理量为半积分 $m(t)$，半积分的物理信号再进行一次微分得到的是半微分 $e(t)$，对半微分信号再进行一次微分得到的是1.5次微分e'，1.5次微分信号再进行一次微分得到的是2.5次微分e''。电极电流 $i(t)$、电量 $q(t)$、半积分 $m(t)$、半微分 $e(t)$以及各阶次半微分之间的关系可简化成如图 6-27 所示的关系。

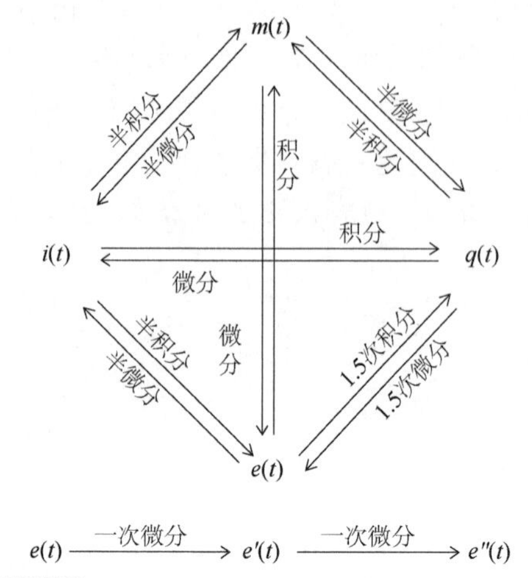

图 6-27 i、q、m、e 及各阶次半微分关系图

卷积伏安法各阶次半微分之间存在着一定的数学函数关系，各阶半微分的运算可以通过卷积函数关系进行数学转换，其各阶次半微分可以通过多种途径进行数学处理获得，表 6-5 列出了半积分、半微分、1.5 次微分、2.5 次微分等的数学方程表达式和求算的方法途径。不同扫描速度下的电极电位与卷积伏安电流之间的函数关系可以通过电极过程动力学方程和 Fick 第二扩散定律，根据所用电极形态特性以及初始条件用拉普拉斯变换进行求解获得。

表 6-5 半积分及各阶次半微分数学表达式

卷积名称	算　符	数学表达式	表达式求算方法
半积分	$\frac{d^{-1/2}}{dt^{-1/2}}$	$\frac{1}{\sqrt{\pi}}\int_0^t \frac{f(\lambda)}{\sqrt{t-\lambda}}d\lambda$	以 $a=0$， $q=-1/2$ 代入广义微积分
半微分	$\frac{d^{1/2}}{dt^{1/2}}$	$\frac{1}{\sqrt{\pi}}\int_0^t \frac{f^{(1)}(\lambda)}{\sqrt{t-\lambda}}d\lambda+\frac{f(0)}{\sqrt{\pi t}}$	① 以 $a=0$， $q=1/2$， n=1 代入广义微积分 ② 对半积分求一次导数
1.5 次微分	$\frac{d^{3/2}}{dt^{3/2}}$	$\frac{1}{\sqrt{\pi}}\int_0^t \frac{f^{(2)}(\lambda)}{\sqrt{t-\lambda}}d\lambda+\frac{f^{(1)}(0)}{\sqrt{\pi t}}-\frac{f(0)}{2\sqrt{\pi}t^{3/2}}$	① 以 $a=0$， $q=3/2$， n=2 代入广义微积分 ② 对半微分求一次导数 ③ 对半积分求二次导数
伪 1.5 次微分	$\frac{d^{1/2}}{dt^{1/2}}\times\frac{d}{dt}$	$\frac{1}{\sqrt{\pi}}\int_0^t \frac{f^{(2)}(\lambda)}{\sqrt{t-\lambda}}d\lambda+\frac{f^{(1)}(0)}{\sqrt{\pi t}}$	① 以 $f'(t)$ 代替 $f(t)$ 代入半微分定义式 ② 根据半微分算符性质求算
2.5 次微分	$\frac{d^{5/2}}{dt^{5/2}}$	$\frac{1}{\sqrt{\pi}}\int_0^t \frac{f^{(3)}(\lambda)}{\sqrt{t-\lambda}}d\lambda+\frac{f^{(2)}(0)}{\sqrt{\pi t}}-\frac{f^{(1)}(0)}{2\sqrt{\pi}t^{1/2}}+\frac{3f(0)}{4\sqrt{\pi}t^{5/2}}$	① 以 $a=0$， $q=5/2$， n=3 代入广义微积分 ② 对 1.5 次微分求一次导数 ③ 对半微分求二次导数 ④ 对半积分求三次导数
伪 2.5 次微分 甲型	$\frac{d}{dt}\times\frac{d^{1/2}}{dt^{1/2}}\times\frac{d}{dt}$	$\frac{1}{\sqrt{\pi}}\int_0^t \frac{f^{(3)}(\lambda)}{\sqrt{t-\lambda}}d\lambda+\frac{f^{(2)}(0)}{\sqrt{\pi t}}-\frac{f^{(1)}(0)}{2\sqrt{\pi}t^{3/2}}$	对伪 1.5 次微分求一次导数
乙型	$\frac{d^{1/2}}{dt^{1/2}}\times\frac{d^2}{dt^2}$	$\frac{1}{\sqrt{\pi}}\int_0^t \frac{f^{(3)}(\lambda)}{\sqrt{t-\lambda}}d\lambda+\frac{f^{(2)}(0)}{\sqrt{\pi t}}$	以 $f^{(2)}(t)$ 代替 $f(t)$ 代入半微分定义式

续表

卷积名称	算　　符	数学表达式	表达式求算方法
广义微积分	$\frac{d^q}{[d(t-a)]^q}$	$\frac{1}{\Gamma(-q)}\int_0^t \frac{f(\lambda)}{(t-\lambda)}d\lambda$　$(q<0)$ $\frac{1}{\Gamma(n-q)}\int_0^t \frac{f^{(n)}(\lambda)}{(t-\lambda)^{1+q-n}}d\lambda+\sum_{K=0}^{n-1}\frac{(t-a)^{K-q}f^{(K)}(a)}{\Gamma(K+1-q)}$ $(-1<n-1\leqslant q<n)$	

图 6-28 是三角波标准信号通过卷积伏安分析法的不同阶次微分信号处理所获得的实际转换信号，图中曲线 1 为三角波扫描输入信号；曲线 2 为经过常规一次求导数（一次微分 dI/dt）得到的一次导数信号；曲线 3 为经过常规二次求导数（二次微分 d^2I/dt^2）得到的信号；曲线 4 为经过半微分处理得到的信号（e）；曲线 5 为 1.5 次微分处理得到的信号（e'）；曲线 6 为 2.5 次微分处理得到的信号（e''）。从图中可以看出，高阶次的微分（二次导数）和半微分（1.5 次微分、2.5 次微分）有着更高更尖锐的峰形和更窄的半峰宽，因而有着较高的灵敏度和分辨率。

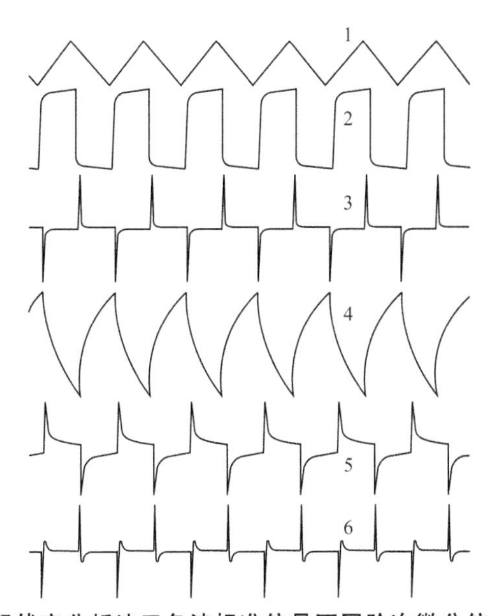

图 6-28 卷积伏安分析法三角波标准信号不同阶次微分信号转换波形图

1—输入信号三角波扫描信号，扫描电压范围−0.5～+0.5V（Y=0.5V/cm）；2—常规一次导数/微分 dI/dt（Y=0.1V/cm）；3—常规二次导数/微分 d^2I/dt^2（Y=0.5V/cm）；4—半微分信号（Y=1V/cm）；5—1.5次微分信号（Y=0.5V/cm）；6—2.5次微分信号（Y=2.5V/cm）

二、半积分伏安分析

根据 Fick 第二定律求算可得，在平面电极上可逆电极反应的半积分动力学方程，即 $m(t)$-E 曲线为：

$$m(t)=\frac{md}{2}\left\{1-\mathrm{th}[\frac{nF}{2RT}](E-E_{1/2})\right\}$$

对于球形电极的可逆电极反应方程为：

$$m(t)=\frac{\sqrt{D}}{R}q+\frac{md}{2}\left\{1-\mathrm{th}[\frac{nF}{2RT}](E-E_{1/2})\right\}$$

球面电极可逆电极反应的半积分电流与电压关系，与平面电极相比，球面电极多了一项，在实际测定中可以作为校正项进行处理。

半积分电流方程是一条双曲正切函数曲线（y=thX），曲线应关于原点对称，拐点在原点，该点的切线斜率为 1，渐近线 $y = \pm 1$。从而可知半积分的电流在 0～md，是一单调增函数，最大值为极限扩散电流 md。在拐点处，即 1/2 极限电流处的对应电位为半波电位 $E_{1/2}$。图 6-29 为可逆过程电极电流的半积分伏安曲线示意图。

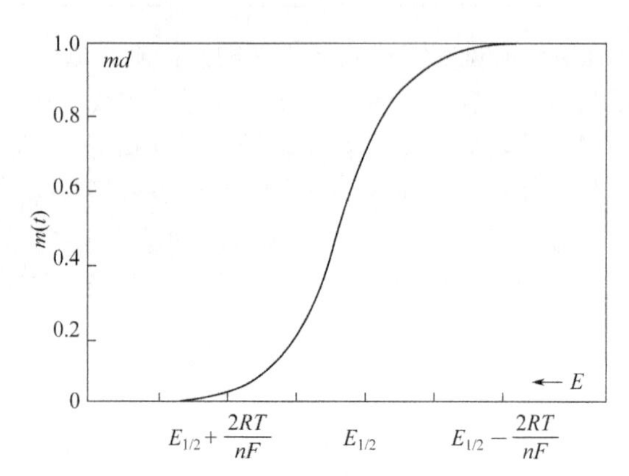

图 6-29 可逆过程半积分伏安曲线示意图

（一）半积分电分析的某些特征参数

根据半积分理论关系，可以求得半积分 m-E 理论曲线的特殊点位的特征参数，如表 6-6 所列。

表 6-6 半积分电化学理论曲线的一些特征参数[1]

特征参数	可逆电极反应	不可逆电极反应
$E_{1/2}$	$E_s+\frac{RT}{nF}\ln\sqrt{\frac{D_R}{D_O}}$	$E_s+\frac{RT}{\alpha nF}\ln\left[1.23k_s\sqrt{\frac{RT}{\alpha nFv}}\right]$
$E_{1/4}-E_{1/2}$	$1.099\frac{RT}{nF}$	$0.977\frac{RT}{\alpha nF}$
$E_{1/2}-E_{3/4}$	$1.099\frac{RT}{nF}$	$0.890\frac{RT}{\alpha nF}$
在 $E_{1/2}$ 处的斜率	$-\frac{nF}{4RT}$	$-0.295\frac{\alpha nF}{RT}$
最大斜率(反转点)	$-\frac{nF}{4RT}$	$-0.297\frac{\alpha nF}{RT}$
最大斜率处的波高	0.500	0.545
最大斜率处的电极电位	$E_{1/2}$	$E_{1/2}-0.151\frac{RT}{\alpha nF}$
"对数图"斜率	$\frac{nF}{2.303RT}$	$\frac{1.178\alpha nF}{2.303RT}$ 在 $E_{1/2}$ 处

注：表中符号 E_s——标准电极电位；α——电荷转移系数；k_s——电极反应速率常数；v——扫描速度；$E_{1/4}$——峰高 1/4 处的电位；$E_{3/4}$——峰高 3/4 处的电位。

（二）不可逆电极过程半积分关系中αn值的几种不同求法

① 由半积分 m-E 曲线的特征电位 （$E_{1/4}$、$E_{1/2}$、$E_{3/4}$）分别对电位扫描速度 v 的对数作图（E_μ - lg$v$）得一直线，从直线斜率根据下式求得 αn 值

$$\frac{\Delta E_\mu}{\Delta \lg v}=-\frac{1.151RT}{\alpha nF}$$

式中，E_μ 为各特征电位（如 $E_{1/4}$、$E_{1/2}$、$E_{3/4}$ 等）。

② 根据各特征电位与扫描速度对数关系曲线间的距离得 αn 值。从表 6-6 中的关系式可知，在 298K 时

$$\alpha n=\frac{25.1\text{mV}}{E_{1/4}-E_{1/2}}=\frac{48.0\text{mV}}{E_{1/4}-E_{3/4}}=\frac{22.9\text{mV}}{E_{1/2}-E_{3/4}}$$

③ 根据 m-E 曲线上最大斜率（即 $E_{1/2}$ 处的斜率）

$$斜率=\frac{1}{m_\text{c}}\times\frac{\text{d}m}{\text{d}E}=-\frac{\alpha n}{86.8\text{mV}}$$

求得相应的 αn 值。

表 6-7 列出了 IO_3^- 和 Ni^{2+}两种离子按上述三种方法求得的 αn 值。

表 6-7 IO_3^- 和 Ni^{2+}两种离子电极反应的 αn 值[2]

测定方法	αn 值		测定方法	αn 值	
	IO_3^-	Ni^{2+}		IO_3^-	Ni^{2+}
$E_{1/4}$-lg$v$ 直线斜率	0.55	0.47	v=20.5mV/s 时的斜率	0.52	0.57
$E_{1/2}$-lg$v$ 直线斜率	0.56	0.46	v=50.3mV/s 时的斜率	0.51	0.61
$E_{3/4}$-lg$v$ 直线斜率	0.53	0.45	v=102mV/s 时的斜率	0.48	0.59
$(E_{1/4}-E_{1/2})$差值	0.47～0.50	0.53～0.54	v=205mV/s 时的斜率	0.48	0.53
$(E_{1/4}-E_{3/4})$差值	0.53～0.55	0.55～0.57	v=509mV/s 时的斜率	(0.43)	(0.49)
$(E_{1/2}-E_{3/4})$差值	0.58～0.69	0.58～0.61	平均值	0.53±0.04	0.54±0.04

三、半微分伏安分析

对于半微分电信号 e 与电位 E 曲线的表达式，可以根据表 6-8 中半积分的表达式及表 6-5 各阶次半微分数学表达式的定义与求算方法进行求算得到。

对于平面电极上可逆电极反应，由半积分表达式对时间 t 一次求导数，可得：

$$e(t)=\frac{n^2F^2Av\sqrt{D}C_0}{4RT}\text{sech}^2[\frac{nF}{2RT}(E-E_{1/2})]$$

式中，v=dE/dt 为线性扫描速度；sech(X)是双曲正割函数。

对于球形电极的可逆电极反应方程，可由球形电极的半积分方程进行一次求导获得：

$$e(t)_\text{sp}=\frac{n^2F^2Av\sqrt{D}C_0}{4RT}\text{sech}^2[\frac{nF}{2RT}(E-E_{1/2})]+\frac{\sqrt{D}}{R}i$$

球形电极半微分 $e(t)$-E 方程与平面方程相比，球形电极方程多一项$\frac{\sqrt{D}}{R}i$，可作为校正项。

也可以将平面电极方程看成是球形电极的曲率半径 $R\to\infty$时的一种特例。图 6-30 为可逆过程半微分曲线特征谱图。

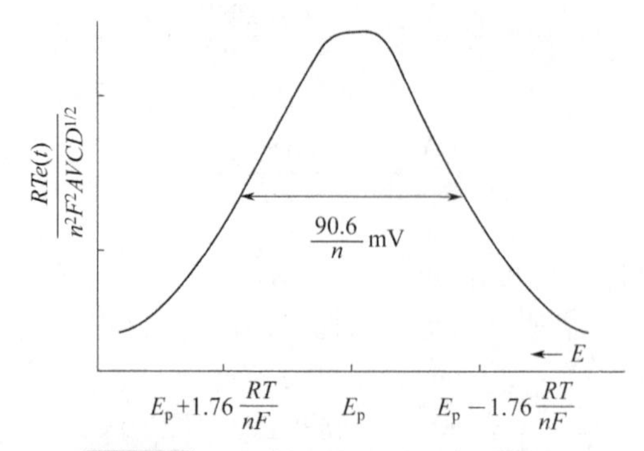

图 6-30 可逆过程半微分特征谱图

表 6-8 描绘半微分电分析 e-E 曲线峰特征的表达式

电极类型	特征参数	可逆电极反应		不可逆电极反应
平面电极	峰高 e_p	$\frac{n^2F^2Av\sqrt{D}c_0}{4RT}$		$\frac{\alpha n^2F^2Av\sqrt{D}c_0}{3.367RT}$
	峰电位 E_p	$E_{1/2}$		$E_{1/2}+\frac{RT}{2\alpha nF}\ln\left[\frac{0.613RT}{\alpha nFvt}\right]$
	峰宽 W_p	$3.53\times\frac{RT}{nF}$		$2.94\times\frac{RT}{\alpha nF}$
球形电极		$g=1$	$g=-1$	
	峰高 e_p	$\frac{n^2F^2Av\sqrt{D}c_0}{4RT}(1+1.52\phi_{sp})$	$\frac{n^2F^2Av\sqrt{D}c_0}{4RT}(1+1.21\phi_{sp})$	$\frac{\alpha n^2F^2Av\sqrt{D}c_0}{3.367RT}(1+1.26\frac{\phi_{sp}}{\sqrt{\alpha}})$
	峰电位 E_p	$E_{1/2}-0.95(\frac{RT}{nF})\phi_{sp}$	$E_{1/2}-3.04(\frac{RT}{nF})\phi_{sp}$	$E_{1/2}+\frac{RT}{\alpha nF}(0.055-1.69\frac{\phi_{sp}}{\sqrt{\alpha}})$
	峰宽 W_p	$\frac{RT}{nF}(3.53+2.1\phi_{sp})$	$\frac{RT}{nF}(3.53+3.2\phi_{sp})$	

注：表中 v 为电位扫描速度；g 为几何参数，其数值取决于还原态电活性物质 Red 所溶解的介质，如果 Red 溶解于支持电解质溶液中，那么 Red 扩散离开电极表面，这时 g=1，如果 Red 溶解于汞电极中形成汞齐，则 g=−1，ϕ_{sp} 为无量纲参数，定义为 $\phi_{sp}=\frac{1}{r}(\frac{RTD_0}{nFv})^{1/2}$，$E_*=E_s+\frac{RT}{2\alpha nF}\ln(\frac{k_s^2RT}{\alpha nFvD_0})$；$r$ 为球面电极半径。

图 6-31 是 Cd、Pb 溶液中常规与半微分连续循环扫描伏安曲线对比图。先循环扫描几次，电极稳定后，记录循环扫描图，连续扫描 40min，相当于扫描约 150 次，重叠记录。半微分伏安信号的分辨率和灵敏度已有一定程度的提高。

四、1.5 次微分伏安分析

对于 1.5 次微分电信号 e 与电位 E 曲线的表达式，可以根据表 6-5 各阶次对应的半微分数学定义与数学表达式进行求算得到。

对于平面电极上可逆电极反应，对半微分表达式对时间 t 进行一次求导，可得：

$$e'(t)=(\frac{nFv}{2RT})^2 md\,\mathrm{sech}^2[\frac{nF}{2RT}(E-E_{1/2})]\mathrm{th}[\frac{nF}{2RT}(E-E_{1/2})]$$

根据表达式可得 1.5 次微分曲线的峰形如图 6-25 所示，其信号峰的各种特征表达式见表 6-9。

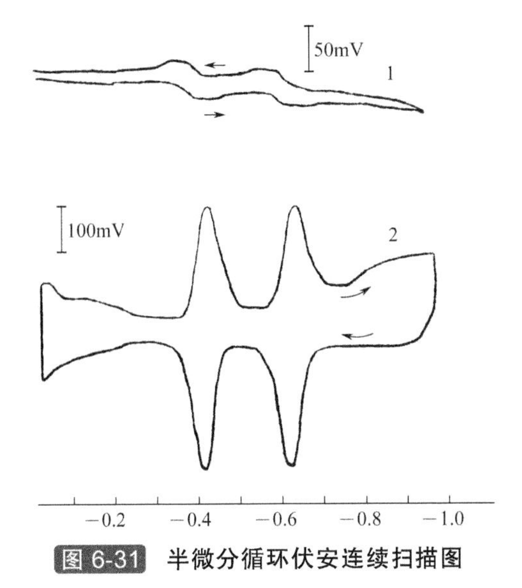

图 6-31　半微分循环伏安连续扫描图

1—常规伏安图（Y=50mV/cm）；2—半微分（Y=100mV/cm）；Pb、Cd浓度均为5×10^{-6}g/mL；79-1型伏安分析仪（电流倍率0.025）+ HD-85型新伏安转换器（倍率1）；室温，扫描速度100 mV/s，挤压式悬汞电极面积2.19mm^2

在电位扫描速度高于 0.045V/s 时，1.5 次微分电流信号比常规扫描电流信号要大，随着扫描速度的提高，1.5 次微分法的灵敏度迅速提高，远远大于常规扫描伏安法的信号。

表 6-9　平面电极可逆过程的 1.5 次微分曲线峰特征的表达式

峰特征参数	表达式
正、负峰高	$e'(t)=\pm0.3849(\frac{nFv}{2RT})^2md$
峰峰高	$e'_{pp}=0.76980(\frac{nFv}{2RT})^2md$
正、负峰电位	$E=E_{1/2}\pm1.317\frac{RT}{nF}$
特征峰宽（正、负峰电位差）	$w'_{pp}=2.634\frac{RT}{nF}$
与常规峰高比值	$\frac{e'_{pp}}{i_p}=0.5258(\frac{nFv}{RT})^{3/2}$
与常规峰高比值（298K）	$\frac{e'_{pp}}{i_{p(298K)}}=103.48(nv)^{3/2}$

注：表中 v 为电极电位扫描速度；可逆电极反应常规扫描伏安峰电流方程 $i_p=0.452\frac{n^{3/2}F^{3/2}}{R^{1/2}T^{1/2}}AD_0^{1/2}v^{1/2}c_0$。

五、2.5 次微分伏安分析及各阶次新伏安分析的对比

根据 2.5 次微分数学表达式和求算方法定义（见表 6-5），可以通过 1.5 次微分表达式，再进行一次对时间 t 的求导，即得 2.5 次微分伏安方程：

$$e''(t)=-(\frac{nFv}{2RT})^3md\left\{\mathrm{sech}^2[\frac{nF}{2RT}(E-E_{1/2})]-3\mathrm{sech}^2[\frac{nF}{2RT}(E-E_{1/2})]\mathrm{th}^2[\frac{nF}{2RT}(E-E_{1/2})]\right\}$$

2.5次微分理论方程是关于双曲正割和双曲正切的函数关系，其函数波形的数学分析较复

杂，相对而言，峰形比较尖锐，易于分辨，如图 6-26 所示。表 6-10 为平面电极可逆过程的 2.5 次微分伏安曲线峰的几个特征表达式。只要电位扫描速度不低于 0.038V/s，2.5 次微分电流信号就比常规扫描电流信号大。随着扫描速度的提高，2.5 次微分法的灵敏度迅速提高，远远大于常规扫描伏安法的信号。

表 6-10 平面电极可逆过程的 2.5 次微分曲线峰特征的表达式

基　准	峰特征参数	表达式
三峰参数	峰电位	$E_{-p}=E_{1/2}-1.1462\dfrac{2RT}{nF}$ $E_p=E_{1/2}$ $E_{+p}=E_{1/2}+1.1462\dfrac{2RT}{nF}$
三峰参数	峰高	$e^*_{E-p}=0.3333\times(\dfrac{nFv}{2RT})^3md$ $e^*_p=-(\dfrac{nFv}{2RT})^3md$ $e^*_{E+p}=0.3333\times(\dfrac{nFv}{2RT})^3md$
以基线电流为基准	峰高	$e^*_p=-(\dfrac{nFv}{2RT})^3md$
以基线电流为基准	半峰宽 （峰高 1/2 的峰宽）	$w^*_p=1.5707\dfrac{RT}{nF}$
以基线电流为基准	峰脚宽 （两峰脚间距）	$w^*_{pp}=4.5848\dfrac{RT}{nF}$
以两峰脚为基准	峰高	$e^*_{p'}=1.3333\times(\dfrac{nFv}{2RT})^3md$
以两峰脚为基准	半峰宽	$w^*_{p'}=1.898\times\dfrac{RT}{nF}$
与常规峰高比值		$\dfrac{e^*_p}{i_p}=0.3687\times(\dfrac{nFv}{RT})^{5/2}$
与常规峰高比值（298K）		$\dfrac{e^*_p}{i_{p(298K)}}=3489.93\times(nv)^{5/2}$

注：表中 v 为电极电位扫描速度；可逆电极反应常规扫描伏安峰电流方程 $i_p=0.452\dfrac{n^{3/2}F^{3/2}}{R^{1/2}T^{1/2}}AD_0^{1/2}v^{1/2}c_0$。

表 6-11 是可逆电极过程在不同电位扫描速度和不同电子转移数时，半微分、1.5 次微分和 2.5 次微分的峰高与常规线性扫描理论峰高比值表。随着电极反应的电子转移数增加和电位扫描速度的提高，理论比值随之增加，尤其是高阶次半微分提高更快，可以提高 2～3 个数量级，因而采用高阶次半微分进行微量和痕量分析测定，可以极大地提高灵敏度；从峰形特征分析，由于各阶次半微分均以对称分布，使得峰形测量方便，随着半微分阶次的提高，半峰宽特征减小，从而使得分辨率提高。

按照卷积伏安法理论分析，随着半微分阶次的提高，电极反应测量的灵敏度和分辨率都有较大的提高，从理论上表明还可以进行更高阶次的半微分，如 3.5 次、4.5 次微分，但在技术实现上还存在一定的困难，尤其是灵敏度的极大提高，易造成背景噪声干扰，所以一般只在 2.5 次微分范围以内研究应用。

表 6-11 各阶半微分与常规线性扫描伏安曲线的理论峰高比值表（298K）

扫描速率/(V/s)	半微分			1.5 次微分			2.5 次微分		
	n=1	n=2	n=3	n=1	n=2	n=3	n=1	n=2	n=3
0.05	0.772	1.091	1.337	1.157	3.272	6.012	1.951	11.04	30.41
0.10	1.091	1.543	1.890	3.272	9.256	17.00	11.04	62.43	172.0
0.20	1.543	2.182	2.673	9.256	26.18	48.09	62.43	353.2	973.2
0.30	1.890	2.673	3.274	17.00	48.09	88.35	172.0	973.2	2682
0.40	2.183	3.087	3.780	26.18	74.04	136.0	353.2	1998	5505
0.50	2.440	3.451	4.227	36.59	103.5	190.1	616.9	3490	9617
0.75	2.989	4.227	5.177	67.21	190.1	349.2	1700	9617	26501
1.00	3.451	4.881	5.977	103.5	292.7	537.7	3490	19742	54402
关系式(298K)	$\frac{e_p}{i_{p(298K)}}=3.451(nv)^{1/2}$			$\frac{e'_p}{i_{p(298K)}}=103.48(nv)^{3/2}$			$\frac{e''_p}{i_{p(298K)}}=3489.9(nv)^{5/2}$		

注：表中 n 为电极反应电子转移数；v 为电位扫描速率，V/s；e_p 为半微分扫描峰高；e'_p 为 1.5 次扫描峰高；e''_p 为 2.5 次扫描峰高；i_p 为常规普通扫描峰高。

六、各阶次新伏安谱图示例

说明：本部分示例只是波形的示意图。实际测量的是电流或电极电流经过模拟电路或数字处理后的信号，经过数学处理后已不再是简单的电流信号。

图 6-32 是在 $K_3Fe(CN)_6$ 溶液中实际测定的各类新伏安循环扫描图谱，$K_3Fe(CN)_6$ 浓度为 4×10^{-4}mol/L；测定采用经典 79-1 型伏安分析仪（电流倍率为 0.025）串接 HD-85 型新伏安转换器（倍率 1）；室温，扫描速率为 100mV/s，扫描电压范围−0.3～+0.6V（vs SCE），挤压式悬汞电极面积 2.19mm^2。可以明显看出，随着新伏安阶次的提高，信号峰高明显增大（注意纵坐标的单位比值）。

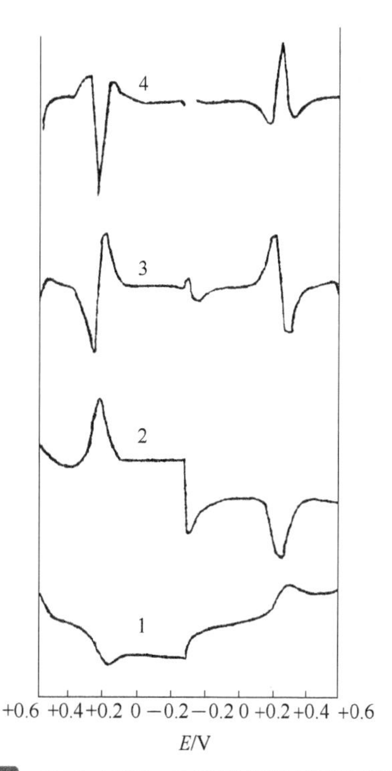

图 6-32 $K_3Fe(CN)_6$ 各类新伏安循环扫描图谱

1—常规伏安图（Y=0.1mV/cm）；2—半微分（Y=0.5V/cm）；3—1.5次微分（Y=1V/cm）；4—2.5次微分（Y=5V/cm）

图 6-33 是采用阳极溶出伏安法对各阶次新伏安法（半微分、1.5 次微分、2.5 次微分）以及常规微分（一次微分、二次微分）与常规扫描伏安信号的对比图。Cu、Pb、Cd 离子浓度均为 5×10^{-8}g/mL，底液为 0.5mol/L HCl 和 0.5mol/L KCl；测定采用 79-1 型伏安

分析仪（电流倍率 0.025）串接 HD-85 型新伏安转换器（倍率 1）；室温，富集电位-1.0V，预富集 5min，扫描速度 100mV/s，挤压式悬汞电极面积为 $2.19mm^2$。

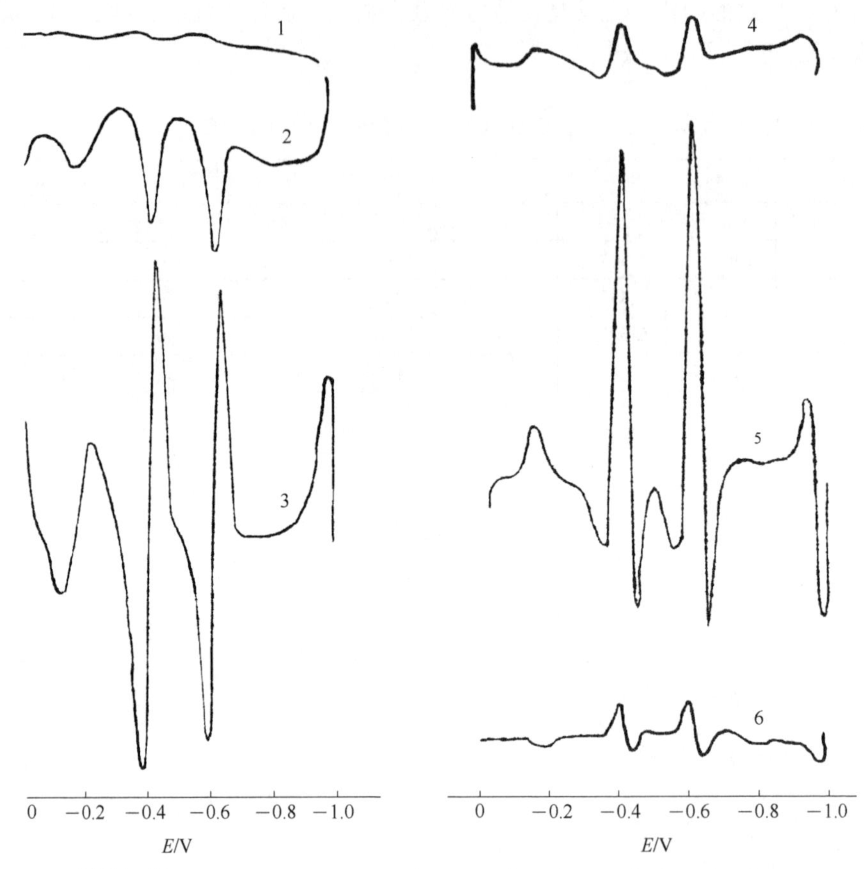

图 6-33 Cu、Pb、Cd 共存时的阳极溶出各类新伏安法信号比较图

1—常规伏安图（*Y*=100mV/cm）；2—半微分（*Y*=100mV/cm）；3—1.5次微分（*Y*=100mV/cm）；4—一次导数（*Y*=100mV/cm）；5—2.5次微分（*Y*=1V/cm）；6—二次导数（*Y*=0.5mV/cm）

图 6-34 是 Pb^{2+}、Tl^{+}共存条件下的扫描伏安图，曲线是取多次循环稳定后的阴极还原部分。Pb^{2+}浓度为 2.41×10^{-4}mol/L，Tl^{+}浓度为 6.1×10^{-4}mol/L，电位扫描速率为 100mV/s。由于 Pb^{2+}、Tl^{+}还原电位相差 35mV，图中曲线 1 是常规扫描伏安峰，其中 Pb 峰已经完全被 Tl 峰所掩盖；但经过 2.5 次微分信号处理（曲线 2）已能很好地得到分离，得到的 2.5 次微分信号是常规信号的大约 100 倍，在提高分辨率的同时也提高了灵敏度。

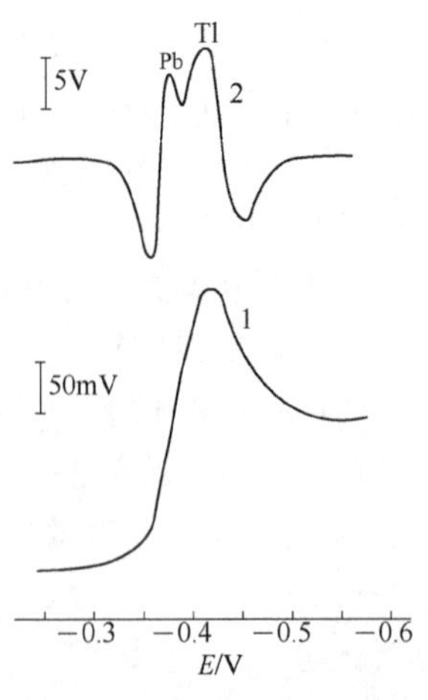

图 6-34 Pb、Tl 共存分辨率试验扫描伏安图

1—常规伏安扫描；2—2.5次微分伏安

第四节 循环伏安分析法

循环伏安法（cyclic voltammetry）一般采用三电极体系，由固态金属电极、玻碳电极或悬汞电极作为工作/指示电极，Pt 丝或 Pt 片作为辅助电极，与恒电位的参比电极组成。为了减小溶液电阻，在测定底液中加入一定浓度的支持电解质。在工作电极上施加随时间线性变化的电压，同时检测通过工作电极的微电流。以工作电极的电压/电位为横坐标，以工作电极的微电流为纵坐标作关系图，得到电压（单位：V）与电流（单位：A）之间的伏安关系曲线图。由于电极电压随时间在一定电压区间范围内，由起始电压/位到终止电压/位往复循环扫描，因而简称为循环伏安，其方法称循环伏安法。循环扫描的次数可以是一次，也可以是多次。一般在前几次循环扫描中，伏安图会发生一定的改变，多次循环扫描后达到动态稳定而重复。多次循环可以考察电极表面扩散和电化学反应过程的动态平衡情况。

循环伏安法在工作电极上施加的三角波电压/位如图 6-35 所示，起始电位 E_i 开始沿某一方向变化，到达终止电位 E_m 后，又反方向回到起始电位。变化一周为一次循环，可以进行多次循环。当溶液中有能够被氧化还原的电化学活性物质存在时，电压由低电位向高电位方向变化时，电极电位逐步升高，电极表面发生电化学氧化反应；反之，当电压由高电位向低电位方向变化时，电极电位逐步降低，电极表面发生电化学还原反应。根据溶液测量物质不同，扫描电压也可以从高到低再回扫到高电位的方式。相应地，在循环伏安图中可以得到两支对应的 i-E 曲线，若前半部扫描是去极剂在电极上被还原的阴极过程，在后半部扫描过程中是还原产物又重新被氧化的阳极过程。因此一次三角波扫描，完成一个去极剂电化学还原和氧化过程的循环，其典型的循环伏安图如图 6-36 所示。图中几个主要参数是：峰电位 E_p，有氧化峰电位 E_{pa} 和还原峰电位 E_{pc} 之分；峰电流 i_p，有氧化峰电流 i_{pa} 和还原峰电流 i_{pc} 之分；扫描起始电位 E_i，终止电位 E_m，电位扫描速率 v 等。

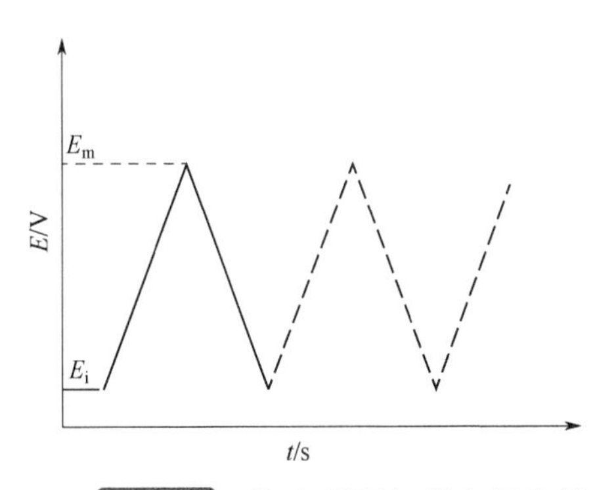

图 6-35 单/多循环扫描电压曲线

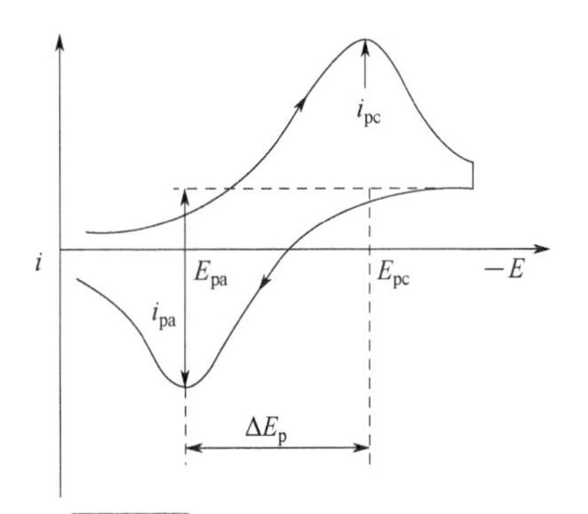

图 6-36 单循环伏安曲线

由于循环伏安法一般是在静止的溶液中进行的，在电极表面进行的电化学氧化还原的物质和新产生的物质短时间内几乎停留在电极表面和双电层附近。在电极反应速率较快的可逆反应中，溶液中扩散的速率一时跟不上电化学反应的速率，在电极表面容易形成电化学反应物质的瞬间“匮乏”或电化学反应产物的瞬间“饱和”，在伏安曲线上表现为峰形走势曲线信号。当电化学反应完全可逆时，即电化学反应的物质在电极上可以被氧化和还原重复进行，则循环伏安图中有类似的上下镜像反转对称的性质。当电化学反应完全不可逆时，即电化学反应的物质在电极上只能进行电化学氧化反应或只能进行还原反应，则循环伏安图中只出现单向的一支伏安峰形图。循环伏安曲线的两个峰电流的比值以及两个峰电位的值和差值是循环伏安法中最为重要的参数，结合扫描速度等可以进行电极反应机理的研究。

考察确定循环伏安扫描的电位范围，首先要考虑到电极的使用电位范围，不能使电极本身发生明显的氧化还原反应。同时要避免电极表面发生无用的电解水或电解底液的反应，电解水将会产生很大的电流信号而造成干扰。一般要求在未加测定物质的纯底液中，在所选择考察电位的范围内应为一条基本稳定的基线，或两端略微存在发生电解水峰的起始信号。这条基线的特征应该仅主要表现为纯溶液电阻和电极表面的电容特性。这与电解质溶液的底液组成和浓度、电极的性质、表面粗糙度、电极表面积以及设定的灵敏度相关。若这条基线的斜率较大，应该适当增加支持电解质的浓度以降低溶液电阻。图 6-37 为罗丹明 B（RhB）在玻碳电极上的循环伏安曲线（a）与本底空白曲线（b）的对比图。

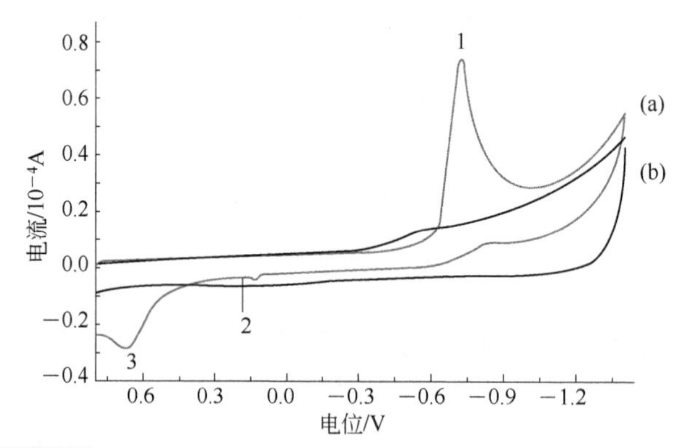

图 6-37 罗丹明 B（RhB）在玻碳电极上的循环伏安曲线

条件：(a) 10^{-4}mol/L RhB；(b) 空白底液

1—阴极扫描（电极电压由正向负）时出现的还原峰；2,3—阳极扫描（电极电压由负向正）时出现的不同物质或基团的氧化峰；氧化峰与还原峰不对称，表明此电化学电极反应是不可逆的

循环伏安测量体系是由氧化还原电活性物质、支持电解质与电极体系构成的。同一氧化还原溶液体系、不同的电极、不同的支持电解质，有着不同的效果和电化学反应机理，可以得到不同的循环伏安曲线图。因此，寻找合适的电极和电极处理方法以及与之配套的支持电解质，同时利用不同的电化学参数和对各种影响因素的考察，进行氧化还原体系的电化学性质的研究是电分析化学的一个重要任务。

一、可逆、准可逆、不可逆电极过程的判据

循环伏安法可用来判断电极过程的可逆性，如果电极反应的速率常数很大，同一电极反应在阴极还原和阳极氧化过程中两个方向进行的速率相等，而且符合能斯特方程，则得到上下两支曲线基本对称的伏安图，其两个峰电位之差为 $2.3RT/nF$［或(59/n)mV，25℃，一般在(57/n～63/n)mV］，阳极电流与阴极电流之比为 1，这是可逆体系的基本特征。若电极反应速率常数小，电极表面的反应物质不能在电极表面瞬间反应完全，其表面浓度跟不上电极电位的变化，则会偏离能斯特方程，两峰电位之差大于(59/n)mV，不可逆性增大。两峰电位之差愈大愈不可逆。不同电极过程的判据见表 6-12。

表 6-12　可逆、准可逆、不可逆电极过程的判据[57]

伏安参数 \ 电极过程类型	可逆 $O+ne^- \rightleftharpoons R$	准可逆	不可逆 $O+ne^- \xrightarrow{k_f} R$
电位响应性质	E_p与v无关，25℃ $E_{pa}-E_{pc}=\frac{59}{n}$mV与$v$无关	E_p随v移动，在低v时，$E_{pa}-E_{pc}$接近$\frac{60}{n}$mV，v增加时，此值亦增大	v增加10倍，E_p移向阴极化$\frac{30}{\alpha n}$mV
电流函数性质	$i_p/v^{1/2}$与v无关	$i_p/v^{1/2}$与$v^{1/2}$无关	$i_p/v^{1/2}$对扫描速率是常数
阳极电流i_{pa}与阴极电流i_{pc}比的性质	$i_{pa}/i_{pc}=1$与v无关	仅在$\alpha=0.5$时，$i_{pa}/i_{pc}=1$	反扫时没有电流

注：表中符号E_p——峰电位；i_{pa}——氧化峰电流；n——电子转移数；E_{pa}——氧化峰电位；i_{pc}——还原峰电流；α——电荷转移系数；E_{pc}——还原峰电位；v——电位扫描速率；k_f——正向电极反应速率常数；i_p——峰电流。

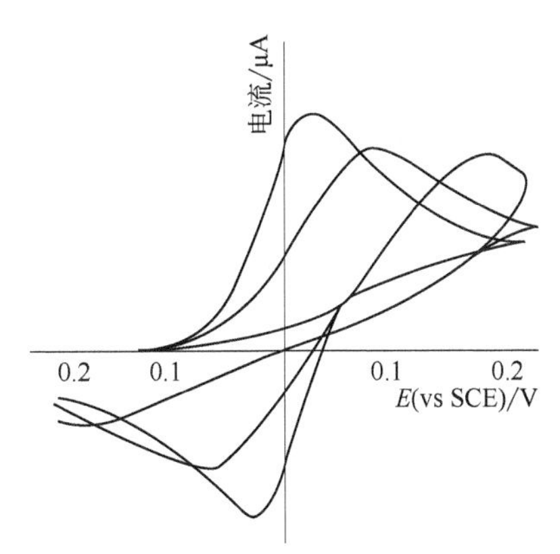

图 6-38　电化学反应可逆与不可逆伏安图谱的对比

对于完全可逆体系，符合 Nernst 方程，反应产物稳定，阴极峰与阳极峰电流相等$i_{pa}=i_{pc}$，可以通过阴、阳两极峰电位的数值除 2 得到标准电极电位。这是采用循环伏安法测定标准电极电势的有效、方便的方法。

当电极反应为不可逆电化学过程，其循环伏安扫描图中的氧化峰与还原峰的峰值电位差相距较大。峰电位的差值越大，不可逆程度越大。可以利用不可逆循环伏安扫描图来获取电化学动力学的一些参数，如电子传递系数α以及电极反应速率常数k等。图 6-38 为电化学反应可逆与不可逆伏安图谱的对比示意图。

$[Fe(CN)_6]^{3-}$与$[Fe(CN)_6]^{4-}$是典型的可逆氧化还原体系，其在固态电极上的氧化还原循环伏安曲线如图 6-39 所示。

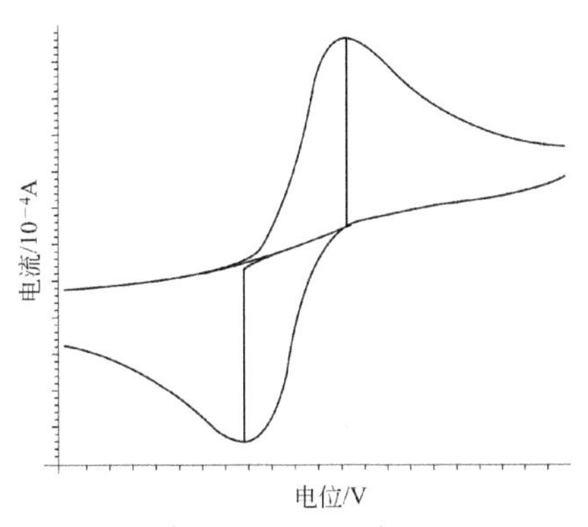

图 6-39　$[Fe(CN)_6]^{3-}$与$[Fe(CN)_6]^{4-}$氧化还原循环伏安图

正扫时（向左的扫描）为阴极还原反应：

$$[Fe(CN)_6]^{3-}+e^- \longrightarrow [Fe(CN)_6]^{4-}$$

反扫时（向右的扫描）为阳极氧化反应：

$$[Fe(CN)_6]^{4-}-e^- \longrightarrow [Fe(CN)_6]^{3-}$$

由于该电极反应在氧化和还原过程中电荷转移的速率很快，电极过程可逆。氧化和还原峰电位差 $E_{pa}-E_{pc}$ 为 59mV，其在电极表面的浓度与电位之间的瞬间关系符合 Nernst 方程。在阴极扫描过程中，$[Fe(CN)_6]^{3-}$获得电子而被电化学还原成$[Fe(CN)_6]^{4-}$的速率较快，电极表面$[Fe(CN)_6]^{3-}$浓度迅速降低，对应的电极电流随之迅速增加。由于电极表面离子浓度的减少导致电极表面氧化物质$[Fe(CN)_6]^{3-}$减少，造成电极电流逐渐下降，形成峰形谱峰。反之，在反向氧化扫描时，在电极表面先前还原的产物加上本底原有的$[Fe(CN)_6]^{4-}$的浓度接近于反应离子$[Fe(CN)_6]^{3-}$的初始浓度，在电极电位扫描过程中，电极反应同样的迅速，形成了氧化峰。由于在电极上电化学氧化还原都比较迅速，为电化学可逆，因而电极反应产生了阴极峰与阳极峰基本上对称的伏安谱峰。

二、偶联化学反应电极过程的判据

在电极表面进行电化学反应过程中，同时伴随有化学反应的进行。根据反应进行的顺序，可有多种情况，化学反应前行于电极反应、化学反应随后于电极反应、化学反应平行于电极反应。当电极反应产生的物质在电极表面进行化学反应，化学反应产生的物质正好是电极反应前的物质，则又在电极表面进行电化学反应，形成[电化学反应—化学反应—]$_n$链式循环反应，这种化学反应平行于电极反应，其电活性物质的作用如同催化剂，极大地放大了电解电流，可以有效地提高灵敏度。表 6-13 列出了偶联化学反应电极过程的几种特性和判据。

表 6-13 偶联化学反应电极过程的判据

电极过程类型 / 伏安参数性质	化学反应前行于电极反应	化学反应随后于电极反应		催化反应
	$Z \underset{k_{-1}}{\overset{k_1}{\rightleftharpoons}}$ $O+ne^- \rightleftharpoons R$ $K=\frac{k_1}{k_{-1}}$	可逆随后化学反应 $O+ne^- \rightleftharpoons R \underset{k_{-1}}{\overset{k_1}{\rightleftharpoons}} Z$ $K=\frac{k_{-1}}{k_1}$	不可逆随后化学反应	$O+e^- \rightleftharpoons R$ Z k
电位响应性质	E_p 随 v 的增加而移向阳极化	E_p 随 v 增加而移向阴极化，若 k_1+k_{-1} 大，K 小，则 v 每增加 10 倍，E_p 移动近 $\frac{60}{n}$ mV	在低 v 时，E_p 向阴极化移动 $\frac{30}{n}$ mV 在较高 v 时，E_p 移动较少	E_p 随 v 增加移向阳极化，v 每增加 10 倍，移动的大小通过 $\frac{60}{n}$ mV 这一极大值 在 k/α① 的两极端，E_p 与 v 无关
电流函数性质	当 v 增加，$i_p/v^{1/2}$ 减小	v 改变，$i_p/v^{1/2}$ 基本恒定	$i_p/v^{1/2}$ 与 v 无关	在低 v 值时，$i_p/v^{1/2}$ 随 v 的增加而增加，并逐渐变为与 v 无关
阳极电流与阴极电流之比的性质	i_{pa}/i_{pc} 一般＞1，且随 v 的增加而增加 在低 v 时趋近于 1	v 减小，i_{pa}/i_{pc} 由 1 减小	i_{pa}/i_{pc} 随 v 增加趋近于 1	$i_{pa}/i_{pc}=1$
其他	但化学反应慢，K 具有中等数值时，电流响应低于可逆波	如果 K 小，化学反应快，则除电位移动外，为可逆电荷跃迁的典型响应		当 k/a 变大时，响应接近＿＿╱‾‾形状

① $\alpha=\frac{nFv}{RT}$。

注：表中 v 为扫描速度；k_1、k_{-1} 分别为正向及逆向化学反应速率常数。

第五节　极谱、伏安分析常用仪器及原理

极谱、伏安分析仪基本上都是测量电极电流随着电极电位变化的关系，在此基础上建立关系曲线图谱。这类仪器的关键点是电位需要恒定控制或调制；而在微量、痕量分析测定中，检测的电极电流比较微弱。当今随着电子技术、计算机技术的进步，这类仪器得到了迅速发展，经典的纸记录仪方式已经基本退出，取而代之的是计算机化、微机化或至少是单片机控制。但极谱伏安仪的基本核心部分恒电位系统还是需要模拟式电路组成，由计算机单片机等进行数字化控制。本节主要概括前几节的极谱伏安仪器的基本电路原理。

一、经典极谱仪电路原理

经典极谱法采用滴汞电极作为测定指示/工作电极，其仪器电化学工作原理如图 6-40 所示，由参比电极 SCE 和滴汞电极 DME 组成的两电极体系 C。其中 *B* 为直流电源，早期采用的是甲号碳性锌锰电池，可为电化学测量体系提供稳定的直流；*R* 为可变电阻，用于总输出电压的调整和校准；V 为输出电压表，用于显示加在电极上的电压值；*DE* 为滑变电阻的两端；i 为微电流表或记录仪，用于显示或记录电极电流的实时数值或极谱图形。在早期实际使用中，记录仪一般采用纸带式/走纸式长图记录仪，由记录仪记录极谱图谱。滑变电阻由匀速电机带动，使滑动端的电压均匀地由大到小或由小到大改变，使加在电极两端的电压根据设定而变化，达到电压扫描的目的。该经典极谱仪在极谱伏安分析的历史中曾经起到一定的作用，但随着电子技术，尤其是计算机的发展，已经基本退出。

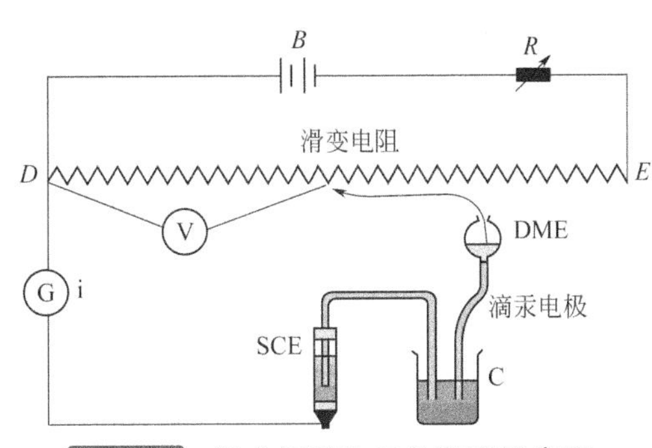

图 6-40　经典极谱仪工作原理示意图

二、示波极谱仪电路原理

经典极谱仪不能进行和记录较快速度的扫描，而电极反应电流的大小与扫描速度有关。要提高灵敏度，提高扫描速度是一种有效的方法，因而发展了采用示波器显示快信号的示波极谱法。图 6-41 是示波极谱仪的原理示意图，扫描信号发生器 V 将快扫描信号加在电化学测量池的滴汞电极 DME 与参比电极 SCE 两端，同时将该扫描信号加在示波显示器的水平方向上；电极电流通过取样电阻 *R* 转换成微电压信号，再经过放大后加在示波显示器的垂直方向上，在示波显示器上即可实时显示电压-电流波形图，从实时曲线图上获取扫描峰的信号数值。为了观察方便，示波显示器一般采用长余辉显示屏，以便有足够的时间读取显示信号和数值。但这种显示方法不便于曲线图谱的记录，现在采用计算机控制和记录，由显示器或打印机输出，可以很方便地处理和选择测试结果。

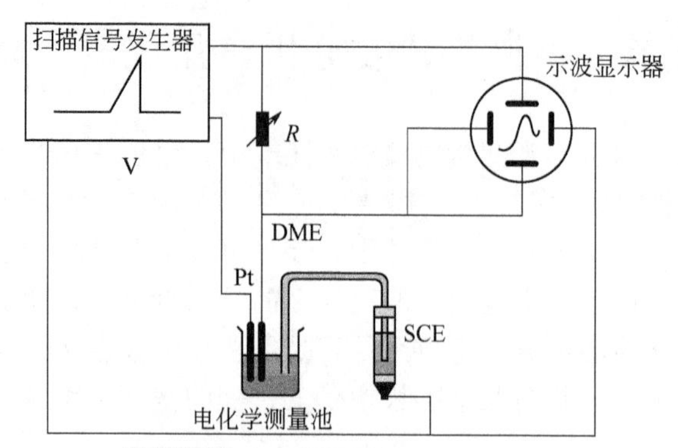

图 6-41 示波极谱仪原理示意图

三、恒电位电路原理

集成运算放大器在电子电路中有着独特的性能和作用，因而目前在模拟电路中基本采用运算放大器，组成各类模拟运算处理控制电路。由集成运算放大器组成典型的电化学三电极测量系统的电路原理如图 6-42 所示，图中 CE 是辅助电极，RE 是参比电极，WE 是工作/指示电极。参比电极 RE 的作用仅是为了提供测量体系的参考电位，理想状态下是不希望有电流通过参比电极的，否则电位会发生漂移，造成参考电位不稳定；工作电极 WE 上的反应电流是通过辅助电极 CE 形成回路，通过工作电极 WE 的电流与辅助电极 CE 的电流应该大小相等、方向相反。为了正确地测量和控制电极电位，在电解液中需要加入一定浓度的电解质，以减小溶液电阻，并需将参比电极 RE 的尖端尽量靠近工作电极 WE 表面。辅助电极 CE 的电流在通过溶液时产生的溶液电压降和过电位等，则会由 OP1 组成的电压输出电路自动补偿，因而辅助电极 CE 上的表面极化、溶液电阻、电压降等对三电极系统的测量不会造成影响，故在电化学分析和测定中推荐使用三电极体系。

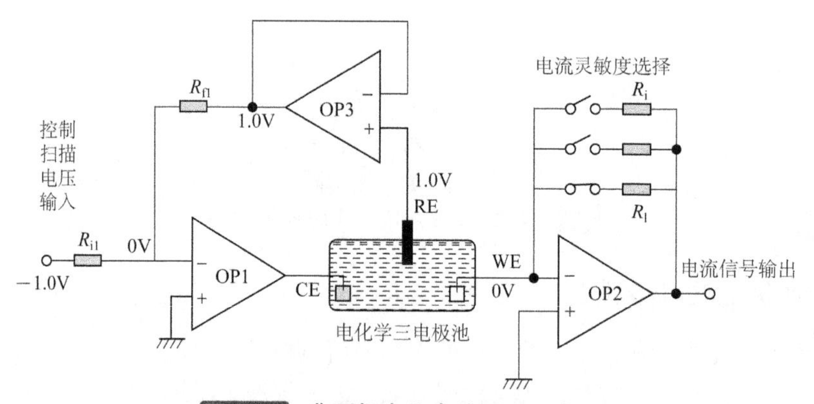

图 6-42 典型恒电位电路原理示意图

OP1、OP2 和 OP3 是 3 只不同性能要求的集成运算放大器，组成了 3 个不同基本功能的电路。OP1 与输入电阻 R_{i1}、反馈电阻 R_{f1} 在"虚地"概念下组成一个反相电压输出控制电路，以控制辅助电极电流的大小来达到控制工作电极 WE 与参比电极 RE 之间的电压的目的，始终控制保持 WE 与 RE 之间的电压与控制扫描的输入电压一致，达到恒定电位或跟随扫描电压变化的目的。OP3 组成一个电压跟随器，用于采集参比电极 RE 的电压。OP3 一般采用输入阻抗在 $10^{12}\Omega$ 以上的高输入阻抗的集成运算放大器，可以基本保证参比电极 RE 上的电流很小而忽略不计。OP2 与反馈电阻 R_1-R_i（无输入电阻）组成电流电压转换式电极电流测量电路，输出电压 $U_0=i_{WE}R_i$。改变反馈电阻 R_1-R_i 的大小可以改变测量的灵敏度；提高反馈电阻的阻值可以提高灵敏度，但由于运算放大器本身的输入阻抗限制而不能无限制地提高。为保证电流-电压转换的精度，一般要求 OP2 的输入阻抗要高于反馈电阻 R_i-2 个数量级以上，才能保证 OP2 的分流电流不显著影响电极的测量电流的大小。

当需要采用二电极体系（如生物、细胞、活体组织等微小样品）或不宜采用三电极体系时，可以将参比电极 RE 与辅助电极 CE 的仪器输出端共接在一起，作为一个电极再与参比电极（参考电极）相连进行测定。但由于二电极体系的电极电流全部通过参比电极，将会造成参比电极电位的偏移，峰电位亦会发生偏差；溶液电阻也会明显产生影响，需要在实际使用中引以注意。当测量很微弱的电流时，由于电流很小，影响会很弱也可以忽略。一般建议能够使用三电极体系尽量不用简化的二电极系统。

在微电极电化学测定体系中，由于通过电极的电流更小，OP3 的输入阻抗要求更高，有时需达到 $10^{13}\Omega$，甚至 $10^{15}\Omega$ 或更高，一般要求 OP3 的输入阻抗要高于参比电极的内阻 2～3 个数量级以上。而电极电流测量端的 OP2 的输入阻抗也要相应提高至 $10^{13}\Omega$，甚至 $10^{15}\Omega$ 或更高，一般要求 OP2 工作时的输入电流小于电极测量电流 2～3 个数量级。由于在微电极测量体系中，电极电流的大大减小和输入电阻的提高，环境电磁场的影响将会明显增大，其整个测量系统需要采用静电屏蔽和严格的单独接地措施，所用的交流供电也需要设置过滤和滤波。

当需要组成其他电化学伏安方法时，如方波伏安法、脉冲伏安法等，只需将信号发生器的控制信号加载在"控制扫描电压输入"端，该端的电位与工作电极的电位由 OP1、OP3 组成的恒电位电路始终保持跟踪一致。在方波脉冲等伏安仪器中还需对输出信号进行必要的处理，以获得相应的伏安图谱。

在模拟电路中，有时需对伏安信号进行处理以获得其他处理结果，如一次微分、二次微分、半微分、1.5 次微分、2.5 次微分等，只需将输出端的模拟电压信号接至相应的处理电路即可，这些处理电路可以由运算放大器组成。在数字电路或计算机控制的微机化仪器中，图 6-42 亦是一个基本电路，只是控制信号和后续的处理电路通过模拟/数字转换接口电路与计算机连接，其测量灵敏度的选择也是通过计算机进行控制，其信号测定结果通过屏幕显示输出。

四、新伏安极谱电路原理

新伏安分析法即卷积伏安分析法主要指的是半微分 e、1.5 次微分 e'、2.5 微分 e''伏安分析，分别记录的是 e、e'、e''与电压扫描信号 E 之间的关系曲线，是在经典的伏安极谱分析的基础上对所测得的电信号进行处理。图 6-43 是新伏安法信号转换器的工作原理框图，普通伏安仪输出的模拟信号从"IN"端口输入，通过新伏安/常规微分选择挡"K"的切换，"OUT"端可以获得常规一次微分、二次微分和新伏安极谱法的半微分 e、1.5 次微分 e'、2.5 微分 e'' 伏安信号。

新伏安分析是在对信号进行半微分基础上再进行一次微分、二次微分，从而获得半微分 e、1.5 次微分 e'、2.5 微分 e''伏安信号，可以采用数字化或模拟电路处理。半微分模拟电路是采用电阻、电容元件组成半微分网络，与集成运算放大器组成半微分器，其关键是半微分元件 SDE（semi-differential element）。图 6-44 是由电阻电容组合而成的互补式梯形半微分模拟网络的电路元件和采用运算放大器组成的模拟电路的半微分器。图 6-45 是基于图 6-44 新伏安法信号转换原理实现的新伏安极谱/常规微分信号转换器电路原理图。

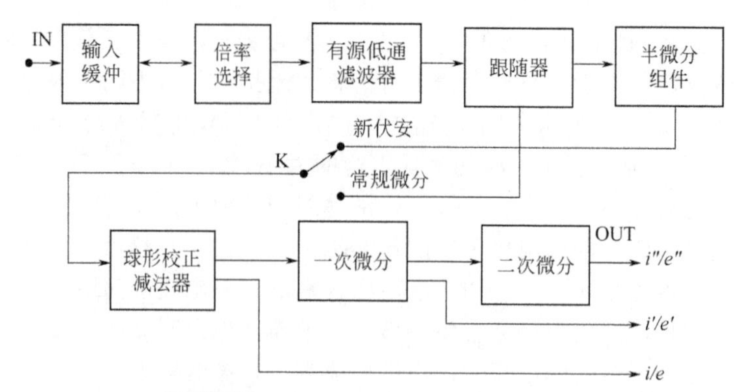

图 6-43 新伏安法信号转换原理框图

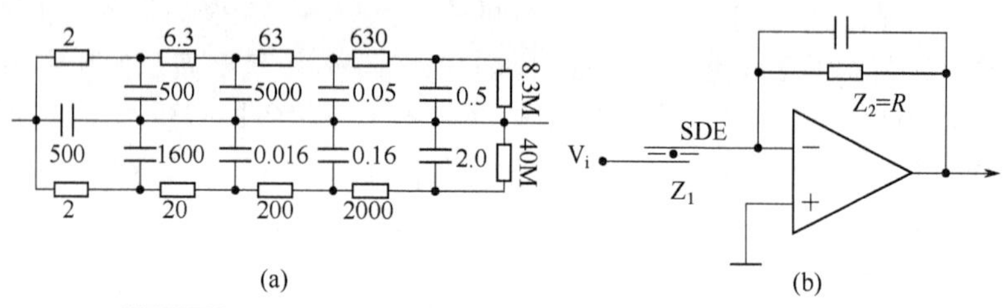

图 6-44 半微分模拟网络元件（a）和半微分电路（b）

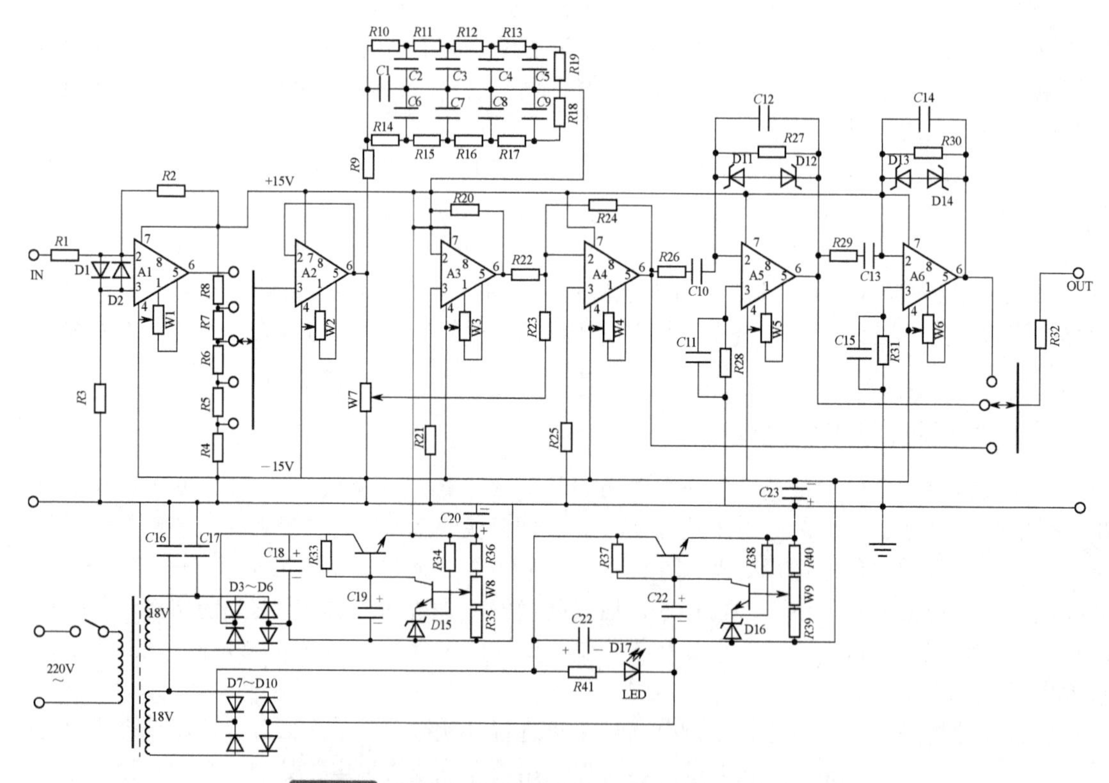

图 6-45 新伏安极谱/常规微分信号转换电路原理图

五、双工作电极伏安分析仪原理

双指示电极示差伏安仪是采用双工作电极组成一个四电极测定体系，一支电极作为测定信号的工作电极，另一支作背景参比电极，通过仪器内部的差值处理后得到扣除背景的测定信号。在阳极溶出法的测定中，先采用单电极富集，再使用双电极溶出，可以基本消除背景电流的影响，得到较平坦的伏安峰。图 6-46 是双工作电极示差伏安分析仪的工作原理图。图 6-47 是示差伏安与普通溶出伏安测定方法的效果对比图，测试样液的曲线基底得到了很好的改善。

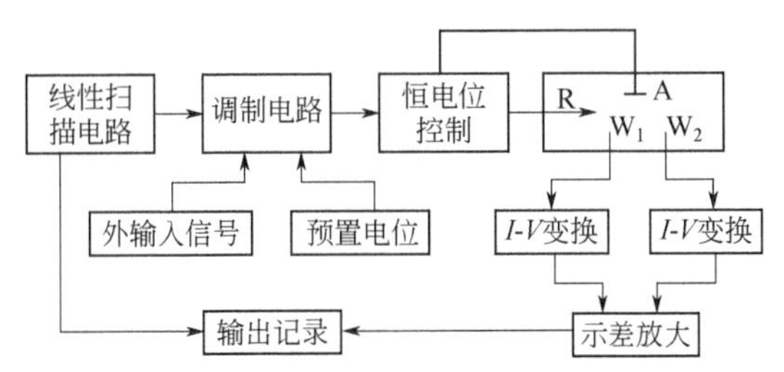

图 6-46 双工作电极示差伏安分析仪原理框图

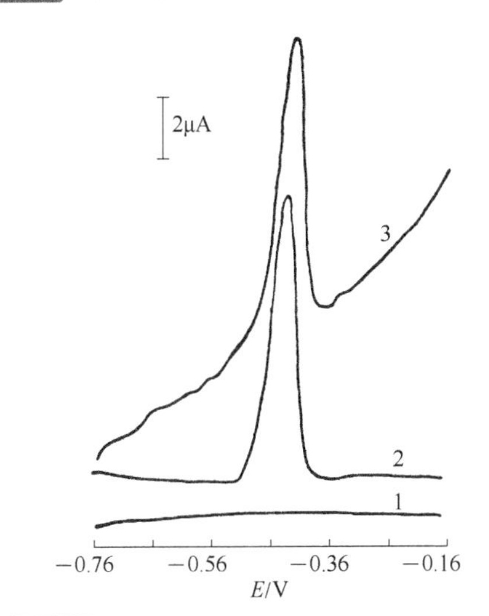

图 6-47 示差伏安与普通溶出伏安对比图

条件：Pb^{2+}浓度为3×10^{-7}mol/L；曲线：1—空白底液示差溶出；2—试液示差溶出；3—普通溶出

六、微机型电化学伏安工作站

当今电化学分析测试系统基本都已微机化，由微机软件系统控制操作并采集数据处理，由软件操作系统和硬件电路系统组成，其工作原理框图可简单表示如图 6-48 所示。

硬件部分由计算机系统、电化学测试仪（工作站）和三电极电化学池等组成。计算机与电化学测试仪通过数据线连接，进行数字信号的通信，一般采用 RS232、USB、LAN 网线传输。电化学恒电位电路以模拟电路方式工作，通过 AD 模拟/数字和 DA 数字/模拟转换接口与电化学测试仪内部的单片计算机进行信号采集转换和控制；测试仪内部的单片机的作用主要是模/数信号的转换和采集控制，同时与外部微机系统进行数据指令信号通信。

软件系统由电化学工作站内部单片机底层采集控制、通信软件和微机操作处理软件组成。

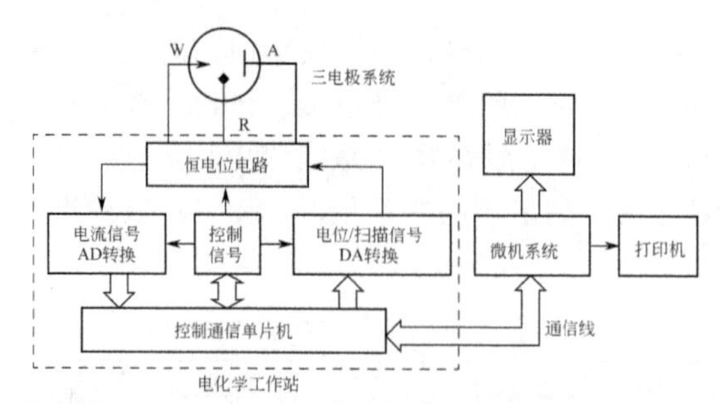

图 6-48 微机控制电化学分析测试伏安仪工作原理

参考文献

[1] 彭图治，王国顺. 分析化学手册. 第2版：第四分册. 北京：化学工业出版社，1999.

[2] 高小霞等. 电分析化学导论. 北京：科学出版社，1986: 317.

[3] 高鸿，张祖训. 极谱电流理论. 北京：科学出版社，1986: 64.

[4] J.海洛夫斯基，J. 库达. 极谱学基础. 汪尔康译. 北京：科学出版社，1984.

[5] Meites L. Handbook of Analytical Chemistry. New York, Megraw-Hill Book Com. INC. 1963: 5-46, 5-100.

[6] Zuman P. Organic Polarographic Analysis. Oxford: Headington Hill Hall, 1964: 83.

[7] Meites L, Zuman P. Electrochemical Data. Port 1. New York: John Wiley & Sons, 1978.

[8] Dobos D. Electrochemical Data. New York: Elsevier Scientific Publishing Company, 1975.

[9] Janz G E. Nonaqueous Electrolytes Handbook. Vol 2. New York, 1973: 465.

[10] Thomas R K. Talanta. 1972: 989.

[11] 曾纪瑛. 分析化学. 1975, 3: 23.

[12] 何佩鑫，陈晓明. 复旦学报：自然科学版，1990, 29: 203.

[13] 田栋，谢金平，李树泉，等. 表面技术，2012, 41: 63.

[14] 曾启明. 化学通报，1963, 35: 419.

[15] 刘文涵，吕荣山. 科技通报，1985, 6: 51.

[16] 刘文涵，吕荣山. 分析化学，1986, 14: 707.

[17] 海洛夫斯基等. 极谱学基础. 汪尔康译. 北京：科学出版社，1966, 436.

[18] 高小霞. 极谱催化波. 北京：科学出版社，1991.

[19] 汪尔康，奚治文，刘立尧，段士斌. 示波极谱及其应用. 成都：四川科学技术出版社，1984.

[20] 张志龙. 分析试验室，1987, 6: 48.

[21] 张正奇. 化学试剂，1991, 13: 291.

[22] 刘文涵，袁荣辉，滕渊洁. 发光学报，2014, 35: 1124.

[23] 刘文涵，马苏珍，滕渊洁，刘江美，何昌璟. 发光学报，2015, 36: 0106.

[24] 刘文涵，袁荣辉，滕渊洁，马淳安. 应用化学，2014, 31: 342.

[25] 宋俊峰等. 高等学校化学学报，1985, 6: 409.

[26] 王静，王晴等. 分析化学，1995, 23: 982.

[27] 张成孝，高鹏. 分析试验室，1990, 9: 41.

[28] 宋俊峰等. 高等学校化学学报，1984: 5.

[29] 孙圣均. 分析化学，1987, 15: 128.

[30] 刘文涵，袁荣辉，滕渊洁，马淳安. 物理化学学报，2013, 29: 2599.

[31] 刘文涵，袁荣辉，滕渊洁，等. 光谱学与光谱分析，2013, 33: 2433.

[32] 黄哲民. 理化检验（化学分册），1983: 19.

[33] 赵藻藩，王愚. 化学学报，1983, 41: 761.

[34] 肖文达. 冶金分析，1983, 3: 352.

[35] 刘文涵，周子斌，黄荣斌. 分析仪器，1994, 1: 24.

[36] 李启隆. 冶金分析，1991, 11: 27.

[37] 李丽敏. 冶金分析，1995, 15: 11.

[38] 李秀玲等. 理化检验，1995, 31: 241.

[39] 张淑云. 分析试验室，1995, 14: 8.

[40] 何玉凤. 西北大学学报，1995, 31: 110.

[41] 周连君. 分析化学，1995, 23: 685.

[42] 周连君. 化学试剂，1995, 17: 304.

[43] 刘文涵，吕荣山. 杭州大学学报，1987, 14: 438.

[44] 刘文涵. 浙江工学院学报，1989, 1: 61.

[45] 刘文涵，杨浦生，张小吐. 浙江工学院学报，1989, 2: 90.

[46] 张正奇. 化学试剂，1995, 17: 112.

[47] 魏显有. 分析试验室，1995, 14: 18.

[48] 余远碧，冯俊华，等. 理化检验，1993, 29: 236.

[49] 王荣辉，李商强. 分析化学，1994, 22: 808.

[50] 黄慧萍，等. 岩矿测试，1994, 13: 238.

[51] 李益恒. 分析试验室，1994, 13: 5.

[52] 焦奎，等. 分析化学，1994, 22: 686.

[53] 刘训键，等. 分析试验室，1994, 13: 30.

[54] 李秀玲. 分析化学，1995, 23: 293.

[55] 夏道沛. 地质实验室，1994, 10:329.

[56] 王曙. 分析化学，1995, 23: 899.

[57] 安镜如，陈曦，等. 分析试验室，1989, 8: 5.

[58] 卢燕. 分析化学，1995, 23: 862.

[59] 张淑云，刘桂华. 分析化学，1991, 19: 331.

[60] 张普信, 刘文涵, 滕渊洁, 姚建花, 马淳安. 理化检验-化学分册, 2013, 49: 382.
[61] 唐宇航, 刘文涵, 滕渊洁, 钱俊青, 马淳安. 分析化学, 2012, 40: 675.
[62] 唐宇航, 颜巧蓉, 刘文涵, 钱俊青. 浙江工业大学学报, 2012, 40: 2.
[63]刘文涵, 导师吕荣山. 1 新极谱电分析法理论、测试及核糖核酸碱基的测定研究, 2 新伏安转换器的研制与性能测试, 3 电子计算机进行极谱重叠峰解谱的研究. 杭州: 杭州大学化学系分析化学硕士学位论文, 1986：1-186.
[64] F. Anson 讲授，黄慰曾编译. 电化学和电分析化学. 北京: 北京大学出版社, 1983.
[65] 田昭武. 电化学研究方法. 北京: 科学出版社, 1984.
[66] 曹楚南, 张鉴清. 电化学阻抗谱导论. 北京: 科学出版社, 2002.
[67] 都昌杰, 张寿松, 刘宜安, 等. 环境监测与极谱技术. 北京: 中国展望出版社, 1986.

第七章　溶出伏安法

溶出伏安法是一种高灵敏的电分析方法，其分析过程可分为两个步骤：①富集，一般是通过电解或吸附作用使被测物质富集在电极表面；②电化学溶出，即通过电位扫描使已经富集在电极表面的被测物质发生氧化或还原反应，记录此时的 i-E 曲线，并据此进行定量测定。经过富集步骤，被测物质由极稀的试液富集到微小体积的电极表面，富集倍数可以达到 1000 以上，因此即使被测物质浓度很低，也可以获得较大的法拉第电流信号。溶出伏安法比普通极谱法的灵敏度大大提高，其检测范围为 10^{-6}～10^{-11}mol/L，检测限甚至可低至 10^{-12}mol/L，是痕量分析的有效手段。

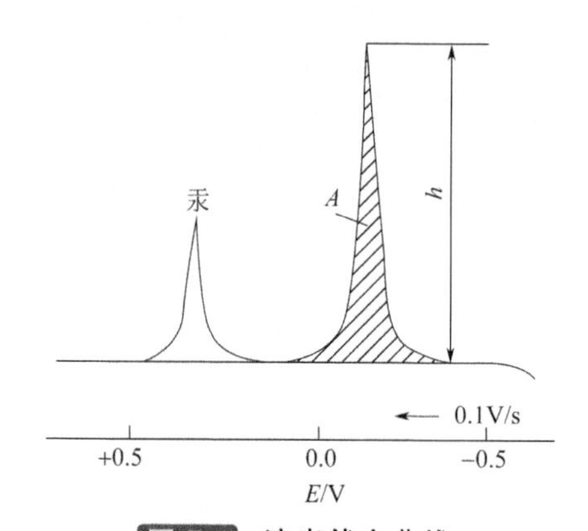

图 7-1　溶出伏安曲线

试样溶液20ml含有0.5mol/L过氯酸盐、铜5μg、汞（Ⅰ）5μg，在−0.5V（vs SCE而言）处预电解10min，以玻碳电极为工作电极

从溶出过程的电学性质来区分，可把溶出伏安法分为三大类：阳极溶出伏安法、阴极溶出伏安法和吸附溶出伏安法[1]。例如，试样溶液中有 Cu^{2+}、Hg^{2+}，在搅拌的情况下，于规定时间内，用伏安仪在一定电位（如−1.0V）下电解，则 $Cu^{2+}+2e^- \longrightarrow Cu$，$Hg^{2+}+2e^- \longrightarrow Hg$，铜和汞沉积在工作电极上，这一过程叫预电解或富集过程。接着使溶液静止数十秒，然后使工作电极电位向正电位方向按一定速度[如 0.1～1.0V/s]扫描。这时电极反应是 $Cu \longrightarrow Cu^{2+}+2e^-$，$Hg \longrightarrow Hg^{2+}+2e^-$，铜和汞逐渐溶出，记录 i-E 曲线，即为溶出曲线。如图 7-1 所示峰高（h）或峰面积（A），通常与溶液中被测离子的浓度成正比，可用于定量分析。其峰高对应的电位称为峰电位（E_p），若底液成分一定，其离子的峰电位（E_p）为定值，因此可根据峰电位（E_p）值进行定性分析。因该溶出过程是在阳极上的溶出反应，故称阳极溶出法。与此相对，在阴极上的溶出过程则称为阴极溶出法。由于吸附作用而富集在工作电极上，然后溶出的，则称为溶出伏安法。

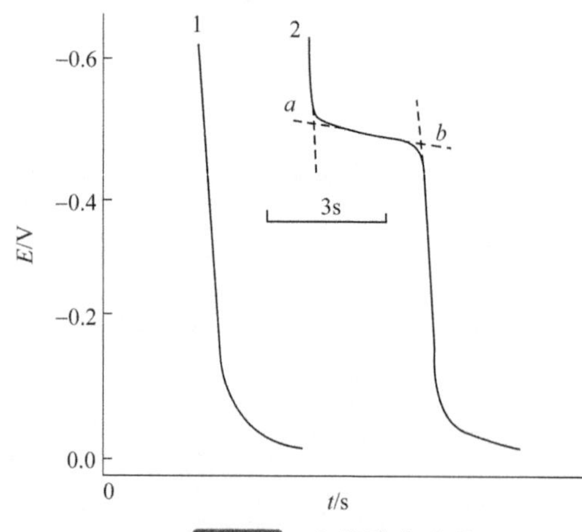

图 7-2　电位溶出曲线

实验条件：通氮气25min，在-0.9V预电解2min；
曲线1—0.05mol/L $H_2C_2O_4$+9.0μg/mlHg^{2+}；
曲线2—在曲线1中加入2.0μg/mlSn（Ⅳ）

电位溶出分析的测试过程与溶出伏安法类似，在预电解富集时与溶出伏安法相同。只是在溶出阶段，电位溶出分析是在切断外电源，由溶液中的氧化剂（或还原剂），氧化（或还原）富集在工作电极上的待测物，同时记录 V-t（电位-时间）曲线（见图 7-2）。它是根据电位-时间曲线来测定物质含量的[2]。

第一节 金属在汞中的溶解度及离子的富集电位

一、金属和汞的相互溶解度

金属和汞的相互溶解度见表 7-1。

表 7-1 金属和汞的相互溶解度

金属	溶解度 w/%		在汞石墨电极中的浓度 w/%	温度/℃	金属	溶解度 w/%		在汞石墨电极中的浓度 w/%	温度/℃
	金属在汞中	汞在金属中				金属在汞中	汞在金属中		
Ag	0.05	—	—	18～25	Mg	0.3	—	—	18～25
Al	0.003	—	—	18～25	Mn	0.0003	—	—	18～25
Au	0.1	—	—	18～25	Na	0.65	—	—	18～25
Ba	0.3	—	—	18～25	Ni	0.0001	—	—	18～25
Bi	1.4	—	0.03～1	18	Pb	1.1	23	0.02～2	0
Ca	0.3	—	—	18～25		1.3	—	—	18～25
Cd	3	33	0.02～2	0		2.7	23	—	50
	5.9	—	—	18～25	Pt	0.03	—	—	18～25
	10	34	—	50	Rb	1.37	—	—	18～25
Co	0.0006	—	—	18～25	Sn	0.56	—	0.5	20
Cr	不溶	—	—	18～25		1.2	—	—	25
Cs	3.5	—	—	18～25	Sr	1.0	—	—	18～25
Cu	0.002	—	0.025～2	20	Th	0.01	—	—	18～25
Fe	实际不溶	—	—	18～25	Tl	1.4～1.8	1.8	0.5～1	0
Ga	1.3	—	—	35		4.2	16.5	—	25
In	1.26	—	—	18～25	U	0.001	—	—	18～25
K	0.54	—	—	18～25	Zn	2.1	—	—	18～25
Li	0.07	—	—	18～25					

二、金属原子在汞中的扩散系数

表 7-2 是当金属离子还原态溶于汞，氧化态溶于溶液时，金属原子在汞中的扩散系数。

表 7-2 金属原子在汞中的扩散系数

元　素	原子半径/nm	扩散系数/($10^{-5}cm^2/s$)	元　素	原子半径/nm	扩散系数/($10^{-5}cm^2/s$)
Ba	0.222	1.04	In	0.166	1.42
Bi	0.170	1.34	K	0.235	0.66
Cd	0.154	1.51	KHg	0.347①	0.66
Cu	0.128	0.88	Mn	0.128	1.84
CuHg	0.261①	0.88	Na	0.190	0.76
Ga	0.141	1.64	NaHg	0.301①	0.76
Ge	0.136	1.71	Pb	0.175	1.25

续表

元素	原子半径/nm	扩散系数/($10^{-5}cm^2/s$)	元素	原子半径/nm	扩散系数/($10^{-5}cm^2/s$)
Sb	0.159	1.47	Tl	0.171	1.05
Sn	0.162	1.46	Zn	0.138	1.68
Sr	0.215	1.08			

① 半径为两金属原子的共价半径和。

三、金属的零电荷电位

对应于电毛细曲线最高点，或微分电容曲线最低点的电极电位称为零电荷电位。零电荷电位可以用实验方法测定，主要有电毛细曲线法与微分电容曲线法（在稀溶液中）；还可以通过测定气泡临界接触角、固体硬度、润湿性等方法。由于测量技术上的困难，表 7-3 只列出了一些主要金属的零电荷电位。

表 7-3 主要金属的零电荷电位

电极材料	溶液组成	E_2(vs NHE)/V
Hg	0.01mol/L NaF	−0.19
Pb	0.01mol/L NaF	−0.56
Tl	0.001mol/L NaF	−0.71
Cd	0.001mol/L NaF	−0.75
Cu	0.001～0.01mol/L NaF	+0.09
Ga	0.008mol/L $HClO_4$	−0.68
Sb	0.002mol/L NaF	−0.14
Sn	0.00125～0.005mol/L Na_2SO_4	−0.42
In	0.01mol/L NaF	−0.65
Bi(111 面)	0.01mol/L KF	−0.42
(多晶)	0.0005mol/L H_2SO_4	−0.40
Ag(111 面)	0.001mol/L KF	−0.46
(100 面)	0.005mol/L NaF	−0.61
(110 面)	0.005mol/L NaF	−0.77
(多晶)	0.0005mol/L Na_2SO_4	−0.7
Au(110 面)	0.005mol/L NaF	0.19
(111 面)	0.005mol/L NaF	0.50
(100 面)	0.005mol/L NaF	0.38
(多晶)	0.005mol/L NaF	0.25

四、离子富集电位

表 7-4～表 7-6 仅列出了少数离子的富集电位，但根据半波电位（$E_{1/2}$）数据，可以估算出各种离子或化合物的富集电位，通常 $E_{1/2}\pm(0.3\sim0.6)$V 就是其富集电位(阳离子取“＋”，阴离子取“－”)。

表 7-4 一般阳离子（石墨电极）富集电位

离子	支持电解质	$E_{1/2}$/V	富集电位[①]/V
Ag^+	1mol/L KNO_3	+0.05	−0.2
Au^{3+}	1mol/L HCl	+0.5	−0.2
	1mol/L HNO_3	+0.75	−0.2
Bi^{3+}	0.1mol/L NH_4Cl	−0.2	−0.5
	0.1mol/L KCl+HCl	−0.2	−0.4
	0.1mol/L NH_4Cl	−0.2	−0.4
Cd^{2+}	0.1mol/L HCl	−0.8	−1.2
	1mol/L KCl	—	−1.2
Co^{2+}	0.2mol/L NH_4OH	—	−1.2
	0.1mol/L K_2SO_4	—	−1.4
	0.1mol/L $H_2C_4H_4O_6$+1mol/L KOH	—	−1.6
	1mol/L KOH+0.1mol/L NaSCN	—	−1.2
Cu^{2+}	1mol/L KNO_3	−0.35	−0.6
	0.02mol/L $H_2C_4H_4O_6$+NH_4Cl+NaOH, pH=9	—	−0.8
	1mol/L KOH+0.1mol/L $H_2C_4H_4O_6$	—	−1.6
	1mol/L KOH+NaSCN	—	−1.3
Fe^{3+}	1mol/L KOH+0.01mol/L $H_2C_4H_4O_6$	—	−1.4
	0.05mol/L $NaC_7H_5O_6S$(pH=5)	—	−1.6
Hg^{2+}	0.1mol/L KNO_3	−0.1	−0.4
	1mol/L KSCN	−0.25	−0.6
In^{3+}	1mol/L NH_4SCN	−0.9	−1.4
	0.1mol/L KCl	−0.9	−1.3
Ni^{2+}	0.1mol/L NH_4OH+NH_4Cl	−1.1	−1.2
	1mol/L KNO_3+0.001mol/L HNO_3	—	−1.2
	0.1mol/L NaSCN	—	−1.2
Pb^{2+}	0.1mol/L HCl	−0.6	−1.0
	0.1mol/L NH_4Cl	−0.6	−0.8
	20%柠檬酸	−0.7	−1.0
Sb^{3+}	1mol/L NH_4Ac	−0.3	−1.0
	1mol/L HCl	−0.25	−0.5
Sn^{4+}	1mol/L NH_4Cl	−0.75	−1.2
	1mol/L HCl	−0.6	−1.2
	20%柠檬酸	—	−1.2
Tl^+	0.2mol/L $(NH_4)_2SO_4$+ NH_4OH, pH=8	−0.95	−1.4
	0.1mol/L NaSCN	—	−1.2

① 富集电位即预电解时所控制的电位值，以饱和甘汞电极为参比电极（以下同）。

表 7-5 变价离子富集电位

电活性元素	电极反应	支持电解质	$E_{1/2}$/V	富集电位/V
Ce	$Ce^{3+}+4H_2O \rightleftharpoons Ce(OH)_4+4H^++e^-$	0.1mol/L HAc+NaAc+Ce^{3+}	+0.7	+1.0

续表

电活性元素	电极反应	支持电解质	$E_{1/2}$/V	富集电位/V
Co	$Co^{2+}+3RH \rightleftharpoons CoR_3+3H^++e^-$	0.4mol/L NH_4OH+0.05mol/L NH_4Cl+Co^{2+}+1.5×10^{-4}%RH(2-亚硝基-1-萘酚)	−0.60	—
Cr	$CrO_4^{2-}+4H_2O+3e^- \rightleftharpoons Cr(OH)_3+5OH^-$	0.1mol/L NaOH+ CrO_4^{2-}	−0.8	−1.0
		0.05mol/L $Na_2B_4O_7$+ CrO_4^{2-}, pH=9.2	−0.7	−1.0
		$C_6H_8O_7$+NaOH+ CrO_4^{2-}, pH=5.2	−0.35	−0.5
		KH_2PO_4+NaOH+ CrO_4^{2-}, pH=8.0	−0.35	−0.7
		0.4mol/L NH_4Cl+0.1mol/L NH_4OH+ CrO_4^{2-}	−0.45	−0.7
		0.1mol/L HAc+0.1mol/L NaAc+ CrO_4^{2-}	−0.1	−0.5
		0.01mol/L H_2SO_4+ CrO_4^{2-}	+0.15	−0.3
	$Cr^{3+}+8OH^-+Ba^{2+}(Pb^{2+}) \rightleftharpoons BaCrO_4(PbCrO_4)+4H_2O+3e^-$	$Ba(OH)_2$+Cr^{3+}	+0.2	+0.3
		$Pb(OH)_2$+0.1mol/L NaAc+Cr^{3+}	+0.8	+1.0
Fe	$Fe^{2+}+3OH^- \rightleftharpoons Fe(OH)_3+e^-$	H_3BO_3+NaOH+Fe^{2+}, pH=8.0	—	−0.05
	$Fe^{3+}+2OH^-+e^- \rightleftharpoons Fe(OH)_2$	0.5%柠檬酸+NaOH+Fe^{3+}, pH=10	−0.85	−1.0
I	$2I^-+Cl^-+R^+ \rightleftharpoons R(I_2Cl)+2e^-$ R＝罗丹明 S	0.1mol/L H_2SO_4+5×10^{-5}mol/L 罗丹明+0.1mol/L KCl+I^-	+0.55	+0.8
	$2I^-+SCN^-+(C_2H_5)_4N^+ \rightleftharpoons (C_2H_5)_4N(I_2SCN)+2e^-$	0.5mol/L H_2SO_4+5×10^{-5}mol/L $(C_2H_5)_4NI$+0.1mol/L KSCN+I^-	—	+0.55
Mn	$Mn^{2+}+4OH^- \rightleftharpoons Mn(OH)_4+2e^-$	0.1mol/L HNO_3+Mn^{2+}	+1.2	+1.3
		2mol/L $(NH_4)_2SO_4$+H_2SO_4+Mn^{2+}		
		pH=3	+0.9	+1.1
		pH=4	+0.8	+1.0
		pH=5	+0.75	+0.9
		2mol/L $(NH_4)_2SO_4$+Mn^{2+} pH=7	+0.5	+0.7
		pH=8	+0.25	+0.5
		pH=9	+0.15	+0.4
Ni	$Ni(DH)_n+OH^- \rightleftharpoons NiHO(DH)_n+e^-$	0.03mol/L KOH+10^{-6}mol/L 二甲基乙二肟+Ni^{2+}	—	+0.8
Sb	$[SbCl_6]^{3-}+R^+ \rightleftharpoons R[SbCl_6]+2e^-$ R=罗丹明 S	1.5mol/L KCl+0.5mol/L H_2SO_4+4×10^{-4}mol/L 罗丹明 S+Sb^{3+}	—	+0.8
Tl	$Tl^++3OH^- \rightleftharpoons Tl(OH)_3+2e^-$	0.35mol/L $(NH_4)_2SO_4$+H_2SO_4+Tl^+, pH=4	+1.25	+1.5
		0.35mol/L $(NH_4)_2SO_4$+Tl^+	+1.15	+1.5

续表

电活性元素	电极反应	支持电解质	$E_{1/2}$/V	富集电位/V
Tl	$Tl^{+}+3OH^{-} \rightleftharpoons Tl(OH)_3+2e^{-}$	0.35mol/L $(NH_4)_2SO_4$+NH_4OH+Tl^{+}		
		pH=7	+1.0	+1.2
		pH=8	+0.8	+1.1
		pH=9	+0.7	+0.9
		pH=10	+0.55	+0.8

表 7-6 阴离子富集电位①

阴离子	支持电解质	溶液温度/℃	富集电位/V	最低浓度/(mol/L)
Cl^{-}	0.1mol/L $NaNO_3$	20	+0.35	5×10^{-6}
	0.1mol/L $NaNO_3$	2		10^{-6}
Br^{-}	0.1mol/L $NaNO_3$	20	+0.25	10^{-6}
	0.1mol/L $NaNO_3$	2		5×10^{-7}
I^{-}	0.1mol/L $NaNO_3$	20	+0.1	5×10^{-8}
S^{2-}	1mol/L NaOH	20	−0.5	5×10^{-8}
CrO_4^{2-}	0.1mol/L $NaNO_3$	20	−0.7	3×10^{-9}
WO_4^{2-}	0.1mol/L $NaNO_3$	20	+0.4	4×10^{-7}
MoO_4^{2-}	0.1mol/L $NaNO_3$	20	+0.4	10^{-6}
SO_4^{2-}②	0.1mol/L $NaNO_3$	20	+0.4	10^{-6}
VO_3^{-}	0.1mol/L $NaNO_3$	20	−0.5	5×10^{-8}
草酸根离子	1mol/L KNO_3	20	+0.35	10^{-6}
丁二酸根	1mol/L KNO_3	20	+0.4	10^{-4}
双硫腙盐类	1mol/L KNO_3	20	+0.4	10^{-5}
二乙基二硫代酸根	1mol/L KNO_3	20	0.0	10^{-6}

① 均以汞盐形式富集于电极上。

② SO_4^{2-} 仅在还原到 S^{2-}后才能被测定。

第二节　工作电极

溶出伏安法中所用电极包括工作电极（也称指示电极）、参比电极与对电极，这些也是电分析化学实验中的常用电极。对电极一般为大面积电极，如铂片、碳棒或汞池等。参比电极在第五章中已介绍。随着科技的发展和新型材料的不断出现，溶出伏安法中的工作电极也在不断更新，创造了各种新型电极。本节主要介绍溶出伏安法中常用的几种类型，如汞电极、微电极、膜（如铋膜）电极和化学修饰电极，其中化学修饰电极目前已有专著出版。各种基础电极现已广泛商业化，无需自行制备，因此下面不再赘述，主要介绍其应用。

一、汞电极

1. 悬汞电极

悬汞电极可分螺旋测微器控制的悬汞电极（见图 7-3）、挂吊式悬汞电极（见图 7-4）和可调式悬汞电极（见图 7-5）。

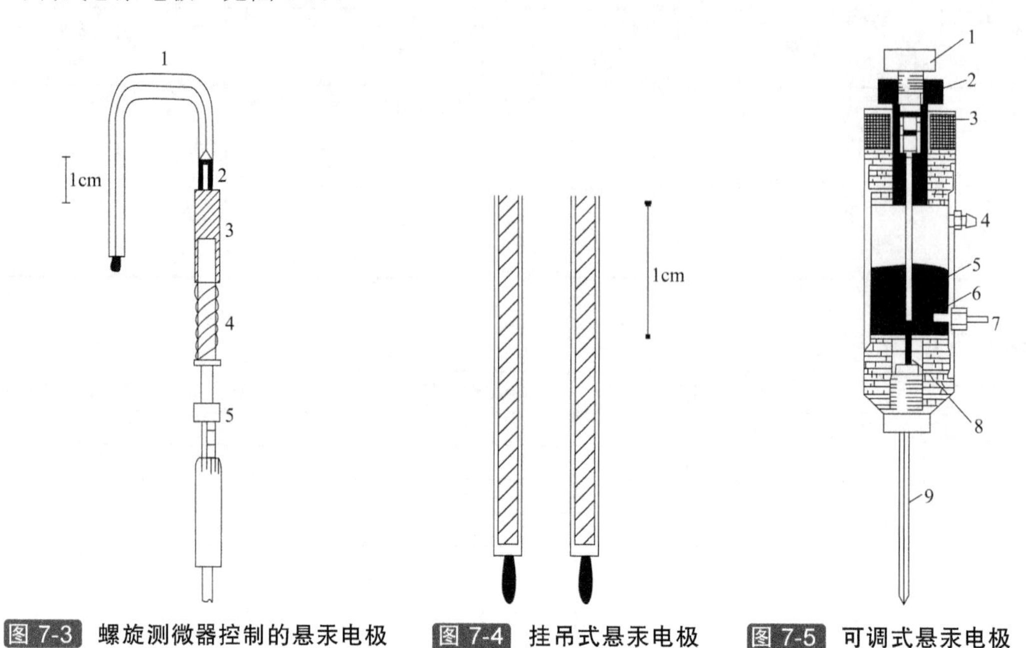

图 7-3 螺旋测微器控制的悬汞电极

1—毛细管；2—聚乙烯小垫；3—1ml注射针筒；4—弹簧；5—螺旋测微器

图 7-4 挂吊式悬汞电极

图 7-5 可调式悬汞电极

1—活门狭缝调节器；2—活门垫圈调节器；3—旋转杆；4—水封入口；5—汞池；6—活门；7—电极接触点；8—不锈钢管；9—毛细管

2. 汞膜电极

汞膜电极分为玻碳汞膜电极（见图 7-6）、铂球汞膜电极（见图 7-7）和银丝汞膜电极（见图 7-8）。

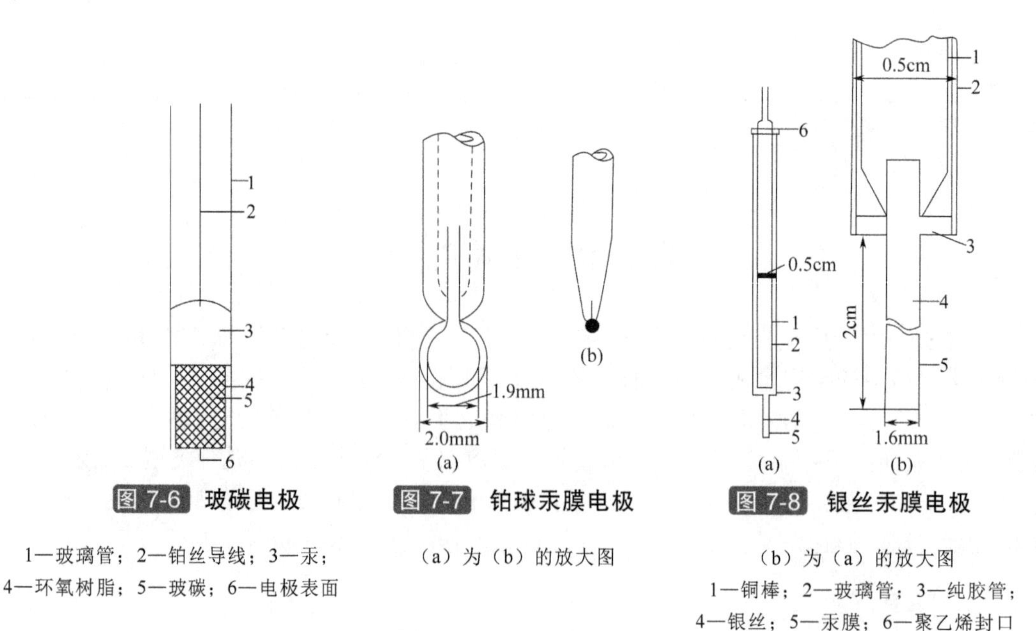

图 7-6 玻碳电极

1—玻璃管；2—铂丝导线；3—汞；4—环氧树脂；5—玻碳；6—电极表面

图 7-7 铂球汞膜电极

（a）为（b）的放大图

图 7-8 银丝汞膜电极

（b）为（a）的放大图

1—铜棒；2—玻璃管；3—纯胶管；4—银丝；5—汞膜；6—聚乙烯封口

由于汞本身毒性较大，现已逐渐被其他一些无毒或毒性较小的修饰电极取代，表 7-7 和

表 7-8 主要列出用汞电极在水中及纯金属中对金属杂质的测定。

表 7-7 汞电极测定水中重金属离子

分析对象	测定元素	支持电解质	分离、富集、测定方法	电极类型	称样量/mg	测定浓度		相对误差/%
						%	g/ml	
水	Cu, Pb, Zn, Cd	NH_4F	—	汞膜电极	5～10	10^{-9}		20
	Co, Ni	KSCN+KCl	阳-阴极谱法富集	汞膜电极	—	3×10^{-8}		25
	Fe	NaCl+NaAc	方波极谱法	汞石墨电极	—		10^{-1}	17
	Cu	$NaCl+HClO_4$	极谱法	悬汞电极	—		$n\times10^{-8}$	—
	Cu, Pb, Cd	$NaAc+K_2C_2O_4$	—	悬汞电极	250		$n\times10^{-8}$	—
	Sn	HCl	—	汞石墨电极	200		$n\times10^{-10}$	—
饮用水	Cd	1mol/L NH_3+0.5mol/L NH_4Cl	—	铂球汞膜电极	—		6×10^{-10}	10
天然水	Zn, Cd, Pb, Cu	HNO_3或NH_4OH	交流电极谱	滴汞电极	1000		2×10^{-10}	3
	Bi	HCl	萃取	汞石墨电极	100		$n\times10^{-10}$	—
	Cd, Pb	乙酸缓冲液	脉冲极谱	汞石墨电极	—		4×10^{-7}	—
	Ag, Hg, Au	KSCN, KBr+EDTA, KBr+HBr	萃取	石墨电极	—		10^{-8}	—
	In	HCl	共沉淀脉冲极谱	汞石墨电极			5×10^{-10}	—
天然水，海水	Sb, Bi	HCl	萃取	汞石墨电极	10		$n\times10^{-9}$	20
天然水，工业废水	Cu, Pb	HCl	萃取	汞石墨电极	50		10^{-8}	25
海水	Zn, Cd, Cu	NH_4Cl+NH_4OH	—	悬汞电极	50		$n\times10^{-8}$	15
	Zn	KCl	—	悬汞电极	15		$n\times10^{-8}$	—
	Zn, Cd, Pb, Cu	—	示波极谱，脉冲极谱	汞石墨电极	—		10^{-12}	—
	Bi, Sb	HCl	—	汞石墨电极	20		2×10^{-11}	—
	Bi	—	经离子交换分离	汞石墨电极	—		2×10^{-8}	—
	Cd, Cu, Pb, Zn	—	经 0.3μm 膜分离，单池示差极谱	铂球汞膜电极	—		4×10^{-9}	—
	Zn	0.1mol/L 乙二胺硫酸盐	单池示差极谱	铂球汞膜电极	—		10^{-8}	20
	Pb	—	示差示波极谱	银丝汞膜电极	—		10^{-11}	15

表 7-8 汞电极在纯金属中对杂质金属的测定

分析对象	测定元素	支持电解质	分离、富集、测定方法	电极类型	称样量/mg	测定浓度		相对误差/%
						%	g/ml	
Ag	Cu, Bi, In, Zn	KCl	基体沉淀	悬汞电极	3	10^{-5}～10^{-6}		10～15
	Pb, Sb	HCl	萃取	悬汞电极	3	10^{-5}～10^{-6}		10～15

续表

分析对象	测定元素	支持电解质	分离、富集、测定方法	电极类型	称样量/mg	测定浓度		相对误差/%
						%	g/ml	
Al	Cu, Pb, Cd, Zn	$AlCl_3+HCl$	不分离示波极谱	悬汞电极	2		$n\times10^{-8}$	10
	Cu, Pb, Cd, Zn	HCl	不分离	汞膜电极	0.5	—	—	—
	Ga	苯甲酸	萃取	汞膜电极	0.5	—	—	—
	Pb, Cd, Sn	$AlCl_3+HCl$	不分离	悬汞电极	1～2	—	—	10～20
	Bi, Sb	H_2SO_4						
	Cd, Pb, Cu	HCl	不分离	悬汞电极	1	—	—	—
	In	NH_4Br	萃取	悬汞电极	0.5	10^{-6}		8
	Cd, In, Pb, Cu	KCl	不分离	汞石墨电极	0.5～1	$n\times10^{-5}$		—
	Fe	KOH＋酒石酸盐	不分离	石墨电极	0.5～1		$n\times10^{-7}$	—
Ba	Cu, Pb, Zn	$HCl+BaCl_2$	不分离	悬汞电极	0.1～0.7		$n\times10^{-9}$	—
Bi	Pb	KCl＋HCl	离子交换、方波极	汞膜电极	1	6×10^{-7}		5
Cd	Sn, Pb, Tl	HCl, KOH＋甘露醇	谱基体蒸馏	汞膜电极	5	$n\times10^{-6}$		—
	Cu, Bi, Sb	NH_4F; HCl	不分离	汞膜电极	0.1～0.5	10^{-5}～10^{-7}		—
	Sb, Bi	$N_2H_4\cdot2HCl$	不分离	悬汞电极	0.1	10^{-6}～10^{-7}		—
	Pb, Zn	NH_4F	萃取	汞膜电极	0.5	$n\times10^{-6}$		—
	Ag	HNO_3	不分离	石墨电极	2	2×10^{-5}		18～20
	Sb	$CdCl_2+HCl$	不分离	汞石墨电极	1	5×10^{-5}		15
	Tl, Cu	NH_4OH+NH_4Cl ＋EDTA	不分离	汞石墨电极	0.2～0.3	$n\times10^{-5}$		—
	Tl	KOH	萃取	汞膜电极	0.5～0.6	10^{-6}		—
	Ag	KSCN	不分离	石墨电极			2×10^{-8}	6.5
	Ag, Hg	KBr＋HBr	萃取	石墨电极	3～5		10^{-9}	—
	As	HCl	蒸馏	石墨电极	—		$n\times10^{-6}$	—
	Ni, Co	KSCN＋KCl	蒸馏，阳-阴极极谱法	汞膜电极	3～5	10^{-7}		10～25
Co	Pb	0.24mol/L HNO_3	—	悬汞电极	—		4×10^{-8}	—
	Cu						5×10^{-6}	—
Cu	Bi	$HCl+H_3C_6H_5O_7$	共沉淀	汞石墨电极	0.5～1	5×10^{-6}		20
	Bi	HCl	离子交换	悬汞电极	1	$n\times10^{-10}$		—
	Cd	KCl	电解分离	汞石墨电极	1	10^{-5}		4
	Cd, Pb	KCl	电解分离	汞石墨电极	1	10^{-6}		20
	Cd, Pb, Zn, Mn	HCl, KCl, NH_4OH	电解分离	悬汞电极	0.5～2		$n\times10^{-10}$	—
	Sb, Bi, Pb, Te	HCl	共沉淀	汞石墨电极	0.5～2	10^{-5}		20～22
	Sb	HCl	不分离，矢量极谱法	悬汞电极	0.1～0.5	10^{-6}		—
	Sb	HCl	蒸馏	悬汞电极	—		$n\times10^{-10}$	—
	Sn	$HClO_4$						
	Sb	$HCl+H_3C_6H_5O$	共沉淀	汞石墨电极	0.5～1	5×10^{-6}		20

续表

分析对象	测定元素	支持电解质	分离、富集、测定方法	电极类型	称样量/mg	测定浓度		相对误差/%
						%	g/ml	
Fe	Cu, Pb, Cd, Bi	HCl	萃取	汞膜电极	0.5	$n\times10^{-7}$		25
	Zn	NH_4F						
	Co, Ni	KSCN	萃取	汞膜电极	0.2	$n\times10^{-7}$		25
	Cu	NaOH+三乙醇胺	不分离	悬汞电极	0.1	10^{-4}		20
	Sn	HCl	不分离	悬汞电极	0.1	$n\times10^{-3}$		3
Ga	Cd, In, Pb	KBr-EDTA	不分离	悬汞电极	—		$n\times10^{-9}$	—
	S	NaOH	蒸馏	悬汞电极	1～2		$n\times10^{-9}$	—
Hg	Zn, Cd, Pb, Cu	HCl+吡啶	萃取	悬汞电极	10	2×10^{-6}		—
In	Bi	HCl	不分离	悬汞电极	0.2	3×10^{-6}		—
	Cd	$H_3PO_4 + Na_4P_2O_7$	萃取	悬汞电极	0.25	10^{-5}～10^{-6}		—
	Cd, Cu, Zn	NaOH+乙二胺	萃取	悬汞电极	0.1～1	3×10^{-6}		—
	Cd, Cu, Zn, Pb	KOH	萃取	悬汞电极	0.1～1	10^{-6}		—
	Cu	H_3PO_4	不分离	悬汞电极	0.2	2×10^{-6}		—
	Cu, Bi	HCl	不分离	悬汞电极	0.2	$n\times10^{-6}$		—
	Cu, Bi	KOH	不分离	悬汞电极	0.2	10^{-6}～10^{-7}		—
	Ge	Na_2CO_3+EDTA	萃取	悬汞电极	0.2	10^{-6}		—
	Ge, Tl	Na_2CO_3+EDTA	萃取	悬汞电极	0.2	10^{-6}		20
	Pb	HCl+EDTA	萃取	悬汞电极	0.1～1	10^{-6}		—

二、碳电极

这是指以碳质材料为主体制成的电极，它包括石墨电极、玻碳电极、碳糊电极和碳纤维电极。本节主要介绍玻碳电极和碳糊电极的应用。

1. 玻碳电极及其应用（见表 7-9）

表 7-9 化学修饰玻碳电极在溶出伏安法中的应用

编号	分析对象	修饰剂	富集方法	富集介质/测试介质	E_p/V	检测限 c/(mol/L),(富集时间/min)	实样	参考文献
1	Sn(Ⅱ)	铋	−1.0V	0.1mol/L 乙酸盐缓冲液(pH=4.5)	−0.59	0.26g/L, (2)	海水	[3]
2	Pb(Ⅱ)	铋	−1.2V	0.1mol/L 乙酸盐缓冲液(pH=4.5)	−0.55	0.3g/L, (10)	标准水样	[4]
3	Ag(Ⅱ)	石墨烯/纳米金	−0.1V	0.1mol/L KCl	−0.055	0.12g/L, (4)	血浆样品	[5]
4	Cu(Ⅱ)	二氧化锡/石墨烯	−1.0V	0.1mol/L 乙酸盐缓冲液(pH=5.0)	−0.109	2.269×10^{-10}, (2)	饮用水	[6]
5	Hg(Ⅱ)	二氧化锡/石墨烯	−1.0V	0.1mol/L 乙酸盐缓冲液(pH=5.0)	0.24	2.789×10^{-10}, (2)	饮用水	[6]

续表

编号	分析对象	修饰剂	富集方法	富集介质/测试介质	E_p/V	检测限 c/(mol/L),(富集时间/min)	实样	参考文献
6	Pb(Ⅱ)	铋	−1.0V	0.1mol/L 乙酸盐缓冲液(pH=4.5)	−0.55	0.15g/L, (1)	气溶胶样品	[7]
7	Pb(Ⅱ)	铋	−1.2V	0.5mol/L HCl	−0.595	0.15g/L, (5)	标准水样	[8]
8	Pb(Ⅱ)	二氧化锡/石墨烯	−1.0V	0.1mol/L 乙酸盐缓冲液(pH=5.0)	−0.578	1.839×10^{-10}, (2)	饮用水	[6]
9	Co(Ⅱ)	铋	−0.7V	0.01mol/L 铵盐缓冲液(pH=9.2)	−1.1	0.08g/L, (1)	标准水样	[9]
10	Co(Ⅱ)	铋	−0.7V	0.1mol/L 铵盐缓冲液(pH=9.2)	−1.068	0.07g/L, (1)	标准水样	[10]
11	Co(Ⅱ)	单壁碳纳米管	−2.0V	0.1mol/L 磷酸二氢铵	−0.4	10.4g/L, (100s)	玻璃珠	[11]
12	Ni(Ⅱ)	铋	−0.7V	0.01mol/L 铵盐缓冲液(pH=9.2)	−1.0	0.26g/L, (1)	标准水样	[9]
13	Ni(Ⅱ)	铋	−0.7V	0.01mol/L 铵盐缓冲液(pH=9.0)	−1.05	0.8g/L, (3)	标准水样	[12]
14	Ni(Ⅱ)	铋	−0.5V	0.01mol/L 铵盐缓冲液(pH=9.5)	−1.1	0.2g/L, (1)	水、红茶	[13]
15	Ni(Ⅱ)	铋	−0.7V	0.01mol/L 铵盐缓冲液(pH=9.2)	−0.95	2.1×10^{-9}, (5)	镍钛合金	[14]
16	U(Ⅵ)	铋	−0.3V	0.1mol/L 乙酸盐缓冲液(pH=4.5)	−1.04	0.3g/L, (10)	海水	[15]
17	Cd(Ⅱ)	铋	−1.2V	0.1mol/L HCl	−0.84 (vs SCE)	2.9g/L, (200s)	唾液	[16]
18	Cd(Ⅱ)	铋	−1.0V	0.1mol/L 乙酸盐缓冲液(pH=4.5)	−0.75	0.3g/L, (1)	气溶胶样品	[7]
19	Cd(Ⅱ)	铋	−1.6V	0.04mol/L NaCl	−0.8	2×10^{-10}, (1)	小麦、蔬菜	[17]
20	Cd(Ⅱ)	碳球	−1.2V	0.1mol/L PBS(pH=6.0)	−0.6	5×10^{-10}, (200s)	标准水样	[18]
21	Cd(Ⅱ)	二氧化锡/石墨烯	−1.0V	0.1mol/L 乙酸盐缓冲液(pH=5.0)	−0.774	1.015×10^{-10}, (2)	饮用水	[6]
22	Mn(Ⅱ)	铋	−1.9V	0.1mol/L 乙酸盐缓冲液(pH=4.6)	−0.8 (vs SCE)	7.4×10^{-7}, (1)	海洋沉积物	[19]
23	Fe(Ⅲ)	安替比林偶氮Ⅲ	开路	硼酸盐缓冲液(pH=9.5)	+0.96	5×10^{-8}, (15)	标准水样	[20]
24	Fe(Ⅲ)	Nafion	+0.75V	0.03mol/L HCl	+0.43	0.05g/L, (2)	泉水、桂圆	[21]
25	红霉素	无	+0.2V	0.025mol/L 铵盐缓冲液(pH=9.0)	+0.86	5.0×10^{-9}, (4)	药片、尿样	[22]

注：1．Nafion：聚四氟乙烯和全氟-3, 6-二环氧-4-甲基-7-癸烯硫酸的共聚物。

2．SCE：饱和甘汞参比电极，未注明的参比电极均为 Ag/AgCl 参比电极。

2. 碳糊电极及其应用

化学修饰碳糊电极测定无机阴离子见表 7-10，化学修饰碳糊电极催化测定有机物见表 7-11。

表 7-10 化学修饰碳糊电极测定无机阳离子

编号	分析对象	修饰剂	富集方法	富集介质	测试介质	E_p/V	检测限 c/(mol/L)，(富集时间/min)	实样	参考文献
1	Ag(Ⅰ)	苯基硫脲	−0.2V	0.2 mol/L KNO_3	0.1mol/L KNO_3	+0.31	5×10^{-12}, (5)	海水、自来水	[23]
2	Ag(Ⅰ)	对异丙基杯[6]芳烃	开路	pH=9.00	0.1mol/L H_2SO_4 + 0.02 mol/L KBr	+0.04	4.8×10^{-8}, (3)	标准水样	[24]
3	Ag(Ⅰ)	S_2O_2 掺杂配体	开路	0.1mol/L KNO_3	0.1mol/L KNO_3 + 乙酸盐缓冲液	−0.4	2.0×10^{-7}, (10)	标准水样	[25]
4	Ag(Ⅰ)	碳纳米管	−0.4V	0.1mol/L KNO_3		+0.4	1.8×10^{-9}, (2)	自来水	[26]
5	Ag(Ⅰ)	罗丹明	+0.8V	0.1mol/L McIlvaine 缓冲液		+0.04	4.5×10^{-14}, (10)	人发	[27]
6	Ag(Ⅰ)	螯合树脂	开路	0.2mol/L KNO_3		+0.35 (vs SCE)	3×10^{-10}, (5)	废水	[28]
7	Au(Ⅲ)	球菌	+0.75V	0.1mol/L KCl+ 0.1 mol/L HCl		+0.35	4.5×10^{-14}, (10)	标准水样	[29]
8	Au(Ⅲ)	环氧树脂聚乙烯胺	−0.4V	0.1mol/L HCl		+0.35	5×10^{-9}, (2)	岩石	[30]
9	Au(Ⅲ)	2-巯基苯并噁唑	开路	0.1mol/L HCl+ 10^{-6} mol/L 罗丹明 6G	0.1mol/L HCl	+0.57	6.7×10^{-9}, (10)	海水	[31]
10	Au(Ⅲ)	*N*-硫代苯酰胺	开路	0.01mol/L HCl	0.007mol/L HCl	+0.23 (vs SCE)	20g/L, (5)	药物	[32]
11	Au(Ⅲ)	戊基磺酸+罗丹明B	开路	0.005mol/L HCl	0.85mol/L HCl+ 0.42 mol/L KCl	+0.33 (vs SCE)	5g/L, (20)	合金	[33]
12	Au(Ⅲ)	18-冠-6	开路	0.05mol/L HCl-KCl	0.01mol/L KCl	+0.52	20g/L, (1)	精金矿	[34]
13	Au(Ⅲ)	三烷基叔胺	开路	0.01mol/L HCl		+0.38 (vs SCE)	1g/L, (5)	金矿	[35]
14	Bi(Ⅲ)	铋基醇	开路	0.1mol/L HCl	0.25mol/L HCl	−0.45 (vs SCE)	2g/L, (2)	合金	[36]
15	Cd(Ⅱ)	铋	−1.2V	0.1mol/L 乙酸盐缓冲液(pH=4.23)		−0.82	1g/L, (2)	自来水	[37]
16	Cd(Ⅱ)	铋	−1.0V	0.2mol/L 乙酸盐缓冲液(pH=4.5)		−0.78	1.2g/L, (1)	自来水	[38]
17	Cd(Ⅱ)	铋、沸石	−1.2V	0.1mol/L 乙酸盐缓冲液(pH=4.5)		−0.76	0.08g/L, (2)	海水、自来水	[39]
18	Cd(Ⅱ)	SBA-15	−1.1V	0.1mol/L 磷酸盐缓冲液(pH=3)		−0.85	4.5×10^{-7}, (2)	天然水	[40]
19	Cd(Ⅱ)	海藻酸	−0.8V	0.01mol/L HNO_3		−0.09	0.9g/L, (1)	海水	[41]
20	Cd(Ⅱ)	α/β-环糊精	−0.9V	1mol/L $HClO_4$		−0.74/ −0.75	2.51×10^{-6}/ 2.03×10^{-6}, (1)	标准水样	[42]
21	Cd(Ⅱ)	磷酸氢钡 Nafion-磷酸氢钡	−1.2V	0.1mol/L KCl		−0.9	1.5×10^{-9}/ 0.8×10^{-9}, (5)	标准水样	[43]
22	Cd(Ⅱ)	磷酸正丁酯	−0.8V	0.1mol/L 乙酸盐缓冲液(pH=3.5)		−0.59 (vs SCE)	4.6×10^{-9}, (6)	废水、人发	[44]
23	Cd(Ⅱ)	蒙脱土	−0.9V	0.1mol/L HCl		−0.65	0.54g/L, (1)	海水、自来水 天然水	[45]
24	Cd(Ⅱ)	锡	−1.4V	0.1mol/L 乙酸盐缓冲液(pH=3.9)		−0.84	1.13g/L, (2.5)	真实水样	[46]

续表

编号	分析对象	修饰剂	富集方法	富集介质	测试介质	E_p/V	检测限 c/(mol/L)，(富集时间/min)	实样	参考文献
25	Cd(Ⅱ)	弱酸性阳离子交换树脂	开路	0.001mol/L 铵盐缓冲液(pH=9)	0.1mol/L HCl	−0.7	5g/L, (10)	标准水样	[47]
26	Pb(Ⅱ)	铋	−1.2V	0.1mol/L 乙酸盐缓冲液(pH=4.23)		−0.56	0.8g/L, (5)	自来水	[37]
27	Pb(Ⅱ)	铋	−1.0V	0.2mol/L 乙酸盐缓冲液(pH=4.5)		−0.55	0.9g/L, (1)	自来水	[38]
28	Pb(Ⅱ)	铋、沸石	−1.2V	0.1mol/L 乙酸盐缓冲液(pH=4.5)		−0.55	0.1g/L, (2)	海水、自来水	[39]
29	Pb(Ⅱ)	聚对苯二胺	开路	0.1mol/L KNO_3+0.01mol/L KOH	0.1mol/L HCl	−0.50 (vs SCE)	10^{-9}, (10)	废水	[48]
30	Pb(Ⅱ)	硅酸盐	−0.70V	HNO_3(pH=1.8)		−0.53	3.8×10^{-8}, (10)	汽油	[49]
31	Pb(Ⅱ)	磷酸氢钡 Nafion-磷酸氢钡	−1.2V	0.1mol/L KCl		−0.7	3×10^{-9}/ 4.5×10^{-9}, (5)	标准水样	[43]
32	Pb(Ⅱ)	磷酸正丁酯	−0.8V	0.1mol/L 乙酸盐缓冲液(pH=3.5)		−0.38 (vs SCE)	1.4×10^{-8}, (6)	废水、人发	[44]
33	Pb(Ⅱ)	蒙脱土	−0.9V	0.1mol/L HCl		−0.34	0.3g/L, (1)	海水、自来水、天然水	[45]
34	Pb(Ⅱ)	汞	−1.3V	0.1mol/L H_3PO_4		−0.28	8×10^{-9}, (2)	饮料	[50]
35	Cu(Ⅱ)	2-氨基噻唑	−0.4V	0.2mol/L HNO_3		−0.02	3.1×10^{-8}, (2)	工业乙醇	[51]
36	Cu(Ⅱ)	杯[4]芳烃	−1.0V	0.1mol/L HCl		−0.17	1.1g/L, (10)	自来水	[52]
37	Cu(Ⅱ)	腐植酸	−0.5V	0.1mol/L 乙酸盐缓冲液(pH=3.5)		0.02 (vs SCE)	1×10^{-8}, (10)	天然水	[53]
38	Cu(Ⅱ)	交联壳聚糖	−0.3V	0.05mol/L KNO_3 +HNO_3(pH=2.25)		0.05	1×10^{-8}, (5)	废水、人尿、天然水	[54]
39	Cu(Ⅱ)	聚氨基葡萄糖	−0.2V	0.1mol/L $NaNO_3$ +HNO_3(pH=6.5)		+0.24	8.3×10^{-8}, (4.5)	废水	[55]
40	Cu(Ⅱ)	蒙脱土	−0.9V	0.1mol/L HCl		−0.05	0.3g/L, (1)	海水、自来水天然水	[45]
41	Cu(Ⅱ)	锌试剂	+0.6V	0.1mol/L 磷酸盐缓冲液(pH=6.4)		+0.81	1.1g/L, (0.5)	水样、人发	[56]
42	Cu(Ⅱ)	氧化硅铝	−0.5V	0.1mol/L 磷酸盐缓冲液+0.1 mol/L $KClO_4$		+0.3	1.8×10^{-10}, (10)	自来水	[57]
43	Cu(Ⅱ)	弱酸性阳离子树脂	开路	pH>4	0.1mol/L KNO_3	−0.24	1g/L, (5)	水	[58]
44	Cu(Ⅱ)	邻羟苯亚甲基胺-2-巯苯酚	开路	0.01mol/L 乙酸盐缓冲液(pH=3.8)		−0.12 (vs SCE)	10^{-9}, (2)	标准水样	[59]
45	Cu(Ⅱ)	安息香肟	开路	铵盐缓冲液(pH=8.5)	0.015mol/L HNO_3	+0.2 (vs SCE)	5×10^{-9}, (10)	阳极泥	[60]
46	Cu(Ⅱ)	锂皂石	开路	0.001mol/L KCl	0.05mol/L KCl	−0.1	7.0g/L, (1)	精金矿	[61]
47	Cu(Ⅰ)	Nafion/2, 2-联喹啉	开路	0.5mol/L KNO_3+0.01 mol/L NH_2OH (pH=2)		+0.55 (vs SCE)	10^{-9}, (2)	生物样品	[62]

续表

编号	分析对象	修饰剂	富集方法	富集介质	测试介质	E_p/V	检测限 c/(mol/L)，(富集时间/min)	实样	参考文献
48	Cu(Ⅰ)	联(2-亚氨基-亚环戊基甲基)-二硫化物	开路	pH=5 的缓冲液	0.1mol/L KCl	−0.05 (vs SCE)	5×10^{-11}, (30)	脲	[63]
49	Hg(Ⅱ)	2,5-二巯基-1,3,4-噻二唑	开路	HNO_3(pH=2.0)	0.02mol/L KNO_3	+0.31	2g/L, (10)	天然水	[64]
50	Hg(Ⅱ)	锑	−0.5V	1mol/L HCl		0.0	1.3g/L, (2.5)	河水	[65]
51	Hg(Ⅱ)	丁二酮肟	−0.7V	0.035mol/L 乙酸盐缓冲液(pH=4.8)+0.1mol/L KCl		−0.93	5.4×10^{-8}, (2)	米、茶、人发	[66]
52	Hg(Ⅱ)	二硫代氨基甲酸	−0.8V	0.1mol/L KSCN + 0.01mol/L $HClO_4$		−0.36	8.0×10^{-10}, (15)	人尿	[67]
53	Hg(Ⅱ)	聚氨基葡萄糖	−0.2V	0.1mol/L $NaNO_3$ + HNO_3 (pH=6.3)		+0.26	6.28×10^{-7}, (4.5)	水样	[68]
54	Hg(Ⅱ)	蒙脱土	−0.4V	0.1mol/L 酒石酸		+0.22	10^{-10}, (6)	水样	[69]
55	Hg(Ⅱ)	蒙脱土	−0.9V	0.1mol/L HCl		+0.19	1.05g/L, (1)	海水、自来水天然水	[45]
56	Ce(Ⅲ)	纳米硅胶	−0.2V	0.05mol/L 磷酸盐缓冲液(pH=7)+0.02 mol/L KNO_3		+0.26	1.0g/L, (10)	球墨铸铁	[70]
57	Ce(Ⅲ)	十六烷基三甲基溴化铵	−0.1V	0.1mol/L 乙酸盐−0.02mol/L KHP 缓冲液(pH=5)		+0.73	6.0×10^{-10}, (2)	球墨铸铁	[71]
58	Co(Ⅱ)	TDT	开路	0.1mol/L NH_4Cl (pH=4.95)		+0.03	5.0×10^{-10}, (5)	饮用水	[72]
59	Co(Ⅱ)	*N*-对氯苯基肉桂酸	−1.2V	0.2mol/L 乙酸盐缓冲液(pH=6)		−0.4	3.3×10^{-7}, (5)	维生素 B_{12}	[73]
60	Co(Ⅱ)	丁二酮肟	−0.7V	0.035mol/L 乙酸盐缓冲液(pH=4.8)+0.1mol/L KCl		−1.00	2.0×10^{-8}, (2)	米、茶、人发	[66]
61	Co(Ⅱ)	阳离子交换剂/1,10-菲啰啉	开路	B-R 缓冲液(pH=5.5)		+0.14 (vs SCE)	8×10^{-8}, (3)	标准水样	[74]
62	Cr(Ⅵ)	聚乙酰基氨基葡萄糖	+0.4V	$HClO_4$(pH=2.5)		−0.05	3×10^{-8}, (3)	标准水样	[75]
63	Fe(Ⅱ)	二硫代二苯胺和纳米金	−1.0V	0.1mol/L 磷酸盐缓冲液(pH=3.0)		−0.64 (vs SCE)	5×10^{-11}, (40s)	扁豆、麦种	[76]
64	In(Ⅲ)	锑	−1.3V	0.01mol/L HCl		−0.64	2.4g/L, (2)	标准水样	[77]
65	Li(Ⅰ)	尖晶石型锰氧化物	0.3V	0.1mol/L Tris-HCl 缓冲液(pH=8.3)		0.76 (vs SCE)	5.6×10^{-7}, (0.5)	天然水	[78]
66	Ni(Ⅱ)	丁二酮肟	−0.7V	0.035mol/L 乙酸盐缓冲液(pH=4.8)+0.1mol/L KCl		−1.07	1.2×10^{-8}, (2)	米、茶、人发	[66]
67	Mn(Ⅱ)	1-(2-吡啶)-2-萘酚	开路	磷酸盐缓冲液(pH=8.7)		0.2	6.9×10^{-9}, (200s)	海水	[79]
68	Mo(Ⅵ)	多壁碳纳米管	−0.3V	0.12mol/L KHP 缓冲液(pH=3.6)		0.59 (vs SCE)	1.0×10^{-10}, (2)	天然水	[80]

续表

编号	分析对象	修饰剂	富集方法	富集介质	测试介质	E_p/V	检测限 c/(mol/L)，(富集时间/min)	实样	参考文献
69	Pb(Ⅱ)	丁二酮肟	−0.7V	0.035mol/L 乙酸盐缓冲液(pH=4.8)+0.1mol/L KCl		−1.25	6.2×10^{-8}, (2)	米、茶、人发	[66]
70	Sb(Ⅲ)	苯芴酮	开路	0.1mol/L HSO_4+5×10^{-4}mol/L 硫脲		−0.07	8.9×10^{-9}, (10)	人发、土壤	[81]
71	Sn(Ⅱ)	溴代邻苯三酚红	开路	0.1mol/L 乙酸盐缓冲液(pH=4.5)	4.0mol/L HCl	−0.69 (vs SCE)	5×10^{-10}, (2)	废水、罐头食品	[82]
72	Tl(Ⅰ)	8-羟基喹啉	开路	B-R 缓冲液(pH=7.96)	铵盐缓冲液(pH=10.0)	−0.69	4.9×10^{-9}, (2)	合成样品	[83]
73	Tl(Ⅰ)	锑	−1.3V	0.01mol/L HCl		−0.84	1.4g/L, (2)	标准水样	[77]
74	V(Ⅴ)	茜素红	−0.1V	0.1mol/L 乙酸盐缓冲液(pH=5.1)		−0.52	0.0.4g/L, (2)	水样	[84]

注：1. McIlvaine 缓冲液：一种由磷酸缓冲对和柠檬酸缓冲对组成的缓冲液。
2. B-R 缓冲液：全称为 Britton Robinsion 缓冲液。
3. Tris-HCl 缓冲液：三(羟甲基)氨基甲烷与 HCl 的缓冲液。
4. TDT：2,4,6-三(3,5-二甲基吡唑)-1,3,5-三嗪。
5. SCE：饱和甘汞参比电极，未注明的参比电极均为 Ag/AgCl 参比电极。

表 7-11 化学修饰碳糊电极催化测定有机物

编号	分析对象	修饰剂	测定介质	外加电位/V（参比电极）	线性范围，(检测限) c/(mol/L)	实样	参考文献
1	单链 DNA	—	0.2mol/L 乙酸盐缓冲液(pH=4.8)	+0.5	−, (2.5×10^{-12}g/L)	白血病病毒	[85]
2	转运 RNA	—	0.2mol/L 乙酸盐缓冲液(pH=5.0)	+0.5	−, (1×10^{-11}g/L)	酵母、冻干粉	[86]
3	苯酚	固体石蜡	NH_3-NH_4Cl 缓冲液(pH=9.25)	+0.1	2.5×10^{-7}～5.0×10^{-6}, (5.0×10^{-8})	自来水、废水	[87]
4	醋氯芬酸(抗炎药)	表面活性剂	0.1mol/L $HClO_4$+0.1mol/L KNO_3	>+0.1	−, (7×10^{-12}g/L)	抗炎药片	[88]
5	氯蜱硫磷	海泡石	0.04mol/L B-R 缓冲液(pH=2.0)	+0.0	10^{-7}～10^{-3}g/L, (5.0×10^{-8}g/L)	标准水样、土壤	[89]
6	对乙酰氨基酚	纳米金和谷氨酸	0.1mol/L 磷酸缓冲液(pH=7.0)	开路	0.05～7.0×10^{-5}	扑热息痛药片	[90]
7	多沙唑嗪	碳纤维	0.04mol/L B-R 缓冲液(pH=6.6)	+0.55	6×10^{-11}～1×10^{-9}, (4.35×10^{-11})	尿液、药片	[91]
8	槲黄素	多壁碳纳米管	乙酸盐缓冲生理盐水(pH=5.5)	+0.8	0.1～1.0×10^{-6}, (5.0×10^{-8})	血浆	[92]
9	环丙氨嗪	多壁碳纳米管	0.1mol/L H_2SO_4	+0.0	0.41～83.30g/ml, (0.12g/ml)	天然水	[93]
10	芦丁	—	0.02mol/L B-R 缓冲液(pH=5.0)	+0.58	0.1～1.0×10^{-6}, (10^{-8})	多种维生素剂	[94]
11	肌原蛋白	MCM-41 介孔材料	0.1mol/L HNO_3	>+0.2	0.8～5.0ng/ml, (0.5ng/ml)	心肌梗死样本	[95]
12	肌原蛋白	SBA-15 介孔材料	0.1mol/L HNO_3	>+0.2	0.5～5.0ng/ml, (0.2ng/ml)	心肌梗死样本	[96]

续表

编号	分析对象	修饰剂	测定介质	外加电位/V（参比电极）	线性范围，（检测限）c/(mol/L)	实样	参考文献
13	利福霉素	十二烷基硫酸钠	0.1mol/L KCl (pH=2.0)	−0.1	$9\times10^{-11}\sim1.8\times10^{-9}$, ($5.0\times10^{-8}$)	抗结核药片	[97]
14	利福霉素	十六烷基三甲基氯化铵	0.2mol/L HCl	0	$9\times10^{-11}\sim6.2\times10^{-9}$, ($5.0\times10^{-8}$)	抗结核药片	[97]
15	利谷隆(农药)	—	0.2mol/L B-R缓冲液(pH=5.5)	+1.5	(23.0g/L)	蔬菜、天然水	[98]
16	硝苯吡啶	黏土	0.04mol/L B-R缓冲液(pH=4.0)	−0.1	$4.6\times10^{-10}\sim2\times10^{-7}$, ($3.9\times10^{-10}$)	药片、尿、血浆	[99]
17	尼莫平	黏土	0.04mol/L B-R缓冲液(pH=4.0)	−0.1	$5.4\times10^{-10}\sim4\times10^{-7}$, ($4.8\times10^{-10}$)	药片、尿、血浆	[99]
18	鞣酸	多孔碳	0.2mol/L B-R缓冲液(pH=5.5)	>+0.4	$0.02\sim1.0\times10^{-6}$, (0.01×10^{-6})	—	[100]
19	色氨酸	固体石蜡	乙酸盐缓冲液(pH=3.5)	+0.3	8～100ng/ml, (2ng/ml)	血浆、复方氨基酸注剂	[101]
20	双酚A	二苯醚	B-R缓冲液(pH=7.0)	+0.2	−, (7.8×10^{-9}),	奶瓶	[102]
21	酮康唑	无	0.1mol/L 磷酸盐缓冲液(pH=12)	>+0.5	$2.4\times10^{-8}\sim4.8\times10^{-7}$, ($4.8\times10^{-10}$)	抗霉菌药物、尿液、面霜	[103]
22	邻硝基酚	富勒烯	0.1mol/L HCl	>−0.1	−, (10^{-6})	标准液	[104]
23	硝基呋喃	聚苯乙烯	B-R缓冲液(pH=5.0)	+0.8	$0.1\sim10\times10^{-7}$g/L, (10ng/ml)	尿液	[105]
24	胰岛素	—	0.5mol/L Na_2CO_3	−0.1	−, (2.6×10^{-9})	肌红蛋白	[106]
25	邻硝基苯辛醚	二茂铁阳离子	0.1mol/L 乙酸盐缓冲液(pH=4.7)	>+0.34	−, (10^{-7})	—	[107]
26	吲磺苯酰胺	蓖麻油	0.04mol/L B-R缓冲液(pH=4.0)	+1.0	$5\times10^{-8}\sim1\times10^{-7}$, ($5\times10^{-9}$)	血浆	[108]

注：1. 外加电位参比电极：Ag/AgCl参比电极。

2. B-R缓冲液即Britton-Robinson缓冲溶液，由磷酸、硼酸和乙酸混合而成。

参考文献

[1] 王国顺，吕荣山. 施清照译著. 电化学分析-溶出伏安法. 1988：5-125.
[2] 王国顺，等. 化学学报, 1986, 44: 821.
[3] Hutton E A, et al. Anal Chim Acta, 2006, 580: 244.
[4] Wang J, et al. Anal Chem, 2000, 72: 3218.
[5] Lin D J, et al. Anal Chem, 2012, 84: 3662.
[6] Wei Y, et al. J phys Chem C, 2012, 116: 1034.
[7] Marin M R P, et al.Electroanal, 2011, 23: 215.
[8] Liu L, et al. Electroanal, 2010, 22: 1476.
[9] Hutton E A, et al. Electrochem Commun, 2003, 5: 765.
[10] Krolicka A, et al. Electroanal, 2003, 15: 1859.
[11] Ly S Y, et al. IEEE Sensors J, 2011, 11: 1325.
[12] Wang J, et al. Electrochem Commun, 2000, 2: 390.
[13] Dugo G, et al. J Agri Food Chem, 2004, 52: 1829.
[14] Ruhlig D, et al. Electroanal, 2006, 18: 53.
[15] Lin L, et al. Anal Chim Acta, 2005, 535: 9.
[16] Khairy M, et al. Anal Methods, 2010, 2: 645.
[17] Ramadan A A, et al. Anal Lett, 2006, 39: 1411.
[18] Nie XL, et al. Anal Sci, 2010, 26: 141.
[19] Banks C E, et al. Talanta, 2005, 65: 423.
[20] Hurrell H C, et al. Anal Chem, 1988, 60: 254.
[21] Yang S X, et al. Microchem J, 1995, 52: 216.
[22] Wang H S, et al. Microchem J, 2000, 64, 67.
[23] Javanbakht M, et al. Electrochim Acta, 2009, 54, 5381.
[24] Raoof J B, et al. Monatshefte Fur Chemie, 2010, 141: 279.
[25] Ha K S, et al. Anal Lett, 2001, 34: 675.
[26] Tashkhourian J, et al. Microchim Acta, 2011, 173: 79.
[27] Majidi M R, et al. Electroanal, 2007, 19: 364.
[28] Gao Z, Anal Chim Acta, 1990, 229.
[29] Hu R Z, et al. Anal Commun, 1999, 36, 147.

[30] Viltchinskaia E A, et al. Electroanal, 1996, 8: 92.
[31] Ye R D, et al. Analyst, 1999, 124: 353.
[32] Cai X. Analyst, 1993: 118.
[33] Kolbl G. Anal. Chem, 1992: 342.
[34] 王国顺, 等. 分析实验室, 1994: 13.
[35] 彭图治, 等. 应用化学, 1992: 9.
[36] Cai X. Electroanal, 1993: 5.
[37] Svancara I, et al. Electroanal, 2006, 18: 177.
[38] Hocevar S B, et al. Electrochim Acta, 2005, 51: 706.
[39] Cao L Y, et al. Electrochim Acta, 2008, 53: 2177.
[40] Cesarino I, et al. J Braz Chem Soc, 2007, 18: 810.
[41] Munoz C, et al. J Braz Chem Soc, 2010, 21: 1688.
[42] Roa G, et al. Anal Bioanal Chem, 2003, 377: 763.
[43] Sheela T, et al. Electroanal, 2011, 23: 1150.
[44] Huang S S, et al. Mikrochim Acta, 1998, 130: 97.
[45] Beltagi A M, et al. Int J Environ Anal Chem, 2011, 91: 17.
[46] Li B L, et al. Talanta, 2012, 88: 707.
[47] Agraz R, Electroanal, 1991: 3.
[48] Adraoui I, et al. Electroanal, 2005, 17: 685.
[49] Cardoso W S, et al. J Braz Chem Soc, 2010, 21: 1733.
[50] Kamenev A I, et al. J Anal Chem, 2000, 55: 594.
[51] Takeuchi R M, et al. Talanta, 2007, 71: 771.
[52] Canpolat E C, et al. Electroanal, 2007, 19: 1109.
[53] Thobie-Gautier C, et al. J Environ Sci Health A, 2003, 38: 1811.
[54] Janegitz B C, et al. Sensors Actuators B, 2009, 142: 260.
[55] Janegitz B C, et al. Quimica Nova, 2007, 30: 1673.
[56] Taher M A, et al. Electroanal, 2008, 20: 374.
[57] Ghiaci M, et al. Sensors Actuators B, 2009, 139: 494.
[58] Agraz R. Anal Chem, 1993, 342.
[59] Sugawara K. Anal Chem, 1992, 342.
[60] Peng T. 分析化学, 1993: 21.
[61] 王国顺, 等. 分析测试学报, 1993: 12.
[62] Gao Z. Anal Sci, 1992: 8.
[63] Won M S. Electroanal, 1993: 5.
[64] Dias N L, et al. Electroanal, 2005, 17: 1540.
[65] Ashrafi A M, et al. Talanta, 2011, 85: 2700.
[66] Zhang Z Q , et al. Anal Chim Acta, 1996, 333: 119.
[67] Khoo S B, et al. Electroanal, 1996, 8: 549.
[68] Marcolino L H, et al. Anal Lett, 2007, 40: 3119.
[69] Huang W S, et al. Anal Bioanal Chem, 2002, 374: 998.
[70] Javanbakht M, et al. Electroanal, 2008, 20: 203.
[71] Liu S M, et al. Appl Surf Sci, 2005, 252: 2078.
[72] Lu X Q, et al. Talanta, 2000, 52: 411.
[73] Refera T, et al. Electroanal, 1998, 10: 1038.
[74] Gao Z. Anal Chem, 1991: 339.
[75] Bai Z P. Anal Sci, 1990: 6.
[76] Gholivand M B, et al. Electroanal, 2011, 23: 1345.
[77] Sopha H, et al. Electrochim Acta, 2010, 55: 7929.
[78] Teixeira M F S, et al. Talanta, 2004, 62: 603.
[79] Khoo S B, et al. Electroanal, 1997, 9: 45.
[80] Deng P H, et al. Sensors Actuators B, 2010, 148: 214.
[81] Khoo S B, et al. Analyst, 1996, 121: 1983.
[82] Li Y H, et al. Electroanal, 2006, 18: 976.
[83] Cai Q T, et al. Electroanal, 1995, 7: 379.
[84] Li Y H, et al. Electroanal, 2008, 20: 1440.
[85] Wang J, et al. Electroanal, 1996, 8: 20.
[86] Wang J, et al. Analy Chem, 1995, 67: 4065.
[87] Wang H S, et al. Microchem J, 1998, 59: 448.
[88] Posac J R, et al. Talanta, 1995, 42: 293.
[89] Sirisha K, et al. Anall Lett, 2007, 40: 1939.
[90] Zhang Y, et al. Microchim Acta, 2010, 171: 133.
[91] Arranz A, et al. Analyst, 1997, 122: 849.
[92] He J B, et al. Electroanal, 2005, 17: 1681.
[93] Mercan H, et al. Anal Lett, 2011, 44: 1392.
[94] Zoulis N E, et al. Anal Chim Acta, 1996, 320: 255.
[95] GuoHS, et al. Talanta, 2005, 68: 61.
[96] Guo H S, et al. Microporous Mesoporous Mater, 2005, 85: 89.
[97] Gutierrez-Fernandez S, et al. Electroanal, 2004, 16: 1660.
[98] de Lima F, et al. Talanta, 2011, 83: 1763.
[99] Reddy T M, et al. Anal Lett, 2004, 37: 2079.
[100] Xu L J, et al. Electrochem Commun, 2008, 10: 1657.
[101] Wang H S, et al. Anal Commun, 1996, 33: 275.
[102] Symeonidou A, et al. Anal Lett, 2012, 45: 436.
[103] Shamsipur M, et al. Analyst, 2000, 125: 1639.
[104] Maistrenko V N, et al. J Anal Chem, 2000, 55: 586.
[105] Buchberger W, et al. Fres J Analy Chem, 1998, 362: 205.
[106] Wang J, et al. Electroanal, 1996, 8: 902.
[107] Hattori T, et al. Electroanal, 1997, 9: 722.
[108] Radi A, J Pharm Biomed Anal, 2001, 24: 413.

第八章　超微电极

在过去 30 多年里，超微电极已成为电化学和生物分析的常规研究工具，在扫描探针显微技术、电生理、无损微测技术、单细胞和单分子测量等多个领域起着重要的作用。如玻璃微、纳米管电极，除了在传统膜片钳、电生理检测中的应用外，已拓展到一些新的研究领域，如基因工程、药物传输的路径探索、小体积（如 nl、pl、fl）的电分析研究、多肽、酶、生物膜等。当电极尺寸与扩散层厚度或分子尺寸相当时，电极的电化学行为与大电极的理论相背离。超微电极这种一维尺寸在μm 和 nm 级的电极，在其所有尺度上均呈现稳态循环伏安行为，它的电化学理论建立在多维扩散的基础之上，具有常规电极无法比拟的许多优良的电化学特性，从而引起电分析化学前所未有的发展，使其在时间（稳态、超快速扫描）、空间（单分子、单细胞、膜离子通道）、化学介质（非水溶液、无支持电解质溶液、冰相和气体）、方法学（动力学）、扫描显微技术［原子力显微镜（AFM）、扫描隧道显微镜（STM）、扫描电化学显微镜（SECM）、扫描离子电导显微镜（SICM）］和器件应用研究（生物传感器）等方面得到很大的扩展，从而成为电化学和生物领域研究中最有发展前景的重要分支之一，受到广大电化学分析研究者的青睐[1~27]。特别是纳米电极的发展，大大促进了扫描探针技术（如 SECM、AFM、STM、SICM）在小尺寸表征方面的应用和发展，并且将在很多新的研究领域持续贡献力量，如新界面（如气体/液体界面、单层膜界面）和微环境（如细胞、孔、微米尺寸活性电极点）的探测等。

第一节　概述

一、超微电极的性质与类型

人们把电极的一维尺寸为微米（10^{-6}m）或纳米（10^{-9}m）级的一类电极定义为超微电极[1]。按照超微电极的几何形状和组成差异分类，包括圆盘电极、圆环电极、圆柱电极、球形电极、半扁球电极、带状电极、条形电极、阵列电极和叉指形电极。目前多种材料已被应用于超微电极的制作，如铂、金、银、铜、钨、碳纤维、碳纳米管和金刚石等。

当电极的尺寸从毫米级至微米甚至纳米级时，它会表现出许多常规电极无法比拟的优良电化学特性，为人们探索物质的微纳观结构和生物活体分析提供了一种强有力的工具[2~6]。超微电极具有很小的时间常数 RC，这一特点适合应用于研究快速、瞬态电化学反应；超微电极上小的极化电流的特性使体系的 IR 显著降低，因此可用于常规电极无法精确测量的高电阻体系中，包括支持电解质浓度很低，甚至不含支持电解质的溶液、气相体系、半固态和全固态体系；超微电极还具有物质扩散速度极快的特点，可用于稳态伏安法测定快速异相电荷转移速率常数；另外，超微电极尺寸小的优点使其在实验过程中不会改变或破坏被测物体，使其可应用于对微纳观尺度的探索、局部浓度变化的测定、微流动体系的在线检测、单细胞以及生物活体检测等。典型的超微电极上的电流在皮安（pA）～纳安（nA）数量级，这比常规毫米级尺寸电极的电流要低几个数量级。

二、超微电极的应用领域

在过去很长一段时间内，由于超微电极的尺寸小、不易加工，其种类不及常规电极多。近些年，随着电子刻蚀和纳米技术的发展和引入，超微电极的种类逐渐丰富起来。按照电极尺寸，超微电极分为微米电极和纳米电极；按照电极的性能，分为离子选择性超微电极、超微参比电极、液/液界面超微电极和伏安型超微电极等，其中伏安型超微电极的研究发展最为迅速且用途最广；按照电极材料的不同，分为固体超微电极和玻璃管超微电极，其中玻璃管超微电极多是直接用玻璃管拉成的，尖端直径在μm 级甚至 nm 级的电极；固体超微电极按照制备材料的不同（如碳纤维、贵金属丝和有机导体），又可分为碳纤维超微电极、铂超微电极、金超微电极、铱超微电极、银超微电极等贵金属超微电极及铜超微电极、汞超微电极、钨超微电极、碳糊超微电极、石墨超微电极、超导材料超微电极和导电聚合物膜超微电极等[1~4,20~42]。目前超微电极电化学已经成功应用于多个领域。

1. 快速电化学技术[7,8]

如电子、质子转移，配体交换和异构化等许多电化学过程是在微秒或纳秒时间尺度上发生的。为了探究这些氧化还原过程的动力学和热力学信息，必须测得在许多实验条件下，如驱动力、温度等的反应速率常数。要想获得很高的时间分辨率，一般通过两种途径：一是通过非常快速的瞬态测量；二是利用超微电极获得稳态条件下的高扩散速率。但是传统的电化学方法不能满足此要求，因为它们只能测量毫秒以及更长时间尺度上发生的氧化还原反应过程。尽管现代基于激光的光谱技术已成为研究飞秒时间尺度上发生的化学反应过程的强有力工具，但是在电化学领域，直到最近，超微电极的循环伏安法才能达到兆伏每秒的扫描速度。对于溶液相的反应物质来说，这个反应速率对应着几十纳秒的时间分辨率。在分子电化学研究领域，这个可用来测量寿命短的中间体的标准电位和反应速率等信息。另外，也可以测量如自组装单层膜过程等快速电子转移动力学的行为。与光谱法相比，电化学具有明显的优点：能提供有关电子转移和偶联的化学反应的直接信息；在瞬态测量中，时间分辨率的提高主要依赖于加工半径更小的超微电极。

2. 特殊介质

与光谱法相比，传统电化学的明显缺点是电化学测量仅仅适用于研究支持电解质浓度含量高的溶液，这是由于工作电极和参比电极之间的电阻限制了准确地控制所施加电位的精确性。但超微电极上具有很小的电解电流这一特性可以有效地消除这些电阻效应，使其能够应用于介电常数小的溶液（如苯、甲苯）、冷冻的乙腈、低温玻璃以及超临界二氧化碳中。此外，较传统的体系能够在很少或不外加支持电解质的情况下，利用含超微电极为工作电极的两电极系统进行研究。在有机介质中不加支持电解质时，能够拓宽电化学电位窗，这样可以用来研究具有很高氧化电位或很低还原电位的组分。Ciszkowska 和 Stojek 综述了超微电极伏安法在低离子浓度溶液中的理论和实际应用[9]。

3. 非常小的体积[10]

超微电极在分析化学向小体积、实时和微区测量方法的发展中起着非常重要的作用。目前已使获得电化学信息的尺度从 mm 级减小到μm 级甚至是 nm 级。超微电极电化学是一个正在飞速发展的领域，它对于基础科学在医学、腐蚀学、微电子学和生物学等领域的应用起到了非常重要的桥梁作用。

对于非常小体积（pl 级或 nl 级）的样品的分析（如生物芯片和毛细管电泳体系中的检测、单细胞、离子通道以及纳米孔），电化学方法与光谱法相比具有明显的实际应用优越性。在电极表面发生的电子转移和检测限不受样品体积小的影响，而相比之下，吸收光谱法的信号强度直接依赖于路径长度，这限制了光谱法测量小体积样品时的精确度。

4. 异相生物体系

在生物体系中，许多有趣的化学事件发生在单细胞的内表面或外表面。为了提供活体生物化学的宝贵信息，所需测量技术必须具有高的时间和空间分辨率、高灵敏度和高选择性。光谱技术如荧光显微镜、磁共振成像和 X 射线发射成像可以提供生物体系多维结构的丰富信息，但仅限于高分析物浓度、mm 级的分辨率、响应时间慢（ms 级）。超微电极已经成功应用于哺乳动物大脑的研究、阐释神经递质的释放机理、模拟脑的功能等中[11,12]。

5. 扫描探针技术

目前，各种不同材料、不同形状的微米和纳米电极已用于扫描电化学显微镜（scanning electrochemical microscopy，SECM）的探针[13~15]，超微电极的质量和尺寸大小直接决定着所获得图像的分辨率、动力学数据的准确性，是 SECM 的核心部件。SECM 技术已经发展成为研究多学科领域的强有力的分析工具，包括异相反应动力学、微纳米加工、单细胞成像、局部物质浓度测定、金属及高分子腐蚀等。

相对来说，超微电极的研究工作过去主要集中在微米级的电极上，对于纳米电极进行的研究比较少。其原因在于，当电极尺寸进一步减小到纳米级时，纳米电极的制作和操作难度都显著加大，检测微弱的电化学信号时受到干扰的问题和仪器的制约会更加严重。近十年来，随着纳米技术研究的进展，以及实验仪器性能的提高，纳米微电极的制备和应用正逐渐引起电化学家和电分析化学家的极大兴趣[13,16~19]。

三、基本原理

电解指的是在电解池的两个电极上，施加一定的电压以改变电极电位，使电极上发生化学反应产生电流的过程。超微电极上的电解过程和常规电极上的电解过程除了形式和大小有所不同外，两者并无本质的差别，可以分为控制电位电解过程和控制电流电解过程两类。前一类是研究电解作用发生后电流和电位之间的关系，称为伏安法（voltammetry）。如果电流大小与时间无关，称为稳态伏安法；如果电流为时间的函数，则称为非稳态伏安法。目前超微电极伏安法研究工作最多，应用也最广泛。后一类是在恒电流的条件下测量电位随时间的变化，称为计时电位法。由于超微电极上所需控制的恒电流数值应该在 nA（10^{-9}A）和 pA（10^{-12}A）级，技术上有一定的难度，因而目前这方面的研究工作不是很多。

在电极/溶液界面上发生异相电荷转移反应时，具有电活性的物质将在电极表面和本体溶液间产生浓度梯度。例如在发生还原反应过程时，电子将会从电极向电活性物质转移。同时，反应物质在电极表面的浓度发生改变，导致电极表面和本体溶液中的物质扩散。与常规电极的一维扩散理论不同，超微电极的电化学理论建立在多维扩散基础之上[1]。垂直于电极表面的扩散作用称为线性扩散，沿着半径方向的扩散作用称为非线性扩散或径向扩散。对于有限尺寸的电极，电流经过一定时间衰减后达到稳态，这个稳态电流来自非线性扩散。当电极的半径很大时，线性扩散起主导作用，稳态电流密度较小。而半径很小的超微电极，在电极的表面能形成半球形的扩散层，非线性扩散（即边缘效应）起主导作用，线性扩散只起次要作用，因而所得电流在短时间内即能达到稳态，而且具有很大的电流密度。在电流-电势图中表现为：常规电极上呈现经典的峰形循环伏安图；而超微电极上则呈现稳态的“S”形电流-电势曲线。

计时电流法和循环伏安法是超微电极电化学研究中使用较多的电化学方法。在电化学实验中，电极表面双电层发生变化而产生充电电流 I_c，所以在实验过程中，必须同时考虑法拉第电流和充电电流的影响。最简单的方法是运用一个等效电路模拟充电电流，其中包括对应于溶液电阻的元件 R_u 和与之并联的、对应于双电层电容的元件 C_d。对于一次电位阶跃，可以根据下列公式得出充电电流 I_c：

$$I_c = \frac{\Delta E}{R_u}\exp\left(-\frac{t}{R_u C_d}\right) \tag{8-1}$$

从方程（8-1）中可以看出，充电电流按 t 的指数关系衰减，时间常数 R_uC_d 越小，I_c 衰减就越快。因为 C_d 和电极面积呈正比，所以超微电极上充电电流的衰减过程十分迅速。超微电极表面具有很高的法拉第电流密度，而且充电电流的衰减很快，使得超微电极更适用于各种瞬态电化学方法[1]，如方波伏安法、脉冲伏安法、阶跃电位法、快速扫描伏安法等。在循环伏安反应中，由于电位在不断地变化，充电电流可分为瞬态和稳态两个部分，如公式（8-2）所示：

$$I_c = \left(\frac{E}{R_u} - vC_d\right)\exp\left(-\frac{t}{R_u C_d}\right) + vC_d \tag{8-2}$$

循环伏安曲线给出的是法拉第电流和充电电流的加和，所以充电电流会影响对法拉第过程进行的研究。在超微电极体系中，充电电流的电流密度与电极半径无关，且和扫描速度成正比；而法拉第电流密度与电极半径成反比，且与扫描速度的平方根成正比，所以法拉第电流密度与充电电流密度的比值随着电极半径和扫描速度的减小而增加。超微电极可有效地将循环伏安曲线中的法拉第电流组分与充电电流组分区别开，有利于低浓度电活性物质的电化学研究。在任何有电流产生的电化学反应中，因为存在体系电阻，*IR* 降也随之产生，体系中阻抗越高，电流越大，*IR* 降的影响也就越大。如果伴随法拉第电流存在较大的充电电流，*IR* 降的影响将特别明显，甚至导致伏安曲线的严重变形，降低测量数据的精确度，无法有效地对伏安曲线进行合理解释。在常规电极上通常采用三电极系统以及电子技术来部分补偿 *IR* 降的影响。电解池内阻主要来自于电极自身的电阻和电极表面附近溶液层的电阻。对于电极自身的电阻，如果电极半径为微米级，电阻并不很大；如果达到纳米级，则电阻会相应增加很多。尽管纳米微电极电解池的内阻会比常规电极电解池的内阻增加很多，但由于其上的电流强度极小，只有 10^{-9}～10^{-12}A，因此纳米微电极电解池的 *IR* 降还是很小的。利用纳米微电极进行电化学检测时，可以采用两电极体系，支持电解质的浓度可以很低甚至为零，这种性质有利于高阻抗介质或无支持电解质溶液中的电化学研究，以及电化学流动分析和在线检测等。

第二节　超微电极的制备

一、微电极的制备简介

超微电极的制备是超微电极技术发展的关键问题之一，直接影响其作为研究工具的电化学分析测试的分辨率、灵敏性、准确性和可重复性，从而制约和限制着微电极电化学学科的发展。近些年，基于超细纤维、超细金属丝的成功制备和光刻技术、微纳加工、微电子技术及扫描探针显微技术的快速发展，使微电极的尺寸由通常的几十微米发展到亚微米级甚至纳米级[43~46]。有关超微电极的制作方法已有不少文献报道，不同材料和类型的超微电极制作方法也不尽相同。简单来说，超微电极的制备方法主要包括镶嵌法、喷涂法、光刻法和多层薄膜修饰法等。下面按照固体超微电极和玻璃管超微电极以及不同的电极形状进行分类介绍超微电极的主要类型和制备方法，有关超微电极的预处理和表征也会在本节最后作简单介绍。

按照电极尺寸的大小，固体超微电极可分为固体微米电极和固体纳米电极两种[1~4,20~42,47~51]。早期，由于固体微米电极制备相对容易，其种类较固体纳米电极丰富。按形状分，常用的固体微米电极包括微圆盘电极、微球和微半球电极、微圆环电极、微环盘电极、微圆柱电极和微带电极等。其中，有关微圆盘电极的研究占微电极方面文献的一半以上。近三十年间，随着人们对纳米尺度物质研究的深入以及各种扫描探针显微技术和纳米加工技术的快速发展，各种不同形状的固体纳米电极及其制备工艺也不断出现，如圆盘形、平板形、环形、条形和锥形等固体纳米电极。各种形状的固体超微电极的示意图如图 8-1 所示。下面分别介绍常用固体微米电极和固体纳米电极的种类及其制备工艺。

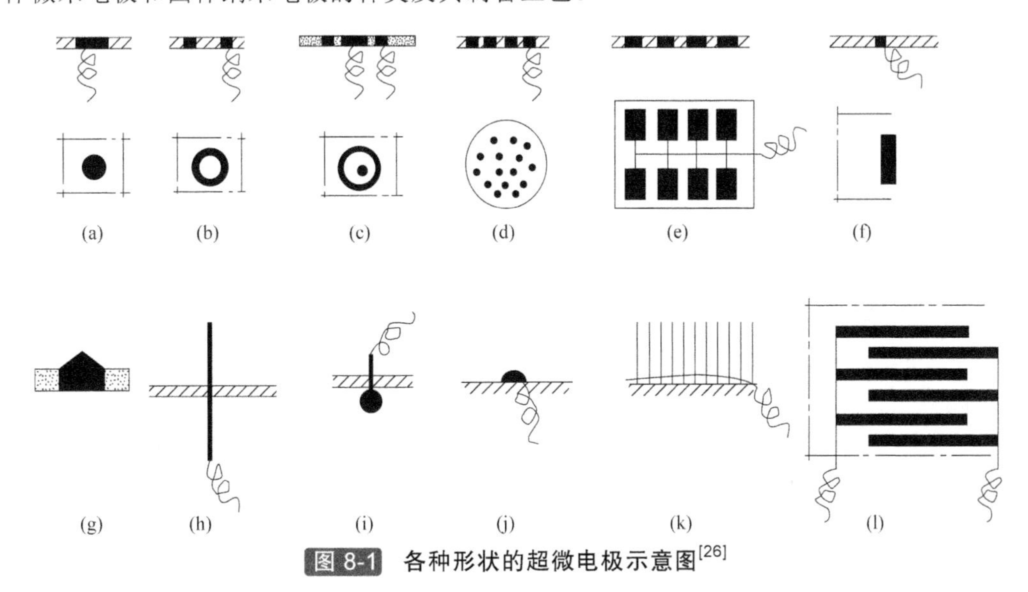

图 8-1　各种形状的超微电极示意图[26]

（a）超微圆盘电极；（b）超微圆环电极；（c）超微环盘电极；（d）超微圆盘电极阵列；（e）超微带状电极阵列；（f）超微带状电极；（g）超微锥形电极；（h）超微柱电极；（i）超微球电极；（j）超微半球电极；（k）超微纤维阵列电极；（l）叉指形微电极阵列（interdigitated array, IDA）

（一）固体微米电极的制备

1. 微圆盘电极

微圆盘电极（microdisk electrodes）的构造和制作较其他微米电极相对简单，且表面易于处理、结果重现性好、理论研究也比较成熟，因此在实际研究中报道和应用的最多。早期微圆盘电极的制作多采用熔焊法和胶粘法两种方法，近些年等离子轰击法和刻蚀涂层法也被应用于微电极的制作中。下面以铂微圆盘电极为例介绍微圆盘电极的制备过程[52~58]。

（1）半径大于 2μm 的铂微圆盘电极的制备[1,30,35,52,53,57,58]　将长度 1cm 左右的铂丝（常用铂丝的直径为 10μm 或 25μm）经丙酮清洗去污后直接熔封在作为绝缘体和电极本体的耐热玻璃管（或硅硼玻璃管）中。具体过程如下：首先，一般选择外径 2.0mm、内径 1.2mm、长约 10cm 的玻璃管，将其截成两段，并用煤气灯或酒精喷灯加热玻璃管的一端开口，使其仅留一个小口，然后将长度 1cm 左右的铂丝小心地放入小口中，并使部分铂丝外露（如 1～2mm）。之后用特制的镍铬电热丝线圈进行加热，控制电流强度为 8～15A（AC）或 300W（DC）和加热时间，待铂丝熔融区距铂丝末端 1～2mm 处并与玻璃良好融合后冷却。用显微镜检查熔接质量是否良好，有无气泡和裂缝。之后，在玻璃管的另一开口端插入导线（如铜丝）用作连接线，铜丝和电极导丝间用导电胶（如银粉加环氧树脂）或用金属铟在低温下熔融加以连接，再在玻璃管上端用快速黏合剂（如改性丙烯酸酯胶或环氧树脂）进行固定并胶合封口。最后，选择铂丝熔接处适当部位的电极表面，用一系列由粗到细的金相砂纸进行研磨以露出金属电极截面，接着在含有三氧化二铝粉末（1μm、0.3μm、0.05μm）的抛光布上进一步抛光至电极表面平整光滑，并用显微镜检查电极表面是否呈圆形、平整和光亮如镜（如图 8-2）。在微圆盘电极的制作过程中，金属丝与玻璃间的熔封质量和电极表面的抛光步骤直接决定着微圆盘电极的质量。

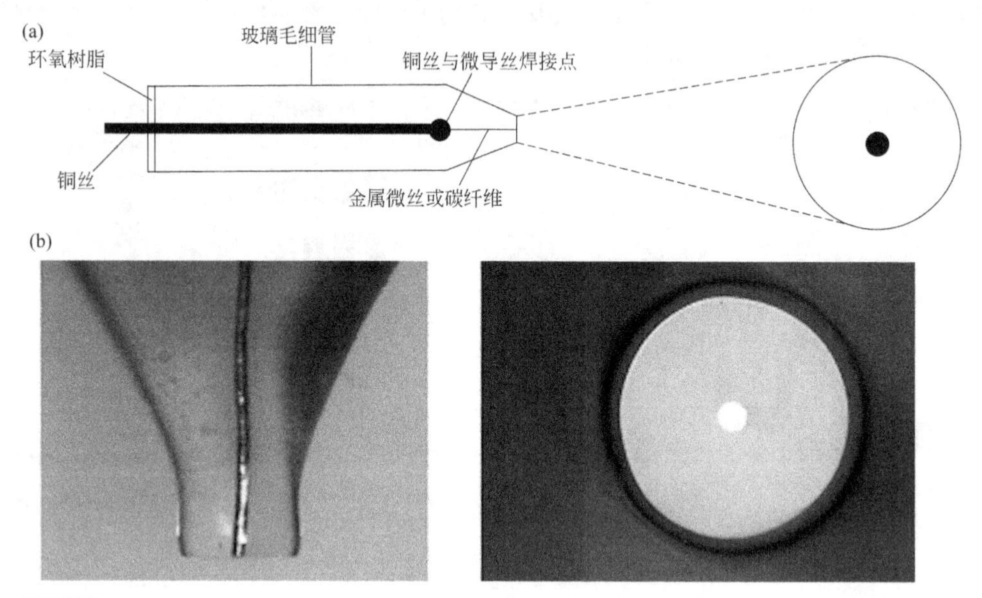

图 8-2 （a）微圆盘电极的结构示意图和（b）抛光好的直径 25μm 的铂微圆盘电极的侧面和正面显微镜照片

（2）半径小于 2μm 的铂微圆盘电极的制备[35,54~56,59,60] 传统制备半径小于 2μm 的微圆盘电极的方法是选择半径 0.3～2μm 的沃拉斯顿铂丝（Wollaston Pt wire）作电极材料，由于该铂丝外层涂有 50～100μm 厚的金属银层以增加其强度，便于焊接操作[35,54~56]。取 1cm 长的沃拉斯顿铂丝，先与一个精细弹簧的一端相焊接，弹簧的另一端与同轴电缆相连。将整个连接件放入预先制备好的耐热玻璃毛细管的顶端，毛细管事先连接好支管，顶端用环氧树脂等黏合剂封口。利用支管将管内抽真空的同时用上述方法将毛细管另一端的电极与玻璃熔接。在熔接以前，将离玻璃管端铂丝上的涂银层用 50% HNO_3 溶解（将管口直立在 HNO_3 中浸没约一半的铂丝），时间大约 4h。之后用水及丙酮清洗并使其干燥，玻璃与铂丝熔合部分一定要包含在被溶去涂层银的界面内，否则电极因被侵蚀而易断裂。随后，熔接好的电极用上面介绍的方法进行导丝连接和抛光处理。该方法的熔接过程需要特别小心。近些年，玻璃管拉制机的出现为制备半径小于 2μm 铂微圆盘电极提供了新的方法，具体制备过程参见固体纳米电极的制作部分。

（3）其他常用的微圆盘电极（如金微圆盘电极和碳纤维微圆盘电极[45,61]）的制备 这两种微圆盘电极的制备过程与铂微圆盘电极类似，只是在制备金微圆盘电极时，由于金的熔点较铂低，选择电极本体的玻璃管应为熔点较低的软质玻璃管或苏打玻璃管，并在金丝和玻璃管加热熔接时控制一定的加热温度（如 570℃）和加热时间，以防止金丝的熔融[19]。

在碳纤维圆盘电极的制作过程中，由于碳纤维在氧气高温下会产生二氧化碳而影响电极的性能和熔封质量，因此在加热熔接时需要尽量抽真空或在惰性气体保护下进行。另外，玻璃管拉制机也用于碳纤维微圆盘电极（直径 5～40μm）的制备。

2. 微球和微半球电极

微球和微半球电极（microspherical/hemispherical electrodes）多应用于极谱分析、富集-溶出和扫描电化学显微镜实验中，其中以金微球电极和汞微半球电极为代表[45,62~76]。

（1）金微球电极　直径 1～30μm 的金微球电极的制备通过将金粒子和玻璃管尖端的 1,9-壬二硫醇自组装完成[62]。首先，将拉制的玻璃管尖端内部用导电碳层进行包覆，之后将包覆有碳层的玻璃管浸入双硫醇溶液中，使双硫醇链固定在玻璃管尖端形成自组装层，最后再浸入金粒子的溶液中，使金粒子和双硫醇在玻璃管的尖端发生交联，从而形成光滑闪亮的金微球。该金微球的尺寸和形貌可完全控制和重复。最后，通过将一根细的镍丝作导线插入已灌入玻璃管头部尖端、不与自组装金球接触但与管内碳层接触的镓/铟共晶液体来实现电接触。制备得到的金微球电极不仅具有金的电化学特性，而且在水溶液和乙腈溶液中表现出理想的微电极行为。图 8-3（a）为制备的直径 3μm 的金微球电极尖端的光学显微镜照片。

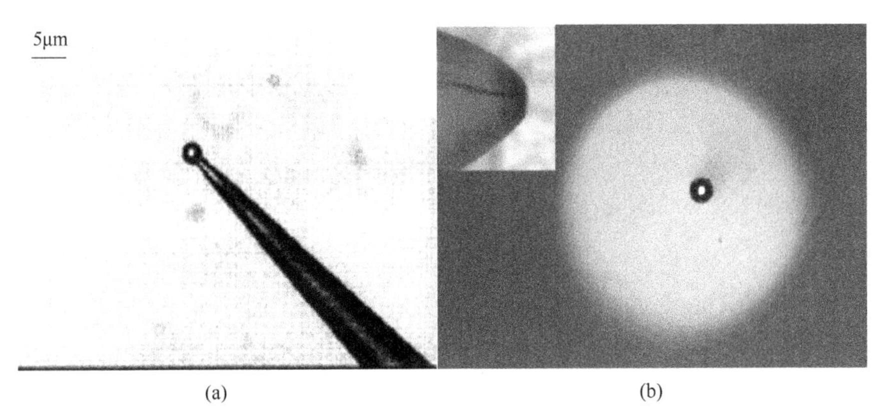

图 8-3　（a）直径 3μm 的金微球电极的光学显微镜照片[62]和（b）直径 25μm 的金微圆盘电极形成的金/汞微半球电极的正面和侧面显微镜照片

（2）汞微半球电极[67,70~76]　在电分析化学中，伏安极谱技术普遍使用滴汞或悬汞电极。但是汞滴容易脱落，滴汞或悬汞电极不适合测量如沉积物等泥介质样品。因此，为了保证汞滴吸附牢固，可采用在微圆盘电极上沉积汞滴的方法，即汞微半球电极。具体制备方法是通过在微圆盘电极（如金属或碳纤维微圆盘电极）上施加一定电位，使溶液中的 Hg_2^{2+} 还原成金属汞［原理见式（8-3）］，在微圆盘电极上以汞膜或汞滴的形式沉积[27,45]。

$$Hg_2^{2+}(aq)+2e^- \longrightarrow 2Hg(l) \tag{8-3}$$

具体来说，可在含有 $Hg_2(NO_3)_2$ 和 KNO_3 的电解液中，在微圆盘电极上施加 Hg_2^{2+} 的还原电位（如 0.0V，vs SCE）电解一段时间。根据式（8-4）

$$r=\left(\frac{2MDct}{\rho}\right)^{1/2} \tag{8-4}$$

式中，r 为半球形汞滴的半径；M 为汞的相对原子质量；D=0.96×10^{-5}cm^2/s；c 为 Hg_2^{2+} 的

浓度；t 为电解时间；ρ为汞的相对密度。在一定浓度的 $Hg_2(NO_3)_2$ 电解液中，可通过控制电解时间控制生成的汞半球的大小和形状。图 8-3（b）为制备的金/汞微半球电极的正面和侧面的显微镜照片。为获得表面均一且稳定的汞微半球电极，微圆盘电极材料的选择十分重要。应选择表面可被汞润湿而不与汞形成汞合金的电极材料，如铱、金、铂和碳纤维微电极等。但是这些材料制备的汞微半球电极也并不完美，主要是由于在制备汞微半球电极时，这些金属材料（如铂、金和银等）会不同程度地溶解于汞而形成金属间化合物（汞齐化合物），从而改变汞微半球电极的电化学性质[67]。而易于与汞形成金属间化合物的倾向性从小到大依次为：铱<铂<金<银。因此，相对而言，铱(Ir)被认为是最适合作汞微半球电极的基底材料，Pt 和 Au 次之，而由碳纤维微电极制成的汞微半球电极在电解 Hg_2^{2+} 时易在碳纤维表面形成微小的汞液滴，使形成的汞微球或汞膜不太均匀。因此，相比由金属微圆盘电极制备的汞微半球，碳纤维汞微半球电极表现出差的稳定性和重现性[34]。

3. 微圆环电极

微圆环电极（microring electrodes）主要有金、铂和碳微圆环电极三种。其中，金、铂微圆环电极的制备方法类似，主要包括两种方法。

（1）方法一[77~85] 以玻璃棒、石英棒或光纤为基底，采用真空喷镀、溅射或化学气相沉积的方法先后镀上一层厚度适当的金属薄膜（如金或铂）和绝缘薄膜（如环氧树脂或二氧化硅薄膜），分别作为电极层和绝缘层。之后用真空熔焊法或胶粘法制成微圆环电极（见图 8-4）。为使镀层厚度均匀，可在喷镀或溅射时使基底棒均匀转动，或在上述镀层的基础上利用电镀法使厚度增加，同时改善圆环各部分的均匀性。

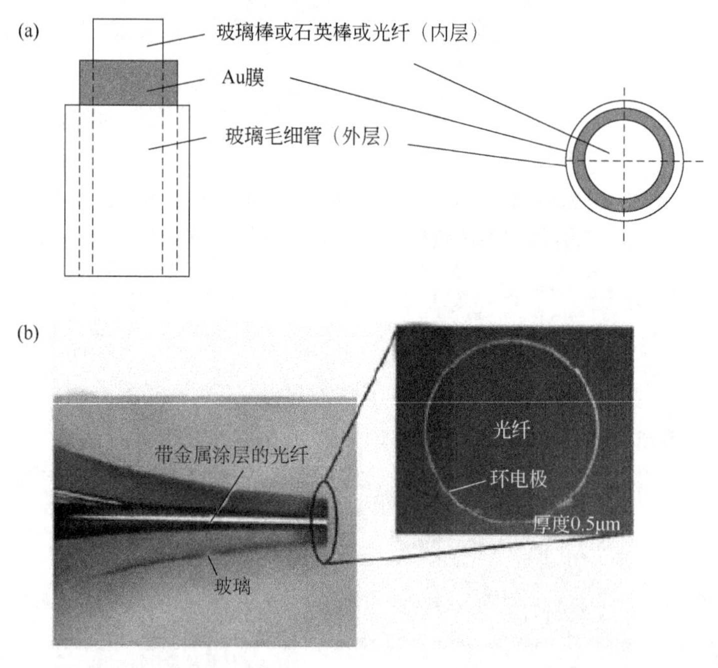

图 8-4 （a）金微圆环电极的结构示意图和（b）金/光纤微圆盘电极的侧面和正面显微镜照片

（2）方法二[86~88] 采用专门的铂或金的金属有机复合涂料［如 metallo-organic platinum（或 gold）paint］制备。将玻璃棒垂直浸入上述涂料中，使其涂上一层铂或金的金属有机涂料，在空气中干燥后放入 200℃电炉中保持 3min，650℃保持 15min。随后，被涂上铂或金的玻璃棒放入直径稍大且其中一部分已事先被熔封的玻璃管中，在减压的条件下缓慢加热到内外两层玻璃良好熔合的程度，最后用聚合物、环氧树脂或电泳漆进行绝缘处理。需特别注意的是，在金微圆环电极的加热中，由于金的熔点较低，需适当地控制加热温度。最后，将制得的金、铂微圆环电极抛光，使微圆环从绝缘层中露出，电极的另一端用金属导线利用银导电胶连接引出。

碳微圆环电极的制备[89~92] 可通过在玻璃毛细管壁上沉积由甲烷热解生成的碳粒组成碳层，之后将电极的端口部分用环氧树脂密封、固化后进行抛光以露出碳圆环，另一端由导线引出，即制得碳微圆环电极。

4. 微环盘电极

已报道的微环盘电极（microring-disk electrodes）主要有碳纤维微环盘电极和金/铂微环盘电极两种[93~95]。

第一种碳纤维微环盘电极的制备主要通过化学蒸气沉积法在 10μm 或 25μm 直径的碳纤维微盘电极上沉积绝缘层 Si 膜，当沉积的 Si 膜达到理想厚度时，向化学蒸气沉积反应器中充氩气，并从丙酮中沉积出一层热解石墨层，再在新沉积的碳环层上重复硅层的沉积包裹，之后在合适的外径处将包裹碳纤维的端部切割，电极的另一端用金属导线利用银导电胶连接引出，即制成微环盘电极[93]。图 8-5(a)为制备的直径为 25μm 的碳纤维微环盘电极的扫描电镜图[93]。

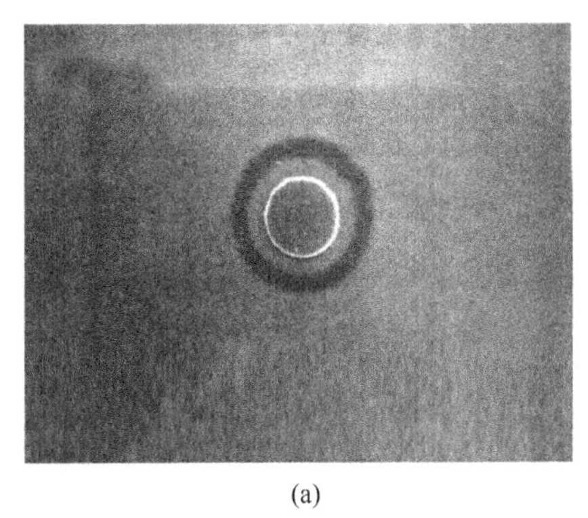
(a)

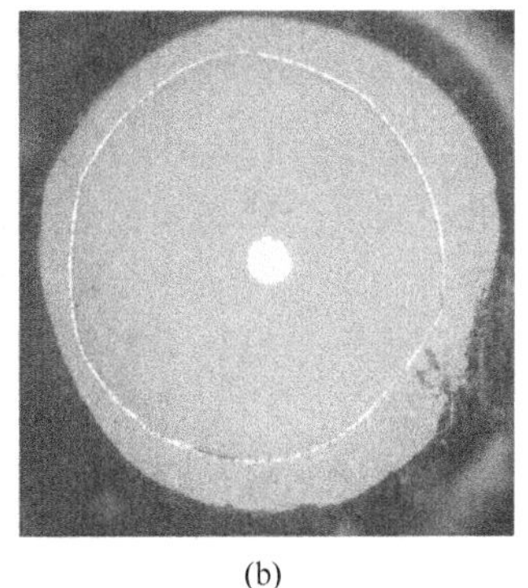
(b)

图 8-5 （a）碳纤维微环盘电极的扫描电镜图[93]；（b）金/铂微环盘电极的显微镜图片，其中铂微盘电极的直径为 25μm[94]

第二种金/铂微环盘电极一般在直径为 10μm 或 25μm 的铂微盘电极的基础上制备［见图 8-5(b)］[94,95]。首先，将铂微盘电极前端的玻璃层削尖以达到希望的 *RG* 值（*RG* 为玻璃绝缘层半径与铂金属丝半径之比），之后通过持续喷溅的方法在旋转的铂探头尖端喷溅金，形成一层薄的金膜（如 500nm 厚），再用一个小刷子，手动将商用的指甲油涂抹在金膜表面作为金环的绝缘层，并在空气中晾干。最后将形成的金/铂微环盘电极在三氧化二铝的抛光纸上打磨抛光，电极的另一端用导线引出，即形成金/铂微环盘电极。

5. 微圆柱电极

微圆柱电极（microcylindrical electrodes）在很多生物的活体分析中得到广泛应用，其制作方法一般采用密封法（可参阅微圆盘电极的制备）[28,31,96~102]。以固体金属或碳纤维微圆柱电极的制备为例，取一根拉制好的锥形玻璃管，从管口插入一段处理好的碳纤维或金属微丝并加一滴环氧树脂固化，随后根据需要截取圆柱的长度，从玻璃管的另一端引出电极引线，再用环氧树脂将口封好。有时，根据导丝材质的不同，需要选择不同的密封方法，如铂丝制作微圆柱电极时采用熔焊法，金丝采用温控熔焊或胶粘法，碳纤维采用胶粘法等。无论哪种密封方法，均要求密封紧密且无气泡吸附。微圆柱电极的结构如图 8-6（a）所示。另外，程介克等也将该方法用于制备亚微米级碳纤维圆柱电极［见图 8-6(b)］[103]。

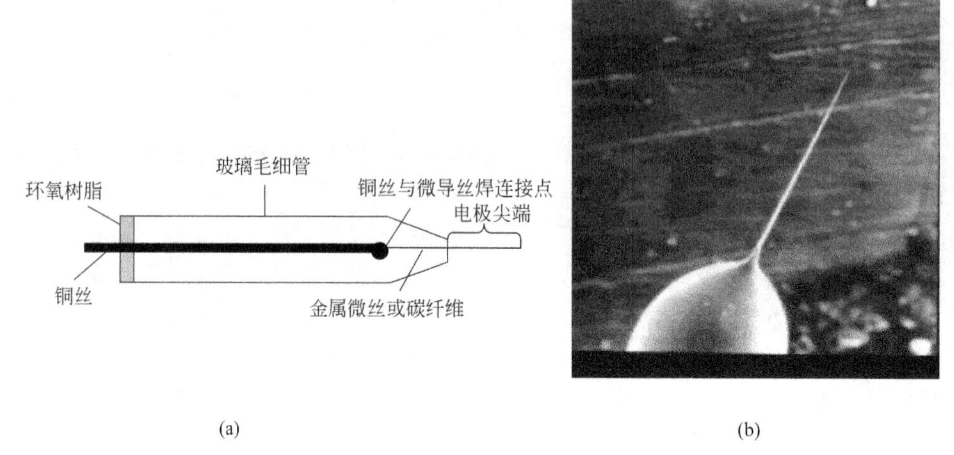

图 8-6 （a）微圆柱电极结构示意图；（b）直径约 150nm 的碳纤维圆柱电极的扫描电镜图[103]

6. 微带电极

微带电极（microband electrodes）多为厚度为微米级、长度为毫米级的电极[104~109]，常用于制备微带电极的材料为金或铂。简单来说，微带电极的制备是将金属薄膜密封在一个合适的绝缘体中，例如可通过溅射法使金属沉积在非导体膜（如聚酯薄膜）或用金属有机复合涂料在非导体材料（如聚酯薄膜）上制成金属膜的方法制得。具体微带电极的制作方法主要有两种。

第一种是熔焊法：将软质玻璃管的一段用铜片弹簧在加热情况下夹平，把金属膜放入其中，将玻璃片状部分小心加热，使其与金属紧密熔合，用 1000 号金刚砂及水研磨，使玻璃熔合部分露出金属电极截面，然后进一步抛光。

第二种方法是胶粘法：选用两块一定大小的显微镜盖玻片，中间夹一定大小的铂（或金）膜，周围用环氧树脂细致地封好。用一个大的弹簧夹子加压并在合适的温度进行固化，之后，上端用银导电胶将金属膜与导线粘连，并用绝缘胶将裸露部分封好，研磨和抛光即可。

（二）固体纳米电极的制备

目前常用的固体纳米电极可分为一维有效直径 1～100nm 的传统纳米电极和小于 10nm 的纳米棒[27,41]。按电极材料分，主要包括金属纳米电极和碳纤维纳米电极两种。按形状分，包括锥形、圆盘形、平板形、环形、条形等固体纳米电极。下面主要介绍刻蚀-涂层和激光拉制机两种方法在锥形和圆盘形这两种主要纳米电极制备中的应用。

1. 基于刻蚀-涂层法的固体纳米电极的制备

刻蚀-涂层法是制备圆盘和锥形纳米电极的传统方法[110~120]，制备过程包括电化学刻蚀金属丝（或火焰烧蚀碳纤维丝）形成电极尖端、涂绝缘层包封和抛光使电极最尖端露出三步。下面分别介绍该方法在金属纳米电极和碳纤维纳米电极制备中的应用。

（1）金属纳米电极的制备

第一步，电化学刻蚀：电化学刻蚀的原理是在腐蚀溶液中，通过施加一定的交流电压使待刻蚀的金属发生阳极溶解。不同金属所用的刻蚀溶液不同。例如，刻蚀 Pt、Ir 或 Pt-Ir 微金属丝时，选择的溶液为含饱和 $CaCl_2$ 和一定浓度的 HCl[111,115,116,119]、或浓 $NaNO_2$[121,122]、或 NaCN 和 NaOH 的水溶液[113,114]；刻蚀金、银和钨微丝时，刻蚀溶液通常为 NaCN 和 NaOH（对于钨的刻蚀，NaOH 为饱和溶液）[111]。刻蚀时，交流电压施加于 Pt 线圈和置于 Pt 线圈正中央垂直放置的待刻蚀金属微丝之间。通过控制刻蚀电流（刻蚀电流与浸入刻蚀溶液的金属微丝的面积和所加电压有关）和刻蚀时间可得到非常尖的尖端。刻蚀后的金属微丝用大量的超纯水冲洗以除去上面残留的刻蚀溶液。然后，将刻蚀的金属微丝除尖端以外用绝缘材料进行包裹，即得到暴露在外的面积非常小的微圆锥电极。需要注意的是，由于刻蚀溶液的刻蚀效率随时间变长而降低，最好现配现用。

第二步，绝缘涂层包封：纳米电极的包封是整个制备过程最为关键的一步，常用的包封材料有电泳漆、指甲油、石蜡、聚甲基苯乙烯及聚酰亚胺等绝缘材料[41]。包封常采用向刻蚀后的金属丝喷溅绝缘材料[123]或将其在电泳漆[124,125]或熔融态石蜡[126]中简单浸沾的方法。另外，也有将刻蚀后的金属微丝尖端浸入加热的熔融态玻璃珠、聚甲基苯乙烯[127]或真空润滑蜡中形成绝缘层的方法[113,115]。另外，用作 AFM、STM 和 SECM 探头的金属纳米电极绝缘层部分的制备主要通过在刻蚀的金属丝表面电沉积绝缘层的方法[27]。例如，作 STM 探头的 Pt-Ir 电极[128~133]、作 SECM/AFM 探头的 Pt 电极[120]和作 SECM/OM（光学显微镜）探头的 Au 电极[134]可用阳极和阴极电沉积电泳漆的方法。

第三步，电极抛光：若使用的绝缘层不是电泳漆，纳米电极头部的绝缘层可通过机械抛光、切割[132,135]或聚焦的电子束[136]、离子束[137]磨制以及应用 STM 将纳米电极与材料表面接触的方法[115]以使金属丝从绝缘层中露出。密封-刻蚀法的流程图和制备得到的铂圆盘纳米电极的扫描电镜图如图 8-7(a)和图 8-7(b)所示。

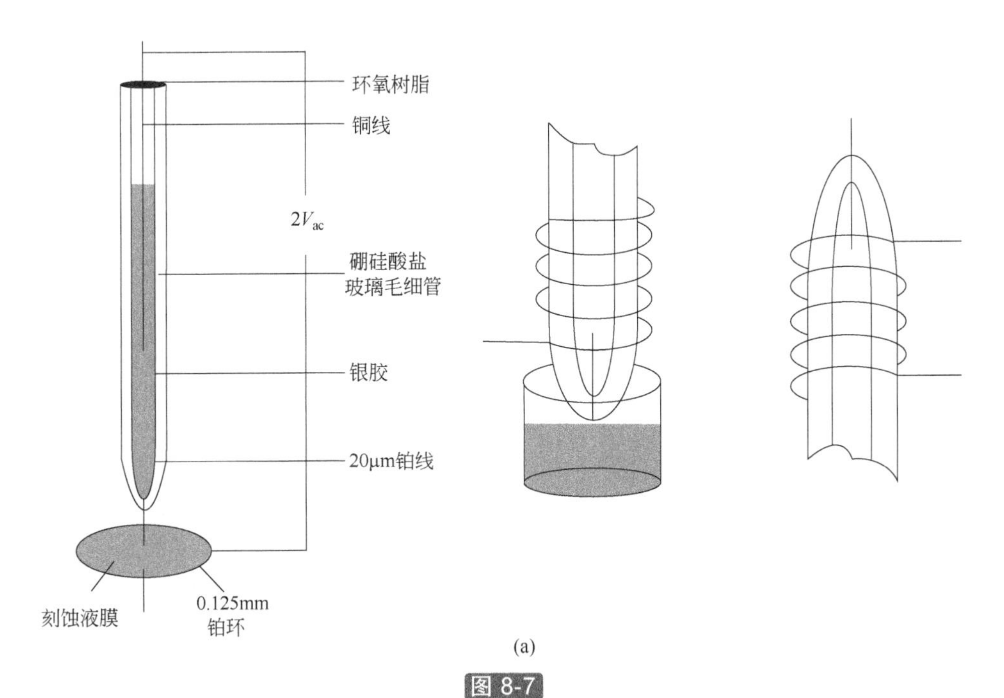

(a)

图 8-7

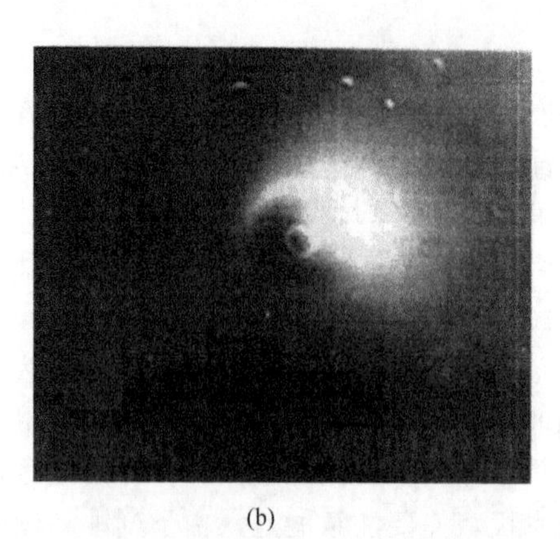
(b)

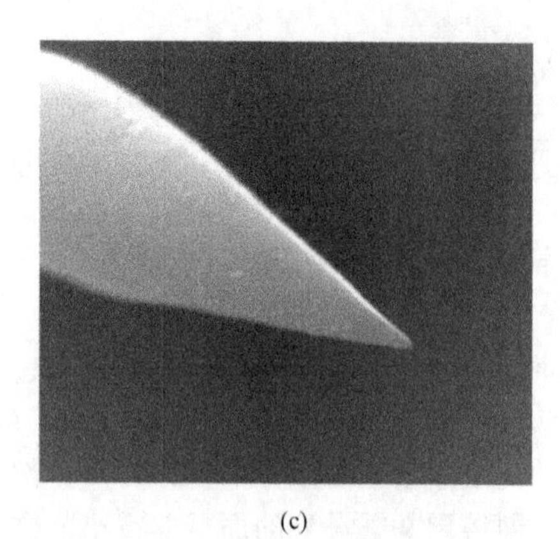
(c)

图 8-7 （a）刻蚀-涂层法制备的固体纳米电极的流程图[119]，从左至右，金属丝刻蚀的系统示意图、金属丝的刻蚀和绝缘材料的包封；（b）刻蚀-包封法制备的直径 240nm 的铂圆盘纳米电极的扫描电镜图[119]；（c）刻蚀得到半径小于 50nm 的碳纤维的扫描电镜图[140]

（2）碳纤维纳米电极的制备　首先将碳纤维缓慢通过氧气/甲烷火焰烧蚀成直径 100nm 甚至更小[138~140]，接着将刻蚀后的碳纤维通过电化学包裹绝缘层聚苯醚[138]，或者直接将碳纤维密封在玻璃管中以免去需另外包绝缘层的一步[140]。由该方法制备的碳纤维纳米电极的扫描电镜图如图 8-7(c)所示。另外，碳纤维可在 NaOH 溶液中应用电化学刻蚀的方法产生有效半径小到 1nm 的尺寸[141]，电化学刻蚀后的碳纤维通过倒置的沉积技术应用阴极沉积电泳漆的方法进行绝缘。

2. 基于激光拉制机技术的固体纳米电极的制备

当超微固体电极的包封材料为玻璃时，可用玻璃管拉制机进行制备。1990 年，Abruna 等最早报道了应用玻璃管拉制机基于同时加热和密封的原理制备半径小于 2μm 的铂微圆盘电极的方法[43]。具体制备流程如图 8-8(a)所示：将放有铂丝（如 50μm 直径的铂丝）的耐热玻璃毛细管放入玻璃拉制机中，通过电阻丝加热的方法将玻璃毛细管和里面的金属丝一起快速局部加热，使金属和其外部包裹的玻璃管产生瞬时熔合，接着用一个快速拉力将玻璃管拉成两截。金属丝和外部的玻璃管在瞬时拉开的过程中，整个金属丝和玻璃管组合的直径迅速减小。最后，通过机械抛光或氢氟酸化学刻蚀的方法，把铂丝上面覆盖的玻璃层除去以露出铂丝，即得铂圆盘微米电极。该制备方法的优点在于可通过改变拉管机的拉制参数（如加热温度、拉力强度、拉力速度和延迟时间等）来调节铂微圆盘电极的尺寸，并且制备过程快且重复性较高[142]。

碳纤维圆盘微米电极也可使用该方法制备。首先将一根碳纤维丝在低压的情况下吸入含内芯（或引流槽）的玻璃毛细管中，随后将装有碳纤维的毛细管在玻璃管拉制机上拉伸，使玻璃包封在碳纤维周围，再用切割刀切割电极尖端使碳纤维从玻璃管中暴露出，接着放入环氧树脂中，使玻璃和碳纤维之间密封和加热融合，最后将电极探头表面在细的三氧化铝或金刚石粉末上抛光，得到光滑的碳纤维表面。应用同样的方法也可制备包裹在 Teflon 毛细管中的碳纤维微圆盘电极[143]：将直径 7μm 的碳纤维放入 Teflon 毛细管中，拉伸毛细管，使之产生细的 Teflon 包裹并自密封，之后应用手术刀切割使碳纤维露出。需要注意的是，由于 Teflon 较硬，在使用 Teflon 包封的碳纤维微电极时，切割是唯一可更新电极表面的方法。

随后，Shao 等[45]和 Schuhmann[46,144]等分别基于同样的原理和流程，进一步应用更加精确的激光拉制机制备了固体金属纳米电极[见图 8-8（b）]。以制备铂圆盘纳米电极为例，首先采用以激光作热源的激光拉制机，将一根退火后的铂丝拉成探头。对于被玻璃完全包封的探头，常采用氢氟酸浸泡的方法将完全包封的玻璃绝缘层刻蚀掉，或采用打磨的方法将表面的玻璃层磨掉。最后一步的氢氟酸刻蚀和机械打磨的区别是：氢氟酸刻蚀的方法常得到圆锥形电极，而机械抛光的方法常得到嵌入型圆盘电极。由该方法制备的固体铂纳米电极的有效半径可小至 2nm[45]。

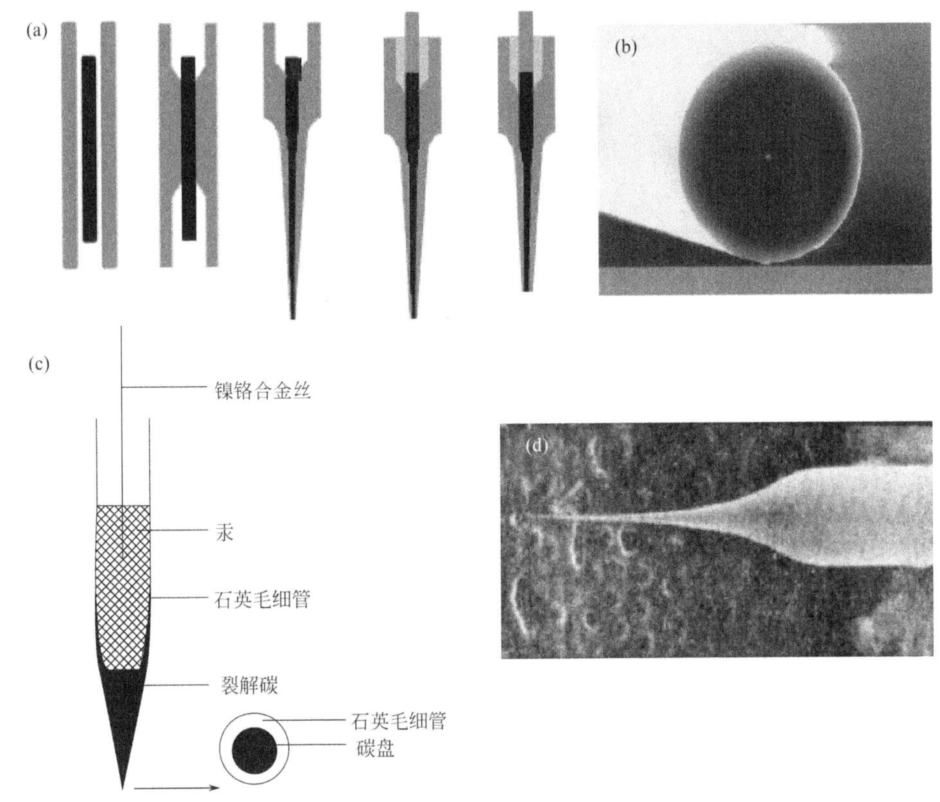

图 8-8 （a）基于玻璃管拉制机的超微电极的制备步骤[46]；（b）基于激光拉制机制备的直径 200nm 铂圆盘纳米电极的扫描电镜图[46]；（c）碳纤维纳米电极的组成示意图[145]；（d）基于拉制机制备的直径 340nm 碳纤维圆盘纳米电极的扫描电镜图[145]

（a）图从左至右的制备过程：将金属丝插入玻璃毛细管中央，加热熔融玻璃管使之与金属丝接触，以确保金属丝在玻璃管的正中央，瞬时拉伸玻璃管和金属丝，在玻璃管内部的金属丝后部通过导电银胶与导丝（如铜丝）相连，抛光超微电极

同样，直径 100nm 左右的碳纤维圆盘纳米电极也可用该方法制备[145,146]。首先，应用玻璃管拉制机拉伸石英毛细管，使其尖端足够小（<2μm）。之后使甲烷气体通过拉制的毛细管并发生热解，通过延长热解时间，在毛细管尖端形成碳沉积层，从而形成碳圆盘电极。之后，通过应用一个小的汞滴将沉积的碳层和导丝连接完成导线连接[见图 8-8(c)和图 8-8(d)][145]。另外，McNally 等应用同样的方法在氮气保护的情况下热解乙炔也可形成碳圆盘电极[146]。

另外，碳材料纳米电极除了碳纤维纳米电极外，近些年，将碳纳米管这种具有独特优良性能的新型导电材料直接用作电极或将单壁或多壁碳纳米管修饰于各种电极表面已成为新的一类纳米电极和很重要的化学修饰电极的研究方向[147~153]。如 Lieber 和 Smalley 将单壁碳纳米管用作扫描隧道显微镜探头的制备[147,148]，Macpherson 等将单根碳纳米管用作原子力显微镜的探头[149]，Unwin 等进行了一系列碳纳米管阵列电极和修饰电极表面的研究[150~152]。另外在电化学研究中，作探头的碳纳米管需要纳米管的管壁绝缘。Crooks 等应用电聚合酚类物质的方法，在碳纳米管表面形成一层绝缘膜，之后通过阴极放电或电火花割断有绝缘膜的碳纳米管，使新鲜的界面露出以制备碳纳米管纳米电极[153]。近期又有人用石墨烯这种新型碳材料修饰电极[154]。

二、玻璃管超微电极的类型和制备

玻璃管超微电极主要包括玻璃微米管（micropipettes）和玻璃纳米管（nanopipettes）两类，单、双、多通道和 Theta（θ）管以及膜片钳电极都属于其范畴[39,155~167]。玻璃管超微电极是生物体系的电化学检测（如微区、活体、现场的实时检测）和扫描探针显微镜（如 SECM 和 SICM）的常用探头。将玻璃管超微电极与适当的配体组合可得到离子选择性超微电极（如 K^+、Ca^{2+}、Cl^-等离子选择性电极和活体 pH 电极等）。

常用的玻璃管超微电极由玻璃管、电解质溶液［或液体离子交换剂（liquid ion exchanger，LIX）制成的液体膜］和金属丝三部分组成。其中，用作超微电极载体的玻璃管一般为外径 1.5～2.0mm 的硅硼玻璃管或石英管（硅硼玻璃管常用于微米级玻璃微电极的制备，石英管常用于纳米级玻璃微电极的制备），做液体膜的 LIX 又可分为由可电离的离子交换剂组成和由不带电荷的大环状化合物组成两类[168]。

以单通道玻璃管超微电极的制备为例，大致可分三步。

（1）拉制玻璃管　空白的玻璃管用玻璃管拉制机（如 Narishige 公司的 P-10 垂直拉制机，Sutter 公司的 P-97 拉制机或 P-2000 激光拉制机）在加热的情况下拉成所需直径的玻璃管。如图 8-9 所示为应用拉制机得到的玻璃微米管和纳米管的图片。

（2）注入电解质溶液（或液体离子交换剂）　电解质溶液的注入较为简单：将一定浓度的电解质溶液（如 0.1mol/L 的 NaCl、KCl 或 KNO_3 溶液等）通过自动充灌或使用注射器，从玻璃管后端注入玻璃管中。LIX 向玻璃管的注入较为复杂，由于 LIX 是大型中性分子载体的一类有机化合物，因此首先需将空白玻璃管内部进行硅烷化处理，使其表面亲油[可通过从玻璃管后端注入硅烷化溶液（如三丁基氯硅烷），之后将玻璃管尖端向上放置在 250℃烘箱中过夜烘干实现]，随后，将一根直径 30～50μm 的玻璃毛细管浸入 LIX 溶液，形成长约 1cm 的 LIX 柱，将该毛细玻璃管和玻璃管水平置于一个三维微操作平台上，从玻璃管前端注入相应的 LIX[168]。

（3）插入参比电极　将细的金属丝（一般为直径小于 0.5mm 的银丝、银/氯化银丝、铂丝或不锈钢丝）从玻璃管的后端插入玻璃管的溶液中，插入位置尽量靠近玻璃管的前端，以减少电化学测试中的阻抗干扰。除了有些离子选择性微电极（如 H^+、Cl^-选择性微电极）需要 1h 左右的等待时间以得到稳态的相以外，大部分的玻璃微电极制备后可立即使用。另外，玻璃微电极在使用前，需用肉眼或显微镜观察玻璃管尖端，确定与金属丝接触的电解质溶液无气泡或阻塞物后方可使用。

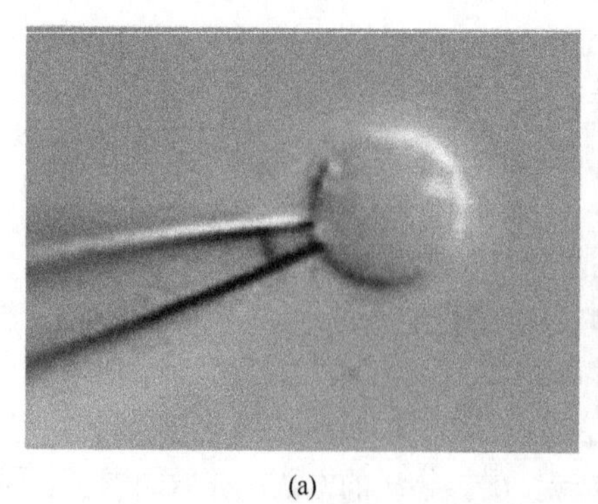

(a)

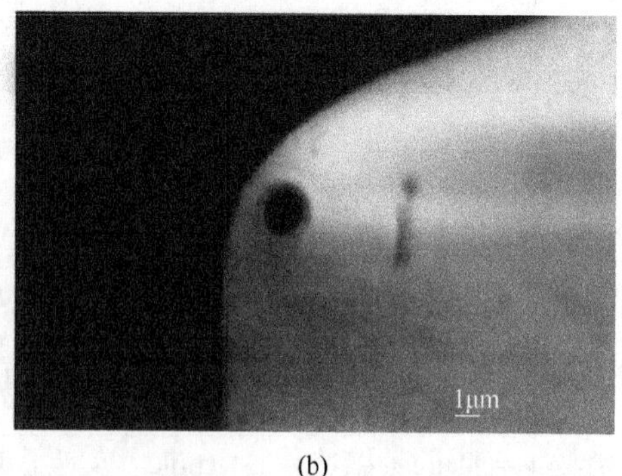

(b)

图 8-9　（a）玻璃管拉制机制备的微米级膜片钳电极的光学显微镜照片；（b）激光拉制机制备的直径 240nm 的纳米管电极的扫描电镜照片[164]

不同管径的玻璃微电极在生物检测中具有不同的应用，例如尖端外径为 50～60μm 的玻璃微电极可插入神经纤维的切断端，与正对微电极的膜外位置的另一电极可记录膜两侧的电位差；外径 1～4μm 的玻璃微电极可插至脑内一定深度而不引起显著损伤，可将电极靠近某一神经细胞记录细胞外神经元的电活动；外径小于 0.5μm 的微电极若足够坚固可插入神经细胞内而不引起显著损伤，可作细胞内微电极。

玻璃超微电极和金属超微电极两种微米电极各有优缺点。金属超微电极的优点是电阻较低、牢固、可多次应用；缺点是容易极化而使电阻增大，且尖端出现直流电位。玻璃超微电极的优点是电极尖端不会极化，使电极与神经组织之间的接触可靠且制作方便，尖端直径可通过玻璃管拉制机的参数调节进行控制和选择，还可做成双管或多管，既可记录邻近两点或数点的电位差，又可在记录处加药物或电流刺激；缺点是易损坏、电阻较高，灌注液可从微电极玻璃管中漏出，引起电位差或对组织造成非机械性损伤。

三、超微电极阵列的类型和制备

由于单个超微电极的响应电流较小，在一些实际测试中应用比较困难。为了克服这一缺点，出现了各种超微电极阵列（microelectrode arrays）[35,42,169~172]。按电极工作方式的不同，可分为简单加和型组合超微电极和反馈型组合超微电极；按电极排列方式的不同，又可分为微阵列电极和群体微电极。

1. 简单加和型超微电极的制备

简单加和型超微电极的制备较为简单。例如，多盘组合电极的制备是将一定数量的碳纤维或金属丝分别穿入毛细管或使单个电极相互绝缘地穿入一根玻璃管中，再用环氧树脂进行固化，另一端用导线与导电银胶引出，电极尖端抛光露出即得[173]。另外，也有通过将足够小的导电材料的粉末（如很细的石墨粉）分散在绝缘体中，如用润滑油或其他糊状液体制备得到糊状电极或用塑料母体制备的混合电极[174]以及电化学腐蚀产生的多孔超微电极等[175]。但这类电极由于电极尺寸不好掌握，电极间距离也难以控制，较难用于定量研究，因此在实际应用中受到一定限制。

2. 反馈型组合超微电极的制备

反馈型组合超微电极是由多个超微电极组合在一起形成的集合电极（组合方式可规则排列，也可随机分布）。各种超微电极（如微圆盘电极、微圆柱电极、微带电极等）都可采用适当的方式组成超微电极阵列［例如叉指型微电极阵列（interdigitated array，IDA）］。超微电极阵列既保持了单一超微电极的优良特性，又通过增加阵列中的电极数获得了比单一微电极大得多的电流强度，提高了测量的灵敏度，降低了信噪比。并且通过在相邻两电极之间施加不同的电压使超微电极阵列具有类似“环盘”电极的性能，用于电极反应的机理研究。这些优点使超微电极阵列具有较好的应用前景，已成功用于电化学生物传感器、电化学发光、流动分析、液相色谱和电泳检测器等多个领域。这类电极的制作工艺要求较高，但电极的重现性好，可用于定量分析，因此在实际应用中更适合。目前制备超微电极阵列的常用方法主要有模板法和光刻法两种[42]。

（1）模板法　模板法是以具有特定微米或纳米结构的物质作为模板，通过对这些物质的结构进行复制和转录，从而获得具有特定微米或纳米结构材料的方法。可分为电沉积法和化学镀法，即分别采用电沉积和化学镀的方法在模板上获得特定微纳结构材料的方法。常用的模板有三氧化二铝。选择氧化铝主要是由于其表面易被氧化产生垂直于表面且相互平行、分离的微孔甚至纳米孔，并且孔径、孔间距和孔深可通过改变电化学氧化条件进行调控，因此多孔氧化铝成为各种点和线阵列的常用制备材料。例如，Miller 等将产生微孔的氧化铝作模板，在其孔壁四周覆盖一层金形成金微电极阵列[176]，Uosaki 等进一步将氧化铝模板的孔径减小到 10～100nm[177]。孙冬梅等成功在多孔氧化铝基板上通过电沉积铂纳米粒子的方法得到纳米铂电极阵列[178]，制备过程包括先通过氧化在铝片表面形成含多孔层的 15～20μm 的氧化铝膜，再以氧化铝作阴极，以饱和甘汞电极作参比电极，在 0.005mol/L K_2PtCl_6 和 30g/L H_3BO_3 的溶液中施加电压或恒电流使溶液中的 Pt^{4+} 还原并沉积于氧化铝模板中，另一端用金属导线与导电银胶相连引出，从而制得纳米铂电极阵列。另外，Orozco 等通过在微金电极阵列上电沉积金纳米粒子，再将辣根过氧化物酶通过自组装的方式固定于金纳米粒子沉积后的金电极阵列表面，从而形成纳米超微阵列金电极传感器[179]。另外，玻璃管也可用作微阵列电极的模板，如 Ewing 等在拉制的多孔玻璃管内部通过乙炔热分解的方法沉积碳环，再将整个玻璃管的外部用环氧树脂绝缘，另一端引出导线，从而形成碳环微电极阵列［见图 8-10(a)］。该阵列电极在单 P12 细胞的胞外分泌物的电化学检测中显示出较好的灵敏度[180]。

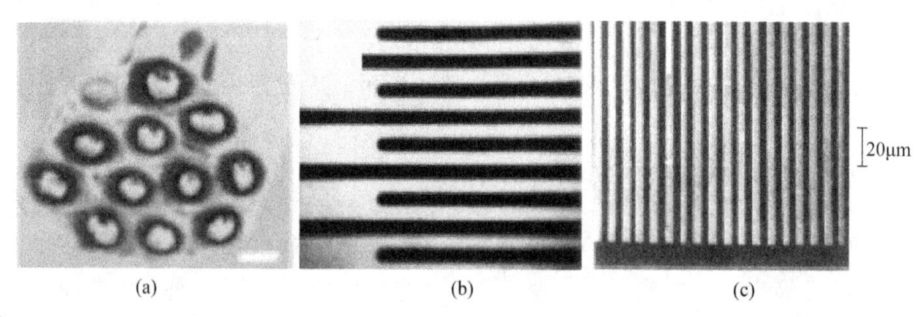

图 8-10 （a）由 12 个碳环组成的微电极阵列的扫描电镜图片，图中标尺为 5μm[180]；（b）光刻蚀的玻璃基底的光学显微镜照片[172]；（c）由 50 个金微带电极组成的叉指型微电极阵列扫描电镜图[169]

（2）光刻法　光刻法是近些年微纳加工和芯片制备的常用方法。光刻法中用于超微电极阵列制备的基底材料为一些绝缘材料，如 Si/SiO_2、石英、玻璃、氮化硅等。例如，条形超微电极阵列的制备是先在绝缘基板上利用真空喷镀或溅射的方法镀上一层金属膜（如 Pt、Au、Ir 等）或用金属有机涂料［metallo-organic platinum（or gold）paint］做成膜，再将聚酰亚胺等光敏高分子材料薄膜覆盖在金属膜上，之后进行光刻蚀即形成所需形状的微电极阵列[181]。Soh 等利用光刻法在一定基底上沉积出图形化的金刚石薄膜，制备出掺硼金刚石超微阵列电极[182]。Berdondini 等用类似的方法制备出高密度铂微电极阵列[183]，Fierro 等以相同的思路研制出了二氧化铱超微电极阵列，并进一步将表面积为 $0.54mm^2$ 的 Ir 电极和由 5 个直径 5μm 的微盘电极组成的微电极阵列整合，制作成了横截面积 2.4mm×6.0mm 的铱微型芯片[184,185]。另外，超微电极阵列中报道较多的叉指型超微电极阵列（即 IDA），如图 8-10(b)和图 8-10(c)所示[169,172]，除了可通过将金属铂片与绝缘薄膜相间叠加压制或丝网印刷（screen printing）进行制备外，采用最多的是计算机控制下的微光刻技术。具体过程为：首先根据所需电极的形状和大小编写程序输入计算机制图，在计算机控制下进行光刻制版［见图 8-10(b)］。取一块经处理后表面形成氧化膜的硅片，进行真空溅射喷金或铂，再在金或铂膜面上旋转喷涂一层光敏胶，将制好的版置于接触掩膜对准器，经曝光、显影和定影后，再将暴露的金属腐蚀掉。之后，重复上述工艺将电极进行部分绝缘，最后将各部分由导线引出，即得到叉指型超微电极阵列［见图 8-10(c)］。

四、超微电极的预处理和表征[27,41]

1. 超微电极的预处理

与大电极类似，微电极的表面处理与其性能有很大关系。因此，实验前超微电极需要进行合适的预处理和活化。一般超微电极的预处理有热处理、机械抛光、化学处理和电化学处理等方法。常用的流程为：通过机械抛光的方法首先得到光滑的电极表面，随后应用化学或电化学的预处理方法（或二者相结合）将电极活化。最常用的电化学活化流程是在适当的电解质溶液中（一般为无机电解质）和适当的电位区间内进行电位扫描。不同电极的活化方法不尽相同。例如，碳纤维超微电极的活化一般是将电极置于缓冲溶液中，在电极上加 0.3V、70Hz 的三角波进行活化，也有采用阳极氧化、再阴极还原的方法进行处理的。碳纤维微电极经电化学方法处理后能有助于提高其灵敏度，电极的选择性也有所改善。铂超微电极的活化一般在 1mol/L H_2SO_4 溶液中，在氢气和氧气产生的电位区间进行来回扫描。经过扫描，Pt 电极显示吸附的氢和氧的形成和氧化峰。电位来回扫描的方法主要基于先通过阳极扫描在电极表面形成一层铂的氧化膜，之后再阴极扫描使形成的氧化膜溶解，从而使电极表面得到活化的原理。

2. 超微电极的表征

超微电极的表征方法主要有光学显微镜、扫描探针显微技术、扫描电镜和电化学表征等。其中，微米电极的表征一般使用光学显微镜和电化学表征相结合；纳米电极的表征由于光学显微镜的分辨率不够，主要用扫描探针显微镜技术或扫描电镜和电化学表征相结合的方法。但是由于扫描电镜观测后会造成电极的不可逆破坏且不适合常规性操作，因此相对来说，电化学方法是简单且普遍使用的超微电极表征方法。

超微电极的电化学表征主要基于稳态伏安曲线，如下列方程式[27,186,187]：

$$i_d = 4nFDc^ba \quad \text{圆盘电极} \tag{8-5}$$

$$i_d = 2\pi nFDc^br_0 \quad \text{半球形电极} \tag{8-6}$$

$$i_d = nFDc^bl_0,\ l_0 = [\pi^2(b+c)]/\ln[16(b+c)/(c-b)],\ c/b < 1.25 \quad \text{圆环电极} \tag{8-7}$$

$$i_d = 4nFDc^ba(1+qH^p),\ q = 0.3661,\ p = 1.14466,\ H = h/a \quad \text{锥形电极} \tag{8-8}$$

式中，n 是电子转移数；F 是法拉第常数；D 是氧化或还原电对在测定溶液中的扩散系数；c^b 是氧化还原电对的本体浓度；r_0 是半球的半径；a 是圆盘电极的半径或者锥形电极的基底半径；b 是内部圆环的半径；c 是外部圆环的半径；h 是锥形的高度。

通过循环伏安法可对电极表面的形貌做初步判断，进一步根据以上公式，具有不同形貌的超微电极的有效半径可通过稳态循环伏安曲线中的稳态电流值求出，并与光学显微镜照片或扫描电镜照片相比较。电化学表征法一般采用可逆性较好的氧化还原电对，如 $Ru(NH_3)_6^{3+}$、$Fe(CN)_6^{3-/4-}$、二茂铁或甲醇二茂铁（FcMeOH）等。当得到的循环伏安图的充电电流较大时，一般是由于包封材料没有与电极紧密接触。当循环伏安图出现的不是稳态图峰形时，一般是由于电极缩入包封材料中或包封不好产生电极漏的缘故[41]。因此，电化学方法表征不仅可用于超微电极大小的表征，也可用来反映电极的制备质量。

第三节 在体电分析化学

采用电化学方法研究和测定动物脑内与神经传导有关的内源性物质起源于 20 世纪 70 年

代[189]。在动物脑内，主要是通过神经传递物质来传递化学信息的。这些物质包括胆碱类、儿茶酚胺类、氨基酸类、神经肽类等。还有一些重要的生理活性物质，如葡萄糖、乳酸、氧气、谷胱甘肽、抗坏血酸以及活性氧等也参与脑功能的许多过程。这些化学信息物质的实时、动态以及在体分析对于脑神经科学的研究具有重要意义。

超微电极的小尺寸和快速响应特性与电分析技术相结合，使得神经化学事件的研究范围从隔离的细胞的胞吐[190]拓展到在体神经物质的传递[191]。目前，超微电极技术已经发展成为研究脑内和单细胞内生物变化过程非常有用的工具[192~198]，用于阐明许多神经生物学的问题，如表征神经动作电位，从细胞水平上研究囊泡释放化学信号分子的机制，药物滥用引起的化学变化。许多重要的生物变化是在毫秒时间尺度上发生的，早期的在体分析技术如微透析（microdialysis）局限于测量在分时间尺度上发生的变化过程，这种局限性阻碍了神经生物学许多毫秒时间尺度过程化学通信机理的深入研究。但是这些在毫秒时间尺度上发生的过程可以通过超微电极结合电化学技术来研究[199]。由于碳纤维微电极具有生物相容性好、对细胞或脑组织损伤性小、稳定性好、很好的表面动力学性质等优点，与电化学技术相结合可以提供尺寸小、时间分辨率高、选择性好和灵敏度高的测量，因此广泛应用于在体分析中。

至今，在体分析的电化学技术主要包括快速扫描循环伏安法[200~204]、恒电位安培法[205~209]和离子选择性电极法[210,211]。这些方法在选择性、时间分辨率和灵敏度等方面各有特点，下面具体进行介绍。

一、测定原理

（一）伏安法

用于神经递质测定的电化学技术原理主要为伏安法，通常由伏安仪在工作电极上施加变化的电压，并与参比电极（一般采用镀有 AgCl 的银丝）和辅助电极（如铂丝、银丝等）组成三电极测量体系。当使用超微电极作为工作电极时，也可以采用由工作电极和参比电极组成的两电极测量体系。基本测定方式分两类：第一类为线性扫描伏安法；第二类为示差脉冲伏安法。在第一类方法中，通过仪器使工作电极的电位作线性变化，即线性电位扫描，同时记录电位-电流曲线（伏安图）。第二种方法是在慢扫描电位上叠加精确控制的脉冲，由此产生峰形伏安信号。当有两种或两种以上电活性物质同时存在时，采用示差脉冲伏安法可使各种物质的电流峰易于分离和测量，因此比线性扫描伏安法具有更好的分辨率。在实际测定中，各种被测化合物的氧化电位必须有足够的差别才能保证在伏安图上被分辨出。因此在活体动物脑组织分析中，大约 150～200mV 电位差的两种物质是可分辨的。值得注意的是，伏安图中电流峰的形状可能因为电极长期暴露在脑组织中而变形，这也会导致分辨性能下降。超微电极应用于在体分析时，表面易受到体内大分子蛋白质的吸附和污染，从而导致测定结果重现性差，这是一直困扰电化学家的关键问题。

在伏安法测定中，若要研究细胞间液中活性物质在外部刺激下产生的浓度变化，首先必须要得到稳定的基线。不同脑区的基线是不同的，例如在大鼠丘脑中的电化学信号基线仅仅是在纹状体中的 25%左右。基线也随着麻醉状态而有很大区别，一般来说，随着麻醉程度减轻，基线升高。对于一些要求严格的研究项目，要尽可能保持麻醉程度一致。在采用水合氯醛进行麻醉时，定时连续进行小剂量注射可以在测定过程中保持稳定的基线。当然在很多情况下，基线的波动是由抗坏血酸和尿酸的变化引起的。

1. 快速扫描伏安法

采用超微电极的线性扫描循环伏安法可以使用很高的扫描速度。该方法是在工作电极上施加三角形电压波（电极电位由某一电位值线性扫描至足够高的、可以氧化电活性物质的电位值后，再回扫至起始电位值），从而获得化合物在电极表面氧化和再还原的信息。采用这种方法测定时，扫描速度可高达每秒数兆伏，所以称为快速扫描循环伏安法（FSCV）。该方法可以显示各种化合物在电化学氧化速率上的差别，从而获得一些十分有用的信息。测量的电流与电化学反应速率成正比，而电化学反应速率受两个过程所控制，其一为传质过程，即反应物从溶液本体向电极表面扩散的过程；其二是电子在电极表面的实际转移速率。如果在这两个过程之中传质速度较慢，则电流大小由扩散过程所决定，即该电化学反应是受扩散控制的，是可逆的，或称之为能斯特型反应。对于某一具体的电化学反应，电子转移速度很可能低于扩散速度，这类过程则称为受电子转移（电荷转移）控制的，是不可逆的，或非能斯特型反应。大部分有机氧化还原反应是介于两者之间的准可逆过程，它们的电流-电位曲线同时受扩散速率和电子转移速率的控制，对于不同的反应，两者的比例是不同的。

在 FSCV 中，当扫描速度高达每秒数兆伏时，因为电位-电流曲线严重变宽，失去通常的形状。这是由于在高速扫描时电极的双电层充电电流非常大，以致完全掩盖了电活性化合物氧化或还原产生的法拉第电流。如在活体动物实验中，多巴胺的氧化电流几乎完全被“掩蔽”在双电层充电电流之中而无法检测。如果在刺激动物大脑分泌出更多的多巴胺之前预先作几次循环扫描，然后将刺激后所测得的循环伏安曲线扣除原先伏安曲线的平均“空白”值，就可以得到刺激之后动物脑内分泌物质的“漂亮的”循环伏安图。图中各物质的氧化电流的大小与浓度之间有一定的线性关系，从而可以根据标准曲线测定各种物质的含量。Armstrong 和 Millar 等在 1981 年将 FSCV 用于脑研究[200]，并定量测定了脑内生物活性胺的含量[212]。该方法经 Wightman 等人的不断改进[213,214]，已经成为在体快速分析的有力工具。

2. 恒电位安培法

电分析测定中另一种经典方法即恒电位安培法也可用于快速活体分析。该方法是把工作电极的电位阶跃至一预先选择的电位，在这个电位下电活性物质发生反应，并在此电位保持一定时间。如果测量这段时间内产生的电流，则称之为计时电流法或计时安培法；如果测量这段时间的电量（电流对这段时间的积分），则称之为计时库仑法或计时电量法。这两种方法在本质上是同一类方法，都可以测定细胞间液中瞬间的浓度变化。恒电位安培法具有高的时间分辨率和选择性，有助于测量从单个视网膜细胞释放的低至 zmol 数量级的神经递质。但缺点是其信号容易受局部离子强度变化的干扰，并且不能提供待测物质的化学信息。Lowry 等利用恒电位安培法实时监测了自由活动的啮齿目动物脑中氧气浓度在神经活动时的实时变化[215]。

上述伏安法都有各自的特点和应用范围。但是如果要测定瞬间信号，只有快速循环伏安法和计时安培法是可用的。如果测量由行为引起的缓慢变化，则采用任何方法都可以获得满意的结果。但从电化学的角度来说，采用所谓“慢”方法进行活体分析存在一些缺点，因为在较长的电解时间中将会消耗较多的电活性物质，甚至有可能把低浓度的扩散层延伸到脑组织内部。

（二）离子选择性电极法

电位分析法是一种经典的分析方法，它是利用指示电极的电极电位与响应离子活度的关系，通过测定由指示电极、参比电极和试液组成的原电池的电动势确定被测离子浓度的一种分析方法。离子选择性电极（ion selective electrode，ISE）也称离子敏感电极，是一种特殊的电化学传感器。其原理是在通过电路的电流接近零的条件下测定电池的电动势或电极电位。离子选择性电极的发展，是20世纪60年代以来电位分析法最重要的进展。它是能斯特（Nernst）公式在分析中的直接应用[216]。

离子选择性电极具有许多独特的优点。

① 它是一种直接的、非破坏性的分析方法，一般不受样品溶液的颜色、浑浊度、悬浮物或黏度的影响，用少量样品即可实现测量。

② 分析所需设备简单、操作方便，仪器及电极均可携带，适合现场测定，不需要很多的设备费用及维护费用。

③ 分析速度快，典型的单次分析只需要1～2min，因此可以反复测量，达到减少误差的目的。

④ 电极输出为电信号，不需要经过转换就可以直接放大及测量记录，因此容易实现自动、连续测量及控制。

⑤ 电极法测量的范围广，灵敏度高，一般可达4～6个数量级浓度范围，而且电极的响应为对数特性，因此在整个测量范围内具有同样的准确程度。

⑥ 离子电极分析法还有一些独特的长处：离子电极电位所响应的是溶液中给定离子的活度，而不是一般分析中离子的浓度，这在某些场合下具有重要的意义。

目前为止，ISE法在应用中存在如下主要问题。

① 选择性问题　电极对被测溶液中其他共存离子也有响应，即意味着测定结果的电极电位是溶液中多种离子的电极电位的总和，例如 S^{2-}干扰 $C1^-$、Br^-、I^-的测定。

② 离子强度　ISE测得的是待测离子的活度，而测定目的则是离子的浓度。

③ 溶液pH值的影响　每种离子选择性电极都有一定的适用pH范围，超出该范围，就会引起测定误差。

因此，离子选择性电极目前只适用于对误差要求不高的在体分析。

二、伏安法在体分析

在细胞间液中大约有数百种有机化合物能够在电极上产生电化学信息，但是真正能在电极上反应的化合物却很少。在适当电位下能够被电极氧化的物质有相当一部分可以在基线上显示电化学信号；另一部分则因为信号过于微弱而不能检出。这里所说的基线是指在没有作刺激的麻醉或在自由活动动物身上所测得的电化学信号基线。

1. 多巴胺

多巴胺（DA）按系统命名法为邻苯二酚乙胺，属于儿茶酚胺类物质，是哺乳动物中枢神经系统中一种非常重要的信息传递物质，其浓度的变化与多种病症，如帕金森病、亨丁顿舞蹈症和多动症等息息相关。发展能够动态跟踪监测活体动物脑中DA的技术方法对神经生物学研究十分重要。DA存在于动物的大脑和体液中，浓度范围为10^{-8}～10^{-6}mol/L[217]。DA在脑细胞间液中的浓度由释放和吸收平衡所调制，DA的释放源自胞吐过程，而吸收由DA传输分子来调节。DA的释放和吸收过程都非常快，控制着自由活动动物体大脑中DA浓度在毫秒时间尺度上的波动。这就要求DA的在体分析方法必须有足够快的时间分辨率。测量DA浓度的方法有很多，如滴定法[218]、分光光度法[219]、液相色谱法[220]等。因为DA的苯环上连有两个羟基，能够被氧化生成醌后再还原成酚，从而具有电化学活性，可以用电化学方法进行测量。利用碳纤维超微电极的电化学方法不仅具有很高的检测灵敏度，还可以具有高的时间和空间分辨能力，是在体、实时和动态分析的一种很有希望的选择，这一优点是其他方法无法比拟的[221]。

在生理溶液中，DA 为阳离子状态，在脑中的正常浓度比较低，而其代谢产物 3,4-二羟苯乙酸（DOPAC）以及大量抗坏血酸（AA）的存在，对 DA 的电化学测定形成干扰。目前在体分析中提高选择性检测 DA 的主要方法之一是化学修饰电极技术，这些干扰通常可以通过在工作电极表面覆盖一层薄膜或进行电化学氧化预处理而得到克服。常见的电极修饰分为以下几大类：聚合膜、Nafion 膜、碳纳米管、碳纳米管/纳米粒子/聚合膜和氨基酸法。化学修饰膜的主要功能基于两个方面：一是将阳离子选择性膜通过各种方法修饰在电极表面，通过调节 pH 值以达到排除抗坏血酸阴离子干扰，选择性检测多巴胺的目的；二是选择适当修饰剂使修饰膜带有正电荷，通过静电吸引力使带负电荷 AA 的氧化峰负移，使带正电荷的 DA 的氧化峰正移，实现对两物质的同时检测。

20 世纪 70 年代初，Adams 等用植入微碳糊电极检测儿茶酚胺[189]，该技术逐渐发展成为检测脑神经递质最有效的方法。Bath 等使用碳纤维电极（CFE）监测老鼠脑部 DA 的动力学过程以及 DA 在 CFE 表面的氧化及吸附机理[222]，实时定量地测定单个细胞受激释放的神经递质等物质[223]。国内多个小组都报道了有关利用超微电极电化学原理在体测定 DA 的工作。1993 年，金利通等研究了磷钼杂多酸修饰电极对 DA 等儿茶酚胺类神经递质的催化氧化作用，探讨了催化机理，并采用高效液相色谱电化学方法对其进行了分离检测，用于鼠脑组织中神经递质的测定[224]；彭图治等利用恒电流技术对微柱碳纤维电极活化，该电极在脑神经递质测定中显示了很高的灵敏度和分辨能力，对 DA 的检测限达 5×10^{-8}mol/L，对 AA 和 DA 的伏安峰分离达 170mV[225]；杨丽菊等制备了蒙脱土修饰碳纤维电极，研究了其对神经递质 DA 及 5-羟色胺（5-HT）的富集作用，以及对负电性的代谢产物 3,4-二羟基苯乙酸（DOPAC）、5-羟基吲哚乙酸（5-HIAA）及脑内大量存在的抗坏血酸（AA）的排斥性能[226]。该电极具有很高的灵敏度、分辨率和抗干扰性。在动物活体分析中，使用该电极成功地检测了大鼠双侧颈总动脉结扎再灌损伤时，脑纹状体中神经递质 DA 浓度的变化。林祥钦等在带负电性的 Nafion 涂层之内，插入一层带正电性的单分子共价键植胆碱催化层，组装了双层膜修饰 CFE 电极[227]。以循环伏安（CV）法和差分脉冲伏安（DPV）法研究了该电极上多巴胺（DA）的电化学响应。使用 DPV 法，该电极能较好地抵抗代谢产物 3,4-二羟苯乙酸（DOPAC）和抗坏血酸（AA）的干扰而选择性测量 DA。该电极适于活体监测。将该电极插入小鼠大脑纹状体内，实时监测了神经递质 DA 的浓度及其变化，观察到 DA 水平由静脉注射药物左旋多巴（L-DOPA）后随时间的响应，并发现针刺激对应于中医“风府穴”的头部皮下组织可引起脑内 DA 的即时性脉冲释放。这一设计在利用 Nafion 涂敷层应有作用的基础上，靠静电作用使双层形成牢固而均匀的结合，并发挥内层对 DA 的电催化和富集作用，提高了电流灵敏度与选择性。Gonon 等采用药物优降灵（pargyline）抑制 DOPAC，测出大鼠纹状体中多巴胺浓度最大值为 5×10^{-8}mol/L[228]。Suzuki 等用经过电化学蚀刻的钨丝作为基底，并用微波等离子体协同的化学气相沉积硼掺杂金刚石（BDD），将得到的电极用于小鼠脑中多巴胺的定量检测，并与碳纤维电极进行了比较[229]。该电极具有很低的背景电流、稳定性好、在抗坏血酸存在的情况下对多巴胺具有较好的选择性。较未修饰过的碳纤维电极不易受污染，且在快速扫描循环伏安法中，背景电流是碳纤维电极电流的 1/10。Njagi 等在碳纳米纤维上修饰了酪氨酸酶、二氧化铈/二氧化钛及壳聚糖的混合物，插入小鼠脑部利用安培法检测多巴胺，构建了一种可植入式的生物传感器[230]。通过酪氨酸酶将多巴胺转化成多巴醌，与多巴胺相比，多巴醌具有较低的氧化电位，从而减小了其他电活性物质的干扰，具有良好的选择性和较低的检测限。

现在经常用的测量脑内电活性神经递质的另一种方法是采用碳纤维微电极的 FSCV。Wightman 和 Millar 在将 FSCV 法发展应用于活体分析和检测方面做了很多的工作[231,232]。采用 FSCV 技术还可以提高选择性，使得在其他干扰分子存在时，目标分子的在体检测成为可能，这一特点已用于测量自由活动动物体内多巴胺浓度的变化。对于某一化合物，电子转移速率是一定的，扩散速率却随着电位扫描速度的增加而显著增大，因此对常规扫描速度表现为准可逆的某一电化学反应，在很高的扫描速度下却会变成完全不可逆过程[233,234]。在大鼠纹状体中多巴胺、DOPAC 和抗坏血酸的含量较低，并且同时存在，在常规电位扫描速度下（0.1V/s），这三种化合物都表现为准可逆氧化过程，但是多巴胺的可逆性明显比其他两者好。在高速（200～300V/s）循环伏安图中，DOPAC 和抗坏血酸的氧化峰移向更正的电位，也就是说变得更加不可逆。事实上，在高的扫描速度下，DOPAC 和抗坏血酸的氧化电流变得非常小，而多巴胺的电流仍然可以观察到。对于后者的氧化还原体系，虽然氧化峰电位被迫向正方向偏移，但仍然保持原来的伏安曲线形状。在这个例子中，采用 FSCV 可以明显改变选择性。FSCV 监测可以获得所测物质的种类和浓度信息，但是往往响应时间滞后，这是由于受与时间相关的电活性物质在电极上吸附/脱附的影响。目前 FSCV 技术测量儿茶酚胺类物质的检出限为 200～50nmol/L，与施加在工作电极上的电位相关[235]。

恒电位安培法（CPA）是 FSCV 电分析方法的互补技术，因为该技术的时间分辨率为毫秒级，可以用于直接测量单囊泡胞吐的电活性神经递质[236]。Hochstetler 小组利用 CPA 方法实现了来自荧光标记的视网膜神经元细胞中 zmol 数量级的多巴胺的检测[237]。Gonon 小组利用 CPA 法测量了未修饰的碳纤维微电极上 DA 的吸收速率[238]。在 CPA 实验中，DA 分子接触到电极表面后立即被氧化，所以不存在由于吸附过程引起的时间滞后响应。由该方法测得刺激之后 DA 的半衰期约为 60ms。利用 CPA 测得的电流能够反映多巴胺快速浓度变化的实时信息，但缺点是较低的电流易受噪声的干扰，不能像循环伏安法一样识别所测物质的种类。最近，Wightman 小组通过提高未修饰的碳纤维电极上波形的重复频率（10～60Hz），将 FSCV 的时间分辨率提高到与 CPA 技术相当的水平，用于 DA 浓度的实时动态监测[239]。

2. 抗坏血酸

抗坏血酸（ascorbic acid，AA），是一个 L-型不饱和己糖酸内酯，分子中存在双烯醇结构，因而具有酸性和很强的还原性，易被氧化失去两个氢原子而转变成脱氢抗坏血酸。AA 是维持人体健康必需的维生素，在体内生物合成及物质代谢中发挥着重要的作用。但人体不能自身合成，主要从食物中获取。AA 具有抗氧化和提高机体免疫力的作用，能参与体内一系列的代谢及氧化还原反应，增加对传染疾病的抵抗力。抗坏血酸是脑神经系统中重要的神经调质和自由基清除剂，在脑神经生理和病理过程中发挥着重要的作用。目前测定抗坏血酸的方法很多，包括比色法[240]、紫外分光光度法[241]、荧光法[242]和毛细管电泳法[243]等，这些方法一般要求的实验条件或仪器操作难度较高，而且步骤烦琐，不利于快速分析；而电化学分析方法具有分析速度快，操作简便易行，成本低及试剂用量少，检测灵敏度高等优点，是抗坏血酸含量测定的不可缺少的有力手段。

多种电分析化学技术都用于抗坏血酸含量的在体测定[198,244~246]，包括极谱法、各种化学修饰电极的伏安法、库仑滴定法等。抗坏血酸在脑细胞间液中有很高的浓度[247,248]，也是最早采用伏安法检测出的电活性物质。目前各个实验室报道的抗坏血酸盐在大鼠纹状体中的浓度在$(2～3)\times10^{-4}$mol/L 之间。科学家采用多种不同材料的电极来研究抗坏血酸的电化学氧化过程，包括 Pt 电极[249]、Au 电极[250]、石墨电极[251]、碳糊电极[252]、玻碳电极[253,254]等。Michael 小组通过用含有酶的氧化还原高分子膜修饰碳纤维微电极，制备了用于脑组织细胞间液中谷氨酸盐和抗坏血酸盐检测的电化学微传感器[255]。

Nookala 小组通过用聚苯胺修饰镍电极，结合循环伏安法、计时安培法和交流阻抗法等技术来研究 AA 在宽 pH 值范围内的电氧化过程[256]。毛兰群等报道了利用碳纳米管修饰的碳纤维超微电极伏安法在体测量鼠脑中的 AA，可用于在 3,4-二羟基苯基乙酸（DOPAC）、尿酸和 5-羟色胺共存下 AA 的选择性检测，并测得抗坏血酸盐在大鼠纹状体中的浓度为 2×10^{-4}mol/L[198]；他们还通过活体微透析和在线电化学检测相结合来持续地监控大脑中的抗坏血酸，对不同脑缺血动物模型细胞间液中 AA 的水平变化进行了比较研究[247]。

3. 葡萄糖

葡萄糖是人体中最基本的化学构成物质之一，它是为机体提供能量的主要来源。进入循环系统与血液相结合的葡萄糖称为血糖，由于血糖随血液周流全身，与全身各组织细胞中糖类代谢关系密切，血糖水平的变化常可反映糖在体内代谢的状况，所以连续监测病人血液中葡萄糖的含量，对糖尿病治疗具有重要意义。人们最终希望能够建立体内自动释放胰岛素系统，彻底控制糖尿病。在这个自动反馈体系中，最重要、也是最困难的部件就是高度稳定和可靠的体内葡萄糖传感器。

根据酶促反应或电催化反应原理设计的微型葡萄糖传感器已有研制和应用。在酶促反应传感器中，葡萄糖氧化酶催化葡萄糖的氧化，生成葡萄糖酸和过氧化氢。采用电化学检测器既可以检测氧的消耗，也可以检测过氧化氢的生成，从而测定葡萄糖的含量。这种设计的优点是采用了酶反应，使传感器具有高度特效性，不易受到体内其他组分的干扰。但主要缺点是长时间在体内测定中，氧浓度不能保持恒定，影响了测定结果的准确度。此外，酶活性在体温下难以保持，并且一些其他电活性物质也会产生干扰。酶促反应型在体葡萄糖传感器已经在各种场合进行连续葡萄糖监测[257~262]，其中有为了消除氧含量波动的二维传感器[247]和各种针尖型传感器[248]。在这些应用中，所获得的结果是令人鼓舞的，传感器在体内的稳定工作时间可达数小时，甚至数天之久。Shichiri 等设计的传感器在切除胰腺的狗体内进行了长达 3 天的连续监测，并在一些志愿者的体内进行了试验[263,264]。针尖型传感器采用细铂丝作为基体，涂布了一层含有葡萄糖氧化酶的醋酸纤维素膜和聚氨基甲酸乙酯膜，以镀有银的不锈钢外套管作为阴极。为了减少内源性电活性物质和氧浓度变化产生的干扰，一些酶电极采用了氧化还原中间体，并用于活体分析。金利通等人通过在玻碳（GC）电极表面先后修饰四氨基钴酞菁（CoTAPC）和葡萄糖氧化酶（GOD），最后涂敷一层 Nafion 膜，获得了抗干扰能力强、灵敏度高、稳定性好、寿命长的葡萄糖生物传感器[265]。在 $1.0\times10^{-5}\sim5.0\times10^{-3}$mol/L 浓度范围内与峰电流呈良好的线性关系，寿命达一个月以上。用该传感器测得大鼠脑皮层中的葡萄糖含量为 7.4×10^{-4}mol/L。最近，该组又报道了双酶生物传感器，用于大鼠血清与腹腔巨噬细胞（PMs）内葡萄糖和胆固醇的同时检测[266]。首先在双电极表面电聚合硫堇；然后将金纳米粒子固定在聚硫堇（PTH）表面，吸附金纳米粒子的聚硫堇不仅能够保持酶的催化活性，而且可作为介电中心提高电子转移速率；最后用壳聚糖作交联剂将葡萄糖氧化酶（GOD）、胆固醇酯酶（ChE）和胆固醇氧化酶（ChOx）分别共价键合在双电极的聚硫堇层上。通过检测双电极上氧化电流的大小即可间接检测到葡萄糖和胆固醇的浓度。该传感器成功用于同时检测糖尿病大鼠血清及腹腔巨噬细胞内的葡萄糖和胆固醇的含量。毛兰群等采用双分离塑胶盘状碳薄膜电极作为工作电极，在上面修饰吸附了亚甲基绿的单壁碳纳米管电催化 NADH 的氧化，又将葡萄糖脱氢酶和乳酸脱氢酶交联到电极上，结合微渗析技术和恒电位安培法对小鼠在脑缺血/再灌注状态下的葡萄糖和乳酸盐含量同时进行了在线测量[267]。该传感器拥有较低的工作电位，并且修饰了抗坏血酸氧化酶，从而降低了其他电活性物质的干扰，提高了选择性。该研究为生理和病理过程中能量代谢的研究提供了有效的平台支撑。

采用金属表面原子作为电化学催化剂，为解决酶催化剂的不足提供了一条新的途径。Lerner 等采用铂电极直接氧化葡萄糖，并在牛血清中进行测定，获得了良好的结果[268]。Marincic 等也做了类似的研究，在模拟生理条件下，用铂电极测定葡萄糖取得了重现的结果[269]。Lewandowski 等采用铂黑电极在狗体内连续测定血液中的葡萄糖[270]。其他金属表面，例如金和金的氧化物也显示了对葡萄糖氧化的催化作用[271]。为了提高催化性能和长期稳定性，正在探索导致金属表面反应活性的机理。

4. 乳酸

血液中乳酸浓度及其变化过程是人体生命体征的重要指标[272]。正常人和病人的血清中乳酸浓度分别为：$(0.5\sim2.9)\times10^{-3}$mol/L 和$(5.0\sim15)\times10^{-3}$mol/L，而运动员在经过无氧运动后，血乳酸浓度可以高达 20×10^{-3}mol/L[273]。因此，在医学和运动领域准确快速地检测宽浓度范围血乳酸具有重要价值。

采用光学检测方法检测乳酸需要精密的仪器设备，难以满足现场快速检测的需求，便携式电化学乳酸生物传感器近年来引起了人们的研究兴趣。目前乳酸生物传感器的研究主要集中在改进酶固定化方法、选择合适的媒介体与修饰材料等方面以提高灵敏度和检出限等[274~276]。但是目前乳酸生物传感器的检测限低（$\leqslant10.0\times10^{-3}$mol/L），还不能满足运动员血清乳酸的实际需求[$(0.5\sim20.0)\times10^{-3}$mol/L]。毛兰群小组通过利用普鲁士蓝作为 H_2O_2 还原的催化剂，建立了基于氧化酶的葡萄糖和乳酸双组分在线电化学分析方法[277]。活体实验表明，该分析方法能够满足动物在自由活动状态时脑内葡萄糖和乳酸的活体连续灵敏监测的要求，测得葡萄糖和乳酸的浓度分别是 2×10^{-4}mol/L 和 4×10^{-4}mol/L。该小组最近与北京大学第三医院合作报道了利用微透析技术结合葡萄糖和乳酸双组分同时在线电化学检测方法，活体、实时、动态地研究水杨酸钠作用后大鼠海马内葡萄糖及乳酸水平的变化[278]。该方法的优点是不受脑缺血等生理病理过程中氧气浓度和 pH 值变化的影响，具有高度的选择性、稳定性和重现性。蔡新霞等发展了一种基于纳米铂黑修饰金薄膜电极的新型乳酸生物传感器[279]。采用铂黑纳米粒子作为修饰层，使得传感器具有很强的信号放大功能和反应催化能力，高浓度铁氰化钾为电子媒介体，有效降低了传感器的工作电压。

5. 氧气

脑细胞的正常能量代谢依赖于氧的持续供应，该过程耗氧量占整个体内需氧量的 20%。已报道的氧在不同组织中的浓度变化很大，范围为$(0.15\sim9)\times10^{-5}$mol/L，与测量的深度和组织的不同有关。脑组织中氧浓度的测量是脑神经科学家非常关注的研究课题，如实验结果表明神经活动时局部 O_2 的浓度会增加；脑组织中的 O_2 代表来自大脑血流量氧基血红素中的 O_2 供应和脑细胞的线粒体中的 O_2 利用间的平衡。脑组织中 O_2 的浓度依赖于多个生理参数，包括动脉血中 CO_2 的浓度和 pH 值、毛细血管密度、输送 O_2 的能力和血红素等[280]。活体大脑中氧含量的测量方法有几种：采用无损的近红外光谱法间接地测量[281]；功能性磁共振成像[282]；用光纤测量颈静脉总氧量[283]；利用 Clark 型电极技术[284]直接测量局部氧气偏压[285]，这种通过测量 O_2 的电化学还原技术可以应用于自由活动动物体上[286]。与其他方法相比，Clark 型电极技术的优点是空间分辨率（约 10μm）和时间分辨率（ms）都很好。

氧的活体测定是电分析化学在临床医学方面最重要的应用之一。氧在一定电位下可在电极上还原，已经成功地用于动物体内氧含量测定。自从 1953 年 Clark 小组开创性地开展“脑极谱学”的研究以来，经过近 60 年的发展，许多不同的电极和传感器已被应用于这一领域中。这些可分为两类：一类是贵金属电极，如 Pt、Au 等；另一类是碳材料电极，如玻碳、碳纤维和碳糊。采用铂电极作为工作电极时，需覆盖一层透气疏水膜防止杂质干扰，膜的厚度和结构直接影响测定的精确度。一般来讲，较薄的膜具有较快的响应，受氧在被测介质中的扩散系数影响较大；在测定低含量氧时，还要注意温度对测定电流的影响以及背景电流的干扰。各种导管型电极往往用于血液中氧的测定[287,288]，而针尖型电极多用于组织中氧的分析[289]。与贵金属材料电极相比，碳材料电极的优点是其表面不易被污染，因此不要求有一层保护膜。其中玻碳电极的局限性在于尺寸太大（大于 1mm），而碳纤维（典型直径约为 10μm）测量氧气浓度时的结果严重依赖于电极在血管中的取向、能量代谢的活性位点和电极插入组织的深度等。由于碳糊电极的尺寸大于毛细管区域的尺寸（典型值为 200μm），可以检测组织中 O_2 的平均水平。Bolger 等用碳糊电极对小鼠脑组织细胞间液中的氧含量进行了测量。首先，他们采用差分脉冲安培法（DPA）对处于不同状态（缺氧及过氧、麻醉、神经刺激和乙酰唑胺注射后）的脑组织中的氧含量进行了测量，该电极对于氧气具有良好的响应[290]。他们制备的碳糊电极可以测量 0.1μmol/L 的 O_2 浓度，电极能在长达 12 周的时间内保持很好的稳定性；200μm 的直径可以植入脑中获得合理的空间分辨率和 ms 数量级的时间分辨率；接着他们又采用了恒电位安培法（CPA）对脑组织细胞间液的氧含量进行了检测，与 DPA 相比，CPA 具有设备简单、实验操作简便、高灵敏度以及低背景噪声的特点，更适用于氧含量的测定。但这些研究是针对神志清醒的被捆绑的实验室动物进行的，电极需要通过电线连接到外边的恒电位仪上，这一过程会限制动物的自由活动，并且捆绑动物本身会由于对动物施加了外力而引起其行为的变化。因此，发展一种完全可植入自由活动动物体内的 O_2 传感器成为科学家迫切需要解决的问题。最近，Russell 等人发展了一种完全可植入的遥感系统，该系统将 2kHz 的采样频率结合微型的恒电位仪，利用碳糊电极安培法检测了自由活动的鼠脑组织中的 O_2 浓度[280]。虽然氧的活体分析已经成功地应用了近 60 年之久，但是在人体中使用插入型氧电极时，应特别注意电极及管体材料与人体器官之间的排斥性，以防止意外事故的发生。

6. 其他

采用活体伏安技术可以直接测定动物体内的药物含量，为医学和药学研究提供重要的资料。Wang 及其同事设计了一种长管型碳糊电极[291]，插入猴子的体内，观察药物扑热息痛在血流中的浓度变化情况。Morgan 和 Freed 采用扑热息痛作为活体分析的内标准物质，对伏安电极进行体内标定，快速测定血液组分的浓度[292]。活体分析中，由于电极在插入过程中会引起灵敏度改变，上述内标准方法大大减少了由此而产生的误差。Meulemans 采用微型碳棒作为导管型电极的顶端，测定了大鼠血流中抗生素药物的浓度[293]。电极放置在静脉血管中，采用示差脉冲伏安法测定了血液中氯霉素的含量。Feher 等设计了一种活体分析的微型电解池，该电解池带有硅橡胶基石墨电板，可以放入动物的动脉或静脉血管之中[294]。采用该装置测定了猫静脉血管中的缬氨霉素，活体分析时间达 4h 之久。

由于活体伏安技术在生命科学研究中具有十分重要的作用，各种新的伏安探针不断出现[295]。一方面，人们不断地扩大这种方法的测定范围，特别是测定更多的生命活性物质、药物等；另一方面，也不断改进该方法的选择性和抗干扰性，特别是防止基体物质对电极的毒化和内源性电活性物质的干扰。例如，采用涂布保护膜的方法，可以减少电极表面蛋白质的吸附，提高测定结果的稳定性。又如采用固化酶电极，可以显著改善活体分析的选择性。随着原有技术的改进和新技术的采用，活体伏安技术必将会发挥更大的作用。

三、微型离子选择性电极在体分析

连续在体监测血液中各种电解质浓度在医学研究和临床诊断上具有重要价值，采用微型离子选择性电极是实施这种分析的最有效途径之一。医学上的迫切需要促使分析化学家设计和研制用于活体分析的微型离子选择性电极。

Walker首先采用微型离子选择性电极测定了体内细胞间液中的钾离子和氯离子[296]。电极的基体是一个顶端十分尖细的玻璃毛细管，利用毛细管作用在其内部充入液体离子交换剂。电极的尖端经过仔细地抛光处理，以减少电极在插入体内过程中产生的损伤。还有不少研究人员采用离子通透膜直接与电极导体接触，这样可以省去内充参比溶液，进一步减小电极的尺寸和体积。电极导体可以采用金属导线、金属或石墨微型圆盘以及半导体材料（例如离子选择性场效应晶体管）。不同结构的微型离子选择性电极各有其优点，但也有不足之处[297]。

研制可靠性高、重现性好的在体电位型传感器的主要难点之一是选择一支稳定的参比电极[298]。在测量过程中，电极与被测液体接触必须高度稳定可靠，因为，被测物浓度引起的电位变化是不大的，有时仅有几毫伏。在活体分析的特殊环境中，考虑到液体接触和流动引起的电位波动，很多常规的参比电极是不适合采用的。此外，参比电极应尽可能靠近工作电极，两者之间不应有任何其他元件或异物阻挡溶液离子的通导。Margules等研制了一种用于活体分析的特殊参比电极[299]，该电极在动物体内8h，仍保持高度稳定。

在活体电位分析中，另一个难点是动物体液中的组分对电极的干扰和污染。例如，血液中的血纤维蛋白沉积在pH电极的表面，使电极的响应时间增长[300]。很多体内生物物质常会吸附在电极上，使所测得的电位发生缓缓漂移，影响了测定准确度。这种现象在长时间连续活体监测中是经常出现的，特别是电极插入生物体内的最初阶段，这种漂移比较显著。因此，在活体分析中，若条件允许，应使电极在生物体内保持一段时间，在信号基线稳定之后，再进行测定。关于微型离子选择性电极的结构和应用可以参考有关评论和综述[301,302]。

1. 钾、钠离子分析

钾、钠离子是维持正常生命活动所必需的几种主要离子，也是人体液中含量最高的几种阳离子。钾离子在细胞内液中约占阳离子总量的77%，而细胞外液中的阳离子主要为钠离子，约占阳离子总量的92%。它们对维持细胞的正常物质代谢、细胞渗透压和酸碱平衡以及维持神经肌肉的兴奋具有重要作用。测定生物体内和细胞中钾、钠离子的含量，不仅为生命科学提供直接生理信息，而且在医学诊断方面具有重要临床价值。

苏黎世联邦理工学院的Simon采用电位法监测体内钾、钠离子做了大量工作。在早期的研究中，他采用以缬氨霉素为基体的选择性电极，连续测定心脏手术病人血液中的钾含量[303]。在手术过程中，为了维持心脏的正常功能，钾含量必须保持在一定的生理范围之内。所用的电化学分析仪可以每2min，甚至可快至10～20s内提供血钾测定结果。测定结果与火焰光度法的结果十分相符，而采用火焰光度法需要离心分离，测定时间大约为10min。由于该电极响应十分迅速，测定几乎与手术过程同步，大大减少了因测定时间延误而造成的医疗事故。此后，Simon及其同事又采用微机控制系统连续监测病人导尿管中未经稀释尿液中钾、钠的含量[304]。该装置自动制作标准曲线，并反复测定活度系数，从而准确且连续地进行样品分析，并成功地应用于特别护理病房和心脏手术过程监测。这些工作显示了在体电化学分析在医学临床应用方面的巨大潜力。

微量移液管离子选择性电极具有小型、脆弱、寿命短且电阻高的特点，使其不能应用于生物科学。Gergely 等制备了低电阻的钾离子选择性电极，具有由碳纤维构成的固态内接触头。该碳纤维电极通过滴涂 PEDOT（聚 3,4-亚乙基二氧噻吩）使得内接触电位保持恒定。该电极可在植物体和动物组织内进行检测[305]。Walker 构建了三室的离子选择性微电极，可以同时对大麦根部表皮细胞中的 K^+、pH 值和膜电位进行检测。该电极尖端的直径约为 0.8μm[306]。Cosofret 发展了选择性电极阵列，对缺血处理的猪心中的 H^+、K^+的浓度变化进行了检测[307]。Bohm 等基于半透管制造了电位型微型传感器用于血液及皮下组织的各种离子的检测（Na^+、K^+、Li^+、pH 值）。该传感器通过将一个直径 0.3mm 的透析管和 Ag/AgCl 参比电极放入精密加工的有机玻璃中，在透析管的周围加入市售的离子选择剂，该传感器具有阻抗较小的优点[308]。

为了测定细胞中的离子含量，已研制了一种直径仅为 1μm 的中性载体钠离子选择性微电极[309]。另一些研究组报道了测定肾脏[310]、骨骼肌肉[311]、狗静脉[312]和小鼠海马体[313]中的钾离子活度的研究。一种导管型修饰电极已用来监测病人静脉血液中的钾含量，该电极基体为银丝，表面涂有一层含有缬氨霉素的有机硅聚合物[314]。

2. 活体 pH 值测定

在生命活动过程中，生物体内不断地产生酸性和碱性代谢产物。此外，还有相当数量的酸性或碱性物质从外界（例如通过食物）进入体内。但是在正常生理情况下，机体内含有的酸性和碱性物质，总是保持一定的数量和比例。例如，人体液中的酸碱度（pH 值）总是稳定在一个狭窄的范围内。

在动物体内，由于血液不断循环，使机体各组织互相联系，互相沟通。因此血液 pH 值的改变，可以反映整个机体酸碱平衡的情况。正常人血液呈微碱性，pH 值为 7.40±0.05。当血液 pH 值低于正常值时，机体将发生酸中毒；高于正常值时将发生碱中毒。此时，机体的代谢机能会发生故障，严重时可导致死亡。

早期用于活体 pH 值测定的电极是一种特制的微球玻璃电极，该电极装在皮下注射器的针头内，直接插入体内待测部位[315]。虽然玻璃电极在广泛的 pH 值范围内都有很好的响应，但也有自身的缺点。一个主要问题是玻璃电极的顶端难以微型化。减小玻璃电极体积有两个主要限制因素，其一是玻璃膜的厚度，其二是电极的针尖化。Pucacco 和 Carter 提出了减小 pH 玻璃膜厚度的方法，研制了一种亚微米级直径的 pH 电极，并且具有快速的电位响应[316]。Savinell 等报道了一种内充非水参比溶液的 pH 电极，该电极的特殊设计使其在插入体内的过程中保持稳定[317]。Stamm 等研制了一种连续监测组织内 pH 值变化的微型玻璃电极，特别适用于胎儿的体内测定[318]。玻璃电极由于依靠玻璃膜产生 pH 响应，本身具有很高的内阻。由此而产生的问题是，在仪器电子线路噪声较大的环境中，难以进行可靠和重现的测定。例如在特别护理病房和手术室中都有多种电子仪器和电气设备，这些仪器发出的各种电子干扰，有可能影响玻璃 pH 微电极的活体分析。尽管如此，玻璃膜 pH 电极还是在临床环境中成功地进行了多种测定。例如，在肺部换气不足的情况下，活体测定了血液中 pH 值的变化情况[319]；以及连续测定胎儿头皮组织内的 pH 值情况[320]。

各种非玻璃 pH 微型电极也有报道。例如：带有离子交换剂和中性载体的微型液膜电极[321,322]，以锑[323]、钯[324]和钨[325]为基体的金属-金属氧化物电极，以及离子选择性场效应晶体管[326]都成为新的微型 pH 探针，并且用于连续测定组织内部 pH[327]。导管型氢离子选择性场效应晶体管已商品化，并用于血管内 pH 值的测定[328]。有些 pH 探针还用于细胞内和肌肉中 pH 值的测定[329,330]。采用市售的离子载体，将离子选择性电极的前端在四氢呋喃溶液溶解的聚氯乙烯中浸泡作为交换膜，对埃及斑蚊的肛乳突表面的离子（Na^+、Cl^-、K^+、H^+、NH_4^+）浓度进行了检测。该电极具有自参比的性能。利用聚氯乙烯膜构成的离子选择性电极，对小鼠皮下组织的 H^+进行了测定，该种电极小型化后植入小鼠的皮下组织可进行长达 21 天的正常工作[331]。利用双阻离子选择性微电极方法，测定 NO_3^- 营养对水稻根系质外体 pH 值的影响，目的是从一个新的角度研究水稻 NO_3^- 营养的基因型差异以及质外体对作物吸收 NO_3^- 的作用，为今后深入研究水稻对 NO_3^- 的转运、吸收和调节机制提供理论依据[332]。

3. 钙和其他离子分析

钙在人体中含量很高，成人体内含钙总量约为 1200g。虽然 99%的钙积存于骨骼及牙齿中，但体液中的微量钙离子具有重要的生理作用。

Lanter 等采用几种不同类型的钙离子选择性液膜微电极进行了实验，发现这些电极与相应的常规电极相比，检测下限有所上升，并认为这是由于微电极液膜和被测溶液界面上的动力学过程变得缓慢所致[333]。Ammann 等详细地对钙离子微电极的结构和应用进行了评价和总结[334]。钙离子选择性电极用于动物体内和细胞中测定已有很多报道。例如，测定细胞间液[335]和兔肌肉中钙离子的活度[336]，采用离子选择性场效应管和中性载体电极连续活体测定狗体内钙离子浓度的变化[337~339]；采用针尖直径约为 3μm 的离子选择性电极对缺血处理的猫的中脑动脉中的钙离子含量进行了检测[340]。此外，缺血与缺氧状态下的小鼠的脑部[341]，药物注射致痫的大鼠脑部[342]的钙离子浓度检测均有报道。另外，纳米结构材料也在离子选择性电极中有了应用。在玻璃毛细管的尖端修饰上 ZnO 纳米棒，再在上面包覆含有 Ca^{2+}载体的聚氯乙烯薄膜，制成了钙离子选择性电极，该电极对人脂肪细胞和青蛙卵细胞中的钙离子浓度进行了检测[343]。

测定其他离子的微型选择性电极也有很多应用。Simon 研究组研制了直径 1μm 的中性载体微电极，并测定了细胞间液中镁离子活度[344]。Czaban 等制作了一种固体微电极并测定了重金属和卤素离子[345]。Vogel 等采用微型固体氟离子电极在纳升体积中进行了成功的测定[346]。Leader 对 Ag/AgCl 电极进行了改进，测定了细胞间液中氯离子含量[347]。类似的工作还有采用氯离子选择性电极长时间监测猪平滑肌细胞中氯离子活度[348]。

测定血液中二氧化碳浓度对于手术和特别看护的危重病人具有重要重义，因此，需要有可靠的在体传感器连续监测二氧化碳的浓度变化。Opdycke 等研制了一种导管型二氧化碳传感器[349]，其内部为管状高分子 pH 电极，外部为可以渗透二氧化碳的聚硅氧烷橡胶管。该结构可以有效地保护其敏感部分在导管插入体内时不受损坏，并有效地减小传感器的体积。该传感器在狗静脉中成功地连续测定 CO_2 浓度的变化情况，并与常规血气分析仪的结果完全相符。此外，亦有采用微型玻璃 pH 电极[350]和金属-氧化物 pH 电极[351]制作的 CO_2 传感器进行活体分析的报道。通过在超细铜丝尖端（直径约为 16μm）电沉积硒化铜薄膜的方法制备了全固型铜离子选择性微电极，研究了它对铜离子的能斯特响应，包括选择性、检出限和响应时间等参数；使用该电极检测到银杏根尖表面的铜离子时空流，并首次发现银杏根细胞对 Cu^{2+} 摄取具有振荡性。该电极尺寸小，响应范围宽，响应时间短[352]。

Justise 等研制了一种测定乙酰胆碱和胆碱的微型离子选择性电极，其原理为胆碱与六硝基二苯胺反应形成配合物而产生电位变化[353]，电极在 10^{-2}～5×10^{-5}mol/L 范围内接近能斯特响应。该电极已成功地应用于脑活体分析，由于常用的伏安微电极仅能测定脑内易氧化组分，该电极的应用为脑研究提供了新的信息。

电位型传感器也用于对肾透析病人的连续监测。Klein 等设计了一种测定透析仪流出液中尿素含量的仪器，仪器中的流动型尿素酶反应器将尿素转化为氨，当氨随透析液流出时，采用氨选择性电极测定[354]。尿素也可以采用一种直径只有 10μm 的氨电极测定，该电极的顶部固化有尿素酶，酶促反应产生的氨由下部电极测定，电极响应时间为 30～45s，浓度测定范围为 10^{-2}～10^{-4}mol/L[355]。

用双阻离子选择性微电极活体测定小白菜叶片活体细胞中硝酸根离子的活度：微电极与溶液中硝酸根离子的浓度呈对数曲线的关系，斜率为 48～58mV，对硝酸根离子浓度有较低的检出限，是一种选择性高、灵敏、经济的测定植物活体细胞中离子活度的方法。小白菜生长至六叶期时，用含有 NO_3^- 的营养液诱导 48h。测定结果表明，叶片细胞中硝酸根离子活度分布在活度高低明显不同的两个区间内，细胞质和液泡中，且两个区间在细胞跨膜电位上也有差异。液泡占整个细胞体积的 90%，所以植物所吸收的硝酸根离子都集中在液泡中[356]。

第四节　无损微测分析

一、无损微测分析简介

无损分析是一种应用非损伤性的方法对物体表面性能进行分析的技术，在机械、电子、土木、航空、医学和艺术等各个领域的材料性能分析中有着广泛的应用。目前常用的无损分析方法包括超声波、磁流体、液体渗透、放射学、远程可视化检测、涡电流测试、低相干干涉和化学方法等[357]。近些年来，随着微电子、计算机、微纳加工及光学显微等技术的快速发展，出现了“无损微测技术”（或非损伤微测技术）。另外，不断发展的各种超微电极（如固体超微电极、玻璃离子选择性超微电极、光纤超微电极等），由于具有小尺寸和高灵敏等特性，常被用作无损微测技术的“探针”。而超微电极的使用也大大推进了无损微测技术在材料科学、基础生物学、生理学、神经生物学、医学、环境科学等诸多领域的应用[358~366]。

无损微测技术（non-invasive microtest technique，NMT）是 20 世纪末发展起来的、在不接触被测样品的情况下测量活体或材料表面的离子和分子流速和运动方向，从而获得样品性能信息的一系列离子和分子检测技术的总称。无损微测技术使用的探头是选择性超微电极，分析和检测的样品既有非生命材料（如合金、碳钢、陶瓷等），也包括各种生物活体（如细胞器、单个或多个细胞、组织甚至器官）。目前无损微测技术主要包括扫描离子选择电极技术（scanning ion-selective electrode technique，SIET）、扫描振动电极技术（scanning vibrate electrode technique，SVET）、微电极离子流评价技术（microelectrode ion flux estimation technique，MIFE）和扫描极谱电极技术（scanning polarographic electrode technique，SPET）等。该技术涵盖化学、物理、电学、微电子、计算机、微纳加工及光学显微技术等多个学科，具有非损伤性、长时间、简单、实时、动态、多角度三维探测等特点。尤其在生物和医学领域的研究中，无损微测技术可使研究人员在被测样品上获得其他技术难以测到的生理特征和生命活动规律，在理论和应用研究中都产生了很多实质性的突破成果[358~366]。

二、工作原理

无损微测技术的工作原理是将选择性超微电极置于离待测样品很近的距离内（如几到几十微米内），通过记录超微电极上的电压或电流信息得到样品表面的分子或离子浓度，由此获得样品信息的方法。根据检测物质的不同，选择不同的超微电极和电化学检测方法。

以应用离子选择性超微电极作探头检测活细胞表面的离子为例[365,366]，无损微测技术的工作原理简述如下。溶液中的离子通过扩散向细胞表面移动或远离，当细胞吸收其表面的离子时，细胞表面的离子浓度会比远离细胞的地方低。反之，当有离子穿过细胞膜从细胞内释放出来时，在细胞表面的方向会产生一个明显的电化学势的梯度，同时在溶液中也会出现离子浓度的梯度。当用对特定离子有响应的离子选择性超微电极接近细胞时，通过测量细胞表面溶液中的电化学势梯度，应用能斯特方程可计算得到细胞表面该离子的净通量 J [mol/(m^2·s)][362]：

$$J = cuzFg\left(\frac{\mathrm{d}V}{\mathrm{d}x}\right) \tag{8-9}$$

式中，c 为离子浓度，mol/m^3；u 是离子迁移率，m/(s·N·mol)；z 为离子所带电荷数；F 为法拉第常数，96500C/mol；g 是由电极校准测量的 Nernst 方程斜率得到的参数；dV 是通过静电计测量的两个位置间的电压降，V；dx 为两个位置间的距离，m。

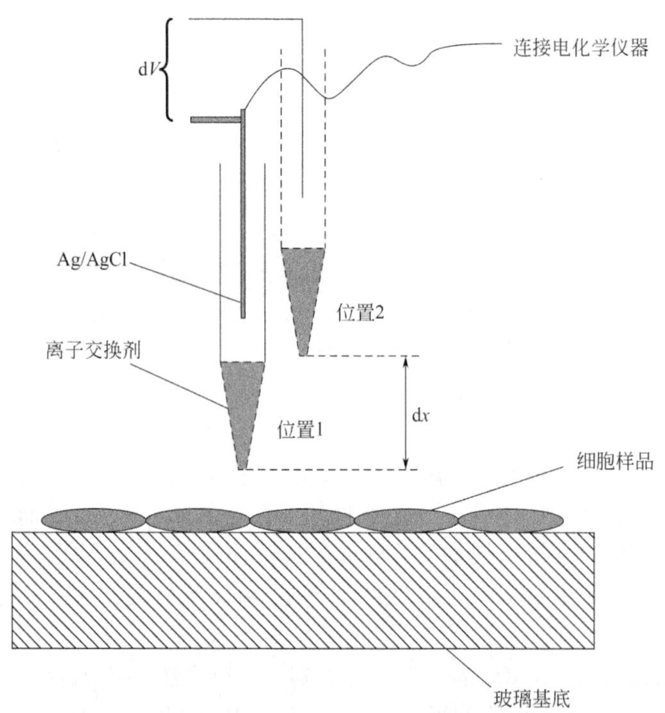

图 8-11 应用离子选择性超微电极作无损微测探针检测细胞表面离子浓度的原理图[365]

装有离子交换剂的选择性超微电极在接近细胞表面的两位置间（dx）移动，
通过静电计记录的两个位置之间的电位梯度（dV）可计算得到细胞表面的离子净通量

当溶液静止或变化很缓慢时，水溶液的对流小到可以忽略，通过测定接近待测样品表面溶液中的净扩散离子流可得到通过样品表面的净离子流。因此在无损微测中，将离子选择性超微电极缓慢地在样品表面的两个位置间（dx）移动（如图 8-11 的位置 1 和位置 2），并同时记录这两个位置的电压信号(V_1, V_2)，通过将校正曲线的 Nernst 方程斜率引入方程式(8-9)，可将测量的电压信号转化为待测离子的浓度数值。计算时，根据电极形状和扩散场（如柱状、球形和平板形扩散）的不同，方程式（8-9）的表达式稍有不同[360,362,365]。

在用固体超微电极作无损微测体系的探头研究待测样品的分子或离子浓度时，除了通过测定由离子浓度梯度产生的电化学势梯度的方法外，还可基于待测样品周围的分子或离子在超微电极表面的氧化或还原反应，通过测量氧化还原反应的电流或电压信号，然后将其转化为分子或离子浓度的方法。

三、无损微测系统的组成

无损微测系统主要由三维运动、显微成像和信号放大三部分组成，其中三维运动系统的探针（选择性超微电极）为无损微测系统的核心［见图 8-12(a)］[366]。

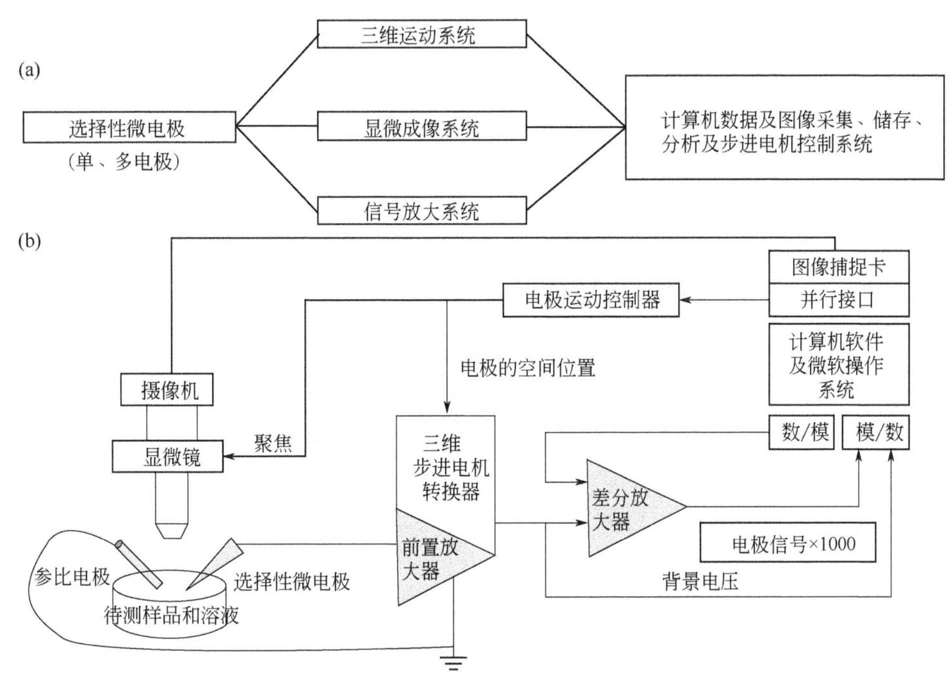

图 8-12　(a) 组成无损微测系统的三部分；(b) 无损微测系统的实验装置示意图[366]

图 8-12(b)为常用的无损微测实验系统的示意图。图中超微电极在计算机控制的步进电机带动下，沿被测样品做三维运动并实时记录电压或电流等电信号，所采集的信号经信号放大系统输入计算机，并经数据处理系统进行分析，从而获得样品表面离子或分子的信息。测量的同时，电极上方的显微镜可从水平和垂直两个方向实时观察超微电极和样品的位置，并进行定时抓拍图像。

无损微测系统的电极部分，由于作为工作电极的选择性超微电极（或者纳米电极）的尺寸较小，电极的电压降较小，一般可采用参比电极和选择性超微电极的两电极体系。在超微电极的选择方面，根据单通道还是多通道检测，可选择单电极、双电极或多电极[367~373]；根据待测物质的不同，可选择不同材质的超微电极，例如测定离子常选玻璃离子选择性超微电极[367~370]，测定气体和分子多用固体超微电极（如铂超微电极、碳纤维超微电极、铂铱合金超微电极、酶电极）[371~373]，与光学检测方法结合的分析常采用光纤超微电极等。其中，玻璃离子选择性超微电极是无损微测系统中最为常用的超微电极，通常以玻璃超微电极为载体，用液体离子交换剂（liquid ion exchanger, LIX）制成液体膜。根据液体膜的不同，可分为由可电离的离子交换剂组成的超微电极（如钙离子超微电极）和由不带电荷的大环状化合物（即中性载体）组成的超微电极（如钾离子超微电极）两类。另外，化学修饰的固体超微电极可进一步提高超微电极的选择性和检测限，如修饰卟啉和邻苯二胺的碳纤维电极可选择性地检测一氧化氮（NO），铂铱合金超微电极通过控制电位可选择性地测量 O_2 等。以选择性超微电极在生命科学领域的应用为例，其不仅能直接测定活的生物细胞或细胞器内的离子或分子浓度，而且能对活的生物相邻的位置、功能和代谢速率可能不同的特定微区细胞表面的离子或分子流进行分别测定。无损微测系统的另外两部分，信号放大器和显微成像系统，前者可分为极谱前置放大器和电压前置放大器两种，后者有一般的光学显微镜和近期与荧光分析结合的荧光显微镜[366]。

四、无损微测技术的影响因素

在应用无损微测技术分析样品（特别是生物样品）前，需要考虑一些实验条件对测量可能产生的副作用和影响[365,366]，如缓冲溶液的组成、浓度和电极的形状等[365]。

1. 缓冲溶液的影响

无损微测实验中，被测离子周围的溶液对稳定测定被测离子十分重要。实验前，通常需要在溶液中加入一定的缓冲剂以稳定被测离子（如 Tris 或 EDTA）便于离子选择性超微电极的测量。如果离子缓冲剂的选择不当或浓度不合适，可能产生被测离子与缓冲剂的相互干扰，破坏被测离子的浓度梯度，进而影响测量的准确性[366]。另外，溶液中离子强度的改变对离子选择性电极的特性也会产生很大影响，可导致离子净通量测量不准的情况[374,375]。例如，实验结果表明，若测量前超微电极没有使用钠离子标准液校准，溶液中高浓度的钠离子（如 70% 的 0.09mol/L 的 NaCl）会使测得的 K^+和 Ca^{2+}浓度偏低。这种情况在高离子浓度溶液中测量离子净通量时必须考虑，例如在检测通常生活在高钠离子环境的海洋细菌或模拟食品防腐剂的环境时（这两种情况均含较高浓度的 NaCl）[365,375]。因此在实际测量前，每个超微电极必须用两种标准溶液（含 NaCl 和未含 NaCl 的）进行校正。在无损微测的实验设计中，不但要考虑测量溶液中各种成分对被测样品的可能影响，还要充分考虑缓冲剂浓度对被测离子梯度是否有严重干扰的情况[376]。

2. 空间几何构型的影响

在无损微测实验中，当电极直径只有几十微米甚至几个纳米时，通常电极的阻抗较高，这就产生了较高的电噪声[377]。当检测细胞等样品表面相对较小的信号时，这种电噪声可能导致低信噪比的问题，特别是在高离子浓度的情况下，可能会对离子流分辨率产生影响。针对这个问题，研究人员可通过增加电极直径、选择合适的超微电极形状和减小离子选择性电极尖端处离子交换剂柱长度的方法来减小电极阻抗和提高信噪比[365]。例如在直径为 1～2μm 的选择性超微电极距离被测样品 2～20μm 及 dx 为 5～30μm 的技术条件下，被测材料离子流动的空间几何分布大致可分为点、平面和球体三类。在超微电极距离被测材料小于 5μm 时，通常认为离子是以平面方式运动的[366]。另外，可通过增加如图 8-11 中超微电极在位置 1 和位置 2 处的移动距离来减少电噪声：距离越大，电化学梯度越陡，在噪声水平保持不变的情况下每秒收集到的信号越强。但需要注意的是，溶液中离子扩散的速率有限，第二种方法可能会对检测细胞快速信号方面不利。因此，需要选择一个合适的距离。Shabala 等研究发现[365]，在无损微测技术用于细胞的检测实验中，比较合适的位置 1 到位置 2 的电极移动距离为 70～100μm，位置 1 保持在细胞上层 10～15μm 处。

五、无损微测技术的特点

（1）原位、无损伤性测量　应用无损微测技术进行实验时，由于选择性超微电极只在被测样品表面周围做三维运动而不接触被测样品，特别是在测定生物样品时，可克服传统膜片钳或其他电生理方法把超微电极插入细胞或组织内进行测量所带来的损伤，以及由损伤导致的实验数据不真实或假象的情况，这成为无损微测技术最重要的特点。

（2）三维动态的实时测量　无损微测实验采用计算机控制的步进电机带动电极做三维运动测量，不仅可得到样品表面在某一检测位点的离子或分子浓度的静态信息，也可得到三维空间不同方向上的离子或分子浓度的动态信息和速率，可克服传统表面检测技术仅能得到样品某一点静态浓度的信息不足的问题。值得一提的是，无损微测技术是目前世界上唯一能够根据人工设定、以手动或编程的方式、从样品表面的任意角度对样品进行测量的系统。

（3）同时测量多个样品　通过选择单个或多个超微电极做无损微测的探头，可进行单通道单物质或多通道多物质的同时测量，因此可对不同样品或同一样品的多个物质进行同时检测，这在研究同一样品的相关性能指标方面尤为重要（如表征细胞功能的多个分子或离子浓度时）。

（4）长时间测量　有些样品需要长时间进行测量（如观察植物细胞的生长），而无损微测技术可满足这一要求，可进行几小时甚至十几小时长时间的连续测量，一般只需根据用户要求更换样品。

（5）分辨率和灵敏度高　近些年超微电极、电子和微纳米加工技术的快速发展，使得无损微测技术的分辨率和灵敏度不断提高。目前无损微测技术的时间分辨率可达 0.3s 的响应时间和约 5s 的测量时间，这对快速获取细胞的早期事件十分有用。空间分辨率的最小尺度可达 0.5μm，能够用于单细胞，甚至原生质体、液泡等的测定。灵敏度可达 10～12mol/（cm^2 • s），甚至更低。

六、无损微测技术的应用

无损微测技术最早由美国海洋生物学实验室的神经科学家 Jaffe 在 1974 年的“Journal of Cell Biology”杂志上提出最初的概念[378]，并于 1990 年成功用于测定细胞的 Ca^{2+}流速[358]，从而开创了生命科学从静态测量到动态测量转变的先河。之后，1995 年，美国海洋生物实验室的另一位科学家 Smith 在“Nature”杂志上发表文章阐明了无损微测技术的数学、物理学基础以及应用方式[379]，进一步加强和完善了无损微测技术的理论根基[380]。自此，无损微测技术进入各个研究领域并发挥着越来越重要的作用，已被广泛应用于植物学、动物学、医学、微生物学、环境科学和材料科学等多个领域，如植物的营养传输、生长发育、信号传导、药物筛选、动物（人体）生理、毒理学、神经生物学、环境监测、金属腐蚀机理和食品安全监测等方面。下面简单介绍无损微测技术在这些领域的实际应用。

（一）生物体系中的应用

生物体内分子和离子的运输机制，特别是离子/分子跨膜生物信息的传递机制对于整体研究各种生物信息十分重要，一直是生命科学领域研究的重点[375]。细胞膜受体与配体、离子通道与离子、不同信号分子在膜水平上作用等膜生物学的中心课题一直都是生命科学的热点问题。研究表明，膜蛋白是生物膜功能的主要体现者，面对周围环境的改变，细胞会通过复杂的调控网络改变膜的通透性，使细胞膜周围分子、离子信息发生改变，而记录这些变化，不仅能够对膜蛋白的功能起到验证作用，而且能为研究该功能提供重要信息[366]。无损微测技术这种操作较为简单并且可三维实时测量的微测技术已成为生物膜研究的重要工具。

目前，无损微测技术在生物体内捕捉到的信号既包含整体电压和电流信号，也有局部电压和电流信号。不但可测量 H^+、Ca^{2+}、K^+、Na^+、NH_4^+、Cl^-、NO、O_2、H_2O_2 等 50 多种离子和分子，更多的离子和分子的测定也正在开发中，如 Fe^{3+}、Al^{3+}、Zn^{2+}、IAA、Glu、ATP、葡萄糖、氨基酸等[360~372]。另外，除了采集某一测量位点的静态信息，也可同时采集多种离子/分子数据并实时检测[373]，为获得生物样品分子或离子运动的有关信息提供了良好的实验技术平台。被测样品可以是单细胞（如花粉管、卵细胞）、细胞器（如富集的螺旋藻叶绿体、富集的花粉管线粒体、分离的液泡）、组织（如水蛭神经束、皮组织）、器官（如小鼠胚胎、龙虾壳），甚至整个微生物（如细菌、真菌）和生物体（如浒苔、斑马鱼）。无损微测技术在生物体系的研究中具有测量方便、快捷、三维实时、对样品不会产生任何伤害的特点，从而获得其他技术难以测到的生理特征和生命活动规律，在理论研究和应用领域方面产生前所未有的重大突破。下面简单列举无损微测技术在检测生物体系离子和分子中的应用。

1. 离子检测的应用

植物和动物细胞膜间离子跨膜传输的研究对于阐明植物和动物的生长机制、营养的运输路径、外界刺激的影响、生理学和药理学等诸多方面都具有重要的指示作用[374]。下面主要从植物和动物两个方面介绍无损微测技术在离子检测方面的应用，有关该技术在医学和微生物学中离子检测的应用在本节的最后部分会做简单介绍。

（1）植物领域中离子检测的应用　无损微测技术在植物学研究中一直占有很大的比重，这主要是由于植物细胞的细胞壁对于像膜片钳那样的技术来说存在操作上的困难，而应用无损微测技术特有的不接触被测样品就可进行测量的功能，可在不对细胞、组织甚至器官造成任何损伤的情况下探测未知离子的运输情况[362,381~384]。例如，Kochian 等在原有 Ca^{2+}选择性超微电极的基础上，相继开发出了 H^+、K^+、Al^{3+}和 Cd^{2+}选择性超微电极，将其应用于玉米根和植物毒理学的研究，并为这些超微电极在动物研究中的应用开辟了道路[385~387]。随后，无损微测技术被应用于整体根、根毛及花粉管的研究，用于阐明 Ca^{2+}运输与样品内部活动及生长的相关性[387~391]，如 Messerli 等应用无损微测技术证实了脉动式的花粉管生长所体现的周期与离子流动速率表现出的频率相关[390]，Chen 等使用无损微测技术研究了白芊花粉管的 Ca^{2+}流，发现白芊花粉管生长过程中对钙调素分子的抑制会引发 Ca^{2+}内流的改变，进而改变胞内 Ca^{2+}浓度导致花粉管的畸形[391]，这一发现成为钙调素分子的全新认识。无损微测技术还被用于研究盐浓度对植物细胞的影响，如 Shabala 等使用该技术测量了蚕豆叶肉细胞中 H^+、K^+、Ca^{2+}、Na^+和 Cl^-的离子流动，研究了盐胁迫的离子机制[365,367,392~394]。陈少良等使用无损微测技术研究了抗盐品种胡杨和盐敏感品种群众杨根部和根原生质在盐胁迫下的 Na^+、H^+、Cl^-流的变化情况，发现胡杨抗盐的机制在于其根部质膜上具有高活性的 Na^+/H^+逆向蛋白和较强的离子运转能力[395]。另外，对植物细胞/组织周围 H^+浓度的探测也是无损微测技术在植物领域离子检测方面的主要应用之一，如郭岩等使用无损微测技术对拟南芥根部的 H^+流进行了原位活体测量，证实了分子伴侣 J3、蛋白激酶 PKS5 及质膜 H^+-ATP 酶相互作用对植物适应逆境的影响[396]。另外，研究人员还将多通道电极应用于无损微测技术中实现了多种离子的同时检测和机理研究[373]，如许越等应用 H^+和 O_2 双超微电极作探头的无损检测技术探测了百合花粉前端的 H^+外流和 O_2 内流，并由此证明 H^+的外流是造成花粉管前端局部碱化带的原因[397]，同一研究小组又应用 H^+和 Ca^{2+}双超微电极检测植物根部不同位置的浓度变化，显示 H^+和 Ca^{2+}可能在植物感知重力变化过程中起到一定的作用。

（2）动物领域中离子检测的应用 动物细胞内外的离子浓度对于维持细胞正常的物质代谢、细胞渗透压、酸碱平衡以及神经兴奋等功能具有重要的作用，比如 K^+和 Na^+分别是细胞内、外液中的主要阳离子，分别约占阳离子总量的 77%和 90%，细胞的 Ca^{2+}外流对细胞的药理学和毒理学研究十分重要，细胞产酸引起的 H^+浓度的变化可指示肿瘤细胞以及用于药物对肿瘤的抗药性研究等。研究这些离子的跨膜传输与细胞的多种生理活动密切相关[398~400]，而无损微测技术成为原位、非损伤地研究动物细胞膜间离子迁移的重要工具。如 Pelc 等利用无损微测技术测量到了软骨动物贻贝的平滑肌在卡巴胆碱刺激下收缩时产生的大量的 Ca^{2+}内流，以及单个离体心肌细胞的 Ca^{2+}内流[401]。Devlin 等测量到了海参平滑肌在神经介质和激素刺激下产生的 Ca^{2+}外流[402~404]。Knox 等利用神经元作为材料研究钙释放激活钙电流、自由基、重金属和第二信使存在的条件下 Ca^{2+}的调节机制[405,406]。Catherine 等采用钙离子选择性超微电极研究了重要的重金属元素 Cd^{2+}和一些药理学试剂对海兔神经 Ca^{2+}流动的影响，证明 Cd^{2+}浓度的增加造成相应的 Ca^{2+}外流信号的增加，而钙离子通道拮抗剂维拉帕米显著降低了 Cd^{2+}诱导的钙外流[407]。Trimarchi 等应用钙离子选择性电极通过首先测量 Ca^{2+}的浓度确定小鼠卵细胞的健康状况，再植入母体内以产生正常的后代[408]。Molinal 等通过无损微测实验证实 H^+的流动存在于鳐鱼视网膜细胞神经介质的生理活动中[409,410]。Wu 等应用无损微测技术对青鳉幼鱼皮肤表面线粒体富集细胞的 H^+、Na^+和 NH_4^+ 的流速进行了测定，发现 Na^+/H^+交换器与 Na^+和 NH_3/NH_4^+ 的转运相关，提高胞外的 NH_4^+ 浓度显著抑制了 NH_3/NH_4^+ 的分泌和 Na^+的吸收[411]。Gunzel 等应用 pH/Mg^{2+}双离子选择性超微电极研究了水蛭神经元的细胞内碱化对 Mg^{2+}胞内释放的影响[412]。

（3）医学领域中离子检测的应用 骨骼中存在着离子交换。Marenzanaa 等用无损微测技术测定了生理状态下骨骼的 Ca^{2+}流，发现当添加 10mmol/L NaCN 时，Ca^{2+}外流消失，证明这种外流具有细胞依赖性，此发现为理解 Ca^{2+}在骨骼和骨浆中的平衡提供了依据，可为人体补钙提供参考[413]。赵敏等用无损微测技术测定了内生伤口的电流，得到了 Na^+、K^+和 Cl^-电流，发现通过激活特定的酶，电信号可调控伤口愈合过程中的细胞迁移，并选择性地激活信号通路[414]。随后，同一小组又应用直径 10～30μm 的铂黑超微电极作探头，并与扫描振动电极技术（SVET）相结合，检测了生理盐水中的离子电流，该研究为与伤口、胚胎干细胞成长等生物体系相关的离子电流的探测提供了参考方法[415]。许越等应用无损微测技术并选用氢离子选择性超微电极做探头，探究了人的乳腺癌细胞在抗肿瘤药物阿霉素的处理下细胞外 pH 值和 H^+流动方向和速率的变化，从而建立了基于无损微测技术的药物抗药性的研究方法，为将来研究器官/组织/细胞外离子/分子活性与肿瘤细胞耐药性之间的相互关系提供了新的研究方法[369]。

（4）微生物学领域中离子检测的应用 Ramos 等使用无损微测技术研究了离子流在菌根生长过程中的作用，发现真菌侵染主要作用于根部伸长区，使得离子运动及根部酸化发生了剧烈变化，并且离子流变化呈现周期性[416]。通过此发现，他们构建模型解释了植物养分吸收和生长加速是通过侵染真菌所介导，依赖于 pH 值的变化，并发现 Ca^{2+}在这一过程中发挥了重要的作用，此研究为揭开植物和真菌的共生互作提供了证据和参考模型。

另外，近些年选用不同的离子选择性电极（如 Na^+、K^+、Zn^{2+}、$NH_4{}^+$、Cl^-离子选择性超微电极等），将无损微测技术与扫描电化学显微镜技术相结合，研究细胞/组织周围的各种离子浓度的研究也屡见报道[417~422]。

2. 分子检测的应用

生物体内很多分子的浓度与生物体的生理状态密切相关，如细胞和组织周围的氧气浓度可以反映细胞的发育和死亡[372]，一氧化氮（NO）的浓度与神经信号传导、心脑血管疾病、高血压疾病等密切相关[423]。根据待测物质选择合适的超微电极，应用无损微测技术可有效原位、非损伤、实时地探测这些分子在细胞或组织周围的浓度，从而为生理学、病理学等研究提供有效数据。例如，Trimarchi 等应用氧气选择性超微电极作为无损微测技术的探头，有效地分析了植入前胚胎的氧气消耗和利用，并证明氧气的消耗与重大生理活动息息相关，如小鼠的发育、对药物的反应或细胞死亡，由此更进一步证明无损微测技术可被用来快速无损地测量发育中的小鼠胚胎周围介质中溶解氧的梯度，从而鉴定发育过程中氧气的消耗和利用[424]。Shanta 等采用 NO 超微电极，检测到水蛭中枢神经元损伤导致 NO 快速的外流，证明在水蛭中枢神经元受到损伤的瞬间，激活了已经存在于中枢神经元的一氧化氮合成酶，并且作为小胶质细胞富集于受损部位的上游步骤，证实 NO 充当了阻止小胶质细胞从受伤处迁移的角色[425]。Amatore 等制备了一系列不同种类的选择性超微电极，用于检测细胞周围的多种分子和自由基（如 O_2、O_2^-、NO•、NO、NO_2^-、$ONOO^-$、H_2O_2 等）的释放过程和浓度，此研究为与很多病理和生理过程相关的细胞的氧化应激过程提供了参考[426]。

（二）材料科学中的应用

无损微测技术在材料科学的重要应用之一是有关材料表面腐蚀机理和动力学的研究。例如，Lamaka 等应用镁离子选择性超微电极作无损微测技术的探头，并与扫描振荡电极技术（SVET）结合，研究了 NaCl 水溶液中镁合金的腐蚀行为，为镁合金的腐蚀机理进行了精确清晰的分析和描述[427]。Shipley 等应用铂超微电极做 SVET 的探头，研究了缓蚀剂铈溶液对金属表面防腐的作用效果[428]。另外，将无损微测技术与扫描电化学显微镜技术结合也被广泛用于金属腐蚀机理和缓蚀效果的研究中[429~432]。目前，无损微测技术已成为研究金属材料微区电化学腐蚀过程机理和动力学的有力工具。

（三）环境科学中的应用

无损微测技术在环境科学领域的主要应用是监测环境污染物对生物体的影响，其中一个主要检测指标是生物体的耗氧量。例如，Sanchez 等使用无损微测技术检测了在微量有机污染物作用下鱼胚胎的氧气流，发现鱼类胚胎内氧气流量发生了显著改变[433]。该研究采用无损微测技术来监测环境毒物的存在，为水质监测提供了新的思路和方法，并可用于其他有机生命体。如果将胚胎鱼结合使用于瘤细胞，能够检测到潜在的致癌药物，或帮助发现新的治疗目标。

（四）食品安全领域的应用

食品卫生的主要危害之一是存在细菌等微生物，理解细菌等微生物的特性可为减少其在食品卫生中的危害提供参考。细菌细胞膜间的分子和离子的跨膜运输对于调节细菌细胞内 pH 值的平衡、维持细胞的渗透性、吸收养分、信号传递和提高细菌的适应性方面十分重要。而无损微测技术可为我们理解细菌、真菌和生物膜等微生物对外界环境改变的适应性方面提供有用信息。Shabala 等应用无损微测技术研究了细胞外离子浓度（如 H^+、Na^+）、有机酸和葡萄糖的存在、高盐浓度对细胞膜渗透性以及极端温度对于细菌细胞周围离子浓度的影响，表明无损微测技术可为减少细菌污染食品的情况发生和评估微生物对抗微生物物质的抗药性研究提供新的技术平台，将来可用于食品过程安全的快速评估[365]。

七、无损微测技术和膜片钳技术的区别

电生理研究中常用的检测方法包括膜片钳技术、无损微测技术和化学分析法（主要是荧

光染色分析）。其中，膜片钳技术是从分子水平研究跨膜离子移动和其他功能的主要方法之一[434,435]，但该技术仅限于单一离子通道的记录和分析，不适合整体上研究跨膜分子/离子的信息，并且存在封接成功率低、记录时间短、封接不稳且不能进行三维立体扫描等问题[366]。无损微测技术由于可采用多电极体系进行多通道的三维空间的长时间测量，从而弥补了膜片钳技术的一些不足，成为膜片钳技术的一个重要补充。并且，无损微测技术以其特有的时间和空间分辨率，为鉴定或验证某些生物膜运输系统的功能提供了非常有力的工具。另外，在生物医学研究过程中，无损微测技术较好地填补了整体组织研究过程中的化学分析方法与荧光染料标记或膜片钳等局部研究方法两者之间的技术空白（见图 8-13）。具体有关无损微测技术与膜片钳技术的比较见文献[366]。

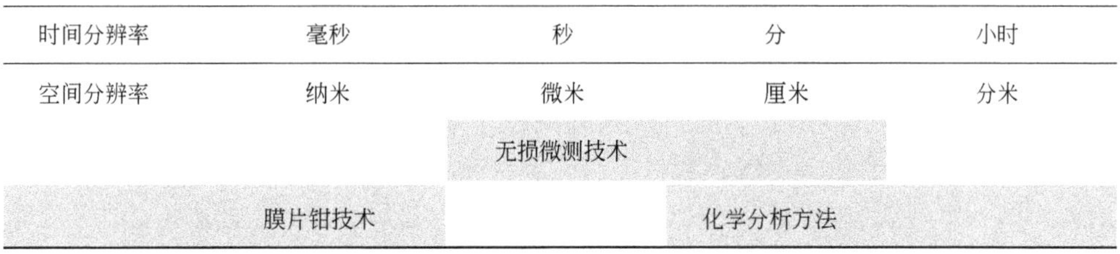

时间分辨率	毫秒	秒	分	小时
空间分辨率	纳米	微米	厘米	分米
		无损微测技术		
	膜片钳技术		化学分析方法	

图 8-13 电生理研究常用检测技术的时间和空间分辨率比较图[10]

八、无损微测技术与其他技术的结合与展望

1. 无损微测技术与其他技术的联用

（1）与膜片钳技术的结合　Valencia-Cruz 等应用无损微测技术和膜片钳技术相结合，研究了离子通道调节的细胞凋亡早期的 K^+外流[436]，发现 1μmol/L 的十字孢碱会快速引起 K^+的外流，同时记录到 Kbg 通道的电流增加，并伴随着膜去极化的急剧下降。Kbg 通道调节早期的 K^+外流，Kv1.3 通道在后期起到主要作用。这一研究为认识细胞凋亡的内在机制提供了新的证据，这种实时和便于操作的研究手段有望在临床等实际应用领域诊断或检测凋亡细胞。

（2）与荧光/激光共聚焦技术的结合　Feijo 等使用激光共聚焦显微镜技术测定了细胞内 Ca^{2+}的同时，结合使用无损微测技术测量了进出细胞的 Ca^{2+}流[437]。研究发现细胞融合一旦发生，使用无损微测技术测得一个显著的 Ca^{2+}内流，直接验证了胞内 Ca^{2+}的增加是由于吸收胞外 Ca^{2+}而非内源钙库释放引起的这一科学问题。Shabala 等将荧光显微镜与离子选择性超微电极相结合，持续探测了利斯特菌的单细胞基因在酸度和葡萄糖存在情况下的离子响应[438]。丁亚男等将荧光染色技术和无损微测技术相结合研究了临床病理学中韧带过度拉伸损伤中，成纤维细胞内钙离子浓度的变化，并解释了细胞在受力情况下细胞外 Ca^{2+}内流的原因[439]。

2. 无损微测技术的展望

自创立以来，无损微测技术以非损伤性、多离子/分子同时测量及灵活的三维空间测量方式，并借助强大的数据分析软件，实现了多种生物体系和材料表面的分子/离子变化信息的实时、三维、动态测量，并以其特有的时间和空间分辨率，不仅能够选择性地获得传统技术无法得到的样品的离子/分子流速的动态信息[流速达 10～12mol/(cm^2 • s)]，而且更有利于从整体上分析分子/离子携带的活动信息，在细胞和组织水平上的功能鉴定方面以及跨膜生物信息传递机制方面发挥着重要的作用。并且由于它是用微型化（尖端直径为0.5～5μm）的离子或分子选择性电极直接对准样品测定，不同于其他化学测定需取样品，可以连续测定和自动监测。在生命科学领域，无损微测技术是连接基因到功能的桥梁；在环境科学和食品安全领域，无损微测技术是探知环境污染和食品污染的预警系统；在材料科学领域，无损微测技术是评价材料在液体环境中性能的新手段。目前，无损微测技术的应用又拓展到新的研究领域，如生物体基因组信息与其微量元素和分子组成建立生物关联的基因组学，以及具有实际生物学意义的动态离子组学和动态分子组学[366]。

第五节　超微电极的发展方向

在过去30多年间，超微电极作为一种研究工具已拓展到一些新的研究领域，例如基因工程、药物传输的路径探索、小体积（如nl、pl、fl）的电分析研究[440]、多肽、酶、生物膜等。特别是纳米电极的发展，大大促进了扫描探针技术（如SECM、AFM、STM、SICM）在小尺寸表征方面的应用和发展，并且将在很多新的研究领域持续贡献力量，例如新界面（如气体/液体界面、单层膜界面）和微环境（如细胞、孔、微米尺寸活性电极点）的探测等。因此，制备坚固或一次性的电极以及更小的10^{-10}m级大小的超微电极成为一种趋势。此外，制备出不同几何形状的超微电极也引起越来越多的关注，如凹形圆盘电极[441~443]、双管/双金属电极[444~447]和纳米孔电极[448~456]等。目前，更可控制备不同几何形状的超微电极，并且发展成功率高、重复率高、快速、简便的超微电极的制备方法十分必要。另外，有关超微电极绝缘和表征的新方法也在不断发展。

参 考 文 献

[1] 张祖训. 超微电极电化学. 北京: 科学出版社, 1998.
[2] 古宁宇, 董绍俊. 大学化学, 2001, 16: 26.
[3] Zoski C G. Handbook of Electrochemistry. Elsevier, 2007, 155.
[4] Bard A J, Faulkner L R. Electrochemical Methods: Fundamentals and Applications. New York: Wiley, 1980.
[5] Bond A M. Analyst, 1994, 119: R1.
[6] Forster R J. Chem Soc Rev, 1994, 23: 289.
[7] Montenegro M I. in Research in Chemical Kinetics, Compton R G, Hancock G, Eds, 1994, 2: 1.
[8] Howell J O, Wightman R M. Anal Chem, 1984, 56: 524.
[9] Ciszkowska M, Stojek Z J. Electroanal Chem, 1999, 466: 129.
[10] Conyers J L, White H S. Anal Chem, 2000, 72: 4441.
[11] Brazill S A, Bender S E, Hebert N E, et al. J Electroanal Chem, 2002, 531: 119.
[12] Amatore C, Thouin L, Warkocz J. Chem Eur J, 1999, 5: 456.
[13] Shao Y, Mirkin M, Fish G, et al. Anal Chem, 1997, 69:1627.
[14] Sun P, Mirkin M. Anal Chem, 2007, 79:5809.
[15] Elsamadisi P, Wang Y, Velmurugan J, Mirkin M V. Anal Chem, 2011, 83: 671.
[16] Arrigan D W M. Analyst, 2004, 129: 1157.
[17] Katemann B B, Schuhmann T. Electroanal, 2002, 14: 22.
[18] Fan F-R F, Kwak J, Bard A J. J Am Chem Soc, 1996, 118: 9669.
[19] Sun P, Mirkin M V. Anal Chem, 2006, 78: 6526
[20] Wightman R M. Anal Chem, 1981, 53: 1125A.
[21] Pons S, Fleischman M. Anal Chem, 1987, 59: 1391A.
[22] Heinze J. Angew Chem Int Ed, 1993, 32: 1268.
[23] Kawagoe K T, Zimmerman J B, Wightman R M. J Neurosci Methods, 1993, 48: 225.
[24] Forster R J. Chem Soc Rev, 1994, 289.
[25] Amatore C, Thouin L, Warkocz J. Chem Eur J, 1999, 5: 456.
[26] Stulik K, Amatore C, Holub K, et al. Pure Appl Chem, 2000, 72(8): 1483.
[27] Zoski G C. Electroanal, 2002, 14: 1041.
[28] Fleischman M, Pons S, Rolison D R, Schmidt P P. Ultramicroelectrodes, Datatech Systems, Morganton, NC, 1987.
[29] Clark R A, Zerby S E, Ewing A G. Electroanalytical Chemistry. Vol. 20 (Eds.: Bard A J, Rubinstein I). New York: Marcel Dekker, 1989, 227.
[30] Wightman R M, Wipf D O. Electroanalytical Chemistry (Ed: Bard A J), New York: Marcel Dekker, 1989, 15: 267.
[31] Microelectrodes: Theory and Applications, NATO ASI Series, Vol 197 (Eds: Montenegro M I, Qukeiros M A, Daschbach J L), Kluwer, Dordrecht, 1991.
[32] Amatore C. in Physical Electrochemistry (Ed: Rubinstein I). New York: Marcel Dekker, 1995, Chapter 4.

[33] Zoski C G. Modern Techniques in Electroanalysis (Ed.: Vanysek P). New York: Wiley-Interscience, 1996, Chapter 6.
[34] Michael A C, Wightman R M. Laboratory Techniques in Electroanalytical Chemistry (Eds: Kissinger P T, Heineman W R). New York: Marcel Dekker, 1996, 367.
[35] Fan F R. Demaille C: Scanning Electrochemical Microscopy (Eds: Bard A J, Mirkin M V). New York: Marcel Dekker, 2001, 75～110.
[36] 鞠熀先. 电分析化学与生物传感技术. 北京: 科学出版社，2006.
[37] 谢锦春，崔志立，薛峰，等. 分析测试技术与仪器，2004, 12(2): 101.
[38] 潘晓明，刘积灵. 吉林化工学院学报，2002, 19(1): 77.
[39] 苏彬，袁艺，孙鹏，等. 分析科学学报，2001, 17(6): 520.
[40] 梁汉璞，赵燕，张亚利，焦奎. 青岛大学学报，2003, 16(2): 67.
[41] 孙鹏，陈勇，张美芹，等. 分析科学学报，2005, 21(3): 327.
[42] 郭朝中，陈昌国. 化学研究与应用，2010, 22(12): 1479.
[43] Pendley B D, Abruna H D. Anal Chem, 1990, 62: 782.
[44] Hill H A O, Klein N A, Psali I S A, Walton N J. Anal Chem, 1989, 61: 2200.
[45] Shao Y H, Mirkin M V, Fish G, et al. Anal Chem, 1997, 69: 1627.
[46] Katemann B B, Schuhmann T. Electroanal, 2002, 14: 22.
[47] Loeb G E, Peck R A, Mart Y J. J Neurosci Methods, 1995, 63: 175
[48] 张学记，章悟铭，周性尧，王柱. 高等学校化学学报，1993, 14: 927.
[49] Duke J, Scott E R, White H S. J Electroanal Chem, 1989, 264: 281.
[50] Strein T G, Ewing A G. Anal Chem, 1993, 65:1203.
[51] Sun P, Li F, Chen Y, et al. J Am Chem Soc, 2003, 125: 9600.
[52] Barker A L, Gonsalves M, Macpherson J V, et al. Anal Chim Acta, 1999, 385: 223.
[53] Edwards M A, Martin S, Whitworth A L, et al. Physiol Meas, 2006, 27: R63.
[54] Wehmeyer K R, Wightman R M. Anal Chem, 1984, 168: 299.
[55] Bond A M, Fleischmann M R. J Electroanal Chem, 1984, 168: 299.
[56] Fleischmann M, Lasserre F, Robinson J, Swan D. J Electroanal Chem, 1984, 177: 97.
[57] Feldman B J, Ewing A G, Murray R W. J Electroanal Chem, 1985, 194: 63.
[58] 张祖训，王晓平，吴志斌. 高等学校化学学报，1991, 12: 1312.
[59] Fan F-R F, Bard A J, Mirkin M V. Electroanalytical Chemistry (Ed Bard A J). New York: Marcel Dekker, 1994, 18: 243.
[60] Wipf D O. Current Protocols: Methods in Materials Research (Ed Kaufman). Chichester: Wiley, 2001.
[61] 陈洪渊，鞠熀先，吴持平. 化学传感器，1988, 8: 28.
[62] Demaille C, Brust M, Tsionsky M, Bard A J. Anal Chem, 1997, 69: 2323.
[63] Wehmeyer K R, Wightman R M. Anal Chem, 1984, 56: 524.
[64] Pons S, Fleischmann M, Pons J, Daschbacj L. J Electroanal Chem, 1988, 239: 427.
[65] Bikrke R L. J Electroanal Chem,1988, 274: 297.
[66] Szulborska A, Baranski A. J Electroanal Chem, 1994, 377: 269.
[67] Vydra F, Štulík K, Juláková E. Electrochemical Stripping Analysis, 1976, 57-66: 141.
[68] Balso M A, Daniele S M, Corbetta G A. Mazzocchin: Electroanal, 1995, 7: 980.
[69] Slevin C J, Macpherson J V, Unwin P R. J Phys Chem B, 1997, 101: 10851.
[70] Ciani I, Burt D P, Daniele S, Unwin P R. J Phys Chem B, 2004, 108: 3801
[71] Wehmeyer K R, Wightman R M. Anal Chem, 1985, 57: 1989.
[72] Golas J, Galus Z, Osteryoung J. Anal Chem, 1987, 59: 389.
[73] Stojk Z, Osteryoung J. Anal Chem, 1989, 61: 1305.
[74] Macpherson J V, Unwin P R. Anal Chem, 1997, 69: 5045
[75] Selzer Y, Mandler D. Anal Chem, 2000, 72: 2383.
[76] 许昆明，司靖宇. 分析化学，2007, 35: 1147.
[77] MacFarlane D R, Wong D KY. J Electroanal Chem, 1985, 185: 197.
[78] Fleischmann M, Bandyopadhyay S, Pons S. J Pgys Chem, 1985, 89: 5537.
[79] Fleischmann M, Pons S. J Electroanal Chem, 1987, 22: 107.
[80] Kalapathy U, Tallmann D E, Cope D K. J Electroanal Chem, 1990, 285: 71.
[81] 吴志斌，张祖训. 化学学报，1993, 51: 234.
[82] Macpherson J V, Simjee N, Unwin P R. Electrochim Acta, 2001, 47: 29.
[83] Rajendran L. Electrochim Acta, 2006, 51(21): 4439.
[84] Bitziou E, Rudd N C, Unwin P R. J Electroanal Chem, 2007, 602: 263.
[85] 景蔚萱，蒋庄德，朱明智. 中国科技论文在线，2009, 4(8): 587.
[86] Russel A, Repka K, Dibble T, et al. Anal Chem, 1986, 58: 2961.
[87] Rosamilia J M, Miller B. J Electro Chem Soc, 1985, 132: 2621.
[88] Khoo S B, Gunasingham H, Ang K P, Tay B T. J Electroanal Chem, 1987, 216: 115.
[89] Kim Y T, Scarnulio D M, Ewing A G. Anal Chem, 1986, 58: 1782.
[90] Saraceno R A, Ewing A G. J Electroanal Chem, 1988, 257: 83.
[91] Xu X M, Weber S G. J Electroanal.Chem, 2009, 630: 75.
[92] Cannon D M, Winograd J N, Ewing A G. Ann Rev Biophys Biomol Struc, 2000, 29: 239.
[93] Zhao G, Giolando D M, Kirchhoff J R. Anal Chem, 1995, 67: 1491.
[94] Lilheroth P, Johans C, Slevin C J, Quinn B M, Kontturi K. Elecctrochem Comm, 2002, 4: 67.

[95] Harvey S L R, Coxonb P, Bates D, Parker KH, O'Hare D. Sensors Actuators B, 2008, 129: 659.
[96] Ponchon J L, Cespuglio R, Gonon F, Jouvet M, Pujol J F. Anal Chem, 1979, 51:1483.
[97] Armstrong-James N, Miller J. J Neurosci Methods, 1979, 1: 279.
[98] Kovich P M, Deakin M R, Wightman R M. J Phys Chem, 1986, 90: 4612.
[99] Aoki K, Honda K, Tokuda K, Mastsuda H. J Electroanal Chem, 1985, 186:79.
[100] Kelly R, Wightman R M. Anal Chim Acta, 1986, 187: 79.
[101] Baka E, Donten M, Stojek Z, Scholzb F. Electrochem Commun, 2007, 9: 386.
[102] 张学记，万其进，张悟铭，周性尧. 高等学校化学学报，1994, 15: 1772.
[103] Huang W H, Pang D W, Tong H, Wang Z L, Cheng J K. Anal Chem, 2001, 73: 1048.
[104] Kovach P M, Caudill W L, Peters D G, Wightman R M. J Electroanal Chem, 1985, 185: 285.
[105] Wehmeyer K R, Deakin M R, Wightman R M. Anal Chem, 1985, 57: 1913.
[106] Bond A M, Henderson T L E, Thormann W. J Phys Chem, 1986, 90: 2911.
[107] Morris R B, Franta D J, White H S. J Phys Chem, 1987, 91: 3559.
[108] Amatore C, Mota D N, Sella C, Thouin L. Anal Chem, 2010, 82(6): 2434.
[109] 吴志斌，金葆康，高守国，张祖训. 高等学校化学学报，1993, 14:1502.
[110] Smith C P, White H S. Anal Chem, 1993, 65: 3343.
[111] Fan F R, Demaille C. in Scanning Electrochemical Microscopy (Eds: Bard A J , Mirkin M V), New York: Marcel Dekker, 2001: 75-110.
[112] Lee Y H, Tsao G T, Wankant P C. Ind Eng Chem Fundam, 1978, 17:59.
[113] Nagahara L A, Thundat T, Lindsay S M. Rev Sci Instrum, 1989, 60: 3128.
[114] Penner R M, Heben M J, Lewis N S. Anal Chem, 1989, 61: 1630.
[115] Mirkin M V, Fan F-R F, Bard A J. J Electroanal Chem, 1992, 328: 47.
[116] Fan F-R F, Mirkin M V, Bard A J. J Phys Chem, 1994, 98: 1475.
[117] Arrigan D W M. Analyst, 2004,129: 1157.
[118] Zu Y, Ding Z, Zhou J, et al. Anal Chem, 2001, 73: 2153.
[119] Sun P, Zhang Z, Guo J, Shao Y. Anal Chem, 2001, 73: 5346.
[120] Macpherson J V, Unwin P R. Anal Chem, 2000, 72: 276.
[121] Slevin C J, Gray N J, Macpherson J V, et al. Electrochem Commun, 1999, 1: 282.
[122] Conyers J L, White H S. Anal Chem, 2000, 72: 4441.
[123] Abe T, Itaya K, Uchida I. Chem Lett, 1988, 399.
[124] Gewirth A A, Craston D H, Bard A J. J Electroanal Chem, 1989, 261: 477.
[125] Vitus C M, Chang S C, Weaver M J. J Phys Chem 1991, 95: 7559.
[126] Zhang B, Wang E. Electrochim Acta, 1994, 39: 103.
[127] Penner R M, Heben M J, Longin T L, Lewis N S. Science, 1990, 250:1118.
[128] Bach C E, Nichols R, Meyer H, Besenhard J O. Surf Coatings Technol, 1994, 67: 139.
[129] Bach C E, Nichols R J, Beckman W, et al. J Electrochem.Soc, 1993, 140: 1281.
[130] Mao B W, Ye J H, Zhuo X D, et al. Ultramicroscopy, 1992, 42-44: 464.
[131] Potje-Kamloth K, Janata J, Josowicz M, Bunsenges B. J Phys Chem, 1993, 93: 1480.
[132] Chulte A, Chow R H. Anal Chem, 1996, 68: 3054.
[133] 万立骏. 电化学扫描隧道显微术及其应用. 北京：科学出版社，2005.
[134] Lee Y, Amemiya S, Bard A J. Anal Chem, 2001, 73: 2261.
[135] Strein T G. J Electroanal Chem, 1991, 138: 254C.
[136] Lee C, Miller C J, Bard A J. Anal Chem, 1991, 63: 78.
[137] Kranz C, Friedbacher G, Mizaikoff B, et al. Anal Chem, 2001, 73: 2491.
[138] Strein T G, Ewing A G. Anal Chem, 1992, 64: 1368.
[139] 黄卫华，庞代文，王宗礼，程介克. 高等学校化学学报，2001, 22: 1561.
[140] Chen R S, Huang W H, Tong H, et al. Anal Chem, 2003, 75: 6341.
[141] Chen S, Juccernak A. Electrochem Commun, 2002, 4: 80.
[142] Fish G, Bouevitch O, Kokotov S, et al. Rev Sci Instrum, 1995, 66: 3300.
[143] Zhang X, Ogorevc B. Anal Chem, 1998, 70: 1646.
[144] Mezour M A, Morin M, Mauzeroll J. Anal Chem, 2011, 83: 2378.
[145] Wong D K Y, Xu L Y F. Anal Chem, 1995, 67: 4086.
[146] McNally M, Wong D K Y. Anal Chem, 2001, 73: 4793.
[147] Wong S S, Josele ich E, Wooley A T, et al. Nature, 1998, 394: 52
[148] Die H, Hafner J H, Rinzler A G, et al. Nature, 1996, 384: 147.
[149] Wilson N R, Cobde D H, Macpherson J V. J Phys Chem B, 2002, 106: 13102.
[150] Bertoncello P, Edgeworth J P, Macpherson J V, Unwin P R. J Am Chem Soc, 2007, 129: 10982.
[151] Dumitrescu I, Unwin P R, Wilson N R, Macpherson J V. Anal Chem, 2008, 80: 3598.
[152] Dumitrescu I, Dudin P V, Edgeworth J P, et al. J Phys Chem C, 2010, 114: 2633.
[153] Campbell J K, Sun L, Crooks R M. J Am Chem Soc, 1999, 121: 3779.
[154] Guell A G, Ebejer N, Snowden M E, et al. J Am Chem Soc, 2012, 134: 7258.

[155] Dgani R. Chem Eng News, 1991, 69: 4.
[156] Taylor G, Girault H H. J Electroanal Chem, 1986, Z08: 179.
[157] Stewart A A, Shao Y, Pereira C M, Girauh H H. J ELectroanal Chem, 1991, 305: 135.
[158] Shao Y, Osborne M D, Girauh H H. J Electroanal Chem, 1991, 318: 101.
[159] Shao Y, Girault H H. J Electroanal Chem, 1992, 334: 203.
[160] Shao Y, Mirkin M V. Anal.Chem, 1998, 70: 315.
[161] Shao Y, Liu B, Mirkin M V. J Am Chem Soc, 1998, 120: 12700.
[162] Solomen T, Bard A J. Anal Chem, 1995, 67: 2767.
[163] Shao Y, Mirkin M V. J Phys Chem B, 1996, 102: 9915.
[164] Sun P, Zhang Z Q, Gao Z, Shao Y H. Angew Chem Int Ed, 2002, 41: 3445.
[165] Chen Y, Gao Z, Li F, Ge L H, Zhang M Q, Zhan D P, Shao Y H. Anal Chem, 2003, 75: 6593.
[166] Li F, Sun P, Zhang M Q, Gao Z, Shao Y H. J Phys Chem B, 2004, 108: 3295.
[167] Walsh D A, Fernández J L, Mauzeroll J, Bard A J. Anal Chem, 2005, 77:5182.
[168] Shabala L, Ross T, McMeekin T, Shabala S. FEMS Microbiol Rev, 2006, 30: 472.
[169] Niwa O, Xu Y, Halsall H B, Heineman W R. Anal Chem, 1993, 85: 1559.
[170] Stefan R-I, van Staden J F, Aboul-Enein H Y. Crit Rev in Anal Chem, 1999, 29:133.
[171] Feeney R, Kounaves S P. Electroanal, 2000, 12: 677.
[172] Fritsch-Faules I, Faulkner L R. Anal Chem, 1992, 64: 1118.
[173] Caudill W L, Howell J Q, Wightman R M. Anal Chem, 1982, 54: 2532.
[174] Shea T V, Bard A J. Anal Chem, 1987, 59: 2101.
[175] Strohben W E, Smith D K, Evans D H. Anal Chem, 1990, 62: 1709.
[176] Miller C J, Majda M. J Electroanal Chem, 1986, 207: 49.
[177] Uosaki K, Okazaki K, Kita H, Takahashi H. Anal Chem, 1990, 62: 652.
[178] 孙冬梅，薛宽宏，蔡称心. 分析化学，2000, 28: 1308.
[179] Orozco J, Sanchez F C, Jorquera J C. Procedia Chemistry, 2009, 1: 666.
[180] Lin Y Q, Trouillon R, Svensson M I, et al. Anal Chem, 2012, 84: 2949.
[181] Brunetti B, Ugo P, Moretto M, Martin C R. J Electroanal Chem, 2000, 491: 166.
[182] Soh K L, Kang W P, Davidson J L. Diamond & Related Materials, 2008, 17: 900.
[183] Berdondini L, Massobrio P, Chiappalone M. J Neurosci Methods, 2009, 177: 386.
[184] Fierro S, Kapalka A, Frey O. Electrochem Commun, 2010, 12: 587.
[185] Bilewicz R, Sawaguchi T, Chamberlain Ⅱ R V, Majda M. Langmuir, 1995, 11:2256.
[186] Saito Y. Rev Polarogr, 1968, 15: 177.
[187] Zoski C G, Mirkin M V. Anal Chem, 2002, 72: 1986.
[188] White R J, White H S. Langmuir, 2008, 24: 2850.
[189] Kissinger P T, Hart J B, Adams R N. Brain Res, 1973, 55: 209.
[190] Wightman R M, Jankowski J A, Kennedy R T, et al. Proc Nat Acad Sci USA, 1991, 88: 10754.
[191] Millar J, Stamford J A, Kruk Z L, Wightman R M. Eur J Pharmacol, 1985, 109: 341.
[192] Wightman R M. Science, 2006, 311: 1570.
[193] Wu W Z, Huang W H, Wang W, et al. J Am Chem Soc, 2005, 127: 8914.
[194] Heien M L, Khan A S, Ariansen J L, et al. Proc Natl Acad Sci U S A, 2005, 102: 10023.
[195] Zhang B, Adams K L, Luber S J, et al. Anal Chem, 2008, 80: 1394.
[196] Travis E R, Wightman R M. Annu Rev Biophys Biomol Struct, 1998, 27: 77.
[197] 黄卫华，张丽瑶，程伟，等. 高等学校化学学报，2003, 24: 425.
[198] Zhang M Q, Liu K, Xiang L, et al. Anal Chem, 2007, 79: 6559.
[199] Schonfuss D, Reum T, Olshausen P, et al. J Neurosci Methods, 2001, 112: 163.
[200] Armstrong J M, Fox K, Kruk Z L, Miller J. J Neurosci Meth, 1981, 4: 385.
[201] Kuhr W G, Ewing A G, Caudill W L, Wightman R M. J Neurochem ,1984, 43: 560.
[202] Ewing A G, Bigelow J C, Wightman R M. Science, 1983, 221: 169.
[203] Stamford J A, Kruk Z L, Millar J, Wightman R M. Neurosci Lett,1984, 51: 133.
[204] Pihel K, Walker Q D, Wightman R M. Anal Chem, 1996, 68: 2084.
[205] Wightman R M, Jankowski J A, Kennedy R T, et al. Proc Natl Acad Sci USA, 1991, 88: 10754.
[206] Hochstetler S E, Puopolo M, Gustincich S, et al. Anal Chem, 2000, 72: 489.
[207] Mosharov E V. Methods Mol Biol, 2008, 440: 315.
[208] Amatore C, Arbault S, Bonifas I, et al. Biophys Chem, 2007, 129: 181.
[209] Mosharov E V, Gong L W, Khanna B, et al. J Neurosci, 2003, 23: 5835.
[210] Hinke J. A M Nature, 1959, 184: 1257.
[211] Lindner E, Richard P, Buck. Anal Chem, 2000, 72(9): 336.
[212] Millar J, James A M, Kruk Z L. Brain Res, 1981, 205: 419.
[213] Kuhr W G, Wightman R M. Brain Res, 1986, 381: 168.
[214] Howell J，Kuhr W G, Ensmann R E. Wightman R M. J Electroanal Chem, 1986, 209: 77.
[215] Lowry J P, Boutelle M G, Fillenz M. J Neurosci Methods, 1997, 71: 177.

[216] 华中师范大学，东北师范大学，陕西师范大学，北京师范大学. 分析化学. 北京：高等教育出版社，2004, 334.
[217] 刘蓉，钟桐生，雷存喜. 化学传感器，2011, 31: 10.
[218] Salem F B. Talanta, 1987, 34: 810.
[219] Mamiński M, Olejniczak M. Chudy M. Anal Chim Acta, 2005, 540: 153.
[220] Guan C L, Ouyuang J, Li Q L. Talanta, 2000, 50: 1197.
[221] Keithley R B, Takmakov P, Bucher E S, et al. Anal Chem, 2011, 83: 3563.
[222] Bath B D, Michael D J, Trafton B J, et al. Anal Chem, 2000, 72: 5994.
[223] Hochstetler S E, Puopolo M, Gustincich S, et al. Anal Chem, 2000, 72: 489.
[224] 金利通，刘彤，周满水，方禹之. 高等学校化学学报，1993, 14: 914.
[225] 彭图治，王国顺，沈报恩，等. 化学学报，1993, 51: 804.
[226] 杨丽菊，彭图治. 高等学校化学学报，2001, 22: 197.
[227] 林祥钦，康广凤，柴颖. 分析化学，2008, 36: 157.
[228] Gonon F G, Navarre F, Buda M J. Anal Chem, 1984, 56: 573.
[229] Suzuki A, Ivandini T A, Yoshimi K, et al. Anal Chem, 2007, 79: 8608.
[230] Njagi J, Chernov M M, Leiter J C, Andreescu S. Anal Chem, 2007, 79: 8608.
[231] Ewing A G, Bigelow J C, Wightman R M. Science, 1983, 221: 169.
[232] Stamford J A, Kruk Z L, Millar J, Wightman R M. Neurosci Lett, 1984, 51: 133.
[233] Adams R N. J Pharm Sci, 1969, 58: 1171.
[234] Galus Z. Fundamentals of Electrochemical Analysis. Ellis Horwood: Chichester, 1973: 188.
[235] Hafizi S, Kruk Z L, Stamford J A. J Neurosci Meth,1990, 33: 41.
[236] Wightman R M, Jankowski J A, Kennedy R.T, Kawagoe K T, Schroeder T J, Leszczyszyn D J, Near J A, Diliberto E J, Viveros O H, Proc Natl Acad Sci U S A ,1991, 88: 10754.
[237] Hochstetler S E, Puopolo M, Gustincich S, Raviola E, Wightman R M. Anal Chem, 2000, 72: 489.
[238] Dugast C, Suaud-Chagny M F, Gonon F. Neuroscience, 1994, 62: 647.
[239] Kile B M, Walsh P L, McElligott Z A, et al. ACS Chem Neurosci, 2012, 3: 285.
[240] 司世麟. 生物化学与生物物理进展，1984, 6: 80.
[241] 李冰冰，周晓光，朱泮民. 光谱实验室，2005, 22: 152.
[242] 王全林，刘志宏，毛陆原，蔡汝秀. 分析化学，2000, 28: 1229.
[243] 李向军，熊辉，袁倬斌. 分析实验室，2001, 20: 41.
[244] Liu K, Lin Y Q, Xiang L, et al. Neurochem Int, 2008, 52: 1247.
[245] Hu I F, Kuwana T. Anal Chem, 1986, 58: 3235.
[246] Gong K, Zhang M, Yan Y, et al. Anal Chem, 2004, 76: 6500.
[247] Rice M E. Trends Neurosci, 2000, 23: 209.
[248] Margaill I, Plotkine M, Lerouet D. Free Radical Biol Med, 2005, 39: 429.
[249] Dong S, Che G. J Electroanal Chem, 1991, 315: 191.
[250] Rueda M, Aldaz A, Burgos F S. Electrochim Acta, 1978, 23: 419.
[251] Chen Z, Yu J C. Talanta, 1999, 49: 661.
[252] Wnag J, Naser N, Angnes L, et al. Anal Chem, 1992, 64: 1285.
[253] Zhou D M, Xu J J, Chen H Y, Fang H Q. Electroanal, 1997, 9: 1185.
[254] Zhao Y F, Gao Y Q, Zhan D P, et al. Talanta, 2005, 66: 51.
[255] Kulagina N V, Shankar L, Michael A C. Anal Chem, 1999, 71: 5093.
[256] Kalakodimi R P, Nookala M. Anal Chem, 2002, 74: 5531.
[257] Gough D A, Leypoldt J K, Armour J C. Diabetes Care, 1982, 5: 190.
[258] Clark L C, Duggan C A. Diabetes Care, 1982, 5: 190.
[259] Fisher U, Abel P. Trans Am Soc Artif Intern Organs, 1982, 28: 245.
[260] Shichiri M, Kawamori R. Yamasaki Y Lancet, 1982, 1129.
[261] Churchouse S J, Mullen W H, Keedy F H. Anal Proceed, 1986, 23: 146.
[262] Gough D A, Lucisano J Y, Tse P H S. Anal Chem, 1985, 57: 2351.
[263] Shichiri M, Kawamori R, Yamasaki Y. Lancet, 1982, 1129.
[264] Shichiri M, Kawamori R, Haku N. Diabetes, 1984, 33: 1200.
[265] 陆华，施国跃，金利通. 楚雄师专学报，2000, 15: 83.
[266] 黄齐林，安雅睿，江小丽，等. 化学传感器，2012, 32: 28.
[267] Lin Y Q, Zhu N N, Yu P, et al. Anal Chem, 2009, 81: 2067.
[268] Lerner H, Giner J, Soeldner J S, Ann N Y. Acad Sci, 1984, 428: 263.
[269] Marincic L, Soeldner J S, Giner J. Electrochem Soc, 1979, 126: 43.
[270] Lewandowski J J, Szczepanska-Sadowska E, Kirzymien J. Diabetes Care, 1982, 5: 238.
[271] Makovas E B, Liu C C. Bioelectrochem Bioenerg, 1986, 15: 157.
[272] Torriero A J, Salinas E, Battaglini F, Raba J. Anal Chim Acta, 2003, 498: 155.
[273] Suman S, Singhal R, Sharma A L, et al. Sensors Actuators B, 2005, 768.
[274] Wang K, Xu J J, Chen H Y. Sensors Actuators B, 2006, 114: 1052.
[275] Karyakin A A. Electroanal, 2001, 13: 813.
[276] Sato N, Okuma H. Anal Chim Acta, 2006, 565: 250.

[277] Lin Y Q, Liu K, Yu P, et al. Anal Chem, 2007, 79: 9577.
[278] 刘俊秀，林雨青，毛兰群，等. 中国耳鼻咽喉头颈外科，2012, 19: 368.
[279] 刘春秀，刘红敏，杨庆德，等. 分析化学，2009, 37(4): 624.
[280] Russell D M, Garry E M, Taberner A J, et al. J Neurosci Meth, 2012, 204: 242.
[281] Rasmussen P, Dawson E A, Nybo L, et al. J Cereb Blood Flow Metab, 2007, 27: 1082.
[282] Raichle M E. Proc Natl Acad Sci USA, 1998, 95: 765.
[283] Coplin W M, O'Keefe G E, Grady M S, et al. Neurosurgery, 1998, 42:533.
[284] Clark Jr L C, Wolf R, Granger D, Taylor Z C. J Appl Physiol, 1953, 6: 189.
[285] Thompson J K, Peterson M R, Freeman R D. Science, 2003, 299: 1070.
[286] Piilgaard H, Lauritzen M. J Cereb Blood Flow Metab, 2009, 29: 1517.
[287] Yokota H, Krcuzer F. Pflugers Arch Ges Physiol, 1973, 340: 291.
[288] Jank K, De Hemptinne J, Swietochowski A. J Appl Physiol, 1975, 38: 730.
[289] Whalen W J. J Appl Physiol, 1967, 23: 798.
[290] Bolger F B, McHugh S B, Bennett R, Li J. J Neurosci Methods, 2011, 195: 135.
[291] Wang J, Hutchins L D, Selim S. Bioelectrochem Bioenerg, 1984, 12: 193.
[292] Morgan M E, Freed C T. J Pharm Exp Ther, 1981, 219: 49.
[293] Meulemans A. Anal Chem, 1987, 59, 1872.
[294] Feher Z, Nagy G, Toth K. Analyst, 1974, 99: 699.
[295] Vadgama P. Trends Anal Chem, 1984, 3: 13.
[296] Walker J L. Anal Chem, 1971, 43: 89A.
[297] Arnold M A, Meyerhoff M E. Anal Chem, 1984, 56: 20R.
[298] Tseung A C A, Goffe R A. Med Biol Eng Comput, 1978, 16: 677.
[299] Margules G S, Hunter G M, MacGregor D C. Med Biol Eng Comput, 1983, 21:1.
[300] Lofgren O. Arch Gynecol, 1978, 226: 17.
[301] Somjen G G. Applications of Ion-Selective Microelectrodes. chap 12. New York: Elsevier, 1981.
[302] Krnjevic K, Morrise M E. Applications of Ion-Selective Microelectrodes. chap 12. Elsevier: New York,1981.
[303] Osswald H F, Asper R, Dimai W. Clin Chem, 1979, 25: 39.
[304] Dutsch S, Jenny H B, Schlatter K J. Anal Chem, 1985, 57: 578.
[305] Gergely G, Livia N, Ari I. Electroanalysis, 2009, 21: 1970.
[306] Walker D J, Smith S J, Miller A J. Plant Physiol, 1995, 108: 743.
[307] Cosofret V V, Erdosy M, Johnson T A, Buck R P. Anal Chem, 1995, 67: 1647.
[308] Bohm S, Olthuis W, Bergveld P. Chem Microsensors Applications II, 1999, 3857: 24.
[309] Steiner R A, Oehme M, Ammann D. Anal Chem, 1979, 51: 351.
[310] Khuri R N, Agulian S K, Wise W M. Plugei s Arch, 1971, 39: 1971.
[311] Hnik P, Vyskovil F, Kriz N. Brain Res, 1972, 40: 559.
[312] Treasure T. Intens Care Med, 1978, 4: 277.
[313] Zetterstrom T S C, Vaughan-Jones R D, Grahame-Smith D G. Neuroscience, 1995, 67: 815.
[314] Hill J L. Progress in Enzyme and Ion-Selective Electrodes. Berlin: Springer, 1981,81.
[315] Czaban J D, Rechnitr G A. Anal Chem, 1976, 48: 277.
[316] Pucacco L R, Carter N W. Anal Biochem, 1987, 89: 151.
[317] Savinell R F, Liu C C, Kowalsky T E. Anal Chem, 1981, 153: 552.
[318] Stamm O, Latscha H, Janecek P. Am J Obstet Gynecol, 1976, 124: 193.
[319] Band D M, Semple S J. Proc Physiol Soc (London), 1966: 58.
[320] Nickelsen C, Thomsen S G, Weber T. Br J Obster Gynecol, 1985, 92: 220.
[321] Clare-Harmon M, Pool-Wilson P A. J Physiol, 1981, 315:1.
[322] Ammann D, Lanter F, Steiner R A. Anal Chem, 1981, 53: 2267.
[323] Mackenzie J W, Salkind A J, Topaz S R. J Surg Res, 1974, 16: 632.
[324] Grubb W T, King L H. Anal Chem, 1980, 52: 27C.
[325] Caldwell P C. J Physiol, 1953, 120: 31.
[326] Bergveld P. Bousse L Ned Tijdschr Natuurkd A, 1983, A49: 74.
[327] Mindt W, Maurer H, Moeller W. Arch Gynecol, 1978, 226: 9.
[328] Bergveld P. Biosensors, 1986, 2: 15.
[329] Caldwell P C. J Physiol, 1954, 126: 169.
[330] Gebert G, Friedman S M. J Appl Physiol, 1973, 34: 122.
[331] Donini A, O'Donnell M J. J Experimental Biology, 2005, 208: 603.
[332] Somps C J, Pickeriag J L, Madou M J, Hines J W, Gibbs D L, Harrison M R. Sensors Actuators B, 1996, 222: 35.
[333] Lanter F, Steiner R A, Ammann D. Anal Chim Acta, 1982, 135: 51.
[334] Ammann D, Meier P C, Simon W. Detection and Measurement of Free Calciumin cells. Amsterdam: Elsevier 1979: 117.
[335] Hamaguchi Y. Role Calcium Biol Syst, 1982, 1:85.
[336] Lee C O, Uhm D Y, Dresdner K. Science, 1980, 209: 699.
[337] McKinley B A, Wong K C, Janata J. Crit Care Med, 1981, 9: 333.
[338] Anker P, Ammann D, Meier P C. CGn Chem, 1984, 30: 454.

[339] McKinley B A, Saffle J, Jordan W S. Med Instrument, 1980, 14: 93.

[340] Ohta K , Graf R, Rosner G. Wolf-Dieter Heiss, Stroke, 2001, 32: 535.

[341] Silver I A, Erecinska E M. The Journal of General Physiology, 1990, 5: 837.

[342] 张玉芹，王阿敏，胡谋先，邹飞. 中国病理生理杂志，1999, 15: 495.

[343] Asif M H, Fulati A, Nur O, et al. Appli Phys Lett, 2009, 95: 023701.

[344] Lanter F, Erne D, Ammann D. Anal Chem, 1980, 52: 2400.

[345] Czaban J D, Rechnitz G A. Anal Chem, 1973, 45: 471.

[346] Vogel G L, Chow L C, Brown W E. Anal Chem, 1980, 52: 375.

[347] Leader J P. Proc Univ Otago Med Sch, 1982, 60: 34.

[348] Aickin C C, Brading A F. J Physiol, 1982, 326: 139.

[349] Opdycke W, Meyerhoff M E. Anal Chem, 1986, 58: 950.

[350] Lai N C, Liu C C, Brown E G. Med Biol Eng, 1975, 13: 876.

[351] Van Kempem L H J, Kreuzer F. Respir Physiol, 1975, 23: 371.

[352] 方成，李建平，顾海宁. 分析化学，2006, 34: 691.

[353] Jaramillo A, Lopez S, Justice J B. Anal Chim Acta, 1983, 146: 149.

[354] Klein E, Whalthen R L. US Patent 4, 1981, 244: 787.

[355] Joseph J P. Anal Chim Acta, 1985, 169: 249.

[356] 贾莉君，范晓荣，尹晓明，等. 土壤学报, 2005, 42: 447.

[357] Cartz L. Nondestructive Testing ASM International ISBN 978-0-87170-517-4, 1995.

[358] Kuhtreiber W M, Jaffe L F. J Cell Biol, 1990, 110:1565.

[359] Ammann D. Ion Selective Microelectrodes. New York: Springer-Verlag, 1986.

[360] Shabala S N, Newman I A, Morris J. Plant Physiol, 1997, 113: 111.

[361] Miller A J, Cookson S J, Smith S J, Wells D M. J Exp Botany, 2001, 52(536):541.

[362] Newman I A. Plant Cell Environ, 2001, 24: 1.

[363] Shabala S. A Novel Application of Non-invasive Microelectrode Ion Flux Measuring Technique in Food Microbiology, University of Tasmania, 2002.

[364] Kunkel J G, Cordeiro S, Xu Y J. Chapter V in Plant Electrophysiology-Theory and Methods, ED Volvo AG, Berlin/Heidelberg: Spring-Verlag, 2005: 109.

[365] Shabala L, Ross T, McMeekin T, Shabala S. FEMS Microbiol Rev, 2006, 30: 472.

[366] 丁亚南，许越. 物理和高新技术，2007, 36(7): 548.

[367] Shabala L, Ross T, Newman I, et al. J Microbio Methods, 2001, 46:119.

[368] Boudko D Y, Moroz L L, Linser P J, et al. J Exp Bio, 2001, 204: 691.

[369] 宋瑾，唐勇，Ping Zhang，许越. 生物物理学报，2008, 24: 2629.

[370] Shabala S, Babourina O, Rengel Z, Nemchinov L G. Planta, 2010, 232: 807.

[371] Shabala S. Non-Invasive Microelectrode Ion Flux Measurements In Plant Stress Physiology, Plant Electrophysiology-Theory & Methods, ed by Volkov, Berlin Heidelberg: Springer-Verlag, 2006.

[372] Pang J Y, Newman I, Mendham N, et al. Plant, Cell and Environment, 2006, 29: 1107.

[373] Raoux M, Bornat Y, Quotb A, et al. J Phys, 2012, 590: 1085.

[374] Nobel P S. Introduction to Biophysical Plant Physiology. WH Freeman and Co, San Francisco, CA, 1974.

[375] Hille B. Ionic Channels of Excitable Membranes, Sinauer, Sunderland, MA, 1992.

[376] Kunkel J, Lin L Y, Xu Y. Cell Biology of Plant and Fungal Tip Growth, Amsterdam: IOS Press, 2001: 81.

[377] Shipley A M, Feijo J A. Higher Plants: Molecular and Cytological Aspects (Cresti M, Cai G, Moscatelli A, Eds Berlin: Springer-Verlag). 1999: 236.

[378] Jaffe L F, Nuccitelli R. J Cell Biol, 1974, 63: 614.

[379] Smith P J. Nature, 1995, 378: 645.

[380] Smith P J, Hammar K, Porterfield D M, et al. Microsc Res Tech, 1999, 46: 398.

[381] Ryan P R, Newman I A, Shields B. J Membr Sci, 1990, 53: 59.

[382] Lucas W J, Kochian L V. Advanced Agricultural Instrumentation: Design and Use (Gensler WG, ed). 1986: 402.

[383] Zimmermann S, Ehrhardt T, Plesch G, Muller-Rober B. Cell Mol Life Sci, 1999, 55: 183.

[384] Roos W. Planta, 2000, 210: 347.

[385] Kochian L V, Shaff J E,Kuhtreiber W M. Planta, 1992, 188:601.

[386] Huang J W W, Shaff J E, Grunes D L. Plant Physiol, 1992, 98: 230.

[387] Feijo J A, Sainhas J, Hackeet G R. J Cell Biol, 1999, 144: 83.

[388] Cardenas L, Feijo J A, Kunkel J G. Plant J, 1999, 19: 347.

[389] Miller D D, Callaham D A, Gross D J. J Cell Sci, 1992, 101: 7.

[390] Messerli M A, Robinson K R. Plant J, 1998, 16: 87.

[391] Chen T, Wu X Q, Chen Y M, et al. Plant Physiol, 2009, 149: 1111.

[392] Shabala S. Plant Cell Environ, 2000, 23: 825.

[393] Shabala S. Physiol Plantar, 2002, 114: 47.

[394] Shabala S. Hariadi Y. Planta, 2005, 221: 56.

[395] Sun J, Chen S L, Dai S X, et al. Plant Physiology, 2009, 149: 1141.

[396] Yang Y, Qin Y, Xie C, et al. Plant Cell, 2010, 22:1313.

[397] Xu Y, Sun T, Lin L P. J Integ Rative Plant Bio, 2006, 48: 823.

[398] Maloney P C, Wilson T H. Cellular and Molecular Biology (Neidhardt P, ed.), 1996, 1130–1148 ASM.

[399] Epstein W. Prog Nucleic Acid Res Mol Biol, 2003, 75: 293.

[400] Ohmizo C, Yata M, Katsu T. J Microbiol Methods, 2004, 59: 173.
[401] Pelc R, Smith P J S, Ashley C C. J Physiol, 1996, 4979: 419.
[402] Devlin C L, Smith P J. J Comp Physiol, 1996, 166: 270.
[403] Devlin C L. Biol Bull, 2001, 200: 344.
[404] Devlin C L, William A, Shawn A. Invertebrate Neuroscience, 2003, 5: 9.
[405] Magoski N S, Knox R J, Kacamarek L K. J Physiol, 2000, 522: 271.
[406] Knox R J, Jonas E A, Kao L S. J Physiol, 1996, 494: 627.
[407] Catherine TT, Katherine H. Biol Bull, 1998, 195: 201.
[408] Trimarchi J R, Liu L, Porterfield D M, et al. Zygote, 2000, 8: 15.
[409] Molina A J A, Verzi M P, Birnbaum A D. J Physiol, 2004, 560: 639.
[410] Kreitzer M A, Andersen K A, Malchow R P. J Physiol, 2003, 46.3: 717.
[411] Wu S C, Horng J L, Liu S T, et al. Am J Phys Cell Physiology, 2010, 298: C237.
[412] Gunzel D, Muller A, Durry S, Schlue W R. Electrochim Acta, 1999, 44: 3785.
[413] Marenzanaa M, Shipleyc A M, Squitierob P, et al. Bone, 2005, 37: 545.
[414] Zhao M, Song B, Pu J, et al. Nature, 2006, 442: 457.
[415] Reid B, Nuccitelli R, Zhao M. Nature Protocols, 2007, 2: 661.
[416] Ramos A C. New Phytologist, 2009, 181: 448.
[417] Wei C, Bard A J, Nagy G, Toth K. Anal Chem, 1995, 67: 1346.
[418] Gray N J, Unwin P R. Analyst, 2000, 125: 889.
[419] Edwards M A, Martin S, Whitworth A L, et al. Physiol Meas, 2006, 27: R63.
[420] Sun P, Laforge F O, Mirkin M V. Phys Chem Chem Phys, 2007, 9: 802.
[421] Amemiya S, Bard A J, Fan F R, et al. Annu Rev Anal Chem, 2008, 1: 95.
[422] Schulte A, Nebel M, Schuhmann W. Annu Rev Anal Chem, 2010, 3: 299.
[423] 赵保路. 一氧化氮自由基. 北京：科学出版社，2008.
[424] Trimarchi J R, Liu L, Porterfield D M. Biol Repord, 2000, 62: 1866.
[425] Shanta M, Kumar D, Porterfield M. J Neurosci, 2001, 21: 215.
[426] Amatore C, Arbault S, Guille M, Lemaıtre F. Chem Rev, 2008, 108: 2585.
[427] Lamaka S V, Karavai O V, Bastos A C, et al. Electrochem Commun, 2008, 10: 259.
[428] Isaacs H S, Davenport A J, Shipley A. J Electrochem Soc, 1991, 138: 390.
[429] Wittock G, Burchardt M, Pust S E, et al. Angew Chem Int Ed, 2007, 46: 1584.
[430] Simoes A M, Battocchi D, Tallman D E, Bierwagen G P. Corrosion Sci, 2007, 49: 3838.
[431] González-García Y, Santana J J, González-Guzmán J, et al. Progress in Organic Coatings, 2010, 69: 110.
[432] Souto R M, González-García Y, Izquierdo J, González S. Corrosion Science, 2010, 52: 748.
[433] Sanchez B C, Ochoa-Acuna H, Porterfield D M, Sepúlveda M S. Eniron Sci Tech, 2008, 42: 7010.
[434] Hamill O P, Marty A, Neher E, et al. Pflügers Archiv Eur J Physiology, 1981, 391: 85.
[435] Kandel E R, Schwartz J H, Jessell T M. Principles of Neural Science. 4th ed. New York: McGraw-Hill, 2000.
[436] Valencia-Cruz G, Shabala L, Delgado-Enciso I, et al. Am J Physiol Cell Physiol, 2009, 297: C1544.
[437] Antoine A F, Faure J E, Dumas C, Feijó J A. Nat Cell Biology, 2001, 3: 1120.
[438] Shabala L, Budde B, Ross T, et al. Appl Env Microbiol, 2002, 68: 1794.
[439] 丁亚男，许越. 物理学和高新技术，2007: 548.
[440] White R J, White H S. Langmuir, 2008, 24: 2850.
[441] Fan F-R F, Bard A J. Science, 1995, 267: 871.
[442] Fan F-R F, Kwak J, Bard A J. J Am Chem Soc, 1996, 118: 9669.
[443] Bard A J, Fan F-R F. Acc Chem Res, 1996, 29: 572.
[444] Chen Y, Gao Z, Li F, et al. Anal Chem, 2003, 75: 6593.
[445] Isik S, Etienne M, Oni J, et al. Anal Chem, 2004, 76: 6389.
[446] Levy R, Lozano A M, Hutchison W D, Dostrovsky J O. Neurosurgery, 2007, 60: 277.
[447] Morris C A, Chen C, Baker L A. Analyst, 2012, 137: 2933.
[448] Zhang B, Zhang Y H, White H S. Anal Chem, 2004, 76: 6229.
[449] Zhang B, Zhang Y H, White H S. Anal Chem, 2006, 78: 477.
[450] Zhang Y H, Zhang B, White H S. J Phys Chem B, 2006, 110: 1768.
[451] Wang G L, Zhang B, Wayment J R, et al. J Am Chem Soc, 2006, 128: 7679.
[452] Shim J H, Kim J, Cha G S, et al. Anal Chem, 2007, 79: 3568.
[453] Zhang B, Galusha J, Shiozawa P G, et al. Anal Chem, 2007, 79: 4778.
[454] Shen M, Ishimatsu R, Kim J, Amemiya S. J Am Chem Soc, 2012, 34: 9856.
[455] Neugebauer S, Muller U, LohmullerT, et al. Electroanal, 2006, 18: 1929.
[456] Lanyon Y H, Marzi G D, Watson Y E, et al. Anal Chem, 2007, 79: 3048.

第九章　电化学生物传感器

生物传感器是指用固定化的生物材料作为敏感元件的传感器，其中电化学生物传感器占有重要位置。近年来，电化学生物传感器的研究工作取得了巨大的进步，其性能和种类也得到了很大的发展。其检测对象从单糖、氨基酸、酶等发展到更为复杂的多糖、蛋白质、核酸等多种生物大分子。在功能方面已从检测单一的生物传感器发展到多通道的多功能生物传感器和集成生物传感器。电化学生物传感器是指由生物体成分(酶、抗原、抗体、激素等)或生物体本身(细胞、细胞器、组织等)作为敏感元件，电极(固体电极、离子选择性电极、气敏电极等)作为转换元件，以电势、电流、电容、阻抗等为特征检测信号的传感器。电化学生物传感器是在化学修饰电极基础上发展起来的，生物材料在电极表面的固定通常借助于化学修饰电极的基本方法。因此，本章将归纳总结化学修饰电极的制备方法，以及电化学气体传感器、酶电极传感器、电化学免疫传感器、生物分子直接电化学分析几个方面。

化学传感器根据其原理可分为：光学式传感器、热学式传感器、质量式传感器及电化学式传感器。电化学传感器的分类方法很多，按照其输出信号的不同，又可以分为电位型传感器、电流型传感器和电导型传感器。

电位型传感器：将溶解于电解质溶液中的离子作用于离子电极而产生的电动势作为传感器的输出。

电流型传感器：在保持电极和电解液的界面为一恒定电位时，将被测物直接氧化或还原，并将流过外电路的电流作为传感器的输出。

电导型传感器：将被测物氧化或还原后使电解质溶液电导发生的变化作为传感器的输出。

电化学传感器按照所检测的物质不同，主要可以分为离子传感器、气体传感器和生物传感器。其中电化学气体传感器以其既能满足一般检测所需要的灵敏度和准确性，又有体积小，操作简单，携带方便，可用于现场监测且价格低廉等优点，在目前已有的各类气体检测方法中占有重要的地位。该类传感器可检测气体浓度范围之宽（由 10^{-9} 级直至百分浓度），应用范围之广，是任何一种气体传感器所难以比拟的。不足之处在于某些这类传感器对干扰气体也有响应，会引起误报，因而需要增加抗干扰部分。利用电化学性质的气体传感器在气体传感器中占有相当的比重。

第一节　化学修饰电极

化学修饰电极是指在导体或半导体材料制作的电极表面上涂敷具有特定功能的单分子、多分子、离子或聚合物薄膜（厚度从单分子到几个微米），借 Faraday 反应（电荷传输）或界面电势差（非静电荷传输），而呈现出此修饰薄膜的化学、电化学以及光学的性质。电极的化学修饰可通过共价键、吸附、聚合等手段，而作为化学修饰电极的基底材料主要是碳（包括石墨、热解石墨和玻碳）、贵金属及半导体等。

一、化学修饰电极研究进展

对电极表面进行微结构的设计可以追溯到 19 世纪末和 20 世纪初，当时就有很多研究涉及了汞电极及其周围溶液环境的界面性质。随着极谱学和滴汞电极的出现，特别是在40～50年代，已经很清楚地知道有很多的物质能在电极表面吸附。在分子水平上进行电极修饰的尝试源于60年代和70年代初。1973年，美国夏威夷大学的Lane和Hubbard发现[1]，有不同末端基团的类烯烃化合物强烈地吸附于电极表面，还可以观察到吸附于电极表面的基团与溶液中的金属离子发生配位反应，并且通过改变电位等手段可调控其配位能力，从而开辟了改变电极表面结构以控制电化学反应过程的新概念，标志着化学修饰电极的萌芽。1975年，Millert[2]和Murray[3]分别独立报道了按人为设计对电极表面进行化学修饰的研究，标志着化学修饰电极的正式问世。Miller及其合作者在碳电极表面键合上光活性分子(*s*)-聚苯丙氨酸甲酯，成功制备了“手性电极”，并发现在电极反应中，该电极有利于某种旋光性物质，从消旋性反应物能生成手性产物。这一工作首次显示，通过表面修饰，电极反应可以有选择地进行。而Murray及其研究小组发展了共价键合修饰的一般方法，他们发现大多数金属电极在酸性介质中发生氧化能产生至少几埃（$1Å=10^{-10}m$）的氧化物层，该氧化物层也可以用来进行共价键合衍生，这样即使铂电极也能进行共价修饰。通过该方法，他们在电极表面接着了一系列的单分子层修饰物，并表明电极表面可以按设计进行人工修饰，赋予电极更优良或特定的功能，从而使化学修饰电极这一电化学新名词得到确定。从以上电化学发展可以看出，传统的电化学研究仅仅限制在裸电极／电解液界面上，而当化学修饰电极问世之初，电极表面就被认为是建立未来二十年的电化学基础。电极表面的设计及其潜在应用价值的研究，把电化学推进到一个新的阶段。由于化学修饰电极由人工设计制作表面微结构，其变化奥妙无穷，电极由此带来的奇特效应及其潜在的应用价值引起了人们广泛的研究兴趣，在国际上吸引了越来越多的化学家从不同角度进行研究，推进了化学修饰电极的迅速发展。已发表大量的相关专著[4,5]和评论[6,7]，化学修饰电极研究所取得的主要进展包括以下几个方面：

① 电极表面微结构与动力学的理论研究；
② 化学修饰电极的电催化研究；
③ 化学修饰电极在能量转换、存储和显示方面的研究；
④ 化学修饰电极在分析化学中的应用；
⑤ 化学修饰电极在生物电化学和传感器中的应用；
⑥ 表面修饰在光伏电极的光电催化和防腐中的作用；
⑦ 化学修饰电极在立体有机合成中的研究；
⑧ 分子电子器件的研究。

二、化学修饰电极的预处理

在采取任何修饰步骤之前，必须首先对电极进行表面预处理，其目的是为了获得一个新鲜的、具有活性的和重现性好的电极表面初始状态，以利于后续修饰过程的进行；另一个重要的目的是，为取得溶液中氧化还原体在裸电极上反应的电化学参数（包括条件电极电位和电极反应速率常数等），以期与接着在电极表面上的行为比较。这一点在设计化学修饰电极并充分发挥其效应和功能（如在电催化中促进电位的降低和反应速率的加快方面）尤为重要。电极表面预处理一般按以下顺序（或程序）进行。

1. 电极表面的物理处理

固体电极表面处理的第一步是物理处理，即进行机械研磨、抛光至镜面[8]。特别当电极表面上存在惰化层和很强的吸附层时，必须用机械或加热的方法处理。加热处理一般在真空（133.32Pa）中加热至500℃，保持一定时间。用于抛光电极的材料有金刚砂、CeO_2、ZrO_2、

MgO 及α-Al_2O_3粉及其抛光液。抛光时总是按抛光材料粒度降低的顺序依次进行，如对新的电极表面进行抛光时，首先用金刚砂纸粗磨和细磨后，再用α-Al_2O_3 粉按 1.0μm、0.5μm、0.25μm 和 0.05μm 粒度顺序在平板玻璃或抛光布上进行，获得的抛光效果很好。每次抛光后要先洗去表面污物，再移入超声水浴中清洗，每次 3～5min，重复数次，直至清洗干净；然后用乙醇、稀酸和水彻底清洗，就可以得到光滑、平整的电极表面。等离子体和激光技术[9,10]也用来作电极表面的清洁处理。

2. 电极的化学法和电化学法处理

电极经抛光处理后，接着进行化学的特别是电化学的处理，是进一步清洁电极表面、对电极进行活化的手段[11]。电化学法常用强的矿物酸或者中性电解质溶液，有时也用弱的配合性缓冲溶液在恒电位、恒电流或循环电位下扫描极化，根据扫描电位和终止电位的不同，可以获得氧化的、还原的或干净的电极表面[12]。电化学法还能直接在试液中进行电极处理，方法简单易行。

三、化学修饰电极的制备

化学修饰电极的制备是关键，修饰电极的设计、操作步骤合理与否，对化学修饰电极的活性、重现性和稳定性有直接的影响，可以认为它是化学修饰电极研究和应用的基础。

化学修饰电极按电极表面上微结构的尺度分类，有单分子层和多分子层（以聚合物薄膜为主）两大类型，此外还有组合型等。电极表面的修饰方法依其类型、功能和基底电极材料的性质和要求而不同，目前化学修饰电极主要的制备方法和分类[13]如图 9-1 所示。

化学修饰电极按其修饰的方法一般分为共价键合型、吸附型和聚合物型三大类，它们之间没有严格的界限。例如，聚合物可以制成吸附型修饰电极，共价键合聚合物在电极表面也可以制成聚合物型修饰电极。

1. 共价键合法

共价键合法常用的基底电极包括碳电极、金属和金属氧化物电极。碳电极上进行化学修饰主要是对菱形面上的化学基处理，引入共价键合基的途径主要有 4 种，即氧基、氨基和卤基的引入以及碳表面的活化。而金属和金属氧化物电极的预处理是在其表面上产生羟基，然后与有机硅烷试剂反应，通过氨键连接功能团。

2. 吸附型修饰电极

与共价键合方法相比，自然吸附的方法十分简单。用吸附法可制备单分子层，也可制备多分子层修饰电极。将修饰物吸附在电极上主要通过 4 种方法进行：欠电位吸附法，通常是将一些重金属元素欠电位沉积在某些金属或过渡金属基底上，形成一定空间结构的单原子层；平衡吸附法，在电解液体中加入修饰物，它们就会在电极表面形成热化学吸附平衡；LB（Langmuir-Blodgett）膜法，将具有疏水端和亲水端基团的两亲分子溶于挥发性的有机溶剂中，然后铺张在平静的气、水面上，待溶剂挥发后沿水面横向施加一定的表面压，溶质分子就会形成紧密排列的有序单分子膜；自组装（self-assembling，SA）膜法，通过分子的自组装作用，在固体电极表面上自然地形成高度有序的单分子层，混合单层是自组装单分子层的进一步扩展。通过改变链长度，可直接检测电子转移速率与电极距离的依赖关系。同时，自组装膜也可以形成双分子层。一般来说，分子量较大、熔点较高的有机物很容易吸附在电极的表面，吸附的动力可能来自于有机物与电极表面的疏水结合以及π电子的相互作用。此方法的优点是简单，但影响因素较多。自组装单层膜（简称自组膜 Self-assembled monolayer，SAM）和 LB 膜是目前研究广泛、对固体表面进行修饰最为有效的两种分子有序自组装体系。自组装单层膜的形成是基于长链有机分子的端基与基底电极之间强烈的化学键合作用、自组装分子链之间的范德华力以及分子链内或末端功能团之间的相互作用。

自组装膜的主要特征是组织有序、定向、密集和完好的单分子层，而且十分稳定，其组成结构和功能关系易于调控及表征，制备方法简单。常见的自组装膜类型有脂肪酸在金属氧化物表面强吸附形成自组装膜、表面硅烷化形成有机硅烷自组装膜、有机硫化物在金属表面和半导体表面形成自组装膜等。自组装膜主要应用于研究界面电子转移、催化和分子识别以及构建第三代生物传感器方面，也可作为多层膜生长的前体膜。有序多层膜是由层层自组装法制备而成的，其每一层的组成、厚度、取向都可以巧妙地控制和操作，可在分子水平上设计和制备各种器件。可用于制备多层膜的基底包括硅、玻璃、金属和碳（玻碳、热解石墨、定向热解石墨）等。有序多层膜的组装方法如下：

① 基于静电作用的自组装；

② 基于氢键作用的自组装；

③ 基于亲和反应的自组装；

④ 基于配位反应的自组装；

⑤ 基于共价作用的自组装。

多层膜修饰电极可用于分子识别器件的设计。此外，膜层内的分子、超分子、纳米粒子的组装可以自发形成或放置于电或磁场区，以调节成膜驱动力，借此可形成理想的对称或非对称超晶格，用于制备光、电、磁、非线性光学器件等。分子导体、绝缘体、纳米粒子的多层组装可制备不同种类的杂化结构多层膜，使多层膜的导电性大大增强。含萘接枝共聚物多层膜可用于制备光发射二极管。荧光指示剂与聚合物的多层组装膜可作为厚度可控的、灵敏的光学传感器。自组装多层膜在电化学及生物传感器中的应用也是很有前途的研究领域。

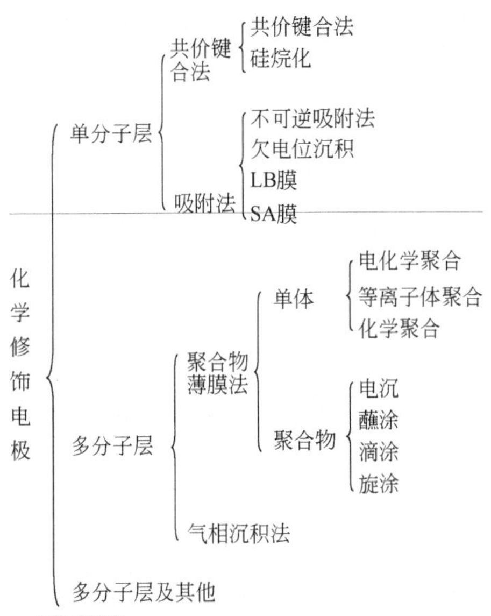

图 9-1 化学修饰电极的制备和分类

3. 聚合物薄膜法修饰电极

多分子层修饰电极中以聚合物修饰电极研究最广。与单分子层修饰电极相比，多分子层具有三维空间结构，可提供许多能利用的势场，其活性基的浓度高，电化学响应信号强，而且具有较大的化学、机械和电化学的稳定性，无论从研究方面还是应用方面都具有发展前景。

多分子层修饰电极的制备方法根据所用初始试剂的不同，可分为从聚合物出发制备和从单体出发制备两大类。前者可采用蘸涂、滴涂和旋涂法以及氧化还原电化学沉积法；后者可采用电化学聚合法。电化学聚合制备的聚合物薄膜或是导电的，或是对溶剂和支持电解质是渗透的。含氨基和羟基的芳环单体经电氧化可形成不导电的聚合物膜，而吡咯、噻吩、苯胺等聚合后则具有良好的导电性。

聚合物分子层的电化学制备方法一般如下：将单体和支持电解质溶液加入电解池中，用恒电流、恒电位或循环伏安法进行电解，由电氧化引发生成导电性聚合物薄膜。在聚合过程中伴随阴离子掺杂，改变聚合条件，可获得不同性质及不同厚度的薄膜。影响电化学聚合的因素有单体浓度、溶剂、支持电解质、温度和电解质气氛等。除制备导电聚合物薄膜电极外，近期发展了导电聚合物功能化的研究，主要以单体中含有电活性中心的电化学聚合制备，其他还有导电聚合物的共价键合以及电化学掺杂等途径。

4. 组合法

此法是将化学修饰剂与电极材料简单地混合以制备组合修饰电极的一种方法，典型的是化学修饰碳糊电极。

四、化学修饰电极在分析测试中的应用

化学修饰电极用于分析的基本要求是制作简单、重现性好、原材料廉价；化学性能、力学性能良好；可在很宽的电位范围内是电化学惰性的；电极组成成分不产生信号，不干扰测定；具有高选择性、高灵敏度、高容量；在较宽的浓度范围内，修饰剂对被测物的活性不变，有较宽的线性范围和较低的背景电流。化学修饰电极在分析测试中的应用见表 9-1。

表 9-1 化学修饰电极在分析测试中的应用

修饰剂	分析物	分析性能	文献
多壁碳纳米管修饰的玻碳电极（MWCNT/GC）	对氯酚	采用计时电流法研究氧化峰电流与对氯酚浓度的关系，结果显示峰电流与对氯酚的浓度在 2.0×10^{-7}～2.0×10^{-4}mol/L 范围内呈良好线性关系，检出限为 8.8×10^{-8}mol/L	1
氨酸酶和底物吡咯喹啉醌同时固定到纳米金修饰的玻碳电极表面	2,4-二氯苯氧乙酸	对纳米金粒子的信号放大作用，可以有效提高该方法的灵敏度，采用示差脉冲伏安法对 2,4-二氯苯氧乙酸的检测达到了 10^{-12} 级	2
介孔二氧化硅/(邻苯二甲酸二乙二醇二丙烯酸酯)$_n$/GC	TNT 等硝基苯类化合物	硝基苯类化合物浓度在 4.4×10^{-9}～1.1×10^{-7}mol/L 范围内与电极响应电流呈良好的线性关系	3
钴酞菁修饰的石墨电极	百草枯	用于中性介质中除草剂百草枯的伏安测定，检测限达到了 26.53μg/L	4
羟基磷灰石为修饰剂的碳糊电极	对硝基酚	可以实现对硝基酚的定量检测，检测限达到 8.0×10^{-9}mol/L，线性范围为 2.0×10^{-7}～1.0×10^{-4}mol/L	5
原位电沉积的方法在玻碳电极表面修饰一层铋膜	甲基对硫磷	线性范围为 3.0~100ng/ml，检测限可以达到 1.2ng/ml	6
半胱氨酸通过巯基自组装修饰在金电极上，然后将待测的 ss-DNA 组装在金纳米粒子修饰的金电极上	二茂铁标记的 ss-DNA	金纳米粒子的高比表面积可大大提高 ss-DNA 的固定量，电极表面 ss-DNA 的固定量可达 1.0×10^{14} 个/cm^2，大大提高了检测的灵敏度，降低了检出限，ss-DNA 的检出限为 5.0×10^{-10}mol/L	7
在丝网印刷的碳电极表面用胶体金修饰，结合辣根过氧化物酶	H_2O_2	辣根过氧化物酶的电催化性能和电流响应显著改善，信号线性范围有了很大提高(0.8～1.0mmol/L)，检测下限也降至 0.4μmol/L	8

续表

修饰剂	分析物	分析性能	文献
PVP(聚乙烯吡咯烷酮)/CdS量子点/GC	肌红蛋白	可以有效降低底物过电位，大大提高检测的灵敏度	9
CNT/GC	吗啡	与裸电极相比，修饰电极产生了100mV的电位降，且灵敏度比裸电极提高10倍	10
$[(bpy)_2Ru(5\text{-}phenNH_2)]Cl_2 \cdot H_2O$电沉积在玻碳电极表面	联氨	采用此修饰电极实现了对联氨(hydrazine)的检测，线性范围达3个数量级，且检出限低至8.5×10^{-6}mol/L	11
普鲁士蓝/GC	葡萄糖	此修饰电极可测定咖啡中3.0×10^{-5}mol/L的葡萄糖	12
四(3,4-吡啶基卟啉)钴(Ⅱ)修饰的碳糊电极	CN^-	其检测范围$1.5\times10^{-5}\sim1.0\times10^{-2}$mol/L，检测限为$9\times10^{-6}$mol/L	13
抗体修饰的碳糊电极	万古霉素	其检测范围$1.0\times10^{-7}\sim1.0\times10^{-3}$mol/L，检测限为$1.0\times10^{-8}$mol/L	14
	替考拉宁	其检测范围$1.0\times10^{-7}\sim1.0\times10^{-2}$mol/L，检测限为$1.0\times10^{-8}$mol/L	
	乙腈修饰的替考拉宁	其检测范围$1.0\times10^{-6}\sim1.0\times10^{-2}$mol/L，检测限为$1.0\times10^{-7}$mol/L	
聚吡咯/ss-DNA/双壁碳纳米管糊电极	DNA	其检测范围$1.0\times10^{-10}\sim1.0\times10^{-8}$mol/L，检测限为$8.5\times10^{-11}$mol/L	15
聚苯二胺膜/DHA-NAD^+修饰的碳糊电极	谷氨酸盐	其检测范围$1.0\times10^{-10}\sim1.0\times10^{-8}$mol/L，检测限为$8.5\times10^{-11}$mol/L	16
Nafion-甲基紫精修饰的玻碳电极	谷氨酸盐	检测范围可到7.5×10^{-4}mol/L，检测限为2.0×10^{-5}mol/L	17
氮杂冠醚修饰的碳糊电极	核黄素	其检测范围0.5ng/ml～70μg/ml，检测限为0.2ng/ml	18
钴酞菁修饰的碳糊电极	巯基乙酸	检测范围$8.0\times10^{-7}\sim6.0\times10^{-3}$mol/L，检测限为$3.2\times10^{-7}$mol/L	19
β-环糊精-二茂铁修饰的碳糊电极	抗坏血酸	检测范围$5.0\times10^{-7}\sim1.0\times10^{-3}$mol/L，检测限为$1.0\times10^{-7}$mol/L	20
亚甲基蓝/磷酸锆修饰的碳糊电极	抗坏血酸	检测范围$1.0\times10^{-6}\sim4.0\times10^{-5}$mol/L，检测限为$3.0\times10^{-5}$mol/L	21
CoMSal修饰的碳糊电极	巯基丙氨酸	检测范围$5.0\times10^{-7}\sim1.0\times10^{-4}$mol/L，检测限为$8.0\times10^{-7}$mol/L	22
	抗坏血酸	检测范围$1.0\times10^{-6}\sim1.0\times10^{-4}$mol/L，检测限为$8.0\times10^{-7}$mol/L	
丝网印刷镀铜的碳电极	磷酸盐缓冲溶液中的溶解氧	检测范围$1.0\times10^{-6}\sim8.0\times10^{-6}$mol/L，灵敏度限为$16.46μA/(cm^2 \cdot mg/m^3)$	23
硫堇-Nafion修饰的碳糊电极	抗坏血酸	检测范围$1.0\times10^{-6}\sim1.0\times10^{-4}$mol/L，检测限为$5.0\times10^{-8}$mol/L	24
	尿酸	检测范围$4.0\times10^{-7}\sim1.0\times10^{-4}$mol/L，检测限为$5.0\times10^{-7}$mol/L	
酞菁铁修饰的碳糊电极	多巴胺	检测范围$1.0\times10^{-6}\sim1.0\times10^{-5}$mol/L，检测限为$5.0\times10^{-7}$mol/L	25
	5-羟色胺	检测范围$1.0\times10^{-6}\sim1.0\times10^{-5}$mol/L，检测限为$5.0\times10^{-7}$mol/L	
Nafion修饰的碳糊电极	尿酸	检测范围$0\sim5.0\times10^{-5}$mol/L，检测限为2.5×10^{-7}mol/L	26

续表

修饰剂	分析物	分析性能	文献
双壁碳纳米管-石蜡油糊电极	槲皮素	检测范围 $2.0\times10^{-9}\sim1.0\times10^{-7}$mol/L	27
双壁碳纳米管修饰的碳糊电极	吡罗昔康	检测范围 0.15～5μg/ml，检测限为 0.1μg/ml	28
双壁碳纳米管修饰的碳糊电极	槲皮素	检测范围 $5.0\times10^{-8}\sim5.0\times10^{-6}$mol/L，检测限为 2.0×10^{-8}mol/L	29
	芸香苷	检测范围 $1.0\times10^{-7}\sim1.0\times10^{-6}$mol/L，检测限为 4.0×10^{-8}mol/L	
Nafion 修饰的碳糊电极	尿液中的多沙唑嗪	检测范围 $4.0\times10^{-11}\sim2.8\times10^{-9}$mol/L，检测限为 2.33×10^{-11}mol/L	30
聚苯胺-谷丙转氨酶-L-乳酸脱氢酶修饰的碳糊电极	L-乳酸	检测范围 $6.0\times10^{-7}\sim8.5\times10^{-5}$mol/L，检测限为 3×10^{-8}mol/L	31
辣根过氧化物酶-二茂铁修饰的碳糊电极覆盖电化学沉积的聚邻氨基酚	过氧化氢	检测范围 $1.0\times10^{-8}\sim1.0\times10^{-5}$mol/L，检测限为 8.5×10^{-9}mol/L	32
MnO_x 修饰的碳糊电极	过氧化氢	检测范围 $1.0\times10^{-4}\sim6.9\times10^{-4}$mol/L，检测限为 2.0×10^{-6}mol/L	33
双链 DNA 修饰的碳糊电极	氯喹	检测范围 $1.0\times10^{-7}\sim1.0\times10^{-5}$mol/L，检测限为 3.0×10^{-8}mol/L	34
$La(OH)_3$ 纳米线修饰的碳糊电极	甲灭酸	检测范围 $2.0\times10^{-11}\sim4.0\times10^{-9}$mol/L，检测限为 6.0×10^{-12}mol/L	35
铁氰化铜-葡萄糖氧化酶修饰的碳糊电极	葡萄糖	检测范围 $2.0\times10^{-11}\sim4.0\times10^{-9}$mol/L，检测限为 6.0×10^{-12}mol/L	36
壳多糖-葡萄糖氧化酶修饰的碳糊电极	葡萄糖	检测范围 $3.0\times10^{-6}\sim4.0\times10^{-4}$mol/L，检测限为 1.0×10^{-6}mol/L	37
$MgFe_2O_4$-SiO_2 核壳结构的纳米颗粒固定的酪氨酸酶修饰的碳糊电极	苯酚	检测范围 $1.0\times10^{-6}\sim2.5\times10^{-4}$mol/L，检测限为 6.0×10^{-7}mol/L	38
碳纳米管糊电极	低核苷酸	检测到 1.00mg/ml，检测限为 2μg/L	39
	小牛胸腺 dsDNA	检测到 15.00mg/ml，检测限为 170μg/L	
多酚氧化酶修饰的碳糊电极	龙胆酸	检测到 2.0×10^{-4}mol/L，检测限为 5.0×10^{-5}mol/L	40
山梨醇脱氢酶修饰的碳糊电极	山梨醇	检测到 2.0×10^{-4}mol/L，检测限为 5.0×10^{-5}mol/L	41
酪氨酸酶修饰的碳糊电极	互隔交链孢酚	检测到 2.0×10^{-4}mol/L，检测限为 1.9×10^{-5}mol/L	42
	链孢酚单甲醚	检测到 1.8×10^{-4}mol/L，检测限为 2.4×10^{-5}mol/L	
黄嘌呤氧化酶修饰的碳糊电极	次黄嘌呤	检测范围 $1.0\times10^{-6}\sim4.0\times10^{-4}$mol/L，检测限为 8.0×10^{-5}mol/L	43
$V^{IV}O$(Salen)修饰的碳糊电极	半胱氨酸	检测范围 $2.4\times10^{-4}\sim2.3\times10^{-3}$mol/L，检测限为 1.7×10^{-4}mol/L	44
N,*N'*-双亚水杨醛基乙二胺合钴修饰的碳糊电极	半胱氨酸	检测范围 $2.0\times10^{-6}\sim1.0\times10^{-2}$mol/L，检测限为 1.0×10^{-6}mol/L	45
纳米金-巯乙胺修饰的碳糊电极	甲硫氨酸	检测范围 $1.0\times10^{-6}\sim1.0\times10^{-4}$mol/L，检测限为 5.9×10^{-7}mol/L	46
3-氨基-2-巯基-3*H*-喹唑烷-4-酮修饰的碳糊电极	Ag^+	检测范围 0.9～300μg/L，检测限为 0.4μg/L	47
茜素紫修饰的碳糊电极	Ag^+	检测范围 $3.0\times10^{-10}\sim1.2\times10^{-7}$mol/L，检测限为 1.0×10^{-10}mol/L	48
十六烷基三甲基溴化铵修饰的碳糊电极	Ce^{3+}	检测范围 $8.0\times10^{-10}\sim8.0\times10^{-9}$mol/L，检测限为 6.0×10^{-10}mol/L	49
丁二酮肟修饰的 Bi 膜电极	Ni^{2+}	检测范围 10～200μg/L，检测限为 0.8μg/L	50

续表

修饰剂	分析物	分析性能	文献
蜡-水银膜修饰的碳糊电极	Cu^{2+}	检测范围 5.0×10^{-9}～1.0×10^{-5}mol/L，检测限为1.06ng/L	51
	Pb^{2+}	检测范围 5.0×10^{-9}～1.0×10^{-5}mol/L，检测限为1.12ng/L	
	Cd^{2+}	检测范围 5.0×10^{-9}～1.0×10^{-5}mol/L，检测限为1.68ng/L	
AC-Phos SAMMS 氨甲酰膦酸-自组装的介孔硅修饰的碳糊电极	Cu^{2+}	检测范围 10～200μg/ml，检测限为 0.5ng/ml	52
	Pb^{2+}	检测范围 10～200μg/ml，检测限为 0.5ng/ml	
	Cd^{2+}	检测范围 10～200μg/ml，检测限为 0.5ng/ml	
MnO_x 修饰的碳糊电极	Li^{+}	检测范围 2.8×10^{-6}～2.0×10^{-3}mol/L，检测限为5.6×10^{-7}mol/L	53
十六烷基三甲基溴化铵修饰的碳糊电极	Mo^{4+}	检测范围 0.5～500μg/L，检测限为 0.04μg/L	54
壳多糖修饰的碳糊电极	MoO_4^{2-}	检测范围 1.0×10^{-7}～5.0×10^{-6}mol/L，检测限为8.0×10^{-8}mol/L	55
磷钼酸（PMo_{12}）修饰的碳糊电极	NO_2^{-}	检测范围 1.0×10^{-4}～1.5×10^{-2}mol/L，检测限为8.0×10^{-8}mol/L	56
乙二胺固定的腐殖酸-腐殖酸修饰的碳糊电极	Au^{3+}	检测范围 5.1×10^{-8}～3.5×10^{-6}mol/L，检测限为5.0×10^{-8}mol/L	57
3-氨丙基三甲氧基硅烷或者γ-巯丙基三甲氧基硅修饰的碳糊电极	Hg^{2+}	检测范围 1.0×10^{-7}～7.0×10^{-7}mol/L，检测限为6.8×10^{-8}mol/L	58
四磺化酞菁镍(NiTSPc)和Nafion/GC	鲁米诺	检测范围 1.0×10^{-7}～8.0×10^{-6}mol/L，检测限为6.0×10^{-8}mol/L	59
β-牛乳糖-葡萄糖氧化酶-水银膜/GC	乳糖	检测范围 1.0×10^{-4}～3.5×10^{-3}mol/L，检测限为1.0×10^{-4}mol/L	60
$[Ru(bpy)_3^{2+}]$-ZrO-Nafion/GC	曲马多	检测范围 5.0×10^{-5}～2.5×10^{-3}mol/L，检测限为2.5×10^{-5}mol/L	61
	利多卡因	检测范围 1.0×10^{-5}～1.0×10^{-3}mol/L，检测限为5.0×10^{-6}mol/L	
	氧氟沙星	检测范围 1.0×10^{-5}～2.5×10^{-3}mol/L，检测限为1.0×10^{-5}mol/L	
CNT/GC	双酚 A	检测范围 3.0×10^{-7}～1.0×10^{-4}mol/L，检测限为9.8×10^{-8}mol/L	62
	2,3-二甲基苯酚	检测范围 5.0×10^{-7}～1.0×10^{-4}mol/L，检测限为1.7×10^{-7}mol/L	
	17α-乙炔基雌二醇（EE2）	检测范围 1.0×10^{-6}～1.0×10^{-4}mol/L，检测限为3.4×10^{-7}mol/L	
	4-叔丁基酚(4-TBP)	检测范围 1.0×10^{-6}～1.0×10^{-4}mol/L，检测限为3.1×10^{-7}mol/L	
Co^{2+}/GC	细胞色素 c	检测范围 4.0×10^{-7}～7.5×10^{-6}mol/L，检测限为1.5×10^{-7}mol/L	63
甲醇脱氢酶/GC	甲醇	检测范围 5.0×10^{-7}～2.0×10^{-4}mol/L，检测限为5.0×10^{-7}mol/L	64
MWCNT-ZrO_2-壳聚糖/GC	DNA	检测范围 1.5×10^{-10}～9.3×10^{-8}mol/L，检测限为7.5×10^{-11}mol/L	65
CNT/GC	DNA	检测范围 20～120ng/ml，检测限为 40pg/ml	66
Nafion/GC	苯酚	检测范围 8.0×10^{-9}～1.0×10^{-5}mol/L，检测限为1.0×10^{-9}mol/L	67

续表

修饰剂	分析物	分析性能	文献
普鲁士蓝（PB）/GC	2-氨基乙硫醇	检测范围 $8.0\times10^{-9}\sim1.0\times10^{-5}$mol/L，检测限为$1.0\times10^{-9}$mol/L	68
CNT/GC	胞核嘧啶	检测范围 $1.0\times10^{-7}\sim1.0\times10^{-5}$mol/L，检测限为$2.5\times10^{-8}$mol/L	69
	半胱氨酸	检测范围 $5.0\times10^{-4}\sim2.0\times10^{-2}$mol/L，检测限为$2.0\times10^{-4}$mol/L	
	谷胱甘肽	检测范围 $4.0\times10^{-4}\sim1.2\times10^{-2}$mol/L，检测限为$4.0\times10^{-4}$mol/L	
Nafion/GC	灭吐灵	检测范围 $1.2\times10^{-9}\sim4.6\times10^{-7}$mol/L，检测限为$8.0\times10^{-11}$mol/L	70
纳米银-DWCNT/GC	硫氰酸盐	检测范围 $2.5\times10^{-9}\sim5\times10^{-8}$mol/L，检测限为$1.0\times10^{-9}$mol/L	71
过氧化氢酶-DWCNT/GC	过氧化氢	检测范围 $1.0\times10^{-5}\sim1.0\times10^{-4}$mol/L，检测限为$1.0\times10^{-6}$mol/L	72
纳米 CeO_2/GC	尿酸（UA）	检测范围 $5.0\times10^{-6}\sim1.0\times10^{-3}$mol/L，检测限为$2.0\times10^{-7}$mol/L	73
	抗坏血酸（AA）	检测范围 $1.0\times10^{-6}\sim5.0\times10^{-4}$mol/L，检测限为$5.0\times10^{-6}$mol/L	
CNT/GC	抗坏血酸（AA）	检测范围 $8.00\times10^{-5}\sim1.36\times10^{-3}$mol/L，检测限为$2.00\times10^{-5}$mol/L	74
	多巴胺（DA）	检测范围 $5.0\times10^{-5}\sim1.0\times10^{-4}$mol/L，检测限为$1.0\times10^{-5}$mol/L	
聚对硝基苯偶氮间苯二酚（NBAR）/GC	在尿酸和抗坏血酸存在下的多巴胺（DA）	检测范围 $5.0\times10^{-6}\sim2.5\times10^{-5}$mol/L，检测限为$3.0\times10^{-7}$mol/L	75
SWCNT/GC	3,4-二羟基苯乙酸(DOPAC)	检测范围 $1.0\times10^{-6}\sim1.2\times10^{-4}$mol/L，检测限为$4.0\times10^{-7}$mol/L	76
邻氨基苯酚薄膜/GC	水合肼	检测范围 $2.0\times10^{-6}\sim2.0\times10^{-5}$mol/L，检测限为$5.0\times10^{-7}$mol/L	77
邻氨基苯酚薄膜/GC	烟酰胺腺嘌呤二核苷酸(NADH)	检测范围 $7.5\times10^{-7}\sim2.5\times10^{-6}$mol/L，检测限为$1.5\times10^{-7}$mol/L	78
有序碳纳米管修饰的玻碳电极(OCNT/GC)	烟酰胺腺嘌呤二核苷酸(NADH)	检测范围 $2.0\times10^{-5}\sim1.0\times10^{-3}$mol/L，检测限为$5.0\times10^{-7}$mol/L	79
原卟啉氯化钴[Co(ProP)Cl]/GC	2,4-二氯苯氧醋酸	检测范围 $1.0\times10^{-5}\sim4.0\times10^{-4}$mol/L，检测限为$9.8\times10^{-7}$mol/L	80
	2,4-DB-二甲基胺盐	检测范围 $1.0\times10^{-5}\sim3.0\times10^{-4}$mol/L，检测限为$2.77\times10^{-6}$mol/L	
	2,4-DP 异辛酯	检测范围 $1.0\times10^{-5}\sim4.0\times10^{-4}$mol/L，检测限为$1.14\times10^{-6}$mol/L	
	2,4,5-涕丙酸	检测范围 $1.0\times10^{-5}\sim4.0\times10^{-4}$mol/L，检测限为$8.9\times10^{-7}$mol/L	
SWCNT/GC	左旋多巴	检测范围 $5.0\times10^{-7}\sim2.0\times10^{-5}$mol/L，检测限为$3.0\times10^{-7}$mol/L	81
血红素/GC	3-吲哚乙酸（IAA）	检测范围 $2.0\times10^{-6}\sim4.0\times10^{-4}$mol/L，检测限为$2.5\times10^{-8}$mol/L	82
	色氨酸	检测范围 $1.0\times10^{-7}\sim1.0\times10^{-4}$mol/L，检测限为$2.5\times10^{-8}$mol/L	
	甘氨酰色氨酸	检测范围 $1.0\times10^{-7}\sim1.0\times10^{-4}$mol/L，检测限为$2.9\times10^{-8}$mol/L	
	5-羟色胺(5-HT)	检测范围 $2.0\times10^{-7}\sim5.0\times10^{-5}$mol/L，检测限为$7.0\times10^{-9}$mol/L	
	5-羟基吲哚-3-乙酸(5-HIAA)	检测范围 $2.0\times10^{-7}\sim1.0\times10^{-4}$mol/L，检测限为$3.6\times10^{-8}$mol/L	

续表

修饰剂	分析物	分析性能	文献
SWCNT/GC	半乳糖	检测范围 6.0×10^{-4}～1.0mol/L，检测限为 1.0×10^{-5}mol/L	83
三异丙氧基氧化钒[VO($OC_3H_7)_3$]/氧化碳共聚物脂肪族聚碳酸酯(PPC)/GC	碘	检测范围 5.0×10^{-7}～1.0×10^{-3}mol/L，检测限为 1.0×10^{-7}mol/L	84
甲基红/GC	Hg^{2+}	检测范围 1.1×10^{-10}～1.1×10^{-7}mol/L，检测限为 4.40×10^{-11}mol/L	85
聚(丙烯胺酸盐)/汞膜/GC	Pb^{2+}	检测范围 2.0×10^{-8}～1.0×10^{-6}mol/L，检测限为 6.0×10^{-9}mol/L	86
丁二酮肟/聚氯乙烯/GC	Ni^{2+}	其检测限为 18μg/L，它的灵敏度可以保持两天以上	87
(FeT4MPyP) 和 (CoTSPc)/GC	NO_2^-	检测范围 2.0×10^{-7}～8.6×10^{-6}mol/L，检测限为 4.0×10^{-8}mol/L	88
钒席夫碱的混合物和DWCNT/GC	BrO_3^-	检测范围 2.0×10^{-6}～8.0×10^{-4}mol/L，检测限为 2.0×10^{-6}mol/L	89
	IO_4^-	检测范围 5.0×10^{-7}～1.0×10^{-4}mol/L，检测限为 5.0×10^{-7}mol/L	
	IO_3^-	检测范围 5.0×10^{-7}～5.0×10^{-4}mol/L，检测限为 3.5×10^{-7}mol/L	
	NO_2^-	检测范围 2.5×10^{-6}～4.0×10^{-3}mol/L，检测限为 2.5×10^{-6}mol/L	
乙炔黑/GC	2-氯苯酚	检测范围 2.0×10^{-7}～4.0×10^{-5}mol/L，检测限为 2.5×10^{-6}mol/L	90
乙炔黑/双十六烷基磷酸/GC	秋水仙碱	检测范围 1.0×10^{-7}～4.0×10^{-5}mol/L，检测限为 4.0×10^{-8}mol/L	91
DWCNT/GC	茶碱	检测范围 3.0×10^{-7}～1.0×10^{-5}mol/L，检测限为 5.0×10^{-8}mol/L	92
DWCNT/GC	止血敏	检测范围 2.0×10^{-6}～6.0×10^{-5}mol/L，检测限为 4.0×10^{-7}mol/L	93
MWCNT/Nafion/GC	2-硝基苯酚	检测范围 5.0×10^{-8}～1.0×10^{-5}mol/L，检测限为 1.0×10^{-8}mol/L	94
	4-硝基苯酚	检测范围 1.0×10^{-7}～1.0×10^{-5}mol/L，检测限为 4.0×10^{-8}mol/L	
MWCNT/Nafion/GC	Cd^{2+}	检测范围 1.0×10^{-6}～4.0×10^{-6}mol/L	95
MWCNT/Nafion/GC	高胱氨酸	直到 60μmol/L 有较好的动力学线性关系，检测限为 6.0×10^{-8}mol/L	96
MWCNT/聚苯胺 Au 电极	亚硝酸根	检测范围 5.0×10^{-6}～1.5×10^{-2}mol/L，检测限为 1.0×10^{-6}mol/L	97
MWCNT/PDDA(聚二烯丙基二甲基氯化铵)/GC	多巴胺	检测范围 1.0×10^{-6}～3.2×10^{-5}mol/L	98
MWCNT/聚中性红/GC	抗坏血酸	DPV 检测抗坏血酸的灵敏度为 0.028μA/(μmol/L)	99
	多巴胺	DPV 检测多巴胺的灵敏度为 0.146μA/(μmol/L)	
	尿酸	DPV 检测尿酸的灵敏度为 0.084μA/(μmol/L)	
SWCNT/聚氨基苯磺酸	三氟啦嗪	检测范围 1.0×10^{-7}～1.0×10^{-5}mol/L，检测限为 1.0×10^{-9}mol/L	100
PPDA/MWCNT/GC	多巴胺	检测范围 9.0×10^{-8}～8.0×10^{-6}mol/L，检测限为 5.0×10^{-8}mol/L	101
MWCNT/4-ABSA(聚 4-氨基苯磺酸)/GC	酪氨酸	检测范围 1.0×10^{-7}～5.0×10^{-5}mol/L，检测限为 8.0×10^{-8}mol/L	102

续表

修饰剂	分析物	分析性能	文献
MWCNT/聚酸性铬蓝钾/GC	二羟基苯异构体	检测范围 1.0×10^{-6}～1.0×10^{-4}mol/L，检测限为 1.0×10^{-7}mol/L	103
MWCNT/聚天青 A/GC	亚硝酸根	检测范围 3.0×10^{-6}～4.5×10^{-3}mol/L，检测限为 1.0×10^{-6}mol/L	104
SWCNT/聚赖氨酸修饰的碳糊电极	DNA	检测范围 1.0×10^{-12}～1.0×10^{-7}mol/L，检测限为 3.1×10^{-13} mol/L	105
MWCNT/聚 3-甲基噻吩/GC	NADH	检测范围 5.0×10^{-7}～2.0×10^{-5}mol/L，检测限为 1.7×10^{-7}mol/L	106
MWCNT/poly-ABSA(聚苯磺酸)/GC	三氟啦嗪	检测范围 5.0×10^{-7}～2.0×10^{-5}mol/L，检测限为 1.7×10^{-7}mol/L	107
ZnO/酪氨酸酶/GC	苯酚	检测范围 1.5×10^{-7}～6.5×10^{-5}mol/L，检测限为 5.0×10^{-8}mol/L	108
PolyPATT/Den(AuNPs)/ 酪氨酸酶/GC	儿茶酚	检测范围 5.0×10^{-9}～1.2×10^{-4}mol/L，检测限为 2.0×10^{-9}mol/L	109
MWCNT/Nafion/酪氨酸酶/GC	苯酚	检测范围 1.0×10^{-6}～1.9×10^{-5}mol/L，检测限为 1.3×10^{-7}mol/L	110
	3-甲基苯酚	检测范围 1.0×10^{-6}～1.3×10^{-5}mol/L，检测限为 2.8×10^{-7}mol/L	
	4-甲基苯酚	检测范围 1.0×10^{-6}～1.1×10^{-5}mol/L，检测限为 3.4×10^{-7}mol/L	
	儿茶酚	检测范围 1.0×10^{-6}～2.3×10^{-5}mol/L，检测限为 2.2×10^{-7}mol/L	
	多巴胺	检测范围 5.0×10^{-6}～2.3×10^{-5}mol/L，检测限为 5.2×10^{-7}mol/L	
PCA(原儿茶酸)/cys(巯基乙胺)/Au 电极	多巴胺	检测范围 5.0×10^{-6}～2.3×10^{-5}mol/L，检测限为 5.2×10^{-7}mol/L	111
P-PDDA/PSS/CNT(P-CNT)修饰在沉积有 PB 膜的玻碳电极上	H_2O_2	检测范围 1.0×10^{-4}～5.0×10^{-3}mol/L	112
GR-CdS(G-CdS)/GCE	H_2O_2	检测范围 5.0×10^{-6}～1.0×10^{-3}mol/L，检测限为 1.7×10^{-6}mol/L	113
花状的纳米氧化铜修饰的铜电极	H_2O_2	检测范围 4.25×10^{-5}～4.0×10^{-2}mol/L，检测限为 1.67×10^{-7} mol/L	114
Fe_3O_4-Ag/GC	H_2O_2	检测范围 1.2×10^{-6}～3.5×10^{-3}mol/L，检测限为 1.2×10^{-6}mol/L	115
Se/Pt 纳米复合物/GC	H_2O_2	检测范围 1.0×10^{-5}～1.5×10^{-2}mol/L，检测限为 3.1×10^{-6}mol/L	116
Mn-NTA(次氮基三乙酸)纳米线/Nafion/GCE	H_2O_2	检测范围 5.0×10^{-6}～2.5×10^{-3}mol/L，检测限为 2.0×10^{-7}mol/L	117
AgNPs/ZnONR/FTO 电极	H_2O_2	检测范围 8.0×10^{-6}～9.83×10^{-4}mol/L，检测限为 9×10^{-7}mol/L	118
Ag 微球/GCE	H_2O_2	检测范围 2.5×10^{-4}～2.0×10^{-3}mol/L，检测限为 1.2×10^{-6}mol/L	119
Cytc/纳米孔状 Au/ITO	H_2O_2	检测范围 1.0×10^{-5}～1.2×10^{-2}mol/L，检测限为 6.3×10^{-6}mol/L	120
Au/TiO_2/Cytc 薄膜电极	H_2O_2	检测范围 1.0×10^{-7}～1.2×10^{-2}mol/L，检测限为 4.5×10^{-8}mol/L	121
CR-GO/GC	H_2O_2	检测范围 5.0×10^{-8}～1.5×10^{-3}mol/L，检测限为 5.0×10^{-8}mol/L	122
CR-GO/GC	NADH(烟酰胺腺嘌呤二核苷酸)	检测范围 1.0×10^{-5}～1.2×10^{-2}mol/L，检测限为 6.3×10^{-6}mol/L	
GOD/CR-GO/GC	葡萄糖	检测范围 1.0×10^{-5}～1.0×10^{-2}mol/L，检测限为 2.0×10^{-6}mol/L	
MWCNT/Ag	H_2O_2	检测范围 5.0×10^{-5}～1.7×10^{-2}mol/L，检测限为 5.0×10^{-7}mol/L	123
(Pt-CNT)/GC	H_2O_2	检测范围 5.0×10^{-6}～2.5×10^{-2}mol/L，检测限为 1.5×10^{-6}mol/L	124
Pt-CNT-GOD/GC	葡萄糖	检测范围 1.6×10^{-4}～1.15×10^{-2}mol/L，检测限为 5.5×10^{-5}mol/L	
(α-Fe_2O_3-壳聚糖)/GC	H_2O_2	检测范围 5.0×10^{-6}～2.0×10^{-4}mol/L，检测限为 1.5×10^{-6}mol/L	125

续表

修饰剂	分析物	分析性能	文献
AgNP/DNA 网状物/GC	H_2O_2	检测限为 1.7×10^{-6}mol/L	126
Pt/GN/GC	H_2O_2	检测范围 2.5×10^{-6}～6.65×10^{-3}mol/L，检测限为 8×10^{-7}mol/L	127
CNT/PPy/K_xMnO_2 纳米线	H_2O_2	检测范围 5.0×10^{-6}～9.7×10^{-3}mol/L，检测限为 2.4×10^{-6}mol/L	128
GS/GC	海洛因	线性动力学范围到 1.0×10^{-4}mol/L，灵敏度为 217nA/[(μmol/L)·cm^2]，检测限为 5.0×10^{-7}mol/L	129
	吗啡	线性动力学范围到 6.5×10^{-5}mol/L，灵敏度为 275nA/[(μmol/L)·cm^2]，检测限为 4.0×10^{-7}mol/L	
	那可丁	线性动力学范围到 4.0×10^{-5}mol/L，灵敏度为 500nA/[(μmol/L)·cm^2]，检测限为 2.0×10^{-7}mol/L	
CHIT/GR/GC	抗坏血酸	检测范围 5.0×10^{-5}～1.2×10^{-3}mol/L	130
	多巴胺	检测范围 1.0×10^{-6}～2.4×10^{-5}mol/L	
	尿酸	检测范围 2.0×10^{-6}～4.5×10^{-5}mol/L	
GOD/OMC(有序介孔碳)-Au/GC	葡萄糖	检测范围 5.0×10^{-5}～2.0×10^{-2}mol/L	131
GR/Co_3O_4/Nafion/GC	L-色氨酸	检测范围 5.0×10^{-8}～1.0×10^{-5}mol/L，检测限为 1.0×10^{-8}mol/L	132
GR/AuNP/GC	多巴胺	检测范围 5.0×10^{-6}～1.0×10^{-3}mol/L，检测限为 1.86×10^{-6}mol/L	133
PPy/ERGO/GC	多巴胺	检测范围 1.0×10^{-7}～1.5×10^{-4}mol/L，检测限为 2.3×10^{-8}mol/L	134
GO/Nafion/GC	咖啡因	检测范围 4.0×10^{-7}～8.0×10^{-5}mol/L，检测限为 2.0×10^{-7}mol/L	135
L-半胱氨酸/GO/CHIT/GC	苦参碱	检测范围 4.0×10^{-6}～1.0×10^{-4}mol/L，检测限为 2.0×10^{-6}mol/L	136
Au-RGO/CHIT/GC	β-NADH	检测范围 1.5×10^{-6}～3.2×10^{-4}mol/L，检测限为 1.2×10^{-6}mol/L	137
FAM(荧光素)-DNA/GO	三磷酸盐	检测范围 3.0×10^{-6}～3.2×10^{-4}mol/L，检测限为 4.5×10^{-7}mol/L	138
Nafion/GR/Pd/GC	葡萄糖	检测范围 1.0×10^{-5}～5.0×10^{-3}mol/L，检测限为 1.0×10^{-6}mol/L	139
ssDNA/ERGO/PAN(聚苯胺)/GCE	杂链 DNA	检测范围 1.0×10^{-13}～1.0×10^{-7}mol/L，检测限为 3.2×10^{-14}mol/L	140
GR/$BMIMPF_6$/GC	对苯二酚	检测范围 5.0×10^{-7}～5.0×10^{-5}mol/L，检测限为 1.0×10^{-8}mol/L	141
	儿茶酚	检测范围 5.0×10^{-7}～5.0×10^{-5}mol/L，检测限为 2.0×10^{-8}mol/L	
GN-CN(碳纳米球)/GC	对苯二酚	检测范围 1.0×10^{-7}～6.0×10^{-4}mol/L，检测限为 1.0×10^{-8}mol/L	142
GO-AuNC/GC	左旋多巴胺	检测范围 5.0×10^{-8}～2.0×10^{-5}mol/L，检测限为 2.0×10^{-8}mol/L	143
TiO_2-GR/GC	扑热息痛	检测范围 1.0×10^{-6}～1.0×10^{-4}mol/L，检测限为 2.1×10^{-7}mol/L	144
Fe_3O_4-PDDA-G(功能化的石墨烯)/GC	对乙酰氨基酚	检测范围 1.0×10^{-7}～1.0×10^{-5}mol/L，检测限为 3.7×10^{-8}mol/L	145
CD(环糊精)-GN/GC	多菌灵	检测范围 1.0×10^{-7}～1.0×10^{-5}mol/L，检测限为 3.7×10^{-8}mol/L	146
RGO-MWCNT/GC	对苯二酚	检测范围 8.0×10^{-6}～3.91×10^{-4}mol/L，检测限为 2.6×10^{-6}mol/L	147
	儿茶酚	检测范围 5.5×10^{-6}～5.4×10^{-4}mol/L，检测限为 1.8×10^{-6}mol/L	
	对甲苯酚	检测范围 5.0×10^{-6}～4.3×10^{-4}mol/L，检测限为 1.6×10^{-6}mol/L	
	NO_2^-	检测范围 7.5×10^{-5}～6.06×10^{-3}mol/L，检测限为 2.5×10^{-5}mol/L	
HA(透明质酸)-MWCNT/PPy-SG(磺化石墨烯)/GC	β-吲哚基乙胺	检测范围 9.0×10^{-8}～7.0×10^{-5}mol/L，检测限为 7.4×10^{-8}mol/L	148

续表

修饰剂	分析物	分析性能	文献
TiO_2-GR/4-ABSA(聚对氨基苯磺酸)/GC	色氨酸	检测范围 $1.0\times10^{-6}\sim4.0\times10^{-4}$mol/L，检测限为 3.0×10^{-7}mol/L	149
	多巴胺	检测范围 $1.0\times10^{-6}\sim4.0\times10^{-4}$mol/L，检测限为 1.0×10^{-7}mol/L	
ERGO-AuPdNP-GO_x/GCE	葡萄糖	检测范围到 3.5×10^{-5}mol/L，检测限为 6.9×10^{-6}mol/L	150
GNR(带状石墨烯)/Nafion/GCE	半胱氨酸	检测范围 $2.5\times10^{-8}\sim5.0\times10^{-4}$mol/L	151
CDP(环糊精及 β-环糊精预聚体)-GS-MWCNT/GC	抗坏血酸	检测范围 $5.0\times10^{-6}\sim4.8\times10^{-4}$mol/L，检测限为 1.65×10^{-6}mol/L	152
	多巴胺	检测范围 $1.5\times10^{-7}\sim2.165\times10^{-5}$mol/L，检测限为 5.0×10^{-8}mol/L	
	NO_2^-	检测范围 $5.0\times10^{-6}\sim6.75\times10^{-3}$mol/L，检测限为 1.65×10^{-6}mol/L	
Fe_3O_4-GO/GC	半胱氨酸	检测范围 $5.0\times10^{-4}\sim1.35\times10^{-2}$mol/L，检测限为 5.6×10^{-5}mol/L	153
	N-乙酰-L-半胱氨酸	检测范围 $1.2\times10^{-4}\sim1.33\times10^{-2}$mol/L，检测限为 2.5×10^{-5}mol/L	
GO/GC	对乙酰氨基酚	检测范围 25μg/L～4mg/L，检测限为 6μg/L	154
MWCNT-ACS(氧化铝覆盖硅上)/GC	对乙酰氨基酚	灵敏度为 376.5A·L/(mol·cm^2)，检测限为 5.0×10^{-8}mol/L	155
壳聚糖/GO@PtNC/Pt	葡萄糖	检测范围 $1.0\times10^{-6}\sim5.0\times10^{-3}$mol/L，检测限为 5.0×10^{-7}mol/L，灵敏度为 35.92μA·L/(mol·cm^2)	156
AuNC/GC	H_2O_2	检测范围 $5.0\times10^{-7}\sim5.89\times10^{-3}$mol/L，检测限为 1.0×10^{-7}mol/L，灵敏度为 273.83μA·L/(mol·cm^2)	157
La-MWCNT/GC	抗坏血酸	检测范围 $4.0\times10^{-6}\sim7.1\times10^{-4}$mol/L，检测限为 1.4×10^{-7}mol/L	158
	多巴胺	检测范围 $4.0\times10^{-8}\sim8.9\times10^{-4}$mol/L，检测限为 1.3×10^{-8}mol/L	
	尿酸	检测范围 $4.0\times10^{-8}\sim8.1\times10^{-4}$mol/L，检测限为 1.5×10^{-8}mol/L	
	NO_2^-	检测范围 $4.0\times10^{-6}\sim7.1\times10^{-4}$mol/L，检测限为 1.3×10^{-7}mol/L	
Tyr(酪氨酸酶)-NGP(亲水石墨烯)-CHIT/GC	双酚 A	检测范围 $1.0\times10^{-7}\sim2.0\times10^{-6}$mol/L，检测限为 3.3×10^{-8}mol/L	159
AgNP-TiO_2NW/GC	H_2O_2	检测范围 $1.0\times10^{-4}\sim6.0\times10^{-2}$mol/L，检测限为 1.7×10^{-7}mol/L	160
GOD-In_2O_3-CHIT/GC	葡萄糖	检测范围 $5.0\times10^{-6}\sim1.3\times10^{-3}$mol/L，检测限为 1.9×10^{-6}mol/L	161
GR/ssDNA/Au-cDNA/Ag/GC	DNA	检测范围 $2.0\times10^{-10}\sim5.0\times10^{-7}$mol/L，检测限为 7.2×10^{-11}mol/L	162
CdSe-PDDA-G(功能化的石墨烯)/GC	七叶亭	检测范围 $1.0\times10^{-8}\sim5.0\times10^{-5}$mol/L，检测限为 4.0×10^{-9}mol/L	163
GNP/GR/L-cys/HRP/GC	HIgG	检测范围 0.2~320ng/ml，检测限为 70ng/ml	164
CdTe/QD@PtRu/$McAb_1$/Fe_3O_4/CSMNP	人绒毛膜促性腺激素抗原	检测范围 0.005～50ng/ml，检测限为 0.8pg/ml	165
AuNP/ITO	癸酸诺龙	检测范围 $5.0\times10^{-8}\sim1.5\times10^{-6}$mol/L，检测限为 1.36×10^{-7}mol/L	166
AuNP/ITO	甲强龙	检测范围 $1.0\times10^{-8}\sim1.0\times10^{-6}$mol/L，检测限为 2.68×10^{-7}mol/L	167

续表

修饰剂	分析物	分析性能	文献
m6A/Ru(bpy)$_3^{2+}$/热 ITO	N^6-甲基腺苷	检测范围 1.9×10^{-9}～3.9×10^{-6}mol/L，检测限为 7.7×10^{-10}mol/L	168
VEGF 抗体/AuNP/ITO	VEGF(血管内皮生长因子)	检测范围 1.27×10^{-4}～4.17×10^{-4}mol/L，检测限为 100pg/ml	169
ChOx(胆固醇氧化酶)/PANI-MWCNT/ ITO	胆固醇	检测范围 1.29×10^{-3}～1.293×10^{-2}mol/L，灵敏度为 6800nA・L/(mol・cm^2)	170
AuNP/ITO	多巴胺	检测范围 1.0×10^{-9}～5.0×10^{-4}mol/L，检测限为 5.0×10^{-10}mol/L	171
	血液中的复合胺	检测范围 1.0×10^{-8}～2.5×10^{-4}mol/L，检测限为 3.0×10^{-8}mol/L	
BPA(双酚 A)/ITO	BPA(双酚 A)	检测范围 5.0×10^{-7}～5.0×10^{-5}mol/L，检测限为 4.0×10^{-7}mol/L	172
dsCT-DNA-PPy-PVS/ITO	毒死蜱	检测范围 1.6×10^{-9}～2.5×10^{-8}mol/L，检测限为 4.0×10^{-7}mol/L	173
MIP/MWNTs/Si-ITO	L-组氨酸	检测范围 2.0×10^{-6}～1.0×10^{-3}mol/L，检测限为 5.8×10^{-9}mol/L	174
脂肪酶/CeO_2/ITO	三丁酸甘油酯	检测范围 50~500mg/dL，检测限为 32.8mg/dL	175
BDNA(生物素标记的 DNA)/avidin(抗生物素蛋白)/CH-Fe_3O_4/ITO	淋病奈瑟菌	检测范围 1.0×10^{-16}～1.0×10^{-6}mol/L，检测限为 1.0×10^{-15}mol/L	176
Nf-GOD-HRP/Au-Fe_3O_4@SiO_2/ITO	葡萄糖	检测范围 5.0×10^{-8}～1.0×10^{-3}mol/L，检测限为 1.0×10^{-8}mol/L	177
$CoO_x(OH)_y$/ITO	PA(丙酮酸)	检测范围 1.0×10^{-6}～1.91×10^{-3}mol/L，检测限为 5.5×10^{-7}mol/L	178
GO_x/TiO_2-SWCNT/ITO	葡萄糖	检测范围 1.0×10^{-5}～1.4×10^{-3}mol/L，检测限为 1.0×10^{-5}mol/L	179
Apt-DNA/PANI–SA/ITO	赭曲毒素 A	检测范围 0.1～10ng/ml 和 1~25μg/ml，检测限为 0.1ng/ml	180
AuNP/ITO	去甲肾上腺素	检测范围 1.0×10^{-7}～2.5×10^{-5}mol/L，检测限为 8.7×10^{-5}mol/L	181
anti-HE4/HE4/BSA/anti-HE4/AuNP/CHIT-TiC/ITO	HE4(血清人附睾分泌蛋白 4)	检测范围 3.0×10^{-13}～3.0×10^{-11}mol/L，检测限为 6.0×10^{-15}mol/L	182
Au/CdS/ITO	H_2O_2	检测范围 1.0×10^{-8}～6.6×10^{-4}mol/L，检测限为 5.0×10^{-9}mol/L	183
IgA 抗体/CSA(碳球阵列)/ITO	IgA(免疫球蛋白 A)	检测范围 0.1～200ng/ml	184
AgNP-SWCNT/GCE	H_2O_2	检测范围 1.6×10^{-5}～1.8×10^{-2}mol/L，检测限为 2.76×10^{-6}mol/L	185
BSA/D–葡萄糖/MWCNT–PANI/GC	伴刀豆球蛋白 A	检测范围 3.3×10^{-13}～9.3×10^{-9}mol/L，检测限为 1.0×10^{-13}mol/L	186
CS-Fe_3O_4/GC	双酚 A	检测范围 5.0×10^{-8}～3.0×10^{-5}mol/L，检测限为 8.0×10^{-9}mol/L	187
Fe_2O_3/CB(炭黑)	NADH	检测范围 1.0×10^{-5}～1.0×10^{-3}mol/L，检测限为 1.0×10^{-5}mol/L	188
CHIT/GOD@AgNP/Pt	葡萄糖	检测范围 3.0×10^{-6}～3.0×10^{-3}mol/L，检测限为 1.0×10^{-6}mol/L	189
CNF/hemin(血晶素)/GC	H_2O_2	检测范围 5.0×10^{-5}～1.0×10^{-3}mol/L，检测限为 2.0×10^{-6}mol/L	190
	NO_2^-	检测范围 5.0×10^{-3}～2.5×10^{-1}mol/L，检测限为 3.18×10^{-4}mol/L	

注：AgNP—纳米银；AuNP—纳米金；AuNC—笼状纳米金；CHIT—壳聚糖；CNF—碳纤维；CNT—碳纳米管；CR-GO—化学还原的氧化石墨烯；Cytc—细胞色素 C；DWCNT—双壁碳纳米管；ERGO—电化学还原的氧化石墨烯；GC—玻碳电极；GOD—葡萄糖氧化酶；GS—石墨烯片；GR—石墨烯；GN—石墨烯纳米片；MIP—分子印迹聚合物；MWCNT—多壁碳纳米管；PPDA—聚 2,6-吡啶二甲酸；PPy—聚吡咯；PtNC—笼状纳米铂；PANI—聚苯胺；SWCNT—单壁碳纳米管

本表参考文献：
1. 郑燕琼等. 分析试验室, 2008, 27: 1.
2. Kim G Y, et al. Sens Actuators B, 2008, 3: 1.
3. 曲云鹤等. 化学传感器, 2006, 26: 38.
4. Ilanna C L, et al. Anal Bioanal Chem, 2007, 388: 1907.
5. Mhammedi M A, et al. J Hazardous Mater, 2009, 163: 323.
6. Du D, et al. Electrochim Acta, 2008, 53: 4478.
7. Cai H, et al. J Electroanal Chem, 2001, 510: 78.
8. Xu X, Liu S, Ju H. Sensors, 2003, 3: 350.
9. Liu M, et al. Electrochem Commun, 2006, 8: 305.
10. Salimi A, et al. Electroanal, 2005, 17: 873.
11. Pinter J S, et al. Talanta, 2007, 71: 1219.
12. Ivanildo Luiz de Mattos, et al. Talanta, 2005, 66: 1281.
13. Abbaspour A, et al. Talanta, 2005, 66: 931.
14. Stefana R I, et al. Sens Actuators B, 2005, 106: 791.
15. Qi H, et al. Talanta, 2007, 72: 1030.
16. Alvarez-Crespo S L, et al. Biosens Bioelectron, 1997, 12: 739.
17. Maaloufa R, et al. Biosens Bioelectron, 2007, 22: 2682.
18. Kotkar R M, et al. Sensor Actuat B, 2007, 124: 90.
19. Shahrokhian S, et al. Electrochim Acta, 2003, 48: 4143.
20. Zhang G, et al. Talanta, 2000, 51: 1019.
21. Dilgin Y, et al. Anal Chim Acta, 2005, 542: 162.
22. Shahrokhian S, et al. Electrochim Acta, 2004, 50: 77.
23. Zen J M, et al. Anal Chem, 2002, 74: 6126.
24. Shahrokhian S, et al. Electrochim Acta, 2006, 51: 2599.
25. Oni J, et al. Anal Chim Acta, 2001, 434: 9.
26. Zen J M, et al. Talanta, 1998, 46: 1363.
27. Xiao P. Microchem J, 2007, 85: 244.
28. Abbaspour A, et al. J Pharm Biomed Anal, 2007, 44: 41.
29. Lina X Q, et al. Sensor Actuat B, 2006, 119: 608.
30. de Betoño S F, et al. J Pharm Biomed Anal, 1999, 20: 621.
31. Lobo-Castañón M J, et al. Anal Chim Acta, 1997, 346: 165.
32. García M A V, et al. Electrochim Acta, 1998, 43: 3533.
33. Lin Y, et al. Electrochem Commun, 2005, 7: 166.
34. Radi A. Talanta, 2005, 65: 271.
35. Liu L, Song J. Anal Biochem, 2006, 354: 22.
36. Wang J, et al. Anal Chim Acta, 1999, 395: 11.
37. Sugawara K, et al. J Electroanal Chem, 2000, 482: 81.
38. Liu Z, et al. Anal Chim Acta, 2005, 533: 3.
39. Pedano M L, et al. Electrochem Commun, 2004, 6: 10.
40. Pedano M L. Talanta, 2000, 53: 489.
41. Saidman B, et al. Anal Chim Acta, 2000, 424: 45.
42. Moressi M B, et al. Electrochem Commun, 1999, 1: 472.
43. Hu S, et al. Anal Chim Acta, 2000, 412: 55.
44. Teixeiraa M F S, et al. Sensor Actuat B, 2005, 106: 619.
45. Amini M K, et al. Anal Biochem, 2003, 320: 32.
46. AgüíL, et al. Talanta, 2004, 64: 1041.
47. Mohadesi A, Taher M A. Talanta, 2007, 71: 615.
48. Li Y H, et al. Talanta, 2005, 67: 28.
49. Liu S, et al. Appl Surf Sci, 2005, 252: 2078.
50. Wang J. Lu J. Electrochem Commun, 2000, 2: 390.
51. Sherigara B S, et al. Electrochim Acta, 2007, 52: 3137.
52. Yantasee W, et al. Anal Chim Acta, 2004, 502: 207.
53. Teixeira M F S, et al. Talanta, 2004, 62: 603.
54. Stadlober M, et al. Anal Chim Acta, 1997, 350: 319.
55. Sugawara K, et al. Anal Chim Acta, 1997, 353: 301.
56. Liu H T, et al. Electrochem Commun, 2005, 7: 1357.
57. Wang C, et al. Anal Chim Acta, 1998, 361: 133.
58. Tonle I K, et al. Sensor Actuat B: Chem, 2005, 110: 195.
59. Wang J, et al. Analyst, 2005, 130: 71.
60. Göktuğ T, et al. Anal Chim Acta, 2005, 551: 51.
61. Ding S N, et al. Talanta, 2006, 70: 572.
62. Vega D, et al. Talanta, 2007, 71: 1031.
63. Sun Z, et al. Analyst, 2003, 128: 930.
64. Liu Q, et al. J Electroanal Chem, 2007, 601: 125.
65. Yang Y, et al. Anal Chim Acta, 2007, 584: 268.
66. Wang J, et al. Biosensor Bioelectron, 2004, 20: 995.
67. Yi H, et al. Talanta, 2001, 55: 1205.
68. Kafi A K M, et al. Curr Appl Phys, 2007, 7: 496.
69. Salimi A, et al. Talanta, 2005, 66: 967.
70. Wang Z, et al. Talanta, 2001, 53: 1133.
71. Yang P, et al. Anal Chim Acta, 2007, 585: 331.
72. Salimi A, et al. Anal Biochem, 2005, 344: 16.
73. Wei Y, et al. Electrochim Acta, 2006, 52: 766.
74. Wang Z, et al. Analyst, 2002, 127: 653.
75. Lin X, et al. Sensor Actuat B, 2007, 122: 309.
76. Wang J, et al. Electrochim Acta, 2001, 47: 651.
77. Nassef H M, et al. J Electroanal Chem, 2006, 592: 139.
78. Nassef H M, et al. Electrochem Commun, 2006, 8: 1719.
79. Chen J, et al. Anal Chim Acta, 2004, 516: 29.
80. Chaiyasith S. J Electroanal Chem, 2005, 581: 104.
81. Yan X X, et al. J Electroanal Chem, 2004, 569: 47.
82. Chen G N, et al. Anal Chim Acta, 2002, 452: 245.
83. Deo R P, et al. Electrochem Commun, 2004, 6: 284.
84. Tian L, et al. Talanta, 2005, 66: 130.
85. Yang N, et al. Sensor Actuat B, 2005, 110: 246.
86. Silva C P, et al. Electrochim Acta, 2006, 52: 1182.
87. Bing C, et al. Talanta, 1999, 49: 651.
88. Santos W J R, et al. Talanta, 2006, 70: 588.
89. Salimi A, et al. Electrochem Commun, 2006, 8: 688.
90. Sun D, Zhang H. Water Res, 2006, 40: 3069.
91. Zhang H. Bioelectrochem, 2006, 68: 197.
92. Zhu Y H, et al. J Electroanal Chem, 2005, 581: 303.
93. Wang S F, Xu Q. Bioelectrochem, 2007, 70: 296.
94. Huang W S, et al. Anal Bioanal Chem, 2003, 375: 703.
95. Tsai Y C, et al. Electrochem Commun, 2004, 6: 917.
96. Gong K, et al. Biosensor Bioelectron, 2004, 20: 253.
97. Guo M, et al. Anal Chim Acta, 2005, 532: 71.
98. Zhang M, et al. Biosens Bioelectron, 2005, 20: 1270.
99. Yogeswaran U, Chen S M. Electrochim Acta, 2007, 52: 5985.
100. Jin G, et al. Talanta, 2008, 74: 815.
101.李春香, 曾云龙. 分析化学, 2006, 34: 999.
102. Huang K J, et al. Colloids Surf B, 2008, 61: 176.
103. Yang P, et al. Microchim Acta, 2007, 157: 229.
104. Zeng J, et al. Microchim Acta, 2006, 155: 379.
105. Jiang C, et al. Electrochim Acta, 2008, 53: 2917.
106. Agüí L, et al. Electrochim Acta, 2007, 52: 7946.
107. Jin G Y, et al. Talanta, 2008, 74: 815.
108. Li Y F, et al. Anal Bioanal, 2006, 349: 33.
109. Singh R P. Analyst, 2011, 136: 1216.
110. Tsai Y C, Chiu C C. Sens Actuators B, 2007, 125: 10.
111. Salmanipour A, Taher M A. Analyst, 2011, 136: 545.
112. Zhang J, et al. J Electroanal Chem, 2010, 638: 173.

113. Wang K, et al. Talanta, 2010, 82: 372.
114. Song M J. Wang H, Whang D. Talanta, 2010, 80: 1648.
115. Liu Z, et al. Talanta, 2010, 81: 1650.
116. Li Y, et al. Electrochem Commun, 2010, 12: 777.
117. Liu S, et al. Talanta, 2010, 81: 727.
118. Lina C Y, et al. Talanta, 2010, 82: 340.
119. Zhao B, et al. Electrochem Commun, 2009, 11: 1707.
120. Zhu A, et al. Biomaterials, 2009, 30: 3183.
121. Zhu A, Luo Y, Tian Y, Anal Chem, 2009, 81: 7243.
122. Zhou M, Zhai Y, Dong S, Anal Chem, 2009, 81: 5603.
123. Zhao W, et al. Talanta, 2009, 80: 1029.
124. Wen Z, Ci S, Li J. J Phys Chem C, 2009, 113: 13482.
125. Wang X, et al. J Phys Chem C, 2009, 113: 7003.
126. Cui K, et al. Electrochem Commun, 2008, 10: 663.
127. Zhang F, et al. Int J Electrochem Sci, 2012, 7: 1968.
128. Zheng T, et al. Talanta, 2012, 90: 51.
129. Navaeea A, et al. Biosens Bioelectron, 2012, 31: 205.
130. Han D, et al. Electroanal, 2010, 22: 2001.
131. Wang L, et al. Talanta, 2011, 83: 1386.
132. Ye D, et al. Analyst, 2012, 135.
133. Li J, et al. Anal Methods, 2012.
134. Si P, et al. Analyst, 2011, 136: 5134.
135. Zhao F Y, et al. Microchim Acta, 2011, 174: 383.
136. Zhao F Y, et al. Electroanal, 2012, 24: 691.
137. Chang H, et al. Analyst, 2011, 136: 2735.
138. Pu W D, et al. Anal Methods, 2012.
139. Lu L M, et al. Biosens Bioelectron, 2011, 26: 3500.
140. Du M, et al. Talanta, 2012, 88: 439.
141. Liu Z, et al. Sensor Actuat B, 2011, 157: 540.
142. Wang J, et al. J Electroanal Chem, 2011, 662: 317.
143. Ge S, et al. Biosens Bioelectron, 2012, 31: 49.
144. Fan Y, et al. Colloids Surf B, 2011, 85: 289.
145. Lu D, et al. Talanta, 2012, 88: 181.
146. Guo Y, et al. Talanta, 2011, 84: 60.
147. Hu F, et al. Anal Chim Acta, 2012, 724: 40.
148. Xing X, et al. Biosensor Bioelectron, 2012, 31: 277.
149. Xu C X, et al. Mater Sci Eng C, 2012, 32: 969.
150. Yang J, et al. Biosens Bioelectron, 2011, 29: 159.
151. Wu S, et al. Biosens Bioelectron, 2012, 32: 293.
152. Zhang Y, et al. Biosens Bioelectron, 2011, 26: 3977.
153. Song Y, et al. Electrochim Acta, 2012, 71: 58.
154. Song J, et al. Sensor Actuat B, 2011, 155: 220.
155. Lu T L, et al. Sensor Actuat B, 2011, 153: 439.
156. Ren J, et al. Sensor Actuat B, 2012, 163: 115.
157. Zhang Y, et al. J Electroanal Chem, 2011, 656: 23.
158. Zhang W, et al. Sensor Actuat B, 2012.
159. Wu L, et al. Biosens Bioelectron, 2012, 35: 193.
160. Qin X, et al. Electrochim Acta, 2012. 74(4): 275-279.
161. Yang Z, et al. Electrochim Acta, 2012, 70: 325.
162. Lin L, et al. Analyst, 2011, 136: 4732.
163. Lu D, et al. Analyst, 2011, 136: 4447.
164. Wang G, et al. Anal Methods, 2010, 2: 1692.
165. Zhang Y, et al. Analyst, 2012, 137: 2176.
166. Goyal R N, et al. Talanta, 2007, 72: 140.
167. Goyal R N, et al. J Pharm Biomed Anal, 2007, 44: 1147.
168. Lin Z, et al. Electrochim Acta, 2010, 56: 644.
169. Kim G I, et al. Biosens Bioelectron, 2010, 25: 1717.
170. Dhand C, et al. Anal Biochem, 2008, 383: 194.
171. Goyal R N, et al. Talanta, 2007, 72: 976.
172. Zhang J, et al. Sensor Actuat B, 2011, 160: 784.
173. Prabhakar N, et al. Anal Chim Acta, 2007, 589: 6.
174. Zhang Z, et al. Biosens Bioelectron, 2010, 26: 696.
175. Solanki P R, et al. Sensor Actuat B, 2009, 141: 551.
176. Singh R, et al. Biosens Bioelectron, 2011, 26: 2967.
177. Chen X, et al. Sensor Actuat B, 2011, 159: 220.
178. Wang J, et al. Electrochim Acta, 2011, 56: 10159.
179. Dung N Q, et al. Sensor Actuat B, 2012.
180. Prabhakar N, et al. Biosensor Bioelectron, 2011, 26: 4006.
181. Goyal R N, et al. Sensor Actuat B, 2011, 153: 232.
182. Lu L, et al. Biosens Bioelectron, 2012, 33: 216.
183. Shi C, et al. Electrochim Acta, 2010, 55: 8268.
184. Chen X, et al. Biosens Bioelectron, 2010, 25: 1130.
185. Bui M P N, et al. Sensor Actuat B, 2010, 150: 436.
186. Hu F, et al. Biosens Bioelectron, 2012, 34: 202.
187. Yu C, et al. Electrochim Acta, 2011, 56: 9056.
188. Kim Y H, et al. Biosens Bioelectron, 2010, 25: 1160.
189. Shi W, Ma Z. Biosens Bioelectron, 2010, 26: 1098.
190. Valentini F, et al. Electrochim Acta, 2012, 63: 37.

第二节　电化学气体传感器

气体传感器是用来检测气体的成分和含量的传感器。一般认为，气体传感器的定义是以检测目标为分类基础的，也就是说，凡是用于检测气体成分和浓度的传感器都称作气体传感器，不论它是用物理方法，还是用化学方法。气体传感器是化学传感器的一大门类。从工作原理、特性分析到测量技术，从所用材料到制造工艺，从检测对象到应用领域，都可以构成独立的分类标准，衍生出一个个纷繁庞杂的分类体系，尤其在分类标准的问题上，目前还没有统一，要对其进行严格的系统分类难度颇大。

一、气体传感器的研究现状

在气体传感器中，有几类传感器研究得比较成熟，其中有很多类产品已经投放到市场。表 9-2 列出了这几种常见的传感器。

表 9-2 几种比较重要常见的气体传感器

传感器类型	响应原理	灵敏度	优点	缺点
金属氧化物传感器(MOS)	电导变化	$(5\sim500)\times10^{-6}$	价廉易得	高温操作
场效应管传感器（FET）	电容电荷耦合	10^{-9}	易做成集成电路	气味反应物要透过栅
有机金属半导体和导电聚合物传感器	电导变化	$(0.1\sim100)\times10^{-6}$	室温测定	湿度干扰严重
石英微天平（QCM）	压电	1.0ng	质量响应	界面行为复杂
表面声波传感器（SAW）	压电	1.0pg	响应灵敏	界面行为复杂
光纤传感器	荧光、化学反应	10^{-9}	抗电噪能力强	受光源限制

二、气体传感器分类

自 20 世纪 30 年代就开始研究开发气体传感器。起初，气体传感器主要应用于检测和警报瓦斯气体、液化石油气和煤气等气体，随着人们对生产和居住环境的安全与健康的关注和其他科学技术，如纳米技术、通信技术和信息处理技术等技术的发展，气体传感器得到新的发展，特别是纳米材料的应用（见表 9-3）。现在，气体传感器的应用已经延伸到生活、生产、环保和科研等各个方面，所能检测的气体的种类和数量不断增多，器件的类型也相当丰富，可以分为以下几类[14~16]。

表 9-3 气体传感器的类型

类型	物性		材料	检测气体
半导体型	电阻式	表面控制型	SnO_2、ZnO、In_2O_3、WO_3、V_2O_5、有机半导体等	CCl_2F_2、NO、CO、NH_3、丙酮、乙醇、甲醛等
		体控制型	γ-Fe_2O_3、α-Fe_2O_3、Co_3O_4、SnO_2、CoO、$SrSnO_3$、TiO_2、MnO 等	可燃性气体、O_2 等
	非电阻式	金属/半导体结	Pd/CdS、Pt/TiO_2、Pd/TiO_2、Pd/ZnO、Au/TiO_2 等	H_2、CO、SiH_4 等
		Pd-MOS	Pd-MOS	H_2、CO、SiH_4 等
		AET	Pt、Pd、SnO_2-AET	Cl_2、H_2S 等
		PET	Pd-MOSFET	H_2、H_2S、NH_3、CO 等
		定电位电解(电解电流)	气体扩散电极，电解质水溶液	CO、SO_2、HCl、H_2S、NO、AsH_3、Cl_2、PH_3 等
电化学型	伽伐尼电池(电池电流)		贵金属作电极，电解质水溶液	Cl_2、F_2、HF、NO_2、PH_3、O_2、SO_2、Br_2、HCN、H_2S、HCl、NH_3、H_2、C_2H_5OH 等
	电量(电解电流)		贵金属正负电极，电解质水溶液，多孔性聚四氟乙烯薄膜	NH_3、Cl_2、H_2S 等
	离子电极(电极电位)		离子选择性电极，电解质水溶液，多孔性聚四氟乙烯薄膜	HCN、H_2S、SO_2、CO_2、NH_3 等
	固体电解质(电位)		固体电解质	SO_2、NO_2、O_2、卤素气体等
	其他		1．玻璃电极，水和固体聚合物 2．金属作用极和相反极，有机凝胶电解质	HCN、H_2、NO_x、NO_2 等

续表

类型	物　性	材　料	检测气体
SAW	共振频率	涂层(三乙醇胺、H_2Pc、PbPc、WO_3、Pt、Pd) / 振子(YZ-$LiNbO_3$、Si_x-SiO_2等)	SnO_2、NO_2、H_2S、NH_3、H_2、甲苯、CO、杀虫剂等
热传导型	燃烧式(电阻)	Pt 丝+催化剂(Pd、Pd-Al_2O_3、CuO)	可燃性气体
压电体型	共振周波数	水晶振子+吸附媒体	水蒸气
	表面弹性波	ZnO+吸附媒体	H_2S，苯乙烯
光学型	光干涉式		所有气体
	红外线吸收式	$LiTaO_3$	适用于异核分子气体，如 SO_2、NO_2、CO、CO_2等
	紫外线吸收式		适用于对紫外线有吸收的气体
	光纤式	Pd、Pt	H_2等可燃性气体

1. 半导体型气体传感器

金属氧化物半导体气体传感器是一类研究时间较长、应用水平较高的传感器。它主要利用材料表面吸附气体后电阻发生变化的原理来检测气体，其测量范围广泛、灵敏度高、响应恢复时间快、寿命长。尤其是成本低、制作简便、工艺成熟、使用维修方便。根据其制作方法可分为烧结型、厚膜型、薄膜型。其中，烧结型元件又分为直热式和旁热式两种，直热式功耗小，但成品率低，现在应用较少。旁热式元件是目前市场上广泛采用的结构形式，它是将氧化物粉体与黏合剂混合均匀后，涂敷在陶瓷管上成型后再高温烧结而成。由于其工艺简单，易掺杂添加剂，并能批量生产，能进行动态在线检测和能与计算机联用等特点，因此在可燃气体、毒性气体的检漏报警、环境气体监控、工业气体中间控制、医疗分析、汽车尾气检测等方面得到了较为广泛的应用。但由于这种元件的一致性、互换性、重现性及稳定性都较差，而且体积较大，在传感器的微型化和集成化方面受到一定的限制。

2. 电化学型气体传感器

电化学型气体传感器主要用于检测毒性气体，如 CO、CO_2、H_2、O_2、SO_2等。检测时将仪器置于待测气源附近，反应产生的电流经仪器转换成待测气体的浓度值；这类仪器相对成本不高，对气体泄漏响应快，用于现场监控比较方便，其主要优点是选择性好、灵敏度高，在目前已有的各类气体检测方法中占有重要的地位。

3. 催化燃烧式气体传感器

催化燃烧式传感器原理是目前最广泛使用的检测可燃气体的原理之一，具有输出信号线性好、指数可靠、价格便宜、不与其他非可燃气体的交叉干扰等特点。这类传感器可以探测空气中的许多种气体或汽化物，包括甲烷、LPG、乙炔和氢气。日本 Nemoto 的 NAP 系列产品就是采用的催化剂接触燃烧原理。

4. 声表面波（SAW）式气体传感器

声表面波（SAW）式气体传感器是近年来发展较快的一种传感器，由于传感器对外界环境，特别是空气组分及温度和压力具有很高的灵敏度，实际应用还有一段距离。SAW 气体传感器发展至今已有 10 多年的历史，但无论是传感器的基本构造、检测方式，还是其气敏化学膜的选择和开发，仍有待于进一步的发展和完善。

5. 光学型气体传感器

光学型气体传感器包括光谱吸收型、荧光型、光纤化学材料型等。光谱吸收型的原理是：不同的气体物质由于其分子结构不同、浓度不同和能量分布的差异而有各自不同的吸收光谱。若能测出这种光谱便可对气体进行定性、定量分析。这就决定了光谱吸收型气体传感器的选择性、鉴别性和气体浓度的唯一确定性。目前已经开发了流体切换式、流程直接测量式等多种在线红外吸收式气体传感器。在汽车的尾气中，CO、CO_2和烃类物质的浓度，以及工业燃烧锅炉中的有害气体 SO_2、NO_2都可采用光谱吸收型气体传感器来检测。荧光型是指气体分子受激发光照射后处于激发态，在返回基态的过程中发出荧光。由于荧光强度与待测气体的浓度呈线性关系，荧光型气体传感器通过测试荧光强度便可测出气体的浓度。光纤化学材料型气体传感器是在光纤的表面或端面涂一层特殊的化学材料，而该材料与一种或几种气体接触时，引起光纤的耦合度、反射系数、有效折射率等诸多性能参数的变化，这些参数又可以通过强度调制等方法来检测。例如：涂在光纤上的薄膜遇 H_2时就会膨胀，薄膜的膨胀可以通过测量干涉仪的输出光的强度来测得。光谱吸收型的原理清楚，技术相对成熟，是目前光学式气体传感器的市场主流。

6. 高分子气体传感器

近年来，国外在高分子气敏材料的研究和开发上有了很大的进展，在毒性气体和食品鲜度检测中发挥着巨大的作用。这是由于高分子气体传感器具有灵敏度高、选择性好、结构简单、能在常温下使用等优点。高分子气体传感器根据气敏特性可以分为下面几种。

（1）高分子电阻式气体传感器　这类传感器通过测量气敏材料的电阻来测量气体的浓度，目前的材料主要有酞菁聚合物、LB 膜、聚吡咯等。其主要优点是制作工艺简单、价格低廉。

（2）高分子电介质式气体传感器　利用高分子材料吸附气体时其介电常数的变化得到气体浓度的信息。目前的材料主要有聚次苯菁基乙炔、$CN(CH_3)Si(OC_2H_5)_3$ 缩聚物、聚苯胺、聚酰亚胺/Nafion 等。

（3）浓差电池式气体传感器　根据气敏材料吸收气体时形成浓差电池，测量电动势来确定气体的浓度，目前的材料主要有聚乙烯醇-磷酸等材料。

（4）声表面波式气体传感器　根据高分子气敏材料吸收气体后声波在材料表面传播速度或频率发生变化的原理制成的，通过测量声波的速度或频率来确定气体的浓度，主要气敏材料有聚异丁烯、氟聚多元醇等，用来测量苯乙烯和甲苯等有机蒸气。其优点是选择性高、灵敏度高、在很宽的温度范围内稳定、对湿度响应低和良好的可重复性。

（5）石英振子式气体传感器　高分子气敏材料吸附气体时，材料的质量发生变化，由于涂敷在石英振子上材料质量的变化，引起石英振子的共振频率变化，通过测量共振频率来测量气体浓度。主要材料有氨基十一烷基硅烷和三乙醇胺等材料，用来测量醋酸蒸气和 SO_2 等气体。

高分子气体传感器，对特定气体分子具有灵敏度高、选择性好，且结构简单，可在常温下使用，可补充其他气体传感器的不足，因此发展前景良好。

三、电化学气体传感器的原理

电化学气体传感器的工作原理是将扩散吸收到电解质中的被测气体在电极表面发生氧化还原反应或加特定电位使其电解来检测气体的浓度的一类传感器。这种传感器具有使用方便、价廉且选择性好等优点，是目前发展较快的一种气敏传感器。其主要类型有定电位电解式、原电池式和燃料电池式三种。

1. 定电位电解式电化学传感器

定电位电解式电化学传感器的工作原理是通过隔膜将扩散吸收到电解质中的被测气体在外部加特定电位使其电解来检测气体的浓度。该电解作用是在外部加了特定电位的电极表面上进行的，不同待测气体的电解电位是不同的。根据电解电位的不同，传感器外部加的特定电位也不同，改变设定的电位可使共有气体中需要检测的气体成分有效地进行氧化与还原反应，这样可以检测多种气体。

传感器的电极采用铂、金、钯等金属。电极材料不同，其上的气体过电位也不同，气体的反应性能也就不同，因此具有较高的选择性。一般采用酸性电解质溶液电解。

电流与气体浓度之间的关系可用下式表示

$$i = nFADc/\delta \tag{9-1}$$

式中，i 为电解电流；A 为电极面积；F 为法拉第常数；D 为气体扩散系数；c 为电解质溶液中电解的气体的浓度；δ 为扩散层的厚度；n 为 1mol 气体分子产生的电子数目。由此可见，当这些物理量均为常数时，电解电流与气体浓度成正比。

2. 原电池式电化学传感器

原电池式电化学传感器由作用电极、比较电极、电解液隔膜等组成。这种传感器的工作原理是将透过隔膜而扩散吸收到电解液中的被测气体在作用电极上发生氧化反应，在比较电极上发生还原反应，作用电极与比较电极产生电势差，所产生的电流与气体浓度呈线性关系。电流的计算公式同式（9-1）。

3. 燃料电池式电化学传感器

燃料电池式电化学传感器工作原理是还原性气体在负极上由电催化剂催化发生氧化反应，生成的离子由电解液传送到正极上与氧化性气体在电催化剂催化下发生还原反应，输出的电压等于阴极电位与阳极电位的差，气体浓度与电位差成比例关系。

四、气体传感器的性能指标

传感器的性能指标主要取决于它产生响应信号所显示的各种参数，如灵敏度、选择性、响应时间、测量范围、准确性、温度系数、底电流和噪声、使用寿命以及对工作环境的要求等。

1. 气体灵敏度

气体传感器的灵敏度，是表征其对被测气体敏感程度的指标。它表示气体传感器的电参量与被测气体浓度之间的函数关系。表示气体传感器灵敏度的方法较多，常用的有以下两种。

（1）电阻比灵敏度(S)

$$S = R_a/R_g \ \text{(n 型半导体)} \quad 或 \quad S = R_g/R_a \ \text{(p 型半导体)} \tag{9-2}$$

式中，R_a 为气体传感器在洁净空气中的电阻值；R_g 为检测气体中的电阻值。

（2）电压比灵敏度 S_v

$$S_v=V_g/V_a \tag{9-3}$$

式中，V_a 为气体传感器在洁净空气中工作时，负载电阻上的电压输出；V_g 为气体传感器在被测气体中工作时，负载电阻上的电压输出。

2. 气体选择性(分辨率)

气体传感器的选择性(分辨率)高低用选择性系数表示，它表示气体传感器对被测气体的识别(选择)以及对干扰气体的抑制能力。其表示方法如下：

$$K_{1/2} = S_1/S_2 \tag{9-4}$$

式中，$K_{1/2}$为1、2混合气体中，气体传感器对气体1的选择性系数；S_1为气体传感器在1气氛中的灵敏度；S_2为气体传感器在2气氛中的灵敏度。

3. 稳定性

稳定性反映了元件的固有电阻和灵敏度对环境条件的承受能力，是气敏元件的重要技术指标。元件的稳定性是指元件经长时间储存、使用后，固有电阻和灵敏度的重现性。一般用单位时间内（年、月）的电阻或灵敏度变化率表示。通常元件经长期使用后，电阻会发生漂移，灵敏度也会发生变化，从而影响元件的使用寿命。

4. 气体传感器的响应时间

气体传感器的响应时间，表示在工作温度下气体传感器件对被测气体的响应速度。一般从气体传感器与一定浓度的被测气体接触时开始计时，直到气体传感器的阻值达到此浓度下稳态阻值的90%时为止，所需时间称为气体传感器在此浓度被测气体中的响应时间。通常用符号t_{res}表示。

5. 气体传感器的恢复时间

气体传感器的恢复时间，表示在工作温度下被测气体的解吸速度。一般从气体传感器与一定浓度的被测气体中脱离时计时，直到其阻值恢复了变化阻值的90%时为止，期间所需的时间称为恢复时间。

6. 气体传感器的加热功率

气体传感器一般要在高温下(200℃)工作，通常采用电阻加热方式。为气体传感器提供必要工作温度的加热电阻(通常指加热器的电阻值)称为气体传感器的加热电阻，通常用符号RH表示。直热式气体传感器的加热电阻值一般较小（＜5Ω）旁热式气体传感器的加热电阻较大(＞20Ω)。气体传感器正常工作时所需的加热电路功率，称为加热功率，常用PH表示。通常直热式传感器的加热功率为0.1～0.3W，旁热式传感器的加热功率为0.5～2.0W。气体传感器的发展趋势是向低功耗和零功耗方向发展（见表9-4）。

五、气体传感器的应用

表 9-4 气体传感器的应用

检测对象	传感材料	检测性能	文献
H_2	p-NiO/n-SnO_2复合的纳米纤维	检测限446μg/m³，响应-恢复时间3s，运行温度320℃	1
H_2	Bi_2S_3纳米线沉积在Pt电极上	检测限4.0×10^{-7}mol/L	2
DMMP(甲基磷酸二甲酯)	SnO_2和ZnO修饰的碳纳米纤维	检测限563ng/m³，室温	3
H_2S	棒状氧化锌	空气中76mg/m³	4
H_2S	叶状的氧化铜纳米片	检测范围46μg/m³～1.8mg/m³，检测限3μg/m³，响应时间4s，恢复时间8s	5
H_2S	β-$AgVO_3$纳米线	最低响应浓度76mg/m³，响应时间很短，恢复时间20s以内	6
H_2S	金纳米颗粒修饰的单壁碳纳米管	空气中检测限4.6μg/m³	7
H_2S	In_2O_3薄膜表面沉积0.3nm金纳米颗粒	检测限30μg/m³	8
H_2S	Ag掺杂的In_2O_3薄膜	检测限15mg/m³	9

续表

检测对象	传感材料	检测性能	文献
H_2S	CuO(质量分数为 5%)/SnO_2	检测空气中的 H_2S，活性范围 0～151mg/m^3，在 150℃时非常灵敏	10
H_2S	Al(质量分数为 3%)掺杂的 TiO_2	检测稀释在空气中的 H_2S，76～1518mg/m^3，在 200°C 时快速响应 5s，恢复时间迅速 28s	11
乙醇	单晶氧化锌纳米棒	空气中的 103～513mg/m^3	12
乙醇	In_2O_3 薄膜	大于 164mg/m^3，在 350℃	9
CO	单晶氧化锌纳米棒	空气中的 CO(250～1250mg/m^3)	12
乙醛	单晶氧化锌纳米棒	空气中的 98～491mg/m^3	
H_2S	CuO-SnO_2 核壳结构纳米材料	检测限为 14mg/m^3，60℃	13
乙醇	碳纳米管/SnO_2 核壳纳米材料	检测限为 50mg/m^3，室温响应时间 1s，恢复时间 10s	14
乙醇	α-Fe_2O_3/SnO_2 核壳纳米棒	检测限为 40mg/m^3，220℃，响应时间<30s，恢复时间<30s	15
乙醇	掺杂 La_2O_3 的 SnO_2 纳米线	检测限为 118mg/m^3，400℃，响应时间 1s，恢复时间 110s	16
丙酮	掺杂 La_2O_3 的 SnO_2 纳米线	检测限为 90mg/m^3，400℃，响应时间 1s，恢复时间 110s	
90 号溶剂油	Fe_2O_3/ZnO 核壳纳米棒	检测限为 2.73mg/m^3，320℃，响应时间<20s，恢复时间<20s	17
环己烷	Fe_2O_3/ZnO 核壳纳米棒	检测限为 5.6mg/m^3，320℃，响应时间<20s，恢复时间<20s	
乙醇	Fe_2O_3/ZnO 核壳纳米棒	检测限为 8.2mg/m^3，200℃，响应时间<20s，恢复时间<20s	
丙酮	Fe_2O_3/ZnO 核壳纳米棒	检测限为 9.1mg/m^3，200℃，响应时间<20s，恢复时间<20s	
CO	掺杂 SnO_2 的 ZnO 纳米线	检测限为 5.8mg/m^3，350℃，响应时间 52s，恢复时间 550s	18
乙醇	SnO_2 纳米晶须	最低检测浓度 103mg/m^3(300℃，S=23)，恢复时间 10min	19
H_2	SnO_2 纳米晶须	最低检测浓度 0.9mg/m^3(300，S=0.4)	20
H_2	SnO_2 纳米线	最低检测浓度 8.9mg/m^3(2，S≈13)	
湿度	SnO_2 纳米线	RH:30%(30℃，S≈1.25)，响应时间 120～170s，恢复时间 20～60s	21
H_2	SnO_2 纳米棒	最低检测浓度 8.9mg/m^3(150℃)	22
乙醇	In_2O_3 纳米线	最低检测浓度 205mg/m^3(370℃，S≈2)，响应时间 10s，恢复时间约 20s	23
NO_2	In_2O_3 纳米线	最低检测浓度 2.0mg/m^3(250℃，S≈2.57)	24
H_2S	In_2O_3 纳米线	最低检测浓度 304μg/m^3(室温)，响应时间 2～3min	25
乙醇	In_2O_3 纳米线	最低检测浓度 10mg/m^3(330℃，S≈1.84)，响应时间 6s，恢复时间 11s	26
H_2S	In_2O_3 纳米线	最低检测浓度 1.5mg/m^3(120℃)，响应时间 48s，恢复时间 56s	27
H_2	ZnO 纳米棒	最低检测浓度 45mg/m^3(25℃)，响应时间 10min	28
H_2S	ZnO 纳米棒	最低检测浓度 76μg/m^3(室温，S≈1.7)	29
乙醇	ZnO 纳米棒	最低检测浓度 2.1μg/m^3(300℃，S≈10)	30
甲醇	ZnO 纳米棒	最低检测浓度 71mg/m^3(300，S≈3.2)	31
乙醇	ZnO 纳米棒	最低检测浓度 205mg/m^3(325℃，S≈20)	32
H_2	ZnO 纳米线	最低检测浓度 18mg/m^3(室温，S≈0.04)，响应时间 30s，恢复时间 50～90s	33
H_2S	WO_3 纳米线	最低检测浓度 1.5mg/m^3(250℃，S=48)	34
NH_3	WO_3 纳米线	最低检测浓度 7.6μg/m^3(室温)	35
NO_2	TeO_2 纳米线	最低检测浓度 21mg/m^3(26℃)，响应恢复时间 10min	36
NH_3	TeO_2 纳米线	响应恢复时间>30min，最低检测浓度 7.6mg/m^3(26℃)	
H_2S	TeO_2 纳米线	最低检测浓度 76mg/m^3(26℃)	

续表

检测对象	传感材料	检测性能	文献
CO	CuO 纳米线	最低检测浓度 38mg/m^3(300℃，S≈0.07)	37
NO_2	CuO 纳米线	最低检测浓度 4.1mg/m^3(300℃，S≈0.15)	
甲醇	CuO 纳米带	最低检测浓度 7.1mg/m^3(S≈1.4)，响应时间 2～4s，恢复时间 3～7s	38
乙醇	CuO 纳米带	最低检测浓度 10mg/m^3(200℃，S≈1.2)，响应时间 3～6s，恢复时间 4～9s	
NO_2	CdO 纳米线	最低检测浓度 2.1mg/m^3(100℃，S≈0.27)	39
醇	ZnO 纳米刷	最低检测限 3mg/m^3，响应时间＜10s，恢复时间＜10s	40
乙醇	SnO_2 纳米刷	最低检测限 4.7mg/m^3，响应和恢复时间为 4s	41
H_2S	枝状纳米 ZnO	响应时间 15～20s，恢复时间 30～50s，最低检测限 5.0mg/m^3	42
乙醇	花状纳米 ZnO	最低检测限 2.1mg/m^3，响应时间 1～2s，恢复时间 1～2s	43
CO	SnO_2 单个纳米线	最低检测浓度 125μg/m^3，300℃	44
NO_2	V_2O_5 纳米纤维	最低检测浓度 2.1μg/m^3(估计，置信度为 3)	45
NH_3	SnO_2 单个纳米线	最低检测浓度 76μg/m^3，300℃	46
乙醇	花状的纳米 SnO_2	最低检测浓度 205μg/m^3，330℃	47
HCl	TMPyP[四(4-甲基吡啶基)卟啉]/TiO_2	检测温度 80℃，恢复周期 300s，响应时间：t_{50}=(16.8±0.7)s，最低检测限 163μg/m^3	48
H_2S	ZnONRs（纳米棒）-CCG（化学修饰的石墨烯）	室温下能检测出氧气中 3.0mg/m^3 的 H_2S	49
乙醇	SnO_2 纳米微球	响应及恢复时间分别为 0.6s 和 11s，检测浓度为 103mg/m^3，运行温度为 300℃	50
CO_2	多孔的 $BaCO_3$	响应及恢复时间小于 1min，检测浓度 589～1483mg/m^3，运行温度 400℃	51
NO_2	SnO_2-WO_3	检测浓度 6.2mg/m^3，运行温度 300℃	52
H_2S	质量分数 10%Co 掺杂的 $CdIn_2O_4$	检测浓度 1518mg/m^3，H_2S 运行温度 200℃	53
NO	聚苯胺/氧化物	响应和恢复时间为 20～80s，检测浓度 185μg/m^3，运行温度：室温	54
NO_2	$W_{18}O_{49}$ 纳米线	NO_2 的浓度检测范围 2～41mg/m^3，运行温度 150℃	55
NO_2	SnO_2 薄膜	响应时间 1.4min，NO_2 的浓度 103mg/m^3，运行温度约 100℃	56
NH_3	Ce 掺杂的 ZnO	检测浓度 0～379mg/m^3，室温	57
	Al 掺杂的 ZnO	检测浓度 0～379mg/m^3，室温	
	Li 掺杂的 ZnO	检测浓度 0～379mg/m^3，室温	
NH_3	ITO 薄膜	响应时间和恢复时间分别为 73s 和 104s，检测空气中的 NH_3 为 759mg/m^3，工作温度为 150℃。	58
CO_2	石墨烯片	响应时间快，恢复时间短，CO_2 的检测浓度范围 21～214mg/m^3	59
O_3	CoPc	O_3 的检测浓度范围 43～429mg/m^3	60
NH_3	CoPc	NH_3 的检测浓度范围 15～152mg/m^3	
三甲胺	Cr^{3+}掺杂 ZnO 纳米棒	响应和恢复时间分别为 120s 和 80s，检测范围 3~26μg/m^3	61
H_2S	PANi(聚乙烯)-CdS	检测浓度 152mg/m^3，H_2S 工作温度为室温，响应时间 41～71s，恢复时间 345～518s	62
CO	ZnO 修饰的氧化石墨烯(ZnO-GrO)	响应信号大，恢复时间快，室温下检测 CO 浓度低于 1.3mg/m^3	63

续表

检测对象	传感材料	检测性能	文献
NH_3	ZnO 修饰的氧化石墨烯(ZnO-GrO)	响应信号大，恢复时间快，室温下检测 NH_3 浓度低于 759μg/m^3	63
NO	ZnO 修饰的氧化石墨烯(ZnO-GrO)	响应信号大，恢复时间快，室温下检测 NO 浓度低于 1.3mg/m^3	
NO_2	TiOPc/F_{16}CuPc	室温下响应灵敏度低于 10mg/m^3，检测限为 513μg/m^3	64
LPG（还原性气体如丙酮、乙醇、氨气）	$MgFe_2O_4$	在 698K 下选择性和最大响应为 70%和 2000mg/m^3	65
SO_2	5%(质量分数)MgO/2%(质量分数)V_2O_5/SnO_2	44%的传感响应，检测 SO_2 为 2.9mg/m^3	66
NH_3	单晶 ZnO	检测浓度范围 0～379mg/m^3	67
H_2	TiO_2 纳米管阵列	灵敏度约 100，检测到 89mg/m^3，H_2/空气，运行温度 100℃，响应时间＜1s	68
甲醛	TiO_2 纳米管阵列	甲醛检测范围 20～98mg/m^3，运行温度：室温与其他还原性的气体相比具有很好的选择性	69
H_2	Pd 修饰的 Si 纳米线	H_2 灵敏度为 3，响应时间＜3s，检测限约 446μg/m^3	70
乙醇	TiO_2/$Ti_{1-x}Sn_xO_2$	运行温度约 160℃灵敏度约 350%，检测乙醇的浓度 616mg/m^3	71
NH_3	纳米 Au/pp-YSZ	检测的响应浓度为 304mg/m^3，在存在 5%（体积分数）O_2 及 5%（体积分数）水蒸气，运行温度 700℃	72
NO_2	聚吡啶镁复合体	NO_2 检测水平 2～21mg/m^3	73
NO_x	聚吡啶镁复合体	NO_x 检测水平 800～2550mg/m^3	
乙醇	α-MoO_3	响应时间小于 15s，α-MoO_3 在运行温度为 260～400℃时 1643mg/m^3 的乙醇蒸气其灵敏度为 44～58	74
H_2	SnO_2 纳米线	具有好的重现性及低的响应时间和恢复时间，H_2 的最低检测限为 0.9mg/m^3	75
CO	Au-NiO 多层膜	CO 的检测浓度 125～12500mg/m^3，运行温度 300℃	76
乙醇	Rh 负载的 In_2O_3 空球	在 205mg/m^3 C_2H_5OH 中响应（R_a/R_g）为 4748，运行温度减小到 371℃	77
乙醇	α-Fe_2O_3	检测范围 2～1027mg/m^3	78
乙醇	$ZnSnO_3$ 纳米棒	可以在低温下运行，具有好的选择性，检测范围 20～1027mg/m^3	79
NO_2	氧化锌量子点	其响应值为 264，具有较好的选择性，运行温度为 290℃	80
乙醇	多孔 Co_3O_4 微球	高的选择性和灵敏度，检测范围 2～1027mg/m^3，运行温度 135℃	81
H_2	NiO 和 SnO_2 掺杂的 Si 薄膜	运行温度 25～350℃，检测气体范围 0.9～89.3mg/m^3	82
乙醇	Ag_2O/Zn_2SnO_4 纳米线	检测乙醇的响应值在 308mg/m^3 以上，工作温度约 150℃	83
NO_2	WO_3 薄膜	NO_2 的最低响应浓度 2.1mg/m^3	84
乙醇	多孔 $CdSnO_3$ 立方体	检测范围 1～205mg/m^3	85
丙酮	SnO_2 纳米针阵列	检测范围为 1.3～518mg/m^3，检测限为 1.3mg/m^3，响应时间 5s	86
乙醇	SnO_2 纳米针阵列	检测限为 1.0mg/m^3，响应时间 5s	
甲醇	SnO_2 纳米针阵列	检测限为 1.4mg/m^3，响应时间 5s	
甲苯	中空的 ZnO 微球	具有低的检测限，响应恢复时间迅速，较好的选择性，检测范围为 41～821mg/m^3	87
NO_2	网状单壁碳纳米管	高的选择性，湿度影响小，稳定性高.检测范围为 51～616mg/m^3，运行温度 400℃	88
乙醇	In_2O_3 微球	响应及恢复时间迅速，检测范围为 21～2054mg/m^3	89

续表

检测对象	传感材料	检测性能	文献
CCl_4	SnO_2薄膜	CCl_4检测限<28mg/m^3，气体响应时间<40s，工作温度300℃	90
乙醇	Au修饰的多孔SnO_2球	检测范围为21～821mg/m^3	91
NO_2	WO_3纳米线阵列	检测NO_2的浓度范围为103～10268μg/m^3	92
乙醇	Pt掺杂的SnO_2纳米线	1027mg/m^{3}乙醇蒸气时灵敏度为8400，工作温度200℃	93
H_2	SnO_2/SBA-15	89mg/m^{3}的H_2时灵敏度为1400，是纯SnO_2传感器的40倍	94
乙醇	多孔In_2O_3纳米线	检测范围4～205mg/m^3	95
乙醇	花状Zn_2SnO_4	检测范围21～205mg/m^3，运行温度128℃	96
甲醛	CdS纳米线/ZnO纳米球	检测范围5～20mg/m^3	97
CO	多孔TiO_2	检测范围6～350mg/m^3	98
CO	石墨烯薄膜	在CO的浓度125mg/m^{3}下，其响应信号约为3	99
NO_2	石墨烯薄膜	在NO_2的浓度205mg/m^{3}下，其响应信号为35	
CO	石墨烯带	在CO的浓度125mg/m^{3}下，其响应信号为1.5	
NO_2	石墨烯带	在NO_2的浓度205mg/m^{3}下，其响应信号为18	
H_2	AuNP@WO_3NRs	检测浓度可到4.5mg/m^3，恢复时间少于10s，其灵敏度为6.6	100
CO	Pd-掺杂的SnO_2纳米晶	检测浓度低至63mg/m^3	101
丙酮	Pd-掺杂的SnO_2纳米晶	检测浓度低至65mg/m^3	
乙醇	多孔纳米SnO_2/Pt薄膜	检测范围1027～2208mg/m^3，响应和恢复时间分别为31s、8s，检测限为低于2.1mg/m^3	102
H_2S	ZnO纳米棒	在500°C时可以检测的浓度为76mg/m^3	103
NH_3	TiO_2/PAA(聚丙烯酸)薄膜	检测范围228～11384μg/m^3，检测限为76μg/m^3	104
NO_2	垂直的InAs纳米线阵列	室温下灵敏度的响应浓度低于205μg/m^3	105
乙醇	TiO_2纳米带	检测范围10～1027mg/m^3	106
H_2	管状纳米SnO_2	在450℃下检测8.9mg/m^3 H_2灵敏度为16.5	107
乙醇	花状SnO_2	检测范围为103～1027mg/m^3	108
乙醇	$CdIn_2O_4$	检测范围为205～2054mg/m^3	109
NH_3	PPyNPs(聚吡咯纳米颗粒)	检测限为3.8mg/m^3，响应和恢复时间少于1s	110
甲醇	PPyNPs(聚吡咯纳米颗粒)	检测限为71mg/m^3	
乙腈	PPyNPs(聚吡咯纳米颗粒)	检测限为183mg/m^3	
乙酸	PPyNPs(聚吡咯纳米颗粒)	检测限为269mg/m^3	
乙醇	八面体TiO_2	在350℃下乙醇浓度为205mg/m^{3}时灵敏度为6.4	111
NO_2	石墨烯	检测范围21～205mg/m^3	112
NO	Pd-RGO	室温下检测范围为3～563μg/m^3	113
乙醇	SnO_2纳米多面体	检测范围2～411mg/m^3	114
甲醇	SnO_2纳米多面体	检测范围1～286mg/m^3	
丙酮	SnO_2纳米多面体	检测范围3～519mg/m^3	
SO_2	多孔Au	检测空气中的SO_2检测限接近2.9μg/m^3	115
乙醇	Ag/SnO_2NWs	工作温度在450℃，浓度为205mg/m^{3}时，灵敏度在200以上	116
CO	AuNPs/In_2O_3NWs	室温下检测浓度为250～6250μg/m^3	117
NH_3	SnO_2/MWCNTs	响应和恢复时间少于5min，检测范围46～607mg/m^3，工作温度550℃	118
NO_2	SnO_2/1%(质量分数)MWCNTs	工作温度为220℃，检测浓度为2.5mg/m^{3}时灵敏度为1.06	119

续表

检测对象	传感材料	检测性能	文献
NH_3	SnO_2/1%(质量分数)MWCNTs	工作温度为 220℃，检测浓度为 0.9mg/m^3 时灵敏度为 1.06	119
二甲苯	SnO_2/1%(质量分数)MWCNTs	工作温度为 220℃，检测浓度为 5.7mg/m^3 时灵敏度为 1.06	
NO_2	SnO_2NWs/Si/SiO_2	检测范围 39～2054mg/m^3，最低检测限 15mg/m^3	120
臭氧	CNT-DMF	臭氧的检测浓度低至 107μg/m^3，且灵敏度高	121
NH_3	Ce 掺杂的 ZnO	检测范围 0～379mg/m^3	122
甲醇	Ce 掺杂的 ZnO	检测范围 0～714mg/m^3	
乙醇	Ce 掺杂的 ZnO	检测范围 0～1027mg/m^3	
NH_3	CNTs/Si	检测范围 759μg/m^3～121mg/m^3(空气中)	123
CO	Rb-In_2O_3	温度在 300℃时检测的浓度为 625～5000mg/m^3(湿空气)	124
H_2S	SnO_2 薄膜	在浓度为 5.2mg/m^3 时其灵敏度为 81	125
NO_2	Pd 掺杂的 TiO_2	温度在 180℃时在浓度为 4.3mg/m^3 时，其灵敏度为 38	126
Cl_2	Fe_2O_3-In_2O_3	检测范围 634～15848μg/m^3，在 634μg/m^3 时灵敏度为 4.5	127
NO_x	Pt-WO_3/TiO_2	响应和恢复时间在 5～10s，工作温度在 500℃，检测范围 10～570mg/m^3	128
NO	WO_3 薄膜	工作温度范围 100～250℃，检测范围 0～5893mg/m^3	129
NO_2	WO_3 薄膜	工作温度范围 100～250℃，检测范围 0～205mg/m^3	
乙醇	SnO_2-ZnO 薄膜	温度在 300℃时在浓度为 411mg/m^3 时其灵敏度为 4.69	130
SO_2	纳米 Au	检测范围 14～1429mg/m^3，检测限 7.4mg/m^3，灵敏度 1.9×10^{-11}A/(mg/m^3)	131
H_2	Pt 覆盖的 $W_{18}O_{49}$ 纳米线	高的灵敏度，检测浓度低至 4.5mg/m^3，具有较好的选择性	132
NO_2	$NaNO_2$-$Ca_3(PO_4)_2$-WO_3	检测范围 41～1027μg/m^3，工作温度在 130℃	133
PH_3	PS(多孔硅)	检测范围 1.5～7.6mg/m^3	134
乙醇	SnO_2 薄膜	工作温度 350℃，检测范围 0.26%～10%(体积分数)	135
NH_3	SnO_2 薄膜	工作温度 350℃，检测范围 0.05%～10%(体积分数)	
CO	SnO_2	检测范围 63～250mg/m^3	136
乙醇	ZnS 纳米线	检测浓度低至 1.0mg/m^3	137
丙酮	ZnS 纳米线	检测浓度低至 1.3mg/m^3	
吡啶系列	聚吡咯	检测范围 40～4000ng	138
含硫挥发性化合物	In_2O_3	检测范围(50～1000)nl/L	139
LPG	$InNbO_4$	检测范围 100～600nl/L，灵敏度为 0.97	140
NH_3	$InNbO_4$	检测范围 76～455μg/m^3，灵敏度为 0.70	
乙醇	$InNbO_4$	检测范围 205～1232μg/m^3，灵敏度为 0.46	
NH_3	聚吡咯薄膜	检测范围 6～759mg/m^3	141
NH_3	chitosan/GPTMS(缩水甘油丙基三甲氧基硅烷)/多孔硅	检测范围 0～76mg/m^3，检测限 379μg/m^3	142
NO_2	CNT	工作温度 100～200℃，检测浓度低至 205μg/m^3	143
乙酸乙酯	SiO_2 纳米管/CNT	检测范围 8～7857mg/m^3，检测限 3.3mg/m^3，工作温度 293°C	144
H_2	纳米 SnO_2/SBA-15	在浓度为 89mg/m^3 时，灵敏度高达 1400	145
NO_2	Er[Pc*]$_2$LB 薄膜	室温下可检测的浓度低至 10mg/m^3	146
叔丁硫醇	V_2O_5	检测范围 5.6～196μg/ml，检测限 0.5μg/ml	147
CCl_4	ZnS	检测范围 0.4～114μg/ml，检测限 0.2μg/ml	148

续表

检测对象	传感材料	检测性能	文献
NH_3	聚苯胺纳米颗粒	检测范围759μg/m^3～76mg/m^3，响应时间为15s，运行温度80℃	149
NO_2	WO_3-SnO_2-Au	检测浓度 3～310mg/L	150
H_2S	0.5%(质量分数)Pt-2.5%(质量分数)Co-掺杂的 In_2O_3	检测浓度 15～152mg/m^3，运行温度 100℃	151
CO	Co_3O_4	响应时间 3～4s，恢复时间 5～6s， 检测范围 8～63mg/m^3，运行温度 250℃	152
SO_2	PVP/Pd/IrO_2	检测范围 14～286mg/m^3	153
C_3H_6	$ZnCr_2O_4$/YSZ	检测范围 38～1500mg/m^3，工作温度 550℃	154
NO_2	YSZ/In_2O_3	检测范围 41～411mg/m^3，工作温度 550℃	155
Cl_2	CuPc	最低检测浓度 571μg/m^3，响应时间 10s，恢复时间 30s	156
NO_2	CoP、NiPc	最低检测浓度 2.1mg/m^3，响应时间 10s，恢复时间 20s	157
NO	NiPc	最低检测浓度 6.7mg/m^3，响应时间 20s，恢复时间 25s	158
NO_2	$Er(Pc)_2$	最低检测浓度 205mg/m^3，响应时间 20s，恢复时间 30s	159
NO_2	18-冠-6Pc	最低检测浓度 10mg/m^3，响应时间 40s，恢复时间 120s	160

本表参考文献：

1. Wang Z, et al. J Phys Chem C, 2010, 114: 6100.
2. Yao K, et al. J Phys Chem C, 2008, 112: 8721.
3. Lee J S, et al. ACS Nano, 2011, 5: 7992.
4. Kim J, Yong K. J Phys Chem C, 2011, 115: 7218.
5. Zhang F, et al. J Phys Chem C, 2010, 114: 19214.
6. Mai L, et al. Nano Lett, 2010, 10: 2604.
7. Mubeen S, et al. Anal Chem, 2010, 82: 250.
8. Yao K, et al. J Phys Chem C, 2009, 113: 14812.
9. Chavan D N, et al. J Sensors, 2011, 1.
10. Liu J, et al. Sensors, 2003, 3: 110.
11. Dighavkar C, et al. Sensors Transducers J, 2010, 9: 39.
12. Rai P, et al. Mater Lett , 2012, 68: 90.
13. Xue X, et al. J Phys Chem C, 2008, 112: 12157.
14. Chen Y J, et al. Nanotechnology, 2006, 17: 3012.
15. Chen Y J, et al. Nanotechnology, 2009, 20: 045502.
16. Si S F, et al. Sensor Actuat B, 2006, 119: 52.
17. Wang J X, et al. J Phys Chem C, 2007, 111: 7671.
18. Van N H, et al. Sensor Actuat B, 2008, 133: 228.
19. Ying Z, et al. Nanotechnology, 2004, 15: 1682.
20. Wang B, et al. J Phys Chem C, 2008, 112: 6643.
21. Hernandez-Ramirez F, et al. Nanotechnology, 2007, 18: 424016.
22. Huang H, et al. Nanotechnology, 2009, 20: 115501.
23. Chu X F, et al. Chem Phys Lett, 2004, 399: 461.
24. Xu P C, et al. Sensor Actuat B, 2008, 130: 802.
25. Kaur M, et al. Sensor Actuat B, 2008, 133: 456.
26. Xu J Q, et al. Mater Lett, 2008, 62: 1363.
27. Zeng Z M, et al. Nanotechnology, 2009, 20: 045503.
28. Wang H T, et al. Appl Phys Lett, 2005, 86: 243503.
29. Wang C H, et al. Sensor Actuat B, 2006, 113: 320.
30. Yang Z, et al. Sensor Actuat B, 2008, 135: 57.
31. Cao Y L, et al. Sensor Actuat B, 2008, 134: 462.
32. Ge C Q, et al. Mater Lett, 2008, 62: 2307.
33. Lupan O, et al. Microelectr Eng, 2008, 85: 2220.
34. Rout C S, et al. Sensor Actuat B, 2008, 128: 488.
35. Zhao Y M, et al. Sensor Actuat B, 2009, 137: 27.
36. Liu Z F, et al. Appl Phys Lett, 2007, 90: 173119.
37. Kim Y S, et al. Sensor Actuat B, 2008, 135: 298.
38. Gou X L, et al. J Mater Chem, 2008, 18: 965.
39. Guo Z, et al. Nanotechnology, 2008, 19: 245611.
40. Zhang Y, et al. J Phys Chem C, 2009, 113: 3430.
41. Wan Q, et al. Appl Phys Lett, 2008, 92: 102101.
42. Zhang N, et al. J Appl Phys, 2008, 103: 104305.
43. Li C C, et al. Appl Phys Lett, 2007, 91: 032101.
44. Ramírez F H, et al. Sensor Actuat B, 2007, 121: 3.
45. Kim I D, et al. Nano Lett, 2006, 6: 2009.
46.Meier D C, et al. Appl Phys Lett, 2007,91: 63118.
47. Zhang Y, et al. Sensor Actuat B, 2008, 132: 67.
48. Cano M, et al. Sensor Actuat B, 2010, 150: 764.
49. Cuong T V, et al. Mater Lett, 2010, 64: 2479.
50. Wang L, et al. Sensor Actuat B, 2011, 155: 285.
51. Dang H Y, Guo X M. Solid State Ionics, 2011, 201: 68.
52. Yoona J H, Kim, J S. Solid State Ionics, 2011, 192: 668.
53. Chaudhari G N, et al. Thin Solid Films, 2012.
54. Wang S H, et al. Sensor Actuat B, 2011, 156: 668.
55. Qin Y, et al. J Alloys Compounds, 2011, 509: 8401.
56. SharMa A, et al. Sensor Actuat B, 2011, 156: 743.
57. RenganatHan B, et al. Sensor Actuat B, 2011, 156: 263.
58. Lin C W, et al. Sensor Actuat B, 2011, 160: 1481.
59. Yoon H J, et al. Sensor Actuat B, 2011, 157: 310.
60. Sizun T, et al. Sensor Actuat B, 2011, 159: 163.
61. Chu X, et al. Mater Chem Phys, 2012.
62. Raut BT, et al. Measurement, 2012, 45: 94.

63. Singh G, et al. Carbon, 2012, 50: 385.
64. Wang X, et al. Org Electron, 2011, 12: 2230.
65. Patil J Y, et al. Curr Appl Phys, 2012, 12: 319.
66. Lee S C, et al. Sensor Actuat B, 2011, 160: 1328.
67. RenganatHan B, et al. Opt Laser Technol, 2011, 43: 1398.
68. Lee J, et al. Sensor Actuat B, 2011, 160: 1494.
69. Lin S, et al. Sensor Actuat B, 2011, 156: 505.
70. Noh J S, et al. J Mater Chem, 2011, 21: 15935.
71. Jyh M W. J Mater Chem, 2011, 21: 14048.
72. Plashnitsa V V, et al. Nanoscale, 2011, 3: 2286.
73. Gulino A, et al. Chem Commun, 2007, 46: 4878.
74. Chen D, et al. J Mater Chem, 2011, 21: 9332.
75. Yin Y X, et al. Nanoscale, 2011, 3: 1802.
76. Buso D, et al. J Mater Chem, 2009, 19: 2051.
77. Kim S J, et al. J Mater Chem, 2011, 21: 18560.
78. Hao Q, et al. Cryst Eng Comm, 2011, 13: 806.
79. Men H, et al. Chem Commun, 2010, 46: 7581.
80. Bai S, et al. J Mater Chem, 2011, 21: 12288.
81. Sun C, et al. Chem Commun, 2011, 47: 12852.
82. Martucci A, et al. J Mater Chem, 2004, 14: 2889.
83. Cai W, et al. J Mater Chem, 2010, 20: 5265.
84. Sobia Ashraf, et al. J Mater Chem, 2007, 17: 3708.
85. Cao Y, et al. Cryst EngComm, 2009, 11: 2615.
86. Xu J, et al. J Mater Chem, 2011, 5: 8412.
87. Wang L, et al. J Mater Chem, 2011, 21: 19331.
88. Sasaki I, et al. Analyst, 2009, 134: 325.
89. Jiang H, et al. Chem Commun, 2009, 24: 3618.
90. Park S H, et al. Analyst, 2001, 126: 1382.
91. Zhang J, et al. J Mater Chem, 2010, 20: 6453.
92. Cao B, et al. J Mater Chem, 2009, 19: 2323.
93. Lin Y H, et al. J Mater Chem, 2011, 21: 10552.
94. Yang J, et al. J Mater Chem, 2009, 19: 292.
95. Liu J, et al. J Mater Chem, 2011, 21: 11412.
96. Chen Z, et al. J Phys Chem C, 2011, 115: 5522.
97. Zhai J, et al. ACS Appl Mater Interf, 2011, 3: 2253.
98. Tolmachoff E, et al. J Phys Chem C, 2011, 115: 21620.
99. Joshi R K, et al. J Phys Chem C, 2010, 114: 6610.
100. Xiang Q, et al. J Phys Chem C, 2010, 114: 2049.
101. Epifani M, et al. Cryst Growth Des, 2008, 8: 1774.
102. Liu Y, et al. Chem Mater, 2005, 17: 3997.
103. Kim J, et al. J Phys Chem C, 2011, 115: 7218.
104. Lee S W, et al. Anal Chem, 2010, 82: 2228.
105. Offermans P, et al. Nano Lett, 2010, 10: 2412.
106. Hu P, et al. ACS Appl Mater Interf, 2010, 2: 3263.
107. Huang J, et al. Chem Mater, 2005, 17: 3513..
108. Wang H, et al. Cryst Growth Des, 2011, 11: 2942.
109. Cao M, et al. Chem Mater, 2008, 20: 5781.
110. Kwon O S, et al. J Phys Chem C, 2010, 114: 18874.
111. Wang C, et al. Langmuir, 2010, 26: 12841.
112. Lu G, et al. ACS Nano, 2011, 5: 1154.
113. Li W, et al. ACS Nano, 2011, 5: 6955.
114. Chen D, et al. ACS Appl Mater Interf, 2011, 3: 2112.
115. Hodgson A W E, et al. Anal Chem, 1999, 71: 2831.
116. HWang I S, et al. ACS Appl Mater Interf, 2011, 3: 3140.
117. Singh N, et al. ACS Appl Mater Interf, 2011, 3: 2246.
118. Hieu N V, et al. Sensor Actuat B, 2008, 129: 888.
119. Choi K Y, et al. Sensor Actuat B, 2010, 150: 65.
120. Tonezzer M, Hieu N V. Sensor Actuat B, 2012, 146.
121. Park Y, et al. Sensor Actuat B, 2009, 140: 407.
122. RenganatHan B, et al. Sensor Actuat B, 2011, 156: 263.
123. Huang J, et al. Sensor Actuat A, 2009, 150: 218.
124. Yamaura H, et al. Sensor Actuat B, 1996, 36: 325.
125. Liu J, et al. Sensor Actuat B, 2009, 138: 289.
126. Moon J, et al. Sensor Actuat B, 2010, 149: 301.
127. Tamaki J, et al. Sensor Actuat B, 2002, 83: 190.
128.Shimizu K I, et al. Sensor Actuat B, 2008, 130: 707.
129. Penza M, et al. Sensor Actuat B, 1997, 41: 31.
130. Kim K W, et al. Sensor Actuat B, 2007, 123: 318.
131. Li H, et al. Sensor Actuat B, 2002, 87: 18.
132. Zhu L F, et al. Sensor Actuat B, 2011, 153: 354.
133. Zamani C. Sensor Actuat B, 2005, 109: 300.
134. Ozdemir S, Gol J L. Sensor Actuat B, 2010, 151: 274.
135. Teeramongkonrasemee A, Sriyudthsak M. Sensor Actuat B, 2000, 66: 256.
136. Parret F, et al. Sensor Actuat B, 2006, 118: 276.
137. Wang X, et al. J Mater Chem, 2012, 22: 6845.
138. Pirsa S, Alizadeh N. Talanta, 2011, 87: 249.
139. Hanada M, et al. Anal Chim Acta, 2003, 475: 27.
140. Balamurugan C, et al. Talanta, 2012, 88: 115.
141. Carquigny S, et al. Talanta, 2009, 78: 199.
142. Shang Y, et al. Anal Chim Acta, 2011, 685: 58.
143. Sayago I, et al. Talanta, 2008, 77: 758.
144. Wang Y, et al. Talanta, 2011, 84: 977.
145. Yang J, et al. Mater Lett, 2008, 62: 1441.
146. Xie D, et al. Mater Lett, 2003, 57: 2395.
147. Zhang H, et al. Talanta, 2010, 82: 733.
148. Luo L, et al. Anal Chim Acta, 2009, 635: 183.
149. Crowley K, et al. Talanta, 2008, 77: 710.
150. Su P G. Talanta, 2003, 59: 667.
151. Kapse V D, et al. Talanta, 2008, 76: 610.
152. Patil D, et al. Talanta, 2010, 81: 37.
153. Shi G, et al. Talanta, 2001, 55: 241.
154. Fujio Y, et al. Talanta, 2011, 85: 575.
155. Jin H, et al. Talanta, 2012, 88: 318.
156. Miyata T, et al. Thin Solid Films, 2003, 425: 255.
157. Kudo T, et al. J Porphyrins Phthalocyanines, 1999, 3: 65.
158. Ho K C, Tsou Y H. Sensor Actuat B, 2001, 77: 253.
159. Xie D, et al. Sensor Actuat B, 2001, 77: 260.
160. Li X, et al. J Mater Chem, 1999, 9: 1415.

第三节 酶电极

酶电极是指一类将酶固化在电极表面而制成的固化酶电化学生物传感器，这与早期将电极浸入酶溶液中而进行选择性测定是有本质区别的。固化酶电极在生物传感器领域中占有极其重要的位置。它将生物学概念酶与化学概念电极“杂交”在一起，组成了具有特殊优点的分析仪器；另外，在生物传感器中，对酶电极研究得最多，开发得最早。它把固化酶层和化学传感器结合在一起，同时具有不溶性酶体系以及电化学电极中高灵敏度的优点。在很多实际分析中，采用酶电极可以直接在复杂试液中进行组分的测定，这样就省去了样品预处理手续，测试较为快速。

在电化学电极的表面固化酶，克服了稳定性差、精密度不高、线性范围狭窄和成本昂贵等过去使用可溶性酶所碰到的一系列问题，而且固化酶具有重复使用、稳定性好、对抑制剂和活化剂不敏感和经济性等优点，加之酶本身所具有的特效反应性和灵敏度，使酶电极具有广阔的应用前景。目前，一些选择性好、使用方便、能适合于多种分析测试需要的酶电极已发展成为商品（见表 9-5）。

表 9-5 部分商品酶电极

生产厂家及国别	仪器名称	电极特征
Universal Sensors，美国	酶电极	各种 NH_3、O_2 和 H_2O_2 固化酶电极
Beckman，美国	GA2	O_2 葡萄糖氧化酶电极
Liston ScientificCo，美国	Eskalab ECS	H_2O_2 葡萄糖氧化酶电极
Yellow Springs InstrumentCo，美国	葡萄糖和 YSI 工业分析仪	H_2O_2 固化氧化酶电极
Medisense，英国	Exactech	葡萄糖氧化酶二茂铁电极
Setric G.I，法国	Microzym-L	L-乳酸和 D-葡萄糖电极
Seres，法国	Enzymat	H_2O_2 葡萄糖氧化酶和乳酸氧化酶电极
Solea-Tacussel，法国	Glucoprocessor	H_2O_2 葡萄糖氧化酶和乳酸氧化酶电极
Radelkis Electrochem.，匈牙利	Electrode set	O_2 葡萄糖氧化酶电极
VEB-mlW Purfgcratc-medingen，德国	ECA 分析仪	H_2O_2 葡萄糖氧化酶和乳酸氧化酶电极
Omron Toyoba，日本	Diagluca	H_2O_2 葡萄糖氧化酶电极
Fuji ElectrficCo，日本	Gluco-20 和淀粉酶葡萄糖分析仪	H_2O_2 葡萄糖氧化酶，尿酸酶电极
Kyoto Daiichi Kagaku，日本	Glucose Auto 和 Stat GA-1120	H_2O_2 葡萄糖氧化酶电极

一、酶电极结构

带有酶薄层的电化学传感器构成了酶电极。通常，需要在酶层和溶液之间，酶层和电极之间，或者同时在两个界面上固定半透膜。这种方式制备的电极能够在未经预处理的样品溶液中进行测试，其测定准确度不受溶液颜色和组成的影响。

将酶电极浸入被测溶液，溶液中待测底物就会进入酶层的内部，参加反应。在这个反应中将会产生或者消耗一种电极可测定的物质，使反应物和产物的浓度发生变化。产物的生成速率和反应物的消耗速率在经过一段时间后将会趋于平衡，此时反应达到稳态，通过电位法和电流法可以测定电活性物质的浓度，得到与待测底物的浓度有一定关系的电化学信号。我们可以通过达到稳态时的电信号值，也可以将其转变为时间函数再进行测量酶电极的响应。总之，经过慎重选择的生物催化元件和与之匹配的电化学传感器是适合分析应用的酶电极所必须具备的条件。

（一）生物催化元件

第一个用来与电极结合制作传感器的酶是葡萄糖氧化酶（GOD），至今它仍然是实际分析和传感器研制中最常使用的酶。含有酶蛋白的黄腺嘌呤二核苷酸（FAD）构成了葡萄糖氧化酶，在葡萄糖与氧作用生成葡萄糖酸的反应中它起到催化剂的作用。葡萄糖氧化酶具有高度的选择性，在水溶液中非常稳定，使用方便。正是由于这些优良的性能以及临床医学对葡萄糖分析的迫切需要，分析化学家投入大量精力来研制和发展葡萄糖传感器。而且，从电化学角度考虑，葡萄糖氧化酶和其他氧化酶一样，是以氧作为电子受体的，而氧的消耗可以很方便地利用 Clark 型氧电极进行测定，这是分析化学家们非常感兴趣的。

像尼克酰胺腺嘌呤二核苷酸（NAD^+）或尼克酰胺腺嘌呤二核苷酸磷酸（$NADP^+$）等一些氧化还原酶（脱氢酶）不是以氧，而是以其他物质作为电子受体的。这些辅酶既可以从外部提供，也可以把它们固化并再生使用，从而和电化学传感器结合在一起。目前已有高度特效性的脱氢酶作为商品供应。能催化 C—O、C—N、C—C 和其他一些键的水解断裂的酶为水解酶，它可与电位型传感器结合使用。新一代生物传感器也可以利用转移酶和合成酶来制备。

被用来制备酶电极的酶有很多种。人们可以根据所需检测的电活性物质加以选择。理想的酶电极使用一种酶来检测主要的底物。例如仅使用葡萄糖氧化酶来测定葡萄糖的电极，该酶与葡萄糖之间的反应为电极上的主要反应。如果电化学方法不能检测主要的底物-酶反应，或者该信号需要放大才能检测，则也可以采用两种或三种酶制备传感器。如测定蔗糖含量的酶电极就是一种多酶生物传感器。在制备传感器时应选择纯度高、适应性强的高活性酶来提高酶电极的灵敏度和选择性。

（二）酶电化学传感器

在选择电化学传感器时必须考虑以下几个因素：其一是待测底物的性质（如离子性和氧化还原性）；其二是电极最终的形状（如是否需要制成微电极）；其三是选择性、灵敏度和测定速度；其四是精确度和稳定性。电位或电流是传感器最常见的模式。电流型酶电极，由于消耗酶反应中的某一特定产物，所以比电位型酶电极具有更宽的线性范围和更大的表观米氏常数（K_m）。

1. 电位型传感器

在电位型传感器中，内充溶液和样品溶液（酶层）之间由于膜（玻璃、固态、液态）选择性萃取一带电组分进入膜中，而产生电位差。其电位遵从能斯特公式，与被测物浓度的对数成正比关系。

目前，与葡萄糖氧化酶、过氧化物酶、尿素酶和过氧化氢酶成功地结合在一起制成酶传感器的离子选择性电极有很多种，如 F^-、I^-、S^{2-}、CN^-、NH_4^+和 H^+电极。pH 电极和氟离子选择性电极是最灵敏的商品选择电极，已经被用来制作多种生物传感器。而由于碘离子传感器测定葡萄糖时，存在以下几种干扰：其一是对碘离子电极本身的干扰（例如溶液中存在 SCN^-、S^{2-}、CN^-、Ag^+等）；其二是样品中可氧化物质的干扰［例如血液中存在的尿酸、酪氨酸、抗坏血酸、铁（Ⅱ）等］，这些物质改变了碘离子氧化为碘的平衡关系。因此碘离子传感器的应用受到了限制。

由于气敏电极采用聚乙烯、特氟隆膜等选择性气体透膜，它可以很方便地使电极具有显著的选择性，因此气敏电极在电位型离子选择性电极中占有特殊的地位。电位型 NH_3 和 CO_2 气体选择电极选择性好，已成为目前最常用的电极。典型的生物催化电位型气敏电极包括 pH 玻璃电极、参比电极和气体透膜三部分。碳酸氢钠溶液（用于二氧化碳传感器）或氯化铵溶液（用于氨传感器）填充在玻璃电极和膜之间的薄层内。当电极浸入含有待测底物的溶液中时，便有 CO_2、NH_3 等气体产生，然后这些气体通过酶层和透气膜向电极内扩散，并溶解在内充溶液中，这时内充液中 pH 值发生变化，从而引起体系的电位响应。通常，这类响应与 1×10^{-5}mol/ml 至 0.1mol/ml 的底物浓度存在线性关系，响应时间为 1～10min。但是，测试后需要同样长的时间恢复电极基线。由于只有能够穿过选择性透气膜，并对内充溶液 pH 值产生影响的可溶性样品组分，才会干扰测定。因此，这类电极在实际分析中，所受到的干扰是比较少的。

2. 电流型传感器

在选定的某一电位下，检测工作电极与参比电极之间通过的电流作为检测信号的传感器为电流型传感器。这类传感器在使用时一般采用双电极体系。然而，在醇类和有机溶剂等一些高阻介质中使用时，最好采用三电极体系。电流型传感器对底物浓度有较宽的线性响应，但这类传感器要求酶反应的反应物或产物中必须有一个电活性物质（可氧化或可还原物质）。稳定性高、背景电流低和电子转移速率快是一个理想的电流型传感器应具备的特点。

铂电极能催化过氧化氢的氧化和氧的还原，常将这类电极作为生物催化剂的基体电极。新型的碳质电极（如玻碳和其他碳电极）以及各种修饰电极的应用，丰富了电流型酶电极的研究内容。另外，这类传感器在电极表面修饰方面成了研究热门，使电极经过修饰具有某些特性。目前，电极修饰技术也取得一定进展，它能够加速电化学反应速率，防止电极表面污染及对电极反应的干扰，并且能够更好地控制酶的固化阶段。

在酶电极中引入氧化还原中间体，可以防止由于生物蛋白氧化还原行为迟钝而在电极表面引起的问题。许多涉及氧化还原反应的酶中的电活性中心（例如血红素、黄素等）被蛋白质基体包裹，这些基体蛋白阻碍了电子在电活性中心与电极之间的转移，使氧化还原反应速率迟缓，甚至不能进行。这种现象可以用脱氢酶电极和氧化酶电极的例子来说明。

假定脱氢酶（含有尼克酰胺腺嘌呤二核苷酸，NAD^+）催化了底物 RH 的氧化：

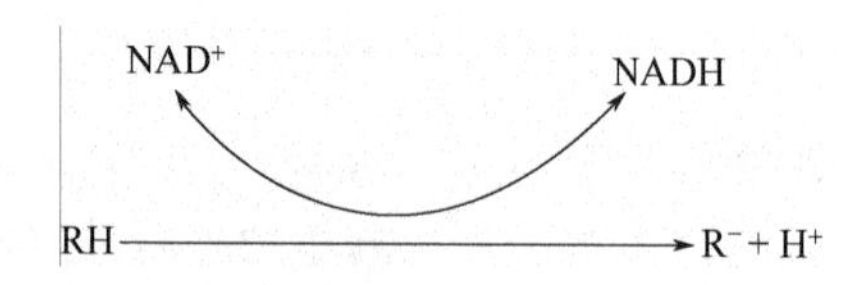

如果电极能够直接氧化位于电极表面的还原态氧化辅酶 NADH，上述反应就可以连续进行。但是，尽管辅酶松散地键合在酶蛋白上，但却深深地嵌入酶蛋白中，导致电子在氧化还原中心与电极之间的转移非常困难，克服这种由蛋白质产生的反应障碍和空间位阻往往需要很高的过电位。同时，NADH 在电极上的氧化也会带来副反应，如 NAD^+的离解。这些反应产物会污染电极表面，从而使电子的异相转移速率减慢。因此，已制备了几种带有中间体的电化学传感器，这些传感器中含有一些特殊化合物，如吩嗪等，它们在脱氢酶中尼克酰胺辅

酶的再生中起催化作用。

含有黄腺嘌呤二核苷酸（FAD）的氧化酶电极中也出现同样的问题。在经典的葡萄糖传感器中，反应可以分为如下步骤。

$$\text{固化酶层：葡萄糖} + \text{FAD} \xrightarrow{\text{葡萄糖氧化酶}} \text{葡萄糖酸内酯} + \text{FADH}_2$$

$$\text{FADH}_2 + \text{O}_2 \rightleftharpoons \text{FAD} + \text{H}_2\text{O}_2$$

$$\text{电极上：} \quad \text{H}_2\text{O}_2 \rightleftharpoons \text{O}_2 + 2\text{H}^+ + 2\text{e}^-$$

葡萄糖在酶的催化下，发生氧化；同时，葡萄糖酶的 FAD 辅酶被还原。溶液中的氧将此辅酶再生为氧化态，而酶本身被还原为过氧化氢。葡萄糖氧化酶中 $M_r \approx 150000$ 的酶蛋白基体与两个 FAD 分子键合并紧紧地将它们包裹，酶的这种特殊结构使活性中心的电子转移受到阻碍。将电子受体氧转换为氧化还原中间体，可以作为解决上述问题的一个潜在方案。这个方案不需要氧，也不会产生过氧化氢，氧化还原反应是在中间体上进行的。同时，选择适当的中间体还可以大大减少其他电活性物质的干扰。

在选择一个合适的氧化还原中间体时应考虑以下几个因素：第一，它应当对 pH 值和氧不敏感；第二，能与酶作用点产生快速的互相反应和具有快速电化学行为；第三，其本身应当容易固化在电极上。铁氰化物和苯醌等可溶性的中间体，已应用在酶电极的制备中。但用几乎不溶于水的二茂铁及其衍生物作为氧化还原中间体制成的酶电极已经可用于实样分析。在制备酶电极和免疫电极所需要的氧化还原中间体中，其他一些有机化合物，如四硫富瓦烯（TTF）和四氰苯醌二甲烷（TCNQ）也是非常有用的。

二、酶电极发展过程

把酶和电极结合在一起的设想是在 1962 年由 Clark 和 Lyons 提出的。测定生物组织和溶液中葡萄糖的第一支酶电极由 Updike 和 Hicks 于 1967 年报道。此后，不断出现各种酶电极，在这些电极中一些还发展成为商品电极。从电流型葡萄糖电极和电位型尿素电极的研制发展过程，可以看出这个不断扩展领域的总体趋势。

（一）电流型葡萄糖电极

在电流型传感器中，通过直接记录在电极界面上出现的电流（电子转移）来检测酶反应的速率。电极也可以直接检测辅酶（或酶的辅助因子）在电极表面的催化氧化还原行为，但是，厚厚的蛋白质层包裹了它们的活性氧化还原中心，这阻碍了酶活性中心与裸电极之间的电子转移。根据电极在葡萄糖被酶降解过程中所检测的中间物质，可将电流型酶电极分为不同类型的三代（见图 9-2）。

1. 第一代电极

所谓第一代葡萄糖电极是指电极检测酶反应过程中氧的消耗和过氧化氢的产生：

$$\text{葡萄糖} + \text{O}_2 \xrightarrow{\text{葡萄糖氧化酶}} \text{葡萄糖酸内酯} + \text{H}_2\text{O}_2$$

在 Updike 和 Hicks 的开创性工作中，丙烯酰胺胶体将葡萄糖氧化酶固定化在“极谱”氧电极（实质上为 Clark 氧电极）上，氧在铂电极上发生还原而产生电流信号。因此，该电流与氧浓度成函数关系。当葡萄糖浓度低于 GOD 的表观米氏常数（K_m），并且氧的供应不受速率限制时，葡萄糖浓度和氧浓度降低（即电流的减少）之间有线性关系。目前，由于流速变化而产生的干扰可采用微铂电极避免，由于氧浓度波动而产生的不稳定读数可采用双电极示差输出（其中一支电极含有活性酶，另一支则为非活性酶），进而解决了这些问题。

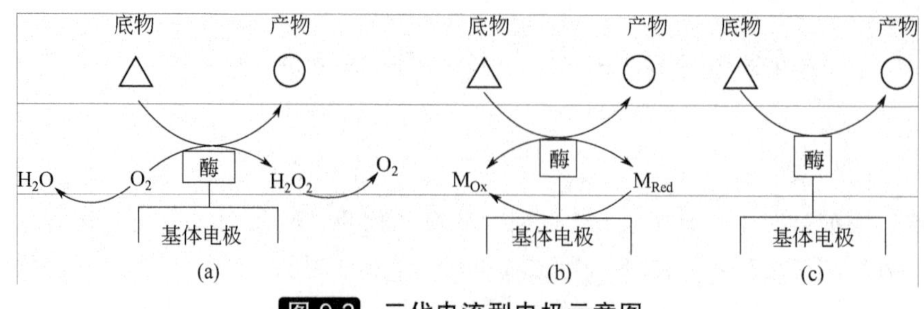

图 9-2　三代电流型电极示意图

(a)第一代；(b)第二代；(c)第三代

也有一些研究者利用第一代葡萄糖电极，在选定的电位下（例如+600mV，相对于Ag/AgCl），记录酶反应的产物过氧化氢的氧化电流来检测 H_2O_2。这种设计防止了由于氧浓度变化而引起的误差，而且灵敏度更高。

2. 第二代电极

第二代葡萄糖电极采用氧化还原中间体作为电子受体结构，这些电子受体能够从酶的氧化还原中心迅速传送电子到工作电极的表面：

$$\text{酶层中：}\ \text{GOD-FADH}_2 + M_{Ox} \rightleftharpoons \text{GOD-FAD} + M_{Red} + 2H^+$$

$$\text{电极上：}\ M_{Red} \rightleftharpoons M_{Ox}$$

还原态氧化还原中间体（M_{Red}）的生成速率通过电流法检测。在这个催化反应中，中间体首先与还原态酶发生反应，然后扩散出酶层，在电极表面进行快速电子转移反应。早期的酶传感器采用铁氰化物等可溶性物质作为氧化还原中间体。进而出现了无可溶性试剂的传感器，例如采用物理和化学方法把中间体固定在电极表面或内部。在使用中间体的电极中，有机金属化合物电极具有独特的结构。由于这些导电化合物电极在室温时呈金属状，很容易被机械加工成各种需要的形状。这些电极本身就是氧化还原中间体，有机金属化合物在电极表面缓缓溶解，并参与反应。其他的材料也可制备中间体电极，例如将苯醌混入碳糊之中。一些氧化还原中间体的结构如下：

四硫富瓦烯 (TTF)	四氰苯醌二甲烷 (TCNQ)	二茂铁	*N*-甲基苯基吡唑酮鎓 (NMP^+)	麦多那蓝

采用憎水高分子化合物固化氧化还原中间体，可以减少氧化还原中间体从传感器到溶液的渗漏，还可以将中间体化学修饰到电极表面和电极的高分子聚合物里，以及直接修饰在酶体上。在后一种情况下，中间体在酶和电极之间进行电子传递。采用氧化还原中间体的酶电极与常规的生物传感器相比，具有在测定中对氧浓度不敏感、可以在无氧环境下操作和测定

浓度线性范围宽等优点。由于中间体的氧化还原电位较低，工作电极可以在较低的电位下测定，从而减少了其他电活性物质的干扰。

3. 第三代电极

在第三代葡萄糖电极中，电子转移在酶的氧化还原中心和电极表面直接进行，可以认为是一种无中间体的酶电极。由于蛋白质包络结构这一问题始终存在，除了细胞色素 b_2 和过氧化物氧化酶有机金属电极外，只有少数成功的报道。在众多的文献中，对于所报道电极的反应机理进行精确的认定是很困难的。由于不能判断酶在进行反应时是经过了一个中间过程，还是直接在电极上进行氧化或还原，所以难以将这类电极从文献中一一摘录。

（二）电位型尿素电极

电位型酶电极是由生物敏感元件和适当的传感器组成的分析仪器。常用的传感器有玻璃 pH 电极、离子选择性电极（ISE）、固态 pH 电极、氧化还原电极和气敏电极。在测定过程中，电极界面对酶反应生成或消耗的某些组分的稳态浓度产生响应，电位型换能器 ISE 和离子选择性场效应晶体管（ISFET）对底物浓度产生对数关系响应。虽然涉及电位型传感器上生物元件的反应本质各有特色（如生物催化、免疫反应等），但是所检测的信号都是由于生物反应而引起的电位变化。最初的换能器是离子选择性电极（通常是膜电极），在电流为零时，相对一个参比电极，测量离子选择性膜在两相溶液之间产生的电位。

尿素在酶电极上为尿素酶所降解：

$$H_2NCONH_2 + H_2O \xrightarrow{\text{尿素酶}} 2NH_3 + CO_2$$

$$NH_3 + H_2O \rightleftharpoons NH_4^+ + OH^-$$

$$CO_2 + H_2O \rightleftharpoons HCO_3^- + H^+$$

已有许多种不同的传感器用来监测上述反应。

第一支尿素电极是用聚丙烯酰胺胶体将尿素酶固化在尼龙网上，该网放置在铵离子选择性电极上。接着，采用赛璐玢膜覆盖在含有酶的胶体上，对电极进行了改进，这种改进防止了尿素酶渗漏到溶液中。这种改进的电极在使用 21 天后其活性保持不变。

有报道将固化在聚丙烯胶体中的尿素酶与硅橡胶基的无活菌素铵离子选择性电极结合在一起，可进一步提高电极的选择性。此外，采用戊二醛将尿素酶直接聚合在 Orion 氨气敏电极膜上，也能改善选择性，在酶反应层中生成了足够量的氨。甚至在 pH 值低至 7～8 时，尿素也可以在大量 Na^+和 K^+存在下直接测定，响应时间大约为 2～4min。关于用物理方法固定尿素酶，并通过玻璃 pH 电极测定溶液酸度变化的尿素电极已有报道。该电极对尿素的响应时间为 7～10min，线性范围 5×10^{-5}～1×10^{-2}mol/L。

另一种测定尿素/酶反应的第二产物 HCO_3^-，尿素电极由覆盖了尿素酶的二氧化碳电极制成，Na^+和 K^+对此电极没有干扰，线性范围 1×10^{-4}～1×10^{-2}mol/L。

可以对 pH 值变化敏感的金属导线，如锑，涂布尿素酶，用来测定血样中的尿素。采用选择性透气膜覆盖锑表面，可以改善电极的选择性。这种微电极的线性浓度响应范围 1×10^{-4}～1×10^{-2}mol/L，响应时间为 30～45s。与商用气体膜电极相比，该电极基线恢复更为迅速。

尿素酶与各种测定铵离子的固体电极相组合来测定尿素。这类电极由覆盖无活菌素-PVC 膜的导电树脂（环氧+石墨粉）构成。

20 世纪 80 年代，Caras 和 Janata 设计了由一个对 pH 敏感的离子选择性场效应晶体管

（ISFET）和一个固化酶场效应晶体管（ENFET）组成的青霉素传感器。也可以用覆盖固化酶的场效应管进行尿素的测定。目前，关于改进固化酶场效应管（ENFET）的结构和特性方面引起了广泛研究。尽管人们对 ISFET 的一些特点非常感兴趣，但在测定中需要补偿样品 pH 值及缓冲能力的变化，这一问题阻碍了 ENFET 的迅速发展。

（三）存在问题及对策

采用生物材料制备酶电极，并将其用于生物样品的测定，常常会碰到酶的固化、复杂物质干扰以及电极表面因污染而钝化（中毒）等一些特殊的问题。一般采用微型薄膜来解决常规电极中出现的这一系列问题。但在实际测试过程中，由于反应物和产物复杂的扩散途径难以控制，以及反应中再生酶的固化问题限制了膜的使用。要改善上述情况可以减少生物催化层（酶层）的厚度。

“多孔”铂电极和碳电极上可以物理吸附酶，也可以通过表面官能团利用化学方法与它们连接，还可以把酶直接连在电极基体上。在这样的电极结构中，酶的活性点和电极表面之间的分子接触是最佳的，而且很大程度上减少了固化酶层内的传质过程。

关于把酶嵌入导电聚合物内，固化过程得到改进和控制方面也有相关报道。这种技术有利于电极微型化，膜厚度、均相性和重现性能得到精确的控制。

三、固化技术

通过共价法和非共价法两种方法可以将酶涂布在电极表面并保持它的活性。在电极表面覆盖“可溶性”酶作为薄层的半透膜是最简单的方式。传感器的制作已经用到了这种方法，但是这类酶电极具有稳定性差、需酶量大等缺点。通过物理和化学方法把酶固化在电极上，制备的传感器稳定性高，外在干扰较少。较好的酶固化方式有：

① 把酶包埋在电极表面的惰性聚合物基体内；

② 采用双官能团偶合试剂把酶自身或与另一种大颗粒（如蛋白质）交联在一起，并作为一薄层固化在电极表面；

③ 采用偶合试剂将酶直接连接在电极表面或覆盖于电极表面的不溶性膜层上。

不同电极材料也可以直接物理吸附酶，这样制备的传感器有一些也非常稳定。

电极上固化的酶在测试过程中会与各种大小不同的分子互相作用，因此选择合适的固化方式是很重要的。包埋酶的生物催化层几乎不能透过大分子，所以要分析大分子物质（如蛋白质），必须使用表面附着酶。类似葡萄糖和尿素的小分子底物可以用各种型式的酶来分析。酶的种类不同，其结构和活性也是不同的，在固化处理中要保持酶官能团的活性是基本原则，因为这些基团是酶催化活性的本质。如果在固化处理过程中导致了酶失活，固化也没有任何意义。

固化酶时，一定要意识到酶层越薄、活性越大，传感器响应越快、越灵敏。一般来说，电极头部的外层放置保护性选择膜，靠近电极表面的固化层是薄而均匀的酶层。传感器的毒化、干扰物质到电极表面的扩散都可以通过外层膜避免。覆盖膜选择合适，则氧化酶类传感器线性范围将更宽。这主要是因为这类膜阻挡了扩散，一定程度上降低了底物的局部浓度，使酶能与足够的氧进行反应。

与受动力学控制的酶电极相比，受扩散控制的酶电极有更多的优点，特别是线性范围大大增加，超过米氏常数（K_m）；并且响应不受酶反应限制。这种电极对 pH 值和温度不敏感，并且电极信号受本体溶液搅拌和对流等因素的影响较少。电极的响应时间与酶膜的厚度有关，因此小心和仔细地制备电极，控制适当的酶膜厚度才能使传感器时间响应较快。

（一）物理包埋

用胶体（如明胶和淀粉）或聚丙酰胺包埋酶，是一种固定蛋白质的温和物理方法。聚合物在酶存在时，可以形成交联结构将其固定。可以用这种方法固化在电极表面的酶有葡萄糖氧化酶、过氧化氢酶、乳酸脱氢酶（LDH）、氨基酸氧化酶（AOD）和谷氨酸脱氢酶（GDH）。在0～4℃下贮存这些固化酶胶体，3个月后其活性不变。

已有报道研究了淀粉糊、聚丙酰胺和聚硅氧烷橡胶的包埋方式对乙酰胆碱酯化酶和尿素酶活性的影响。用聚丙酰胺胶体包埋上述两种酶效果最好，而使用聚硅氧烷橡胶包埋酶，其活性减少了80%。淀粉糊不能很好地固化这两种酶，使得大部分酶受到挤压活性减少。用聚丙酰胺固化的酶，稳定性较好，特别是尿素酶，其活性可以保持80天之久。然而，大约10%～25%的酶在丙酰胺聚合过程中丢失。聚合反应的催化剂，核黄素（维生素B_2）和过硫酸钾会对测定产生干扰也是该过程的另一个问题。当然，这与所用到的分析方法有很大关系。测定稀释血浆中的尿素可以采用固化尿素酶的玻璃pH电极，这已经被证实。

用乙二醛将预先聚合成直链的聚丙烯酰胺-酰肼交联聚合在玻璃pH电极表面镀一层50μm厚度的酶层，这种化学交联方法是可以控制的。乙酰胆碱酯化酶、尿素酶和青霉素酶已经用这种方法成功地固化在电极上。用这种固化方法固化的酶，其活性保持时间长（对乙酰胆碱酯化酶可超过6个月），传感器响应时间快且线性工作范围很宽。许多酶可以包埋在聚氨基甲酸乙酯中，酶也可以通过聚乙烯醇固定在铂阳极上。葡萄糖氧化酶在γ射线照射下发生聚合，在电极表面形成稳定薄膜。葡萄糖氧化酶既可以单独，也可以与过氧化物氧化酶共同固化在聚氯乙烯中，然后将这种薄膜覆盖在碘离子选择性电极上，制成传感器。固化在聚氯乙烯膜和固化在戊二醛-牛血清蛋白酶中，在同样条件下比较其性能，发现前者灵敏度高，但是活性保持时间短。葡萄糖氧化酶的活性在聚氯乙烯膜中可保持7天，而在化学固化膜中为2周。

把酶包埋在电极基体之中使底物更接近酶活性中心。最初的做法是将含有电子传导介质二茂铁的酶-聚丙酰胺胶体混入石墨粉细粒。将“可溶性”酶溶解在类脂层中有望提高酶的稳定性和活性，而且由于脂层能选择性透过底物，所以该方法制备的电极选择性得以提高。

吡咯及其衍生物、酪胺、1,2-二氨基苯、苯胺和吲哚等导电化合物，在微电上聚合形成聚合物，可以成功地将酶包埋在电极上。将氧化还原中间体加到这些聚合物中，可以使电子转移加速。

$CH_2CH_2NH_2$ 酪胺 —阳极氧化→ $CH_2CH_2NH_2$ 聚酪胺

（二）化学固化

1. 双功能试剂交联

采用双功能试剂可以通过酶的直接内部交联或酶与惰性蛋白质（明胶、白蛋白和胶原蛋白）交联方式来固定酶。采用戊二醛（GA）为双功能试剂，牛血清蛋白（BSA）为惰性材料，是最常用的试剂组合：

$$\underset{\text{(GA)}}{\begin{matrix}HC=O\\|\\(H_2C)_3\\|\\HC=O\end{matrix}} + \text{酶}-NH_2 + \underset{\text{(BSA)}}{\text{白蛋白}-NH_2} \longrightarrow \begin{matrix}HC=N-\text{酶}\\|\\(H_2C)_3\\ \backslash\\HC=N-\text{白蛋白}\end{matrix}$$

最终产品的物理特性和颗粒大小，通过这一简单和快速的技术得到控制，然而，在选择和储存戊二醛方面必须小心，以保证固化酶的重现性，并避免戊二醛与含有可反应氨基的缓冲溶液接触。其他一些在酶固化技术中有成功应用的常见双功能试剂有：二异氰酸六胺、三氯烷和二苯基-4,4′-二硫氰酸-2,2′-二磺酸。

2. 共价键合到非水溶性基体上

通过共价键将酶结合到不溶于水的基体上，可以使酶的稳定性提高，明显改进催化效率，还可以使用多种载体（含导电材料）。载体组成决定酶联结构的类型和制成传感器的耐用性是首先要考虑的问题。支持物的溶解会导致酶的流失，支持物经腐蚀后产生的可溶性腐蚀物会阻挡酶的活性中心而使其失活，这些都会缩短酶的工作半衰期。所以，溶解度、官能团、表面积、膨胀性以及亲水和憎水性是选择载体时应考虑的因素。

常用的基本载体有无机物、天然物和合成聚合物。在不影响酶活性的情况下才能进行键合反应，因此酶反应通过本身不具有催化活性的官能团进行连接。氨基酸中的α-和ε-氨基、β-羟基和γ-羟基以及酪氨酸中的苯环是最适合键合的基团。通过戊二醛把酶连接到活化基体上是将酶共价连接到不溶性载体上的多种方法中的一种简便的方法：

活化：$|-NH_2 + O=CH-(CH_2)_3-CH=O \longrightarrow |-N=CH-(CH_2)_3-CH=O$

键合：$|-N=CH-(CH_2)_3-CH=O + \text{酶}-NH_2 \longrightarrow |-N=CH-(CH_2)_3-CH=N-\text{酶}$

已有在尼龙基体、猪小肠、气体选择性电极的憎水膜和多孔玻璃上连接酶的报道。通过对偶合试剂戊二醛和苯醌的对比，有研究认为用苯醌把葡萄糖氧化酶键合在尼龙筛网上，或者是含有赖氨酸的乙酸纤维素膜上，这样制备的电极在葡萄糖中长期暴露仍具有很好的性能，膜具有 3 个月的有效期。

通常在载体上预先引入或释放一个能够在温和条件下与酶分子进行共价反应的基团将载体活化，再与酶分子进行共价结合。可以将精氨酸酶和尿素酶共同固化在多孔玻璃微球上，并置于氨气敏电极表面进行精氨酸的测定。在该电极中，含酶微球固定在尼龙膜和氨气透膜之间，电极在 4℃下储存可稳定 41 天。固化程序是首先用烷基胺对玻璃微球进行活化，然后再与酶和戊二醛偶合，所得含酶微球的分子式如下：

$$-O-\underset{\underset{O}{|}}{\overset{\overset{O}{|}}{Si}}-O-\underset{\underset{O}{|}}{\overset{\overset{O}{|}}{Si}}-(CH_2)_3-N=CH-(CH_2)_3-CH=N-\text{酶}$$

把酶化学键合到尼龙网上是一种十分简单的可以获得力学性能很强的膜的方法。首先甲基化处理尼龙网使之活化，然后迅速用精氨酸处理，最后通过戊二醛和酶进行化学键合。可以将得到的含固化酶的圆片直接安装在传感器表面或储存在磷酸盐缓冲溶液中。葡萄糖氧化酶、胆固醇氧化酶、抗坏血酸氧化酶、半乳糖氧化酶、尿素酶、醇氧化酶和乳酸氧化酶已用这种方法固化。

用胶原蛋白膜键合各种酶的过程是温和的，在这个过程中酶本身并不与化学试剂接触，所以不会失活。但是，这种膜比较厚，在37℃时太脆，因此不能用来制作活体分析的酶电极。使用商品预活化膜使固化程序简化和加速，而且这些膜有很好的稳定性，可以在50天内进行400次以连上的测定。

3. 直接连接

把酶直接连接到电极的表面能改进电极的催化效率，减少响应时间，改善固化方法的重现性。金属和碳质电极的预处理会影响电极表面的氧化还原程度，进而影响酶反应产生的过氧化氢的响应信号，而预处理这种操作是难以重复的。

（1）物理吸附　酶可吸附在碳质材料表面各种官能团和细微的孔洞上，这种吸附是有效的。采用吸附方法制备的酶电极已有一些报道。但是，这是一种不可逆的吸附方式，得到的电极稳定性比较差，活性在几天内就会消失。可以通过在固体电极表面沉积铂和钯/金颗粒以增加电极表面积和多孔性；在电极表面修饰导电聚合物或者把蛋白质（BSA）电化学涂布到电极表面等途径改进酶在电极上的吸附性能。

（2）化学连接　为了把酶直接化学连接在电极上，关键的一步是活化（衍生化）基体以引入合适的官能团，如羰基、苯基和类醌结构基团。由于引入的官能团越多，连接的酶越多，电极的活性就越高，所以这一步必须仔细控制。电极表面可以用不同的方法活化：

① 加热、高频等离子体、化学方法或电化学方法（如高阳极电位循环扫描）将电极表面氧化，使电极可以直接与酶或者与偶合试剂连接；

② 对电极表面进行硅烷化，并引入一个含胺的空间臂。

通常由戊二醛或碳化二亚胺完成偶联过程。它们不仅使酶与基体发生交联，还能使酶本身和酶内部交联：

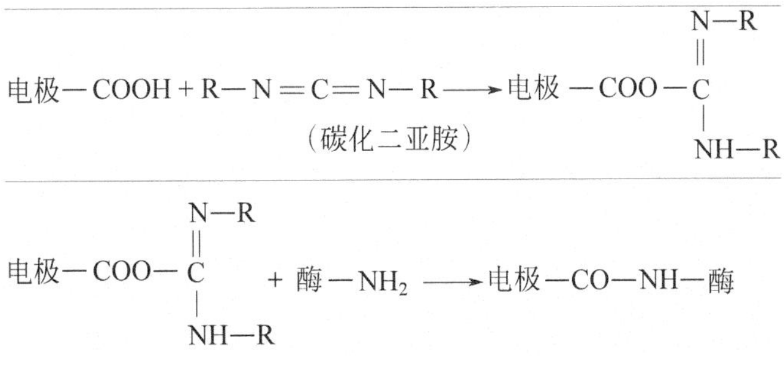

$$\text{电极}-COOH+\underset{\text{（碳化二亚胺）}}{R-N=C=N-R}\longrightarrow \text{电极}-COO-\overset{\overset{\displaystyle N-R}{\|}}{\underset{\underset{\displaystyle NH-R}{|}}{C}}$$

$$\text{电极}-COO-\overset{\overset{\displaystyle N-R}{\|}}{\underset{\underset{\displaystyle NH-R}{|}}{C}}+\text{酶}-NH_2\longrightarrow \text{电极}-CO-NH-\text{酶}$$

所得到的修饰层在使用一个月后仍保持原来75%的酶活性。

一般来说，电极基体需要具有一定的机械强度和化学及电化学性能，碳基体材料（石墨和玻璃碳）是比较合适的。采用3-氨基丙基三乙氧基硅对铂电极表面进行硅烷化处理，再将酶与牛血清蛋白（BSA）和戊二醛（GA）进行交联，这样经过化学修饰的铂电极及二氧化锡电极也可以作为合适的电极基体材料。

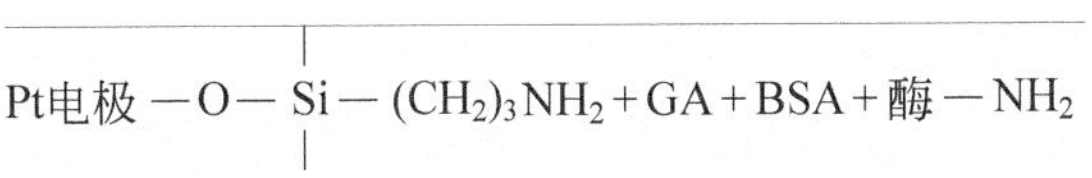

$$\text{Pt电极}-O-\underset{|}{\overset{|}{Si}}-(CH_2)_3NH_2+GA+BSA+\text{酶}-NH_2$$

在相对于饱和甘汞电极电位为+0.7V 时，检测过氧化氢，线性范围 1×10^{-7}～2×10^{-3} mol/L。电极响应较为迅速且具有超过一个月的稳定时间。测定人血清控制样品中的葡萄糖，所得结果与标准数据相符。

四、酶电极特性

（一）稳定性

酶电极的储存寿命和使用稳定性可以表征电极的稳定性。由于酶和电极两部分组成了传感器，所以应考虑影响电极和酶两方面稳定性的因素。电位型离子选择性电极稳定性较高，但是气敏电极的内充溶液必须定期更换。选择性气透膜的使用使气敏电极具有良好的选择性，但仍然有一些小分子扩散并穿过隔膜产生响应。有机胺和二氧化碳等这些挥发性的干扰气体使电极在样品分析中产生超过常量的不稳定信号。

反应产物毒化了电流型传感器，其稳定性受到影响，因此逐步降低。尤其是在高电位操作下，毒化过程更为迅速。使用氧化还原中间体可以减慢表面毒化速率，减轻毒化程度。也可以采用脉冲安培检测技术和动力学方法进行检测。在这类测定中，是以与底物浓度有关的电流变化率（$\Delta i/\Delta t$）作为被测量，不必等电流达到平衡。因此，这种方式缩短了测定时间，降低了反应产物的生成量。

生物催化剂寿命受酶固化形式、纯化程度及来源影响。通常，“可溶性”酶电极的寿命大约在一周内能进行 20～50 次测定。物理包埋聚丙烯酰胺电极则可以使用 50～100 次，这与制备聚合物时的仔细程度有很大关系。化学连接酶，若不经常使用，可以保持数年之久。氨基酸氧化酶和尿素酶传感器的有效使用次数取决于固化技术的好坏。

电流型传感器在高电位下操作时，反应产物（H_2O_2）会使酶失活。采用动力学方法测量电极响应可以减少生物传感器与底物的接触时间，减少过氧化氢的生成量。将酶电极放置于 5℃左右的冰箱中，可以延长其使用寿命。有些细菌会将酶吞吃使其丧失活性，所以应在酶电极表面覆盖一层渗析膜，以防止细菌污染。某些酶中松散结合的辅助因子会从活性点和氧化还原中间体中渗漏而流失这一因素也会影响电极的稳定性。

（二）响应时间

性能优越的生物传感器响应时间很短。响应时间受固化酶层的厚度（主要因素）、溶液浓度、搅拌速度、温度和酸度等因素影响。生物传感器的响应时间取决于以下三方面：

① 底物从溶液扩散到膜表面的速度；

② 底物在膜内的扩散速度和在生物催化剂活性点上的反应速率；

③ 反应产物扩散到测定浓度电极表面的速度。

无论在电极上使用纯品酶还是粗制品酶，酶的量都会影响电极的响应速度。在实验中可以观察到，当酶量增加时，响应时间开始逐步缩短，直至达到最佳状态。进一步增加酶量，响应时间即开始增加。这是因为增加酶量就会增加膜的厚度，而增加膜的厚度将会增加电极的响应时间，所以必须控制合适的酶量。一般来说，选用高活性酶有利于制备较薄的膜和获得较快的动力学响应。

（三）选择性和灵敏度

1. 测定过程中的干扰

从理论上讲，在测定过程中，样品中其他组分不会与特效生物催化反应的传感器反应。但是，在实际样品测定中，无论是电位型还是电流型传感器都会碰到干扰。例如，在血样和尿液中尿素的测定中，若采用固化尿素酶NH_4^+玻璃电极传感器，则Na^+和K^+的响应会干扰传感器。然而固态无活菌素电极对K^+、Na^+有较好的选择性，其选择性分别为6.5（NH_4^+/K^+）和0.075（NH_4^+/Na^+）。

采用电流型固体电极传感器时，即使对工作电极进行精心选择，电活性物质的干扰也是不可避免的。Clark型氧电极，其表面覆盖一层气体渗透膜，具有很高的选择性。在许多实际分析中，抗坏血酸、尿酸、亚铁离子等易氧化物质会干扰正电位下H_2O_2的检测（+0.6V，vs Ag/AgCl）。通过采用氧化还原中间体和加入适当的无机催化剂（如Ni-环己烷氨基磺酸），可以降低工作电位，从而减少干扰。

2. 对催化剂的干扰

与底物竞争参加反应的物质以及能够活化或抑制酶的物质能对催化剂产生干扰。其干扰程度与酶的性质有关。某些酶电极具有高度特效性，是由于电极上的酶具有专一性。例如尿素酶，只能与尿素反应，因此尿素酶电极具有高度特效性。天冬酰胺酶也仅仅与天冬酰胺反应。而也有一些酶反应特效性较差，例如青霉素酶和氨基氧化酶以及醇氧化酶。醇氧化酶对甲醇、乙醇以及所有的烷基醇都有响应。所以，在使用这些酶电极时，样品中如有两种或更多组分存在，则应将样品事先分离。L-酪氨酸电极、L-苯丙氨酸电极和L-色氨酸电极中同时含有脱羧酶和脱氢酶，在测定L-型氨基酸时，每一种酶分别与不同的氨基酸反应。这类电极在实际分析中很有吸引力。

抑制剂会显著影响酶的活性。草酸盐离子能抑制乳酸氧化酶，氟离子会抑制尿素酶，但是重金属离子（例如Ag^+、Hg^{2+}、Cu^{2+}）、有机磷酸盐、巯基化合物阻碍了许多酶，特别是氧化酶活性中心含硫基团的自由活动，是主要的抑制剂。可以通过定量测定抑制剂本身来观察抑制剂降低酶活性的现象，例如采用固化细胞色素氧化酶电极测定H_2S和HCN。

3. 酸度的影响

从固化和检测两个方面来考虑酸度对固化酶电极的影响。每一种酶都会在一定pH值范围内保持活性并在某一最佳pH值时活性最高。然而，最佳pH值会因酶固化而发生变化，这取决于载体的性质。H_2O_2的氧化反应等许多氧化还原反应都与pH值有很大关系。根据能斯特方程，溶液pH值会控制这些反应的电极电位。因此，测定溶液的pH值应选用酶体系的最佳pH值以获得最快和最灵敏的响应。但是，在实际工作中，有些电极在酶反应最佳pH值时不能产生最佳电极响应。总之，在研制酶电极时，应考虑和兼顾这两个因素，但是绝对不要改变酶体系的pH值去适应传感器的pH值需要。

4. 检测限度

一般来说，酶电极在测定1×10^{-4}～0.1mol/L底物浓度时，可达到1×10^{-6} mol/L的检测下限。在电位型传感器中，线性范围内电位对浓度对数是能斯特常数。在底物浓度较高时，根据Michaelis-Menten方程，反应与浓度是无关的。因此，在高底物浓度时，标准曲线会产生弯曲。而在低浓度时，由于与所用电极的检测下限有关，曲线也会产生偏离。

要获得更低的检测下限可采用电流型传感器或底物放大模式。

五、固化酶电极的应用

（一）在环境监测中的应用

环境监测对于环境保护非常重要，传统的监测方法有分析速度慢、操作复杂且需要昂贵仪器，无法进行现场快速监测和连续在线分析这些缺点。而酶生物传感器的发展和应用为其提供了新的手段。由于农业生产中广泛使用农药、杀虫剂，其残余物对水源和土壤造成一定污染。干宁等[18]同时利用乙酸胆碱酯酶和胆碱氧化酶构建了一类新颖的快速测定有机磷和氨基甲酸酯类农药的双酶传感器，该双酶传感器对克百威(氨基甲酸酯类农药)和敌敌畏(有机磷类农药)的检测下限均可达 0.01μg/ml。此外，该传感器成本低、制备容易、可抛弃，有望用于氨基甲酸酯和有机磷类农药的现场大规模筛测。高毒性物质酚类，主要通过工业废水进入天然水体。涂新满等[19]利用基于辣根过氧化物酶的安培生物传感器对邻苯二酚、苯酚、对叔丁基邻苯二酚及 2-氯酚进行了测试，显示出高的灵敏度，特别是对邻苯二酚检测限为 5.0×10^{-9}mol/L。谭学才等[20]利用溶胶-凝胶壳聚糖 *p*-氧化硅杂化复合膜固定辣根过氧化酶，制成传感器来检测 H_2O_2，检出限达到 8.0×10^{-7}mol/L。基于氰化物对辣根过氧化物酶的抑制作用，阳明辉等[21]将辣根过氧化物酶电极用于水中微量氰化物的测定，其检出限为 100ng/ml。将电极用于水中 CN^-回收率的测定，结果良好。

（二）在食品分析中的应用

在食品检验中，酶生物传感器的应用也相当广泛，如食品工业生产的在线监测、食品成分分析、食品添加剂分析、鲜度检测、感官指标及一些特殊指标(如食品保质期)的分析等，几乎渗透到食品分析的各个方面。

1. 食品工业生产的在线监测

陈珠丽等[22]以铁氰化钾为介体制作了用于酒精检测的一次性乙醇脱氢酶电极试纸。此乙醇传感器的响应时间仅为 25s，灵敏度为 0.06μA/(mmol/L)，测量范围为 1.0～10mmol/L。另外，高寅生等[23]以可溶性淀粉和海藻酸钠混合胶为固定化载体，戊二醛为交联剂，固定乙醇氧化酶制成核微孔酶膜，研制成一种用于检测酒中乙醇的酶生物传感器。当乙醇体积分数为 0.01%～1%时，响应值有良好的线性关系，最低乙醇检测浓度在 0.001%以下，响应时间为 20s。该传感器性能良好，具有较好的应用前景，特别适用于乙醇的在线监测。

2. 食品成分分析

包括糖类的快速检测，如葡萄糖、乳糖、半乳糖、木糖和蔗糖；各种氨基酸和蛋白质的测定，如 L-谷氨酸、D-氨基酸、赖氨酸、果糖缬氨酸、L-精氨酸、L-苯丙氨酸等；维生素的测定，如抗坏血酸；有机酸的测定，如乳酸、L-乳酸、苹果酸等。

3. 食品添加剂分析

酶生物传感器在食品添加剂检测方面也有很多应用，如作为甜味剂的甜味素、天冬酰苯丙氨酸甲酯等；作为漂白剂的亚硫酸盐，作为防腐剂的苯甲酸盐、羟基苯甲酸酯等；作为发色剂的肉类食品中的亚硝酸盐、过氧化氢；绿茶中作为抗氧化剂的儿茶酚和抗坏血酸；作为酸味剂的乳酸；作为鲜味剂的谷氨酸、肌苷酸以及色素、乳化剂等的检测。

4. 食品鲜度的检验

通常利用人的感官体验来评价食品鲜度，它是食品品质的重要指标之一。但人感官体验的主观性强，个体之间存在较大差异，因此客观的理化指标一直为人们所追求。干宁等[24]利用 3 种以二茂铁甲酸为媒介体的导电聚吡咯酶电极，分别固定黄嘌呤氧化酶、核苷磷酸化酶和核苷酸酶，研制出一种通过测定鱼组织中三磷酸腺苷降解产物次黄嘌呤、肌苷、肌苷酸代谢物来定量检测鱼肉鲜度的生物传感器系统。该传感器简单、快速、使用方便，用来检测淡水鱼的鲜度，效果令人满意。类似地，通过测定海产品的鸟氨酸肉中的胺以及牛乳中的乳酸含量可分别判断它们的新鲜度。

5. 食品滋味、气味及成熟度的检测

气味生物传感器是以一种气味结合蛋白为敏感材料，用来测定一些食品中的香味物质；利用几种脂肪膜构建酶生物传感器，将产生气味物质的信息转换成不同的电子信号，从而显示出不同的味觉类型，如咸、酸、苦等。可通过测定肉汤中谷氨酸、乳酸的含量来评价肉汤质量；并且测定的游离氨基酸和 ATP 的分解物六羟基嘌呤的含量可作为肉熟度的化学指标。

（三）生物医学上的应用

1. 基础研究

生物大分子之间的相互作用可通过生物传感器实时监测，抗原、抗体之间结合与解离的平衡关系能得到动态观察，抗体的亲和力及识别抗原表位能得到准确测定，该技术对于人们了解单克隆抗体特性、筛选各种具有最佳应用潜力的单克隆抗体有很大帮助，而且与常规方法相比，该技术不仅省时、省力，其结果也更为客观可信，因此广泛应用在生物医学研究方面。

2. 临床应用

酶传感器技术检测体液中的各种化学成分，检测结果可作为医生诊断的依据，王卓等[25]将苯丙氨酸解氨酶固定化到氨气敏电极上，研制成一种新型酶生物传感器用来检验临床苯丙酮尿症。

3. 生物医药

将生物传感器用于药物生产中生化反应的监视时，能迅速地获取各种数据，使生物工程产品的质量管理得到加强。在癌症药物的研制方面，生物传感器已发挥了重要的作用，如取出患者的癌细胞进行培养，然后将各种治癌药物与癌细胞进行反应，其结果利用生物传感器进行准确测试，经过大量实验，就可以筛选出一种最有效的治癌药物。

4. 军事上的应用

现代战争往往是在核武器、化学武器、生物武器威胁下所进行的战争。侦检、鉴定和检测是进行有效化学战和生物战防护的前提，也是整个三防医学中的重要环节。由于酶生物传感器具有高度特异性、灵敏性和能快速地探测化学战剂和生物战剂（包括病毒、细菌和毒素等）的特性，是最重要的一类化学战剂和生物战剂侦检器材。如 Taylor 等成功地发展了烟碱乙酰胆碱受体生物传感器和某种麻醉剂受体生物传感器，这两种受体生物传感器能在 10s 内侦检出浓度级别为 10^{-9} 的生化战剂，包括委内瑞拉马脑炎病毒、黄热病毒、炭疽杆菌、流感病毒等。近年来，美国陆军医学研究和发展部研制了一种能初步鉴定多达 22 种不同生物战剂的酶免疫生物传感器。现阶段，主要通过酶法分析和酶法传感器进行神经毒剂的测定和报警。酶作为生物体内一些物质合成的特殊催化剂，能用来识别和测定某些物质。酶法分析测试选择性好、灵敏度高、反应机制清楚、反应条件温和、分析对象广泛，可以测定底物、酶本身及其激活剂和抑制剂，可检测安全浓度以下的神经性毒剂。但其探头不能连续或多次使用，并且乙酰胆碱酯酶与神经性毒剂发生的反应和乙酰胆碱酯酶与某些有机磷化合物发生的反应是相同的，因此这种手段难以区别出神经性毒剂与其他有机磷化合物，也不能对神经性毒剂的种类做出判断。目前，常用乙酰胆碱酯酶传感器进行化学战剂的检测。20 世纪 50 年代，能检出（0.11～0.15）$\times 10^{-6}$ mol/L 的沙林的酶检测方法就已经开始使用。很多国家已将这一方法用于神经性毒剂侦毒包和报警器中。

表 9-6 列举了固定化酶电极的应用。

表 9-6 部分酶电极的分析应用

使用的酶与修饰剂	分析物	检测原理	线性范围	检测限	文献
1．检测糖类化合物					
葡萄糖氧化酶 $Os(bpy)_2Cl$-聚(4-乙烯基)吡啶 巯基自组装单层	葡萄糖	安培型	0.1～10mmol/L	0.05 mmol/L	1
葡萄糖氧化酶 掺硼金刚石	葡萄糖	安培型	0.5～35mmol/L		2
葡萄糖氧化酶 多壁碳纳米管， 壳聚糖-SiO_2溶胶-凝胶	葡萄糖	安培型	1μmol/L～23mmol/L	1 μmol/L 灵敏度： 58.9μA·L/(mmol·cm^2)	3
葡萄糖氧化酶	葡萄糖	安培型	2～16mmol/L		4
葡萄糖氧化酶 掺硼碳纳米管	葡萄糖	安培型	0.05～0.3mmol/L	0.01mmol/L 灵敏度： 111.57μA·L/(mmol·cm^2)	5
葡萄糖氧化酶 聚吡咯-2-氨基苯甲酸	葡萄糖	安培型	3～40mmol/L	0.5 mmol/L 灵敏度： 0.058μA·L/(mmol·cm^2)	6
葡萄糖氧化酶 Au、Pt 纳米颗粒 碳纳米管	葡萄糖	安培型	0.5～17.5mmol/L		7
葡萄糖氧化酶 Pt 纳米颗粒 介孔碳明胶	葡萄糖	安培型	0.04～12.2mmol/L	1μmol/L	8
葡萄糖氧化酶 戊二醛 聚苯胺	葡萄糖	安培型	1.0～5.0mmol/L		9
葡萄糖氧化酶 氧化石墨	葡萄糖	安培型	高达 28mmol/(L·mm^2)	灵敏度： 8.045mA·L/(mol·cm^2)	10
葡萄糖氧化酶 二茂铁 多壁碳纳米管	葡萄糖	安培型	高达 3.8×10^{-3}mol/L	3.0×10^{-6}mol/L	11
IO_4^-氧化的葡萄糖氧化酶 Au 纳米颗粒-介孔 Si 合成物	葡萄糖	安培型	0.02～14mmol/L	灵敏度： 6.1μA·L/(mmol·cm^2)	12
葡萄糖氧化酶 单壁碳纳米管 基于聚二甲基硅氧烷微通道	葡萄糖	安培型	高达 5mmol/L		13
葡萄糖氧化酶 Au 纳米颗粒	葡萄糖	安培型	2.0×10^{-5}～5.7×10^{-3}mol/L	8.2μmol/L 灵敏度： 8.8μA·L/(mmol·cm^2)	14
葡萄糖氧化酶 1,2-苯二胺 普鲁士蓝	葡萄糖	安培型	5×10^{-5}～5×10^{-3}mol/L	5×10^{-5}mol/L	15

续表

使用的酶与修饰剂	分析物	检测原理	线性范围	检测限	文献
葡萄糖氧化酶 ZnO:Co 纳米簇	葡萄糖	安培型		20μmol/L 灵敏度： 13.3μA·L/(mmol·cm^2)	16
葡萄糖氧化酶 Nafion 戊二醛 聚苯胺-普鲁士蓝 多壁碳纳米管	葡萄糖	安培型	1～11mmol/L	0.01mmol/L	17
葡萄糖氧化酶 碳纳米管 聚吡咯 聚偏二氟乙烯	葡萄糖	安培型	1～50mmol/L	灵敏度： 7.06μA·L /(mmol·cm^2)	18
葡萄糖氧化酶 二茂铁 Au 纳米颗粒	葡萄糖	安培型	0～39.0mmol/L	7.8μmol/L 灵敏度： 2212nA·L/mmol	19
聚谷氨酸酯-葡萄糖氧化酶簇配物 L-半胱氨酸 纳米金	葡萄糖	安培型	0.1～0.9mmol/ml		20
葡萄糖氧化酶 Pt 纳米颗粒 碳纳米管	葡萄糖	安培型	0.1～13.5mmol/L	灵敏度： 91mA·L/(mol·cm^2)	21
葡萄糖氧化酶 Si 纳米线	葡萄糖	安培型	0.1～15mmol/L	0.01mmol/L	22
葡萄糖氧化酶 Au 纳米颗粒 含巯基的 Si 凝胶	葡萄糖	安培型	高达 6mmol/L	23μmol/L 灵敏度: 8.3μA·L/(mmol·cm^2)	23
葡萄糖氧化酶 Pt 纳米颗粒 多壁碳纳米管	葡萄糖	安培型	5μmol/L～0.65mmol/L	2.5μmol/L 灵敏度： 30.64μA·L/(mmol·cm^2)	24
葡萄糖氧化酶 聚(甲基丙烯酸甲酯)-牛血清白蛋白核壳纳米颗粒	葡萄糖	安培型	0.2～9.1mmol/L	灵敏度： 44.1μA·L/(mmol·cm^2)	25
葡萄糖氧化酶 Pt 纳米颗粒-聚苯胺 掺硼金刚石	葡萄糖	安培型	5.9μmol/L～0.51mmol/L	0.10μmol/L 灵敏度： 5.5μA·L/mmol	26
葡萄糖氧化酶 聚乙烯吡咯烷酮/石墨/聚乙烯-功能化的离子液	葡萄糖	安培型	高达 14mmol/L		27
葡萄糖氧化酶 胶体金-石墨粉末 *N*-辛基吡啶六氟磷酸	葡萄糖	安培型	5.0×10^{-6}～1.2×10^{-3}mol/L， 2.6×10^{-3}～1.3×10^{-2}mol/L	3.5×10^{-6}mol/L	28
葡萄糖氧化酶 壳聚糖-离子液 纳米金	葡萄糖	安培型	3.0μmol/L～9.0mmol/L	1.5μmol/L 灵敏度： 14.33μA·L/(mmol·cm^2)	29

续表

使用的酶与修饰剂	分析物	检测原理	线性范围	检测限	文献
葡萄糖氧化酶 聚(邻氨基苯酚) 碳纳米管	葡萄糖	安培型		0.01mmol/L 灵敏度： 11.4mA·L/(mol·cm^2)	30
葡萄糖氧化酶 对叔丁基硫桥杯[4]芳烃四胺	葡萄糖	安培型	0.08～10mmol/L	20μmol/L 灵敏度： 10.2mA·L/(mol·cm^2)	31
葡萄糖氧化酶 Si 溶胶-凝胶 普鲁士蓝	葡萄糖	安培型	0～4.75mmol/L	0.02mmol/L	32
葡萄糖氧化酶 普鲁士蓝 聚(邻苯二胺) 戊二醛	葡萄糖	安培型	0.05～10mmol/L	8μmol/L	33
葡萄糖氧化酶 Pt 微粒 纳米纤维聚苯胺	葡萄糖	安培型	2×10^{-6}～12×10^{-3}mol/L		34
葡萄糖氧化酶 石墨烯-壳聚糖	葡萄糖	安培型	0.08～12mmol/L	0.02mmol/L 灵敏度： 37.93μA·L/(mmol·cm^2)	35
葡萄糖氧化酶 碳酸钙纳米颗粒	葡萄糖	安培型	0.001～12 mmol/L	0.1μmol/L 灵敏度： 58.1mA·L/(mol·cm^2)	36
葡萄糖氧化酶 ZnO 纳米管	葡萄糖	安培型	50μmol/L～12mmol/L	1μmol/L 灵敏度： 21.7μA·L/(mmol·cm^2)	37
葡萄糖氧化酶 壳聚糖水凝胶 多壁碳纳米管	葡萄糖	安培型	5μmol/L～8mmol/L	2μmol/L 灵敏度： 6.7μA·L/(mmol·cm^2)	38
葡萄糖氧化酶 多壁碳纳米管 聚(邻苯二胺)	葡萄糖	安培型	高达 2.0mmol/L	0.03mmol/L	39
葡萄糖氧化酶 Pt 纳米簇 聚吡咯纳米线 聚(邻氨基苯酚)	葡萄糖	安培型	1.5×10^{-6}～1.3×10^{-2}mol/L	4.5×10^{-7}mol/L	40
葡萄糖氧化酶 辣根过氧化物酶 Si 溶胶-凝胶 Au 纳米颗粒	葡萄糖	安培型	0.05～4.0mmol/L 0.02～3.2mmol/L		41
葡萄糖氧化酶 聚合的酪胺 聚吡咯	β-D-葡萄糖	安培型	1×10^{-5}～1.8×10^{-2} mol/L	5×10^{-6} mol/L	42
葡萄糖氧化酶 纳米孔 ZrO_2/壳聚糖	葡萄糖	安培型	1.25×10^{-5}～9.5×10^{-3}mol/L	1.0×10^{-5}mol/L 灵敏度： 0.028μA·L/(mmol·cm^2)	43
葡萄糖氧化酶 多壁碳纳米管	葡萄糖	安培型	1.0～500.0μmol/L	(1.3±0.1)μmol/L	44

续表

使用的酶与修饰剂	分析物	检测原理	线性范围	检测限	文献
葡萄糖氧化酶 戊二醛 钴(Ⅱ)酞菁钴(Ⅱ)四(5-苯氧基-10,15,20-三苯基)	葡萄糖	安培型	高达 11mmol/L	10μmol/L	45
葡萄糖氧化酶 壳聚糖 Au-Pt 合金纳米颗粒 多壁碳纳米管	葡萄糖	安培型	0.001～7.0mmol/L	0.2μmol/L 灵敏度： 8.53μA·L/mmol	46
葡萄糖氧化酶 聚硫堇	葡萄糖	安培型	0.1～10.0mmol/L	0.13mmol/L 灵敏度： 12.42mA·L/(cm^2·mol)	47
葡萄糖氧化酶 Pt 纳米颗粒 碳纳米管	葡萄糖	安培型	0.16～11.5mmol/L	0.055mmol/L	48
葡萄糖氧化酶 多壁碳纳米管-氧化铝-Si	葡萄糖	安培型		灵敏度： 0.127A·L/(mol·cm^2)	49
葡萄糖氧化酶 聚(邻氨基苯酚) 普鲁士蓝	葡萄糖	安培型		0.01mmol/L 灵敏度： 24mA·L/(mol·cm^2)	50
葡萄糖氧化酶 普鲁士蓝 Fe_3O_4 纳米颗粒	葡萄糖	安培型	5.0×10^{-7}～8.0×10^{-5}mol/L	1.0×10^{-7}mol/L	51
葡萄糖氧化酶 硅酸盐(有机物修饰的) 聚氯乙烯 醋酸盐 普鲁士蓝	葡萄糖	安培型	8.1μmol/L	20μmol/L～2mmol/L	52
葡萄糖氧化酶 壳聚糖 $NdPO_4$ 纳米颗粒	葡萄糖	安培型	0.15～10mmol/L	0.08mmol/L	53
葡萄糖氧化酶 单壁碳纳米角 Nafion 二茂铁单羧酸	葡萄糖	安培型	0～6.0mmol/L	灵敏度： 1.06μA·L/mmol	54
葡萄糖氧化酶 聚苯胺 樟脑磺酸	葡萄糖	电位型	1～50mmol/L	灵敏度： 0.09mV·L/mmol	55
葡萄糖氧化酶 (3-巯基)丙基三甲氧基硅烷 Au 纳米颗粒	葡萄糖	安培型	4.00×10^{-10}～5.28×10^{-8}mol/L		56
葡萄糖氧化酶 聚苯胺纳米线	葡萄糖	安培型	0～8mmol/L	灵敏度： 2.5mA·L/(mmol·cm^2)	57
多壁碳纳米管 壳聚糖 葡萄糖脱氢酶来自曲霉 葡萄糖脱氢酶来自米曲霉	葡萄糖	安培型	50～960μmol/L 70～620μmol/L	4.45μmol/L 4.15μmol/L	58
葡萄糖氧化酶 壳聚糖-Au 纳米颗粒	葡萄糖	安培型	5.0×10^{-5}～1.30×10^{-3}mol/L	13μmol/L	59

续表

使用的酶与修饰剂	分析物	检测原理	线性范围	检测限	文献
葡萄糖氧化酶 聚甲基丙烯酸甲酯 多壁碳纳米管 聚（二甲基二烯丙基氯化铵）	葡萄糖	安培型	20μmol/L～15mmol/L	1μmol/L	60
葡萄糖氧化酶 Au 纳米颗粒 AgCl-聚苯胺核壳纳米复合材料	葡萄糖	安培型		4pmol/L	61
葡萄糖氧化酶 壳聚糖 Au 纳米颗粒 普鲁士蓝	葡萄糖	安培型	1.0×10^{-6}～1.6×10^{-3}mol/L	6.9×10^{-7} mol/L 灵敏度： 69.26μA·L/(mmol·cm^2)	62
葡萄糖氧化酶 TiO_2:Ru	葡萄糖	电位型	100～500mg/dl	灵敏度： 0.320mV·dl/mg	63
葡萄糖氧化酶 (Pt-Au)/Au 金属纳米颗粒修饰的石墨薄片	葡萄糖	安培型	高达 30mmol/L	1μmol/L	64
葡萄糖氧化酶 去甲肾上腺素电氧化聚合膜	葡萄糖	安培型	0.05～9.1mmol/L	2μmol/L	65
葡萄糖氧化酶 金纳米颗粒 聚乙烯醇缩丁醛	葡萄糖	安培型	5.0×10^{-5}～5.0×10^{-2}mol/L	25×10^{-5}mol/L	66
葡萄糖氧化酶 聚乙烯醇缩丁醛	葡萄糖	安培型	6.0×10^{-6}～1.1×10^{-4} mol/L	30×10^{-6}mol/L	67
葡萄糖氧化酶 再生丝素蛋白	葡萄糖	安培型	1.0×10^{-4}～2.5×10^{-3} mol/L	5.0×10^{-5}mol/L	68
葡萄糖氧化酶 多壁碳纳米管 ZnO 纳米颗粒 聚二烯丙基二甲基氯化铵	葡萄糖	安培型	0.1～16mmol/L	250nmol/L 灵敏度： 50.2mA·L/(mol·cm^2)	69
葡萄糖氧化酶 辣根过氧化酶 ZnO/Nafion	葡萄糖	安培型	2.5×10^{-5}～3×10^{-3}mol/L	5.0mmol/L	70
葡萄糖氧化酶 壳聚糖 纳米二氧化钛 多壁碳纳米管 戊二醛	葡萄糖	安培型	0.5～20.0mmol/L	0.2mmol/L	71
葡萄糖氧化酶 *N*,*N*-二甲基甲酰胺-离子液体 二茂铁	葡萄糖	安培型	0.5～16mmol/L	0.1mmol/L	72
葡萄糖氧化酶 对氨基苯甲酸 硫堇 纳米金	葡萄糖	安培型	3×10^{-5}～1×10^{-3}mol/L	5.8×10^{-6}mol/L	73
葡萄糖氧化酶 铂纳米颗粒 聚乙烯醇缩丁醛	葡萄糖	安培型	1.60×10^{-5}～2.40×10^{-3} mol/L	8.00×10^{-6}mol/L	74

续表

使用的酶与修饰剂	分析物	检测原理	线性范围	检测限	文献
葡萄糖氧化酶 多壁碳纳米管 壳聚糖 聚吡咯	葡萄糖	安培型	3.7×10^{-4}～1.123×10^{-2}mol/L	2.4×10^{-5} mol/L	75
葡萄糖氧化酶 磁性纳米 $CoFe_2O_4/SiO_2$ 亚甲基蓝	葡萄糖	安培型	1.2×10^{-7}～6.5×10^{-5}mol/L	6.2×10^{-8} mol/L	76
葡萄糖氧化酶 辣根过氧化物酶 凝集素-糖蛋白 牛血清白蛋白-戊二醛	葡萄糖	安培型	3.0×10^{-6}～2.4×10^{-3}mol/L	8.2×10^{-7} mol/L	77
葡萄糖氧化酶 纳米氧化铋 戊二醛	葡萄糖	安培型	1×10^{-3}～1.5mmol/L	0.4μmol/L	78
葡萄糖氧化酶 戊二醛-牛血清白蛋白 纳米铂黑颗粒	葡萄糖	安培型	0.5～22mmol/L	灵敏度： 50.35μA·L/(cm^2·mmol)	79
葡萄糖氧化酶 Nafion/碳纳米颗粒	葡萄糖	安培型	2.0×10^{-6}～6.0×10^{-3}mol/L	1.6×10^{-6}mol/L	80
葡萄糖氧化酶 羟基磷灰石-Nafion 复合膜	葡萄糖	安培型	0.12～2.16mmol/L	0.02mmol/L 灵敏度：6.75mA/mol	81
葡萄糖氧化酶 中性红 纳米银	葡萄糖	安培型	0.5×10^{-8}～3.5×10^{-6}mol/L	0.25×10^{-8}mol/L	82
葡萄糖氧化酶 辣根过氧化物酶 纳米 CdS:Cu 颗粒 聚邻苯二胺	葡萄糖	安培型	0.55～9.2mmol/L	0.55mmol/L	83
葡萄糖氧化酶 有机-无机杂化材料 碳纳米管	葡萄糖	安培型	0～9.6mol/L	2×10^{-7}mol/L	84
葡萄糖氧化酶 过氧化聚吡咯 酪胺	葡萄糖	安培型	0.01～18mmol/L	5μmol/L	85
葡萄糖氧化酶 天青 A 纳米银颗粒 壳聚糖 溶胶-凝胶	葡萄糖	安培型	1.0×10^{-6}～4.2×10^{-3}mol/L		86
葡萄糖氧化酶 纳米金溶胶 聚乙烯醇缩丁醛	葡萄糖	安培型	2.5×10^{-5}～7.5×10^{-3}mol/L	8.5×10^{-6}mol/L	87
葡萄糖氧化酶 乙烯醇缩丁醛 纳米银颗粒 亚甲基蓝	葡萄糖	安培型	2.5×10^{-6}～2×10^{-3}mol/L	1×10^{-6}mol/L	88

续表

使用的酶与修饰剂	分析物	检测原理	线性范围	检测限	文献
葡萄糖氧化酶 四氨基钴酞菁 Nafion	葡萄糖	安培型	1.0×10^{-5}～50×10^{-3}mol/L		89
葡萄糖氧化酶 聚氯乙烯 苯醌 牛血清白蛋白 戊二醛	葡萄糖	安培型	5.0×10^{-4}～1.1×10^{-2}mol/L		90
葡萄糖氧化酶 戊二醛 多聚赖氨酸 碳纳米管 Nafion Pt 纳米颗粒	葡萄糖	安培型	0.1μmol/L～6mmol/L		91
葡萄糖氧化酶 戊二醛 20g/L 醋酸纤维素制备的扩散限制膜	葡萄糖	安培型	0～30mmol/L	灵敏度： 31.4μA · L/mol	92
辣根过氧化物酶和葡萄糖氧化酶 *N*,*N*-二甲基苯胺	葡萄糖	安培型	5×10^{-6}～2×10^{-3}mol/L		93
L-鼠李糖异构酶 D-塔格糖 3-差向异构酶 D-果糖脱氢酶	D-阿洛糖	安培型	0.1～50mmol/L		94
木糖脱氢酶 Nafion 多壁碳纳米管	D-木糖	安培型	检测范围 0.6～100μmol/L	0.5μmol/L	95
半乳糖氧化酶 普鲁士蓝	半乳糖	安培型	0.5×10^{-4}～1.5×10^{-2}mol/L	1.0×10^{-4}mol/L	96
半乳糖氧化酶 明胶	半乳糖	安培型	高达 4.5mmol/L		97
葡萄糖氧化酶 *β*-半乳糖苷酶 酵母细胞壁微粒 醛基化环糊精微粒 醛基化淀粉胶材料	乳糖	安培型	0.02%～2%	0.001g/L	98
蔗糖转化酶 葡萄糖变旋酶 葡萄糖氧化酶 过氧化氢双电极	蔗糖	安培型	0～200mg/L		99
蔗糖转化酶 变旋酶 葡萄糖氧化酶 纳米金溶胶 纳米二氧化硅溶胶	蔗糖	安培型	0～300mg/L		100
2．检测蛋白质、氨基酸、胺类					
谷氨酸氧化酶 牛血清白蛋白 Nafion 戊二醛 Pt 纳米颗粒 Au 纳米线	谷氨酸	安培型	高达 0.8mmol/L	灵敏度： 10.76μA · L/(mmol · cm^2)	101

续表

使用的酶与修饰剂	分析物	检测原理	线性范围	检测限	文献
谷氨酸氧化酶 辣根过氧化物酶 聚乙二醇二缩水甘油醚 聚乙烯吡啶 2,2′-双吡啶锇	谷氨酸	安培型	1.0×10^{-6}～4.0×10^{-4}mol/L	1.0×10^{-6}mol/L 灵敏度： 37.5mA·L/(mol·cm^2)	102
L-谷氨酸氧化酶 中性红 二氧化硅 戊二醛	L-谷氨酸	安培型	1.0×10^{-7}～1.5×10^{-4}mol/L	5.0×10^{-8}mol/L	103
辣根过氧化物酶 D-氨基酸氧化酶	D-氨基酸	安培型	1×10^{-4}～5×10^{-3}mol/L		93
赖氨酸氧化酶 戊二醛 牛血清白蛋白	赖氨酸	安培型	高达 0.6mol/L	1μmol/L 灵敏度： 4.4μA·L/mmol	104
果糖氨基酸氧化酶 核壳磁生物纳米颗粒	果糖缬氨酸	安培型	0～2mmol/L	0.1mmol/L	105
精氨酸酶 脲酶 戊二醛 聚合物膜	L-精氨酸	安培型	0.01～4mmol/L	5.0×10^{-7}mol/L 灵敏度：4.2μS·L/mmol	106
苯丙氨酸脱氢酶 水杨酸羟化酶 Clark 氧电极	L-苯丙氨酸	安培型	0～0.15mmol/L		107
辣根过氧化物酶 Au 纳米颗粒 硫堇	癌胚抗原	安培型	2.5～80.0ng/ml	0.90ng/ml	108
碱性磷酸酶 DNA-适体 Au 纳米颗粒 抗免疫球蛋白 E	蛋白质	安培型		5fmol/L	109
乳酸氧化酶 Clark 氧电极	乳酸脱氢酶	安培型	1～300IU/L		110
黄曲霉素氧化酶 壳聚糖-单壁碳纳米管	杂色曲霉素	安培型	10～1480ng/ml	3ng/ml	111
三甲胺脱氢酶 Au 纳米颗粒	三甲胺	安培型	0～2.5mmol/L	1μmol/L	112
酪氨酸酶 末端带氨基的掺 B 的金刚石	多巴胺	安培型	5～120μmol/L		113
酪氨酸酶 聚(吲哚-5-羧酸)	多巴胺	安培型	0.5～20μmol/L	0.1～0.5μmol/L 灵敏度： 干扰物质抗坏血酸存在时，2.3A·L/(mol·cm^2) 干扰物质尿酸存在时，6.2A·L/(mol·cm^2)	114
酪氨酸酶 壳聚糖 氧化铈	多巴胺	安培型	10nmol/L～220μmol/L	1nmol/L 灵敏度： 14.2nA·L/μmol	115

续表

使用的酶与修饰剂	分析物	检测原理	线性范围	检测限	文献
黑尼日尔漆酶 聚苯胺	L-多巴胺	安培型	0.4～6.0μmol/L		116
3．检测 H_2O_2					
过氧化物酶 有机-无机复合材料	H_2O_2	安培型	高达 3.4mmol/L	5×10^{-7}mol/L 灵敏度： 15μA·L/mmol	117
辣根过氧化物酶 Au 胶 (3-氨丙基)三甲氧基硅烷	H_2O_2	安培型	20.0μmol/L～8.0mmol/L	8.0μmol/L	118
辣根过氧化物酶 吩噻嗪基 32%固体石蜡 石墨粉	H_2O_2		2nmol/L～10μmol/L	1nmol/L	119
辣根过氧化物酶 ZnO-Au 纳米颗粒-Nafion	H_2O_2	安培型	1.5×10^{-5}～1.1×10^{-3}mol/L	9.0×10^{-6}mol/L	120
辣根过氧化物酶 凹凸棒石	H_2O_2	安培型	5μmol/L～0.3mmol/L	5μmol/L	121
辣根过氧化物酶 DNA 半胱氨酸	H_2O_2	安培型		0.5μmol/L	122
辣根过氧化物酶 戊二醛 多壁碳纳米管/壳聚糖	H_2O_2	安培型	1.67×10^{-5}～7.40×10^{-4}mol/L		123
血红蛋白 ZnO	H_2O_2 $NaNO_2$	安培型	1～410μmol/L 10～2700μmol/L		124
细胞色素 c Au 纳米颗粒/壳聚糖 多壁碳纳米管	H_2O_2	安培型	1.5×10^{-6}～5.1×10^{-4}mol/L	9.0×10^{-7}mol/L 灵敏度： 92.21μA·L/(mmol·cm^2)	125
辣根过氧化物酶 壳聚糖/硅溶胶-凝胶 Au 纳米颗粒	H_2O_2	安培型	3.5×10^{-6}～1.4×10^{-3}mol/L	8.0×10^{-7}mol/L	126
聚苯胺–普鲁士蓝 多壁碳纳米管 聚苯胺	H_2O_2	安培型	8×10^{-8}～1×10^{-5}mol/L	灵敏度： 508.18μA·L/(μmol·cm^2)	17
辣根过氧化物酶 β-环糊精支羧甲基纤维素 β-环糊精聚合物	H_2O_2	安培型		2μmol/L 灵敏度： 720μA·L/(mol·cm^2)	127
辣根过氧化物酶 Au 胶/半胱氨酸/Nafion	H_2O_2	安培型	3.50×10^{-7}～5.87×10^{-3}mol/L	1.05×10^{-7}mol/L	128
辣根过氧化物酶 β-环糊精	H_2O_2	安培型	12～450μmol/L	5μmol/L 灵敏度： 1.02mA·L/(mol·cm^2)	129
半胱氨酸 辣根过氧化物酶 Au 胶纳米颗粒	H_2O_2	安培型	1.6μmol/L～2.4mmol/L	0.5μmol/L	130
辣根过氧化物酶 PAMAM 二聚体/胱胺 纳米金	H_2O_2	安培型	1×10^{-5}～2.5×10^{-3}mol/L	2.0μmol/L 灵敏度： 0.53μA·L/(mol·cm^2)	131

续表

使用的酶与修饰剂	分析物	检测原理	线性范围	检测限	文献
多壁碳纳米管 CuO	H_2O_2	安培型	0.5～82μmol/L	0.16μmol/L	132
辣根过氧化物酶 Fe_3O_4/壳聚糖	H_2O_2	安培型	2.0×10^{-4}～1.2×10^{-2}mol/L	1.0×10^{-4}mol/L	133
辣根过氧化物酶 纳米 Au 壳聚糖	H_2O_2	安培型	1.22×10^{-5}～2.43×10^{-3}mol/L	6.3μmol/L 灵敏度： 0.013μA·L/(mol·cm^2)	134
辣根过氧化物酶 纳米金	H_2O_2	安培型	1.22×10^{-5}～1.10×10^{-3}mol/L	6.1×10^{-6}mol/L 灵敏度： 0.29μA·L/(mol·cm^2)	135
辣根过氧化物酶 DNA-L-半胱氨酸-Au-Pt 纳米颗粒 聚吡咯	H_2O_2	安培型	4.9μmol/L～4.8mmol/L	1.3μmol/L	136
辣根过氧化物酶 Au 胶纳米颗粒壳聚糖	H_2O_2	安培型	0.01～0.5mmol/L		137
辣根过氧化物酶 金胶	H_2O_2	安培型	0.48～50μmol/L	0.21μmol/L	138
银纳米粒子 聚[3,4-乙烯基]	H_2O_2	安培型		7μmol/L	139
辣根过氧化物酶 4-氨基苯	H_2O_2	安培型	5.0～50.0μmol/L	1.0μmol/L	140
辣根过氧化物酶 亚甲基蓝-氧化硅	H_2O_2	安培型	1×10^{-5}～1.2×10^{-3}mol/L	4×10^{-6}mol/L	141
辣根过氧化物酶 四(2-羟乙基)邻硅酸盐 壳聚糖	H_2O_2	安培型	1.0×10^{-6}～2.5×10^{-4}mol/L	4.0×10^{-7}mol/L	142
辣根过氧化物酶 硫堇 Au 纳米颗粒	H_2O_2	安培型	0.20～1.6mmol/L 1.6～4.0mmol/L	0.067mmol/L	47
辣根过氧化物酶 二氧化钛-纳米线 壳聚糖	H_2O_2	安培型	0.004～1.15mmol/L	0.32μmol/L 灵敏度： 124μA·L/(mol·cm^2)	143
辣根过氧化物酶 Au 纳米颗粒 壳聚糖	H_2O_2	安培型	0.01～11.3mmol/L	0.65μmol/L	144
辣根过氧化物酶 亚甲基蓝	H_2O_2	安培型	0.1×10^{-6}～5×10^{-4}mol/L	7.5×10^{-8}mol/L	145
血红蛋白 Pt 纳米颗粒	H_2O_2	安培型	5.0×10^{-6}～4.5×10^{-4}mol/L	7.4×10^{-7}mol/L	146
辣根过氧化物酶 镍铝层状双金属氢氧化物纳米片	H_2O_2	安培型	6.00×10^{-7}～1.92×10^{-4}mol/L	4.00×10^{-7}mol/L	147
细胞色素 c 氧化镍纳米颗粒 羧基化的多壁碳纳米管 聚苯胺	H_2O_2	安培型	3～700μmol/L	0.2μmol/L 灵敏度： 3.3mA·L/(μmol·cm^2)	148

续表

使用的酶与修饰剂	分析物	检测原理	线性范围	检测限	文献
辣根过氧化物酶 Ag 纳米线	H_2O_2	安培型	4.8nmol/L～0.31μmol/L	1.2nmol/L 灵敏度：2.55μA·L/μmol	149
辣根过氧化物酶 壳聚糖 离子液体	H_2O_2	安培型	6.0×10^{-7}～1.6×10^{-4}mol/L	1.5×10^{-7}mol/L	150
辣根过氧化物酶 多壁碳纳米管 聚电解质	H_2O_2	安培型	高达 120nmol/L	1.5nmol/L	151
辣根过氧化物酶 聚苯乙烯 多壁碳纳米管 Nafion	H_2O_2	安培型	0.5μmol/L～0.82mmol/L	0.16μmol/L	152
大豆过氧化物酶 单壁喇叭状的碳	H_2O_2	安培型	0.02～1.2mmol/L	5.0×10^{-7}mmol/L 灵敏度： 16.625μA·L/mmol	153
辣根过氧化物酶 掺杂了二茂铁单羧酸、牛血清白蛋白的有机改性硅酸盐、多壁碳纳米管	H_2O_2	安培型	0.02～4.0mmol/L	5.0μmol/L	154
辣根过氧化物酶 聚苯胺 单壁碳纳米管	H_2O_2	安培型	2.5～50.0μmol/L	0.9μmol/L 灵敏度：200μA·L/mmol	155
辣根过氧化物酶 硅溶胶-凝胶 壳聚糖	H_2O_2	安培型	2.5×10^{-4}～3.4×10^{-3}mol/L	3μmol/L	156
辣根过氧化物酶 刚果红膜 硫堇 纳米硫化镉	H_2O_2	安培型	1.85×10^{-6}～9.67×10^{-3}mol/L	6.5×10^{-7}mol/L	157
辣根过氧化物酶 TiO_2 凝胶膜 巯基丁二酸铜(Ⅱ)	H_2O_2	安培型	2.2μmol/L～0.6mmol/L	1.0×10^{-6}mol/L	158
辣根过氧化酶 新亚甲基蓝	H_2O_2	安培型	2.5～100μmol/L		159
辣根过氧化物酶 壳聚糖/聚乙烯吡咯烷酮 乙二醛	H_2O_2	安培型	3.00×10^{-8}～3.00×10^{-4}mol/L		160
辣根过氧化物酶 聚硫堇 壳聚糖二氧化硅溶胶凝胶	H_2O_2	安培型	3×10^{-5}～1.5×10^{-3}mol/L	1.675×10^{-5}mol/L	161
过氧化物酶 硫堇 纳米金	H_2O_2	安培型	1.4×10^{-6}～4.26×10^{-3}mol/L	4.0×10^{-7}mol/L	162
辣根过氧化物酶 肌醇六磷酸钙 Nafion	H_2O_2	安培型	2.67×10^{-7}～1.067×10^{-6}mol/L	1.3×10^{-7}mol/L	163

续表

使用的酶与修饰剂	分析物	检测原理	线性范围	检测限	文献
辣根过氧化物酶 聚乙烯吡咯烷酮 纳米金 聚乙烯基吡啶-溴癸烷	H_2O_2	安培型	2.8×10^{-6}～3.15×10^{-3}mol/L		164
辣根过氧化物酶 SiO_2纳米粒子	H_2O_2	安培型	1.7×10^{-7}～1.9×10^{-5}mol/L	8.3×10^{-8}mol/L	165
辣根过氧化物酶 聚乙烯缩丁醛 纳米金 聚硫堇	H_2O_2	安培型	2.15×10^{-6}～1.43×10^{-2}mol/L	2.00×10^{-7}mol/L	166
辣根过氧化氢酶 2-氨基吡啶膜 纳米金 硫堇	H_2O_2	安培型	6.0×10^{-7}～1.3×10^{-3}mol/L	2.1×10^{-7}mol/L	167
4. 检测尿素					
脲酶 聚(乙烯二茂铁)	尿素	安培型	1～250μmol/L	1μmol/L	168
脲酶 聚(乙烯二茂铁)	尿素	电位型	5×10^{-5}～1×10^{-1}mol/L	5×10^{-6}mol/L	169
脲酶 聚丙烯酰胺凝胶	尿素	安培型	5×10^{t}～5×10^{-5}mol/L		170
脲酶 3-巯基丙酸 11-巯基十一酸 3-氨丙基三乙氧基硅烷 Au 纳米颗粒	尿素	安培型	0.07～0.63mmol/L	灵敏度： 19.27μA·L/mmol	171
脲酶、谷氨酸脱氢酶 Fe_3O_4纳米粒子 壳聚糖	尿素	安培型	5～40mg/L 60～100mg/L	0.5mg/L	172
尿素酶 TiO_2膜	尿素	电位型	8.5×10^{-5}～1.5×10^{-1}mol/L	6×10^{-5}mol/L	173
脲酶 PVC 膜 乙二胺等离子体聚合物 戊二醛	尿素	电位型	6.0×10^{-4}～8.4×10^{-3}mol/L	5.0×10^{-5}mol/L	174
5. 检测酚类					
酪氨酸酶 坡缕石	苯酚	安培型	5×10^{-8}～1×10^{-4}mol/L	灵敏度：1.897A·L/mol	175
酪氨酸酶 ($MgFe_2O_4$-SiO_2) 磁纳米颗粒	苯酚	安培型	1×10^{-6}～2.5×10^{-4}mol/L	6.0×10^{-7}mol/L 灵敏度：54.2μA·L/mmol	176
酪氨酸酶 ZnO 纳米颗粒	苯酚	安培型	1.5×10^{-7}～6.5×10^{-5}mol/L	5.0×10^{-8}mol/L 灵敏度：182μA·L/mmol	177
酚氧化酶 纳米级碳酸钙-聚苯	苯酚	安培型	6×10^{-9}～2×10^{-5}mol/L	0.44nmol/L 灵敏度：474mA·L /mol	178
酪氨酸酶 金胶	苯酚	安培型	4～48μmol/L	6.1nmol/L 灵敏度： 12.3A·L/(mol·cm^2)	179

续表

使用的酶与修饰剂	分析物	检测原理	线性范围	检测限	文献
酪氨酸酶 正电荷的ZnO溶胶-凝胶	苯酚	安培型	1.5×10^{-7}～4.0×10^{-5}mol/L	8.0×10^{-8}mol/L 灵敏度： 168μA·L/mmol	180
酪氨酸酶 Au纳米颗粒 掺B的金刚石 胱胺 戊二醛	苯酚	安培型	0.10～11.0μmol/L	0.07μmol/L	181
酪氨酸酶 亚铁氰化钾 聚吡咯	苯酚	安培型	4.5～107.4μmol/L	灵敏度： 0.33A·L/(mol·cm^2)	182
酪氨酸酶 二氧化钛溶胶-凝胶	苯酚	安培型	1.2×10^{-7}～2.6×10^{-4}mol/L	1.0×10^{-7}mol/L 灵敏度： 103μA·L/mmol	183
酪氨酸酶 壳聚糖/SiO_2杂化膜 多壁碳纳米管	苯酚	安培型	1.0×10^{-8}～1.5×10^{-4}mol/L	4.0×10^{-9}mol/L	184
酪氨酸酶 溶胶-凝胶	苯酚	安培型	1.00×10^{-6}～1.00×10^{-4}mol/L	1.00×10^{-6}mol/L	185
酪氨酸酶 麦芽糊精	苯酚	安培型	2.0×10^{-7}～1.0×10^{-5}mol/L	1.0×10^{-7}mol/L	186
漆酶 (Fe_3O_4-SiO_2)磁核壳纳米颗粒 戊二醛	对苯二酚	安培型	1×10^{-7}～1.375×10^{-4}mol/L	1.5×10^{-8}mol/L	187
酪氨酸酶 氧化石墨烯 1-芘丁酸琥珀酰亚胺酯	邻苯二酚	安培型	8.1×10^{-8}～2.2×10^{-5}mol/L	4.7×10^{-8}mol/L	188
酪氨酸酶 纳米石墨烯	双酚A	安培型	100～2000nmol/L	33nmol/L 灵敏度： 3108.4mA·L/(cm^2·mol)	189
酪氨酸酶 末端为氨基的掺硼的金刚石	苯酚 对甲酚 4-氯苯酚	安培型	1～175μmol/L 1～200μmol/L 1～200μmol/L	灵敏度： 80.0mA·L/(mol·cm^2) 181.4mA·L/(mol·cm^2) 110.0mA·L/(mol·cm^2)	113
酪氨酸酶 四氟硼酸4-硝基苯重氮盐 氨基苯修饰的掺硼的金刚石	苯酚 对甲酚 4-氯苯酚	安培型	1～200μmol/L 1～200μmol/L 1～250μmol/L	232.5mA·L/(mol·cm^2) 636.7mA·L/(mol·cm^2) 385.8mA·L/(mol·cm^2)	190
酪氨酸酶 对甲苯磺酸盐离子掺杂的聚吡咯薄膜	苯酚 儿茶酚 4-氯苯酚		3.3～220.3μmol/L 5.6～74.3μmol/L 3.8～85.6μmol/L	0.8～2.4μmol/L 灵敏度： 17.1μA·L/mol 70.2μA·L/mol 24.3μA·L/mol	191

续表

使用的酶与修饰剂	分析物	检测原理	线性范围	检测限	文献
酪氨酸酶 Si/Nafion	儿茶酚 苯酚	安培型		0.35mmol/L 灵敏度： 200mA·L/mol 46mA·L/mol	192
黑尼日尔漆酶 聚苯胺	苯酚 儿茶酚	安培型	0.4～4.0μmol/L 0.4～15μmol/L		116
酪氨酸酶 聚(*N*-3-氨基丙基吡咯)吡咯	苯酚 儿茶酚 对甲酚	安培型	1.35～222.3μmol/L 1.6～118.8μmol/L 1.9～257.8μmol/L		193
酪氨酸酶 聚功能化的Au纳米颗粒 2-巯基甲磺酸 对氨基巯基苯酚 半胱氨酸 聚酰胺	儿茶酚	安培型	50nmol/L～10μmol/L	20nmol/L 灵敏度： 1.94A·L/(mol·cm^2)	194
酪氨酸酶 琼脂糖瓜尔胶复合生物高分子	儿茶酚	安培型	6×10^{-5}～8×10^{-4}mol/L	6μmol/L	195
漆酶 介孔Si粉末	儿茶酚	安培型	2.0～100μmol/L		196
6．检测农药、杀虫剂					
乙酰胆碱酯酶 离子液功能化的石墨	有机磷农药	安培型	0.0025～0.48μg/ml 0.48～1.42μg/ml	0.8ng/ml	197
胆碱氧化酶、 乙酰胆碱酯酶（溶于溶液） 尼龙网 氧电极	西维因	安培型	25～80μg/L	15μg/L	198
乙酰胆碱酯酶 多壁碳纳米管 壳聚糖	三唑磷	安培型	7.8～32μmol/L	0.01μmol/L	199
乙酰胆碱酯酶 聚环糊精-碳纳米管	甲胺磷	安培型	1.0～15.0mg/L	0.05mg/L	200
乙酰胆碱酯酶 纳米金溶胶与溶胶-凝胶壳聚糖/二氧化硅 普鲁士蓝	对氧磷	安培型	5.0×10^{-8}～5.0×10^{-5}g/L	2.0×10^{-8}g/L	201
乙酰胆碱酯酶 硅溶胶-凝胶 Au纳米颗粒	久效磷	安培型	0.01～1μg/ml 2～15μg/ml	0.6ng/ml	202
乙酰胆碱酯酶 金纳米粒子 壳聚糖/SiO_2杂化溶胶-凝胶	久效磷	安培型	0.5～12.0μg/ml	0.02μg/ml	203
乙酰胆碱酯酶 戊二醛 pH电极	久效磷	电位型	10^{-10}～10^{-7}g/L	0.1μg/L	204

续表

使用的酶与修饰剂	分析物	检测原理	线性范围	检测限	文献
乙酰胆碱酯酶 醋酸纤维膜 聚四氨基钴酞菁 溶胶-凝胶	对硫磷 辛硫磷 氧化乐果	安培型		2.0×10^{-9}mol/L 1.4×10^{-9}mol/L 1.1×10^{-8}mol/L	205
乙酰胆碱酯酶 牛血清白蛋白 戊二醛 羧基化多壁碳纳米管	辛硫磷 氧化乐果	安培型	$5.0\times10^{-4}\sim5.0\times10^{-1}$g/L $1.0\times10^{-3}\sim5.0\times10^{-1}$g/L	3.6×10^{-4}g/L 5.9×10^{-4}g/L	206
乙酰胆碱酯酶 再生丝素 石墨粉 环氧树脂 7,7,8,8-四氰基醌二甲烷	氧化乐果 克百威	安培型	$5.0\times10^{-5}\sim5.0\times10^{-3}$mg/L $5.0\times10^{-5}\sim1.0$mg/L	1.9×10^{-5}mg/L 4.7×10^{-5}mg/L	207
乙酰胆碱酯酶 多壁碳纳米管-β-环糊精复合材料	乐果	安培型	0.01～2.44μmol/L 2.44～10.0μmol/L	2nmol/L	208
乙酰胆碱酯酶 多壁碳纳米管	马拉硫磷	安培型	$6.0\times10^{-10}\sim6.0\times10^{-9}$mol/L	1.0×10^{-10}mol/L	209
乙酰胆碱酯酶 Au 纳米颗粒 多孔的碳酸钙微球	马拉硫磷 毒死蜱	安培型	0.1～100nmol/L 0.1～70nmol/L	0.1nmol/L 0.1nmol/L	210
酪氨酸酶 Pt 纳米颗粒 石墨烯	毒死蜱 丙溴磷 马拉硫磷	安培型		0.2ng/ml 0.8ng/ml 3ng/ml	211
酪氨酸酶 Au 纳米颗粒	2,4-D 莠去津	安培型	测试范围 0.001～0.5ng/ml		212
乙酰胆碱酯酶 胆碱氧化酶 明胶	敌百虫	安培型	$10^{-10}\sim10^{-5}$mol/L	1×10^{-10}mol/L	213
乙酰胆碱酯酶 银基汞膜电极	敌敌畏	安培型	$1.0\times10^{-8}\sim1.0\times10^{-6}$mol/L	2.8×10^{-10}mol/L	214
胆碱酯酶 戊二醛	沙林 梭曼	安培型	5～400μg/L 5～100μg/L		215
7. 检测酸类、酯类					
脂肪酶 甘油激酶 氧化酶甘油-3-磷酸酶 鸡蛋壳膜	血清甘油三酯	安培型	0.56～2.25mmol/L	0.28mmol/L	216
胆固醇酯酶 胆固醇氧化酶 聚吡咯	胆甾醇棕榈酸酯	安培型	1～8mmol/L		217
谷氨酸 脱氢酶 钌、铑纳米粒子 碳纤维	*α*-酮戊二酸	安培型	100～600μmol/L	20μmol/L 灵敏度：42μA·L/mol	218
抗坏血酸氧化酶 明胶 戊二醛聚四氟乙烯	L-抗坏血酸	安培型	$5.0\times10^{-5}\sim1.2\times10^{-3}$mol/L		219

续表

使用的酶与修饰剂	分析物	检测原理	线性范围	检测限	文献
抗坏血酸氧化酶 聚(3,4-乙烯二氧噻吩)月桂酰肌氨酸钠 AO	L-抗坏血酸	安培型	检测范围： 0.002～14mmol/L	0.464μmol/L 灵敏度： 80.4mA·L/(mol·cm^2)	220
丙酮酸氧化酶 明胶 戊二醛 溶解氧探针 聚四氟乙烯	丙酮酸	安培型	0.0025～0.05μmol/L		221
8. 检测乳酸					
乳酸氧化酶 壳聚糖/聚乙烯咪唑-Os/碳纳米管	乳酸	安培型		5μmol/L 灵敏度： 19.7μA·L/(mmol·cm^2)	222
乳酸氧化酶 戊二醛 聚苯胺-氟苯胺	乳酸	安培型	0.1～5.5mmol/L	0.1mmol/L 灵敏度： 1.18μA·L/mmol	223
乳酸氧化酶 Meldola's Blue 氧化铌 硅胶	乳酸	安培型	0.1～5.0mmol/L	6.5×10^{-7}mol/L	224
乳酸脱氢酶 纳米 TiO_2 硅溶胶-凝胶	乳酸	安培型	1.0～20μmol/L	0.4μmol/L	225
乳酸氧化酶 改性的有机硅酸盐	L-乳酸	安培型		灵敏度： (0.33±0.01)A·L/(mol·cm^2)	226
L-乳酸氧化酶 Si 溶胶-凝胶 多壁碳纳米管 有机-无机复合材料	L-乳酸	安培型	0.2～2.0mmol/L	0.3×10^{-3}mmol/L 灵敏度： 6.031μA·L/mmol	227
L-乳酸氧化酶 溶胶-凝胶 铂纳米颗粒 多壁碳纳米管	L-乳酸	安培型	0.2～2.0mmol/L	灵敏度： 6.36μA·L/mmol	228
乳酸氧化酶	L-乳酸	安培型	0.1～1mmol/L	0.05mmol/L	229
D-型和 L-型苹果酸脱氢酶 TiO_2 凝胶	苹果酸	安培型	1×10^{-6}～2×10^{-4}mol/L	0.5×10^{-6}mol/L	230
9. 检测醇类					
醇氧化酶 聚乙烯二茂铁	甲醇 乙醇 正丁醇 苯甲醇	安培型	高达 3.7mmol/L 高达 3.0mmol/L 高达 6.2mmol/L 高达 5.2mmol/L		231
醇氧化酶 甲醛脱氢酶 戊二醛 牛血清白蛋白 β-环糊精	甲醇	安培型	0.005%～0.08%	0.002%	232

续表

使用的酶与修饰剂	分析物	检测原理	线性范围	检测限	文献
醇脱氢酶 辣根过氧化物酶 辅酶烟酰胺腺嘌呤二核苷酸 尼龙 聚乙烯膜	乙醇	安培型	10～80mmol/L		233
乙醇脱氢酶 Meldola's Blue 中等孔径的碳	乙醇	安培型	高达 6mmol/L	(19.1±0.58)μmol/L 灵敏度： (34.58±2.43)nA·L/mmol	234
乙醇脱氢酶 二氧化钛溶胶-凝胶 Meldola's Blue/多壁碳纳米管/Nafion	乙醇	安培型	0.05～1.1mmol/L	25μmol/L 灵敏度：2.24μA·L/mmol	235
乙醇氧化酶 聚二烯丙基二甲基氯化铵 多壁碳纳米管 聚烯丙胺/聚磺化乙烯硫酸盐	乙醇	安培型	2×10^{-4}～8×10^{-3}mol/L	1.52×10^{-5}mol/L	236
甘油激酶 甘油-3-磷酸氧化酶	甘油	安培型	6.25×10^{-4}～6.25×10^{-3}g/L	1.0×10^{-4}g/L	237
10. 检测胆固醇					
胆固醇氧化酶 胆固醇酯酶 多壁碳纳米管 Nafion	胆固醇	安培型	0.080～0.95mmol/L	0.01mmol/L	238
胆固醇酯酶 胆固醇氧化酶 聚吡咯	胆固醇	安培型	1～8mmol/L	灵敏度： 0.15μA·L/mmol	239
胆固醇氧化酶 聚苯乙烯磺酸 微过氧化物酶 巯基化烷烃	胆固醇	安培型	0.2～3.0mmol/L		240
胆固醇氧化酶 多壁碳纳米管 有机-无机复合材料 普鲁士蓝	胆固醇	安培型	8.0×10^{-6}～4.5×10^{-4}mol/L	4.0×10^{-6}mol/L 灵敏度：0.54μA·L/mmol	241
细胞色素 P450scc 戊二醛 琼脂糖水凝胶	胆固醇	安培型		300μmol/L 灵敏度： 13.8nA·L/μmol 155μmol/L 灵敏度：6.9nA·L/μmol	242
胆固醇氧化酶 氧化钴纳米材料	胆固醇	安培型	高达 50μmol/L	4.2μmol/L 灵敏度： 43.5nA·L/(μmol·cm^2)	243
胆固醇氧化酶 聚(二甲基二烯丙基氯化铵) 多壁碳纳米管	胆固醇	安培型	高达 6.0mmol/L	0.2mmol/L 灵敏度： 7.32μA·L/(mmol·cm^2)	244
胆固醇氧化酶 胆固醇酯酶 聚苯胺	胆固醇	安培型	高达 500mg/dl	25mg/dl 灵敏度： 0.042μA·mg/dl	245

续表

使用的酶与修饰剂	分析物	检测原理	线性范围	检测限	文献
胆固醇氧化酶 ZnO 纳米颗粒 壳聚糖	胆固醇	安培型	5~300mg/dl	5mg/dl 灵敏度： 1.41×10^{-4}A·mg/dl	246
胆固醇氧化酶 辣根过氧化酶 壳聚糖	胆固醇	安培型	$2.0\times10^{-5}\sim3.0\times10^{-3}$mol/L	5.0×10^{-6}mol/L	247
胆固醇氧化酶 吡咯 普鲁士蓝	胆固醇	安培型	$0\sim2\times10^{-4}$mol/L	6×10^{-7}mol/L	248
胆固醇氧化酶 碳纳米管负载铂修饰的浸蜡石墨 溶胶凝胶	胆固醇	安培型	$4.0\times10^{-6}\sim1\times10^{-4}$mol/L	1.4×10^{-6}mol/L	249
11．检测离子					
过氧化氢酶 多壁碳纳米管	碘酸盐	安培型	1μmol/L～5mmol/L	0.2μmol/L 灵敏度：44.4nA·L/μmol	250
	亚硝酸盐		5μmol/L～10mmol/L	1.35μmol/L 灵敏度：7nA·L/μmol	
	高碘盐		1μmol/L～6mmol/L	0.15μmol/L 灵敏度：55.6nA·L/μmol	
硝酸还原酶 聚吡咯 碳纳米管	硝酸盐	安培型	0.44～1.45mmol/L	灵敏度： 300nA·L/mmol	251
辣根过氧化物酶 聚苯胺 纳米 TiO_2	$NaNO_2$	安培型	0.01～100mg/L	0.001mg/L	252
亚硫酸盐氧化酶 SOX/Fe_3O_4@GNPs/Au	亚硫酸盐	安培型	0.50～1000μmol/L	0.15μmol/L	253
亚硫酸盐氧化酶 Au 纳米颗粒 /壳聚糖/羧基化的多壁碳纳米管/聚苯胺	亚硫酸盐	安培型	0.75～400μmol/L	0.5μmol/L	254
过氧化氢酶	硫化物	安培型	1.09～16.3μmol/L	0.3μmol/L	255
过氧化氢酶	Ca^{2+}	安培型	1～10mmol/L		256
葡萄糖氧化酶 溶液态的 表面吸附态的 在聚合物中的	Ag^{+}	安培型		2.0nmol/L 8.0nmol/L 5.0nmol/L	257
葡萄糖氧化酶 二氧化锰	Hg^{2+}	安培型	2.0～32.5mg/L	0.5mg/L	258
辣根过氧化物酶 亚甲基蓝	Hg^{2+}	安培型		0.1ng/ml	259
	Hg^{+}			0.2ng/ml	
	甲基汞			0.1ng/ml	
	Hg-谷胱甘肽簇配合物			1.7ng/ml	

续表

使用的酶与修饰剂	分析物	检测原理	线性范围	检测限	文献
12．检测青霉素					
青霉素酶 聚丙烯酰胺凝胶	青霉素	安培型	10^{-3}～10^{-2}mol/L		170
胆红素氧化酶 Au 纳米颗粒	胆红素	安培型	1～5000μmol/L	1.4nmol/L	260
辣根过氧化物酶 副溶血性弧菌抗体 琼脂糖纳米金	副溶血性弧菌	安培型	10^{5}～10^{9}cfu/ml	7.374×10^{4}cfu/ml	261
13．检测胆碱类					
乙酰胆碱酯酶 多壁碳纳米管–壳聚糖复合物	乙酰胆碱	安培型	2.0～400μmol/L	0.10μmol/L	262
14．检测肌酐					
肌酐、肌酸、肌氨酸氧化酶 氧化铁纳米颗粒/壳聚糖-聚苯胺	肌酐	安培型	1～800μmol/L	1μmol/L 灵敏度： 3.9μA·L/(μmol·cm^{2})	263
肌酐脱亚胺 聚合离子敏感膜	肌酐	电位型	0.02～20.0mmol/L		264
15．检测生物嘌呤					
核苷磷酸化酶 黄嘌呤氧化酶 H_2O_2 电极	肌苷	安培型	1～268mg/L		265
黄嘌呤氧化酶 玻碳糊	黄嘌呤 次黄嘌呤	安培型	5.0×10^{-7}～4.0×10^{-5}mol/L 2.0×10^{-5}～8.0×10^{-5}mol/L	1.0×10^{-7}mol/L 5.3×10^{-6}mol/L	266
黄嘌呤氧化酶 普鲁士蓝	黄嘌呤 次黄嘌呤	安培型	0.10～4.98μmol/L 0.50～3.98μmol/L	灵敏度：13.83mA·L/mol 25.56A·L/mol	267
黄嘌呤氧化酶 金溶胶 Nafion	次黄嘌呤	安培型	2.0×10^{-7}～2.0×10^{-5}mol/L	1.0×10^{-7}mol/L	268
黄嘌呤氧化酶 铁（Ⅲ）卟啉纳米粒子	次黄嘌呤	安培型	高达 0.34mmol/L	1.0μmol/L	269
16．检测 DNA					
辣根过氧化物酶	ds-DNA	安培型		5ng/ml	270
抗生素蛋白标记的葡萄糖氧化酶 铁氰化铜纳米颗粒 生物素	ss-DNA	安培型	1.0fmol/L～10pmol/L	1.0fmol/L	271
葡萄糖氧化酶 ssDNA 羧甲基化的葡聚糖	DNA	安培型	2.5×10^{-6}～3×10^{-7}mol/L	0.2nmol/L	272
辣根过氧化物酶-Au 纳米颗粒 碱性磷酸酶-Au 纳米颗粒	DNA	安培型	1.5×10^{-13}～5.0×10^{-12}mol/L 4.5×10^{-11}～1.0×10^{-9}mol/L	1.0×10^{-13}mol/L 1.2×10^{-11}mol/L	273

本表参考文献：

1. Hou S F, et al. Talanta, 1998, 47: 561.
2. Su L, et al. Sensor Actuat B, 2004, 99: 499.
3. Zou Y, et al. Biosens Bioelectron, 2008, 23: 1010.
4. Li X, et al. Electrophoresis, 2011, 32: 3201.
5. Deng C, et al. Biosens Bioelectron, 2008, 23: 1272.
6. Berkkan A, et al. J Solid State Electrochem, 2010, 14: 975.
7. Chu X, et al. Talanta, 2007, 71: 2040.
8. Yu J, et al. Talanta, 2008, 74: 1586.
9. Gvozdenović M M, et al. Food Chem, 2011, 124: 396.
10. Liu Y, et al. Langmuir, 2010, 26: 6158.
11. Qiu J D, et al. Anal Biochem, 2009, 385: 264.
12. Bai Y, et al. Sensor Actuat B, 2007, 124: 179.
13. Yu J, et al. Nanosci Nanotech, 2008, 137.
14. Zhang S, et al. Bioelectrochem, 2005, 67: 15.
15. CurulLi A, et al. Biosens Bioelectron, 2004, 20: 1223.
16. Zhao Z W, et al. Biosens Bioelectron, 2007, 23: 135.
17. Zou Y, et al. Biosens Bioelectron, 2007, 22: 2669.
18. Shirsat M D, et al. Electroanal, 2008, 20: 150.
19. Cheng C, et al. J Electroanal Chem, 2012, 666: 32.
20. Umuhumuza L, Sun X. Eur Food Res Tech, 2011, 232: 425.
21. Tang H, et al. Anal Biochem, 2004, 331: 89.
22. Chen W, et al. Appl Phys Lett, 2006, 88.
23. Zhang S, et al. Sensor Actuat B, 2005, 109: 367.
24. Xu L, et al. Electroanal, 2007, 19: 717.
25. He, C, et al. Sensor Actuat, B, 2012.
26. Song M-J, et al. Microchim Acta, 2010, 171: 249.
27. Shan C, et al. Anal Chem, 2009, 81: 2378.
28. Liu X, et al. Biosens Bioelectron, 2010, 25: 2675.
29. Zeng X, et al. Biosens Bioelectron, 2009, 24: 2898.
30. Pan D, et al. Anal Sci, 2005, 21: 367.
31. Chen M, et al. Anal Chim Acta, 2011, 687: 177.
32. Li T, et al. Sensor Actuat B, 2004, 101: 155.
33. Deng C, et al. Anal Chim Acta, 2006, 557: 85.
34. Zhou H, et al. Biosens Bioelectron, 2005, 20: 1305.
35. Kang X, et al. Biosens Bioelectron, 2009, 25: 901.
36. Shan D, et al. Biosens Bioelectron, 2007, 22: 1612.
37. Kong T, et al. Sensor Actuat B, 2009, 138: 344.
38. Zhou Q, et al. J Phys Chem B, 2007, 111: 11276.
39. Dai Y Q, Shiu K K. Electroanal, 2004, 16: 1697.
40. Li J, Lin X. Biosens Bioelectron, 2007, 22: 2898.
41. Gu M, et al. Sensor Actuat B, 2010, 148: 486.
42. Liu M Q, et al. Chin J Anal Chem, 2007, 35: 1435.
43. Yang Y, et al. Anal Chim Acta 2004, 525: 213.
44. Rahman M M, et al. Sensor Actuat B, 2009, 137: 327.
45. Ozoemena K I, et al. Electrochim Acta, 2006, 51: 5131.
46. Kang X, et al. Anal Biochem, 2007, 369: 71.
47. Wang Q, et al. Microchim Acta, 2012, 176: 279.
48. Wen Z, et al. J Phys Chem C, 2009, 113: 13482.
49. Wu W C, et al. Mater Sci Eng C, 2012, 32: 983.
50. Pan D, et al. Anal Biochem, 2004, 324: 115.
51. Li J, et al. Sensor Actuat B, 2009, 139: 400.
52. Chen H, et al. Sci China Ser B, 2009, 52: 1128.
53. Sheng Q, et al. Bioelectrochem, 2009, 74: 246.
54. Liu X, et al. Biosens Bioelectron, 2008, 23: 1887.
55. Sowmiya T, et al. Anal Methods, 2012.
56. ZHong X, et al. Sensor Actuat B, 2005, 104: 191.
57. Horng Y Y, et al. Electrochem Commun, 2009, 11: 850.
58. Monošík R, et al. Enzyme Microbial Technol, 2012, 50: 227.
59. Du Y, et al. Bioelectrochem, 2007, 70: 342.
60. Manesh K M, et al. Biosens Bioelectron, 2008, 23: 771.
61. Yan W, et al. Biosens Bioelectron, 2008, 23: 925.
62. Xue M H, et al. Electrochem Commun, 2006, 8: 1468.
63. Chou J C. Microelectron Reliability, 2010, 50: 753.
64. Baby T T, et al. Sensor Actuat B, 2010, 145: 71.
65. 向灿辉, 等. 四川师范大学学报, 2010, 33: 372.
66. 李群芳, 等. 西南师范大学学报, 2004, 29: 260.
67. 莫昌琍, 等. 分析测试学报, 2004, 23: 50.
68. 冯治平, 等. 四川轻化工学院学报, 2003, 16: 56.
69. 杜伟杰, 等. 华东师范大学学报, 2009, 5: 37.
70. 李银峰, 等. 河南城建学院学报, 2011, 20: 36.
71. 李俊华, 等. 无机化学学报, 2011, 27: 2172.
72. 罗莞超. 临床医学工程, 2011, 18: 1507.
73. 牛真真, 等. 化学学报, 2011, 69: 1457.
74. 王明星, 等. 化学传感器, 2011, 31: 53.
75. 黄加栋, 等. 传感器与微系统, 2011, 30: 111.
76. 娄方明, 等. 分析试验室, 2011, 30: 36.
77. 梁克中. 分析试验室, 2011, 30: 58.
78. 丁收年, 等. 东南大学学报, 2010, 40: 1327.
79. 姜利英, 等. 微纳电子技术, 2010, 4: 232.
80. 汪美芳, 等. 分析化学, 2010, 38: 125.
81. 马荣娜, 等. 中国科学 B, 2009, 39: 1544.
82. 李群芳, 等. 化学传感器, 2009, 29: 58.
83. 李于善, 等. 化学世界, 2009, 11: 657.
84. 闫博等, 天津大学学报, 2008, 41: 373.
85. 刘梦琴, 等. 分析化学, 2007, 35: 1435.
86. 高新义, 等. 饮料工业, 2007, 1: 30.
87. 李群芳, 等. 分析化学, 2005, 33: 631.
88. 刘颜, 等. 化学传感器, 2004, 24: 25.
89. 陆华, 等. 楚雄师专学报, 2000, 15: 83.
90. 马全红, 等. 复旦学报: 自然科学版, 2000, 39: 400.
91. 段大雪, 楚霞. 化学传感器, 2006, 26: 29.
92. 吴宝艳, 等. 天津大学学报, 2005, 38: 513.
93. 张占恩, 等. 苏州城建环保学院学报, 2000, 13: 18.
94. Miyanishi N, et al. Biosens Bioelectron, 2010, 26: 126.
95. Li L, et al. Biosens Bioelectron, 2012, 33: 100.
96. 傅慧娟, 等. 传感器与微系统, 2007, 26: 67.
97. 贾能勤, 等. 分析化学, 2000, 7.
98. 宋海琼, 等. 食品科学, 2009, 30: 239-243.
99. 冯德荣, 等. 食品科学, 2002, 23: 117.
100. 黄智航, 等. 甘蔗糖业, 2008, 3.

101. Jamal M, et al. Biosens Bioelectron, 2010, 26: 1420.
102. 李华清, 等. 分析化学, 2006, 34: 1.
103. 李陈鑫, 等. 化学传感器, 2004, 24: 47.
104. Guerrieri A, et al. Sensor Actuat B, 2007, 126: 424.
105. Chawla S, Pundir C S. Biosens Bioelectron, 2011, 26: 3438.
106. Saiapina O Y, et al. Talanta, 2012, 92: 58.
107. 陈滋青, 等. 工业微生物, 2000, 30: 5.
108. Yuan R, et al. Sci China Ser B, 2007, 50: 97.
109. Nam E J, et al. Analyst, 2012, 137: 2011.
110. Mizutani F, et al. Anal Chem, 1983, 55: 35.
111. Chen J, et al. Enzyme Microbial Technol, 2010, 47: 119.
112. Choi Y B, et al. Biotech Bioprocess Eng, 2011, 16: 631.
113. Zhou Y L. Biosens Bioelectron, 2007, 22: 822.
114. Maciejewska J, et al. Electrochim Acta, 2011, 56: 3700.
115. Njagi J, et al. Anal Chem, 2010, 82: 989.
116. Timur S, et al. Sensor Actuat B, 2004, 97: 132.
117. Wang B, et al. Anal Chim Acta, 2000, 407: 111.
118. Wang L, Wang E. Electrochem Commun, 2004, 6: 225.
119. Razola S S, et al. Analyst, 2000, 125: 79.
120. Xiang C, et al. Sensor Actuat B, 2009, 136: 158.
121. Chen H, et al. Anal Sci, 2011, 27: 613.
122. Song Y, et al. Sensor Actuat B, 2006, 114: 1001.
123. Qian L, Yang X, Talanta, 2006, 68: 721.
124. Lu X, et al. Biosens Bioelectron, 2008, 24: 93.
125. Xiang C, et al. Talanta, 2007, 74: 206.
126. Li W, et al. J Biochem Biophys Methods, 2008, 70: 830.
127. Camacho C, et al. Langmuir, 2008, 24: 7654.
128. Liu Y, et al. Sensor Actuat B, 2006, 115: 109.
129. Camacho C, et al. Electroanal, 2007, 19: 2538.
130. Liu Y, Microchim Acta, 2008, 161: 241.
131. Liu Z M, et al. Sensor Actuat B, 2005, 106: 394.
132. Zhang K, et al. Microchim Acta, 2012, 176: 137.
133. Tan X, et al. Electroanal, 2009, 21: 1514.
134. Lei C X, et al. Talanta, 2003, 59: 981.
135. Lei C X, et al. Bioelectrochem, 2004, 65: 33.
136. Che X, et al. Microchim Acta, 2009, 167: 159.
137. Lin J, et al. Anal Biochem, 2007, 360: 288.
138. Liu S Q, Ju H X. Anal Biochem, 2002, 307: 110.
139. Balamurugan A, Chen S M. Electroanal, 2009, 21: 1419.
140. Radi A E, et al. Electroanal, 2009, 2: 1624.
141. Yao H, et al. Biosens Bioelectron, 2005, 21: 372.
142. Wang G H, Zhang L M. J Phys Chem B, 2006, 110: 24864.
143. Zhang M, et al. Sensor Lett, 2009, 7: 543.
144. Tangkuaram T, et al. Biosens Bioelectron, 2007, 22: 2071.
145. Chatterjee S, Chen A. Biosens Bioelectron, 2012.
146. Qian G, et al. Wuhan Univ J Nat Sci, 2010, 15: 160.
147. Chen X, et al. Biosens Bioelectron, 2008, 24: 356.
148. Lata S, et al. Proc Biochem, 2012, 47: 992.
149. Song M J, et al. J Appl Electrochem, 2010, 40: 2099.
150. Xi F, et al. Biosens Bioelectron, 2008, 24: 29.
151. Munge B S, et al. Electroanalysis, 2009, 21: 2241.
152. Zhao H, et al. Microchim Acta, 2012, 176: 177.
153. Shi L, et al. Biosens Bioelectron, 2009, 24: 1159.
154. Tripathi V S, et al. Biosens Bioelectron, 2006, 21: 1529.
155. Tang N, et al. Analyst, 2011, 136: 781.
156. Miao Y, Tan S N. Anal Chim Acta, 2001, 437: 87.
157. 黄小梅, 邓祥. 四川文理学院学报, 2009, 19: 118.
158. 干宁, 等. 传感技术学报, 2007, 20.
159. 马洁, 等. 化学通报, 2006, 916.
160. 冯东, 等. 酿酒科技, 2011, 37.
161. 丁建英, 等. 食品科学, 2011, 32: 298.
162. 黄小梅, 等. 重庆文理学院学报, 2011, 30: 34.
163. 接德丽, 等. 应用化工, 2011, 40: 1317.
164. 周国清. 西南师范大学学报, 2011, 36: 41.
165. 张娟, 等. 高等学校化学学报, 2004, 25: 614.
166. 石银涛, 等. 西南师范大学学报: 自然科学版, 2006, 31: 80.
167. 曹淑瑞, 等. 西南师范大学学报:自然科学版, 2006, 31: 66.
168. Kuralay F, et al. Sensor Actuat B, 2006, 114: 500.
169. Kuralay F, et al. Sensor Actuat B, 2005, 109: 194.
170. Nilsson H, et al. Biochim Biophys Acta, 1973, 320: 529.
171. Ahuja T, et al. J Nanosci Nanotech, 2011, 11: 4692.
172. 何德肆, 等. 分析测试学报, 2009, 28: 1165.
173. 李赛, 等. 分析测试学报, 2007, 26: 523.
174. 吴朝阳, 等. 传感技术学报, 2006, 19: 933.
175. Chen J, Jin Y. Microchim Acta, 2010, 169: 249.
176. Liu Z, et al. Anal Chim Acta, 2005, 533: 3.
177. Li Y F, et al. Anal Biochem, 2006, 349: 33.
178. Shan D, et al. Biosens Bioelectron, 2007, 23: 648.
179. Liu S, et al. J Electroanal Chem, 2003, 540: 61.
180. Liu Z, et al. Electroanal, 2005, 17: 1065.
181. Janegitz B C, et al. Diamond and Related Mater, 2012, 25: 128.
182. Rajesh, et al. Curr Appl Phys, 2005, 5: 184.
183. Yu J, et al. Biosens Bioelectron, 2003, 19: 509.
184. 习霞, 明亮. 冶金分析, 2010, 30: 1.
185. 崔莉凤, 等. 分析科学学报, 2005, 21: 417.
186. 穆冬燕, 崔莉凤. 北京工商大学学报, 2002, 20: 12.
187. Zhang Y, et al. Biosens Bioelectron, 2007, 22: 2121.
188. 王世娟, 等. 南京师大学报, 2011, 34: 79.
189. Wu L, et al. Biosens Bioelectron, 2012, 35: 193.
190. Zhou Y, Zhi J. Electrochem Commun, 2006, 8: 1811.
191. Rajesh W, et al. React Funct Polym, 2004, 59: 163.
192. Kim M A, Lee W Y. Anal Chim Acta, 2003, 479: 143.
193. Rajesh W, et al. Sensor Actuat B, 2004, 102: 271.
194. Villalonga R, et al. Analyst, 2012, 137: 342.
195. Tembe S, et al. J Biotech, 2007, 128: 80.
196. Shimomura T, et al. Sensor Actuat B, 2011, 153: 361.
197. Li Y, Han G. Analyst, 2012.
198. 朱玲, 安哲. 中国卫生检验杂志, 2002, 12: 154.
199. Du D, et al. Sensor Actuat B, 2007, 127: 531.
200. 杨海朋, 等. 化学传感器, 2010, 30: 52.
201. 龙亚平, 等. 药物分析杂志, 2006, 26: 1702.
202. Du D, et al. Biosens Bioelectron, 2007, 23: 130.

203. 孙春燕，等. 高等学校化学学报, 2011, 32: 2533.
204. 孟范平，等. 海洋环境科学, 2003, 22: 63.
205. 高慧丽，等. 环境化学, 2005, 24: 707.
206. 刘润等. 分析试验室, 2007, 26: 9.
207. 康天放，等. 应用化学, 2006, 23: 1099.
208. Du D, et al. Sensor Actuat B, 2010, 146: 337.
209. 张璐，等. 电化学, 2007, 13: 431.
210. ChauHan N, et al. Int J Bio Macromol, 2011, 49: 923.
211. Liu T, et al. Microchim Acta, 2011, 175: 129.
212. Kim G Y, et al. J Environm Monitor, 2008, 10: 632.
213. 宋昭，等. 传感器技术, 2005, 24: 16.
214. 魏福祥，等. 河北科技大学学报, 2003, 24: 92.
215. 李元光，等. 分析化学, 2000, 28: 95.
216. Narang J, et al. Int J Bio Macromol, 2010, 47: 691.
217. Singh S, et al. J Appl Polym Sci, 2004, 91: 3769.
218. PooraHong S, et al. Biosens Bioelectron, 2011, 26: 3670.
219. Akyilmaz E, Dinçkaya E. Talanta, 1999, 50: 87.
220. Wen Y, et al. J Electroanal Chem, 2012.
221. Akyilmaz E, Yorganci E. Electrochim Acta, 2007, 52: 7972.
222. Cui X, et al. Biosens Bioelectron, 2007, 22: 3288.
223. Suman S, et al. Sensor Actuat B, 2005, 107: 768.
224. Pereira A C, et al. Electroanal, 2011, 23: 1470.
225. Cheng J, et al. Talanta, 2008, 76: 1065.
226. Zanini V P, et al. Electroanal, 2010, 22: 946.
227. Huang J, et al. Mater Sci Eng C, 2007, 27: 29.
228. 贺晓蕊，等. 分析化学, 2010, 38: 57.
229. Bori Z, et al. Electroanal, 2011, 24: 158.
230. 干宁，葛从辛. 中国食品学报, 2006, 6: 105.
231. Gülce. H, et al. Biosens Bioelectron, 2002, 17: 517.
232. 王舒婷等. 酿酒科技, 2011, 91-95.
233. Pisoschi A M, et al. J Electroanal Chem, 2012, 671: 85.
234. Jiang X, et al. Electroanal, 2009, 21: 1617.
235. Kochana J, Adamski J. Central Eur J Chem, 2012, 10: 224.
236. 苗智颖等. 传感器与微系统, 2010, 29: 85.
237. Luetkmeyer T, et al. Electroanal, 2010, 22: 995.
238. Saxena U, et al. J Experimental Nanosci, 2011, 6: 84.
239. Singh S, et al. Anal Chim Acta, 2004, 502: 229.
240. Vengatajalabathy Gobi K, Mizutani F. Sensor Actuat B, 2001, 80: 272.
241. Tan X, et al. Anal Biochem, 2005, 337: 111.
242. Shumyantseva V, et al. Biosens Bioelectron, 2004, 19: 971.
243. Salimi A, et al. Electroanal, 2009, 21: 2693.
244. Guo M, et al. Electroanal, 2004, 16: 1992.
245. Singh S, et al. Sensor Actuat B, 2006, 115: 534.
246. KHan R, et al. Anal Chim Acta, 2008, 616: 207.
247. 徐肖邢. 理化检验, 2009, 45: 621.
248. 李建平，彭图治. 分析化学, 2003, 31: 669.
249. 时巧翠，彭图治，陈金媛. 分析化学, 2005, 33: 329.
250. Salimi A, et al. Sensor Actuat B, 2007, 123: 530.
251. Can F, et al. Mater Sci Engineering C, 2011, 32: 18.
252. 展海军，马超越，白静. 食品研究与开发, 2011, 32: 123.
253. Rawal R, et al. Biosens Bioelectron, 2012, 31: 144.
254. Rawal R, et al. Anal Bioanal Chem, 2011, 401: 2599.
255. Savizi I S P, et al. Biosens Bioelectron, 2012.
256. Akyilmaz E, Kozgus O. Food Chem, 2009, 115: 347.
257. Chen C, et al. Anal Chem, 2011, 83: 2660.
258. Samphao A, et al. Int J Electrochem Sci, 2012, 7: 1001.
259. Han S, et al. Biosens Bioelectron, 2001, 16: 9.
260. Kannan, P, et al. Talanta, 2011, 86: 400.
261. Zhao G, et al. Electrochem Commun, 2007, 9: 1263.
262. Du D, et al. Anal Bioanal Chem, 2007, 387: 1059.
263. Yadav S, et al. Enzyme Microbial Tech, 2012, 50: 247.
264. Radomska A, et al. Talanta, 2004, 64: 603.
265. Sun S, et al. 生物工程学报, 2008, 24: 1796.
266. Kirgöz Ü A, et al. Electrochem Commun, 2004, 6: 913.
267. Teng Y, et al. Sci China Chem, 2010, 53: 2581.
268. 朱民，等. 化学传感器, 2002, 22: 8.
269. Li X, et al. Anal Lett, 2008, 41: 456.
270. Mizutani F, et al. Bioelectrochem, 2004, 63: 257.
271. Chen X, et al. Biosens Bioelectron, 2010, 25: 1420.
272. Hajdukiewicz J, et al. Biosens Bioelectron, 2010, 25: 1037.
273. Li X M, et al. Anal Chim Acta, 2010, 673: 133.

第四节　电化学免疫分析

电化学免疫分析（electrochemical immunoassay，ECIA）是将免疫分析同电化学检测相结合的一种免疫分析方法[26]，它同时兼有电化学分析的高灵敏度和免疫分析的高选择性和专一性。1951 年，Breyer 和 Radeliff 等首次采用电化学分析的方法进行免疫测定有偶氮化合物标记的抗原。1975 年，Heineman 等用乙酸汞标记雌三醇，Weber 和 Purdy 用二茂铁标记吗啡进行均相免疫测定，开始了电化学免疫分析的新篇章。从此以后，电化学免疫分析以其崭新的内容和独特的优点得以迅速发展[27]。

电化学免疫传感器是免疫传感器中研究最早、种类最多、发展较为成熟的一个分支。与其他免疫传感器相比，电化学免疫传感器具有仪器设备相对简单，构制敏感电极方法灵活，体系容易集成化、微型化，测定不受样品颜色、浊度的影响（样品可以不经处理，不需分离），可以在线检测等优势，在短短几十年时间内，相继开辟了种类繁多的研究和应用领域，目前，世界各国都投入巨资对电化学免疫传感器进行技术研究和产品开发。

一、电化学免疫分析原理

根据电化学检测手段的不同，电化学免疫分析又可分为常规法和电化学免疫传感器法；根据标记物的不同，电化学免疫分析常分为酶标记法和非酶标记法；根据在免疫分析中是否将抗原-抗体复合物与游离抗体或抗原进行分离，又可分为异相免疫分析法和均相免疫分析法。根据抗原-抗体反应类型，可将电化学免疫分析方法分为直接法、夹心法和竞争法。

竞争法的分析原理是基于标记抗原[Ag*]和非标记抗原[Ag]共同竞争与抗体的反应：

$$\text{Ag[样品]+Ab} \longrightarrow \text{Ag-Ab}$$

$$\text{Ag*[定量加入]+Ab} \longrightarrow \text{Ag*-Ab}$$

即当抗体固定在电极表面后，加入待测样品和一定量的带有标记物的抗原，未标记的抗原和有标记物的抗原之间与抗体提供的活性位点竞争结合。然后通过检测电极表面上的标记物所产生的信号得到待测抗原的浓度。由于加入的有标记物的抗原浓度是固定的，当样品中抗原含量越高时，能够竞争结合到电极表面上的标记抗原越少，所以，最终检测出的标记物产生的信号大小与样品中抗原含量成反比关系。

而夹心法则是将捕获抗体、抗原和检测抗体结合在一起，形成一种捕获抗体/抗原/检测抗体的夹心式复合物，也称“三明治”式结合物。其分析过程如下：捕获抗体[Ab]往往预先固定在基础电极表面，当加入待测样品[抗原]后，抗原和捕获抗体反应而被捕获到电极表面上。然后，洗去游离抗原，加入带有标记物的检测抗体[Ab*]，使之与抗原继续反应，在电极表面形成夹心式复合物：

$$\text{Ab+Ag+Ab*} \longrightarrow \text{Ab-Ag-Ab*}$$

最后，通过检测夹心复合物上标记物所产生的信号的大小，来计算样品中抗原的含量。

二、电化学免疫传感器的分类

根据检测的信号不同，电化学免疫传感器可分为电流型、电位型、电容型和电导型免疫传感器。

（一）电流型免疫传感器

电流型免疫传感器是将电化学反应与抗原/抗体免疫反应相结合的一种分析方法，主要基于探测生物识别或化学反应中的电活性物质，通过固定工作电极的电位给电活性物质的电子转移反应提供驱动力，探测电流随时间的变化。该电流直接测量了电子转移反应的速率，反映了生物分子识别的速率，即该电流正比于待测物的浓度。电流型免疫传感器的标记物主要是酶和电活性物质，由于酶具有生物催化化学放大作用，因此应用得更为普遍。在测定过程中，传感器的参考电极和工作电极之间具有电化学活性的物质产生了氧化还原电流。这种电流是由待测物质在传感器电极上发生生化反应，使得电极阳极（氧化）或阴极（还原）电流增加。电流型免疫传感器能够直接测定生物氧化还原反应，或间接地测定生物物质代谢或反应的产物，在生物学和电化学间建立直接的联系。电流型免疫传感器的响应电流与溶液中待测物质的浓度呈线性关系，其动力学范围和测定误差均适合于生物实际样品的测定，是一种可靠、成本低、灵敏度高的测定方法。

由于抗原-抗体生物分子本身不具备电活性，电流型免疫传感器一般需要标记抗原/抗体，标记物一般用酶。最常用的标记酶有碱性磷酸酶、辣根过氧化氢酶、葡萄糖氧化酶、尿素水解酶等。酶标记物中的酶催化其底物反应生成电活性物质，在电极上通过氧化或还原加以检测。电流型免疫传感器目前已用于多种物质的检测[28~32]，但仍然在探索更优越的固定技术和更优良的固定材料，以期能达到更灵敏、更稳定、更完美的检测。有关电流型免疫传感器的研究正以成倍的速度增加，每年都有大量的文献报道，这些成功的实验和方法都为我们提供了宝贵的经验。表 9-7 列举了一些电流型免疫传感器。

表 9-7 电流型免疫传感器

使用的蛋白质	分析物	检测限	检测范围	文献
胆碱酯酶	致病真菌抗原	1×10^{-15}mg/ml		1
辣根过氧化物酶	癌抗原-125[CA-125]	1.29U/ml	2～14U/ml	2
人绒毛膜促性腺激素抗体	人绒毛膜促性腺激素	2×10^{-2}IU/ml	2×10^{-2}～10^{2}IU/ml	3
碱性磷酸酶	粒细胞巨噬细胞集落刺激因子	0.10μg/ml	1.1～30μg/ml	4
B90-AH5 单克隆抗体	肌氨酸酐	4.5ng/ml	0.01～10μg/ml	5
癌胚抗体	癌胚抗原	0.1ng/ml	0.5～3.0ng/ml 3.0～167ng/ml	6
十八烷基胺和二十二烷酸制成的 LB 膜沉积到由 1-十八烷基硫醇修饰的银表面	人血清中 IgG	200ng/ml	200～1000ng/ml	7
纳米金和辣根过氧化物酶	乙肝表面抗原	0.85ng/ml	2.56～563.2ng/ml	8
蛋白 A[staphy Jococcalprotein A]	沙门氏菌	100cfu/ml		9
E. coli O157:H7 单克隆抗体	*E. coli* O157:H7	10^{3}cfu/ml	10^{6}～10^{4}cfu/ml	10
褐藻酸钠-纳米金复合物（ASN）	T3 抗体	45ng/ml	100～1600ng/ml	11
对羟基磷酸苯	AFP	0.07ng/ml	5～500ng/ml	12
过氧化氢酶	AFP 抗原		0.389～10.70ng/ml	13
C3-HRP	C3 抗体		0.08～5.6μg/ml	14
AFP 抗体	甲胎蛋白	0.12ng/ml	0.2～1.0ng/ml 1.0～200ng/ml	15
辣根过氧化物酶	日本血吸虫抗体	检测下限为 1:1133600		16
癌胚抗原抗体	癌胚抗原	0.2ng/ml	0.5～10ng/ml 10～120ng/ml	17
癌胚抗原抗体	癌胚抗原	0.01ng/ml	0.01～160ng/ml	18
双层纳米金和双链 DNA	肿瘤抗原 15-3	0.6ng/ml	1.0～240ng/ml	19
HIV 核心抗原 p24 单克隆抗体	HIV 核心抗原 p24	0.2ng/ml	0.5～200ng/ml	20
大肠杆菌抗体	大肠杆菌 O157:H7	10cfu/ml		21
酶标黄曲霉毒素 B_1[AFBl]抗体	酶标黄曲霉毒素 B_1[AFBl]	0.05ng/ml	0.1～12ng/ml	22
HRP-anti-VP	副溶血性弧菌	7.4×10^{4}cfu/ml	10^{5}～10^{9}cfu/ml	23
赭曲霉毒素抗体	赭曲霉毒素	8.2pg/ml	10pg/ml～100ng/ml	24

续表

使用的蛋白质	分析物	检测限	检测范围	文献
三聚氰胺抗体	三聚氰胺[MA]	0.25ng/ml	0.5～40ng/ml, 60～100ng/ml	25
抗盐酸克伦特罗抗体	盐酸克伦特罗	0.3μg/L		26
己烯雌酚抗体	己烯雌酚	8μgkg		27
青霉素多克隆抗体	青霉素	1.90ng/g	5～45ng/g	28
禽流感病毒抗体	禽流感病毒抗原	0.56ng/ml	3.75～125ng/ml	29
聚苯胺/Pt 纳米粒子复合纳米材料	葡萄糖	0.5μmol/L	1μmol/L～12mmol/L	30
前列腺特异性抗体	前列腺特异性抗原	4pg/ml		31
钯纳米粒子-单壁碳纳米管复合纳米材料	葡萄糖	0.2μmol/L	0.5～17mmol/L	32
单克隆癌胚抗体	癌胚抗原	1×10^{-12}g/ml	5×10^{-12}～5×10^{-7}g/ml	33
辣根过氧化物酶	过氧化氢	3.0×10^{-7}mol/L	6.0×10^{-7}～1.8×10^{-3}mol/L	34
小鼠单克隆p24抗体,HRP标记人单克隆 p24 抗体	HIV-l p24 抗原		0.21～28ng/ml	35
副溶血性弧菌抗体	副溶血性弧菌	8.1×10^{4}cfu/ml	10^{4}～10^{9}cfu/ml	36
T3 抗体	T3	45pg/ml	100～10000pg/ml	37
吲哚乙酸-辣根过氧化物酶	吲哚乙酸		5.68×10^{-7}～2.83×10^{-5}mol/L	38
甲胎蛋白抗体	甲胎蛋白	0.088ng/ml	0.6～45ng/ml	39
辣根过氧化物酶标记羊抗人免疫球蛋白	人免疫球蛋白	10ng/ml	60～650ng/ml	40
人绒毛促性腺激素抗体	人绒毛促性腺激素[HCG]	0.26mIU/ml	0.5～250mIU/ml	41
AFP 的抗体和 CEA 的抗体	甲胎蛋白和癌胚抗原	AFP 检测限为 2pg/ml CEA 检测限为 5pg/ml	与 AFP 的浓度对数的线性范围为 0.010～10ng/ml,与 CEA 的浓度对数的线性范围为 0.010～10ng/ml	42
肺炎球菌溶血素抗体	肺炎球菌溶血素	0.05ng/ml	0.25～5.0ng/ml	43
癌胚抗体	癌胚抗原	0.56ng/ml	1～250ng/ml	44
人绒毛促性腺激素抗体	人绒毛促性腺激素	0.3mIU/ml	0.5～5.0mIU/ml 5.0～30mIU/ml	45
毒莠定抗体	毒莠定	5ng/ml	0.005～10μg/ml	46
碱性磷酸酶 ALP 标记二抗	鼠 IgG	0.1pg/ml	100fg/ml～100μg/ml	47
人卵细胞促性腺激素抗体	人卵细胞促性腺激素	100mIU/ml		48
人巨细胞病毒抗体	人巨细胞病毒	10amol/ml		48
MS2 噬菌体抗体	MS2 噬菌体	10ng/ml		49
酪氨酸酶和醌蛋白葡萄糖脱氢酶	碱性磷酸酶 2,4-二氯苯氧基乙酸	3.2fmol/LALP 0.1μg/L		50
抗致癌基因 *BRCA1* 抗体	抗致癌基因 *BRCA1*	4.86pg/ml	0.01～15ng/ml	51
碱性磷酸酶	磺胺	ng/ml 级		52
氨基-巯基活性的异生物素	肠道毒素 B	1ng/ml		53
人免疫球蛋白 E	亚甲基蓝	77ng/ml(约 405pm ol/L, 4fmol/10ml)	154～945ng/ml	54
癌胚抗原抗体	癌胚抗原	10pg/ml	0.1～22ng/ml	55

续表

使用的蛋白质	分析物	检测限	检测范围	文献
抗甲胎蛋白抗体	甲胎蛋白	0.05ng/ml	0.1～200ng/ml	56
人绒毛膜促性腺激素抗体	人绒毛膜促性腺激素	0.3mIU/ml	0.5～5.0mIU/ml 5.0～30mIU/ml	57
人绒毛膜促性腺激素抗体	人绒毛膜促性腺激素	0.26mIU/ml		58
癌胚抗原抗体	癌胚抗原	5.0×10^{-17}mol/L		59
肿瘤抗原 CA-125 抗体	肿瘤抗原 CA-125	0.36U/ml	1.0～30U/ml 30～150U/ml	60
碱性磷酸酶	银离子	2.2ng/ml	5～1000ng/ml	61
抗人 IgG	人 IgG	0.03ng/ml	0.1～10ng/ml	62
甲基蓝	鼠 IgG		5～100fg/ml	63
抗癌胚抗原抗体	癌胚抗原	0.1pg/ml	1.0pg/ml～50ng/ml	64
2,4-二氯苯氧基乙酸抗体	2,4-二氯苯氧基乙酸	0.072ng/ml	0.1～330ng/ml	65
辣根过氧化物酶标记的二抗	血清蛋白	2.3pg/ml	0.01～1.0ng/ml	66
甲胎蛋白抗体	甲胎蛋白	9.6pg/ml	0.02～3.5ng/ml	67
对氨基苯基磷酸酯	羊 IgG	118fg/ml	118fg/ml～1.18ng/ml	68
羊抗鼠 IgG	鼠 IgG	10ng/ml(67pmol/L)	100ng/ml～10μg/ml	69
P-糖蛋白抗体	P-糖蛋白	1.0×10^{4}个细胞/ml	5.0×10^{4}～1.0×10^{7}个细胞/ml	70
Ser392[phospho-p53392], Ser15[phospho-p5315], Ser46[phospho-p5346], 总 p53 相应的抗体	磷酸化蛋白： Ser392[phospho-p53392] Ser15 [phospho-p5315] Ser46 [phospho-p5346] 总 p53	5pmol/L 20pmol/L 30pmol/L 10pmol/L	0.01～20nmol/L 0.05～20nmol/L 0.1～50nmol/L 0.05～20nmol/L	71
抗 CA-125	糖抗原-125	1.3U/ml	4.5～36.5U/ml	72
抗人 IgG	人 IgG	2pg/ml		73
抗雌酮抗体	雌酮	0.1μg/ml		74
抗癌胚抗原	癌胚抗原	5.0ng/ml		75
玉米烯酮抗体	玉米烯酮	0.4μg/L		76
玉米烯酮	玉米烯酮	0.011μg/L		77
鲤鱼卵黄蛋白原抗体	鲤鱼卵黄蛋白原	2~3ng/ml	1～500ng/ml	78
甲胎蛋白抗体	甲胎蛋白	0.5ng/ml	2.5～200.0ng/ml	79
抗癌抗原 15-3	癌抗原 15-3	0.64U/ml	2.0～240U/ml	80
乙肝表面抗体	乙肝表面抗原	0.01ng/ml		81
抗鼠 IgG	鼠 IgG	485pg/ml		82
抗癌胚抗原	癌胚抗原	0.7pg/ml		83
杀白细胞素抗体	杀白细胞素	5.25pg/ml		84
抗人绒毛膜促性腺激素	人绒毛膜促性腺激素	15pmol/L		85
噬菌体抗体 卵白蛋白抗体	噬菌体 卵白蛋白	990ng/ml 470ng/ml		86
人 IgG 抗体 鼠 IgG 抗体	人 IgG 鼠 IgG	4.8pg/ml 6.1pg/ml		87
人 IgG 抗体 羊 IgG 抗体	人 IgG 羊 IgG	1.1ng/ml 1.6ng/ml	5.0～500ng/ml 5.0～400ng/ml	88

续表

使用的蛋白质	分析物	检测限	检测范围	文献
叶酸抗体	叶酸	μg/L 量级		89
日本乙型脑炎病毒抗体	日本乙型脑炎病毒	2.0×10^{3}PFU/ml	$2\times10^{3}\sim5\times10^{5}$pfu/ml	90
癌胚抗原抗体	癌胚抗原	5pg/ml		91
睾丸激素抗体	睾丸激素	0.1ng/ml	1.2～83.5ng/ml	92
排钠利尿剂抗体	排钠利尿剂	0.003ng/ml	0.005～1.67ng/ml， 1.67～4ng/ml	93
免疫球蛋白 IgG 抗体	免疫球蛋白 IgG		200～2000ng/ml	94
苯并[*a*]芘抗体	苯并[*a*]芘	4pmol/L	8pmol/L～2nmol/L	95
抗链霉素抗体	链霉素残基	5pg/ml	0.05~50ng/ml	96
人 IgG 抗体	人 IgG	2.7×10^{-13}mol/L	$8.1\times10^{-13}\sim6.2\times10^{-10}$mol/L	97
羊抗人 IgG	人 IgG	0.5ng/ml	1～1000ng/ml	98
抗兔 IgG 抗人 IgM	兔 IgG 人 IgM	1.0ng/ml 1.5ng/ml	2.5～250ng/ml 2.5～250ng/ml	99
抗人 IgG	人 IgG	1ng/ml		100
羊抗人 IgG	人 IgG	0.1ng/ml		101
胆素脂标记的 B 型排钠利尿剂抗体	B 型排钠利尿剂	10ng/L	20～40ng/L	102
甲胎蛋白抗体	甲胎蛋白	0.12ng/ml	0.30～250.00ng/ml	103
除草剂氯磺隆抗体	除草剂氯磺隆	4.97ng/ml		104
甲胎蛋白抗体	甲胎蛋白	0.1ng		105
可替宁抗体	可替宁	1.0ng/ml	1～100ng/ml	106
血吸虫属 *japonicum* 抗体	血吸虫属 *japonicum*	1.3ng/ml	2ng/ml～15μg/ml	107
抗人 IgG	人 IgG	0.4±0.05fg/ml		108
抗人 IgG	人 IgG	0.06μmol/L		109
抗人 IgG	人 IgG	0.19ng/ml (1.2pmol/L)		110
牛血清白蛋白抗体	牛血清白蛋白	0.5ng/ml	0.5～500ng/ml	111
抗人 IgG	人 IgG	30pg/ml		112
抗人 IgG	人 IgG	3ng/ml	10～104ng/ml	113
癌胚抗原抗体	癌胚抗原	6.7pg/ml	0.02～5.0ng/ml	114
甲胎蛋白抗体	甲胎蛋白	0.5pg/ml	0.001～200ngml	115
甲胎蛋白抗体	甲胎蛋白	0.05ng/ml	0.25～45ng/ml	116
甲胎蛋白抗体	甲胎蛋白	0.7ng/ml	1.0～10ng/ml	117
癌胚抗原抗体	癌胚抗原		0.1～30ng/ml	118
血红蛋白 A1c 抗体	血红蛋白 A1c	500μg/ml		119
癌胚抗原抗体	癌胚抗原	1.5pg/ml	0.01～200ng/ml	120
糖抗原 CA-125 抗体	糖抗原 CA-125	0.1U/ml	0.1～450U/ml	121
肠毒素 B 抗体	肠毒素 B	10pg/ml	0.05～15ng/ml	122
双鞭甲藻毒素 B 抗体	双鞭甲藻毒素 B	0.01ng/ml	0.03～8ng/ml	123
癌胚抗原抗体	癌胚抗原	0.01ng/ml	0.01～160ng/ml	124
黄曲霉毒素 B_1 抗体	黄曲霉毒素 B_1	6.0pg/ml	0.05～12ng/ml	125

续表

使用的蛋白质	分析物	检测限	检测范围	文献
癌胚抗原抗体	癌胚抗原	1.0pg/ml	0.005～50ng/ml	126
甲胎蛋白抗体 癌胚抗原抗体	甲胎蛋白 癌胚抗原	1.0pg/ml 1.0pg/ml	0.01～200ng/ml 0.01～80ng/ml	127
甲胎蛋白抗体	甲胎蛋白	0.8fg/ml	8.0×10^{-7}～2.0×10^{2}ng/ml	128
甲胎蛋白抗体	甲胎蛋白	5pg/ml	0.05～400ng/ml	129
抗兔 IgG	兔 IgG	1.0ng/ml (6.4pmol/L)	10～1000ng/ml (0.064～6.4pmol/L)	130
大肠杆菌抗体	大肠杆菌	50cfu/ml	10^{2}～10^{6}cfu/ml	131
MS2 噬菌体抗体	MS2 噬菌体	90ng/ml MS2(1.5×10^{10}颗粒/ml)		132
癌胚抗原抗体	癌胚抗原	3pg/ml	0.01～1.0ng/ml 1.0～60ng/ml	133
TNT 抗体	TNT	0.1ng/ml		134
抗人 IgE	人 IgE	0.52ng/ml	1～10000ng/ml	135
抗人 IgG	人 IgG	1.2ng/ml	2.5～500ng/ml	136
IgG	苯并芘及芘酪酸	2.4ng/ml 10ng/ml		137
抗鼠 IgG	鼠 IgG	0.25ng（1.4×10^{-15}mol）	11.5～1150ng/ml	138
抗白细胞介素 1α 抗体	白细胞介素 1α	0.3ng/ml (18pmol/L)	0.5～50ng/ml	139
癌胚抗原抗体	癌胚抗原	0.22ng/ml	0.50～25ng/ml	140
癌抗原 CA-125 抗体	癌抗原 CA-125	1.73U/ml	0～30U/ml	141
癌胚抗原抗体	癌胚抗原	10pg/ml	0.03～32ng/ml	142
甲胎蛋白抗体	甲胎蛋白	138amol/ml	0.02～2.0ng/ml	143
抗人 IgG	人 IgG	0.06pg/ml	0.1～35.0pg/ml	144
马尿酸抗体	马尿酸		0～40mg/ml	145
兔抗人 IgG	人 IgG	20μg/L	0.05～2mg/L	146
羊抗人 IgG	人 IgG	25ng/ml	30～1000ng/ml	147
甲胎蛋白抗体	甲胎蛋白	1.0pg/ml	0.01～200ng/ml	148
促甲状腺激素抗体	促甲状腺激素	0.005μIU/ml	0.01～20μIU/ml	149
胱氨酸-LR 抗体	胱氨酸-LR	100pg/ml		150
辣根过氧化物酶抗体 前列腺特征抗体 癌胚抗原抗体 人绒毛膜促性腺激素抗体	辣根过氧化物酶 前列腺特征抗原 癌胚抗原 人绒毛膜促性腺激素	1.09×10^{-12}mol/L(0.94zmol) 0.22ng/ml 0.17ng/ml 0.30ng/ml		151
大肠杆菌抗体	大肠杆菌	3cfu/10ml		152
抗 CA15-3 抗体	癌抗原 CA15-3	2.5U/ml		153
软骨藻酸抗体	软骨藻酸	0.02ng/ml	0.1～50ng/ml	154
IgG 抗体	IgG	7pg/ml		155
大肠杆菌抗体	大肠杆菌	50cfu/ml	1.0×10^{2}～5.0×10^{4}cfu/ml	156
大肠杆菌抗体	大肠杆菌	30cfu/ml	5.0～1.0×10^{5}cfu/ml	157
鼠抗人 CD13	鼠抗人白细胞抗原 CD1	50 个 HL60 细胞	细胞数为 0～40000	158

续表

使用的蛋白质	分析物	检测限	检测范围	文献
羊抗人 IgG	人 IgG	10ng/ml	50～400ng/ml	159
N 末端 B 型利钠肽抗体	N 末端 B 型利钠肽原		5～35126pg/ml	160
N 末端 B 型利钠肽抗体	N 末端 B 型利钠肽原		9～70252pg/ml	161
乙肝表面抗体	乙肝表面抗原	0.05ng/ml	0.05～3125ng/ml	162
促甲状腺激素抗体	促甲状腺激素	0.017μIU/ml	0.017～92.04μIU/ml	163
甲胎蛋白抗体	甲胎蛋白		0.514～158832IU/ml	164
青霉素多克隆抗体	青霉素	0.298ng/ml	0.25～3.00ng/ml	165
青霉素抗体	青霉素	1.90ng	5～45ng	166
大肠杆菌抗体	大肠杆菌	20cfu/ml	50~1×10^5cfu/ml	167
甲胎蛋白抗体	甲胎蛋白	0.03μg/L	0.05~50μg/L	168
抗人 IgG	人 IgG	0.048ng/L		169
血吸虫可溶性虫卵抗原	血吸虫抗体	1ng/ml	1ng/ml～1μg/ml	170
乙肝表面抗体	乙肝表面抗原		0.85×10^{-2} ～ 5.12×10^{-2}ml 和 0.32～1.28μg/ml	171
抗人 IgG	人 IgG	0.004μg/L	0.01～0.8μg/L	172
抗人 IgG	人 IgG	5.2fg/ml(34.7amol/L)	0.01～100pg/ml	173
人转铁蛋白抗体	人转铁蛋白	0.35μg/ml	0.50～70.0μg/ml	174
兔抗牛 IgG	牛 IgG		0.1～10000ng/ml	175
禽流感病毒 H9 抗体	禽流感病毒 H9	0.4ng/ml	1.0～170.0ng/ml	176
人糖链抗原 242 单克隆抗体	人糖链抗原 242	2.0U/ml	2.0～150.0U/ml	177
抗人 IgG	人 IgG	0.11μg/ml	0.30～10μg/ml	178
微囊藻毒素-LR 抗体	微囊藻毒素-LR	1.82×10^{-2}μg/L	0.05～200μg/L	179
抗人 IgG	人 IgG	22pg/ml	100pg/ml～100ng/ml 和 100ng/ml～2μg/ml	180
抗人 IgG	人 IgG	3.5g/L	1～50mg/L	181
羊抗人 IgG	人 IgG	2pg/ml		182
甲胎蛋白抗体 癌胚抗原抗体	甲胎蛋白 癌胚抗原	2pg/ml 5pg/ml	0.010～10ng/ml 0.010～10ng/ml	183
羊抗人 IgG	人 IgG	0.05ng/ml	0.1～3ng/ml	184
甲基对硫磷抗体	甲基对硫磷	0.085μg/ml	0.15～15μg/ml	185
碱性磷酸酶	对硝基苯酚	7×10^{-14}mol/L		186
乙肝表面抗体	乙肝表面抗原	0.1ng/ml	0.5～650ng/ml	187
叶酸抗体	叶酸	1.37ng/ml	1.37～87.5ng/ml	188
前列腺抗体	前列腺抗原	7pg/ml	0.01～0.5ng/ml 0.5～3.0ng/ml	189
黄瓜花叶病毒抗体	黄瓜花叶病毒	1.0ng/ml		190
甲胎蛋白抗体	甲胎蛋白	0.5pg/ml	0.005～200ng/ml	191
癌胚抗原抗体	癌胚抗原	0.13ng/ml	1.0～55ng/ml	192
C-反应蛋白抗体	*C*-反应蛋白		0.1～10mg/L	193
乙肝表面抗体	乙肝表面抗原	40pg/ml	0.1～150ng/ml	194
白喉类毒素抗体	白喉类毒素	2.3ng/ml	10～800ng/ml	195

续表

使用的蛋白质	分析物	检测限	检测范围	文献
丙氨酸转氨酶抗体	丙氨酸转氨酶	0.05ng/ml	0.05ng/ml～10μg/ml	196
人 IgG 抗体	人 IgG	10pmol/L		197
二硝基苯酚抗体	二硝基苯酚		5～100μg/ml	198
乙肝表面抗体	乙肝表面抗原	0.5ng/ml	1.5～400ng/ml	199
糖蛋白抗体	糖蛋白	0.1μg/ml	0.01～20μg/ml	200
甲胎蛋白抗体	甲胎蛋白	0.3ng/ml	0.8～120ng/ml	201
卡巴西平抗体	卡巴西平	2μg/ml	2～10μg/ml	202
人 IgG 抗体	人 IgG	0.1ng/ml	0.3～120ng/ml	203
人 IgG 抗体	人 IgG	0.001ng/ml	0.05～1.25ng/ml 1.25～40ng/ml	204
鼠 IgG 抗体	鼠 IgG	5.0ng/ml(3.3×10^{-11}mol/L)		205
艾普斯登-巴尔病毒抗体	艾普斯登-巴尔病毒			206
肾上腺皮层激素抗体	肾上腺皮层激素	5.2ng/ml	22～1000ng/ml	207
甲胎蛋白抗体	甲胎蛋白	0.02ng/ml	0.05～100ng/ml	208
猫嵌杯样病毒抗体	猫嵌杯样病毒	1.6×10^{5}PFU/ml		209
甲胎蛋白抗体	甲胎蛋白	1.5ng/ml	3.5～360ng/ml	210
肌酸激酶-MB 抗体	肌酸激酶-MB	13ng/ml	13～300ng/ml	211
甲胎蛋白抗体	甲胎蛋白	0.9ng/ml	3.0～80.0ng/ml	212
加替沙星抗体	加替沙星	8.9ng/ml		213
B 型排钠利尿肽抗体	B 型排钠利尿肽	1fg/ml	1～10000fg/ml	214

本表参考文献：

1. Medyantseva E P, et al. Anal Chim Acta, 2000, 4: 13.
2. Zong D, et al. Anal Chem, 2003, 7: 5429.
3. Aizawa M, et al. Anal Biochem, 1979, 94: 22.
4. Crowley E, et al. Anal Chim Acta, 1999, 389: 171.
5. Benkert A, Anal Chem, 2000, 72: 916.
6. Dai Z, et al. J Immun Methods, 2004, 287: 13.
7. Hou Y X. Biosens Bioelectron, 2004, 20: 1126.
8. Zhuo Y. Anal Chim Acta, 2005, 548: 205.
9. 孙棏舟，等. 分析化学研究报告, 2009, 39: 484.
10. Subramanian A. Biosens Bioelectron, 2006, 21: 998.
11. 刘志国. 理化检验-化学分册, 2004, 40: 445.
12. Ciana L D, et al. J Immun Methods, 1996, 193: 51.
13. Desilva M S, et al. Biosens Bioelectron, 1995, 10: 675.
14. Lei C X, et al. Anal Chim Acta, 2004, 513: 379.
15. 苏会岚，等. 分析化学, 2009, 37: E129.
16. 青宪，楚霞. 化学传感器, 2008, 28: 46.
17. 闵丽根，袁若. 化学学报, 2008, 66: 1676.
18. Tang D P, et al. Bioprocess Biosyst Eng, 2006, 28: 315.
19. Yang Y D, et al. Electroanal, 2009, 20: 2621.
20. 干宁，等. 精细化工, 2007, 24: 269.
21. Tahir Z M, Alcilja E C. In proceeding of IEEE sensor 2002, Orlando, FL, USA, 12-14.
22. Sun A L, et al. Sensor Instrument Food Qual, 2008, 2: 43.
23. 赵广英，邢丰峰. 传感技术学报, 2007, 20: 1697.
24. Xue P L, et al. Anal Biochem, 2009, 389: 63.
25. 干宁，等. 传感技术学报, 2009, 22: 456.
26. 刘国艳，等. 中国兽医科技, 2004, 34: 64.
27. 朱将伟，等. 粮食与饲料工业, 2005, 7: 44.
28. 李孝君，等. 应用化学, 2009, 26: 716.
29. 赵广英，等. 畜牧兽医学报, 2008, 39: 1442.
30. Wu L H, et al. Mater Sci Eng C, 2009, 29: 1306.
31. Yu X, et al. J Am Chem Soc, 2006, 128: 11199.
32. Meng L, et al. Anal Chem, 2009, 81: 7271.
33. Viswanathana S, et al. Biosens Bioelectron, 2009, 24: 1984.
34. Zeng X D, et al. Biosens Bioelectron, 2009, 25: 896.
35. 操小栋，刘松琴. 分析化学, 2009, 37: 125.
36. 赵广英，等. 中国食品学报, 2009, 9: 8.
37. 胡舜钦，等. 湖南城市学院学报：自然科学, 2003, 24: 97.
38. 李春香，萧浪涛. 化学学报, 2003, 61: 790.
39. 干宁，等. 四川大学学报：自然科学版, 2010, 47: 345.
40. 许媛媛，等. 传感技术学报, 2006, 19: 2149.
41. 杨洪川，等. 分析化学, 2009, 37: 78.
42. 凌晨，等. 分析化学, 2009, 37: 128.
43. Maria D G. Sensor Actuat B, 2006, 113: 1005.
44. Zhou Y, et al. Sensor Actuat B, 2006, 114: 631.

45. Chen J, et al. Biomaterials, 2006, 27: 2313.
46. Tang L, et al. Environ Sci Technol, 2008, 42: 1207.
47. Das J. Anal Chem, 2007, 79: 2970.
48. Bagel O. Electroanalysis, 2000, 12: 1447.
49. Bange A, et al. Electroanalysis, 2007, 19: 2202.
50. Bauer C G, et al. Anal Chem, 1996, 68: 2453.
51. Cai Y, et al. Biomaterials, 2011, 32: 2117.
52. Centi S, et al. Electroanalysis, 2010, 22: 1881.
53. Chatrathi M P, et al. Biosens Bioelectron, 2007, 22: 2932.
54. Chen C, et al. Electrochem Commun, 2009, 11: 1869.
55. Chen H, et al. Anal Chim Acta, 2010, 678: 169.
56. Chen H, et al. Anal Methods, 2011, 3: 1615.
57. Chen J, et al. Biomaterials, 2006, 27: 2313.
58. Chen J, et al. Electroanalysis, 2006, 18: 670.
59. Chen J, et al. Electrochem Commun, 2009, 11: 1457.
60. Chen S, et al. Electrochim Acta, 2009, 54: 7242.
61. Chen Z P, et al. Sensor Actuat B, 2008, 129: 146.
62. Chen Z P, et al. Biosens Bioelectron, 2007, 23: 485.
63. Chunglok W, et al. Analyst, 2011, 136: 2969.
64. Cui Y. Analyst, 2012, 137: 1656.
65. Deng A P, Yang H. Sensor Actuat B, 2007, 124: 202.
66. Ding C. Talanta, 2010, 80: 1385.
67. Ding C. Biosens Bioelectron, 2009, 24: 2434.
68. Dong H. Biosens Bioelectron, 2006, 22: 621.
69. Dong H, et al. Lab Chip, 2007, 7: 1752.
70. Du D, et al. Biochem, 2005, 44: 11539.
71. Du D. Anal Chem, 2011, 83: 6580.
72. Fu X H. Electroanal, 2007, 19: 1831.
73. Fu Y, et al. J Phys Chem C, 2010, 114: 1472.
74. Gao H, et al. J Electroanal Chem, 2006, 592: 88.
75. Gao Z. Biosens Bioelectron, 2009, 24: 1825.
76. Hervás M, et al. Analyst, 2011, 136: 2131.
77. Hervás M, et al. Anal Chim Acta, 2009, 653: 167.
78. Hirakawa K, et al. Electroanal, 2006, 18: 1297.
79. Hong C, et al. Electroanal, 2008, 20: 989.
80. Hong C, et al. Anal Chim Acta, 2009, 633: 244.
81. Hu Y, et al. Bioelectrochem, 2011, 81: 59.
82. Jang Y, et al. Enzyme Microbial Tech, 2006, 39: 1122.
83. Jiang W, et al. Biosens Bioelectron, 2011, 26: 2786.
84. Kasai S, et al. Anal Chem, 2000, 72: 5761.
85. Kerman K, et al. Anal Chem, 2006, 78: 5612.
86. Kuramitz H, et al. Anal Chim Acta, 2006, 561: 69.
87. Lai G, et al. Anal Chem, 2011, 83: 2726.
88. Leng C, et al. Anal Chim Acta, 2010, 666: 97.
89. Lermo A, et al. Biosens Bioelectron, 2009, 24: 2057.
90. Li F, et al. Biosens Bioelectron, 2011, 26: 4253.
91. Li Q, et al. Talanta, 2011, 84: 538.
92. Liang K Z, et al. J Biochem Biophys Methods, 2008, 70: 1156.
93. Liang W, et al. Biosens Bioelectron, 2012, 31: 480.
94. Lim T K. Anal Chem, 2003, 75: 3316.
95. Lin M, et al. Anal Chim Acta, 2012, 722: 100.
96. Liu B, et al. ACS Appl Mater Interf, 2011, 3: 4668.
97. Liu D, et al. Talanta, 2010, 82: 1175.
98. Luo Y, et al. Talanta, 2008, 74: 1642.
99. Mao X, et al. Electrochem Commun, 2008, 10: 1636.
100. Mao X, et al. Anal Chim Acta, 2006, 557: 159.
101. Mao X, et al. Sensor Actuat B, 2007, 123: 198.
102. Matsuura H, et al. Anal Chem, 2005, 77: 4235.
103. Miao X, et al. Biochem Engineering J, 2008, 38: 9.
104. Nangia Y, et al. Electrochem Commun, 2012, 14: 51.
105. Nashida N, et al. Biosens Bioelectron, 2007, 22: 3167.
106. Nian H, et al. Anal Chim Acta, 2012, 713: 50.
107. Nie J, et al. Biosens Bioelectron, 2012, 33: 23.
108. Noh H B, et al. Biosens Bioelectron, 2011, 26: 4429.
109. Okochi M, et al. Biotech Bioeng, 2005, 90: 14.
110. Piao Y, et al. Biosens Bioelectron, 2011, 26: 3192.
111. Pinwattana K, et al. Biosens Bioelectron, 2010, 26: 1109.
112. Qi H, et al. Electrochim Acta, 2012, 63: 76.
113. Qiu L P, et al. Talanta, 2010, 83: 42.
114. Song Z, et al. Biosens Bioelectron, 2011, 26: 2776.
115. Su B, et al. Anal Biochem, 2011, 417: 89.
116. Su B, et al. Anal Methods, 2010, 2: 1702.
117. Su B, et al. Electroanal, 2010, 22: 2720.
118. Sun A L, et al. Biochem Eng J, 2011, 57: 1.
119. Tanaka T, et al. Biosens Bioelectron, 2007, 22: 2051.
120. Tang D, et al. Anal Chem, 2008, 80: 8064.
121. Tang D, et al. Anal Chem, 2010, 82: 1527.
122. Tang D, et al. J Agric Food Chem, 2010, 58: 10824.
123. Tang D, et al. Biosens Bioelectron, 2011, 26: 2090.
124. Tang D, et al. Anal Chem, 2008, 80: 1582.
125. Tang D, et al. Analyst, 2009, 134: 1554.
126. Tang J, et al. Anal Chim Acta, 2011, 697: 16.
127. Tang J, et al. Anal Chem, 2011, 83: 5407.
128. Tang J, et al. Biosens Bioelectron, 2011, 26: 3219.
129. Tang J, et al. Electrochim Acta, 2011, 56: 8168.
130 Tang T C, et al. Anal Chem, 2002, 74: 2617.
131. Teng Y, et al. Biosens Bioelectron, 2011, 26: 4661.
132. Thomas J H, et al. Anal Chem, 2004, 76: 2700.
133. Wang G, et al. Anal Methods, 2011, 3: 2082.
134. Wang J, et al. Anal Chim Acta, 2008, 610: 112.
135. Wang J, et al. Talanta, 2010, 81: 63.
136. Wang Z, et al. Talanta, 2006, 69: 686.
137. Wei M Y, et al. Biosens Bioelectron, 2009, 24: 2909.
138. Wijayawardhana C A, et al. Electroanal, 2000, 12: 640.
139. Wu H, et al. Electrochem Commun, 2007, 9: 1573.
140. Wu J, et al. Biosens Bioelectron, 2006, 22: 102.
141. Wu L, et al. Electrochim Acta, 2006, 51: 1208.
142. Wu W, et al. Anal Chim Acta, 2010, 673: 126.
143. Yan F, et al. Anal Chim Acta, 2009, 644: 36.
144. Yin Z, et al. Biosens Bioelectron, 2010, 25: 1319.
145. Yoo S J, et al. Analyst, 2009, 134: 2462.
146. Yun W, et al. Chin J Anal Chem, 2009, 37: 8.

147. Zarei H, et al. Anal Biochem, 2012, 421: 446.
148. Zhang B, et al. Biosens Bioelectron, 2011, 28: 174.
149. Zhang B, et al. Anal Chim Acta, 2012, 711: 17.
150. Zhang F, et al. Biosens Bioelectron, 2007, 22: 1419.
151. Zhang S, et al. Electrophoresis, 2007, 28: 4427.
152. Zhang X, et al. Biosens Bioelectron, 2009, 24: 2155.
153. Zhang X, et al. Anal Chim Acta, 2006, 558: 110.
154. Zhang X W, et al. Toxicon, 2012, 59: 626.
155. Zhang Y, et al. Anal Chem, 2005, 77: 7758.
156. 黄晶晶，等.化学学报，2009, 67: 2329.
157. 黄晶晶，等. 分析化学，2009, 37: F082.
158. 谭三勤，等. 高等学校化学学报，2009, 30: 2371.
159. 许媛媛，等. 中国机械工程，2005, 16: 74.
160. 阚丽娟，等. 国际检验医学杂志，2011, 32: 1019.
161. 张秀明，等. 中华检验医学杂志，2011, 34: 1152.
162. 王利娜，等. 天津医科大学学报，2008, 14: 48.
163. 尹志军，等. 国际检验医学杂志，2011, 32: 2521.
164. 王凡，蒋红君. 国际检验医学杂志，2011, 32: 1047.
165. 武海，等. 化学通报，2008, 5: 394.
166. 李孝君，等. 应用化学，2009, 26: 716.
167. 刘慧杰，等. 高等学校化学学报，2010, 31: 1131.
168. 袁世蓉，等. 分析化学，2009, 37: C075.
169. 孙栩舟. 纳米技术与精密工程，2008, 6: 331.
170. 胡海燕，等. 生物物理学报，2010, 26: 1130.
171. 王锐，等. 暨南大学学报，2009, 30: 543.
172. 李玲，等. 分析化学，2010, 38: 1329.
173. 王潇菠，等. 化学学报，2011, 69: 1211.
174. 胡舜钦，等. 湖南工业大学学报，2008, 22: 99.
175. 康晓斌，等. 食品科学，2011, 32: 379.
176. 李志英，等. 生物物理学报，2011, 27: 812.
177. 王金龙，等. 国际检验医学杂志，2011, 32: 1328.
178. 张东东，等. 传感技术学报，2008, 21: 719.
179. 孙秀兰，等. 细胞与分子免疫学杂志，2010, 26: 813.
180. 文茜，等. 化学学报，2008, 66: 343.
181. 陈智栋，等. 分析测试学报，2011, 30: 1123.
182. 傅迎春，等. 分析化学，2009, 37: C97.
183. 凌晨，等. 分析化学，2009, 37: F128.
184. 李玲，等. 安徽师范大学学报，2010, 33: 258.
185. 许园园，等. 核农学报，2009, 23: 497.
186. Fanjul-Bolado P, et al. Anal Bioanal Chem, 2006, 385: 1202.
187. Wu S, et al. Microchim Acta, 2009, 166: 269.
188. Hoegger D, et al. Anal Bioanal Chem, 2007, 387: 267.
189. Tian J, et al. Microchim Acta, 2012.
190. Jiao K, et al. Fresenius J Anal Chem, 2000, 367: 667.
191. Tang J, et al. Anal Bioanal Chem, 2011, 400: 2041.
192. Tang D, Xia B, Microchim Acta, 2008, 163: 41.
193. Lee G. Biomed Microdevices, 2012, 14: 375.
194. Qiu J D. Microchim Acta, 2011, 174: 97.
195. Wang F C. Appl Microbiol Biotechnol, 2006, 72: 671.
196. Amiri A, et al. J Incl Phenom Macrocycl Chem, 2010, 66: 185.
197. Tang D, et al. Microchim Acta, 2010, 171: 457.
198. Park S W, et al. Biomed Microdevices, 2008, 10: 859.
199. Tang D. Microfluid Nanofluid, 2009, 6: 403.
200. Jeon S I, et al. Biotechnol Lett, 2006, 28: 1401.
201. Wang L, Gan X. Microchim Acta, 2009, 164: 231.
202. Lin W Y, et al. Med Chem Res, 2012.
203. Huang K J, et al. Microchim Acta, 2010, 168: 51.
204. Huang K J, et al. Anal Bioanal Chem, 2010, 397: 3553.
205. Fakunle E S, Fritsch I. Anal Bioanal Chem, 2010, 398: 2605.
206. Bandilla M, et al. Anal Bioanal Chem, 2010, 398: 2617.
207. Tang D Q, et al. Bioprocess Biosyst Eng, 2005, 27: 135.
208. Song Z, et al. Sci China Chem, 2011, 54: 536.
209. Connelly J T, et al. Anal Bioanal Chem, 2012, 402: 315.
210. Sun S, et al. Microchim Acta, 2009, 166: 83.
211. Garay F, et al. Anal Bioanal Chem, 2010, 397: 1873.
212. Liu K, et al. Bioprocess Biosyst Eng, 2010, 33: 179.
213. Yi J, et al. Biomed Biotechnol, 2012, 13: 118.
214. Maeng B H, et al. World J Microbiol Biotechnol, 2012, 28: 1027.

（二）电位型免疫传感器

电位型免疫传感器是基于离子选择性电极原理发展起来的[32, 33]，通过测量电极表面电位变化来进行免疫分析的生物传感器。抗原或抗体在敏感膜上的结合或继后的反应引起电极电位或膜电位发生改变，而这种电位的变化与待测物浓度之间存在对数关系。电位型免疫传感器已成功地用于人血清中的梅毒抗体、人绒毛膜促性腺激素[HCG]、人血清蛋白[HAs]等的检测[34]。电位型免疫传感器又分为直接型电位传感器、非酶标记电位型免疫传感器、酶标记型电位免疫传感器。电位型免疫传感器的不足之处是较低的信/噪比、线性范围窄，因而使其实际应用前景受阻。表 9-8 列举了一些报道的电位型免疫传感器及其性能。

表 9-8　电位型免疫传感器

使用的蛋白质	分析物	检测限	检测范围	文献
乙肝表面抗体[HbsAb]	乙肝表面抗原	3.89ng/ml	6.85～708ng/ml	1
人生长激素单克隆抗体	人生长激素	0.64pg/ml	3～10pg/ml	2

续表

使用的蛋白质	分析物	检测限	检测范围	文献
聚氯乙烯-牛血清白蛋白	乳腺癌抗原		15～240U/ml	3
新型乙型肝炎抗体	乙型肝炎表面抗原		20～320ng/ml	4
抗甲胎蛋白抗体	甲胎蛋白		10～30μg/L	5
白喉抗体	白喉类毒素	5.2ng/ml	24～600ng/ml	6
双层纳米金	乙肝表面抗原	3.1ng/ml	8.5～256ng/ml	7

本表参考文献：
1. Liang R, et al. J Colloid Interf Sci, 2008, 320: 125.
2. Rezaei B, et al. Biosens Bioelectron, 2009, 25: 395.
3. 彭图治，等. 分析化学, 2001, 29: 383.
4. 李毓琦，等. 分析化学, 1993, 21: 129.
5. 彭图治，等. 应用化学, 1998, 15: 47.
6. 唐点平，等. 化学学报, 2004, 62: 2062.
7. 贺秀兰，等. 分析实验室, 2006, 25: 1.

（三）电容型免疫传感器

电容型免疫传感器是一种高灵敏非标记型免疫传感技术，是建立在双电层理论上的一种传感技术，其信号转换器由一对处于流体环境的导电体组成。当金属电极与电解质溶液接触，在电极/溶液的界面存在双电层，它可以用类似于电容器的物理方程来描述：

$$C = A\varepsilon^0\varepsilon/d$$

式中，C 为界面电容；ε^0 为真空介电常数；ε 为电极/溶液界面物理介电常数；A 是电极与溶液的接触面积；d 为界面层厚度。电极/溶液的界面电容能灵敏地反映界面物理化学性质的变化，当极性低的物质吸附到电极表面上时，d 就会增大，ε 就会减少，从而使界面电容降低。众所周知，蛋白质分子是一类分子量大、极性小的生物大分子，当它吸附到电极表面时，会显著地降低电极/溶液的界面电容。电容型免疫传感器就是基于将抗体固定在电极表面，当抗原抗体在电极表面复合时，界面电容相应地降低，据此检测抗原的量。测量电容的方法比较多，通常都是基于电化学交流阻抗谱而进行的。随着 LB 膜技术、自组装膜技术的不断发展和完善，能够实现在分子水平上的定向组装，形成高度致密有序的单分子或多分子层，为制备高灵敏的电容型免疫传感器提供了很好的途径。目前，大多采用固体载体支撑的双层膜系统，因为这种载体支撑的双层膜系统能很好地将具有生物活性的膜蛋白分子固定到电极表面。表 9-9 列举了一些电容型免疫传感器及其性能。

表 9-9 电容型免疫传感器

使用的蛋白质	分析物	检测限	检测范围	文献
人 IgG 抗体	人 IgG	1 ng/ml	0.5～50ng/ml	1
沙门氏菌抗体	沙门氏菌	1.0×10^2cfu/ml	1.0×10^2～1.0×10^5cfu/ml	2
纳米金颗粒 SV-GNP	AFP 抗体	0.23ng/ml	1.25～200ng/ml	3
鼠抗人 MIF-IgM 单克隆抗体	MIF	0.02ng/ml	0.03～230ng/ml	4
电聚合邻巯基苯胺和纳米金	转铁蛋白	80pg/ml	0.125～100ng/ml	5
硫脉自组装膜	癌胚抗原	10pg/ml	0.01～10ng/ml	6
莠去津衍生物	莠去津	0.05ng/L	0～1ng/ml	7
邻氨基苯硫酚	转铁蛋白	0.12ng/ml	1.25～80ng/ml	8
LR 毒素抗体	LR 毒素	7ng/ml	10 ng/ml～1mg/ml	9
补体 C_3 抗体	补体 C_3	9.1ng/ml	18.2～292.5ng/ml	10

本表参考文献：
1. Jiang D, et al. Anal Chem, 2003, 75: 4578.
2. Yang G J, et al. Anal Chim Acta, 2009, 647: 159.
3 Liang W, et al. Clin Biochem, 2009, 42: 1524.
4. Li S, et al. Int Immunopharmacol, 2008, 8: 859.
5. Hu S Q, et al. Sensor Actuat B, 2005, 106: 641.
6. Limbut W, et al. Anal Chim Acta, 2006, 561: 55.
7. Minunni M, et al. Anal Lett, 1993, 26: 1441.
8. Hu S Q, et al. Anal Chim Acta, 2002, 458: 297.
9. Suchera L, et al. Biosens Bioelectron, 2008, 24: 78.
10. 吴再生，等. 高等学校化学学报, 2006, 26: 441.

（四）电导型及阻抗型免疫传感器

电导型免疫传感器是利用免疫反应引起溶液或薄膜的电导发生变化来进行分析的传感器。酶催化底物的反应，导致反应体系中离子种类及浓度的变化，从而改变溶液的电导率。Yagiuda 等[35]用电导法测定了尿中吗啡，解决了原来吗啡测量设备昂贵、费时、麻烦的问题。但电导型免疫传感器受待测样品中离子强度和缓冲液容积等非特异性因素影响较大。由于待测样品中的离子强度与缓冲液电容的变化会对这类传感器造成影响，加之溶液的电阻是由全部离子移动决定的，使得它们还存在非特异性问题，因此电导型免疫传感器的发展比较缓慢。

20 世纪 60 年代初，荷兰物理化学家 Sluyters 在实验中实现了交流阻抗谱(electrochemical impedance spectroscopy, EIS)方法在电化学研究上的应用，成为 EIS 的创始人。自此，随着电化学、物理学、生物科学、材料科学的发展和交叉，EIS 分析方法得到迅速发展并应用于各个领域。电化学阻抗谱分析方法是用来检测有生物分子修饰的电极界面的生物学反应特性的电化学技术，是一种测量电极界面性质的有效工具。阻抗型免疫传感器的分析原理是基于抗原/抗体之间的结合，降低了电活性探针分子同电极之间的电子转移速率，即增加了电子转移阻抗。通过测量免疫结合前后电子转移阻抗之差可以实现高灵敏检测的目的。表 9-10 列举了一些电导型/阻抗型免疫传感器及其分析性能。

表 9-10 电导型/阻抗型免疫传感器及其分析性能

使用的蛋白质	分析物	检测限	检测范围	文献
大肠杆菌抗体	*E.coli* O157:H7	6×10^3 个细胞/ml	6×10^4～6×10^7 个细胞/ml	1
抗吗啡抗体	吗啡		1～10 μg/ml	35
MD-2 抗体	α-干扰素	2pg/ml	0～12 pg/ml	2
抗大肠杆菌抗体	大肠杆菌	106cfu/ml	4.36×(10^5～10^8)cfu/ml	3
霍乱病毒抗体	霍乱病毒	1.0×10^{-13}mol/L		4 5
葡萄状球菌肠毒素 B 抗体	葡萄状球菌肠毒素 B		0.389～10.70ng/ml	6
阿特拉津抗体	阿特拉津		0.1～1μg/L	7
碱性磷酸酶标记的单克隆抗体	2,4-二氯苯氧乙酸	0.1μg/L		8
聚吡咯膜 GOD	葡萄糖	20mmol/L		9
抗 *Listeria monocytogenes* 抗体	细菌[*Listeria monocytogenes*]	1×10^2 个细胞/ml	1×10^3～1×10^6 个细胞/ml	10
碱性磷酸酶	肌球蛋白		85～925ng/ml	11
黄曲霉毒素 B_1 抗体	黄曲霉毒素 B_1	0.1ng/ml	0.5～10ng/ml	12
乙肝表面抗体	乙肝表面抗原	0.001pg/ml	0.032～31.6pg/ml	13
IgG	蛋白 A	1pg/ml	5～1000pg/ml	14
癌胚抗原抗体	癌胚抗原		0～40ng/ml	15
癌胚抗原抗体	癌胚抗原	0.03ng/ml	0.5～200ng/ml	16

续表

使用的蛋白质	分析物	检测限	检测范围	文献
癌胚抗原抗体	癌胚抗原	0.1ng/ml	10.0～160.0ng/ml	17
大肠杆菌 O157:H7 抗体	大肠杆菌 O157:H7	10^3cfu/ml	1.6×10^3～1.6×10^6cfu/ml	18
微囊藻毒素 LR 抗体	微囊藻毒素-LR	0.085μg/L	0.25～2.0μg/L 和 2.0～95μg/L	19
肠毒素 C_1 抗体	肠毒素 C_1	1μg/ml		20
甲胎蛋白抗体	甲胎蛋白	20ng/ml		21
羊抗人 IgG	人 IgG		10.0ng/ml～10.0mg/ml	22
弓形虫抗体	弓形虫抗原	1:9600 稀释	1:8000～1:200	23
肝炎病毒抗体	肝炎病毒		0.01～1μg/L	24

本表参考文献：

1. Ruan C, et al. Anal Chem, 2002, 74: 4814.
2. Diiks M M, et al. Anal Chem, 2001, 73: 901.
3. Yang L, et al. Anal Chem, 2004, 76: 1107.
4. Patolsky R, et al. Langmuir, 1999,15 (11), 3703.
5. Bardea A, et al. Electroanal, 2000, 12: 1097.
6. Desilva M S, et al. Biosens Bioelectron, 1995, 10: 675.
7 Enrique V, et al. Microelectron Eng, 2010, 87: 167.
8. Skladal P, et al. Electroanal, 1997, 9: 1083.
9. Sung W J, et al. Anal Chem, 2000, 72: 2177.
10. Elizabeth L, et al. Analyst, 1999, 124: 295.
11. Vetcha S, et al. Electroanal, 2000, 12: 1034.
12. Liu Y, et al. Biochem Eng J, 2006, 32: 211.
13. Li X H, et al. Adv Funct Mater, 2009, 19: 3120.
14. Lin C C, et al. J Electroanal Chem, 2008, 619–620: 39.
15. Tang H, et al. Biosens Bioelectron, 2007, 22: 1061.
16. Yu S, et al. Microchem J, 2012, 103: 125.
17. Yuan Y R, et al. J Electroanal Chem, 2009, 626: 6.
18. 李杜娟, 等. 传感技术学报, 2008, 21: 709.
19. 石慧, 等. 分析测试学报, 2009, 28: 633.
20. Dong S, et al. Electroanal, 2001, 13: 30.
21. Wang Z, et al. Talanta, 2008, 77: 815.
22. Zhang J, et al. Microchim Acta, 2008, 163: 63.
23. Ding Y, et al. Anal Bioanal Chem, 2005, 382: 1491.
24. Kim J, Gonzalez-Martin A. J Solid State Electrochem, 2009, 13: 1037.

三、电化学免疫传感器中抗体固定方法

电化学免疫传感器中的分子识别元件即抗原或抗体，在制备过程中将其固定在电极表面，实现分子识别元件的固定化，形成一层生物敏感膜。生物敏感膜是电化学免疫传感器的关键组成部分，其性能将直接影响传感器的灵敏度、重现性和使用等性能。因此在电化学免疫传感器制备中，将抗原或抗体固定在转换器（固体电极）表面是一个非常重要的步骤，它是影响电化学免疫传感器的稳定性、分析灵敏度和选择性的关键因素之一。适合于电化学免疫传感器的常用固定方法有：吸附法、包埋法、自组装法、共价键合法、交联法、定向固定法、溶胶-凝胶法和丝网印刷技术等。

（一）吸附固定法

经非水溶性载体物理吸附或离子结合作用使生物敏感元件固定，称为吸附法。这些结合作用可能是氢键、范德华力或离子键等，也可能是多种键合形式共同发生作用。吸附固定法是一种较为简单的固定化方法，通过物理吸附作用将生物免疫组分固定在电极表面。吸附载体的种类繁多，如金胶、壳聚糖以及纳米氧化物等。吸附的牢固程度与溶液的 pH 值、温度、溶剂性质和种类等有关，用抗体或抗原溶液浸泡或涂敷，抗体或抗原由于分子间作用力固定在电极表面。该法固定化过程简单，无需使用化学试剂，对免疫组分生物活性影响较小。但是生物分子与载体相互作用力弱，故存在电极稳定性不佳，易脱落等缺点，特别是在环境条件改变时，但若能找到适当的载体，这是很好的固定化方法，而且与其他方法结合使用可以

在很大程度上减小环境条件的影响。因此，为了得到最好的吸附效果并保持最高的活性，控制实验条件非常重要。电极表面经过生物敏感元件的脱落，例如吸附交联法。

（二）包埋法

包埋法是将生物分子直接包埋在高分子聚合物或复合电极中，从而将生物分子固定在转换器上的一种固定方法。该技术的特点是：可采用较温和的固定条件，包埋的生物活性分子较牢固及聚合膜的孔径和几何形状可以调控，并且可以固定较高浓度的生物大分子。硅烷基溶胶-凝胶、固体石蜡、环氧树脂、烯酸酯聚合物、电聚吡咯等都可作为固定免疫组分的基底材料。包埋法一般不需要与生物物质的残基进行结合反应，很少改变生物活性物质的高级结构，因而生物活性损失很少。其中，电聚合高分子包埋是将高分子单体和生物分子同时混合于电解液内，通电使单体在电极表面电聚合成高分子，与此同时可以将抗体/抗原包埋于高分子膜内而固定于电极表面，构成免疫传感器。碳糊包埋是将抗体（抗原）与石墨粉、石腊油按一定比例调制成糊状物，填充于玻璃管内制备成碳糊电极。包埋法也存在着一些缺点，如生物敏感元件对应的大分子量底物或产物在凝胶网络内扩散较困难，因此包埋法一般适用于作用于小分子底物和产物的生物活性物质，而作用于大分子底物和产物的生物活性物质因传质阻力过大而不宜采用。

（三）自组装法

自组装法是一种基于化学反应的化学吸附法。由于该方法简单、多样，并能够在分子水平上建立一种高度有序、稳定、重现性能良好的膜等，分子自组装已成为一种广泛的表面衍生化过程，并使得它成为裁剪表面以使之具有所期望的性质的最有前途的方法。如今，基于自组装法建立的电化学免疫传感器引起了人们极大的兴趣。自组装膜的基本组装步骤是：将基片放入含有活性物质的溶液或活性物质的蒸汽中，活性物质在基片表面发生自发的化学吸附或化学反应，形成化学键连接的二维有序单层膜。采用此技术制备的超薄层体系通常有两类：一类是巯基化合物在金、银、铜、铂表面吸附形成的单层，另一类是在硅、玻璃、金属氧化物表面通过硅烷化反应形成的单层。其中，硫醇类分子自组装单层是被研究得最为广泛和深入的体系。如在单晶金电极表面，先修饰一层硫醇类化合物，这是通过分子间的引力进行自组装构成的传感器。如果单层膜表面也是具有某种反应活性的活性基团，则又可与别的物质反应，如此反复，构筑同质或异质多层膜，即层层自组装。因此，基于该方法构建的电化学免疫传感器可分为自组装单层和层层自组装电化学免疫传感器。其中，层层自组装可以是利用静电作用固定带有相反电荷的化合物，也可以是利用生物特异性结合的特点[如抗原/抗体、生物素/抗生物素的特异性结合，以及生物素/亲和素之间的强亲和作用等]来实现层层自组装。目前，由于自组装法起步较晚，仍是一种不成熟的方法，许多问题如杂质吸附、分子聚合、溶剂选择、基片表面加工、分子设计、有序性、缺陷的程度和性质等需要更深入的研究。

（四）共价键合法

共价键合法是将电极表面进行化学处理和修饰，引入活性反应基团，如—NH_2、—OH、—COOH 等。然后用偶联剂将生物材料与换能器表面的活性基团共价连接，从而将生物材料固定于电极表面，此法通常可在低温、低离子强度和生理 pH 值条件下进行。归纳起来有两类：一是将载体有关基团活化，然后与生物体有关基团发生偶联反应；另一种是在载体上接一个双功能试剂，然后将生物体偶联上去。通常所使用的载体包括无机载体和有机载体，其中有机载体如胶原、纤维素及其衍生物等；无机载体使用较少，主要有石墨等。共价键合法的特点是生物体与载体结合牢固，生物敏感元件不易脱落，载体不易被生物降解，使用寿命长，但是该固定方法程序复杂、耗时长，会引起生物体高级结构变化，破坏部分活性中心，因此生物敏感元件的活性有可能由于发生化学修饰而降低，制备具有高活性的固定化生物敏感元件具有一定的困难。但利用该方法固定的生物分子无泄漏且能与基底稳定的结合，有利于满足大规模生产和商业化的需要。

（五）交联法

交联法是借助双功能试剂[交联剂]使生物敏感元件相互间或者和惰性载体间相互交联成网状，将生物分子彼此共价结合，以生物膜的形式固定到换能器表面的方法。该方法操作简单、结合牢固，有利于满足大规模生产和商业化的需要；该方法存在的问题是在进行固定化时需要严格控制 pH 值，一般在生物敏感元件的等电点附近操作，而且交联剂浓度也需小心调整，生物膜与换能器表面结合力不强，固定的稳定性差。在交联反应中，生物敏感元件不可避免地会部分失活，使固定的生物敏感膜的生物活性受到影响。在该方法中，交联剂的选择非常重要，人们常使用含有双功能基团或多功能基团的试剂。参与偶联的生物活性物质的功能团有—NH_2、—COOH、—SH、—OH 和咪唑基、酚基等，但这些基团不能是活性中心及其附近的基团。最常使用的交联剂是戊二醛。它是一种双功能试剂，其末端有两个醛基基团，它们能和酶或蛋白质的氨基发生反应，形成类似 Schiff 碱的衍生物。

（六）定向固定法

定向固定法一般以固定于电极表面的其他分子作为桥梁将生物组分固定。如蛋白 A、蛋白 G 可以与免疫球蛋白（抗体）的 Fc 段结合，这种结合能使抗体上与抗原决定簇发生键合的活性中心所在的 Fab 段远离载体而伸向溶液，避免了普通固定方法固定生物组分取向的杂乱无章，因而所固定的生物材料具有较高的生物活性，有利于提高分析检测的灵敏度。而且蛋白 A（蛋白 G）在电极表面可强烈吸附，形成的膜较稳定。因此，可以通过固定蛋白 A、蛋白 G 定向固定抗体。另外，过渡金属也可用于定向固定中，以氧化钛和氧化锆处理纤维素、尼龙等有机物以及玻璃、硅胶等无机物，洗涤活化后放入免疫组分中反应，利用过渡金属的螯合性质，金属部分配位基用于与载体螯合，保留的配位基可参与免疫组分结合。如抗体中的羧基、氨基、羟基等都可参加载体的连接。定向固定法一般将免疫组分定向固定后，被固定的抗体分子其抗原识别部位面向溶液，有利于发挥其生物功能，增强对抗原的识别和检测。

（七）其他方法

此外，还有许多新的固定方法应用于免疫分子的固定。微型化的电喷涂技术，可用来进行生物分子组分固定，该法具有微样量、多位点固定多种生物活性物质、不易发生交叉感染、活性高、重复性好的特点。磁性纳米微粒也可方便地完成对生物识别分子的固定。

四、电化学免疫传感器的发展方向

今后电化学免疫传感器的发展将主要集中在以下几个方面：①标记物种类的扩大，从酶发展成胶乳颗粒、胶体金、磁性颗粒和金属离子等。②传感器的微型化。可更新传感器的制作，使之便于携带，能够满足野外或现场采样测定的需要，便于在体监测，便于降低成本。有关电极的更新问题，可以选择合适的解离剂将参与结合反应的抗体、抗原或整个复合物从电极上解离，或是考虑制作固体化免疫电极。③适于非极性物质的检测。在环境监测中，很多杀虫剂、除草剂为非极性物质，样品含量低，如何对这类物质进行高灵敏的检测近年来研究较多。④多系统优化组合。如与液相色谱、FIA 联用，可提高灵敏度，减少样品和试剂用量。随着分子生物学、材料学、微电子技术和光纤化学等高科技的迅速发展，免疫传感器会逐步由小规模制作转变为大规模批量生产，并日益广泛应用。

第五节 生物分子直接电分析化学

生命活动涉及多种物质的参与、相互作用和转换，其中最重要的是蛋白质和酶等生物大分子。一切生物的生命过程都是建立在其生物大分子的结构、运动及其相互作用的基础之上的。组成生命体的许多物质是荷电的微粒或分子，在生命活动过程中，无论是能量转换、神经传导、光合作用、呼吸过程，还是大脑的思维、基因的传递甚至生命的起源，都与电子传递密切相关。从某种意义上讲，研究生命过程实质上就是研究生物体中的电子传递过程。生物大分子作为生命科学的基本研究内容，有关它的理论和应用的研究就显得尤为重要。蛋白质和酶等生物大分子构成生命的主要基元，参与完成生命体系中的许多生理过程，同时在这些生命过程中很多蛋白质和酶都要经历电子转移过程，在氧化型和还原型之间相互转化。

开展氧化还原蛋白质的电化学行为的研究，对于理解和认识其在生命体内的电子转移机制和生理作用具有重要意义。但是由于多数蛋白质的结构庞大，电活性中心被深埋在其多肽链的内部而不易暴露，与电极表面的距离较远，电子隧道距离相当大，因此很难与电极之间发生直接的电子传递，蛋白质在电极表面的取向也往往不利于其电活性基团与电极之间的电子交换，所以只观察到少数氧化还原蛋白质可以在裸固体电极上表现出电化学活性。此外，绝大多数氧化还原蛋白质会强烈地吸附在固体电极表面，并伴随蛋白质的变性，变性蛋白质分子的电极反应常为不可逆的，而且影响其自由扩散分子的电子传递。蛋白质分子表面电荷分布的不对称性也极大地影响了氧化还原蛋白质分子的电化学反应的可逆性。

一、蛋白质-电极界面的构筑方法

目前，常通过构筑适宜的蛋白质-电极界面来实现氧化还原蛋白质与电极之间的直接、快速的电子传递。常用的方法是通过在溶液中加入或在电极表面修饰电子传递促进剂(promoter)的方法来加快蛋白质与电极之间的电子传递。这类电子传递促进剂本身在所研究的电位范围内并不发生任何电化学反应，它是通过改善蛋白质在电极表面的取向及其与电极的界面相容性，并阻止杂质吸附，起到相当于电子导线的作用，从而促进蛋白质与电极之间直接的电子传递。促进剂一般都是“X—Y”双功能基团型，其中 X 把促进剂固定在电极表面，而 Y 则与蛋白质的一些特定氨基酸残基相作用，使得蛋白质在电极表面能形成一种有利于电子传递的分子定向。

另外一种方法是在溶液中加入或者在电极上修饰一类称作媒介体(mediator)的物质，以加速氧化还原蛋白质与电极之间的电子传递，然后再采用电化学方法、光谱分析法等进行研究。在所研究的电位范围内，媒介体本身是有活性的。可以通过它们在电极上的氧化还原反应来研究蛋白质的氧化还原，从而间接研究蛋白质的电子传递过程。

蛋白质在媒介体作用下的电化学研究称作间接电化学，在促进剂作用下的电化学研究叫作直接电化学，作用原理如图 9-3 所示。

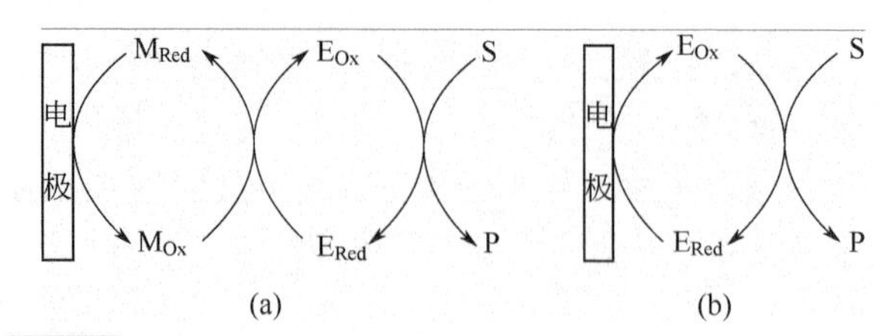

图 9-3 蛋白质的间接（a）和直接（b）电化学示意图

主要采取的构建适宜的蛋白质-电极界面的方式有以下几种。

1. 选择合适的电极材料

不同的电极材料具有不同的特性，例如热解石墨和玻碳的表面含有丰富的功能基团，因而适合于蛋白质的固定和反应；棱面热解石墨表面氧化物含量较多(O/C=0.33)，亲水性强，而基面热解石墨表面氧化物含量较多(O/C=0.01)，呈疏水性。因此，氧化还原蛋白质在不同电极表面的电子传递能力有显著的差别，选择合适的电极材料有利于电子传递能力的研究。

2. 在电极表面形成自组装膜

通过化学键等作用，能使某些物质在固-液、固-气界面上自发地组装成一种热力学稳定和能量最低的高度有序的单分子层，称为“表面分子自组装”(self-assembly of molecules，SAM)，如含硫化合物在金表面、脂肪酸在金属氧化物表面、硅烷在二氧化硅表面等都会发生自组装过程。通过表面分子自组装控制固体表面，引入特定的功能基团，就可以模拟在生理条件下，蛋白质在与其他分子相互作用时涉及的大分子之间的识别过程，如氢键、盐桥、疏水作用等。分子自组装技术目前已成为蛋白质电化学领域的一个重要手段。

SAM 技术的主要优点有：①易制作，性能稳定，有统一的固定化界面；②能阻止生物物质与电极表面的直接接触，防止其失活；③可以避免电极表面的沾污对分析测定的影响；④末端基团可以根据需要裁剪、组合，为修饰电极功能的多样化、检测灵敏度和选择性的提高、活性基团的再生等提供可能。

SAM 技术的种类繁多，其中含硫化合物如硫醇、巯基化合物在金表面的 SAM 非常成熟，是最有代表性和研究最多的体系。巯基化合物在金等金属表面上自发形成自组装单层膜，已发展成为分析化学的前沿课题。巯基化合物如：4,4-二硫二吡啶、1-十八硫醇、烷基硫醇、3-巯基-1-丙磺酸等通过化学吸附与金属表面形成 S—M 键，而伸向溶液的有机链则形成有序排列的单分子层结构，类似于生物组织中磷脂双层膜的碳氢键，为蛋白质的固定和定向排序提供了温和、稳定的环境，并且能保持蛋白质的生物活性，因此，这种排列有序的单分子层有机膜对于蛋白质的固定以及界面电子转移机理的研究是非常有用的。

3. 在电极表面构筑模拟生物膜

生物膜是由蛋白质和磷脂构成的，而磷脂则是一种双亲分子，带有一个疏水端和一个亲水端。由类脂所形成的双分子层是生物细胞膜的基本结构单元，类脂具有典型的两亲结构，既有疏水的碳氢长链，又有亲水的极性基团。蛋白质则吸附在双层生物膜表面或嵌入其内部。在生命体内很多电子传递蛋白都是膜蛋白，表明生物膜环境有利于蛋白质的电子传递。从仿生的角度看，如何使蛋白质处于类似生物体中的膜环境，对于研究蛋白质的电子传递过程是十分有利的。

将某些人工合成的或天然的表面活性剂通过吸附、涂布、共价键合或 LB 膜转移等方法引入电极表面，由于它们的自组装作用，可在电极表面形成有序排列的双分子层结构。这种有表面活性剂所组成的双分子结构与生物细胞膜中类脂所组成的双分子层结构很相似，因而又称为模拟生物膜。近十年来，利用修饰电极表面来研究氧化还原蛋白质，为蛋白质的直接电化学开辟了新的方向。修饰在固体电极表面的类生物膜，如表面活性剂薄膜、聚合物薄膜、复合物薄膜、层层组装膜等，为某些蛋白质提供比在水中更有利的微环境，更有利于深埋在多肽链内部的电活性基团接近电极表面，从而大大促进了蛋白质与电极之间的电子交换，可保持蛋白质和酶的生物活性。

天然生物高分子聚合物(如壳聚糖、琼脂等)和人工合成的具有双亲分子的高分子聚合物，既有憎水的碳氢骨架，又有亲水的极性基团，与表面活性剂很相似，故可以将其看作是聚合物表面活性剂，而且这些聚合物比表面活性剂具有更好的稳定性。

4. 蛋白质-溶胶/凝胶修饰电极

蛋白质包埋在溶胶/凝胶中，一方面与硅酸酯形成氢键，使之构象不易变化；另一方面，与硅酸酯中的甲基等疏水基团存在相互作用，既能保持蛋白质的活性，又可防止蛋白质从凝胶膜内泄漏，而一些小分子、离子则可以自由进出溶胶/凝胶的孔隙。特别是一些掺杂和衍生的溶胶/凝胶，克服了生物分子在溶胶/凝胶形成过程中，因温度、酸度及有机溶剂等不利条件而降低酶活性的问题。

在利用溶胶/凝胶制备生物传感器时，防止电子媒介体泄漏损失的方法有 3 种：一是将媒介体共价键合在酶分子上；二是通过自组装方式将媒介体共价结合在镀有金的石墨粉上；三是将媒介体接枝到制备的溶胶/凝胶硅酸酯前体分子中。

但是并不是所有的蛋白质或酶都能在电极上表现出直接电子传输性质(氧化还原活性)，在氧化还原蛋白质中，血红素蛋白质是一类含有辅基血红素的蛋白质。血红素由原卟啉环和中心铁原子组成。原卟啉环含 4 个吡咯环，彼此通过亚甲基连接，附有 4 个甲基、2 个乙烯基和 2 个丙酸酯侧链，又称铁-原卟啉Ⅸ。原卟啉环中间的铁为+2 价或+3 价，使血红素分子呈现氧化态或还原态，这种性质使它具有电化学活性，血红素作为蛋白质的组成部分时，催化能力会因蛋白质不同而发生很大变化。因此，血红素类蛋白质和酶所具有的生物电化学性质在直接电化学反应方面有特殊的应用。细胞色素 c(Cytc)、肌红蛋白(Mb)、血红蛋白(Hb)、过氧化氢酶(catalase)、辣根过氧化酶(HRP)等蛋白质都含有血红素活性中心。还有一类属于非血红素类的蛋白质，分子中含有黄素腺嘌呤双核苷酸(flavinadeninedinucleotide，FAD)作为中心，有葡萄糖氧化酶(GOD)和琥珀酸脱氢酶等。下面介绍一下在直接电化学中经常研究的几种氧化还原蛋白质或酶等。

二、直接电化学中常用的几类生物分子

(一) 细胞色素 c

细胞色素 c(Cytochromec，Cytc)是一类含血红素的蛋白质大分子，存在于含线粒体的生物体内，位于线粒体的内外膜之间的细胞液之中，其中的铁离子可以在+2 与+3 价之间发生氧化还原反应，从而在生物体内起电子传递体的作用。细胞色素是一种电荷分布不对称的分子，近似于球形，直径为 3.4nm，是一种高度离子化的分子。外表面分布着许多带正电的氨基酸残基，中性条件下带 9 个正电荷，分布于分子前部的活性区域，大多数负电荷分布在分子背面。由于细胞色素 c 在金属表面发生强烈的吸附而变性，导致在金属电极上的电子传递速度极其缓慢。在修饰电极上可以实现细胞色素 c 和电极之间的快速电子传递，有关细胞色素 c 的直接电化学研究如表 9-11 所示。

表 9-11 细胞色素 c 在不同修饰电极上的直接电化学

生物分子	检测方法	检测条件	分析性能	催化性能	文献
细胞色素 c	利用包埋法将细胞色素 c 和琼脂凝胶固定在金电极、热解石墨电极和玻碳电极上	离子液体：溴化 1-丁基-3-甲基咪唑([Bmim][Br])或 1-丁基-3-甲基咪唑四氟硼酸盐([Bmim][BF_4])	在[Bmim][Br]离子液体中修饰金电极、石墨电极和玻碳电极的电子转移速率分别为 $0.798s^{-1}$、$1.26s^{-1}$、$0.82s^{-1}$。在 [Bmim][BF_4]离子液体中修饰石墨电极和玻碳电极的电子转移速率分别为 $1.099s^{-1}$、$0.74s^{-1}$	可催化还原三氯乙酸和叔丁基过氧化氢(*t*-BuOOH)	1
	聚苯胺修饰的 α-丙氨酸功能化的玻碳电极	0.1mol/L 磷酸盐缓冲溶液(pH=6.8)	电子转移速率为 $21.9s^{-1}$，电子转移系数为 0.37	检测过氧化氢时，线性范围为 2.5×10^{-5}～3.0×10^{-4}mol/L，检出限为 8.2×10^{-6}mol/L	2
	3-巯基丙基膦酸[HS-$(CH_2)_3$-PO_3H_2]自主装单层膜修饰的金电极	0.01mol/L 磷酸盐缓冲溶液(pH=7.0)	电子转移速率为$(8.0\pm0.2)s^{-1}$，电子转移系数为 0.5		3
	聚(5-氨基-2-萘磺酸)(PANS)修饰的玻碳电极	0.05mol/L 磷酸盐缓冲溶液(pH=6.7)	电极覆盖度为 $1.7\times10^{-11}mol/cm^2$，电子转移速率为 $8.34s^{-1}$	检测过氧化氢时，线性范围为 50μmol/L～7mmol/L，检出限为 5μmol/L	4
	硼掺杂的纳米金刚石电极	0.1mol/L 磷酸盐缓冲溶液(pH=7.0)	电子转移速率为$(5.2\pm0.6)s^{-1}$	检测过氧化氢时，线性范围为 50~450μmol/L，检出限为 0.7μmol/L	5
	多壁碳纳米管和 DNA 的生物复合薄膜修饰的玻碳电极、金电极、ITO 电极和丝网印刷碳电极(SPCE)	pH=1.0 的 H_2SO_4 溶液和 0.1mol/LTris 缓冲溶液(pH=8.4)	MWCNTs-DNA-cytc 在玻碳电极、金电极、ITO 电极上覆盖度分别为 2.34×10^{-11} mol/cm^2、6.72×10^{-12} mol/cm^2、1.50×10^{-11} mol/cm^2	检测 IO_3^-、BrO_3^-和 ClO_3^-的线性范围分别为 5～15μmol/L、40～120μmol/L、0.3～0.9mmol/L；检测抗坏血酸(AA)和 L-半胱氨酸(LC)的线性范围分别为 0.1～0.4mmol/L、0.6～2.1mmol/L	6
	金纳米颗粒/壳聚糖/多壁碳纳米管纳米薄膜(GNPs/Chit/MWNTs)修饰的玻碳电极	0.1mol/L 磷酸盐缓冲溶液(pH=7.0)		Cytc/GNPs/Chit/MWNTs 修饰的玻碳电极检测过氧化氢时，线性范围为 1.5×10^{-6}～5.1×10^{-4}mol/L，检出限为 9.0×10^{-7} mol/L	7
	三维有序的大孔活性炭电极	0.1mol/L 磷酸盐缓冲溶液(pH=6.8)	电子转移系数为 0.52，电子转移速率为 $17.6s^{-1}$	检测过氧化氢时，线性范围为 2.0×10^{-5}～2.4×10^{-4}mol/L，检出限为 1.46×10^{-5}mol/L	8
	L-半胱氨酸修饰的金电极	0.1mol/L 磷酸盐缓冲溶液(pH=7.0)		检测一氧化氮时，线性范围为 7.0×10^{-7}～1.0×10^{-5}mol/L，检出限为 3.0×10^{-7}mol/L	9
	单壁碳纳米管修饰的玻碳电极	0.1mol/L 磷酸盐缓冲溶液(pH=6.24)	细胞色素 c 的线性范围为 3.0×10^{-5}～7.0×10^{-4}mol/L，检出限为 1.0×10^{-5}mol/L		10
	玻碳电极为工作电极，在一薄层电化学池中测量	中性缓冲溶液			11
	细胞色素 c 固定在 11-巯基十一酸(MUA)修饰的微孔金膜电极上 Cytc/MUA/大孔金	0.1mol/L 磷酸盐缓冲溶液(pH=7.0)	电极表面覆盖度为 $1.3\times10^{-12}mol/cm^2$，电子转移系数为 0.53，电子转移速率为 $1.73s^{-1}$		12
	吡啶基自组装单层修饰的 Si(100)电极	0.02mol/L 磷酸盐缓冲溶液(pH=7.0)	电极表面覆盖度为 $(2.7\pm0.6)\times10^{-12}mol/cm^2$，电子转移速率为 $5.9s^{-1}$		13
	巯基苯甲酸修饰的金电极	0.1mol/L 磷酸盐缓冲溶液(pH=7.0)	电子转移速率为 $241s^{-1}$		14

续表

生物分子	检测方法	检测条件	分析性能	催化性能	文献
细胞色素 c	11-巯基十一酸(MUA)修饰的金电极	0.05mmol/L 磷酸盐缓冲溶液(pH=7.0)		Au/MUA/Cytc 检测 DNA 时，线性范围分别为 0.0334～3.34μmol/L 和 3.34～33.4μmol/L	15
	细胞色素 c 固定在 11-巯基十一酸(MUDA)修饰的单晶或多晶金底物表面	4.4mmol/L 磷酸盐缓冲溶液(pH=7.0)	电极表面覆盖度为(7.2±4.8)pmol/cm^2，电子转移速率在 2.2～4.3s^{-1} 之间		16
	高度有序的硅纳米管阵列修饰的金电极	0.1mol/L 磷酸盐缓冲溶液(pH=7.0)	检测细胞色素 c 的线性范围从几个摩尔每升到 500mol/L		17
	聚邻氨基苯磺酸(POA)纳米网状结构包覆的铂电极	乙腈和 0.01mol/L 磷酸盐缓冲溶液(pH=7.0)的混合液，比例为 8:1	电子转移速率为 21s^{-1}，电子转移系数为 0.53	修饰电极检测细胞色素 c 的线性范围为 4.0×10^{-6}～1.2×10^{-5}mol/L，检出限为 1.0×10^{-6}mol/L	18
	DNA 修饰的玻碳电极	0.01mol/L 磷酸盐缓冲溶液(pH=7.0)	电子转移速率为 34.52s^{-1}，电子转移系数为 0.87		19
	硼掺杂的金刚石薄膜电极	0.02mol/LNaCl 溶液，1mmol/L 的 Tris-盐酸缓冲溶液（pH=7.0）	分散系数为 7.5×10^{-7}cm^2/s		20
细胞色素 P4502E1	表面活性剂膜修饰的玻碳电极和金电极	0.5mol/L 磷酸盐缓冲溶液(pH=7.0)	在裸的 GC、GC/PDDA、Au/MPA/PDDA 和 Au/CYSAM/MALIM 上的电子转移速率分别为(5±0.5)s^{-1}、(2±0.5)s^{-1}、(2±0.5)s^{-1} 和(10±0.5)s^{-1}		21
细胞色素 P450	双十二烷基二甲基溴化铵(DDAB)膜修饰的电极	0.05mol/L Tris-HCl 缓冲溶液(pH=7.2)	在修饰电极上氧化还原峰电位差为 90mV		22
细胞色素 P450c17	边缘有序的热解石墨电极	0.1mol/L 磷酸盐缓冲溶液(pH=7.4)	人类、牛和猪的细胞色素 P450c17 的电子转移速率分别为 164 s^{-1}、157 s^{-1}、153s^{-1}		23

本表参考文献：

1. Wang S, et al. Bioelectrochem, 2011, 82: 55.
2. Zhang L,et al. Biosens Bioelectron, 2009, 24: 2085.
3. Chen Y, et al. Talanta, 2009, 78: 248.
4. Balamurugan A, Chen S M. Biosens Bioelectron, 2008, 24: 982.
5. Zhou Y, et al. Anal Chem, 2008, 80: 4141.
6. Shie J W, et al. Talanta, 2008, 74: 1659.
7. Xiang C, et al. Talanta, 2007, 74: 206.
8. Zhang L. Biosens Bioelectron, 2008, 23: 1610.
9. Liu Y C, et al. Bioelectrochem, 2007, 70: 416.
10. Wang J, et al. Anal Chem, 2002, 74: 1993.
11. Dai Y, et al. Anal Chem, 2011, 83: 542.
12. Li Y, et al. Talanta, 2010, 82: 1164.
13. Ciampi S, GooDing J J. Chem Eur J, 2010, 16: 5961.
14. Pulcu G S, et al. J Am Chem Soc, 2007, 129: 1838.
15. Ding X. Talanta, 2006, 68: 653.
16. Nakano K, et al. Langmuir, 2007, 23: 6270.
17. Mu C, et al. J Phys Chem B, 2007, 111: 1491.
18. Zhang L,et al. Biosens Bioelectron, 2006, 21: 1107.
19. Liu Y C,et al. Anal Sci, 2006, 22: 1071.
20. Haymond S. J Am Chem Soc, 2002, 124: 10634.
21. Fantuzzi A, Fairhead M, Gilardi G. J Am Chem Soc, 2004, 126: 5040.
22. Oku Y, et al. J Inorg Biochem, 2004, 98: 1194.
23. Johnson D L, et al. J Mol Endocrinol, 2006, 36: 349.

（二）肌红蛋白

肌红蛋白（myoglobin，Mb）位于肌肉的肌细胞中，是一种由一条多肽链和一个血红素辅基构成的中等大小的单链蛋白质，其相对分子质量约为 17800，等电点 6.8，分子尺寸为 2.5nm×3.5nm×4.5nm。Mb 的多肽链由 153 个氨基酸残基组成，从不同物质中提取的 Mb 的氨基酸次序是非常相似的，这一多肽链盘绕成一个球状结构。血红素卟啉环中心的铁原子有 6 个配位键，其中 4 个键与卟啉环上的 N 配位，形成一个平面，第 5 配位键在轴向与多肽链组氨酸中咪唑环的氮原子配位。当血红素未与氧结合时，其轴向第 6 配位位置是空的；而当与氧结合时，血红素中的 Fe(Ⅱ)能在此位置与氧进行氧合作用。氧合作用是可逆的，故 Mb 的生理功能是能储存分子氧且增加其在细胞中的扩散速率。在水环境中，游离的血红素中的铁通常很容易被氧化为 Fe(Ⅲ)，但血红素 Fe(Ⅲ)没有氧合能力。正是由于蛋白质分子中含疏水侧链的氨基酸残基几乎全部被包裹在分子内部，不与水接触，使与蛋白质相连的血红素上的 Fe(Ⅱ)能处在一个疏水环境中，才保证了血红素的中心离子 Fe(Ⅱ)不被氧化成 Fe(Ⅲ)，并使之与 O_2 能顺利结合。另外，含亲水基侧链的氨基酸残基几乎全部分布在分子的外表面，正好与水结合，使 Mb 具有较好的亲水性。CO 可以与 O_2 竞争血红素中的第 6 配位键，在这里 CO 的结合能力比 O_2 大 200 倍。此外，第 6 配位键还能与 H_2O、NO_2^-、OH、F^-、CN^-、N^{3-}、H_2S、NO 等离子或分子配位。有关肌红蛋白的直接电化学研究如表 9-12 所示。

表 9-12 肌红蛋白在不同修饰电极上的直接电化学

检测方法	检测条件	分析性能	催化性能	文献
硅酸乙酯形成的硅溶胶凝胶薄膜修饰的碳糊电极	0.1mol/L 磷酸盐缓冲溶液(pH=7.0)	电极表面的覆盖度为 1.37×10^{-9}mol/cm²，电子转移系数为 0.5，电子转移速率为 0.0118s^{-1}		1
Mb/银纳米颗粒固定在多壁碳纳米管-壳聚糖修饰的玻碳电极上	0.1mol/L 磷酸盐缓冲溶液(pH=7.0)	电极表面的覆盖度为 $(4.16\pm0.35)\times10^{-9}$mol/cm²，电子转移速率为 5.47$s^{-1}$	检测过氧化氢时，线性范围为 2.5×10^{-5}～2.0×10^{-4}mol/L，检出限为 1.02×10^{-6}mol/L	2
L-半胱氨酸修饰的金电极	0.1mol/L 磷酸盐缓冲溶液(pH=6.5)	电极表面的覆盖度为 6.10×10^{-11}mol/cm²，电子转移速率为 1.66s^{-1}，转移系数为 0.53	检测维生素 C 时，线性范围为 0.5～5.0mmol/L	3
Mb-Nafion-金纳米颗粒修饰的电极	0.1mol/L 磷酸盐缓冲溶液(pH=7.0)	电子转移速率为 0.93s^{-1}，转移系数为 0.69	检测过氧化氢时，线性范围为 10.0～235.0μmol/L	4
介孔泡沫细胞修饰的玻碳电极	0.1mol/L 磷酸盐缓冲溶液(pH=7.0)	电极表面的覆盖度为 1.12×10^{-9}mol/cm²	检测过氧化氢时，线性范围为 3.5～245.0μmol/L，检出限为 1.2μmol/L	5
海藻酸钠、Fe_2O_3 纳米颗粒和溴化 1-烷基-3-甲基固定在石墨粉和 *N*-六氟磷酸正丁基吡啶构成的碳离子液电极上	0.1mol/L 磷酸盐缓冲溶液(pH=7.0)		检测三氯乙酸时，线性范围为 0.6～12.0mmol/L，检出限为 0.4mmol/L； 检测 $NaNO_2$ 时，线性范围为 4.0～100.0mmol/L，检出限为 1.3mmol/L	6
肌红蛋白和戊二醛通过层层自组装在多壁碳纳米管修饰的金电极	0.1mol/L 磷酸盐缓冲溶液(pH=7.0)		检测过氧化氢时，线性范围为 6.0×10^{-6}～8.4×10^{-5}mol/L，检出限为 5×10^{-7}mol/L	7
ZrO_2/MWCNT 修饰的玻碳电极	0.1mol/L 磷酸盐缓冲溶液(pH=7.0)	电极表面的覆盖度为 1.36×10^{-10}mol/cm²，电子转移系数为 1.52	检测过氧化氢时，线性范围为 1.0～116.0μmol/L，检出限为 0.53μmol/L	8
Fe_3O_4@Au 修饰的玻碳电极	0.1mol/L 磷酸盐缓冲溶液(pH=6.98)	电极表面的覆盖度为 9.18×10^{-10}mol/cm²，电子转移系数为 0.5，电子转移速率为 3.2s^{-1}	检测过氧化氢时，线性范围为 1.28～283μmol/L，检出限为 0.4mmol/L	9
二氧化硅包裹的金纳米棒、离子液体([bmim][BF_4])形成的复合材料修饰在玻碳电极上	0.1mol/L 磷酸盐缓冲溶液(pH=7.0)	电极表面的覆盖度为 7.65×10^{-9}mol/cm²，电子转移速率为 4.7s^{-1}	检测过氧化氢时，线性范围为 0.2～180μmol/L，检出限为 0.12μmol/L	10

续表

检测方法	检测条件	分析性能	催化性能	文献
肌红蛋白固定在涂有银纳米颗粒的碳纳米管上	磷酸盐缓冲溶液	电子转移速率为 $0.41s^{-1}$	检测过氧化氢时，线性范围为 $2.0×10^{-6}$～$1.2×10^{-3}$mol/L，检出限为 $3.6×10^{-7}$mol/L	11
离子液[bmim][BF_4]和黏土复合薄膜修饰的玻碳电极	0.1mol/L 磷酸盐缓冲溶液(pH=6.0)	电子转移速率为$(3.58±0.12)s^{-1}$	检测过氧化氢时，线性范围为 $3.90×10^{-6}$～$2.59×10^{-4}$mol/L，检出限为 $7.33×10^{-7}$mol/L	12
二氧化钛纳米颗粒包裹的多壁碳纳米管修饰的玻碳电极	0.1mol/L 磷酸盐缓冲溶液(pH=7.0)	电极表面的覆盖度为 $8.35×10^{-7}mol/cm^2$，电子转移速率为 $3.08s^{-1}$	检测过氧化氢时，线性范围为1～160μmol/L，检出限为0.41μmol/L	13
尿苷磷酸锆修饰的玻碳电极	0.1mol/L 磷酸盐缓冲溶液(pH=7.0)	电极表面的覆盖度为 $2.93×10^{-10}mol/cm^2$，电子转移速率为 $(1.1±0.3)s^{-1}$	检测过氧化氢时，线性范围为 3.92～180.14μmol/L，检出限为 1.52μmol/L	14
血红蛋白和肌红蛋白分别固定在双十二烷基二甲基溴化铵(DDAB)修饰的粉末微电极上，即 Hb-DDAB-PME 和 Mb-DDAB-PME	磷酸盐缓冲溶液	血红蛋白和肌红蛋白在电极表面的浓度分别为 $2.83×10^{-8}mol/cm^2$ 和 $9.94×10^{-8}mol/cm^2$	Hb-DDAB-PME电极检测NO时，灵敏度为 $3.31mA·L/(μmol·cm^2)$，线性范围为9～100nmol/L，检出限为5nmol/L； Mb-DDAB-PME电极检测NO时，灵敏度为 $0.6mA·L/(μmol·cm^2)$，线性范围为 28～330nmol/L，检出限为9nmol/L	15
肌红蛋白和金纳米颗粒固定在壳聚糖(CS)和二氧化硅(SiO_2)修饰的石墨电极上	0.1mol/L 磷酸盐缓冲溶液(pH=7.0)	电极表面的覆盖度为 $1.24×10^{-10}mol/cm^2$，电子转移速率为 $(28.8±4.5)s^{-1}$		16
肌红蛋白固定在介孔细胞泡沫硅酸盐和量子点修饰的玻碳电极上	0.1mol/L 磷酸盐缓冲溶液(pH=7.0)	电极表面的覆盖度为 $9.5×10^{-11}mol/cm^2$	检测过氧化氢时，线性范围为3.5～60μmol/L，检出限为0.7μmol/L	17
芳香羟胺修饰的玻碳电极	0.1mol/L 磷酸盐缓冲溶液(pH=6.9)	电极表面覆盖度为$(4.15±0.5)×10^{-11}mol/cm^2$，电子转移速率为 $(51±5)s^{-1}$	检测过氧化氢时，线性范围为 $6.67×10^{-6}$～$9.33×10^{-4}$mol/L	18
肌红蛋白固定在硅溶胶-凝胶修饰的玻碳电极上	0.1mol/L 磷酸盐缓冲溶液(pH=7.0)	氧化还原峰电位差为 75mV		19
聚-3-羟基丁酸酯和肌红蛋白复合膜修饰在热解石墨电极上	0.1mol/L 乙酸盐缓冲溶液(pH=5.0)		检测过氧化氢时，线性范围为 $1.0×10^{-7}$～$4.0×10^{-4}$mol/L，检出限为 $3.3×10^{-8}$mol/L	20
肌红蛋白固定在钛酸盐纳米管(TNT)和 TiO_2(TNP)分别修饰的热解石墨电极上	0.1mol/L 乙酸盐缓冲溶液(pH=5.5)	Mb-TNT 薄膜的电子转移速率为$(86±7)s^{-1}$；Mb-TNP 薄膜的电子转移速率为$(22±5)s^{-1}$	Mb-TNT-PGE 检测过氧化氢时，检出限为 0.6μmol/L； Mb- TNP-PGE 检测过氧化氢时，检出限为 3.0μmol/L	21
六角形介孔二氧化硅(HMS)修饰的玻碳电极	0.1mol/L 磷酸盐缓冲溶液(pH=7.0)		检测过氧化氢时，线性范围为 4.0～124μmol/L，检出限为 $6.2×10^{-8}$mol/L； 检测亚硝酸盐时，线性范围为 8.0～216μmol/L，检出限为 $8.0×10^{-7}$mol/L	22
聚丙烯酰胺水凝胶膜(PAM)涂覆的热解石墨电极	0.1mol/L 乙酸盐缓冲溶液(pH=5.5)	电极表面覆盖度为 $1.98×10^{-10}mol/cm^2$，电子转移速率为 $86s^{-1}$	检测三氯乙酸的线性范围为 0.3～12.5mmol/L，检出限为 0.2mmol/L； 检测亚硝酸盐的线性范围为 0.17～3.2mmol/L，检出限为 0.1mmol/L	23
DL-同型半胱氨酸自组装在金电极上	0.1mol/L 磷酸盐缓冲溶液(pH=6.7)	电子转移系数为 0.44，电子转移速率为 $0.93s^{-1}$		24
多壁碳纳米管修饰的玻碳电极（MWNT/GC）	0.1mol/L 磷酸盐缓冲溶液(pH=7.0)	电极表面覆盖度为$(4.2±0.4)×10^{-10}mol/cm^2$，电子转移速率为 $5.4s^{-1}$	检测 NO 的线性范围为 0～18 μmol/L	25

本表参考文献：

1. Wang Q, et al. Langmuir, 2004, 20(4): 1342.
2. Li Y, Yang Y. Bioelectrochem, 2011, 82: 112.
3. Paulo Tde F, et al. Langmuir, 2011, 27: 2052.
4. XieW, et al. J Nanosci Nanotechnol,2010,10:6720.
5. Zhang L, et al. Biosens Bioelectron, 2010, 26: 846.
6. ZHan T, et al. J Colloid Interface Sci, 2010, 346: 188.
7. Zhang Y, et al. Am J Biomed Sci, 2011, 3: 210.
8. Liang R, et al. Mater Res Bull, 2010, 45: 1855.
9. Qiu J D, et al. Biosens Bioelectron, 2010, 25: 1447.
10. Zhu W L, et al. Talanta, 2009, 80: 224.
11. Liu C Y, Hu J M. Biosens Bioelectron, 2009, 24: 2149.
12. Dai Z, et al. Biosens Bioelectron, 2009, 24: 1629.
13. Zhang L, et al. Bioelectrochem, 2008, 74: 157.
14. QiaoY, et al. Biosens Bioelectron, 2008, 23: 1244.
15. Guo Z, et al. Anal Chim Acta, 2008, 607: 30.
16. Guo X, et al. J Phys Chem B, 2008, 112: 15513.
17. Zhang Q, et al. Biosens Bioelectron, 2007, 23: 695.
18. Kumar S A, Chen S M. Biosens Bioelectron, 2007, 22: 3042.
19. Ray A, et al. Langmuir, 2005, 21: 7456.
20. Ma X. Am J Biomed Sci, 2005, 1: 43.
21. Liu A, et al. Anal Chem, 2005, 77: 8068.
22. Dai Z. Anal Biochem, 2004, 332: 23.
23. Shen L, et al. Talanta, 2002, 56: 1131.
24. Zhang H M, Li N Q. Bioelectrochem, 2001, 53: 97.
25. Zhao G C, et al. Electrochem Commun, 2003, 5: 825.

（三）辣根过氧化物酶

辣根过氧化物酶（horseradish peroxidase，HRP）是一种糖蛋白，由酶蛋白和铁卟啉结合而成，其活性部分包括辅基蛋白和血红素基团。它的相对分子质量约为44000，等电点为7.2～8.9，分子直径约为3.5nm。血红素既是酶的电活性中心，也是其氧化还原催化中心。它在室温下很稳定，且价格便宜，容易制得，是过氧化物酶中商品化最早，应用范围最广，最常被用来研究和讨论的一种。HRP修饰生物电化学传感器在H_2O_2、葡萄糖、酚类化合物、胺类化合物等物质的测定中有着很重要的作用。有关辣根过氧化物酶的直接电化学研究如表9-13所示。

表9-13 辣根过氧化物酶在不同修饰电极上的直接电化学

检测原理及方式	检测条件	分析性能	催化性能	文献
辣根过氧化物酶固定在氧化石墨烯和多壁碳纳米管复合材料修饰的玻碳电极上	0.1mol/L磷酸盐缓冲溶液(pH=5.7)	电极表面覆盖度为3.41×10^{-11}mol/cm^2	检测过氧化氢时，线性范围为3.5～293μmol/L，检出限为1.17μmol/L； 检测$NaNO_2$时，线性范围为36～216μmol/L，检出限为12μmol/L	1
具有生物相容性的凹凸棒石修饰的玻碳电极	0.1mol/L磷酸盐缓冲溶液(pH=7.0)		检测过氧化氢时，线性范围为5μmol/L～0.3mmol/L，检出限为5μmol/L	2
辣根过氧化物酶固定在4-乙炔基苯基薄膜修饰的电极上	0.1mol/L磷酸盐缓冲溶液(pH=7.0)	电极表面覆盖度为4.4×10^{-11}mol/cm^2，电子转移速率为2.13s^{-1}	检测过氧化氢时，线性范围为5.0×10^{-6}～9.3×10^{-4}mol/L	3
三种离子液[Emim][BF_4]、[Bmim][BF_4]和[Hmim][BF_4]用于构成辣根过氧化物酶/Nafion薄膜修饰的玻碳电极	在含6.0%水的三种离子液中	在三种离子液中的氧化还原峰电位差依次是64.0mV、72.0mV、75.0mV		4
末端为炔基的单分子膜修饰的电极	0.1mol/L磷酸盐缓冲溶液(pH=7.0)	电极表面覆盖度为2.9×10^{-11}mol/cm^2，电子转移速率为1.11s^{-1}	检测过氧化氢时，线性范围为5.0～700μmol/L，检出限为2.5μmol/L	5
羟基磷灰石(HA)、离子液1-丁基-3-甲基咪唑四氟硼酸[BMIM]BF(4)和硫化镉纳米棒(CdS)组成的复合材料修饰的碳离子液电极	0.1mol/L磷酸盐缓冲溶液(pH=3.0)	电极表面覆盖度为1.74×10^{-9}mol/cm^2，电子转移系数为0.405，电子转移速率为0.655s^{-1}	检测三氯乙酸时，线性范围为1.6～18μmol/L，检出限为0.53μmol/L； 检测过氧化氢时，线性范围为10.0～170.0μmol/L，检出限为3.30μmol/L	6
单链DNA和石墨烯修饰的玻碳电极HRP/ss-DNA/GP/GC	0.1mol/L磷酸盐缓冲溶液(pH=7.0)	电极表面覆盖度为9.48×10^{-9}mol/cm^2	检测过氧化氢时，线性范围为115.5μmol/L～9.25mmol/L	7

续表

检测原理、方式	检测条件	分析性能	催化性能	文献
在阳极氧化铝薄膜(AAM)上电沉积金形成垂直排列的纳米线阵列电极(NAEs)	0.05mol/L 除氧的磷酸盐缓冲溶液(pH=7.0)	电沉积 5h 效果最好，修饰电极表面覆盖度为 2.48×10^{-10}mol/cm^2，电子转移速率为 2.22s^{-1}	电沉积 5h 后，所得的电极检测过氧化氢的灵敏度为 45.86μA·L/(mol·cm^2)，线性范围为 0.42μmol/L～15mmol/L，检出限为 0.42μmol/L	8
辣根过氧化物酶固定在纳米金(GNSs)和 TiO_2 溶胶的纳米复合材料上，再修饰在玻碳电极上 Nafion/HRP-GNSs-TiO(2)/GCE	磷酸盐缓冲溶液		检测过氧化氢时，线性范围为 4.1×10^{-5}～6.3×10^{-4}mol/L，检出限为 5.9×10^{-6}mol/L	9
辣根过氧化物酶固定在 $CaCO_3$-AuNPs 无机复合材料上，再修饰在电极上	0.1mol/L 含饱和氮的磷酸盐缓冲溶液(pH=7.0)		检测过氧化氢时，线性范围为 5.0×10^{-7}～5.2×10^{-3}mol/L，检出限为 1.0×10^{-7}mol/L	10
Nafion、琼脂糖凝胶和离子液 1-丁基-3-甲基咪唑四氟硼酸([bmim]PF_6)复合材料修饰的玻碳电极	0.1mol/L 磷酸盐缓冲溶液(pH=7.0)		检测过氧化氢时，线性范围为 2.0×10^{-6}～1.6×10^{-4}mol/L，检出限为 1.2×10^{-7}mol/L	11
ZnO 和金纳米颗粒复合材料修饰的玻碳电极	0.1mol/L 磷酸盐缓冲溶液(pH=7.0)	电子转移系数为 0.5，电子转移速率为 1.94s^{-1}	检测过氧化氢时，线性范围为 1.5×10^{-5}～1.1×10^{-3}mol/L，检出限为 9.0×10^{-6}mol/L	12
壳聚糖/溶胶-凝胶/多壁碳纳米管复合膜修饰的电极	不同pH值磷酸盐缓冲溶液，0.1mol/LKCl 溶液	电极表面覆盖度为 $(2.21\pm0.21)\times10^{-10}$mol/cm^2，电子转移系数为 0.52，电子转移速率为(3.52 ± 0.34)s^{-1}	检测过氧化氢时，线性范围为 4.8μmol/L ～ 5.0mmol/L，检出限为 1.4μmol/L	13
金纳米颗粒修饰的金电极	0.1mol/L 磷酸盐缓冲溶液(pH=7.2)			14
HRP/壳聚糖/[C_4mim][BF_4]复合膜修饰的玻碳电极	0.1mol/L 磷酸盐缓冲溶液(pH=7.0)	电子转移速率为(98 ± 16)s^{-1}		15
α-磷酸锆纳米片(ZrPNS)修饰的玻碳电极	磷酸盐缓冲溶液	电极表面覆盖度为 1.35×10^{-10}mol/cm^2	检测过氧化氢时，线性范围为 1.3×10^{-6}～1.6×10^{-2}mol/L	16
辣根过氧化物酶固定在带正电荷的 Ni-Al 镍铝双层状氢氧化物薄片上，再修饰在玻碳电极上	0.05mol/L 磷酸盐缓冲溶液(pH=7.0)	电极表面覆盖度为 6.80×10^{-11}mol/cm^2，电子转移速率为 3.36s^{-1}	检测过氧化氢时，线性范围为 6.00×10^{-7}～1.92×10^{-4}mol/L，检出限为 4.00×10^{-7}mol/L	17
黏土/壳聚糖/金纳米颗粒(Clay/AuCS)修饰的玻碳电极	0.1mol/L 磷酸盐缓冲溶液(pH=7.0)	电子转移系数为 0.53，电子转移速率为(2.95 ± 0.20)s^{-1}	检测过氧化氢时，线性范围为 39μmol/L ～ 3.1mmol/L，检出限为 9.0μmol/L	18
垂直型 TiO_2 纳米阵列(NTAs)修饰的电极	0.2mol/L 磷酸盐缓冲溶液(pH=7.0)	电子转移系数为 0.84，电子转移速率为 3.82s^{-1}	检测过氧化氢时，线性范围为 5.0×10^{-7}～1.0×10^{-5}mol/L 和 5.0×10^{-5}～1.0×10^{-3}mol/L	19
钛酸盐纳米片修饰的电极	0.1mol/L 醋酸盐缓冲溶液(pH=5.4)和 0.1mol/L 磷酸盐缓冲溶液(pH=7.0)	电极表面覆盖度为 8.5×10^{-11}mol/cm^2	检测过氧化氢时，线性范围为 2.1×10^{-6}～1.85×10^{-4}mol/L，检出限为 0.7×10^{-6}mol/L	20
壳聚糖/单壁碳纳米管修饰的玻碳电极	0.1mol/L 磷酸盐缓冲溶液(pH=6.8)	电子转移速率为 23.5s^{-1}	检测亚硝酸盐时，线性范围为 25～300μmol/L，检出限为 3μmol/L	21
DNA/ZrO_2 修饰的金电极	0.1mol/L 磷酸盐缓冲溶液(pH=6.5)		检测过氧化氢时，线性范围为 3.5μmol/L～10mmol/L，检出限为 0.8μmol/L	22
胶体金修饰的碳糊电极	0.1mol/L 磷酸盐缓冲溶液(pH=7.0)	电子转移速率为 1.02s^{-1}	检测糖抗原 19-9(CA19-9)时，线性范围为 2～30U/ml，检出限为 1.37U/ml	23
羧甲基壳聚糖(CMCS)和金纳米颗粒修饰的电极	0.1mol/L 磷酸盐缓冲溶液(pH=7.0)	电极表面覆盖度为 3.91×10^{-9}mol/cm^2	检测过氧化氢时，线性范围为 5.0×10^{-6}～1.4×10^{-3}mol/L，检出限为 4.01×10^{-7}mol/L	24

续表

检测原理、方式	检测条件	分析性能	催化性能	文献
二氧化钛凝胶修饰的玻碳电极	0.1mol/L 磷酸盐缓冲溶液(pH=7.0)		检测人血清绒毛膜促性腺激素(HCG)时，线性范围为 2.5～12.5mIU/ml，检出限为 1.4mIU/ml	25
二氧化钛凝胶修饰的玻碳电极	0.1mol/L 磷酸盐缓冲溶液(pH=7.0)	电子转移速率为 $(3.04\pm1.21)s^{-1}$	检测癌抗原-125(CA125)时，线性范围为 2～14U/ml，检出限为 1.29U/ml	26
5,2′:5′,2″-噻吩-3′-羧酸聚合物(TCAP)修饰的玻碳电极	0.01mol/L 磷酸盐缓冲溶液(pH=7.4)	电极表面覆盖度为 $1.2\times10^{-12}mol/cm^2$，电子转移速率为 $1.03s^{-1}$	检测过氧化氢时，线性范围为 0.3～1.5mmol/L	27
离子型聚（酯磺酸）或 EastmanAQ29 修饰的热解石墨电极	0.1mol/L 磷酸盐缓冲溶液(pH=7.0)、0.1mol/L KCl 溶液	电极表面覆盖度为 $(9.10\pm0.15)\times10^{-11}mol/cm^2$，电子转移速率为 $(42\pm4)s^{-1}$	具有催化活性，可电催化还原氧气和过氧化氢	28
Au 溶胶/半胱胺修饰的金电极	0.1mol/L 磷酸盐缓冲溶液(pH=7.0)	电极表面覆盖度为 $7.6\times10^{-10}mol/cm^2$	检测过氧化氢时，线性范围为 1.4μmol/L～2.8mmol/L，检出限为 0.58μmol/L	29
碳纳米管和碳纤维修饰的石墨棒电极	0.067mol/L 磷酸盐缓冲溶液(pH=7.0)			30

本表参考文献：
1. Zhang Q, et al. Nanotechnology, 2011, 22: 494010.
2. Chen H, et al. Anal Sci, 2011, 27: 613.
3. Ran Q, et al. Anal Chim Acta, 2011, 697: 27.
4. Lu L, et al. Colloids Surf B, Biointerf, 2011, 87: 61.
5. Ran Q, et al. Talanta, 2011, 83: 1381.
6. Zhu Z, et al. Anal Chim Acta, 2010, 670: 51.
7. Zhang Q, et al. Chem Eur J, 2010, 16: 8133.
8. Xu J, et al. Biosens Bioelectron, 2010, 25: 1313.
9. Wang Y, et al. Biosens Bioelectron, 2010, 25: 2442.
10. Li F, et al. Biosens Bioelectron, 2010, 25: 2244.
11. Fan D H, et al. Colloids Surf B Biointerf, 2010, 76: 44.
12. Xiang C, et al. Sensor Actuat B, 2009, 136: 158.
13. Kang X, et al. Talanta, 2009, 78: 120.
14. Ahirwal G K, Mitra C K. Sensors, 2009, 9: 881.
15. Long J S, et al. Bioelectrochem, 2008, 74: 183.
16. Yang X, et al. Bioelectrochem, 2008, 74: 90.
17. Chen X, et al. Biosens Bioelectron, 2008, 24: 356.
18. Zhao X, et al. Biosens Bioelectron, 2008, 23: 1032.
19. Wu F, et al. Biosens Bioelectron, 2008, 24: 198.
20. Zhang L, et al. Biosens Bioelectron, 2007, 23: 102.
21. Jiang H, et al. J Solid State Electrochem, 2009, 13: 791.
22. Tong Z, et al. Biotechnol Lett, 2007, 29: 791.
23. Du D, et al. Talanta, 2007, 71: 1257.
24. Xu Q, et al. Biosens Bioelectron, 2006, 22: 768.
25. Chen J, et al. Biosens Bioelectron, 2005, 21: 330.
26. Dai Z, et al. Anal Chem, 2003, 75: 5429.
27. Kong Y T, et al. Biosens Bioelectron, 2003, 19: 227.
28. Huang R,Hu N. Bioelectrochem, 2001, 54: 75.
29. Yi X, et al. Anal Biochem, 2000, 278: 22.
30. Jia W, et al. Phys Chem Chem Phys, 2010, 12: 10088.

（四）血红蛋白

血红蛋白（Hemoglobin，Hb）在高等生物体内负责运载氧。它是由两条 α 链和两条 β 链相互结合而成的四聚体，每个多肽链称为一个亚基，每个亚基包含一个环状血红素，故一个 Hb 分子内共包括有 4 个血红素辅基。这些血红素辅基分别位于血红蛋白的各个亚基的裂隙空穴中。Hb 的 4 个亚基相互排列紧密，形成近似球形的分子。Hb 的相对分子质量约为 66000，等电点为 7.4，分子大小为 5.0nm×5.5nm×6.5nm。Hb 的亚基与 Mb 具有非常类似的结构，每个血红素卟啉环中心的铁原子有 6 个配位键，其中 4 个键与卟啉环上的 N 配位，形成一个平面，另外离血红素平面较近的一个组氨酸残基中的咪唑氮与血红素的铁原子形成一个轴向配位键，故通常血红素铁原子可形成 5 个配位键，此时它的直径较大，不能全部嵌入卟啉平面。当 Hb 血红素铁原子的第 6 配位与氧结合后，其直径缩小，落入卟啉环平面内。即伴随着 Hb 分子与氧的结合作用。但是 Hb 是一个四聚体，它的整个结构要比 Mb 复杂得多，因此具有

Mb 所没有的功能，如 Hb 除能输氧之外还能运输 H^+和 CO_2。尽管它不具备传递电子的功能，但由于对其结构已有较清楚的认识及其廉价易得，常常被选作探讨生物大分子行为的理想模型物。有关血红蛋白的直接电化学研究如表 9-14 所示。

表 9-14 血红蛋白在不同修饰电极上的直接电化学

生物分子	检测方法	检测条件	分析性能	催化性能	文献
血红蛋白	戊二醛(GA)膜修饰的金电极	0.1mol/L 磷酸盐缓冲溶液(pH=6.0)	氧化还原峰电位差为 44mV		1
	石墨烯、钯纳米颗粒和壳聚糖构成的复合薄膜材料	0.1mol/L 磷酸盐缓冲溶液(pH=7.0)	血红蛋白在修饰电极表面的覆盖量为 1.74×10^{-10}mol/cm²，电子转移速率为 $0.86s^{-1}$，电子转移系数为 0.42	检测过氧化氢时，线性范围为 $2.0\times10^{-6}\sim1.1\times10^{-3}$mol/L，检出限为 6.6×10^{-7}mol/L	2
	聚丙烯酰胺-P123 中孔无机复合薄膜修饰的玻碳电极	0.1mol/L 磷酸盐缓冲溶液(pH=7.0)	血红蛋白在修饰电极表面的覆盖量为 7.64×10^{-11}mol/cm²	检测过氧化氢时，线性范围为 $1.0\times10^{-6}\sim3.0\times10^{-5}$mol/L，检出限为 4.0×10^{-7}mol/L	3
	壳聚糖和 TiO_2-石墨烯复合材料修饰的玻碳电极	0.1mol/L 磷酸盐缓冲溶液(pH=7.0)	血红蛋白在修饰电极表面的覆盖量为 3.21×10^{-10}mol/cm²，电子转移速率为 $3.96s^{-1}$	检测过氧化氢时，线性范围为 1～1170μmol/L，检出限为 0.3μmol/L	4
	不同形貌（花簇形、球形和核桃形）的 NiO 微球/离子液修饰的碳糊电极	0.1mol/L 磷酸盐缓冲溶液(pH=7.0)	花簇形的 NiO 微球与其他两种相比较，具有较好的吸收血红蛋白的能力，更有利于电子传递	检测过氧化氢时，检出限为 0.68mmol/L	5
血红蛋白(Hb) 肌红蛋白(Mb) 辣根过氧化物酶(HRP)	磁性 Fe_3O_4@Al_2O_3 核壳纳米颗粒修饰的玻碳电极	0.1mol/L 磷酸盐缓冲溶液(pH=6.98)	血红蛋白在修饰电极表面的覆盖量为 1.0×10^{-10}mol/cm²，电子转移速率为 $4.3s^{-1}$，电子转移系数为 0.5	Hb/Fe_3O_4@Al_2O_3/MGCE 检测过氧化氢时，线性范围为 0.51～111.20μmol/L，检出限为 0.16μmol/L； Mb/Fe_3O_4@Al_2O_3/MGCE 检测过氧化氢时，线性范围为 0.43～115.8μmol/L，检出限为 0.14μmol/L； HRP/Fe_3O_4@Al_2O_3/MGCE 检测过氧化氢时，线性范围为 0.85～101.5μmol/L，检出限为 0.28μmol/L	6
血红蛋白(Hb) 肌红蛋白(Mb) 辣根过氧化物酶(HRP)	在 DMF 作用下，三者分别固定在普通的石墨电极上	0.1mol/L 磷酸盐缓冲溶液(pH=7.0)	血红蛋白在修饰电极表面的覆盖度为 1.79×10^{-10}mol/cm²，电子转移速率为 $4.3s^{-1}$，电子转移系数为 0.5	HRP-DMF/GP 检测过氧化氢时，线性范围为 $5\times10^{-7}\sim4\times10^{-4}$mol/L； HRP–DMF/GP 检测 $NaNO_2$ 时，线性范围为 $5\times10^{-4}\sim4\times10^{-2}$mol/L	7
血红蛋白(Hb) 肌红蛋白(Mb) 辣根过氧化物酶(HRP) 细胞色素 c 过氧化氢酶	蛋白固定在琼脂凝胶修饰的玻碳电极上	在 DMF 和 1-丁基-3-甲基咪唑六氟膦酸[bmim][PF_6]离子液中	血红蛋白电子转移速率为$(0.81\pm0.11)s^{-1}$，电子转移系数为 0.45	这些蛋白质修饰电极可用于电催化还原三氯乙酸和 *t*-BuOOH	8
血红蛋白(Hb) 肌红蛋白(Mb) 细胞色素 c	三者分别吸附在壳聚糖-金纳米颗粒修饰的金电极上	0.1mol/L 磷酸盐缓冲溶液(pH=6.0)	Hb、Mb、Cyc c 在电极上的电子转移系数分别为 0.60、0.51、0.67	Hb、Mb、Cyc c 修饰电极检测过氧化氢的线性范围分别为 0.74～13mmol/L、1.3～13mmol/L、0.85～13mmol/L，检出限分别为 6.4μmol/L、1.8μmol/L、9.8μmol/L	9

续表

生物分子	检测方法	检测条件	分析性能	催化性能	文献
血红蛋白(Hb) 肌红蛋白(Mb) 辣根过氧化物酶(HRP) 过氧化氢酶(Cat)	四者分别固定在纳米尺寸的聚酰胺树枝状薄膜修饰的热解石墨电极上	0.1mol/L 磷酸盐缓冲溶液(pH=7.0)	Hb、Mb、HRP、和 Cat 电活性物质在修饰电极表面的覆盖度(mol/cm^2)分别为 3.7×10^{-11}、10.4×10^{-11}、3.3×10^{-11}、0.88×10^{-11}；四者的电子转移速率分别为 $(47\pm6)s^{-1}$、$(57\pm6)s^{-1}$、$(77\pm21)s^{-1}$、$(23\pm3)s^{-1}$	Hb、Mb、HRP 的修饰电极检测 $NaNO_2$ 的检出限分别为 0.4mmol/L、0.8mmol/L、0.8mmol/L	10
血红蛋白	1-丁基-3-甲基甲基咪唑四氟硼酸盐/壳聚糖/ZrO_2 复合材料修饰的碳糊电极	0.1mol/L 磷酸盐缓冲溶液(pH=7.0)	电极表面的覆盖度为 $5.80\times10^{-9}mol/cm^2$，电子转移速率为 $0.52s^{-1}$，电子转移系数为 0.34	检测三氯乙酸时，线性范围为 0.2～10.3mmol/L，检出限为 66.7μmol/L	11
	CuO 纳米线修饰的玻碳电极	0.1mol/L 磷酸盐缓冲溶液(pH=7.0)	在修饰电极表面的覆盖度分别为 $(8.52\pm0.032)\times10^{-10}mol/cm^2$	检测过氧化氢的灵敏度为 $0.0576A\cdot L/(cm^2\cdot mol)$，线性范围为 10～90μmol/L，检出限为 3.3μmol/L	12
	壳聚糖、MnO_2 修饰的碳离子液电极	0.1mol/L 磷酸盐缓冲溶液(pH=7.0)	在修饰电极表面的覆盖度为 $5.86\times10^{-10}mol/cm^2$，电子转移速率为 $0.406s^{-1}$，电子转移系数为 0.325	CTS-MnO(2)-Hb/CILE 检测三氯乙酸时，线性范围为 0.5～16.0mmol/L，检出限为 0.167mmol/L	13
	碳纳米管/Nafion 修饰的玻碳电极	0.1mol/L 磷酸盐缓冲溶液(pH=7.0)	电子转移速率分别为 $(3.37\pm0.5)s^{-1}$	检测过氧化氢的线性范围为 0.9～17μmol/L，检出限为 0.4μmol/L	14
	血红蛋白固定在MCM-41修饰的碳离子液电极上	0.1mol/L 磷酸盐缓冲溶液(pH=7.0)	电活性 Hb 在修饰电极表面的覆盖度为 $2.54\times10^{-9}mol/cm^2$	检测过氧化氢时，线性范围为 5～310μmol/L，检出限为 $5\times10^{-8}mol/L$	15
	1-丁基-3-甲基咪唑六氟膦酸碳离子液电极	0.1mol/L 磷酸盐缓冲溶液(pH=7.0)		检测过氧化氢时，线性范围为 2×10^{-6}～$1.2\times10^{-3}mol/L$，检出限为 0.2μmol/L	16
	壳聚糖-DMF/石墨烯复合膜修饰的玻碳电极 Hb-CS-DMF/GR/GCE	0.1mol/L 磷酸盐缓冲溶液(pH=7.0)	电子转移速率为 $58.77s^{-1}$	亚硝酸盐的线性范围为 5.5×10^{-7}～$3.3\times10^{-5}mol/L$，检出限为 $1.8\times10^{-7}mol/L$	17
	$CaCO_3$ 纳米颗粒/壳聚糖复合膜修饰的碳离子液电极	0.1mol/L 磷酸盐缓冲溶液(pH=7.0)	电子转移速率为 $1.98s^{-1}$	检测过氧化氢时，线性范围为 5.0μmol/L～1.3mmol/L，检出限为 1.6μmol/L	18
	金纳米颗粒修饰的碳离子液电极（Au/CILE）	0.1mol/L 磷酸盐缓冲溶液(pH=7.0)	电活性 Hb 在修饰电极表面的覆盖度为 $2.62\times10^{-9}mol/m^2$，电子转移速率为 $0.412s^{-1}$，电子转移系数为 0.573	Nafion/Hb/Au/CILE 检测三氯乙酸时，线性范围为 0.2～18.0mmol/L，检出限为 0.16mmol/L	19
	$Ag/Ag_2V_4O_{11}$ 复合膜修饰的玻碳电极	0.1mol/L 磷酸盐缓冲溶液(pH=7.0)	在修饰电极表面的覆盖度为 $1.6\times10^{-10}mol/cm^2$，电子转移速率为 $2.6s^{-1}$	检测过氧化氢时，线性范围为 1.0～120μmol/L，检出限为 0.3μmol/L	20
	碳纳米片修饰的玻碳电极	0.1mol/LBritton-Robinson(B-R)缓冲溶液(pH=7.0)	在修饰电极表面的覆盖度为 $1.5\times10^{-10}mol/cm^2$，电子转移速率为 $2.54s^{-1}$	检测过氧化氢时，线性范围为 0.5～30μmol/L，检出限为 0.05μmol/L	21
	血红蛋白固定在 Fe_3O_4-壳聚糖修饰的玻碳电极上，形成三明治结构	0.15mol/L 磷酸盐缓冲溶液(pH=8.0)		检测过氧化氢时，线性范围为 5.0×10^{-5}～$1.8\times10^{-3}mol/L$ 和 1.8×10^{-3}～$6.8\times10^{-3}mol/L$，检出限为 $4.0\times10^{-6}mol/L$	22
	Fe_3O_4-CS(壳聚糖)修饰的玻碳电极	0.1mol/L 磷酸盐缓冲溶液(pH=7.0)	电极表面的覆盖度为 $1.13\times10^{-10}mol/cm^2$，电子转移速率为 $1.04s^{-1}$	检测过氧化氢时，线性范围为 5～90μmol/L，检出限为 $5.0\times10^{-7}mol/L$	23

续表

生物分子	检测方法	检测条件	分析性能	催化性能	文献
血红蛋白	水溶性 CdTe 纳米颗粒修饰的玻碳电极	中性磷酸盐缓冲溶液	电极表面的覆盖度为 2.63×10^{-9}mol/cm^2，电子转移速率为 $0.068s^{-1}$，电子转移系数为 0.59	检测过氧化氢时，线性范围为 5.0×10^{-6}～4.5×10^{-5}mol/L，检出限为 8.4×10^{-7}mol/L	24
血红蛋白(Hb) 肌红蛋白(Mb) 辣根过氧化物酶(HRP)	SWCNTs/CTAB 复合材料修饰的玻碳电极	0.1mol/L 磷酸盐缓冲溶液(pH=7.0)	Mb-SWCNT-CTAB 电极的电子转移速率为 $(85.6\pm0.2)s^{-1}$，电子转移系数为 0.52；Hb-SWCNTs-CTAB 电极的电子转移速率为 $(86.1\pm0.1)s^{-1}$，电子转移系数为 0.52；HRP-SWCNTs-CTAB 电极的电子转移速率为 $(89.1\pm0.2)s^{-1}$，电子转移系数为 0.50	Mb-SWCNT-CTAB 电极检测过氧化氢的灵敏度为 0.11μA·L/μmol，线性范围为 2.42×10^{-5}～1.67×10^{-4}mol/L，检出限为 8.07×10^{-6}mol/L；Hb-SWCNT-CTAB 电极检测过氧化氢的灵敏度为 0.13μA·L/μmol，线性范围为 2.36×10^{-5}～1.34×10^{-4}mol/L，检出限为 7.87×10^{-6}mol/L；HRP-SWCNTs-CTAB 电极检测过氧化氢的灵敏度为 0.20μA·L/μmol，线性范围为 1.07×10^{-6}～4.84×10^{-5}mol/L，检出限为 3.57×10^{-7}mol/L	25
血红蛋白	水溶性氰乙基纤维素（CEC）修饰的玻碳电极	0.1mol/L 磷酸盐缓冲溶液(pH=7.0)	电极表面的覆盖度为 2.19×10^{-11}mol/cm^2，电子转移速率 k_s 为 $(1.10\pm0.05)s^{-1}$，电子转移系数为 0.45±0.02	对一氧化氮有很好的催化活性，线性范围为 1.1×10^{-6}～1.3×10^{-4}mol/L	26
	3-巯丙基膦酸修饰的金薄膜电极	磷酸盐缓冲溶液	电子转移速率 k_s 为 $(15.8\pm2.0)s^{-1}$	检测过氧化氢时，线性范围为 7.8×10^{-8}～9.1×10^{-5}mol/L，检出限为 2.5×10^{-8}mol/L	27
	碳化二氧化钛纳米管 TiO_2(TNT/C) 修饰的玻碳电极	0.1mol/L 醋酸盐缓冲溶液(pH=5.0)	电子转移速率 k_s 为 $108s^{-1}$	检测过氧化氢时，线性范围为 1.0×10^{-6}～1.0×10^{-4}mol/L，检出限为 0.92μmol/L	28
	羧甲基纤维素(CMC)和二氧化钛纳米管修饰的玻碳电极（CMC-TiO_2-NTs/GC）	0.1mol/L 磷酸盐缓冲溶液(pH=7.0)		检测过氧化氢时，线性范围为 4～64μmol/L，检出限为 4.637×10^{-6}mol/L	29
	Laponite/CHT（壳聚糖）修饰的玻碳电极	0.1mol/L 磷酸盐缓冲溶液(pH=6.0)	电极表面的覆盖度为 5.4×10^{-10}mol/cm^2	检测过氧化氢时，线性范围为 6.2×10^{-6}～2.55×10^{-3}mol/L，检出限为 6.2×10^{-6}mol/L	30
	多壁碳纳米管修饰的玻碳电极	0.05mol/L NaCl 溶液、0.2mol/L 乙酸盐缓冲溶液(pH=5.0)	Hb 在修饰电极上氧化还原峰的电位差为 69mV	SWCNT/Hb 修饰电极检测丙烯酰胺时，线性范围为 1.0×10^{-11}～1.0×10^{-3}mol/L，检出限为 1.0×10^{-9}mol/L	31
	无掺杂的纳米金刚石(UND)修饰的玻碳电极	0.1mol/L 磷酸盐缓冲溶液(pH=7.0)	电极表面的覆盖度为 5.86×10^{-11}mol/cm^2	检测过氧化氢时，线性范围为 0.5μmol/L～0.25mmol/L，检出限为 0.4μmol/L	32
	由二氧化硅核和薄的金壳组成的纳米壳自组装在3-氨基丙基三甲基硅烷(APTES)修饰的 ITO 电极上	0.1mol/L 磷酸盐缓冲溶液(pH=7.0)	电子转移速率 k_s 为 $(2.39\pm0.7)s^{-1}$	检测过氧化氢时，线性范围为 5μmol/L～1mmol/L，检出限为 3.4μmol/L	33
	明胶薄膜修饰的玻碳电极	0.1mol/L 磷酸盐缓冲溶液(pH=7.0)	氧化还原峰电位为 60mV	检测过氧化氢时，线性范围为 50μmol/L～1.2mmol/L，检出限为 3.4×10^{-6}mol/L	34
	聚丙烯酰胺(PAM)/壳聚糖复合薄膜修饰的玻碳电极	0.1mol/L 磷酸盐缓冲溶液(pH=7.0)	电子转移速率 k_s 为 $5.51s^{-1}$	检测过氧化氢时，线性范围为 5～420μmol/L	35

续表

生物分子	检测方法	检测条件	分析性能	催化性能	文献
血红蛋白	量子点CdS修饰的石墨电极	0.1mol/L 磷酸盐缓冲溶液(pH=7.0)	电活性Hb在电极表面的覆盖度为9.12×10^{-11}mol/cm^2	检测过氧化氢时，线性范围为$5\times10^{-7}\sim3\times10^{-4}$mol/L，检出限为$6\times10^{-8}$mol/L	36
	血红蛋白通过静电引力固定在酵母菌细胞上，再修饰在玻碳电极上	0.1mol/L 磷酸盐缓冲溶液(pH=7.3)	电极表面的覆盖度为5.55×10^{-12}mol/cm^2	检测NO时，线性范围为1.28～14.4μmol/L；检测过氧化氢时，线性范围为1.08～72.9μmol/L	37
	水溶性聚合物聚-α,β-[N-(2-羟乙基)-L-门冬胺盐](PHEA)修饰的玻碳电极	0.1mol/L 磷酸盐缓冲溶液(pH=7.3)	电极表面的覆盖度为5.32×10^{-11}mol/cm^2，电子转移速率为3.45s^{-1}	检测过氧化氢时，线性范围为$2.52\times10^{-7}\sim6.30\times10^{-6}$mol/L	38
	胶体银纳米颗粒/二氧化钛溶胶-凝胶修饰的玻碳电极	0.1mol/L 磷酸盐缓冲溶液(pH=7.0)	氧化还原峰电位差为66mV	检测亚硝酸盐时，线性范围为0.2～6.0mmol/L，检出限为34.0μmol/L	39
	金纳米颗粒修饰的玻碳电极	0.1mol/L 磷酸盐缓冲溶液(pH=6.8)	电极表面的覆盖度为2.0×10^{-10}mol/cm^2，电子转移速率为1.05s^{-1}，转移系数为0.46	检测过氧化氢时，线性范围为$2.0\times10^{-6}\sim2.4\times10^{-4}$mol/L，检出限为$9.1\times10^{-7}$mol/L	40
	聚-3-羟基丁酸(PHB)修饰的石墨电极	0.1mol/L 乙酸盐缓冲溶液(pH=5.0)	电子转移速率为10.33s^{-1}，转移系数为0.54	检测过氧化氢时，线性范围为$6.0\times10^{-7}\sim8.0\times10^{-4}$mol/L，检出限为$2.0\times10^{-7}$mol/L	41
	由黏土纳米颗粒和聚苯乙烯(PSS)组成的纳米簇薄膜修饰的热解石墨电极	0.1mol/L 磷酸盐缓冲溶液(pH=7.0)	Clay-(Hb/PSS)$_2$电极表面活性物质的覆盖度为8.30×10^{-11}mol/cm^2，电子转移速率为(36±4)s^{-1}	Clay-(Hb/PSS)$_2$电极检测过氧化氢时，线性范围为0.001～0.14mmol/L，检出限为1.0μmol/L；检测亚硝酸钠时，线性范围为0.04～4.0mmol/L，检出限为0.04mmol/L	42
	二甲基双十八烷基溴化铵(DOAB)薄膜修饰的石墨电极	0.1mol/L 乙酸盐缓冲溶液(pH=5.0)	电极表面的覆盖度为5.3×10^{-12}mol/cm^2，电子转移系数为0.77，电子转移速率为0.10s^{-1}	检测NO时，线性范围为$1.0\times10^{-6}\sim3.0\times10^{-5}$mol/L，检出限为$5.0\times10^{-7}$mol/L	43
	硅溶胶-凝胶薄膜(TEOS)修饰的碳糊电极	0.1mol/L 磷酸盐缓冲溶液(pH=7.0)	电极表面的覆盖度为1.8×10^{-9}mol/cm^2，电子转移速率为1.58s^{-1}	检测NO时，线性范围为$5.0\times10^{-6}\sim7.0\times10^{-4}$mol/L	44
	石墨烯和壳聚糖复合薄膜修饰的电极	0.1mol/L 磷酸盐缓冲溶液(pH=7.0)	电极表面的覆盖度为3.1×10^{-10}mol/cm^2	检测过氧化氢时，线性范围为6.5～230μmol/L，检出限为5.1×10^{-7}mol/L	45
	单壁碳纳米管/Hb修饰的玻碳电极	0.1mol/L 磷酸盐缓冲溶液(pH=7.0)	电极表面的覆盖度为9.79×10^{-11}mol/cm^2	检测三氯乙酸、亚硝酸盐和过氧化氢的检出限分别为2.41μmol/L、0.30μmol/L和0.22μmol/L	46
	三种电极：石墨电极(SPCE)、多壁碳纳米管修饰的石墨电极(MWCNT-SPCE)和单壁碳纳米管修饰的石墨电极(SWCNT-SPCE)	0.1mol/L 磷酸盐缓冲溶液(pH=7.0)	SPCE、MWCNT-SPCE和SWCNT-SPCE三种电极的电子转移速率依次为0.50s^{-1}、2.78s^{-1}和4.06s^{-1}；电极表面覆盖度分别为2.85×10^{-10}mol/cm^2，4.13×10^{-10}mol/cm^{2}和5.20×10^{-10}mol/cm^2	SPCE、MWCNT-SPCE和SWCNT-SPCE三种电极检测过氧化氢时，线性范围分别为1～1000μmol/L、0.5～1000μmol/L和0.1～1000μmol/L。检出限分别为0.8μmol/L、0.4μmol/L和0.1μmol/L	47
	中孔碳FDU-15修饰的玻碳电极	0.1mol/L 磷酸盐缓冲溶液(pH=7.0)		检测过氧化氢时，线性范围为$2.0\times10^{-6}\sim3.0\times10^{-4}$mol/L，检出限为$8.0\times10^{-7}$mol/L	48
	3-巯基丙酸(MPA)、1-丙硫醇(PT)和半胱胺盐酸盐(cys)分别修饰的金电极	0.1mol/L 磷酸盐缓冲溶液(pH=7.0)	Au/MPA和Au/PT修饰电极表面覆盖度分别为17.4pmol/cm^2，45.5pmol/cm^2；在Au/MPA电极上的电子转移速率为0.49s^{-1}	检测过氧化氢时，线性范围为$1.0\times10^{-4}\sim1.6\times10^{-2}$mol/L，检出限为$7.3\times10^{-5}$mol/L	49

续表

生物分子	检测方法	检测条件	分析性能	催化性能	文献
血红蛋白	铁为底物的二氧化钛薄片(FTNS)修饰的电极	0.1mol/L 磷酸盐缓冲溶液(pH=7.0)	电极表面覆盖度为 5.06×10^{-11}mol/cm^2，电子转移速率为 4.1s^{-1}	检测过氧化氢的灵敏度为 156mA·L/(mol·cm^2)，线性范围为 2～65μmol/L，检出限为 0.7μmol/L	50
	$Bi_4Ti_3O_{12}$ 微球(NBTSMs)修饰的玻碳电极	0.02mol/L 磷酸盐缓冲溶液(pH=7.0)	电极表面覆盖度分别为 1.2×10^{-10}mol/cm^2，电子转移速率为(20.0 ± 3.8)s^{-1}	检测过氧化氢时，线性范围为 2～430μmol/L，检出限为 0.46μmol/L	51
	末端为磷酸根($—PO_3H_2$)的 3-巯丙基磷酸(MPPA)自组装单层膜修饰的电极	4.4mmol/L 磷酸盐缓冲溶液(pH=7.0)	电极表面覆盖度分别为 1.82×10^{-16}mol/cm^2	检测过氧化氢时，线性范围为 2.5×10^{-6}～3.0×10^{-5}mol/L，检出限为 8.0×10^{-7}mol/L	52
	导电聚合物和蛋白质构成的复合膜修饰电极	0.1mol/L 磷酸盐缓冲溶液(pH=7.4)	电极表面覆盖度分别为 5.37×10^{-12}mol/cm^2，电子转移速率为 1.1s^{-1}	检测过氧化氢时，线性范围为 2.2×10^{-7}～3.52×10^{-5}mol/L，检出限为 2.2×10^{-7}mol/L	53
	血红蛋白和酸处理的多壁碳纳米管复合膜在1-乙基-3-(3-二甲基氨基丙基)碳酰二亚胺(EDC)作用下修饰在玻碳电极上	0.1mol/L 醋酸盐缓冲溶液(pH=5.0)	电极表面覆盖度为 4.7×10^{-9}mol/cm^2，电子转移速率为(1.02 ± 0.05)s^{-1}	检测过氧化氢时，线性范围为 2.5×10^{-7}～1.4×10^{-4}mol/L，检出限为 1.8×10^{-7}mol/L	54
	垂直有序的金纳米线阵列	1/15mol/L 磷酸盐缓冲溶液(pH=6.98)	电极表面覆盖度分别为 5.89×10^{-11}mol/cm^2	检测过氧化氢时，线性范围为 1.0×10^{-7}～4×10^{-2}mol/L，检出限为 5×10^{-8}mol/L	55
	炭黑粉末修饰的玻碳电极	0.1mol/L 磷酸盐缓冲溶液(pH=6.9)	电极表面覆盖度为 3.55×10^{-9}mol/cm^2，电子转移速率为 1.02s^{-1}		56
	羟基磷灰石修饰的热解石墨电极	0.01mol/L 磷酸盐缓冲溶液(pH=7.0)	电子转移速率为 5.19s^{-1}		57
	魔芋葡甘聚糖(KGM)修饰的玻碳电极	0.1mol/L 磷酸盐缓冲溶液和乙醇的混合液(pH=7.0)	电极表面覆盖度分别为 6.26×10^{-11}mol/cm^2，电子转移系数为 0.51，电子转移速率为(28 ± 6)s^{-1}	检测 NO_2^- 的线性范围为 0.57～4.87mmol/L	58
	壳聚糖和 1-丁基-3-甲基咪唑四氟硼酸(BMIM·BF_4)组成的复合膜修饰的玻碳电极	0.05mol/L 磷酸盐缓冲溶液(pH=7.0)	电极表面覆盖度分别为 6.31×10^{-11}mol/cm^2	检测三氯乙酸的线性范围为 0.4～56mmol/L	59
	量子点(CdSe-ZnS)薄膜修饰的玻碳电极	0.1mol/L 磷酸盐缓冲溶液(pH=7.4)	氧化还原峰电位差为 0.0058V	检测 NO 时，线性范围为 0.18～4.32μmol/L； 检测过氧化氢时，线性范围为 6.3～35.28μmol/L	60
血红蛋白 过氧化氢酶 catalase	多壁碳纳米管凝胶和离子液1-丁基-3-甲基咪唑六氟膦酸(BMIPF6)修饰的玻碳电极	0.1mol/L 磷酸盐缓冲溶液(pH=7.0)	Hb-MWCNT-Gel/GC 电子转移速率为 2.3s^{-1}；Cat-MWNTs-Gel/GC 电子转移速率为 3.5s^{-1}	Hb-MWCNT-Gel/GC，血红蛋白的线性范围为 5μmol/L～0.1mmol/L	61
血红蛋白	一种天然油脂（蛋磷脂）和血红蛋白修饰的热解石墨电极	0.2mmol/L 醋酸盐缓冲溶液(pH=5.5)，0.1mol/L NaBr 溶液	电极表面的覆盖度为 1.1×10^{-9}mol/cm^2	检测过氧化氢时，线性范围为 10～100μmol/L，检出限为 3.9μmol/L	62
血红蛋白(Hb) 辣根过氧化物酶(HRP) 葡萄糖氧化酶(GOD)	碳纳米管修饰的玻碳电极(CNT/GC)	0.1mol/L 磷酸盐缓冲溶液(pH=6.9)	Hb、HRP 和 GOD 三者的电子转移速率分别为(1.25 ± 0.25)s^{-1}、(2.07 ± 0.69)s^{-1}和(1.74 ± 0.42)s^{-1}		63

续表

生物分子	检测方法	检测条件	分析性能	催化性能	文献
血红蛋白	聚乙烯基磺酸钠(PVS)和血红蛋白交替层层吸附在热解石墨电极上	0.1mol/LpH=5.5的缓冲溶液，0.1mol/L KBr溶液	电极表面的覆盖度为$(9.0\pm0.5)\times10^{-11}$mol/cm^2，电子转移速率为$(56\pm4)$s^{-1}	检测三氯乙酸的线性范围为3.9～24.6mmol/L，检出限为3.9mmol/L	64
	将$Ti_{0.865}O_2$纳米片作为载体固定血红蛋白（Hb），制备得到$Hb/Ti_{0.865}O_2$/纳米片修饰的热解石墨（PG）电极	0.1mol/L 磷酸盐缓冲溶液(pH=5.6)		对H_2O_2有良好的电催化响应，线性响应范围为50μmol/L～2.2mmol/L，检测限为20μmol/L，灵敏度为10μA·L/(mmol·cm^2)	65
肌红蛋白(Mb) 血红蛋白(Hb) 辣根过氧化物酶(HRP) 过氧化物酶(Cat)	silk fibroin(SF)修饰的石墨电极	0.1mol/L 磷酸盐缓冲溶液(pH=7.0)	四种蛋白在修饰电极上的覆盖度分别为5.46×10^{-10}mol/cm^2、35×10^{-10}mol/cm^2、1.24×10^{-10}mol/cm^2、0.627×10^{-10}mol/cm^2 电子迁移速率依次为1.342s^{-1}、1.967s^{-1}、0.724s^{-1}、0.337s^{-1}	Mb-SF电极、Hb-SF电极、HRP-SF电极、Cat-SF电极检测过氧化氢的线性范围依次为3.54×10^{-6}～8.53×10^{-5}mol/L、2.56×10^{-6}～9.08×10^{-5}mol/L、2.02×10^{-6}～3.54×10^{-4}mol/L、2.50×10^{-6}～1.58×10^{-4}mol/L； 四种电极检测NO_2^-的线性范围依次为2.35×10^{-4}～1.36×10^{-2}mol/L、2.33×10^{-4}～1.47×10^{-2}mol/L、1.85×10^{-3}～1.38×10^{-2}mol/L、2.52×10^{-3}～1.38×10^{-2}mol/L	66
肌红蛋白(Mb) 血红蛋白(Hb) 辣根过氧化物酶(HRP) 过氧化物酶(Cat)	壳聚糖(CS)修饰的热解石墨电极	0.1mol/L 磷酸盐缓冲溶液(pH=7.0)	四种蛋白在修饰电极上的覆盖度分别为9.33×10^{-11}mol/cm^2、2.22×10^{-11}mol/cm^2、3.81×10^{-11}mol/cm^2、1.26×10^{-11}mol/cm^2；电子迁移速率依次为(82 ± 22)s^{-1}、(104 ± 34)s^{-1}、(106 ± 34)s^{-1}、(40 ± 7)s^{-1}	Mb-CS修饰电极检测NO_2^-的线性范围为0.1～3.0mmol/L，检出限为0.017mmol/L； HRP-CS修饰电极检测过氧化氢的线性范围为0.08～0.9mmol/L	67

本表参考文献：

1. 闵文傲等. 浙江师范大学学报：自然科学版, 2012, 35: 75.
2. Sun A, et al. Appl Biochem Biotechnol, 2012, 166: 764.
3. Li J, et al. Bioelectrochem, 2012.
4. Sun J Y, et al. Bioelectrochem, 2011, 82: 125.
5. Dong S, et al. Biosens Bioelectron, 2011, 26: 4082.
6. Peng H P, et al. Biosens Bioelectron, 2011, 26: 3005.
7. Xu Y, et al. Talanta, 2006, 70: 651.
8. Wang S F, et al. Langmuir, 2005, 21: 9260.
9. Feng J J, et al. Anal Biochem, 2005, 342: 280.
10. Shen L, Hu N, Biochim Biophys Acta, 2004, 1608: 23.
11. Qiao L, et al. Anal Sci, 2010, 26: 1181.
12. Li Y, et al. Talanta, 2010, 83: 162.
13. Zhu Z, et al. Biosens Bioelectron, 2011, 26: 2119.
14. Song J, et al. Microchim Acta, 2011, 172: 117.
15. Li Y, et al. Colloids Surf B, Biointerf, 2010, 79: 241.
16. Huang K J, et al. Colloids Surf B, Biointerf, 2010, 78: 69.
17. Liu P, et al. Am J Biomed Sci, 2010, 3: 69.
18. Zhao H Y, et al. J Chin Chem Soc, 2011, 58: 346.
19. Sun W, et al. Talanta, 2010, 80: 2177.
20. Lu C, et al. Sensor Actuat B, 2010, 150: 200.
21. George S, Le H K. J Phys Chem B, 2009, 113: 15445.
22. Tan X C, et al. Sensors, 2009,9: 6185.
23. Zheng N, et al. Talanta, 2009,79: 780.
24. Wang Z, et al. AnalSci, 2009, 25: 773.
25. Wang S, et al. Talanta, 2009, 77: 1343.
26. Jia S, et al. Biosens Bioelectron, 2009, 24: 3049.
27. Chen Y, et al. Anal Chim Acta, 2009, 644: 83.
28. Guo C, et al. Biosens Bioelectron, 2008, 24: 825.
29. Zheng W, et al. Talanta, 2008, 74: 1414.
30. Shan D, et al. Biomacromol, 2007, 8: 3041.
31. Krajewska A, et al. Sensors, 2008, 8: 5832.
32. Zhu J T, et al. Bioelectrochem, 2007, 71: 243.
33. Wang Y, et al. Talanta, 2007, 72: 1134.
34. Yao H, et al. Talanta, 2007, 71: 550.
35. Zeng X, et al. Bioelectrochem, 2007, 71: 135.
36. Xu Y, et al. J Biol Inorg Chem, 2007, 12: 421.
37. Lu Q, et al. Chem Commun, 2006, 2860.
38. Lu Q, et al. Biosens Bioelectron, 2007, 22: 899.
39. Zhao S, et al. Bioelectrochem, 2006, 69: 10.
40. Zhang L, et al. Biosens Bioelectron, 2005, 21: 337.

41. Ma X, et al. Biosens Bioelectron, 2005, 20: 1836.
42. Liu Y, et al. Biophys Chem, 2005, 117: 27.
43. Liu X, et al. J Biochem Biophys Methods, 2005, 62: 143.
44. Wang Q, et al. Biosens Bioelectron, 2004, 19: 1269.
45. Xu H, et al. Talanta, 2010, 81: 334.
46. Ding Y, et al. Biosens Bioelectron, 2010, 26: 390.
47. Chekin F, et al. Anal Bioanal Chem, 2010, 398: 1643.
48. Pei S. Sensors, 2010, 10: 1279.
49. Mai Z, et al. Talanta, 2010, 81: 167.
50. Shi L, et al. Biosens Bioelectron, 2009, 25: 948.
51. Chen X, et al. Biosens Bioelectron, 2009, 24: 3448.
52. Chen Y, et al. Chem Eur J, 2008, 14: 10727.
53. Lu Q, Li C M. Biosens Bioelectron, 2008, 24: 773.
54. Zhang R. J Colloid Interface Sci, 2007, 316: 517.
55. Yang M, et al. Biosens Bioelectron, 2007, 23: 414.
56. Ma G X, et al. Bioelectrochem, 2007, 71: 180.
57. Ma L, et al. J Biochem Biophys Methods, 2007, 70: 657.
58. Liu H H, et al. Anal Bioanal Chem, 2006, 385: 1470.
59. Lu X, et al. Biomacromol, 2006, 7: 975.
60. Lu Q, et al. Chem Commun, 2005, 2584.
61. Zhao Q, et al. Front Biosci, 2005, 10: 326.
62. Han X, et al. Biosens Bioelectron, 2002, 17: 741.
63. Yin Y, et al. Sensors, 2005, 5: 220.
64. Wang L, Hu N. Bioelectrochem, 2001, 53: 205.
65. 吴益华. 上海第二工业大学学报, 2010, 27: 1.
66. Wu Y, et al. Anal Chim Acta, 2006, 558: 179.
67. Huang H, et al. Anal Biochem, 2002, 308: 141.

（五）葡萄糖氧化酶

葡萄糖氧化酶（Glucose oxidase，GOD）是一种黄素酶，酶蛋白氨基酸组成中天冬氨酸、谷氨酸、谷氨酰胺、丙氨酸和亮氨酸含量较高，分子中含有 2 个黄素腺嘌呤双核苷酸(Flavinadenine dinucleotide，FAD)作为辅基，是 GOD 的活性中心。GOD 的等电点为 4.1～4.3，从不同物质中纯化所得的 GOD 分子量不同，以黑曲霉的 GOD 为例，其分子量为 160kDa，分子为二聚体，每个亚基为 70kDa，由 583 个氨基酸残基构成，包括一个由 22 个氨基酸组成的前导肽。分子结构中包含 8 个糖基化位点及 1 分子的辅酶 FAD，FAD 的结合可改变 GOD 的构型。

高纯度 GOD 为淡黄色粉末，易溶于水，在 pH=4.5～7 之间有一段稳定的活性区域，具有较宽的温度稳定范围(30～60°C)。GOD 是双底物催化酶制剂，主要催化底物为 β-D-葡萄糖，此外，GOD 还可催化 2-脱氧-D-葡萄糖、D-甘露糖、D-半乳糖、D-木糖的氧化，但对后三者的活性较低。GOD 具有非常高的催化专一性，如对 β-葡萄糖的催化效率要比 α-葡萄糖的催化效率高 160 倍。GOD 对碳水化合物水解酶有抵抗性，铜离子和其他巯基螯合剂对酶的活性有抑制作用，阿拉伯糖是酶的竞争性抑制剂。有关葡萄糖氧化酶的直接电化学研究如表 9-15 所示。

表 9-15　葡萄糖氧化酶在不同修饰电极上的直接电化学

检测原理、方式	检测条件	分析性能	催化性能	文献
ZnO/Cu 纳米复合材料修饰的电极	0.1mol/L 磷酸盐缓冲溶液(pH=7.4)	电子转移系数为 2.6，电子转移速率为$(0.67\pm0.06)s^{-1}$	检测葡萄糖时，线性范围为 1～15mmol/L，检出限为 0.04mmol/L	1
碳纳米管和银纳米颗粒修饰的玻碳电极	0.1mol/L 磷酸盐缓冲溶液(pH=7.0)	电子转移速率为 $3.6s^{-1}$	检测葡萄糖时，线性范围为 50.0μmol/L～1.1mmol/L，检出限为 17.0μmol/L	2
一维分层结构的 TiO_2(1DHSTiO₂) 修饰的电极	0.1mol/L 含饱和氮的磷酸盐缓冲溶液(pH=7.4)	电极表面覆盖度为 $6.86\times10^{-10}mol/cm^2$，电子转移速率为 $7.8s^{-1}$	检测葡萄糖的灵敏度为 $9.90\mu A\cdot L/(mmol\cdot cm^2)$，检出限为 1.29μmol/L	3
纳米薄片状 SnS 修饰的玻碳电极(GCE)	0.1mol/L 磷酸盐缓冲溶液(pH=7.0)	电极表面覆盖度为 $1.60\times10^{-11}mol/cm^2$，电子转移速率为 $3.68s^{-1}$	检测葡萄糖的灵敏度为 $7.6\pm0.5mA\cdot L/(mol\cdot cm^2)$，线性范围为 2.5×10^{-5}～$1.1\times10^{-3}mol/L$，检出限为 $1.0\times10^{-5}mol/L$	4
壳聚糖-硼掺杂的碳包覆的镍(BCNi)纳米粒子修饰电极	0.1mol/L 磷酸盐缓冲溶液(pH=7.0)		检测葡萄糖时，线性范围为 2.50×10^{-5}～$1.19\times10^{-3}mol/L$，检出限为 $8.33\times10^{-6}mol/L$	5

续表

检测原理、方式	检测条件	分析性能	催化性能	文献
聚-1-乙烯基-3-丁基咪唑溴/石墨烯复合材料修饰的玻碳电极	0.1mol/L 磷酸盐缓冲溶液(pH=6.5)	电极表面覆盖度为 1.45×10^{-11}mol/cm^2	检测葡萄糖的灵敏度为 0.767A·L/(mol·cm^2)，检出限为 0.267mmol/L	6
石墨烯-CdS(G-CdS)纳米复合材料修饰的电极	磷酸盐缓冲溶液	电子转移速率为 3.68s^{-1}	检测葡萄糖时，线性范围为 2.0～16mmol/L，检出限为 0.7mmol/L	7
葡萄糖氧化酶和聚乙烯亚胺(PEI)自组装在多壁碳纳米管修饰的玻碳电极上	0.1mol/L 除氧的磷酸盐缓冲溶液(pH=7.0)	电极表面覆盖度为 4.7×10^{-10}mol/cm^2	PEI/(GOD/PEI)$_3$/CNT/GC 检测葡萄糖时，灵敏度为 106.57μA·L/(mmol·cm^2)，检出限为 0.05mmol/L	8
碳纳米管和二氧化硅@壳聚糖核壳结构复合材料修饰在玻碳电极表面，再修饰上一层 Pt 纳米簇	磷酸盐缓冲溶液	电子转移速率为 4.89s^{-1}	检测抗体 CA15-3(anti-CA15-3)时，线性范围为 0.1～160U/ml，检出限为 0.04U/ml	9
聚合物离子液包裹的碳纳米管(PIL-CNTs)修饰的玻碳电极	0.1mol/L 除氧的磷酸盐缓冲溶液(pH=7.0)	电极表面覆盖度为 4.30×10^{-9}mol/cm^2	GOD/PIL-CNTs/GC 检测葡萄糖时，灵敏度为 0.853μA·L/mmol，线性关系为 0.05～6mmol/L	10
laponite 凝胶修饰的玻碳电极	0.1mol/L 磷酸盐缓冲溶液(pH=5.0)	电子转移速率为 6.52s^{-1}，电子转移系数为 0.50	laponite/GOD/GCE 检测葡萄糖时，灵敏度为 (4.8±0.5)μA·L/(mmol·cm^2)，线性范围为 2.0×10^{-5}～1.9×10^{-3}mol/L，检出限为 1.0×10^{-5}mol/L	11
葡萄糖氧化酶(GOD)/石墨烯/壳聚糖纳米复合材料修饰的玻碳电极	磷酸盐缓冲溶液	电子转移速率为 2.83s^{-1}	检测葡萄糖时，灵敏度为 37.93μA·L/(mmol·cm^2)，线性范围为 0.08～12mmol/L，检出限为 0.02mmol/L	12
MWCNTs@SnO$_2$-Au 复合材料修饰的玻碳电极	0.05mol/L 磷酸盐缓冲溶液(pH=7.0)		检测葡萄糖时，线性范围为 4.0～24.0mmol/L，检出限为 5μmol/L	13
氮掺杂的碳纳米管(CNx-MWNTs)修饰的电极	0.1mol/L 磷酸盐缓冲溶液(pH=7.0)	电极表面覆盖度为 7.52×10^{-10}mol/cm^2	检测葡萄糖时，线性范围为 0.02～1.02mmol/L，检出限为 0.01mmol/L	14
PVP 保护的石墨烯和聚氮丙啶功能化的离子液形成的复合材料修饰的玻碳电极	0.05mol/L 磷酸盐缓冲溶液(pH=7.4)		检测葡萄糖时，线性范围为 2～14mmol/L	15
HS-PDPA 修饰的电极	0.1mol/L 磷酸盐缓冲溶液(pH=7.0)	电子转移速率为 2.25s^{-1}	检测葡萄糖时，灵敏度为 1.77μA·L/(mmol·cm^2)，线性范围为 1～28mmol/L，检出限为 0.05mmol/L	16
壳聚糖和 NdPO$_4$ 纳米颗粒修饰的玻碳电极	磷酸盐缓冲溶液	电子转移速率为 5.0s^{-1}	检测葡萄糖时，线性范围为 0.15～10mmol/L，检出限为 0.08mmol/L	17
四面锥形多孔 ZnO (TPSP- ZnO)修饰的玻碳电极	0.1mol/L 磷酸盐缓冲溶液(pH=7.0)	电子转移速率为 (7.5±0.4)s^{-1}	检测葡萄糖时，线性范围为 0.05～8.2mmol/L，检出限为 0.01mmol/L	18
单壁碳纳米管和壳聚糖复合膜修饰的电极	0.1mol/L 磷酸盐缓冲溶液(pH=7.4)	电极表面覆盖度为 1.3×10^{-10}mol/cm^2，电子转移速率为 3.0s^{-1}，电子转移系数为 0.58	检测葡萄糖时，线性范围为 1～10mmol/L，检出限为 0.01mmol/L	19
硼掺杂的碳纳米管修饰的玻碳电极(BCNTs/GC)	0.1mol/L 磷酸盐缓冲溶液(pH=6.98)		检测葡萄糖时，灵敏度为 111.57μA·L/(mmol·cm^2)，线性范围为 0.05～0.3mmol/L，检出限为 0.01mmol/L	20
SDBS/MWCNTs 修饰的金电极	0.03mol/L 磷酸盐缓冲溶液(pH=6.98)			21

续表

检测原理、方式	检测条件	分析性能	催化性能	文献
CdTe 量子点、碳纳米管CNTs、Nafion 和葡萄糖氧化酶(GOD)混合溶液修饰的玻碳电极(GC)CdTe/CNTs	0.05mol/L 磷酸盐缓冲溶液(pH=6.0)	电极表面覆盖度为 $8.77\times10^{-11}mol/cm^2$	检测葡萄糖时，灵敏度为 0.834μA·L/mmol	22
金纳米颗粒/*N,N*-二甲基甲酰胺/1-丁基-3-甲基咪唑六氟磷酸($BMIMPF_6$)复合材料修饰的玻碳电极[NAs-DMF-GOD($BMIMPF_6$)/GC]	0.05mol/L 磷酸盐缓冲溶液(pH=5.0)		检测葡萄糖时，线性范围为 1.0×10^{-7} ～ 1.0×10^{-6}mol/L 和 2.0×10^{-6}～2.0×10^{-5}mol/L	23
六角形介孔二氧化硅修饰的玻碳电极	0.1mol/L 磷酸盐缓冲溶液(pH=6.1)	电子转移速率为 $(4.75\pm0.10)\times10^{-3}/s^{-1}$	检测葡萄糖时，线性范围为 0.32～15.12mmol/L，检出限为 0.18mmol/L	24
直径大约为 10nm 的胶体金和双十六烷基磷酸盐(DHP)复合材料修饰的石墨电极	不含氧的磷酸盐缓冲溶液（pH=7.0）		检测葡萄糖时，灵敏度为 1.14μA·L/mmol，线性范围为 0.5～9.3mmol/L，检出限为 0.1mmol/L	25

本表参考文献：
1. Yang C, et al. Langmuir, 2012, 28: 4580.
2. Wang Y, et al. Biosens Bioelectron, 2011, 30: 107.
3. Si P, et al. A C S Nano, 2011, 5: 7617.
4. Yang Z, et al. Biosens Bioelectron, 2011, 26: 4337.
5. Yang L, et al. Biosens Bioelectron, 2011.
6. Zhang Q, et al. Biosens Bioelectron, 2011, 26: 2632.
7. Wang K, et al. Biosens Bioelectron, 2011, 26: 2252.
8. Deng C, et al. Biosens Bioelectron, 2010, 26: 213.
9. Li W, et al. Biosens Bioelectron, 2010, 25: 2548.
10. Xiao C, et al. Talanta, 2010, 80: 1719.
11. Shan D, et al. Biosens Bioelectron, 2010, 25: 1427.
12. Kang X, et al. Biosens Bioelectron, 2009, 25: 901.
13.Li F, et al. Biosens Bioelectron, 2009, 25: 883.
14. Deng S, et al. Biosens Bioelectron, 2009, 25: 373.
15. Shan C, et al. Anal Chem, 2009, 81: 2378.
16. Santhosh P, et al. Biosens Bioelectron, 2009, 24: 2008.
17. Sheng Q, et al. Bioelectrochem, 2009, 74: 246.
18. Dai Z, et al. Biosens Bioelectron, 2009, 24: 1286.
19. Zhou Y, et al. Talanta, 2008, 76: 419.
20. Deng C, et al. Biosens Bioelectron, 2008, 23: 1272.
21. Su Y, et al. Biotechnol Prog, 2008, 24: 262.
22. Liu Q, et al. Biosens Bioelectron, 2007, 22: 3203.
23. Li J, et al. Anal Chim Acta, 2007, 587: 33.
24. Dai Z H, et al. Bioelectrochem, 2007, 70: 250.
25. Wu Y, Hu S. Bioelectrochem, 2007, 70: 335.

（六）过氧化氢酶

过氧化氢酶（catalase）是一种广泛存在于各类生物体中的酶，它是一类抗氧化剂，其作用是催化过氧化氢转化为水和氧气。过氧化氢酶是一个同源四聚体，每一个亚基含有超过 500 个氨基酸残基；并且每个亚基的活性位点都含有一个卟啉血红素基团，典型过氧化氢酶由 70～460 个氨基酸残基组成，跨越 4 个结构域。天然的典型过氧化氢酶活性位点以高度自旋 Fe（Ⅲ）形式存在，它可以与过氧化氢形成复合物Ⅰ，铁原子在这个过程中失去一个电子，从而与过氧化氢的氧原子结合形成氧代铁部分，同时卟啉环也失去一个电子形成Ⅱ阳离子基，复合物Ⅰ又在另一个分子的过氧化氢电子还原下转变成天然状态，即三价铁形式状态，最终完成一个催化循环。有关过氧化氢酶的直接电化学研究如表 9-16 所示。

表 9-16 过氧化氢酶在不同修饰电极上的直接电化学

生物分子	检测原理、方式	检测条件	分析性能	催化性能	文献
过氧化氢酶	胺功能化的多壁碳纳米管和离子液 1-丁基-3-甲基咪唑四氟硼酸组成的复合材料修饰在电极上	0.1mol/L 磷酸盐缓冲溶液(pH=7.0)	电子转移速率为 $2.23s^{-1}$，电子转移系数为 0.45	检测过氧化氢的灵敏度为 4.9nA·L/nmol，线性范围为 8.6～140nmol/L，检出限为 3.7nmol/L	1

续表

生物分子	检测原理、方式	检测条件	分析性能	催化性能	文献
过氧化氢酶	双十二烷基二甲基溴化铵(DDAB)/Nafion/多壁碳纳米管(MWCNTs-NF)复合材料修饰的玻碳电极MWCNTs-NF-(DDAB/CAT)膜	0.05mol/L 磷酸盐缓冲溶液	电极表面覆盖度为 73.0pmol/cm^2	检测过氧化氢的灵敏度为 35.62μA·L/(mmol·cm^2)，线性范围为 0.5～1.2mmol/L	2
	氧化镍修饰的玻碳电极	0.1mol/L 磷酸盐缓冲溶液(pH=7.0)	电子转移速率为(3.7±0.1)s^{-1}	检测过氧化氢时，线性范围为 1μmol/L～1mmol/L	3
	多壁碳纳米管修饰的玻碳电极	0.1mol/L 磷酸盐缓冲溶液(pH= 7.0)	电极表面覆盖度为 2.4×10^{-10}mol/cm^2，电子转移速率为 80s^{-1}，电子转移系数为 0.4		4
	单壁碳纳米管修饰的电极	0.1mol/L 磷酸盐缓冲溶液(pH= 5.0)		检测过氧化氢的灵敏度为 16.625μA·L/mmol，线性范围为 0.02～1.2mmol/L，检出限为 5.0×10^{-7}mol/L	5
	多壁碳纳米管修饰的玻碳电极(MWCNTs/GC)	0.1mol/LTris-HCl 缓冲溶液(pH= 7.0)	电子转移速率为 1.07s^{-1}		6
	单壁碳纳米管修饰的金电极(SWNTs/Au)	0.05mol/L 磷酸盐缓冲溶液(pH=5.9)	氧化还原峰电位差为 32mV	线性范围为 8.0×10^{-6}～8.0×10^{-5}mol/L，检出限为 4.0×10^{-6}mol/L	7
	单壁碳纳米管、金纳米颗粒、过氧化氢酶、Nafion 复合膜修饰热解石墨电极(Nafion/CAT-GNP/MWCNT/PG)	0.1mol/L 磷酸盐缓冲溶液(pH=6.98)	电子转移速率为(1.387±0.1)s^{-1}，电子转移系数为 0.49		8
	壳聚糖包裹的单壁碳纳米管修饰的玻碳电极	0.1mol/L 磷酸盐缓冲溶液(pH=7.0)	电极表面覆盖度为 1.64×10^{-10}mol/cm^2，电子转移速率为 118s^{-1}，电子转移系数为 0.74	检测过氧化氢的灵敏度为 6.32μA·L/mmol，线性范围为 5.0×10^{-3}～5.0×10^{-2}mmol/L，检出限为 2.5μmol/L；检测亚硝酸盐的灵敏度为 19.74μA·L/mmol，线性范围为 0.05～1.1mmol/L，检出限为 20μmol/L	9
	聚丙烯酰胺(PAM)水凝胶修饰的热解石墨电极	0.1mol/L 磷酸盐缓冲溶液(pH=7.0)	电极表面覆盖度为(2.36±0.04)$\times10^{-11}$mol/cm^2，电子转移速率为(29±4)s^{-1}		10
大豆过氧化物酶(SP) 过氧化氢酶(Cat) 辣根过氧化物酶(HRP) 细胞色素 c（Cyt c） 肌红蛋白(Mb)	DMPC 薄膜修饰的热解石墨电极	0.02mol/L 磷酸盐缓冲溶液(pH=6.0)	HRP、Cyt c、SP、Mb、Cat 在修饰电极表面的覆盖度(mol/cm^2)为 1.8×10^{-11}、2.1×10^{-10}、2.0×10^{-10}、1.7×10^{-10}、9.0×10^{-11}		11
血红蛋白(Hb) 肌红蛋白(Mb) 过氧化氢酶(Cat)	PNM 复合膜修饰的玻碳电极 PNM：聚(*N*-异丙基丙烯酰胺-联-3-甲丙烯酰氧基-丙基-三甲氧基硅烷)	0.05mol/L 磷酸盐缓冲溶液(pH=7.0)	三者在电极表面的覆盖度依次为 2.07×10^{-11}mol/cm^2、1.94×10^{-11}mol/cm^2、1.43×10^{-11}mol/cm^2；电子转移速率依次为 16.0s^{-1}、20.0s^{-1}、17.0s^{-1}；电子转移系数依次为 0.496、0.50、0.51	Hb-PNM/GC、Mb-PNM/GC、Cat-PNM/GC 检测过氧化氢的线性范围(μmol/L)依次为 0.19～1.53、0.19～1.53、1.67～35.2；Hb-PNM/GC 检测三氯乙酸的线性范围为 1.486×10^{-3}～1.114×10^{-2}mol/L	12

本表参考文献：

1. Rahimi P, et al. Biosens Bioelectron, 2010, 25: 1301.
2. Arun Prakash P. Talanta, 2009, 78: 1414.
3. Salimi A, et al. Biophys Chem, 2007, 125: 540.
4. Salimi A, et al. Anal Biochem, 2005, 344: 16.
5. Shi L, et al. Biosens Bioelectron, 2009, 24: 1159.
6. Zhou H, et al. J Electroanal Chem, 2008, 612: 173.
7. Wang L, et al. Electroanal, 2004, 16: 627.
8. Zhou B, et al. Anal Lett, 2008, 41: 1832.
9. Jiang H J, et al. J Electroanal Chem, 2008, 623: 181.
10. Lu H, et al. Biophys Chem, 2003, 104: 623.
11. Zhang Z, et al. Anal Chem, 2002, 74: 163.
12. Sun Y X, Wang S F. Bioelectrochem, 2007, 71: 172.

除以上介绍的几种氧化还原酶以外，有关漆酶（laccase）、乳酸脱氢酶（lactate dehydrogenase）等的直接电化学研究的文献也有很多，如表 9-17 所示。

表 9-17　其他氧化还原酶的直接电化学

生物分子	检测原理及方式	检测条件	分析性能	催化性能	文献
漆酶	MPA 修饰的金电极	0.1mol/L 磷酸盐缓冲溶液(pH=7.0)	氧化还原峰电位差为 95mV	检测多巴胺时，线性范围为 0.5～13.0μmol/L 和 47.0～430.0μmol/L，检出限为 29.0n mol/L	1
	(PDATT/Den(AuNPs)/laccase)玻碳电极	0.1mol/L 磷酸盐缓冲溶液(pH=7.0)	电子转移速率为 $1.28s^{-1}$	检测儿茶素时，线性范围为(0.1～10)μmol/L，检出限为(0.05±0.003)μmol/L	2
	Nafion/Sonogel-Carbon 生物电极	0.1mol/L 醋酸盐缓冲溶液(pH=5.0)	单个漆酶(LAC)的修饰电极和双酶漆酶-酪氨酸酶(LAC-TYR)的修饰电极电子转移速率分别为 $6.19s^{-1}$、$8.52s^{-1}$；电子转移系数分别为 0.64、0.67		3
乳酸脱氢酶	二氧化钛纳米颗粒和硅溶胶凝胶修饰的金电极	0.03mol/L 磷酸盐缓冲溶液(pH=7.0)	氧化还原峰电位差为 160mV	检测乳酸时，线性范围为 1.0～20μmol/L，检出限为 0.4μmol/L	4
	硅溶胶-凝胶膜修饰的金电极	磷酸盐缓冲溶液	电子转移系数为 0.79，电子转移速率为 $3.2s^{-1}$	检测乳酸时，线性范围为 2.0×10^{-6}～3.0×10^{-5}mol/L，检出限为 8.0×10^{-7}mol/L	5
尿酸	羧基化的单壁碳纳米管组装在金电极表面形成网状电极	0.1mol/L 磷酸盐缓冲溶液(pH=7.4)	电子转移系数为 0.52，电子转移速率常数为 $0.43s^{-1}$		6
微过氧化物酶(MP-11)	多壁碳纳米管修饰的 Pt 微电极	0.1mol/L 磷酸盐缓冲溶液(pH=7.0)	电极表面覆盖度为 $1.8\times10^{-11}mol/cm^2$，电子转移系数为 0.39，电子转移速率为 $78s^{-1}$	检测过氧化氢时，线性范围为 3.3～38.4μmol/L，检出限为 0.7μmol/L	7
微过氧化物酶的咪唑复合物(im-MP-11)	裸的金电极、铂电极和玻碳电极	0.1mol/L 四丁基高氯酸铵的二甲基亚砜溶液	电子转移速率分别为 $(8.7\pm0.1)\times10^{-4}$cm/s(Au)、$(7.2\pm1.3)\times10^{-4}$cm/s(Pt)和 $(5.7\pm1.0)\times10^{-4}$cm/s(GC)		8
黄嘌呤氧化酶(XOD)	单壁碳纳米管修饰的金电极	0.05mol/L 磷酸盐缓冲溶液(pH=7.0)	电极表面覆盖度为 $1.2\times10^{-10}mol/cm^2$		9
脱硫牡蛎醛氧化还原酶(DgAOR)	金电极、热解石墨电极和玻碳电极	DgAOR 固定在电极表面或在溶液中，0.1mol/LKCl 溶液，0.05mol/LTris-HCl 缓冲溶液(pH=7.6)	在热解石墨电极和玻碳电极表面覆盖度为 $(2.6\pm0.6)\times10^{-11}mol/cm^2$		10

续表

生物分子	检测原理及方式	检测条件	分析性能	催化性能	文献
羟基血红素	单壁碳纳米管(SWNTs)和离子液1-丁基-3-甲基咪唑六氟磷酸([BMIM][PF_6])修饰的玻碳电极	0.1mol/L 磷酸盐缓冲溶液(pH=7.0)		检测三氯乙酸时，线性范围为9.0×10^{-7}～1.4×10^{-4}mol/L，检出限为3.8×10^{-7}mol/L	11
谷胱甘肽	碳纳米纤维-聚（二甲基二烯丙基氯化铵）/普鲁士蓝(CNFs-PDDA/PB)纳米复合材料修饰的ITO电极	0.1mol/LKCl 溶液	在修饰电极表面的覆盖度为7.85×10^{-10}mol/cm	检测谷胱甘肽的灵敏度为2.07μA·L/(mol·cm^2)，线性范围为6.0×10^{-6}～1.74×10^{-5}mol/L，检出限为2.0×10^{-6}mol/L	12
胎儿球蛋白抗体(anti-AFP)	首先将胎儿球蛋白抗体固定在Fe_2O_3/Au核壳磁性纳米颗粒表面，再将它们修饰在碳糊电极上	0.1mol/L 磷酸盐缓冲溶液(pH=7.0)		检测AFP的线性范围为1～80ng/ml，检出限为0.5ng/ml	13

本表参考文献：

1. Shervedani R K, Amini A. Bioelectrochem, 2012, 84: 25.
2. Rahman M A, et al. Anal Chem, 2008, 80: 8020.
3. ElKaoutit M, et al. Talanta, 2008, 75: 1348.
4. Cheng J, et al. Talanta, 2008, 76: 1065.
5. DiJ, et al. Biosens Bioelectron, 2007, 23: 682.
6. Huang X J, et al. J Phys Chem B, 2006, 110: 21850.
7. Wang M, et al. Biosens Bioelectron, 2005, 21: 159.
8. Mabrouk P A. Anal Chem, 1996, 68: 189.
9. Wang L,Yuan Z. Anal Sci, 2004, 20: 635.
10. Correia dos Santos M M, et al. Eur J Biochem, 2004, 271: 1329.
11. Tu W, et al. Chem Eur J, 2009, 15: 779.
12. Muthirulan P, Velmurugan R. Colloids Surf B, 2011, 83: 347.
13. Tang D. Biotechnol Lett, 2006, 28: 559.

DNA 是遗传信息的载体，具有储存和传递信息的功能，绝大多数生物体的遗传信息储存在 DNA 分子中，DNA 的复制构成了遗传分子基础。传统的 DNA 检测是基于直链碱基之间的杂交反应。DNA 和鸟嘌呤、腺嘌呤的直接电化学也是科研工作者的研究重点，单细胞的直接电化学也有相关报道，见表 9-18。

表 9-18 DNA 和鸟嘌呤、腺嘌呤的直接电化学

生物分子	检测原理及方式	检测条件	分析性能	催化性能	文献
单链DNA	两种硅氧烷溶胶-凝胶（3-巯基丙基三甲氧基硅氧烷和3-环氧甲氧基三甲氧基硅氧烷）修饰的金电极	0.1mol/L 磷酸盐缓冲溶液(pH=6.5)		检测 ssDNA 的线性范围为2.51×10^{-9}～5.02×10^{-7}mol/L，检出限为8.57×10^{-10}mol/L	1
	单壁碳纳米管修饰的电极	0.01mol/L 乙酸盐缓冲溶液(pH=5.8)			2
双链DNA	Nafion 和有序的中孔性碳修饰的碳离子液电极(Nafion-OMC/CILE)	0.2mol/LB-R 缓冲溶液(pH=4.0)	在修饰电极表面的覆盖度为6.17×10^{-10}mol/cm	线性范围为10.0～600.0μg/ml，检出限为1.2μg/ml	3
ssDNA 和 RNA	多壁碳纳米管修饰的丝网印刷碳电极(MWNT/ SPCEs)	0.1mol/L 磷酸盐缓冲溶液(pH=5.5)		ssDNA 的线性范围为17.0～345μg/ml，检出限为2.0μg/ml；RNA 的线性范围为8.2μg/ml～4.1mg/ml，检出限为2.0μg/ml	4
DNA	纳米孔金修饰的玻碳电极	0.5mol/L H_2SO_4		线性范围为8.0×10^{-17}～1.6×10^{-12}mol/L，检出限为20amol/L	5

续表

生物分子	检测原理及方式	检测条件	分析性能	催化性能	文献
鸟嘌呤 腺嘌呤	多壁碳纳米管修饰的玻碳电极	0.1mol/L 磷酸盐缓冲溶液(pH=7.0)		鸟嘌呤的线性范围为 0.2~2μmol/L，检出限为 7.5×10^{-9}mol/L；腺嘌呤的线性范围为 0.01～5μmol/L，检出限为 5×10^{-9}mol/L	6
	环糊精/聚-*N*-乙酰苯胺修饰的碳糊电极	0.1mol/L 磷酸盐缓冲溶液(pH=7.0)	鸟嘌呤在α-环糊精、β-环糊精、γ-环糊精修饰电极上的覆盖度分别为 3.91×10^{-9}mol/cm^2、2.62×10^{-9}mol/cm^2、5.07×10^{-9}mol/cm^2；腺嘌呤在α-环糊精、β-环糊精、γ-环糊精修饰电极上的覆盖度分别为 2.28×10^{-9}mol/cm^2、1.63×10^{-9}mol/cm^2、3.87×10^{-9}mol/cm^2	鸟嘌呤、腺嘌呤的线性范围分别为 2～150μmol/L、6～106μmol/L，检出限都为 1μmol/L	7
	N-丁基吡啶六氟磷酸盐($BPPF_6$)的碳离子液电极	0.2mol/LB-R 缓冲溶液(pH=7.0、pH=5.0)	腺嘌呤、鸟嘌呤在修饰电极上的覆盖度分别为 9.85×10^{-10}mol/cm^2、9.03×10^{-10}mol/cm^2，电子转移系数分别为 0.58、0.65，电子转移速率分别为 7.42×10^{-4}s^{-1}、2.39×10^{-3}s^{-1}	腺嘌呤的线性范围为 1.5～10.0μmol/L 和 10.0～70.0μmol/L，检出限为 2.5×10^{-7}mol/L；鸟嘌呤的线性范围为 0.3～50.0μmol/L，检出限为 7.87×10^{-8}mol/L	8
	单晶 TiO_2 纳米带(TNs)和粗糙的 TiO_2 纳米带(CTNs)修饰的玻碳电极	0.1mol/L 磷酸盐缓冲溶液(pH=7.4)	鸟嘌呤在 TNs/CA/GC 和 CTNs/CA/GC 上的覆盖度分别为 2.868×10^{-10}mol/cm^2、4.750×10^{-10}mol/cm^2；腺嘌呤、鸟嘌呤在 TNs/CA/GC 和 CTNs/CA/GC 上的覆盖度分别为 5677×10^{-10}mol/cm^2、7.438×10^{-10}mol/cm^2		9
腺嘌呤	热解石墨电极	0.1mmol/L 磷酸盐缓冲溶液(pH=6.85)	腺嘌呤分散系数为 $(1.25\pm0.2)\times10^5$cm/s		10
小牛胸腺 DNA(ssDNA)	聚异丁烯酸甲酯/石墨粉微米复合材料修饰的电极(PMMA/GME)	0.1mol/L 磷酸盐缓冲溶液(pH=5.5)		检测 ssDNA 的线性范围为 5.9×10^{-3}～1.1mg/ml，检出限为 1.0μg/ml	11
核苷酸内切酶(Endo Ⅲ)	DNA 修饰的热解石墨电极	0.1mol/L 磷酸盐缓冲溶液(pH=7.4)，1mmol/LEDTA，20%甘油			12
低聚核苷酸	聚(JUG-co-JUGA)-GC 修饰的玻碳电极 JUG：5-羟基-1,4-萘醌 JUGA：5-羟基-3-硫代乙酸-1,4-萘醌	0.1mol/L 磷酸盐缓冲溶液(pH=7.2)	电极表面覆盖度分别为 3×10^{-9}mol/cm^2		13

续表

生物分子	检测原理及方式	检测条件	分析性能	催化性能	文献
癌细胞4T-1	金电极	0.2mol/LB-R 缓冲溶液(pH=2.0)		线性范围为 $5.0\times10^{-10}\sim2.2\times10^{-8}$mol/L，检出限为 83pmol/L	14
K562 白血病细胞	金纳米溶胶和壳聚糖复合材料修饰的玻碳电极	0.01mol/L 磷酸盐缓冲溶液(pH=7.4)		线性范围为 $1.34\times10^{4}\sim1.34\times10^{8}$ 个细胞/ml，检出限为 8.71×10^{2} 个细胞/ml	15
K562/ADM 白血病细胞	金纳米溶胶和丁酰基壳聚糖复合材料修饰的玻碳电极(Au-CS/GCE)	0.01mol/L 磷酸盐缓冲溶液(pH=7.4)		线性范围为 $5.0\times10^{4}\sim1.0\times10^{7}$ 个细胞/ml，检出限为 1.0×10^{4} 个细胞/ml	16

本表参考文献：

1. Li F, et al. Biosens Bioelectron, 2008, 24: 787.
2. Roy S, et al. Nano Lett, 2008, 8: 26.
3. Zhu Z, et al. Biosens Bioelectron, 2010, 25: 2313.
4. Ye Y, Ju H. Biosens Bioelectron, 2005, 21: 735.
5. Hu K, et al. Anal Chem, 2008, 80: 9124.
6. Wu K, et al. Anal Bioanal Chem, 2003, 376: 205.
7. Abbaspour A, Noori A. Analyst, 2008, 133: 1664.
8. Sun W, et al.Biosens Bioelectron, 2008, 24: 988.
9. Sun W, et al. Phys Chem ChemPhys, 2011, 13: 9232.
10. Goncalves L M, et al. J Phys Chem C, 2010, 114: 14213.
11. Dai H, et al. Analyst, 2010, 135: 2913.
12. Gorodetsky A A, et al. J Am Chem Soc, 2006, 128: 12082.
13. Pham M C, et al. Anal Chem, 2003, 75: 6748.
14. Wang W, et al. J Am Chem Soc, 2008, 130: 10846.
15. Ding L, et al. Biomacromol, 2007, 8: 1341.
16. Du D, et al. Biochem, 2005, 44: 11539.

三、生物分子直接电化学的研究意义

研究生物分子的直接电化学具有非常重要的意义：

首先，可以方便地获得蛋白质的热力学和动力学性质，有助于深入了解蛋白质电子传递过程。生命过程离不开电子传递。无论是能量转换，还是神经传导；无论是光合作用，还是呼吸过程；甚至是生命的起源、大脑的思维、基因的传递，都与电子传递密切相关。研究生命过程很重要的一个方面就是研究生物体内的电子传递过程。氧化还原蛋白质和酶在电极表面的电子传输可以看成是生物体内的电子传输过程的简单模拟。

其次，由于蛋白质直接电化学涉及界面专一性、界面相容性和蛋白质的变性问题等，因此，在研究过程中可以得到很多关于生物大分子界面问题的启示，进而模拟生物体内的电子传递过程。

再次，从应用角度，这项研究把电极与生物大分子联系起来，可以获得一种专一的电催化模式，以实现高灵敏度和高选择性的分子传感。

目前，与蛋白质直接电化学相关的研究领域包括蛋白质界面相互作用、蛋白质电子传递机制、酶氧化还原中间态、蛋白质分子识别、电极界面设计和生物传感器等。

参考文献

[1] Lane R F, Hubbard A T. J Phys Chem, 1973, 77: 1401.
[2] Watkins BF, et al. J.Am Chem Soc, 1975, 97: 3549.
[3] Moses P R, Wier L, Murray R W. Anal Chem, 1975, 47: 1882.
[4] Murray R W. In: Electroanalytical Chemistry. Bard A J Ed. New York: Marcel Dekker, 1984, 13: 191.
[5] 金利通, 等. 化学修饰电极. 上海: 华东师范大学出版社, 1992.
[6] Heller A. Acc Chem Res, 1981, 14: 154.
[7] Nair K G, et al. Fishery Technol, 1984, 21: 109.
[8] Rusling J F. Anal Chem, 1984, 56: 575.
[9] Evans J F, et al. Anal Chem, 1979, 51: 358.
[10] Poon M, McCreery R L. Anal Chem, 1986, 58: 2745.
[11] Kolthoff I M,Tanaka N. Anal Chem, 1954, 26: 632.
[12] Mattusch J, et al. Electroanal, 1989, 1: 405.
[13] 董绍俊，车广礼，谢远武. 化学修饰电极. 北京：科学出版社, 2003.
[14] 易惠中. 功能材料, 1991, 22: 287.

[15] 陈艾. 敏感材料与传感器. 北京: 化学工业出版社, 2004, 7: 177.
[16] 杨邦朝, 张益康, 传感器世界, 1997, (9).
[17] 刘真真, 等. 东莞理工学院学报, 2007, 14: 98.
[18] 干宁, 等. 2008, 10: 329.
[19] 涂新满, 等. 中国科学: 化学, 2011, 54: 1319.
[20] 谭学才, 等. 分析试验室, 2004, 23: 1.
[21] 阳明辉, 等. 分析科学学报, 2004, 20: 449.
[22] 陈珠丽, 等. 传感技术学报, 2009, 22: 1686.
[23] 高寅生, 等. 食品与发酵工业, 2009, 35.
[24] 干宁, 等. 中国食品学报, 2008, 8: 48.
[25] 王卓, 等. 哈尔滨理工大学学报, 2002, 7: 54.
[26] 汪尔康. 21世纪的分析化学. 北京: 科学出版社, 1999, 43.
[27] 焦奎, 张书圣. 酶联免疫分析技术及应用. 北京: 化学工业出版社, 2004, 20.
[28] Sanden B, Dalhammar G. Appl Microbiol Biotechnol, 2000, 54: 413.
[29] Ciana L D, et al. J Immunol Methods, 1996, 193: 51.
[30] Liu C H, et al. Anal Chem, 2000, 72: 2925.
[31] Tiefenauer L X, et al. Biosens Bioelectron, 1997, 12, 213.
[32] DijksMa M, et al. Anal Chem, 2001, 73, 901.
[33] Konchj R, et al. Sensor Actuat B, 1998, 47: 246.
[34] Sergeyeva T A, et al. Anal Chim Acta, 1999, 390: 73.
[35] 陶仪训, 等. 临床免疫学检验. 上海: 上海科学出版社, 1986, 93.
[36] Yagiuda K. Biosens Bioelectron, 1996, 11: 703.

第十章　电化学联用分析

第一节　光谱电化学技术

一、概述

电化学方法和技术既可以提供电极/溶液界面上所发生的电化学反应的热力学信息，也可以提供动力学信息。然而，单纯的电化学实验很难准确地识别出电活性物质，通常需要一种已知的标准物质作为参考来推断未知物质是哪种分子。另外，对于氧化还原反应所伴随的物质结构变化、反应物和生成物的吸附取向、排列次序等分子水平的信息，电化学实验只能提供有限的、间接的信息，这类数据往往需要借助于光谱技术。光谱测定可分为现场（in situ）和非现场（ex situ）方法，后者是在电化学反应发生后，将电极从电化学池中拿走再进行测定。现场测定是串联电化学方法和光谱技术，在一小体积电解池内，同时进行电化学反应和光谱测定，即通常意义上所讲的光谱电化学。

光谱电化学的应用已经拓展到多种领域，包括无机化学、有机化学及生物化学等。通常以电化学为激发信号，而反应体系对电激发信号的响应则以光谱技术进行测定，如分子振动频率、摩尔吸光度、发光强度、电子或磁共振频率等参数。此外，电化学和光谱学技术的联用也有助于阐明电子转移反应机理和相关界面过程[1]。迄今为止，已有大量关于光谱电化学应用、元件设计及技术方面的文献。在此仅仅列出一些最常用的光学技术和普通实验条件下可进行测定的技术。

光谱电化学实验多用于氧化还原中间态的定性分析，如结构表征。而定量分析在实验上具有较大难度，需要严格而精密地设计电解池的几何结构，这是因为工作电极的大小及其相对于其他电极的位置往往造成 iR 降和较低的电流密度。而且，光谱电化学反应池的设计非常依赖于所用的光谱学技术。某些参数的设计（例如反应池相对于光源和检测器的位置、电极透明度等）取决于光学变化的检测方式（如是检测电子光谱的光透射，还是拉曼光谱的光散射）。多数反应池遵循传统的三电极结构：参比电极、辅助电极和工作电极。理想的光谱电化学池还应具备以下特点：适合较宽的入射光波长范围；构造简单，易于除氧、添加溶液和清洗；耐溶剂侵蚀；池内电场分布均匀、阻抗小等。光谱电化学方法的另一个特点是所用的试剂体积较小，便于使反应池在一个给定电位下迅速达到平衡状态。同时较小的溶液体积也能减少溶剂和电解质造成的背景干扰。因此薄层池在光谱电化学中最常见。

光谱电化学将继续为深入了解界面反应和氧化还原过程提供有力的帮助。电化学法可以为不同种类的光谱学寻找联用方法，包括光学的和非光学的。随着光谱技术的发展和光聚元件技术的提高，成像技术的应用将会增多。将显微镜用于光谱电化学的光学元件将使成像变成可能，并将与现有电化学方法串联使用。例如在电极表面与电位相关的吸附和解吸已经实现了荧光显微成像[2]，离子选择性膜的波长色散多谱线成像已有报道[3]。光谱电化学和界面过程的成像最终必将扩展到红外和拉曼技术。尤其要指出的是，共焦光学器件在光谱电化学研究中的使用将会增多，尤其是在界面研究中。共焦显微镜的 Z-压电控制可以实现扩散层的深度分辨研究。不常见的光谱方法如圆二色光谱法与光谱电化学方法的联用也将呈上升趋势，尤其适用于其电场或电位引起的构型变化能被监控的生物材料。

自 20 世纪 90 年代发展起来的扫描近场光学显微镜（SNOM）结合了传统扫描探针技术获取拓扑信息的优点和光学成像技术获取结构信息的优点，并且可以避免光学绕射极限，实现材料和结构的光学成像。该技术中的扫描探针与其他探针相比，主要区别在于它的微机械探针探头担当了纳米级的光源。探针和样本之间的微小距离是在近场距离内的，因此不同于远场成像，远场成像的光学分辨率受光学绕射极限限制。SNOM 可以用于多种模式，如透射、反射和发射。此类技术将来有望与电化学研究联用。该成像的空间分辨率使得单分子电位控制成为可能。

二、电极表面的光透射和光反射

光射向介质表面会经历许多过程，其中最重要的是反射、透射、吸收和散射。散射主要为弹性散射，非弹性散射如拉曼散射是一个比较弱的现象。在一个光谱学实验中，入射光强度记为 I_0，与透过介质的光强相比记为 $T = I_0 / I$，与散射的光强相比记为 $S=I_s/I_0$，与反射的光强度相比记为 $R=I_r/I$。此外，根据菲涅耳方程，材料的光学参数（如反射率、透射率和吸收率）可定义该材料的折射率 n'，$n'=n_r+ik_i$ 或者复介电常数 $\varepsilon'=\varepsilon_r+ik_i$。这两个参数的关系为 $n' = \sqrt{\varepsilon'}$。

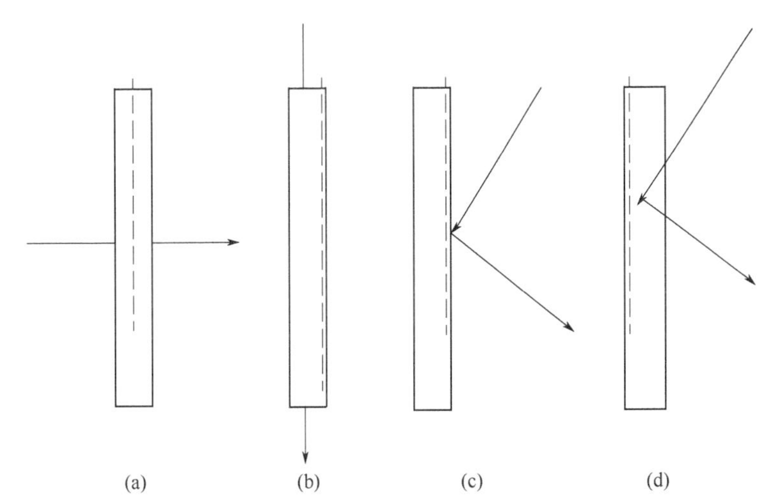

图 10-1　常见光谱电化学池的光学结构，不同模式下的入射光（粗线）和检测光（细线）路径

(a)与电极垂直的透射模式；(b)与电极平行的透射模式；(c)内部反射模式；
(d)外部反射模式。虚线代表电极溶液界面

常用的光谱电化学池有两种，即透射模式和反射模式。图 10-1 描述了几种在光谱电化学中最常用的透射和反射光学模式，其中光学透射实验是最常见的光学模式。透射模式是测定在电极过程中由于物质的消耗或生成所引起的吸光度的变化，所以在此实验中散射和反射必须达到最小化，以提供最优的信噪比。光透电极（optically transparent electrodes，OTEs）的入射光是与电极表面垂直的，因此可以有效减少上述干扰[见图 10-1(a)]；也可采用长程薄层池[见图 14-1（b）]，即让光路平行通过电极表面，光程等于电极长度。

在反射光谱电化学实验中，入射光在某一电极表面反射的光的反射率记为 R_2，从空白表面反射的光记为 R_1。微分反射率记为$\Delta R/R_1$，其中ΔR 为 R_2-R_1，它是洁净表面和有分析物的

表面的反射率差值。光谱电化学实验可以阐明施加和不施加电位时反射率的差值。由于这是一个微分值，值较小，因此必须限制背景信号的大小。

三、紫外-可见光谱电化学

紫外-可见光谱电化学是最常见的现场光谱电化学技术，它具有易于操作、成本低的优点，既能够获得电化学过程中的定量信息，也能够获得定性信息。它测定的对象是目标分析物电子态之间发生的跃迁，通常发生在紫外或可见区域（电磁波谱 190～700nm）。电化学通过氧化或还原直接定位出一个给定物质的价电子，电子态的变化很自然地体现在相关的光/能谱中。因此，紫外-可见光谱对于阐明氧化还原过程引起的电子变化具有重要作用。紫外-可见分光光度计的操作通常为透射模式，其吸光度用透射率百分比表示，检测结果 $A=\lg(100/\%T)=2-\lg(\%T)$。根据朗伯-比耳定律 $A=\varepsilon cL$ 可知，吸光度直接与吸光物质的浓度有关。式中，L 是光透过样本的路径长度；c 是吸光物质的浓度；ε 是摩尔吸光系数。

（一）透射模式和光电化学池

透射模式的光谱电化学技术源于光透电极（OTEs）的出现。OTEs 是光学透明的，通常来讲研究波长范围内的入射光有 50%以上是透过的。光透电极作为工作电极需要具备以下条件：光透明、足够宽的电势窗以及能在溶液中稳定。常用的光透电极材料有两种类型。

1. 导电薄膜电极

金属薄膜是通过气相沉积或溅射将 Au、Ag、Pt 等加工到透明基底上，如玻璃、石英或塑料。石英的光窗使用范围包括自 220nm 的可见光区至近红外区，而玻璃或塑料仅在可见光区和一定范围的近红外区适用。Pt 和 Au 的沉积需要有一层过渡金属的内涂层（约 5nm），如 W 或 Ti，用来增加黏附力，以加固导电金属薄膜。在玻璃或石英上固定此类薄膜金属的另一个有用方法是用巯丙基三乙氧基硅烷进行甲基硅烷化。巯基基团可以结合金属并固定金属薄膜。这对于金尤其重要，因为金受到摩擦很容易脱落[4]。金属薄膜必须足够薄（小于 200nm），以保持光学透明。这样也造成一个缺点，即金属膜的导电性较差。

和金属薄膜相比，透明的金属氧化物半导体材料（如铟锡氧化物和掺氟的锡氧化物）存在的电阻问题较少，而且金属氧化物在整个可见光区都保持光透性，因此金属氧化物材料的应用正在逐渐增多。此类材料的缺点是不能透过紫外线，因此在可见至近红外区的光学研究受到限制。另外过高的掺杂物也会降低它们的光透性。

金刚石电极在透射光谱电化学法中的应用正逐渐增加。光学透明的金刚石电极的做法有许多种[5,6]。化学气相沉积金刚石（CVD）是最常见的形式。在金属基底上长一层多晶金刚石，然后将其分离作为光学窗口[7]。光透基底上沉积一层金刚石薄膜[8,9]。导电的金刚石薄膜已经用于作为衰减全反射红外（ART-IR）光谱的透明电极[10]。高纯度金刚石具有优越的光透性，可以透射约 225nm（该波长处有带隙吸收）直至远红外的光线（透光率大于 50%）。然而金刚石是一种较差的导体，需要掺杂其他物质（如硼）才能成为可用的电极材料。不幸的是，掺杂会影响其光学性质，降低适用的波长范围和光透性。尽管如此，金刚石仍然占有许多优点，例如宽的电位窗、耐污染以及可以承受极端的溶剂条件等。

2. 微网电极

微网或网状的半透明导电材料在紫外-可见和紫外-可见-近红外光谱电化学中得到了广泛应用。这类材料主要是商品化的网状金属（如金、铂或铂铑合金），此外还有多孔网状玻璃体碳和其他较少用的金属和合金（如汞包被的金）[11, 12]。微网的光透性依赖于网络的尺寸及网的节距，总的来说透明度为 50%或更高。此类材料具有很大的比表面积和电导率，因此能很快地达到完全电解。微网的尺寸、孔的大小和线的厚度是决定丝网电极扩散行为的重要参数。

光谱电化学实验中的辅助电极和参比电极与传统电化学反应池中的电极相似，它们必须足够小以适应电解池。常见的辅助电极是较小的铂丝、铂棒或线圈。参比电极通常为微型化的 Ag/Ag^{+}或 Ag/AgCl。在非定量应用中使用的是 AgCl 包被的银丝，或用一个简单的银丝作为类参比电极（quasi-reference electrode，QRE）。但是常用的仍然是水相或非水相的 Ag/Ag^{+}，此类电极通过一个多孔玻璃使电极与分析物溶液分开，更加稳定。电子光谱电化学实验通过薄膜（有限）或半无限扩散在 OTEs 上进行。

（二）薄层技术和光电化学池

在原位光谱电化学测定中，控制目标分子的完全、快速电解是十分重要的。最常用的方法是增大工作电极面积与溶液体积的比例，以产生有效的对流传质。为此，基于光透薄层电极（OTTLE）的光谱电化学设计应运而生[13~17]。图 10-2 列出了一些用于静态和流动电解池的 OTTLE 的设计图。

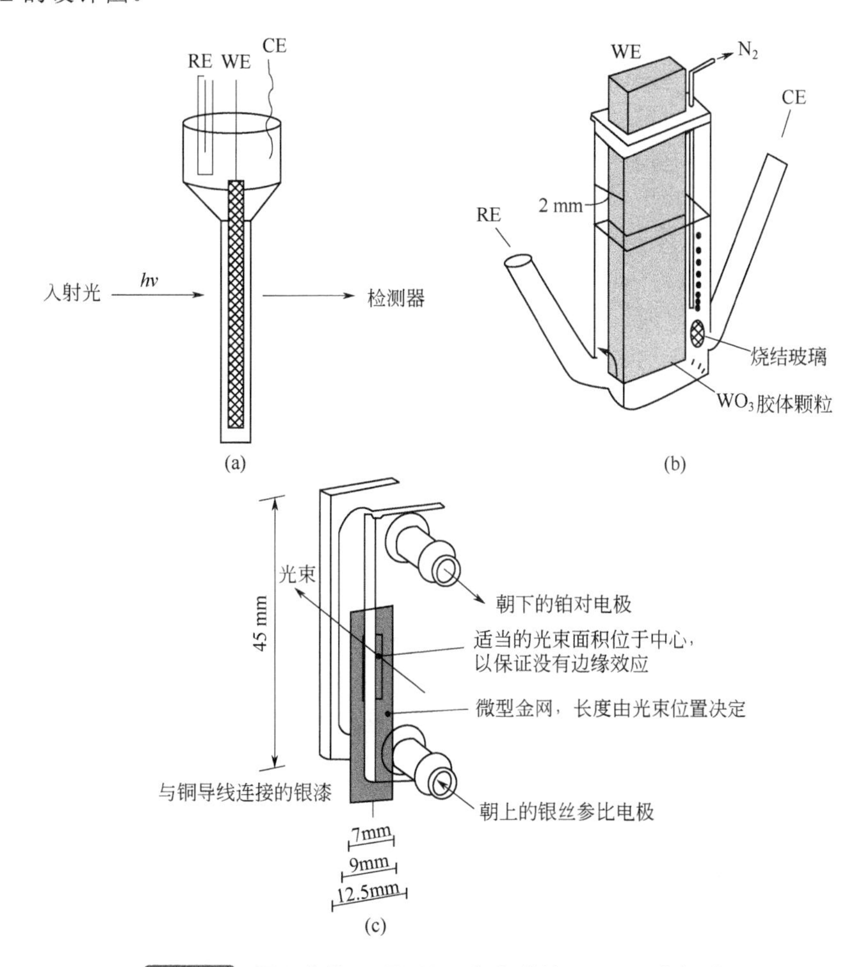

图 10-2　用于紫外-可见-近红外光谱的 OTTLE 电解池

使用(a)金属网状电极和传统薄层电解池，具有一个安放对电极和参比电极的容器；(b)薄层电解池，具有一个安放对电极和参比电极的侧臂；(c)薄层流动电解池

WE—工作电极；RE—参比电极；CE—对电极

最简单的方法是制作一个短程石英池，在上面或侧面有一个容器用来安放对电极和参比电极。薄层最普遍的几何设计是用聚四氟乙烯或聚酰亚胺垫片将溶液夹在玻璃和 ITO 电极之间；此类电解池目前已经商品化供应。薄层电解池朝向激发光束的一面宽度为 50～250μm，电解率由有限扩散来控制。在较短的电解时间内，当传质通过线性扩散进行时，达到完全电解的时间 t 为

$$t = \frac{\delta^2}{\pi D} \tag{10-1}$$

式中，δ 是薄层厚度；D 是分析物的扩散系数。取一个典型的扩散系数 $1\times10^{-5}cm^2/s$，从式(10-1)可知，一个路径长 25μm 的典型的光谱电化学电解池可在约 200ms 内达到完全电解。该相对快速电解时间可以提供动力学信息。对于一个非均相电子转移较慢的系统，该时间会大大延长。

池体的结构要能够安放在传统的分光光度计池体支架上，或者可以和光纤光谱仪一起使用。参比电极和对电极应该足够小，以安放在腔体中或者焊接在电解池的非导电窗口处。氧气的消除通常是通过提前向电解液中通入惰性气体（如氩气或氮气）实现的，并且电解过程中要保持液面有一层惰性气体。

实验设备还包括经塑形的聚乙烯或聚四氟乙烯，光窗从中插入。这些设计是为了取代传统分光仪的样本架，并且可以结合通入冷却氮气进行温度控制。现有的分光仪带控温装置的电解池支架种类很多。对于光路与电极垂直的薄层电解池，图 10-2 中的电解池适用。由于薄层结构的电解池很窄，光路中没有本体溶液，电解池的所有材料均处在扩散层；电解过程很迅速，约在几十微秒内完成。这种构造是为了提供电化学体系达到平衡时的光谱信息。在基于 OTTLE 造型的流动池中，通道电极的组成部分主要是一个金微网电极，安装在图 10-2(c)所示的薄层硅池中，参比电极位于上方，对电极位于下方。溶液由储液池流入电解池进行电解，继而采集光谱。由于池体体积小，因此电解反应可以完全进行，从而消除了本体的干扰。

如果辅助电极和对电极相对于工作电极的位置设计不当，就会沿工作电极表面形成很严重的且随空间变化的 iR 降。这种欧姆极化是传统电解中的一个严重问题，在 OTTLE 中也很难克服。如果不需要与时间相关的定量数据，那么这一点不重要。池体的体积和分析物的浓度非常小，因此不需要大量的对流传质。如式(10-1)，每个光谱电化学的电位扫描过程都有充足的完全电解时间。对于定量测试，可以通过使用一个夹心结构来改善不当的几何结构，即将 Pt 箔片放在工作电极的一侧来调节电流，放入一个内置参比点来提高电位控制[18]。在定性研究中，批量电解是用来在一个或多个不连续电位下彻底电解样本的方法。通常不需要对工作电极进行动力学控制；并且由于对电极的相对面积较小，它的响应很慢，不像传统电极测试中那样重要。

在实验中，要在一个给定的电位下记录一个完整的紫外-可见光谱。首先要获得研究物质的循环伏安图，然后通过光谱电化学获得氧化还原物质的光谱性质。薄层光谱电化学在有机化学和无机化学中得到了广泛应用。通过分析循环伏安图，可以知道中间体氧化还原态的性质，进而通过分子的光谱信息（如新生物质的电子离域作用）进行定量测试。

薄层光谱电化学的一个最重要的应用是准确测定分子的矢量电位和电化学反应的电子转移数。对于可逆的电化学反应，

$$\text{Ox} + ne^- \longrightarrow \text{Red} \tag{10-2}$$

达到电解平衡时，氧化态和还原态的分子在溶液和界面的浓度相等，则给出如下能斯特方程，

$$E_{\text{applied}} = E^{\ominus\prime} + \frac{RT}{nF}\ln\frac{A_i - A_{\text{Red}}}{A_{\text{Ox}} - A_i} \tag{10-3}$$

根据 E_{applied} 与 $\ln(A_i - A_{\text{Red}})/(A_{\text{Ox}} - A_i)$ 之间的线性关系，可从截距和斜率分别得出矢量电位和电化学反应的电子转移数，即 $E^{\ominus\prime}$ 和 n。

计时吸光测量法被广泛用于蛋白质电化学，可以获得正反应中的非均相电子转移速率的动力学信息。在此类系统中，由于氧化还原中心深深包埋在蛋白质结构中，因此它们的非均相电子转移通常在动力学上是很缓慢的。薄层电解池的体积很小，使用的溶液有限，因此可以用于生物学研究。计时吸光测量法可以研究复合生物体系中的结构-功能关系，仅依靠电化学是无法做到的。单电位阶跃、不对称双电位阶跃和循环电位扫描计时吸光测量法可用于获得复合物体系和不可逆体系的非均相电子转移动力学参数[18]。

间接电化学方法用来研究包埋于大分子结构中的位点，这些位点会造成电极表面的非均相电子转移无法进行。因此需要引入较小的氧化活性物质或电子转移媒介，它们可以扩散到生物大分子的氧化还原活性位点，进行均相电子转移，然后扩散到电极进行氧化或还原反应。这些媒介物在研究区域有理想的光谱惰性，合适的热力学性质，易在氧化还原活性位点进行电子转移，不会与目标分子产生干扰作用[19]。该方法被用于蛋白质电化学中。

（三）光谱电化学：半无限线性扩散

在半无限扩散条件下，光谱电化学可以在很短的时间内达到完全电解，即使没有对流传质也可以达到。这些电解池的溶液层比 OTTLE 电解池更厚，施加电位后扩散层不会在整个光路扩散。对于定量光谱电化学，计时库仑实验按照图 10-3 所示的半无限扩散光谱电化学池中进行[20]。多数情况下工作电极选用 ITO 等透明膜电极，以避免使用微网电极带来的复杂的扩散参数。

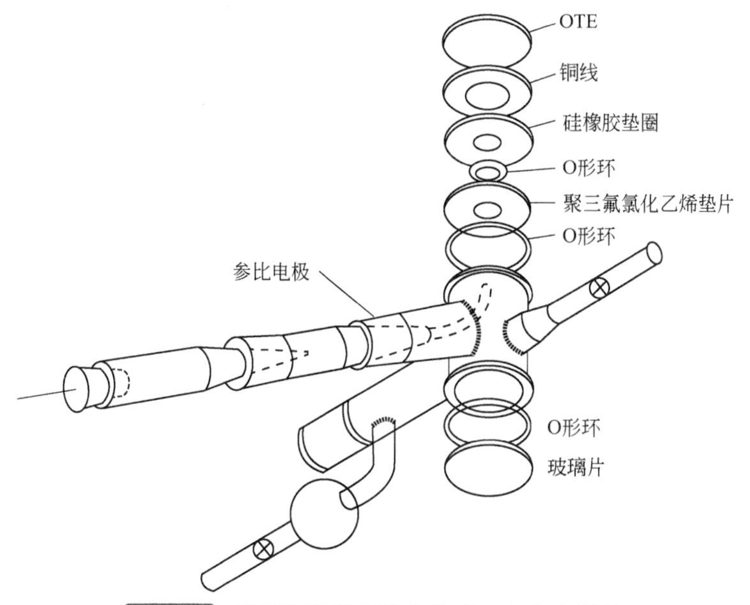

图 10-3 半无限扩散光谱电化学的夹心电解池

施加一个电位阶跃，电化学反应会产生一个相应的分子吸光度的变化。设定检测器只检测产物P，那么在 dx 厚度内的吸光度的变化 dA 为 $\mathrm{d}A = \varepsilon_{\mathrm{P}} c(x,t)\mathrm{d}x$，积分得到，

$$A = \varepsilon_{\mathrm{P}} \int_0^{\infty} c(x,t)\mathrm{d}x = \frac{2\varepsilon_{\mathrm{P}} c_0^* D_0^{1/2} t^{1/2}}{\pi^{1/2}} \tag{10-4}$$

式中，c_0^*表示初始反应物的本体浓度；D_0表示它的扩散系数；π为圆周率。根据吸光度与时间平方根的直线关系，可以确定分子的扩散系数。

（四）长光路通道薄层电解池（LOPTLC）

对于摩尔吸收率低的材料，吸收光谱达到可测程度所需的浓度很难实现，因此薄层电解池不具有实用性。在这种情况下，应该用长光路薄层电解池（long optical path thin layer cells，LOPTLC）[21,22]。此类电解池的光路与工作电极平行，如图 10-1(b)。该方法的优点是：由于电极不在光路内，因此电极可以是不透明的；同时长光路可以提高灵敏度，因此可以使用更低的浓度。缺点是要消耗电解时间。

（五）反射光谱

反射光谱对于反射表面的薄膜、固态沉积物或自组装单层膜和多层膜尤其重要。最常见的两种应用技术是外反射和衰减全反射（attenuated total reflectance，ATR）光谱。

1. 外反射光谱

在外差分反射光谱实验中，入射光照到不透明的反射表面后，一部分被反射，一部分被吸收。反射光被检测，检测的信号中包括入射光强度减去材料表面吸收的光。将每个电位下的反射率对空白值（空白电极上或仅含电解质的薄层电极）做归一化处理，然后将归一化的微分反射$\Delta R/R$ 对波长作图。镜面反射和漫反射同时发生并均可用于紫外-可见反射光谱电化学测定。镜面反射需要呈镜面的表面，反射率依赖于入射光的角度；该现象可以用菲涅尔方程解释。镜面反射光是偏光并且高度各向异性（即镜面反射光只能在有限范围的入射角度产生反射）。变角镜面反射光谱技术可以提供关于膜均一性和厚度的有用信息。漫反射主要发生在粗糙或颗粒表面，是各向同性的。在实验中镜面反射和漫反射是通过控制检测角度（或入射光角度）来加以区分的。紫外-可见光谱电化学研究中的镜面反射大多采用高度抛光的金属电极作为表面。此外，高度抛光的碳表面也可以使用。

现已有商品化的紫外-可见光谱仪反射配件，有些配件可以改变入射角以分离镜面反射和漫反射。反射模式的紫外-可见光谱电化学已广泛用于薄膜、聚合物修饰电极和自组装膜的研究。目前有许多种类的电解池，采用不同的设计来适应不同的反射配件。图 10-4 是薄膜反射电解池的示意图[23]。电极的制作是通过阳极氧化作用将溅射到载玻片上的一层铝薄层刻蚀，形成 750nm 厚的透明氧化铝多孔膜，再在氧化铝膜上溅射一层金膜。可反光的金膜支撑氧化铝的孔并充满分析物溶液；尽管如此，其表面仍然保持镜面反射。

图 10-5 是带有温度控制的镜面反射测试使用的薄层电解池示意图，电解池周围是中空的铜管换热器[24,25]。电解池的温度由外加热冷却循环器控制；循环器环绕三电极电解池，靠换热器抽取低黏度硅油。抛光的铂或金箔片焊接在铜棒上，作为工作电极，0.5mm 的环形银丝作为类参比电极，沿工作电极的圆周放置。铂丝放在工作电极圆周以外，作为辅助电极。这种电解池的设计是用来作为电子仪器和红外仪器的反射附件。

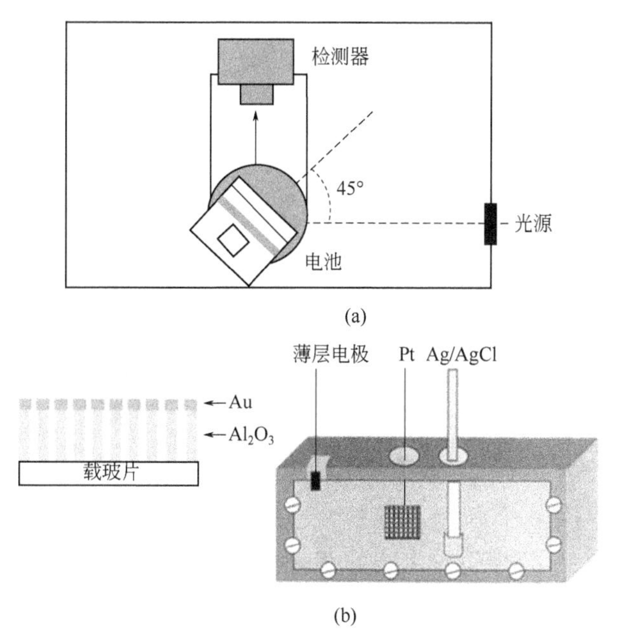

图 10-4　(a)光反射薄层电化学池示意图及(b)光反射薄层电极的侧面图

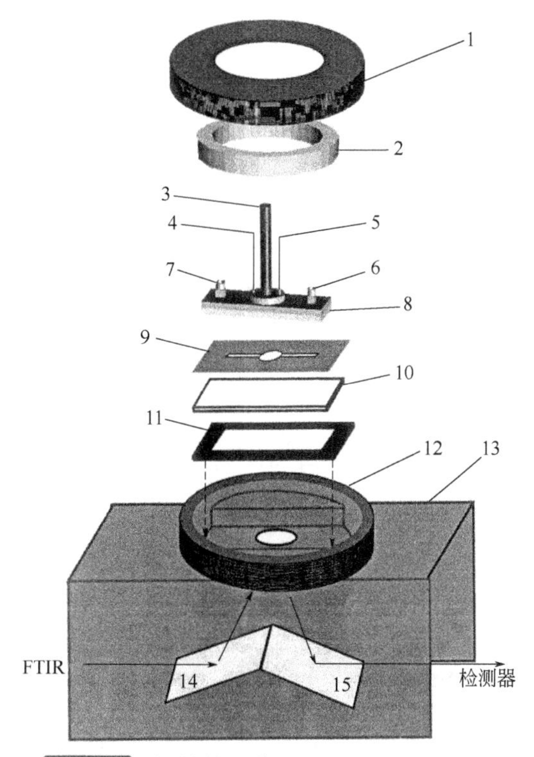

图 10-5　温控镜面薄层光反射电化学池

1—铜密封帽；2—聚四氟乙烯或铜环形密封垫圈；3—工作电极；4—对电极；5—准参比电极；6,7—紧缩注射接口；8—池体；9—聚四氟乙烯垫圈；10—氟化钙窗口；11—橡胶垫；12—中空的铜质电解池；13—反射镜及附件；14,15—镜子光纤探针和显微镜物镜在传统光谱仪器上的使用提高了反射光谱电化学测试技术的灵敏度和通用性。这些元件降低了特殊光谱电化学池反射配件的要求，可以显著降低光谱电化学测试的成本。带有反射探针的光纤光谱仪给反射光谱电化学检测增添了灵活性。光纤反射探针主要由多束光纤组成，把光源的光传向光纤周围的样本，收集反射光传给检测器。这些光纤通常组装在一个光缆里，其中一个末端分成两束，每束连接各自的检测器和照明光纤。图 10-6 是一个具有光纤探针的反射光谱电化学结构。这种结构对半无限和薄层结构都适用[26]。高度抛光的工作电极放在靠近光窗的位置，使之形成薄膜条件。光纤探针直接朝向电极，将监测光垂直导向电极并收集相同角度的反射光。显微镜在光谱技术中的使用逐渐增加，提高了反射光谱的多功能性和灵敏度。图 10-7 所示的是用于扩散反射光谱的光谱电化学池，安有光学显微镜光纤。显微镜的使用意味着入射光和检测光之间的夹角为零，正交偏振片可以消除镜面反射，因此可以利用 Kubelka-Munk 函数进行定量光学测试。

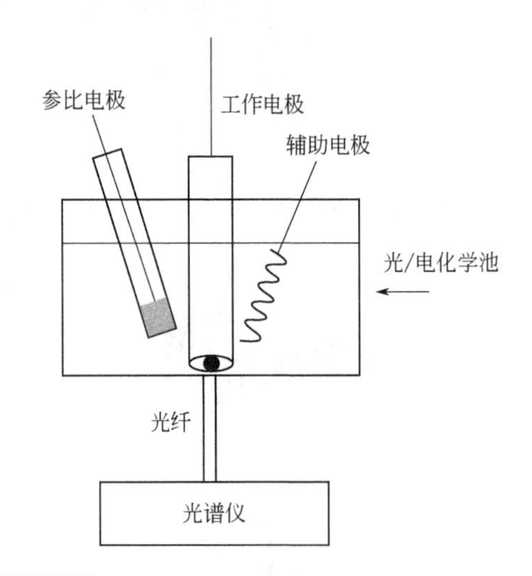

图 10-6 用于电子光谱的光纤光谱电化学结构

在传统电化学池上连接一个光纤光谱仪，光纤在电解池下方，正对工作电极

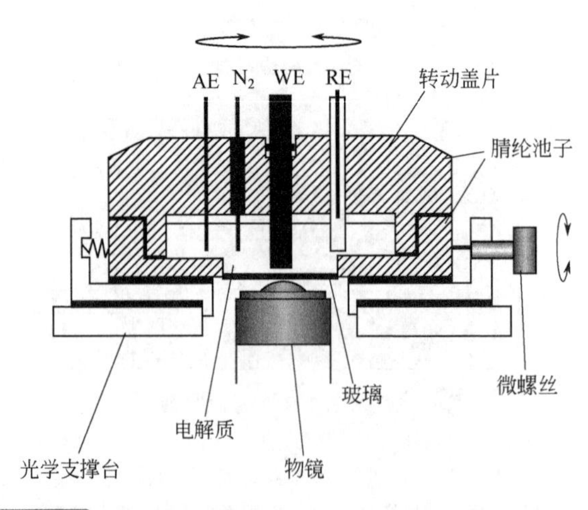

图 10-7 使用显微镜的紫外-可见反射光谱电化学池

(a)

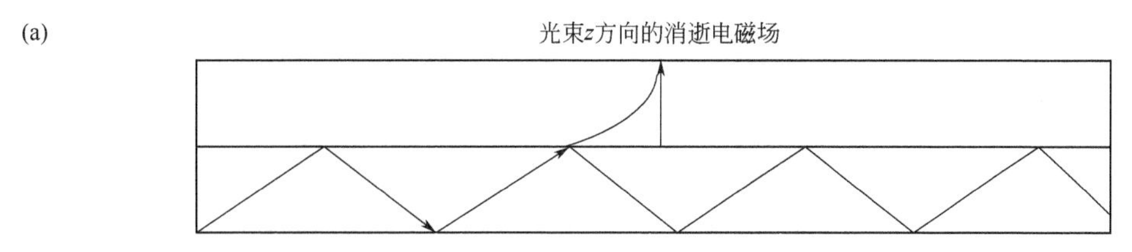

光束在玻璃基底上的全内反射

(b)

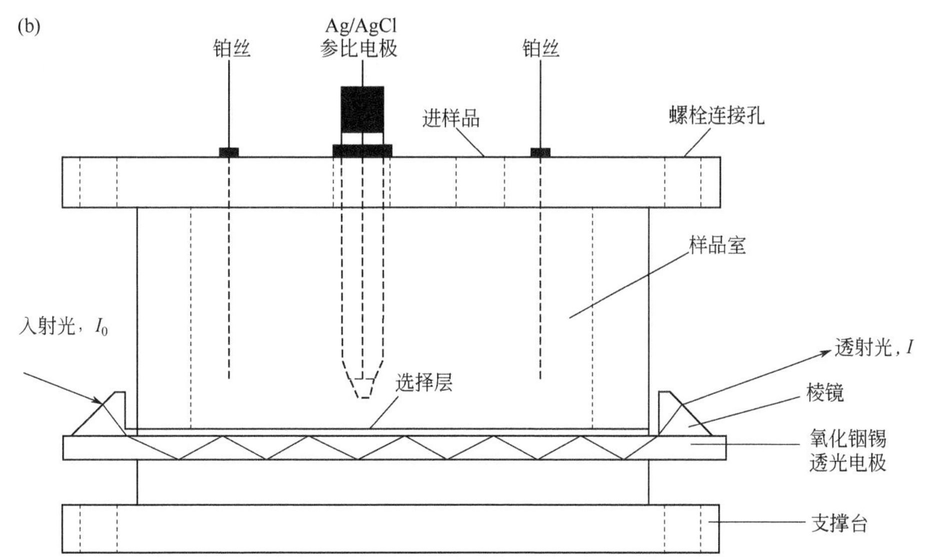

图 10-8　(a)在基底经历全内反射的入射光和在相邻介质间传播的全反射光的消逝场及(b)衰减全反射光谱电化学池

2. 内反射光谱

传统的吸收和反射光谱电化学测试的缺点是其灵敏度非常依赖于分析物的吸光系数。如果吸光系数较低，那么只有电极表面较厚的膜和浓度较高的溶液才能被此类方法检测到。为了提高表层的灵敏度，可以使用外反射和紫外-可见衰减全反射光谱电化学。后一种方法可以为薄膜提供类似透射光谱的光谱信息。在衰减全反射中，入射光从高折射率材料表面通过低折射率材料表面时会在表面垂直弯曲；光束经历内部反射。必须使用高折射率晶体和高的入射角度。锗是 ATR 中常用的材料。

在 ATR 测定中，如果光的入射角大于临界角，则光在透明电极/溶液界面发生全反射。临界角由以下公式给出

$$\theta_c = \arcsin\left(\frac{n_1}{n_2}\right) \tag{10-5}$$

式中，n_1 和 n_2 表示透射和入射介质的折射率。此时，光波穿透到溶液中产生消失波，其穿透厚度为

$$d = \frac{\lambda}{4\pi\left(n_1^2 \sin^2\theta - n_1^2\right)^{1/2}} \tag{10-6}$$

式中，θ表示入射角。如图 10-8(a)所示，光波发生多次全反射产生大量消失波。根据式

(10-6)，消失波的穿透厚度依赖于入射光的波长，但一般为 50～100nm，因此其主要位于界面区域，可极大地增强光谱电化学的测试灵敏度。

图 10-8(b)是 ATR 光谱电化学池[27]。光谱电化学池是由 ITO 沉积的光透电极。入射光通过棱镜与 ITO 耦合，用高黏度折射率标准液体填充棱镜与 ITO 之间的玻璃空隙。通过内反射传播的光，由位于检测器末端的棱镜收集，由光纤传给检测器。该装置用来作为电荷选择传感器，在 ATR 元件上固定一层硅溶胶-凝胶聚二甲基二烯丙基氯化铵复合物。

ATR 光谱电化学池设计中必须做到工作电极是透明的。金属和金属氧化物在锗反射元件上沉积的薄膜可用作工作电极。虽然较小的电导会给薄膜电极带来问题，但是仍然可以为电极和溶液界面上的光学变化提供优越的灵敏度和选择性，并且已用于导电聚合物膜和自组装单层膜的研究[28,29]。此外，内反射法已广泛用于红外光谱研究，红外光谱研究很容易受溶剂干扰。

四、发光光谱电化学

(一) 稳态发光光谱电化学

发光光谱（荧光或磷光）是目前光谱电化学的热点领域之一。高灵敏度和选择性是它的突出优点，但是在实验中做到激发源和检测器呈 90° 具有一定难度。采用该光谱电化学方法的报道正在逐渐增加。在传统发光实验中，检测器和激发源必须保持 90° 夹角，用于限制激发光达到检测器。为了满足这一要求，需要使用图 10-9（a）所示的方形吸收池。此类方形吸收池较难用于传统紫外-可见光谱中的薄层或半扩散电解池。可以采用两个途径来避免这一问题。首先，可以使用图 10-9（b）所示的类似 OTTLE 实验中的薄层电解池，电解池与激发源和检测器呈 45° 夹角。

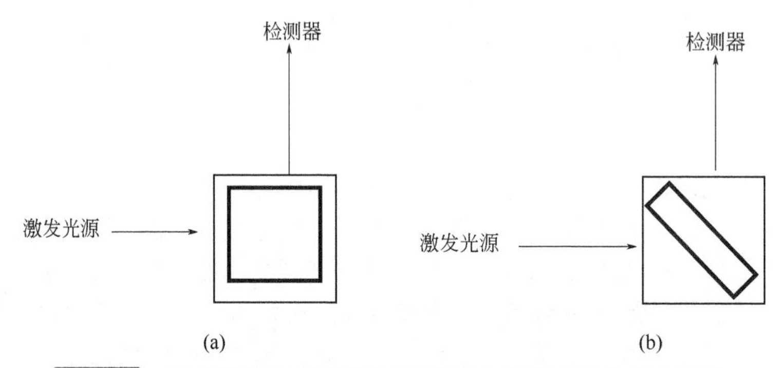

图 10-9 (a)传统发光光谱仪和(b)光谱电化学实验中的电解池

该装置类似于电子光谱中的 OTTLE。工作电极通常是一个金属网丝，如金、铂或铑铂合金。如果吸收池的角度不能精确呈 45°，会导致激发源严重的光谱散射，会由杂散光给发射光谱造成严重干扰。另外，较小的角度改变会造成实验发光信号重复性差。这一问题可以通过小心放置电解池来克服。解决方法是在仪器的吸收池支架上使用一个聚四氟乙烯插件，把光谱电化学电解池放在其中，就可以确保电解池呈 45° 角。这是一个既简单又有效的方法。

传统 90° 角荧光检测池的种类很多。一个 90° 检测池包含一个椅形的镀金聚四氟乙烯电极，电极形状适合于传统的荧光吸收池。聚四氟乙烯插件的形状也要适合放置参比电极和辅助电极，两个电极位于检测池底部。插件的尺寸明显降低了检测池的体积[30]。图 10-10 展示了另一种 90° 检测池[31,32]，石英光学池封装在聚四氟乙烯块的下方，聚四氟乙烯块刚好放入分光仪检测池的支架。该装置的上部用来封装辅助电极和参比电极。在装置中钻一个光学通道连接检测池的下部，使激发光路和发射光路呈 90°，同时可以延长光路以实现更高的灵敏度。网状碳电极作为工作电极，使用非金属电极可以避免金属表面的发光猝灭。该检测池的体积较大，根据所用装置的不同，达到完全电解的时间可达 25min。

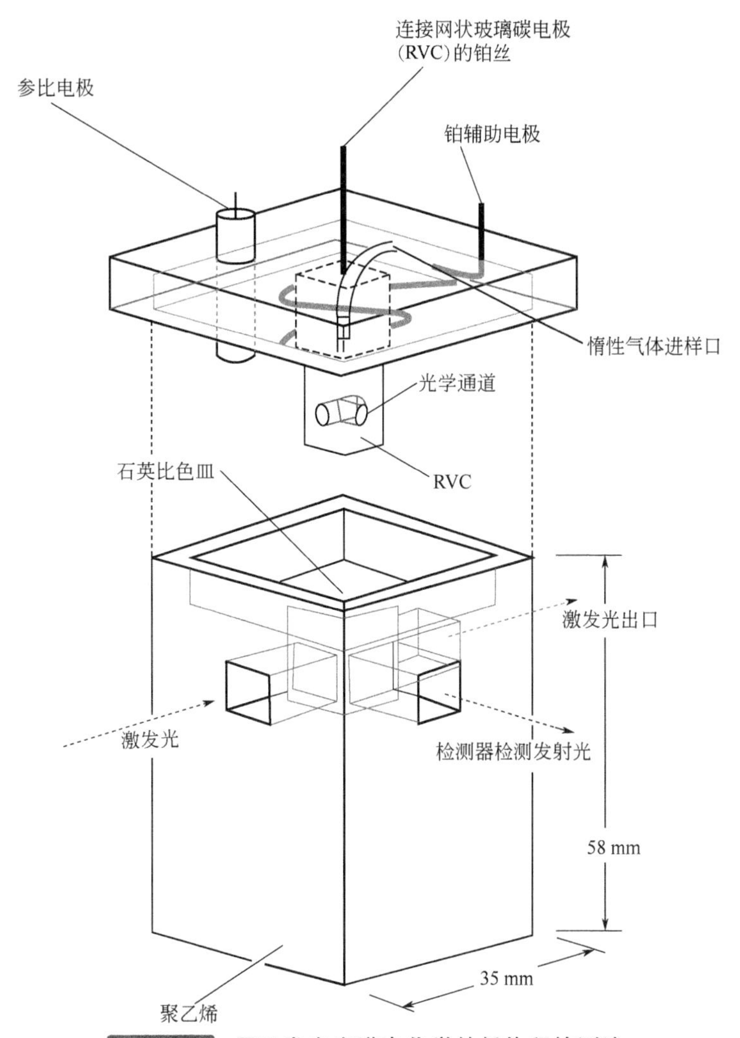

图 10-10 用于发光光谱电化学的低体积检测池

紫外-可见光谱电化学中的能斯特曲线也可以用发光光谱电化学的信号处理。根据下式，由发光量子产率可以得出氧化物和还原物的浓度，

$$\frac{[\mathrm{Ox}]}{[\mathrm{Red}]}=\frac{(I_{\mathrm{Red}}-I)/\phi L}{(I-I_{\mathrm{Ox}})/\phi L}=\frac{I_{\mathrm{Red}}-I}{I-I_{\mathrm{Ox}}} \tag{10-7}$$

$$E_{\mathrm{applied}}=E^{\ominus\prime}+\frac{RT}{nF}\ln\frac{I_{\mathrm{Red}}-I}{I-I_{\mathrm{Ox}}} \tag{10-8}$$

式中，I_{Red}、I_{Ox}和 I 表示待测分子在还原态、氧化态和中间体的发光强度；ϕ表示量子产率；L 表示光程。由式（10-8）可知，电位 E_{applied} 与 $\ln(I_{\mathrm{Red}}-I)/(I-I_{\mathrm{Ox}})$ 有直线关系，从其截距和斜率可得到矢量电位和电化学反应的电子转移数，即 $E^{\ominus\prime}$和 n。

在能斯特公式最简单的光谱描述中，两个氧化还原态不应该在相同光谱区发射。由于这种情况在单物种两个氧化态的发射中不常见，因此该条件通常在发射测试中可以满足，并且在吸收测试中，这一优点更加明显。然而在许多情况下，分析物的氧化或还原形式会猝灭发光前驱体，导致强度值较低。这会导致氧化物和还原物表观浓度的严重误差，从而由能斯特曲线推算出的值也会出现严重误差。

（二）时间分辨发光光谱电化学

时间分辨发光光谱电化学（time-resolved luminescence spectroelectrochemistry，TRLS）虽然没有发光光谱电化学普遍，但却是一个有用的补充。TRLS 可以用来检测发光物质的寿命（假如寿命足够长），研究电活性物质的光物理性质，了解其在一定电位下的时间特性，提供电化学界面的独特信息。

研究发光寿命最常见的两种方法是时间相关单光子计数法和闪光光解法。由于单光子计数法在仪器和光密性上存在较大困难，因此尚未用于光谱电化学研究。激光闪光光解法已用于光谱电化学研究[33,34]。图 10-11 展示了一个典型的纳秒 TRLS 仪器结构。

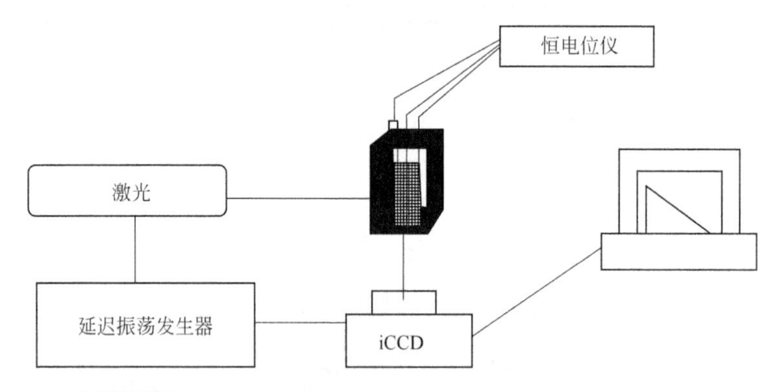

图 10-11 用于收集发光寿命的纳秒闪光光解仪器示意图

脉冲光源（如掺钕钇铝石榴石激光）与检测器按照一定角度放置，检测器可以是光电二极管，也可以是更复杂的检测仪器，如增强型电感耦合元件（intensified charge coupled device，iCCD）或二极管阵列。iCCD 或二极管阵列具有明显优势，可以在 10ns 内获得一个完整的发射光谱（一个典型 iCCD 的光谱范围约为 250nm），同时也可以收集稳态光谱。也就是说使用一个仪器可以同时进行稳态和动态荧光研究。时间分辨测试的栅极宽度（即 iCCD 的曝光时间）由延迟振荡器控制，不能高于激发态寿命的 5%。步长（即获得不连续光谱的时间）介于激发态半衰期的 2%～5%。对于稳态光谱，栅极宽度至少设定为寿命的 6 倍。

五、振动光谱电化学

振动光谱电化学的研究报道几乎已经超过紫外-可见光谱电化学。振动光谱可以提供物质的结构信息，因此被广泛用于双电层、溶液中氧化还原产物和表面吸附物质的研究。光谱电化学中最普及的两个振动光谱法是红外和拉曼。尽管这两种技术的机理和理论基础不同，但是都可以提供振动细节信息，确定和监测电化学过程中的结构变化。多数电子光谱电化学实验是按透射模式进行的；而红外光谱电化学多使用反射模式。由于拉曼是一种散射技术，它非常适合界面检测。

（一）红外光谱电化学

红外区位于 $50\sim10^4cm^{-1}$。当入射光子的电场与分子的振动频率发生共振时，分子会产生红外吸收。要产生红外激发，分子振动必须引起固有电偶极矩的变化。现代红外光谱仪是傅里叶变换红外（Fourier transform IR，FTIR）光谱仪，它的干涉仪会同时记录一个样本所有波长的红外透射。文献[35]详细介绍了 FTIR 技术的操作方法。简单地说，干涉仪由一个分光镜和两个平面镜组成，平面镜一个是固定的，另一个是活动的。分光镜将入射分析激光分成两道光束。一道光束从固定平面镜上反射出去，另一道光束从活动平面镜上（可距离分光镜移动数毫米）反射出去。两道反射光束在分光镜相遇，被重组为干涉图或干涉相位图。将活动平面镜移动后会产生干涉图。然后干涉相位图通过样本组件；当样本组件中有样本时，干涉相位图透过样本或被样本吸收。到达检测器的干涉相位图经傅里叶变换转换成光谱信息。傅里叶变换法用于光谱电化学的优势在于速度快，它迅速收集光谱，尤其适用于多组实验。类似电子光谱，红外光谱多采用透射模式。尽管有许多关于透射检测池的报道[36~38]，但是由于溶剂背景太大(尤其是永久偶极较大的水溶液)，透射模式在红外光谱电化学中的使用不多。反射法是光谱电化学中常用的方法，其中最常用的是 ATR、外反射和红外反射吸收光谱（infrared reflection absorption spectroscopy，IRRAS）。一般来说，光谱电化学中的红外信号是在不施加电位的情况下，用一种不同的方法或调制法收集的。红外光谱电化学是一个广阔的领域，目前有许多相关综述[39~41]。

1. 内反射

在内反射光谱电化学中，工作电极是表面发光的金属，可以将镜面反射的入射光通过溶液传给检测器。由于光程很短，工作电极表面应该尽量平整，以减少溶剂的贡献。通常使用的是磨成镜面的金属电极。图 10-12 是一个常见的红外光谱电化学池[42,43]。池体结构是注射器型的。镜面工作电极通常为直径 5～10mm 的金或铂盘，连在活塞下端。金有很好的红外反射率，因此最常用，但是它的电位窗有限。电源接入在工作电极后面，电极从空心的活塞肢体穿过。鲁金参比电极和辅助电极放在离工作电极几毫米的距离内。检测池底部是一个由适当的光学材料制成的平面窗口。活塞被推向窗口，以在工作电极和窗口之间形成一层电解液薄层。在该装置中，入射光由光窗照射到光窗和工作电极之间的溶液薄膜上。然后光从该表面反射到检测器。用于光窗的材料很关键，必须能够传播红外线，在使用的溶剂体系中必须稳定(通常为水溶液)。硅、氟化钙、硫化锌和硒化锌是红外光谱电化学池光窗的常用材料。

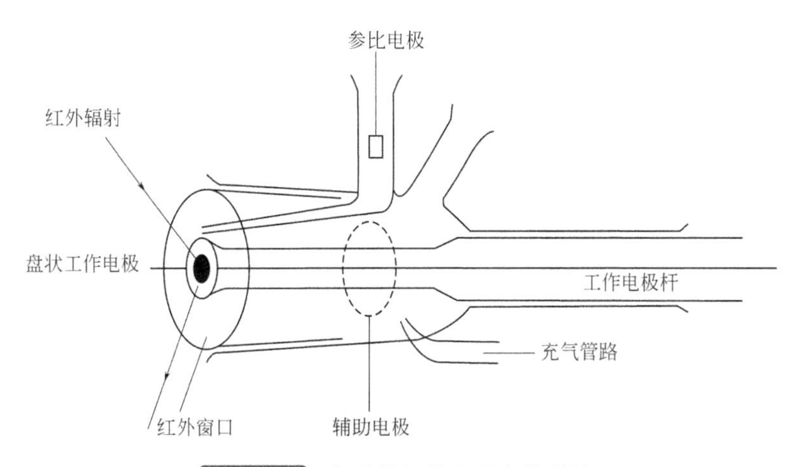

图 10-12 内反射红外光谱电化学池

在水溶液中，电极由环氧树脂密封在玻璃活塞中。由于大多数环氧树脂不能用于有机溶剂，因此金属通常直接密封在玻璃中。溶剂和电解质的用量大大多于分析物，而且有明显的红外吸收。通过调制施加电位、对入射光进行极化或者使用差减方法，可以对背景的红外贡献进行校正。差减归一化界面傅里叶变换红外光谱（SNIFTIRS, subtractively normalised interfacial Fourier transform infrared spectroscopy）是用于光谱电化学测定的一种特殊技术。SNIFTIRS 收集两个限制电位下（E_1 和 E_2）的一系列连续的干涉相位图[44]：其中 E_1 是参比电位，相当于没有发生法拉第过程的电位；E_2 是分析物发生氧化还原反应时的电位。过程在 E_1 和 E_2 之间进行循环，直到得到合格的信噪比。R_1 和 R_2 分别是 E_1 和 E_2 条件下测得的反射率，那么反射率的变化 $\Delta R/R$ 表示为 $(R_2-R_1)/R_1=R_2/R_1-1$。该方法已用于商品化 FTIR 分光仪[45]。SNIFTIRS 已用于双电层或电极表面吸附的电生中间体的检测。

红外反射吸收光谱（infrared reflection absorption spectroscopy，IRRAS）同样用于电化学测试。该方法有独特的优势，使用的附加选择定律用来分析更细节的结构信息。它使用一个光弹性调制器对红外线在 s 和 p 之间的极化进行快速和连续的调制。电极电位在这个过程中是固定的。对于 s-极化入射光（与反射平面垂直），反射光束与入射光束是异相的，它们进行相消干涉，在表面的电场产生一个交点。这意味着在表面不会有电场与吸附物的分子偶极相互作用。对于 p-极化光（与反射平面平行）两个电场是同相的。这意味着 s-极化辐射仅与溶液中的物质作用，而 p-极化辐射与表面和溶液中的物质均产生作用。减去 s-极化和 p-极化光谱，得到界面区域物质的波段，并消除了溶剂和电解质的贡献。另外，由于表面的激发辐射是 p-极化的，因此只有偶极矩与金属表面垂直的模式会与红外激发的电场进行作用。图 10-13 所示为红外光谱的金属表面选择定律。

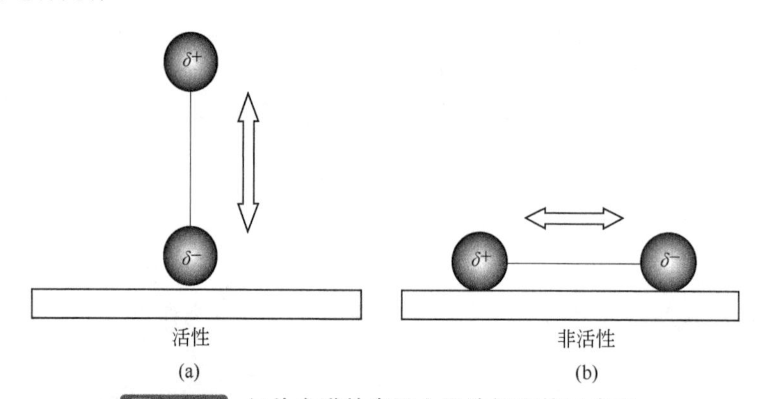

图 10-13 红外光谱的表面金属选择定律示意图

只有振动模式的偶极矩与金属表面垂直才能和红外辐射的电场相互作用

[即(a)图的伸缩模式具有红外活性，而(b)图没有红外活性]

2.外反射

外反射红外法的检测池结构与紫外-可见光谱相似。全内反射组件兼具工作电极的功能，它必须由高折射率材料制备，同时是红外透明的。由半导体材料制成的棱镜或平板可以作为 ATR 元件，硅或锗具有很好的红外透明性，也适用。ATR 元件可以在表面涂一层金薄层（满足红外透明性）。由于红外光束必须透过金属层到达样本，因此膜的导电性和光透性之间必须达到平衡。此外，可以有适量掺杂的半导体材料，如硅或锗，既可作为 ATR 元件也可作为电极，但是掺杂会降低材料的透明性[39]。

图 10-14 展示了一个用于 FTIR 光谱的 ATR 检测池[46]。右转硅棱镜上的薄层金（10～15nm）作为工作电极。棱镜夹在电化学池中，电化学池可以进行旋转以让红外光束入射光位于 45°。检测器是液氮冷却的碲镉汞化物，它的角度需满足入射光束和反射光束夹角为 90°。图中的检测池用来研究铁氰化物氧化还原对的分段扫描双调制（相调制和电化学电位调制）ATR FT-IR 光谱。

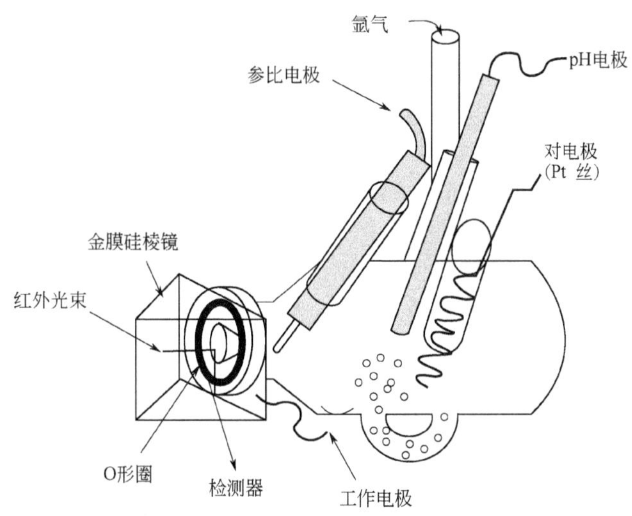

图 10-14 IR ATR 光谱电化学池示意图

将 ATR 用于红外研究的主要优点在于 IR EM 场从 ATR 表面向溶液呈指数衰减。这意味着只涉及和电极直接接触的很薄的膜材料。因此溶剂对信号的贡献是有限的，同时发生了多种发射，界面物质的灵敏度也提高。有文献报道 IR ATR 的许多实用限制，如理论和实验上的折射严重不同，导致金属薄层和本体光学性质的差异。非理想的原子几何结构或成膜过程中相之间的互相扩散导致的组分变化，都会造成这些问题[47]。

（二）拉曼光谱电化学

拉曼光谱研究的是照射到分析物上所产生的非弹性散射光。若入射光子和分析物分子之间有能量转移，就会发生非弹性散射，产生频率与入射光子频率 v_0 不同的第二个光子 v。因此拉曼在机理上属于双光子过程。拉曼散射光子的频率可以大于入射光子（即 v_0+v），即人们熟知的反-斯托克斯拉曼散射；或者可以小于入射光子的频率（v_0-v），即斯托克斯拉曼散射。拉曼效应十分微弱，在产生非弹性散射的样本中，每 10^8～10^{11} 个分子中只会有一个产生拉曼散射。图 10-15 展示了拉曼散射由电子激发态转为“虚态”的机理。

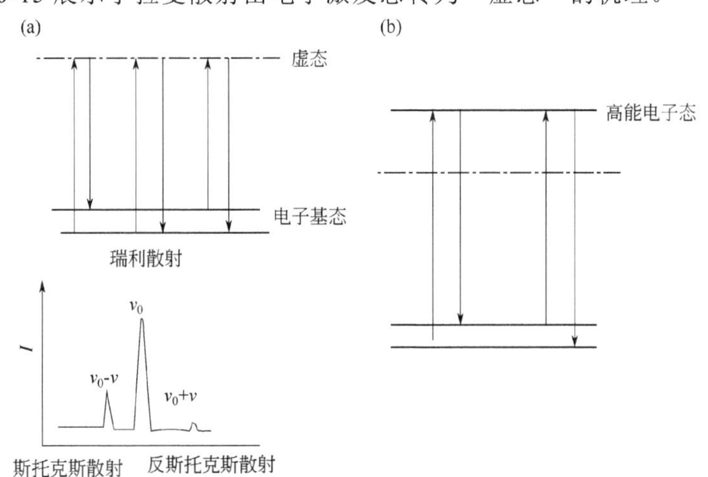

图 10-15 拉曼激发原理示意图

(a)传统拉曼光谱：激发至虚态后产生与激发源频率相同的光子再发射，即瑞利散射；或能量高于入射光子的非弹性散射，即反斯托克斯散射；或能量低于入射光子的斯托克斯散射。
(b)共振拉曼：入射光子与光学吸收的频率拼配或相近，产生源于电子激发态的散射概率最大的拉曼过程是斯托克斯散射，因为该过程源于基态振动能级 $v = 0$，它是室温下最容易被填充的状态。激发到虚态后，散射光子被释放，分子回到一个更高的振动能级 $v=1$。因此 $\Delta v=v_0-v$，对应于振动量子。反-斯托克斯是更弱的过程，源于更高基态振动能级的激发，该能级在室温下不易被填充。因此拉曼光谱大多是斯托克斯辐射。与红外光谱相似，实验中每个振动过程的选择定律大不相同。拉曼光谱选择定律规定，对于一个给定分子，如果要产生拉曼活性，它的振动必须引起分子极化率的改变。这与红外光谱旋律在本质上不同。因此对于高度对称的分子，具有红外活性的变化通常不具有拉曼活性。例如，具有较大的永久偶极的分子（如水），其红外活性很强，难被极化，因此拉曼信号很弱。拉曼光谱可以对水或极性介质中的反应进行原位研究，不存在明显的背景干扰，这是拉曼光谱法相对于红外光谱法的一大优势。另外，由于拉曼光谱的激发通常产生在可见光区域，它不需要红外法中的特殊材料（如碱金属盐）制成的透射光窗。但是拉曼光谱信号较弱，因此需要使用单色光源和高灵敏检测器。随着各种廉价激光光源和高灵敏 CCD 的出现，拉曼光谱法的普及开始飞速发展。

文献[48,49]对拉曼光谱电化学进行了详细综述。光谱电化学池的样式在一定程度上依赖于拉曼实验中的光学布局。传统拉曼光谱法的光学布局有前入射收集模式、180° 反向模式和 ATR 模式。溶液相中的拉曼光谱电化学多数采用三电极电解池，文献描述了大量此类电解池[50,51]。电子光谱法中的 OTTLE 电解池可以用于拉曼光谱电化学。但是此类电解池在非水相介质中存在溶剂干扰。红外光谱法中的薄层电解池也经常被使用[49]。

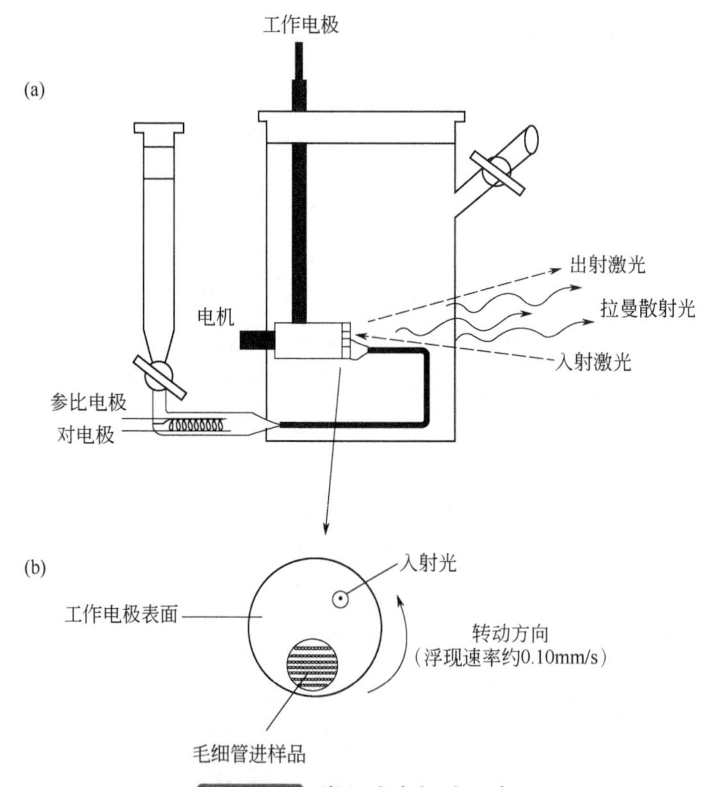

图 10-16 嵌入式电解池示意

(a)拉曼光谱电化学池示意图，参比电极（银丝），对电极（铂丝），工作电极（银盘）；
(b)工作电极表面的前视图

图 10-16 是嵌入式电解池的示意图，用于研究自组装单层膜和界面结构[52,53]。在该方法

中，电极慢慢旋转，一部分与分析溶液的液滴接触。电极旋转通过液滴后，激光器从电极上取部分样本，在表面保留约数纳米厚度的薄膜。界面的溶剂物质在原位保留一些择优取向。电极和液滴之间保持电接触。这个方法将采样的本体溶剂最小化，减少背景干扰。电极在拉曼研究中是转动的，因此入射激光导致的局部加热被最小化。

近期发展的拉曼共聚焦显微镜给拉曼光谱法增添了新的功能。传统显微镜中，整体图像是通过离焦信息获得的，但在拉曼共聚焦显微镜中，离焦信息由放在相平面前方的共聚焦“针孔”光圈消除，如图 10-17 所示。这就相当于一个空间滤波器，只允许焦距内的光被拍摄。这使得拉曼光谱法可以识别激光焦点平面外的拉曼散射，因此减小了样本的体积，并且可以进行深度剖析，分辨率达 1～2μm。

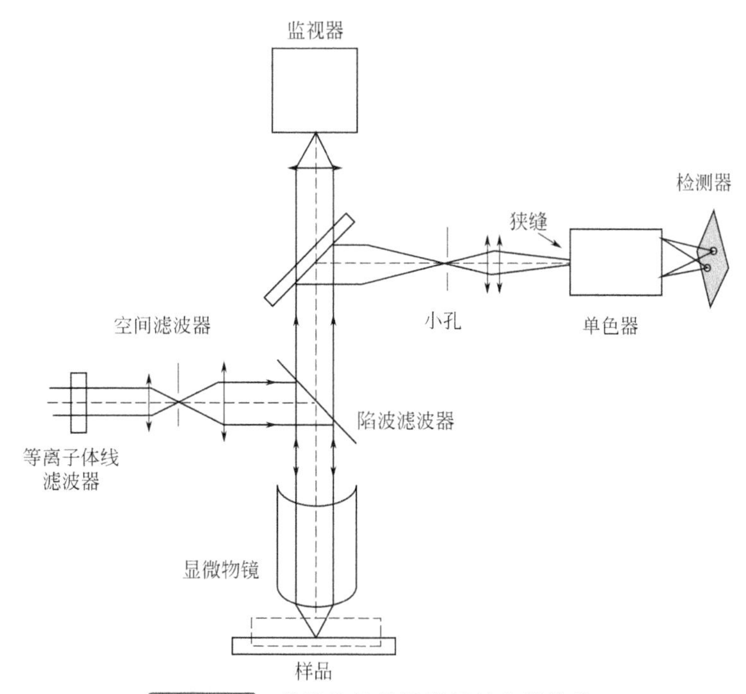

图 10-17 共聚焦拉曼显微镜的仪器构造

共聚焦拉曼显微镜的空间分辨率约为次微米级。共聚焦显微镜改善了拉曼成像法的轴向和径向分辨率，阻止了荧光干扰。微样本体积和光谱电化学中的薄层法一样，提高了灵敏度。精确的深度控制和非常窄的样本体积使得溶剂/电解质的背景贡献和背景荧光干扰被消除。旋转的盘电极可以在大面积的铂电极上进行电解，不到 6min 可以电解 5ml 溶液[54]。使用该方法的光谱电化学构造可以采用非常有限的体积，减少了背景干扰。

拉曼光谱电化学可以提供溶液中电引发过程中伴随的结构变化的细节信息。另外，共聚焦法在表面、界面和薄金属膜上的应用正在增加。共聚焦显微镜是一种散射技术而非透射技术，它可以用于固体电极上的电化学研究，并且是探索电极/溶液界面的有用工具。图 10-18 演示了一个 L 形的显微镜物镜。在该结构中，工作电极安插在传统吸收池的侧边。甲基丙烯酸酯吸收池用于可见光的激发，上面钻有一个孔。池子用橡胶 O 形密封圈或蜡密封，避免泄漏。一层溶液薄层被挤压在吸收池窗口和电极之间。对于单层膜或薄膜，电极和窗口之间不需要挤压。辅助电极、参比电极和溶液需进行除氧，在光谱实验中检测池上方要保持通惰性气体。

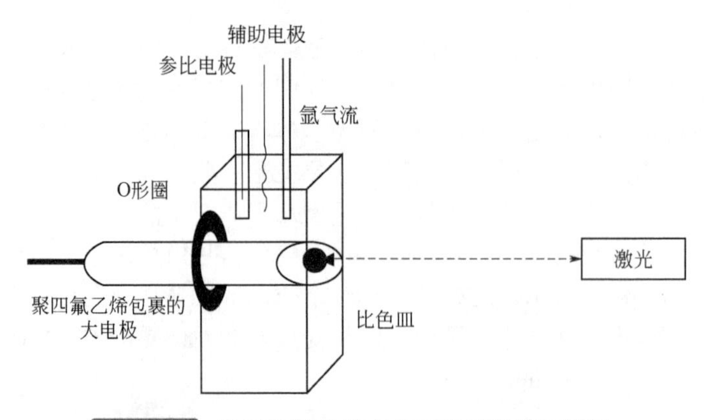

图 10-18 用于拉曼光谱电化学的简单薄层装置

（用于固体膜或单层膜，也可用于反向散射显微镜）

共聚焦法可以精确聚焦，获得满意的薄膜沉积电极表面的拉曼信号强度，限制背景溶液、电解质或电极材料的背景贡献。该检测池和共聚焦拉曼显微镜联用，已用于研究固体薄膜和自组装单层膜的光谱电化学[55,56]。

拉曼光谱法的最大缺点是拉曼散射在本质上是个很微弱的现象。共振拉曼光谱和表面增强拉曼光谱（SERS）是开发出的两种用于光谱电化学的方法，可以增强信号、提高信号的选择性。

表面增强拉曼光谱：表面增强拉曼光谱（surface enhanced Raman spectroscopy，SERS）是一项越来越普及的技术，可用来探测电化学反应中的界面结构。它被用来研究吸附物在电位下的结构和取向变化，以及溶剂和离子的界面分布。文献[57,58]详细介绍了 SERS 的机理，大致如下。拉曼信号的强度与入射电磁场强度的平方呈正比。SERS 通过使用粗糙金属表面的增强电磁场来达到显著增强吸附物振动模式的拉曼散射的目的。据报道，在出现约 100nm“热粒子”的情况下，银的信号可以增强 10^{14} 倍[59,60]。这种增强作用的起源至今仍没有统一说法，但人们知道它有两个贡献：电磁增强和化学增强。对前者的理解最为清楚，当金属表面的入射光子激发等离子体振子时就会产生电磁增强。化学增强的机理仍然没有定论。人们认为由于基底吸附物状态的扰动，金属上引起的激发态经历电荷转移过程，给吸附物造成增强的拉曼散射。

SERS 增强受限于硬币金属和碱金属，如 Ag、Au、Cu、Na、Li 和 K 等。在原理上所有金属都具有增强功能，Pd、Pt、Rh 和 Ru 在紫外激发时会产生增强[61]。困难在于可用的激光器难获得。紫外激光器较昂贵，与其相关的光学条件会增加仪器成本。这就是 SERS 用于光谱电化学的主要限制因素。根据报道 SERS 增强效果最好的金属是银和金，但是这些金属（尤其是银）的电位窗很有限。解决方法是在 SERS 活性基底上（如银或金）沉积铂系金属（如铂）的重叠膜，沉积方法很多，如恒电流沉积[62]、欠电位沉积的铜或铅单层膜对铂系金属阳离子进行电化学取代[63,64]。该方法几乎不会使增强作用有损失，这是因为电磁场增强的机理在数纳米内都适用。粗糙表面最佳 SERS 增强条件已建立完善[65]。表面粗糙度应为 10～200nm，表面形貌对于 SERS 的效果非常重要。理论指出，只有表面粗糙度达到最高曲率时，电场的 SERS 增强作用最高[66]。人们开发了一系列制备 SERS 基底的方法，包括电化学法、化学法、激光诱导金属表面粗化、在刻蚀或修饰的基底表面固定金属离子、气相沉积法、金属纳米粒子光刻组装[67]、胶体金属纳米粒子法、聚苯乙烯微球（可以产生可再生表面结构）电沉积法[68]等。所有方法均在金属表面留下金属粒子或粒子聚合物，这些物质具备粗糙表面的特征。电化学粗化法是一种很有用的方法[69]。粗化过程包括顺序氧化还原循环（oxidative and reductive cycles，ORC）。对于金或银，该过程是在 Cl^-电解液中进行的[70,71]。

SERS 已广泛用于多种电化学研究，包括氧化还原态伴随的形貌变化[72]。它也用于动态检测分子取向、表征吸附物的结构以及怎样影响非均相电子转移[73]。通过研究银电极上的水和氢氧根离子的电位相关的 SERS 谱图，说明在界面内层探测溶剂分子是可行的，同时包括吸附阳离子的溶剂化壳[74, 75]。有报道讨论并比较了 IRRAS 和拉曼法在探测界面层中的优点，SERS 探测此类环境的优点在于：①与 IRRAS 相比，选律的限制更少（IRRAS 的表面选律规定只有偶极矩与表面垂直的吸附物质才有红外活性）；②由于电磁增强和化学增强，灵敏度更高；③光学范围更宽[76]。尽管 IRRAS 法受益于表面等离子增强[77]，但效果比 SERS 弱很多。从红外光谱的表面选律可以得到表面吸附物的取向信息，因此表面选律未必是红外光谱的缺点。SERS 和 IRRAS 有各自的优点，将两种技术联用来研究单一表面，可以为结构研究带来广阔的发展前景。

第二节 电化学发光分析

电化学发光（electrogenerated chemiluminescence）又称电致化学发光，是指在电极上施加一定的电压使得反应物进行电化学反应，然后电极反应产物之间或者是电极反应产物与体系中某组分进行化学反应，通过测量发光光谱和发光强度，对物质进行定量的一种痕量分析方法。电化学发光反应包括两个过程，即电化学反应过程和化学发光反应过程，其中电化学反应过程提供发生化学发光反应的中间体，随后这些中间体之间或中间体与体系中其他组分之间发生化学反应产生激发态的物质，激发态的物质不稳定，当其返回基态时伴随着发光现象。电化学发光原理和化学发光基本相同，可分为直接化学发光和间接化学发光[78]。

（1）直接化学发光　物质 A 和 B 反应，产生激发态 C^*，C^*为发光物质，返回基态时发出可以检测的光。基本反应式如下：

$$A + B \longrightarrow C^* + D$$

$$C^* \longrightarrow C + h\nu$$

（2）间接化学发光　物质 A 和 B 反应，同样产生中间体 C^*，但是若体系中存在着另一种易于接受能量的荧光物质 F，C^*会把能量传给 F，使得荧光物质接受了能量从基态跃迁至激发态 F^*，当激发态分子返回到基态时，将以光的形式放出一定的能量，从而产生发光现象，其发光体为荧光物质，发光波长与荧光物质的荧光发射波长相一致。基本反应式如下：

$$A + B \longrightarrow C^* + D$$

$$C^* + F \longrightarrow F^* + C$$

$$F^* \longrightarrow F + h\nu$$

根据上面介绍的反应过程，电化学发光过程中既要求在电极上施加一定的电化学信号，以保证电化学反应的发生，还要求必须提供另外一个条件，使得随后的化学发光反应顺利发生。因此电化学发光过程要同时具备以下三个条件：

一是该反应在反应过程中能释放出一定的能量，使发光体变为激发态，最好是由某一步骤单独提供，因为前一步反应释放的能量将因振动弛豫损耗在溶液中，使释放的能量达不到所需的量而导致不能发光；

二是有一个有利的反应过程，化学反应放出的能量至少能被其中一种物质所接受并生成激发态；

三是激发态产物必须能释放出光子或将其能量转移给另一个分子或离子，使之进入激发态并释放出一定的光子，即要有足够大的激发态发光效率。

电化学发光是化学发光方法与电化学方法相结合的产物，它保留了化学发光方法所具有的灵敏度高、线性范围宽、观察方便和仪器简单等优点，同时具有电化学分析的优点，如重现性好、试剂稳定、控制性强和选择性好等。常用的电化学发光体系有联吡啶钌及其衍生物的电化学发光体系、鲁米诺的电化学发光体系、光泽精电化学发光体系、吖啶酯电化学发光体系等，其中以联吡啶钌及其衍生物的电化学发光体系的应用最为突出。

一、联吡啶钌及其衍生物电化学发光体系

许多金属配合物可以产生电化学发光，而研究方向主要是钌、锇的吡啶及其衍生物。其中三联吡啶钌在电化学发光方面的研究最为突出[78~82]。这是因为$Ru(bpy)_3^{2+}$化学性质稳定，可在水溶液中、不需除氧和除杂质、室温条件下发光，而且具有引发电势值适当、激发态反应活性高、寿命长、发光效率高等特点。$Ru(bpy)_3^{2+}$的结构如下：

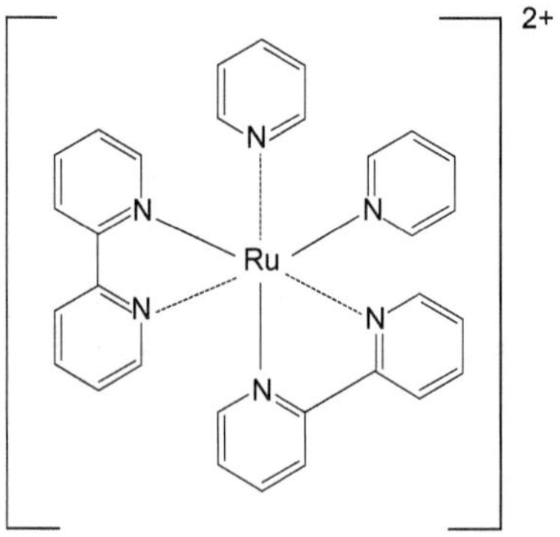

按照反应体系的不同，三联吡啶钌电化学发光反应机理主要归纳为以下四种[79]。

（1）湮灭电化学发光反应机理　通过改变电极电位产生氧化态$Ru(bpy)_3^{3+}$和还原态$Ru(bpy)_3^{+}$，这两种物质经过扩散相互接触后，发生氧化还原反应生成激发态$Ru(bpy)_3^{2+*}$，$Ru(bpy)_3^{2+*}$衰减回落至基态产生电化学发光。整个过程遵循单重态电化学发光路径。

$$Ru(bpy)_3^{2+} - e^- \longrightarrow Ru(bpy)_3^{3+}$$
$$Ru(bpy)_3^{2+} + e^- \longrightarrow Ru(bpy)_3^{+}$$
$$Ru(bpy)_3^{3+} + Ru(bpy)_3^{+} \longrightarrow Ru(bpy)_3^{2+*} + Ru(bpy)_3^{2+}$$
$$Ru(bpy)_3^{2+*} \longrightarrow Ru(bpy)_3^{2+} + h\nu(\lambda = 610\text{nm})$$

（2）还原氧化型电化学发光机理　当在电极上施加一个合适的还原电位时，$Ru(bpy)_3^{2+}$被还原成$Ru(bpy)_3^{+}$，同时另一共反应物，如过硫酸根（$S_2O_8^{2-}$），被还原形成具有强氧化能力的中间体，该中间体可将$Ru(bpy)_3^{+}$氧化产生激发态$Ru(bpy)_3^{2+*}$，引发电化学发光，该过程称为还原-氧化(reduction-oxidation)机理：

$$Ru(bpy)_3^{2+} + e^- \longrightarrow Ru(bpy)_3^{+}$$
$$Ru(bpy)_3^{2+} + \text{氧化物} \longrightarrow Ru(bpy)_3^{3+}$$
$$Ru(bpy)_3^{3+} + Ru(bpy)_3^{+} \longrightarrow Ru(bpy)_3^{2+*} + Ru(bpy)_3^{2+}$$
$$Ru(bpy)_3^{2+} \longrightarrow Ru(bpy)_3^{2+} + h\nu$$

（3）氧化还原型电化学发光反应机理　与上述还原氧化型电化学发光反应机理相反，当在电

极上施加一个合适的氧化电位时，$Ru(bpy)_3^{2+}$ 在电极表面被氧化产生 $Ru(bpy)_3^{3+}$，它可与溶液中的其他还原剂反应得到激发态 $Ru(bpy)_3^{2+*}$，从而产生电化学发光。这类还原剂有 OH^-、N_2H_4、$NaBH_4$、草酸盐、脂肪或环胺、氨基酸、NADH 等，该过程称为氧化还原（oxidation-reduction）机理：

$$Ru(bpy)_3^{2+} - e^- \longrightarrow Ru(bpy)_3^{3+}$$

$$Ru(bpy)_3^{3+} + 还原物 \longrightarrow Ru(bpy)_3^{+}$$

$$Ru(bpy)_3^{3+} + Ru(bpy)_3^{+} \longrightarrow Ru(bpy)_3^{2+*} + Ru(bpy)_3^{2+}$$

$$Ru(bpy)_3^{2+} \longrightarrow Ru(bpy)_3^{2+} + h\nu$$

（4）阴极电化学发光反应机理　基于水溶液中氧气还原的阴极电化学发光机理是完全不同于以上介绍的湮灭电化学发光反应机理、还原氧化型和氧化还原型电化学发光反应机理，因为阴极电化学发光反应并不涉及 $Ru(bpy)_3^{2+}$ 在电极上的直接氧化，而电极反应主要是水溶液中氧气的还原（−0.4V，vs Ag/AgCl），还原产物为具有强氧化性的物质，如 $O_2^{-\bullet}$、H_2O_2 和 $OH^\bullet$。在这些活性氧化物中，$OH^\bullet$ 可以氧化溶液中 $Ru(bpy)_3^{2+}$ 形成氧化态的 $Ru(bpy)_3^{3+}$，$Ru(bpy)_3^{3+}$ 可以与水溶液中添加的共反应试剂反应产生还原态的 $Ru(bpy)_3^{+}$，并且最终通过湮灭反应形成激发态的 $Ru(bpy)_3^{2+*}$，产生电化学发光信号。

$Ru(bpy)_3^{2+}$ 电化学发光机理不能直接用于分析所有被测物，因为每种物质的反应机理都会有所不同，大多数 $Ru(bpy)_3^{2+}$ 电化学发光的分析应用是基于氧化还原机理。如 $Ru(bpy)_3^{2+}$ 与草酸盐的 ECL 机理：

$$Ru(bpy)_3^{2+} - e^- \longrightarrow Ru(bpy)_3^{3+}$$

$$Ru(bpy)_3^{3+} + C_2O_4^{2-} \longrightarrow Ru(bpy)_3^{2+} + C_2O_4^{-\cdot}$$

$$C_2O_4^{-\cdot} \longrightarrow CO_2^{-\cdot} + CO_2$$

$$Ru(bpy)_3^{3+} + CO_2^{-\cdot} \longrightarrow Ru(bpy)_3^{2+*} + CO_2^{-}$$

或者

$$Ru(bpy)_3^{2+} + CO_2^{-\cdot} \longrightarrow Ru(bpy)_3^{+} + CO_2$$

$$Ru(bpy)_3^{3+} + Ru(bpy)_3^{+} \longrightarrow Ru(bpy)_3^{2+*} + Ru(bpy)_3^{2+}$$

$$Ru(bpy)_3^{2+} \longrightarrow Ru(bpy)_3^{2+} + h\nu$$

烷基胺与 $Ru(bpy)_3^{2+}$ 的 ECL 反应机理：

$$Ru(bpy)_3^{2+} - e^- \longrightarrow Ru(bpy)_3^{3+}$$

$$Ru(bpy)_3^{3+} + R_2'NCH_2R \longrightarrow Ru(bpy)_3^{2+} + R_2'N^{+\cdot}CH_2R$$

$$R_2'N^{+\cdot}CH_2R \longrightarrow R_2'N^{\cdot}CHR + H^+$$

由以上机理可以看出，利用 $Ru(bpy)_3^{2+}$ 电化学发光反应可以检测一些氧化还原物质，或者在过量胺存在的情况下，检测 $Ru(bpy)_3^{2+}$ 或其衍生物标记的化合物。

为了解决电化学发光选择性差的固有缺陷，电化学发光的技术常常与其他技术相联用（见表 10-1）。对于 $Ru(bpy)_3^{2+}$ 的电化学发光现象来说，在许多的样品组分存在且相互干扰的情况下，需要毛细管电泳技术、高效液相色谱技术（见表 10-2）和流动注射技术（见表 10-3～表 10-5）等预先分离，才可以实现灵敏检测。现代分离技术同电化学检测手段（见表 10-6）

相结合不仅可以解决其选择性低的固有缺陷，而且可以充分利用电化学发光高灵敏度的优点，实现多组分的同时检测[84]。

表 10-1 $Ru(bpy)_3^{2+}$电化学发光与毛细管电泳技术联用用于药物检测

发光试剂	分析物	检测原理与条件	分析性能	文献
三联吡啶钌	汉防己碱(sinomenine)	75mmol/L pH=8.0 的磷酸盐缓冲溶液；5mmol/L $Ru(bpy)_3^{2+}$ 溶液；铕(Ⅲ)修饰的铂电极作为工作电极	线性范围为0.01～1.0μg/ml，检出限为 2.0ng/ml	1
三联吡啶钌	阿托品(atropine) 莨菪胺(scopolamine)	分离电解质：20mmol/L pH=8.48 的磷酸盐缓冲溶液 检测条件：50mmol/L pH=7.48 的磷酸盐缓冲溶液；5mmol/L $Ru(bpy)_3^{2+}$	阿托品的线性范围为 1～20μmol/L，检出限为 5×10^{-8}mol/L。莨菪胺的线性范围为 10～1000μmol/L，检出限为 1×10^{-6}mol/L	2
三联吡啶钌	甲基麻黄素(methylephedrine) 伪麻黄碱(pseudoephedrine)	15mmol/L pH=9.5 的磷酸盐-硼砂缓冲溶液，0.6%(体积分数) $BMIMBF_4$	甲基麻黄素的线性范围为 0.5～100μmol/L，检出限为 1.8×10^{-8}mol/L；伪麻黄碱的线性范围为 0.1～50μmol/L，检出限为 9.2×10^{-9}mol/L	3
三联吡啶钌	山莨菪碱(anisodamine) 莨菪胺(scopolamine) 阿托品(atropine) 樟柳碱(anisodine)	20mmol/L pH=8.0 的磷酸盐缓冲溶液，7%(体积分数)甲醇溶液	山莨菪碱的线性范围为 0.300～305mg/ml，检出限为 0.22mg/ml；莨菪胺的线性范围为 1.30～87.7mg/ml，检出限为 0.46mg/ml；阿托品的线性范围为0.0690～48.6mg/ml，检出限为 0.030mg/ml；樟柳碱的线性范围为 0.400～400mg/ml，检出限为0.32mg/ml	4
三联吡啶钌	利血平(reserpine)	分离电解质：20mmol/L pH=9.0 的硼酸-硼砂缓冲溶液，2.0mmol/L SDS 检测条件：0.1mol/L pH=9.0 的硼砂缓冲溶液；5mmol/L $Ru(bpy)_3^{2+}$	线性范围为 1.0～100.0 μmol/L，检出限为 7.0×10^{-8} mol/L	5
三联吡啶钌	阿托品(atropine) 莨菪胺(scopolamine) 山莨菪碱(anisodamine)	分离电解质：20mmol/LpH=7.0 的磷酸盐缓冲溶液，4.0mmol/mLβ-环糊精 检测条件：50mmol/LpH=7.0 的磷酸盐缓冲溶液，5mmol/L $Ru(bpy)_3^{2+}$	阿托品的线性范围为 0.2～100μmol/L，检出限为 1.6×10^{-8}mol/L；莨菪胺的线性范围为 20～200μmol/L，检出限为 2.0×10^{-7}mol/L；山莨菪碱的线性范围为 0.2～100 μmol/L，检出限为 1.0×10^{-8} mol/L	6
三联吡啶钌	次乌头碱(hypaconitine) 乌头碱(aconitine) 中乌头碱(mesaconitine)	分离电解质：30mmol/L pH=8.4 的磷酸盐缓冲溶液 检测条件：50mmol/L pH=8.4 的磷酸盐缓冲溶液，5mmol/L $Ru(bpy)_3^{2+}$	次乌头碱的线性范围为 2.0×10^{-7}～2.0×10^{-5}mol/L，检出限为 2.0×10^{-8}mol/L；乌头碱的线性范围为 3.4×10^{-7}～1.7×10^{-5}mol/L，检出限为 1.7×10^{-7}mol/L；中乌头碱的线性范围为 3.8×10^{-7}～1.9×10^{-5}mol/L，检出限为 1.9×10^{-7}mol/L	7
三联吡啶钌	雪花胺(galanthamine)	50mmol/L pH=7.5 的磷酸盐缓冲溶液；5mmol/L $Ru(bpy)_3^{2+}$	雪花胺的线性范围为 0.8ng/ml～2μg/ml，检出限为 0.25ng/ml	8
三联吡啶钌	阿托品(atropine) 山莨菪碱(anisodamine) 莨菪胺(scopolamine)	乙腈和 2-丙醇溶液，1mol/L 乙酸，20mmol/L 乙酸钠，2.5mmol/L 高氯酸四丁基铵	阿托品的线性范围为 0.5～50μmol/L，检出限为0.5 μmol/L；山莨菪碱的线性范围为 5～2000μmol/L，检出限为2μmol/L；莨菪胺的线性范围为 50～2000μmol/L，检出限为5μmol/L	9

续表

发光试剂	分析物	检测原理与条件	分析性能	文献
三联吡啶钌	槐定碱(sophoridine) 苦参碱(matrine) 氧化苦参碱 (oxymatrine)	50mmol/L pH=8.4 的磷酸盐缓冲溶液	槐定碱的线性范围为 2.8×10^{-8}～4.4×10^{-7}mol/L，检出限为 1.0nmol/L；苦参碱的线性范围为 2.7×10^{-8}～4.4×10^{-7}mol/L，检出限为 1.0nmol/L；氧化苦参碱的线性范围为 2.5×10^{-7}～4.0×10^{-6}mol/L，检出限为 40nmol/L	10
三联吡啶钌	麻黄素(ephedrine) 伪麻黄素 (pseudoephedrine)	15mmol/L pH=9.4 的磷酸盐缓冲溶液，15mmol/L 硼砂	麻黄素的线性范围为 0.3～300μmol/L，检出限为 4.5×10^{-8}mol/L；伪麻黄素的线性范围为 0.5～300μmol/L，检出限为 5.2×10^{-8}mol/L	11
三联吡啶钌	诺氟沙星 (norfloxacin)	50mmol/L pH=8.0 的磷酸盐缓冲溶液，5mmol/L $Ru(bpy)_3^{2+}$ 溶液	诺氟沙星的线性范围为 0.05～10μmol/L，检出限为 0.0048μmol/L	12
三联吡啶钌	依诺沙星(enoxacin) 氧氟沙星(ofloxacin)	15mmol/L pH=9.0 的磷酸盐缓冲溶液	依诺沙星的线性范围为 0.5～50μmol/L，检出限为 9.0×10^{-9}mol/L；氧氟沙星的线性范围为 0.5～50μmol/L，检出限为 1.6×10^{-8}mol/L	13
三联吡啶钌	诺氟沙星 (norfloxacin) 左氧氟沙星 (levofloxacin)	分离电解质：20mmol/L pH=8.0 的磷酸盐缓冲溶液	诺氟沙星的线性范围为 1.0～300μmol/L，检出限为 4.8×10^{-7}mol/L；左氧氟沙星的线性范围为 2.0～200μmol/L，检出限为 6.4×10^{-7}mol/L	14
三联吡啶钌	脯氨酸(proline) 氟罗沙星(fleroxacin)	15mmol/L pH=9.6 的磷酸盐缓冲溶液	脯氨酸的线性范围为 0.1～80μg/ml，检出限为 0.02μg/ml；氟罗沙星的线性范围为 0.1～100μg/ml，检出限为 0.3ng/ml	15
三联吡啶钌	脯氨酸(proline)	微片 CE，PDMS 涂覆在 ITO 电极上	线性范围为 5～600μmol/L，检出限为 1.2μmol/L	16
三联吡啶钌	脯氨酸(proline)	微片 CE，PDMS 涂覆在 ITO 电极上	线性范围为 25～1000μmol/L，检出限为 2μmol/L	17
三联吡啶钌	脯氨酸(proline)	ITO 电极，15mmol/L pH=9.5 的硼酸盐缓冲溶液，1mmol/L $Ru(bpy)_3^{2+}$	线性范围为 2～500μmol/L，检出限为 1×10^{-6}mol/L	18
三联吡啶钌	乙胺丁醇 (ethambutol) 甲氧基非那名 (methoxyphenamine)	20mmol/L pH=10.0 的磷酸盐缓冲溶液，3.5mmol/L $Ru(bpy)_3^{2+}$	乙胺丁醇的线性范围为 2～50ng/ml，检出限为 1.0ng/ml；甲氧基非那名的线性范围为 2～50ng/ml，检出限为 0.9ng/ml	19
三联吡啶钌	脯氨酸(proline) 吡哌酸(pipemidicacid)	20mmol/L pH=9.6 的磷酸盐缓冲溶液	脯氨酸的线性范围为 0.1～90μg/ml，检出限为 0.02μg/ml；吡哌酸的线性范围为 0.4～100μg/ml，检出限为 0.06μg/ml	20
三联吡啶钌	替米考星(tilmicosin) 琥乙红霉素 (erythromycinethylsuccinate) 氯林肯霉素 (clindamycin)	15mmol/L pH=7.5 的磷酸盐缓冲溶液，0.4%$BMIMBF_4$	替米考星的线性范围为 0.2～80μmol/L，检出限为 3.4×10^{-9}mol/L；琥乙红霉素的线性范围为 0.5～120μmol/L，检出限为 2.3×10^{-8}mol/L；氯林肯霉素的线性范围为 0.5～100 μmol/L，检出限为 1.3×10^{-8} mol/L	21

续表

发光试剂	分析物	检测原理与条件	分析性能	文献
三联吡啶钌	阿奇霉素(azithromycin) 乙酰螺旋霉素(acetylspiramycin) 红霉素(erythromycin) 交沙霉素(josamycin)	15mmol/L pH=8.8 的磷酸盐缓冲溶液	阿奇霉素的线性范围为 0.05～50μmol/L，检出限为 1.2×10^{-9}mol/L；乙酰螺旋霉素的线性范围为0.5～120μmol/L，检出限为 7.1×10^{-9}mol/L；红霉素的线性范围为2～300μmol/L，检出限为 3.9×10^{-8}mol/L；交沙霉素的检出限为 9.5×10^{-8}mol/L	22
三联吡啶钌	红霉素(erythromycin)	分离电解质：15mmol/L pH=7.5 的磷酸盐缓冲溶液 检测条件：50mmol/L pH=8.0 的磷酸盐缓冲溶液，5mmol/L $Ru(bpy)_3^{2+}$	线性范围为 1.0ng/ml～10μg/ml，检出限为 0.35ng/ml	23
三联吡啶钌	交沙霉素(josamycin)	分离电解质：15mmol/L pH=7.5 的磷酸盐缓冲溶液 检测条件：50mmol/L pH=7.5 的磷酸盐缓冲溶液，5mmol/L $Ru(bpy)_3^{2+}$	线性范围为 10ng/ml～5.0μg/ml，检出限为 3.1ng/ml	24
三联吡啶钌	克拉霉素(clarithromycin)	10mmol/L pH=7.5 的磷酸盐缓冲溶液	线性范围为 0.1～10μmol/L，检出限为 30nmol/L	25
三联吡啶钌	加替沙星(gatifloxacin)	10mmol/L pH=5.5 的磷酸盐缓冲溶液	线性范围为 5.0×10^{-8}～5.0×10^{-6}g/ml，检出限为 2.0×10^{-8}g/ml	26
三联吡啶钌	恩氟沙星(enrofloxacin) 左氧氟沙星(levofloxacin) 环丙沙星(ciprofloxacin)	10mmol/L pH=9.0 的磷酸盐缓冲溶液	恩氟沙星和左氧氟沙星的线性范围为 3.0×10^{-8}～5.0×10^{-6}g/ml，检出限为 1.0×10^{-8}g/ml；环丙沙星的线性范围为 3.0×10^{-8}～5.0×10^{-6}g/ml，检出限为 8.0×10^{-9}g/ml	27
三联吡啶钌	阿奇霉素(azithromycin) 罗红霉素(roxithromycin) 琥乙红霉素(erythromycinethyl succinate)	20mmol/L pH=7.3 的磷酸盐缓冲溶液	阿奇霉素的线性范围为 3×10^{-7}～1×10^{-5}mol/L，检出限为 0.1μmol/L；罗红霉素的线性范围为 5×10^{-7}～5×10^{-5}mol/L，检出限为 0.2μmol/L；琥乙红霉素的线性范围为 1×10^{-6}～1×10^{-4} mol/L，检出限为 0.4μmol/L	28
三联吡啶钌	甲磺酸帕珠沙星(pazufloxacin mesylas)	20mmol/L pH=8.0 的磷酸盐缓冲溶液	甲磺酸帕珠沙星的线性范围为 0.02～10mg/L，检出限为 4.0μg/L	29
三联吡啶钌	双氧异丙嗪盐酸盐(dioxopromethazine hydrochloride)及其对映体	25mmol/LpH=2.5 的 tris-磷酸盐缓冲溶液，40mmol/L 硼酸，16.5mmol/L β-环糊精	盐酸二氧异丙嗪的检出限为 4.0×10^{-6}mol/L，其对映体的检出限为 1.3×10^{-5}mol/L	30
三联吡啶钌	硒代蛋氨酸(selenomethionine)	8mmol/L pH=8.5 的磷酸盐缓冲溶液	线性范围为 0.001～0.8μg/ml，检出限为 0.39ng/ml	31
三联吡啶钌	氯林肯霉素(clindamycin)	50mmol/L pH=7.5 的磷酸盐缓冲溶液	线性范围为 5.0×10^{-7}～1.0×10^{-4}mol/L，检出限为 1.4×10^{-7}mol/L	32
三联吡啶钌	罗红霉素(roxithromycin)	10mmol/L pH=8.0 的磷酸盐缓冲溶液	线性范围为 24nmol/L～0.24mmol/L，检出限为 8.4 nmol/L	33

续表

发光试剂	分析物	检测原理与条件	分析性能	文献
三联吡啶钌	阿米替林(amitriptyline) 多虑平(doxepin) 氯丙嗪(chlorpromazine)	20mmol/L pH=7.2 的磷酸盐缓冲溶液，60%丙酮溶液	线性范围为 5.0～800.0ng/ml，阿米替林的检出限为 0.8ng/ml，多虑平的检出限为 1.0ng/ml，氯丙嗪的检出限为 1.5ng/ml	34
三联吡啶钌	海洛因(heroin) 可卡因(cocaine)	分离电解质：20mmol/L pH=7.2 的磷酸盐-醋酸盐缓冲溶液； 检测条件：50mmol/L pH=7.2 的磷酸盐-乙酸盐缓冲溶液；5mmol/L $Ru(bpy)_3^{2+}$ 溶液	海洛因的线性范围为 7.50×10^{-8}～1.00×10^{-5}mol/L，检出限为 50nmol/L；可卡因的线性范围为 2.50×10^{-7}～1.00×10^{-4}mol/L，检出限为 60nmol/L	35
三联吡啶钌	丙咪嗪(imipramine) 三甲丙咪嗪(trimipramine)	分离电解质：20mmol/L pH=2.0 的 Tris 缓冲液，0.2mmol/Lβ-环糊精和 20%(体积分数)乙腈 检测条件：50mmol/L pH=7.0 的磷酸盐缓冲溶液；2mmol/L 的 $Ru(bpy)_3^{2+}$ 溶液	线性范围为 0.1～5.0μmol/L，丙咪嗪的检出限为 5.0nmol/L，三甲丙咪嗪的检出限为 1.0nmol/L	36
三联吡啶钌	脱氧麻黄碱(methamphetamine) 3,4-亚甲基二羟基脱氧麻黄碱(3,4-methylenedioxymethamphetamine) 3,4-亚甲基二羟基苯异丙胺(3,4-methylenedioxyamphetamine)	50mmol/L pH=2.5 的磷酸盐缓冲溶液	脱氧麻黄碱和 3,4-亚甲基二羟基脱氧麻黄碱线性范围为 1.0×10^{-7}～1.0×10^{-5}mol/L，检出限为 3.3×10^{-8}mol/L；3,4-亚甲基二羟基苯异丙胺的线性范围为 5.0×10^{-7}～5.0×10^{-5}mol/L，检出限为 1.6×10^{-7} mol/L	37
三联吡啶钌	舒必利(sulpiride) 硫必利(tiapride)	分离电解质：20mmol/L pH=5.0 的磷酸盐缓冲溶液，8mmol/Lβ-环糊精 检测条件：50mmol/L pH=6.0 的磷酸盐缓冲溶液；5mmol/L $Ru(bpy)_3^{2+}$	线性范围为 1.0×10^{-7}～1.0×10^{-4}mol/L，舒必利的检出限为 1.0×10^{-8}mol/L，硫必利的检出限为 1.5×10^{-8}mol/L	38
三联吡啶钌	苯海索盐酸盐(benzhexol hydrochloride)	分离电解质：15mmol/L pH=8.0 的磷酸盐缓冲溶液 检测条件：80mmol/L pH=8.0 的磷酸盐缓冲溶液；5mmol/L $Ru(bpy)_3^{2+}$	线性范围为 1.0×10^{-8}～1.0×10^{-5}mol/L，检出限为 6.7×10^{-9}mol/L	39
三联吡啶钌	止血敏(ethamsylate) 曲马多(tramadol) 利多卡因(lidocaine)	分离电解质：20mmol/L pH=9.0 的磷酸盐缓冲溶液 检测条件：50mmol/L pH=9.0 的磷酸盐缓冲溶液；5mmol/L $Ru(bpy)_3^{2+}$	止血敏的线性范围为 5.0×10^{-8}～5.0×10^{-5}mol/L，检出限为 8.0×10^{-9}mol/L；曲马多的线性范围为 1.0×10^{-7}～1.0×10^{-4}mol/L，检出限为 1.6×10^{-8}mol/L；利多卡因的线性范围为 1.0×10^{-7}～1.0×10^{-4}mol/L，检出限为 1.0×10^{-8}mol/L	40
三联吡啶钌	反胺苯环醇(tramadol) 利多卡因(lidocaine) 氧氟沙星(ofloxacin)		反胺苯环醇的线性范围为 5.0×10^{-5}～2.5×10^{-3}mol/L，检出限为 2.5×10^{-5}mol/L；利多卡因的线性范围为 1.0×10^{-5}～1.0×10^{-3}mol/L，检出限为 5.0×10^{-6}mol/L；氧氟沙星的线性范围为 1.0×10^{-5}～2.5×10^{-5} mol/L，检出限为 1.0×10^{-5} mol/L	41

续表

发光试剂	分析物	检测原理与条件	分析性能	文献
三联吡啶钌	丁卡因(tetracaine) 脯氨酸(proline) 依诺沙星(enoxacin)	50mmol/L pH=8.0 的磷酸盐缓冲溶液	丁卡因的线性范围为 0.4～100μg/ml，检出限为 0.08μg/ml；脯氨酸的线性范围为 0.2～80μg/ml，检出限为 0.06μg/ml；依诺沙星的线性范围为 0.1～100μg/ml，检出限为 0.02μg/ml	42
三联吡啶钌	氧氟沙星(ofloxacin) 利多卡因(lidocaine)	10mmol/L pH=8.0 的磷酸盐缓冲溶液	氧氟沙星的检出限为 5.0×10^{-7}mol/L；利多卡因的检出限为 3.0×10^{-8}mol/L	43
三联吡啶钌	布比卡因 (bupivacaine)	分离电解质：10mmol/L pH=8.0 的磷酸盐缓冲溶液 检测条件：50mmol/L pH=6.5 的磷酸盐缓冲溶液；5mmol/L $Ru(bpy)_3^{2+}$	线性范围为 0.02～10μg/ml，检出限为 3.0ng/ml	44
三联吡啶钌	哌替啶(pethidine) 美沙酮(methadone)	30mmol/L pH=6.0 的磷酸盐缓冲溶液	哌替啶的线性范围为 2.0×10^{-6}～2.0×10^{-5}mol/L，检出限为 0.5μmol/L； 美沙酮的线性范围为 5.0×10^{-6}～2.0×10^{-4}mol/L，检出限为 0.5μmol/L	45
三联吡啶钌	利多卡因(lidocaine) 脯氨酸(proline) 洛美沙星 (lomefloxacin)	分离电解质：20mmol/L pH=6.7 的磷酸盐缓冲溶液 检测条件：60mmol/L pH=7.6 的磷酸盐缓冲溶液；5mmol/L $Ru(bpy)_3^{2+}$	利多卡因的线性范围为 0.1～100μg/ml，检出限为 0.02μg/ml；脯氨酸的线性范围为 0.1～80μg/ml 检出限为 0.03μg/ml；洛美沙星的线性范围为 0.2～80μg/ml，检出限为 0.06μg/ml	46
三联吡啶钌	甲基麻黄碱盐酸盐 (methylephedrine hydrochloride) 二甲基吗啡(thehaine) 磷酸可待因 (codeine phosphate) 乙酰可待因 (acetylcodeine)	7.0mmol/L pH=7.0 的磷酸盐-硼砂缓冲溶液，0.6%(体积分数)$BMIMBF_4$	甲基麻黄碱盐酸盐的线性范围为 0.5～100μmol/L，检出限为 2.1×10^{-8}mol/L；二甲基吗啉的线性范围为 5～100 μmol/L，检出限为 1.4×10^{-7} mol/L。磷酸可待因的线性范围为 0.5～100μmol/L，检出限为 6.3×10^{-8}mol/L；乙酰可待因的线性范围为 0.5～100 μmol/L，检出限为 3.6×10^{-8} mol/L	47
三联吡啶钌	阿奇红霉素(AZI) 替米考星(TIL) 乙酰螺旋霉素(ACE) 罗红霉素(ROX)		四者的检出限依次为 1.3×10^{-9}mol/L、2.5×10^{-9}mol/L、2.3×10^{-8}mol/L、7.0×10^{-8}mol/L；在尿液中四者的检出限依次为 9.3×10^{-8}mol/L、1.2×10^{-7}mol/L、7.6×10^{-7}mol/L、2.1×10^{-6}mol/L	48
三联吡啶钌	富马酸酮替芬 (kotifenfumarate)	分离电解质：15mmol/L pH=8.0 的磷酸盐缓冲溶液 检测条件：100mmol/L pH=8.0 的磷酸盐缓冲溶液；5mmol/L $Ru(bpy)_3^{2+}$	线性范围为 3.0×10^{-8}～5.0×10^{-6}mol/L，检出限为 2.1×10^{-8}mol/L	49
三联吡啶钌	达舒平(disopyramide)	分离电解质：10mmol/L pH=8.0 的磷酸盐缓冲溶液 检测条件：50mmol/L pH=7.5 的磷酸盐缓冲溶液，5mmol/L $Ru(bpy)_3^{2+}$	线性范围为 0.03～3μg/ml，检出限为 2.5×10^{-8}mol/L	50

续表

发光试剂	分析物	检测原理与条件	分析性能	文献
三联吡啶钌	双氧异丙嗪盐酸盐(dioxopromethazinehydrochloride)	分离电解质：20mmol/L pH=6.0 的磷酸盐缓冲溶液 检测条件：50mmol/L pH=7.14 的磷酸盐缓冲溶液；5mmol/L $Ru(bpy)_3^{2+}$	线性范围为 5～100μmol/L，检出限为 0.05μmol/L	51
三联吡啶钌	苯海拉明(diphenhydramine)	分离电解质：10mmol/L pH=8.5 的磷酸盐缓冲溶液 检测条件：0.25mol/L pH=8.5 的磷酸盐缓冲溶液；5mmol/L $Ru(bpy)_3^{2+}$	线性范围为 4.0×10^{-8}～1.0×10^{-5}mol/L，检出限为 2.0×10^{-8}mol/L	52
三联吡啶钌	氨酰心安(atenolol) 美托洛尔(metoprolol)	分离电解质：10mmol/L pH=7.5 的磷酸盐缓冲溶液 检测条件：100mmol/L pH=7.5 的磷酸盐缓冲溶液；5mmol/L $Ru(bpy)_3^{2+}$	氨酰心安的线性范围为 0.075～1.0μmol/L，检出限为 0.075μmol/L；美托洛尔的线性范围为 0.05～10μmol/L，检出限为 0.005μmol/L	53
三联吡啶钌	比索洛尔(bisoprolol)	10mmol/L pH=8.1 磷酸盐缓冲溶液，2%(体积分数)四氢呋喃	线性范围为 1.5μmol/L～0.3mmol/L，检出限为 0.3μmol/L	54
三联吡啶钌	氨酰心安(atenolol) 艾司洛尔(esmolol) 美托洛尔(metoprolol)	工作电极为 Pt 圆盘电极。分离电解质：20mmol/L pH=10.0 的磷酸缓冲溶液；10mg/ml 的 β-环糊精。 检测条件：50mmol/L pH=8.5 的磷酸盐缓冲溶液，5.0mmol/L 的 $Ru(bpy)_3^{2+}$ 溶液	氨酰心安和艾司洛尔的线性范围为 2.5～125 μmol/L，检出限为 0.5 μmol/L；美托洛尔的线性范围为 0.5～25μmol/L，检出限为 0.1μmol/L	55
三联吡啶钌	多巴胺(dopamine) 肾上腺素(epinephrine)	分离电解质：10mmol/L，pH=9.0 的磷酸盐缓冲溶液，0.5mol/L 三丙胺 检测条件：50mmol/L，pH=8.5 的磷酸盐缓冲溶液，5mmol/L $Ru(bpy)_3^{2+}$	线性范围为 0.1～10μmol/L，多巴胺的检出限为 10nmol/L，肾上腺素的检出限为 30nmol/L	56
三联吡啶钌	去甲肾上腺素(norepinephrine) 脱氧肾上腺素(synephrine) 异丙肾上腺素(isoproterenol)	20mmol/L pH=8.0 的磷酸盐缓冲溶液，0.6mmol/L 三丙胺，4mmol/LSDS	去甲肾上腺素的线性范围为 0.07～20μmol/L，检出限为 2.6×10^{-8}mol/L； 脱氧肾上腺素的线性范围为 0.02～10μmol/L，检出限为 6.6×10^{-9}mol/L； 异丙肾上腺素的线性范围为 0.2～50 μmol/L，检出限为 8.4×10^{-8} mol/L	57
三联吡啶钌	林肯霉素(Lincomycin)		线性范围为 5～100μmol/L，检出限为 3.1μmol/L	58
三联吡啶钌	草甘膦(glyphosate) 氨甲基膦酸(aminomethyl phosphonic acid)	分离电解质：20mmol/L pH=9.0 的磷酸盐缓冲溶液 检测条件：30mmol/L pH=8.0 的磷酸盐缓冲溶液，3.5mmol/L $Ru(bpy)_3^{2+}$	草甘膦的线性范围为 0.169～16.9μg/ml，检出限为 0.06μg/ml；Aminomethylphosphonic acid 的线性范围为 5.55～111μg/ml，检出限为 4.04μg/ml	59
三联吡啶钌	草甘膦(glyphosate) 氨甲基膦酸(aminomethyl phosphonic acid)	分离电解质：20mmol/L，pH=9.0 的磷酸盐缓冲溶液 检测条件：30mmol/L，pH=8.0 的磷酸盐缓冲溶液，3.5mmol/L $Ru(bpy)_3^{2+}$，Fe_3O_4@Al_2O_3 纳米颗粒萃取	草甘膦的线性范围为 2～400ng/ml，检出限为 0.3ng/ml。氨甲基膦酸的线性范围为 56～6660ng/ml，检出限为 30ng/ml	60
三联吡啶钌	苯噻草胺(mefenacet)	分离电解质：pH=7.38 的磷酸盐缓冲溶液 检测条件：pH=7.38 的磷酸盐缓冲溶液，5mmol/L $Ru(bpy)_3^{2+}$	线性范围为 1.07×10^{-8}～5.0×10^{-7}mol/L，检出限为 4.0×10^{-9}mol/L	61

续表

发光试剂	分析物	检测原理与条件	分析性能	文献
三联吡啶钌	达舒平(disopyramide)及其对映体	分离电解质：40mmol/L pH=4.5 的乙酸盐缓冲溶液，3mg/L β-环糊精 检测条件：100mmol/L pH=6.5 的磷酸盐缓冲溶液，5mmol/L $Ru(bpy)_3^{2+}$	线性范围为 5.0×10^{-7}～2.0×10^{-5}mol/L，达舒平的检出限为 8.0×10^{-8}mol/L；达舒平对映体的检出限为 1.0×10^{-7}mol/L	62
三联吡啶钌	酚类化合物(phenolic compounds)	10mmol/L pH=8.5 的磷酸盐缓冲溶液	线性范围为 0.5～5mmol/L	63
三联吡啶钌	维生素 C(ascorbic acid)	73mmol/L pH=8.0 的磷酸盐缓冲溶液，12mmol/L NaH_2PO_4	线性范围为 1.0×10^{-8}～5.0×10^{-5}mol/L，检出限为 1.0×10^{-8}mol/L	64
三联吡啶钌	雷尼替丁(ranitidine)	20mmol/L pH=7.5 的磷酸盐缓冲溶液，5mmol/L $Ru(bpy)_3^{2+}$	线性范围为 2.0×10^{-6}～1.0×10^{-4}mol/L，检出限为 7×10^{-8}mol/L	65
三联吡啶钌	脯氨酸(proline) 羟脯氨酸(hydroxyproline)	分离电解质：10mmol/L pH=8.0 的磷酸盐缓冲溶液，10%(体积分数)乙腈 检测条件：50mmol/L pH=8.0 的磷酸盐缓冲溶液，5mmol/L $Ru(bpy)_3^{2+}$	脯氨酸的线性范围为 0.008～2mmol/L，检出限为 2μmol/L；羟脯氨酸的线性范围为 0.01～2mmol/L，检出限为 4μmol/L	66
三联吡啶钌	盐酸地芬尼多片(difenidol hydrochloride)	金纳米颗粒修饰在铂电极上提高检测性能。67mmol/L pH=7.4 的磷酸盐缓冲溶液	线性范围为 1.0×10^{-8}～5.0×10^{-5}mol/L，检出限为 4.0×10^{-9}mol/L	67
三联吡啶钌	盐酸地芬尼多片(difenidol hydrochloride)		线性范围为 1.0×10^{-6}～6.0×10^{-5}mol/L，检出限为 1.0×10^{-7}mol/L	68
三联吡啶钌	腐胺(putrescine) 亚精胺(spermidine) 精胺(spermine)	100mmol/L pH=6.3 的磷酸盐缓冲溶液	腐胺的线性范围为 2～20μmol/L，检出限为 1.7μmol/L；亚精胺和精胺的线性范围为 0.25～5μmol/L，检出限为 0.2μmol/L	69
三联吡啶钌	氯曲米通(chlorpheniramine)	检测条件：50mmol/L pH=8.0 的磷酸盐缓冲溶液，5mmol/L $Ru(bpy)_3^{2+}$	线性范围为 15μmol/L～1mmol/L 和 0.8～15μmol/L，检出限为 0.5μmol/L	70
三联吡啶钌	三丙胺(tri-*n*-propylamine, TPrA)	检测条件：50mmol/L pH=8.0 的磷酸盐缓冲溶液，5mmol/L $Ru(bpy)_3^{2+}$	检出限为 0.14nmol/L	71
三联吡啶钌	三丙胺(tri-*n*-propylamine, TPrA) 利多卡因(lidocaine)	检测条件：100mmol/L pH=9.5 的磷酸盐缓冲溶液，5mmol/L $Ru(bpy)_3^{2+}$	TprA 的线性范围为 1.0×10^{-10}～1.0×10^{-5}mol/L，检出限为 50pmol/L。利多卡因的线性范围为 5.0×10^{-8}～1.0×10^{-5}mol/L，检出限为 20nmol/L	72
三联吡啶钌	三丙胺(tri-*n*-propylamine, TPrA) 脯氨酸(proline)	检测条件：100mmol/L pH=9.5 的磷酸盐缓冲溶液，$Ru(bpy)_3^{2+}$ 固定在聚合物薄膜上	TPrA 的线性范围为 0.005～10μmol/L，检出限为 1.0μmol/L；脯氨酸的线性范围为 5～10mmol/L，检出限为 1.0mmol/L	73
三联吡啶钌	新烟碱(anabasine) 尼古丁(nicotine) 脯氨酸(proline)	检测条件：10mmol/L pH=8.0 的硼酸盐缓冲溶液-10%曲通 X-100，5 mmol/L $Ru(bpy)_3^{2+}$	新烟碱的检出限为 4.7μmol/L，尼古丁的检出限为 1.6μmol/L，脯氨酸的检出限为 0.66μmol/L	74
三联吡啶钌	舒必利(sulpiride)	检测条件：铂圆盘电极，50mmol/L pH=8.0 的磷酸盐缓冲溶液，5mmol/L $Ru(bpy)_3^{2+}$	舒必利的线性范围为 0.05～25 μmol/L，检出限为 29nmol/L	75
三联吡啶钌	蒂巴因(thebaine) 可待因(codeine) 吗啡(morphine) 那可汀(narcotine)	分离电解质：25mmol/L 硼砂-8mmol/L $EMImBF_4$(pH=9.18) 检测条件：50mmol/L pH=9.18 的磷酸盐缓冲溶液，5mmol/L $Ru(bpy)_3^{2+}$	蒂巴因和可待因的检出限为 0.25μmol/L，吗啡的检出限为 1nmol/L，那可汀的检出限为 1μmol/L	76
三联吡啶钌	氯喹磷酸盐(chloroquine phosphate)	检测条件：50mmol/L pH=8.0 的磷酸盐缓冲溶液，5mmol/L $Ru(bpy)_3^{2+}$	检出限为 0.3μmol/L	77

续表

发光试剂	分析物	检测原理与条件	分析性能	文献
三联吡啶钌	普鲁卡因(procaine) *N*,*N*-二乙基乙醇胺(*N*,*N*-diethylethanolamine)	检测条件：20mmol/L pH=8.0 的磷酸盐缓冲溶液，5mmol/L $Ru(bpy)_3^{2+}$	普鲁卡因的检出限为 0.24mmol/L，*N*,*N*-二乙基乙醇胺的检出限为 20nmol/L	78
三联吡啶钌	三乙胺(TEA) 三丙胺(TPA) 三丁胺(TBA)	检测条件：15mmol/L，pH=8.0 的硼酸盐缓冲溶液，5mmol/L $Ru(bpy)_3^{2+}$	三乙胺的检出限为 24nmol/L；三丙胺的检出限为 20nmol/L；三丁胺的检出限为 32nmol/L	79
三联吡啶钌	腐胺(putrescine) 尸胺(cadaverine) 亚精胺(spermidine) 精胺(spermine)	分离电解质：200mmol/L pH=2.0 的磷酸盐缓冲溶液-1mol/L 磷酸(9：1，体积比) 检测条件：0.2mol/L pH=11 的磷酸盐缓冲溶液，5mmol/L $Ru(bpy)_3^{2+}$	腐胺和尸胺的检出限为 0.19μmol/L，亚精胺和精胺的检出限为 7.6nmol/L	80
三联吡啶钌	三乙胺(TEA) 三丙胺(TPA) 脯氨酸(proline) 羟脯氨酸(hydroxyproline)	检测条件：ITO 电极，15mmol/L pH=9.5 的硼酸盐缓冲溶液，3.5mmol/L $Ru(bpy)_3^{2+}$	三乙胺和三丙胺的检出限为 5μmol/L；脯氨酸和羟脯氨酸的检出限为 2μmol/L	81
三联吡啶钌	脯氨酸(proline) 缬氨酸(valine) 苯丙氨酸(phenylalanine)	检测条件：15mmol/L pH=9.2 的硼酸盐缓冲溶液，5mmol/L $Ru(bpy)_3^{2+}$	脯氨酸的检出限为 1.2×10^{-6}mol/L；缬氨酸的检出限为 5×10^{-5}mol/L；苯丙氨酸的检出限为 2.5×10^{-5} mol/L	82
三联吡啶钌	精氨酸(argininec) 脯氨酸(proline) 缬氨酸(valine) 亮氨酸(leucine)	检测条件：50mmol/L pH=8.0 的磷酸盐缓冲溶液，5mmol/L $Ru(bpy)_3^{2+}$	精氨酸的检出限为 0.1μmol/L，脯氨酸的检出限为 80nmol/L；缬氨酸的检出限为 1μmol/L；亮氨酸的检出限为 1.6μmol/L	83
三联吡啶钌	乌头碱(aconitine) 中乌头碱(mesaconitine) 次乌头碱(hypaconitine)	分离电解质：pH=9.15，25mmol/L 硼砂，20mmol/L1-乙基-3-甲基咪唑四氟硼酸 检测条件：50mmol/L pH=9.15 的磷酸盐缓冲溶液，5mmol/L $Ru(bpy)_3^{2+}$	乌头碱、中乌头碱、次乌头碱的检出限分别为：5.62×10^{-8} mol/L、2.78×10^{-8} mol/L、3.50×10^{-9}mol/L	84
三联吡啶钌	三丙胺(tripropylamine) 利多卡因(lidocaine) 脯氨酸(proline)	$Ru(bpy)_3^{2+}$ 固定在氧化锆-Nafion 复合膜修饰的石墨电极上	三丙胺的线性范围为 1.0×10^{-8}～1.0×10^{-5}mol/L，检出限为 5×10^{-9}mol/L；利多卡因的线性范围为 5.0×10^{-7}～1.0×10^{-5}mol/L，检出限为 1×10^{-8}mol/L；脯氨酸的线性范围为 1.0×10^{-5}～1.0×10^{-3}mol/L，检出限为 5×10^{-6}mol/L	85
三联吡啶钌	谷氨酸(glutamate)	分离电解质：5mmol/L pH=2.1 的磷酸盐缓冲溶液 检测条件：80mmol/L pH=10.5 的磷酸盐缓冲溶液，5mmol/L $Ru(bpy)_3^{2+}$	若用天冬氨酸氨基转化酶催化酶反应，谷氨酸的检出限为 37.3fmol；若用丙氨酸氨基转化酶催化酶反应，谷氨酸的检出限为 81.5fmol	86
三联吡啶钌	三甲胺(trimethylamine)	检测条件：10mmol/L pH=9.2 的硼砂缓冲溶液，3mmol/L $Ru(bpy)_3^{2+}$	线性范围为 8.0×10^{-5}～4.0×10^{-8}mol/L	87
三联吡啶钌	乙酰胆碱(acetylcholine)	乙酰胆碱本身没有发光信号，但被加热时分解产生的三甲胺具有发光信号	检出限为 6.3×10^{-8}g/ml	88

续表

发光试剂	分析物	检测原理与条件	分析性能	文献
三联吡啶钌	己烯二异氰酸盐(hexamethylene diisocyanate) 己基异氰酸盐(hexyl isocyanate)	分离电解质：0.1mol/L pH=2.5 的磷酸盐缓冲溶液 检测条件：80mmol/L pH=7.0 的磷酸盐缓冲溶液，5mmol/L $Ru(bpy)_3^{2+}$	己烯二异氰酸盐的线性范围为 0.01～10μmol/L，检出限为 0.01μmol/L；己基异氰酸盐的线性范围为 0.02～20μmol/L，检出限为 0.02μmol/L	89
三联吡啶钌	阿莫西林(amoxicillin)		线性范围为 1.0ng/ml～8.0μg/ml，检出限为 0.31 ng/ml	90
三联吡啶钌	贝母碱(verticine) 去氢贝母碱(verticinone)	分离电解质：40mmol/L $BMImBF_4$，8mmol/L 磷酸盐缓冲溶液	贝母碱的线性范围为 1×10^{-8}～1×10^{-6}mol/L，检出限为 1.25×10^{-10}mol/L；去氢贝母碱的线性范围为 5×10^{-8}～1×10^{-6}mol/L，检出限为 1×10^{-10}mol/L	91
三联吡啶钌	甲磺酸培氟沙星(pefloxacinmesylate)	铂电极，分离电解质：10mmol/L pH=6.0 的磷酸盐缓冲溶液。 检测条件：50mmol/L pH=6.0 的磷酸盐缓冲液，5mmol/L $Ru(bpy)_3^{2+}$	线性范围为 0.02～12mg/L，检出限为 0.004mg/L	92
三联吡啶钌	葡萄糖		线性范围为 1×10^{-7}～1×10^{-4}mol/L，检出限为 6.0×10^{-8}mol/L	93
三联吡啶钌	脯氨酸(proline)	检测条件：50mmol/L pH=9.0 的磷酸盐缓冲溶液，5mmol/L $Ru(bpy)_3^{2+}$	脯氨酸的线性范围为 5～5000μmol/L，检出限为 1.0μmol/L	94
三联吡啶钌	氟哌啶醇(haloperidol)	分离电解质：10mmol/L pH=7.5 的磷酸盐缓冲液。 检测条件：50mmol/L pH=7.5 的磷酸盐缓冲溶液，5mmol/L $Ru(bpy)_3^{2+}$	线性范围为 0.01～10mg/L，检出限为 3.5μg/L	95
三联吡啶钌	粉防己碱(tetrandrine)	分离电解质：20mmol/L pH=7.5 的磷酸盐缓冲液。 检测条件：50mmol/L pH=8.0 的磷酸盐缓冲溶液，5mmol/L $Ru(bpy)_3^{2+}$	线性范围为 0.05～80.0mg/L，其检出限为 0.02mg/L	96
三联吡啶钌	泛昔洛韦(famciclovir)	分离电解质：10mmol/L pH=6.0 的 B-R 缓冲溶液。 检测条件：50mmol/L pH=8.5 的磷酸盐缓冲溶液，5mmol/L $Ru(bpy)_3^{2+}$，铂盘电极	线性范围为 5.0×10^{-6}～2.5×10^{-4}mol/L，相关系数为 0.9973， 检出限为 3.5×10^{-6}mol/L	97
三联吡啶钌	利多卡因(lidocaine)	分离电解质：10mmol/L pH=8.0 的磷酸盐缓冲溶液。 检测条件：70mmol/L pH=8.53 的磷酸盐缓冲溶液，5mmol/L $Ru(bpy)_3^{2+}$，铂盘电极	线性范围为 1.5～740μmol/L；检出限为 0.1μmol/L	98
三联吡啶钌	土霉素(Oxytetracycline)	分离电解质：10mmol/L pH=3.0 的磷酸盐缓冲液。 检测条件：100mmol/L pH=8.0 的磷酸盐缓冲溶液；稀土铕掺杂类普鲁士蓝膜修饰的铂电极	线性范围为 0.138～46.1 μg/ml，相关系数 R=0.9994；检测限为 57.0ng/ml	99
三联吡啶钌	盐酸维拉帕米(verapamil)	25mmol/L pH=7.5 的磷酸盐缓冲液，5mmol/L $Ru(bpy)_3^{2+}$	线性范围为 7.0×10^{-7}～5.0×10^{-4}mol/L，检出限为 4.6×10^{-8}mol/L	100
三联吡啶钌	槟榔碱(arecoline)	20mmol/L pH=7.50 的磷酸盐缓冲溶液，10mmol/L $BMImBF_4$，5mmol/L $Ru(bpy)_3^{2+}$	检出限为 5×10^{-9}mol/L	101

续表

发光试剂	分析物	检测原理与条件	分析性能	文献
三联吡啶钌	5-羟色胺(5-hydroxytryptamine)	CE-ECL，可用于人类血清中5-HT的检测。$Ru(bpy)_3^{2+}$的浓度为5mmol/L，缓冲溶液为45mmol/L pH=8.0的磷酸盐缓冲溶液	线性范围为3.5×10^{-9}～5.1×10^{-3}mol/L，检出限为5×10^{-10}mol/L	102
三联吡啶钌	麻黄素(ephedrine)	电化学发光与毛细管电泳联用；分离电解质溶液为25mmol/L pH=8.0的磷酸盐缓冲溶液 检测条件：60mmol/L pH=8.5的磷酸盐缓冲溶液，5mmol/L的$Ru(bpy)_3^{2+}$溶液	麻黄素的线性范围为6.0×10^{-8}～6.0×10^{-6}g/ml，检出限为4.5×10^{-9}g/ml	103
三联吡啶钌	苯脲除草剂	电化学发光与毛细管电泳联用； 分离电解质：20mmol/L pH=7.5的磷酸盐缓冲溶液，12mg/ml的β-环糊精； 检测条件：50mmol/L pH=8.5的磷酸盐缓冲溶液，5.0mmol/L的$Ru(bpy)_3^{2+}$溶液	异丙隆(isoproturon)和利谷隆(linuron)的线性范围为1～300μg/L，检出限为0.1μg/L；敌草隆(diuron)的线性范围为2～500μg/L，检出限为0.2μg/L	104
三联吡啶钌	尼古丁	工作电极为Pt圆盘电极。检测条件：40mmol/L pH=8.0的磷酸盐缓冲溶液，5.0mmol/L $Ru(bpy)_3^{2+}$溶液	线性范围为5.0×10^{-7}～5.0×10^{-5}mol/L (81～8100μg/L)，检出限为5.0×10^{-8}mol/L(8.1μg/L)	105
三联吡啶钌	伊班膦酸盐(ibandronate)	电化学发光与毛细管电泳联用；分离电解质为20mmol/L pH=9.0的磷酸盐缓冲溶液； 检测条件：200mmol/L pH=8.0的磷酸盐缓冲溶液，3.5mmol/L $Ru(bpy)_3^{2+}$溶液	在水中的线性范围为0.25～50μmol/L，检出限为0.08μmol/L； 在尿液中的线性范围为0.2～12.0μmol/L，检出限为0.06μmol/L	106
三联吡啶钌	壮观霉素(spectinomycin)	检测条件：50mmol/L pH=8.0的磷酸盐缓冲溶液，5.0mmol/L $Ru(bpy)_3^{2+}$溶液	线性范围为0.01～1.0 mg/ml，检出限为4.0μg/ml	107
三联吡啶钌	三丙胺(tripropylamine) 草酸(Oxalate) 脯氨酸(proline)	检测草酸条件：50mmol/L pH=6.8的磷酸盐缓冲溶液，0.2mmol/L $Ru(bpy)_3^{2+}$溶液 检测三丙胺和脯氨酸条件：50mmol/L pH=9.0的磷酸盐缓冲溶液，0.2mmol/L $Ru(bpy)_3^{2+}$溶液	草酸、三丙胺和脯氨酸的检出限分别为44nmol/L、1.5nmol/L、3.1nmol/L	108
三联吡啶钌	卡比沙明(carbinoxamine) 氯曲米通(chlorpheniramine) 盐酸二苯环庚啶(cyproheptadine) 多西拉敏(doxylamine) 苯海拉明(diphenhydramine) 麻黄素(ephedrine)	检测条件：100mmol/L pH=8.0的磷酸盐缓冲溶液，5mmol/L $Ru(bpy)_3^{2+}$溶液	6种抗组织胺药物的检出限在0.01～0.08μg/ml范围内	109
三联吡啶钌	普环啶(procyclidine)	检测条件：10mmol/L pH=8.1的磷酸盐缓冲溶液，5mmol/L $Ru(bpy)_3^{2+}$溶液	检测限为1×10^{-9}mol/L，线性范围为2×10^{-7}～3×10^{-4}mol/L	110

本表参考文献：

1. Zhou M, et al. Anal Chim Acta, 2007, 587: 4.
2. Gao Y, Tian Y, Wang E. Anal Chim Acta, 2005, 545: 137.
3. Liu Y.M, et al. Biomed Chromatogr, 2009, 23: 1138.
4. Ren X, et al. 色谱, 2008, 26: 223.
5. Cao W, Yang X, Wang E. Electroanal, 2004, 16: 169.
6. Li J, Chun Y, Ju H. Electroanal, 2007, 19: 1569.
7. Yin J, et al. Electrophoresis, 2006, 27: 4836.
8. Deng B, et al. J Sep Sci, 2010, 33: 2356.
9. Yuan B, et al. J Chromatogr A, 2010, 1217: 171.
10. Yin J, et al. Talanta, 2008, 75: 38.
11. Liu Y M, et al. Chin Chem Lett, 2011, 22: 197.
12. Deng B, Su C, Kang Y. Anal Bioanal Chem, 2006, 385: 1336.

13. Liu Y M, Shi Y M, Liu Z L. Biomed Chromatogr, 2010, 24: 941.
14. Liu Y M, et al. Electrophoresis, 2008, 29: 3207.
15. Sun H, Li L, Wu Y. Drug Test Anal, 2009, 1: 87.
16. Qiu, H, et al. Anal Chem, 2003, 75: 5435.
17. Du Y, et al. Anal Chem, 2005, 77: 7993.
18. Chiang M T, Whang C W. J Chromatogr A, 2001, 934: 59.
19. Hsieh Y C, Whang C W. J Chromatogr A, 2006, 1122: 279.
20. Sun H, Li L, Su M. J Clin Lab Anal, 2010, 24: 327.
21. Liu Y M, et al. J Sep Sci, 2010, 33: 1305.
22. Liu Y M, et al. Electrophoresis, 2010, 31: 364.
23. Deng B, et al. J Chromatogr B, 2007, 857: 136.
24. Deng B, et al. J Chromatogr B, 2007, 859: 125.
25. Peng X, et al. Anal Lett, 2008, 41: 1184.
26. Fu Z, et al. J Sep Sci, 2009, 32: 3925.
27. Fu Z, et al. Chromatographia, 2009, 69: 1101.
28. Wang Z, et al. Chem analityczna, 2009, 54: 883.
29. Zhang Z L, et al. Chin J Anal Chem, 2008, 36: 941.
30. Li X, et al. Chromatographia, 2009, 70: 1291.
31. Deng B, et al. Microchim Acta, 2009, 165: 279.
32. Wang J, et al. Talanta, 2008, 75: 817.
33. Wang J, et al. Talanta, 2008, 76: 85.
34. Li J, Zhao F, Ju H. Anal Chim Acta, 2006, 575: 57.
35. Xu Y, et al. J Chromatogr A, 2006, 1115: 260.
36. Yu C, Du H, You T. Talanta, 2011, 83: 1376.
37. Sun J, et al. Electrophoresis, 2008, 29: 3999.
38. Li J, Zhao F, Ju H. J Chromatogr B, 2006, 835: 84.
39. Yan J, et al. Microchem J, 2004, 76: 11.
40. Li J, Ju H. Electrophoresis, 2006, 27: 3467.
41. Ding S.N, et al. Talanta, 2006, 70: 572.
42. Sun H, Su M, Li L. J Chromatogr Sci, 2010, 48: 49.
43. Yin X.B, et al. J Chromatogr A, 2004, 1055: 223.
44. Wu Y, et al. Luminescence, 2005, 20: 352.
45. Han B, Du Y, Wang E. Microchem J, 2008, 89: 137.
46. Sun H, Li L, Su M. Chromatographia, 2008, 67: 399.
47. Liu Y M, et al. Electrophoresis, 2009, 30: 1406.
48. Liu Y M, et al. Anal Chem, 2011, 7: 325.
49. Zhou M, et al. Luminescence, 2011, 26: 319.
50. Fang L, et al. Anal Chim Acta, 2005, 537: 25.
51. Li Y, et al. Anal Chim Acta, 2005, 550: 40.
52. Liu J, et al. Talanta, 2003, 59: 453.
53. Huang J, et al. Anal Sci, 2007, 23: 183.
54. Wang J, et al. Electrochim Acta, 2009, 54: 2379.
55. Wang Y, et al. J Chromatogr B, 2011, 879: 871.
56. Kang J, et al. Electrophoresis, 2005, 26: 1732.
57. Liu Y M, et al. J Sep Sci, 2008, 31: 2463.
58. Zhao X, et al. J Chromatogr B, 2004, 810: 137.
59. Chiu H Y, et al. J Chromatogr A, 2008, 1177: 195.
60. Hsu C C, Whang C W. J Chromatogr A, 2009, 1216: 8575.
61. Liu S, et al. Talanta, 2006, 69: 154.
62. Fang L, et al. Electrophoresis, 2006, 27: 4516.
63. Kang J, et al. Anal Lett, 2005, 38: 1179.
64. Sun X, et al. Electrophoresis, 2008, 29: 2918.
65. Gao Y, et al. J Chromatogr B, 2006, 832: 236.
66. Liang H, et al. Luminescence, 2005, 20: 287.
67. Cao G, et al. Electrophoresis, 2010, 31: 1055.
68. Pan W, et al. J Chromatogr B, 2006, 831: 17.
69. Li H, et al. Electrophoresis, 2008, 29: 4475.
70. Liu Y, Zhou W. Anal Sci, 2006, 22: 999.
71. Cao W, et al. Electrophoresis, 2003, 24: 3124.
72. Cao W, et al. Electrophoresis, 2002, 23: 3683.
73. Cao W, et al. Electrophoresis, 2002, 23: 3692.
74. Chang P L, et al.Electrophoresis, 2007, 28: 1092.
75. Liu J, et al. Clin Chem, 2002, 48: 1049.
76. Gao Y, et al. Electrophoresis, 2006, 27: 4842.
77. Huang Y, et al. J Chromatogr A, 2007, 1154: 373.
78. Yuan J, Yin J, Wang E. J Chromatogr A, 2007, 1154: 368.
79. Sreedhar M, et al. Electrophoresis, 2005, 26: 2984.
80. Liu J, Yang X, Wang E. Electrophoresis, 2003, 24: 3131.
81. Chiang M T, Lu M C, Whang C W. Electrophoresis, 2003, 24: 3033.
82. Huang X J, Wang S L, Fang Z L. Anal Chim Acta, 2002, 456: 167.
83. Li J, et al. Anal Chem, 2006, 78: 2694.
84. Bao Y, Yang F, Yang X. Electrophoresis, 2011, 32: 1515.
85. Ding S N, Xu J J, Chen H Y. Electrophoresis, 2005, 26: 1737.
86. Li T, et al. J Chromatogr A, 2006, 1134: 311.
87. Li M, Lee S H. Luminescence, 2007, 22: 588.
88. Wei W, et al. Electrophoresis, 2009, 30: 1949.
89. Li H, et al. Electrophoresis, 2009, 30: 3926.
90. Deng B, et al. J Pharm Biomed Anal, 2008, 48: 1249.
91. Gao Y, et al. Talanta, 2009, 80, 448.
92. Deng B, et al. J Chromatogr B, Analyt Technol Biomed Life Sci, 2009, 877: 2585.
93. Li M, Lee S H. Anal Sci, 2007, 23: 1347.
94. Yang H, et al. Microchim Acta, 2011, 175: 193.
95. 康艳辉, 等. 广西师范大学学报: 自然科学版, 2010, 28: 42.
96. 陈丽会, 等. 理化检验-化学分册, 2010, 46: 1003.
97. 叶桦珍, 陈国南. 分析科学学报, 2010, 26: 621.
98. 孙汉文, 问海芳, 苏明. 河北大学学报: 自然科学版, 2010, 30: 652.
99. 杨伟群，李玉杰，周敏，分析试验室, 2010, 29: 57.
100. 梁汝萍 等. 分析化学, 2010, 38: 1305.
101. Xiang Q, et al. Luminescence, 2012.
102. Hu Y, et al. Luminescence, 2012, 27: 63.
103. Yang R, et al. Luminescence, 2011, 26: 374.
104. Wang Y, Xiao L, Cheng M. J Chromatogr A, 2011, 1218: 9115.
105. Sun J, Du H, You T. Electrophoresis, 2011.
106. Huang Y S, Chen S N, Whang C W. Electrophoresis, 2011.
107. Wei W, et al. Chromatographia, 2011, 74: 349.
108. Liu J, et al. Anal Chem, 2003, 75: 3637.
109. Zhu D, et al. Talanta, 2012, 88: 265.
110. Sun X, et al. Anal Chim Acta, 2002, 470: 137.

表 10-2 $Ru(bpy)_3^{2+}$ **电化学发光与高效液相色谱联用**

发光试剂	分析物	检测原理与条件	分析性能	文献
三联吡啶钌	氨酰心安(atenolol) 美托洛尔(metoprolol)	检测条件：10mmol/L pH=9.0的硼酸盐缓冲溶液，1mmol/L $Ru(bpy)_3^{2+}$	氨酰心安的检出限为 0.5μmol/L； 美托洛尔的检出限为 0.08μmol/L	1
三联吡啶钌	苦参碱(matrine) 槐果碱(sophocarpine) 槐定碱(sophoridine)	检测条件：玻碳圆盘电极，pH=6.5，80mmol/L NaH_2PO_4-K_2HPO_4缓冲溶液，乙腈（7:3），40mmol/L SDS；0.8mmol/L $Ru(bpy)_3^{2+}$	苦参碱的检出限为 3ng/ml； 槐果碱的检出限为 6ng/ml； 槐定碱的检出限为 1ng/ml	2
三联吡啶钌	槐定碱(sophoridine) 苦参碱(matrine) 槐醇(sophoranol) 槐果碱(sophocarpine)	检测条件：圆盘电极(22.1mm^2)为工作电极；pH=10.0，0.05mol/L NaOH-NaAc-0.3mol/L KNO_3缓冲溶液；0.8mmol/L $Ru(bpy)_3^{2+}$ 溶液	槐定碱的线性范围为 $2\times10^{-10}\sim5\times10^{-5}$g/ml，检出限为 3×10^{-11}g/ml； 苦参碱的线性范围为 $5\times10^{-10}\sim5\times10^{-5}$g/ml，检出限为 6×10^{-11}g/ml； 槐醇的线性范围为 $8\times10^{-10}\sim7\times10^{-5}$g/ml，检出限为 7×10^{-11}g/ml； 槐果碱的线性范围为 $2\times10^{-9}\sim6\times10^{-5}$g/ml，检出限为 1×10^{-10}g/ml	3
三联吡啶钌	红霉素 A (erythromycinA)	检测条件： 10mmol/ L H_2SO_4， 0.8mmol/L $Ru(bpy)_3^{2+}$	血浆样品中的线性范围为 0.05～5μg/ml，检出限<0.05μg/ml；尿液样品中的线性范围为 0.5～50μg/ml，检出限<0.5μg/ml	4
三联吡啶钌	布洛芬(ibuprofen) 肉豆蔻酸 (myristic acid) 棕榈酸(palmitic acid) 组胺(histamine)	检测条件： 10mmol/L H_2SO_4， 0.8mmol/L $Ru(bpy)_3^{2+}$	四者的检出限依次为 45fmol、70fmol、70fmol、70fmol	5
三联吡啶钌	苯丁酸 (phenylbutylic acid) 肉豆蔻酸 (myristic acid) 棕榈酸(palmitic acid)	检测条件： 10mmol/L H_2SO_4， 0.8mmol/L $Ru(bpy)_3^{2+}$	三者的检出限依次为 0.6fmol、0.5fmol、70fmol	6
三联吡啶钌	抗坏血酸 (ascorbic acid)	检测条件：pH=10.0 的碳酸钠缓冲溶液，0.25mmol/L $Ru(bpy)_3^{2+}$	抗坏血酸的线性范围为 $3\times10^{-7}\sim1.0\times10^{-4}$mol/L，检出限为 1.1×10^{-7}mol/L	7
三联吡啶钌	氨基酸	与 HPLC 联用，采用原位电化学发光。首先将氨基酸与丁二烯砜（DVS）发生加成反应，再用于发光检测。检测条件：pH=3.5～4.5 的磷酸盐缓冲溶液，0.3mmol/L 的 $Ru(bpy)_3^{2+}$ 溶液	15 种氨基酸的检出限有很大不同，从 0.04pmol/L 变化到 8.0pmol/L，其中，缬氨酸、苯丙氨酸；甘氨酸、组氨酸的检出限(pmol/L)分别为 0.07、0.1、3.38、8.0	8
三联吡啶钌	软骨藻酸 (domoic acid)	磷酸盐缓冲溶液，0.3mmol/L 的 $Ru(bpy)_3^{2+}$ 溶液	检测限为 1.3×10^{-9}mol/L，线性范围为 1～500ng/ml	9
三联吡啶钌	三环类抗抑郁药 (tricyclic antidepressants)	HPLC，Matrix：plasma 血浆	线性范围为 500fmol～5nmol； 丙咪嗪的检出限为 2.8×10^{-9}mol/L，阿密替林的检出限为 1×10^{-9}mol/L，氯米帕明的检出限为 5.3×10^{-9}mol/L，三甲丙咪嗪的检出限为 2.7×10^{-9}mol/L，多虑平的检出限为 1.6×10^{-9}mol/L，地昔帕明的检出限为 1.1×10^{-9}mol/L，去甲阿米替林的检出限为 6×10^{-10}mol/L，马普替林的检出限为 7.5×10^{-10}mol/L	10

本表参考文献：

1. Park Y J, Lee D W, Lee W Y. Anal Chim Acta, 2002, 471: 51.
2. Yi C, et al. Microchimica Acta, 2004, 147: 237.
3. Chen X, et al. Anal Chim Acta, 2002, 466: 79.
4. Hori T, Hashimoto H, Konishi M.Biomed Chromatogr, 2006, 20: 917.
5. Morita H, Konishi M. Anal Chem, 2002, 74: 1584.
6. Morita H, Konishi M. Anal Chem, 2003, 75: 940.
7. Zorzi M, Pastore P, Magno F. Anal Chem, 2000, 72: 4934.
8. Uchikura K. Chem Pharm Bull, 2003, 51: 1092.
9. Kodamatani H, et al. Anal Sci, 2004, 20: 1065.
10. Yoshida H, et al. Anal Chim Acta, 2000, 413: 137.

表 10-3 电化学发光与流动注射技术（FIA）联用用于分析检测

发光试剂	分析物	检测原理及条件	分析性能	文献
三联吡啶钌	吡哌酸 (pipemidic acid)	铂电极，H_2SO_4 溶液	线性范围为 $1.0\times10^{-7}\sim2.0\times10^{-5}$mol/L，检出限为 3.9×10^{-8}mol/L	1
三联吡啶钌	哌替啶（pethidine） 阿托品（atropine） 后马托品（homatropine） 可卡因（Cocaine）	检测条件：0.05mol/L pH=10.0 的硼砂缓冲溶液，5mmol/L $Ru(bpy)_3^{2+}$	哌替啶的检出限为 6.8×10^{-8}mol/L，阿托品的检出限为 2.2×10^{-7}mol/L，后马托品的检出限为 3.2×10^{-7}mol/L，可卡因的检出限为 6.5×10^{-7}mol/L	2
三联吡啶钌	杂多酸类 (heteropolyacids)		线性范围内信号随杂多酸的浓度（$2\times10^{-6}\sim1\times10^{-4}$mol/L）线性减弱	3
三联吡啶钌	依达拉奉(edaravone) L-色氨酸 (L-tryptophan) 没食子酸(gallic acid) Trolox *N*-乙酰基-L-半胱氨酸 (*N*-acetyl-L-cysteine 抗坏血酸 (Ascorbic acid)	检测条件：3mmol/LH_2O_2，0.75mmol/L$FeCl_2$，0.5 mmol/L $Ru(bpy)_3^{2+}$，5mmol/L H_2SO_4	检出限依次为 0.05mmol/L、0.1mmol/L、0.25mmol/L、0.25mmol/L、0.25mmol/L、0.25mmol/L	4
三联吡啶钌	甲状腺素(thyroxine)		线性范围为 $5.0\times10^{-8}\sim1.0\times10^{-6}$mol/L，检出限为 5.0×10^{-8}mol/L	5
三联吡啶钌	苯海拉明 (diphenhydramine)		线性范围为 2.00～40.0μg/L，检出限为 1.20μg/L	6
三联吡啶钌	青鱼精子双链 DNA	0.1mol/L 磷酸盐缓冲溶液，pH=9，碳纳米管-硅酸盐复合膜修饰的玻碳电极	线性范围为 $1.34\times10^{-6}\sim6.67\times10^{-4}$g/ml，检出限为 2.0×10^{-7}g/ml	7
三联吡啶钌	草酸(oxalate) 三丙胺 (tripropylamine) 烟酰胺腺嘌呤二核苷酸(NADH)	PSS-silica-Triton X-100 复合膜修饰的玻碳电极	草酸的检出限为 0.1μmol/L，三丙胺的检出限为 0.1μmol/L，NADH 的检出限为 0.5μmol/L	8
三联吡啶钌	可待因(codeine) 吗啡(morphine)	TMOS-DiMe-DiMOS-PSS 复合膜修饰的玻碳电极，0.1mol/L pH=7.5 的磷酸盐缓冲溶液，0.20mol/L KNO_3	可待因的线性范围为 $2.0\times10^{-8}\sim5.0\times10^{-5}$mol/L，检出限为 5nmol/L； 吗啡的线性范围为 $1.0\times10^{-7}\sim3.0\times10^{-4}$mol/L，检出限为 30nmol/L	9
三联吡啶钌	可待因 草酸钠		可待因的检出限为 1.0×10^{-8}mol/L； 草酸钠的检出限为 3.0×10^{-7}mol/L	10
三联吡啶钌	三联吡啶钌	喷射式流动注射电化学发光分析法；三丙胺为 10mmol/L pH=8.4 的磷酸盐缓冲溶液	检出限(S/N=3)为 0.005μmol/L；线性范围为 0.01～5μmol/L；*RSD* 为 1.02%	11

续表

发光试剂	分析物	检测原理及条件	分析性能	文献
三联吡啶钌	L-苯丙氨酸	ITO 电极	线性范围为 1×10^{-7}～5×10^{-5}g/ml，检出限为 2.59×10^{-8}g/ml	12
三联吡啶钌	三环类抗抑郁药(tricyclic antidepressants)	FIA	线性范围为0.09～0.24mg/ml；多虑平的检出限为 3.8×10^{-7}mol/L，普马嗪的检出限为 5.6×10^{-7}mol/L，阿密替林的检出限为 3.2×10^{-7}mol/L，氯丙嗪的检出限为 7.5×10^{-7}mol/L，去甲阿米替林的检出限为 1.2×10^{-6}mol/L	13
三联吡啶钌	四环素类(tetracyclines)	FIA	线性范围为 2.0×10^{-8}～1.0×10^{-5}g/ml；四环素的检出限为 9×10^{-9}mol/L，土霉素（氧四环素）的检出限为 8.3×10^{-9}mol/L	14
三联吡啶钌	酮类(ketones)	FIA	N/A	15
三联吡啶钌	头孢羟氨苄抗生素(cefadroxil antibiotic)	检测条件：0.1mol/L pH=9 的磷酸盐缓冲溶液，1mmol/L $Ru(bpy)_3^{2+}$	线性范围为 5×10^{-8}～1×10^{-4}mol/L	16

本表参考文献：

1. Liang Y D, Gao W, Song J F. Bioorg Med Chem Lett, 2006, 16: 5328.
2. Song Q, Greenway G M, McCreedy T. Analyst, 2001, 126: 37.
3. Xu G, Cheng L, Dong S. Anal Lett, 1999, 32: 2311.
4. Nobushi Y, Uchikura K. Chem Pharm Bull, 2010, 58: 117.
5. Waseem A, Yaqoob M, Nabi A. Anal Sci, 2006, 22: 1095.
6. Zhao C, et al. Anal Sci, 2008, 24: 535.
7. Tao Y, et al. Anal Chim Acta, 2007, 594: 169.
8. Wang H, Xu G, Dong S. Analyst, 2001, 126: 1095.
9. Qiu B, et al. Luminescence, 2007, 22: 189.
10. Barnett N W, et al. Analyst, 2002, 127: 455.
11. 石鑫，王捷，刘仲明. 分析化学, 2010, 38: 1377.
12. Lu J, et al. J Sep Sci, 2011.
13. Greenway G M, Dolman S J, Analyst, 1999, 124: 759.
14. Pang Y Q, et al. Luminescence, 2005, 20: 8.
15. Uchikura K. Anal Sci, 1999, 15: 1049.
16. Tomita I N, Bulhoes L O S. Anal Chim Acta, 2001, 442: 201.

表 10-4　$Ru(bpy)_3^{2+}$ 电化学发光用于检测 DNA 杂交

DNA 序列	检测原理及条件	分析性能	文献
5′-NH_2-24-mer	$Ru(bpy)_3^{2+}$ 滴涂在二氧化硅纳米颗粒上标记互补 DNA，目标 DNA 固定在聚吡咯修饰的铂电极上。检测条件：2.5mmol/L$H_2C_2O_4$，pH=6.6 的磷酸盐缓冲溶液	线性范围为 0.20pmol/L～2.0nmol/L，检出限为 0.10pmol/L；三个碱基的错误以及非互补序列不产生电化学发光	1
5′-21-merC_6NH_2SH 5′-NH_2C_6-18-mer 42-mer	$Ru(bpy)_3^{2+}$ 负载在碳纳米管上构成三明治型传感器。检测条件：0.10mol/L pH=7.4 的磷酸盐缓冲溶液；0.10mol/L；TPrA	线性范围为 24fmol/L～1.7pmol/L，检出限为 9.0fmol/L，可用于区别单链 DNA 两个碱基的错误	2
5′-biotin-TEG23-mer	$Ru(bpy)_3^{2+}$ 滴涂在 PSB 上，杂交 DNA 经磁性分离。检测条件：MeCN-0.055mol/LTFAA-0.10mol/LTPrA-0.10mol/L$(TBA)BF_4$	线性范围为 1.0fmol/L～10nmol/L	3
5′　18-mer-C_3SH-3′	目标单链 DNA 固定在金电极上，互补 DNA 标记在负载有 $Ru(bpy)_3^{2+}$ 的金纳米颗粒上。检测条件：0.10mol/L pH=7.4 的磷酸盐缓冲溶液，0.10mol/LTPrA	线性范围为 10pmol/L～10nmol/L，检出限为5.0pmol/L	4
15-mer	$Ru(bpy)_3^{2+}$ 标记在单链 DNA 的 3′端，与另一 5′端标记有 Cy5 的单链 DNA 杂交。检测条件：0.3mol/L pH=7.5 的磷酸盐缓冲溶液，0.1mol/L TPrA-SDS(<0.1%)	检出限为 30nmol/L	5
5′-NH_2-15-mer	$Ru(bpy)_2(phen)^{2+}$作为发光试剂，金芯片电极为工作电极。检测条件：0.3mol/L pH=7.8 的磷酸盐缓冲溶液，0.1mol/L TPrA-0.1%SDS	检出限为 1pmol/L，在 30μl 的缓冲溶液中	6

本表参考文献：

1. Zhu C, et al. Electrochim Acta, 2006, 52: 575.
2. Li Y, et al.Talanta, 2007, 72: 1704.
3. Miao W, Bard A J. Anal Chem, 2004, 76: 5379.
4. Wang H, et al. Anal Chim Acta, 2006, 575: 205.
5. Spehar A M, et al. Luminescence, 2004, 19: 287.
6. Spehar-Deleze A M, et al. Biosens Bioelectron, 2006, 22: 722.

表 10-5 $Ru(bpy)_3^{2+}$ 电化学发光用于其他物质的检测

发光试剂	分析物	检测原理与条件	分析性能	文献
三联吡啶钌	人免疫球蛋白 G	20 mmol/L DBAE，2-(二丁基氨基)乙醇的 0.1mol/L PBS(pH=7.5)，玻碳电极	检出限为 0.004μg/L，线性范围为 0.01～0.8μg/L	1
三联吡啶钌	舒必利 (sulpiride)	0.1mol/L 的磷酸盐缓冲溶液(pH=7.5)中，玻碳电极	检出限(*S*/*N*=3)为 5.3×10^{-8}mol/L，线性范围为 4.0×10^{-7}～1.0×10^{-4}mol/L	2
三联吡啶钌	胆汁酸 (bile acid)	酶促电化学发光法；Pt 圆盘电极；833U/L3α-HSD（3α-类固醇脱氢酶），70nmol/LNAD$^+$(氧化型辅酶 I)，50mmol/L 磷酸盐缓冲液(pH=8.0)	线性范围为 1.0～100fmol/L，检出限为 0.02fmol/L	3
三联吡啶钌	富马酸酮替芬 (ketotifen fumarate)	碳纳米管负载铂修饰的玻碳电极；0.1mol/L 磷酸盐缓冲液 PBS (pH=7.5)	线性范围为 1.0×10^{-7}～1.0×10^{-4} mol/L，检出限为 2.4×10^{-9}mol/L	4
三联吡啶钌	癌胚胎抗原 (carcinoembry onic antigen)	金纳米颗粒修饰的玻碳电极	检出限为 0.8pg/ml；线性范围为 1pg/ml～10ng/ml	5
三联吡啶钌	免疫球蛋白	单壁碳纳米管阵列修饰在 ITO 电极上，pH=7.2 的 PBS 缓冲溶液	检出限为(1.1±0.1)pmol/L；线性范围为 20pmol/L～300nmol/L	6
三联吡啶钌	CA125 肿瘤标记物 CA125(tumor biomarker)	三联吡啶钌溶液滴涂在 SiO_2 修饰的金电极上，金纳米颗粒和 NADH 作为免疫标记物	检出限为 0.03U/ml	7
三联吡啶钌	DNA	抗生蛋白链菌素涂层的磁性纳米球作为 $Ru(bpy)_3^{2+}$-NHS 的载体来增加信号强度	检出限为 1.2×10^{-15}mol/L	8
三联吡啶钌	高香草酸 (homovanillicacid，HVA) 香草基扁桃酸 (vanillylmandelic acid，VMA)	HVA 和 VMA 为共反应，使得信号明显增加	线性范围为 8.0×10^{-5}～1.0×10^{-9}mol/L，检出限为 4.0×10^{-10}mol/L	9
三联吡啶钌	三(2,3-二溴丙基)异氰脲酸酯 [tris(2,3-dibromopropyl) isocyanurate, TBC]	工作电极为金纳米颗粒修饰的金电极；检测溶液为含有硝酸银的乙腈水溶液	线性范围为 1.0×10^{-7}～5.0×10^{-5} mol/L，检出限为 5.0×10^{-8}mol/L (*S*/*N*=3)	10
三联吡啶钌	一氧化氮(nitric oxide)	检测条件：5.0mmol/LTPrA，0.1mol/L 磷酸盐缓冲溶液(pH=7.4)，10μmol/L $[Ru(bpy)_2(dabpy)]^{2+}$	线性范围为 0.55～220.0μmol/L，检出限为 0.28μmol/L	11
三联吡啶钌	凝血酶(thrombin)	检测条件：20mmol/L 磷酸盐缓冲溶液(pH=8.7)，1.0mmol/LTPrA，5.0mmol/L $LiClO_4$，$Ru(bpy)_3^{2+}$ 固定在金纳米颗粒修饰的玻碳电极上	检出限为 8.0×10^{-15}mol/L	12
三联吡啶钌	维生素 C 的衍生物(抗坏血酸磷酸酯和抗坏血酸棕榈酸酯)		抗坏血酸磷酸酯的线性范围为 3×10^{-6}～1.0×10^{-3}mol/L，检出限为 1.4×10^{-6}mol/L	13

续表

发光试剂	分析物	检测原理与条件	分析性能	文献
三联吡啶钌	叶酸受体(folatereceptors, FR)	微流控芯片技术与电化学发光检测联用。采用双电极体系，叶酸有助于 $Ru(bpy)_3^{2+}$ /TPrA 的电化学发光。该体系可用于检测人体肿瘤细胞（HL-60）和小鼠胚胎成纤维细胞(MEF)中叶酸受体的含量。 检测条件：0.1mol/L 磷酸盐缓冲溶液，3.8mmol/L $Ru(bpy)_3^{2+}$，5.2mmol/L TPrA	线性范围为 5.71fmol/L～28.6pmol/L	14
三联吡啶钌	甲胎蛋白	$Ru(bpy)_3^{2+}$ 包裹在脂质体内，工作电极为 Au 圆盘电极，金纳米颗粒修饰在金电极表面。 检测条件：含有 20 mmol/L DBAE 的 0.1mol/L pH=7.5 的磷酸盐缓冲溶液	甲胎蛋白的线性范围为 0.005～0.2pg/ml，检出限为 0.001pg/ml	15
三联吡啶钌	无机氧化物	无机氧化物可以使 $Ru(bpy)_3^{2+}$ /TPrA 的电化学发光发生猝灭，因此可利用该方法检测无机氧化物	MnO_4^- 的线性范围为 1×10^{-7}～3×10^{-4}mol/L，检出限为 8.0×10^{-8}mol/L； $Cr_2O_7^{2-}$ 的线性范围为 1×10^{-7}～3×10^{-4} mol/L，检出限为 2×10^{-8}mol/L； $FeCN_6^{3-}$ 的线性范围为 1×10^{-7}～1×10^{-4}mol/L，检出限为 1×10^{-8}mol/L	16
三联吡啶钌	三聚氰胺	工作电极为玻碳电极。检测条件：pH=10.0 的硼砂缓冲溶液	三聚氰胺在裸玻碳电极上的线性范围为 1.0×10^{-10}～1.0×10^{-5}mol/L，检出限为 1.0×10^{-10}mol/L；当玻碳电极上修饰上单壁碳纳米管时检出限可降低到 1.0×10^{-13}mol/L	17
三联吡啶钌	槐定碱(sophoridine) 苦参碱(matrine)	$Ru(bpy)_3^{2+}$ 固定在电极上，50mmol/L pH=8.5 的磷酸盐缓冲溶液	槐定碱的线性范围为 2.5×10^{-8}～2×10^{-6}mol/L，检出限为 5×10^{-9}mol/L；苦参碱的线性范围为 1.0×10^{-8}～1.0×10^{-6}mol/L，检出限为 10.0 nmol/L	18
三联吡啶钌	四环素		线性范围为 4.0×10^{-11}～4.0×10^{-9}g/ml，检出限为 2.0×10^{-12}g/ml	19
三联吡啶钌	盐酸普萘洛尔		线性范围为 0.003～2μg/ml，检出限为 1.3ng/ml	20
三联吡啶钌	假石蒜碱(pseudolycorine)	10mmol/L pH=7.5 的磷酸盐缓冲溶液	线性范围为 0.002～2μg/ml，检出限为 0.46ng/ml	21
三联吡啶钌	盐酸二甲双胍(metformin hydrochloride)	7.5mmol/L pH=10.5 的磷酸盐-硼酸缓冲溶液，2mol/L β-环糊精，6mmol/L Na_2SO_4	线性范围为 0.001～15.00 μg/ml，检出限为 0.31ng/ml	22
三联吡啶钌	可卡因		线性范围为 1.0×10^{-9}～1.0×10^{-11}mol/L，检出限为 3.7×10^{-12}mol/L	23
三联吡啶钌	柠檬酸(citric acid)	与脉冲注射分析联用	检测限为 3.0×10^{-8}mol/L；线性范围为 3.0×10^{-8}～6.0×10^{-6}mol/L	24
三联吡啶钌	没食子酸(gallic acid)	$Ru(bpy)_3^{2+}$ 固定在电极上	检测限为 9.0×10^{-9}mol/L	25
三联吡啶钌	草酸盐(oxalate)和脯氨酸(proline)	分析物同时检测		26

续表

发光试剂	分析物	检测原理与条件	分析性能	文献
三联吡啶钌	胺类	胶束电动色谱	*N,N'*-二乙基乙醇胺的检测限为 7.1×10^{-8}mol/L	27
三联吡啶钌	可待因(codeine)	合成 $Ru(bpy)_3^{3+}$ 高氯酸盐，发现其50h后仍稳定，可用于检测可待因。 检测条件：pH=5.0 的乙酸缓冲溶液(0.05mol/L)；1.0mmol/L 的 $[Ru(bpy)_3]^{3+}$ 乙腈溶液	检测限为 5×10^{-9}mol/L	28
三联吡啶钌	染色体组(genome)		检测限为 500fg/ml	29
三联吡啶钌	DNA	0.15mol/L PBS(pH=7.4)， 0.1mol/L TPrA， 100μmol/L FcMeOH（甲醇二茂铁）		30
三联吡啶钌	Prorocentrum minimum (Pavillard)Schiller	检测条件：0.1mol/L PBS(pH=7.4)，1nmol/L $Ru(bpy)_3^{2+}$，1.5mol/L TPrA	线性范围为 0.4pmol～4nmol	31
三联吡啶钌	肉毒杆菌 (*Clostridium botulinum* toxinsA、B、E、F)		临床样品：A 和 E 的检出限为50pg/ml，B 的检出限为 100pg/ml，F 的检出限为 400pg/ml； 食物样品：A 的检出限为50pg/ml，B、E 和 F 的检出限为50～100pg/ml	32
三联吡啶钌	肉毒杆菌 (*Clostridium botulinum* typeB)	磷酸盐缓冲溶液	检出限为 0.39～0.78ng/ml	33
三联吡啶钌	多巴胺(dopamine)和亚铁氰化物(ferrocyanide)	$Ru(bpy)_3^{2+}$ -三丙胺固定在 ITO 电极上		34
三联吡啶钌	过氧化氢	铂电极，乙腈溶液	线性范围为 27～540μmol/L	35
三联吡啶钌的衍生物	金属阳离子	0.1mmol/L50:50(体积比)CH_3CN-H_2O 溶，pH=7.5，0.05mol/L TPrA，1μmol/L $(bpy)_2Ru(AZA\text{-}bpy)^{2+}$		36

本表参考文献：

1. 李玲，等. 分析化学, 2010, 38: 1329.
2. 高文燕，等. 分析科学学报, 2010, 26: 521.
3. 丁敏，等. 分析化学, 2010, 38: 1793.
4. 李利军，等. 分析测试学报, 2010, 29 : 1114.
5. Zhang M, et al. Analyst, 2012, 137 : 680.
6. Venkatanarayanan A, et al. Biosens Bioelectron, 2012, 31 : 233.
7. Wang G, et al. Anal Biochem, 2012, 422 : 7.
8. Shen L, et al. Talanta, 2012, 89 : 427.
9. Lu X, et al. Analyst, 2012, 137 : 1416.
10. Zhao P, et al. Analyst, 2011, 136 : 1952.
11. Zhang W, et al. Analyst, 2011, 136 : 1867.
12. Zhang J, et al. Biosens Bioelectron, 2011, 26: 2645.
13. Yuan Y, et al. Anal Chim Acta, 2011, 701 : 169.
14. Wu M S, et al. Lab Chip, 2011, 11 : 2720.
15. Wang H, et al. Colloids Surf B Biointerfaces, 2011, 84 : 515.
16. Qiu B, et al. Talanta, 2011, 85: 339.
17. Liu F, Yang X, Sun S. Analyst, 2011, 136 : 374.
18. Liu H, et al. Talanta, 2011, 84: 387.
19. Guo Z, Gai P. Anal Chim Acta, 2011, 688 : 197.
20. Deng B, et al. Anal Sci, 2011, 27 : 55.
21. Deng B, et al. J Chromatogr B, 2011, 879 : 927.
22. Deng B, et al. Luminescence, 2011, 26 : 592.
23. Cai Q, et al. Anal Bioanal Chem, 2011, 400 : 289.
24. Zhike H, et al. Talanta, 1998, 47 : 301.
25. Lin X Q, et al. Anal Bioanal Chem, 2004, 378 : 2028.
26. Shultz L L, Nieman T A. J Biolumin Chemilumin, 1998, 13: 85.
27. Wang X, Bobbitt D R. Talanta, 2000, 53: 337.
28. Barnett N W, et al. Anal Chim Acta, 2000, 421: 1.
29. Zhu X, Zhou X, Xing D. Biosens Bioelectron, 2012, 31: 463.
30. Cao W, et al. J Am Chem Soc, 2006, 128: 7572.
31. Zhu X, et al. Detection of Prorocentrum minimum (Pavillard) Schiller with an Electrochemiluminescence-Molecular Probe Assay Mar Biotechnol (NY), 2012.
32. Rivera V R, et al. Anal Biochem, 2006, 353 : 248.
33. Guglielmo-Viret V, et al. J Immunol Methods, 2005, 301 : 164.
34. Zhan W, et al. Anal Chem, 2003, 75 : 1233.
35. Yuan B, Du H, You T. Talanta, 2009, 79: 730.
36. Muegge B D, Richter M M. Anal Chem, 2001, 74 : 547.

表 10-6 $Ru(bpy)_3^{2+}$固定在修饰电极上用于电化学发光检测

发光试剂	分析物	检测原理与条件	分析性能	文献
三联吡啶钌	三丙胺(TPrA)	50mmol/L PBS(pH=7.5)，PtNPs/EastmanAQ55D复合膜修饰的玻碳电极	检出限为1fmol	1
三联吡啶钌	三丙胺	50mmol/L PBS(pH=9.2)，Ru(Ⅱ)和H_2PtCl_6修饰的ITO电极	检出限为25μmol/L	2
三联吡啶钌	三丙胺	0.1mol/L PBS(pH=7.5)，磺化的MCM-41–离子液修饰的碳糊电极	检出限为7.2nmol/L	3
三联吡啶钌	草酸(oxalic acid)	溶胶凝胶/氟滴涂的ITO电极	检出限为1μmol/L	4
三联吡啶钌	鲑鱼DNA	10mmol/L 醋酸盐缓冲溶液(pH=5.50)，50mmol/L NaCl溶液，碳纳米管/Nafion复合材料修饰的玻碳电极	DNA检出限为34.4nmol/L，*p53*基因检出限为0.393nmol/L	5
三联吡啶钌	三丙胺 草酸	10mmol/L 醋酸盐缓冲溶液(pH=5.0)，50mmol/L KNO_3，Nafion-硅酸盐复合膜修饰的玻碳电极	三丙胺检出限为0.1μmol/L，草酸的检出限为2μmol/L	6
三联吡啶钌	三丙胺	流动注射分析，PPS-二氧化硅复合膜修饰的玻碳电极	检出限为0.1μmol/L，线性范围为0.5μmol/L～5mmol/L	7
三联吡啶钌	三丙胺 草酸	黏土纳米颗粒/ $Ru(bpy)_3^{2+}$ 多层膜修饰的ITO电极	三丙胺检出限为20nmol/L，线性范围为60nmol/L～0.66 mmol/L 草酸的检出限为100nmol/L	8
三联吡啶钌	马来酸氯苯吡胺(chlorphenaminemeleate)	二氧化钛-Nafion复合膜修饰的玻碳电极	检出限为6g/ml，线性范围为2.0×10^{-8}～1.0×10^{-6}g/ml	9
三联吡啶钌	草酸 脯氨酸(proline)	流动注射分析，0.1mol/L PBS(pH=7.4)，二氧化钛溶胶凝胶修饰的玻碳电极	草酸的检出限为5.0μmol/L，线性范围为20～700μmol/L；脯氨酸的检出限为4.0μmol/L，线性范围为20～600μmol/L	10
三联吡啶钌	三丙胺 草酸 红霉素(erythromycin)	高效液相色谱，50mmol/L PBS(pH=7.0)，二氧化钛溶胶凝胶和Nafion复合膜修饰的玻碳电极	三丙胺、草酸、红霉素的检出限分别为0.1μmol/L、1.0μmol/L、1.0μmol/L	11
三联吡啶钌	普马嗪(promazine) 氯丙嗪(chlorpromazine) 三氟普马嗪(triflupromazine) 硫利达嗪(thioridazine) 三氟拉嗪(trifluoperazine) 红霉素	高效液相色谱，二氧化钛溶胶-凝胶和Nafion复合膜修饰的铂电极	六者的检出限依次为0.529μmol/L、0.833μmol/L、64μmol/L、1.71μmol/L、2.94μmol/L、1.11μmol/L	12
三联吡啶钌	黄连素(berberine) 葫芦巴碱(trigonelline) 尿囊素(allantoin) 甜菜碱(betaine)	流动注射分析，pH=9.5 碱性缓冲溶液，TMOS-DiMe-DiMOS-PSS 硅酸盐复合膜修饰的玻碳电极	四者的检出限依次为5μmol/L、8μmol/L、20μmol/L、50μmol/L	13

续表

发光试剂	分析物	检测原理与条件	分析性能	文献
三联吡啶钌	脱氧麻黄碱(methamphetamine)	流动注射分析，0.1mol/L PBS(pH=8.0)，TMOS-DiMe-DiMOS-PSS 硅酸盐复合膜修饰的玻碳电极	检出限为 20μmol/L	14
三联吡啶钌	草酸(oxalate) 乙胺(ethylamine) 二乙胺(diethylamine) 三乙胺(triethylamine)	0.1mol/L 醋酸盐缓冲溶液，pH=6.5 和 pH=11，钌(4-甲基-4′-乙烯基-2,2′- bpy)$_3^{2+}$ 聚电解质修饰的铂电极		15
三联吡啶钌	三丙胺	流动注射分析，0.1mol/L PBS(pH=8.0)，Ru(II)固定在苯磺酸单层膜修饰的玻碳电极上	线性范围为 5μmol/L～1 mmol/L，检出限为 1μmol/L	16
三联吡啶钌	双氧异丙嗪(dioxopromethazine)	50mmol/L PBS(pH=7.0)，陶瓷碳-Nafion 电极	检出限为 0.66nmol/L，线性范围为 1.0nmol/L～0.1mmol/L	17
三联吡啶钌	三丙胺、酒石酸普马嗪、草酸、脯氨酸等	50mmol/LPBS(pH=7.0)，有机硅酸盐功能化的 Ru(Ⅱ)修饰的 ITO 电极		18
三联吡啶钌	乙醇	0.1mol/L PBS(pH=7.5)，壳聚糖-PSS-乙醇脱氧酶复合膜修饰的玻碳电极	检出限为 9.3μmol/L，线性范围为 27.9μmol/L～57.8mmol/L	19
三联吡啶钌	乙醇	0.25mol/L NAD$^+$-PBS pH=7.5，乙醇脱氧酶-Au 纳米颗粒聚合物修饰的 ITO	检出限为 3.33μmol/L	20
三联吡啶钌	三丙胺	50mmol/L PBS(pH=9.2)，柠檬酸盐包裹的 Au 纳米颗粒-Ru(Ⅱ)聚合物修饰的 ITO 电极	检出限为 0.5mmol/L	21
三联吡啶钌	三丙胺	PBS(pH=7.6)，EastmanAQ55D-碳纳米管复合膜修饰的玻碳电极	检出限为 30pmol/L	22
三联吡啶钌	三丙胺	PBS(pH=7.6)，Ru(II)-滴涂 SiO_2 的 MWNTs 复合膜修饰的 ITO 电极	检出限为 39pmol/L	23
三联吡啶钌	三丙胺	PBS(pH=8.2)，SiO_2NPs/Ru(II)多层膜修饰的 ITO 电极	检出限为 10nmol/L	24
三联吡啶钌	三丙胺	50mmol/L PBS(pH=7.0)，Nafion-磁性 Fe_3O_4 纳米颗粒修饰的铂电极	检出限为 1μmol/L	25
三联吡啶钌	海洛因(heroin)	流动注射分析，0.10mol/L PBS(pH=6.3)，沸石 Y 修饰的碳糊电极	检出限为 1.1μmol/L，线性范围为 2.0～80μmol/L	26
三联吡啶钌	可待因	通过共价键作用使 Ru(II)固定在玻碳电极上	检出限为 1mmol/L	27
三联吡啶钌	亚精胺(spermidine) 精胺(spermine)	0.10mol/L PBS(pH=7.5)，二氧化硅涂覆的 Fe_3O_4 纳米颗粒与 Ru(bpy)$_3^{2+}$ 形成的核壳结构修饰的玻碳电极	亚精胺的线性范围为 4.0×10^{-6}～5.0×10^{-3}mol/L，检出限为 8.4×10^{-7}mol/L；精胺的线性范围为 5.5×10^{-7}～1.0×10^{-4}mol/L，检出限为 3.3×10^{-7}mol/L	28

本表参考文献：

1. Du Y, et al. J Phys Chem B, 2006, 110: 21662.
2. Sun X, et al. Anal Chem, 2007, 79: 2588.
3. Li J, et al. Analyst, 2007, 132: 687.
4. Armelao L, et al. Electroanal, 2003, 15: 803.
5. Wei H, et al. Electrochem Commun, 2007, 9: 1474.
6. Khramov A N, Collinson M M.Anal Chem, 2000, 72: 2943.
7. Wang H, Xu G, Dong S.E Lectroanal, 2002, 14: 853.
8. Guo Z, et al. Analyst, 2004, 129: 657.
9. Song H, Zhang Z, Wang F. Electroanal, 2006, 18: 1838.
10. Zuang Y, Ju H. Electroanal, 2004, 16: 1401.
11. Choi H N Cho S H, Lee W Y.Anal Chem, 2003, 75: 4250.
12. Chioi H N, et al. Anal Chim Acta, 2005, 541: 47.

13. Zhao L, et al. Talanta, 2006, 70: 104.
14. Yi C Q, et al. Anal Chim Acta, 2005, 541: 75.
15. Lowty R B, Williams C E, Braven J. Talanta, 2004, 63: 961.
16. Wang H, Xu G, Dong S. Talanta, 2001, 55: 61.
17. Shi L, et al. Anal Chem, 2006, 78: 7330.
18. Lee J K, et al. Chem Commun, 2003, 1602.
19. Zhang L, Xu Z, Dong S. Anal Chim Acta, 2006, 575: 52.
20. Zhang L, et al. Biosens Bioelectron, 2007, 22: 1097.
21. Sun X, et al. Anal Chem, 2005, 77: 8166.
22. Zang L H, et al. J Electroanal Chem, 2006, 592: 63.
23. Guo S, Wang E. Electrochem Commun, 2007, 9: 1252.
24. Guo Z H, et al. Anal Chem, 2004, 76: 184.
25. Kim D J, et al. Chem Commun, 2005, 2966.
26. Zhuang Y, Zhang D, Ju H. Analyst, 2005, 130: 534.
27. Greenway G M, et al. Chem Commun, 2006, 85.
28. Zhang L, Liu B, Dong S. J Phys Chem B, 2007, 111: 10448.

二、鲁米诺电化学发光体系

3-氨基邻苯二甲酰胺俗称鲁米诺（luminol），该体系具有发光效率高、试剂稳定、价格便宜、毒性小、反应在水相中进行等优点，因此受到人们的广泛关注。鲁米诺电化学发光反应机理主要有以下两种。

1. 鲁米诺-H_2O_2体系电化学发光反应机理

鲁米诺和 H_2O_2 在碱性水溶液中的电化学发光引起人们的重视，此反应能检测多种物质。在特定的酶反应中可产生 H_2O_2，高专一性的酶反应和灵敏的电化学发光检测联用是一种有效的分析手段。鲁米诺在碱性环境下，过氧化氢催化氧化发光，其发光机理如下：

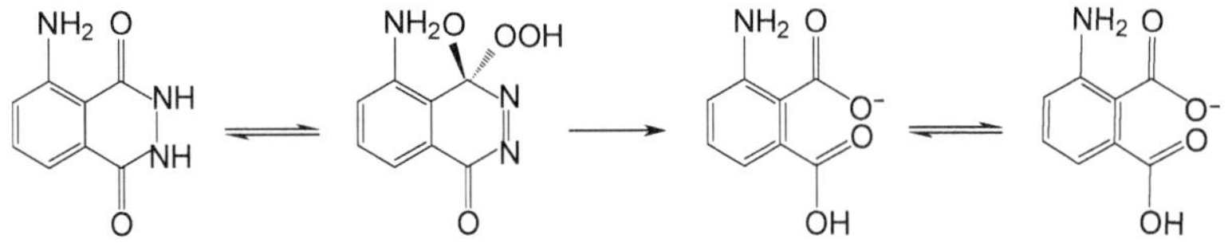

NH₂ O ... NH / NH ⇌ NH₂ O OOH ... N=N → NH₂ O O⁻ O OH ⇌ NH₂ O O⁻ O OH

2. 鲁米诺与溶解氧的电化学发光机理

鲁米诺电化学氧化产物可以将溶解氧还原，生成超氧阴离子自由基 $O_2^{-\cdot}$，$O_2^{-\cdot}$进一步与鲁米诺的电化学氧化产物反应，生成激发态的 3-氨基邻苯二甲酸盐，随后由激发态返回基态产生发光现象，反应机理如下：

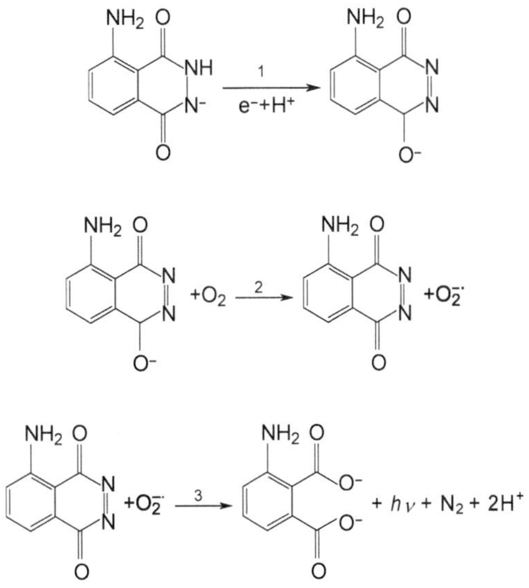

$$\text{(1)}\quad \text{luminol anion (NH}_2\text{, O, NH, N}^-\text{, O)} \xrightarrow[e^-+H^+]{1} \text{(NH}_2\text{, O, N=N, O}^-\text{)}$$

$$\text{(2)}\quad \text{(NH}_2\text{, O, N=N, O}^-\text{)} + O_2 \xrightarrow{2} \text{(NH}_2\text{, O, N=N, O)} + O_2^{-\cdot}$$

$$\text{(3)}\quad \text{(NH}_2\text{, O, N=N, O)} + O_2^{-} \xrightarrow{3} \text{(NH}_2\text{, COO}^-\text{, COO}^-\text{)} + h\nu + N_2 + 2H^+$$

有关鲁米诺电化学发光体系在分析检测中的应用见表 10-7～表 10-10。

表 10-7 鲁米诺电化学发光与流动注射技术联用用于分析检测①

分析物	检测原理与条件	分析性能	文献
联氨(hydrazine)	铂电极，60μmol/L 鲁米诺，50mmol/L 硼砂缓冲溶液，2.5ml/min	线性范围为 2.0×10^{-8}～5.0×10^{-5}mol/L，检出限为 6.0nmol/L	1
利福平(rifampicin)	铂电极，4.0μmol/L 鲁米诺，20mmol/L 硼砂缓冲溶液，0.02mol/L$Na_2B_4O_7$，2ml/min	线性范围为 1.0×10^{-8}～4.0×10^{-6}mol/L，检出限为 8.0nmol/L	2
肾上腺素(epinephrine)	铂电极，8.0μmol/L 鲁米诺，50mmol/L 硼砂缓冲溶液，2.5ml/min	线性范围为 7.0×10^{-8}～6.0×10^{-6}mol/L，检出限为 28nmol/L	3
儿茶酚(catechol) 对羟基苯甲酸二聚体(DHBA) 绿原酸(chlorogenic acid)	玻碳电极，0.25mmol/L 鲁米诺，0.10mol/L KCl，pH=12.4，3.5ml/min	儿茶酚的线性范围为 5.0×10^{-8}～1.0×10^{-5}mol/L，检出限为 12nmol/L； 对羟基苯甲酸二聚体的线性范围为 5.0×10^{-8}～1.0×10^{-5}mol/L，检出限为 21nmol/L； 绿原酸的线性范围为 1.0×10^{-8}～5.0×10^{-5}mol/L，检出限为 5.2nmol/L	4
钒(II)	中空的碳电极，0.10mmol/L 鲁米诺，1.2mmol/L $Na_2C_2O_4$	线性范围为 5.0×10^{-10}～1.0×10^{-7}g/ml，检出限为 0.2ng/ml	5
诺氟沙星(norfloxacin) 氧氟沙星(oxfloxacin) 环丙沙星(ciprofloxacin) 培氟沙星(pefloxacin) 依诺沙星(enoxacin)	铂电极，0.4μmol/L 鲁米诺，0.10mol/L Na_2CO_3-$NaHCO_3$，2.0ml/min	诺氟沙星线性范围为 1.0×10^{-8}～2.0×10^{-4}g/ml，检出限为 2.0ng/ml； 氧氟沙星线性范围为 5.0×10^{-9}～6.0×10^{-6}g/ml，检出限为 4.0ng/ml； 环丙沙星线性范围为 2.0×10^{-8}～1.4×10^{-5}g/ml，检出限为 10ng/ml； 培氟沙星线性范围为 1.0×10^{-8}～1.4×10^{-5}g/ml，检出限为 8.0ng/ml； 依诺沙星线性范围为 1.0×10^{-9}～1.0×10^{-5}g/ml，检出限为 0.80ng/ml	6
胆碱(choline)	玻碳电极，50μmol/L 鲁米诺，30mmol/L 佛罗拿缓冲溶液，30mmol/L KCl，1.5mmol/L $MgCl_2$，pH=9.0，0.5ml/min	在四种不同的基底上胆碱的检出限分别为 10pmol、75pmol、220pmol、300pmol	7
葡萄糖	碳糊电极，0.25mmol/L 鲁米诺，50mmol/L KNO_3，pH=9.0，1.5ml/min	线性范围为 0.01～10mmol/L，检出限为 8.16 μmol/L	8
焦棡酚(pyrogallol)	碳糊电极，0.1mmol/L 鲁米诺，pH=11.6 的 NaOH 溶液，0.12mol/L KCl，3.5ml/min	线性范围为 7.0×10^{-8}～1.0×10^{-4}mol/L，检出限为 16nmol/L	9
单宁酸(tannic acid)	玻碳电极，0.25mmol/L 鲁米诺，pH=11.9 的 NaOH 溶液，0.025mol/L KCl，3.5ml/min	线性范围为 5×10^{-8}～1×10^{-5}mol/L，检出限为 20nmol/L	10
胆碱		检出限为 0.05μmol/L	11

① 表中所有体系所用发光试剂为鲁米诺。

本表参考文献：

1. Zheng X, et al. Analyst, 2002, 127: 1375.
2. Ma Y H, Zheng X W, Zhang Z J. Chin J Chem, 2004, 22: 279.
3. Zheng X, Guo Z, Zhang Z. Anal Chim Acta, 2001, 441: 81.
4. Sun Y G, et al. Talanta, 2000, 53: 661.
5. Li J J, Du J X, Lu J R. Talanta, 2002, 57: 53.
6. Ma, H, Zheng X, Zhang Z. Luminescence, 2005, 20: 303.
7. Tsafack V C, et al. Analyst, 2000, 125: 151.
8. Zhu L, et al. Sensor Actuat B, 2002, 84: 265.
9. Sun Y G, et al. Anal Chim Acta, 2000, 423: 247.
10. Sun Y G, et al. Anal Lett, 2000, 33: 2281.
11. Jin J, et al. Bioelectrochem, 2010, 79: 147.

表 10-8　鲁米诺电化学发光体系用于生物分子检测[①]

分析物	检测原理与条件	分析性能	文献
胎蛋白 (α-1-fetoprotein, AFP)	过氧化氢作为共反应剂增加反应信号	线性范围为 0.0001～80ng/ml；检出限为 0.03pg/ml(S/N=3)	1
	Pd 纳米颗粒为催化剂	检出限为 33fg/ml	2
腺苷(adenosine) 凝血酶(thrombin)		腺苷的线性范围为 5.0×10^{-12}～5.0×10^{-9}mol/L，检出限为 2.2×10^{-12}mol/L； 凝血酶线性范围为 5.0×10^{-14}～5.0×10^{-10}mol/L，检出限为 1.2×10^{-14}mol/L	3
肌钙蛋白(troponinI)		检出限为 2pg/ml	4
DNA	葡萄糖氧化酶催化鲁米诺的电化学发光	检出限为 1pmol/L	5
免疫球蛋白 G (immunoglobulin G)	免疫球蛋白 G 固定在金纳米颗粒修饰的电极上，碳酸盐缓冲溶液，1.5mmol/L H_2O_2	线性范围为 5.0～100ng/ml，检出限为 1.68ng/ml	6
谷胱甘肽 (glutathione)		线性范围为 3.38×10^{-13}～4.72×10^{-3}mol/L	7
N-(4-氨丁基)-N-乙基异鲁米诺(ABEI)		ABEI 的线性范围为 1.3×10^{-6}～6.5×10^{-12} mol/L，检出限为 2.2×10^{-12} mol/L；	8
DNA		DNA 的线性范围为 9.6×10^{-11}～9.6×10^{-8}mol/L，检出限为 3.0×10^{-11}mol/L	
牛血清白蛋白	Pt 电极；pH=8.0 的磷酸盐缓冲溶液	线性范围为 1.00×10^{-9}～1.20×10^{-8}g/ml	9

① 表中所有体系所用发光试剂皆为鲁米诺。

本表参考文献：

1. Cao Y, et al. Biosens Bioelectron, 2012, 31: 305.
2. Niu H, et al. Chem Commun, 2011, 47: 8397.
3. Chai Y, Tian D, Cui H. Anal Chim Acta, 2012, 715: 86.
4. Shen W, et al. Biosens Bioelectron, 2011, 27: 18.
5. Zhang L, et al. Biosens Bioelectron, 2009, 25: 368.
6. Tian D, et al. Talanta, 2009, 78: 399.
7. Qi Y Y, et al. 光谱学与光谱分析，2005, 25: 195.
8. Yang M, et al. Analyst, 2002, 127: 1267.
9. 万明怡，等. 常熟理工学院学报：自然科学, 2010, 24: 49.

表 10-9　鲁米诺电化学发光体系用于小分子化合物检测[①]

分析物	检测原理与条件	分析性能	文献
过氧化氢	碱性溶液，Cu/Zn 合金可增加发光信号	线性范围为 1.0×10^{-6}～1.0×10^{-4}mol/L，检出限为 3.0×10^{-7}mol/L	1
乳酸盐		线性范围为 0.01～10μmol/L 和 10~200μmol/L，检出限为 4nmol/L	2
二氧化碳		线性范围为 100μg/ml～100%(体积分数)，检出限为 80μg/mL	3
溶解 O_2 葡萄糖 过氧化氢	钯纳米颗粒修饰在多壁碳纳米管上，再将其修饰在玻碳电极上。中性介质	溶解 O_2 的线性范围为 0.08～0.94mmol/L，检出限为 0.02mmol/L； 葡萄糖的线性范围为 0.1～1000 μmol/L，检出限为 54nmol/L； 过氧化氢的线性范围为 1nmol/L～0.45mmol/L，检出限为 0.5nmol/L	4
葡萄糖	NiTSPc/MWNTs 修饰的玻碳电极，过氧化氢溶液	线性范围为 1.0×10^{-6}～1.0×10^{-4}mol/L，检出限为 8.0×10^{-8}mol/L	5
过氧化氢	金纳米颗粒固定在电极上	线性范围为 3.0×10^{-7}～1.0×10^{-3}mol/L，检出限为 1.0×10^{-7}mol/L	6
鲁米诺	NiTSPc 修饰的玻碳电极，过氧化氢溶液	线性范围为 1.0×10^{-7}～8.0×10^{-6}mol/L，检出限为 6.0×10^{-8}mol/L	7

① 表中所有体系所用发光试剂皆为鲁米诺。

本表参考文献：

1. Luo L, Zhang Z. Anal Chim Acta, 2006, 580: 14.
2. Haghighi B, Bozorgzadeh S. Talanta, 2011, 85: 2189.
3. Chen L, et al. Anal Chem, 2011, 83: 6862.
4. Haghighi B, Bozorgzadeh S. Anal Chim Acta, 2011, 697: 90.
5. Qiu B, et al. Talanta, 2009, 78: 76.
6. Cui H, et al. Anal Chem, 2007, 13: 6975.
7. Wang J, Chen G, Huang J. Analyst, 2005, 130: 71.

表 10-10 鲁米诺电化学发光体系用于药物检测①

分析物	检测原理与条件	分析性能	文献
五氯苯酚(pentachlorophenol)	Ti/TiO_2 纳米管修饰的电极	线性范围为 0.3pmol/L～3mmol/L，检出限为 0.1pmol/L	1
敌敌畏(dichlorvos pesticide)	玻碳电极 CTAB 溶液	线性范围为 5～8000ng/L，检出限为 0.42ng/L	2
2,4,6-三硝基甲苯(TNT) 季戊四醇四硝酸酯(PETN)		TNT 和 PETN 的检出限分别为 0.11×10^{-9} mol/L、19.8×10^{-9} mol/L	3

① 表中所有体系所用发光试剂皆为鲁米诺。

本表参考文献：

1. Li C, et al. Analyst, 2010, 135: 2806.
2. Chen X M, et al. Talanta, 2008, 76: 1083.
3. Wilson R, Clavering C, Hutchinson A. Anal Chem, 2003, 75: 4244.

三、量子点电化学发光体系

量子点(quantum dot，QD)又称为半导体纳米晶体，是一种由ⅡA～ⅥA 族或ⅢA～ⅤA 族元素组成的、稳定的、溶于水的、尺寸在 2～20nm 之间的纳米颗粒。目前研究较多的是 CdSe、CdTe、ZnS 等。量子点的电化学发光是指在电极上施加一定的电压，利用量子点的电化学反应来直接或间接地产生激发态的量子点，其在返回基态的过程中以光的形式释放光能。量子点的电化学发光都涉及激发态分子以光的形式释放能量回到基态，但是其发光机理不尽相同。根据反应类型，发光反应可分为以下两种。

（1）湮灭反应(annihilation ECL) 电极反应产物之间的湮灭反应过程表示如下：

$$QDs \longrightarrow QDs^{+\cdot} + QDs^{-\cdot}$$

$$QDs^{+\cdot} + QDs^{-\cdot} \longrightarrow QDs^{*} + QDs$$

$$QDs^{*} \longrightarrow QDs + h\nu$$

（2）偶合反应(coreactant ECL) 与上述两种试剂的电化学发光体系相同，量子点电化学发光体系中通常也存在或需要加入一些有氧化还原性的共存物，如 $C_2O_4^{2-}$、$S_2O_8^{2-}$、CH_2Cl_2，它们可能会在电极表面发生氧化还原反应，产生带电荷的有氧化还原活性的物质，这些物质也可能与带正、负电荷的量子点之间发生偶合反应，形成激发态的量子点，最终可以产生电化学发光。如：

$$QDs + e^{-} \longrightarrow QDs^{-\cdot}$$

$$S_2O_8^{2-} + e^{-} \longrightarrow SO_4^{2-} + SO_4^{-\cdot}$$

$$QDs^{-\cdot} + SO_4^{-\cdot} \longrightarrow QDs^{*} + SO_4^{2-}$$

$$QDs^{*} \longrightarrow QDs + h\nu$$

或

$$CH_2Cl_2 + e^{-} \longrightarrow CH_2Cl_2^{-\cdot} \longrightarrow CH_2Cl^{*} + Cl^{-}$$

$$CdTe\ QDs^{-\cdot} + CH_2Cl^{\cdot} \longrightarrow CdTe\ QDs^{*} + CH_2Cl^{-}$$

对于具体的发光反应，反应机理可能是由带正、负电荷的量子点发生湮灭反应，从而形成激发态的量子点，也可能是由带正、负电荷的量子点与电活性的共存物发生偶合反应，从而形成激发态量子点，还可能是同时存在多种偶合反应，形成多通道的量子点电化学发光。无论通过何种途径，都必须施加足够大的电压，提供足够的能量，促使电化学反应发生，产生激发态的量子点，量子点从基态跃迁到激发态也必须符合量子化条件。量子点电化学发光体系可以用于检测蛋白质、DNA 等生物大分子，也可以用于检测小分子，如表 10-11 所示。

表 10-11 量子点电化学发光的分析应用

发光试剂	分析物	检测原理与条件	分析性能	文献
量子点 CdSe	细胞色素 c (cytochrome c)	量子点 CdSe 和氧化石墨烯、脱乙酰壳多糖形成复合材料用于检测	线性范围为 4.0～324μmol/L，检出限为 1.5μmol/L	1
量子点 CdS	胎蛋白 (fetoprotein, AFP)	量子点 CdS、石墨烯和琼脂糖涂于玻碳电极的表面	线性范围为 0.0005～50pg/ml，检出限为 0.2fg/ml	2
量子点 CdS	DNA		检出限为 5amol/LDNA	3
量子点 CdS	次黄嘌呤等氧化酶	量子点固定在碳纳米球上	线性范围为 2.5×10^{-8}～1.4×10^{-5}mol/L，检出限为 5nmol/L	4
量子点 CdTe	苯丙酸去甲睾酮 (durabolin)	流动注射电化学发光。利用层层自组装将量子点固定在 ITO 电极上。缓冲溶液为 pH=9.93 碳酸钠-碳酸氢钠缓冲溶液	苯丙酸去甲睾酮的线性范围为 1.0×10^{-8}～1.0×10^{-5}g/ml，检出限为 2.5×10ng/ml	5
量子点	胆碱(choline) 乙酰胆碱 (acetylcholine)	量子点和电化学还原的氧化石墨烯构成修饰电极	胆碱的线性范围为 10～210μmol/L，检出限为 8.8μmol/L； 乙酰胆碱的线性范围为 10～250μmol/L，检出限为 4.7μmol/L	6
量子点	DNA	巯基 DNA 固定在金电极上	线性范围为 5nmol/L～5μmol/L，检出限为 10pmol/L	7
量子点 CdTe	DNA	纳米多孔金片电极，$S_2O_8^{2-}$ 为共反应剂	线性范围为 5×10^{-15}～1×10^{-11}mol/L	8
量子点	凝血酶	金电极	线性范围为 0～20μg/ml	9
量子点 CdTe	半胱氨酸 (*l*-Cysteine)		线性范围为 1.3×10^{-6}～3.5×10^{-5}mol/L，检出限为 8.7×10^{-7}mol/L	10
量子点 CdTe	多巴胺(Dopamine) L-肾上腺素 (L-Adrenalin)	ITO 电极，pH=9.3 磷酸盐缓冲溶液	多巴胺的线性范围为 50nmol/L～5μmol/L，L-肾上腺素的线性范围为 80nmol/L～30μmol/L	11
量子点 CdSe	多巴胺	ITO 电极		12
量子点 CdSe	前白蛋白 (Prealbumin)		线性范围为 5.0×10^{-10}～1.0×10^{-6}g/ml，检出限为 1.0×10^{-11}g/ml	13
量子点 CdTe	金属离子 Cu^{2+}	玻碳电极，pH=9.0 Tris-HCl 缓冲溶液	线性范围为 5.0nmol/L～7.0μmol/L，检出限为 3.0nmol/L	14
量子点 CdTe	亚硝酸盐		线性范围为 1μmol/L～0.5mmol/L	15
量子点 CdS	脂蛋白	0.1mol/L PBS(pH=7.4)，0.1mol/L $K_2S_2O_8$，0.1mol/L KCl，金纳米颗粒/半胱胺单层膜修饰的金电极	线性范围为 0.025～16ng/ml，检出限为 0.006ng/ml	16
量子点 CdTe	多巴胺	巯基乙酸包裹的 CdTe 和碳纳米管、壳聚糖的复合膜修饰的 ITO 电极	线性范围为 50pmol/L～10nmol/L，检出限为 24pmol/L	17
量子点 CdTe	酪氨酸	0.2μmol/L CdTe, 1.0mmol/L Na_2SO_3, 0.1mol/L PBS(pH=7.5)	线性范围为 46nmol/L～1.4mmol/L	18

续表

发光试剂	分析物	检测原理与条件	分析性能	文献
量子点 CdSe	HIgG	0.1mol/L PBS (pH=7.4)，0.1mol/L KCl，0.1mol/L $K_2S_2O_8$，CdSe/碳纳米管/壳聚糖复合膜修饰的金电极	线性范围为 0.02～200ng/ml，检出限为 0.001ng/ml	19
量子点 CdTe	HIgG	0.1mol/L Tris-HCl 缓冲溶液(pH=9.0)，CdTe/壳聚糖复合膜修饰的玻碳电极	线性范围为 0.05ng/ml～5μg/ml，检出限为 0.01ng/ml	20
量子点 CdSe	谷胱甘肽 L-半胱氨酸	0.1mol/LPBS(pH=9.3)，300μmol/L H_2O_2，巯基乙酸包裹的 CdSe 修饰的石蜡浸注的石墨电极	谷胱甘肽的线性范围为 2.0～60μmol/L，检出限为 1.0μmol/L； L-半胱氨酸的线性范围为 2.0～50μmol/L，检出限为 2.0μmol/L	21
量子点 CdSe/ZnS	腺苷三磷酸盐（ATP）	5mmol/LPBS(pH=7.4)，0.1mol/L $K_2S_2O_8$，0.1mol/L KCl，量子点/互补 DNA 链修饰的金电极	线性范围为 0.018～90.72mmol/L	22

本表参考文献：
1. Wang T, et al. Biosens Bioelectron, 2012, 31: 369.
2. Guo Z, et al. Talanta, 2012, 89: 27.
3. Zhou H, et al. Chem Commun, 2011, 47: 8358.
4. Zhang Y, et al. Talanta, 2011, 85: 2154.
5. Wan F, et al. Anal Bioanal Chem, 2011, 400: 807.
6. Deng S, et al. Biosens Bioelectron, 2011, 26: 4552.
7. Huang H, et al. Analyst, 2010, 135: 1773.
8. Hu X, et al. Talanta, 2010, 80: 1737.
9. Huang H, Zhu J J. Biosens Bioelectron, 2009, 25: 927.
10. Hua L, Han H, Zhang X. Talanta, 2009, 77: 1654.
11. Liu X, et al. Anal Chem, 2007, 79: 8055.
12. Liu X, et al. Analyst, 2008, 133: 1161.
13. Jie G, et al. Biosens Bioelectron, 2008, 23: 1896.
14. Cheng L, et al. Anal Chem, 2010, 82: 3359.
15. Liu X, et al. Talanta, 2009, 78:691.
16. Liu X, et al. Anal Chem, 2007, 79: 5574.
17. Yu C, Yan J, Tu Y. Microchim Acta, 2011, 175: 347.
18. Liu X, Ju H. Anal Chem, 2008, 80: 5377.
19. Jie G, et al. Anal Chem, 2008, 80: 4033.
20. Liu X, et al. Anal Chem, 2010, 82: 7351.
21. Jiang H, Ju H. Anal Chem, 2007, 79: 6690.
22. Huang H, et al. Nanoscale, 2010, 2: 606.

四、其他电化学发光体系

除了上面提到的三种电化学发光体系外，还有其他的发光体系，如表 10-12 所示。

表 10-12 其他电化学发光体系的分析应用

发光试剂	分析物	检测原理与条件	分析性能	文献
巴马亭	巴马亭	NaOH 溶液	线性范围为 8.0×10^{-7}～2.0×10^{-5} mol/L，检出限为 3×10^{-7}mol/L	1
过二硫酸盐	胎儿球蛋白	金纳米颗粒/L-半胱氨酸修饰电极	线性范围为 0.01～100ng/ml，检出限为 3.3pg/ml	2

本表参考文献：
1. Liang Y D, Yu C X, Song J F. Luminescence, 2011, 26: 178.
2. Niu H, et al. Biosens Bioelectron, 2011, 26: 3175.

第三节 电化学石英晶体微天平

一、基本原理

石英晶体微天平（quartz crystal microbalance，QCM），是一种检测质量、黏度、电导率等变化的高灵敏度检测器，它相当于一架超微量的电子天平，可检测到纳克级（10^{-9}g）的物质，理论上可以测到的质量变化相当于单原子层或分子层的几分之一。20 世纪 60 年代，该法已广泛应用于真空和气相中物质的分析和质量检测。1981 年，Nomura T 将石英晶体一面接触液体，一面保持在气相中，实现了液相中 QCM 的应用[85]。1985 年，Bruckstein S 用 QCM 研究了金电极上单分子层氧的吸附机理，并首次将现场测定电解过程中电极质量变化的 QCM 称为电化学石英晶体微天平（electrochemical quartz crystal microbalance，EQCM），实现了 QCM 与电化学技术的联用[86]。20 世纪 80 年代以来，EQCM 技术已经在金属欠电位沉积、聚合物聚合过程、聚合膜的离子穿透效应、固液界面伴随电化学过程的质量变化、电腐蚀研究等各方面得到了广泛的应用，并逐渐形成一种成熟的检测技术。

1880 年，Currie 兄弟发现了晶体的压电效应。当对晶体施加压缩力或拉伸力，晶体由于形变极化而在相应的晶面上产生等量的正、负电荷，这种将机械能转化为电能的现象就是所谓的正压电效应。相反，当晶片上加以电场时，则在晶体某些方向上出现机械形变，其与电场强度之间存在线性关系，这种电能转化为机械能的现象，称为逆压电效应（见图 10-19）。如果电场是交变电场，则在晶格内引起机械振荡，当振荡的频率及晶体的固有频率与振荡电路的频率一致时，便产生共振，此时振荡最稳定，测出电路的振荡频率便可得出晶体的固有频率。QCM 即是根据这种逆压电效应原理，将石英谐振器连接到振荡电路反馈系统中设计而成的。

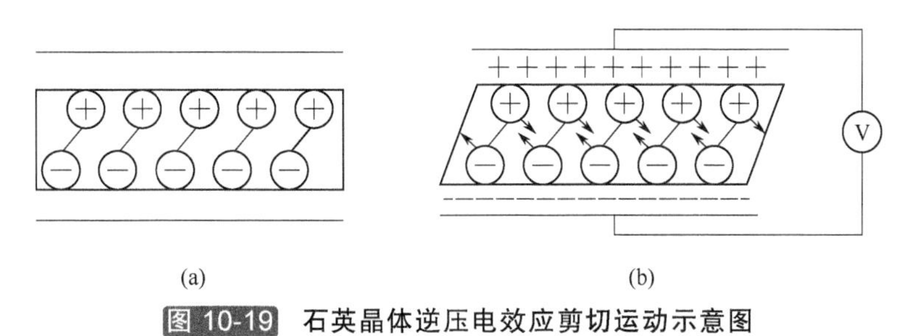

图 10-19 石英晶体逆压电效应剪切运动示意图

（a）没有加电场；（b）外加电场

压电效应与晶体的结构密切相关。具有对称中心的晶体，都不具有压电效应。这类晶体在受到机械力作用时，内部发生均匀的形变，仍然保持质点间对称排列的规律，没有不对称的相对位移，也就不产生极化，电偶极矩为零，因此晶体表面不显示电性，无压电效应。相对地，没有对称中心的晶体，质点排列不对称，在机械力作用下，就受到不对称的相对位移，产生新的电偶极矩，呈现出压电效应，所以压电晶体必须具有极轴。QCM 一般使用性能稳定、机械强度高、绝缘性能好的 AT-cut 型石英晶体作为接收器和能量转换器，利用石英晶体的压电效应来实现能量的转换和传感。AT-cut 型是指振荡片由石英单晶在对应于主光轴的一个特殊角度（+35° 15′）上切割而成的，这种晶片其振荡频率对质量的变化极其敏感，晶片的频率上限较高（1～20MHz），且在−40～90℃范围内，温度系数为$\pm10^{-6}$/℃数量级，也就是说对温度变化非常不敏感。

当石英晶体表面沉积了一定质量的物质时，其振荡频率就会发生相应的变化。对于刚性沉积物，只要石英晶体的振荡频率变化Δf小于基频 f_0 的 2%，溶剂的黏弹性不变，沉积物的厚度基本均匀，则Δf与电极表面质量变化Δm 之间的关系，可用 Sauerbrey 方程[87]表示：

$$\Delta f = -2 f_0^2 \Delta m / [A(\rho\mu)^{1/2}] = -2.26\times10^{-6} f_0^2 \Delta m / A \qquad (10\text{-}9)$$

式中，f_0 为基频，Hz；A 为石英晶片的面积，cm^2；ρ 和 μ 分别为石英晶体的密度（$2.648g/cm^3$）和晶体剪切模量[$2.947\times10^{11}g/(cm\cdot s^2)$]；$\Delta m$ 为表面质量变化，g；负号表示石英晶片上质量

的增加而导致其振荡频率的降低。Sauerbrey 方程表明，频率变化与电极表面质量变化呈线性关系，灵敏度则与石英晶体的基频有关。石英晶体的基频越高，控制的灵敏度也越高；但基频越高，晶体片就必须做得越薄，而过薄的晶体片易碎。一般选用的晶体片基频范围为 5～10Hz。Sauerbrey 方程最初只在气相分析中应用和检测，由于 QCM 与液体接触时，溶液的黏度和密度等会使频率下降，因此早期的液相研究受到了很大的限制，随着 QCM 在液相中获得了稳定振荡，QCM 技术开始和电化学研究紧密地结合在一起。

在电化学极化的条件下，体系可同时得到反应电量和频率变化的信息。如果频率变化只与氧化还原过程引起的界面质量变化有关，则根据法拉第定律，可得

$$\Delta m = QM/nF \tag{10-10}$$

将式（10-10）代入式（10-9），得

$$\Delta f = 10^6 MC_f Q/nF \tag{10-11}$$

式中，10^6 为由 $Hz/\mu g \cdot cm^2$ 变成 g/mol 的转变因子；M 为电沉积物质的摩尔质量，g/mol；C_f 为石英晶体微天平的质量灵敏度，即每平方厘米改变微克质量所对应的频率改变值；Q 为频率改变过程中所消耗的电量；n 为氧化还原的电子转移数；F 为法拉第常量。

EQCM 的核心部件是基于石英晶片的电极（见图 10-20），通常是将石英晶片经真空沉积或者蒸镀的方式在晶片表面修饰两个平行的金属电极，常用的金属有 Au、Ag、Pt、Ni、Pd 等，其中一面置于溶液中作为电化学测量系统中的工作电极，另一面与空气接触，实现稳定振荡。由计算机同时采集两者的数据变化，实现 QCM 与电化学的联用。

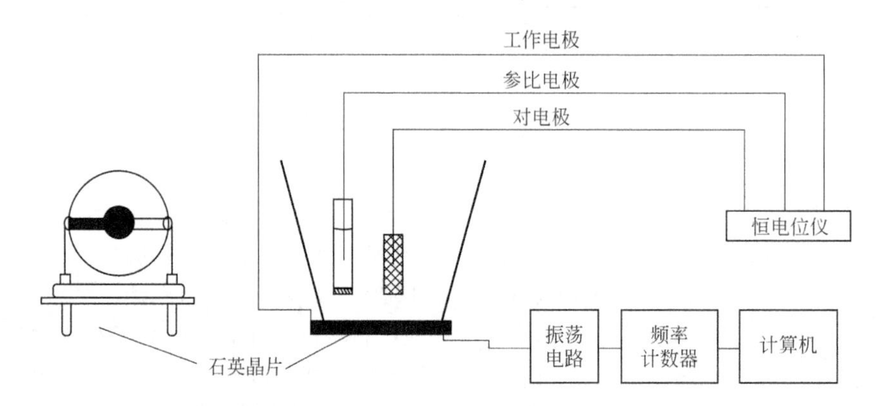

图 10-20 EQCM 装置示意图和 CHI 石英晶片

二、分析应用

EQCM 技术中，多种电化学方法如循环伏安法、恒电流法、恒电势法、旋转圆盘电极法以及库仑法都可以与 QCM 联用进行测定。其发展既拓展了石英晶体微天平的应用范围，也使得电化学研究多了一个有力的手段。

由于 EQCM 能进行单分子膜的分析，在金属氧化物的电沉积、卤化物的电沉积以及金属的欠电位沉积（underpotential deposition，UPD）研究过程中，可获得不同电位下金属在晶体电极上的覆盖度和表面浓度并测出其电吸附价。在电化学腐蚀机理研究中，可获得 pH 值、无机酸、抑制剂等条件对电腐蚀的影响。

电聚合是生物传感器中膜修饰的重要手段，聚合物型化学修饰电极可以通过各种设计改变聚合膜的性质，以提高检测的灵敏度和选择性，适用于很多物质的分析。电聚合物膜可以

是有电活性的导电膜，也可以是不导电的，应用 EQCM 技术可以直接检测这些膜的生成过程，得到质量和电荷的变化信息；对于导电膜还可以通过质量的变化来检测膜中离子和溶剂的传输过程和机理，膜在溶剂或电解液中的溶胀行为。

在生物领域，EQCM 可以用来研究 DNA 杂交过程，分析错配的碱基序列；对细胞、微生物等在石英晶体表面的吸附和生长进行监测；研究适配体构象的变化及其与蛋白的相互作用等。

EQCM 的局限性：EQCM 质量感应非常灵敏，使之可以感应到纳克级的质量变化，正因为如此，很多因素都会影响 EQCM 的应用，如测试环境中杂质的干扰，沉积物质与石英晶体性质的不同，质量检测范围的有限性（一般在石英晶体本身质量的 2%以内），晶体表面的粗糙度影响，沉积层与石英晶体之间的界面空隙的大小等。总之，EQCM 的应用条件比较严格。再者，EQCM 对质量的响应没有选择性，只要是发生在表面的质量变化，它就可以感应到，至于具体的物质及形态等问题，还要借助于其他的表征手段。

EQCM 在分析化学中的应用示例汇总于表 10-13。

表 10-13 EQCM 在分析化学中的应用

项目	电极材料	被测定物质	分析特征	附注	文献
金属离子	石英/C	Pd^{2+}	检测限 0.0156mmol/L		1
	石英/Au/B15C5	Cu^{2+}	灵敏度 7.13×10^{6}Hz·L/mol 检测限 2×10^{-6}mol/L		2
	石英/Pt/Hg	Pb^{2+}, Cd^{2+}	Pb^{2+},检测限1μg/L;Cd^{2+},检测限2μg/L		3
	石英/Au	Hg^{2+}	检测范围 5.0×10^{-6}～9.8×10^{-4}mol/L，检测限 5nmol/L		4
	石英/Au/Au；石英/Pt/Au	As^{3+}	检测范围 0～800μmol/L		5
	石英/Ag	Cu^{2+}	检测范围 0.3～16μmol/L	利用 Cu^{2+}与 I^- 反应生成 I_2，不经萃取直接测定	6
	石英/Au	Ag^+	检测范围 0.1～60μmol/L		7
	石英/Au	I^-	检测范围 0.5～5×10^{-12}mol/L		8
	石英/油酸铜	Pb^{2+}	检测范围 3～40μmol/L		9
	石英/聚乙烯吡啶	Cu^{2+}	检测范围 5～35μmol/L		10
	石英/硅油	Fe^{3+}	检测范围 5～100μmol/L		11
生物分子	石英/Au/ZrO_2/phospho-AChE/ HRP-anti-AChE	磷酸化乙酰胆碱酯酶	检测范围 0.025～10nmol/L，检测限 0.02nmol/L	ZrO_2 膜表面吸附的 phospho-AChE 进一步与 HRP 标记的抗体作用，用于检测	12
	石英/Au/MIP	甲基磷酸频哪酯	灵敏度−0.45398Hz·L/μmol，检测范围 60～200μmol/L，检测限 44.955μmol/L	聚噻吩作为 MIP 的材料	13
	石英/Au/SOD； 石英/Au/Cys/SOD	O_2^-	检测范围 0.25～1.5μmol/L		14
	石英/Au	硫酸软骨素	检测范围 0.75～15.2μmol/L，检测限 50nmol/L	邻联甲苯胺电氧化生成的电荷转移配合物可作为硫酸软骨素的“受体”	15

续表

项目	电极材料	被测定物质	分析特征	附注	文献
生物分子	石英/Au/壳聚糖-Cu^{2+}-GOD	葡萄糖	检测范围 0.03～2.5mmol/L，检测限 1μmol/L		16
	石英/Au/PTH/GA-GOD/Nafion	葡萄糖	检测范围 0.005～5mmol/L，灵敏度 13.5A/(mol·cm)		17
	石英/Au/MUA	细胞色素c	检测范围 0.03～3.00μmol/L，检测限 1.19nmol/L	MUA 需要 EDC/NHS 活化	18
	石英/Au	葡聚糖硫酸钠	检测范围 0.002～1.6μmol/L，检测限 0.7nmol/L	邻联甲苯胺与葡聚糖硫酸钠共沉积时，能极大地提高频率响应值	19
	石英/Au	肝素	检测限 18.5nmol/L	邻联甲苯胺与肝素共沉积，同时检测肝素	20
	石英/Au/MWCNTs/适配体；石英/Au/MWCNTs+MB/适配体	凝血酶	安培检测范围 10～1000nmol/L；频率检测范围 0.3～100nmol/L	MWCNTs 通过静电作用与适配体连接，从而检测凝血酶	21
	石英/Au/适配体	凝血酶	检测范围 0～100nmol/L	凝血酶的检测范围与离子强度、pH 值及适配体构象有关	22
	石英/Au/TgAg/Tg-IgG/anti-Tg-IgG-HRP	鼠弓形虫特异性免疫球蛋白	样品稀释范围(1:8000)～(1:200)，检测限 1:9600 稀释浓度	能检测经稀释的人血清中的鼠弓形虫特异性免疫球蛋白	23
	石英/Au/anti-Ct-Ab/CT/HRP-liposome-GM1	霍乱毒素	检测限 10^{-13}mol/L	采用了 HRP 标记的脂质体放大信号，神经节苷脂 GM1 对霍乱毒素有识别作用	24
	石英/Au/PV	百草枯	检测范围 0～1.2mmol/L，检测限 0.1mmol/L		25
	石英/Au/polyTTCA/anti-IgG/I gG/AuNPs-anti-IgG/Cys-Ag^+	人 IgG	检测限(0.4±0.05)fg/ml	阳极溶出伏安法	26
	石英/Au/SH-适配体	干扰素-γ	RNA 适配体检测限 100fmol/L；DNA 适配体检测限 1pmol/L		27
	石英/Au/PPy-DBSA	氨	检测范围 0～1mmol/L，灵敏度 1.5 A·L/(mol·cm^2)	聚吡咯中掺杂十二烷基磺酸能催进响应，扩大检测范围	28

注：B15C5——十八烷基苯并-15-冠-5；C——碳；PMP——甲基磷酸片呐酯；MIP——分子印迹聚合物；HRP——辣根过氧化氢酶；SOD——超氧化物歧化酶；Cys——L-半胱氨酸；GOD——葡萄糖氧化酶；PTH——聚噻吩；MUA——巯基十一酸；EDC/NHS——盐酸 1-乙基-3-(3-二甲基氨基丙基)碳二亚胺/*N*-羟基琥珀酰亚胺；DSS——葡聚糖硫酸钠；MWCNTs——多壁碳纳米管；MB——亚甲基蓝；Tg-IgG——鼠弓形虫特异性免疫球蛋白；TgAg——抗鼠弓形虫免疫球蛋白抗体；Ct——霍乱毒素；GA——戊二醛；PV——聚紫罗碱；polyTTCA——聚-5,2′:5′,2″-四噻吩-3′-甲酸；PPy——聚吡咯；DBSA——十二烷基磺酸钠。

本表参考文献：

1. Carrington N A, et al. Anal Chim Acta, 2006, 572: 303.
2. Sung M F, Shih J S. J Chin Chem Soc, 2005, 52: 443
3. Peder R A N. Anal Chim Acta, 1998, 368: 191.
4. Andersen N P R, et al. Anal Chim Acta, 1996, 329: 253.
5. 黄素清, et al. 分析化学, 2011, 39: 978.
6. 姚守拙, et al. 分析化学, 1989, 7: 627.
7. 姚守拙, et al. 分析化学, 1988, 11: 1018.
8. Yao S Z, et al. Anal Chim Acta, 1989, 217: 327.
9. Nomura T, et al. Anal Chim Acta, 1986, 182: 261.
10. Nomura T, Sakai M. Anal Chim Acta, 1986, 183: 301.
11. Nomura T, Ando M. Anal Chim Acta, 1985, 172: 353.
12. Wang H, et al. Biosens Bioelectron, 2009, 24: 2377.
13. Vergara A V, et al. J Polym Sci, Part A: Polym Chem, 2012, 50: 675.
14. 张漪丽, 等. 湖南师范大学学报: 医学版, 2009, 6: 9.
15. 蒋雪琴, 等. 物理化学学报, 2008, 24 (02): 230.
16. 葛斌等. 分析科学学报, 2008, 24 (05): 497.
17. Deng C, et al. Sens Actuators B, 2007, B122: 148.

18. 李金花, 等. 高等学校化学学报, 2005, 26 (06): 1035.
19. Jiang X, et al. Electroanal, 2008, 20: 976.
20. Cao Z, et al. Biosens Bioelectron, 2007, 23: 348.
21. Evtugyn G, et al. Electroanal, 2008, 20: 2310.
22. Hianik T, et al. Bioelectrochem, 2007, 70: 127.
23. Ding Y, et al. Anal Bioanal Chem, 2005, 382: 1491.
24. Alfonta L, et al. Anal Chem, 2001, 73: 5287.
25. Chang H C, et al. Electroanal, 1998: 10: 1275.
26. Noh H B, et al. Biosens Bioelectron, 2011: 26: 4429.
27. Min K, et al. Biosens Bioelectron, 2008: 23: 1819.
28. Dall'Antonia L H, et al. Electroanal, 2002: 14: 1577.

第四节 电化学与色谱/电泳技术联用

一、液相色谱-电化学检测联用技术及其应用

高效液相色谱（high performance liquid chromatography）出现于 20 世纪 60 年代末期，目前已发展成为一种重要的现代分离分析技术[88,89]。它以液体做流动相，利用高压输液系统将不同极性的单一溶剂或不同比例的混合溶剂等溶液泵入装有固定相的色谱柱，样品组分在柱内分离后，经检测器实现分析。高效液相色谱具有分析速度快、分离效率佳、灵敏度高、应用范围广等优点，非常符合复杂样品组分的分离分析。检测器作为液相色谱仪的一种核心部件，其性能在这种仪器分析系统中起着至关重要的作用。开发具有高灵敏度、高选择性的液相色谱检测器一直是分析工作者的一个重要研究方向。

检测器对复杂样品组分的分析往往需要分离步骤，将液相色谱分离技术与光谱、电化学等检测技术相结合，可以满足这一要求。目前，常用的液相色谱检测器有紫外-可见光检测器、荧光检测器、火焰离子化检测器、折光率检测器、质谱检测器和电化学检测器等[90~92]。在这些检测器中，电化学检测器由于具有死体积小、检测灵敏度高、选择性好、分析速度快、线性范围宽、造价低等特点，于 20 世纪 70 年代初已用在液相色谱技术中[93~98]。液相色谱分离技术和电化学检测技术的结合汇集了两种技术的优点，同时又弥补了各自的不足。例如，液相色谱的高效分离性能可以弥补电化学检测技术在选择性上的劣势，同时高灵敏的电化学检测技术也为液相色谱技术增添了一种简单和廉价的检测手段。电化学检测器在液相色谱检测中发挥着不可替代的作用。液相色谱-电化学检测联用技术具有分离效率高、检测灵敏度高、选择性好、成本低等优点，从建立之初至今已取得了长足的发展，特别是新方法、新材料等的引入，更是极大地推动了这种联用技术的应用。目前，这种联用技术已发展成为分析科学的一种重要分离分析手段，且已有相关仪器实现商品化生产。目前已发展成为一种重要的低浓度样品分离分析方法，广泛用于化学、化工、临床、环境、医药等领域[91,99~115]。新型材料的设计及其在化学修饰电极中的运用，有望使液相色谱仪中电化学检测器的性能获得进一步的提高。

用于液相色谱的电化学检测器主要包括安培检测器、库仑检测器、极谱检测器和电导检测器 4 种检测模式。其中，前 3 种检测模式以测量电解电流大小为基础，第 4 种检测模式以测量溶液的电导率变化为依据。在这 4 种检测模式中，以安培检测器的应用最为广泛。此外，电化学检测器还包括电容检测器和电位检测器，前者测量流出物的电容量变化，后者测量流出物的电动势大小。根据测量参数的不同，电化学检测器可以分为两类，一类为测量溶液整体性质的检测器，包括电导检测器和电容检测器，具有通用性；另一类为测量溶液组分性质的检测器，包括安培检测器、极谱检测器、库仑检测器和电导检测器，一般具有较高的灵敏度和选择性。

1. 安培检测法

目前，安培检测法是液相色谱-电化学检测联用技术中应用最为广泛的一种电化学检测法。它是利用待测物在外加电压的作用下在电极表面发生氧化还原反应所引起的电流变化进行检测分析的一种方法。根据施加电位方式的不同，安培检测法可以分为直流安培检测法和示差脉冲安培检测法。直流安培检测法在工作电极上施加的电位为恒电位，而示差脉冲安培检测法在工作电极上施加的电位为阶跃电位。

安培检测器通常由一个恒电位仪和一个三电极体系（包括工作电极、参比电极和对电极）组成的电化学池构成。恒电位仪用来选择性地输出工作电极和参比电极之间的电位。这一输出电位可以通过电子学方法保持恒定，不受电流变化的影响，可以达到减小参比电极漂移的目的，从而提高了电化学检测器的稳定性。

工作电极是电化学检测器中最为关键的元件。一般要求所选用的工作电极材料应适用于液相色谱中的几乎所有溶剂，在流动相溶剂中具有良好的物理和电化学惰性、很宽的电位窗范围等特征，且电极表面均匀、平滑，易于通过简单的方法实现净化。目前，常用到的工作电极材料主要包括各种类型的碳电极和不同材料的金属电极。其中，以玻碳电极的应用最为广泛。而对于较难还原的样品组分，使用汞或汞齐电极效果更好。此外，对工作电极表面进行不同功能基团的修饰制备化学修饰电极，可以提高工作电极在选择性、灵敏度、稳定性等方面的性能。当工作电极尺寸改变时，也会对电化学检测器性能造成影响。如工作电极的特征尺寸从常规毫米级尺寸缩小至微米级甚至纳米级时，待测物在工作电极表面的电化学行为表现出更灵敏的响应电流、更快的传质速率和更低的 iR 降等性能，有利于提高检测的灵敏度和在生物体系微环境中检测。尽管在实际应用过程中，多采用单一的工作电极进行检测，但单一工作电极获得的检测灵敏度、选择性和峰的分辨能力等方面的信息相对有限。为了获得更丰富的检测信息，可以采用工作电极阵列检测。当溶液流经检测器时，每种待测物可以分别在不同的工作电极上反应而获得检测。

在电化学检测器中，参比电极用来指示工作电极电势，在测定过程中应具有很好的稳定性和重现性。对电极与工作电极构成回路，保持回路电流畅通。实验中常用银-氯化银电极或饱和甘汞电极作参比电极，铂电极、金电极或玻碳电极作对电极。参比电极和对电极的放置位置会对工作电极信号产生影响。当参比电极和对电极放置在工作电极的下游时，参比电极的渗漏及对电极上产生的反应产物等才不会对工作电极信号产生影响。

常用的电化学检测池主要采用薄层式、管式和喷射式 3 种模式。其中，薄层式检测池应用最多，现有的高效液相色谱检测仪的电化学检测器大多配有这种模式的检测池。薄层式检测池由一种夹心式结构组成，其中上、下两部分为有机玻璃或特殊塑料板，中间夹着一层中心挖空的聚四氟乙烯薄膜垫片。电极体系嵌于检测池壁中，上层有机玻璃或特殊塑料板部分嵌有参比电极和对电极，下层有机玻璃或特殊塑料板部分嵌有一个或多个工作电极。薄层检测池的体积由中心挖空的聚四氟乙烯薄膜垫片的形状和厚度决定（厚度一般为 50～100μm，体积一般为 5～0μl，有效体积通常小于 1μl）。薄层检测池的体积大小应适中，过小会影响检测的灵敏度，过大会使经液相色谱分离后的样品组分重新混合，从而影响分离和检测效果。在电极抛光良好的条件下，减小液层厚度和增大流速可以提高检测的灵敏度。

有关安培检测法在液相色谱技术中的应用见表 10-14。

表 10-14 液相色谱-安培检测法联用技术的一些应用

待测物	样 品	工作电极	检测限	文献
儿茶酚胺	单细胞	碳纤维电极	46amol/L	1
抗坏血酸、儿茶酚、4-甲基儿茶酚	人尿	碳纤维电极	0.1μmol/L	2
多巴胺	大鼠纹状体透析液	多壁碳纳米管修饰的玻碳电极	2.5nmol/L	3
多巴胺、二羟基苯乙酸	人血	碳相互交叉微电极阵列	32amol/L	4
酚类化合物	地下水	Kel-F-石墨复合电极	3pg/L	5
高香草酸	人尿	碳糊电极	100pg/L	6
安息香酸及衍生物	啤酒	玻碳电极	0.8μmol/L	7
葡萄糖等糖类化合物	标样	钴酞菁修饰的碳糊电极	100pmol/L	8
醇类、链烷醇胺等	标样	铂电极、金电极	0.1μmol/L	9
维生素 K_1	血浆	玻碳电极	0.08ng/ml	10
氨基甲酸盐杀虫剂	河水	Kel-F-石墨复合电极阵列	50pg/L	11
色氨酸、犬尿氨酸原	血浆	多壁碳纳米管修饰的玻碳电极	0.4μmol/L	12
半胱氨酸、谷胱甘肽	血样、血浆	钴酞菁修饰的碳糊电极	4pmol/L	13
半胱氨酸、谷胱甘肽、*N*-乙酰半胱氨酸、尿酸	人血	铜酞菁修饰的铂微电极	10pmol/L	14
氨基酸、多肽、蛋白质	尿样、人胰岛素	玻碳电极	0.5μmol/L	15
核酸	标样	玻碳电极	100pg/L	16
Fe^{3+}	标样	镍铁复合物修饰的玻碳电极	0.72nmol/L	17
多环芳烃	空气、柴油微粒	金汞齐电极	60pg/L	18
亲水性硫醇	海水	汞膜电极	2pmol/L	19
植物硫醇	莴苣	玻碳电极	0.2nmol/L	20
赤霉烯酮和玉米烯酮的代谢物	霉变谷物	碳墨印刷电极	50ng/ml	21
甲醇、乙醇等醇	清洁剂、饮料	金刚石电极	20ng/ml	22
对羟基苯甲酸酯	洗发精	掺硼金刚石电极	0.01%(质量分数)	23
过氧化氢	标样	金电极	6μmol/L	24
氯丙嗪	药物	掺硼金刚石电极	4nmol/L	25
四环素残留物	奶粉	金电极	50nmol/L	26

本表参考文献：

1. Cooper B R, et al. Anal Chem, 1992, 64: 691.
2. Knecht L A, et al. Anal Chem, 1984, 56: 479.
3. Lin L, et al. Anal Bioanal Chem, 2006, 384: 1308.
4. Niwa O, et al. J Chromatogr B, 1995, 670: 21.
5. Weisshaar D E, et al. Anal Chem, 1981, 53: 1809.
6. Felice L J, et al. Anal Chem, 1976, 48: 794.
7. Hayes P J, et al. Analyst, 1987, 112: 1197.
8. Santos L M, et al. Anal Chem, 1987, 59: 1766.
9. Johnson D C, et al. Anal Chem, 1990, 62: A589.
10. Hart J P, et al. Analyst, 1984, 109: 477.
11. Anderson J L, et al. Anal Chem, 1985, 57: 1366.
12. Liu L H, et al. Biomed Chromatogr, 2011, 25: 938.
13. Halbert M K, et al. J Chromatogr, 1985, 345: 43.
14. Zhang S, et al. Anal Chim Acta, 1999, 399: 213.
15. Dou L, et al. Anal Chem, 1990, 62: 2599.
16. Kafil J B, et al. Anal Chem, 1986, 58: 285.
17. Kulesza P J, et al. Anal Chem, 1987, 59: 2776.
18. Maccrehan W A, et al. Anal Chem, 1988, 60: 194.
19. Shea D, et al. Anal Chem, 1988, 60: 1449.
20. Diopan V, et al. Electroanalysis, 2010, 22: 1248.
21. Hsieh H Y, et al. J Sci Food Agric, 2012, 92: 1230.
22. Suzuki K, et al. Bunseki Kagaku, 2011, 60: 761.
23. Martins I, et al. Talanta, 2011, 85: 1.
24. Tarvin M, et al. J Chromatogr A, 2010, 1217: 7564.
25. Granger M C, et al. Anal Chim Acta, 1999, 397: 145.
26. Casella I G, et al. J Agric Food Chem, 2009, 57: 8735.

2. 库仑检测法

库仑检测法是通过测量电活性物质在工作电极表面发生氧化还原反应得失电子产生的电量进行检测的。这种电化学检测器原则上不受样品流速、黏度、扩散系数及温度、检测池形状等因素的影响，具有较高的灵敏度和选择性及较宽的动态响应范围。有关库仑检测法在液相色谱技术中的应用见表 10-15。

表 10-15 液相色谱-库仑检测法联用技术的一些应用

待测物	样品	检测限	文献
碱土金属、重金属、卤素等离子、氨基酸、羧酸类、酚类、单糖等有机物	标样	50pg/L	1
一元胺及其代谢物	昆虫脑中		2
对羟基苯甲酸	洗发精	2pg/L	3
类黄酮和其他酚类化合物	标样		4
酚类化合物	海水	1pg/L	5
儿茶酚胺	鼠组织中	5pg/L	6
抗坏血酸	人体白细胞	1pmol/L	7
脱氢抗坏血酸	标样	1pmol/L	7
抗坏血酸、脱氢抗坏血酸	血浆	20fmol/L	9
抗坏血酸、谷胱甘肽、类黄酮等	水果、蔬菜	20pg/L	10
异黄酮	大豆、人血	1.5nmol/L	11
胡萝卜素、对苯二酚、辅酶等	血浆	0.004μmol/L	12
类胡萝卜素	胡萝卜、血浆、子宫颈组织	10fmol/L	13
植物硫醇	莴苣	9nmol/L	14

本表参考文献：

1. Takata Y, et al. Anal chem, 1973, 45: 1864.
2. Downer R G H, et al. Life Sci, 1987, 41: 833.
3. Murakami K, et al. Electroanalysis, 2010, 22: 1702.
4. Aaby K, et al. J Agric Food Chem, 2004, 52: 4595.
5. Galceran M T, et al. Anal Chim Acta, 1995, 304: 75.
6. Hall M E, et al. LC-GC, 1989, 7: 258.
7. Washko P W, et al. Anal Biochem, 1989, 181: 276.
8. Dhariwal K R, et al. Anal Biochem, 1990, 189: 18.
9. Lykkesfeldt J, et al. Anal Biochem, 1995, 229: 329.
10. Guo C J, et al. J Agric Food Chem, 1997, 45: 1787.
11. Klejdus B, et al. J Chromatogr B, 2004, 806: 101.
12. Finckh B, et al. Anal Biochem, 1995, 232: 210.
13. Ferruzzi M G, et al. Anal Biochem, 1998, 256: 74.
14. Diopan V, et al. Electroanalysis, 2010, 22: 1248.

3. 电位检测法

电位检测法利用离子选择性电极对分析物进行选择性响应实现定量检测。这种电化学检测法结构简单、选择性好、线性范围宽。有关电位检测法在液相色谱技术中的应用见表 10-16。

表 10-16 液相色谱-电位检测法联用技术的一些应用

待测物	样品	检测限	文献
pH 值	标样	0.004pH	1
酚类化合物	标样		2
烷基胺、生物胺、神经递质	标样	1μmol/L	3
酒石酸、苹果酸等有机酸	标样	2pmol/L	4
β-肾上腺素药物	标样	0.1μmol/L	5
外生的 β-肾上腺素物质	标样	1nmol/L	6
赖氨酸	药物	11nmol/L	7
克伦特罗、氨溴索、必消痰	医药品	26nmol/L	8
溶黏蛋白剂	药物	0.14nmol/L	9
磺胺甲噁唑	药物	1.03μmol/L	10

本表参考文献：
1. Slais K. J Chromatogr, 1991, 540: 41.
2. Siddiqui A, et al. J Chromatogr A, 1995, 691: 55.
3. Poels I, et al. Anal Chim Acta, 2001, 440: 89.
4. Zielinska D, et al. J Chromatogr A, 2001, 915: 25.
5. Bazylak G, et al. Curr Med Chem, 2002, 9: 1547.
6. Bazylak G, et al. J Chromatogr A, 2002, 973: 85.
7. Garcia-Villar N, et al. Anal Lett, 2002, 35: 1313.
8. Bazylak G, et al. J Pharm Biomed Anal, 2003, 32: 887.
9. Bazylak G, et al. Chromatographia, 2003, 57: 757.
10. Ozkorucuklu S P, et al. J Braz Chem Soc, 2011, 22: 2171.

4. 电导检测法

电导检测法根据两电极在恒定的小电流条件下的电导变化进行待测物的检测。这种电化学检测法的通用性强，尤其适合于无紫外特征吸收的离子和分子的检测分析。有关电导检测法在液相色谱技术中的应用见表10-17。

表10-17　液相色谱-电导检测法联用技术的一些应用

待测物	样品	检测限	文献
多巴胺、肾上腺素、去甲肾上腺素	药物	0.001μg/ml	1
维生素B	药物	10pmol/L	2
舒喘宁、非诺特罗、氯喘通、克伦特罗	药物	2ng/ml	3
十八烷基三甲胺	标样	1.0μmol/L	4
生物胺	饮料	0.004mg/L	5
甲醇、乙醇等醇	标样	2.72mg/L	6
多肽、蛋白质	标样	37nmol/L	7
脂肪胺	啤酒、鲔鱼	20nmol/L	8
KCl，安息香酸、乳酸等有机酸	标样	0.2μmol/L	9

本表参考文献：
1. Guan C L, et al. Talanta, 2000, 50: 1197.
2. Chen S H, et al. J Chromatogr A, 1996, 739: 351.
3. Shen S H, et al. J Pharm Biomed Anal, 2005, 38: 166.
4. Cataldi T R I, et al. Anal Chim Acta, 2007, 597: 129.
5. De Borba B M, et al. J Chromatogr A, 2007, 1155: 22.
6. Ichikawa S, et al. Bunseki Kagaku, 2007, 56: 751.
7. Kuban P, et al. J Chromatogr A, 2007, 1176: 185.
8. Casella I G, et al. J Sep Sci, 2008, 31: 3718.
9. Mark J J P, et al. Anal Bioanal Chem, 2011, 401: 1669.

二、毛细管电泳-电化学检测联用技术及其应用

毛细管电泳（capillary electrophoresis, CE）是继高效液相色谱后又一种重要的分离分析技术。现代毛细管电泳由Jorgenson和Lukacs于20世纪80年代初创立[116]。由于非常符合生命科学领域对多肽、蛋白质和核酸等生物样品的分离分析要求，在过去的数十年内，毛细管电泳技术呈现蓬勃发展的态势。

毛细管电泳是经典电泳技术和现代微柱相互结合的产物。它是一类以毛细管为分离通道，以高压直流电场为驱动力，根据液相样品中各组分之间淌度和分配行为之间的差异进行样品组分分离的技术。目前，毛细管电泳已发展为毛细管区带电泳（capillary zone electrophoresis）、胶束电动色谱（micellar electrokinetic chromatography）、毛细管等速电泳（capillary isotachophoresis）、毛细管等电聚焦电泳（capillary isoelectric focusing）、毛细管凝胶电泳（capillary gel electrophoresis）、毛细管电色谱（capillary electrochromatography）等多种分离模式。毛细管电泳的多种分离模式为样品组分的分离提供了更多的选择机会，这一点对复杂样品的分离分析尤为重要。

与高效液相色谱技术相比，除具备分离效率高、仪器操作可实现自动化、应用范围广泛等特点外，毛细管电泳技术同时还具备前者无可比拟的优势。例如，毛细管电泳所需的样品和试剂消耗量较高效液相色谱要少得多。高效液相色谱所需的样品体积通常为微升级，且流动相需要数百毫升甚至更多；而毛细管电泳需要的样品体积可降低至纳升级甚至皮升级，流动相体积仅需几毫升。毛细管电泳技术的出现使分离科学的样品体积用量从微升级水平降低至纳升级或更低水平，为单细胞检测和单分子分析提供了可能。此外，毛细管电泳的分析时间通常低于 30min，在分析速度、生物大分子的分离效率等方面均表现出较高效液相色谱更好的性能。同时，毛细管电泳只需要高压直流电源、进样装置、毛细管和检测器，无需高压输液泵，其仪器结构也较高效液相色谱的要简单得多。

在毛细管电泳仪器结构中，高压直流电源、进样装置和毛细管这三种部件均较容易实现，较难实现的部件是检测器，尤其是光学检测器。这主要是由于毛细管内径较小（通常为 25～100μm）和纳升级甚至更少体积的进样量，导致检测部位光程较短，且圆柱形毛细管容易导致光的散射和折射等，因此，毛细管电泳对光学检测器提出了较高的要求。目前，商品化的毛细管电泳仪中广泛采用紫外-可见检测器，这种光学检测器结构简单、通用性好，但由于受毛细管内径的限制，有效吸收光程短，导致检测的相对灵敏度较低。荧光检测器，尤其是激光诱导荧光检测器，由于具备极高的灵敏度，也是毛细管电泳中一种常用的光学检测器，但这种检测器价格一般较昂贵，且要求检测对象本身或衍生化后具有荧光，同时也受到激发光源波长的限制，通用性较差。

将毛细管电泳与具有灵敏度高、选择性好、线性范围宽、易于实现集成化和微型化等特征的电化学检测器结合，可以充分发挥二者的优势，弥补光学检测器在这一分离技术中的缺陷。避免光学检测器在样品检测时遇到的光程较短的问题，具有仪器设备简单、价格低廉、灵敏度高、响应速度快、选择性好、对检测部位的透光性无要求、易于实现微型化、集成化和便携化等优点，现已成为毛细管电泳中常用的一种检测技术[117~119]。在环境分析、食品检验、药物检测、临床诊断等领域获得广泛的应用。

目前，用于毛细管电泳的电化学检测技术主要有安培检测法、电导检测法和电位检测法三种模式[120~123]。

1. 安培检测法

安培检测法利用电活性物质在恒电位控制的工作电极上发生氧化还原反应伴随产生的电流信号进行测定，具有灵敏度高、选择性好、线性范围宽等优点。这种电化学检测方法多采用末端检测，可以用于内径极细的毛细管的检测，非常适合于单细胞检测、活体分析等。自 1987 年，Ewing 等[124]首次将安培检测技术用于毛细管区带电泳的检测以来，基于安培检测法的毛细管电泳的研究报道逐渐增多[125~127]。目前，它已发展成为毛细管电泳技术中应用最为广泛的一种电化学检测方法，关于安培检测法在毛细管电泳技术中的一些应用见表 10-18。

表 10-18 安培检测法在毛细管电泳中的应用

待测物	样　品	检测限	文献
儿茶酚、儿茶酚胺	标样		1
多巴胺、肾上腺素、去甲肾上腺素、儿茶酚	标样	20fmol/L	2
多巴胺、肾上腺素、去甲肾上腺素	标样	0.1μmol/L	3
多巴胺	标样	12nmol/L	4

续表

待测物	样　　品	检测限	文献
多巴胺、肾上腺素、去甲肾上腺素、儿茶酚	标样	350amol/L	5
多巴胺、4-甲基儿茶酚	脑透析液	5nmol/L	6
异丙肾上腺素对映体	鼠静脉透析液	0.6ng/ml	7
葡萄糖、蔗糖、乳糖等15种糖类物质	标样	50fmol/L	8
葡萄糖、麦芽糖、果糖等8种糖类物质	标样	0.28fmol/L	9
9种糖和12种氨基酸	尿样	1.2μmol/L	10
葡萄糖、蔗糖、果糖	中药	1μmol/L	11
葡萄糖	尿样	1.2μmol/L	12
糖和多酚化学物	烟草	10nmol/L	13
多糖	芦笋		14
低聚糖和糖肽	牛胎	2μmol/L	15
糖、糖醇、糖酸等物质	标样	2.5fmol/L	16
醛醇及其他醇类物质	饮料	0.1fmol/L	17
硫醇、二硫化物	标样	5fmol/L	18
硫醇	膳食补充剂和尿液	11nmol/L	19
氯苯酚、二氯苯酚和三氯苯酚	标样	0.1μmol/L	20
苯酚和二元酚	标样	22nmol/L	21
含氯苯酚	河水	3.2fmol/L	22
多酚	白葡萄酒	3.1μmol/L	23
2,4,6-三硝基甲苯等爆炸物	土壤和地下水	0.33μmol/L	24
2,4,6-三硝基甲苯等爆炸物	井水、河水、非水	3μg/L	25
芳族胺	地表水	0.5μg/L	26
芳族胺	河水、废水	33nmol/L	27
三聚氰胺	奶制品	2.1μg/ml	28
组胺	大鼠腹腔肥大细胞	3.3μmol/L	29
组胺	大鼠腹腔肥大细胞	95.8fmol/L	30
生物胺	牛奶	100nmol/L	31
生物胺	果蝇幼虫	1nmol/L	32
类黄酮	鱼腥草和三白草	0.02μg/ml	33
抗生素	标样	50μmol/L	34
多羟基抗生素	尿液	0.5μmol/L	35
维生素B_6	尿液	1.2μmol/L	36
维生素B_6、维生素C、烟碱	药物和食品	1.0μmol/L	37
胆碱和乙酰胆碱	突触体膜	2μmol/L	38
胆碱和乙酰胆碱	药物	0.25μmol/L	39
氨基酸	尿液和脑透析液	10nmol/L	40
半胱氨酸	血浆、血液、尿液	0.58nmol/L	41
氨基酸	人红细胞		42
谷胱甘肽	单个巨噬细胞		43

续表

待测物	样　品	检测限	文献
谷胱甘肽	单个红细胞	0.1μmol/L	44
谷胱甘肽、抗坏血酸、香草酸、绿原酸、水杨酸酸和咖啡酸	水果、蔬菜	10nmol/L	45
牛血清白蛋白	牛血清	0.4μmol/L	46
血清转铁蛋白	人血清	67nmol/L	47
肌红蛋白	尿液	44nmol/L	48
细胞色素 c	猪心	30μmol/L	49
细胞色素 c	标样	3.4μmol/L	50
肿瘤标记癌抗原 125	人血清	1.6μU	51
乳酸脱氢酶	人红细胞	0.017U/ml	52
乳酸脱氢酶	大鼠脑胶质瘤细胞		53
血液中复合胺、高香草酸、色氨酸等	标样	50nmol/L	54
植物激素吲哚-3-乙酸及其代谢物	豌豆	5.2amol/L	55
褪黑激素	大鼠松果体和褪黑激素片	1.3nmol/L	56
褪黑激素和吲哚胺	松果体	9.7nmol/L	57
甲状腺素	人血清	3.8nmol/L	58
杀草强、尿唑	矿泉水	0.6μg/L	59
氨基甲酸盐杀虫剂	河水、土壤	10nmol/L	60
有机磷农药	水果	0.008mg/kg	61
异烟肼和肼	药物	90fmol/L	62
正定霉素	尿液	0.8μmol/L	63
去甲氧正定霉素	尿液	80nmol/L	64
灭滴灵	尿液	0.6μmol/L	65
氯霉素	尿液	0.91μmol/L	66
别嘌呤醇	尿液	10nmol/L	67
氧氟沙星、帕司烟肼	尿液	0.8mg/L	68
恩氟沙星及代谢物	受污染肝鳗鱼和其他动物的组织样本	13.68mg/kg	69
克仑特罗、盐酸克伦特罗和沙丁胺醇	饲料和尿液	0.4ng/ml	70
麻黄碱、塞利洛尔、索他洛尔和吲达帕胺	尿液	0.42fmol/L	71
异丙嗪、甲硫哒嗪	尿液	10nmol/L	72
异丙嗪	标样	50nmol/L	73
β-受体阻滞药	尿液	0.05mg/L	74
心得怡	尿液	1.9μg/L	75
腺嘌呤和鸟嘌呤	小牛胸腺 DNA 和酵母 RNA 的水解产物	2.9fmol/L	76
6-巯基嘌呤	人类煤矿和牛血清白蛋白	0.1μmol/L	77
嘌呤、核苷、核糖核苷酸	血浆	9fmol/L	78
DNA 加合物	标样		79
尿 8-羟基脱氧鸟苷	癌症病人	20nmol/L	80
尿酸	人血清	25nmol/L	81
尿酸	唾液和尿液		82
食品防腐剂	日用食品	10.6nmol/L	83
Pb^{2+}、Cd^{2+}、Cu^{2+}、Tl^{+}等 14 种金属离子	标样	10amol/L	84
Pb^{2+}、Ni^{2+}、Tl^{+}、Zn^{2+}等重金属离子	标样	0.2μmol/L	85
Hg^{2+}、CH_3Hg^{+}	污染的废泥	0.2ng/ml	86
Cs^{+}	人白细胞	20nmol/L	87
ClO_2^{-}	饮用水	0.5μg/L	88
H_2O_2 等过氧化物	标样	10μmol/L	89

本表参考文献：
1. Wallingford R A,et al. Anal Chem, 1987.59:1762.
2. Wallingford R A, et al. Anal Chem, 1988, 60: 258.
3. Xu D K, et al. Chem J Chin Univ-Chin, 1996, 17: 707.
4. Chen D C, et al. Anal Chem, 1999, 71: 3200.
5. Hua L, et al. Anal Chim Acta, 2000, 403: 179.
6. Qian J H, et al. Anal Chem, 1999, 71: 4486.
7. Hadwiger M E, et al. J Chromatogr B, 1996, 681: 241.
8. Colon L A, et al. Anal Chem, 1993, 65: 476.
9. Lu W Z, et al. Anal Chem, 1993, 65: 2878.
10. Hsi T S, et al. J Chin Chem Soc, 1997, 44: 101.
11. Hu Q, et al. J Pharm Biomed Anal, 2002, 30: 1047.
12. Chen G, et al. Microchim Acta, 2005, 150: 239.
13. Yang Z Y, et al. Chromatographia, 2010, 71: 439.
14. Yang Z Y, et al. Chromatographia, 2012, 75: 297.
15. Weber P L, et al. Electrophoresis, 1996, 17: 302.
16. Goto M, et al. Bunseki Kagaku, 1997, 46: 95.
17. Chen M C, et al. Anal Chim Acta, 1997, 341: 83.
18. Owens G S, et al. J Chromatogr B, 1997, 695: 15.
19. Inoue T, et al. Anal Chem, 2002, 74: 1349.
20. Hilmi A, et al. J Chromatogr A, 1997, 761: 259.
21. Hu S, et al. Anal Chem, 1997, 69: 264.
22. Muna G W, et al. Anal Chem, 2005, 77: 6542.
23. Moreno M, et al. Electrophoresis, 2011, 32: 877.
24. Hilmi A, et al. Anal Chem, 1999, 71: 873.
25. Nie D X, et al. Electrophoresis, 2010, 31: 2981.
26. Asthana A, et al. J Chromatogr A, 2000, 895: 197.
27. Sun Y, et al.Water Res, 2009, 43: 41.
28. Wang J Y, et al. Food Chem, 2010, 121: 215.
29. Weng Q F, et al. Electroanalysis, 2001, 13: 1459.
30. Weng Q F, et al. J Chromatogr B, 2002, 779: 347.
31. Sun X H, et al. J Chromatogr A, 2003, 1005: 189.
32. Fang H F, et al. Anal Chem, 2011, 83: 2258.
33. Xu X Q, et al. Talanta, 2006, 68: 759.
34. Fang Y Z, et al. Chem J Chin Univ-Chin, 1995, 16: 1514.
35. Fang X M, et al. Anal Chim Acta, 1996, 329: 49.
36. Jin W R, et al. Electroanalysis, 2000, 12: 465.
37. Hu Q, et al. Anal Chim Acta, 2001, 437: 123.
38. Inoue T, et al. Anal Chem, 2002, 74: 5321.
39. Matysik F M, et al. Electrophoresis, 2002, 23: 3711.
40. Zhou J, et al. Electrophoresis, 1995, 16: 498.
41. Jin W R, et al. J Chromatogr A, 1997,769: 307.
42. Dong Q, et al. Chin Chem Lett, 2002, 13: 655.
43. Jin W R, et al. Anal Biochem, 2000, 285: 255.
44. Jin W R, et al. Electrophoresis, 2000, 21: 774.
45. Dong S Q, et al. Talanta, 2009, 80: 809.
46. Jin W R, et al. Anal Chim Acta, 1997, 342: 67.
47. Dong Q, et al. Electrophoresis, 2001, 22: 128.
48. Jin W R, et al. Electrophoresis, 2000, 21: 1535.
49. Jin W R, et al. Anal Lett, 1997, 30: 753.
50. Tan S N, et al. Anal Chim Acta, 2001, 450: 263.
51. He Z H, et al. Anal Chim Acta, 2003, 497: 75.
52. Wang W, et al. J Chromatogr B, 2003, 798: 175.
53. Wang W, et al. J Chromatogr B, 2006, 831: 57.
54. Matysik F M. J Chromatogr A, 1996, 742: 229.
55. Olsson J C, et al. J Chromatogr A, 1996, 755: 289.
56. You T Y, et al. Talanta, 1999, 49: 517.
57. Wu X P, et al. Electrophoresis, 2006, 27: 4230.
58. He Z H, et al. Anal Biochem, 2003, 313: 34.
59. Chicharro M, et al. J Chromatogr A, 2005, 1099: 191.
60. Santalad A, et al. J Chromatogr A, 2010, 1217: 5288.
61. Wu W M, et al. Analyst, 2010, 135: 2150.
62. Wang E K, et al. Chin J Chem, 1996, 14: 131.
63. Hu Q, et al. Anal Chim Acta, 2000, 416: 15.
64. Hu Q, et al. Fresenius J Anal Chem, 2000, 368: 844.
65. Jin W R, et al. Electrophoresis, 2000, 21: 1409.
66. Jin W R, et al. J Chromatogr B, 2000, 741: 155.
67. Sun X H, et al. Anal Chim Acta, 2001, 442: 121.
68. Zhang S S, et al. Analyst, 2001, 126: 441.
69. Wang L, et al. J Sep Sci, 2005, 28: 1143.
70. Chen Y, et al. Electroanalysis, 2005, 17: 706.
71. Zheng L H, et al. Talanta, 2010, 81: 1288.
72. Wang R Y, et al. J Chromatogr B, 1999, 721: 327.
73. Wang R Y, et al. J Sep Sci, 2001, 24: 658.
74. Song Z W, et al. Chin J Anal Chem, 2008, 36: 1624.
75. Wu X P, et al. Chin J Anal Chem, 2010, 38: 1776.
76. Jin W R, et al. Electroanalysis, 1997, 9: 770.
77. Wang X P, et al. Chin J Anal Chem, 1999, 27: 1141.
78. Lin H, et al. J Chromatogr A, 1997, 760: 227.
79. Inagaki S, et al. ElectrophoresiInagas, 2001, 22: 3408.
80. Mei S R, et al. Chem J Chin Univ-Chin, 2003, 24: 1987.
81. Boughton J L, et al. Electrophoresis, 2002, 23: 3705.
82. Chu Q C, et al. Chromatographia, 2007, 65: 179.
83. Wang W Y, et al. Anal Chim Acta, 2010, 678: 39.
84. Lu W Z, et al. Anal Chem, 1993, 65: 1649.
85. Wen J, et al. Anal Chem, 1996, 68: 1047.
86. Lai E P C, et al. Anal Chim Acta, 1998, 364: 63.
87. Fu C G, et al. Anal Chim Acta, 1999, 391: 29.
88. Wallenborg S R, et al. Electroanalysis, 1999, 11: 362.
89. Ruttinger H H, et al.J Chromatogr A, 2000, 868: 127.

2. 电导检测法

电导检测法通过检测恒电流下溶液的电导变化进行检测，是一种通用型的电化学检测方法，非常适合紫外吸收小的无机离子和氨基酸等有机小分子和离子的检测。用于毛细管电泳技术中的电导检测模式主要有接触式电导检测法和非接触式电导检测法两种类型。在非接触式电导检测中，工作电极环置于毛细管外侧，可有效避免电极表面的污染和高压电场的干扰等问题。电导检测法是毛细管电泳技术中应用较为广泛的另一种电化学检测方法[121,128,129]，两种电导检测模式在毛细管电泳中的一些应用见表 10-19。

表 10-19 电导检测法在毛细管电泳中的应用

检测模式	待测物	样品	检测限	文献
接触式	Li^+、Na^+、K^+、Rb^+	血清	0.1μmol/L	1
	Na^+、K^+、Ca^{2+}、Mg^{2+}、Cl^-、NO_2^-、NO_3^-、PO_4^{3-}、HCO_3^-	肺气管表面黏液层流体		2
	Li^+、Na^+、K^+、Ca^{2+}、Mg^{2+}	标样		3
	Na^+、K^+	矿泉水	0.26mmol/L	4
	F^-、Cl^-、I^-、NO_3^-、PO_4^{3-}等无机阴离子和甲酸、乙酸等有机酸	标样	50nmol/L	5
	F^-、Cl^-、NO_3^-、NO_2^-、SO_4^{2-}、PO_4^{3-}	河水	10nmol/L	6
	F^-、Cl^-、Br^-、I^-、NO_2^-、NO_3^-、SO_4^{2-}、PO_4^{3-}	饮用水、河水、雨水	150nmol/L	7
	Cl^-、NO_2^-、NO_3^-、SO_4^{2-}等无机阴离子	标样	0.29μmol/L	8
	甲酸、乙酸等有机酸	葡萄酒	1μmol/L	9
	阳离子和阴离子表面活性剂	标样	6mg/L	10
	甘氨酸、亮氨酸等氨基酸	人发		11
	谷胱甘肽	肺气管表面黏液层流体	8μmol/L	12
	肝磷脂	标样	40μg/ml	13
	神经性毒剂降解产物	地表水、地下水、土壤	6μg/ml	14
	羟胺	医药品	30μmol/L	15
	脂肪族醇	标样	0.8mmol/L	16
	麻黄碱、伪麻黄碱	点鼻剂	0.198mg/L	17
	青藤碱	青藤碱药片	0.20μg/ml	18
非接触式	Na^+、Ca^{2+}、Mg^{2+}、Cd^{2+}、Cl^-、NO_2^-、NO_3^-、SO_4^{2-}等无机离子	标样	10μmol/L	19
	Li^+、Na^+、K^+、Ca^{2+}、Mg^{2+}、Cl^-、NO_3^-、SO_4^{2-}等无机离子和乙酸、乳酸等有机酸	标样	0.5μmol/L	20
	Li^+、Na^+、K^+、NH_4^+、Ca^{2+}、Cl^-、NO_3^-、SO_4^{2-}等无机离子	矿泉水	10μmol/L	21
	K^+、水杨酸	灌输液	3.5μmol/L	22
	22 种无机阴离子、有机阴离子、碱金属离子、碱土金属离子、过渡金属离子	自来水、雨水、污水、地表水、植物分泌液、植物浸出液、矿石沥出液	7.5μg/L	23
	Li^+、Na^+、K^+、Mg^{2+}、Cl^-、NO_3^-、SO_4^{2-}等无机离子和四甲基铵、四乙基铵、苯甲基三甲基铵等有机离子	标样	0.1μmol/L	24
	8 种碱金属离子、碱土金属离子和过渡金属离子	标样	50nmol/L	25
	Cr^{3+}、Pb^{2+}、Hg^{2+}、Ni^{2+}	自来水、污水、水库水	0.005μg/L	26
	卤代乙酸	标样	1μmol/L	27
	卤代乙酸	自来水、游泳池水	6.1μg/L	28
	丙戊酸	血浆	24ng/ml	29
	草酸、丙酮酸、酒石酸等有机酸	尿液	0.6μmol/L	30

续表

检测模式	待测物	样　品	检测限	文献
非接触式	多种级别的脂肪族胺	标样	1μmol/L	31
	阳离子消毒剂	滴眼剂	0.4μg/ml	32
	神经性毒剂降解产物	土壤	1μmol/L	33
	化学战剂降解产物	土壤	2.5μmol/L	34
	肉毒碱	食品和食品增补剂	2.6μmol/L	35
	肉毒碱和酰基肉毒碱	血浆和尿液	1.0μmol/L	36
	三聚氰胺和 Na^{+}、K^{+}、Ca^{2+}	牛奶	0.009μg/g	37
	葡萄糖、果糖、蔗糖	酒和果汁	13μmol/L	38
	葡萄糖、果糖、半乳糖、甘露糖、核糖、蔗糖、乳糖	果汁、可口可乐、红酒、白葡萄酒、酸乳酪、蜂蜜和食品添加剂	0.4μmol/L	39
	20 种必需氨基酸	啤酒、酵母、尿液、唾液、草药	9.1μmol/L	40
	六种氨基酸和麻黄素对映体	标样	0.3μmol/L	41
	氨基酸、多肽、蛋白质	标样	0.2μmol/L	42
	蛋白氨基酸	血浆	4.3μmol/L	43
	肌氨酸和磷酸肌酸	肌肉组织	2.5μmol/L	44
	二肽、三肽和四肽	标样	1.0μmol/L	45
	多肽，细胞色素 c、肌血球素等蛋白质	标样		46
	DNA	标样		47
	尿酸	血浆和尿液	3.3μmol/L	48
	肝磷脂	血浆	1.3μmol/L	49
	舒喘宁	果汁	10μmol/L	50
	托普霉素及其相似物	标液	1.3mg/L	51
	托普霉素	血浆	50μg/L	52
	司可林	制药配方		53
	乙胺丁醇	制药配方	23.5μmol/L	54
	安非他命及其相似物	药片	7.4μmol/L	55
	安非他命、脱氧麻黄碱等刺激物	尿液	2.357μmol/L	56

本表参考文献：

1. Huang X H, et al. Anal Chem, 1987, 59: 2747.
2. Govindaraju K, et al. Anal Chem, 1997, 69: 2793.
3. Liu W F, et al. Chin Chem Lett, 1998, 9: 749.
4. Tuma P, et al. Electroanalysis, 1999, 11: 1022.
5. Avdalovic N, et al. Anal Chem, 1993, 65: 1470.
6. Kaniansky D, et al. Anal Chem, 1994, 66: 4258.
7. Kaniansky D, et al. Electrophoresis, 1996, 17: 1890.
8. Haber C, et al. Anal Chem, 1998, 70: 2261.
9. Huang X H, et al. Anal Chem, 1989, 61: 766.
10. Gallagher P A, et al. J Chromatogr A, 1997, 781: 533.
11. Mo J Y, et al. Anal Commun, 1998, 35: 365.
12. Govindaraju K, et al. J Chromatogr B, 2003, 788: 369.
13. Mikus P, et al. J Pharm Biomed Anal, 2004, 36: 441.
14. Rosso T E, et al. J Chromatogr A, 1998, 824: 125.
15. Bowman J, et al. J Pharm Biomed Anal, 2000, 23: 663.
16. da Silva J A F, et al. Electrophoresis, 2000, 21: 1405.
17. Zheng Y N, et al. Chem J Chin Univ-Chin, 2002, 23: 199.
18. Zhai H Y, et al. Chem J Chin Univ-Chin, 2004, 25: 2256.
19. Zemann A J, et al. Anal Chem, 1998, 70: 563.
20. Mayrhofer K, et al. Anal Chem, 1999, 71: 3828.
21. Unterholzner V, et al. Analyst, 2002, 127: 715.
22. Chvojka T, et al. Anal Chim Acta, 2001, 433: 13.
23. Kuban P, et al. Electrophoresis, 2002, 23: 3725.
24. Tanyanyiwa J, et al. Analyst, 2002, 127: 214.
25. Tanyanyiwa J, et al. Electrophoresis, 2002, 23: 3781.
26. Lau H F, et al. Electrophoresis, 2011, 32: 1190.
27. Lopez-Avila V, et al. J Chromatogr A, 2003, 993: 143.
28. Kuban P, et al. J Sep Sci, 2012, 35: 666.
29. Belin G K, et al. J Chromatogr B, 2007, 847: 205.
30. Tuma P, et al. Anal Chim Acta, 2011, 685: 84.
31. Gong X Y, et al. Electrophoresis, 2006, 27: 468.
32. Abad-Villar E M, et al. Anal Chim Acta, 2006, 561: 133.

33. Seiman A, et al. Chem Ecol, 2010, 26: 145.
34. Seiman A, et al. Electrophoresis, 2009, 30: 507.
35. Pormsila W, et al. Electrophoresis, 2010, 31: 2186.
36. Pormsila W, et al. J Chromatogr B, 2011, 879: 921.
37. Zhang C L, et al. Chin J Anal Chem, 2010, 38: 1497.
38. Carvalho A Z, et al. Electrophoresis, 2003, 24: 2138.
39. Tuma P, et al. Anal Chim Acta, 2011, 698: 1.
40. Coufal P, et al. Electrophoresis, 2003, 24: 671.
41. Gong X Y, et al. J Chromatogr A, 2005, 1082: 230.
42. Abad-Villar E M, et al. J Sep Sci, 2006, 29: 1031.
43. Samcova E, et al. Electroanalysis, 2006, 18: 152.
44. See H H, et al. Anal Chim Acta, 2012, 727: 78.
45. Gong X Y, et al. J Sep Sci, 2008, 31: 565.
46. Schuchert-Shi A, et al. Anal Biochem, 2009, 387: 202.
47. Xu Y, et al. Electrophoresis, 2006, 27: 4025.
48. Pormsila W, et al. Anal Chim Acta, 2009, 636: 224.
49. Tuma P, et al. Collect Czech Chem Commun, 2008, 73: 187.
50. Felix F S, et al. J Pharm Biomed Anal, 2006, 40: 1288.
51. El-Attug M N, et al. J Pharm Biomed Anal, 2012, 58: 49.
52. Law W S, et al. Electrophoresis, 2006, 27: 1932.
53. Nussbaurner S, et al. J Pharm Biomed Anal, 2009, 49: 333.
54. da Silva J A F, et al. Electrophoresis, 2010, 31: 570.
55. Epple R, et al. Electrophoresis, 2010, 31: 2608.
56. Mantim T, et al. Electrophoresis, 2012, 33: 388.

3. 电位检测法

电位检测法通过离子选择性工作电极与参比电极之间产生的电位差实现对某种特定离子的选择性检测。这种方法具有仪器结构简单、选择性好、测量线性范围宽等优点，而且由于离子选择性电极的内阻较大，使其不容易受到高压电场的干扰。由于检测灵敏度较低及已发展的离子选择性电极种类有限，与安培检测法和电导检测法相比，电位检测法在毛细管电泳中的报道相对较少（见表 10-20）。

表 10-20 电位检测法在毛细管电泳中的应用

待测物	样品	检测限	文献
K^+、Ca^{2+}	标样	0.1nmol/L	1
Li^+、Na^+、K^+、NH_4^+、Ca^{2+}、Ba^{2+}、Sr^{2+}、Cl^-、Br^-、I^-、NO_3^-、NO_2^-、ClO_4^-	河水	8μmol/L	2
Cl^-、Br^-、I^-、NO_3^-、NO_2^-、ClO_4^-	标样	10μg/kg	3
ClO_4^-	标样	50nmol/L	4
ClO_4^-、ClO_3^-、BrO_3^-、Br^-、I^-	标样	0.4μmol/L	5
赖氨酸、苏氨酸等 9 种氨基酸	标样	3.2μmol/L	6
儿茶酚胺、*β*-收缩筋、*β*-受体阻滞药	标样	81nmol/L	7
乙酸、丁酸等有机酸	标样	100fmol/L	8
甲酸、乙酸、丙酸等有机酸	标样	1μmol/L	9
组胺	红酒		10
二亚乙基三胺五乙酸螯合试剂	标样	4μmol/L	11
止痛剂、人造甜味剂	标样	2.5μmol/L	12
乙酰胆碱、4-氨基丁酸	标样	40μmol/L	13

本表参考文献：

1. Kappes T, et al. Anal Chem, 1998, 70: 2487.
2. Kappes T, et al. Anal Commun, 1998, 35: 325.
3. Hauser P C, et al. Anal Chim Acta, 1994, 295: 181.
4. Nann A, et al. J Chromatogr A, 1994, 676: 437.
5. Zakaria P, et al. Analyst, 2000, 125: 1519.
6. Kappes T, et al. Anal Chim Acta, 1997, 354: 129.
7. Bazylak G, et al. J Sep Sci, 2009, 32: 135.
8. DeBacker B L, et al. Anal Chem, 1996, 68: 4441.
9. Poels I, et al. Anal Chim Acta, 1999, 385: 417.
10. Spichiger U E, et al. Electrochim Acta, 1997, 42: 3137.
11. Buchberger W, et al. Monatsh Chem, 1998, 129: 811.
12. Schnierle P, et al. Anal Chem, 1998, 70: 3585.
13. Kappes T, et al. Electrophoresis, 2000, 21: 1390.

三、微流控电化学检测系统及其应用

微流控系统（microfluidic systems）是 20 世纪 90 年代初由 Manz A 等提出的一种全新的

分析理念[130~132]。它是一类将传统的常规实验室操作（如试样引入、混合、反应、萃取、分离、清洗、检测等）集成到仅有几平方厘米尺寸的芯片上的微全分析系统。在微流控芯片上，加工有微米级（或微-纳米级杂交）的通道结构。微米级（或微-纳米级杂交）的通道结构使微流控系统的样品和试剂消耗量从毫升至微升级显著降低至纳升甚至皮升级[130,133]。而且，微通道结构缩短了物质的扩散距离，使分析时间从数小时降低至数十秒甚至更短。自从这一全新的分析理念被提出以来，微流控系统就引起了微机电加工、微流体、化学、生物、生物医药、中药等领域专家学者的广泛重视和深入研究，目前部分系统已在生物医药和中药等部门实现商品化[133~140]。

对于微流控系统来说，样品和试剂体积的显著降低及检测区域的明显缩小对检测技术提出了一些特殊的要求，如更高的检测灵敏度、更快的响应速度和更易实现微型化等。目前，微流控系统中应用最为广泛的检测技术是激光诱导荧光检测技术。这主要是由于这种技术具有高的灵敏度，且氨基酸、蛋白质、核酸等生物分子自身或通过衍生化后可产生荧光。但由于激光诱导荧光技术的光路结构较复杂、体积较大、价格昂贵，使其难于实现微型化、集成化和便携化，从而在一定程度上限制了这种检测技术的推广和应用[141~143]。

电化学检测技术由于具有较高的灵敏度，所用电极极易实现微型化和集成化，同时不降低其检测灵敏度，而且具备不受光程和样品浊度影响、价格低廉等优点，因而在构建微型化、便携化和集成化的微流控系统方面具有其他检测技术无可比拟的优势[143~146]。根据检测原理的不同，用于微流控系统的电化学检测技术主要包括安培检测法、电导检测法、电位检测法、电化学发光法等。

1. 安培检测法

安培检测法通过在工作电极上施加恒电位使待测物在工作电极上发生氧化反应或还原反应，根据反应产生的氧化电流或还原电流对待测物进行定量分析的一种电化学检测方法。这种方法具有操作简单、背景噪声电流小、灵敏度高、选择性好等优点。但安培检测法要求待测物本身或者衍生化后具有电化学活性，抑或通过在待测溶液中加入具有电化学活性的物质进行间接检测，因而不具有通用性。自 Mathies 课题组[147]于 1998 年首次将这种电化学检测方法用于微流控电泳分离系统以来，关于安培检测法的微流控电泳分离系统取得了长足的发展[148~154]。目前，安培检测法已发展成为微流控分析系统中应用最为广泛的一种电化学检测方法。

根据电极在通道位置的不同，安培检测法可以分为柱端（end-channel）检测、在柱（in-channel）检测和离柱（off-channel）检测三种模式（见图 10-21)，其中柱端检测又可分为芯片上（on-chip）和芯片外（off-chip）两种类型[151]。

柱端检测是微流控系统早期研究最多及目前应用最广的一种安培检测模式[147~149,151,155~159]。在这种检测模式中，工作电极置于分离通道末端的数十微米处，分离电压在检测池中接地。由于分离电场和工作电极电场之间存在一定程度的耦合，将引起分离电场对工作电极性能的干扰。这样会使工作电极电位发生偏移，产生较大的噪声信号和降低了检测的灵敏度。通过电压去耦器可以实现分离电压的隔离，从而降低或消除分离电场对工作电极的影响[160]。此外，待测物在分离通道和工作电极之间的扩散会引起峰展宽，导致分离效率的降低。

在柱检测将工作电极直接置于分离通道中[150]。在这种检测模式中，使用绝缘恒压电位器可以消除分离电场对工作电极的影响。待测物在通道内流经工作电极表面被检测，可以减小分析物的扩散，降低峰展宽，从而提高分离效率。Martin 等[150]以儿茶酚为研究对象，对比了柱端检测和在柱检测两种安培检测模式的分析性能，结果表明柱内检测模式在理论塔板高度上较柱端检测模式降低了 4.6 倍，而峰的对称因子降低了 1.3 倍。

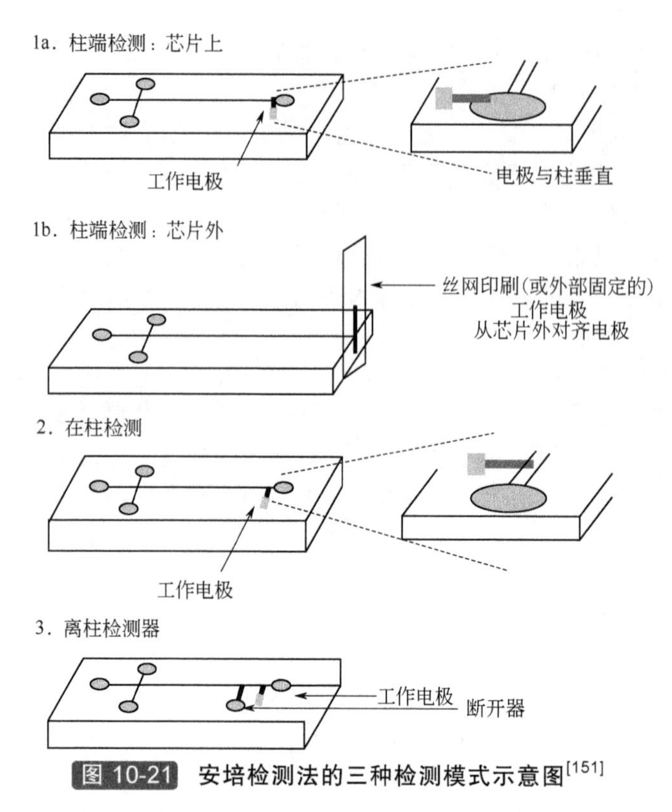

图 10-21 安培检测法的三种检测模式示意图[151]

离柱检测的工作电极也置于分离通道中[161~163]。这种模式与在柱检测模式的不同之处在于在工作电极前侧增加了电压去耦器。通过电压去耦器实现了分离电场和工作电极电场的分离，从而使峰展宽降低，提高了分离效率。

目前，安培检测法已广泛用于神经递质（如多巴胺、肾上腺素、去甲肾上腺素等）、儿茶酚、抗坏血酸、糖类、氨基酸、蛋白质、核酸、药物、金属离子等组分的检测（见表 10-21）。

表 10-21 安培检测法在微流控系统中的应用

检测模式	待测物	样品	检测限	文献
柱端检测	多巴胺、肾上腺素、儿茶酚、DNA	标样	3.7μmol/L	1
	多巴胺、儿茶酚	标样	4μmol/L	2
	多巴胺、儿茶酚、肾上腺素、2,4,6-三硝基甲苯等爆炸物	标样	0.38μmol/L	3
	多巴胺、异丙肾上腺素	标样	1μmol/L	4
	多巴胺、抗坏血酸	标样	74nmol/L	5
	儿茶酚、抗坏血酸	标样	4μmol/L	6
	肾上腺素、去甲肾上腺素	标样	0.1μmol/L	7
	多巴胺、肾上腺素、去甲肾上腺素	标样	20nmol/L	8
	儿茶酚、多巴胺、精氨酸、苯丙氨酸	标样	448nmol/L	9
	多巴胺、肾上腺素、氯苯酚、抗坏血酸、蔗糖、半乳糖、果糖等	标样	1.1μmol/L	10
	乙醇、葡萄糖	标样	10μmol/L	11
	葡萄糖、蔗糖	标样	1μmol/L	12
	葡萄糖、抗坏血酸、尿酸、醋氨酚	标样	5μmol/L	13
	儿茶酚、2,4,6-三硝基甲苯等爆炸物	标样	24μg/L	14
	Na^+、NH_4^+、2,4,6-三硝基甲苯等爆炸物	标样	0.32μmol/L	15

续表

检测模式	待测物	样品	检测限	文献
柱端检测	苯酚、氯苯酚等酚类化合物	标样	1μmol/L	16
	组氨酸、缬氨酸、亮氨酸、异亮氨酸、精氨酸、谷氨酸、赖氨酸	标样	2.5μmol/L	17
	瓜氨酸、氨基乙酸、半胱氨酸、青霉胺等	标样	1μmol/L	18
	免疫球蛋白	标样	25fg/ml	19
	一氧化氮	标样	10μmol/L	20
	NO_2^-	标样	11μmol/L	21
在柱检测	儿茶酚、NO_2^-	标样	4μmol/L	22
	儿茶酚、多巴胺、肾上腺素	标样	1.8nmol/L	23
	Li^+、Na^+、K^+、多巴胺、肾上腺素	标样	1μmol/L	24
	F^-、Cl^-、SO_4^{2-}、CH_3COO^-、$H_2PO_4^-$	标样	2μmol/L	25
	Pb^{2+}、Cd^{2+}、Cu^{2+}	标样	1.3μmol/L	26
离柱检测	儿茶酚、氨基苯酚	标样	5μmol/L	27
	多巴胺、儿茶酚	标样	0.29μmol/L	28
	多巴胺、对苯二酚	标样	25nmol/L	29

本表参考文献：

1. Wolley AT, et al. Anal Chem, 1998, 70: 684.
2. Baldwin R P, et al. Anal Chem, 2002, 74: 3690.
3. Wang J, et al. Anal Chem, 1999, 71: 5436.
4. Wang J, et al. Anal Chem, 1999, 71: 3901.
5. Wang Y, et al. Anal Chim Acta, 2008, 625: 180.
6. Martin R S, et al. Anal Chem, 2000, 72: 3196.
7. Schwarz M A, et al. J Chromatogr A, 2001, 928: 225.
8. Shin D C, et al. Anal Chem, 2003, 75: 530.
9. Lapos J A, et al. Anal Chem, 2002, 74: 3348.
10. Schwarz M A, et al. Analyst, 2001, 126: 147.
11. Wang J, et al. Anal Chem, 2001, 73: 1296.
12. Fu C G, et al. Anal Chim Acta, 2000, 422: 71.
13. Wang J, et al. Anal Chem, 2000, 72: 2514.
14. Hilmi A, et al. Anal Chem, 2000, 72: 4677.
15. Wang J, et al. Anal Chem, 2002, 74: 5919.
16. Wang J, et al. Anal Chim Acta, 2000, 416: 9.
17. Wang J, et al. Anal Chem, 2000, 72: 4677.
18. Martin R S, et al. Analyst, 2001, 126: 277.
19. Wang J, et al. Anal Chem, 2001, 73: 5323.
20. Kikura-Hanajiri R, et al. Anal Chem, 2002, 74: 6370.
21. Vazquez M, et al. Analyst, 2010, 135: 96.
22. Martin R S, et al. Anal Chem, 2002, 74: 1136.
23. Chen C P, et al. Anal Chem, 2007, 79: 7182.
24. Xu J J, et al. Anal Chem, 2004, 76: 6902.
25. Xu J J, et al. Electrophoresis, 2005, 26: 3615.
26. Li X A, et al. Talanta, 2007, 71: 1130.
27. Kuban P, et al. Electrophoresis, 2009, 30: 176.
28. Chen D C, et al. Anal Chem, 2001, 73: 758.
29. Osbourn D M, et al. Anal Chem, 2003, 75: 2710.

2. 电导检测法

电导检测法根据背景电解质溶液和待测溶液之间电导率的不同实现对待测物的检测。电导检测法无需待测物具有电化学活性基团、生色基团或荧光基团，是一种通用型的检测方法。近年来，电导检测法在微流控电泳分离系统及其他微流控分析系统中的应用逐渐增多[153,164,165]。

电导检测法一般通过一个两电极系统对待测物进行检测，根据检测电极与待测溶液是否接触，可以将电导检测法分为接触式电导检测法和非接触式电导检测法两种类型。

接触式电导检测法是检测电极与溶液接触的一种电导检测法。根据电极在通道位置的不同，可以分为柱端检测和在柱检测两种模式[153,166~168]。柱端电导检测是将两个检测电极置于分离通道末端的检测池中。而在柱电导检测是将两个检测电极置于分离通道的某一位置。目前，已报道的接触式电导检测法主要采用在柱检测模式[166,169,170]，这主要是由于在柱检测模式在分离效率和峰形等方面都表现出较柱端检测模式更优越的性能。此外，在柱检测模式的电极可加工在分离通道的任意位置，为同时多重的电导检测提供了可能[167,168,171,172]。

非接触式电导检测法是检测电极不与溶液直接接触的一种电导检测法（见图 10-22）。在这种电导检测法中，检测电极通常直接加工在分离通道的外侧，通过一薄层绝缘物质（如玻璃壁、聚合物壁等）与分离通道隔离[173~179]。由于一般采用在柱的检测模式，非接触式电导检测法也能获得较高的分离效率。与接触式电导检测法相比，非接触式电导检测法由于检测电极不与溶液直接接触，有效地避免了电极表面污染、气泡产生等问题，明显地降低了背景信号，对于获得更低的检出限非常有利，同时可延长电极的使用寿命。

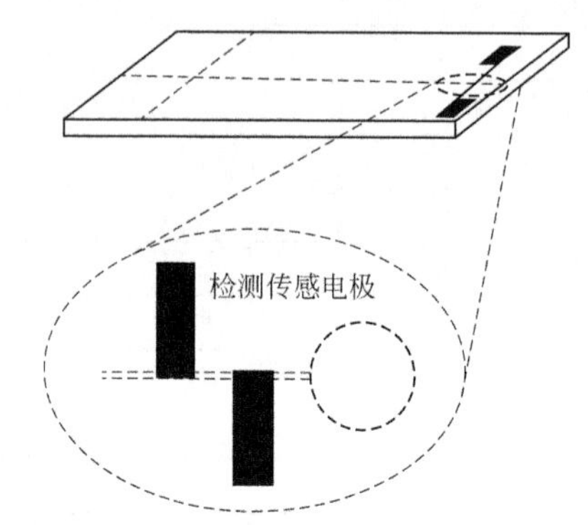

图 10-22 非接触式电导检测法示意图[175]

目前，电导检测法已用于一些常见金属离子、阴离子、有机酸、氨基酸、多肽、蛋白质、核酸、爆炸物等组分的检测（见表 10-22）。

表 10-22 电导检测法在微流控系统中的应用

检测模式	待测物	样品	检测限	文献
接触式	F^-、Cl^-、SO_4^{2-}、NO_2^-等	标样	8μmol/L	4
	SO_3^{2-}	葡萄酒	3mg/L	6
	Li^+、Na^+、K^+、反丁烯二酸、苹果酸、柠檬酸	标样	5μmol/L	5
	Li^+、Na^+、K^+	标样	20μmol/L	1
	草酸、酒石酸、乳酸等 7 种有机酸	标样		7
	丙氨酸、缬氨酸、谷氨酸、色氨酸、DNA、多种多肽及蛋白质	标样	8nmol/L	8
	白蛋白、过氧化氢酶、铁传递蛋白、胰凝乳蛋白酶原	标样		2
	氨基磺酸酯、Cl^-、草酸、丙二酸等有机酸	标样	71nmol/L	3
	N-三羟甲基甲基-2-氨基乙磺酸	标样		9
非接触式	K^+	标样	18μmol/L	11
	K^+、Cl^-	标样		10
	Li^+、Na^+、K^+、Ba^{2+}、F^-、Cl^-、SO_4^{2-}等	标样	2.8μmol/L	13
	Na^+、K^+、Mg^{2+}、Mn^{2+}、Zn^{2+}、Cr^{3+}、柠檬酸、乳酸	标样	0.35μmol/L	15
	Na^+、NH_4^+、2,4,6-三硝基甲苯等爆炸物	标样	50μmol/L	16
	Li^+、Na^+、K^+，柠檬酸、琥珀酸等 6 种有机酸	标样	5μmol/L	12
	Na^+、K^+、Ca^{2+}、Mg^{2+}、维生素 B_6、抗坏血酸、柠檬酸等	标样	0.1μmol/L	14
	K^+、Ca^{2+}、Mg^{2+}、NH_4^+、Cl^-、NO_3^-、SO_4^{2-}、酒石酸等有机酸	标样	90μg/L	17
	Li^+、Na^+、精氨酸、苯丙氨酸、氨基乙酸	标样	0.02μmol/L	18
	Na^+、K^+、甲基铵离子	标样	3μmol/L	19
	两种多肽	标样	0.2mmol/L	20

本表参考文献：

1. Bai X X, et al. Anal Chem, 2004, 76: 3126.
2. Deyl Z, et al. J Chromatogr A, 2003, 990: 153.
3. Noblitt S D, et al. Anal Chem, 2008, 80: 7624.
4. Kaniansky D, et al. Anal Chem, 2000, 72: 3596.
5. Guijt R M, et al. Electrophoresis, 2001, 22: 35.
6. Masar M, et al. J Chromatogr A. 2004, 1026:31.
7. Grass B, et al. Sens Actuator B-Chem, 2001, 72: 249.
8. Galloway M, et al. Anal Chem, 2002, 74: 2407.
9. Liu Y, et al. Analyst, 2001, 126: 1248.
10. Cahill B P, et al. Sens Actuator B-Chem, 2011, 159: 286.
11. Li chtenberg J, et al. Electrophoresis, 2002, 23: 3769.
12. Laugere F, et al. Anal Chem, 2003, 75: 306.
13. Pumera M, et al. Anal Chem, 2002,74: 1968.
14. Novotny M, et al. Anal Chim Acta, 2004, 525: 17.
15. Tanyangiwa J, et al. Anal Chem, 2002,74: 6378.
16. Wang J, et al. Anal Chem, 2002, 74: 5919.
17. Kuban P, et al. Electrophoresis, 2005, 26: 3169.
18. Liu C, et al. Anal Chim Acta, 2008, 621: 171.
19. Wang J, et al. Talanta, 2009, 78: 207.
20. Gvijt R M, et al, Electrophoresis, 2001, 22: 2537.

3. 电位检测法

电位检测法通过半透膜（常为离子选择性膜）两侧溶液活度不同所产生的电位差实现对某种特定离子的检测。目前，仅有少数关于电位检测法的微流控分析系统的报道[180~185]。例如，Tantra 和 Manz 等[180]将 Ba^{2+}离子选择性电极集成到微流控芯片流通池中，将 Ba^{2+}离子选择性电极与 Ag/AgCl 微参比电极一起构成测定 Ba^{2+}的微流控电位传感器。据报道建立的电位传感器对 10^{-6}～10^{-1}mol/L 浓度的 Ba^{2+}具有良好的线性响应。由于离子选择性电极通常仅对某一特定的离子进行响应，因此，这种电化学检测方法较难用于多种离子的同时测定。目前，尚无基于电位检测法的微流控电泳分离系统的报道。此外，Ferrigno 等[182]通过在微流控芯片上加工系列平行的微通道，将滴定剂 $Cr_2O_7^{2-}$和检测物 $Fe(CN)_6^{4-}$注入这些平行通道中实现了溶液不同程度的稀释，从而形成不同的氧化还原电位，利用 Pt 微电极阵列实现了 $Cr_2O_7^{2-}$对 $Fe(CN)_6^{4-}$的电位滴定。最近，Han 等[185]在液流下游通道中加工 Mg^{2+}离子选择性电极与 Ag/AgCl 微参比电极，利用构建的 Mg^{2+}电位传感器对液滴微流控系统中 RNA 和 Mg^{2+}反应动力学进行了研究。

4. 电化学发光法

电化学发光法是指在电极上施加一定的电压使电极表面产生一些电生物质，这些电生物质之间或电生物质与体系中的某些组分发生反应产生发光的方法。这种方法无需外加激发光源，具有检测背景低、灵敏度高等优点。目前，研究较多的电化学发光反应体系为三联吡啶钌 $Ru(bpy)_3^{2+}$及其衍生物体系。

Koudelka-Hep 课题组[186]将十字交叉电极阵列和光电二极管集成到一块 $5\times6mm^2$ 的硅片上，实现了芯片上电化学发光的产生和检测。在此基础上，他们将设计的芯片结构用于可待因药物的检测[187]。

Arora 等[188]在玻璃芯片上加工无线连接的 U 形双极电极，利用双极电极上发出的电化学发光信号实现了氨基酸的电泳分离和间接测定。陈洪渊和徐静娟课题组[120]进一步将这种 U 形双极电极构型用于乳腺癌细胞中 c-Myc mRNA 的检测。在这类检测模式中，仅需通过一对连接外加电源的电极就可驱动双极电极两端的反应，简化了装置结构，但只有参与双极电极阳极端电化学发光反应的分析物能被检测[188~190]。Crooks 课题组[191~193]根据双极电极阳极端和阴极端电荷守恒原理，利用双极电极阳极端的电化学发光反应来间接检测其阴极端发生还原反应的分析物（不参与电化学发光反应）的分离、富集和检测，拓宽了这类检测模式的分析范围。

自 Arora 等[188]首次实现了基于电化学发光检测的微流控电泳分离系统以来，这方面的研究就引起了研究者的广泛兴趣。汪尔康和杨秀荣课题组[194~197]建立了系列新型的电化学发光微流控电泳分离系统；他们首次在芯片中固定发光试剂，构建了廉价、灵敏的芯片毛细管电泳-固态电化学发光探头分离检测体系[195]。陈洪渊课题组[198]进一步将固态电化学发光检测技术用于曲马多、利多卡因和氧氟沙星药物的分离检测。

Delaney 等[199]在碳墨印刷电极上固定发光试剂，利用光电检测器或手机照相机作为检测器，实现了简单、廉价、可弃式和便携式纸微流控芯片上的电化学发光检测（见图 10-23）。于京华课题组[200,201]进一步将电化学发光技术的纸芯片技术用于肿瘤标志物和癌胚抗原的临床诊断。结合纸芯片和电化学发光技术的优势，发展纸微流控芯片上的电化学发光检测，将为临床诊断和环境监测提供一种新思路。

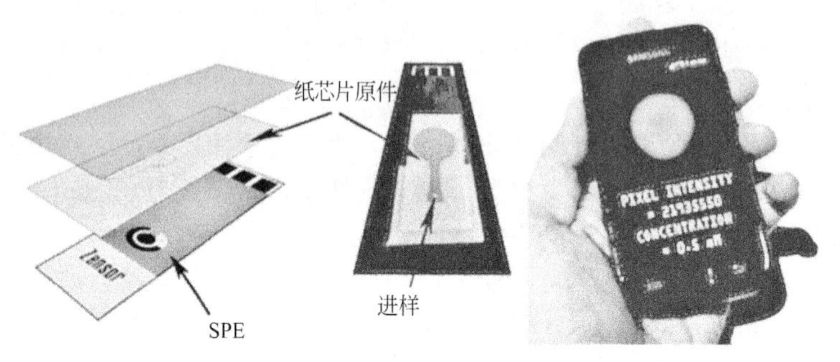

图 10-23 纸微流控芯片上的电化学发光检测示意图[199]

5. **电化学联用技术**

多种电化学技术的联用及电化学技术与其他技术（如光谱技术）的联用可以充分发挥每种检测技术的优势，弥补各自不足，获得较单一检测技术更丰富、更灵敏的样品信息。

Martin 等[149]最先开展了安培-安培型电化学联用技术的研究。在通道末端加工系列工作电极，通过在不同工作电极上施加不同检测电位，用安培-安培型电化学联用检测法实现了儿茶酚及儿茶酚与抗坏血酸混合物的检测［见图 10-24（a）］。据报道，与单一安培法检测相比，

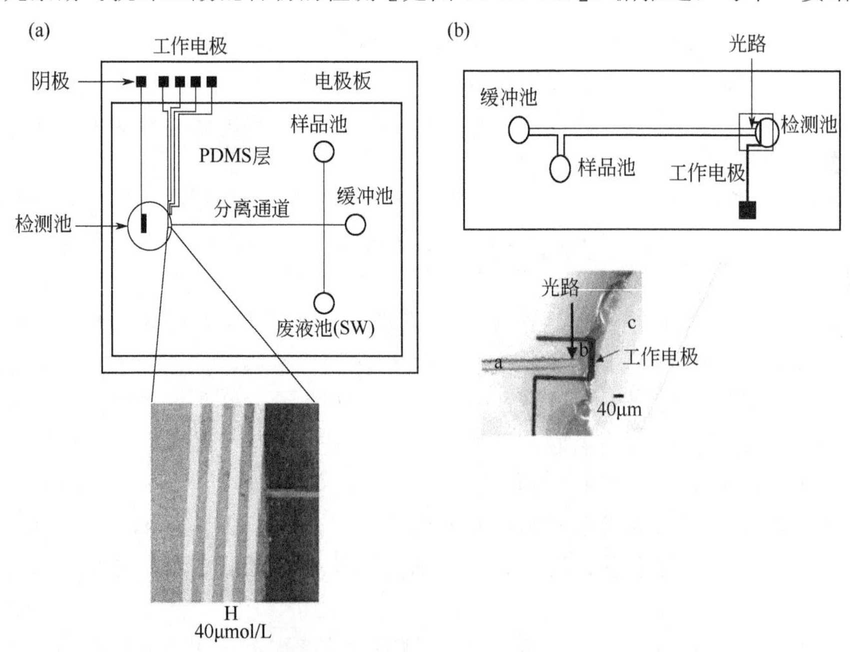

图 10-24 双功能电化学联用技术示意图

（a）安培-安培型电化学联用检测[149]；（b）荧光-安培型双功能电化学检测[202]

安培-安培型电化学联用技术提高了儿茶酚检测的选择性和灵敏度。此外，在同一分离通道上加工柱端安培检测器和非接触电导检测器可构建安培-电导型电化学联用检测器，利用这种双功能电化学检测器可同时获得离子化组分和电化学活性物质的检测信号[203,204]。而且，安培检测器和电导检测器之间无明显的相互干扰[203]，且这种双功能电化学检测器可获得较单一的电导检测器更灵敏的检测信号[204]。汪尔康课题组[197]发展了基于电化学发光-安培型的双功能电化学检测技术。他们在同一微工作电极上考察了发光试剂三联吡啶钌的电化学发光和三联吡啶钌氧化产物对分离产物的催化作用，实现了电化学发光和分析物催化电流的同时检测。这种电化学发光-安培型的双功能电化学检测技术有望用于检测单一技术无法实现的分析对象。将高灵敏的光谱技术（如荧光技术）与电化学技术（如安培法或电导法等）结合发展电化学联用检测技术可充分利用两种技术的优势，在获得灵敏的检测信息的同时，也可增加分析样品的检测通量，实现复杂样品的分析[见图 10-24（b）][202,205]。

参考文献

[1] Wolcan E, Feliz M R, et al. J Electroanal Chem, 2002, 533: 101.

[2] Shepherd J, Yang Y, Bizzotto D. J Electroanal Chem, 2002, 524: 54.

[3] Gyurcsányi R E, Lindner E. Anal Chem, 2005, 77: 2132.

[4] Goss C A, Charych D H, Majda M. Anal Chem, 1991, 85: 63.

[5] Stotter J, Zak J, et al. Anal Chem, 2002, 74: 5924.

[6] Hupert M, Muck A, et al. Diamond Relat Mat, 2003, 12: 1940.

[7] Zak J K, Butler J E, Swain G M. Anal Chem, 2001, 73: 908.

[8] Stotter J, Haymond S, et al. Interface, 2003, 12: 33.

[9] Stotter J, Zak J, et al. Anal Chem, 2002, 74: 5924.

[10] Martin H B, Morrison P W. Electrochem Solid State Lett, 2001, 4: E17.

[11] Flowers P A, Maynor M A, Owens D E. Anal Chem, 2002, 74: 720.

[12] Meyer M L, DeAngelis T P, Heineman W R. Anal Chem, 1977, 49: 602.

[13] Scherson D A, Sarangapani S, Urback F L. Anal Chem, 1985, 57: 1501.

[14] Collison D, et al. J Chem Soc Dalton Trans, 1996, 3: 329.

[15] Lin X Q, Kadish K M. Anal Chem, 1985, 57: 1498.

[16] Pilkington M B G, Coles B A, Compton R G. Anal Chem, 1989, 61: 1787.

[17] Bedja I, Hotchandani S, Kamat P V. J Phys Chem, 1993, 97: 11064.

[18] Compton R G, Winkler J, et al. J Phys Chem, 1994, 98: 6818.

[19] Dong S, Niu J, Cotton T. Methods Enzymol, 1995, 246: 701.

[20] Fultz M L, Durst R. Anal Chim Acta, 1982, 140: 1.

[21] Shi M, Gao X. Electroanal, 1990, 2: 471.

[22] Simmons N J, Porter M D. Anal Chem, 1997, 69, 2866.

[23] Miney P G, Schiza M V, Myrick M L. Electroanal, 2004, 16: 113.

[24] Zavarine I S, Kubiak C P. J Electroanal Chem, 2001, 495: 106.

[25] Hill M G, Bullock J P, et al. Inorg Chim Acta, 1994, 226: 61.

[26] Salbeck J. J Electroanal Chem, 1992, 340: 169.

[27] Shi Y, Slaterbeck A F, et al. Anal Chem, 1997, 69: 3679.

[28] Tarabek J, Rapta P, et al. Anal Chem, 2004, 76: 5918.

[29] Bae I T, Sandifer M, et al. Anal Chem, 1995, 67: 4508.

[30] Simone M J, Heineman W R, Kreishman G P. Anal Chem, 1982, 54: 2382.

[31] Lee Y F, Kirchoff J R. Anal Chem, 1993, 65: 3430.

[32] Kirchoff J R. Curr Sep, 1997, 16: 1.

[33] Ding Z, Wellington R G, et al. J Phys Chem, 1996, 100: 10658.

[34] Keyes T E, Everard B, et al. Dalton Trans, 2004, 15: 2341.

[35] Hollas J M. Modern Spectroscopy. Chichester, UK: Wiley, 1996.

[36] Kadish K M Mu X H, Lin X Q. Electroanal, 1989, 1: 35.

[37] Krejcik M, Danek M, Hartl F. J Electroanal Chem, 1991, 317: 179.

[38] Hartl F, Luyten H, et al. Appl Spectrosc, 1994, 48: 1522.

[39] Iwasita T, Nart F C. Prog Surf Sci, 1997, 55: 271.

[40] Ashley K, Pons S. Chem Rev, 1988, 88: 673.

[41] Chazalviel J N, Erne B H, et al. J Electroanal Chem, 2001, 502: 180.

[42] Bewick A, Kunimatsu K, et al. J Electroanal Chem, 1984, 160: 47.

[43] Pons S J. Electroanal Chem, 1983, 150: 495.

[44] Korzeniewski C, Pons S. J Vac Sci Tech B, 1985, 3: 1421.

[45] Mozo J D, Dominguez M, et al. Electroanal, 2000, 12: 767.

[46] Brevnon D A, Hutter E, Fendler J H. Appl Spectrosc, 2004, 2: 58.

[47] Johnson B W, Bauhofer J, et al. Electrochim Acta, 1992 , 37: 2321.

[48] Plieth W, Wilson G S, de la Fe G C. Pure Appl Chem, 1998, 70: 1395.

[49] Tian Z Q, Ren B. Raman Spectroscopy of Electrode Surfaces. in :Encyclopedia of Electrochemistry, Instrumentation and Electroanalytical. Bard A J, Stratmann M, Unwin P R, Eds. Weinheim: Wiley-VCH, 2003, (3): 572-659.

[50] Thanos I C G. J Electroanal Chem, 1986, 200: 23

[51] McQuillan A J, Hendra P J, Fleischmann M. J Electroanal Chem, 1975, 65: 933.
[52] Schoenfisch M H, Pemberton J E. Langmuir, 1999, 15: 509.
[53] Pemberton J E, Shen A. Phys Chem Chem Phys, 1999, 1: 5671.
[54] Hu Q, Hinman A S. Anal Chem, 2000, 72: 3233.
[55] Keyes T E, Forster R J, Bond A M, et al. J Am Chem Soc, 2001, 123: 2877.
[56] Forster R J, Keyes T E, Bond A M. J Phys Chem B, 2000, 104: 27.
[57] Tian Z -Q, Ren B, Wu D-Y. J Phys Chem B, 2002, 106: 37.
[58] Campion A, Kambhampati P. Chem Soc Rev, 1998, 27: 241.
[59] Maxwell D J, Emory S R, Nie S M. Chem Mater, 2001, 13: 1082.
[60] Nie S, Emory S R. Science, 1997, 275: 1102.
[61] Tian Z Q, Ren B, Wu D Y. J Phys Chem B, 2002, 106: 9463.
[62] Zou S, Weaver M J. Anal Chem, 1988, 70: 2387.
[63] Mrozek M F, Xie Y. Weaver M J. Anal Chem, 2001, 73: 5953.
[64] Mrozek M F, Wasileski S A, Weaver M J. J Am Chem Soc, 2001, 123: 12817.
[65] Jensen T R, Malinsky, M D, et al. J Phys Chem B, 2000, 104: 10549.
[66] Moskovits M. Rev Mod Phys, 1985, 57: 783.
[67] Dick L A, McFarland A D, Haynes C L. J Phys Chem B, 2002, 106: 853.
[68] Kneipp K, Kneipp H, et al. Chem Rev, 1999, 99: 2957.
[69] Wu D Y, Xie Y, Ren B, et al. Phys Chem Commun, 2001, 18: 1.
[70] Gao P, Gosztola D, et al. J Electroanal Chem, 1987, 233: 211.
[71] Byahu S, Furtak T E. Langmuir, 1991, 7: 508.
[72] Brolo A G, Irish D E, Szymanski G, Lipkowski J. Langmuir, 1998, 14: 517.
[73] Dick L A, Haes A J, Van Duyne R P. J Phys Chem B, 2000, 104: 11752.
[74] Tian Z Q, Ren B. Ann Rev Phys Chem, 2004, 55: 197.
[75] Chen Y X, Zou S Z, Huang K Q, et al. J Raman Spectrosc, 1998, 29: 749.
[76] Weaver M J. Top Catal, 1999, 8: 65.
[77] Kellner R, Mizaikoff B, Jakusch M, et al. Appl Spectrosc, 1997, 5: 495.
[78] Miao W. Chem Rev, 2008, 108: 2506.
[79] Wei H, et al. TrAC-Trends Anal Chem, 2008, 27: 447.
[80] Li J, et al. The Chem Record, 2012, 12: 177.
[81] Wei H, et al. Luminescence, 2011, 26: 77.
[82] Li J, Jia X, Wang E. Electrochemiluminesence of ruthenium complex and its application in biosensors. in: Spectroscopic Properties of Inorganic and Organometallic Compounds (Chap 1). Yarwood J, Douthwaite R, Duckett S (Eds.). RSC Publisher, 2013, 1-27.
[83] Gorman B A, Francis P S, Barnett N W. Analyst, 2006, 131: 616.
[84] Su M, Wei W, Liu S. Anal Chim Acta, 2011, 704: 16.
[85] Nomura T. Anal Chim Acta, 1981, 124: 81.
[86] Bruckenstein S, Shay M. Electrochim Acta, 1985, 30: 1295.
[87] Sauerbrey G. Z Phys, 1959, 155: 206.
[88] Kirkland J J. J Chromatogr Sci, 1969, 7: 361.
[89] Felton H J. Chromatogr Sci, 1969, 7: 13.
[90] Conlon R D. Anal Chem, 1969, 41: 107A.
[91] Erickson B E. Anal Chem, 2000, 72: 353A.
[92] Arpino P J, et al. Anal Chem, 1979, 51: 682A.
[93] Kissinge P, et al. Anal Lett, 1973, 6: 465.
[94] Takata Y, et al. Anal Chem, 1973, 45: 1864.
[95] Kissinge P, et al. Clin Chem, 1974, 20: 992.
[96] Blank C L. J Chromatogr, 1976, 117: 35.
[97] Hallman H, et al. Life Sci, 1978, 23: 1049.
[98] Hjemdahl P, et al. Life Sci, 1979, 25: 131.
[99] Riggin R M, et al. J Pharm Sci, 1975, 64: 680.
[100] Imperato A, et al. J Neurosci, 1984, 4: 966.
[101] Helbock H J, et al. Proc Natl Acad Sci U S A, 1998, 95: 288.
[102] Weisshaar D E, et al. Anal Chem, 1981, 53: 1809.
[103] Cataldi T R I, et al. Fresenius J Anal Chem, 2000, 368: 739.
[104] Kissinger P T, J Pharm Biomed Anal, 1996, 14: 871.
[105] Chen J G, et al. Adv Chromatogr, 1996, 36: 273.
[106] Ozkan S A. Chromatographia, 2007, 66: S3.
[107] Saller C F, et al. J Chromatogr, 1984, 309: 287.
[108] Warnhoff M. J Chromatogr, 1984, 307: 271.
[109] Kaneda N, et al. J Chromatogr, 1986, 360: 211.
[110] Lang J K, et al. J Chromatogr, 1987, 385: 109.
[111] Trojanowicz M. Anal Chim Acta, 2011, 688: 8.
[112] Krull I S, et al. J Forensic Sci, 1984, 29: 449.
[113] Nielen M W F, et al. J Liq Chromatogr, 1985, 8: 315.
[114] Asano M, et al. J Liq Chromatogr, 1986, 9: 199.
[115] Schultz E, et al. Biomed Chromatogr, 1989, 3: 64.
[116] Jorgenson J W, et al. Anal Chem, 1981, 53: 1298.
[117] Wang A B, et al. Electrophoresis, 2000, 21: 1281.
[118] Yu H, et al. Cent Eur J Chem, 2012, 10: 639.
[119] Voegel P D, et al. Electrophoresis, 1997, 18: 2267.
[120] Curry P D, et al. Electroanalysis, 1991, 3: 587.
[121] Kappes T, et al. Electroanalysis, 2000, 12: 165.
[122] Kappes T, et al. J Chromatogr A, 1999, 834: 89.
[123] Yik Y F, et al. Trac-Trends Anal Chem, 1992, 11: 325.
[124] Wallingford R A, et al. Anal Chem, 1987, 59: 1762.
[125] Holland L A, et al. Electrophoresis, 2002, 23: 3649.
[126] Matysik F M, Microchim Acta, 2008, 160: 1.
[127] Ghanim M. H, et al. Talanta, 2011, 85: 28.
[128] Trojanowicz M. Anal Chim Acta, 2009, 653: 36.
[129] Kuban P, et al. Electroanalysis, 2004, 16: 2009.
[130] Manz A, et al. Sensor Actuat B-Chem, 1990, 1: 244.
[131] Reyes D R, et al. Anal Chem, 2002, 74: 2623.
[132] Auroux P A, et al. Anal Chem, 2002, 74: 2637.
[133] Teh S Y, et al. Lab Chip, 2008, 8: 198.
[134] Verpoorte E, Electrophoresis, 2002, 23: 677.
[135] Castano-Alvarez M, et al. Sensor Actuat B-Chem, 2008, 130: 436.

[136] Yager P, et al. Nature, 2006, 442: 412.
[137] Vilkner T, et al. Anal Chem, 2004, 76: 3373.
[138] Dittrich P S, et al. Anal Chem, 2006, 78: 3887.
[139] West J, et al. Anal Chem, 2008, 80: 4403.
[140] Arora A, et al. Anal Chem, 2010, 82: 4830.
[141] Chabinyc M L, et al. Anal Chem, 2001, 73: 4491.
[142] Li H F, et al. Electrophoresis, 2004, 25: 1907.
[143] Wang J. Talanta, 2002, 56: 223.
[144] Pumera M, et al. Trac-Trends Anal Chem, 2006, 25: 219.
[145] Xu X L, et al. Talanta, 2009, 80: 8.
[146] Escarpa A, et al. Electrophoresis, 2007, 28: 1002.
[147] Woolley A T, et al. Anal Chem, 1998, 70: 684.
[148] Wang J, et al. Anal Chem, 1999, 71: 5436.
[149] Martin R S, et al. Anal Chem, 2000, 72: 3196.
[150] Martin R S, et al. Anal Chem, 2002, 74: 1136.
[151] Vandaveer W R, et al. Electrophoresis, 2002, 23: 3667.
[152] Wang J, Electroanalysis, 2005, 17: 1133.
[153] Vandaveer W R, et al. Electrophoresis, 2004, 25: 3528.
[154] Ghanim M H, et al. Talanta, 2011, 85: 28.
[155] Henry C S, et al. Anal Commun, 1999, 36: 305.
[156] Wang J, et al. Anal Chem, 2000, 72: 5774.
[157] Martin R S, et al. Analyst, 2001, 126: 277.
[158] Dou Y H, et al. Electrophoresis, 2002, 23: 3558.
[159] Hilmi A, et al. Anal Chem, 2000, 72: 4677.
[160] Wallenborg S R, et al. Anal Chem, 1999, 71: 544.
[161] Rossier J S, et al. J Electroanal Chem, 2000, 492: 15.
[162] Chen D C, et al. Anal Chem, 2001, 73: 758.
[163] Osbourn D M, et al. Anal Chem, 2003, 75: 2710.
[164] Shafiee H, et al. Biomed Microdevices, 2009, 11: 997.
[165] Tanyanyiwa J, et al. Electrophoresis, 2002, 23: 3659.
[166] Galloway M, et al. Anal Chem, 2002, 74: 2407.
[167] Kaniansky D, et al. Anal Chem, 2000, 72: 3596.
[168] Grass B, et al. Sens Actuator B-Chem, 2001, 72: 249.
[169] Guijt R M, et al. Electrophoresis, 2001, 22: 235.
[170] Prest J E, et al. Analyst, 2001, 126: 433.
[171] Masar M, et al. J Chromatogr A, 2001, 916: 101.
[172] Masar M, et al. J Chromatogr A, 2004, 1026: 31.
[173] Guijt R M, et al. Electrophoresis, 2001, 22: 2537.
[174] Wang J, et al. Analyst, 2002, 127: 719.
[175] Pumera M, et al. Anal Chem, 2002, 74: 1968.
[176] Tanyanyiwa J, et al.Anal Chem, 2002, 74: 6378.
[177] Lichtenberg J, et al. Electrophoresis, 2002, 23: 3769.
[178] Kuban P, et al. Lab Chip, 2005, 5: 407.
[179] Wang J, et al. Anal Chem, 2002, 74: 7919.
[180] Tantra R, et al. Anal Chem, 2000, 72: 2875.
[181] Chen H, et al. Chem J Chin Univ-Chin, 2004, 25: 1428.
[182] Ferrigno R, et al. Anal Chem, 2004, 76: 2273.
[183] Ibanez-Garcia N, et al. Anal Chem, 2006, 78: 2985.
[184] Masadome T, et al. Anal Sci, 2010, 26: 417.
[185] Han Z, et al. Chem Commun, 2012, 48: 1601.
[186] Fiaccabrino G C, et al. Anal Chim Acta, 1998, 359: 263.
[187] Michel P E, et al. Anal Chim Acta, 1999, 392: 95.
[188] Arora A, et al. Anal Chem, 2001, 73: 3282.
[189] Wu M S, et al. Anal Chem, 2012, 84: 0003.
[190] Wu M S, et al. Lab Chip, 2011, 11: 2720.
[191] Zhan W, et al. J Am Chem Soc, 2002, 124: 13265.
[192] Mavre F, et al. Anal Chem, 2010, 82: 8766.
[193] Chang B Y, et al. Analyst, 2012, 137: 2827.
[194] Qiu H B, et al. Anal Chem, 2003, 75: 5435.
[195] Du Y, et al. Anal Chem, 2005, 77: 7993.
[196] Yin X B, et al. J Chromatogr A, 2005, 1091: 158.
[197] Qiu H B, et al. Electrophoresis, 2005, 26: 687.
[198] Ding S N, et al. Talanta, 2006, 70: 572.
[199] Delaney J L, et al. Anal Chem, 2011, 83: 1300.
[200] Ge L, et al. Biomaterials, 2012, 33: 1024.
[201] Yan J X, et al. Chem Eur J, 2012, 18: 4938.
[202] Lapos J A, et al. Anal Chem, 2002, 74: 3348.
[203] Wang J, et al. Anal Chem, 2002, 74: 5919.
[204] Vazquez M, et al. Analyst, 2010, 135: 96.
[205] Liu C, et al. Anal Chim Acta, 2008, 621: 171.

主题词索引

（按汉语拼音排序）

E

F

G

H

J

K

L

M

N

O

P

Q

R

S

T

W

X

Y

Z

其　他

表 索 引